Handbuch Dichtungspraxis

Wolfgang Tietze (Hrsg.)

Handbuch Dichtungspraxis

2. Auflage

VULKAN-VERLAG ESSEN

Die Deutsche Bibliothek – CIP-Einheitsaufnahme

Handbuch Dichtungspraxis / Wolfgang Tietze (Hrsg.). - 2. Aufl. -
Essen : Vulkan Verl., 2000

ISBN 3-8027-2192-6

Ein Unternehmen der Oldenbourg-Gruppe
Hollestraße 1g, D-45127 Essen
Telefon: (02 01) 8 20 02-0, Internet: http://www.oldenbourg.de

Lektorat: Petra Peter-Antonin
Herstellung: Volker Bromby
Umschlagkonzeption: Kraxenberger Kommunikationshaus, München
Druck: Rosenberger Druckerei GmbH, Essen
Bindung: Hunke & Schröder, Iserlohn

Vorwort zur 2. Auflage

Aufgrund der unerwartet großen Nachfrage nach Erscheinen des Handbuches „Dichtungspraxis“ ergab sich die Notwendigkeit, das Buch nach zwei Jahren neu zu verlegen, was sicher auf den sowohl bei Dichtungsherstellern als auch -anwendern vorhandenen großen Bedarf an Grundsatzinformationen für dieses relativ spezielle technische Gebiet der Dichtungen und Dichtsysteme schließen läßt.

Die dabei entstandene Gelegenheit haben Verlag und Herausgeber genutzt und sich gleichzeitig die Aufgabe gestellt, nicht nur durch Gewinnung weiterer Dichtungsspezialisten als Autoren die Themenbereiche bei der Darstellung der Komplexität der Dichtungstechnik zusätzlich zu ergänzen, sondern auch durch Einbeziehung des inzwischen erreichten Standes der technischen Entwicklung die Qualität des Buches zum Vorteil seiner Benutzer weiter zu erhöhen.

Dadurch ergab sich zwangsläufig eine gestalterische Veränderung des Buches, die insbesondere in der Einführung eines Kapitels „Werkstoffe“ erkennbar ist. Außerdem wurde das Kapitel „Berührungsfreie Dichtungen“ aus aktuellem Anlaß völlig überarbeitet und dadurch qualitativ wesentlich verbessert.

Weiterhin wurden Informationen und konstruktive Abdichtlösungen aus den Gebieten der Lebensmitteltechnik und des Armaturenbaus aufgenommen, wobei speziell auf die Besonderheiten und Probleme im Lebensmittelbereich hingewiesen wird.

Interessante Abdichtvarianten mittels Faltenbälgen, Membranen, aufblasbaren Dichtungen sowie Magnet- und Magnetflüsigkeitsdichtungen erweitern außerdem den Inhalt der 2. Auflage.

Der Herausgeber bedankt sich auf diesem Wege bei allen Autoren sowohl für ihre neu bereitgestellten als auch für ihre kurzfristig qualitativ überarbeiteten Beiträge.

Gleichzeitig hoffen Herausgeber und Verlag, daß die inhaltlich überarbeitete und neu gestaltete 2. Auflage des Handbuches „Dichtungspraxis“ allen Benutzern eine noch bessere Grundlage für ihre Arbeit auf den vielfältigen Gebieten der Dichtungstechnik bietet.

Wolfgang Tietze

Vorwort zur 1. Auflage

Mit der weltweit stetigen Zunahme der Industrialisierung der Wirtschaft erfolgt auch die Entwicklung immer komplizierterer Maschinen und Anlagen unter dem Einfluß des wissenschaftlich-technischen Fortschritts bei dabei häufig steigenden Betriebsparametern, wie Druck, Temperatur, Aggressivität zu verarbeitender Medien u.ä.

Gleichzeitig werden aber auch erhöhte Anforderungen an die Zuverlässigkeit und Verfügbarkeit von Verfahren, technischen Prozessen sowie der zu ihrer Realisierung erforderlichen Konstruktionselemente und Baugruppen gestellt.

Während bei den metallischen Werkstoffen infolge sich ändernder Druck- und Temperaturbedingungen die Werkstoffkennwerte meist über einen weiten Bereich als konstant angesehen werden können sowie anerkannte, z.B. auf Festigkeitshypothesen beruhende Berechnungsverfahren existieren, sind sowohl der Konstrukteur als auch der Betreiber technischer Einrichtungen bei der Auswahl bzw. Auslegung sowie dem Einsatz von Dichtelementen in der Regel auf experimentell ermittelte Kennwerte bzw. empirische Nachweise angewiesen.

Darüber hinaus werden sowohl den zukünftigen Ingenieuren während des Studiums als auch z.B. den Instandhaltungsmechanikern während der Lehrausbildung nur in ganz wenigen Ausnahmefällen die meist komplexen Probleme beim Einsatz „anwendungsgerechter" Dichtungen nahegebracht.

Aus diesem Grunde möchte das vorliegende Handbuch „Dichtungspraxis" insbesondere zwei Personengruppen ansprechen,

- zum einen junge Konstrukteure bzw. Anlageningenieure und Instandhaltungsmonteure, die während ihrer Ausbildung noch nichts oder nur sehr wenig über Dichtungen gehört haben und sich nun als „Einsteiger" in die Dichtungstechnik mit der Komplexität dieser oft unscheinbaren, in ihrer funktionellen Wirkung häufig aber bedeutenden Konstruktionselemente vertraut machen müssen
- und zum anderen „gestandene" Ingenieure sowie Instandhalter und Bediener, die aufgrund verschärfter Betriebsparameter, neuer Betriebsabläufe oder aber der Entwicklung innovativer Verfahren oder Konstruktionslösungen nach verbesserten bzw. effektiveren Abdichtvarianten suchen.

Dabei hat der Verlag bei der Konzeptionierung des Buches bewußt Wert darauf gelegt, ausschließlich „Praktiker" mit einem umfangreichen Wissen und einer langjährigen Berufserfahrung auf dem Gebiet der Dichtungstechnik als Autoren für die einzelnen Kapitel zu gewinnen.

Daraus resultiert natürlich, daß jeder Beitrag, angefangen von den „ruhend beanspruchten Berührungsdichtungen" bis zu den „berührungsfreien Dichtungen", prinzipiell in sich geschlossen ist. Verlag und Herausgeber haben sich jedoch bemüht, durch eine „Harmonisierung" der einzelnen Beiträge zu erreichen, daß der Benutzer des Handbuches

- sowohl die systemübergreifende Aufgabe von Dichtelementen im allgemeinen erkennt, die in der Regel in der Verhinderung oder Begrenzung eines ungewollten Stoffflusses zwischen zwei funktionsmäßig voneinander getrennten Räumen besteht,
- als auch für spezielle Abdichtprobleme seines eigenen Aufgabengebietes Lösungen, Hinweise oder Anregungen erhält.

Selbstverständlich können insbesondere für die immer komplizierteren Dichtheitsanforderungen aufgrund zunehmenden Umweltbewußtseins nicht in jedem einzelnen Fall maßgeschneiderte Varianten vorgegeben werden, alle Autoren waren jedoch gleichermaßen bemüht, ihr, auf der Grundlage des gegenwärtigen technischen Entwicklungsstandes beruhendes Wissen in ihren Beiträgen zu vermitteln.

Der Herausgeber des Handbuches „Dichtungspraxis" bedankt sich deshalb bei allen Autoren für ihr Engagement und ihre sicher nicht immer leicht zu realisierende Mitarbeit.

Gleichzeitig gilt der Dank aber auch dem Vulkan-Verlag, der sich der nicht einfachen Aufgabe gestellt hat, ein derartig komplexes Buch herauszugeben und in einem bestimmten Rhythmus unter Beachtung neuester wissenschaftlich-technischer sowie praxisrelevanter Erkenntnisse jeweils neu zu verlegen und dadurch eine sichtlich vorherrschende Lücke auf dem technischen Büchermarkt schließt.

Wolfgang Tietze

Einleitung

In allen Bereichen der Wirtschaft, in denen fluide Medien, d.h. Gase oder Flüssigkeiten gelagert, gefördert und/oder verarbeitet werden, werden in der Regel Dichtungen als spezielle Konstruktionselemente benötigt, mit deren Hilfe entweder Räume innerhalb einer Maschine oder Anlage oder gegenüber der Atmosphäre bezüglich eines ungewollten Stoffflusses getrennt, d.h. abgedichtet werden sollen.

Die konstruktive Gestaltung derartiger Dichtungen ist zwangsläufig von der jeweiligen Bauart der Maschine oder Anlage und dem vorherrschenden Betriebsregime sowie den Betriebsparametern abhängig und kann demzufolge zu einfachen Bauelementen oder aber komplexen geschlossenen Baugruppen bzw. komplizierten Dichtungssystemen führen. Die Beanspruchung der Dichtung kann außerdem statisch oder dynamisch sein, und sie kann angrenzende Bauteile berühren oder nicht berühren.

In den folgenden Kapiteln wird daher unterschieden in statische und dynamische Dichtungen, wobei bei den statischen Dichtungen nochmals eine Trennung in Krafthaupt- und Kraftnebenanschluß-Dichtungen erfolgt, während bei den dynamischen Dichtungen vier Kapitel den Berührungsdichtungen und ein Kapitel den berührungsfreien Dichtungen gewidmet ist.

Bei der Lösung von Abdichtungsproblemen hat sich sowohl in der konstruktiven Entwicklungsphase als auch im Instandhaltungsbereich inzwischen die Erkenntnis durchgesetzt, daß es im streng physikalischen Sinne absolute Dichtheit nicht gibt.

Aufgabe von Konstrukteuren und Betreibern von Maschinen und Anlagen kann es deshalb nur sein, durch geeignete Auswahl und Auslegung von Dichtungen bzw. Dichtungsbaugruppen oder -systemen den schon erwähnten „ungewollten Stofffluß“ zwischen den zu trennenden Räumen auf ein technisch und ökonomisch vertretbares Maß zu verringern. In diesem Zusammenhang sind allerdings in zunehmendem Maße die Gesundheit und das Leben des Bedienungspersonals sowie die Umwelt im weitesten Sinne zu berücksichtigen, insbesondere dann, wenn es sich um gesundheits- oder umweltschädigende Stoffe handelt. Kompromisse zwischen dem angestrebten Ziel und einer realisierbaren Lösung lassen sich dabei oft zwangsläufig nicht vermeiden.

Infolgedessen wird in der Regel eine Minimierung möglicher Emissionen angestrebt, wobei entweder der Ausstoß von gefährlichen bzw. Schadstoffen eine vordergründige Rolle spielen kann oder (/ und) der Verlust an Stoffen selbst und die damit verbundenen Kosten.

Sicher wird eine Dichtung niemals das Kernstück einer Maschine oder Anlage sein, sie kann aber in dem Moment zum Problem werden, wenn sie eine geringere Lebensdauer besitzt bzw. Zuverlässigkeit und Verfügbarkeit schlechter sind als die angrenzenden Bauteile. Eine Verbesserung dieser Eigenschaften des in der Regel schwächsten Elementes, d.h. der Dichtung kann oftmals bereits zu einer Erhöhung der Auslastung von Grundmitteln bzw. zur Senkung von Stillstandszeiten von Maschinen und Anlagen führen.

So unscheinbar die Dichtung als Konstruktionselement oft auch sein mag, in vielen Fällen führt gerade eine intensive Beschäftigung mit der Lösung eines Abdichtungsproblems zu innovativen Entwicklungen und verbesserten technischen Erzeugnissen.

Wolfgang Tietze

Autorenverzeichnis

Dipl.-Ing. (FH) Wolfgang Abt
Frenzelit-Werke & Co. KG
Frankenhammer 7
D-95460 Bad Berneck
Kap. 3.2.2.1

Dr.-Ing Eberhard Bock
Freudenberg
Dichtungs- und Schwingungstechnik KG
Höhnerweg 2
D-69465 Weinheim
Kap. 6 K, 6

Dipl.-Ing. Klaus Cierocki
Gartenstraße 26
D-57562-Herdorf-Dermbach
Kap. 3.3.4, 3.3.6

Dipl.-Ing. (FH) Wilhelm Endlich
IBC Ing.- und Beratungsbüro
für Kleb- und Dichttechnik
Triebstraße 9
D-80993 München
Kap. 10.8

Dr. Dipl.-Chem. Rolf-Dieter Gladen
Mülhausstraße 6
D-72135 Dettenhausen
Kap. 3.2.2.4

Dr.-Ing. Wolfgang Guth
Freudenberg
Dichtungs- und Schwingungstechnik KG
Höhnerweg 2
D-69465 Weinheim
Kap. 6

Dr. Werner Haas
Institut für Maschinenelemente
Universität Stuttgart
Pfaffenwaldring 9
D-70569 Stuttgart
Kap. 8

Dr. Christoph Hahn
Twaron Products GmbH
Kasinostraße 19-21
D-42097 Wuppertal
Kap. 2.3

Alfred Hirschvogel
SGL Technik GmbH
Werner-von-Siemens-Straße 18
D-86405 Meitingen
Kap. 2.4, 3.2.2.2

Ing. (grad.) Otto Kahle
Freier Mitarbeiter
Merkel Freudenberg
Fluidtechnik GmbH
Industriestraße 64
D-21082 Hamburg
Kap. 2 K, 4.5, 4.7, 4.9, 7.1, 7.2

Dipl.-Ing. (FH) Eberhard Michael Karl
Paul Müller GmbH & Co. KG
Äußere Bayreuther Straße 230
D-90411 Nürnberg
Kap. 8 K

Dipl.-Ing. Martin Katzenschwanz
HAWLE Armaturen GmbH
Liegnitzer Straße 6
D-83395 Freilassing
Kap. 10.2

Anmerkung:

„Koordinator“ (K) bedeutet, daß der Autor koordinierend im jeweiligen Kapitel tätig war.

Dipl.-Ing. Hans-Wilhelm Laarmann
Flowserve Dortmund GmbH & Co. KG
Flaspoete 101
D-44388 Dortmund
Kap. 5 K, 5.1, 5.2, 5.4.2, 5.5, 5.6, 5.7

Dr. Ulrich Liedtke
Freudenberg
Dichtungs- und Schwingungstechnik KG
Höhnerweg 2
D-69465 Weinheim
Kap. 3.2.3

Dipl.-Kfm. Harald Merkel
Schrödersweg 8
D-22453 Hamburg
Kap. 4 K, 4.6, 4.8, 4.10

Dr. Wlodzimierz Ochonski
Academy of Mining and Metallurgy
Institute of Basic Problems of Machine Design
Al Mickiewicza 30/B2
PL-30-059 Krakow
Kap. 9.1, 9.2, 10.3, 10.4, 10.5, 10.6, 10.7

Dipl.-Ing. Bernhard Richter
O-Ring Prüflabor Richter
Wilhelmstraße 11
D-71723 Großbottwar
Kap. 3.3.1

Dipl.-Ing. Alexander Riedl
W.L. GORE & ASSOCIATES GmbH
Werner-von-Braun-Straße 18
D-85640 Putzbrunn
Kap. 3.2.2.3

Dr.-Ing. Mike Römmler
28176 North Avenue
Stanford Valencia, CA 91355
Californien, USA
Kap. 3.2.4

Dipl.-Ing. (FH) Robert Schano
Heckerwerke GmbH & Co. KG
Arthur-Hecker-Straße 1
D-71093 Weil im Schönbuch
Kap. 3.2.3

Ing. Erich Schneider
Am Hünengrab 18
D-22941 Bagteheide
Kap. 7.3, 7.4, 7.5, 7.6, 9.3

Ferdinand Schwabe
IDG-Dichtungstechnik GmbH
Heinkelstraße 1
D-73230 Kirchheim/Teck
Kap. 10.1

Ing. Dietmar Siebler
IBK Wiesehahn GmbH
Raiffeisenstraße 5
D-46244 Bottrop
Kap. 3.3.5

Dipl.-Ing. (FH) Bernd Skerra
DSI Rohrleitungsbau-Zubehör GmbH
Daimlerstraße 21
D-72147 Nehren
Kap. 10.93

Dr. rer. nat. Gerhard Streit
Parker Hannifin Division
Arnold-Jäger-Straße 1
D-74321 Bietigheim-Bissingen
Kap. 2.1

Dr.-Ing. Walter Thiele
SGL CARBON GROUP
Werk Ringsdorff
Drachenburgstraße 1
D-53170 Bonn
Kap. 2.5

Peter Thomsen
Peter Thomsen Industrievertretung
Kempchen, Oberhausen
Alter Holzhauser Kirchweg 14
D-27243 Harpstedt
Kap. 3.2.4.6

Prof. Dr. Wolfgang Tietze
Fachhochschule Münster
FB Physikalische Technik
Stegerwaldstraße 39
D-48565 Steinfurt
Kap.1, 3 K, 3.1, 3.2.4, 7 K, 9 K, 10 K, 11

Dipl.-Ing. Ralf Vogel
Merkel Freudenberg Fluidtechnic LTD.
48 Cookstown Ind. KST.
Tallaght
Dublin 24 Irland
Kap. 4.1, 4.2, 4.3, 4.4

Dipl.-Ing. Helmut Weiss
BUSAK & SHAMBAN GmbH & Co.
Postfach 80 02 06
D-70502 Stuttgart
Kap. 2.2

Dipl.-Ing. Frank Werner
Altenhoferstraße 10
D-72411 Bodelshausen
Kap. 3.2.3

Hans Werther
Merkel Freudenberg
Fluidtechnik GmbH
Industriestraße 64
D-21082 Hamburg
Kap. 7.1, 7.2

Ingo Wohlert
Flowserve Dortmund GmbH & Co. KG
Flaspoete 101
D-44388 Dortmund
Kap. 5.4

Inhalt

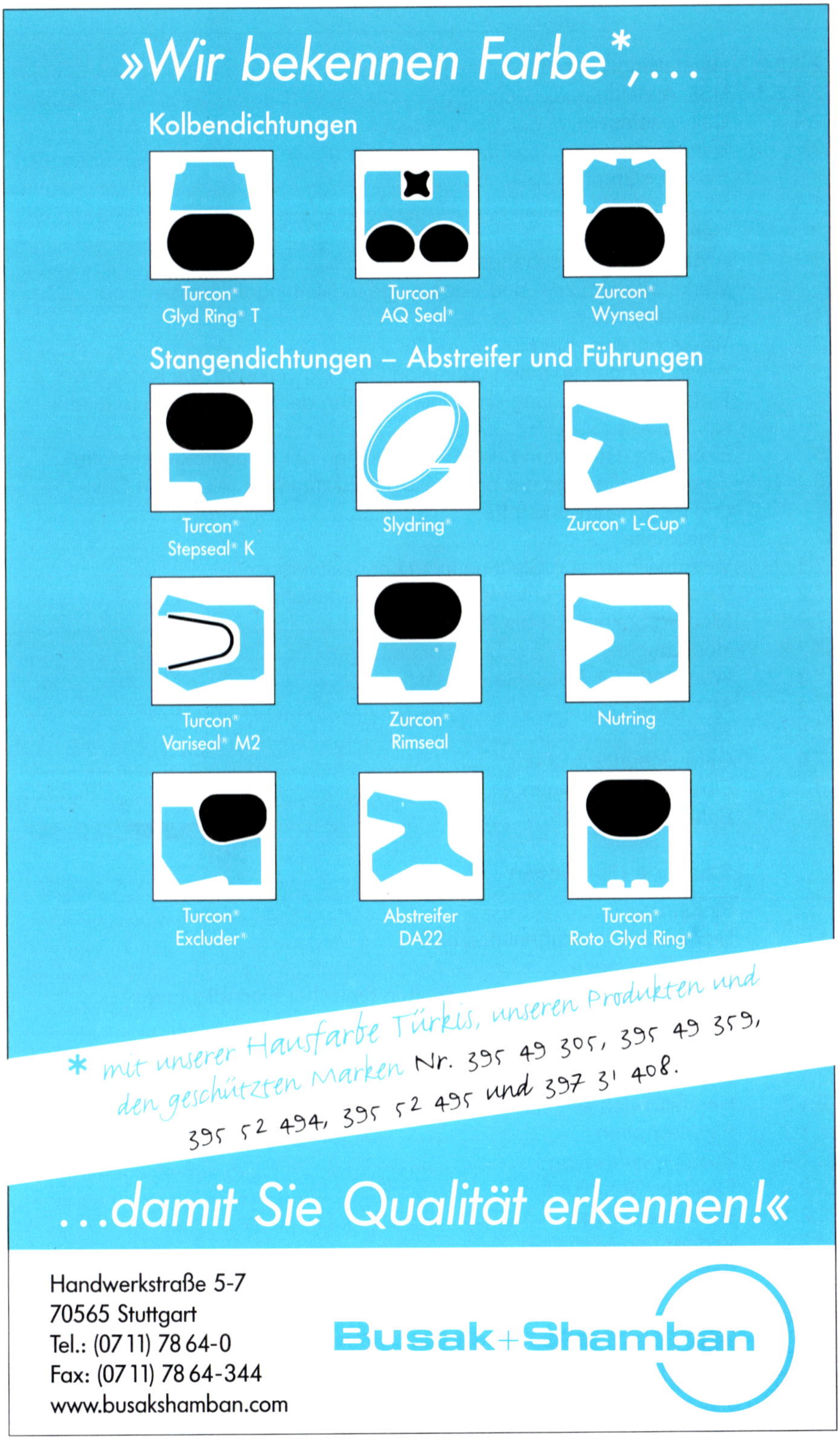
»Wir bekennen Farbe*,...
Kolbendichtungen
Turcon® Glyd Ring® T
Turcon® AQ Seal®
Zurcon® Wynseal
Stangendichtungen – Abstreifer und Führungen
Turcon® Stepseal® K
Slydring®
Zurcon® L-Cup®
Turcon® Variseal® M2
Zurcon® Rimseal
Nutring
Turcon® Excluder®
Abstreifer DA22
Turcon® Roto Glyd Ring®
* mit unserer Hausfarbe Türkis, unseren Produkten und den geschützten Marken Nr. 395 49 305, 395 49 359, 395 52 494, 395 52 495 und 397 31 408.
...damit Sie Qualität erkennen!«
Handwerkstraße 5-7
70565 Stuttgart
Tel.: (07 11) 78 64-0
Fax: (07 11) 78 64-344
www.busakshamban.com
Busak+Shamban

1 Grundlagen

1 Grundlagen

W. Tietze

1.1 Aufgabe einer Dichtung

Die Aufgabe einer Dichtung oder eines Dichtungssystems besteht in der Regel darin, einen ungewollten Stofffluß zwischen zwei funktionsmäßig voneinander getrennten Räumen einer Maschine oder Anlage zu verhindern bzw. zu verringern.

Ein Dichtelement ist ein meist kreisförmiges, in speziellen Fällen aber auch den geometrischen Gegebenheiten der angrenzenden Bauteile angepaßtes Konstruktionselement mit einem vorgegebenen, dem jeweiligen Verwendungszweck angepaßten Querschnitt aus einem Werkstoff bzw. einer Werkstoffkombination, deren Materialeigenschaften dafür geeignet sind, zwei Flächen makroskopisch und/oder mikroskopisch einander so anzupassen, daß ein Stofffluß verhindert bzw. auf ein, dem jeweiligen Verwendungszweck entsprechendes vertretbares Maß verringert wird, was auf andere Art und Weise nicht möglich wäre.

In Abhängigkeit vom jeweiligen Anwendungsgebiet und den Einsatzbedingungen lassen sich die Dichtungen grundsätzlich in

- statisch beanspruchte und
- dynamisch beanspruchte Dichtungen

einteilen.

Diese Unterscheidung ist prinzipiell durch die Relativbewegung der zu verbindenden bzw. abzudichtenden Bauteile zueinander bedingt.

Das Funktionsprinzip der Dichtung kann dabei entweder in einem Verschließen von möglichen „Leckkanälen" in Form von Oberflächenunebenheiten angrenzender Bauteile durch das meist weichere Dichtungsmaterial bestehen bzw. in einer extremen Verringerung der Trennfuge, d.h. des Dichtspaltes, zwischen zwei sich relativ zueinander bewegenden Dichtelementen durch eine entsprechend fein bearbeitete Oberfläche, worauf in der Regel die Wirkungsweise der dynamisch beanspruchten Berührungsdichtungen beruht oder aber in einer Erhöhung des Druckverlustes zwischen den funktionsmäßig voneinander getrennten Räumen als Grundlage bei berührungsfreien Dichtungen. Von untergeordneter Bedeutung ist in jedem Fall die Tatsache, ob die funktionsmäßig voneinander getrennten Räume innerhalb der Maschine oder Anlage auftreten oder aber die Trennung der Maschine oder Anlage zur umgebenden Atmosphäre erfolgen soll [1].

Das Ziel besteht prinzipiell immer darin, einen ungewollten Stoffaustausch zu verhindern, wobei Druckgradienten und Relativbewegungen zwischen den abzudichtenden Bauteilen die Lösung eines Abdichtproblems in besonderem Maße erschweren [2].

1.2 Einflüsse auf eine Dichtung oder Dichtverbindung

Die Kosten für Dichtungen bzw. Dichtsysteme sind in der Regel gemessen am Wert anderer Maschinen- oder Anlagenteile im allgemeinen gering. Störungen des Abdichtprozesses oder -verhaltens können aber sehr schnell zum Stillstand ganzer Maschinen oder Anlagen führen, wodurch infolge des Produktionsausfalls Folgekosten entstehen, die in keinem Verhältnis zum Wert der Dichtung oder des Dichtsystems stehen.

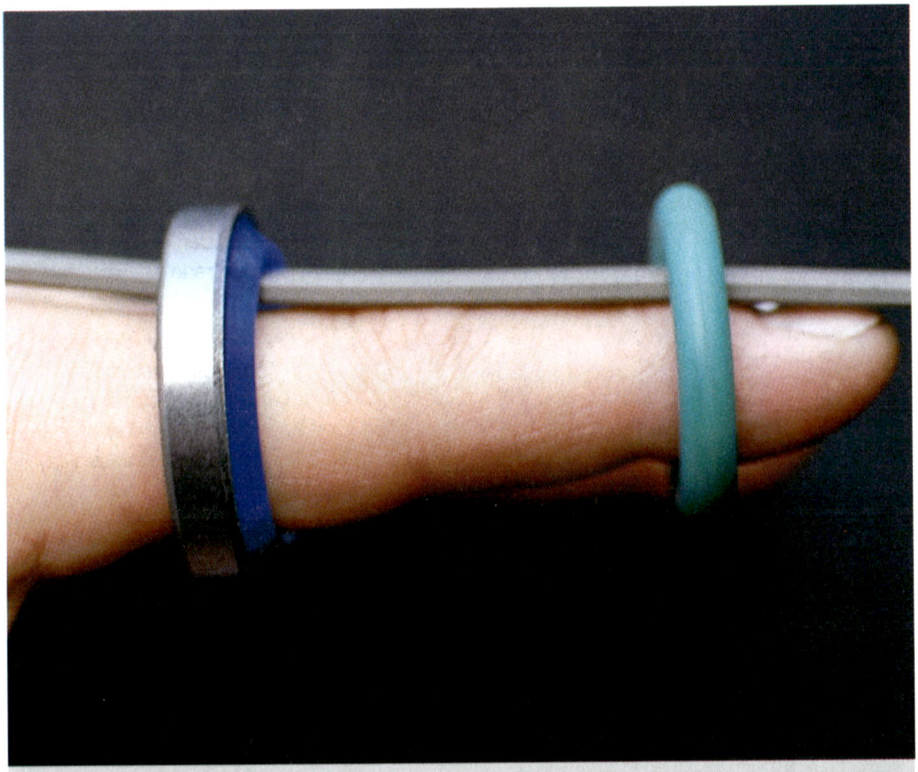

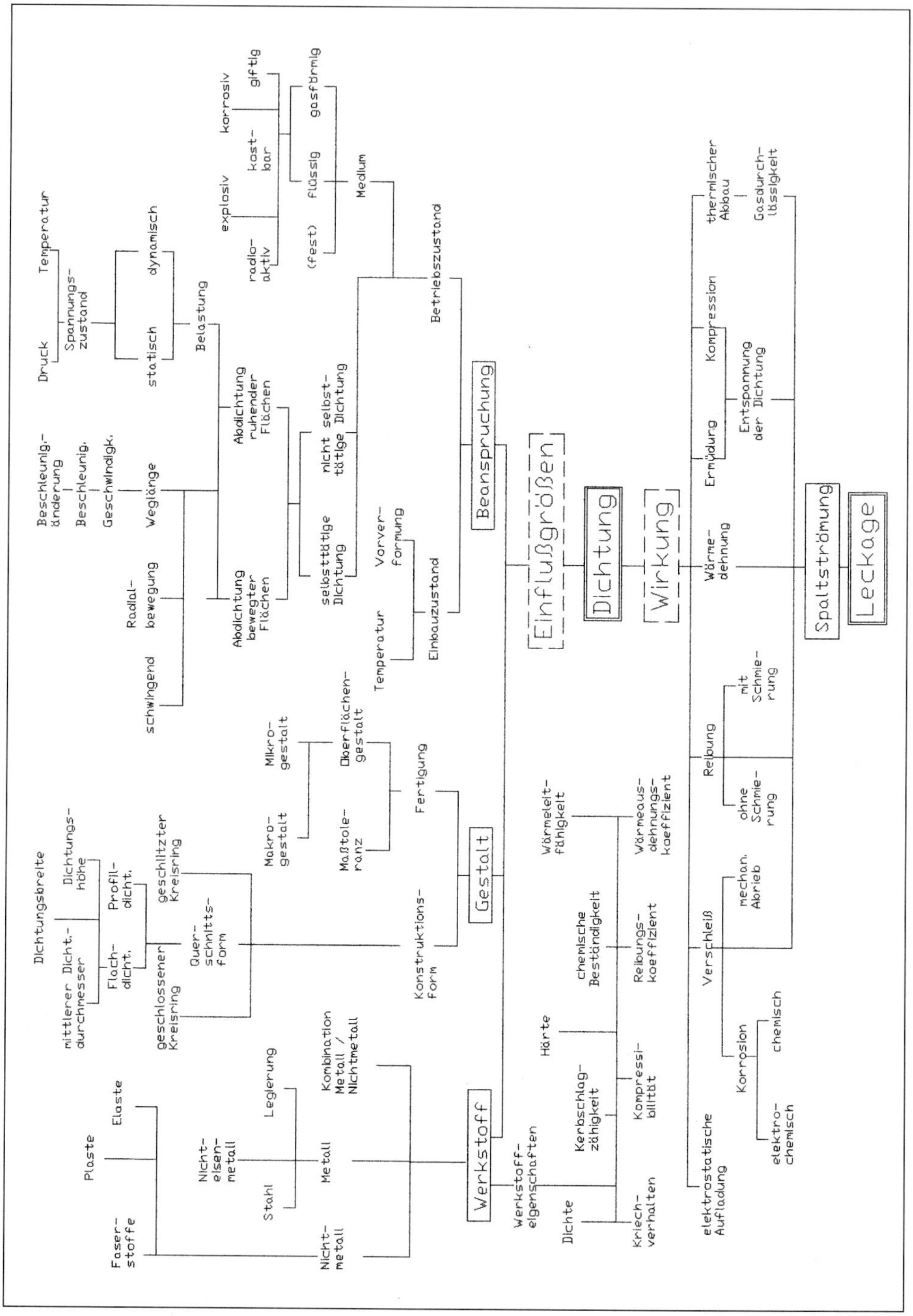

Bild 1: Übersicht über Einflußgrößen auf das Dichtverhalten

Fälschlicherweise wird dabei häufig vom Versagen der Dichtung gesprochen, meist handelt es sich jedoch beim Ausfall einer Dichtung lediglich um eine nicht anwendungsgerechte Lösung des vorliegenden Falles.

Es ist daher unerläßlich, sich bei der konstruktiven Bearbeitung eines Abdichtproblems intensiv mit den auf die Dichtung wirkenden Betriebsparametern zu beschäftigen, die sich teilweise gegensätzlich beeinflussen und damit die Lösung der Aufgabe erschweren, Bild 1.

Hinzu kommen, bedingt durch den wissenschaftlich-technischen Fortschritt bzw. innovative technische Entwicklungen ständig steigende Einflußfaktoren, z.B. chemisch aggressive Medien, bzw. -kombinationen, höhere Temperaturen und Drücke, größere Drehzahlen oder Gleitgeschwindigkeiten u.ä., die die Anforderungen sowohl an das Wirkprinzip des Dichtvorganges als auch an den Dichtungswerkstoff selbst erhöhen und die Findung anwendungsgerechter Lösungen zusätzlich erschweren.

Aus diesem Grunde kann es daher zu schwerwiegenden Folgeschäden bis hin zum Produktionsausfall kommen, wenn dem Abdichtproblem in einer Maschine oder Anlage sowohl bei der Neukonstruktion als auch bei Instandhaltungsarbeiten nicht die notwendige Aufmerksamkeit geschenkt wird, um mit einer „anwendungsgerechten Dichtung“ eine Lebensdauer und Zuverlässigkeit zu gewährleisten, die den übrigen Maschinen- und Anlagenteilen weitestgehend entspricht, siehe dazu auch Kap. 11.4, VDI-Richtlinie 2200.

Wie in den folgenden Kapiteln gezeigt wird, beruht die Lösung eines Dichtproblems in den meisten Fällen auf empirischen Auswahl- und Auslegungsverfahren sowie auf betriebsinternen Erfahrungen, was Konstrukteuren und Instandhaltungsmechanikern zusätzliche Probleme bereiten kann.

1.3 Ursachen von Leckage

Bei der Erfüllung ihrer Aufgabe wirken auf eine Dichtung ähnlich wie bei anderen Konstruktionselementen grundsätzlich vier Beanspruchungsarten ein:

- mechanische Beanspruchung
- thermische Beanspruchung
- chemische Beanspruchung und
- technologische Beanspruchung.

In Abhängigkeit vom statischen oder dynamischen Einsatz lassen sich demzufolge für den Idealfall folgende Forderungen an die Dichtung bzw. das Dichtsystem ableiten:

1. möglichst vollkommene Anpassung an makroskopische und mikroskopische Unebenheiten der angrenzenden bzw. abzudichtenden Bauteile.
2. gegen Null gehende Verringerung des Dichtspaltes durch ideal plastische oder elastische Deformation des Dichtwerkstoffes bzw. durch Präzisions-Feinstarbeitung von sich relativ gegeneinander bewegenden Dichtflächen.
3. keine andere Verformung des Dichtwerkstoffes außer der Anpassung an die Dichtflächen
4. Vermeidung von Werkstoff- und Formveränderungen unter Betriebsbedingungen
5. elastischer Ausgleich von Form- und Lageabweichungen sowie von Schwingungen
6. Vermeidung einer nachteiligen Beeinflussung des statischen und Festigkeitsverhaltens angrenzender Bauteile

7. hohe thermische Beständigkeit
8. chemische Beständigkeit gegen abzudichtende Medien
9. physiologische Unbedenklichkeit
10. Reibungsfreiheit
11. kein Verschleiß
12. einfacher Transport und Montage
13. kein Wartungsaufwand
14. niedriger Anschaffungspreis
15. gegen Null gehende Leckage u.a.
    (in Erweiterung von [3]).

Aus den angeführten Anforderungen läßt sich unschwer die Schlußfolgerung ableiten, daß es die begehrte „ideale Dichtung“ nicht gibt und aus diesem Grunde für jeden Anwendungsfall unter Berücksichtigung der Einsatzbedingungen und Betriebsparameter die entsprechende anwendungsgerechte Kompromißlösung gefunden werden muß, siehe auch Pkt. 1.2.

Abdichtprobleme lassen sich dabei grundsätzlich in zwei Bereiche einteilen:

1. nicht anerkannte Probleme, bei denen die Abdichtung leicht realisierbar ist und evtl. auftretende Leckage lediglich an den Kosten für den Stoffverlust gemessen wird, z.B. Kühlwasser, Preßluft, Dampf u.ä. sowie bei druckloser Medienführung, was konstruktionsmethodisch etwa dem Prinzip des beschränkten Versagens entspricht.
2. anerkannte Probleme, bei denen infolge von Schadstoffemissionen hohe Forderungen an die Dichtheit einer Dichtung oder eines Dichtungssystems gestellt werden, z.B. bei gesundheitsschädigenden, giftigen, feuergefährlichen, explosiven bzw. radioaktiven Medien oder wenn die technische Lösung eines Abdichtproblems bereits durch die Notwendigkeit des Einsatzes von Dichtungen oder Dichtsystemen erschwert der sogar unmöglich wird [2], entspricht aus konstruktionsmethodischer Sicht etwa dem Prinzip des sicheren Bestehens.

Gleichgültig, welcher der beiden genannten Bereiche für den jeweiligen Anwendungsfall von Bedeutung ist, ist das eigentliche Kriterium für die Anwendung einer gewählten Dichtung oder eines Dichtsystems das „Dichtvermögen“, siehe oben Pkt. 15. Quantifizierbar ist dieses Dichtvermögen durch die Festlegung eines „Leckkriteriums“, das sich als mengenmäßige Begrenzung eines unvermeidbaren Stoffflusses zwischen den funktionsmäßig voneinander getrennten Räumen definieren läßt und bei dessen Überschreitung die Dichtverbindung als „undicht“ gilt [4].

Zwangsläufig steigt die Bedeutung des Leckverhaltens mit der Gefährlichkeit des verarbeiteten, geförderten und/oder gelagerten Mediums für Bedienpersonal und Umwelt. Die mengenmäßige Begrenzung von Schadstoffemissionen durch quantitativ festgelegte Leckkriterien wird deshalb unter Berücksichtigung der schon erwähnten Tatsache, daß es „absolute Dichtheit“ im streng physikalischen Sinne nicht gibt, immer wichtiger und bildet in zunehmendem Maße die Grundlage dafür, ob eine Dichtung oder ein Dichtsystem für einen betrieblichen Einsatz unter den gegebenen Bedingungen geeignet ist.

Von entscheidender Bedeutung sind die Art der betrieblichen Randbedingungen gemäß Bild 1 und ihre Größenordnung für die zu erwartende bzw. höchstzulässige Leckmenge. Dabei gilt:

$$M = f(\text{Dichtwerkstoff, Medium}, p, \sigma, T, R_z, d_m, b, h, n, \omega, v, \eta, \nu, \rho \ldots)$$

M	µg/sm, cm^3/min, mbar · l/s	Leckage, Leckmenge
p	MPa	Innendruck, Mediendruck
σ	N/mm^2	Dichtungspressung, Brillenspannung u.ä.
T	K	Temperatur
R_z	µm	Rauhtiefe der metallischen bzw. Dichtelement-Dichtflächen
d_m	mm	mittlerer Dichtungsdurchmesser
b	mm	Dichtungsbreite
h	mm	Dichtungshöhe, Packungshöhe, Hubhöhe
n	min^{-1}	Drehzahl, Wellendrehzahl
ω	s^{-1}	Winkelgeschwindigkeit
v	m/s	Umfangsgeschwindigkeit
η	Ns/m^2	dyn. Zähigkeit des Mediums
ν	m^2/s	kin. Zähigkeit des Mediums
ρ	kg/dm^3	Dichte des Mediums

In welchem Umfang die zulässige Leckmenge auf verschiedenen Anwendungsgebieten als Entscheidungskriterium an Wichtigkeit zunimmt, zeigt Bild 2 [5].

Es ist deutlich zu erkennen, daß die zugelassenen Emissionswerte in fast allen dargestellten Bereichen allein in den angegebenen vier Jahren drastisch gesunken sind.

Ausgewählte Prüfmethoden zur Ermittlung von Leckmengen sind in Tabelle 1 aufgeführt [6].

Anwendungsgebiet	**1978**	**1982**
Flanschverbindungen (Gas)	0,2 g/hm	0,01 g/hm
Flanschverbindungen (Flüssigkeit)	2,0 g/hm	0,10 g/hm
HD-Flanschverbindungen		0,01 g/hm
Spindelabdichtungen Schieber, Ventile, Regelarmaturen Sicherheitsventile	 2,8 g/h Stck. 55 g/h Stck.	 0,56 g/h Stck. * 5,5 g/h Stck.
Wellenabdichtungen Pumpen, Rührwerke (Gleitringdichtungen, Stopfbuchspackungen)	60 g/h Stck.	12 g/h Stck.
Kolbenabdichtungen an oszillierenden Kompressorenstangen	104 g/h Stck.	104 g/h Stck.

Bild 2: Leckraten verschiedener Dichtungselemente

Tabelle 1: Ausgewählte Dichtungsprüfmethoden

Lfd.-Nr.	**Prüfmethode**	**Prüfdruck**	**Prüfmedium**	**Nachweisempfindlichkeit**	**Prüfeinrichtung u. Hilfsmittel**	**Prüfanordnung / Prüfkriterium**
				mbar x l / s		
1	Dichtheitsprüfung mit Flüssigkeit	Überdruck	– Wasser mit Farbstoff – Öl – Petroleum	etwa 0,5		Leckstellen zeigen sich durch Flüssigkeitsaustritt, bei feinen Leckstellen an einer Benetzung der äußeren Oberfläche
2	Eintauchblasenmethode	Überdruck	– Luft – Stickstoff	10^{-2} ... 10^{-4}	– Wasserbecken – Entspannungsmittel	Prüfobjekt in Wasser eintauchen: Blasenaustritt an Leckstellen
3	Blasenmethode mit schaumbildender Flüssigkeit	Überdruck	– Luft – Stickstoff	10^{-2} ... 10^{-4}	schaumbildende Flüssigkeit	Prüfbereich mit schaumbildender Flüssigkeit benetzen: feiner Schaum an Leckstellen
4	Blasenmethode mit Vakuumglocke	Vakuum	– Luft	10^{-3} ... 5×10^{-4}	– durchsichtige Vakuumglocke – Vakuumpumpe – schaumbildende Lösung	Prüfstelle mit Flüssigkeit einstreichen Vakuumglocke auf die Prüfstelle aufsetzen und evakuieren: an Leckstelle Schaumbildung durch angesaugte Luft

Lfd.-	Prüfmethode	Prüfdruck	Prüfmedium	Nachweisem-	Prüfeinrichtung	Prüfanordnung / Prüfkriterium
Nr.				pfindlichkeit	u. Hilfsmittel	
				mbar x l / s		
5	Halogen-Lecksuch-	Überdruck	Halogengase	10^{-4} ... 10^{-6}	Halogen-Leck-	Prüfbereiche mit Schnüffelsonde abfahren:
	verfahren		z.B. CCl_2F_2 ,		suchgerät mit	durch Leckstelle austretendes Gas führt im
	(Schnüffelmethode)		SF_6		Schnüffelsonde	Prüfgerät zu einem meßbaren Ionisations-
			oder deren			strom
			Gemische mit			
			Luft oder N_2			
6	Halogen-Lecksuch-	Vakuum	Halogengase	10^{-6} ... 5×10^{-7}	Halogen-Leck-	Nachweis von Einzellecks:
	verfahren		z.B. CCl_2F_2 ,		suchgerät	– Lecksuchröhre an Vakuumkreis anschließen
	(Vakuummethode)		SF_6		Lecksuchröhre	– Prüfbereiche von außen mit Prüfgas bespü-
						len
					Vakuumpump-	– durch Leckstellen in Vakuumkreis eintreten-
					stand	des Prüfgas wird durch Lecksuchröhre
						nachgewiesen
						Integralprüfung:
						– Prüfobjekte ganz oder teilweise von einer mit
						Prüfgas gefüllten Hülle umgeben
						– Lecksuchröhre im Vakuumkreis ermittelt
						Teil- oder Gesamtleckage

Lfd.-	Prüfmethode	Prüfdruck	Prüfmedium	Nachweisem-	Prüfeinrichtung	Prüfanordnung / Prüfkriterium
Nr.				**pfindlichkeit**	**u. Hilfsmittel**	
				mbar x l / s		
7	Helium-Lecksuch-	Überdruck	Helium	$5 \times 10^{-7} \ldots 10^{-8}$	He-Massen-	Prüfbereiche mit Schnüffelsonde abfahren:
	verfahren				spektrometer	durch Leckstelle in Vakuumkreis eintretendes
	(Schnüffelmethode)				aufwendiger	Prüfgas wird durch Lecksuchröhre nachge-
					Vakuumpump-	wiesen
					stand	
8	Helium-Lecksuch-	Vakuum	Helium	$10^{-8} \ldots 10^{-11}$	He-Massen-	Nachweis von Einzellecks:
	verfahren				spektrometer	– He-Sucher an Vakuumkreis anschließen
	(Vakuummethode)				aufwendiger	– Prüfbereiche von außen mit Helium bespü-
					Vakuumpump-	len
					stand	– durch Leckstellen in Vakuumkreis eintreten-
						des Helium wird mit Massenspektrometer
						nachgewiesen
						Integralprüfung:
						– Prüfobjekte ganz oder teilweise von einer mit
						Prüfgas gefüllten Hülle umgeben
						– Lecksuchröhre im Vakuumkreis ermittelt Teil-
						oder Gesamtleckage

Lfd.-	Prüfmethode	Prüfdruck	Prüfmedium	Nachweisem-	Prüfeinrichtung	Prüfanordnung / Prüfkriterium
Nr.				pfindlichkeit	u. Hilfsmittel	
				mbar x l / s		
9	Ultraschall-Leck-	Überdruck	gasförmig	10^{-2}	Ultraschall-Leck-	Richtmikrophon des Ultraschall-Lecksuchge-
	suchverfahren	oder	z.B. Luft oder		suchgerät	rätes fängt die an Leckstellen austretenden
		Vakuum	Stickstoff			Schallwellen auf
10	Ammoniak-Leck-	Überdruck	Ammoniak	10^{-3} ... 10^{-4}	auf NH_3 reagie-	Prüfobjekt mit Ammoniak füllen:
	suchverfahren				rende Papiere	Nachweis von Ammoniak–Austritt an Leck-
					oder Anstriche	stellen durch Verfärbung des Papiers oder
						Anstriches
11	Dichtheitsprüfung	Überdruck	Gase oder	10^{-3} ... 10^{-5}	elektrische Meß-	Nachweis aus einer Leckstelle austretenden
	nach Wärmelei–	oder	Dämpfe		einrichtungen für	Prüfmediums durch Bestimmung der Wärme-
	tungsmethode	Vakuum	(außer Luft bei		Wärmeleitfähig–	leitfähigkeitsdifferenz gegenüber einem Ver-
			Überdruck)		keit von Gasen	gleichsmedium
					Schnüffelsonde	
12	Lecksuchverfahren	Überdruck	radioaktive	abhängig von	Zählrohrgerät	Nachweis des Durchtritts radioaktiver Gase
	mit radioaktiven	oder	Stoffe in flüs–	Prüfanordnung		oder Flüssigkeiten durch Leckstellen mittels
	Stoffen	Vakuum	sigem oder	und -objekt		Zählrohrgerät
			gasförmigem	10^{-2} ... 10^{-12}		
			Medium			

Bei statisch beanspruchten Dichtungen, z.B. in Flanschverbindungen für Behälter und Rohrleitungen, wird das Dichtelement mit Hilfe von Schrauben zwischen Flanschoberflächen zusammengepreßt. In Abhängigkeit vom verwendeten Dichtwerkstoff paßt sich die meist weichere Dichtung den Flanschoberflächen an und verschließt vorhandene Unebenheiten. Durch die Größe der Dichtungspressung und die davon abhängige elastische bis plastische Verformung des Dichtungswerkstoffes läßt sich eine mögliche Leckage unter Beachtung der übrigen Betriebsparameter beeinflussen. Dabei spielen die Druckdifferenz zwischen den funktionsmäßig voneinander getrennten Räumen und die Rauhigkeit der metallischen Flanschoberflächen eine bedeutende Rolle. Drehriefen und insbesondere radial verlaufende Rillen bzw. Kratzer oder andere Beschädigungen der Oberfläche bilden häufig den Ausgangspunkt für Leckage, Kap. 3.

Bei Wellen- oder Spindelabdichtungen mittels Stopfbuchspackungen wird die erforderliche Anpressung des Dichtungswerkstoffes an die sich drehende Welle oder Spindel sowie das ruhende Gehäuseteil durch eine axiale Verdichtung der Packung erreicht, wodurch infolge der Umsetzung der axialen Kraft in eine radiale Verformung des Packungswerkstoffes vorhandene axiale Spalte möglichst ausgeschlossen bzw. verkleinert werden sollen, um einen Stoffaustritt entlang der Welle oder Spindel bzw. des Gehäudes zu verhindern oder zu verringern, Kap. 4.

Bei anderen dynamisch beanspruchten Dichtungen oder Dichtsystemen, wie Gleitring-, Wellen- und Stangendichtungen treten ebenfalls Spalte auf, deren Begrenzungen sich relativ zueinander bewegen. Durch diese Spalte kann das abzudichtende Medium entweder infolge eines vorhandenen Druckunterschiedes oder anderer Konzentrationsgradienten hindurchtreten, oder aber es kann unter bestimmten konstruktiven Voraussetzungen von den bewegten Bauelementen oder Spaltwänden in den Spalt hineingefördert werden. Dabei muß allerdings berücksichtigt werden, daß eine derartige Benetzung der Spaltwände durch das Medium unter gewissen Voraussetzungen, d.h. in Abhängigkeit vom jeweiligen Betriebsregime u.U. durchaus wünschenswert sein kann, Kap. 5, 6 und 7.

Bei den berührungsfreien Dichtungen schließlich wird ein endlicher Abstand zwischen den sich relativ zueinander bewegenden Dichtflächen zugelassen. In diesem Spalt kann sich das abzudichtende Betriebsmedium oder aber ein spezielles Dichtmedium befinden.

Von der Größe des zugelassenen bzw. zu realisierenden Spaltes sowie den physikalischen Kennwerten des Dichtungsspaltmediums hängt einerseits die vergleichsweise zu anderen Dichtungssystemen geringe Reibung, aber andererseits große Leckage bei relativ niedrigen Differenzdrücken ab, Kap. 8.

Aus dieser zunächst kurzgefaßten Darstellung über die Leckageentstehung, die zu verhindern die eigentlichen funktionsbestimmenden Aufgaben einer Dichtung oder eines Dichtungssystem sind, wird noch einmal deutlich, daß es die „universelle bzw. ideale Dichtung" nicht gibt und der Konstrukteur bei der Auswahl einer geeigneten, d.h. anwendungsgerechten Abdichtlösung sehr sorgfältig und gewissenhaft alle relevanten Randbedingungen berücksichtigen muß. Oftmals ist es dabei unerläßlich, durch möglichst betriebsnahe experimentelle Untersuchungen die Funktionsfähigkeit einer konstruktiven Lösungsvariante zu prüfen.

1.4 Typische Dichtungswerkstoffe

Bei einem Vergleich mit anderen Maschinen- und Apparateelementen kann man feststellen, daß die für Dichtelemente bzw. -baugruppen oder -systeme verwendeten Werkstoffe bzw.

-kombinationen in Abhängigkeit von Betriebsregime und Einsatzkriterien außerordentlich vielfältig sind und in besonderem Maße nach dem Verwendungszweck ausgewählt oder sogar extra dafür entwickelt werden.

Aus diesem Grunde reicht die Werkstoffpalette von Papier bis zu Hartkeramik, hochlegierten Stählen, Panzerungswerkstoffen für Ventilsitze, z.B. Stellite, u.ä. Je nachdem, welche betrieblichen Bedingungen vorliegen und insbesondere welche Leckkriterien festgelegt werden müssen, muß entschieden werden, ob ein „einfacher“ Werkstoff oder eine „komplizierte“ Werkstoffkombination die Anwendungsbedingungen erfüllt. Von einer „anwendungsgerechten Lösung“ des Abdichtproblems kann in dem Falle gesprochen werden, wenn die gewählte Dichtvariante den Einsatzbedingungen gerecht wird und die Verbindung über den vorgegebenen Zeitraum ohne Überschreitung des geforderten Leckkriteriums dicht ist.

Unabhängig davon existieren natürlich für die unterschiedlichen Dichtungsarten typische Werkstoffe bzw. -kombinationen, die sich in den meisten der auftretenden Fälle bewährt haben und von den entsprechenden Dichtungsherstellern empfohlen werden. Trotzdem ist es vorteilhaft, wenn auch die Dichtungsanwender gesicherte Kenntnisse sowohl über Dichtmechanismen sowie -verhalten von den für ihren Tätigkeitsbereich vorherrschend angewendeten Abdichtlösungen als auch über die dabei eingesetzten Werkstoffe und Werkstoffkombinationen besitzen. Damit werden sie zum gleichberechtigten Gesprächspartner gegenüber dem Anwendungsberater der dichtungsherstellenden Firma nicht nur bei der Diskussion von bestehenden Dichtproblemen sondern ggf. auch bei der konstruktiven Erarbeitung innovativer technischer Lösungen für ihr spezielles Dichtproblem.

Bei der Herstellung statischer Dichtverbindungen, z.B. Flansche für Rohrleitungen oder Behälter, werden sowohl Weich- als auch Hartstoffe eingesetzt. Die Palette reicht von Kunststoffen, herausragend ist dabei Polytetrafluoräthylen (PTFE), über die insbesondere mit Aramidfasern verstärkten Dichtungen bis zu Graphit. Darüber hinaus werden für spezielle Abdichtfälle metallarmierte Dichtungen eingesetzt, bei denen die vorstehend genannten Weichstoffe mit meist hochlegierten Stählen kombiniert werden zu Spiraldichtungen, Kammprofildichtungen mit Auflage usw. Bei Dichtverbindungen, die durch extreme Bedingungen bezüglich Medium, Temperatur oder Druck beansprucht werden, empfiehlt sich die Anwendung metallischer Werkstoffe, z.B. Kupfer oder Kupferlegierungen, Weicheisen, Stahl, Kobalt-Chrom-Wolfram-Legierungen u.ä.

Bei der Abdichtung insbesondere von Pumpen, langsam laufenden Wellen bzw. Armaturenspindeln werden in der Regel Stopfbuchspackungen eingesetzt, die entweder aus endlosen, auf speziellen Flechtmaschinen gefertigten Schnüren oder aus auf das Endmaß vorgepreßten Ringen bestehen. Werkstoffe sind dabei vor allem textile oder Kunststoffgarne sowie Graphite. Zur Verminderung der Reibung zwischen der Packung und der sich drehenden Welle bzw. Spindel werden meist entsprechenden Zusatzstoffe beigegeben oder Imprägnierungen vorgenommen.

Für die axiale Abdichtung von schnellaufenden Wellen und Kolbenstangen mit oszillierender Bewegung verwendet man vorwiegend möglichst elastische Dichtungen auf Gummi- bzw. Kunststoffbasis, in manchen Fällen durch Gewebe oder Metalleinlagen verstärkt. Bei radialer Abdichtung von Wellen, speziell bei Pumpen, Rührmaschinen, Dünnschichtverdampfern, Fermentoren u.ä. finden Gleitringdichtungen zunehmende Anwendung. Vorherrschende Werkstoffe für die Gleitringe sind dabei Kunststoffe, Kunstkohle sowie Hartkeramik.

Neben der allgemeinen Erläuterung geeigneter Dichtwerkstoffe werden in den weiteren Kapiteln zu den Werkstoffen und Werkstoffkombinationen bezogen auf die jeweilige Art der Dichtverbindung oder des -systems zusätzliche spezielle Angaben gemacht.

1.5 Einteilung der Dichtverbindungen

Infolge der Tatsache, daß für die verschiedensten Einsatzgebiete im Maschinen- sowie Apparate- und -anlagenbau unter den speziellen Betriebsbedingungen die unterschiedlichsten Dichtelemente bzw. -systeme benötigt werden, besteht auch die Notwendigkeit, diese in entsprechenden einzelnen Kapiteln zu behandeln.

Die dabei zugrunde gelegte Einteilung sieht folgende Dichtungen und Dichtungsbaugruppen vor:

- statische oder ruhend beanspruchte Berührungsdichtungen
  - Dichtungen im Krafthauptschluß
  - Dichtungen im Kraftnebenschluß
- Stopfbuchspackungen
- Gleitringdichtungen
- Wellendichtungen
- Zylinder- und Kolbendichtungen
  - Hydraulikdichtungen
  - Pneumatikdichtungen
- berührungsfreie Dichtungen
- ausgewählte spezielle bzw. Sonderdichtungen
- Dichtungszubehörteile.

Eine weitergehende Unterteilung der vorstehend genannten Hauptgruppen für die Dichtungen und Dichtsysteme wird in den einzelnen der folgenden Kapitel anhand von Beispielen vorgenommen, siehe dazu auch Kap. 11.4, Fachliteratur .

Literaturverzeichnis

[1] Tietze, W.: Flange Calculation with new Gasket-Constants. Gasket Technology Information Exchange Meeting, W.L. GORE & Associates GmbH, Putzbrunn 95

[2] Tietze, W.; Köhler, M.: Zur Prüfmethodik bei der experimentellen Untersuchung asbestfreier Berührungsdichtungen. Handbuch „Leckagen", 1.Ausgabe, Vulkan-Verlag, Essen 1993, S. 64–70

[3] Matziol, G.: Beitrag zur Erzielung eines wirtschaftlichen Betriebsverhaltens von Rohrleitungsflanschverbindungen in Abhängigkeit von Dimensionierung und Werkstoff der Flanschdichtung. VDI-Fortschrittsberichte, Nr. 185, VDI-Verlag Düsseldorf 1990

[4] Tietze, W.: Zur Bedeutung des Leckkriteriums als Einflußgröße auf das Dichtverhalten. Konstruktion 44 (1992) 242–246

[5] Kockelmann, H.: Leckageraten von Dichtverbindungen für Flanschverbindungen: Einflußgrößen, Anforderungen, meßtechnische erfassung. IX. Internat. Dicht.-kolloquium, FH Münster, 26./27. April 1995

[6] Schwind, H; Kämpkes, W.: Berechnung des Betriebsverhaltens von Rohrleitungsflanschverbindungen. Vulkan-Verlag, Essen 1990

2 Angewandte Werkstoffe der Dichtungstechnik

2 Angewandte Werkstoffe der Dichtungstechnik

O. Kahle und C. Hahn, A. Hirschvogel, G. Streit, W. Thiele, H. Weiss

2.1 Gummiwerkstoffe

2.1.1 Einführung

Gummi zeichnet sich gegenüber allen anderen Festkörpern dadurch aus, daß er sich um ein Mehrfaches seiner Ausgangslänge mit relativ geringen Kräften dehnen läßt und nach Entlastung wieder in seinen Ausgangszustand zurückkehrt [1]. Dieses Phänomen der besonderen Art von Elastizität beruht auf der speziellen Konstitution des Gummis. Im Gegensatz zu anderen elastischen Festkörpern, welche die Elastizität aus der Abstandsveränderung der Atome beziehen und nur um geringe Beträge aus ihrer Ruhelage verschoben werden können, erhält Gummi seine besonderen deformationsmechanischen Eigenschaften aufgrund des kettenförmigen Aufbaus seines organischen Grundgerüstes. Hier werden reaktive kleine Bausteine, sogenannte Monomere zu Polymeren verknüpft, Bild 1. Diese Gruppen der hochpolymeren Werkstoffe werden gemeinhin als Kunststoffe bezeichnet. Im Vergleich zu Thermoplasten, Duroplasten oder auch Fasern zeichnen sich Elastomere – dieser Begriff hat sich als Synonym für Gummi im technischen Sprachgebrauch durchgesetzt – durch die Besonderheiten einer kritischen Kettenlänge und eines dreidimensionalen thermisch beständigen Netzwerkes aus.

2.1.2 Polymere

Aus der Gruppe der hochpolymeren Werkstoffe [2] zeichnen sich Elastomere durch die Eigenart aus, aufgezwungene große Formänderungen wieder rückgängig machen zu können. Dabei liegt die zur Verformung notwendige Schubspannung im Arbeitsbereich der Elasto-

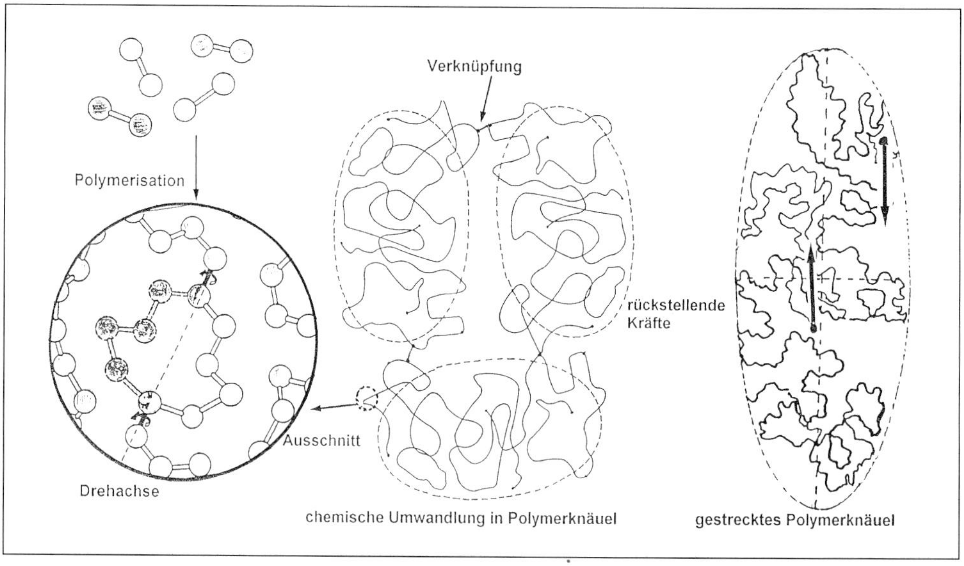

Bild 1: Polymerisation zu einem Fadenknäuel, dessen chemische Verknüpfung und Dehnung

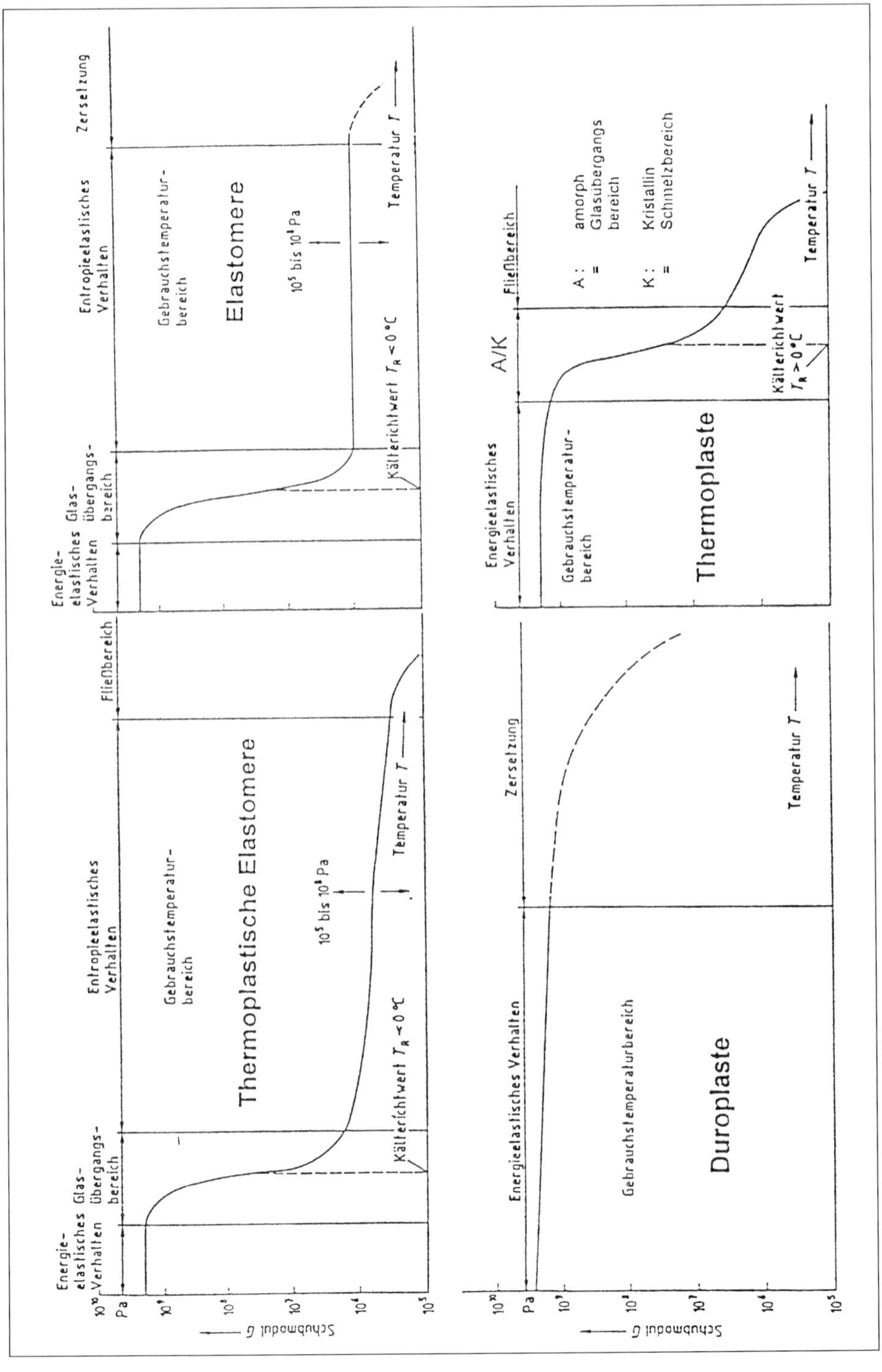

Bild 2: Hochpolymere Werkstoffe und das deformationsmechanische Verhalten nach DIN 7724

mere zwischen 1 und 15 N/mm², also einer vergleichsweise geringen Spannung. Bei hochpolymeren Werkstoffen besteht die polymere Matrix aus fadenförmigen Gebilden, die aus einer großen Zahl (N > 5000) einfacher Moleküle kettenförmig zusammengesetzt sind [2, 3]. Diese Polymerfäden liegen aber nicht in gestrecktem Zustand vor, sondern bilden bohnenförmige oder ellipsoidförmige Knäuel [2], Bild 1. Im unvernetzten Zustand lassen sich diese Stoffe verformen, ohne daß sie nach Entfernen der verformenden Kraft wieder völlig die Ausgangsform zurückbilden. Stoffe dieser Art bezeichnet man als Plastomere. Werden diese ellipsoidförmigen Knäuel chemisch oder physikalisch miteinander verknüpft, so daß ein weitmaschiges, räumliches Netzwerk entsteht, lassen sich diese Werkstoffe schon durch kleine Kräfte verformen und bilden sich nach Entlastung bis zur Ausgangsform weitgehend zurück. Stoffe mit dieser Charakteristik werden als Elastomere bezeichnet, siehe oben. Wird die Vernetzung der Polymerknäuel weitergeführt bis ein engmaschiges Netzwerk geknüpft ist, so entstehen die Duroplaste, die selbst auf eine große verformende Kraft nur mit kleinen, aber elastischen Formänderungen reagieren. In Bild 2 ist die Aufteilung in vier unterschiedliche Gruppierungen aufgrund des deformationsmechanischen Verhaltens dargestellt [1].

2.1.2.1 Entropie und Energieelastizität

Unter Elastizität versteht man allgemein die Fähigkeit eines Körpers, eine aufgezwungene Formänderung rückgängig zu machen, wenn der Zwang entfällt. Dabei denkt man zunächst an Federn aus Stahl und damit an das Hooke‘sche Gesetz, wonach die Verformung proportional der Kraft und der Proportionalitätsfaktor der Elastizitätsmodul ist. Die im elastischen Bereich erzielbaren Verformungen sind bei diesen Stoffen klein, weil sie auf den Abstandsänderungen der Atome beruhen. Diese Art der Elastizität bezeichnet man als Energie- oder Stahlelastizität [1], anders ausgedrückt beruht diese Art der Elastizität auf der reversiblen Änderung der Schwingungs- und Rotationszustände der Atome und Molekülteile.

Im Gegensatz dazu wird die große rückstellbare Verformung mittels geringer Kräfte bei schwach vernetzten hochpolymeren Werkstoffen im Arbeitstemperaturbereich durch die Verschiebung oder Rotation ganzer Struktureinheiten im Kettengerüst ermöglicht [1], wie in Bild 1, linke Bildhälfte, an einem Ausschnitt einer Polymerkette schematisch dargestellt wird. Das bedeutet aber, daß die Gummielastizität durch Platzwechselvorgänge bedingt ist.

Aufgrund der thermischen Energie sind die Kettenglieder in ständiger Bewegung [4]. In einem Modellbeispiel wird eine solche Kette an den Enden festgehalten und der Abstand der Kettenenden verändert. Liegen die Enden weit auseinander, oder dehnt man die Kette, was das gleiche Resultat ergibt, so daß die Kette fast gestreckt ist, verursacht die thermische Bewegung der Glieder eine Kraft, die den Abstand der Kettenenden zu verringern sucht, Bild 1. Ist dagegen die verknäuelte Kette gestaucht, so daß die Enden dicht zusammen liegen, so bewirken die thermisch bedingten ungerichteten Bewegungen der Kettenglieder eine Kraft, die den Abstand der Enden zu vergrößern sucht. Zwischen diesen Extremen muß es einen Abstand geben, bei dem die resultierende Kraft verschwindet.

2.1.2.2 Glasübergangstemperatur

Die Größe der Kraft hängt davon ab, wie heftig sich die einzelnen Abschnitte der Polymerkette bewegen. Da es sich dabei um eine Wärmebewegung handelt, die sich proportional zur absoluten Temperatur verhält, wächst auch die Kraft mit steigender Temperatur. Der Elastizitätsmodul hat daher für gummielastische Werkstoffe einen positiven Temperaturgradienten. In einem Versuch, Bild 3, wurden zylinderförmige Probekörper um 10, 20 und 30 % verformt und die Rückstellkräfte in Abhängigkeit von der Temperatur gemessen. Wie man sieht, steigt

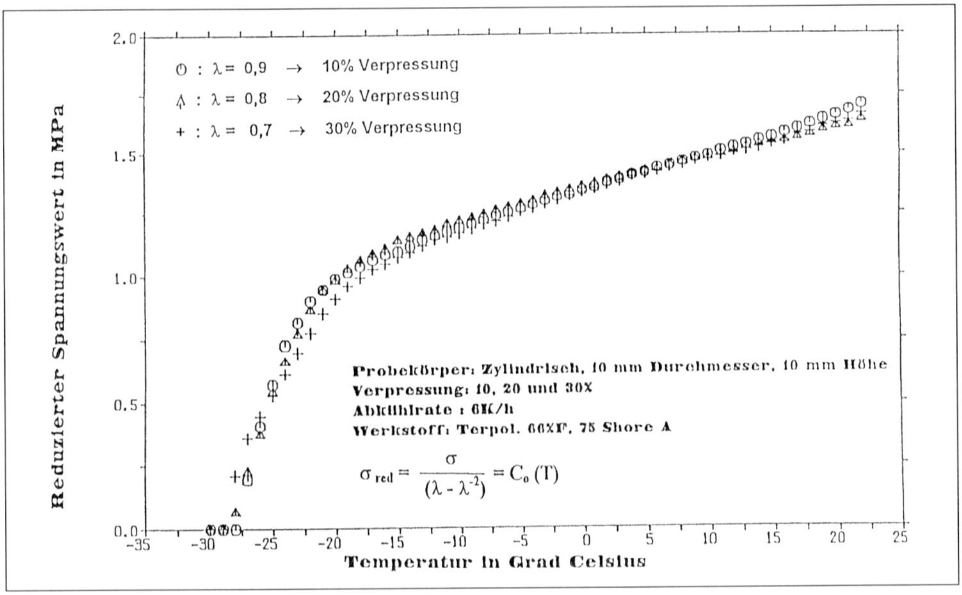

Bild 3: Reduzierte Spannungswerte eines verformten Zylinders in Abhängigkeit von der Temperatur

die Rückstellkraft oberhalb einer bestimmten Temperatur linear an [5]. Bei abnehmender Temperatur nimmt die Kraft zunächst proportional mit der absoluten Temperatur ab, bis die thermische Energie nicht mehr ausreicht, die spontane Bewegung ganzer Kettensegmente aufrecht zu erhalten [6, 7]. Die thermische Energie ist, wie durch das Maxwell-Boltzmann'sche Gesetz [8] beschrieben, statistisch in der Größe auf die Kettensegmente unterschiedlicher Abmessungen verteilt. Das bedeutet, daß Verschiebungen und Rotationen von Kettensegmenten nicht mehr spontan, sondern nur noch selten erfolgen. Ein durch Zug oder Druck gestörtes Gleichgewicht der Spannungen in der Kette wird daher nur noch verzögert eingestellt.

Dieser Zustand begrenzter oder „eingefrorener“ molekularer Bewegung wird als Glasübergangsbereich bezeichnet. Unterhalb dieses Bereiches verhält sich das Material energie- oder stahlelastisch, d.h. es entstehen geringe Verformungen bei großen Kräften, oberhalb des Glasübergangsbereiches verhält sich der Stoff gummielastisch.

2.1.3 Kautschuke

Die Vielzahl der Möglichkeiten, bei der Polymerisation mit verschiedenen Monomeren Polymere herzustellen, macht es erforderlich, diese Vielfalt in Klassen einzuordnen, die auf der chemischen Zusammensetzung basieren. Ein solches Klassifizierungssystem liegt mit der DIN ISO 1629 [9] für Kautschuke vor. Nach ISO 1629 gibt es zwei Hauptgruppen, solche, die außer C-Atomen noch Fremdatome – (= Heteroatome) – im Kettenrückgrat aufweisen, nämlich Sauerstoff (O) und Stickstoff (N) oder Schwefel (S). Polymere mit Phosphor (P) oder Silicium (Si) in der Hauptkette werden ebenfalls in der Gruppe mit Heteroatomen aufgeführt. In Bild 4 (11) ist die Zuordnung der Kautschuke zu den einzelnen Gruppen aufgrund der chemischen Zusammensetzung der Polymerkette angegeben. Innerhalb der insgesamt neun

2 Kautschukgruppen

2.1 Kautschuke in der Form von Festkautschuk und Latex werden aufgrund der chemischen Zusammensetzung der Polymerkette in folgende Gruppen eingeteilt:

M Kautschuke mit einer gesättigten Kette vom Polymethylen-Typ

N Kautschuke mit Stickstoff in der Polymerkette

O Kautschuke mit Sauerstoff in der Polymerkette

Q Kautschuke mit Siloxangruppen in der Polymerkette

R Kautschuke mit einer ungesättigten Kohlenstoffkette, z.B. Naturkautschuk und synthetische Kautschuke, die sich zumindest teilweise von konjugierten Dienen ableiten

T Kautschuke mit Schwefel in der Polymerkette

U Kautschuke mit Kohlenstoff, Sauerstoff und Stickstoff in der Polymerkette

Z Kautschuke mit Phosphor und Stickstoff in der Polymerkette

aus DIN ISO 1629

Bild 4: Polymere Ausgangsstoffe, Kennzeichnung der Polymerkette

Gruppen, wobei eine Präfixgruppe hinzugezählt wird, gibt es eine Anzahl von Kautschuken, die sich durch die eingesetzten Monomere unterscheiden. Die für die Herstellung von Dichtungen wichtigsten werden im folgenden vorgestellt. Der chemische Aufbau, Bild 5, kann ganz allgemein durch Monomere mit zwei und drei Kohlenstoffatomen dargestellt werden. Nur im Fall des Butadiens muß dieses Prinzip durch Verknüpfung der C2-Monomere mittels einer Doppelbindung angenähert werden. Sogar der Silikonkautschuk ist mit diesem System darstellbar.

2.1.3.1 Gruppe der Dienkautschuke (R)

R, der letzte Buchstabe im Code, signalisiert die Verwendung mindestens eines Diens bei der Polymerisation. Ein Dien ist eine Kohlenstoffverbindung mit zwei Doppelbindungen, die im Falle des Butadiens oder auch Isoprens konjugiert sind, Bild 5. Bei der Polymerisation dient eine der Doppelbindungen zur Kettenverlängerung, während die andere im Molekül erhalten bleibt und die Oxidationsanfälligkeit des Polymers bestimmt. Das Kürzel „R" ist abgeleitet von „rubber".

Handelsprodukte der Acrylnitril-Butadien-Copolymerisate (NBR) sind unter den geschützten Namen Perbunan N®, Krynac®, Chemigum®, Paracril® usw. bekannt. Auch hierbei handelt es sich um Copolymerisate aus zwei verschiedenen Bauelementen, dem Butadien und dem Acrylnitril, Bild 5. Die Herstellung erfolgt durch Emulsionspolymerisation bei Temperaturen zwischen 5 °C und 30 °C. Der Gehalt an Acrylnitril liegt üblicherweise im Bereich von 28–38 %. Er beeinflußt bestimmte Eigenschaften ganz wesentlich, wie z.B. Quellverhalten oder das Kälteverhalten.

Eine direkte Polymerisation von Buten oder Ethen zusammen mit Acrylnitril ist mit den vorhandenen Katalysatorsystemen nicht möglich. Deshalb wird Nitrilkautschuk in Lösung mit bestimmen Katalysatoren selektiv an den Doppelbindungen in der Polymerkette zu einem als

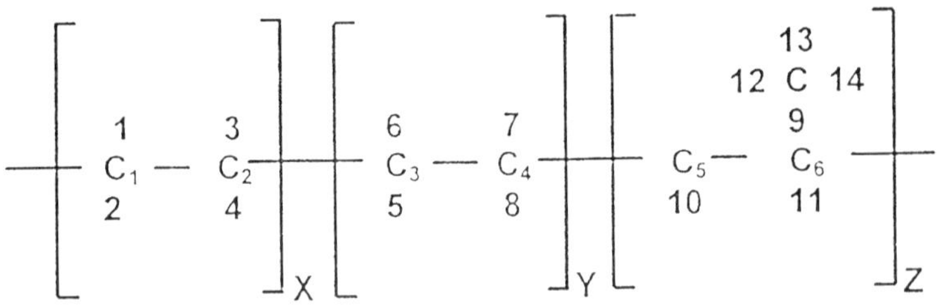

Gruppe der Dienkautschuke (R)

NBR:

Butadien + Acrylnitril
1 - 3 und 6 - 11 = -H
4 - 5 = C - C Doppelbindung
12 - 14 = ≡N
C_1 - C_4 = Butadien; C_5 - C_2 = Acrylnitril

HNBR, wie NBR jedoch: 4 - 5 = -H

Gruppe der Olefinkautschuk (M)

FPM:

VF2 + HFP + (TFE + MVE + CSM) Polymerisate
Terpolymer: 1 - 2 = -H, 3 - 14 = -F
Copolymer: 1 - 2 = -H; y = 0; 10 - 14 = -F
Low temperature: 8 = $-OCH_3$
peroxidisch vernetzbar: 8 = $(-OCFR)_n$ X; X = Br, J

EPM:

Ethen + Propen + Dien
Copolymer: 1 - 14 = -H

EPDM:

Terpolymer: 1,3 und 6 - 14 = -H
2,3 = Ethylidennorbornen, Cyclopentadien

ACM:

Acrylsäureester + reaktive Comonomere
1 - 3 und 5 - 7 = -H
Z = O 4 = (-COOR) Ester
8 = $(-CH_2CH_2\ Cl)$ reaktives Comonomer

Siliconkautschuk Q

MQ:
VMQ:
FVMQ:

C_2, C_4, C_6 = Si; C_1, C_3, C_5 = O; 12 - 14 = H
1 - 11 = $-CH_3$, $-CH_2 = CH_2$, $-C_6H_5$, $-CH_2CH_2\ CF_3$

Bild 5: Struktur und Chemie von Polymeren

HNBR bezeichneten Kautschuk hydriert. Dabei kann man unterschiedliche Hydrierungsgrade einstellen und so die thermische Beständigkeit gegenüber NBR verbessern. Bei vollständiger Hydrierung sind die Eigenschaften wie Ozon- oder auch Wärmebeständigkeit optimiert. Allerdings kann dieser Kautschuk dann nur noch peroxidisch vernetzt werden. Bedingt durch aufwendige Herstellungsverfahren ist das Material wesentlich teurer als NBR.

2.1.3.2 Olefin-Kautschuke (M)

Polymere mit „gesättigten" Kohlenstoffketten werden Olefin-Kautschuke genannt. Bei ihnen verläuft die Vernetzung normalerweise über Seitenketten. Im internationalen Buchstaben-Code der Abkürzungen tragen sie als letzten Buchstaben ein „M" (abgeleitet aus „Methylen"). Auch hier kann wieder zwischen Homo- und Copolymeren unterschieden werden, darüber hinaus kommen hier sogar Terpolymere mit drei unterschiedlichen Bausteinen vor. Als Kettenbausteine werden Ethen und/oder Propen bzw. deren z.B. auch fluorierte oder Ester enthaltende Abkömmlinge verwendet.

Ethen-Propen- (Dien-) Kautschuk oder EP(D)M ist als Handelsprodukt unter den Namen Keltan®, Buna EP®, Vistalon®, Dutral® usw. bekannt. Bei allen Copolymeren besteht die Molekülkette aus Ethen und Propen mit entweder statistischer Verteilung oder auch in Sequenzen, so daß über diese Strukturen und unterschiedliche Verhältnisse von Ethen und Propen eine Vielzahl von Typen darstellbar ist, Bild 5. Da es sich bei diesen Kautschuken um vollständig gesättigte Produkte handelt, kann die Vernetzung allein über Peroxide oder energiereiche Strahlung herbeigeführt werden. Terpolymere enthalten einen weiteren Baustein, der auch seitenständige Doppelbindung enthält, so daß diese auch mit Schwefel vernetzt werden können, Bild 5.

Produkte der Gruppe Acrylatkautschuk (ACM) sind unter den Handelsnamen Cyanacryl®, Elaprim AR®, Hycar Hytemp®, Vamac® bekannt, wobei letzteres als AEM abgekürzt wird. Es handelt sich bei ihnen um Co- bzw. Terpolymere aus Acrylsäureestern und reaktiven Comonomeren, über die dann später auch die Vernetzung abläuft, Bild 5. Der Anteil an Comonomeren liegt zwischen 1 und 5 %. Technisch kommen z.B. folgende Stoffe zum Einsatz: Ethylacrylat, β-Chlor-Ethylvinylether, Chlorvinylacetat, N-Methylacrylamid und Allylglycidylether. Je nach eingesetzten Comonomeren unterscheiden sich die Polymere in ihren Eigenschaften. Ihre Herstellung erfolgt sowohl durch Emulsion-, Suspensions- als auch Lösungspolymersiation. Entsprechend des unterschiedlichen Aufbaus werden auch viele Vernetzungsmechanismen angewandt. Vulkanisate aus Polyacrylat-Mischungen zeichnen sich durch gute Ozonbeständigkeit bei allen Temperaturen, eine gute UV-Beständigkeit und eine geringe Gasdurchlässigkeit aus. Des weiteren sind sie sehr beständig gegen Öle und aliphatische Lösungsmittel, besonders gegen schwefelhaltige Öle. Negativ zu bewerten sind sehr hohe bleibende Verformungen als Folge einer hohen Werkstoffeigendämpfung. Diese mag für andere Einsatzfälle durchaus erwünscht sein, als Beispiel sei auf Drehschwingungsdämpfer und Tilger hingewiesen. Bei Dichtringen ist diese Eigenschaft ohne Bedeutung.

Fluorkautschuk (FPM) wird z.B. unter den Handelsnamen Fluorel®, Tecnoflon® oder auch Viton® vertrieben. Diese Kautschuke können alleine schon ihres Preises wegen zu den Spezialitäten gezählt werden. Zumeist handelt es sich um Co- oder Terpolymere aus Vinylidenfluorid, VF2, Hexafluorpropen, HFP, und Tetrafluorethen, TFE, Bild 5. Zur Erzielung bestimmter Eigenschaften werden weitere Monomere, wie Chlortrifluorethen (ClTFE), zur Verbesserung der Gummi-Metallbindung oder Perfluormethylvinylether (PMVE) zur Kälteflexibilisierung, eingesetzt.

Entsprechend des doch sehr unterschiedlichen Aufbaus der Makromoleküle verläuft auch die Vernetzung mit anderen Chemikalien in teilweise sehr unterschiedlichen Reaktionen. Alle Vulkanisate bedürfen der Temperung. Gerade die mengenmäßig am häufigsten eingesetzten Typen mit der sogenannten bisnukleophilen Vernetzung bedürfen der Temperung, um das durch die Vernetzungsreaktion entstandene Wasser auszutreiben [10]. Üblich sind Temperungen bei 200 bis 260 °C für 24 Stunden. Bei peroxidisch vernetzbaren Typen muß zunächst eine reaktive Seitenkette durch Abspaltung eines zumeist Halogens, Brom oder Jod, erzeugt werden, welche dann über einen Vernetzer mit einer weiteren Seitenkette reagieren kann [10].

2.1.3.3 Siliconkautschuk (Q)

Die Kette enthält Silizium- und Sauerstoffatome, Bild 5, alternierend und damit in gleicher Anzahl. Sauerstoff wird als Heteroatom bezeichnet. Auch hier hat sich eine eigene Chemie – die „Silicon-Chemie" – entwickelt. Man teilt die Kautschuke entsprechend den am Silizium-Kettenatom befindlichen Liganden ein in:

MQ Polymere mit Methylgruppen

VMQ Polymere mit Vinylgruppen

PVMQ Polymere mit Vinyl-Phenyl-Gruppen

Für Dichtungen werden überlicherweise VMQ-Typen eingesetzt. Vulkanisate aus Siliconkautschuk verfügen über eine hohe Wärmebeständigkeit, gute Flexibilität bei nur mäßiger Ölbeständigkeit. Eine gewisse Hydrolysegefahr ist nicht von der Hand zu weisen. Die höchste Temperaturbeständigkeit bei guter Kälteflexibilität liegt beim Einsatz von Fluor-Silicon-Kautschuk vor, bei dem die Methylgruppen teilweise durch die 1,1,1, Trifluorpropylgruppe ersetzt wurden. Daß mit der Fluorierung der Preis dieser Produkte enorm ansteigt, braucht hier kaum hervorgehoben zu werden.

2.1.3.4 Thermoplastische Elastomere

Thermoplastische Elastomere lassen sich wie die Thermoplaste verarbeiten und zeigen in ihrem Arbeitstemperaturbereich gummieelastisches Verhalten. Die technische Bedeutung dieser Elastomerfamilie liegt in der reversiblen physikalischen Vernetzung, die eine theoretisch beliebig oft „recycling"-Fähigkeit mit sich bringt. Der Unterschied zu einem chemisch vernetzten Elastomer liegt also in der Herstellung, wobei dieses prinzipiell in eine heiße Form eingebracht und dort über eine gewisse Zeit vulkanisiert wird, was heutzutage meist rechnergesteuert geschieht [11], während ein thermoplastisches Elastomer in flüssigem und daher heißem Zustand in eine gekühlte Form eingespritzt wird und sich dort verfestigt. Zur Zeit geht man von fünf Stoffklassen aus, die diese Kombination der Verarbeitungseigenschaften von Thermoplasten und Gebrauchseigenschaften von Elastomeren besitzen. Die TPE überstreichen einen breiten Härtebereich von etwa 30 Shore A bis 75 Shore D und reichen damit von den kovalent vernetzten Elastomeren bis zu den Thermoplasten, Bild 6. Ein Ersatz für thermisch hochbeständige Elastomere können die TPE´s aufgrund ihrer begrenzten Dauerwärmestandfestigkeit nicht sein, was gerade bei thermisch beanspruchten Dichtungen der Vorteil der chemisch vernetzten Elastomere ist. Die Entwicklung der TPE´s geht hin zu maßgeschneiderten Polymeren mit auf das jeweilige Problem abgestimmten Eigenschaften, wobei sicherlich auch die zur Zeit gegebenen oberen Temperaturgrenzen erweitert werden [12].

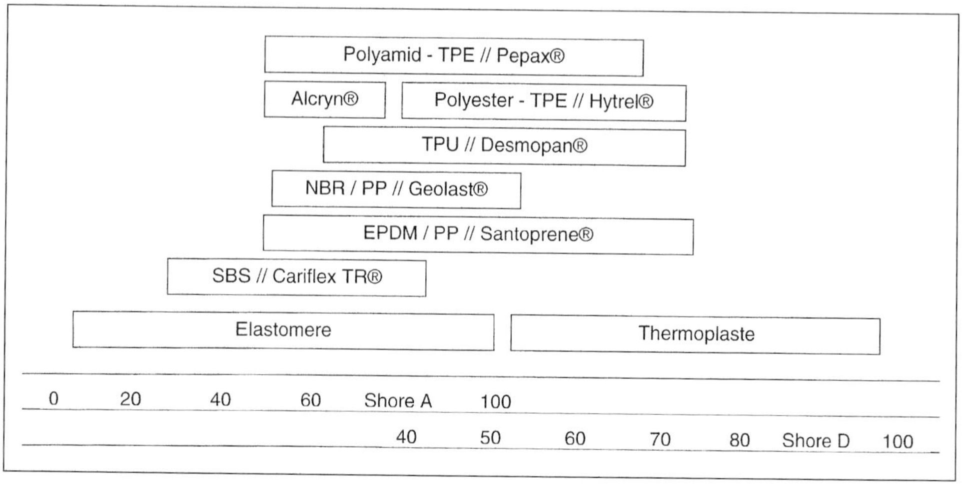

Bild 6: Thermoplastische Elastomere – einstellbarer Shore-Härte-Bereich

2.1.4 Werkstoffe

2.1.4.1 Mischungsaufbau

Vulkanisiert man Naturkautschuk mit Schwefel oder einer entsprechenden Menge Peroxid, so erhält man Gummi mit nur mäßigen Eigenschaften. Erst der Zusatz von aktiven Füllstoffen erlaubt Eigenschaftsbilder von elastischen Werkstoffen, wie sie heute gebräuchlich sind, z.B. Laufflächen mit geringem Abrieb, Membranwerkstoffe mit hoher dynamischer Beanspruchbarkeit oder mit geringer Gasdurchlässigkeit usw. Weitere Ingredienzen wie Alterungsschutzmittel, Weichmacher, Vernetzer, Beschleuniger usw. sind üblich und werden eingesetzt. In Bild 7 sind die allgemein verwendeten Stoffgruppen in Art und Menge in einer Tabelle zusammengefaßt, wobei, entsprechend der Praxis der Gummiindustrie, auch die K% oder phr (per hundred rubber) aufgeführt sind [13]. Testrezepturen sind in Standardwerken beschrieben [14], Rezepturempfehlungen werden von den Polymerherstellern herausgegeben [15 bis 17]. Im folgenden werden die einzelnen Gruppen näher betrachtet.

Zur Erzielung spezieller Eigenschaften, wie z.B. gute Abriebbeständigkeit oder hohe dynamische Beanspruchbarkeit oder elektrische Leitfähigkeit, werden über 50 verschiedene genormte Rußtypen eingesetzt. Die Vielfalt der eingesetzten Füllstoffe setzt sich bei den sogenannten hellen Füllstoffen fort. Helle Füller ergeben eine bessere thermische Belastbarkeit als Ruße. Zum andern lassen sich Siliconkautschuke mit hellen Füllern effektiver verstärken. Durch den Einsatz der Weichmacher werden die Verarbeitungseigenschaften, aber auch die Verteilung der Füllstoffe verbessert, ebenso werden physikalisch-technische Eigenschaften, wie Kälteflexibilität, beeinflußt. Weiterhin benötigt man Weichmacher zur Einstellung bestimmter Dämpfungscharakteristiken.

Der Einsatz von Verarbeitungshilfsmitteln ermöglicht erst die Handhabung der Mischungen in den verschiedensten Arbeitsstufen und gewährleistet darüber hinaus eine gleichmäßige Temperaturgeschichte der Mischungen und der Vulkanisate.

Stoffgruppe	Menge in %	K%
Kautschuk	30 - 60	100
Füllstoffe	30 - 50	40 - 60
Weichmacher	2 - 20	5 - 30
Verarbeitungshilfsmittel	0 - 5	0 - 6
Alterungsschutzmittel	0 - 5	0 - 6
Aktivatoren	0 - 3	0 - 4
Vernetzungsmittel	1 - 3	1 - 6
Beschleuniger	0 - 2	0 - 4

Bild 7: Mischungsbestandteile in Art und Menge

Alterungsschutzmittel bieten einen Schutz gegen eine Vielzahl von Alterungsprozessen, die während des Gebrauchs des Werkstoffes ablaufen. Hierzu wird meist ein Paket von Alterungsschutzmitteln eingesetzt, das Schutz gegen Angriffe durch Sauerstoff, Wärme, Ozon, UV-Licht aber auch dynamische Beanspruchungen bietet. Die Vernetzungsmittel bewirken die Verkettung der einzelnen Polymerfäden zu einem schwach vernetzten dreidimensionalen Gitter. Beschleuniger werden deshalb zugesetzt, damit die optimale Vernetzung in einer produktionstechnisch notwendigen Zeit abgeschlossen ist. Vernetzungssystem und Beschleuniger sind nicht unabhängig zu betrachten, da sie sich zum einen gegenseitig beeinflussen und somit auch die Konstitution und Verteilung der Bindungen bestimmen, zum andern können Beschleuniger auch gleichzeitig Vernetzungsmittel darstellen.

Für die bei Dichtungen eingesetzten Kautschuke werden hauptsächlich vier Vernetzungssysteme verwendet:

1. Schwefel-Vernetzung (NBR, EPDM)
2. Peroxid-Vernetzung (NBR, FPM, VMQ, EP(D)M)
3. Bisphenol (FPM)
4. Salze organischer Säuren (ACM)

Die Vernetzungssysteme ergeben, bedingt durch die Art der Verteilung und die Art der Verknüpfungsstellen, unterschiedliche physikalisch-technische Eigenschaften. So sind die z.B. peroxidvernetzten bzgl. der Alterungsbeständigkeit gegenüber den schwefelvernetzten im Vorteil, haben jedoch Nachteile, wenn es um Einreiß- und Weiterreißfestigkeit geht.

2.1.4.2 Werkstoffbeschreibung

Um das Eigenschaftsbild elastomerer Werkstoffe beschreiben zu können, benötigt man Maßzahlen für die unterschiedlichsten Beanspruchungen. Da die Eigenschaften von Zeit und Temperatur sowie bei hohen Temperaturen irreversibel von der Temperaturgeschichte abhängig sind, muß für eine Gebrauchsdauerberechnung der Verlauf der Eigenschaftsänderung für beliebige Zeiten und Temperaturen bekannt sein.

Die Gummiindustrie, aber auch nationale und internationale Institutionen haben Testmethoden für die Beschreibung der Eigenschaften von Elastomeren entwickelt. Zumeist sind das jedoch Einpunktmessungen, die Kennzahlen und nicht Werkstoffeigenschaften angeben, wie es zum Beispiel beim Druckverformungsrest der Fall ist, während bei Spannungsdehnungskurven das Bild der physikalischen und chemischen Netzwerkdichte in summa abgebildet wird. Aus der jahrzehntelangen Erfahrung wissen die Konstrukteure, daß die in den Werkstoffspezifikationen angegebenen Kennwerte und deren Toleranzen ausreichen, um das Dichtungs- oder Schwingungsproblem für die gewünschte Lebensdauer mit Sicherheit zu erfüllen. Allerdings kann hieraus nicht abgeleitet werden, wie lange die Elastomerbauteile nun wirklich ihre Funktion erfüllen. Aus der langen Erfahrung mit Elastomeren wurden Regeln dafür aufgestellt, wie sich das Eigenschaftsbild von Elastomeren verändert [18 bis 20] sowie Grenzwerte für bestimmte Eigenschaftsänderungen ermittelt, die als Kriterien für die Bestimmung der Gebrauchsdauer dienen.

Moderne Methoden gehen über die Bestimmung von Einpunktmessungen und Kennzahlen hinaus und geben Funktionen für die Berechnung von Eigenschaften und deren Änderungen an, es werden also Werkstoffeigenschaften mittels Funktionen beschrieben. Die Testmethoden sind so ausgelegt, daß damit die Funktionalität der elastischen Bauteile berechnet und deren Gebrauchsdauer daraus abgeschätzt werden kann. Tests müssen also anwendungsbezogene Eigenschaften simulieren und es erlauben, deren Änderungen über die Zeit in Abhängigkeit von der Temperatur zu bestimmen.

2.1.4.2.1 Deformationsmechanisches Verhalten

Eine der wichtigsten Eigenschaften von Elastomeren ist das Relaxationsverhalten während der Beanspruchungszeit. Bild 8 zeigt schematisch diese Abhängigkeit über den gesamten Lebenszyklus eines Elastomers. Mit Hilfe des Superpositionsprinzips [21] läßt sich die Funk-

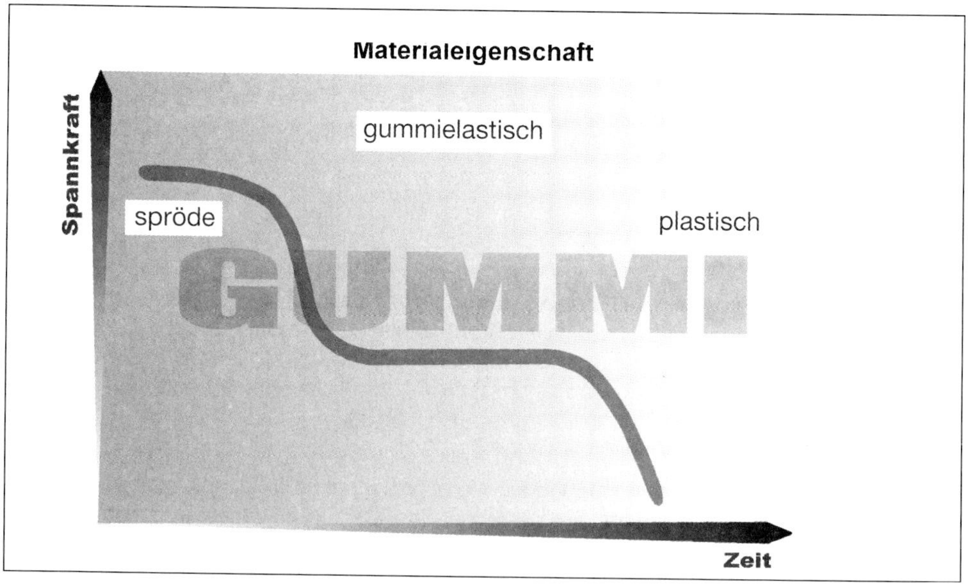

Bild 8: Abhängigkeit der Gummielastizität von der Zeit

tion in Abhängigkeit von der Temperatur darstellen. Eine einfache Methode zur Erstellung dieser Relaxationsfunktion, soweit sie physikalisch bestimmt ist, besteht in der isothermen Messung einer gedehnten Probe [22] bei mehreren Temperaturen und Entwicklung einer Masterkurve mit Hilfe der WLF-Beziehung [23].

2.1.4.2.2 Netzwerke in Abhängigkeit von Zeit und Temperatur

Bei der Vulkanisation werden die Polymerknäuel durch ein weitmaschig geknüpftes dreidimensionales Netzwerk miteinander verbunden. Die Anzahl und die Verteilung der Knüpfpunkte bestimmen im wesentlichen die Parameter der Spannungs-Dehnungs-Relaxation. Außerdem geben die physikalischen Bindungen von Polymer und Füllstoff zusätzlich einen Beitrag zum Netzwerk. Bei Aufnahme von Spannungs-Dehnungs-Kurven ist mitunter mit einer erheblichen Relaxation zu rechnen. Um nun relaxationsunabhängige Werte zur Berechnung des Elastizitätsmoduls für die Materialmodelle zu erhalten, wird bei einem konditionierten Probekörper [24] in einem Zugversuch die Dehnung schrittweise um 5 % erhöht und die zugehörige Spannung nach erfolgter Relaxation bestimmt, Bild 9. Zu unterscheiden sind hier zwei Phänomene der physikalischen Spannnungsrelaxation. Während die Polymer-Füllstoff-Wechselwirkung als eines der beiden Phänomene durch eine Konditionierung durch wiederholtes Dehnen und Entlasten, wie sie in [24] beschrieben ist, eliminiert wird, kann die Relaxation des Polymers an sich bei dem beschriebenen Spannungs-Dehnungs-Versuch beobachtet werden. Da die Messungen bei Raumtemperatur durchgeführt werden und der Glasübergangsbereich bei Elastomeren wesentlich unter 0 °C [25] liegt, ist die Relaxation im Minutenbereich abgeschlossen. Aus der relaxierten Kurve lassen sich dann die Konstanten für das jeweils bevorzugte Materialmodell bestimmen. Allerdings unterliegt das Netzwerk Veränderungen, die durch Zeit, Temperatur und Umgebungsmedien bestimmt werden.

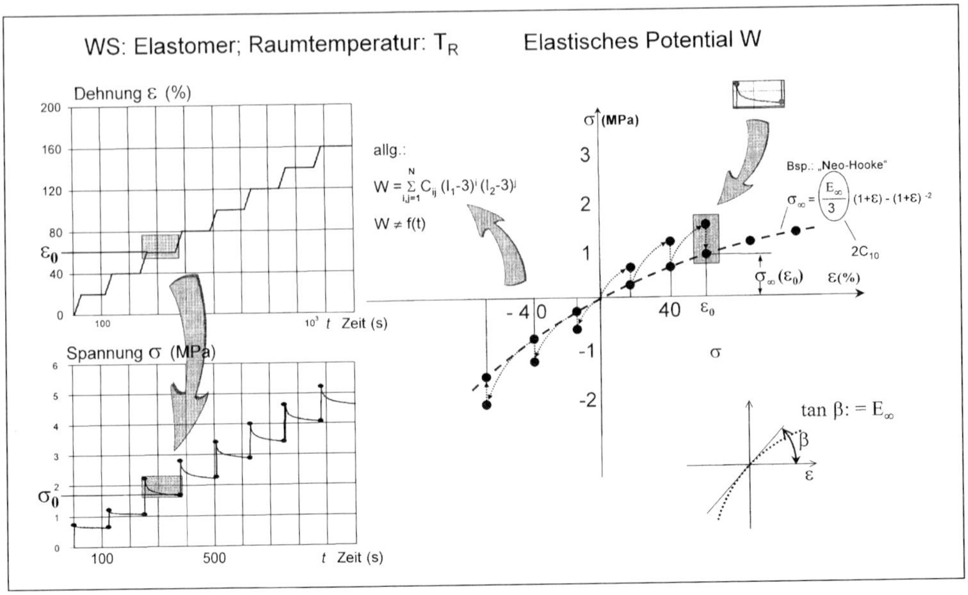

Bild 9: Bestimmung des Elastizitätsmoduls

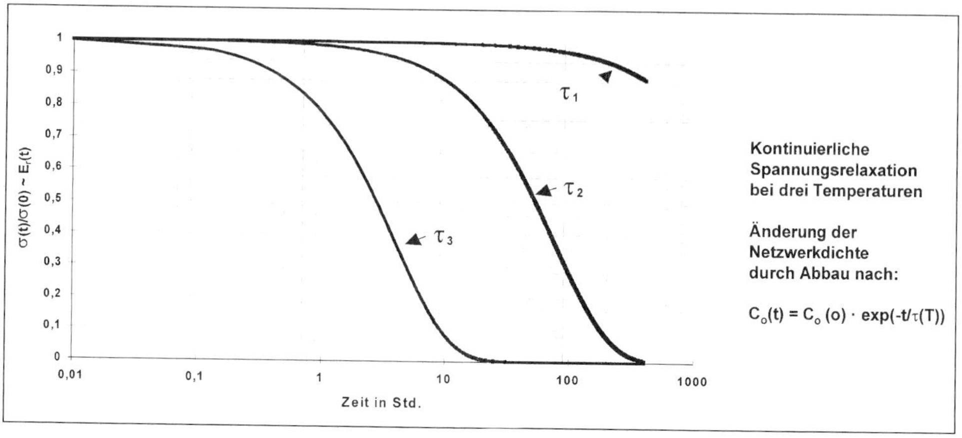

Bild 10: Abhängigkeit der Elastizität von Temperatur und Zeit

Bei thermischer und chemischer Beanspruchung eines Elastomers wird die Netzwerkdichte verändert. Zum einen wird das weitmaschig geknüpfte Netzwerk durch Ketten- und/oder Netzwerkknoten-Spaltung teilweise abgebaut, zum andern wird durch weitere Vernetzung, bedingt durch Reaktionen mit den umgebenden Medien, das Netzwerk enger geknüpft. Da bei Dichtungen im eingebauten Zustand beide Reaktionen zu einer Verringerung der Rückstellkräfte führen, schädigen sie das Dichtverhalten. Der Abbau des Netzwerks verringert die Spannkraft, während die weitere Vernetzung im verformten Zustand diesen mehr und mehr fixiert und bei einer Änderung der Verformung der Dichtung dieser nunmehr mit einer geringeren Spannkraft folgt.

Die Messung der Änderung der Spannkraft mit Hilfe der kontinuierlichen Spannungsrelaxation, Bild 10, kann daher nur den Abbau des Netzwerkes zeigen. Durch Messung bei verschiedenen Temperaturen läßt sich nach Auswertung der einzelnen Kurven mit einem Kinetik-Programm die thermische Abhängigkeit der Alterungsreaktion in einem Arrheniusdiagramm [26] darstellen. Die so berechnete Funktion wird bei der Gebrauchsdauerabschätzung verwendet. Im Gegensatz zur kontinuierlichen Spannungsrelaxation erhält man bei der Messung der diskontinuierlichen die Summe der Netzwerkänderungen, also sowohl Abbau als auch Weitervernetzung. Hierzu werden Spannungsdehnungsmessungen an Prüfkörpern nach Lagerung in den zu betrachtenden Medien für unterschiedliche Zeiten bei mehreren Temperaturen durchgeführt. Wie aufwendig dieses Verfahren ist, mag man daran ersehen, daß Messungen pro Medium mindestens bei drei Temperaturen und zwanzig Zeiten vorgenommen werden müssen. In Bild 11 ist schematisch dargestellt, wie die Änderung der Netzwerkdichte bestimmt wird.

2.1.4.2.3 Gebrauchsdauer und Vorhersage

Seit Beginn des industriellen Zeitalters werden Elastomere in Maschinen eingebaut. Somit ist man natürlich auch an einer Abschätzung der Gebrauchsdauer interessiert, bei manchen Bauteilen ist durchaus der Begriff „Lebensdauer" angebracht. Es hat daher nicht an Versuchen gefehlt, diese vorauszusagen. Aus der reichhaltigen Literatur hierzu seien nur einige zitiert [27 bis 32]. Alle haben aber den Nachteil, daß ausschließlich Abschätzungen an Hand von Werkstoffeigenschaften durchgeführt wurden, das Bauteil aber selten in die Betrachtung

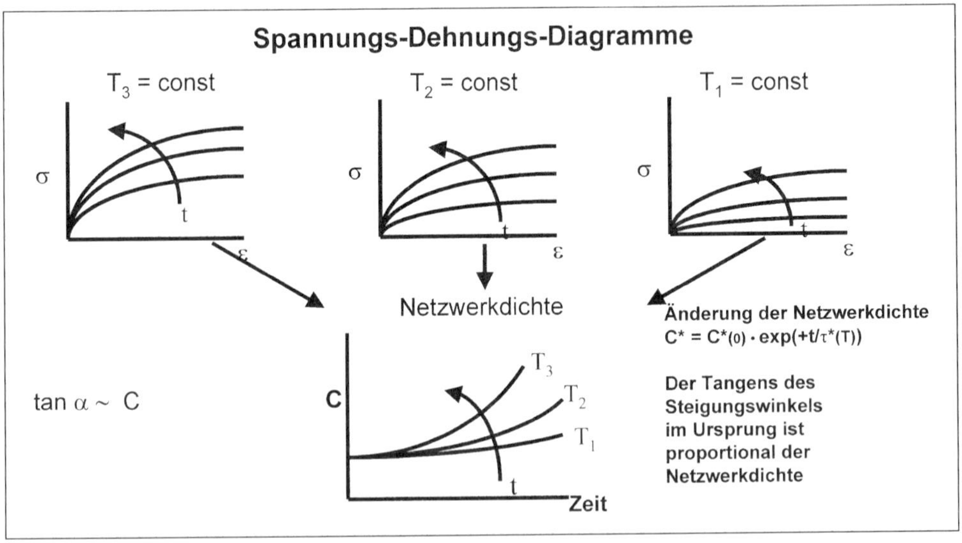

Bild 11: Bestimmung der Änderung der Netzwerkdichte

einbezogen wurde. Erst moderne Meßmethoden, die eine vollständige Beschreibung der Elastomereigenschaften mit Hilfe einer automatischen Steuerung und Auswertung, also mittels Computer, ermöglichen [33, 34] geben das Rüstzeug, das Bauteil selbst zu untersuchen und zu beschreiben. Dabei ist die FEA das Hilfsmittel, welches nunmehr auch für dreiachsige Belastungsfälle in vertretbaren Rechenzeiten die Eigenschaftsänderungen bestimmen kann.

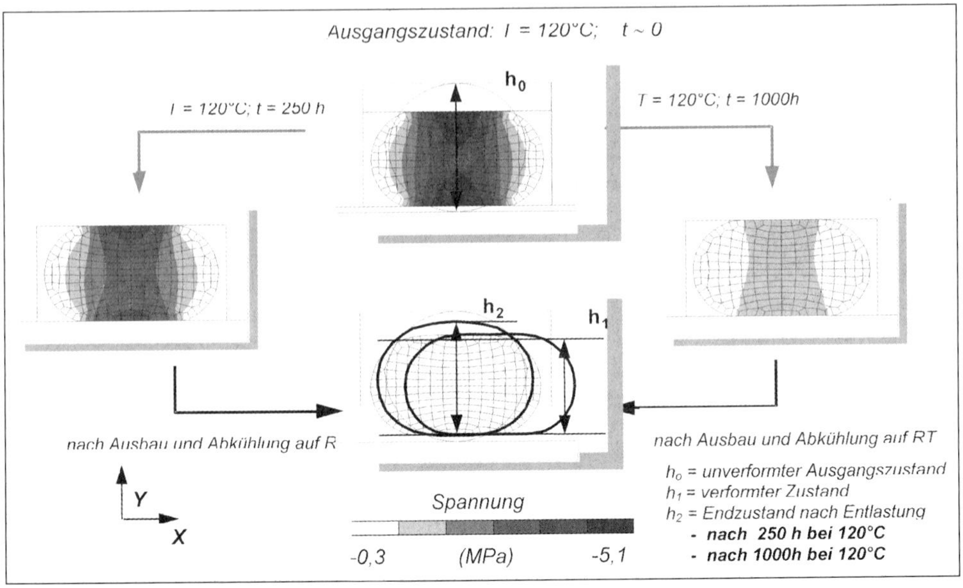

Bild 12: Rückstellkraft von O-Ringen

Liegen nun die Anforderungen für die Funktion eines solchen Bauteils hinsichtlich Temperatur, Druck, Medien, Verformung usw. auch für die höchstmögliche Beanspruchung – worst case – vor, so kann man berechnen, wie lange das Bauteil den Anforderungen genügt. Im Falle eines O-Ringes ist die Rückstellkraft das Maß für die Funktionalität, siehe Bild 12. Also müssen alle Werkstoffuntersuchungen und Berechnungen diese Größe und deren Veränderung messen bzw. berechnen und bewerten.

Es müssen also Kriterien, die die Funktion betreffen, angegeben werden, dann und nur dann kann die Gebrauchsdauer von Bauteilen vorhergesagt werden.

2.1.5 Wechselwirkungen

2.1.5.1 Anforderungen

Dichtringe werden im Maschinenbau in den unterschiedlichsten Systemen eingesetzt, wobei der größte Teil im Automobilbau angewendet wird. Im Auto kommt das Elastomer mit unterschiedlichen Medien [35] vom Kraftstoff bis zum Hinterachsgetriebeöl in Berührung. In der Lebensmittelindustrie – hier sind die Mischungsbestandteile strengen Regulierungen unterworfen [36], siehe auch Kap. 10 – dichten die Elastomere gegen Fette, Wasser oder wässrige Medien ab, die Chemieindustrie verlangt gleichzeitige Beständigkeit gegen eine Vielzahl unterschiedlicher Chemikalien, weshalb spezielle Elastomere [37] eingesetzt werden.

Im Maschinenbau wird eine breite Palette von Medien eingesetzt, die von Mineralölen über Polyalkylenglykolen und Esterölen bis hin zu Triglyceriden [38, 39] reicht. Weiterhin werden auch Emulsionen aus Wasser und Öl, Phosphorsäureester oder auch Polyether verwendet [40].

2.1.5.2 Werkstoffauswahl

Die Auswahl des geeigneten Basispolymers für den Einsatz von Dichtringen richtet sich nach

- der Art des abzudichtenden Mediums,
- dem Einsatztemperaturbereich,
- der geforderten Gebrauchsdauer und
- der Relativgeschwindigkeit zwischen Dichtung und Stange bzw. Zylinder oder Welle.

Die Wellendichtringhersteller in der Bundesrepublik Deutschland haben in Zusammenarbeit mit der deutschen Automobilindustrie eine Norm [41] geschaffen, in der die chemische und thermische Beständigkeit der für RWDR im Automobil verwendeten Elastomere in einer Tabelle aufgelistet ist. Bild 13 ist ein Auszug der Tabelle 2 aus DIN 3761, der um das Basispolymer HNBR erweitert ist. Bild 14 zeigt die Beständigkeit der Elastomere in den in der Hydraulik verwendeten Flüssigkeiten.

2.2 Kunststoffe

2.2.1 Polytetrafluorethylen (PTFE)

Fluorierte Kunststoffe haben aufgrund der chemischen Bindung zwischen Fluor und Kohlenstoff außergewöhnlich gute chemische, thermische und elektrische Eigenschaften.

Der bekannteste und am weitesten verbreitete fluorierte Kunststoff ist das Polytetrafluorethylen (PTFE), ein teilkristalliner Werkstoff, der zur Gruppe der Thermoplaste gezählt wird.

PTFE hat wegen seines hohen Molekulargewichtes auch im geschmolzenen Zustand eine extrem hohe Fließviskosität und kann daher nicht im Spritzgießverfahren verarbeitet werden.

Zulässige Temperaturen des Mediums (Ölsumpftemperatur) °C

Spalte 1: Prüftemperatur für 1000 h Alterung des Werkstoffs
Spalte 2: Mittlere Prüftemperatur für 10 x 14 h Prüflauf
Spalte 3: Maximale Prüftemperatur für 10 x 6 h Prüflauf
Spalte 4: Kurzzeitig (> 1 < 10 h) zulässige Spritzentemperatur im Fahrzeug

Elastomer	Tieftemperatur-Verhalten °C		Motorenöle				Schaltgetriebeöle				ATF-Löe				Hypoid-Getriebeöle				Öle der Fahrzeughydraulik				Schmierfette			
	RWDR-Wert 1)	KVP 2)	1	2	3	4	1	2	3	4	1	2	3	4	1	2	3	4	1	2	3	4	1	2	3	4
Acrylnitril-Butadien-Kautschuk (NBR)	-40	-20 bis -25	90	90	110	120	90	90	100	120	100	100	110	120	80	80	90	100	90	90	100	110	80	80	100	120
Acrylat-kautschuk (ACM)	-30	-10 bis -15	125	125	140	150	125	125	140	150	125	125	140	150	125	125	140	150								
Hydrierter Acrylnitril-Butadien-Kautschuk (HNBR)	-35	-15 bis -20					125	125	125	140									125	125	125	140				
Silicon-kautschuk (MVQ)	-50	-50	135	135	150	160					130	130	140	150												
Fluor-kautschuk	-30	-10 bis -15	150	150	160	160	150	150	160	160	150	150	160	160	130	130	140	160	150	150	160	160				

1) RWDR-Wert = Temperatur, bei der der RWDR noch funktionsfähig bleibt (Einsatzfall beachten)
2) KVP = Kälteversteifungspunkt = lederartig versteifter Zustand des Werkstoffes

Bild 13: Elastomerbeständigkeit nach DIN 3761

Medien	NBR	FPM	HNBR	EPDM	PU (AU)
Mineralöle	+	+	+	-	+
PAO	+	+	+	-	+
HFA	+	+	+	-	+
HFC	+	-	+	+	-
HFD	-	+1)	-	+2)	-
HEES	+4)	+	+4)	-	+/O 4)
HEPG	+/O 4)	+	+	+3)	-
HETG	+	+	+	-	+4)
Bremsflüssigkeit	-	-	-	+	-

1) nicht bei Alkylphosphorsäureester, nur FPM-Sondertypen
2) bei Phosphorsäureester
3) nur wenn absolut mineralölfrei
4) bei dynamischen Dichtungen im Einzelfall prüfen

\+ beständig
O bedingt beständig
\- nicht beständig

Bild 14: Beständigkeit gegen Hydraulikflüssigkeiten

Die Herstellung von Formteilen aus PTFE ist daher relativ aufwendig; an einen Preß- und Sinterprozeß schließt die maßgenaue spangebende Formgebung an. Eine endgültige Formgebung durch automatisiertes Pressen wird bei hohen Stückzahlen angewendet, wenn keine engen Formteiltoleranzen gefordert werden.

Weitere Verfahren sind die Ramextrusion und Pastenextrusion zur Herstellung von Profilen und Folien.

Schon frühzeitig erging deshalb die Forderung an die Chemiker, einfache verarbeitbare fluorierte Kunststoffe zu entwickeln.

Der erste thermoplastische Fluorkunststoff mit Eigenschaften ähnlich dem PTFE war Hexafluorethylenpropylen (FEP), das 1960 auf dem Markt eingeführt wurde. Bis zum heutigen Tage schloß sich eine Fülle weiterer Fluorkunststoffe an.

Zur Abdichtung von hydraulischen Geräten und Anlagen, Flansch- und Rohrleitungsverbindungen, Wellendurchführungen an Pumpen und Rührbehältern, Spindelabdichtungen in Ventilen u.v.m. finden Produkte aus und auf der Basis von PTFE breite Anwendung, siehe auch Kapitel 3.

Thermoplastische Werkstoffe als Dichtungen für dynamische Anwendungen können infolge der geringen Eigenelastizität nicht als Einzelelement verwendet werden. Die erforderliche Vorspannung wird deshalb vorzugsweise durch eine metallische Feder oder einen O-Ring erzielt.

PTFE ist eine saturierte aliphatische Fluor-Kohlenstoff Verbindung mit der höchsten chemischen und thermischen Beständigkeit aller Kunststoffe.

Die chemische Beständigkeit resultiert aus:

- der starken Fluor-Kohlenstoffbindung,
- der nahezu völligen Abschirmung der Kohlenstoffketten durch Fluoratome

- dem kompakten Aufbau der Fluor-Kohlenstoffbindung, die keine Verbindung mit anderen Molekülen eingeht

PTFE ist physiologisch unbedenklich und sterilisierbar. Der thermische Anwendungsbereich liegt bei ca. -200 °C bis +260 °C. PTFE besitzt den niedrigsten Reibungskoeffizienten aller Feststoffe. Der statische und dynamische Reibungskoeffizient ist annähernd gleich, so daß keine Stick-Slip-Effekte auftreten. Die günstigen Reibungsverhältnisse ergeben eine hohe Widerstandsfähigkeit gegen Adhäsionsverschleiß und lange Lebensdauer in hydraulischen Systemen. Außer diesen wichtigen Vorteilen hat reines PTFE einige Eigenschaften, die beachtet werden müssen. Das sind

- der Kaltfluß, d.h. die Kriechneigung des Materials,
- die schlechte Wärmeleitfähigkeit,
- der hohe Ausdehnungskoeffizient sowie
- die geringe Belastbarkeit als Lagermaterial und
- die niedrige Widerstandsfähigkeit gegen abrasiven Verschleiß.

Dichtungen aus reinem PTFE werden vorzugsweise bei geringen mechanischen Beanspruchungen eingesetzt, z.B. bei statischen Anwendungen als O-Ringe, Stützringe, Flachdichtungen usw.

Handelsnamen:

Teflon	DuPont Dow Elastomers	USA
Hostaflon	Dyneon	Deutschland
Fluon	ICI	England
Halon	Allied Chemical	USA
Algoflon	Monte Edison	Italien

2.2.1.1 Chemischer Aufbau

- Gewinnung der Monomeren

Das monomere Tetrafluorethylen ($CF_2 = CF_2$) wird durch thermische Spaltung des Kältemittels Frigen 22 (Difluorchlormethan CH-ClF) bei Temperaturen von 800 bis 1000 °C gewonnen.

Im Anschluß an die Spaltung durchläuft das Rohgas einen Wasch- und Trocknungsprozeß und wird schließlich bei tiefen Temperaturen (-35 °C) verflüssigt. Zur Abtrennung unerwünschter Nebenprodukte wird das Monomere durch Destillation gereinigt und kann erst danach für die Polymerisation eingesetzt werden. Die explosiven Eigenschaften des monomeren Tetrafluorethylens machen zahlreiche Sicherheitsvorkehrungen erforderlich, um ein gefahrloses Arbeiten zu ermöglichen.

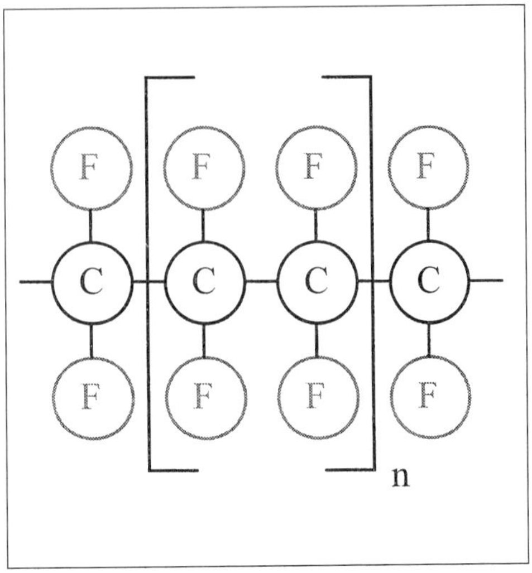

Bild 15: Molekulare Struktur von PTFE

Bild 16: Mikroaufnahme von PTFE

- Polymerisation von Tetrafluorethylen und Aufbearbeitung der Polymere

In der Polymerisation wird das monomere Tetrafluorethylen zu dem polymeren Polytetrafluorethylen umgewandelt (Bild 15).

$$n \cdot CF_2 = CF_2 \rightarrow (CF_2 - CF_2)n$$

Die Polymerisation erfolgt in geeigneten Polymerisations-Reaktoren, wobei das gasförmige Tetrafluorethylen in einer vorgelegten wäßrigen Flotte, die bestimmte Katalysatoren und Emulgatoren enthält, polymerisiert wird (Bild 16).

Wesentliche Verfahrensschritte dabei sind:

- Waschen,
- Trocknen
- Granulieren (zur Herstellung rieselfähiger Produkte)
- Compoundieren (zur Herstellung von Füllstoffmischungen)
- Aufkonzentrieren (nur bei Dispersionen)
- Formulierung von Beschichtungssystemen

Zur Erzielung optimaler Eigenschaften müssen alle mit der PTFE-Aufarbeitung verbundenen Verfahrensschritte unter extrem sauberen Arbeitsbedingungen durchgeführt werden. Staubfreie Belüftungsysteme garantieren die Sauberkeit des Materials.

2.2.1.2 Strukturelle Beschaffenheit

- Kettenaufbau

Theoretische Überlegungen und praktische Beobachtungen deuten darauf hin, daß die PTFE Makromoleküle linear aufgebaut sind. PTFE ist nicht löslich, daher ist eine Molekulargewichtsbestimmung nach den üblichen Methoden nicht möglich.

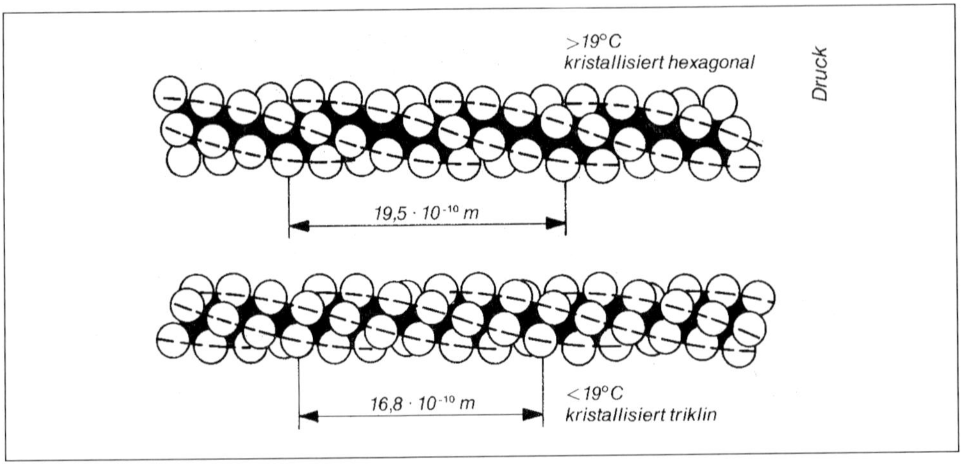

Bild 17: Kristallumwandlung von PTFE bei 19 °C

Da die Dichte mit steigendem Kristallisationsgrad zunimmt und der Kristallisationsgrad dem Molekulargewicht umgekehrt proportional ist, weisen hochmolekulare Proben eine geringere Dichte auf als niedrigmolekulare.

Die Kohlenstoff-Fluorverbindung stellt mit einer Dissoziationsenergie von 460 kJ/Mol eine der stärksten Bindungen in der organischen Chemie dar und ist nur unter extremen Bedingungen zu lösen. Die Kohlenstoffketten sind nahezu vollständig mit Fluoratomen bedeckt. Das kommt einer „Panzerung" des Kohlenstoffgerüstes gegen äußere Einflüsse gleich. Daraus resultiert auch die hohe Chemikalienbeständigkeit der Polymere.

Polytetrafluorethylen ist ein teilkristallines Polymer. Die kristalline Struktur ist schon visuell erkennbar. Oberhalb des bei 325 bis 340 °C liegenden Kristallitschmelzbereichs ist das Material in hohem Maße transparent, unterhalb dagegen weiß und undurchsichtig. Bei 19 °C findet bei PTFE eine Kristallumwandlung statt. Die unterschiedlichen Kristallitformen sind in Bild 17 dargestellt.

2.2.2 Hexafluor-Ethylen-Propylen (FEP)

Die hohe molare Masse des PTFE, die damit verbundene Schmelzviskosität und spezielle Verarbeitungstechnik legten es nahe, Fluorkunststoffe zu entwickeln, die wie gewöhnliche Thermoplaste, d.h. im Schmelzzustand durch Spritzgießen und Extrudieren verarbeitet werden können. Ein Ergebnis solcher Entwicklung ist FEP (Bild 18).

FEP hat ein geringeres Molekulargewicht als PTFE und läßt sich in herkömmlichen Formen auf Spritzgießmaschinen und Strangpressen thermoplastisch verarbeiten. Kennzeichnende Eigenschaften:

- thermoplastisch verarbeitbar
- gutes Reibungsverhalten
- schlagzäher als PTFE
- Verbindung durch Kleben und Reibschweißen möglich

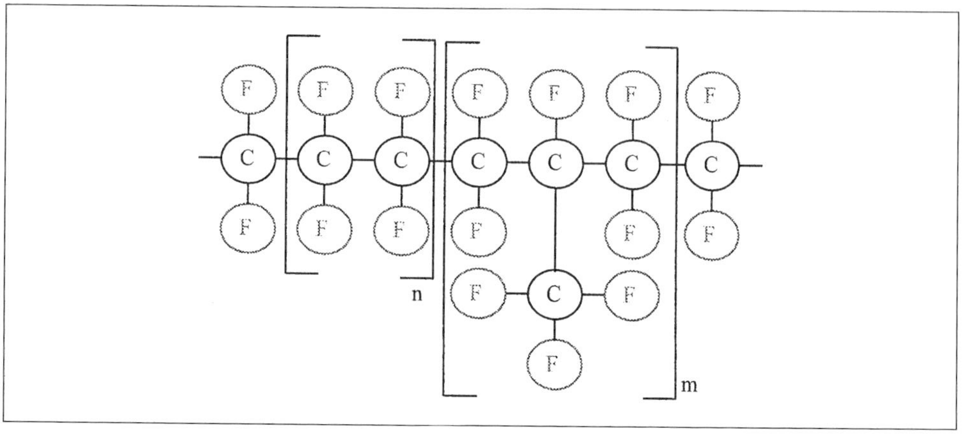

Bild 18: Molekulare Struktur von FEP

Temperaturbeständigkeit: im Unterschied zu PTFE mit einer Dauergebrauchstemperatur von ca. ca. +260 °C liegt bei FEP die obere Grenze bei ca. +200 °C.

FEP besitzt nahezu identische chemische und elektrische Eigenschaften wie Polytetrafluorethylen (PTFE).

Auf dem Dichtungssektor wird FEP z. B. als Ummantelung für O-Ringe verwendet.

2.2.3 Modifizierte PTFE – Werkstoffe

Trotz seiner bemerkenswerten Eigenschaften erwies sich reines PTFE als nicht gut geeignet für eine Reihe von technisch anspruchsvolleren Anwendungen. Insbesondere das Kaltfließen oder Kriechen von PTFE und seine geringe mechanische Festigkeit verhindern Anwendungen mit hoher mechanischer Beanspruchung. Durch die gezielte Beimischung von Füllstoffen lassen sich die physikalischen Eigenschaften von PTFE verbessern.

Folgende dichtungsrelevante Eigenschaften werden durch Füllstoffe positiv beeinflußt und erweitern deren Anwendungsbereich:

- Der Verschleiß- bzw. Abriebwiderstand wird um ein Vielfaches erhöht.
- Der Widerstand gegen Kriechen oder Deformation unter Belastung (Spaltextrusion) kann um einen mehrfachen Wert verbessert werden. Gleichzeitig wird auch die Formbeständigkeit verbessert.
- In Abhängigkeit vom Füllstoff kann die Wärmeleitfähigkeit um das 3–5fache erhöht werden.
- Abhängig vom Füllstoffgehalt läßt sich die Wärmeausdehnung um das fünffache herabsetzen.
- Bei entsprechender Füllstoffauswahl kann unter Umständen eine Kontrolle über die elektrischen Eigenschaften von PTFE erreicht werden.

PTFE-Werkstoffe werden normalerweise mit Füllstoffgehalten zwischen 5 und 40 % modifiziert. Ein Füllstoffanteil < 5 % nimmt auf die Materialeigenschaften keinen wesentlichen Einfluß, jedoch können Pigmente bereits zu wesentlichen Verbesserungen führen. Füllstoffgehalte > 40 % bringen keine weitere Verbesserung der physikalischen Eigenschaften. Die Füllstoffe können nach Art ihrer Struktur wie folgt unterteilt werden:

- Globulare Füllstoffe

  z.B. Bronze als kugelförmige oder spratzige Teilchen mit unregelmäßiger Struktur mit Teilchengröße < 60 µm.

- Pulverförmige Füllstoffe

  z.B. Kohlepulver mit unregelmäßigen Teilchen zwischen 5 und 150 µm Durchmesser, Grafit in unregelmäßiger Plättchenform mit Teilchen < 60 µm oder MoS_2-Pulver in Größen zwischen 0,1 und 40 µm.

- Faserförmige Füllstoffe

  Glas in unterschiedlicher Faserlänge mit 10 µm Durchmesser, Kohlefasern oder andere mineralische Fasern.

2.2.3.1 Art der Füllstoffe

Praktisch kann jedes Material, das bei der Sintertemperatur von PTFE stabil bleibt, als Füllstoff verwendet werden. Die Eigenschaften des Compounds werden vor allem durch charakteristische Größen wie Partikelform, Partikelgröße, chemische Zusammensetzung des Füllstoffes und die Prozeßdaten beim Sintern bestimmt.

Wesentliche Haupteigenschaften gebräuchlicher modifizierter PTFE Dichtungswerkstoffe:

- Glasfaserfüllung

  Glasfasern sind ein häufig verwendeter Füllstoff. Er verbessert die Kriechfestigkeit von PTFE sowohl bei niedrigen als auch bei hohen Temperaturen, und er ist chemisch stabil (ausgenommen gegenüber starken Laugen und Flußsäure). Der Einfluß auf die elektrischen Eigenschaften von PTFE ist gering, Verschleiß und Reibungsverhalten werden verbessert. Einsatz für Hydraulikdichtungen im mittleren Druckbereich.

  Als Alternative zur Glasfaserfüllung können auch Mineralien zur Anwendung kommen. Sie sind etwas weicher und weniger abrasiv als Glas, haben aber eine geringere Verschleißfestigkeit.

- Kohlefüllung

  Amorphe Kohle ist eine der chemisch beständigsten Füllstoffe – außer in stark oxidierender Umgebung, wo sich Glas besser bewährt. Kohle verbessert die Kriechfestigkeit, daneben werden Härte und thermische Leitfähigkeit von PTFE erhöht. Außerdem ergeben sich ausgezeichnete Verschleißeigenschaften insbesondere bei Kombinationen mit Grafit. Oft verwendet als Standardwerkstoff für Rotationsdichtungen und dynamische Dichtungen in der Hydraulik bis etwa 30 MPa. Bei Wasser- oder Seewasseranwendungen kann der Grafitanteil zu galvanischer Korrosion führen.

- Kohlefaserfüllung

  Durch Beimischung von Kohlefasern verändert PTFE seine physikalischen Eigenschaften in gleicher Weise wie durch Glasfasern: geringere Druckdeformation, höherer Druck- und Biege-E-Modul sowie größere Härte.

  Man erzielt jedoch mit einer geringeren Menge Kohlefasern den gleichen Effekt wie durch die Beimischung von größeren Mengen Glasfasern. Kohlefasern sind chemisch inert und sind auch bei Vorhandensein starker Laugen und Flußsäure beständig. PTFE Compounds mit Kohlefasern besitzen eine höhere thermische Leitfähigkeit und einen niedrigeren thermischen Ausdehnungskoeffizienten als Compounds mit gleichem Füllstoffanteil aus Glas, obendrein sind sie leichter.

Gutes Verschleißverhalten sowohl auf harten als auch auf weichen Gegenlaufflächen. Einsatz als Rotations-Kolben und Stangendichtungen im mittleren Druckbereich.

- Grafitfüllung

  Grafit ist die kristalline Form hochreinen Kohlenstoffes. PTFE mit Grafit als Füllstoff besitzt einen der niedrigsten Reibungskoeffizienten. Die Verschleißeigenschaften sind besonders gegenüber weichen Metallen ausgezeichnet. Das Material ist chemisch inert und wird nur durch stark oxidierende Medien angegriffen. Die Wärmeleitfähigkeit wird verbessert. Grafit wird häufig auch in Kombination mit anderen Füllstoffen verwendet.

- Bronzefüllung

  Bronzegefülltes (90/10 Cu/Sn) PTFE ist aufgrund seiner anderen Werkstoffen überlegenen Extrusionsfestigkeit bei gleichzeitig guten Gleit- und Verschleißeigenschaften der Standardwerkstoff in der Hydraulik. Weniger geeignet bei hochfrequenten, kurzhubigen Bewegungen. Erfordert gute Schmierung.

- Molybdändisulfid (MoS_2)

  Der Zusatz von Molybdändisulfid verbessert Härte und Steifheit von PTFE. Es vermindert Reibung, beeinflußt nur in geringerem Maße die elektrischen Eigenschaften, zeigt keinerlei chemische Reaktionen und löst sich nur in stark oxidierenden Säuren. Es wird normalerweise nur in geringen Anteilen und zusammen mit anderen Füllstoffen beigemischt.

- Organische Füllstoffe

  Vermehrt treten auch hoch verschleißfeste Polymere als Füllstoffe in Erscheinung. Gegenüber z.B. Kohlepulver oder Glasfaser ist das Verschleißverhalten wesentlich verbessert. Die metallischen Gegenlaufflächen zeigen keinerlei Beschädigungen. Allerdings muß bei Druckbeaufschlagung mit höheren Leckagewerten gerechnet werden.

- Pigmente

  PTFE läßt sich leicht einfärben, wenn man anorganische Pigmente verwendet, die der Sintertemperatur von PTFE widerstehen. Die Pigmente können einen nennenswerten Einfluß auf die Materialeigenschaften nehmen. Pigmente können auch mit anderen Füllstoffen kombiniert werden.

2.2.4 Werkstoffeigenschaften

Durch die gezielte Zugabe von Füllstoffen können bestimmte Eigenschaften von PTFE für den speziellen Einsatz optimiert werden. Die Auswahl des Compounds sollte unter Berücksichtigung aller physikalischen und chemischen Eigenschaften des Füllstoffes und des Compounds erfolgen, Tab. 1 + 2.

Bei den in den Tabellen gezeigten Materialkenndaten handelt es sich um statistische Ergebnisse, ermittelt an vielen Fertigungschargen und unterschiedlichen Halbfabrikaten.

Zu berücksichtigen ist, daß diese Werte sehr stark verarbeitungs- und rohstoffabhängig sind. Durch laufende Kontrolle der Parameter erübrigen sich auch vielfach andere Untersuchungen, da sich viele Eigenschaften in diesen Parametern ausdrücken.

Tabelle 1: Eigenschaften und Anwendungen modifizierter PTFE-Werkstoffe

Werkstoff	Eigenschaftsbild	Anwendungen
PTFE ungefüllt	Nahezu universell chemikalienbeständig, sehr gute Gleiteigenschaften, hohe Temperaturbeständigkeit, gute dielektrische Eigenschaften, hohe Antiadhäsivität.	Auskleidungen in der Chemie, Flachdichtungen, Umhüllungen, Kompensatoren, elektrische Isolierteile, gekammerte Lager.
PTFE mit Glas	Druckfestes Material mit gutem Reibungs- und Verschleißverhalten mit guter chemischer Beständigkeit.	Druckfeste Dichtungen, Lager, Ventilsitze, Kolbenringe, Dichtringe, Kolbenstangenpackungen.
PTFE mit Kohle	Druck- und verschleißfestes Material, weitgehend chemikalienbeständig mit guter Wärmeleitfähigkeit, antistatisch.	Kolbenringe, Kolbenführungsringe, Lager, Packungen, Ventilsitzringe.
PTFE mit Grafit	Weitgehend chemikalienbeständig mit guter Wärmeleitfähigkeit, antistatisch mit guter Abriebfestigkeit.	Lippendichtungen, Wellendichtungen, Gleitfolien, Dichtungen
PTFE mit Bronze	Gute Wärmeleitung, gute Abriebfestigkeit, gute Druckfestigkeit.	Gleitführungen im allgemeinen Maschinenbau, Säulenführungen, Lager, Hydraulik-Zylinderführungen und -Dichtungen.
PTFE mit Polymer	Gute Verschleißfestigkeit, guter Extrusionswiderstand Trockenlauf möglich	Rotierende Anwendungen, Dichtungen für Gasabdichtungen, Dichtungen für weiche Oberflächen

Die Biegefestigkeitsprüfung von PTFE ergab eine Biege-Grenzspannung nach DIN 53 452 von ca. 20 N/mm^2.

2.2.4.1 Verhalten bei Langzeitbeanspruchung

Wie alle thermoplastischen Werkstoffe, so unterliegt auch PTFE bei mechanischer Beanspruchung einer Verformung, die zum Teil reversibel ist, solange die Streckgrenze des Materials nicht überschritten wird (Bild 19, 20).

Die Größe der Verformung ist temperatur-, druck- und materialabhängig. Hinzu kommt der Einfluß der Geometrie des Prüfkörpers. Durch die Zugabe von Füllstoffen ist eine erhebliche Reduzierung der Deformation möglich. Die Deformationsgeschwindigkeit nimmt mit zunehmender Belastungsdauer ab, da eine Verfestigung auftritt, die durch eine Orientierung im Material hervorgerufen wird.

2.2.4.2 Thermische Eigenschaften

PTFE verdankt seine gute Temperaturbeständigkeit von -200 bis +260°C den hohen Bindungskräften zwischen den C- und F-Atomen.

Die Bindung von Fluor und Kohlenstoff ist die stärkste der organischen Chemie. Daraus leitet sich ab, daß es einer relativ hohen Energie bedarf, um diese Bindung zu lösen. Bezüglich der Temperaturbelastbarkeit bedeutet das, daß eine große Wärmezufuhr, d.h. Temperaturerhöhung erforderlich ist, um die PTFE-Moleküle zu zerstören

Tabelle 2: Tendenz der Eigenschaftsbeeinflussung durch Füllstoffe gegenüber ungefülltem PTFE

	PTFE mit Glas	PTFE mit Kohle	PTFE mit Grafit	PTFE mit Bronze
Dichte	+	-	-	+
Reißfestigkeit	-	-	-	-
Reißdehnung	-	-	-	-
Kugeldruckhärte	+	+	+	+
Druckfestigkeit	+	+	+	+
Verschleißfestigkeit	+	+	+	+
Reibungskoeffizient	+	+	+	+
Wärmedehnung	-	-	-	-
Temperatur-Einsatzbereich	⊗	⊗	⊗	⊗
Wärmeleitfähigkeit	⊗	+	+	+
elektrische Leitfähigkeit	⊗	+	+	+
Durchschlagsfestigkeit	-	-	-	-
Porosität	+	+	+	+

+ = erhöht; – = reduziert; ⊗ = unverändert

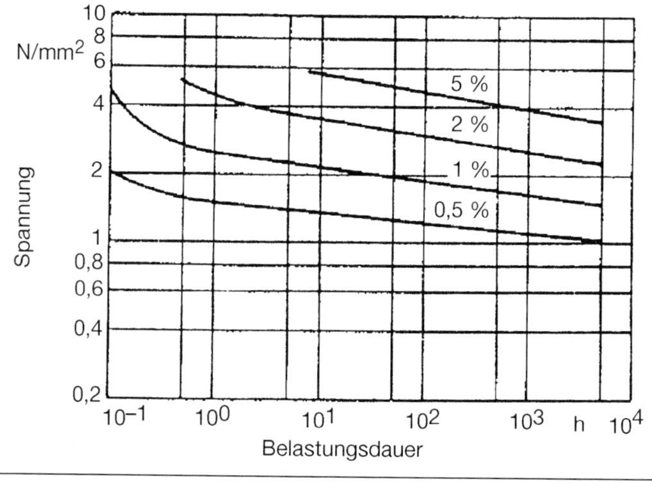

Bild 19: Zeitdehnspannungen in Abhängigkeit von der Belastungsdauer (geprüft nach DIN 53444) bei Lufttemperatur 20 °C

Hinsichtlich der thermischen Stabilität wird PTFE von keinem anderen handelsüblichen Thermoplast erreicht, so daß man bei PTFE im üblichen Anwendungsbereich auch nicht von einer Wärmealterung sprechen kann. Die relative Längenänderung ist nicht linear wie z.B. bei Metallen üblich, siehe Bild 21 und 22.

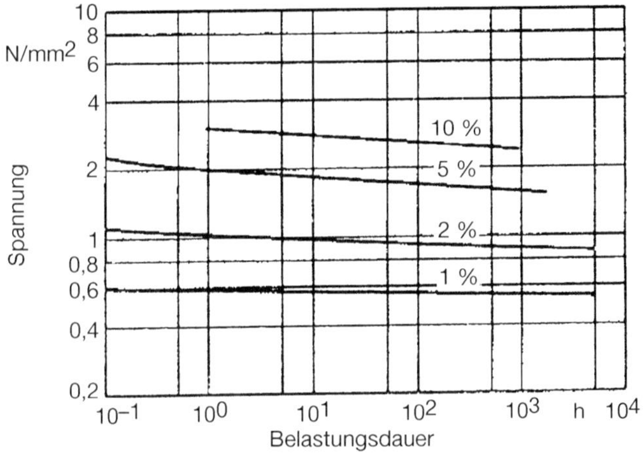

Bild 20: Zeitdehnspannungen in Abhängigkeit von der Belastungsdauer (geprüft nach DIN 53444) bei Lufttemperatur 100 °C

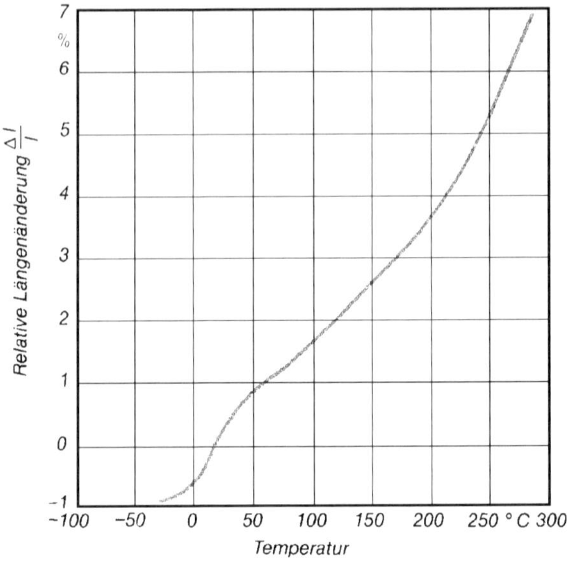

Bild 21: Relative Längenänderung

Der Aufbau des Makromoleküls bedingt eine Kristallumwandlung in die hexagonale Kristallitform zwischen 19 °C und 23 °C, die mit einer sprunghaft steigenden Volumenänderung von ca. 1,3 % verbunden ist. Das ist bei der Verarbeitung zu präzisen Fertigteilen unbedingt zu berücksichtigen.

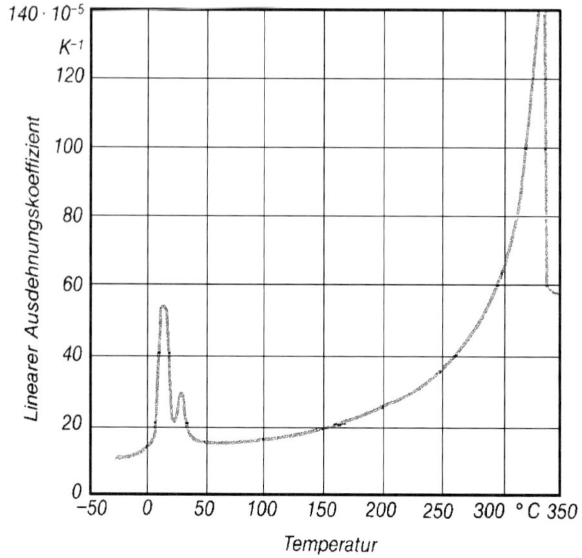

Bild 22: Linearer Ausdehnungskoeffizient

Die relativ hohe Wärmedehnung kann durch die Zugabe von Füllstoffen auf etwa die Hälfte reduziert werden, siehe Tabelle 3.

Ebenfalls kann die Wärmeleitfähigkeit durch die Zugabe von leitenden Füllstoffen wie Kohle, Grafit oder Bronze um den Faktor 3 bis 5 gesteigert werden, sofern das z.B. bei Lageranwendungen erforderlich ist.

2.2.4.3 Dauergebrauchstemperaturen

Die maximal zulässige Dauergebrauchstemperatur richtet sich nach den jeweiligen mechanischen Anforderungen. Bei mäßigen Belastungen liegt die obere Temperaturgrenze für eine Dauerbeanspruchung von PTFE bei 260 °C. In vielen Fällen ist es ohne weiteres möglich, diese Temperatur kurzzeitig zu überschreiten.

PTFE besitzt nicht nur bei Raumtemperatur, sondern auch bei tiefen Temperaturen eine gute Flexibilität und Dehnfähigkeit. Für die meisten Anwendungsfälle ist es selbst bei der Siedetemperatur von Stickstoff (-196 °C) noch voll gebrauchstüchtig. Von zahlreichen untersuchten Stoffen erwies sich PTFE als das einzige Material, das in flüssigem Helium (-269 °C) nicht versprödete.

Bei Erwärmung auf 327 °C behalten PTFE-Teile aufgrund der hohen Schmelzviskosität ihre Form bei gleichzeitig stark verringerter Festigkeit bei.

2.2.4.4 Chemische Eigenschaften

Ebenfalls bedingt durch die sehr hohe Affinität zwischen den C- und F-Atomen, verfügt Polytetrafluorethylen über eine fast universelle Chemikalienbeständigkeit. Die Fluoratome bil-

Tabelle 3: Reißfestigkeit, Reißdehnung, Dichte und Kugeldruckhärte

	Einheit	Prüfmethode	PTFE ohne Füllstoff	PTFE + 15% Glas	PTFE + 25% Glas	PTFE + 20 % Glas 5 % Grafit	PTFE + 5 % Grafit
Dichte	g/cm^3	DIN 53479	2,17 ± 2 %	2,21 ± 3 %	2,23 ± 3 %	2,20 ± 3 %	2,16 ± 3 %
Wasseraufnahme	%		0,0001	0,015	0,013	0,016	
Dauertemperatur Einsatzbereich	° C		-200 °C bis +260 °C	-200 °C bis +260 °C	-200 °C bis +260 °C	-200 °C bis +260 °C	-200 °C bis +260 °C
Reißfestigkeit	N/mm^2	DIN 53455	28,5	14	11	8	22
Reißdehnung	%	DIN 53455	300	180	140	130	200
Kugeldruckhärte	N/mm^2	DIN 53456 H 135/30	22,6	25	27	30	22,6
Reibungskoeffizient v = 0,25 m/s $\delta_D = 0{,}7\ N/mm^2$ v = 3 mm/s $\delta_D = 30\ N/mm^2$		Trockenlauf Gegenlauf-partner: poliertes Stahlblech	0,12 – 0,16 0,03 – 0,05	0,13 – 0,16 0,03 – 0,06	0,16 – 0,18 0,04 – 0,07	0,12 – 0,16 0,04 – 0,07	0,13 – 0,16 0,03 – 0,05
Wärmeleitzahl	$\frac{J \cdot 10^3}{m \cdot h \cdot k}$	DIN 52612	0,8	1,1	1,3	1,35	1,8
Linearer Wärmeausdehnungskoeffizient 25 °C – 100 °C 25 °C – 150 °C 25 °C – 200 °C	$K^{-1} \cdot 10^{-5}$		12,5 13,6 19,0		8,2 9,2 10,7	8,3 9,4 10,9	
Spezifischer Durchgangswiderstand	$\Omega \cdot cm$	DIN 53482	10^{18}	10^{15}	10^{15}		
Sauerstoffbeständigkeit			O^2 Index 95 BAM-Prüfung		BAM-Prüfung	BAM-Prüfung	

Tabelle 3: Reißfestigkeit, Reißdehnung, Dichte und Kugeldruckhärte (Fortsetzung)

	Einheit	Prüfmethode	PTFE + 15 % Grafit	PTFE + 25 % Kohle	PTFE + 35 % Kohle + Grafit	PTFE + 40 % Bronze	PTFE + 60 % Bronze
Dichte	g/cm³	DIN 53479	2,18 ± 3 %	2,09 ± 3 %	1,96 ± 3 %	3,10 ± 3 %	3,85 ± 3 %
Wasseraufnahme	%		0,0001	0,015	0,013	0,016	
Dauertemperatur Einsatzbereich	°C		-200 °C bis +260 °C	-200 °C bis +260 °C	-200 °C bis +260 °C	-200 °C bis +260 °C	-200 °C bis +260 °C
Reißfestigkeit	N/mm²	DIN 53455	13	11	7	10	9,5
Reißdehnung	%	DIN 53455	115	90	30	120	100
Kugeldruckhärte	N/mm²	DIN 53456 H 135/30	29	34	35	28	30
Reibungskoeffizient v = 0,25 m/s δ_D = 0,7 N/mm² v = 3 mm/s δ_D = 30 N/mm²		Trockenlauf Gegenlauf-partner: poliertes Stahlblech	0,14 – 0,17 0,03 – 0,06	0,17 – 0,20 0,05 – 0,08	0,18 – 0,25 0,05 – 0,08	0,13 – 0,19 0,05 – 0,08	0,13 – 0,22 0,06 – 0,10
Wärmeleitzahl	$\frac{J \cdot 10^3}{m \cdot h \cdot k}$	DIN 52612	3,0	3,5	3,9	4,0	4,64
Linearer Wärmeausdehnungskoeffizient 25 °C – 100 °C 25 °C – 150 °C 25 °C – 200 °C	$K^{-1} \cdot 10^{-5}$		8,6 9,4 11,2	8,3 9,5 10,9	7,2 7,7 8,0		8,0 8,1 9,0
Spezifischer Durchgangswiderstand	Ω · cm	DIN 53482	10^6	10^4	10^2		10^8
Sauerstoffbeständigkeit				BAM-Prüfung	BAM-Prüfung		

den eine dichte spiralförmige Bewehrung um die Kohlenstoffkette, wie in Bild 17 zu erkennen ist. Sie schützen so wirksam vor chemischen Einwirkungen. Eine Einschränkung besteht nur bei elementarem Fluor bei höheren Temperaturen und Drücken sowie bei geschmolzenen Alkalimetallen.

Auch bei hohen Temperaturen ist PTFE beständig gegen rauchende Schwefelsäure, Salpetersäure, Königswasser (Mischung aus Salpeter- und Schwefelsäure), Flußsäure, Wasserstoffperoxid und alkalische Lösungen.

PTFE ist nicht beständig gegen geschmolzene Alkalimetalle (Natrium, Kalium, Lithium), elementares Fluor, Chlortrifluorid.

Bei der Verwendung von PTFE mit Füllstoffen muß die chemische Resistenz des jeweiligen Füllstoffes berücksichtigt werden. Da die Verhaltensweise von diesen Füllstoffen bei aggressiven Medien nicht für alle Typen und Anwendungen vorher bestimmt werden kann, sollten in kritischen Anwendungen Vorversuche durchgeführt werden.

2.2.5 Mechanische Eigenschaften

Gesinterte Teile aus PTFE sind zäh und flexibel, jedoch nicht gummielastisch. Die meisten mechanischen Eigenschaften hängen von den Verarbeitungsbedingungen ab. Eine wichtige Rolle spielt dabei die Tatsache, daß das Polymerisat beim Sintern nicht in eine niedrigviskose Schmelze übergeht, sondern die einzelnen Partikel ihre beim Formen einmal eingenommene Lage beibehalten und mehr oder weniger fest zusammenhalten (Bild 23 und 24).

Verschiedene Eigenschaften von PTFE können durch die Wahl der Verarbeitungsbedingungen in weiten Grenzen variiert werden.

Einer genauen Kontrolle bedürfen:

- Preßdruck
- Sintertemperatur, Sinterdauer
- Aufheiz- und Abkühlgeschwindigkeit.

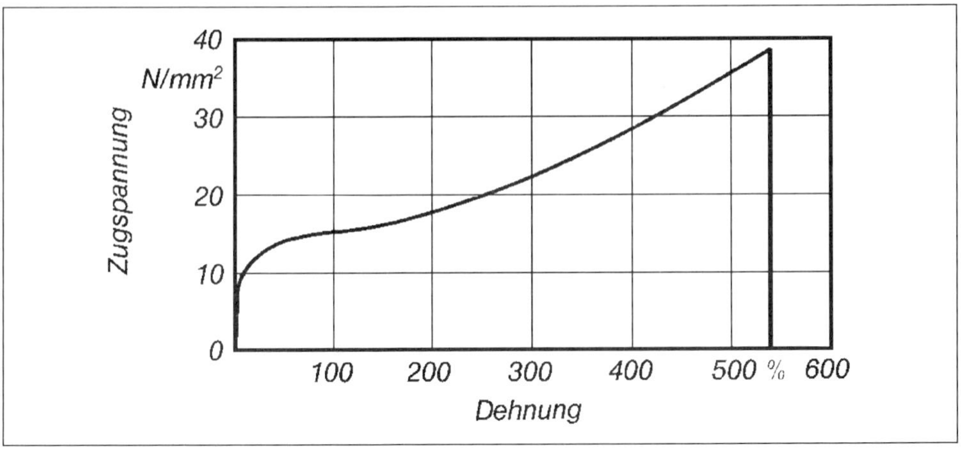

Bild 23: Spannungs-Dehnungsdiagramm von PTFE (nach DIN 53455, Prüftemperatur 23 °C, Probekörper hergestellt aus 250 µm Schälfolie)

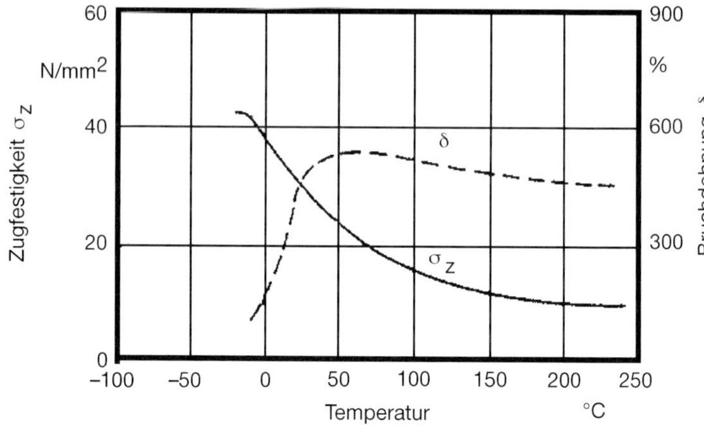

Bild 24: Zugfestigkeit und Bruchdehnung in Abhängigkeit von der Temperatur

Dadurch werden Porengehalt und Kristallinität beeinflußt, die sich ihrerseits auf folgende Eigenschaften auswirken:

- Festigkeit
- Elastizität
- Härte
- Permeabilität
- elektrische Durchschlagfestigkeit.

Die Änderungen der mechanischen Eigenschaften sind beim Vergleich der einzelnen PTFE-Typen relativ klein. Die hauptsächlichen Unterschiede zeigen sich in der Durchschlagfestigkeit und im Porengehalt.

Wesentliche Eigenschaftsänderungen treten naturgemäß beim Einarbeiten von Zusatz- und Füllstoffen auf.

2.2.5.1 Adhäsionsverhalten

Bei PTFE sind die zwischenmolekularen Kräfte infolge der hohen Bindungsenergie zwischen Kohlenstoff und Fluor und wegen der geringen Polarisierbarkeit der Fluoratome wesentlich kleiner als bei anderen Kunststoffen. Die Folge hiervon ist, daß andere Stoffe an PTFE nicht oder nur sehr wenig haften. Diesem antiadhäsiven Verhalten liegen zahlreiche Anwendungen zugrunde.

2.2.5.2 Gleitverhalten

Die sehr niedrigen zwischenmolekularen Kräfte führen u.a. dazu, daß PTFE von allen festen Werkstoffen die niedrigsten Reibungszahlen besitzt.

Die jeweils gemessene Reibungszahl hängt von einer Vielzahl von Faktoren ab, wie zum Beispiel von Druck und Gleitgeschwindigkeit, vom Gegenlaufpartner, von der Zusammensetzung der Atmosphäre sowie von eventuell vorhandener Zusatzschmierung.

Allgemein kann gesagt werden:

- Bei PTFE sind statische und dynamische Reibungszahlen einander gleich. Daher tritt keine Stick-Slip Bewegung auf.
- Mit steigender Last nimmt die Reibungszahl erst schnell, dann langsam ab.
- Bei Erhöhung der Gleitgeschwindigkeit beobachtet man bis zu etwa 50 m/min zunächst eine Ansteigen der Reibungszahl. Bei höheren Gleitgeschwindigkeiten sind die gemessenen Reibungszahlen kaum noch von der Geschwindigkeit abhängig (es sei denn, daß durch örtliche Überhitzung der Kristallitschmelzbereich von 325 bis 340 °C überschritten wird und dadurch eine irreversible Veränderung der Oberflächenstruktur erfolgt).
- Bei Temperaturerhöhung nehmen die Reibungszahlen von PTFE im Bereich von 20 °C geringfügig zu (Folge der Phasenumwandlung bei dieser Temperatur) und bleiben dann bis 327 °C nahezu konstant. Für viele Anwendungen ist es wichtig, daß die günstigen Gleiteigenschaften auch unterhalb von 0 °C erhalten bleiben.
- Die Reibungszahlen der verschiedenen PTFE Compounds unterscheiden sich nicht wesentlich voneinander und liegen im allgemeinen im Bereich von ungefülltem PTFE.
- Im günstigsten Fall (PTFE gegen Stahl, Rauhtiefe unter 2 µm, Belastung 30 bis 50 N/mm^2, Gleitgeschwindigkeit unter 100 mm/min., Schmierung mit Silikonöl) kann die Reibungszahl µ unter 0,01 liegen. Im allgemeinen kann mit Reibwerten um 0,1 bis 0,25 bei Trockenlauf und 0,04 bis 0,08 bei Schmierung gerechnet werden.

2.2.5.3 Verschleißverhalten

Hinsichtlich der Abriebfestigkeit wird reines PTFE von einigen anderen Kunststoffen übertroffen. Diese Erscheinung ist einerseits die Folge der niedrigen zwischenmolekularen Kräfte und andererseits dadurch bedingt, daß die einzelnen Polymerteilchen beim Verarbeiten keine echte Schmelze bilden, sondern nur mehr oder weniger fest zusammensintern.

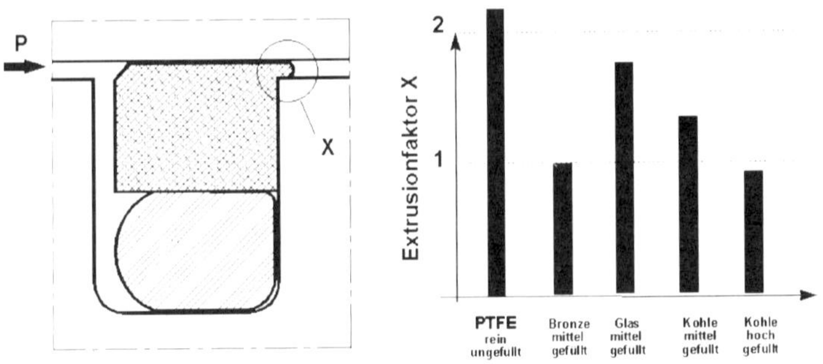

Extrusionstest

Druck	: 20 MPa
Geschwindigkeit	: 0.12 m/s
Radialspalt	: 1.5 mm
Temperatur	: 80°C
Testdauer	: 4000 Zyklen

Bild 25: Extrusionswiderstand von ungefüllten und gefüllten PTFE-Werkstoffen

Das Verschleiß- wie auch das Extrusionsverhalten des PTFE wird maßgeblich durch die Füllstoffe und die Sintertechnologie beeinflußt. Dabei ist nicht nur der Füllstoffgehalt, sondern auch die Partikelgröße und die Verteilung der Füllstoffe im Werkstoff entscheidend. Bild 25 zeigt den Extrusionswiderstand von ungefüllten und gefüllten PTFE-Werkstoffen.

Für das Verschleißverhalten ist es wichtig, das gesamte Tribosystem, d.h. den Gegenlaufwerkstoff, die Oberflächenhärte und -struktur, das Fluid sowie die übrigen Betriebsbedingungen in die Gesamtbetrachtung mit einzubeziehen. Ist das Gesamtsystem optimal ausgelegt, können mit modernen PTFE-Compounds (Mischungen) hervorragende Standzeiten erzielt werden, die die garantierten Lebensdauererwartungen von Geräten und Anlagen erfüllen.

2.2.5.4 Quenchen

Sehr häufig wird im Zusammenhang mit PTFE O-Ringen der Begriff des Quenchens verwendet. Unter diesem Begriff versteht man eine Beeinflussung oder Veränderung des Kristallgitters im Werkstoff mit dem Ziel einer besseren Montagemöglichkeit. Die Materialeigenschaftsänderungen, die durch das sogenannte Quenchen erzielt werden, können über die Kristallinität beschrieben werden.

Die Länge der Makromoleküle, die in einer Spiralstruktur entlang ihrer Längsachse angeordnet sind, bestimmen den Anteil an kristallinen und amorphen Phasen, die gleichzeitig im gesinterten PTFE anzutreffen sind. Dieses Verhältnis ist teilweise abhängig von der verwendeten Prozeßtechnik, bei der das Pulver in ein Sinterprodukt überführt wird.

Es können verschieden Methoden angewendet werden, um den Grad der Kristallinität in dem verarbeiteten Material zu bestimmen. Die bekannteste Methode ist die Festlegung des spezifischen Gewichtes. Das spezifische Gewicht steht in einem direkten Verhältnis zum Grad der Kristallinität. Von der Kristallinität sind Eigenschaften abhängig, wie die Zugfestigkeit, Dehnung und der E-Modul. Während mit steigender Kristallinität die Zugfestigkeit und Dehnung abnehmen, nimmt gleichzeitig der E-Modul zu.

Hierbei muß bemerkt werden, daß die Steigerung der Bruchdehnung (ungefähr 280% für virginales, ungefülltes PTFE) auch eine Erhöhung der Streckgrenze bewirkt. Damit wird eine größere Erholung bei einer Deformation innerhalb des elastischen Bereiches bewirkt. Das entspricht dem Effekt des Quenchens.

Um ein solches Material mit niedriger Kristallinität herzustellen, muß von der Sintertemperatur schockartig z.B. in kaltem Wasser abgeschreckt werden. Das Material wird dann teilweise in seinem amorphen Zustand „eingefroren“. Es hat also keine Zeit für den Kristallisationsübergang bei der Übergangstemperatur von 327 °C. Dieser Effekt ist nur zu erzielen bei Querschnitten < 6 mm. Bei größeren Querschnitten reicht die niedrige Wärmeleitfähigkeit des Materials nicht aus, um eine schnelle Abkühlung über den gesamten Querschnitt zu ermöglichen, Tab. 4.

2.2.5.5 Permeabilität

Infolge der besonderen Verarbeitung und der daraus resultierenden Gefügestruktur hat PTFE eine etwas höhere Permeabilität gegenüber anderen thermoplastischen Polymeren. Die Permeabilität ist im wesentlichen von den Parametern Temperatur, Medium und Druck abhängig.

Tabelle 4: Einfluß der Kristallinität auf einige mechanische Eigenschaften für gesintertes, ungefülltes PTFE bei verschiedenen Temperaturen

Mechanische Eigenschaften	Einheit	Temperatur °C	Kristallinität %		
			49	52,5	66,2
Zugfestigkeit	kp/cm²	+ 25	316	295	281
		- 196	1266	1055	844
		- 253	1370	1336	1055
Bruchdehnung	%	+ 25	300	270	215
		- 196	5	4	3
		- 253	2	1	1
Kerbschlagzähigkeit	N/cm²	+ 25	-	0,06	0,15
		- 196	-	0,06	0,08
		- 253	-	0,06	0,09
E-Modul (Zug)	kp/cm²	+ 25	4220	4920	7030
		- 196	35000	36500	30200
		- 253	42200	45700	44300
E-Modul (Druck)	kp/cm²	+ 25	4920	7700	9800
		- 196	52700	56200	59000
		- 253	57700	63300	68200

2.2.5.6 Physiologisches Verhalten

PTFE und FEP sind physiologisch unbedenklich. Erst bei Erhitzung über 300 °C werden durch die beginnende Zersetzung von PTFE Spaltprodukte frei, die gesundheitlich nicht unbedenklich sind. Gegen eine Verwendung dieser Werkstoffe bestehen keine Bedenken im Sinne des Lebensmittelgesetzes.

Bereits seit Jahrzehnten wird PTFE zur Beschichtung von Küchengeschirr eingesetzt. Das hat zu keiner gesundheitlichen Beeinträchtigung geführt. Hieraus läßt sich auch die Anwendung von Dichtungen in der Pharmazie und in der Lebensmitteltechnik ableiten.

Beide Werkstoffe erfüllen die Anforderungen der Food and Drug Administration (FDA) – Verordnung 21.CFR 121.2555 und können demnach gemäß dieser Verordnung mit Lebensmitteln in Berührung kommen

2.2.5.7 Verarbeitung von PTFE

Wie beschrieben, werden PTFE-Teile in Anlehnung an die Pulvermetallurgie gepreßt und unter definierten Bedingungen gesintert.

Da auf diese Weise keine beliebig geformten Teile gefertigt werden können, die Dichtungstechnik jedoch oft sehr komplizierte Formen benötigen, schließt sich in den meisten Fällen eine spanende Formgebung an.

Hydraulikdichtungen werden aus gesinterten Formteilen – in der Regel aus Rohr-Halbzeugen – mechanisch gefertigt. Das hat den Vorteil, daß stückzahlunabhängig auch große Durchmesser ohne Formkosten hergestellt werden können.

Für die Verarbeitung von PTFE wurden spezielle Verfahren entwickelt, die denen der Pulvermetallurgie ähneln. Sie bestehen im wesentlichen aus folgenden drei Verfahren:

- **Pressen im Werkzeug**

  Wegen der verarbeitungstechnischen Schwierigkeiten werden aus PTFE Pulver bevorzugt geometrisch einfache Formteile in Werkzeugen gepreßt. Am gebräuchlichsten sind Rundstempelwerkzeuge für die Herstellung von Voll- oder Hohlzylindern. Das Verdichten des Pulvers erfolgt dabei auf hydraulischen Pressen. Dieses preiswerte Verfahren kann auch für große Bauteile eingesetzt werden.

- **Isostatisches Pressen**

  Das Verfahren beruht auf der Tatsache, daß sich der Druck in Gasen und Flüssigkeiten nach allen Seiten gleichmäßig fortpflanzt und auf den beaufschlagten Flächen Kräfte erzeugt, die direkt der Fläche proportional sind. Zur Verformung komprimierbarer Pulver, wie PTFE, werden diese vom druckausübenden Medium (meisten einer Flüssigkeit) durch eine flexible Membrane getrennt.

  Wird die Flüssigkeit unter Druck gesetzt, so übt sie allseitig einen Druck auf die darin eingetauchte Membrane aus. Hierdurch wird das durch die Membrane eingeschlossene Pulver gleichmäßig von allen Seiten verdichtet. Man erhält einen Preßling, der der verkleinerten Gestalt der Gummiform entspricht.

  Beim Komprimieren des Pulvers wird die eingeschlossene Luft durch Evakuieren entzogen. Dadurch entsteht ein homogenes Material mit reproduzierbar guten mechanischen Eigenschaften.

  Beim isostatischen Pressen unterscheidet man zwischen dem Naßverfahren und dem Trockenverfahren. Das Bild 26 zeigt den Preßvorgang beim Trockenverfahren.

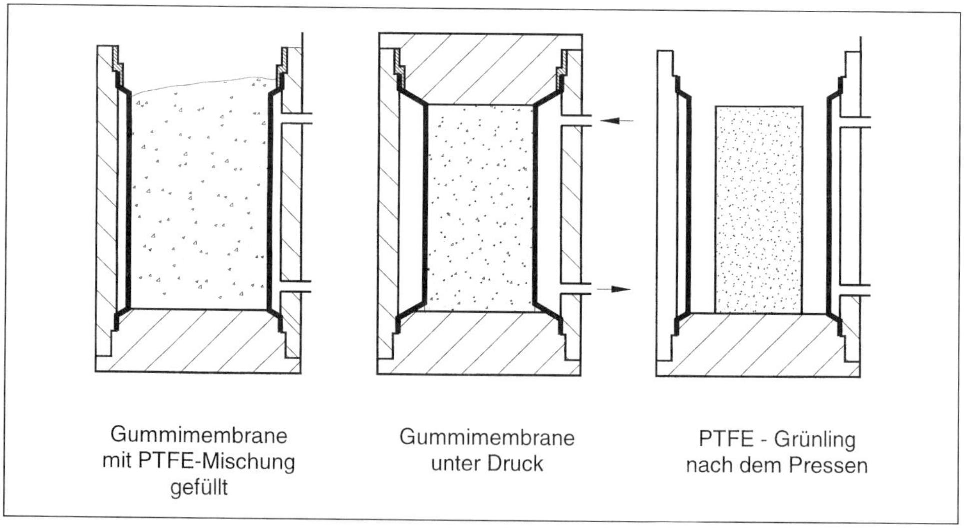

Bild 26: Verfahren zum isostatischen Pressen

- **Ramextrudieren**

  Die Ramextrusion ist ein automatisiertes Preß-Sinterverfahren, bei dem die Verdichtung und Sinterung in einem Arbeitsgang erfolgt. Dabei entstehen endlose Profile. Das PTFE Pulver wird über eine Dosiereinrichtung in ein Extrusionsrohr eingebracht, mit einem Stempel verdichtet und dabei im Rohr, das auf Sintertemperatur aufgeheizt ist, weiterbefördert.

  Dieses Verfahren ist preiswerter als die Preßverfahren mit anschließendem Sintern, hat allerdings auch den Nachteil geringerer mechanischer Eigenschaften des Materials.

- **Pastenextrusion**

  Bei der Pastenextrusion handelt es sich um eine „quasi"-thermoplastische Verarbeitung bei Raumtemperatur. Sie wird durch Zusatz eines Extrusionshilfsmittels (Gleitmittel) ermöglicht. Dieses Hilfsmittel wird nach der Extrusion wieder verdampft. Die so hergestellten Profile erhalten in dem anschließenden Sinterprozeß ihre endgültige Festigkeit.

- **Sintern**

  Das zu einem Vorformling gepreßte Rohteil besitzt zunächst noch keine hohe Festigkeit und läßt sich nur mit einiger Vorsicht handhaben. Im Anschluß an das Pressen werden die „Grünlinge" daher einem Sinterprozeß unterzogen. Um ein festes Gefüge zu erhalten, müssen die vorgepreßten Teile über den bei 327°C liegenden Kristallitschmelzpunkt erwärmt werden, bis sie vollständig in den „Gel-Zustand" übergegangen sind. Die einzelnen Polymerteilchen sintern dabei zusammen, und es entsteht ein festes Gefüge. Durch geeignete Temperaturführung wird dafür gesorgt, daß Außenhaut und Kern eines dickwandigen Preßteiles keine hohen Temperaturunterschiede aufweisen. Man unterscheidet beim Sintern drei Phasen, und zwar:

- Aufheizen
- Verweilzeit bei Sintertemperatur
- Abkühlen

Das Sintern unter Druck erfordert einen sehr großen Aufwand und wird deshalb nur äußerst selten angewendet.

Daneben werden weitere Sintermethoden angewendet wie:

- Freies Sintern, z.B. zur Herstellung von Platten
- Sintern unter Inertgas
- Drucksintern und Druckkühlen

Prüfrichtlinien und Toleranzen für PTFE-Halbzeug- und Fertigteile sind in der Richtlinie Qualitätsanforderungen, Prüfrichtlinien und Toleranzen für PTFE-Produkte festgelegt.

2.2.6 Hochpolymere Dichtungswerkstoffe

Der Begriff Polymer leitet sich von dem griechischen Polus merus ab und bedeutet viele Teile. Das bezieht sich auf die langkettigen Moleküle im Polymer, die aus vielen konvalent gebundenen Monomereinheiten aufgebaut sind. Diese Werkstoffgruppe hat zwar keine große Bedeutung für die Dichtungstechnik, dennoch erfordern spezielle Anwendungen deren Einsatz. So z.B., wenn harte oder hochtemperaturbeständige Werkstoffe verlangt werden oder Widerstand gegen radioaktive Strahlung gefordert wird, für die PTFE-Werkstoffe nicht in Frage kommen. Auch bei Anwendungen in der Wasserhydraulik oder für Lagerungen und Führungen sind Werkstoffe aus dieser Gruppe von Interesse.

Nachfolgend werden daher aus dieser Werkstoffgruppe nur einige für die Dichtungstechnik relevante Werkstoffe beschrieben.

2.2.6.1 Perfluor-Alkoxypolymer (PFA)

PFA hat ähnliche chemische Eigenschaften wie PTFE und niedrige Reibwerte. Es besitzt gute mechanische Eigenschaften und eine höhere Formbeständigkeit in der Wärme als PTFE. Es kann durch Extrudieren oder Spritzgießen verarbeitet werden. Typische Eigenschaften:

- hohe Wärmestabilität
- formbeständig in der Wärme
- niedrige Reibwerte
- gute mechanische Eigenschaften auch im hohen Temperaturbereich
- hohe Kriechfestigkeit
- gute elektrische Eigenschaften
- Temperaturbeständigkeit: -200 bis +260 °C

Formteile aus PFA erfüllen die Forderungen des Lebensmittelgesetzes und sind physiologisch unbedenklich. Der Einsatz erfolgt in der Chemie und Petrochemie als Dichtungen, Lager, Buchsen, Scheiben, Folien usw. für Pumpen, Ventile, Kompressoren u.a.

2.2.6.2 Ethylen-Tetrafluorethylen (ETFE)

ETFE ist ein Copolymer aus Ethylen und Tetrafluorethylen mit vergleichbaren physikalischen und chemischen Eigenschaften zu PTFE. Der PTFE-Anteil beträgt 75 %. Das Reibungs- und Verschleißverhalten wird maßgebend durch die Füllstoffe beeinflußt. Die kennzeichnenden Eigenschaften sind:

- hohe Chemikalienbeständigkeit
- gute Wärmebeständigkeit
- gute Beständigkeit gegen Elektronen- und Gammastrahlen
- hohe Alterungsbeständigkeit
- ETFE läßt sich durch Extrusion und Spritzgießen verarbeiten.
- Temperaturbeständigkeit: -100 bis +150 °C

Der Einsatz erfolgt in der chemischen und petrochemischen Industrie und in Atomkraftanlagen für Kabelisolierungen, Lager und Dichtungen.

2.2.6.3 Polychlortrifluorethylen (PCTFE)

PCTFE besitzt gegenüber PTFE eine wesentlich höhere Festigkeit und Formstabilität. Es ist hart, schlagfest und thermoplastisch verarbeitbar. Die chemische Resistenz und die Wärmebeständigkeit sind geringer als bei PTFE.

Temperatureinsatzbereich:

- - 40 °C bis +150 °C

Als Stützring oder Flanschdichtung ist ein Einsatz auch unterhalb von -40 °C zulässig.

Die chemische Beständigkeit ist geringer als für PTFE, aber ausreichend gut gegen viele Chemikalien.

PCTFE hat die geringste Gasdurchlässigkeitsrate und ist undurchlässig gegen Wasser und Dampf. Aufgrund der guten mechanischen Eigenschaften (sehr hohe Druckfestigkeit) wird PCTFE für höchstbeanspruchte Dichtelemente und Stützringe verwendet.

2.2.6.4 Polyacetal (POM)

Polyacetal (POM) zählt zu den Standard-Thermoplasten. Es zeichnet sich aus durch:

- hohe Zähigkeit, auch bei Tieftemperatur
- Formstabilität in der Wärme
- geringe Wasseraufnahme
- günstiges Gleit- und Verschleißverhalten
- Unempfindlichkeit gegen Bildung von Spannungsrissen.

Es lassen sich wie bei PTFE funktionsverbessernde Eigenschaften – insbesondere das Gleit- und Verschleißverhalten – durch Füllstoffe wie Glasfaser, PTFE, Grafit, Silikonöl, MoS_2 u.a. verbessern.

Temperatureinsatzbereich:

- -40 °C bis +100 °C

POM besitzt eine gute chemische Resistenz gegen viele Medien, wie z. B. Mineralöle, Fette, Wasser, Treibstoffe usw. Es ist nicht beständig gegen Säuren und Basen.

Die Wasseraufnahme ist sehr gering (ca. 0,3 %). Teile aus POM weisen deshalb kleinere Fertigungstoleranzen als Polyamid-Teile auf.

Der Werkstoff hat eine niedrige Reibung und wird besonders in der Wasserhydraulik als Abstreifer, Stütz- und Führungsring eingesetzt.

2.2.6.5 Polyamid (PA)

Während bei vielen teilkristallinen Thermoplasten wie z.B. POM oder PCTFE die Kristallinität durch die Verarbeitung nur geringfügig beeinflußt werden kann, kann sie bei PA in großen Bereichen variieren. Hieraus erklärt sich die Vielzahl der Varianten, von denen in der Dichtungstechnik die Typen PA 4.6, PA 6, PA 6.6 oder PA 12 am häufigsten vorkommen.

PA-Werkstoffe zeichnen sich durch folgende allgemeine Eigenschaften aus, die durch die Füllstoffe beeinflußt werden:

- hohe mechanische Festigkeitswerte
- hohe Verschleißfestigkeit und Formstabilität
- gute Gleit- und Notlaufeigenschaften
- hohes Dämpfungsvermögen
- wirtschaftliche Verarbeitbarkeit

Polyamid nimmt Wasser auf. Mit steigender Kristallinität nimmt die Wasseraufnahme ab. Die Höhe der Wasseraufnahme bestimmt die Fertigungs- und Teiletoleranz.

Temperatureinsatzbereich:

- von -40 °C bis +110 °C

Die Temperaturbeständigkeit hängt vom PA-Typ und vom Füllstoff ab.

Der Werkstoff ist gut beständig gegen Schmierstoffe, Kraftstoffe und Lösemittel.

Polyamid ist vielseitig einsetzbar, z. B. als Gleitlager, Führungsleisten, Stützringe, Führungsringe für Kolben und Kolbenstangen.

2.2.6.6 Ultra-hochmolekulares Polyethylen, (UHMW-PE)

Aus der Vielzahl der Polyethylentypen ist das ultra-hochmolekulare Polyethylen aufgrund seiner hohen molaren Masse gegenüber den normalen PE-Werkstoffen für die Dichtungstechnik durch eine Reihe wichtiger technischer Eigenschaften interessant. So z.B. durch:

- ein sehr günstiges Reibungsverhalten (ähnlich PTFE)
- hohe Verschleißfestigkeit
- große Kerbschlagzähigkeit
- hoher Widerstand gegen Spannungsrißbildung
- sehr geringe Wasseraufnahme
- gute elektrische und dielektrische Eigenschaften

Temperatureinsatzbereich:

- -200 °C bis +90 °C

PE-UHMW besitzt eine hohe Beständigkeit gegenüber Säuren, Basen, aggressiven Gasen und radioaktiver Strahlung.

PE-UHMW kommt z. B. in der Lebensmitteltechnik, Pneumatik und Wasserhydraulik zum Einsatz. Es besitzt gute Verschleißfestigkeit auf keramischen Oberflächen mit guter Oberflächenqualität.

2.2.6.7 Polyetheretherketone (PEEK)

Polyetheretherketone (PEEK) zählt zu den teilkristallinen, aromatischen Thermoplasten, die durch Modifikationen mit Füllstoffen wie PTFE, Grafit oder Kohlefasern ein sehr günstiges Reibungs- und Verschleißverhalten vor allem im Vergleich gegenüber PA oder POM zeigen. Als weitere positive Eigenschaften sind hervorzuheben:

- hohe Zug- und Biegefestigkeit
- hohe Schlagzähigkeit
- hohe Formbeständigkeit in der Wärme
- hohe Strahlenbeständigkeit
- hohe Hydrolysebeständigkeit
- hohe Chemikalienbeständigkeit

Temperatureinsatzbereich:

- abhängig vom Werkstofftyp bis +260 °C.

Aufgrund der guten Festigkeitswerte bei hoher Temperatur und der hohen Druckstabilität wird das Material in der Dichtungstechnik im Hochdruckbereich für Stützringe, Abstreif- und Führungselemente eingesetzt.

2.2.7 Duroplaste

Duroplastische Kunststoffe sind in Aufbau, Polymerisation und Verarbeitung den Elastomeren ähnlich. Grundbaustein ist das Monomer, das beim Polymerisieren zum Makromolekül wächst und sich über chemische Bindungen mit anderen Makromolekülen vereint. Wegen der chemischen Bindung weisen Duroplaste eine ähnlich hohe thermische Belastbarkeit wie Elastomere auf. Ihre physikalischen Kennwerte sind jedoch nicht zu vergleichen.

Man unterscheidet bei duroplastischen Kunststoffen zwischen:

- Epoxidharzen
- ungesättigten Polyestern
- Phenolharzen
- Melaminharzen
- Harnstoffmassen.

Diese Grundwerkstoffe werden in einer Vielzahl von Modifikationen durch Füllstoffe variiert. Das Füllen hat zum einen die Aufgabe des Streckens, d.h. der Kostenreduzierung des Werkstoffes, aber auch des Verstärkens, d.h. der gezielten Veränderung physikalischer Werkstoffkennwerte. Die Werkstoffe werden meist für Konstruktionsteile im allgemeinen Maschinenbau, aber auch in der chemischen Industrie eingesetzt. In der Dichtungstechnik werden Duroplaste vorwiegend als hochbelastbare Führungsringe verwendet.

2.2.7.1 Gewebeverbundwerkstoffe

Eine besondere Bedeutung in der Dichtungstechnik haben Gewebeverbundwerkstoffe als Lager- und Führungen z.B. in hochbeanspruchten Hydraulikzylindern, die in der Mobilhydraulik, im Pressenbau u.a. eingesetzt werden. Die hohe Druckfestigkeit, das gute Gleitverhalten und die außergewöhnlichen Verschleißeigenschaften sichern eine lange Lebensdauer.

Gewebeverbundwerkstoffe sind Verbundmaterialien aus hochwertigen Polyester- und Nomex Kunststoff-Feingeweben oder Baumwolle, die mit warmhärtenden Harzen imprägniert werden. Sie sind aufgrund ihrer besseren Medienbeständigkeit, hohen Belastbarkeit und guten Gleiteigenschaften universeller einsetzbar als metallische Führungswerkstoffe. Je nach der Verwendung werden zur Verbesserung der physikalischen Eigenschaften Füllstoffe wie PTFE, Grafit, MoS_2 u.a. beigefügt. Diese verleihen den Materialien besondere Merkmale, wie Seewasserbeständigkeit, elektrische Durchschlagfestigkeit, Strahlenbeständigkeit oder Feuerhemmung. Außerdem bieten sie Korrosionsbeständigkeit.

Gewebeverbundwerkstoffe sind im Preis-/Leistungsverhältnis eine Alternative zu herkömmlichen metallischen Führungs- und Lagerwerkstoffen.

Wesentliche Vorteile sind:

- hoch belastbar, unempfindlich bei Kantenpressung
- Anpassung der Tragfläche an die Belastung
- weniger Verschleiß verglichen mit metallischen Werkstoffen
- niedrige Reibungswerte
- keine Oxidation, ideal geeignet in Wasser und Seewasser
- geringe Quellung in Wasser $< 0,1$ %
- lange Lebensdauer
- keine umweltschädlichen oder toxischen Bestandteile
- gute chemische Beständigkeit
- gut spanend bearbeitbar
- minimaler Schmierstoffbedarf, Trockenlauf möglich
- Gewichtsersparnis bei großen Bauteilen.

2.3 Chemie- und Naturfasern für Dichtungen

2.3.1 Einleitung

Fasern werden in der Dichtungstechnik vorwiegend in Weichstoffdichtungen und in Stopfbuchspackungen verwendet. Bis in die 80er Jahre war Asbest der dominierende Faserwerkstoff. Als Naturprodukt ist Asbest in ausreichenden Mengen verfügbar und entsprechend billig. Gleichzeitig ist er aufgrund hervorragender thermischer, chemischer und mechanischer Eigenschaften nahezu universell in Dichtungen unter allen Betriebsbedingungen einsetzbar. Die Vorteile der chemischen Beständigkeit und Fibrillation des Asbests sind aber auch die Ursache für seine Gesundheitsschädlichkeit: Asbest bildet lungengängige Faserpartikel, die im Lungengewebe nicht oder nur sehr langsam abgebaut werden und deshalb krebserzeugend wirken können. Seit dem 01.01.94 ist daher in Deutschland die Verarbeitung und seit dem 01.01.95 die Verwendung von Asbest und das Vertreiben von asbesthaltigen Produkten durch die Gesetzgebung strengen Regeln unterworfen, die einem Verbot gleichkommen. In den Ländern der EU und der Schweiz ist die Rechtslage nicht einheitlich. Polen und Rumänien haben strenge Gesetze für die Asbestverarbeitung bereits durchgesetzt, für andere osteuropäische Länder wird es in naher Zukunft erwartet. In den USA und Japan darf Asbest zum Teil noch verarbeitet und benutzt werden. Die Verwendung wird jedoch vermieden, da Schadensersatzklagen von Asbestgeschädigten drohen. In den Staaten Südamerikas und Asiens wird Asbest noch immer in großen Mengen verwendet. Die Einführung gesetzlicher Regulation ist in diesen Ländern noch nicht abzusehen. Die Vermeidung der Nutzung von Asbest und die Verwendung von Ersatzstoffen wird jedoch durch die Anpassung an globale Standards gefördert.

Da keiner der als Asbestersatz in Frage kommenden Faserstoffe den Anwendungsbereich des Asbests vollständig abdeckt, werden in der Dichtungstechnik heutzutage verschiedene Chemie- und Naturfasern verwendet.

Chemiefasern [55] sind in einem chemisch-technischen Verfahren hergestellte Faserstoffe aus natürlichen oder synthetischen Rohstoffen, die organischer oder anorganischer Natur sein können.

Zu den Chemiefasern aus natürlichem, organischen Rohstoff gehören z.B. die Cellulosefasern Viscose und Cuprophan. Fasern aus synthetisch hergestellten, organischen Polymeren sind z.B. Aramid, Polyacrylnitril und Polyester.

Zu den anorganischen Chemiefasern gehören z.B. Kohlenstoffasern, Metallfasern und Glasfasern.

Naturfasern sind natürlich vorkommende Faserstoffe pflanzlichen, tierischen oder mineralischen Ursprungs. Tierfasern sind z.B. Schafwolle und Seide. Zu den Pflanzenfasern gehören Baumwolle, Flachs, Hanf, Jute und Ramie. Die bedeutendste mineralische Naturfaser ist der Asbest.

2.3.2 Chemiefasern

Die meisten Chemiefasern werden als Filament gesponnen. Ein Filament ist ein Faden von praktisch unendlicher Länge. Einzelfilamente werden zu einem Filamentgarn zusammengefaßt, wobei die Anzahl der Filamente der Anzahl der Löcher der Spinndüse entspricht. Filamentgarne können zu Spinnfasern mit begrenzter Länge zerschnitten werden. Spinnfasern können wiederum zu Spinnfasergarnen versponnen werden[1]).

---

[1]) Gegenüber Filamentgarn hat Spinnfasergarn eine geringere Festigkeit, kann aber kostengünstiger hergestellt werden.

Mineralische Fasern werden auch als Wolle gesponnen, d.h. es werden direkt Spinnfasern mit uneinheitlicher Länge und Durchmesser hergestellt.

In Weichstoffdichtungen werden Spinnfasern in Form von Kurzschnitt oder Pulpe (fibrillierter Kurzschnitt) als Verstärkungsmaterial verwendet. In Stopfbuchspackungen werden Spinnfasergarne und Filamentgarne als Dichtungsmaterialien verwendet.

• *Spinnverfahren zur Herstellung von Chemiefasern*

Organische Chemiefasern werden aus einer polymeren Spinnmasse hergestellt, die zu Filamenten ausgeformt wird. Ein Polymer ist eine aus identischen Untereinheiten (Monomeren) aufgebaute Molekülkette. Organische Chemiefasern bestehen meist aus unverzweigten, langkettigen Polymeren, die aus ca. hundert bis tausend Monomeren aufgebaut sind.

Das Polymer wird durch Schmelzen oder Lösen in einen fließfähigen, viskosen Zustand überführt und durch die Kanäle der Spinndüsen extrudiert. Die Spinnmasse wird abgezogen und zum Filament verfestigt.

Im Schmelzspinnverfahren wird das Polymer durch Aufschmelzen verflüssigt und versponnen. Die Verfestigung des Fadens erfolgt dann durch Abkühlung. Die Spinngeschwindigkeit des Garns beträgt bis zu 10.000 m/min.

Im Lösungsspinnverfahren wird das Polymer in einem Lösungsmittel gelöst. Der Faden wird durch Koagulation in einem Fällbad (Naßspinnverfahren) oder durch Verdampfen des Lösungsmittels (Trockenspinnverfahren) verfestigt. Die Spinngeschwindigkeit des Garns liegt bei 50 bis 1000 m/min.

Lösungsspinnverfahren werden verwendet, wenn sich das Polymer unterhalb seines Schmelzpunktes bereits zersetzt, wie es z.B. für p-Aramid der Fall ist. Das Schmelzspinnverfahren ist das wirtschaftlichere Verfahren. Es wird verwendet, wenn die Polymerschmelze eine ausreichende Thermostabilität aufweist, wie z.B. bei Polyamid und Polyester. Schmelzgesponnene organische Fasern finden in Dichtungen wegen ihrer thermoplastischen Eigenschaften jedoch kaum Anwendungen.

Nachfolgend wird der Lösungsspinnprozeß allgemein beschrieben. Schmelzspinnprozesse zur Herstellung anorganischer Fasern werden im jeweiligen Unterkapitel beschrieben.

• *Lösevorgang*

Die Voraussetzung für eine störungsfreie Fadenbildung im Naßspinnprozeß ist eine homogene und von Verunreinigungen freie Spinnlösung. Das Polymer muß daher in einem guten Lösungsmittel gelöst werden, welches die einzelnen Polymerketten 'umhüllt' und voneinander separiert. Tatsächlich sind die Polymermoleküle in der Spinnlösung jedoch über physikalische Wechselwirkungen und Verschlaufungen der Ketten temporär verknüpft. Zudem bilden permanente Verknüpfungspunkte zwischen Polymerketten 'Gelteilchen', die zu Fehlstellen und Brüchen im Filament führen können.

Die Spinnlösung wird vom Ansatzkessel mit einem Extruder und durch Zahnradpumpen zu den Spinndüsen transportiert. Zur Entfernung von Gelteilchen und Verunreinigungen wird die Spinnlösung durch Filterkerzen gepumpt, bevor sie durch die Spinndüse gedrückt und über angetriebene Rollen, sog. Galetten abgezogen wird. Sie tritt dann entweder direkt in das Fällbad ein oder durchquert zunächst einen Luftspalt. Das Lösungsmittel ist mit dem Fällmittel – oftmals Wasser oder wäßrige Gemische – mischbar und diffundiert im Fällbad aus der Spinnlösung heraus. Die Konzentration des Polymeren in der Spinnlösung bzw. in dem sich bildenden Faden nimmt zu und führt zur Koagulation des Fadens. Gleichzeitig diffundiert auch das Fällmittel in den sich bildenden Faden und trägt ebenfalls zur Koagulation des Polymeren bei.

Die Spinnbedingungen, wie Abzugsgeschwindigkeit des Fadens und Temperatur des Fällbades beeinflussen in hohem Maße die Garneigenschaften und die Spinnstabilität, d.h. die störungsfreie Produktion von Filamentgarn. Sie müssen daher sehr sorgfältig angepaßt werden.

Im Trockenspinnprozeß wird das Polymer in einem leicht verdampfbaren Lösungsmittel, wie z.B. Aceton gelöst und die Fadenbildung durch Verdampfen des Lösungsmittels verursacht.

• *Verstreckung und Nachbehandlung*

Der ausgefällte Faden weist noch eine hohe Elastizität auf, da die Kettenmoleküle im Faden noch in ungeordnetem, amorphem Zustand vorliegen. Um den Orientierungsgrad der Kettenmoleküle bzw. den Kristallinitätsgrad zu erhöhen, wird der Faden verstreckt. Das Garn wird auf ein Mehrfaches seiner ursprünglichen Länge verzogen, indem es über zwei aufeinanderfolgende, Galetten genannte, angetriebene Rollen geführt wird, deren Differenz der Umfangsgeschwindigkeit dem Verstreckungsverhältnis angepaßt ist. Durch die Verstreckung verringert sich der Filamentdurchmesser. Festigkeit und Elastizitätsmodul nehmen zu.

Der Kristallinitätsgrad des Garns hängt vom Verstreckungsgrad und der Steifigkeit der Polymerketten ab. Knäuelbildende, flexible Polymere wie Polyester und Polyamid haben auch nach der Verstreckung einen hohen Anteil amorpher Bereiche mit ungeordneten, verschlauften Polymerketten. In diesen amorphen Bereichen sind die Wechselwirkungen zwischen den Ketten schwächer als in kristallinen Bereichen, was sich negativ auf die Festigkeit auswirkt. Steifkettige Polymere, wie z.B. p-Aramid erreichen einen Kristallinitätsgrad von bis zu 95 %.

Der verstreckte Faden wird durch Bäder mit Waschflüssigkeit geleitet, in denen das restliche Lösungsmittel entfernt wird. Danach wird der Faden getrocknet.

Zur Verbesserung des Reibverhaltens und zur Reduktion der elektrostatischen Aufladung bei der Weiterverarbeitung wird das Garn mit einer Ölemulsion, der sogenannten Präparation (engl. Spin-Finish) beschichtet. Hierzu wird der Faden z.B. über eine mit Präparation benetzte Galette gezogen, deren untere Seite in ein Bad eintaucht, aus dem kontinuierlich neue Präparation aufgenommen wird.

Die Präparation verbleibt üblicherweise auf dem Garn. Die Menge der aufgebrachten Avivage liegt im Bereich von ca. 0,5 bis 2 Gew.-% des Garns. Sie muß in engen Grenzen konstant gehalten werden, um eine störungsfreie Weiterverarbeitung des Garns zu gewährleisten.

Spezielle Präparationen dienen als Haftvermittler zur Verbesserung der Faser-Matrix-Wechselwirkungen in Verbundwerkstoffen.

Insbesondere für Anwendungen in Bekleidungsartikeln erfolgt eine Nachbehandlung der Fasern durch Texturierung. Die Texturierung ist eine physikalische und/oder chemische Behandlung der Filamentgarne, bei der das Volumen und/oder die Elastizität durch Kräuselung des Garnes erhöht wird.

• *Faserfeinheit und tex-System*

Die Faserfeinheit bzw. der Titer wird als längenbezogene Masse angegeben. Die Grundeinheit ist das tex. Ein tex entspricht einem Fasergewicht von einem Gramm auf 1000 m Faserlänge. Für Textilfasern ist die Angabe in dtex (dezitex) üblich, bei der das Fasergewicht auf 10.000 m bezogen wird.

Häufig wird neben dem Titer des Garnes auch die Filamentzahl angegeben. Z.B. bedeutet 1680f1000 dtex einen Gesamttiter von 1680 dtex bei 1000 Einzelfilamenten. Der Einzelfilamenttiter beträgt somit 1,68 dtex.

Eine alte Einheit für die Feinheit, die gelegentlich noch verwendet wird, ist das Denier (den), bei der das Gewicht in g auf 9000 m Fadenlänge bezogen wird.

• *Mechanische Eigenschaften von Fasern*

Kraft-Dehnungs-Charakteristik

Kraft-Dehnungsdiagramme ermöglichen die Beurteilung und den Vergleich der mechanischen Eigenschaften von verschiedenen Fasertypen.

Die Kraft-Dehnungscharakteristik wird in einem Zugversuch ermittelt. Der Faden wird in Längsrichtung, beginnend mit einer genormten Vorspannkraft und mit konstanter Geschwindigkeit gedehnt und die hierfür notwendige Kraft gemessen. Die Verformungsgeschwindigkeit beträgt im allgemeinen 100 % Dehnung pro Minute.

Die Zugkraft ist die während des Versuches momentan wirksame Kraft. Als Zugspannung wird die auf den anfänglichen Fadenquerschnitt bezogene Zugkraft bezeichnet. Weitere Größen, die aus der Messung ermittelt werden, sind die Höchstzugkraft oder maximale Zugkraft sowie die unmittelbar vor dem Zerreißen der Probe gemessene Bruchkraft.

Aus der Kraft-Dehnungskurve kann der Elastizitätsmodul der Faser abgeleitet werden. Er beschreibt den anfänglichen, bei geringer Faserdehnung wirkenden, elastischen Widerstand gegen Deformation.

Der Verlauf von Kraftdehnungskurven einiger Fasern ist Bild 27 dargestellt.

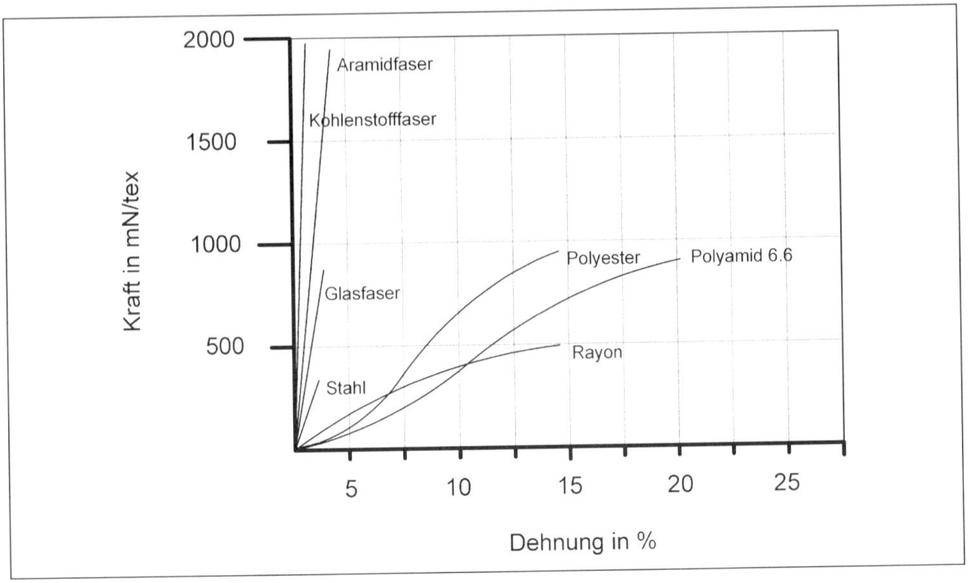

Bild 27: Kraft-Dehnungskurven verschiedener Fasertypen

Der Einfluß der Molekülorientierung in Richtung der Faserachse und der Kristallinität auf die Zugfestigkeiten von Fasern wurde bei der Beschreibung der Verstreckung schon kurz erwähnt. Der Kurvenlauf der kristallinen p-Aramid – und Kohlenstoffasern zeigt deutlich eine sehr geringe Dehnung bei hoher Krafteinwirkung, während Polyester und Polyamid 6.6 schon bei geringer Krafteinwirkung weit über die Bruchdehnung von Aramidgarn hinaus gestreckt werden.

Druckbeanspruchung

Aufgrund der Richtungsabhängigkeit (Anisotropie) ihrer Struktur reagieren Fasern unterschiedlich auf Druckbeanspruchungen in Faserrichtung und quer dazu. Von praktischer Bedeutung ist insbesondere die Querkomprimierbarkeit von Verstärkungsfasern in Flachdichtungen sowie in geflochtenen Packungen.

Der dem Druck entgegengebrachte Widerstand wird im wesentlichen durch die intermolekularen Kräfte der Polymerketten bestimmt und ist daher kleiner als der Dehnwiderstand.

2.3.2.1 P-Aramidfasern [56]

2.3.2.1.1 Einleitung

Die Aramidfaser gehört zur Gruppe der organischen Hochleistungsfasern. Mit dem Begriff Hochleistungsfaser werden solche Fasern bezeichnet, die über bessere physikalisch – chemische Eigenschaften, verglichen mit herkömmlichen Textilfasern wie Polyamid, Polyester oder Acryl verfügen [57] und sich somit neue Anwendungsgebiete erschlossen haben.

Die Bezeichnung 'Aramid' ist der Oberbegriff für eine Substanzklasse von synthetischen, linearen Makromolekülen, die aus aromatischen Einheiten aufgebaut sind, welche durch Amidbindungen verknüpft sind. Die Definition besagt, daß mindestens 85 % der Amideinheiten an zwei aromatische Ringe gebunden sein müssen. Kommerziell sind Aramidfasern mit unterschiedlichen chemischen Strukturen verfügbar. Die im folgenden diskutierten Aramidfasern bestehen aus Paraphenylenterephthalamid, kurz p-Aramid. Die Polymerkette hat die in Bild 28 gezeigte chemische Struktur.

Im Gegensatz zu anderen Aramidfasern können p-Aramidfasern gezielt fibrilliert werden. Die Fibrillierung bewirkt eine Verbesserung der mechanischen Haftung der Fasern in einer Werkstoffmatrix, in der sie eingebettet sind. Aufgrund dieser Verstärkungswirkung und den besonderen physikalisch – chemischen Eigenschaften werden p-Aramidfasern als Ersatz für Asbestfasern in Flachdichtungen eingesetzt.

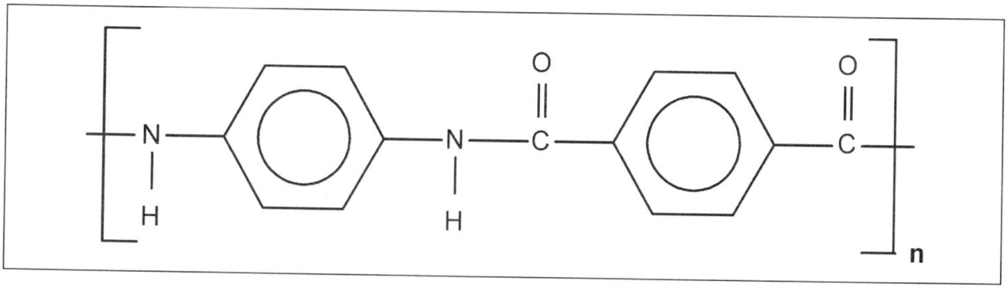

Bild 28: Chemische Struktur von p-Aramid

P-Aramidfasern wurden 1965 erstmals synthetisiert und sind seit 1972 kommerziell erhältlich.

P-Aramidfasern werden unter den Markennamen Twaron® (Twaron Products, Acordis AG, ehem. Akzo Nobel Faser AG) und Kevlar® (DuPont de Neymours) angeboten.

2.3.2.1.2 Eigenschaften und Anwendungen von Aramidfasern

Die Eigenschaften von p-Aramid (nachfolgend einfach Aramid genannt) werden auf molekularer Ebene von zwei Effekten geprägt:

- die Steifheit der Polymerketten, die durch die fehlende Drehbarkeit der Amidbindung um die N-C-Achse und durch die räumliche Hinderung der Drehbarkeit der Benzolringe bedingt ist.
- die Ausbildung von Wasserstoffbrückenbindungen zwischen benachbarten Polymerketten, die einen guten Zusammenhalt der Ketten und eine hohe Orientierung bewirkt.

Bild 29 zeigt einen Ausschnitt aus der Kristallstruktur von Aramid. Die gestrichelten Linien, die benachbarte Ketten verknüpfen, symbolisieren die Wasserstoffbrückenwechselwirkungen.

Einen Überblick der physikalischen Eigenschaften von Aramid im Vergleich zu anderen Fasern bietet Tabelle 5.

Im Vergleich zu herkömmlichen organischen Fasern sowie Stahl – und Glasfasern zeigt Aramid eine einzigartige Eigenschaftskombination:

- hohe Festigkeit
- hoher Modul
- niedrige Dichte
- hohe Schlagzähigkeit

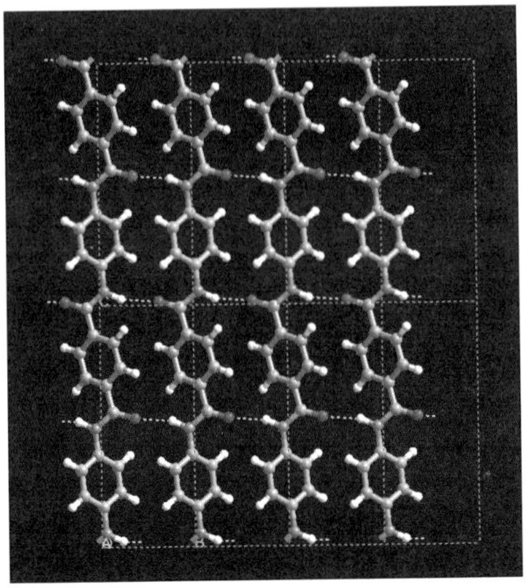

Bild 29: Ausschnitt aus der Kristallstruktur von p-Aramid

Tabelle 5: Charakteristische Eigenschaften von Aramid-Garn in Vergleich zu anderen technischen Garnen

	Aramid	Rayon	Polyamid	Polyester	Stahlkord	C-Faser	E-Glas
Dichte [g/cm³]	1,44	1,53	1,14	1,38	7,85	1,78	2,58
Zersetzungstemp [C°] Schmelztemp. [C°]	450	200	255	260	1600	3700•	825
Festigkeit [N/mm²]	2800	790	950	1160	2550	3400	2000
E-Modul [kN/mm²] **	80	18	6	14	160	238	73
Bruchdehnung [%]	3.3	13	20	13.5	1.9	1.4	2.0
Feuchteaufnahme [%]	4.5	12.5	4.5	0.5	0	0	0.3
Temp.beständigkeit Reißfestigkeit [%] (48 h, 200 °C)	90	20	45	55	100	100	95
Heißschrumpf [%] (Luft, 4 min,160 °C)	0,1	0,2	4	5,5	0	0	0

- Sublimationstemperatur
- **Der Elastizitätsmodul beschreibt das Verhältnis von Zugkraft zu Dehnung.

- gute Temperaturbeständigkeit
- gute chemische Beständigkeit, Korrosionsbeständigkeit
- gute Flexibilität, keine Brüchigkeit.

Die chemische und thermische Beständigkeit von Aramid-Garn, quantifiziert als verbliebene Reißfestigkeit sind in Bild 30 und 31 dargestellt.

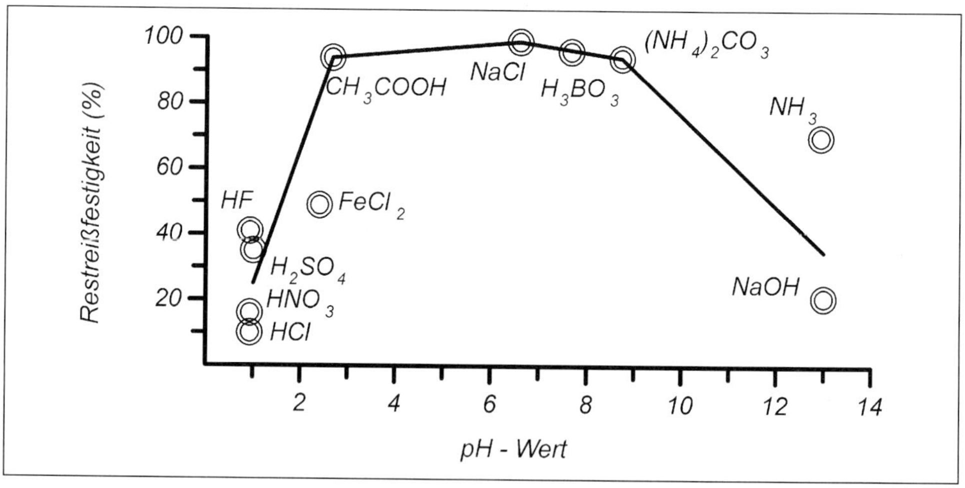

Bild 30: Chemische Beständigkeit von p-Aramid

twaron®

The Power of Aramid

Ein Nachteil von Aramid ist die geringe Hydrolysebeständigkeit und die eingeschränkte chemische Beständigkeit gegen starke Säuren und Laugen.

Aufgrund der außergewöhnlichen Eigenschaftskombination kommen Aramidfasern in einer Vielzahl von Anwendungen zum Einsatz, wie z.B.

- Gewebe für schußsichere Westen und Helme, Fahrzeugpanzerungen
- Verstärkungsgewebe in Riemen und Schläuchen von Bremsanlage, Klimaanlage, Heizung usw. in Fahrzeugen
- Schutz und Zugentlastung von Telekommunikationskabeln
- Schiffstaue, Befestigungstaue für Ölplattformen

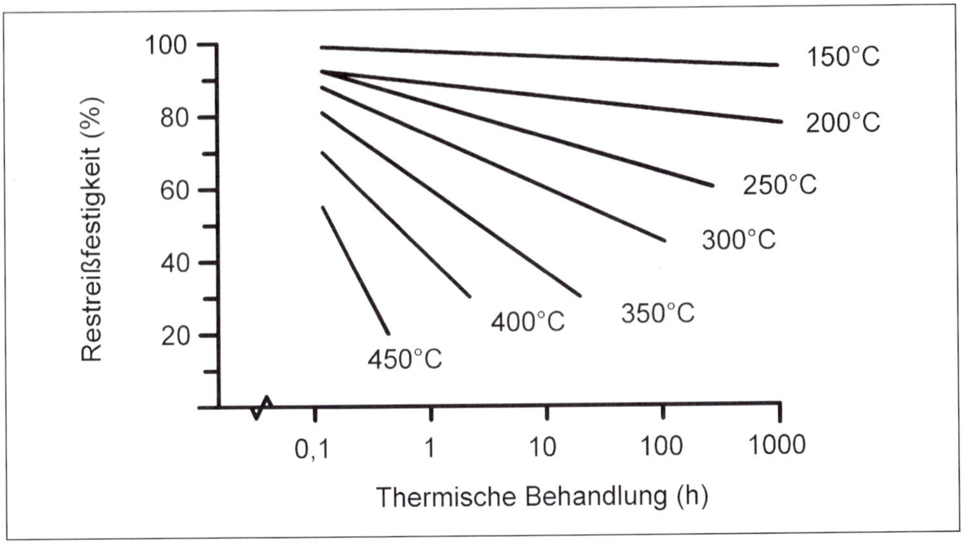

Bild 31: Thermische Beständigkeit von p-Aramid

- Verstärkungsfaser in Kompositmaterialien für
  die Freizeitindustrie (Segelschiffrümpfe, Tennisschläger, Golfschläger),
  die Transportindustrie (Container),
  den Anlagenbau (Rohre, Tanks)
- Cord in Hochleistungsreifen z.B. für LKW's und Rennfahrzeuge
- Arbeitskleidung für Hitze- oder Schnittschutz
- Asbestersatz in Reibbelag- und Dichtungsmaterialien.

2.3.2.1.3 Der Herstellungsprozeß von Aramid

2.3.2.1.3.1 Herstellung von Aramid-Garn

Aramid-Fasern werden in hochintegrierten Prozessen hergestellt, die bei der Synthese der Monomere beginnen und bis zur Nachbehandlung der Faser bzw. Pulpeherstellung reichen.

Die Monomere Terephthaloyldichlorid und p-Phenylendiamin werden aus p-Xylol, Chlor und Terephthalsäure bzw. Anilin, $NaNO_2/HCl$ und Wasserstoff synthetisiert. Die Polymerisation der Monomere zum Aramid erfolgt in einer exothermen Polykondensationsreaktion unter Bildung von Chlorwasserstoff (HCl) in N-Methylpyrrolidon (NMP) als Lösungsmittel. Diesem wird zur Verbesserung der Lösungskraft Calciumchlorid ($CaCl_2$) zugesetzt. Bei Erreichen eines mittleren Molekulargewichtes M_w von ca. 40.000 g/mol kristallisiert das Polymer aus der Lösung aus, wird gewaschen und getrocknet und liegt dann als Granulat vor. Das Lösungsmittel wird aufgearbeitet und wiederverwendet.

Da Aramid ein nichtschmelzbares Polymer ist, muß das Granulat gelöst und im Naßspinnverfahren verarbeitet werden.

Aus dem Granulat und konzentrierter Schwefelsäure wird eine 20 %ige Spinnlösung hergestellt. Diese Spinnlösung ist flüssigkristallin, d.h. einzelne Polymerketten lagern sich zu orientierten Domänen zusammen. Die erhitzte Spinnlösung wird durch Spinndüsen extrudiert, in einem Luftspalt verstreckt und anschließend koaguliert. Im wäßrigen Koagulations- bzw. Fällbad wird die Schwefelsäure ausgewaschen und die Orientierung der Polymerketten durch die Verfestigung des Filamentgarns fixiert. Der Faden wird in weiteren Waschbädern neutralisiert, die Präparation aufgebracht, getrocknet und auf Spulen aufgewickelt.

2.3.2.1.3.2 Garntypen, Imprägnierungen

Das Einzelfilament hat einen Durchmesser von 12 µm. Standardgarntypen enthalten 1000 Einzelfilamente. Durch kurzzeitiges Aufheizen auf 400 °C und gleichzeitiges Nachverstrecken kann Hochmodulgarn hergestellt werden, das z.B. zur Verstärkung von Glasfaserkabeln verwendet wird. Das Garn kann zusätzlich mit einer wassersperrenden, superabsorbierendes Polymer enthaltenden Präparation imprägniert werden. Garne, die als Verstärkung von Gummimatrices (Reifen, Schläuche usw.) dienen, können mit Harzen ummantelt ('gedippt') werden, die eine gute Adhäsion zum Gummi gewährleisten.

Garntypen, die in geflochtenen Packungen eingesetzt werden, haben 5000 Filamente und können mit PTFE-Siliconöl-, PTFE-Parafinöl- oder Graphitdispersionen imprägniert werden.

2.3.2.1.3.3 Herstellung von Aramid–Pulpe

In Flachdichtungen wird Aramid-Pulpe als Verstärkungsfaser verwendet. Bild 32 zeigt eine ca. 1,2 mm lange Pulpefaser des Typs Twaron®1091.

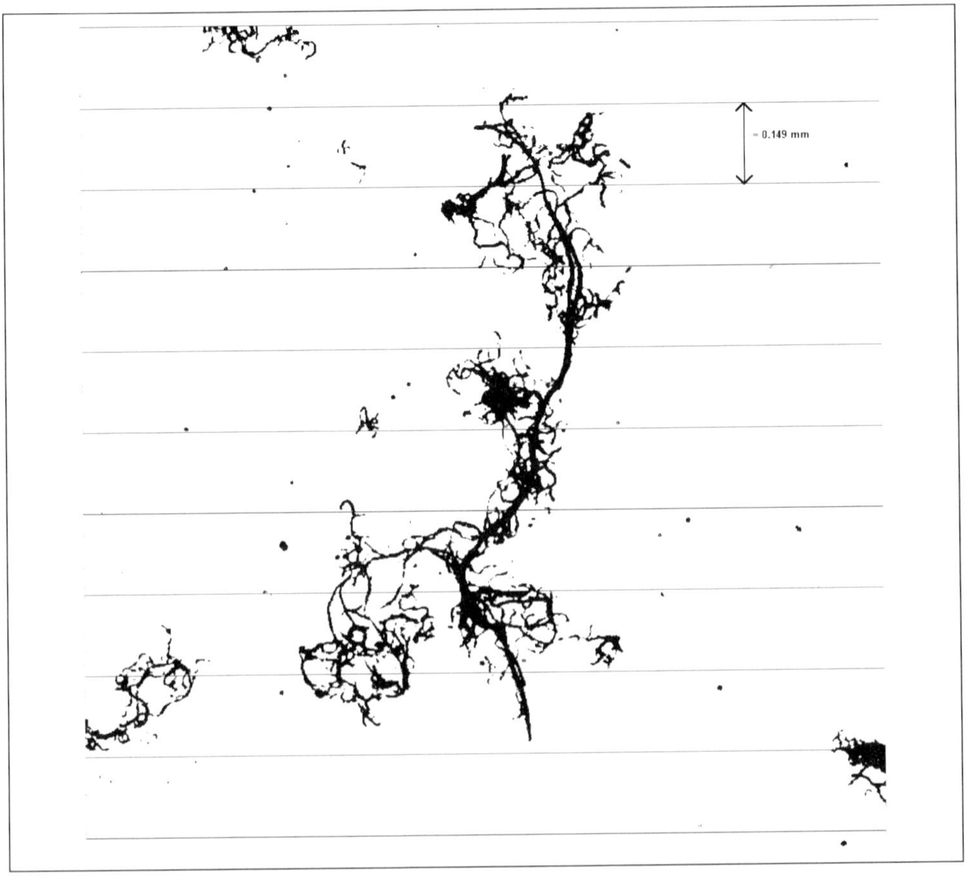

Bild 32: Aramidpulpe, 125fach vergrößert

Zur Herstellung von Pulpe wird das Garn in kurze Faserstücke zerschnitten und diese in Wasser suspendiert. Die Suspension wird in einer Refinermühle gemahlen, wie sie auch zur Zellstoffherstellung verwendet wird. Im Refiner ist eine profilierte, rotierende Scheibe (Rotor) gegen eine ebenfalls profilierte, ruhende Scheibe (Stator) deckungsgleich angeordnet. Die Rotorscheibe dreht sich mit über 1000 U/min, während die Fasersuspension kontinuierlich in Nähe der Achse in den Scheibenzwischenraum zugeführt und nach außen abgeführt wird. Auf dem Weg zum Außenrand werden die Fasern weiter zerschnitten, wobei wegen des undefinierten Schneidprozesses eine statistische Faserlängenverteilung entsteht. Aus den äußeren Bereichen des Faserstammes werden kristalline Domänen teilweise abgelöst. Hierbei bilden sich die in Bild 32 dargestellten Fibrillen. Die Fibrillation der Pulpe wird u.a. durch die Konzentration der Suspension, die Verweilzeit zwischen den Refinerscheiben und die spezifische Energieaufnahme der Fasern bestimmt. Nach Verlassen des Refiners wird die Pulpe entwässert. Die Pulpe wird bis zu einem Restfeuchtegehalt von 4–8 % getrocknet und dann verpackt.

2.3.2.1.3.4 Pulpecharakterisierung

Die Faserlänge und die Fibrillierung sind zwei wichtige Größen, die die Eigenschaften der Pulpe bestimmen. Sie müssen für Aramid-Pulpe in spezifizierbarer Form angegeben werden.

Bild 33 zeigt eine REM-Aufnahme der Pulpe bei 4500facher Vergrößerung. Neben Faserstamm und Fibrillen sind auch sehr feine Mikrofibrillen zu erkennen. Das Aufnahme verdeutlicht, wie komplex die fibrilläre Struktur wegen der vielen Verästelungen, der unterschiedlicher Dicke und Länge der Fibrillen ist.

Eine zuverlässige und schnelle Methode zur Messung des Fibrillierungsgrades von Aramid-Pulpe ist die Bestimmung der spezifischen Oberfläche (SO) nach der BET-Methode[2]). Zur Bestimmung der SO wird die Menge Stickstoff ermittelt, die auf der Pulpeprobe eine monomolekular adsorbierte, deckende Schicht ausbildet. Aus der adsorbierten Stickstoffmenge kann die Oberfläche berechnet werden. Durch die Fibrillierung steigt die in m^2/g gemessene spezifische Oberfläche (SO) an. Die spezifische Oberfläche von unfibrilliertem Garn beträgt weniger als 1 m^2/g. Eine typische Dichtungspulpe hat eine spezifische Oberfläche zwischen 10 und 15 m^2/g.

Die Faserlängenverteilung und die mittlere Faserlänge der Pulpe können mit einem Faserlängenmeßgerät gemessen werden. Die aus mehreren tausend Einzelpartikeln bestehende Pulpeprobe wird in Wasser suspendiert und durchströmt eine gläserne Meßkapillare. Die Zelle wird von einem Laserstrahl durchleuchtet und der durch die Pulpefaser verursachte Schatten von Photozellen detektiert. Es werden Anzahl und Länge der einzelnen Faserpartikel erfaßt. Aus der Faserlängenverteilung werden gewichtete Mittelwerte berechnet. Aramid-Pulpen für Flachdichtungen haben mittlere Faserlängen WL[3]) zwischen 1,3 bis 2,4 mm.

---

[2]) Adsorptionsisotherme nach Brunauer, Emmett und Teller

[3]) Def. $WL = \Sigma n_i L_i^3 / \Sigma n_i L_i^2$ mit n_i = Anzahl der Fasern in Größenklasse i und L_i = Länge der Fasern in der Größenklasse i.

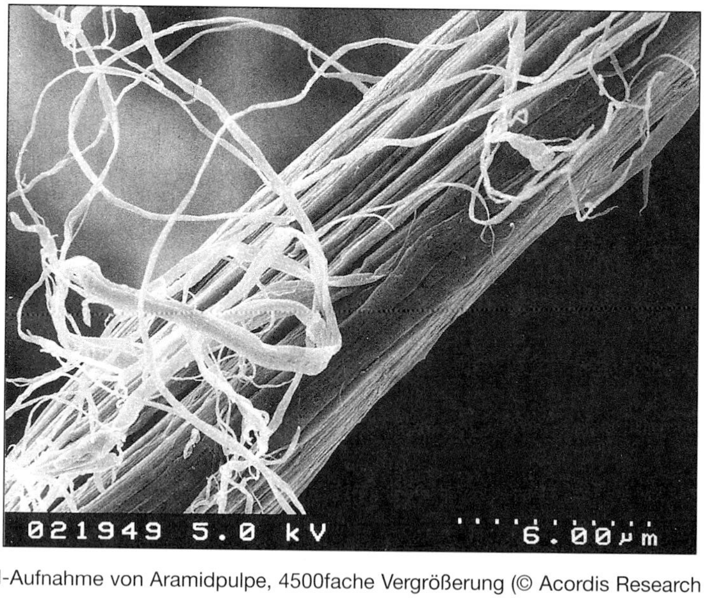

Bild 33: REM-Aufnahme von Aramidpulpe, 4500fache Vergrößerung (© Acordis Research Obernburg)

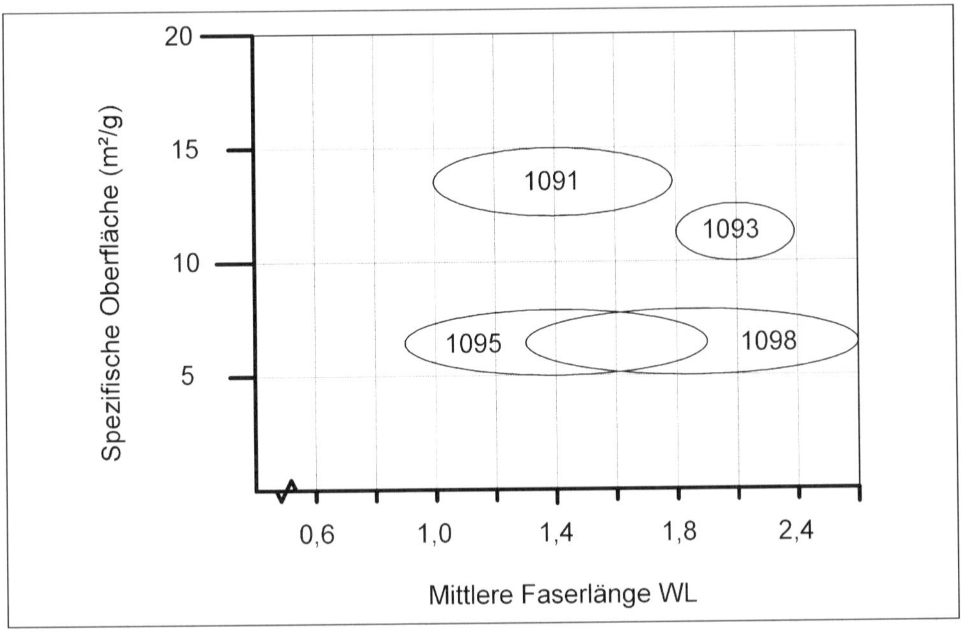

Bild 34: Spezifische Oberfläche SO und Faserlänge WL von verschiedenen Aramidpulpen

SO und WL sind zwei wichtige, die Pulpe definierende Parameter, die im Produktionsprozeß gezielt angesteuert werden. In Bild 34 sind SO- und WL-Wertebereiche verschiedener Pulpetypen von Twaron Products dargestellt. Die Ovale beschreiben die Bereiche, in denen die Werte variieren. Die Typen Twaron® 1091 und 1093 sind hochfibrillierte Dichtungspulpen. Twaron® 1095 und 1098 sind niedrig fibrillierte Pulpen, die in Flachdichtungen wegen der schwächeren Verstärkungswirkung kaum noch Verwendung finden.

Weitere Charakterisierungsmöglichkeiten sind die aus der Zellstoff- und Papierindustrie entlehnten Methoden nach Schopper-Riegler bzw. die Canadian Standard Freeness, die aus dem Entwässerungsverhalten der Pulpe den Mahlgrad ableiten. Die in Wasser fein verteilte Pulpe wird mit definierter Geschwindigkeit auf ein genormtes Filtersieb gegossen. Das durch das Sieb fließende Wasser wird in einem Trichter aufgefangen, in dem eine Trennung von schnell und langsam abfließendem Wasser erfolgt. Der Mahlgrad ist mit der Menge des schnell abfließenden Wassers korreliert.

2.3.2.1.4 HSE-Aspekte [58]

P-Aramid wird in großem Umfang als Ersatzstoff für Asbest in Dichtungen eingesetzt.

Die kanzerogene Wirkung lungengängiger faserförmiger Partikel (RFP= respirable fiber shaped particle) aus Asbest ist bekannt. RFP's haben nach WHO-Definition eine Länge größer als 5 µm, einen Durchmesser kleiner als 3 µm und ein Länge-zu-Durchmesserverhältnis größer 3:1.

Der Hersteller und Vertreiber eines Asbestersatzstoffes ist dafür verantwortlich, den maximalen Beitrag zur Ergründung eines eventuellen Gesundheitsrisikos seines Produktes zu leisten. Für p-Aramid konnte in aufwendigen Tierversuchen keine kanzerogene Wirkung festgestellt werden. Da p-Aramid im Körpergewebe abgebaut wird und somit nicht biopersistent ist, ist eine dauerhafte, zur Entartung führende Reizung von Gewebe auszuschließen.

P-Aramid zeigt außerdem nur eine beschränkte Neigung, RFP's zu bilden. Werden die in einer Arbeitsumgebung mit Faserstaubexposition üblichen Sicherheitsvorkehrungen eingehalten, bleibt die gemessene RFP-Konzentration unter dem MAK-Wert von 1 RFP/ 1 ml Luft.

Auch von Seiten der Anwender, die Aramidpulpe seit fast 20 Jahren einsetzen, gibt es keine konkreten Anhaltspunkte für eine irreversible, gesundheitsschädliche Wirkung.

Es gibt keine Hinweise dafür, daß ein ernsthaftes Gesundheitsrisiko von p-Aramidfasern ausgeht, wenn die Herstellerempfehlungen bei der Verarbeitung eingehalten werden.

2.3.2.2 Kohlenstoffasern

2.3.2.2.1 Einleitung

Die erste Kohlenstoffaser stellte T.A. Edison 1879 durch Verkohlen von Cellulose-Fäden her. Diese Kohlenstoffäden wurden ausschließlich als Glühfäden für elektrische Lampen benutzt. Wegen ihrer geringen mechanischen Beanspruchbarkeit wurden sie bald durch Wolframdraht ersetzt. Es wurden zunächst keine anderen Anwendungsgebiete für Kohlenstoffasern erschlossen.

Um 1950 wurde im Rahmen von Luft- und Raumfahrtforschungsprogrammen mit der Entwicklung von hochfesten Verstärkungsfasern aus Kohlenstoff begonnen.

Seit etwa 1960 werden Kohlenstoffasern nach den heute üblichen Verfahren aus Polyacrylnitril (PAN) oder Pech hergestellt.

In den 70er Jahren waren die Anwendungsgebiete der Kohlenstoffaser noch auf Verbundwerkstoffe für Luftfahrt und exklusive Sportartikel beschränkt.

In den 80er Jahren stieg die Produktionskapazität stark an, da zusätzliche Anwendungsgebiete in Maschinenbau und Automobilindustrie erwartet wurden.

Von 1971 bis 1988 stieg der weltweite Verbrauch von PAN-basierte C-Fasern von 2 auf 5500 t [59]. 1995 betrug der Weltjahresverbrauch 8700 to [60]. Die internationale militärische Entspannung und die damit verbundene Abnahme an militärischem Verteidigungsaufwand führte zu erheblichen Überkapazitäten. Das resultierte in Preisreduktionen [61], um preissensitive Absatzmärkte zu erobern.

Durch weiter steigende Überkapazitäten ausgelöster Preisverfall und die Verfügbarkeit von 'kommerziellen' Qualitäten (s. Kap. 2.3.2.2.3.1), sind Kohlenstoffasern heute auch für Anwendungen in Dichtungen interessant.

2.3.2.2.2 Nomenklatur

Kohlenstoffasern sind Fasern, die aus mindestens 92 Gew.-% Kohlenstoff bestehen, welcher in einer Struktur vorliegt, die *nicht* mit der des Graphites identisch ist. Der Kohlenstoff besitzt eine Fernordnung planar-hexagonal angeordneter Kohlenstoffatome, jedoch keine meßbare kristallographische Ordnung senkrecht zu dieser Fläche, wie sie Graphit zeigt (zur Struktur des Graphits s. Kap. 2.4.1).

HM-Kohlenstoffasern (High Modulus) sind Hochmodulfasern mit einem Elastizitätsmodul zwischen 350 bis 500 kN/mm^2 und einer Festigkeit von 3000 N/mm^2.

HT-Kohlenstoffasern (High Tenacity) verfügen über hohe Festigkeiten von über 4000 N/mm^2 und einem Elastizitätsmodul von 240 kN/mm^2.

IM-Kohlenstoffasern (Intermediate Modulus) gehören zu den HT-Typen, haben aber einen verbesserten Elasitizitätsmodul von 290 kN/mm^2 bei einer Festigkeit von 4000 N/mm^2.

Kohlenstoffasern werden im deutschen Sprachraum auch mit den nicht korrekten Begriffen *Kohlefasern* und *Graphitfasern* (für HM-Kohlenstoffasern) bezeichnet.

2.3.2.2.3 Herstellung

Die zwei wichtigsten Verfahren zur Herstellung von Kohlenstoffasern basieren auf dem pyrolytischen Abbau von Pech und Polyacrylnitrilfasern (PAN-Fasern).

2.3.2.2.3.1 Kohlenstoffasern aus PAN

Als Ausgangsmaterial wird meistens lösungsgesponnenes PAN verwendet, das unter Dampfbehandlung hochverstreckt wird, um die Kristallinität der Polymerketten zu erhöhen.

Wird textiles PAN verwendet, das ca. 10 Gew.-% Weichmacher und Hilfsstoffe enthält, beträgt das Verstreckungsverhältnis bis zu 1:10. Die resultierende Kohlenstoffaser ist dann eine kommerzielle Qualität. Für Kohlenstoffasern mit optimalen Leistungseigenschaften hergestelltes PAN enthält weniger als 3 Gew.-% Additive und hat ein Verstreckungsverhältnis von 1:12 und mehr.

Das verstreckte PAN-Garn wird in einer Abfolge von Öfen thermisch behandelt, bis die gewünschte Kohlenstoffasermodifikation entstanden ist.

Zunächst werden die Fasern bei 200 bis 300 °C unter Sauerstoffatmosphäre behandelt.

Das Polymer wird hierbei für die weitere thermische Behandlung stabilisiert, indem es in eine nichtbrennbare und nichtschmelzende Modifikation umgewandelt wird. Die Nitrilgruppen der gestreckten PAN-Ketten addieren im Idealfall intramolekular zu Polyimineinheiten mit Leiterstruktur, wobei hauptsächlich Einheiten von fünf Ringen gebildet werden. In der Literatur werden aber auch intermolekulare Additionsreaktionen diskutiert. Weiterhin erfolgt Dehydrogenierung und Oxidation des Polymeren. Abfolge und Mechanismen dieser Reaktionen sind noch weitgehend ungeklärt [62].

Die stabilisierten PAN-Fasern werden auch Preox-Fasern genannt. Sie haben einen Kohlenstoffgehalt von 60 bis 65 %.

Im nachfolgenden Carbonisierungsschritt werden die stabilisierten Fasern bei 1200 bis 1800 °C in Schutzgasatmosphäre und unter leichter Spannung pyrolytisch weiter umgewandelt. Ein Teil der Heteroatome (d.h. Nichtkohlenstoffatome wie Stickstoff (N) und Sauerstoff (O)) wird abgespalten. Gleichzeitig bilden sich Schichten von hexagonal verknüpften Kohlenstoffatomen mit wenigen Stickstoffatomen aus. Die Karbonisierung muß schnell erfolgen, um einen Teil der Stickstoffatome im molekularen System zu erhalten, da der Stickstoffgehalt mit der Zugfestigkeit der Fasern korreliert ist [63]. Die teilcarbonisierten Fasern haben einen Kohlenstoffgehalt von ca. 70 %. Es handelt sich um HT-Kohlenstoffasern.

Eine Temperaturbehandlung bei 2000 bis 3000 °C führt durch Stickstoffeliminierung zu einer nahezu vollständigen Carbonisierung mit C-Gehalten > 95 %. Die Schichten wachsen unter gleichzeitiger Beseitigung von Fehlstellen zu einem polyaromatischen Kohlenstoffringsystem weiter.

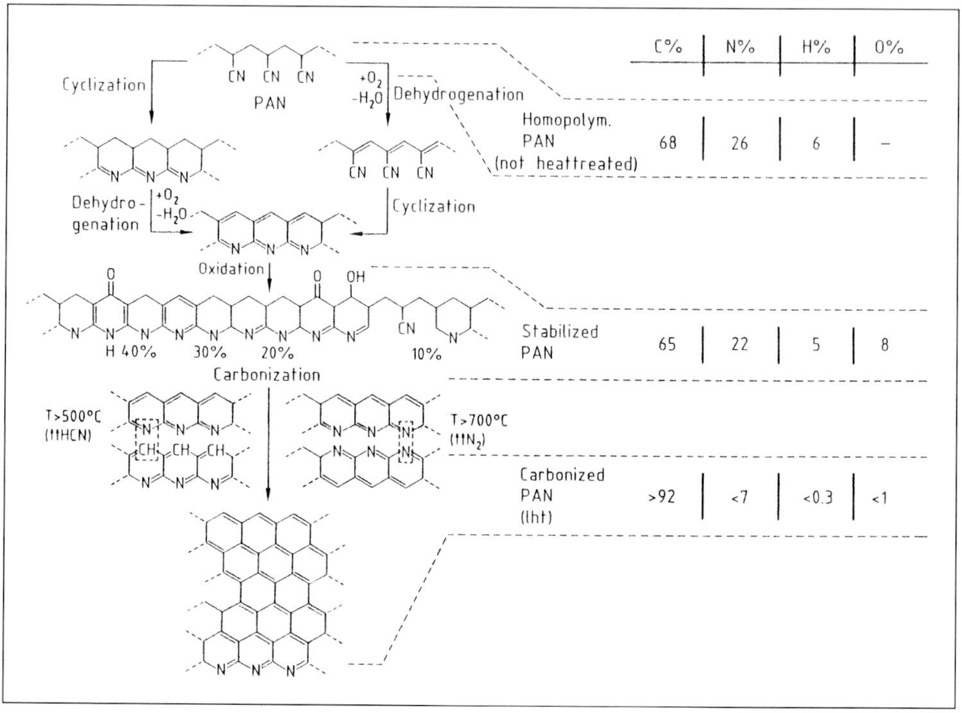

Bild 35: Umwandlung von PAN zu Kohlenstoffaser

Die Fasern werden nochmals verstreckt, wobei der Modul weiter ansteigt. Es entstehen HM-Kohlenstoffasern.

Die einzelnen Umwandlungsschritte sind in Bild 35 dargestellt.

Um die Haftung von Kohlenstoffasern zu einer Polymermatrix zu verbessern, kann die Faseroberfläche naßchemisch in Salpetersäure, thermisch bei 400 bis 1000 °C oder elektrolytisch oxidiert werden. Die oxidierte Oberfläche verfügt über reaktive Gruppen, die mit einem Harz kovalente Bindungen eingehen kann. Die Faser wird mit dem Harz beschichtet, das sich dann mit der Matrix verbindet. Zur Verbesserung der Verarbeitbarkeit wird auf die Fasern noch eine Präparation aufgebracht.

Filamentgarn aus Kohlenstoffasern besteht aus 1000 bis über 50.000 Einzelfilamenten, Taue aus bis zu 500.000 Einzelfilamenten. Die Einzelfilamente haben einen Durchmesser von 5–10 µm.

Bild 36 zeigt ein Bündel Preox-Fasern mit Schnittenden in 270facher Vergrößerung. Bild 37 zeigt die Oberflächenmorpholgie und Bruchfläche einer einzelnen Preox-Faser bei 4500facher Vergrößerung.

2.3.2.2.3.2 Kohlenstoffasern aus Pech

Pech, das als Abfallprodukt der Erdölaufbereitung anfällt, hat einen hohen Kohlenstoffgehalt und ist zu einem günstigen Preis reichlich verfügbar. Zur Herstellung von Kohlenstoffasern

Bild 36: Preoxfaser, 270fache Vergrößerung (© Acordis Research Obernburg)

Bild 37: Preoxfaser, 4500fache Vergrößerung (© Acordis Research Obernburg)

muß es gereinigt werden und vor dem Verspinnen in eine flüssigkristalline Phase (Mesophase) überführt werden. Die Pechfaser wird dann in dem PAN-Prozess vergleichbaren Schritten thermisch behandelt.

2.3.2.2.4 Eigenschaften

Kohlenstoffasern verdanken ihre herausragende Rolle als Verstärkungsfaser in Hochleistungsverbundwerkstoffen unter anderem ihrer hohen Festigkeit bei geringer Dichte. Sie sind chemisch gegen die meisten aggressiven Medien beständig. Aufgrund ihrer thermischen Stabilität bis 3600 °C, dem niedrigen thermische Ausdehnungskoeffizient und der guten Wärmeleitfähigkeit sind Kohlenstoffasern ideal für Hochtemperaturanwendungen geeignet. Weiterhin zeigen Kohlenstoffasern eine gute elektrische Leitfähigkeit.

Die hohe mechanische Festigkeit der Kohlenstoffasern beruht

a) auf den starken Bindungen zwischen den hexagonal angeordneten C-Atomen und

b) auf Gitterdefekten, wie Schichtfehler, Stapelfehler und Disklinationen, die eine dem Graphit analoge Verschiebbarkeit der Schichten gegeneinander verhindern.

Ein Nachteil der Kohlenstoffasern ist ihre Brüchigkeit.

2.3.2.3 PTFE-Fasern

PTFE-Garne werden in Packungsanwendungen eingesetzt. Zu Struktur und Eigenschaften von PTFE siehe Kap. 2.2.

Da noch kein geeignetes Lösungsmittel für PTFE gefunden wurde und sich die Schmelze vor Erreichen der für das Spinnen notwendigen Temperatur zersetzt, kann PTFE-Garn nicht nach den herkömmlichen Lösungs- oder Schmelzspinnprozessen produziert werden.

PTFE-Fäden werden nach den speziellen Verfahren Pastenextrusion, Matrixspinnen und Spalt-Schäl-Prozeß hergestellt.

(Zu Pastenextrusion und Matrixspinnen siehe Lit. [64].)

Im Spalt-Schäl-Prozeß wird PTFE-Polymerisat, daß zur Herstellung von Formteilen dient, zu einem zylindrischen Körper verpreßt und verdichtet. Dann wird der Block druckfrei gesintert und in einem Temperaturprogramm wieder abgekühlt.

Das PTFE wird durch diese Behandlung homogen, poren– und spannungsfrei im Block verteilt.

Durch Rotation des Blockes entlang von Stahlklingen werden die Filamente gleichmäßig herausgeschält. Anschließend werden sie bei Temperaturen über 300 °C um ein Vielfaches ihrer Länge heißverstreckt, zu Multifilamentgarnen zusammengefaßt, mit Präparation beschichtet, getrocknet und aufgespult.

2.3.2.4 Mineralfasern

Mineralfasern sind aus Glas oder Stein hergestellte Fasern. Diese unterscheiden sich durch den Silizium– und Aluminiumoxidgehalt sowie Menge und Art der Zuschlagstoffe.

Typischen Zusammensetzungen von Glasfasern (E-Glass) und Steinfasern (Mineralwolle) sind in Tabelle 6 dargestellt.

Mineralfasern werden aus Schmelzen nach dem Zieh-, Blas- oder Schleuderverfahren gesponnen.

Tabelle 6: Typische Zusammensetzung von E-Glas und Steinfaser (Mineralwolle) [64]

Zusammensetzung [%]	E – Glas	Mineralwolle
SiO_2	54,5	47,5
Al_2O_3	14,5	13,0
FeO	–	7,0
Fe_2O_3	0,5	0,5
B_2O_3	7,5	–
CaO	17,0	16,0
MgO	4,5	10,5
K_2O, Na_2O	0,8	3,5
Andere	0,7	2

Textile Mineralfasern liegen als Endlosfäden oder Spinnfaser vor und bestehen grundsätzlich aus Glas. Sogenannte Isolierfasern fallen als Wolle an und bestehen aus Glas oder Gesteinen. Sie wurden früher ausschließlich für Isolierzwecke hergestellt, finden mittlerweile aber auch als Verstärkungsfasern in Verbundwerkstoffen Verwendung.

Im folgenden werden textile Glasfasern und Mineralwolle betrachtet.

2.3.2.4.1 Glasfasern

2.3.2.4.1.1 Allgemeines

Ein Glas ist eine ohne Kristallisation erstarrte, unterkühlte Schmelze. Das Material ist amorph, d.h. in diesem Zustand haben die Atome eine Nahordnung, jedoch keine Fernordnung.

Ein anorganisches Glas in engerem Sinne besteht aus Siliciumdioxid ('Quarz', Sand), Bortrioxid, Aluminiumtrioxid sowie basischen Metalloxiden, wie z.B. den Alkalimetaloxiden Natrium- und Kaliumoxid. Das Siliciumoxid bildet ein dreidimensionales Netzwerk eckenverknüpfter Tetraeder, dessen Regelmäßigkeit durch den Einbau der Metalloxide gestört wird. Die basischen Metalloxide werden als Trennstellenbildner bezeichnet. Mit steigender Anzahl von Trennstellen sinken Erweichungs- und Schmelzpunkt des Glases [65].

Glasfasern werden seit 1939 industriell produziert und als Verstärkungsfaser in Werkstoffverbunden, zur Elektro- und Wärmeisolation und für Filtrationszwecke eingesetzt[4]).

Es werden unter anderen folgende Glasfasersorten unterschieden:

E-Glas: Aluminiumboratsilikatglas mit einem Massenanteil Alkalimetal von weniger als 1 %. E-Glas hat eine geringe elektrische Leitfähigkeit und wurde ursprünglich für elektrotechnische Anwendungen entwickelt (E = elektrisch). Es wird heute überwiegend in Verbundwerkstoffen eingesetzt. Ca. 90 % der gesamten Textilglasfilamentproduktion entfällt auf E-Glas. Das Verfahren wird im Vergleich zu anderen Glassorten am besten beherrscht, und es liegt die größte Anwendererfahrung vor [66].

---

[4]) Glasfaserkabel als Lichtleiter gehören einer gesonderten Produktkategorie an

S-Glas: Aluminiumsilikatglas ohne Calciumoxid, aber mit ca. 10 % Massenanteil Magnesiumoxid. S-Glas besitzt eine hohe Zugfestigkeit (S = Strength, Festigkeit).

C-Glas: Alkali – Kalk – Glas mit hohem Bortrioxidgehalt. C-Glas besitzt eine gute chemische Beständigkeit (C = chemisch).

2.3.2.4.1.2 Herstellungsprozeß

97 % des E-Glases (d.h. 90 % der gesamten Textilglasproduktion, siehe [67]) werden nach dem Düsenziehverfahren hergestellt.

Die Rohmaterialien werden zunächst gut vermischt und in einen Wannenofen gefördert. In der öl- oder gasbeheizten Schmelzzone wird die Mischung bei 1300 °C bis 1400 °C aufgeschmolzen. Die Schmelze fließt dann in die Konditionierzone. Die Masse wird hier weiter homogenisiert und auf eine einheitliche und konstante Temperatur gebracht, um die für das Ziehen notwendige Viskosität zu erreichen. Die Schmelze fließt dann weiter in die Arbeitszone, in deren Boden sich die Ziehdüsen (bushings) befinden. Die Düsenplatte besteht aus einer Platin-Rhodium-Legierung und ist auf 1200 °C beheizt. Die Düsenbohrungen haben einen Durchmesser von 1 bis 2 mm. Die Anzahl der Bohrungen pro Düse liegt zwischen 400 und mehreren tausend. Bild 38 zeigt die Skizze einer Produktionsanlage.

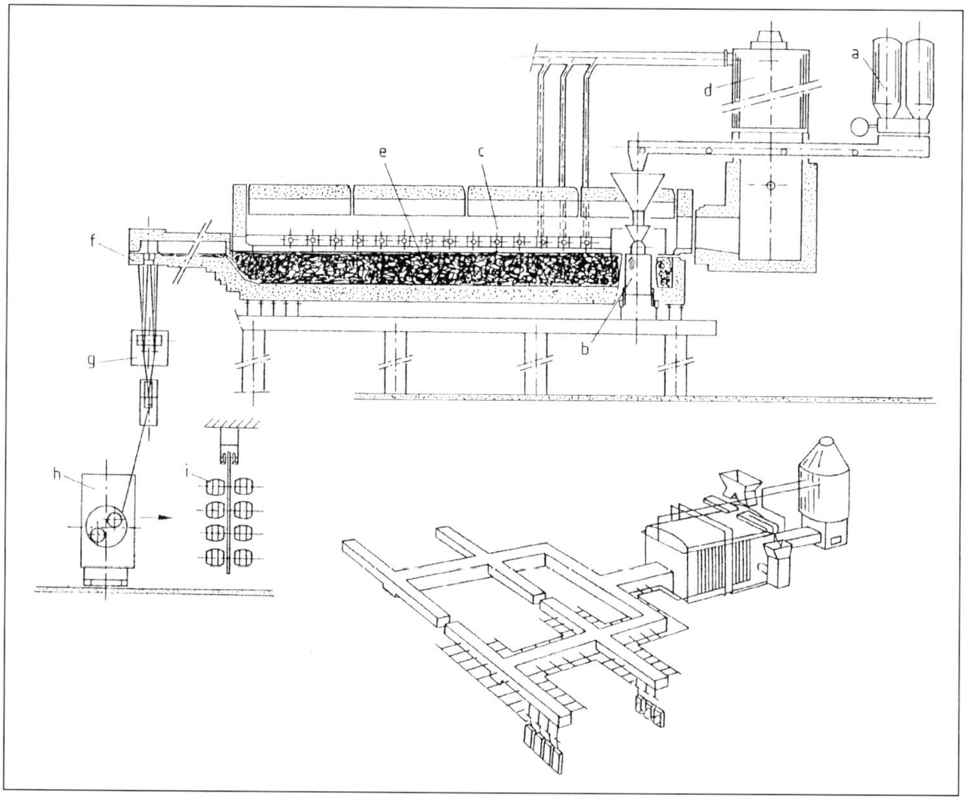

Bild 38: Glasfaserspinnanlage: a) Mischsilos, b) Ofenzuführung, c) Ofen, d) Wärmeübertrager, e) Schmelze, f) Düsen, g) Sizingauftrag, h) Aufspulung, I) Spulen

Die Schmelze fließt durch die Bohrungen, wird verzogen und auf schnellrotierende Spulen aufgewickelt. Durch den Verzug verjüngt sich der Filamentdurchmesser auf 5 bis 25 µm, s. Bild 39. Die Abzugsgeschwindigkeit beträgt 1200 bis 3600 m/min.

Die Filamente werden mit einer Schlichte (Sizing) beschichtet, bevor eine definierte Anzahl Filamente zu einem Faden zusammengefaßt auf die Spule als Endlosgarn aufgewickelt wird.

Glasfaserkurzschnitt wird aus Endlosfäden hergestellt oder direkt nach Schlichteauftrag und Fadensammler ohne vorhergehende Aufspulung geschnitten.

Die beschichtete Glasfaser wird in einem Ofen zur Aushärtung nachbehandelt.

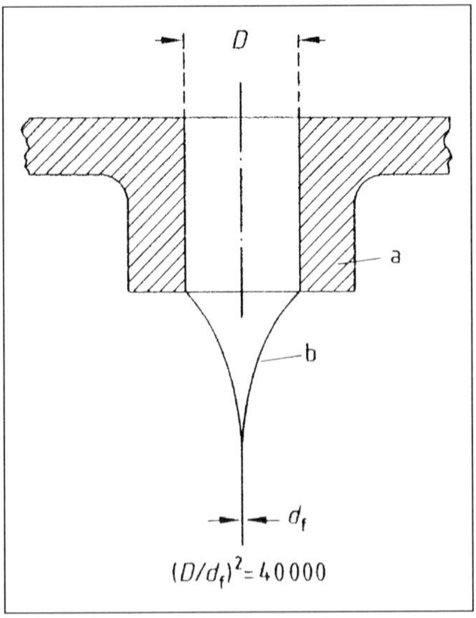

Bild 39: Verstreckung an der Düse: a) Düse, b) Schmelze

2.3.2.4.1.3 Eigenschaften

Glasfasern verfügen über gute Wärmebeständigkeit und hohe Zugfestigkeit bis ca. 300 °C. Die chemische Beständigkeit gegen Säuren (außer Flußsäure, HF) und organische Lösungsmittel ist sehr gut, gegen Laugen – abhängig von der Glasfasersorte (siehe oben) – mäßig bis gut. In Dampf tritt ab ca. 160 °C Hydrolyse auf. Glasfasern sind spröde und daher nur bedingt gegen Druckbelastungen stabil.

Bild 40 zeigt die REM-Aufnahme eines Glasfaserbündels mit Bruchflächen. Die Glasfasern zeigen eine glatte, unstrukturierte Oberfläche. Messungen der spezifischen Oberfläche von Glasfasern zeigen, daß diese auch keine Mikroporosität aufweisen [67].

Bild 40: Glasfasern, 2250fache Vergrößerung (© Acordis Research Obernburg)

Zur Verbesserung der Wechselwirkung mit einer Matrix wird die Oberfläche mit organofunktionellen Silanen als Haftvermittler beschichtet. Diese gehen mit den an der Glasfaseroberfläche befindlichen Silanolgruppen chemische Bindungen ein und verbinden die Fasern mit der Harz- oder Gummimatrix.

2.3.2.4.2 Mineralwolle

2.3.2.4.2.1 Allgemeines

Mineralwolle wird aus geschmolzenem Basalt, siehe Tabelle 6, nach dem Blas- oder Schleuderverfahren hergestellt.

Im Gegensatz zu den oben beschriebenen Glasfasern wird Mineralwolle als Stapelfaser produziert und liegt mit einer Faserlängen- und durchmesserverteilung vor. Die Faserlänge variiert von ca. 0,1 bis 10 mm, der Faserdurchmesser von ca. 1 bis 15 µm, wie die Rasterelektronenmikroskop-Aufnahme Bild 41 veranschaulicht. Mineralwolle hat ebenso wie Glasfaser eine glatte, strukturlose Oberfläche.

Mineralwolle wird daher auch oberflächenmodifiziert, um die Haftung zur Matrix zu verbessern.

Im Vergleich zu Glasfasern hat Mineralwolle eine noch bessere Temperaturbeständigkeit von bis zu 1000 °C [68] und höhere Hydrolysebeständigkeit.

2.3.2.4.2.2 Herstellungsprozeß

Die mineralischen Rohstoffe werden in Wannenöfen oder Kupolöfen aufgeschmolzen. In Kupolöfen herschen stark reduzierende Bedingungen, da die Rohstoffe abwechselnd mit Koks aufgeschichtet werden. Eisen liegt daher fast ausschließlich zweiwertig als FeO vor, s. Tabelle 6.

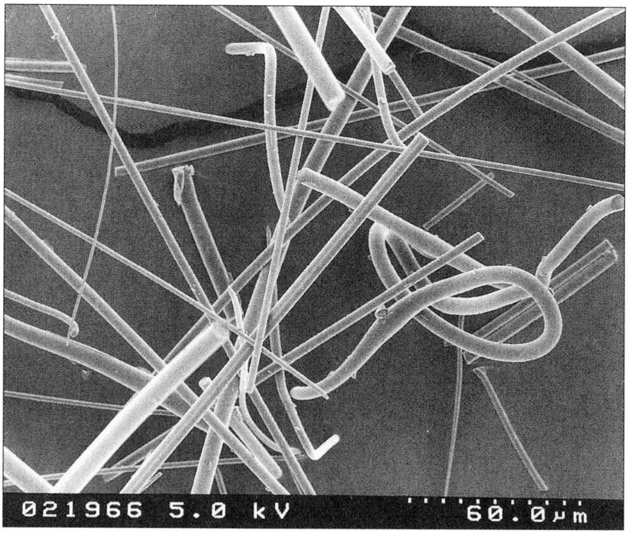

Bild 41: Mineralwolle, 450fache Vergrößerung (© Acordis Research Obernburg)

a) Blasverfahren

Die Schmelze fließt, ähnlich wie im Ziehverfahren für Glasfasern, als Strang durch die 1 bis 2 mm große Bohrung der Düsenplatte. Unterhalb der Düsenplatte wird die Schmelze durch eine Spaltdüse in einen Gasstrom (Dampf oder Luft) geleitet. Das Gas, welches mit hoher Geschwindigkeit nach unten gerichtet austritt, schleppt die Schmelze mit, die hierbei verstreckt und zerfasert wird, s. Bild 42.

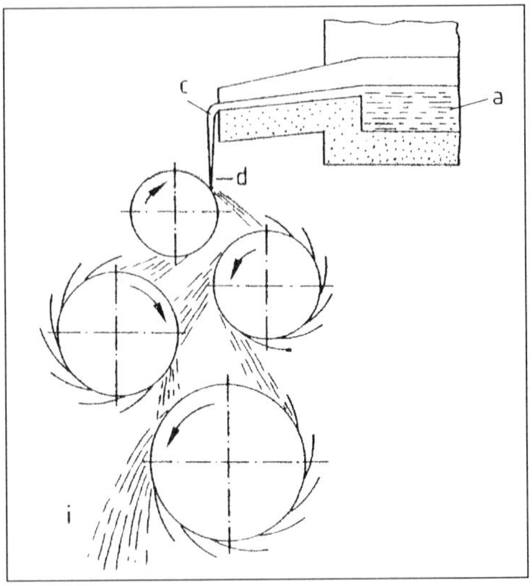

Bild 42: Blasverfahren zur Herstellung von Mineralwolle, a) Schmelze, b) Düsen, c) Rohr, d) Schmelzestrom, e) Primärfaser, f) Gasstrahl, I) Fasern

b) Schleuderverfahren

Im Kaskadenschleuderverfahren fließt die Schmelze auf die Umlauffläche einer schnell rotierenden Scheibe mit waagerechter Achse. Von dieser wird sie beschleunigt und auf eine oder mehrere nachfolgende Scheiben geschleudert und zu Fasern verzogen. In einem Luftstrom werden die Fasern von unverstreckten, erstarrten Schmelzentropfen getrennt, s. Bild 43.

Weitere Schleuderverfahren sowie Kombinationen von Schleuder- und Blasverfahren werden in [64] beschrieben.

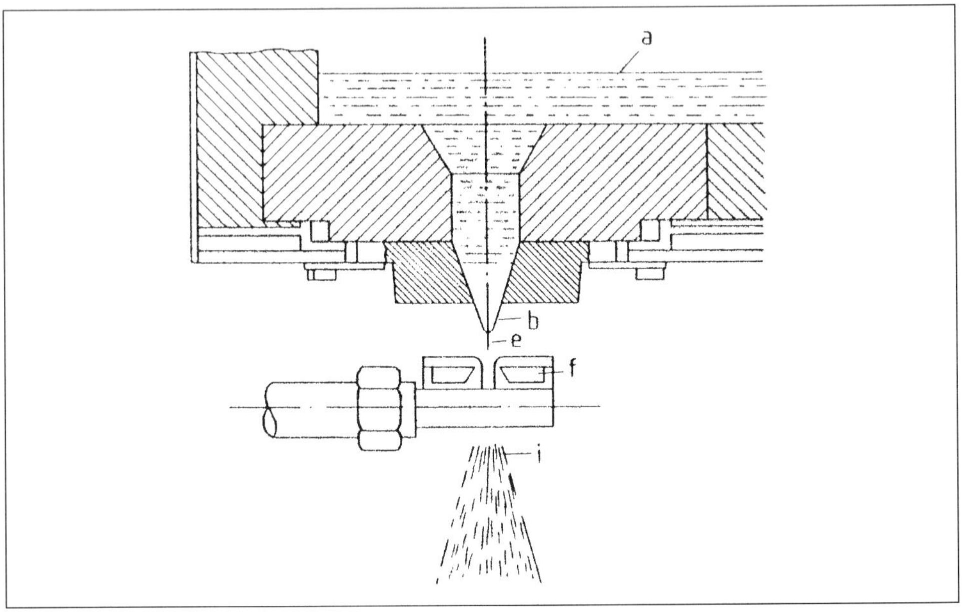

Bild 43: Schleuderverfahren zur Herstellung von Mineralwolle

2.3.2.4.2.3 HSE-Aspekte

Die Faserdimensionen von Mineralwolle können gemäß WHO-Definition im lungengängigen Bereich liegen (siehe Kap. 2.3.2.1.4). Die International Agency for Research on Cancer (IARC) der WHO stuft Mineralwollfaserm als 'possibly carcinogenic' in Kategorie 2B ein. Das entspricht ungefähr der Einstufung III B gemäß MAK-Kriterien bzw. krebserzeugend, Kategorie 3, nach den Kriterien der EU-Stoffrichtlinie und der Gefahrstoffverordnung. Andere EU-Länder kamen zu anderen Bewertungen: Die britische HSE (Health and Safety Executive) und die niederländische DECOS (Dutch Expert Committee on Occupational Standards) haben Mineralwolle als nicht krebserzeugend eingestuft [69].

Bei der Bewertung des gesundheitsgefährdenden Potentials einer Faser muß neben der Geometrie auch die Biopersistenz, d.h. Beständigkeit der Faser im menschlichen Gewebe berücksichtigt werden (s. Kapitel 2.3.2.1.4). In den technischen Regeln für Gefahrstoffe (TRGS 905) ist daher ein Kanzerogenitätsindex für die Einstufung von Mineralfasern definiert, der den Einfluß der chemischen Zusammensetzung der Faser auf die Biopersistenz und somit auf das Kanzerogenitätspotential berücksichtigt.

Der Kanzerogenitätsindex K_i wird mit einer semiempirischen Formel berechnet. K_I ist definiert als die Summe der Massenanteile der Oxide von Natrium, Kalium, Bor, Magnesium und Barium abzüglich des zweifachen Massenanteils der Aluminiumoxide.

Die Einstufung nach TRGS 905 sind:

$K_i \geq 40$: kein Krebsverdacht

$K_i > 30$ und < 40: Kategorie 3

$K_i \leq 30$: Kategorie 2

Die Einstufung kann durch praktische Ergebnisse aus Tierversuchen oder anderen Experimenten korrigiert werden.

Mineralwolle mit einem $K_i \geq 40$ erfüllt das Ausstiegskriterium der EU-Richtlinie und wird als nicht krebserzeugend eingestuft. Die Hersteller von Mineralfasern bieten daher zunehmend entsprechende Produkte an.

2.3.2.4 Cellulosefasern

Cellulose ist die chemische Bezeichnung für ein aus linear verknüpften Cellobiosemolekülen aufgebautes Polymer. Cellulosefasern bilden als Gerüstsubstanz den Hauptbestandteil der pflanzlichen Zellwände. Die Zellwände sind aus morphologischen Untereinheiten aufgebaut: Parallel angeordnete Cellulosemoleküle bilden Mikrokristalle, sogenannte Kristallite, die sich in Verbänden zu höheren Einheiten, den Mikrofibrillen zusammenlagern. Verbände von parallel orientierten Mikrofibrillen aggregieren zu Fibrillen, und durch die parallele Anordnung der Fibrillen werden die Zellwände gebildet.

Zellstoff ist ein technisches Produkt, das vorwiegend aus Cellulose besteht. Zellstoff wird aus Hölzern oder Einjahrespflanzen, wie z.B. Stroh, durch chemische oder mechanische Aufschlußverfahren oder deren Kombinationen hergestellt. Holz besteht überwiegend aus Cellulose sowie Lignin, das die Zellen verbindet und dem Holz Festigkeit verleiht, und Hemicellulosen. Hemicellulosen sind nichtcellulosische, gerüstbildende Kohlenhydrate.

Zur Zellstoffherstellung wird das Rohmaterial zuerst zerkleinert. Dann wird die Cellulose in sauren und basischen Aufschlußverfahren von Lignin und Hemicellulosen weitgehendst befreit. Cellulosische Chemiefasern werden aus Zellstoff mit einem Cellulosegehalt von über 95 % hergestellt, sogenanntem Chemiezellstoff.

Die Fasern des Zellstoffes haben mittlere Faserlängen von 0,5 bis 4 mm.

Zellstoffasern müssen daher gelöst und in einem Lösungsspinnprozeß verarbeitet werden. Da Zellstoff (bzw. die Cellulose) in Wasser unlöslich ist, wird er zunächst chemisch derivatisiert und in eine lösliche Form überführt (z.B. Celluloseacetat, Viskose) oder mit Hilfe eines Metallkomplexes in Lösung gebracht (Cuproverfahren). In einem neuen, umweltschonenden Verfahren wird der Zellstoff in einem Gemisch aus N-Methylmorpholin-N-oxid und Wasser bei ca. 120 °C physikalisch gelöst und der gesponnene Faden in Wasser ausgefällt (Newcell bzw. Lyocell-Prozeß). Das Lösungsmittel wird zurückgewonnen. In diesem Prozeß fallen keine Schadstoffemissionen an.

Cellulosegarne werden überwiegend in der Bekleidungsindustrie verwendet. Technische Anwendungen sind z.B. Reifencord und Filtergewebe.

Endlos- und Spinnfasergarne werden für geflochtene Packungen verwendet.

Die maximale Einsatztemperatur für Cellulosefasern beträgt ca. 120 °C.

2.3.3 Naturfasern

Natürliche Cellulosefasern, wie z.B das Samenhaar der Baumwolle, die Stengelbastfasern von Flachs, Hanf und Jute und die Blattfasern des Sisal sind zwischen 10 und 500 mm lang und können direkt zu Fasergarnen versponnen werden.

Baumwolle ist einer der preisgünstigsten Faserstoffe. Ihre geringe chemische Beständigkeit und die Verrottung in Wasser sind jedoch nachteilig.

Jute- und Hanffasern verrotten aufgrund ihres Ligningehaltes ebenfalls in Wasser.

Flachs und Ramie sind gegen Wasser gut beständig. Ramie hat die höchste Festigkeit aller natürlichen Cellulosefasern.

Verpulpte Cellulosefasern, die meist aus recycliertem Gewebe oder Zellstoff hergestellt sind, werden in Dichtungspapieren und kalandrierten Dichtungen für moderate Einsatzbedingungen verarbeitet. Die Faserlängen betragen ca. 0,2 bis 1 mm, der Faserdurchmesser ca. 20 µm.

Bild 44 zeigt Cellulosefasern in 60facher Vergrößerung. Bild 45 zeigt in 1350facher Vergrößerung die Oberfläche eines Faserstammes. Es sind einige abgelöste Fibrillen und teilweise abgelöste Bereichen zu erkennen.

2.4 Flexibler Graphit

2.4.1 Struktur

Graphit ist die thermodynamisch stabilste Form des Kohlenstoffs, d.h. jede Modifikation des Kohlenstoffs (z.B. Diamant, amorpher Kohlenstoff) wandelt sich bei entsprechenden Randbedingungen (Temperatur, Druck, Zeit) in Graphit um.

Graphit kristallisiert bevorzugt in einem hexagonalen Schichtgitter wie in Bild 46 dargestellt. Innerhalb der Schichten ist jedes Kohlenstoffatom mit drei Nachbaratomen durch starke kovalente Bindungen verbunden, wobei der C-C Abstand 1,415 Å beträgt. Demgegenüber ist die π-Bindung zwischen den Schichten vergleichsweise schwach ausgeprägt. Der Schichtabstand beträgt 3,354 Å. Im Gegensatz zu synthetisch hergestelltem Elektrographit sind die

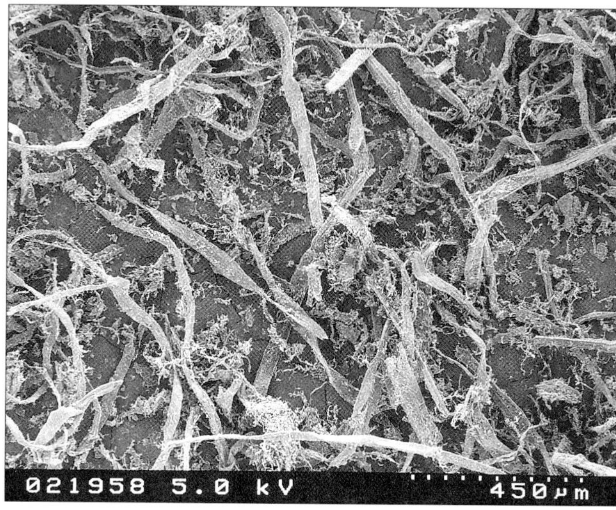

Bild 44: Cellulosefasern, 60fache Vergrößerung (© Acordis Research Obernburg)

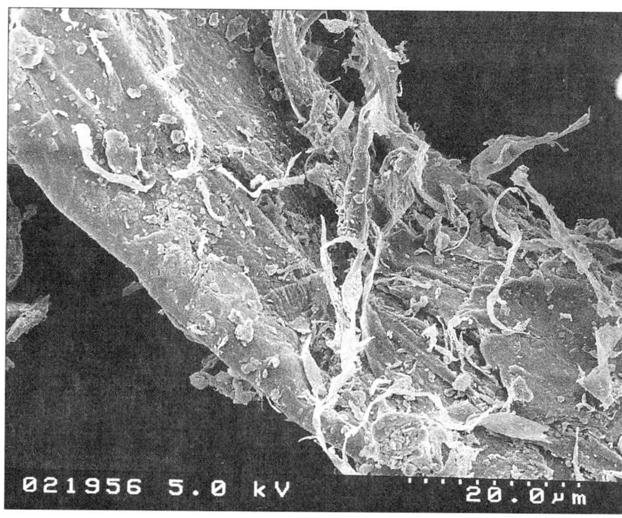

Bild 45: Cellulosefasern, 1350fache Vergrößerung (© Acordis Research Obernburg)

einzelnen Einkristalle beim Naturgraphit sehr gut parallel ausgerichtet, wodurch spezifische richtungsabhängige Eigenschaften bedingt sind [70, 71].

2.4.2 Herstellung

Als Ausgangsmaterial für die Herstellung von „Flexiblem Graphit", auch als „expandierter Graphit" bezeichnet, werden gereinigte sehr gut kristallisierte, großflockige Naturgraphite verwendet. Die angewendeten mechanischen, chemischen und thermischen Reinigungsver-

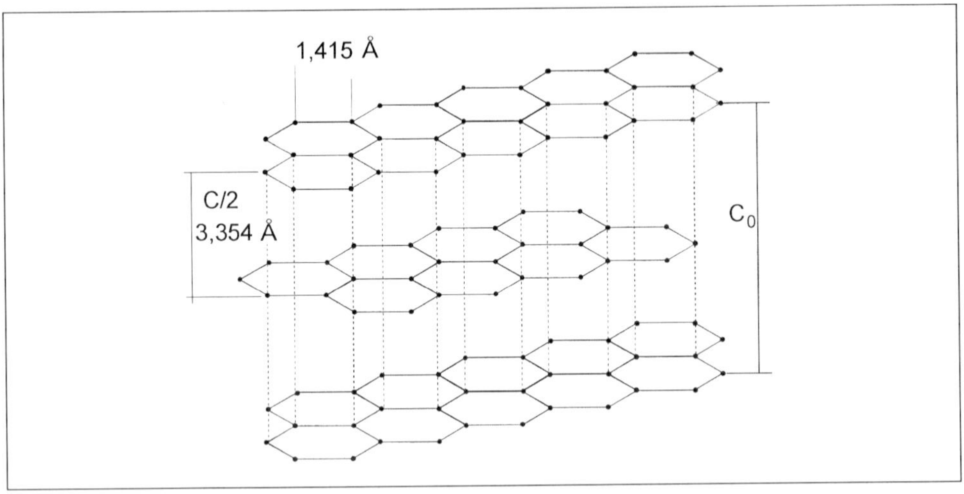

Bild 46: Kristallstruktur von Graphit

fahren bestimmen wesentlich die Eigenschaften der Endprodukte. Bild 47 zeigt eine REM Aufnahme einer typischen Naturgraphitflocke.

Mit Hilfe von stark oxidierenden Säuregemischen, wie z.B. Nitriersäure, werden Graphiteinlagerungsverbindungen erzeugt. Dabei werden zwischen die Schichtebenen des Einkristalls Anionen wie z.B. HSO_4^- eingelagert. Diese Einlagerungsverbindungen lassen sich nun durch schockartige Erwärmung auf hohe Temperaturen expandieren, wobei der Schichtabstand der Graphitebenen auf das ca. 400fache des ursprünglichen Schichtabstandes aufgeweitet werden kann. Die eingelagerten Anionen verflüchtigen sich bei den üblichen hohen Tempe-

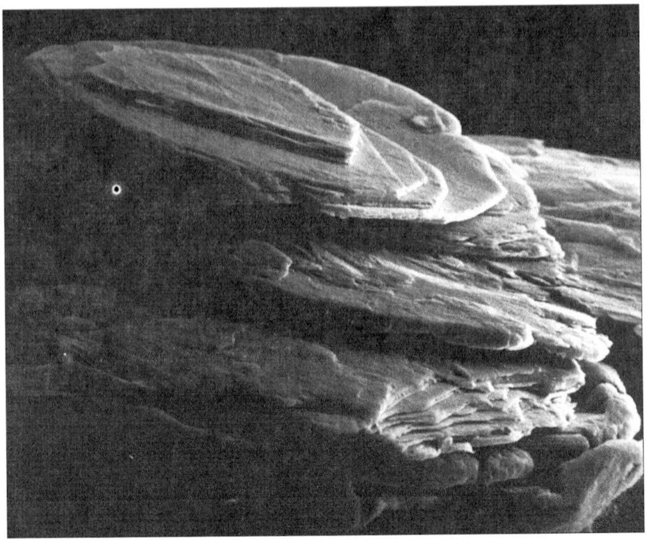

Bild 47: REM Aufnahme einer Naturgraphitflocke

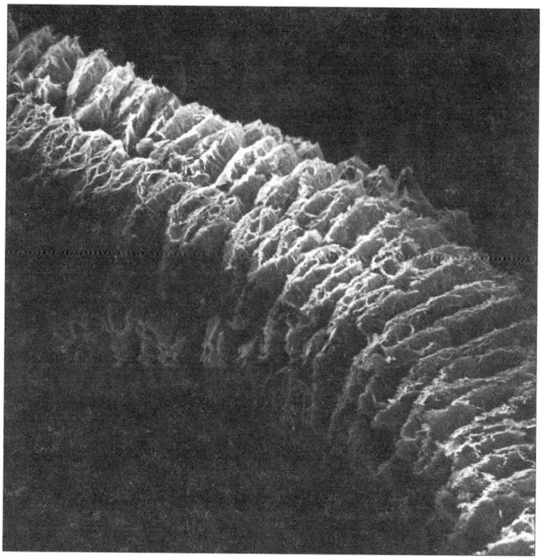

Bild 48: REM Aufnahme eines Graphitexpandat-Teilchens

raturen von über 1000 °C fast restlos. Bild 48 zeigt eine REM Aufnahme eines solchen Graphitexpandatteilchens. Das Expandat wird anschließend mit mechanischem Druck und thermischen Behandlungsschritten zu Formkörpern verpreßt, wobei üblicherweise keinerlei Füllstoffe oder Bindemittel verwendet werden [72]. Durch Walzen werden hierbei bevorzugt Folien und Platten mit einer Rohdichte von 0,7 bis 1,1 g/cm^3 hergestellt, bei der die Graphitflocken nur mechanisch miteinender verhakt sind. Die dabei eintretende starke Ausrichtung der einzelnen Schichtebenenpakete senkrecht zur Druckeinleitung ergibt eine starke Richtungsabhängigkeit der Eigenschaften. Die Schichtstruktur einer Graphitfolie ist anhand einer gerissenen Zugprobe aus Bild 49 ersichtlich. Durch die Wahl des Preßdruckes kann die Rohdichte und damit das Eigenschaftsprofil des so hergestellten „flexiblen Graphites" in einem weiten Bereich beeinflußt werden.

2.4.3 Allgemeine Eigenschaften

Flexibler Graphit zeichnet sich im Gegensatz zu allen anderen Graphitformen durch eine hohe Flexibilität aus und kann bis zu bestimmten Materialdicken in Form von biegsamen Folien hergestellt werden. Kennzeichnend sind eine weitgehend abriebfeste weiche Oberfläche mit einem silbrig glänzenden schwarzgrauen Aussehen [73].

Aufgrund der Bindungsanisotropie des Graphiteinkristalls zeigen Folien aus flexiblem Graphit eine ausgeprägte Richtungsabhängigkeit ihrer Eigenschaften, siehe Tabelle 7. Die Anisotropie des spezifischen elektrischen Widerstandes ist sogar größer als beim Pyrographit. Die elektrische Leitfähigkeit ist parallel zur Oberfläche (a-Richtung) mit der von gut geordnetem Elektrographit vergleichbar, während senkrecht zur Oberfläche (c-Richtung) eine vergleichsweise niedrige elektrische Leitfähigkeit gemessen wird.

Ähnlich verhält es sich mit der Wärmeleitfähigkeit. Zu erwähnen ist noch das gute Reflexionsvermögen, welches beim Einsatz als Hitzeschild bei Hochtemperaturanwendungen ausgenutzt wird.

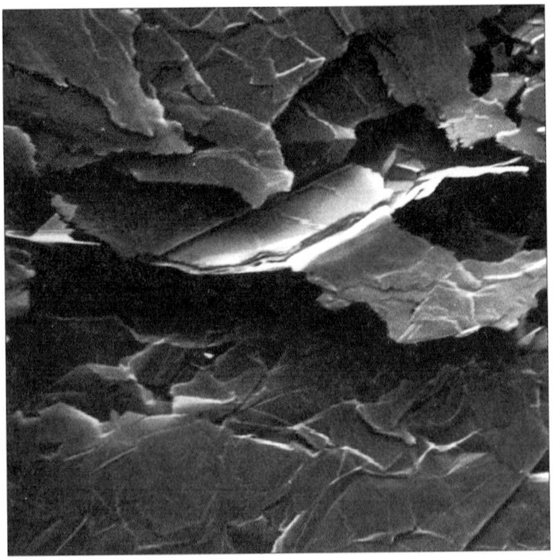

Bild 49: REM Aufnahme einer gerissenen Zugprobe

Tabelle 7: Werkstoffeigenschaften von Graphitfolie

Eigenschaft	Einheit	Wert
Rohdichte	g/cm^3	1,0
Sublimationstemperatur	°C	> 3000
Spezifische Wärmekapazität (20 °C)	KJ/kg·K	0,7
Wärmeausdehnungskoeffizient parallel zur Schichtung (20–1000 °C) senkrecht zur Schichtung (20–1000 °C)	 10^{-6}/K 10^{-6}/K	 ca. 1 ca. 30
Wärmeleitfähigkeit bei 20 °C Parallel zur Schichtung senkrecht zur Schichtung	 W/mK W/mK	 155 4,8
Aschewert nach DIN 51903	%	≤ 0,15
Chloridgehalt nach DIN 28090-2	ppm	≤ 20
Shorehärte (D)		ca. 30
Zugfestigkeit	N/mm^2	> 4
Bruchdehnung	%	> 1
Druckstandfestigkeit nach DIN 52913	N/mm^2	> 48
Permeabilitätskoeffizient für Luft senkrecht zur Schichtung	cm^2/s	$\leq 2 \cdot 10^{-5}$
Reibungskoeffizient (Stahl, Rauhtiefe 10 µm) bei 20 °C an Luft > 150 °C / Vakuum		 0,08 – 0,10 0,20 – 0,30

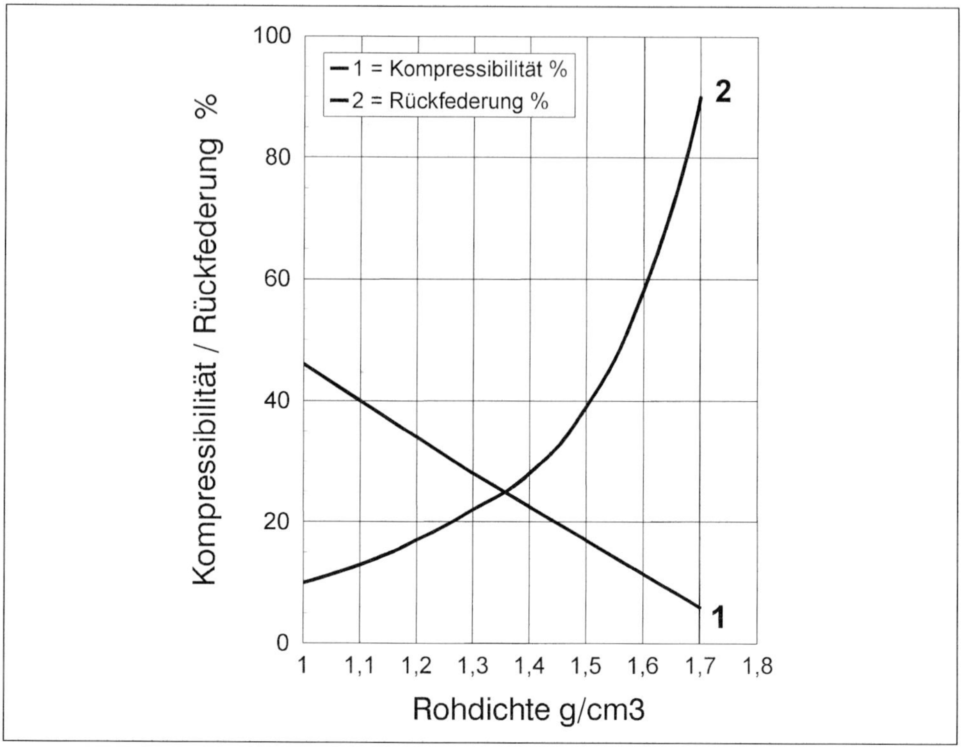

Bild 50: Kompressibilität/Rückfederung in Abhängigkeit von der Rohdichte

Graphit zeigt bis zu extrem hohen Temperaturen keine Gefügeveränderungen, versprödet nicht und spaltet keinerlei Bestandteile ab. Die Sublimationstemperatur liegt bei über 3000 °C. Zu beachten ist jedoch, daß bei Anwesenheit von Sauerstoff und hohen Temperaturen eine Oxidation zu Kohlenoxiden erfolgt. Diese Reaktion ist stark temperaturabhängig. An Luft tritt ab ca. 400 °C ein geringer meßbarer Gewichtsverlust auf, der mit steigender Einsatztemperatur zunimmt.

Eine gute chemische und thermische Beständigkeit bis zu hohen Temperaturen in den meisten Medien prädestinieren deshalb Dichtungen aus expandiertem Graphit für viele Anwendungen.

Je nach erzeugter Rohdichte ist der Werkstoff mehr oder weniger plastisch/elastisch verformbar, wobei mit zunehmender Ausgangsdichte der plastische Verformungsanteil abnimmt und der elastische Anteil zunimmt. Aus Bild 50 kann in Abhängigkeit von der Rohdichte das Kompressibilitäts- und Rückfederungsverhalten entnommen werden.

2.5 Werkstoffe für Gleit- und Gegenringe in Gleitringdichtungen

2.5.1 Einleitung

Die richtige Auswahl der Werkstoffe für Gleit- und Gegenringe bestimmt nicht nur die Lebensdauer einer Gleitringdichtung (GLRD), sondern führt auch bei optimaler Auswahl zu einer weiteren deutlichen Kostenreduzierung in der Beschaffung. Voraussetzung für die Bestimmung dieser optimalen Gleitpaarung ist es, neben den Betriebsbedingungen der GLRD auch das Werkstoffpotential der Gleit- und Gegenringe zu kennen.

Im Folgenden werden schwerpunktmäßig die Werkstoffgruppen betrachtet, in denen zumindest ein Gleitpartner aus einem Kohlenstoffwerkstoff besteht.

2.5.2 Werkstoffpaarungen

Die DIN 24960 [74] unterteilt synthetische Kunstkohlen in A, B und C-Kohlen. Man unterscheidet zwischen metallimprägnierten (A-Kohle), kunstharzimprägnierten (B-Kohle) sowie sonstigen Kohlenstoffwerkstoffen (C-Kohle). Die Leistungsfähigkeit der heute eingesetzten Werkstoffvarianten ist in jeder dieser drei Gruppen sehr unterschiedlich. Die anwendungstechnische Betrachtung einer GLRD fordert weitere Differenzierungen. Die Auswahl eines geeigneten Gleitringwerkstoffes aus der reichhaltigen Kohlenstoffproduktpalette richtet sich vorrangig nach den Einsatzbedingungen.

In Tabelle 8 sind sechs Gruppen von möglichen Werkstoffkombinationen zusammengefaßt.

Man unterscheidet dabei zwischen Weich/Hart- und Hart/Hart-Paarungen. Bis auf die Gruppe 6, bei der karbidische Ringe gleicher Härte gegeneinander laufen, können die Gruppen 1-5 der Weich/Hart-Linie zugerechnet werden.

Bei den in diesem Beitrag behandelten Werkstoffen der kunstharzgebundenen Linie handelt es sich um graphitgefüllte Hochleistungsduroplaste oder Thermoplaste.

Die nur noch selten eingesetzte Linie des pechgebundenen Hartkohlenstoffs wird aus tribologischen Gründen zunehmend vom Kohlegraphit abgelöst.

Unter Kohlegraphit versteht man in seiner einfachsten Form einen pechgebundenen verkokten Werkstoff, dessen Füller zum überwiegenden Teil aus Graphit besteht. Zur weiteren Ver-

Tabelle 8: Gleit- und Gegenringmaterialien für Gleitringdichtungen

	Gleitringmaterial	Gegenringmaterial
Gruppe 1	kunstharzgebundener Kohlenstoff (KK)	Metall Oxide Karbide
Gruppe 2	Hartkohle (HK) (pechgebunden)	Metall Oxide Karbide
Gruppe 3	Kohlegraphit (KG) (pechgebunden)	Metall Oxide Karbide
Gruppe 4	All Carbon (AC)	Metall Oxide Karbid
Gruppe 5	Kohlegraphit A	Kohlegraphit B
Gruppe 6	Karbid	Karbid

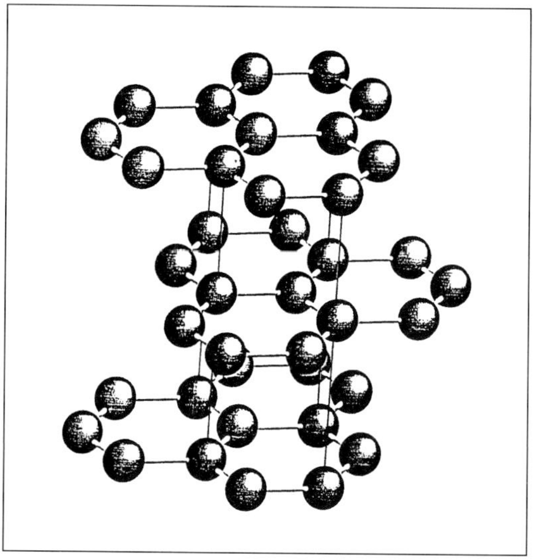

Bild 51: Gitterstruktur eines Graphitkristalls

besserung seiner Eigenschaften wird dieser Werkstoff mit Metallen oder mit Kunstharz imprägniert. Dieser Werkstoff besteht aus einer Kombination eines harten, verschleißfesten Kohlenstoffs und einem weichen gleitfähigen Partner aus Graphit.

Zusammensetzung sowie Art der Phasen sind einsatzspezifisch auszuwählen.

Eine neue Werkstoffgruppe ist All Carbon. Auf diese nahezu universell einsetzbare Werkstoffvariante wird im Kapitel 2.5.7.4 näher eingegangen.

Der Einsatz graphithaltiger Werkstoffe als dynamisches Dichtungselement in Reibsystemen ist auf die Kombination bestimmter physikalischer Eigenschaften des Graphits zurückzuführen, die aus seiner Gitterstruktur abzuleiten sind, Bild 51.

Die Kohlenstoffatome sind in ebenen Sechserringen mit einem Schichtebenenabstand von 3,354 Å angeordnet. Diese Schichtebenen lassen sich wegen der geringen van der Waal`schen Anziehungskraft relativ leicht gegeneinander verschieben, was man beim Schreiben mit einem graphithaltigen Bleistift leicht erkennen kann [75].

E-Modul, Wärmeleitfähigkeit und thermische Ausdehnung sind wichtige physikalische Kenngrößen für Kohlenstoffprodukte beim Einsatz als Gleitring [76]. Die Rohstoffauswahl sowie die Verfahrenstechnik bei der Herstellung des Kohlegraphits beeinflussen diese physikalischen Kenngrößen und somit bestimmte, für die Anwendung wichtige tribologische Eigenschaften.

1. Niedrige Verschleißrate gegen alle möglichen Gegenringe
2. Niedriger Reibwert
3. Gute Notlaufeigenschaften bei Trockenlauf und Mischreibung
4. Dichtigkeit
5. Chemische Beständigkeit
6. Hohe Temperaturwechselbeständigkeit
   - hohe Festigkeit
   - hohe Wärmeleitfähigkeit
   - niedriger Elastizitätsmodul
   - niedriger thermischer Ausdehnungskoeffizient

Bild 52: Erforderliche Eigenschaften eines optimalen Gleitringes aus Kohlegraphit

2.5.3 Anforderungen an einen optimalen Gleitringwerkstoff aus Kohlenstoff

In Bild 52 sind die erforderlichen Eigenschaften eines optimalen Gleitringes aus Kohlenstoff in der Form eines technischen Lastenheftes zusammengefaßt.

Die Hauptanforderung an Kohlegraphitgleitringe ist eine niedrige Verschleißrate gegen alle möglichen Gegenringwerkstoffe, wie Metalle, Oxide und Karbide. Weitere Anforderungen sind niedrige Reibwerte und gute Notlaufeigenschaften bei kurzfristigem Trockenlauf sowie im Mischreibungsgebiet. Die Gleitringe müssen weiterhin eine der Anforderung entsprechende Dichtigkeit aufweisen. Erforderliche Dichtigkeitsstufen können durch besondere Imprägniertechnologien realisiert werden. Bei thermisch zyklischen Einsatzbedingungen ist eine höchst mögliche Temperaturwechselbeständigkeit zu fordern, die im Beispiel Kohlegraphit vorrangig und signifikant durch die Wärmeleitfähigkeit beeinflußt wird.

2.5.4 Einteilung, Herstellung und Eigenschaften der Gleitringwerkstoffe aus Kohlenstoff

– Kunstharzgebundener Kohlenstoff (KK)

Ausgangspunkt bei der Herstellung dieser Werkstoffe ist ein Granulat, dessen Zusammensetzung die einsatzrelevanten Anforderungen des Gleitrings vorgibt. Dieses Granulat wird je nach Bauteilkomplexität entweder gespritzt oder gepreßt, wobei das als Binder eingesetzte Harz ausgehärtet wird.

Dieser Materialzustand kann durch einen anschließenden Verkokungsprozeß auf ein Niveau mit verbesserten physikalischen und chemischen Eigenschaften gebracht werden. Nach dem Formgebungs- bzw. Verkokungsprozeß können die Formkörper getempert und konditioniert werden, um danach, sofern erforderlich, mit allen bekannten Fertigungsverfahren nachbearbeitet zu werden [77].

Gleitringe aus kunstharzgebundenem Kohlenstoff sind wegen ihrer Herstellung im Werkzeug deutlich preiswerter als Gleitringe aus pechgebundenem Material.

– Pechgebundener Kohlenstoff

Ein Flußdiagramm in Bild 53 zeigt die Herstellung von gebrannten und graphitierten Kohlenstoffwerkstoffen. Sie entspricht in den einzelnen Stufen in etwa der Herstellung von Keramik, jedoch mit dem Unterschied, daß ein Binder benötigt wird.

Die Rohstoffe Koks, Graphit, Ruß oder Kombinationen daraus werden in Brechern, Mühlen und Sieben aufbereitet und mit flüssigen oder festen Pechen als Bindemittel gemischt. Das Mischgut kann je nach gewünschten Eigenschaften des Endproduktes verschiedene Formgebungsverfahren durchlaufen. Man unterscheidet dabei zwischen Strang-, Gesenk- und isostatischem Pressen.

Für die Herstellung von Gleitringen wird überwiegend das Gesenkpressen eingesetzt. Das Formgebungsverfahren wird vorrangig bestimmt durch die zu fertigende Stückzahl. Große Stückzahlen werden maßgepreßt, wohingegen kleine Stückzahlen konventionell aus größeren Halbzeugen spanend hergestellt werden. Großserien sind für den niedrig beanspruchten Bereich $p \cdot v < 10$ MPa m/s, spanend hergestellte Teile für höchste Beanspruchungen einsetzbar bis $p \cdot v > 100$ MPa m/s, mit p für den Mediendruck und v für die Umfangsgeschwindigkeit.

Die bei dem Preßvorgang bewußt erzeugte Ausrichtung der Graphitlamellen (Anisotropie) ist mit verantwortlich für das günstige Gleitvermögen von Kohlegraphit. Die durch das Pressen erzeugten Grünlinge werden dann im nächsten Schritt gebrannt. Die Auswahl des Brennprozesses, des Temperaturgradienten sowie der Brennendtemperatur sind dabei abhängig von den gewünschten physikalischen Eigenschaften der herzustellenden Produkte. Typische Brennendtemperaturen liegen bei 1000 °C. Temperaturgradienten können zwischen etwa 0,5 °C/h und 20 °C/h variieren. Die Bindemittel werden beim Brennprozeß in der Pyrolyse in reinen Kohlenstoff umgewandelt. Die dabei entstehenden Pyrolysegase diffundieren aus dem

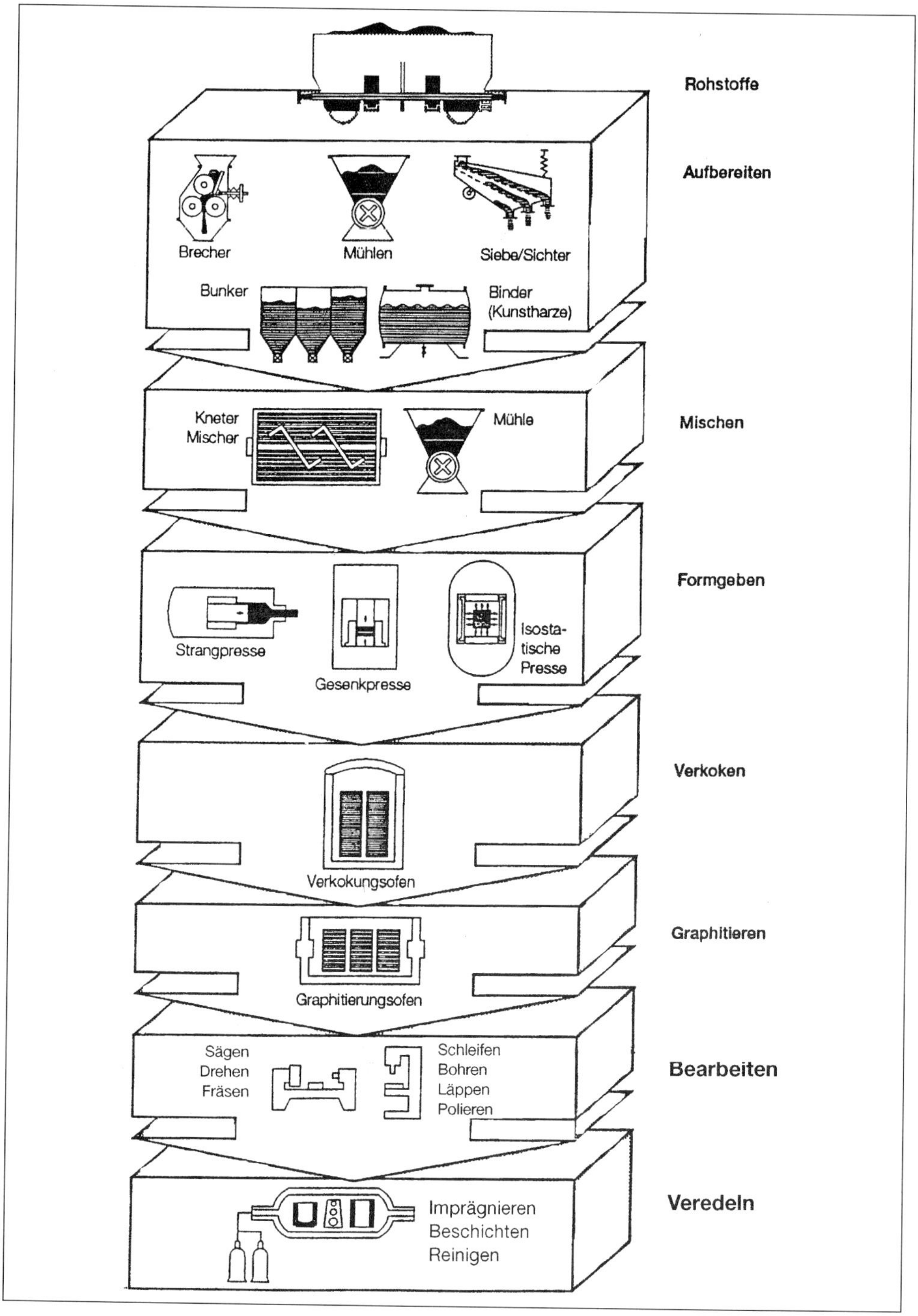

Bild 53: Fertigungsprozeß von Graphit

Körper heraus und hinterlassen ein Porenvolumen, welches je nach Anforderung durch ein oder mehrere Imprägnierschritte reduziert werden muß. Die bei etwa 1000 °C gebrannten Produkte, die einen vorrangig koks- und/oder rußhaltigen Füller haben, werden als Hartkohle (HK) oder Hartbrand bezeichnet; gebrannte Körper mit hoch graphitischem Füller werden als Kohlegraphit (KG) bezeichnet. Führt man die Wärmebehandlung über 2500 °C weiter fort, so spricht man von Elektrographit (EG), der jedoch für Gleitringe nur selten eingesetzt wird, [78, 79, 80].

Die Gruppe der All Carbon (AC)-Werkstoffe kann entweder durch gezielte thermische Behandlung geeigneter Preßmassen oder durch Verkoken von kunstharzimprägnierten Grundkörpern hergestellt werden. Der im Folgenden betrachtete All Carbon Werkstoff entspricht der verkokten, kunstharzimprägnierten Kohlegraphitlinie.

– Eigenschaften von Kohlenstoff

Tabelle 9 zeigt typische Kennwerte, die für die Beurteilung von Gleitringen herangezogen werden können. Eine der wichtigsten Eigenschaften, die Wärmeleitfähigkeit, ist in Bild 54 dargestellt. Zu erkennen ist, daß die Werte optimierter kunstharzgebundener Werkstoffe bei 10 W/mK, bei Kohlegraphit und Graphit zwischen etwa 25 und 100 W/mK und damit im Bereich der Metalle liegen. Erst dadurch sind diese Werkstoffe als Partner in Reibsystemen vorteilhafter einzusetzen. Anzustreben ist eine möglichst hohe Wärmeleitfähigkeit [81, 82].

Mit der Darstellung der Temperaturwechselbeständigkeit [75, 83, 84] verschiedener Materialien, Bild 55, sind die Betrachtungen der physikalischen Eigenschaften abgeschlossen. Von allen bekannten Werkstoffen zeigt der Graphit die höchste Temperaturwechselbeständigkeit, wobei die Kenngrößen, die diese Eigenschaft ergeben, der Anforderung entsprechend gewichtet und eingestellt werden.

Die aus einem Spannungs-Dehnungs-Diagramm abzuleitenden mechanische Eigenschaften unterscheiden sich von Metallen in einigen wesentlichen Punkten [85]:

Tabelle 9: Physikalische Daten von kunstharzgebundenem Kohlenstoff (KK), sowie Hartkohle (HK) und Kohlegraphit (KG) mit Kunstharz- und Antimonimprägnierung

	KK	HK mit Kunstharz-imprägnierung	HK mit Antimon-imprägnierung	KG mit Kunstharz-imprägnierung	KG mit Antimon-imprägnierung
Dichte g/cm^3	1,6	1,8	2,3	1,8	2,2
Biegefestigkeit MPa	60	60	70	70	80
E-Modul GPa	15	18	20	25	28
therm. Ausdehnung $10^{-6} \times K^{-1}$	15	3	2,5	5	4,5
Wärmeleitfähigkeit W/mK	5	5	9	18	20

Bei den Daten handelt es sich um gemittelte Richtwerte verschiedener Hersteller

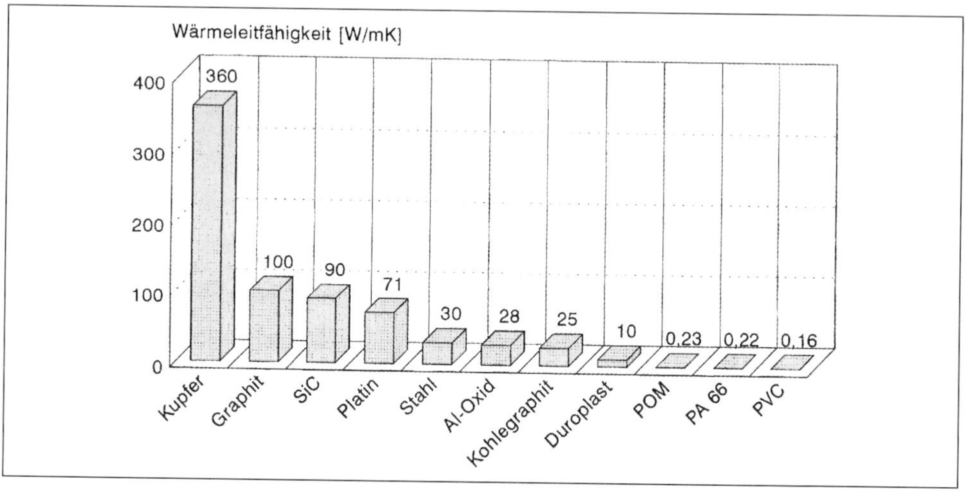

Bild 54: Wärmeleitfähigkeit verschiedener Materialien

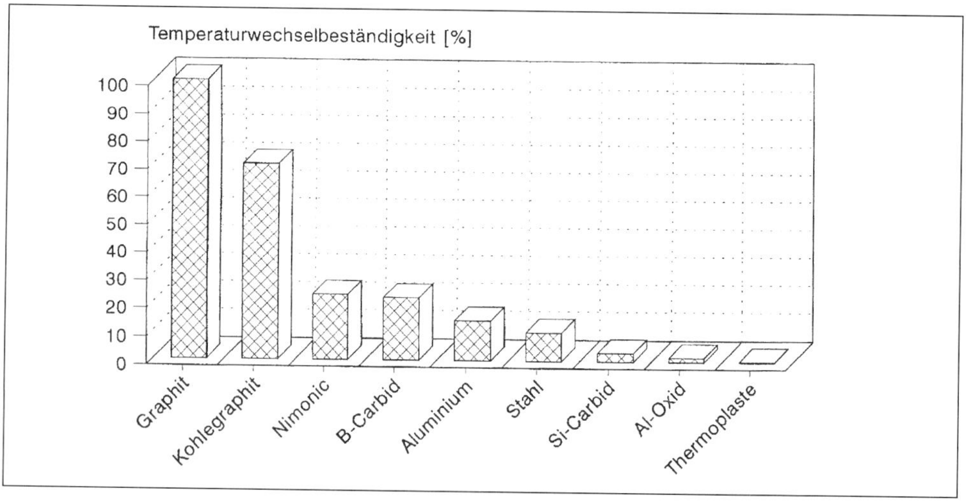

Bild 55: Temperaturwechselbeständigkeit verschiedener Werkstoffe

1. keine Hooke'sche Gerade
2. sehr niedrige Bruchdehnung
3. Druck- und Biegebruchfestigkeit sind deutlich größer als die Zugfestigkeit.

Die mechanischen Eigenschaften sind bei gesenkgepreßten Lagern oder Gleitringen richtungsabhängig und müssen bei der konstruktiven Auslegung einer Gleitringdichtung mit berücksichtigt werden.

Aus bruchmechanischer Sicht ist darauf hinzuweisen, daß Kohlenstoffwerkstoffe relativ niedrige K_{Ic}-Werte [$Nmm^{-3/2}$] aufweisen und das subkritische Rißwachstum nicht in allen Fällen stark ausgeprägt ist [86, 87, 88].

Kohlenstoffprodukte sind unlöslich, nicht schmelzbar und beständig gegen nahezu alle Medien der organischen Chemie, wie z. B. Lacke, Farben, Frostschutzmittel, Kältemittel oder Kunststoffe. Auch gegen anorganische Medien, wie Laugen, die meisten Säuren und technischen Harze zeichnet sich der Kohlenstoff durch höchste Beständigkeit aus. Die Korrosionsbeständigkeit von kunstharz- oder metallimprägnierten Kohlenstoffteilen ist abhängig vom pH-Wert. Als Richtlinie gilt, daß kunstharzimprägnierte Kohlenstoffe in sauren Medien und metallimprägnierte Kohlenstoffe in alkalischen Medien korrosionsbeständiger sind.

All Carbon Werkstoffe sind aus chemischer Sicht im gesamten pH-Wertbereich einsetzbar.

2.5.5 Einteilung, Herstellung und Eigenschaften der Gegenringwerkstoffe

Die Gegenringe sind grob zu unterteilen in metallische, oxidische und karbidische Werkstoffe.

- Chromguß

Metallische Gegenringe, wie spezieller Chromguß werden in preiswerten GLRD eingesetzt, die im unteren Belastungsbereich bis ca. 20 bar Mediendruck ihren Einsatz finden. Diese Chromgußwerkstoffe können durch Zulegieren von z.B. Molybdän und/oder Nickel auf spezielle Einsatzfälle tribologisch und chemisch optimiert werden. Die prozentuale Zusammensetzung der richtigen Begleitelemente im % Bereich entscheidet häufig darüber, ob eine GLRD mit Chromguß als Gegenringwerkstoff zufriedenstellend funktioniert oder nicht.

Physikalische Daten siehe Tabelle 10.

Tabelle 10: Physikalische Daten aller relevanten Werkstoffe für Gleit- und Gegenringe

	KK	**KG (KH)**	**KG (Sb)**	**Cr - Guß**	**Al_2O_3 99,6 %**	**WC Ni geb.**	**S-SiC**	**Si-SiC**
Dichte g/cm^3	1,6	1,8	2,2	7,7	3,9	14,8	3,13	3,1
Biegefestigkeit MPa	60	70	80	600	450	1500	410	370
E-Modul GPa	15	25	28	200	380	600	400	370
therm. Ausdehnung $10^{-6} \times K^{-1}$	15	5	4,5	9,5	8	5,2	4,6	4,4
Wärmeleitfähigkeit W/mK	5	18	20	19	25	55	100	110

Bei den Daten handelt es sich um gemittelte Richtwerte verschiedener Hersteller
KK: kunstharzgebundener Kohlenstoff
KG (KH): Kohlegraphit mit Kunstharzimprägnierung
KG (Sb): Kohlegraphit mit Antimonimprägnierung

– *Aluminiumoxid (Al_2O_3)*

Aus dem Gebiet der Oxidkeramik hat sich das Al_2O_3 als Gegenringwerkstoff als einziger Werkstoff etablieren können. Al_2O_3 hat sich, ähnlich dem Chromguß, jedoch nur im unteren Belastungsbereich als Gegenringwerkstoff bewährt. Al_2O_3 sollte bei Anwendungen mit hoher Thermoschockbelastung mit Vorsicht eingesetzt werden. Durch Änderungen der Zusammensetzung in der Rezeptur, die zu höheren Reinheitswerten führen, können bestimmte physikalische Eigenschaften, wie Festigkeit, Wärmeleitfähigkeit und E-Modul optimiert werden, [89].

Al_2O_3-Werkstoffe mit Reinheitswerten von > 99,7 % verbessern tribologische Eigenschaften, die zur Reduzierung von „stick-slip-Effekten" und den dadurch verursachten Geräuschen führen können.

Die Herstellung von Al_2O_3 durchläuft die typischen Prozeßschritte einer keramischen Fertigung, [90]:

- Masseaufbereitung, wie z.B. Mahlen, Mischen, Sprühen, Filtern
- Formgebung, wie z.B. Pressen
- Bearbeitung
- Brennen
- Endbearbeitung.

Physikalische Daten siehe Tabelle 10.

Sonstige Oxidkeramiken, wie Zirkonoxid, Siliziumoxid, Cordierit oder Magnesiumoxid spielen für die Anwendung als Gegenringwerkstoff in GLRD keine Rolle.

– *Wolframkarbid (WC)*

Aus dem Bereich der Hartmetalle hat sich das WC als ausgezeichneter Gegenringwerkstoff in GLRD herauskristallisiert. WC ist äußerst verschleißfest und ist durch die relativ hohen K_{Ic}-Werte deutlich bruchunempfindlicher als keramische Werkstoffe. Zur Verfestigung der Karbidkörner werden metallische Binder, wie z.B. Nickel oder Kobalt eingesetzt, die den Korrosionswiderstand weiter verbessern können, [91].

Neue Entwicklungen zeigen Tendenzen zu binderlosem WC, das in der Paarung mit speziellen Kohlegraphitqualitäten deutlich bessere Verschleißeigenschaften aufweist als die konventionellen metallgebundenen Wolframkarbide.

Physikalische Daten siehe Tabelle 10.

– *Siliziumkarbid*

In der Werkstoffgruppe Nichtoxidkeramik hat sich das Siliziumkarbid als beste Variante für Gleit- und/oder Gegenringwerkstoffe dargestellt. Man unterscheidet dabei verschiedene Konzepte, die sich in unterschiedlichen Herstellverfahren widerspiegeln.

-- *Drucklos gesintertes Siliziumkarbid (S-SiC)*

Bei der Herstellung geht man von feinem SiC-Pulver aus, wobei man Sinterhilfsmittel wie z.B. Bor, Kohlenstoff oder Aluminium verwenden kann. Die aus der Preßmasse hergestellten Grünlinge werden dann unter Schutzgasatmosphäre bei Temperaturen von 1800 °C bis etwa

2200 °C gesintert. Die beim Sintern entstehende Schwindung von etwa 20 % erfordert in der Regel eine Nacharbeit [92].

Das S-SiC ist aus chemischer Sicht sowohl in saurem als auch alkalischem Bereich einsetzbar, weil kein freies Silizium vorliegt.

Physikalische Daten von S-SiC sind in der Tabelle 10 angegeben.

-- *Reaktionsgesintertes Siliziumkarbid (Si-SiC)*

Reaktionsgesintertes oder auch siliziuminfiltriertes Siliziumkarbid wird aus einem Gemisch von SiC- und Graphit Pulver und organischen Additiven hergestellt. Im Temperaturbereich von ca. 1000 °C werden die organischen Binder verkokt. Der dadurch entstandene poröse Körper wird dann bei Temperaturen von ca. 1800 °C siliziert, d.h. die Teile werden mit flüssigem Silizium infiltriert. Der im Körper vorhandene Kohlenstoff reagiert dabei mit dem Silizium und bildet SiC. Es entsteht ein nahezu porenfreier zwei- (Si + SiC) oder dreiphasiger (Si + C + SiC) Werkstoff. Der Anteil des freien Siliziums liegt bei etwa 10 % [89].

Das Herstellverfahren führt zu einer fertigungstechnischen Begrenzung in der maximalen Wanddicke, die durch das Infiltrierverfahren bedingt ist.

Das freie Silizium verbietet den Einsatz in alkalischen Medien. Das Si-SiC ist weniger spröde als das drucklos gesinterte SiC.

Physikalische Daten siehe Tabelle 10.

2.5.6 Zusammenfassung der physikalischen Daten aller relevanten Gleit- und Gegenringwerkstoffe

Die in der Tabelle 10 angegebenen Eigenschaftsprofile der Kohlegraphite mit Kunstharz- sowie Antimonimprägnierung beschreiben Gleitringmarken mit hohem Qualitätsstand. Bei dem aufgeführten kunstharzgebundenem Kohlenstoff handelt es sich um ein duroplastisches Material.

2.5.7 Ergebnisse

2.5.7.1 Verschleißrate von Gleitringen im Langzeitversuch

Verschleißraten, die im Prüffeld im Kurzzeitversuch ermittelt werden, unterscheiden sich oft recht stark von Praxiswerten. Bei Lager- und Gleitringpaarungen, die weich/hart betrieben werden, wird ein Einlaufverhalten beobachtet. Daher sind Angaben über die Prüfdauer von äußerster Wichtigkeit. Zur Untersuchung des Einflusses der Prüfdauer sind an 2 Kohlenstoffmarken Langzeituntersuchungen durchgeführt worden. Dabei handelte es sich um eine Graphit- (EG 0) und eine Kohlegraphitmarke (KG 4). Beide Marken sind unimprägniert. Die Versuche wurden im Trockenlauf gefahren. In Bild 56 ist das Einlaufverhalten deutlich zu erkennen. Dieser Prozeß ist erst nach etwa 300 Stunden abgeschlossen. Die Einlaufphase ist materialbedingt unterschiedlich lang. Verschleißraten aus Prüfungen im Kurzzeitversuch sind somit konservativ und beinhalten für die Praxis einen entsprechenden Sicherheitsfaktor. Der sich einstellende asymptotische Verschleißratenwert entspricht in etwa dem 30–40 %igen Anfangswert nach einer Laufzeit von 46 Stunden. Entsprechende Erkenntnisse werden auch aus der Industrie bestätigt [93].

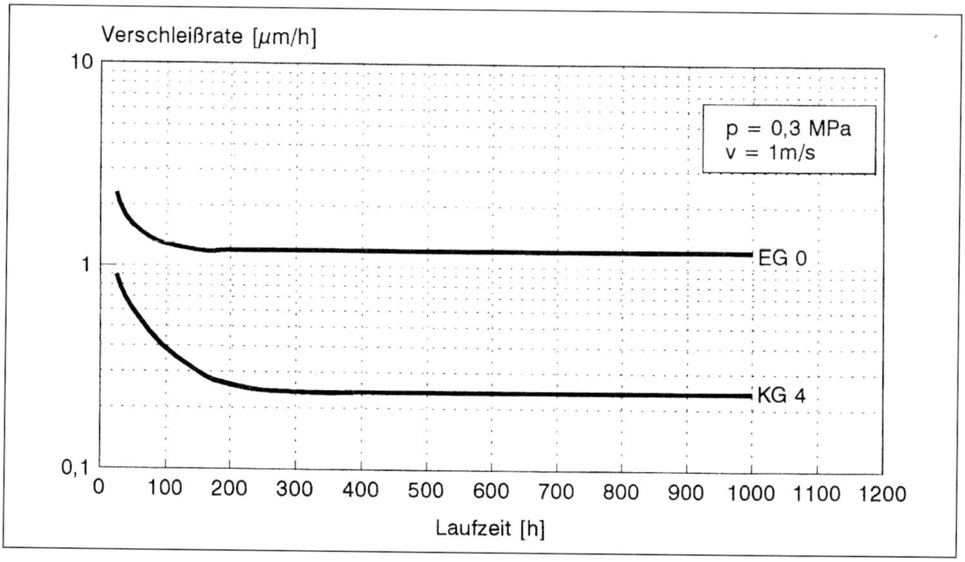

Bild 56: Verschleißrate von umimprägnierten Kohlegraphit- (KG 4) und Graphitmarken (EG 0) bei konstanter Belastung und Geschwindigkeit im Trockenlauf

2.5.7.2 Verschleißrate bei unterschiedlichen Werkstoffpaarungen

2.5.7.2.1 Niederdruckbereich bis 20 bar

– Kohlenstoffwerkstoffe gegen diverse Gegenringe (weich/hart)

Das Bild 57 zeigt Ergebnisse dieser Untersuchungen.

Getestet wurden die vorrangig am europäischen Markt eingesetzten Gleitringmarken. In den angegebenen Verschleißbändern von Bild 57 sind sämtliche Werkstoffvarianten der Kohlenstoffgleitringgruppe enthalten. Die Verschleißraten der kunstharz- sowie antimonimprägnierten Kohlenstoffgleitringe sind getrennt aufgetragen, weil die einsatzrelevanten Betriebsbedingungen in der Regel auch stark unterschiedlich sind.

Zusätzlich zu den pechgebundenen Kohlenstoffwerkstoffen ist die kunstharzgebundene Variante gegen SiC aufgeführt.

Die niedrigsten Verschleißwerte wurden bei den Kohlegraphitmarken mit Wärmeleitfähigkeiten > 18 W/mK erzielt. Kohlegraphitgleitringe (KG) mit Füllerkonzepten, die zu niedrigeren Wärmeleitfähigkeiten führen, sowie Hartkohlegleitringe (HK) liegen bei deutlich höheren Verschleißraten.

Der kunstharzgebundene Kohlenstoff (KK) hat beim Einsatz gegen SiC die gleiche Verschleißrate wie die pechgebundenen Werkstoffe.

Zwei weitere sich auf den Verschleiß beziehende Erkenntnisse, die unabhängig vom betrachteten Werkstoff sind, lassen sich aus Bild 57 ableiten:

1. Der Verschleiß läßt sich beim Übergang auf die nächst härtere Gegenringgruppe (Cr-Guß -> Al-Oxid -> Si-Karbid) im Mittel um etwa eine Größenordnung reduzieren.

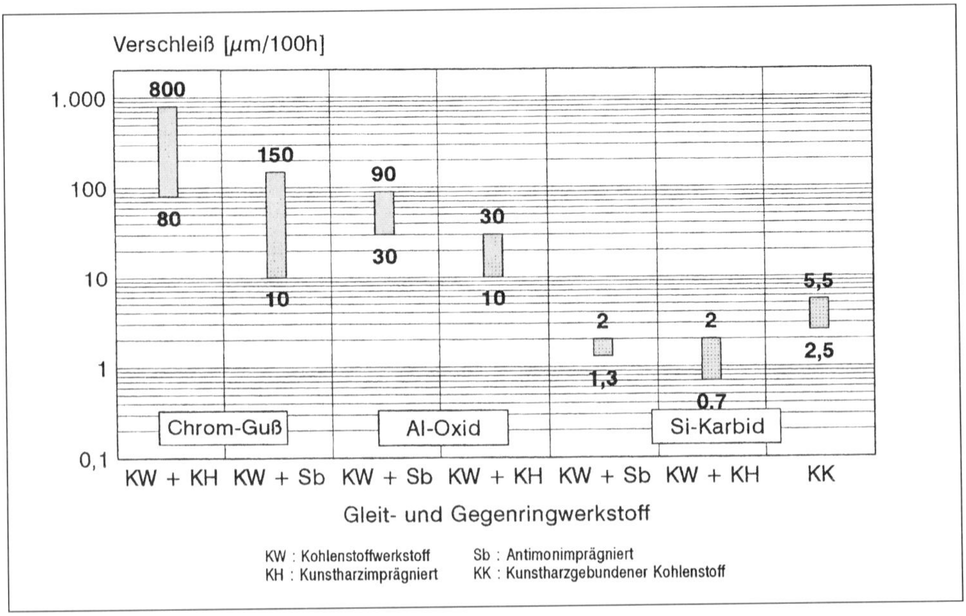

Bild 57: Gleitringverschleiß von Kohlenstoffwerkstoffen bei 10 bar Mediendruck und v = 4,44 m/s

2. Antimonimprägnierte Gleitringe führen beim Einsatz gegen metallische Gegenringe zu niedrigeren Reibleistungen und Verschleißraten als kunstharzimprägnierte Gleitringe.

Die Verschleißwerte der Gegenringe sind in etwa proportional den Gleitringverschleißwerten; sie liegen zwischen < 1 % beim optimalen Kohlegraphit und 10 % bei Hartkohlemarken und sind somit, sofern dadurch keine Undichtigkeiten entstehen, als vernachlässigbar anzusehen.

2.5.7.2.2 Hochdruckbereich

– Kohlenstoffwerkstoffe gegen diverse Gegenringe (weich/hart)

Analog zu den Prüfungen der PTS-Gleitringe sind gespante Kohlegraphit- und Hartkohlegleitringe gegen alle gebräuchlichen Gegenringe getestet worden; die Werkstoffpaarungen mit metallischen und oxidischen Gegenringen jedoch nur bei 20 bar Mediendruck.

Beim Einsatz karbidischer Gegenringe wurden Mediendrücke zwischen 20 und 130 bar gefahren. Die Versuchsdauer beträgt 46 Stunden. Die Verschleißergebnisse kunstharzimprägnierter Gleitringe sind in den Bildern 58, 59 und 60 dargestellt.

Mit zunehmender Härte der Gegenringe ergibt sich eine deutliche Verschleißreduzierung, unabhängig von der Art der Kohlenstoffwerkstoffe.

Die Kohlegraphitlinie zeigt deutliche Vorteile gegenüber der Hartkohlelinie.

– Kohlegraphit gegen Kohlegraphit

Bei diesen Versuchen wurden Gleit- und Gegenringe aus Kohlegraphit paarig gegeneinanderlaufend getestet. Bild 61 vergleicht die entsprechenden Ergebnisse der paarigen mit den

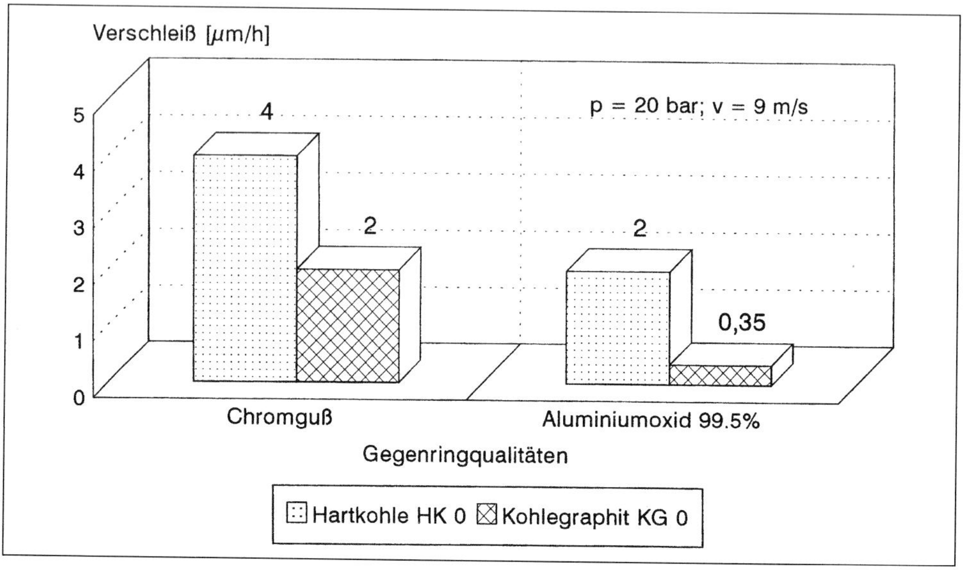

Bild 58: Gleitringverschleiß von kunstharzimprägnierten Kohlenstoffwerkstoffen gegen Cr-Guß und Al_2O_3 Gegenringe

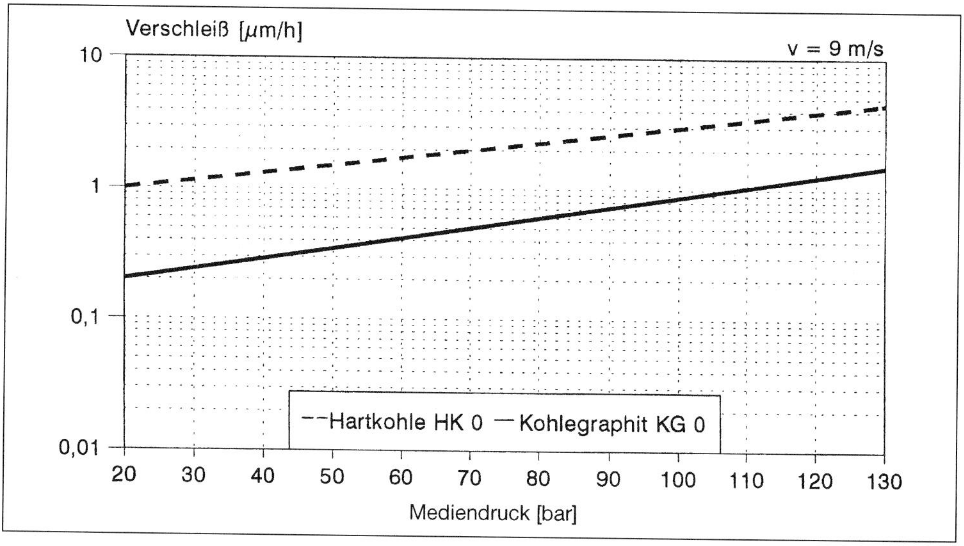

Bild 59: Gleitringverschleiß von kunstharzimprägnierten Kohlenstoffwerkstoffen gegen WC im Druckbereich von 20 bis 130 bar

unpaarigen Versuchsläufen. Die Ergebnisse zeigen, betrachtet man die Standardpaarung Cr-Guß gegen Kohlegraphit KG 0, daß die Kombination KG 4 gegen KG 0 deutlich bessere Verschleißwerte aufweist. Diese positiven Ergebnisse haben zur Zeit allerdings nur Gültigkeit bis zu einem Mediendruck von 20 bar und einer Gleitgeschwindigkeit von 9 m/s. Ein weiterer

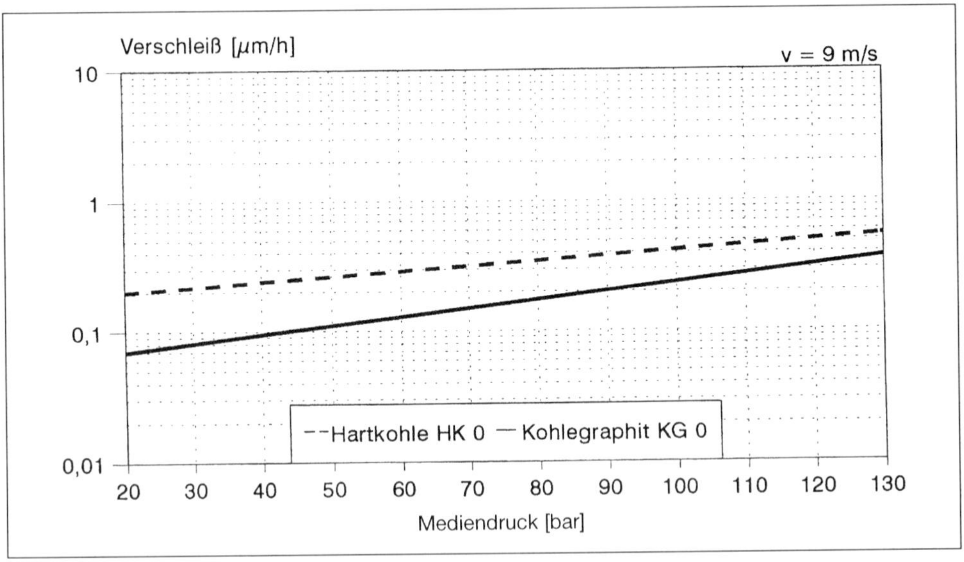

Bild 60: Gleitringverschleiß von kunstharzimprägnierten Kohlenstoffwerkstoffen gegen SiC im Druckbereich von 20 bis 130 bar

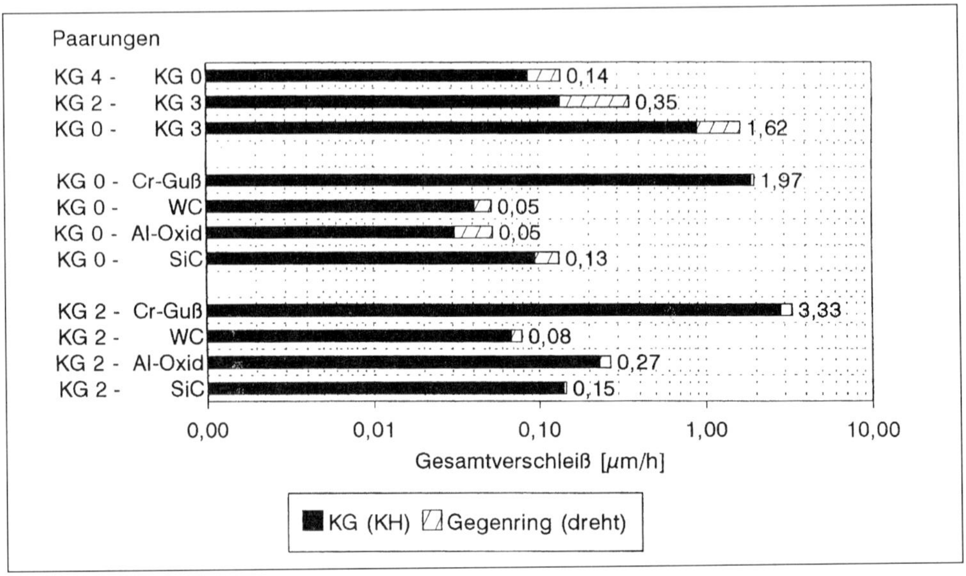

Bild 61: Gleit- und Gegenringverschleiß von verschiedenen Paarungen bei 1,9 MPa und 9 m/s

Vorteile ist die deutlich niedrigere Dichte gegenüber Cr-Guß, die es gestattet, diese Paarung auch bei höheren Drehzahlen einzusetzen. Kohlegraphitpaarungen führen im betrachteten Einsatzfall zu technischen Verbesserungen und außerdem zu preiswerteren Lösungen.

Versuchsaufbau:

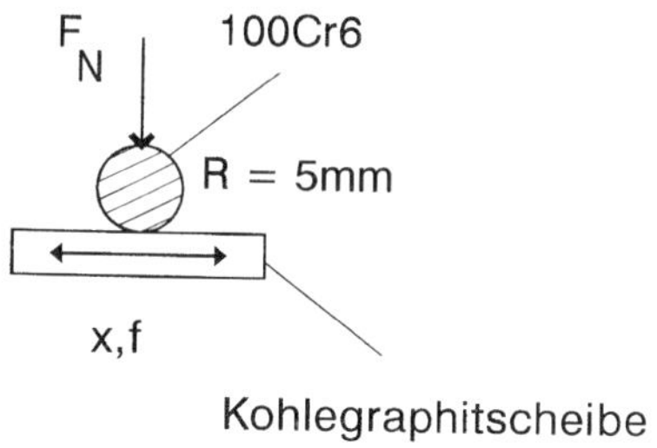

Normalkraft $F_N = 10N$

Temperatur T = 25-28 °C

Lastspielzahl N = 1E5

Frequenz f = 20Hz

Weglänge x = 0,2mm

Bild 62: Verschleiß- und Reibungskoeffizient bei Werkstoffpaarung 100Cr6 gegen Kohlegraphit

– *Siliziumkarbid gegen Siliziumkarbid*

Prüfstandsläufe auf dem Hochdruckprüfstand mit Gleitringen aus SiC haben gezeigt, daß SiC-Paarungen gleicher sowie verschiedener Qualitäten im Naßlauf bis zu 50 bar Mediendruck Verschleißraten wie die Kohlegraphit/SiC-Paarungen aufweisen. Werden die Belastungen jedoch weiter gesteigert, so neigen die SiC Gleitringe zum Ausbrechen im Kantenbereich. Die Grenzbelastung liegt somit deutlich niedriger als bei konventionellen Weich/Hart Paarungen.

2.5.7.3 Werkstoffe für Trockenlaufeinsatz

– *Schwingungsverschleiß und Reibungszahl von Kohlenstoffwerkstoffen gegen Stahl*

Entsprechende Untersuchungen wurden an der Bundesanstalt für Materialprüfung in Berlin durchgeführt. Dabei erfolgten jeweils drei Versuche mit einer 100Cr-6 Kugel als Gegenkörper in trockener, normaler und feuchter Luft, Bild 62, 63, 64.

Der Verschleiß wird mit dem Verschleißkoeffizienten k beschrieben, der definiert ist als volumetrischer Verschleiß, dividiert durch Gesamtgleitweg und Normalkraft. Der volumetrische Verschleiß ist der Gesamtverschleiß des Systems, berechnet aus den Verschleißspurabmessungen und einem Profilogramm der Verschleißspur auf der Scheibe. Die Reibungszahl wird während des Versuches kontinuierlich gemessen, mit 1000 Meßwerten erfaßt und als Mittelwert über den Versuch angegeben.

Bei den untersuchten Marken handelt es sich um je 3 kunstharz- sowie antimonimprägnierte Kohlegraphitqualitäten (KG 0, KG 3, KG 4).

Die Ergebnisse der BAM lassen folgende Schlußfolgerungen zu:

1. Die Reibwerte der antimonimprägnierten Marken liegen auf einem deutlich niedrigeren Niveau als die der kunstharzimprägnierten Marken.

2. In trockener Luft zeigt die als Trockenlaufmarke entwickelte Kohlegraphitmarke KG 4 die günstigsten Reibwerte, sowohl mit Kunstharz- als auch mit Antimonimprägnierung.

3. Der Verschleiß zeigt deutliche Abhängigkeiten von der Luftfeuchtigkeit.

4. Die günstigsten Verschleißwerte liegen bei 50 % Luftfeuchtigkeit.

5. Die untersuchten Marken reagieren unterschiedlich auf unterschiedliche Luftfeuchtigkeiten.

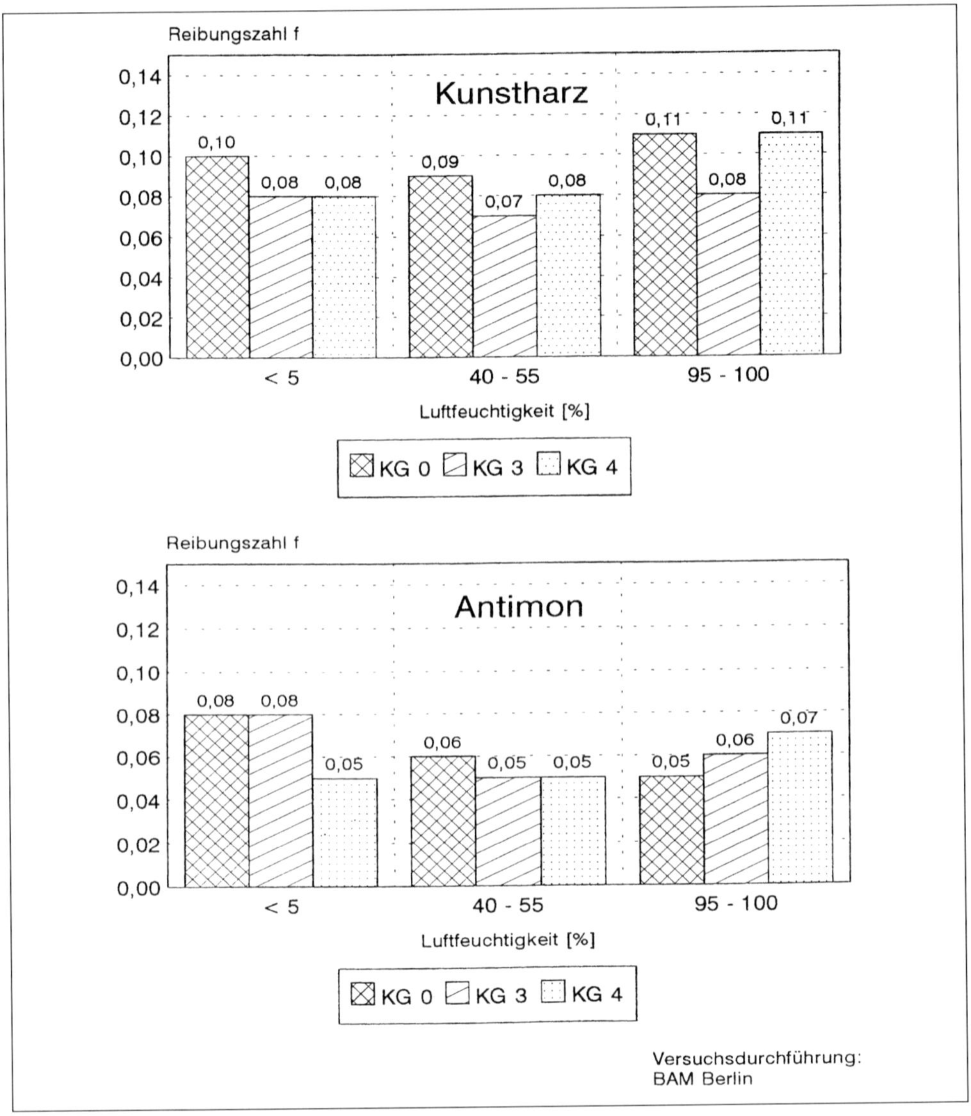

Bild 63: Reibungszahlen kunstharz- und antimonimprägnierter Kohlegraphite gegen Stahl 100Cr6 in trockener, normaler und feuchter Luft

– Verschleiß von Gleitringen aus Kohlegraphit im Trockenlauf

Zur Untersuchung des Trockenlaufverhaltens von Gleitringpaarungen wurden praxisnahe Tests in einer Rührwerksdichtung durchgeführt [94].

Es wurden dabei drei verschiedene kunstharzimprägnierte Kohlegraphite (KG 0, KG 4, KG 5) sowie eine Hartkohlemarke HK 1 untersucht.

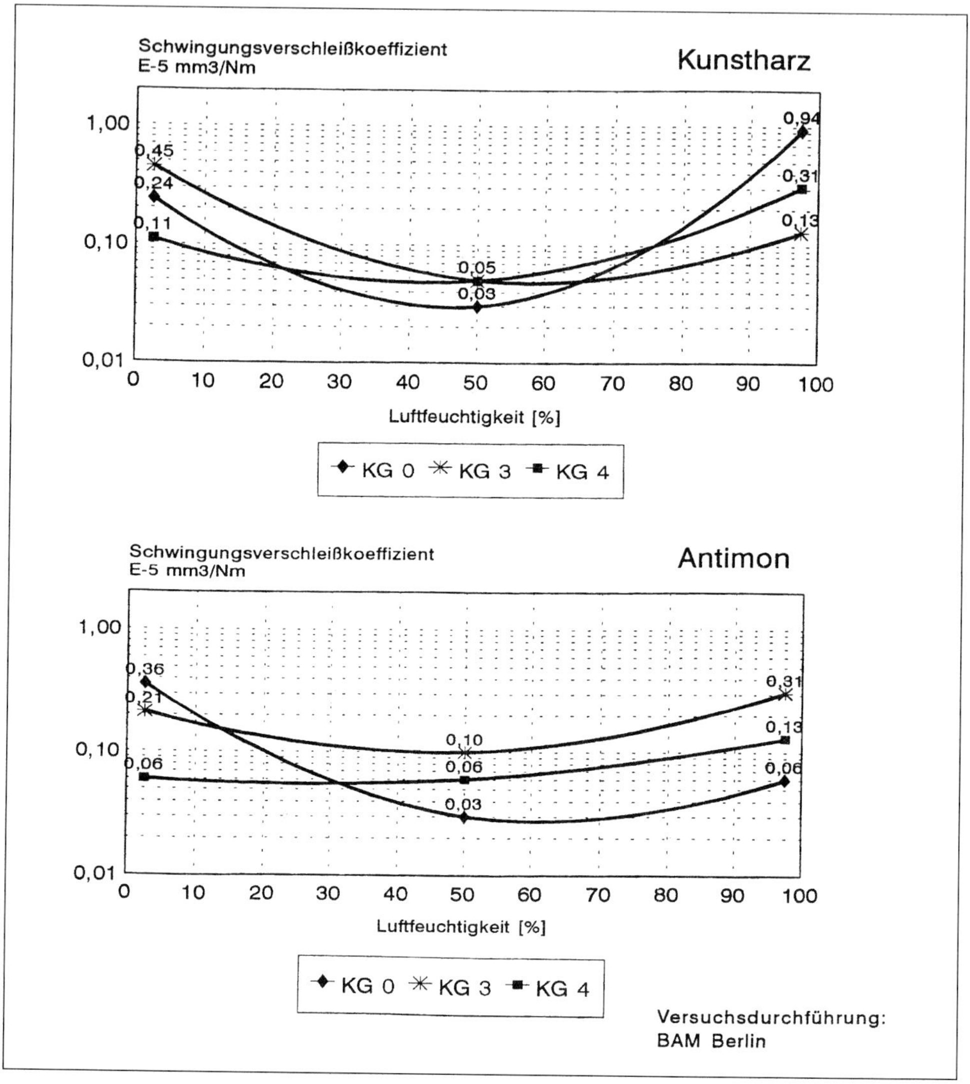

Bild 64: Verschleißkoeffizient kunstharz- und antimonimprägnierter Kohlegraphit gegen Stahl 100Cr6 in trockener, normaler und feuchter Luft

Die Versuchsbedingungen waren wie folgt:

- Gegenringwerkstoff: WC
- Medium: Druckluft
- Gasdruck: 5 bar
- Umfangsgeschwindigkeit: 2 m/s
- Dichtungstyp: belastet, k ≈ 1

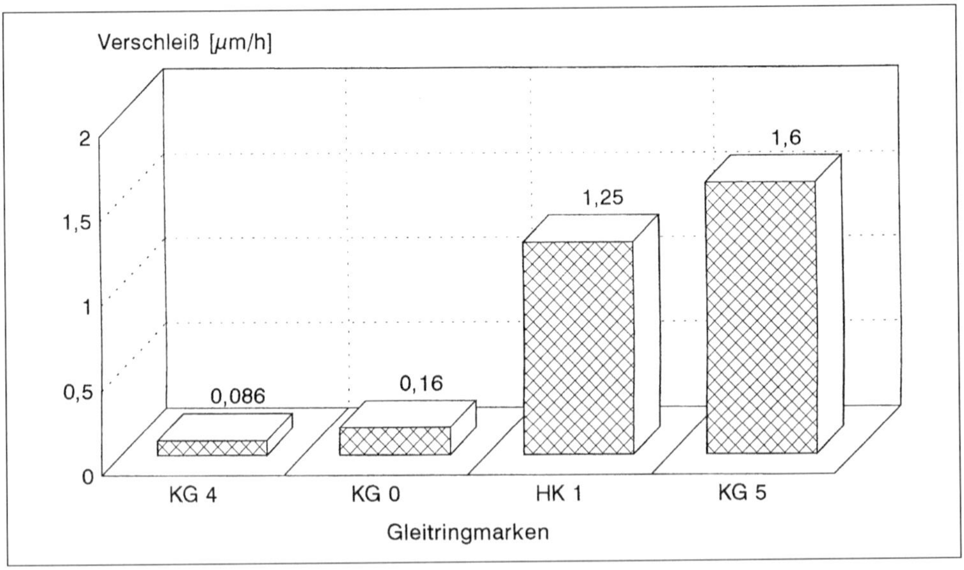

Bild 65: Gleitringverschleiß von kunstharzimprägnierten Hartkohle (HK)- und Kohlegraphitmarken (KG) im Trockenlauf gegen WC bei 6 bar und 2 m/s

Die Ergebnisse sind in Bild 65 dargestellt. Die Kohlegraphitmarke KG 4 ist die Marke, die bei den tribologischen Untersuchungen der BAM/Berlin die niedrigsten Reibungszahlen und Schwingungsverschleißkoeffizienten im Trockenlauf aufwies.

Aus den vorliegenden Erkenntnisse der Trockenlaufversuche läßt sich Folgendes ableiten:

1. Schon bei den herkömmlichen B-Kohlen (HK 1, KG 0, KG 5) gibt es deutliche Unterschiede im Verschleiß von bis zu 1 : 10.
2. Die optimierte Trockenlaufmarke KG 4 erzielt gegenüber der besten Kohlegraphitmarke KG 0 eine weitere Reduzierung der Verschleißrate.
3. Die positiven Ergebnisse gelten für das Reibsystem Metallstift gegen Kohlegraphitscheibe gleichermaßen wie für die Werkstoffpaarung Kohlegraphit gegen WC.

– Temperaturentwicklung im Trockenlauf bei Weich/Hart- und Hart/Hart-Paarungen

Bei diesen Versuchen wurde eine Großseriengleitringdichtung verwendet.

Dabei wurden die Paarungen kunstharzimprägnierter Kohlegraphit gegen zwei verschiedene SiC Marken (D1 und D4) sowie SiC Paarungen gegen sich selbst getestet. Die beiden SiC Marken unterscheiden sich in der Korngröße (Korngröße D4 > Korngröße D1). Die Temperatur wurde am Gegenring gemessen.

Bild 66 zeigt die Ergebnisse, dargestellt als Temperaturentwicklung über der Zeit.

Zu erkennen ist, daß die SiC-Paarung D4-D4 nach sehr kurzer Zeit Temperaturen von über 200 °C erzeugt. Wegen sehr starker Geräuschentwicklung mußten diese Versuche schon nach wenigen Sekunden abgebrochen werden. Eine Reduzierung der Belastung der SiC Paarung D4-D4 führte dann zu einem geräuschärmeren Lauf, das Temperaturniveau war je-

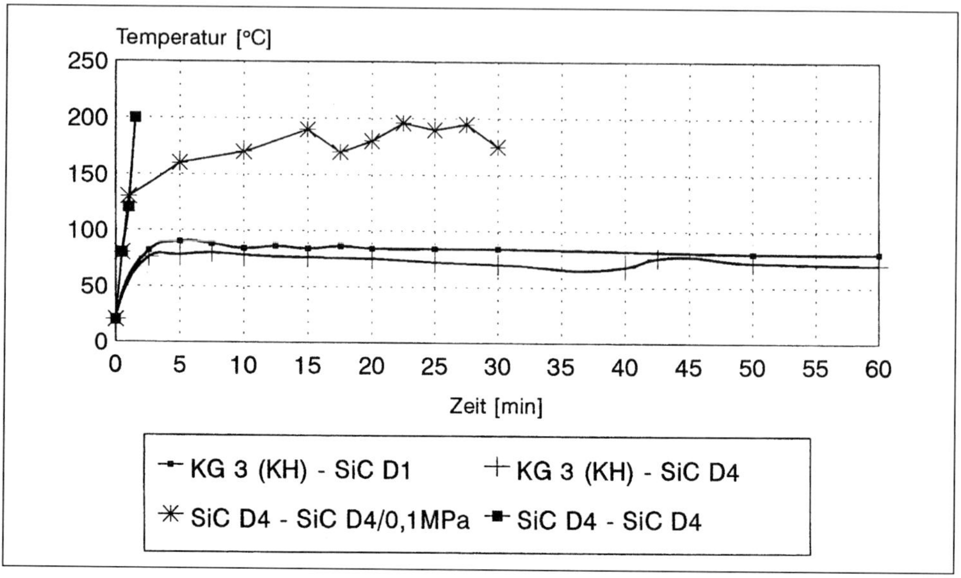

Bild 66: Temperaturentwicklung in verschiedenen Weich/Hart-Werkstoffpaarungen mit v = 3,25 m/s und p = 0,3 MPa

doch ebenfalls mehr als 100 °C über dem asymptotischen Wert der Paarung Kohlegraphit mit Kunstharzimprägnierung gegen SiC. Die Temperatur der Weich/Hart-Paarung gegen D4 lag im eingeschwungenen Zustand 5 bis 10 °C niedriger als die vergleichbare Paarung Kohlegraphit gegen D1.

Diese Untersuchungen zeigen, daß die getesteten SiC-Paarungen schlechte Notlaufeigenschaften im Trockenlauf besitzen.

2.5.7.4 All Carbon

Diese Versuche dienten dem Nachweis, daß All Carbon Werkstoffe auf Basis einer Kohlegraphitmarke gleiche Verschleißratenniveaus erzielen wie kunstharz- oder antimonimprägnierte Kohlegraphite. Bild 67 zeigt Vergleichswerte einer A-Kohle und B-Kohle sowie der entsprechenden All Carbon Variante. Es ist zu erkennen, daß die All Carbon Marke auf gleichem Verschleißratenniveau liegt.

2.5.7.5 Blistering

Unter Blistering versteht man Oberflächenschädigungen von Gleitringen aus Kohlenstoff. Das Erscheinungsbild kann so charakterisiert werden, daß punktförmige bis kleinflächige Abplatzungen entstanden sind. Diese Schäden können sich an bestimmten Stellen eines Ringes konzentrieren; im Extremfall führen sie sogar zu einer durchgehenden umlaufenden Schädigung der Gleitringoberfläche. Die Ursache für diese Art von Schädigungen ist vielfältig. Punktförmige Schäden deuten auf lokale Überhitzungen hin, die gefügezerstörend wirken. Auffällig ist, daß beim Auftreten von Blisterschäden meistens Öl abzudichten war. In derartigen Fällen sind die Schäden auch schon im Niedertemperaturbereich unter 60 °C beobachtet worden.

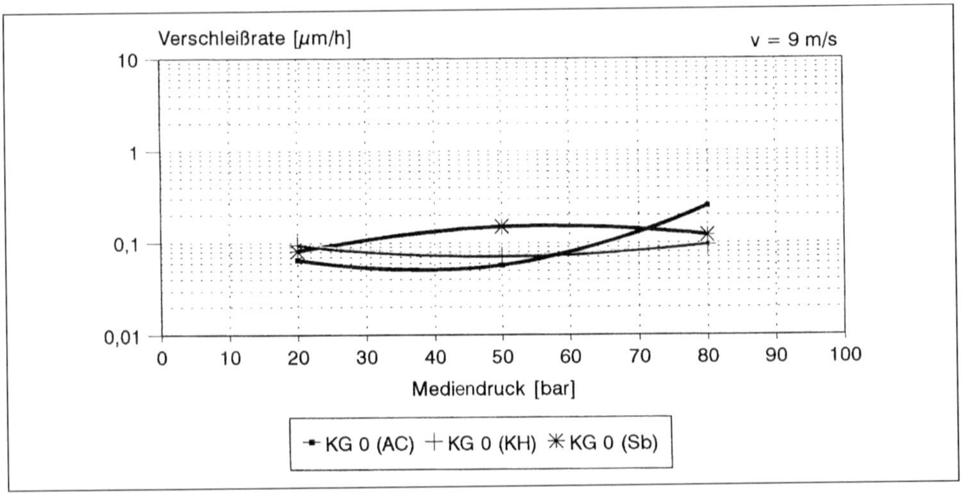

Bild 67: Verschleißrate von Varianten der Kohlegraphitmarke KG 0 mit Kunstharz (KH)-, Antimonimprägnierung (Sb) und in All Carbon im Druckbereich von 20 bis 80 bar gegen Si-SiC

Zum Studium des Entstehens von Blistern wurde folgender Versuchsaufbau gewählt:

– Dichtungstyp:	H 74N/53							
– Gleitring:	Chrom Guß							
– Medium:	Öl SAE 90							
– Mediendruck:	2	-	5	-	8	-	10	bar
entspricht	0,46	-	0,70	-	0,94	-	1,10	MPa
– Gleitgeschwindigkeit:	7 m/s							
– Laufzeit je Druckstufe	bis 8 bar 3 h bei 10 bar 8 h							
– Eintrittstemperatur:	ca. 40 °C							

Typische Schäden sind skizzenhaft in Bild 68 dargestellt.

Die Bewertung erfolgt in fünf Stufen nach folgender Klassifizierung:

Bewertungsstufen der Blisterstellen:

0: keine erkennbare Blisterbildung

1: sichtbare punktförmige Schädigung (Fleckenbildung) ohne erkennbare Riefenbildung auf Lauffläche

2: deutliche Fleckenbildung mit starker Riefenbildung auf Lauffläche

3: wie 2, jedoch mit einzelnen Gefügeausbrüchen

4: wie 2, jedoch mit deutlichen, massiven Gefügeausbrüchen

Zusätzlich wird die Anzahl der erkennbaren Blister gezählt.

Die Ergebnisse der Blisteruntersuchungen sind in Bild 69 festgehalten.

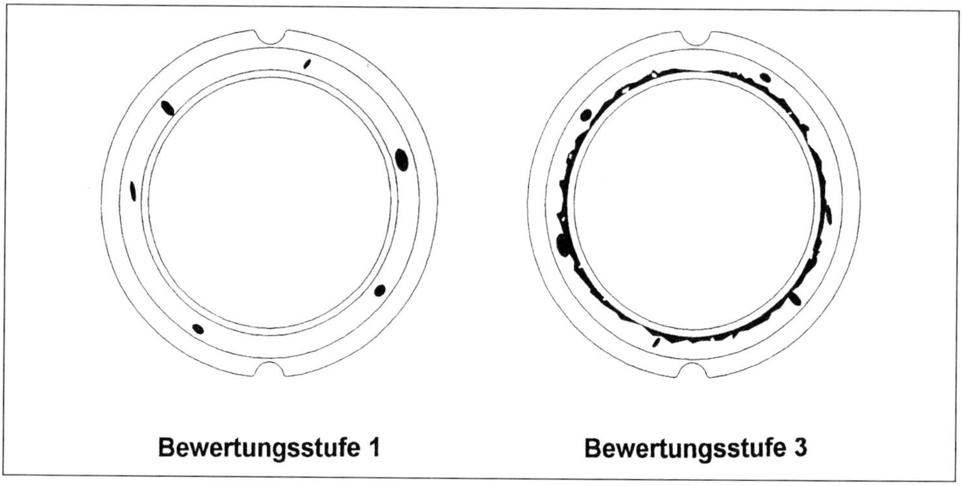

Bild 68: Blisteringuntersuchung an kunstharzimprägnierten Gleitringen aus Kohlenstoff – Bewertung der Gleitflächen nach Test

Versuchsmarken	Anzahl der Blister			
HK 1 / 439	■■■■■■■			
HK 1 / 467	■■■■			
KG 5 / 448	■■■■■			
KG 0 / 1.0 / 450	■■■			
KG 0 / 1.1 / 459			■■■	
KG 0 / 1.1 / 465				ohne Blister
KG 0 / 1.2 / 449	■■■			
KG 0 / 1.3 / 479	■■■			
KG 0 / 2.0 / 461			■■	
KG 0 / 2.1 / 466				■■
KG 0 / 2.2 / 472			■■■■	
KG 0 / 2.2 / 460	■■			
KG 0 / 3.0 / 469				ohne Blister
KG 0 / 3.1 / 452			■■	
KG 0 / 3.2 / 483	■■■			
KG 0 / 3.3 / 482	■■■			
Mediendruck	2 bar	5 bar	8 bar	10 bar

Medium: Öl SAE 90 v = 7m / s t = 3 h, 8 h

Bild 69: Blisteringuntersuchung an kunstharzimprägnierten Gleitringen aus Kohlenstoff

Untersucht wurden kunstharzimprägnierte Kohlenstoffmarken bei 2, 5, 8 und 10 bar. Die Quadrate in Bild 69 geben die Anzahl der Blister auf der Oberfläche wieder. Am Beispiel der Kohlegraphitgrundmarke KG 0 wurde der Einfluß von verschiedenen Kunstharzimprägnierungen sowie thermischen Behandlungen studiert. Das Ergebnis zeigt, daß die meisten Marken in der Stufe bis 2 bar schon durch Blister ausgefallen sind.

Von den untersuchten und in Bild 69 dargestellten Varianten haben nur 2 Marken die 10 bar Druckstufe blisterfrei überstanden. Die Forderung aus diesen Erkenntnissen nach einer optimalen Marke kann wie folgt zusammengefaßt werden:

Es ist eine Optimierung der Thermoschockbeständigkeit erforderlich, d.h. man benötigt Marken, die

- eine hohe Festigkeit
- eine hohe Wärmeleitfähigkeit
- einen niedrigen E-Modul
- einen niedrigen thermischen Ausdehnungskoeffizienten aufweisen, [95, 96].

Äußerst wichtig ist weiterhin ein optimales homogenes Gefüge.

Bild 69 zeigt, daß die verwendete Kunstharzimprägnierung und die thermische Behandlung die Blisterresistenz der Gleitringe wesentlich beeinflussen.

2.5.7.6 Geräuschuntersuchung

Im Niederdruckbereich kann es in Gleitringdichtungen unter bestimmten Bedingungen zu Geräuschentwicklungen kommen.

Beanstandungen bei Großseriengleitringdichtungen beziehen sich am häufigsten (bis zu 65 %) auf unerwünschte Laufgeräusche. Eine Auswahl möglicher Einflußgrößen für Geräusche sind in der Tabelle 11 aufgelistet.

Tabelle 11: Entstehen von Pfeifgeräuschen in Gleitringdichtungen

Eine Auswahl möglicher Einflußgrößen
1. Gleitring (Geometrie und Werkstoff)
2. Gegenring (Geometrie und Werkstoff)
3. Paarung aus 1. und 2.
4. Oberfläche von Gleit- und Gegenring
5. Spezifischer Anpreßdruck
6. Federtyp
7. Toleranz der Federkraft
8. Medium
9. Medientemperatur
10. Mediumsdruck
11. Drehzahl der Pumpe
12. Steifigkeit der Dichtung
13. Arbeitspunkt in der Stribeckkurve

Versuche in Prüffeldern und in der Praxis haben gezeigt, daß die Werkstoffauswahl der Gleitpaarung den größten Einfluß auf das Geräuschverhalten hat.

Bei einem Beispiel aus der Praxis traten bei der Werkstoffpaarung Kohlegraphit mit Kunstharzimprägnierung gegen Al_2O_3 deutliche Geräuschentwicklungen auf. Die Vermutung lag nahe, daß die durch sogenannte Stick-slip-Effekte entstehenden Materialschwingungen für die Geräusche verantwortlich waren.

Ein Werkstoff mit niedrigerem Reibungskoeffizienten müßte dann geringere oder keine Geräuschentwicklung bewirken. Erste Untersuchungen haben gezeigt, daß das Imprägnierharz einen deutlichen Einfluß auf den Reibungskoeffizienten hat. Eine unimprägnierte

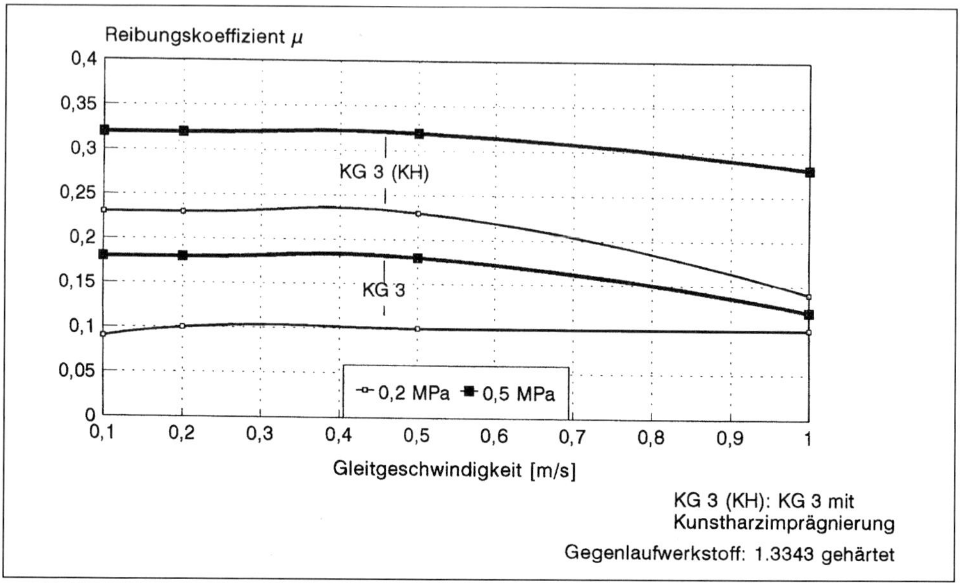

Bild 70: Reibungskoeffizient der Marken KG 3 und KG 3 (KH) als Funktion der Belastung und Gleitgeschwindigkeit im Trockenlauf

Marke hat nur noch etwa 50 % des Reibungskoeffizienten einer kunstharzimprägnierten Marke, Bild 70. Die Konsequenz in der Werkstoffempfehlung lag daher in einer All Carbon Marke, die aufgrund eines niedrigeren Reibungskoeffizienten das Geräuschproblem nahezu ausschließen konnte. Das merkliche bessere Verhalten bezüglich Geräuschentwicklung einer All Carbon Marke gegenüber einer kunstharzimprägnierten Marke konnte auf einem Prüfstand nachgewiesen werden. In Bild 71 sind die entsprechenden Meßkurven dargestellt. Deutlich sind neben dem niedrigerem Reibmoment auch signifikant kleinere Amplituden zu erkennen.

Zur Realisierung einer geräuschfreien Gleitringdichtung müssen jedoch gegebenenfalls noch die weiteren Einflußfaktoren aus Tabelle 11 optimiert werden.

Weitere Verbesserungen, speziell im Drehzahlbereich unter 1000 1/min lassen sich mit der Paarung Kohlegraphit KG 3 (AC) gegen S-SiC erzielen, wobei die S-SiC Qualität eine Oberfläche mit definierter Porenstruktur aufweisen muß. S-SiC Gegenringe mit mittleren Porendurchmessern zwischen 50 und 60 µm wurden erfolgreich getestet. Diese AC/SiC-Paarung führte weiterhin im hydrodynamischen Bereich zu einer Reduzierung der Dichtspalttemperatur.

2.5.8 Einsatzempfehlungen

Kohlenstoff bietet sich als Gleitringwerkstoff immer dann an, wenn mindestens eine der folgenden Betriebsbedingungen gegeben ist:

- Betriebstemperaturen liegen außerhalb des für Schmieröle und Fette zulässigen Bereichs
- Lösungsmittelförderung

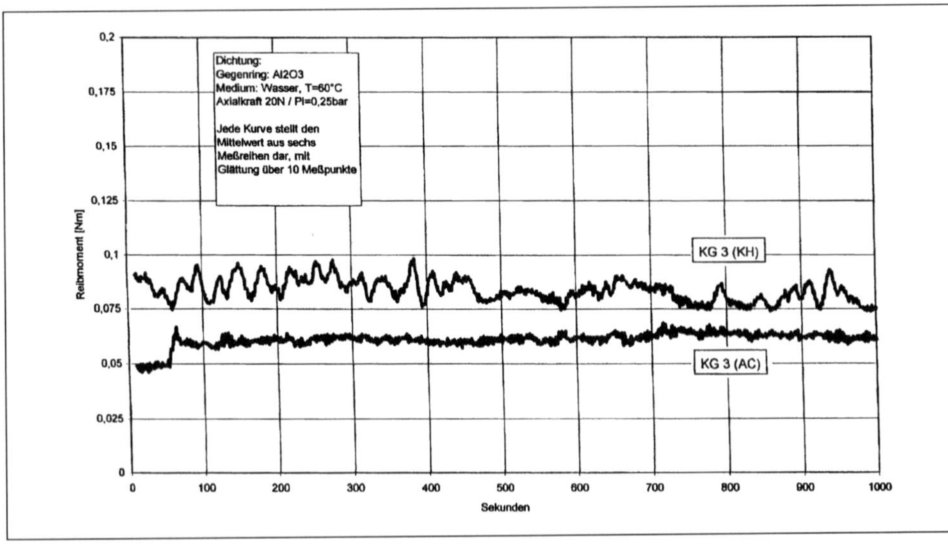

Bild 71: Reibmomentverlauf von kunstharzimprägniertem Kohlegraphit KG 3 (KH) im Vergleich zu All Carbon KG 3 (AC)

- Medium darf nicht durch Fette und/oder Öle verunreinigt werden,
- bei pneumatischen Anwendungen
- bei Wartungsunzugänglichkeit
- Lebensmittelbereich
- Trockenlauf.

All Carbon Werkstoffe können A- und B-Kunstkohlen weitestgehend ersetzen.

Der Gesetzgeber fordert zudem aus ökologischen Gründen, länderabhängig mit unterschiedlichem Nachdruck, die Verwendung von Schwermetallen zu vermeiden. Eine Ablösung der metallimprägnierten Werkstoffe (A-Kunstkohle) wird kurz- bis mittelfristig unumgänglich sein. All Carbon ist eine denkbare Alternative.

Kunstharzgebundene Werkstoffe zeigen im unteren Belastungsbereich zum Kohlegraphit vergleichbare Verschleißraten in der Kombination gegen SiC. Sie sind damit eine interessante Alternative für den low cost-Bereich.

Gleitringe aus Kohlegraphit finden wegen der herausragenden mechanischen und chemischen Eigenschaften, Bild 72, ihre Anwendung vorwiegend in

- Chemiepumpen für aggressive Medien
- Prozeßpumpen in Raffinerien
- Kühlwasserpumpen für PKW und LKW
- Pumpen für Haushaltsgeräte
- Heizungsumwälzpumpen
- Treibstoffpumpen
- Pumpen für die Getränkemittelindustrie.

- mit gutem Gleitvermögen
- mit niedriger thermischer Ausdehnung
- mit niedrigem E-Modul
- mit hoher Wärmeleitfähigkeit
- chemisch stabil
- zugelassen für den Einsatz im Lebensmittelbereich
- **Eigenschaften sind anwendungsbezogen programmierbar**

Bild 72: Kohlegraphit: ein außergewöhnlicher Maschinenelementwerkstoff

Als Gegenringe sind alle gebräuchlichen metallischen, oxidischen und karbidischen Reibpartner denkbar.

Eine neue mögliche Variante ist die Kombination Kohlegraphit gegen Kohlegraphit, die besonders im Vergleich zu Kohlegraphit gegen Cr-Guß technische und preisliche Vorteile bietet.

Die Hart/Hart Paarungen finden vorrangig Anwendung in gasgeschmierten GLRD und sind zudem nahezu unersetzlich, wenn in abzudichtenden Medien stark abrasive Stoffe transportiert werden. Nachteilig bei diesen Hart/Hart-Paarungen ist jedoch, daß sich im Trockenlauf- und Mischreibungsgebiet sehr hohe Reibleistungen und hohe Temperaturen ergeben, die zur Zerstörung der Dichtung führen können, [97].

Gleitring-Gegenringpaarungen einer Gleitringdichtung sind für einen akzeptablen Einsatz durch die Auswahl entsprechender Werkstoffe technisch soweit zu optimieren, daß folgende Bedingungen erfüllt sind [98]:

1. Dichtigkeit
2. niedriger Verschleiß
3. niedriges Anlaufmoment.

Diese Bedingungen lassen sich durch entsprechende Verfahrensschritte in den Herstellprozessen sowie in der Auswahl der geeigneten Kombinationswerkstoffe realisieren.

2.5.9 Schlußfolgerungen

Werkstoffe für Gleit- oder Gegenringe lassen sich nicht allein durch die physikalischen Daten beurteilen. Vielmehr ist es erforderlich, das tribologische Verhalten der Reibpartner zu bewerten.

atp

Automatisierungs-technische Praxis

Praxis der Meß-, Steuerungs-, Regelungs- und Informationstechnik (Prozeßleittechnik)

Organ der GMA (VDI/VDE-Gesellschaft Meß- und Automatisierungstechnik) und der NAMUR (Interessengemeinschaft für Prozeßtechnik in der chemischen und pharmazeutischen Industrie).

■ Die „atp" dient der aktuellen Information und Weiterbildung des Automatisierungstechnikers, der Diskussion von Entwicklungstrends und dem Erfahrungsaustausch unter Praktikern.

Die Themenbereiche werden in Hauptaufsätzen, in Berichten aus den Unternehmen, in fortlaufenden Serien („atp"-Seminaren), in der Vorstellung neuer Produkte und neuer Literatur sowie in aktuellen Nachrichten behandelt. Marktanalysen und Messeberichte runden das Programm ab.

■ Journal for practical applications of automation covering the fields of process measurement, manufacturing measurement, logic and modulating control, information processing.

Erscheinungsweise:	*monatlich*
1999 – 41. Jahrgang	*Gründungsjahr 1959*
Jahresabonnement:	*DM 200,—*
Jahresversandspesen Inland:	*DM 24,—*
Jahresversandspesen Ausland:	*DM 30,—*
Einzelheft:	*DM 24,—*

ISSN 0178-2320

R. Oldenbourg Verlag · Büro Essen · Hollestraße 1 g · 45127 Essen
Telefon 0201/82002-14 · Fax 0201/82002-34

Für jede der vorgestellten Weich/Hart- und Hart/Hart-Paarungen gilt ein spezielles Einsatzgebiet, in dem die jeweilige Anforderung optimal erfüllt wird.

Die Paarung Kohlegraphit gegen Siliziumkarbid ist von den getesteten Reibpartnern die technisch beste Lösung, da sie die niedrigste Temperatur, das niedrigste Losbrechmoment und den niedrigsten Verschleiß liefert [99].

Andere Werkstoffe und Paarungen, wie kunstharzgebundene Kohlenstoffe oder gegeneinander laufende Kohlegraphite, sind unter bestimmten Bedingungen in der Lage, die geforderten Verschleißraten einzuhalten und zudem auch noch preiswerter als vergleichbare konventionelle Paarungen zu sein.

Auf dem Gebiet der Kohlenstoffwerkstoffe zeichnen sich mit einem All Carbon Werkstoff Alternativen ab, die die herkömmlichen kunstharz- und antimonimprägnierten Varianten substituieren können.

Die Hart/Hart Paarungen halten ein spezielles Einsatzfeld besetzt, für welches derzeit noch keine Alternativen erkennbar sind.

Zur Optimierung einer Werkstoffpaarung unter technischen, ökonomischen und ökologischen Gesichtspunkten ist jedoch eine enge Zusammenarbeit zwischen den Gleit- und Gegenringherstellern sowie den Konstrukteuren unumgänglich.

Literaturverzeichnis

Literaturverzeichnis zu Pkt. 2.1:

[1] Timm, Th.: Was ist Gummi?, Kautschuk Gummi Kunststoffe 34 (1981), S. 927+

[2] DIN 7724: Gruppierung hochpolymerer Werkstoffe auf Grund der Temperaturabhängigkeit ihres mechanischen Verhaltens, Beuth Verlag, Berlin

[3] Heinisch, K. F.: Kautschuk Lexikon, Hüthig Verlag

[4] Timm, Th: Elemente des viskoelastischen Eigenschaftsbildes von Kautschuk und Elastomeren im Hinblick auf einige Probleme der Praxis, Kautschuk Gummi Kunststoffe 31 (1978) 901

[5] Streit, G. und Achenbach, M.: Funktionalität von Elastomerdichtungen bei tiefen Temperaturen am Beispiel von O-Ringen, Kautschuk Gummi Kunststoffe 46 (1993), S. 812

[6] Billmeyer, F.-W.: Einführung in die Kunststoffchemie, Herder Verlag, ISBN 3-451-16902-9, S. 48

[7] Timm, Th.: Organische hochpolymere Werkstoffe, Kautschuk Gummi Kunststoffe 14 (1961) WT 233

[8] Brdicka, R.: Grundlagen der physikalischen Chemie, VEB 1958, 168ff

[9] DIN ISO 1629: Kautschuk und Latices, Beuth Verlag Berlin

[10] Streit, G. und Dunse, S.: Fluorelastomere Vernetzungssysteme und Wechselwirkungen mit Motorölen, Kautschuk Gummi Kunststoffe 38 (1985), S. 471

[11] CAS, Computer unterstützte Anwendungssysteme: CAS Prozessregelung M 101, 21465 Reinbek

[12] Hofmann, W.: Bewertung von thermoplastischen Elastomeren, GAK 40 (1987), S. 650 ff

[13] Streit, G.: Hochpolymere Werkstoffe, Seminar 810225016, 1996 TAW, Wuppertal

[14] DIN 53538: Standard-Referenz-Elastomere, Beuth Verlag Berlin

[15] Bayer AG: Krynac Formulations Guide, Bayer AG, 51373 Leverkusen

[16] Ausimont: Tecnoflon: Fluorelastomere, Technische Reports, Ausimont Spa, Mailand

[17] dyneon: Fluorel, Fluorelastomer, dyneon GmbH, 41460 Neuss

[18] Dinzburg, B. N., Keller, R. W. und Bond, R.: Beurteilung der Hitzebeständigkeit von Gummiqualitäten, GAK 41 (1988), S. 398

[19] Timm, Th.: Die physikalischen Leistungsgrenzen von Elastomeren, KGK 39 (1986), S. 15 ff

[20] Streit, G.: Thermische Grenzen für Elastomere in der Dichtungstechnik, Technische Akademie Wuppertal e.V., Seminar 1999: Elastomere als Dichtungsmaterialien

[21] D.G. Fesko, D. G., Tschoegl, N. W.: Time-Temerature Superposition in Thermorheologically Complex Materials, J. Polymer Sci.: PartC, 1971 by John Wiley & Sons, Inc. N.Y.

[22] Achenbach, M., Kanters, A. und Streit, G.: Funktionalität von Elastomerdichtungen bei tiefen Temperaturen am Beispiel von O-Ringen, Technische Problemlösungen mit Elastomeren, VDI-Gesellschaft Kunststofftechnik, VDI Verlag, Düsseldorf 1992
[23] Hamed, G.: Free Volume Theory and the WLF – Equation, Elastomerics, January 1988, 14
[24] U. Eisele, U., Müller, K.-H.: Eine neue Methode zur Bestimmung der Netzstellendichte von gefüllten Vulkanisaten, KGK 43 (1990), S. 9
[25] DIN 7724, April 1993: Polymere Werkstoffe, Beuth Verlag, Berlin
[26] ISO 11346:1997: Rubber, vulcanized or thermoplastic – Estimation of life-time and maximum temperature of use from an Arrhenius plot, International Organization for Standardization, CH-1211 Genève, Switzerland
[27] Timm, Th.: Erfahrungen mit der Anwendbarkeit der WLF-Gleichung zur Abschätzung der Relaxation von Elastomeren im langzeitigen Einsatz, KGK 20 (1973), S. 134
[28] Aben, W. J. G. M.: Prédiction du Comportement a long Terme de Caoutschucs déformé, R.G.C.P. 51, (1974), S. 727
[29] Landel, R. F. Fedors, R. F., Moacanin, J.: Recent Advances in Elastomer Service Life Prediction, Appl. Pol. Symp. 22 (1973), 157-168, John Wiley & Sons, N.Y.
[30] Stella, G.: Mischugsaufbau von EPDM für Spezialanwendungen, GAK (1978), 376
[31] Wesche, H.: Alterungsuntersuchungen durch Spannungsrelaxationsmessungen, KGK 29, (1976), 66
[32] Streit, G.: Einsatz hochtemperaturbeständiger Elastomere in der Dichtungstechnik KGK 41 (1988), S. 908 ff
[33] Bescher, H., Peschk, G.: Relaxationsmessungen zur Lebensdauerabschätzung elastomer Dichtungswerkstoffe, 11th International Sealing Conference, Dresden, May 1999, Institut für Fluidtechnik der TU Dresden
[34] Achenbach, M.: Chemische Alterung – ein neues Materialgesetz für Gummi, DIK-Seminar: Lebensdauer und Ermüdung von Elastomeren, 8. Und 9. Juli 1999, Deutsches Institut für Kautschuktechnologie e. V., Hannover
[35] Walter, G.: Kunststoffe und Elastomere in Kraftfahrzeugen, Verlag W. Kohlhammer, Stuttgart 1985
[36] Empfehlungendes Bundesgesundheitsamtes: Kunststoffe im Lebensmittelverkehr, Empfehlung XXI, Bundesanzeiger, Bundesarbeitsministerium Berlin
[37] Streit, G: Perfluorierte Elastomere, GAK 47 (1994), S. 598
[38] Kuschel, R.: Wechselwirkungen zwischen Elastomeren und Schmierstoffen,. Seminar 819 225016, Technische Akademie Wuppertal
[39] Peschk, G.: Wechselwirkung von elastomeren Dientypwerkstoffen mit konventionellen und biologisch abbaubaren Hydraulikflüssigkeiten und Schmierstoffen, Mineralöltechnik 12, 1993, Beratungsgesellschaft für Mineralöl-Anwendungstechnik, 22087 Hamburg
[40] VDMA Einheitsblätter: Biologisch schnell abbaubare Druckflüssigkeiten, VDMA 24568 und DIN 51524, Druckflüssigkeiten, Beuth Verlag Berlin
[41] DIN 3761: Radialwellendichtringe für Kraftfahrzeuge, Beuth Verlag, Berlin, 1984

Literaturverzeichnis zu Pkt. 2.2:

[42] Domininghaus, H.: Die Kunststoffe und ihre Eigenschaften. VDI Verlag, 4. Auflage, 1992
[43] Landherr, D.; Meesters, C.J.M.: Reibung und Verschleiß von PTFE-Compounds. Kunststoffe 83 (1993) Carl Hauser Verlag, Minden
[44] Lemstra, P.J.: Geschichte der Polymere. CAV 11/97
[45] Rosato, Schwartz: Environmental Effects on Polymeric Materials. Interscience Publishers, New York 1968
[46] Soth, W.: PTFE Compounds. CAV Januar 1986
[47] Papatheodorou,Th.: Verschleißverhalten von gefüllten Compounds. Tribologie + Schmierungstechnik, 44. Jg., 5/1997
[48] DuPont Dow Elastomers Fluorkunststoffe. Firmendruckschrift
[49] DuPont Dow Elastomers Teflon, PTFE Compounds. Firmendruckschrift
[50] DuPont Dow Elastomers Spezialpolymere. Firmendruckschrift

[51] Hoechst Kunststoffe Hoechst, Hostaflon. Firmendruckschrift
[52] ICI Imperial Chemical Fluon, Polytetrafluorethylen Industries Ltd. Firmendruckschrift
[53] VDI, Bericht 1420 Hochtemperatur – Thermoplaste in der Anwendung
[54] Fachgruppe Fluor-Kunststoffe Qualitätsanforderungen, Prüfrichtlinien und Gesamtverband Kunststoffver-Toleranzen für PTFE-Produkte arbeitende Industrie e.V.

Literaturverzeichnis zu Pkt. 2.3:

[55] Bauer, R., Koslowski, H.J., Chemiefaserlexikon 10. Aufl.,Frankfurt a.M. 1993
[56] Hahn, C., Die Aramidfaser Twaron® in Flachdichtungen, Dichtungstechnik, 1, 37(1999)
[57] Mera, H., Takata, T., High-Peromance Fibers, Ullman's Encyclopedia of Industrial Chemistry, Vol. 13, 5th ed., Weinheim 1989
[58] Sicherheits- und Gesundheitsaspekte von Twaron®, Twaron Products GmbH, Wuppertal 1997
[59] Matsui, J., Surface Properties of Carbon Fibers, Crit.Rev.Surf.Chem., 1, 71(1990)
[60] Blumberg, H.,Fibres for Composites: Status quo and Trends, 35th Int.Man-Made Fibres Congress, Dornbirn, 1996
[61] Dry, A., The Development of the Carbon Fiber Industry, Int. SAMPE Symp. Exhib. 42, 979(1997)
[62] Peebles, L.H., Carbon Fibers: Formation, Structure, and Properties, Boca Raton, 1995
[63] Deurbergue, A., Oberlin, A., Stabilization and carbonation of PAN-based carbon fibers as related to mechanical properties, Carbon, 29, 621(1991)
[64] Falkai, B. von (Ed.), Synthesefasern: Grundlagen, Technologie, Verarbeitung und Anwendung, Weinheim 1981
[65] Hollemann-Wiberg, Lehrbuch der Anorganischen Chemie, 91. -100. Auflage Berlin, 1985
[66] Hörsting, K. et al., Einführung in die Werkstoff- und Verarbeitungseigenschaften von Glasfasern, Aachen 1993
[67] Bunsell, A.R. (Ed.), Fibre Reinforcements for Composite Materials, Amsterdam 1988
[68] Lombardero, M. et al., Synthetic Minerals: Product & Market Review, Industrial Minerals, 8, 45(1998)
[69] Draeger, U., Einstufung von Mineralwolle nach der EU-Richtlinie 97/69/EG, Gefahrstoffe-Reinhaltung der Luft 58, 93(1998)

Literaturverzeichnis zu Pkt. 2.4:

[70] Vohler, O.; Ernst, H.; Hochegger, G.: Flexibler Graphit in Wärmeanlagen. VII. intern. Elektrowärmekongreß, Warschau 1972, N. 424
[71] Dönges, E.; Vohler, O.: Chemie-Ing.-Technik. 42. Jahrg. Nr. 19 (1970)
[72] Vohler, O.; Reiser, P.L.; Martina, R.; Overhoff, D.: Angewandte Chemie. 82. Jahrg., Nr. 11 (1970)
[73] Engelmann, A.; Hochegger, G.; Eicher, H.: SIGRALEX – Produkte aus flexibler Graphitfolie. chemieanlagen+verfahren, 2/1973

Literaturverzeichnis zu Pkt. 2.5:

[74] DIN 24960: Gleitringdichtungen Juni 1992
[75] Nickel, H.: Vorlesungsmanuskript, Reaktorwerkstoffe und Brennelemente, Lehrstuhl für Reaktorwerkstoffe und Brennelemente der RWTH Aachen
[76] Weemaes, M.: Guideline for the design of mechanical seals for automotive applications, Eindhoven University of Technology Department of Mechanical Engineering, December 1990
[77] RIDURID - graphitgefüllter Hochleistungskunststoff, Druckschrift M 543/96, SGL CARBON AG Werk Ringsdorff
[78] Winnacker, Küchler: Chemische Technologie, Band 3, Anorganische Technologie II, 4. Auflage 1983, Carl Hanser Verlag München, Wien
[79] Kindler, A.: Feinkorngraphite, Moderne Werkstoffe und ihre technische Anwendung. Die Bibliothek der Technik, Band 119, verlag moderne industrie 1995
[80] VDI Richtlinie 3467: Herstellung von Kohlenstoff und Elektrographit
[81] PL Automotive, Niederlande, 1991, Technische Mitteilung. Axial face seals for automotive water pumps

[82] KACO GmbH: persönliche Mitteilung aus Interne Untersuchung, 1992
[83] Dubbel: Taschenbuch für den Maschinenbau, 14. Auflage
[84] Delle, W.; Koizlik, K.; Nickel, H.: Graphitische Werkstoffe für den Einsatz in Kernreaktoren, Thiemig Taschenbücher Band 82, 1983
[85] Mantell, C.L.: Carbon and Graphite Handbook, John Wiley and Sons, New York 1986
[86] Thiele, W.; Delle, W..; Schubert, F.; Nickel, H.: Dissertation RWTH Aachen. Bruchmechanische Untersuchungen bei statischer und zyklischer Belastung an Strukturgraphit für Hochtemperaturreaktoranlagen, Jül Bericht 1831, 1983
[87] Hahn, H.G.: Bruchmechanik, Teubner Studienbücher Band 30, Mechanik 1976
[88] Rödig, M.; Kleist, G.; Schuster, H.; Nickel, H.: Beurteilung des Festigkeitsverhaltens von Grafit mit Hilfe der Bruchmechanik, Jül Bericht 1632, Dezember 1979
[89] Heinrich, J.; Stingl, P.: Technische Keramik im Automobilbau. HDT Tagung T 30-911-056-1, Essen 1991. Möglichkeiten und Grenzen technischer Keramik in Verbrennungsmotoren
[90] Fanzott, S.M.: Technische Keramik Rohstoffe, Eigenschaften, Fertigungsverfahren und Einsatzgebiete. Die Bibliothek der Technik, Band 2, verlag modern industrie 1987
[91] Sandvik: Cemented Carbide in mechanical seals. Druckschrift H-9073 ENG
[92] Knoch, H.; Lorenz, S.; Kracker, J.: Produktentwicklung bei drucklos gesintertem Siliciumcarbid. Sonderdruck aus CAV High Tech Dezember 1989
[93] Victor, K.H.: Pacific Wietz, persönliche Mitteilung
[94] Thiele, W.: Gleitwerkstoffe in Gleitringdichtungen. Fachveranstaltung HDT Essen November 1995. Anwendungen und Instandhaltung von GLRD
[95] Sato, S.; Kawamata, K.: Evaluations of blister-like fractures and critical pv-values of carbon mechanical seals by thermal shock test. Carbon Vol. 27, No. 6, 1989
[96] Uchibori, Z. et al: Fundamental study of the carbon blister generation at the starting period on mechanical seals. Journal of the Society of Tribologists and Lubrication Engineers Lubrication Engineering October, 1991
[97] John Crane GmbH: Technische Info Nr. 017/12.90, Siliziumkarbid im Einsatz bei Gleit- und Gegenringen
[98] Burgmann Lexikon: ABC der Gleitringdichtung, Erste Ausgabe, 1988
[99] Habig, K.H. und 11 Mitautoren: Tribologisches Verhalten keramischer Werkstoffe (K&S Band 431), expert Verlag GmbH, 7044 Ehningen, 1993

3 Statische Dichtungen

3 Statische Dichtungen

W. Tietze und W. Abt, K. Cierocki, R. Gladen, A. Hirschvogel, U. Liedtke, B. Richter, A. Riedl, M. Römmler, R. Schano, D. Siebler, P. Thomsen, F. Werner

3.1 Einführung

Statische Dichtungen bzw. „Ruhend beanspruchte Berührungsdichtungen“ (RBD) werden in erster Linie in der chemischen Industrie, der Kraftwerkstechnik, in vielen Bereichen der Ver- und Entsorgungstechnik sowie in der Sanitär- und Heizungstechnik zum Abdichten von Verbindungselementen im Behälter- und Rohrleitungsbau eingesetzt. Dabei sind Flansche die vorherrschende Verbindungsform von

- Rohrleitungsabschnitten,
- Behälterteilen wie zylindrischer Mantel, Deckel, Boden oder Rohrleitungsstutzen,
- Armaturen in Rohrleitungen u.ä..

Darüber hinaus werden RBD natürlich auch in anderen Bereichen der Wirtschaft verwendet, z.B. im allgemeinen Maschinenbau oder im Kraftfahrzeugbau zum Abdichten von Ölleitungen, Druckluftleitungen, in Verbrennungsmotoren oder Kompressoren usw.

Die dabei vorliegenden Betriebsparameter können sehr unterschiedlich sein und sich u.U. gegensätzlich beeinflussen, was den Abdichtprozeß zusätzlich erschwert.

In besonderem Maße beeinflussen Druck- und Temperaturunterschiede die Wahl sowie die Lebensdauer von Flanschdichtungen, wobei darüber hinaus vor allen Dingen in der chemischen Industrie die Verarbeitung korrosiver Medien erhöhte Anforderungen an das Werkstoffverhalten der Dichtung stellt.

Dichtungen für den statischen bzw. ruhenden Einsatz können in den unterschiedlichsten Einbauverhältnissen zur Anwendung kommen.

Die in dem folgenden Ausführungen dieses Kapitels behandelten RBD werden in erster Linie als Dichtelemente in Behälter- und Rohrleitungsflanschen eingesetzt, wobei je nach Beanspruchungsfall der Dichtung in

- Krafthauptschlußverhalten (KHS) und
- Kraftnebenschlußverhalten (KNS)

unterschieden werden muß.

Für die Gestaltung von Flanschverbindungen ist die Festlegung von entscheidender Bedeutung, ob die verwendeten Dichtungen im Krafthaupt- oder -nebenschluß eingesetzt werden sollen. Davon ist auch die Auslegung der Flanschverbindung wesentlich abhängig.

Bild 1 zeigt den Unterschied der konstruktiven Ausführung einer Krafthauptschluß- und einer Kraftnebenschlußverbindung in bezug auf die Dichtung. Beim Kraftnebenschluß befindet sich die Dichtung innerhalb einer Nut, und die Flanschteller sind miteinander im Kontakt, wobei die Dichtung in diesem Falle im allgemeinen nur einen ungewollten Stofffluß an der Verbindungsstelle verhindern soll. Die Schraubenkraft wird dabei lediglich zum Teil von der Dichtung aufgenommen. Der andere Teil der Schraubenkraft wirkt auf die Flanschtellerflächen.

Bei Dichtungen im Krafthauptschluß wird die gesamte Schraubenkraft von der Dichtung aufgenommen, und die Dichtung muß neben der Abdichtfunktion auch noch zusätzlich die

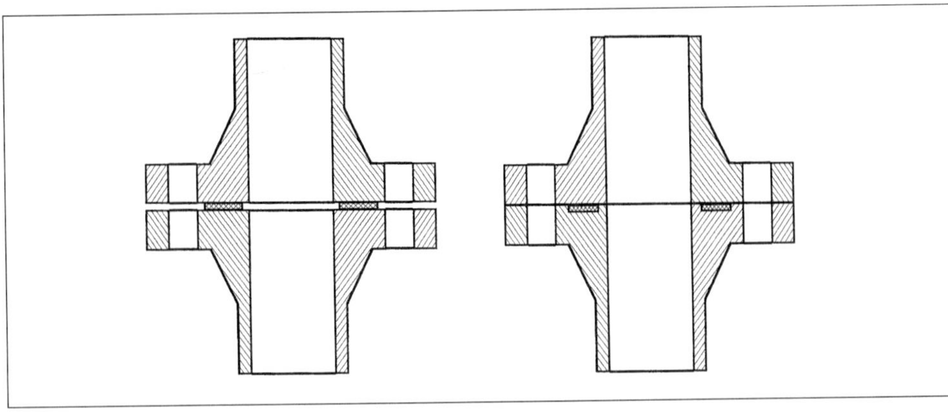

Bild 1: Flachdichtungen im Krafthauptschluß (links) und im Kraftnebenschluß (rechts)

Übertragung von Kräften übernehmen, wodurch die Auslegung und Gestaltung der Dichtverbindung weiter verkompliziert wird. Die zu verbindenden Bauteile, bei denen es sich in der Regel um Behälter- oder Rohrleitungsflansche handelt, werden streng durch die Dichtung getrennt. Typische Anwendungsfälle hierfür sind z.B. Flachdichtungen gemäß DIN 2690 [1].

Ein weiteres Problem sowohl für die Auswahl als auch für die Anwendung von RBD ist die Tatsache, daß zur Auslegung von Dichtverbindungen mit RBD sowohl in Form von Flachdichtungen für den Krafthauptschluß als auch von Formdichtungen für den Kraftnebenschluß noch keine geschlossenen mathematischen Lösungen existieren.

Für Flanschverbindungen mit Dichtungen im Kraftnebenschluß gibt es derzeit keinerlei verbindliche Berechnungsgrundlagen.

Zwar können die Flansche oder andere angrenzende metallische Bauteile ebenso wie die Schrauben in einer Dichtverbindung mit Hilfe gesicherter und allgemein anerkannter technischer Regeln auf der Grundlage von Festigkeitshypothesen berechnet werden, der Einfluß der Dichtung als dem eigentlichen funktionsbestimmenden Element einer derartigen Verbindung kann aber gegenwärtig auch für den Fall des Krafthauptschlusses nur über experimentell ermittelte Kennwerte und empirische Zusammenhänge berücksichtigt werden, siehe dazu auch Kap. 11.4, VDI-Richtlinie 2200.

3.2 Dichtungen im Krafthauptschluß

3.2.1 Flachdichtungen

Die DIN-Norm DIN 3750 definiert Flachdichtungen als Berührungsdichtungen an ruhenden Flächen. Sie bestehen aus Scheiben, Ringen oder Rahmen, die sich im allgemeinen in ihrer ganzen Breite der Dichtfläche anpassen. Sie werden eingesetzt, wenn Hohlkörper aus Bauelementen, die durch Schrauben lösbar miteinander verbundenen sind, zusammengefügt werden. Man findet sie z.B. bei Flanschverbindungen von Rohrleitungen, an Ventilen, Schiebern und anderen Schaltelementen und bei Motoren v.a. als Zylinderkopfdichtungen.

Die Flachdichtung hat dabei die Aufgabe, die Vermischung des Mediums innerhalb des Hohlkörpers mit der Umgebung zu verhindern.

Um diese Dichtigkeit zu gewährleisten, müssen folgende Anforderungen erfüllt sein:

- Die Oberfläche des Dichtungsmaterials muß ausreichend (plastisch) verformbar sein, damit Unebenheiten (Makrounebenheit) und Rauhigkeiten (Mikrounebenheit) der Preßflächen der zusammengefügten Bauteile ausgeglichen werden.
- Die Festigkeit gegen die Druckspannung der Schraubverbindung muß ausreichen, so daß nach Aufbringen des zur Dichtwirkung notwendigen Anpreßdruckes im Betriebszustand keine weitere wesentliche Verformung auftritt. Sonst könnte die Dichtpressung in unzulässiger Weise nachlassen und Undichtigkeiten entstehen.
- Die Formstabilität muß über die gesamte Dichtfläche konstant sein, da andernfalls partielle Undichtigkeiten und u.U. auch Verzüge der Konstruktion auftreten.
- Die Formstabilität muß insbesondere auch unter Temperatureinfluß gewahrt bleiben und das Setzen, d.h. die Dickenabnahme nach Druckaufgabe unter Temperatureinfluß möglichst klein gehalten werden.
- Das Gefüge der Dichtung muß querschnittsdicht sein, d.h. dicht in radialer Richtung.
- Der Werkstoff muß resistent gegen das abzudichtende Medium sein.
- Der Werkstoff muß ausreichende Elastizität besitzen, damit bei wechselndem Innendruck die zur Abdichtung erforderliche Flächenpressung erhalten bleibt.

Asbesthaltige It-Dichtungen hatten sich im jahrzehntelangen Einsatz bewährt. Ihre Charakterisierung nach DIN 3754, DIN 3535/4 erfüllte die Anforderungen der damaligen Zeit.

Als die ersten Generationen asbestfreier Dichtungen auf den Markt kamen, wurden sie zunächst nach den gleichen Prüfmethoden charakterisiert. Es ergaben sich aber zwei Probleme:

- Die Werkstoffe zeigten zwar ausreichende Prüfwerte bei den Methoden, die für It entwickelt worden waren, versagten aber öfter im praktischen Einsatz.
- Durch steigendes Umweltbewußtsein stiegen auch die Anforderungen des Marktes bezüglich „dichterer" Dichtungen. Hierdurch waren praxisnähere und aussagekräftigere Meßmethoden gefordert.

Aus diesem Grunde wurden für die asbestfreien Dichtungen die neuen Normen DIN 28090 und DIN 28091 entwickelt.

Die Norm DIN 28090 definiert die Kennwerte und die Meßmethoden, wie diese Kennwerte prinzipiell gemessen werden müssen.

Die Norm DIN 28091 spezifiziert die Werkstoffklassen und ihre Lieferbedingungen.

Die Lieferbedingungen legen Mindestwerte der Kennwerte sowie die spezifischen Prüfbedingungen fest.

Bisher sind in der DIN 28091 folgende Werkstoffklassen definiert:

- DIN 28091-2 (FA): Faserdichtungen asbestfrei
- DIN 28091-3 (GR): Dichtungen aus expandiertem Grafit
- DIN 28091-4 (TF): Dichtungen aus PTFE

3.2.2 Dichtungstechnische Eigenschaften typischer Flachdichtungswerkstoffe

3.2.2.1 Faserverstärkte Dichtungen

Diese Werkstoffe kommen in ihrem Aufbau den It-Dichtungen am nächsten. Sie bestehen aus Mischungen von Fasern und Füllstoffen, die durch Kautschuke als Bindemittel zu homogenen Platten vulkanisiert werden.

Einfluß auf das Endprodukt haben folgende Faktoren:

- Faser
- Kautschuktyp
- Füllstoff
- Faser

Die wichtigste, weil am meisten verwendete Faser auf dem Markt ist die Aramidfaser. Durch Flexibilität, Festigkeit und ihre Fibrillierung ergibt sich eine gute Verstärkungswirkung für die Dichtung. Sie ist chemisch und thermisch für viele Anwendungen ausreichend beständig. Außerdem verfügt sie über hervorragende Prozeß- und Verarbeitungseigenschaften, was letztendlich zu ihrem großen Marktanteil beigetragen hat.

Mineral-, Glas-, und Kohlenstoffaser haben ihre Vorteile bei höheren Temperaturen und in ihrer besseren chemischen Beständigkeit. Ihre Sprödigkeit und die fehlende Fibrillierung machen die Verarbeitung schwieriger. Sie werden deshalb vorwiegend in Produkten eingesetzt, bei denen die Beständigkeitswerte der Aramidfaser nicht mehr ausreichen.

Für geringere mechanische und thermische Anforderungen können auch Zellulosefasern zum Einsatz kommen.

Insgesamt zeigen die am Markt verfügbaren Produkte, daß die Charakteristik der Dichtung durch Mischungen verschiedener Fasern und Rohstoffe dem jeweiligen Einsatzzweck möglichst anwendungsgerecht angepaßt wird.

- Kautschuk

Der überwiegende Marktanteil liegt bei Nitrilkautschuken (NBR), die sehr gute Öl- und Lösungsmittelbeständigkeit aufweisen.

Aber auch Styrol-Butadien- (SBR), Chloropren (CR), Ethylen-Propylen-Dien (EPDM) und Natur-Kautschuk (NR) kommen meist in auf die Anwendung abgestimmten Mischungen zum Einsatz. Hier gilt also gleiches wie bei den Faserwerkstoffen.

Der Anteil des Kautschuks bestimmt auch zum großen Teil die Leckagerate der Dichtung. Bei hohem Kautschukanteil wird die Dichtung sehr gasdicht, aber die Standfestigkeit nimmt ab.

- Füllstoff

Die Füllstoffe dienen dazu, die durch das Netzwerk der Fasern gebildeten Hohlräume so zu füllen, daß möglichst kleine Poren zurückbleiben und sich eine optimale Gasdichtheit bei möglichst geringem Kautschukanteil ergibt. Die Füllstoffe müssen also in der Korngröße auf die Menge und die Verteilung der Fasern abgestimmt sein. Weitere Anforderungen sind eine möglichst große chemische und thermische Beständigkeit; zum Teil haben die Füllstoffe auch eine verstärkende Wirkung.

In der Regel sind Füllstoffe Mineralien wie Kaolin, Talkum, Kreide, Schwerspat, Schiefermehl u. a.

3.2.2.1.1 Werkstoffbestandteile

Asbestfreie faserverstärkte Dichtungen bestehen aus folgenden charakteristischen Bestandteilen mit den Masseanteilen:

- Fasern Spannweite: 5 bis 50 % typisch: 5 bis 30 %
- Bindemittel Spannweite: 10 bis 30 % typisch: 10 bis 20 %
- Füllstoffe Spannweite: 10 bis 85 % typisch: 45 bis 80 %
- Hilfsmittel Spannweite: 1 bis 7 % typisch: 4 bis 5 %

Im Gegensatz dazu enthielten die früheren Asbestdichtungen ca. 70 bis 90 % Asbest bei ungefähr gleichen Bindemittelanteilen. Die Asbestfasern wurden also durch ein System aus Fasern und (Funktions-) Füllstoffen ersetzt. Der jeweils verwendete Material-Mix liegt im „Rezeptur-Know-how" der Dichtungshersteller begründet.

Die Dichtungen werden in Form von Platten hergestellt und sind ein Gemisch aus den genannten Komponenten. Da bei der Herstellung eine möglichst gleichmäßige Verteilung der einzelnen Bestandteile angestrebt wird, wird auch von quasihomogenen Werkstoffen gesprochen. Es handelt sich jedoch genau genommen um heterogene Gemenge.

Charakteristisch und namensgebend sind die enthaltenen Fasern, die zusammen mit den Füllstoffen in einer Kautschukmatrix (Bindemittel) verteilt sind. Im Vergleich zu klassischen Elastomerdichtungen ist der Bindemittelanteil wesentlich geringer, d. h. der Kautschuk ist höher „gefüllt". Für die asbestfreien faserverstärkten Dichtungen hat sich im deutschsprachigen Raum das Kurzzeichen „FA" (für *Fa*sern) eingebürgert [2]; im Gegensatz zu „it" (von Gumm*i*-Asbes*t*) für die früher verwendeten asbesthaltigen Dichtungen [3].

– Fasern

Früher wurden fast ausschließlich Asbestfasern für Dichtungswerkstoffe eingesetzt. Asbest ist ein krebserzeugender Arbeitsstoff und in Deutschland als solcher in der Gefahrstoffliste enthalten [4]. Wenn auch die weitaus größere Gefährdung von den schwach gebundenen asbesthaltigen Isolationsprodukten ausging, so kann eine gesundheitliche Gefährdung auch bei den stärker gebundenen Dichtungswerkstoffen nicht ausgeschlossen werden. Das gilt insbesondere für die Herstellung, die Weiterverarbeitung (Schneiden, Stanzen) und die Montage sowie Demontage von Dichtungen. Aus diesem Grund ist in Deutschland die Herstellung von Asbest seit 01.01.1994 und die Verwendung und das in Verkehr bringen seit 01.01.1995 verboten; d. h. es besteht ein vollständiges Asbestverbot. In den EU-Ländern ist die Situation unterschiedlich, jedoch geht auch hier der Trend mehr und mehr zu einem Verbot von Asbest (in Skandinavien, Benelux-Ländern, Frankreich, Schweiz und Österreich größtenteils vollzogen). Ein weitgehendes Asbestverbot besteht auch in den USA. Eine umfassende Darstellung der gesamten Asbestproblematik findet sich in [5]; eine stärkerer produktbezogene Betrachtung zur Asbestsubstitution in [6].

Alle heute eingesetzten Fasern haben ihre Verwendung also dem Zwang zur Asbestsubstitution zu verdanken. Stand der Technik sind heute:

- Aramidfasern (allein oder in Mischung mit Mineral- oder Glasfasern)
- Kohlenstoffasern (allein oder meist in Mischung mit Aramidfasern)
- Glasfasern (in Mischung mit Aramidfasern)
- Mineralfasern (in Mischung mit Aramidfasern)

Tabelle 1: Eingesetzte Verstärkungsfasern in Dichtungswerkstoffen auf Basis von Fasern

Allgemeine Bezeichnung	Faserart		Chemische Zusammensetzung	maximale Einsatztemperatur [1]	Chemisch beständig gegen [2] [3]			Gesundheitsgefährdendes Potential	Typische Faserdurchmesser der Einzelfaser [µm]	Einsatz in Dichtungswerkstoffen auf Basis von Fasern im	
					Säuren	Laugen	organ. Lösungsmittel			Kalanderverfahren	Beaterverfahren
Zellstoffaser	organisch	Naturfaser, pflanzlich	$(C_6H_{10}O_5)_n$ n = 500...5000 Cellulose	150°C	**o**	**-**	**+**	nein	18 ... 40	selten	ja
Aramidfaser	organisch	Chemiefaser	Poly-para-Phenylen- -terephtalamid (PPTA)	250°C	**o**	**o**	**+**	umstritten, Verdacht	12 (Stapelfaser) ≤ 3 (Pulpe) [5]	ja, Standard	ja, Standard
Kohlenstoffaser	anorganisch	Chemiefaser	Kohlenstoff (Graphitgitter) (C-Gehalt > 90 %)	300°C	**o**	**+**	**+**	nein	9 ... 13	selten	ja (selten)
Glasfaser (hauptsächlich E-Glas)	anorganisch	Chemiefaser	SiO_2, Al_2O_3, CaO, B_2O_3 u. a.	600°C	**o**	**o**	**+**	nein	6 ... 14	ja	ja (selten)
Mineralfaser	anorganisch	Chemiefaser	SiO_2, Al_2O_3, CaO, MgO u. a.	800°C	**o**	**o**	**+**	ja, (umstritten)	3 ... 5	ja	ja
zum Vergleich Asbest:											
Chrysotilasbest (Weißasbest)	anorganisch	Naturfaser	Magnesiumsilikat $Mg_6[Si_2O_5(OH)_4)]_2$	450°C [4]	**o**	**o**	**+**	ja, krebserzeugend	0,02 ... 0,04 (Hohlfaser)	ja	ja
Krokydolithasbest (Blauasbest)	anorganisch	Naturfaser	Inosilikat $Na_2Fe[OH/Si_4O_{44}]_2$	450°C [4]	**+**	**+**	**+**	ja, krebserzeugend	0,1 ... 0,2 (Massivfaser)	ja	ja

Erläuterungen:
1) typischer Wert; Temperatur bis zu der die mechanischen Eigenschaften der Fasern im Wesentlichen erhalten bleiben (zeitabhängig)
2) abhängig von der Konzentration
3) **+** = beständig / **o** = bedingt beständig / **-** = unbeständig (nur zur Orientierung)
4) darüber Abspaltung von Kristallwasser
5) fibrillierte Anteile (unsichere Angabe)

Tabelle 1 enthält eine Übersicht über die wichtigsten Fasern im Vergleich zu Asbest, die heute kommerziell in größerem Umfang eingesetzt werden. Näheres zu den einzelnen Fasern siehe Kapitel 2.

– *Kautschuk (Bindemittel)*

Faserverstärkte Dichtungen enthalten Kautschuk als Bindemittel, in welchem die Fasern und Füllstoffe möglichst homogen verteilt sind. Der Kautschuk wird während oder anschließend an das Herstellverfahren vernetzt (vulkanisiert). Die heute eingesetzten Bindemittel unterscheiden sich nicht wesentlich von denen, die in Verbindung mit Asbestfasern eingesetzt wurden. Die zur Verfügung stehende Palette an Elastomeren hängt vom Herstellverfahren ab (siehe auch Kap. 3.2.2.1.2): Im Kalanderverfahren können praktisch alle Kautschuke eingesetzt werden, sofern ein geeignetes Lösungsmittel zur Verfügung steht und eine Vernetzung unter den gegebenen Prozeßbedingungen möglich ist. Im Beaterverfahren können nur Kautschuke eingesetzt werden, die in Form von Latices (kolloidale Dispersionen von Polymeren in wäßrigen Systemen) verfügbar sind, was die Palette erheblich einschränkt. Tabelle 2 enthält die wichtigsten elastomeren Bindemittel, die in faserverstärkten Dichtungen zum Einsatz kommen können. Die einzelnen Elastomergruppen werden durch internationale Kurzzeichen benannt; siehe Tabelle 2.

Das weitaus am häufigsten eingesetzte Bindemittel ist NBR (in ca. 80 bis 90 % aller Anwendungen). Auch neuere, leistungsfähigere Elastomere konnten bisher daran nichts ändern. Grund dafür sind neben der großen verfügbaren Produktpalette und der guten Verarbeitbarkeit folgende Eigenschaften:

- gute Öl- und Kraftstoffbeständigkeit (neben Wasser und Dampf die häufigsten Medien)
- preisgünstig
- verhärtet bei Temperaturen > 125 °C (zeit- und temperaturabhängig)

Die Verhärtung bei höheren Temperaturen erscheint auf den ersten Blick als Nachteil, da sie ja mit einer Versprödung des Dichtungswerkstoffes einhergeht. Durch die Verhärtungsreaktion, die bei NBR besonders ausgeprägt ist, wird jedoch ein stabiles Netzwerk aufgebaut, wodurch die Dichtung den einwirkenden Schraubenkräften auch unter Temperatur standhalten kann. Leistungsfähigere und temperaturbeständigere Elastomere weisen demgegenüber oft einen Erweichungspunkt oder eine Abbaureaktion auf. Das hat ein ungünstiges Warmverformungsverhalten zur Folge und führt bei der eingebauten Dichtung u. U. zu einem unzulässigen Abfall der Schraubenkräfte (Spannungs-Relaxation) im Betriebszustand.

Für Dichtungen, die in Kontakt mit Ölen und Kraftstoffen gezielt quellen sollen, werden als Bindemittel SBR und NR eingesetzt. Diese selbstdichtende Funktion wird vor allem bei Automobil- und Aggregatedichtungen, wie z. B. Ölwannendichtungen, Getriebedichtungen, Ventildeckeldichtungen und Transformatorendichtungen angewandt. Das trifft insbesondere auch auf leichte, nicht biegesteife Konstruktionen bei niedrigen Flächenpressungen zu.

Für eine Reihe von Sonderanwendungen werden gelegentlich auch folgende Elastomere eingesetzt:

- CR für spezielle Kältemittel
- CSM für Säuren
- EDPM für Säuren, Laugen, Dampf, polare Lösungsmittel
- ACM für heiße Öle und/oder erhöhte Alterungsbeständigkeit

Tabelle 2: Elastomere Bindemittel in Dichtungswerkstoffen auf Basis von Fasern

internationales Kurzzeichen [1]	Chemische Bezeichnung der Basis-Polymere	Umgangssprachliche Bezeichnung	maximale Einsatztemperatur [2]	Öl- und Kraftstoffbeständig	Einsatz in Dichtungswerkstoffen auf Basis von Fasern im Kalanderverfahren	Beaterverfahren
NR	Cis-1,4-Polyisopren	Naturkautschuk	100 °C	nein	ja	ja
SBR	Styrol-Butadien-Copolymer	Styrolkautschuk	110 °C	nein	ja	ja
NBR	Acrylnitril-Butadien-Mischpolymer	Nitrilkautschuk	125 °C	ja	ja, Standard	ja, Standard
IIR	Isobutylen-Isopren-Mischpolymer	Butylkautschuk	150 °C	nein	selten	nein [3]
EPDM	Ethylen-Propylen-Dien-Terpolymer	–	140 °C	nein	selten	nein [3]
CR	Polychloropren	Chloroprenkautschuk	125 °C	bedingt	selten	ja
CSM	Chlorsulfoniertes Polyethylen	–	150 °C	bedingt	selten	nein [3]
ACM	Polyacrylat-Mischpolymer	Acrylatkautschuk	170 °C	ja	selten	nein [3]
MVQ	Methyl-Vinyl-Poly-Siloxan	Siliconkautschuk	225 °C	bedingt	nein	nein [3]
FPM	Mischpolymere aus hochfluorierten Kohlenwasserstoffen	Fluorkautschuk	250 °C	ja	selten	nein [3]

Erläuterungen:
1) nach ISO 1629
2) typischer Wert; Temperatur bis zu der die elastischen Eigenschaften der Vulkanisate erhalten bleiben (zeitabhängig)
3) kein Latex verfügbar

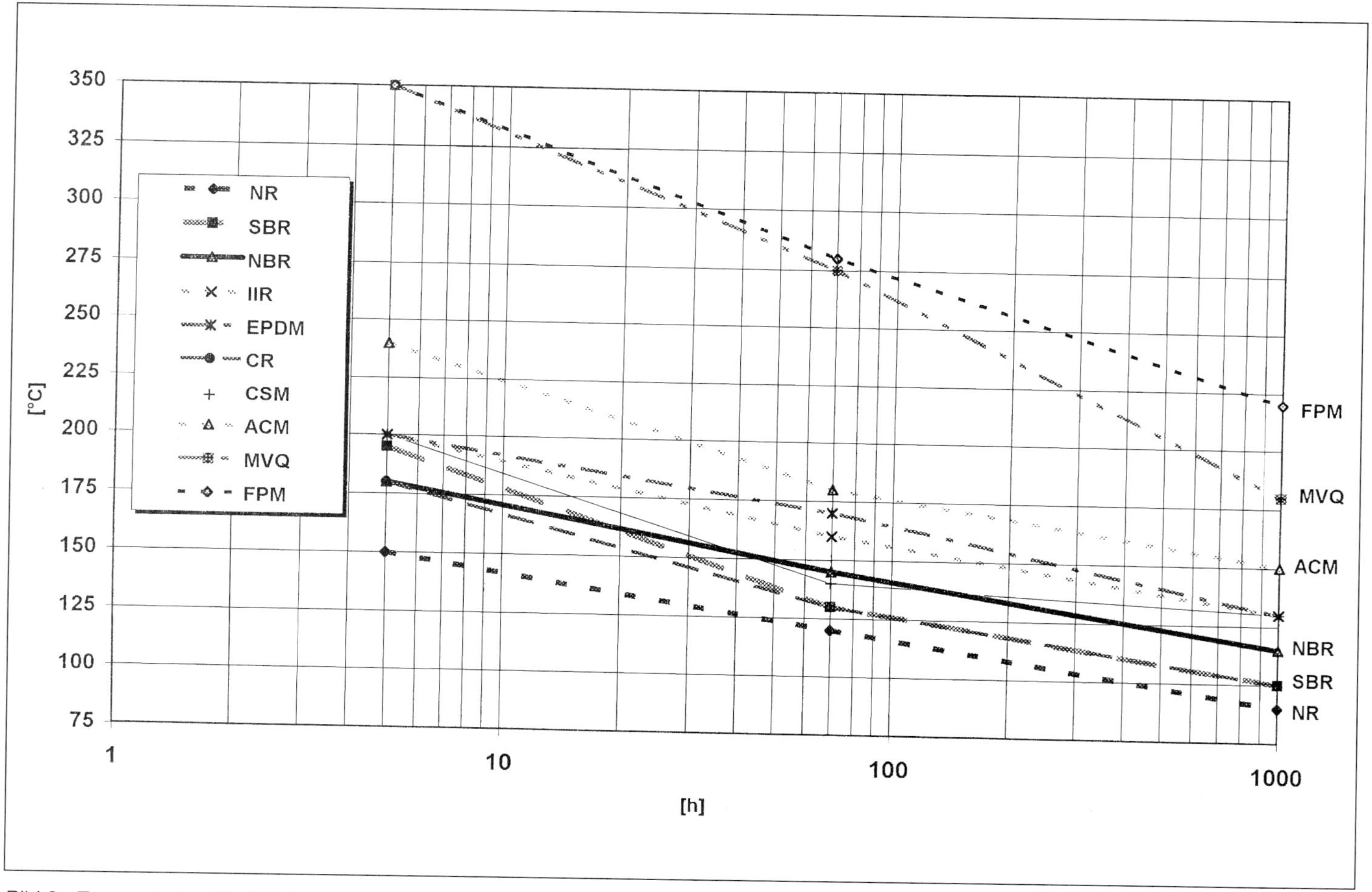

Bild 2: Temperaturbeständigkeit von Elastomeren in Heißluft in Abhängigkeit von der Einwirkzeit

- FPM für Säuren, organische Lösungsmittel und/oder erhöhte Dauertemperaturbeständigkeit
  (sehr selten, bisher meist nur Versuchsprodukte)

Das elastomere Bindemittel stellt die Komponente mit der geringsten Temperaturbeständigkeit dar. Das darf jedoch nicht dazu führen, die Temperaturbeständigkeit des Dichtungswerkstoffes ausschließlich nach einem Rezepturbestandteil zu beurteilen (siehe auch Kap. 3.2.2.1.3 Eigenschaften), analog gilt das auch für die Fasern. Der Elastomeranteil ist bei einer faserverstärkten Dichtung deutlich geringer (ca. 15 %) als bei den klassischen Elastomerdichtungen (ca. 50–60 %).

Bild 2 zeigt die Temperaturbeständigkeit von Elastomeren in Heißluft in Abhängigkeit von der Zeit. Dabei handelt es sich um typische Werte, bei denen die elastischen Eigenschaften der Vulkanisate noch zu einem bestimmten Prozentsatz der Ausgangswerte erhalten bleiben. Das Medium spielt dabei ebenfalls eine Rolle: Bei Abwesenheit von Sauerstoff würden sich wiederum andere Grenzen ergeben. Man erkennt, daß FPM und MVQ in der Temperaturbeständigkeit weit vor den anderen Elastomeren liegen. Diese bilden ein Feld, daß nach unten von NR (geringste Temperaturbeständigkeit) und nach oben von ACM (höchste Temperaturbeständigkeit) begrenzt wird. Bild 3 zeigt den üblichen Temperatureinsatzbereich der Elastomere. Die Bilder 2 und 3 wurden nach Angaben aus [7] zusammengestellt. Sie dienen nicht dazu, die Temperaturbeständigkeit von faserverstärkten Dichtungen zu beschreiben. Sie sollen vielmehr einen Vergleich der Leistungsfähigkeit der einzelnen Bindemittel untereinander ermöglichen.

– Füllstoffe

Während alle Hersteller von faserverstärkten Dichtungen bei Fasern und Bindemitteln mehr oder weniger die gleichen Rohstoffe einsetzen, unterscheiden sich die verschieden Dichtungswerkstoffe deutlich bei den eingesetzten anorganischen Füllstoffen. Diese stammen meist aus natürlichen Vorkommen, werden z. T. aber auch synthetisch hergestellt. Praktisch die gesamte Füllstoffpalette aus der Kunststoff- und Elastomerverarbeitung steht zur Verfügung. Im Zuge der Asbestsubstitution ist die Bedeutung der Füllstoffe stark gestiegen, da sie verschiedene Funktionen im Materialmix übernehmen mußten. Bei den Füllstoffen handelt es sich daher keineswegs nur um „Billigmacher", vielmehr stehen sie z. T. gleichberechtigt neben den eingesetzten Fasern. Hochwertige synthetisch hergestellte Füllstoffe kosten z. B. etwa das dreifache von preiswerten Mineralfasern. Tabelle 3 zeigt, ohne Anspruch auf Vollständigkeit, die wichtigsten eingesetzten Füllstoffe.

Wichtige Kenngrößen zur Beurteilung von Füllstoffen sind u. a.:

- spezifische Oberfläche (BET) [m^2/g]
- Korngrößenverteilung
- Struktur der Partikel

Anhand der spezifischen Oberfläche (BET) lassen sich die Füllstoffe grob einteilen [8]:

BET	< 10	m^2/g	inaktiv
BET	10–60	m^2/g	halbaktiv
BET	> 60	m^2/g	aktiv
BET	> 100	m^2/g	hochaktiv

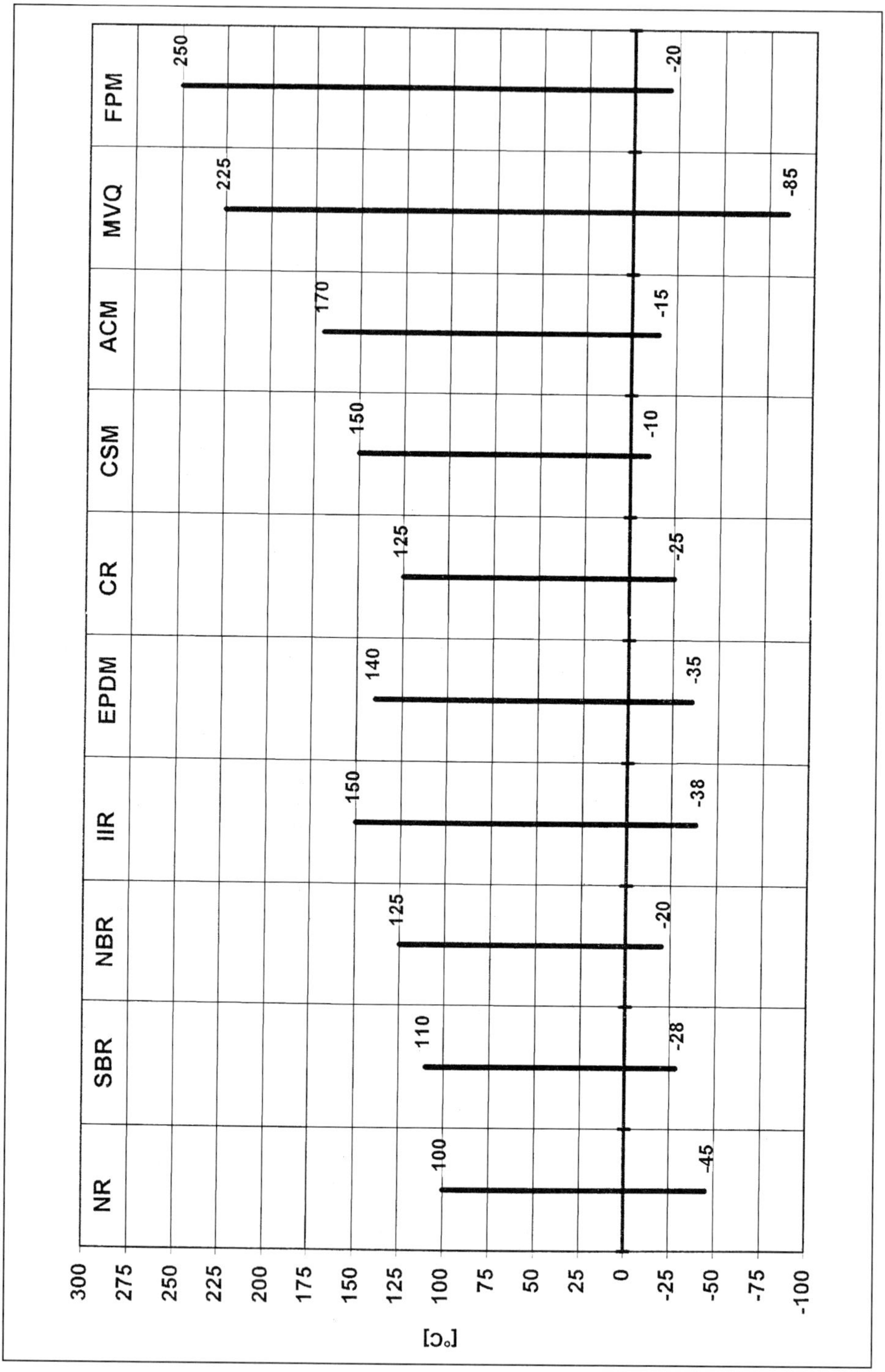

Bild 3: Temperatureinsatzbereich von Elastomeren

Tabelle 3: Eingesetzte Füllstoffe in Dichtungswerkstoffen auf Basis von Fasern

Allgemeine Bezeichnung	Füllstoffart		Chemische Zusammensetzung	typische Werte			Bemerkung
				Dichte	Korngröße	spezifische Oberfläche (BET) 1)	
				$[g/cm^3]$	[µm]	$[m^2/g]$	
Glimmer (Mica)	anorganisch	natürlich	Tonerdesilikate SiO_2, MgO, Al_2O_3, K_2SiF_6	2,75	2 ... 20	1 ... 20	Plättchenstruktur
Graphit	anorganisch	natürlich u. synthetisch	Kohlenstoff C	2,2	3 ... 200	1 ... 10	große Spannbreite verschiedener Typen
Kaolin	anorganisch	natürlich	Aluminiumsilikat $Al_4(OH)_8[Si_4O_{10}]$	2,7	1 ... 10	10 ... 40	Plättchenstruktur
Kieselgur (Diatomenerde)	anorganisch	natürlich	Siliciumdioxid SiO_2 (> 85 %)	2,25	10 ... 20	2 ... 7	Kieselsäuregerüste abgestorbener Algen
Kieselsäure, gefällte und pyrogene	anorganisch	synthetisch	Siliciumdioxid SiO_2	2,0	0,005 ... 0,05 2)	50 ... 300	große Spannbreite verschiedener Typen
Kreide (Kalkstein)	anorganisch	natürlich	Calciumcarbonat $CaCO_3$	2,7	2 ... 40	2 ... 20	
Neuburger Kieselerde	anorganisch	natürlich	Quarz-Kaolinit-Gemisch	2,6	1 ... 5	10 ... 15	spezielles deutsches Vorkommen
Quarzmehl	anorganisch	natürlich	Siliciumdioxid SiO_2	2,65	5 ... 90	< 5	
Ruß	anorganisch	synthetisch	Kohlenstoff C	1,9	0,005 ... 0,5 2)	10 ... 200	große Spannbreite verschiedener Typen
Schwerspat	anorganisch	natürlich	Bariumsulfat $BaSO_4$	4,5	2 ... 10	< 5	

Allgemeine Bezeichnung	Füllstoffart		Chemische Zusammensetzung	typische Werte			Bemerkung
				Dichte	Korngröße	spezifische Oberfläche (BET) [1]	
				[g/cm³]	[µm]	[m²/g]	
Silikate, gefällte	anorganisch	synthetisch	Siliciumdioxid SiO_2	2,2	1 … 10	15 … 75	
Talkum	anorganisch	natürlich	Magnesiumsilikat $Mg_6(OH)_4[Si_8O_{20}]$	2,85	2 … 20	2 … 20	Plättchenstruktur
Wollastonit	anorganisch	natürlich	Calciumsilikat $CaSiO_3$	2,9	4 … 10	< 5	nadelförmig

Erläuterungen:
1) BET = Brunauer, Emmett und Teller; Stickstoffadsorptionsmethode
2) Primärteilchen

Generell beeinflussen aktive Füllstoffe das Eigenschaftsbild des Dichtungswerkstoffs stärker als inaktive. Mit der Aktivität steigt meist auch der Preis.

Eine Besonderheit innerhalb der Füllstoffpalette nimmt der Graphit ein. Aufgrund seiner besonderen Struktur (Graphitgitter) eignet er sich besonders gut für dichtungstechnische Anwendungen. Das führte im Rahmen der Asbestsubstitution auch zu Patenten [9].

– *Hilfsmittel*

Unter Hilfsmitteln sind die in der Kautschukindustrie zur Verarbeitung erforderlichen Chemikalien zu verstehen. Die meisten faserverstärkten Dichtungswerkstoffe sind schwefelvernetzt (vulkanisiert). Neben dem Schwefel enthalten die Dichtungswerkstoffe Aktivatoren (Zinkoxid, Magnesiumoxid) und Vulkanisationsbeschleuniger, ferner Alterungsschutzmittel (z. B. Antioxidanten), Weichmacher und Pigmente. Bei Werkstoffen, die bei der Anwendung in Kontakt mit Lebensmitteln oder Trinkwasser kommen, ist die Palette der einsetzbaren Substanzen eingeschränkt. Sie müssen den Anforderungen des Bundesgesundheitsamtes oder anderen gesetzlichen Vorschriften genügen, dazu gibt es entsprechende Stofflisten. Dadurch soll sichergestellt werden, daß keine gesundheitsgefährdenden Substanzen auf die Medien übergehen.

– *Metallische Einlagen*

Faserverstärkte Dichtungswerkstoffe werden häufig mit metallischen Einlagen, wie z. B. Geweben, Blechen usw. kombiniert. Tabelle 4 zeigt die wichtigsten verwendeten Einlagen und Werkstoffe. Dabei handelt es sich dann im Prinzip um Dichtungen aus inhomogenen Werkstoffen, wobei der Weichstoffanteil der charakteristische Anteil bleibt. Der Übergang zwischen beiden Werkstoffgruppen ist fließend, so daß eine exakte Abgrenzung zwischen Dichtungen aus quasihomogenen und Dichtungen aus inhomogenen Werkstoffen nicht möglich ist.

Mit metallischen Einlagen kann man Forderungen nach Berst- und Ausblassicherheit begegnen. Sie verbessern in der Regel die thermische und mechanische Standfestigkeit des Dichtungswerkstoffs, verschlechtern aber u. U. die Gasdichtheit. Druck-, Zug und Scherfestigkeit sind gegenüber einem unverstärkten Dichtungswerkstoff erhöht. Auch die Stanzbarkeit kann durch metallische Einlagen erschwert werden. In der Praxis haben sich besonders Einlagen aus Streckmetall („Streckgitter“) bewährt.

Tabelle 4: Metallische Einlagen in Dichtungswerkstoffen auf Basis von Fasern

Art der Einlage			Typische Werkstoffe		
Einlage	Struktur	Beispiel, Bezeichnung	Werkstoff	Werkstoff-Nr.	Bemerkung
Gewebe	gitterförmig	„Fliegengittergewebe“	Eisen	1.0330 (St 12)	verzinkt
	strukturdicht	„Spitzköpergewebe“		1.0338 (St 14)	verzinkt
Blech	glatt	„Glattblech“	Chrom-Nickel-Stahl	1.4301	
	perforiert	„Spießblech“		1.4401	
	verstreckt	„Streckgitter“		1.4539	

Metallische Einlagen können im Kalanderverfahren direkt während des Herstellprozesses eingebracht werden. Bei Dichtungswerkstoffen, die nach dem Beaterverfahren hergestellt werden, werden die metallverstärkten Varianten in einem separaten Arbeitsgang, dem Laminierverfahren, erzeugt.

3.2.2.1.2 Herstellverfahren

– Kalanderverfahren

Das Kalanderverfahren ist das klassische Herstellverfahren für faserverstärkte Dichtungen und in der Industrie weit verbreitet. Es besteht im wesentlichen aus zwei Verfahrensschritten: Dem Herstellen der Mischung und dem eigentlichen Kalandrieren, d. h. dem Auswalzen der Mischung zu Platten. Bild 4 zeigt das Fließschema des Kalanderverfahrens.

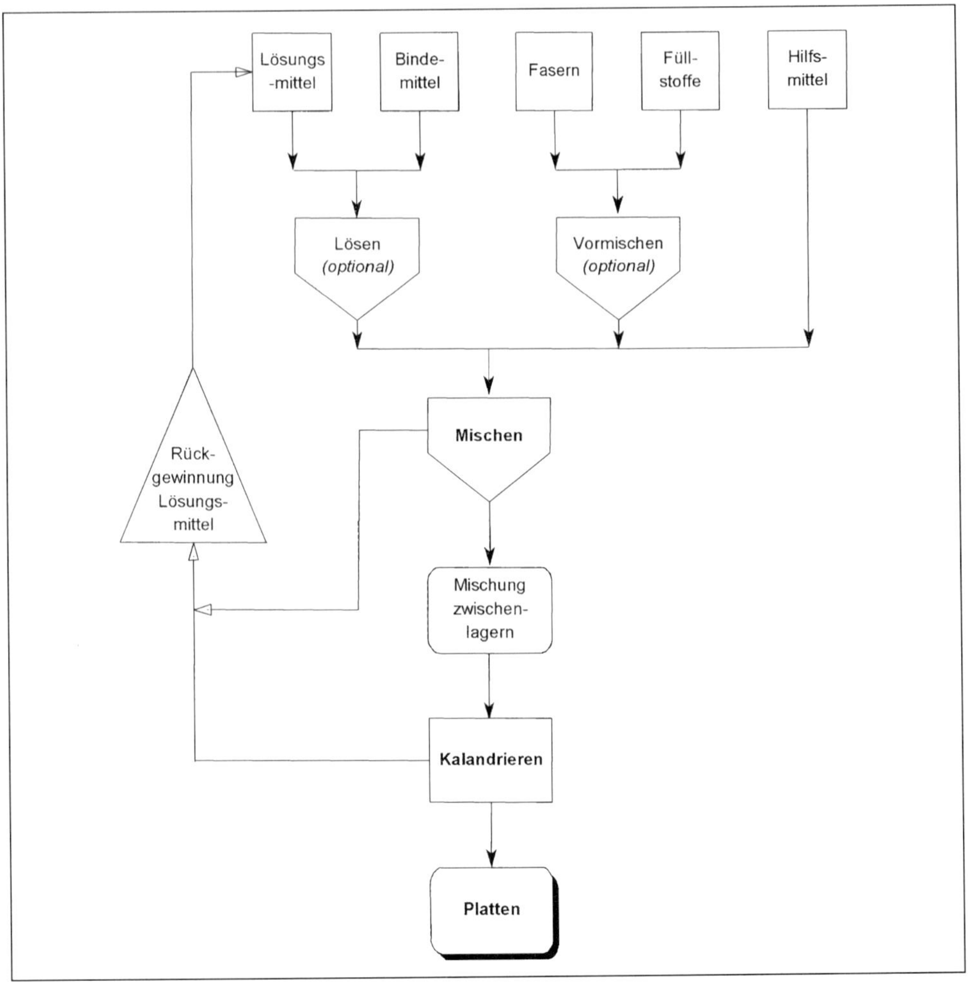

Bild 4: Verfahrensschema Kalanderverfahren

Die vorgesehenen Bindemittel werden zunächst in einem organischem Lösungsmittel, meist Toluol, gelöst.

Anschließend werden die restlichen Rezepturbestandteile schrittweise zugegeben. Das kann in mehreren, oder auch nur in einem einzigen Prozeßschritt geschehen. Eingesetzt werden sowohl schnellaufende als auch langsamlaufende Mischer (Kneter). Es handelt sich also um ein diskontiuierliches Verfahren, dessen Chargengröße von der Größe der eingesetzten Mischaggregate abhängt. Die üblichen Chargengrößen bewegen sich zwischen 50 und 500 kg. In Bild 5 ist der schematische Ablauf des Kalanderverfahrens dargestellt.

Bei den eingesetzten „Dichtungskalandern" handelt es sich um eine spezielle Bauart des Zweiwalzenkalanders. Er besteht aus einer kleineren, gekühlten Walze und einer größeren, beheizten Walze. Die Walzen sind senkrecht aufeinander (ältere Bauart) oder schräg zueinander (neuere Bauart) angeordnet. Die gekühlte Walze wird mit variabel gesteuertem Anpreßdruck (Anpreßkraft ca. 10 bis 300 KN) gegen die beheizte Walze gefahren. In den geschlossenen Walzenspalt wird die Mischung aufgegeben. Das geschieht von Hand oder automatisiert, z. B. durch Pumpen. Durch die Drehung der Walzen wird die Mischung in den Walzenspalt eingezogen und legt sich um die beheizte Walze. Dabei orientieren sich die in der Mischung enthaltenen Fasern in Längsrichtung (Walzenumfangsrichtung). Mit jeder Umdrehung wird dabei schrittweise die Dichtungsplatte kontinuierlich bis zur gewünschten Dicke aufgebaut. Abhängig von Maschinenparameter und Rezeptur nimmt die Schichtdicke ca. 10 bis 50 µm je Umdrehung zu. Auf diese Weise lassen sich Dichtungsplatten von 0,2 mm bis 5,0 mm Dicke herstellen.

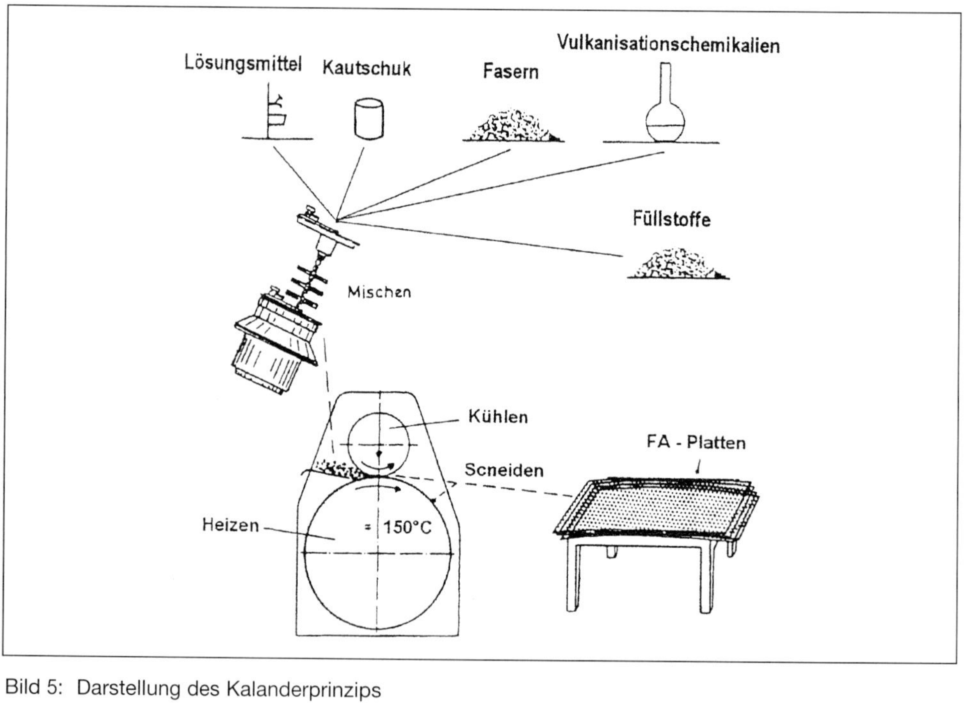

Bild 5: Darstellung des Kalanderprinzips

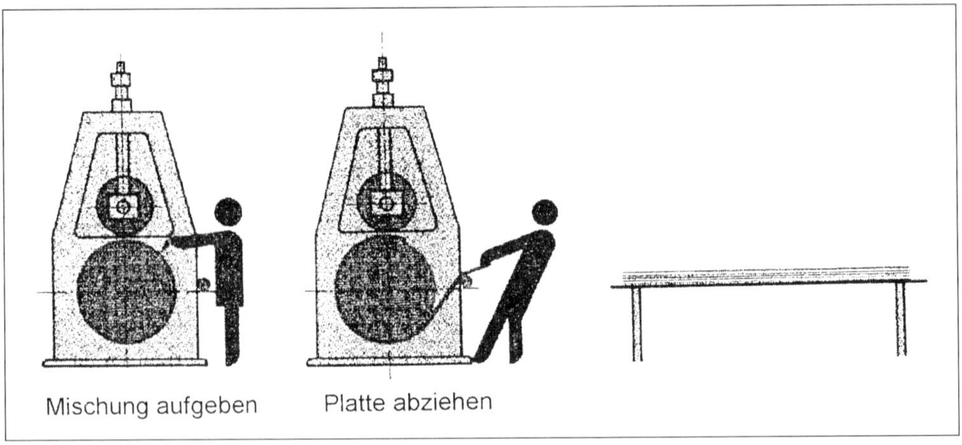

Bild 6: Prinzipdarstellung Kalanderverfahren

Während des Kalandrierens wird das Lösungsmittel verdampft, durch Absaugungen aufgefangen und in der Regel durch eine Rückgewinnungsanlage dem Prozeß wieder zugeführt. In einigen Fällen wird das Lösungsmittel auch thermisch oder katalytisch verbrannt. Parallel zum Abdampfen des Lösungsmittels vulkanisiert die Mischung auf der Heißwalze. Aufgrund des Temperaturgefälles weist die Platte auf der Heißwalzenseite einen höheren Vulkanisationsgrad auf. Ebenso haben dünnere Platten aufgrund der kürzeren Verweilzeit einen geringeren Vulkanisationsgrad als dicke. Durch nachträgliches Tempern läßt sich das ausgleichen. Nach Erreichen der gewünschten Dicke wird der Kalander angehalten, die Platte quer zur Walzrichtung aufgeschnitten und von Hand abgezogen. Der Vorgang des Kalandrierens und Abziehens zeigt Bild 6.

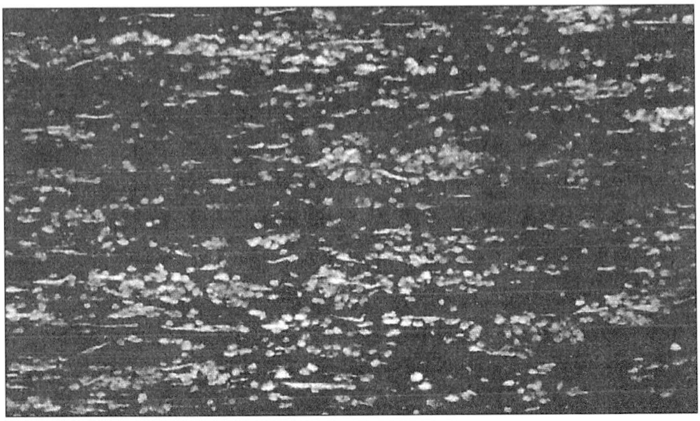

Bild 7: Querschnitt einer faserverstärkten Dichtung hergestellt im Kalanderverfahren; 40fache Vergrößerung (©: DuPont de Nemours International S.A.; Genf)

Im Kalanderverfahren wird also jede Platte einzeln in einem eigenen Arbeitsgang erzeugt. Die Formate sind dabei durch die Walzenabmessungen vorbestimmt. Üblich sind eine Walzenbreite von 1500 mm und ein Walzenumfang von 3000 mm. Aufgeschnitten ergibt sich das gängige Kalanderplattenformat von 1500 mm x 1500 mm. Während das Besäumen der Ränder noch auf der Walze erfolgt, stellen das Formatschneiden, Bedrucken und ggf. Tempern einen getrennten Arbeitsgang dar.

Eine Besonderheit im Kalanderverfahren ist die Möglichkeit, eine Dichtungsplatte aus verschiedenen Mischungen (Rezepturen) aufzubauen. Üblich sind z. B. unterschiedlich Grund- und Deckschichten, um bestimmte Eigenschaften gezielt zu beeinflussen:

- Antihaftbeschichtungen, um ein Ankleben an die Flansche zu verhindern
- Graphitierungen, besonders bei Torsionsbeanspruchung (Verschraubungsdichtungen)
- Weichstoffauflagen (Gummierungen), bei besonderen Dichtheitsanforderungen
- weiche Deckschichten, um eine bessere Anpassung an die Dichtflächen zu erreichen, z. T. in Verbindung mit einer harten (standfesten) Kernschicht

Bild 7 zeigt den Querschnitt einer im Kalanderverfahren hergestellten aramidfaserverstärkten Dichtung. Die Fasern wurden mit fluoreszierendem Licht sichtbar gemacht. Der schichtweise, quasihomogene Aufbau ist deutlich zu erkennen.

– *Beaterverfahren*

Unter dem Beaterverfahren versteht man die Herstellung von faserverstärkten Dichtungen auf Papiermaschinen. Der Begriff ist abgeleitet von der englischen Bezeichnung „beater" für Stoffmühle bzw. „beater process" für das Verfahren der Papiererzeugung. Das weitgehend automatisierte Beaterverfahren kann in die Verfahrensschritte Stoffaufbereitung, Papiermaschine und Veredelung grob unterteilt werden, Verfahrensschema siehe Bild 8.

Die wesentlichen Unterschiede zum Kalanderverfahren bestehen darin, daß es sich um ein kontinuierliches Verfahren handelt. Materialdicke bzw. Flächengewicht werden durch Mengendosierung und Variation der Siebgeschwindigkeit gesteuert.

Das Beaterverfahren ist auf die Erzeugung großer Mengen ausgelegt und verwendet als Lösungsmittel Wasser, siehe auch Bild 9.

Die Fasern werden zusammen mit den anderen Rezepturbestandteilen im Pulper (Stoffauflöser) in Wasser zu einem pumpfähigen Brei suspendiert. Diese Suspension wird im Stoffauflauf auf ein umlaufendes Sieb aufgegeben. Anschließend wird die aufgegebene Stoffsuspension entwässert. Die dabei entstehende Faserstoffbahn wird anschließend abgenommen, in der Pressenpartie verdichtet und weiter entwässert, danach getrocknet und geglättet. Zum Einsatz kommen sowohl Langsiebmaschienen für dünnere Dicken (ergibt Rollenware) als auch Rundsiebmaschienen für größere Dicken (ergibt Formatware). Bild 10 zeigt das Beaterverfahren in einer Prinzipdarstellung am Beispiel einer Langsiebmaschine.

Die auf diese Weise hergestellten Dichtungswerkstoffe weisen eine Dichte von ca. 1,0 bis 1,2 g/cm^3 auf, d. h. sie haben ein relativ großes Restporenvolumen. Für viele Anwendungen sind jedoch höhere Dichten (ca. 1,5 bis 1,8 g/cm^3 wie im Kalanderverfahren) erforderlich. Dazu sind nachfolgende Veredelungsschritte notwendig. Eine Erhöhung der Dichte wird durch Verdichten auf Kalandern erreicht. Diese Kalander weisen einen definiert einstellbaren Spalt auf. Anschließend kann noch eine zusätzliche Vulkanisation erfolgen.

Bild 11 zeigt den Querschnitt einer im Beaterverfahren hergestellten aramidfaserverstärkten Dichtung. Im Vergleich zu Bild 7 fällt die gleichmäßigere Verteilung der Fasern auf. Das ist

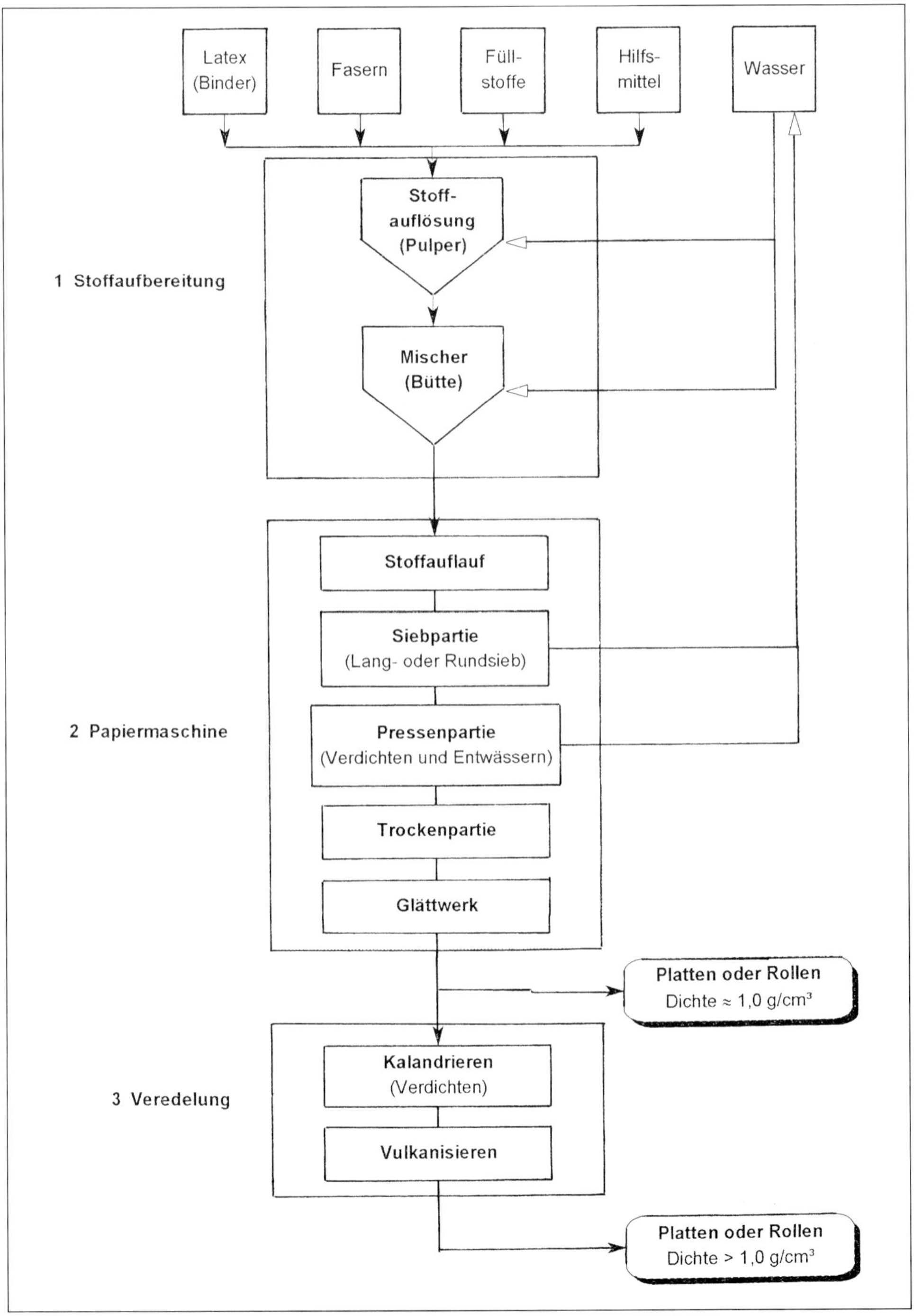

Bild 8: Verfahrensschema Beaterverfahren

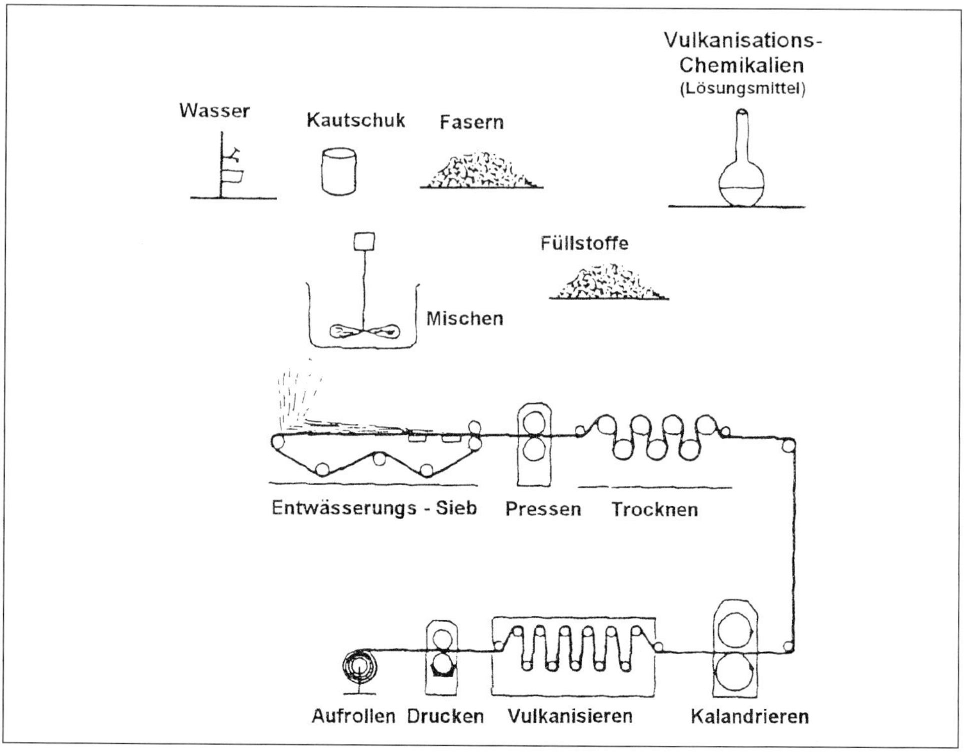

Bild 9: Darstellung des Papierprinzips

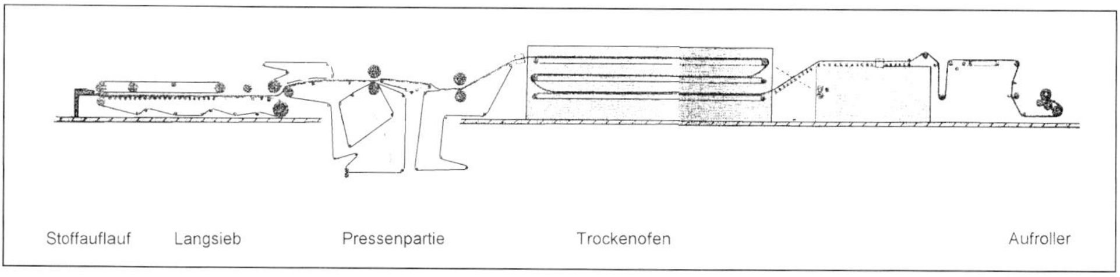

Bild 10: Prinzipdarstellung Beaterverfahren (Langsiebmaschine)

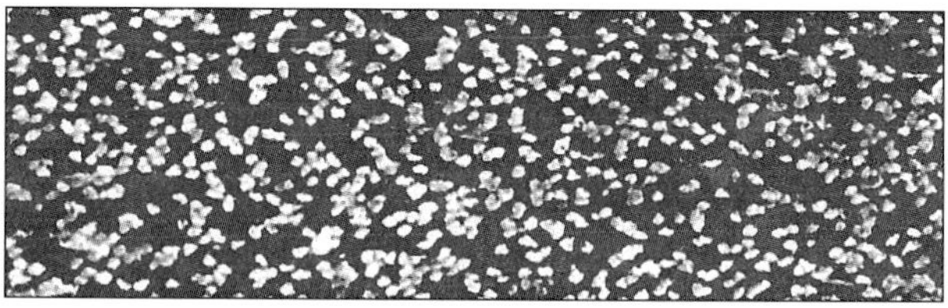

Bild 11: Querschnitt einer faserverstärkten Dichtung hergestellt im Beaterverfahren; 40fache Vergrößerung (©: DuPont de Nemours International S.A.; Genf)

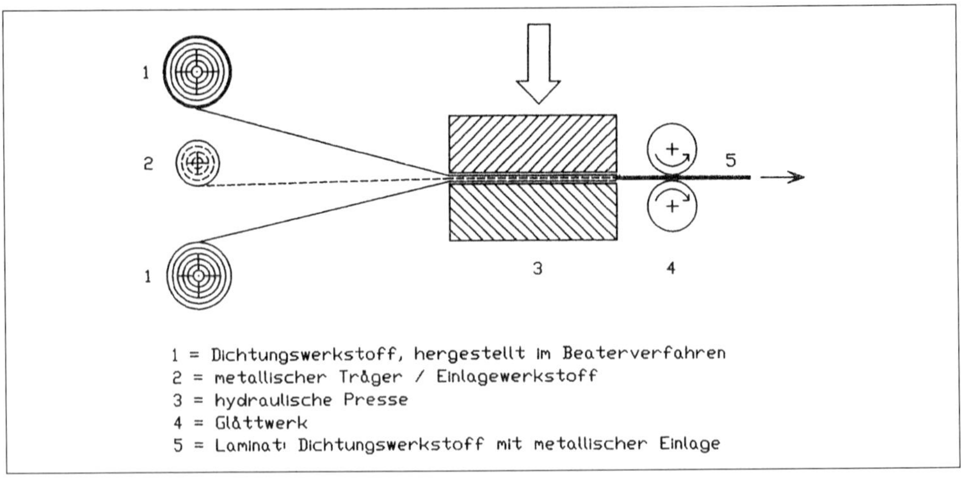

Bild 12: Prinzipdarstellung Laminierverfahren

charakteristisch für das Beaterverfahren, wo durch den hohen Energieeintrag beim Mischen im Pulper eine besonders homogene Faserverteilung ermöglicht wird.

– Laminierverfahren

Das Laminierverfahren ist im Zusammenhang mit faserverstärkten Dichtungen ein Weiterverarbeitungsprozeß, der sich an das Beaterverfahren anschließen kann. Es entspricht dem Graphit-Laminat-Verfahren, nach dem Laminate aus expandiertem Graphit hergestellt werden.

Im Laminierverfahren werden Dichtungswerkstoffe aus dem Beaterverfahren (meist Rollenware) auf metallische Träger (siehe Tabelle 4) aufgebracht. Als Trägerwerkstoff werden bevorzugt glatte, gelochte oder gespießte Bleche eingesetzt. Das Verfahrensprinzip ist in Bild 12 dargestellt. Die Verbindung zwischen Trägerblech und Faserwerkstoff kann rein mechanischer Art sein (Spießblech) oder durch einen geeigneten Klebstoff erfolgen.

Nach diesem Verfahren hergestellte Werkstoffe werden hauptsächlich als Zylinderkopfdichtung im Automobil eingesetzt. Für eine funktionsfähige Zylinderkopfdichtung schließen sich nach dem Laminieren noch weitere Verarbeitungsschritte an:

- Imprägnieren (Mit Silicon- oder Polyölen)
- Stanzen
- Bördeln (Einfassung der Brennräume)
- Siebbedruckung (optional, für bestimmte Funktionen)
- Oberflächen Coating (optional, für bestimmte Funktionen)

Die Zylinderkopfdichtung stellt einen konstruktiven Sonderfall innerhalb der Flachdichtungen dar, deshalb sei hier auf die entsprechende Literatur hingewiesen, z. B. [10].

– *VFD-Verfahren (vliesverstärkte Flachdichtungen)*

Während beim Kalander- und Beaterverfahren alle Komponenten gemischt und die Mischungen dann jeweils verfahrenstypisch verarbeitet werden, verfolgt das VFD-Verfahren einen anderen Ansatz.

In kontinuierlichen Verfahren werden zunächst die Fasern bzw. Fasermischungen zu einem Vlies verarbeitet, Bild 13.

Beim Trockenvliesverfahren werden Stapelfasern in einer Krempelmaschine mit Walzen, die mit Zähnen oder Drähten versehen sind, zu einem Vlies verfestigt. Beim Naßvliesverfahren werden die Fasern suspendiert und auf einem umlaufenden Sieb als Vlies abgeschieden. Thermoplastische Fasern können direkt aus der Spinnmaschine als Vlies abgelegt werden.

Die als Vlies abgelegten Fasern müssen gebunden werden, damit das Vlies Festigkeit erhält. Das geschieht entweder durch Aufsprühen von Bindemitteln oder thermisch durch Anschmelzen von thermoplastischen Bindefasern, Bild 14.

Alternativ kann auch eine mechanische Verfestigung mittels Nadeln oder Hochdruckwasserstrahl erfolgen, Bild 15.

Im nächsten Verfahrensschritt wird das Vlies mit einer auf Wasser basierenden Mischung aus Füllstoffdispersion und Latex imprägniert und anschließend getrocknet, Bild 16.

Mehrere Lagen des so entstandenen Prepregs werden durch Kalandrieren verpreßt und zu einem homogenen Werkstoff vulkanisiert. Dabei wird kein zusätzlicher Klebstoff verwendet, Bild 17.

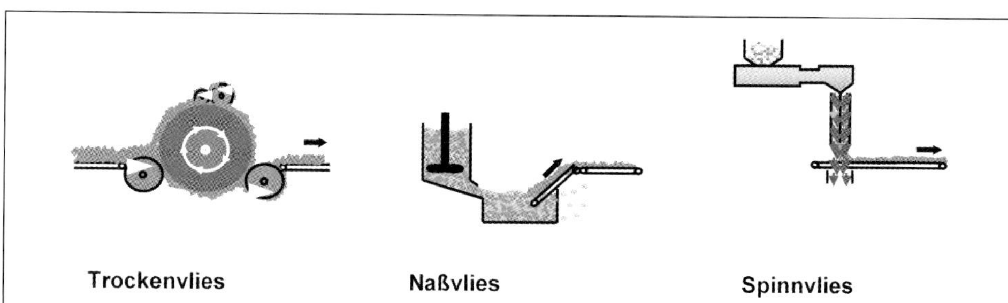

Bild 13: Vliesherstellungsverfahren

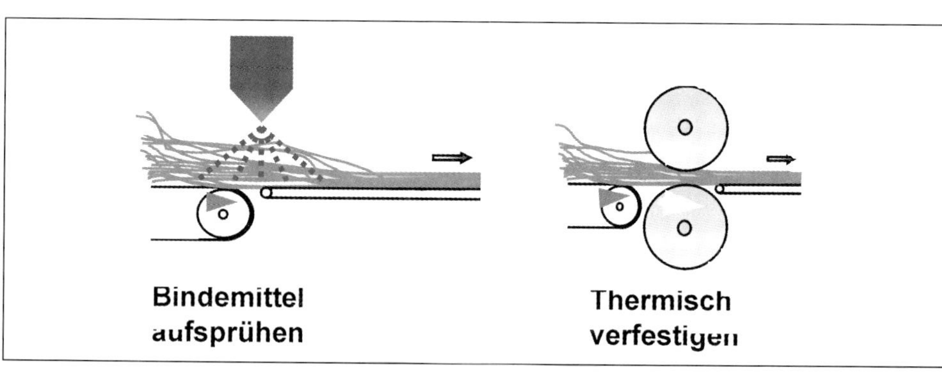

Bild 14: Bildung der Fasern im Vlies

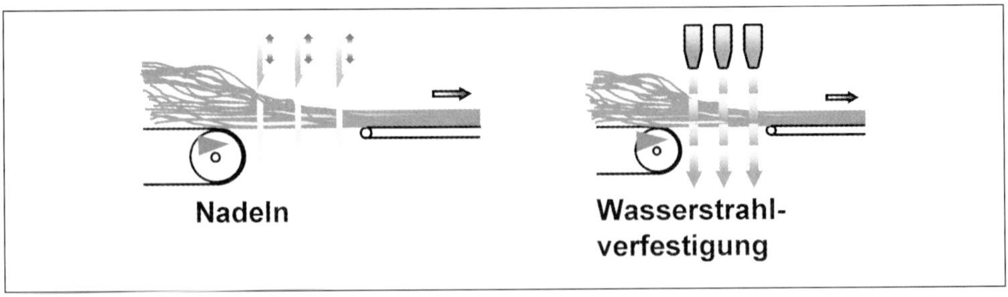

Bild 15: Mechanische Verfestigung der Fasern

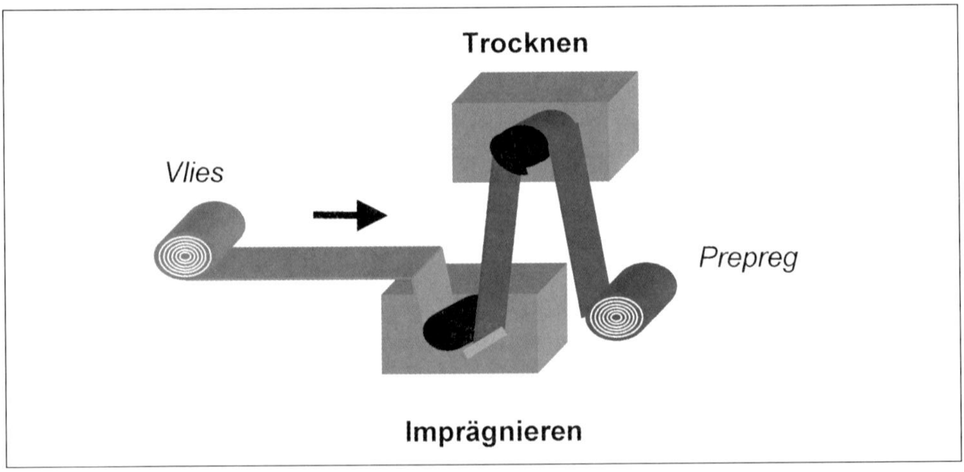

Bild 16: Imprägnierung und Trocknung des Vlieses

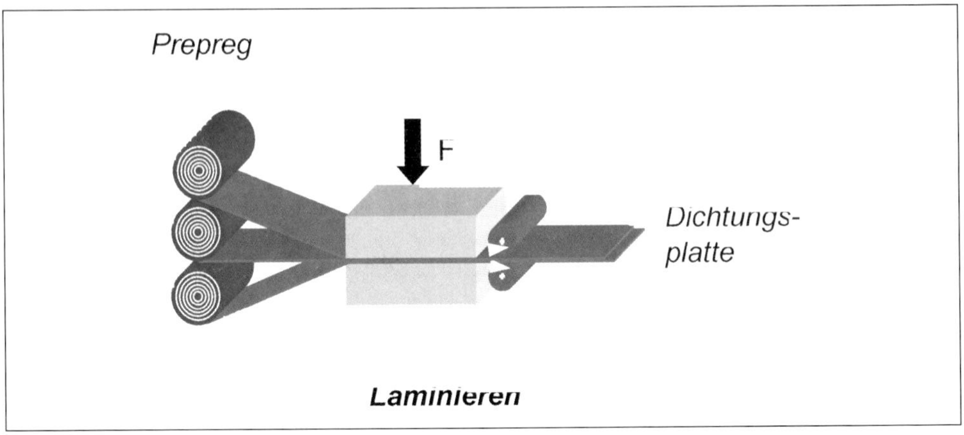

Bild 17: Herstellung der endgültigen Dichtungsplatte

Das VFD-Verfahren bietet mehrere Vorteile.

Sämtliche Verfahrensschritte sind kontinuierliche Verfahren und wie das Beaterverfahren für große Mengen geeignet.

Bei der Herstellung des Vlieses lassen sich die Faserorientierung und Dichte der Faserpackung gezielt einstellen, wodurch das Vlies nahezu isotrop wird. Die Unterschiede der Zugfestigkeit in Längs- und Querrichtung in der Dichtung sind deutlich kleiner als beim Kalanderprozeß.

Imprägnierte Vliese mit unterschiedlichen Eigenschaften können zusammenlaminiert und auf diese Weise wie beim Kalanderprozeß Werkstoffe mit unterschiedlichen Grund- und Deckschichten erzeugt werden.

Das VFD-Verfahren verwendet nur Wasser als Lösungsmittel und ist daher umweltfreundlich.

3.2.2.1.3 Eigenschaften

Dichtungen aus quasihomogenen Werkstoffen bestehen, wie bereits dargestellt, aus den charakteristischen Bestandteilen Fasern, Bindemitteln und Füllstoffen. Diese Einzelkomponenten beeinflussen einzelne Eigenschaften der Dichtung mehr oder weniger stark. Nachfolgend sollen daher einige gemeinsame Eigenschaften der faserverstärkten Dichtungen erläutert werden, die aus den Besonderheiten aufgrund ihrer Zusammensetzung resultieren.

– *Temperaturbeständigkeit*

Die Frage nach der Temperaturbeständigkeit eines Dichtungswerkstoffes wird häufig mit einer pauschalen Zahlenangabe beantwortet. Das ist jedoch nicht korrekt. Es gibt weder die Temperaturbeständigkeit, noch ein allgemein bekanntes und anerkanntes Prüfverfahren mit der eine solche eindeutig ermittelt werden könnte. Die Temperaturbeständigkeit ist vielmehr in Abhängigkeit von den an die Dichtung gestellten Anforderungen zu bewerten. Dabei spielen insbesondere Gesichtspunkte der Sicherheit, wie z. B.:

- berstsicher oder ausblassicher
- Medium (toxisch oder krebserzeugend)
- geforderte Lebensdauer (Inspektionsintervalle)

eine entscheidende Rolle. Die gesamte Einbausituation einschließlich der auftretenden Betriebsbedingungen muß dabei ebenfalls Berücksichtigung finden.

Ein konservative Vorgehensweise wäre es nun, die Temperaturbeständigkeit eines quasihomogenen Dichtungswerkstoffes nach seinem schwächsten Bestandteil festzulegen, das wäre der Kautschuk (Bindemittel). Wie bereits in Kap. 3.2.2.1.1 ausgeführt, wird eine solche Betrachtungsweise dem Werkstoff jedoch nicht gerecht. Die an klassischen Elastomermischungen ermittelten Einsatzgrenzen lassen sich nicht ohne weiteres auf faserverstärkte Dichtungen übertragen, wo der Kautschuk nur die Rolle der Matrix im Werkstoffverbund übernimmt. Weiterhin müssen auch die tatsächlichen Massenanteile des Bindemittels und die vorliegenden Anwendungserfahrungen mit einem Dichtungswerkstoff bei der Beurteilung der Temperaturbeständigkeit in Betracht gezogen werden.

Praxisgerechter ist es, bestimmte Anforderungen und Prüfverfahren festzulegen, und dadurch die Temperaturbeständigkeit quasi indirekt (den jeweils festgelegten Kriterien entsprechend) zu bestimmen. Als solche Kriterien werden u. a. herangezogen:

(1) Mechanischer Versagenspunkt unter Temperatur („Crash Point“)

Dieser kann z. B. in einem Druckstandversuch nach DIN 28090-1 [11] ermittelt werden. Wird beispielsweise für eine bestimmte Flächenpressung ein maximal zulässiger Betrag für die Warmverformung festgelegt, so ergibt sich aus einer entsprechenden Versuchsreihe eine Grenztemperatur, bei der dieser überschritten wird. Daraus folgt eine für diesen konkreten Fall definierte Temperaturbeständigkeit.

(2) Charakteristische Leckageänderung unter Temperatur

Diese kann z. B. durch Leckageversuche nach bzw. während Warmlagerung nach DIN 28090-1 [11] ermittelt werden. Dabei mißt man die Leckrate über einen längeren Zeitraum und sucht diejenige Temperatur, bei der eine vorher definierte Leckrate überschritten wird. Auf diese Weise erhält man ebenfalls eine auf den individuellen Einsatzfall zugeschnittene Temperaturgrenze.

Kombiniert man diese Anforderung mit dem mechanischen Versagenspunkt (1) und definiert die niedrigere der beiden ermittelten Temperatur als Temperaturbeständigkeit für den konkreten Anwendungsfall, so hat man einen praxisgerechten Temperaturgrenzwert.

(3) Charakteristische Änderung der elastischen Eigenschaften (Flexibilität)

Diese Art von Prüfungen sind auch als „Biegeversuche“ bekannt und stammt aus der Elastomerprüfung. Sie sind weniger aussagekräftig als die Kriterien (1) und (2) und werden hauptsächlich bei Automobildichtungen angewandt. Dabei wird die Änderung der elastischen Eigenschaften nach definierter Temperaturlagerung geprüft. Im einfachsten Fall werden die Probekörper dabei um bestimmte Radien gebogen. Treten Risse oder Brüche auf, so gilt die zugehörige Lagerungstemperatur als Temperaturgrenzwert. Dieses Versuchsprinzip läßt sich auch auf andere mechanische Kennwerte anwenden. Grundsätzlich sind jedoch Prüfverfahren zu bevorzugen, bei denen die Dichtungen im eingespannten Zustand, der vorgesehen Anwendung entsprechend, beurteilt werden.

Zur Problematik der Temperaturbeständigkeit von faserverstärkten Dichtungen bleibt anzumerken, daß es keine allgemein verbindliche Temperaturangabe geben kann. Es wird die Aufgabe zukünftiger Fachgremien sein, entsprechende allgemein anerkannte Kriterien zur Beurteilung der Temperaturbeständigkeit von Dichtungen aus quasihomogenen Werkstoffen zu entwickeln und einzuführen.

– Dichtheit

Dichtungen aus faserverstärkten Werkstoffen weisen materialbedingt eine gewisse Porosität und damit eine gewisse Gasdurchlässigkeit auf. In verschiedenen Normen und Regelwerken sind Anforderungen an Leckraten von Dichtungen beschrieben [2]. Ein Dichtwerkstoff gilt als „dicht“, wenn er die für den jeweiligen Anwendungsfall definierte, maximal zulässige Leckrate nicht überschreitet. Dichtheit im technischen Sinn ist also gleichzusetzen mit einer „begrenzten Durchlässigkeit“. Was an Leckage zulässig sein kann, hängt von den jeweiligen Anforderungen ab. Dabei sind natürlich insbesondere Umweltschutz- und Sicherheitsaspekte zu berücksichtigen.

Die ermittelte Leckrate hängt auch vom jeweiligen Prüfverfahren, dessen Randbedingungen und der Probenvorbehandlung ab. In Bild 18 sind typische Schwankungsbreiten von Leckageraten faserverstärkter Dichtungen verschiedener Qualitäten in Abhängigkeit vom Prüfver-

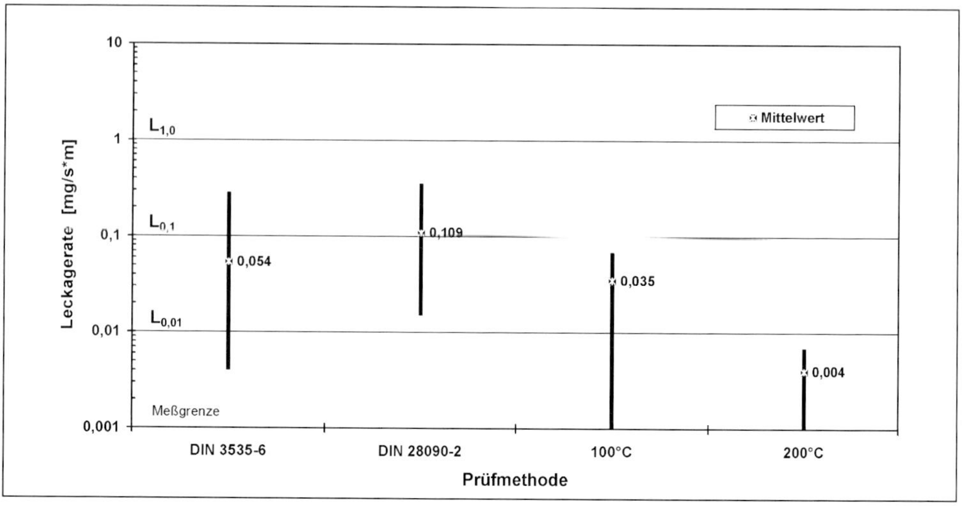

Bild 18: Typische Größenordnung von Leckageraten von faserverstärkten Dichtungen

fahren und den Prüfbedingungen dargestellt. Ein typischer Mittelwert ist zur Orientierung ebenfalls enthalten.

Faserverstärkte Dichtungen weisen ein charakteristisches Flächenpressungs-Innendruck-Verhalten auf. Für die Dichtheitsklasse $L_{0,1}$ [11] ist das beispielhaft in Bild 19 dargestellt. Da-

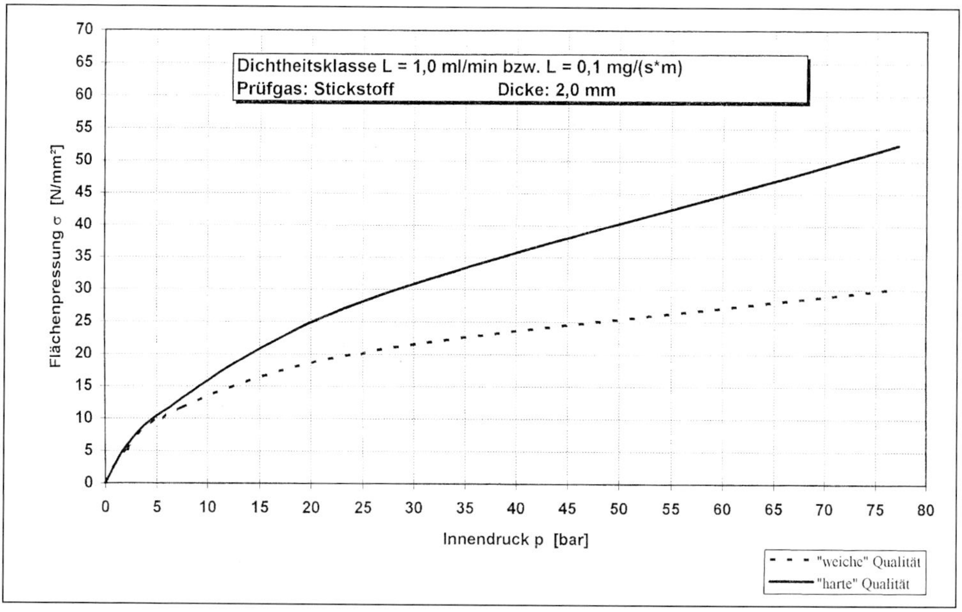

Bild 19: Typisches Leckageverhalten von Dichtungswerkstoffen auf Basis von Fasern (F) σ-p-Diagramm

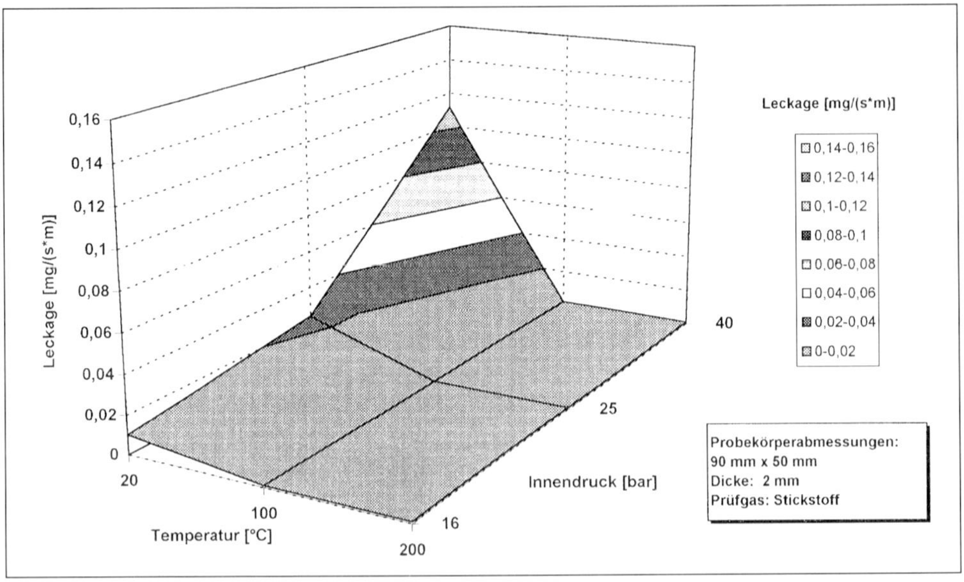

Bild 20: Leckageverhalten unter Temperatur-Flächenpressung: 30 MPa
novapress universal - FA - MA 1 - 0

bei kann grob in „weiche" und „harte" Dichtungswerkstoffe unterschieden werden. Weiche Werkstoffe haben meist einen höheren Bindemittelanteil und eine bessere Anpassungsfähigkeit an die Dichtflächen. Sie weisen daher eine flachere Dichtungskennlinie auf, d. h. für die Abdichtung eines bestimmten Innendruckes ist bei gleicher Dichtheitsklasse eine geringere Flächenpressung erforderlich als bei harten Werkstoffen.

Eine weitere Besonderheit von faserverstärkten Dichtungen, die bisher noch zu wenig Beachtung findet, ist die Eigenschaft, daß die Leckagerate unter Temperatur (d. h. im Betriebszustand) deutlich niedriger ist als bei Raumtemperatur [12]. Die Ursache hierfür ist hauptsächlich im Setzen und Schließen der inneren Hohlräume unter Temperatureinwirkung zu suchen. Das gilt zumindest im Temperaturbereich bis ca. 300 °C, darüber kann sich der Effekt auch umkehren. Diese Eigenschaft ist für einen typischen Werkstoff für eine konstante Flächenpressung von 30 N/mm^2 in Bild 20 dargestellt. Es zeigt sich, daß die Leckagerate mit zunehmender Temperatur deutlich abnimmt (vergleiche auch Bild 18). Dieser Effekt wird durch zunehmende Flächenpressung weiter verstärkt.

– *Verformungsverhalten*

Das Verformungsverhalten von faserverstärkten Dichtungen ist ebenfalls charakteristisch und kann in Kaltsetzen (Anpassung an die Dichtflächen) und Warmsetzen (Kriechen) aufgeteilt werden. Während im Sinne einer guten Anpassung bereits bei niedrigen Flächenpressungen eine gewisse Kaltverformung durchaus erwünscht ist, kann Warmverformung zu einem Spannungsabfall („Relaxation") der Schrauben der Dichtverbindung führen und soll daher so gering wie möglich sein.

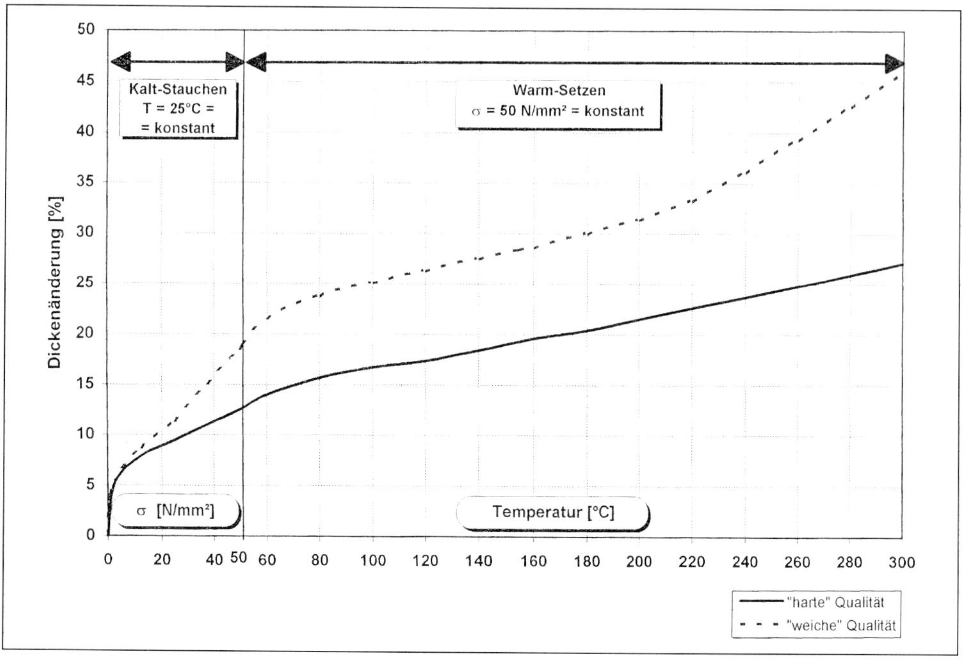

Bild 21: Typisches Verformungsverhalten von Dichtungswerkstoffen auf Basis von Fasern (FA) im kombinierten Kaltstauch-Warmsetz-Versuch

Das Verformungsverhalten kann in einem kombinierten Kaltstauch-Warmsetz-Versuch dargestellt werden, siehe Bild 21. Auch hier kann grundsätzlich zwischen „weichen“ und „harten“ Dichtungswerkstoffen unterschieden werden. Weiche Werkstoffe weisen grundsätzlich höhere Verformungsraten auf. Hinsichtlich das Warmverformungsverhaltens sind härtere („standfeste“) Werkstoffe vorteilhaft.

Vergleicht man Bild 19 und Bild 21, so stellt man fest, daß zwischen einem möglichst günstigen Abdichtverhalten (dicht bei niedrigen Flächenpressungen) und einem möglichst günstigen Verformungsverhalten (geringe Warmverformung) ein Zielkonflikt besteht. Aus beiden Anforderungen ergeben sich gegenläufige Bedingungen für die Rezeptur. In der Fähigkeit, ein Optimum für die jeweilige Anwendung zu finden, liegt die Kunst der Rezepturentwicklung bei den Dichtungen aus quasihomogenen Werkstoffen.

– Medienbeständigkeit

Die Medienbeständigkeit wird in erster Linie von den eingesetzten Bindemitteln, in zweiter Linie auch von den Fasern und Füllstoffen beeinflußt. Bei starken Säuren und Laugen, bei vielen organischen Lösungsmitteln und bei stark oxidierenden Medien ist der Einsatz von faserverstärkten Dichtungen nur eingeschränkt möglich. Die Beurteilung der Medienbeständigkeit erfolgt nicht nach einheitlichen Kriterien und ist letztendlich vom Einsatzfall abhängig. Man kann grob unterscheiden in Prüfungen frei hängend im Medium, sogenannte Einlagerungsversuche (scharfe Prüfung, praxisfern) und in Prüfungen im verspannten Zustand, z. B.

im Flansch (weniger scharfe Prüfung, praxisnah), siehe hierzu Tabelle 5. Der Faktor Zeit spielt bei der Beurteilung der Medienbeständigkeit eine besondere Rolle.

Bild 22 zeigt typische Prüfergebnisse aus einer Prüfung im verspannten Zustand nach DIN 28090-3 [13]. Dabei wird die Medienbeständigkeit indirekt über die Bestimmung des Verlustes an Prüfmedium geprüft, d. h. letztlich über die Messung einer Flüssigkeitsleckage. Das macht deutlich, daß eine einfache, direkte Bestimmung der Medienbeständigkeit nicht möglich ist.

Tabelle 5: Prüfverfahren zur Medienbeständigkeit von Dichtungswerkstoffen

Vergleich: *Verschiedene Normen zur Prüfung der Medienbeständigkeit*		
Versuchsprinzip	**Einlagerungs-prüfungen**	**Prüfung in verspanntem Zustand**
Norm	**ASTM F 146**	**DIN 28 090-3**
Prüfgerät	keines (Behälter)	Blindflansch DN 40 PN 40 Vorschweißflansch DN 40 PN 40
Flächenpressung	keine (Proben frei hängend)	30 N/mm²
Abmessung	Stäbe 152,4 x 12,7 (und andere)	92 x 49 x 2
Probenvorbehandlung	Trocknen 1 h 100°C	Trocknen 1 h 100°C
Zeitdauer	**5 h**	**1000 h**
Standardprüfmedien / Prüftemperaturen	ASTM Öl-Nr. 3 [1]) / 150°C ASTM Fuel B [2]) / 23°C *auf beliebige Medien erweiterbar*	Natronlauge 30% / 100°C Schwefelsäure 50% /40°C Salpetersäure 65% /40°C Aceton / 40°C Toluol / 100°C Trichlorethylen / 40°C vollentsalztes Wasser / 230°C Luft / 40°C, 100°C, 230°C *auf beliebige Medien erweiterbar*
ermittelte Kennwerte	Dickenänderung [%] Gewichtsänderung [%] Zusammendrückung (ASTM F36) Zugfestigkeit(-änderung) *Prinzip auf andere Kennwerte erweiterbar*	Verlust an Prüfmedium [g] Restflächenpressung [N/mm²]
Sollwerte	keine Vorgaben; können individuell spezifiziert werden	Medienverlust < 2,0 g [3]) Restflächenpressung ≥ 50% [3]) (bei Luft 100°C) Restflächenpressung ≥ 90% [3]) (bei Medium bezogen auf Luft 100°C)
Anwendung	Automobildichtungen	chemische Industrie
Bemerkung	scharfe Prüfung praxisfern	weniger scharfe Prüfung praxisnah

Erläuterungen:
[1]) Mineralöl mit ca 47 Gew.-% Aromatenanteil
[2]) 70 Vol.-% Isooktan und 30 Vol.-% Toluol
[3]) Sollwerte nach DIN 28 091-2

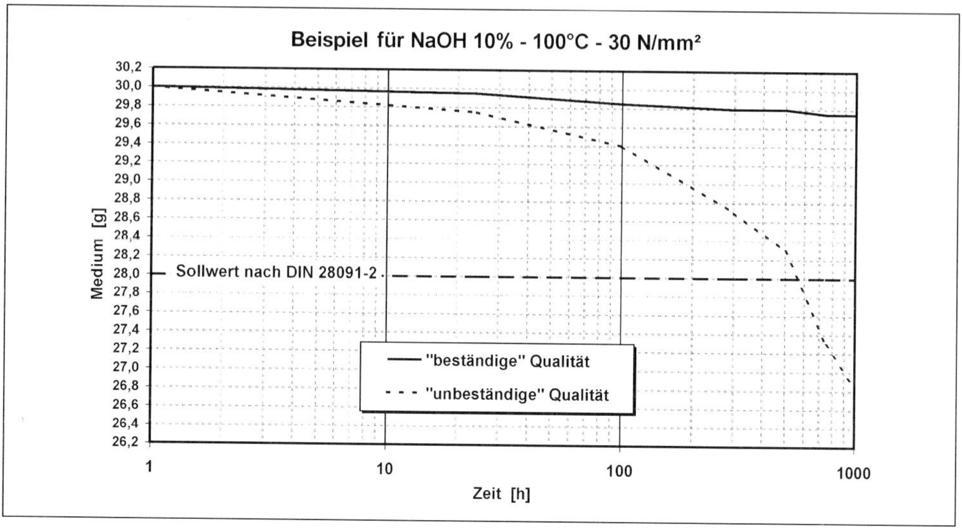

Bild 22: Prüfung der chemischen Beständigkeit – Verlust an Prüfmedium
Flanschversuch nach DIN 28090-3 – Beispiel für NaOH 10 % - 100 °C - 30 N/mm^2

Für eine umfassende Beurteilung der Medienbeständigkeit müssen in der Regel verschiedene Versuchsergebnisse herangezogen werden (Einlagerungsversuche sowie Prüfungen im verspannten Zustand einschließlich der visuellen Beurteilung der Prüfkörper) und mit Hilfe einer Auswertematrix individuell gewichtet werden, Näheres hierzu findet sich in [14].

In einigen Fällen wird eine Quellung im Medium; d. h. eigentlich eine „Unbeständigkeit", gezielt zur Abdichtung eingesetzt. Das betrifft vor allem die Abdichtung von Ölen bei bestimmten, nicht biegesteifen Konstruktionen. Siehe hierzu auch Kap. 3.2.2.1.1 – Kautschuk, Einsatz von NR und SBR.

3.2 2 1.4 Zusammenfassung

Dichtungen aus quasihomogenen Werkstoffen sind charakterisiert durch die Hauptbestandteile Fasern, Bindemittel und Füllstoffe, wobei die Fasern zum Teil auch namensgebend sind. Zum Einsatz kommt eine breite Palette von Rohstoffen, wobei die einzelnen Rezepturbestandteile große Spannweiten aufweisen können. Trotz der unterschiedlichen Ausprägung je nach Rezepturzusammensetzung weisen die faserverstärkten Dichtungen einige gemeinsame kennzeichnende Eigenschaften auf. Das Herstellverfahren ist im Hinblick auf die Eigenschaften der Dichtungswerkstoffe von untergeordneter Bedeutung.

3.2.2.2 Flexibler Graphit

3.2.2.2.1 Vorbemerkungen

Bei den im Flansch üblichen Flächenpressungen passen sich Graphitdichtungen leicht an, werden dabei stark verdichtet und widerstehen dann auch hohen Flächenpressungen.

Das Arbeiten mit reinen Graphitdichtungen erwies sich als schwierig, da sie sehr bruch- und kratzempfindlich waren. Zur Verbesserung der mechanischen Eigenschaften wurden deshalb verschiedene Methoden entwickelt.

- Imprägnierung der Oberfläche
- eingeklebte glatte Blecheinlagen
- mechanisch verankerte Spießblecheinlagen
- vorverdichtete Dichtungen

3.2.2.2.2 Verformungsverhalten

Flexibler Graphit zeichnet sich unter anderem bereits bei niedrigen Flächenpressungen durch seine gute Anpassungsfähigkeit aus [15]. Das kommt in den relativ niedrigen Dichtungskennwerten für das Vorverformen σ_{VU} zu Ausdruck.

Bild 23 zeigt für eine unverstärkte Dichtungsplatte aus hochreinem flexiblem Graphit in Abhängigkeit von der Flächenpressung das plastische und elastische Verformungsverhalten.

3.2.2.2.3 Festigkeit

Graphitfolien in unverstärkter Form haben eine vergleichsweise niedrige Zugfestigkeit, je nach Rohdichte zwischen etwa 3 und 10 N/mm^2. Die Zugfestigkeit hängt, wie eine Reihe von anderen Eigenschaften, stark von der Rohdichte, dem Herstellprozeß sowie von der Reinheit ab. Um das Handhabungsverhalten sowie das Verhalten bei Zug- und Biegebeanspruchung

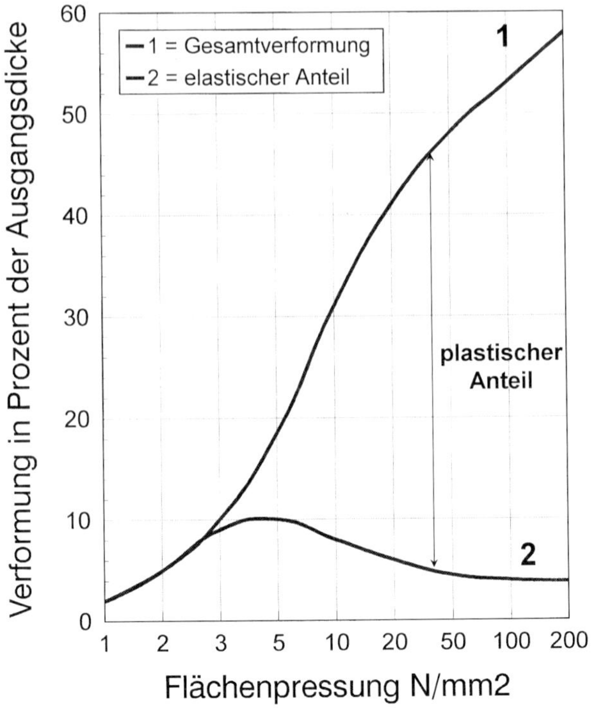

Bild 23: Elastische/plastische Verformung in Abhängigkeit von der Flächenpressung

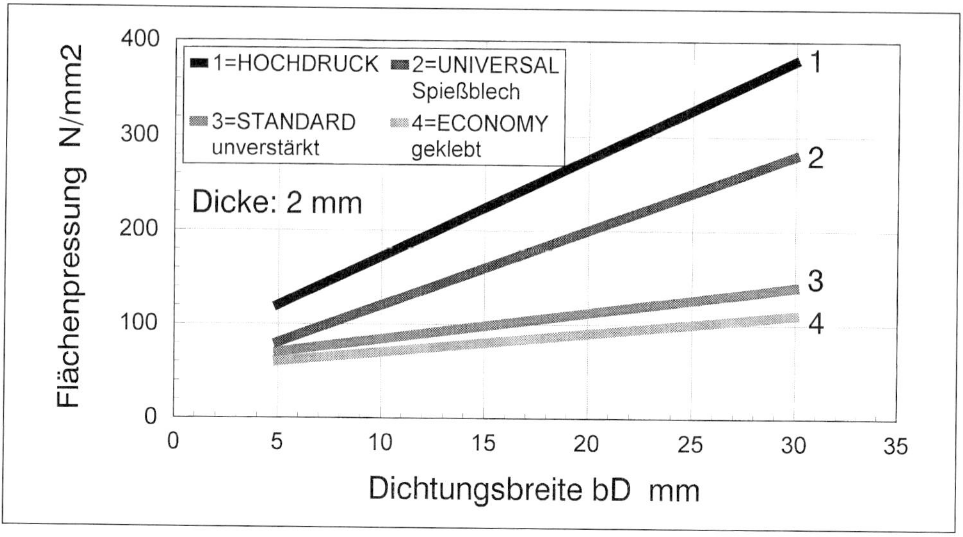

Bild 24: Maximal zulässige Flächenpressungen verschiedener Dichtungsplatten (300 °C)

zu verbessern, wird der Werkstoff für Anwendungen im Flachdichtungsbereich häufig mit dünnen Metallträgern verstärkt, Tabelle 4. Aufgrund der ausgeprägten Schichtstruktur zeigt flexibler Graphit eine im Vergleich zur Zugfestigkeit sehr hohe Druckfestigkeit. Dabei ist die maximal zulässige Flächenpressung σ_{VO}, σ_{BO}, definiert in DIN 28090-1, von dem Breiten/Höhen-Verhältnis abhängig, siehe Bild 24. Auch hier muß darauf hingewiesen werden, daß für geklebte Typen geringere Druckfestigkeiten erreicht werden.

Da Dichtungen aus flexiblem Graphit aufgrund der weichen Oberfläche leicht beschädigt werden können, werden überwiegend Dichtungsplatten mit einer speziellen Oberflächenimprägnierung eingesetzt. Durch eine Verfestigung der Oberfläche wird hierdurch neben einer Verbesserung der Dichtheit und einer Reduzierung der Anklebeneigung vor allem eine Verbesserung des Handhabungsverhaltens bewirkt.

3.2.2.2.4 Temperaturverhalten

Das mechanische Verhalten von flexiblem Graphit wird nur gering von der Temperatur beeinflußt. Tieftemperaturversprödung ist bei Graphit nicht bekannt. Die hervorragende Temperaturbeständigkeit aufgrund fehlender Bindemittel oder Füllstoffe äußert sich in einem sehr guten Druckstandverhalten selbst über lange Beanspruchungszeiträume. Der Werkstoff zeigt praktisch kein Kriechen oder Fließen, wodurch Dichtverbindungen mit flexiblem Graphit kaum relaxieren. Aus Bild 25 ist das Relaxationsverhalten einer hochreinen Graphitdichtung ersichtlich.

Die in der Praxis bei Dichtungsanwendungen erzielbaren Standzeiten bei Temperaturen über 400 °C an Luft hängen stark von den Einsatz- und Betriebsbedingungen sowie von den konstruktiven Gegebenheiten ab und können nicht pauschal angegeben werden. An Luft oder bei Sauerstoffzutritt muß beachtet werden, daß flexibler Graphit bei hohen Temperaturen oberhalb ca. 400 °C mit Sauerstoff reagiert, was sich in einem von der Temperatur abhängigen Gewichtsverlust äußert. Dagegen sind im Dampfeinsatz positive Erfahrungen auch bei

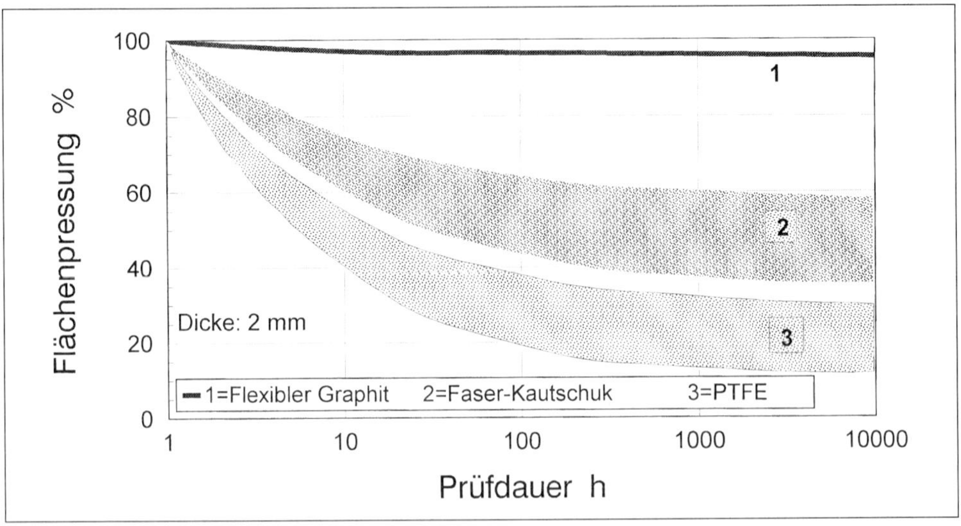

Bild 25: Relaxation von flexiblem Graphit bei 200 °C im Prüfflansch nach DIN 28090-2

Temperaturen über 500 °C bekannt. Entscheidend ist hier letztlich neben der tatsächlichen Temperatur der Dichtung, die häufig tiefer als die Mediumtemperatur ist, der Sauerstoffzutritt zum Graphit. In der Praxis haben sich Maßnahmen wie z. B. metallische Innen- und Außeneinfassungen bewährt, aber auch mit bestimmten Kammprofil- oder Spiraldichtungskonstruktionen kann eine deutliche Standzeiterhöhung erzielt werden.

Grundsätzlich wird empfohlen, bei Einsatztemperaturen oberhalb von ca. 400 °C und geforderten Standzeiten von mehr als einigen Monaten dem Relaxationsverhalten der Flanschverbindungen erhöhte Aufmerksamkeit zu widmen. Durch Nachziehen der Schrauben nach einigen Monaten Betriebszeit kann die Standzeit von Graphitdichtungen in der Regel deutlich verlängert werden.

Zu beachten ist, daß die bezüglich Temperaturbeständigkeit, maximal zulässiger Flächenpressung und Standverhalten getroffenen Aussagen für geklebte Typen deutlich eingeschränkt werden müssen.

3.2.2.2.5 Korrosion

Verunreinigungen und Beimengungen in Dichtungswerkstoffen stellen häufig eine Ursache für das Auftreten von Korrosion (Lochfraß, Kontaktkorrosion) dar. Flexibler Graphit kann in hohen Reinheitsgraden hergestellt werden. Ein Maß für die Reinheit ist der sogenannte Aschewert, definiert in DIN 51903, der bei hochwertigen Sorten üblicherweise bei kleiner 0,15 % liegt. Bei entsprechend behandelten Rohstoffen und entsprechende Prozeßführung bei der Herstellung lassen sich Fluorid und Chloridgehalte unter 20 ppm oder Schwefelgehalte unter 800 ppm sicher einhalten.

Im Kraftwerksbereich, insbesondere in Kernkraftwerken, sollten generell hochreine Typen eingesetzt werden. Für Anwendungen, in denen Lochkorrosion z.B. an Ventilspindeln zuverlässig vermieden werden sollen, haben sich schwefelarme Typen (< 200 ppm S) mit zusätzlichen Korrosionsschutz-Inhibitoren auf Basis von Bariummolybdat bewährt [16].

3.2.2.2.6 Dichtheit

Flexibler Graphit weist bereits bei niedrigen Flächenpressungen ein gutes Abdichtungsverhalten auf. Im Vergleich zu guten Asbest-Kautschukdichtungen erreicht man vergleichbare Dichtheiten bereits bei der Hälfte bis einem Drittel der notwendigen Flächenpressungen. Dabei wird bereits bei niedrigen Flächenpressungen eine gute Anpassung an die Dichtflächen erreicht, so daß im Gegensatz zu den häufig relativ hart eingestellten Faserdichtungen kaum eine Oberflächenleckage auftritt.

Grundsätzlich besteht bei flexiblem Graphit eine ausgeprägte Abhängigkeit der Leckage von der Flächenpressung. In Bild 26 ist beispielsweise das Leckageverhalten einer hochreinen unverstärkten Type in Abhängigkeit von der Flächenpressung dargestellt. Zum Vergleich ist das typischen Verhalten von guten It-Dichtungen mit aufgetragen.

Das Leckageverhalten wird neben Einflüssen aus dem Herstellverfahren auch vom Reinheitsgrad der verwendeten Rohstoffe beeinflußt, siehe Bild 27. Für Anwendungen mit hohen Dichtheitsanforderungen sind deshalb hochreine Typen zu bevorzugen.

Wegen des überragenden Langzeitverhaltens selbst bei hohen Temperaturen wird die Leckage im Gegensatz zu elastomerhaltigen Werkstoffen kaum beeinflußt, siehe Bild 28.

Aufgrund der Porenstruktur des flexiblen Graphites ergibt sich eine deutliche Abhängigkeit der Leckageraten von dem jeweiligen abzudichtenden Medium [17]. In Bild 29 sind Meßreihen an Dichtungen aus flexiblem Graphit dargestellt, in denen der Einfluß der Molekülgröße und Struktur von linearen Kohlenwasserstoffen auf das Leckageverhalten untersucht wurde. Zum Vergleich sind Meßwerte mit Stickstoff und Wasser dargestellt. Mit Stickstoff als Prüfgas erhält man, von wenigen Ausnahmen wie z.B. Wasserstoff abgesehen, im Vergleich mit den meisten abzudichtenden Medien relative hohe Leckagewerte. Für die betriebliche Praxis bedeutet das, daß dort in der Regel niedrigere Leckagewerte erreicht werden, als das mit den üblichen Laborprüfmethoden, wie z.B. mit denen der DIN 28090-1, erhalten wird.

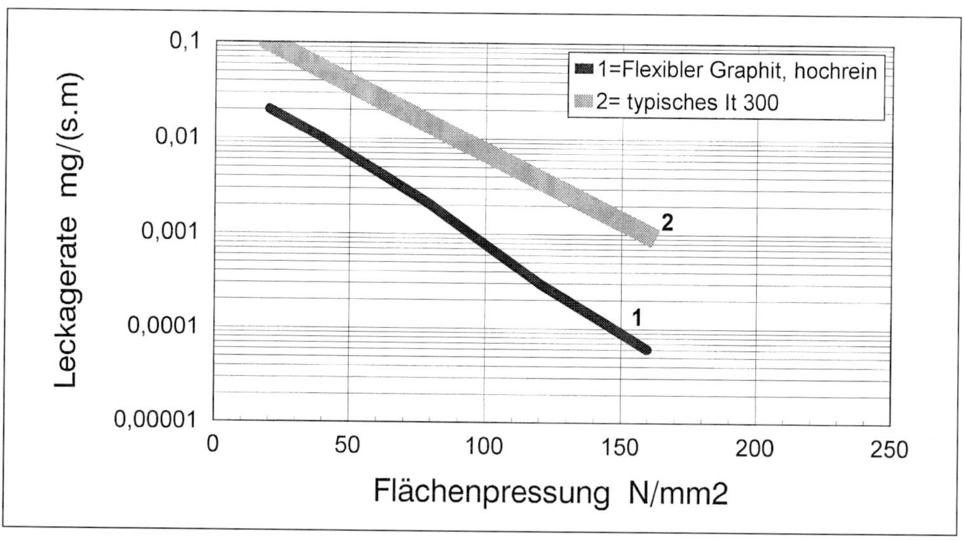

Bild 26: Leckageverhalten von unverstärktem flexiblem Graphit

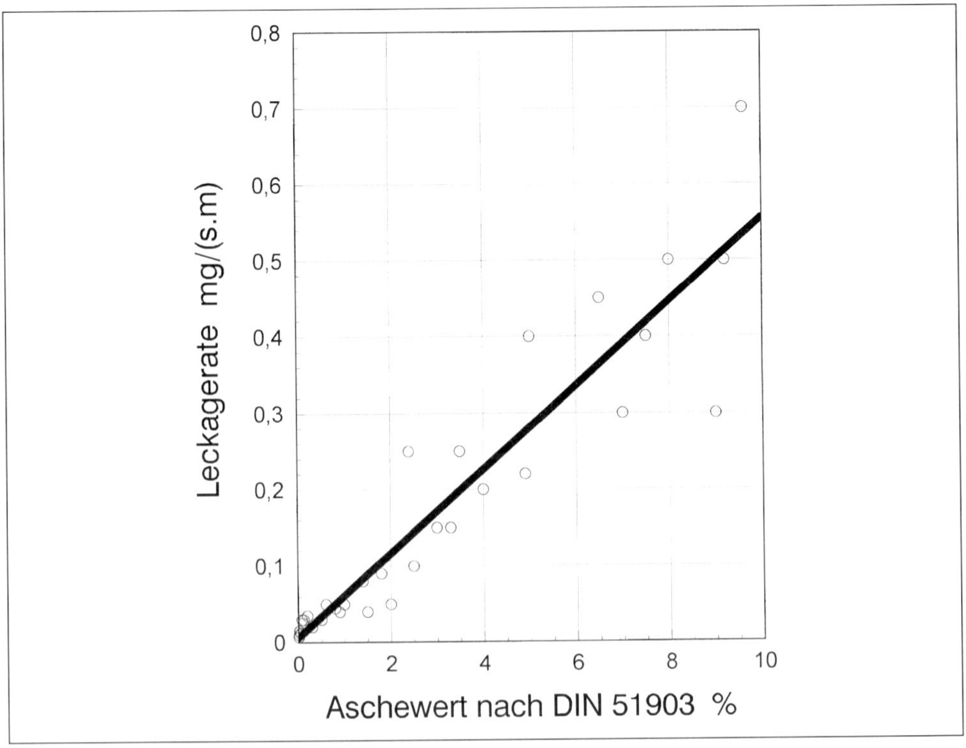

Bild 27: Leckageverhalten in Abhängigkeit von der Reinheit

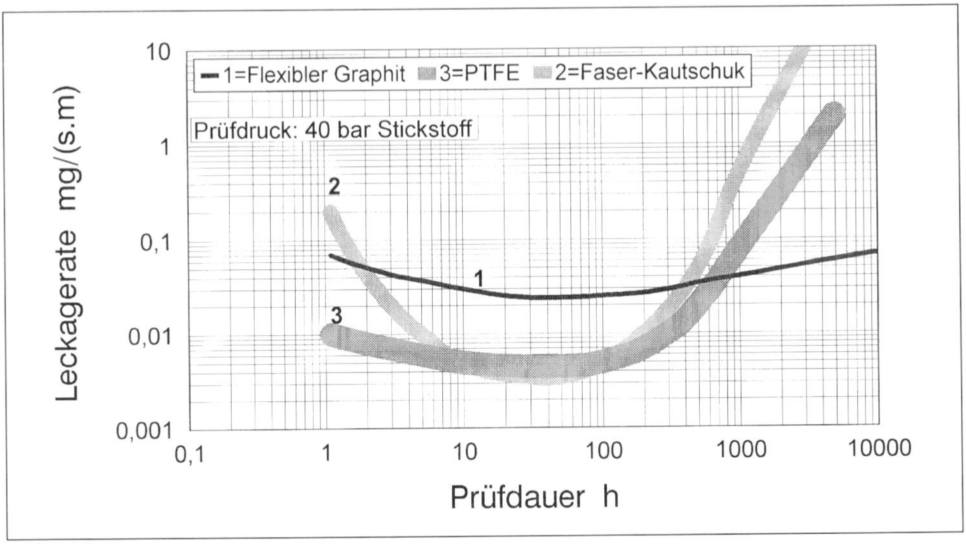

Bild 28: Typisches Leckageverhalten bei erhöhter Temperatur (200 °C) im Prüfflansch nach DIN 28090-2

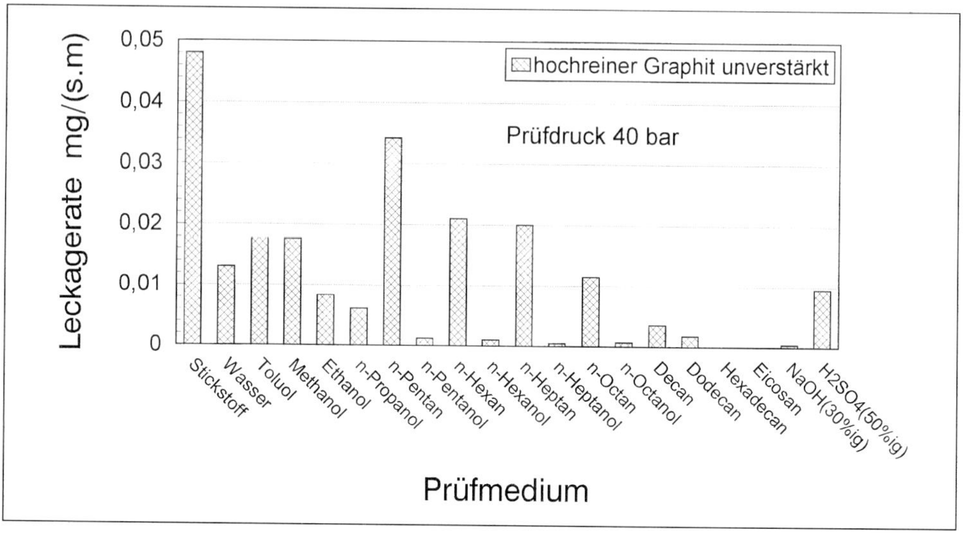

Bild 29: Leckagewerte von flexiblem Graphit gegen verschiedene Medien

3.2.2.2.7 Fire Safe

Wegen des überragenden Temperaturverhaltens eignet sich flexibler Graphit besonders auch für sogenannte „Fire Safe"-Anwendungen. Dabei müssen allerdings die spezifischen Beanspruchungen einer Flanschverbindung im Brandfalle, z.B. erhöhte äußere Kräfte, einseitige Temperatureinwirkung, starker Schraubenkraftabfall u. ä. berücksichtigt werden. Deshalb sind hier metallarmierte Ausführungen bevorzugt mit Inneneinfassung zu verwenden.

3.2.2.2.8 Ausführungsarten

Flexibler Graphit wird in den verschiedensten Formen, meistens in Verbindung mit metallischen Werkstoffen eingesetzt. Bild 30 zeigt einen Überblick über die gebräuchlichsten Ausführungsformen.

a) – unverstärkt:
  als gestanzte Flachdichtung
  als gepreßter Profilring z.B. für Deckeldichtungen

b) – mit geklebter Metalleinlage:
  dünne Edelstahl- oder Nickelfolien, Streckmetall

c) – mit aufkaschierten Metallfolien, z.B. Aluminium

d) – mit mechanisch verankerter Spießblecheinlage:
  mit imprägnierter Oberfläche
  mit beschichteter Oberfläche
  mit Edelstahl-Inneneinfassung
  mit Doppelbördel

e) – mit kleberfreien mehrlagigen Metallverstärkungen:
mit imprägnierter Oberfläche
mit Edelstahl-Inneneinfassung
mit Doppelbördel
mit teilverdichteter Dichtfläche
mit wellverpreßtem Profil

f) – mit Wellringverstärkung

g) – als Auflage auf Kammprofildichtungen oder glatten Trägerblechen

h) – als Weichstoffeinlage in Spiraldichtungen

i) – als Einlage in Kraftnebenschlußdichtungen

k) – mit PTFE-Hülle, mit und ohne Wellringeinlage

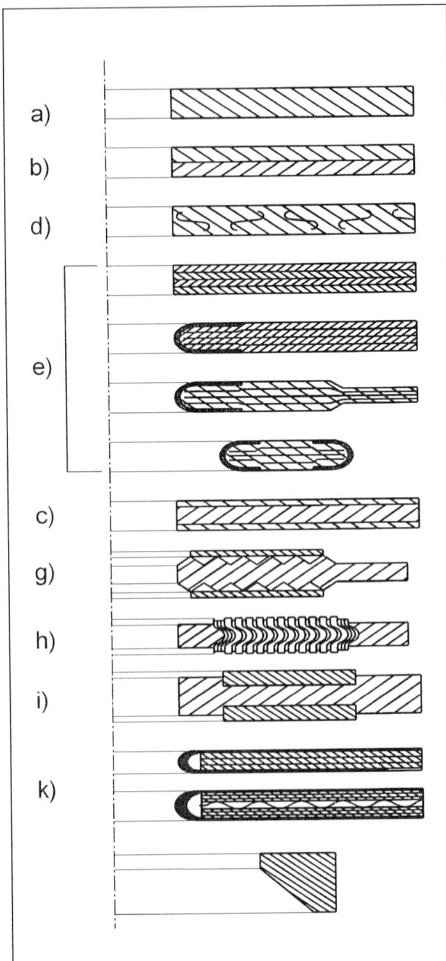

Bild 30: Überblick über gebräuchliche Ausführungsarten von Graphitdichtungen

3.2.2.2.9 Anwendungsempfehlungen

Jede der oben aufgeführten Ausführungsarten hat spezifische Vor- und Nachteile sowie bestimmte Einsatzgrenzen. So müssen neben den reinen dichtungstechnischen Eigenschaften auch betriebliche Gegebenheiten und Anforderungen aus der Praxis mit berücksichtigt werden, z.B. Montagefreundlichkeit, Handhabbarkeit, Verarbeitbarkeit, Kostengesichtspunkte, Bevorratung, Verfügbarkeit, Flanschbeschaffenheit von Altanlagen usw. Für eine Reihe von Einsatzfällen gibt es Überlappungen zwischen den verschiedenen Typen. In Tabelle 6 wird versucht, für eine Reihe von verbreiteten Dichtungsplattentypen Empfehlungen über bevorzugte Einsatzgebiete zu geben.

In Chemie, Petrochemie und in Kraftwerken hat sich überwiegend spießblechverstärktes Material mit Oberflächenimprägnierung (d) durchgesetzt Für schwierigere Abdichtungsfälle, insbesondere in Altanlagen, bei Apparaten und Behältern sowie im Instandhaltungsbereich werden zunehmend mehrlagig verstärkte, kleberfrei verbundene Plattentypen (e) verwendet.

3.2.2.2.10 Verarbeitung

Unverstärkter flexibler Graphit läßt sich leicht durch Schneiden oder Stanzen bearbeiten. Das Verkleben ist mit einer Vielzahl von handelsüblichen Klebern möglich. Zu beachten ist hierbei, daß chlorid- und schwefelarme Typen verwendet werden, und daß die Klebstoffe in dünnstmöglicher Schichtdicke angewandt werden.

Die thermische und chemische Beständigkeit führt zu Einschränkungen der Einsatzgrenzen.

Tabelle 6: Empfehlungen für bevorzugte Einsatzgebiete verschiedener Graphitdichtungen

Industrie - Segment	Einsatzbereich	Ausführungsform
Chemie Petrochemie	Rohrleitung: Standardflansche Nut-/Federflansche	 d) e) e)
	Behälter/Apparate	e) k)
	emaillierte Flansche	a) k)
	Glas- / Kunststoff-Flansche	a) k)
	Fire-Safe Anforderungen	e)
	Stoffe TA-Luft, Klasse I	e) g) h) k)
	hochkorrosive Medien	e) k)
	Schaugläser	e) k)
	niedrige Flächenpressungen	k)
	hohe Flächenpressungen	e)
	hohe äußere Lasten	e) g) i)
	Pharma-/Farben Bereich	e) k)
Kraftwerke	Rohrleitungen	d) e)
	Behälter / Apparate	e)
	Schaugläser	e)
Gasversorgung	Rohrleitungen, Armaturen	b) d) e)
Nahrungsmittel		a) k)
Trinkwasser		a) c) k)
Maschinenbau		c) b)

Die überwiegende Anzahl an Flachdichtungen mit Metalleinlagen können mit üblichen Stanzwerkzeugen (Bandstahl-Messerschnitt, Massiv-Messerschnitt, Komplettschnitt) verarbeitet werden. Zu beachten sind hier auf den Werkstoff abgestimmte Auswerferhärten sowie geeignete harte Stanzunterlagen. Für großformatige Dichtungen können handelsübliche Dichtungs-Rundschneidevorrichtungen sowie Wasserstrahlschneidanlagen verwendet werden.

3.2.2.3 Fluorpolymere

3.2.2.3.1 Grundsätzliches zum Werkstoff PTFE

Perfluorierte Polymere eignen sich durch ihr Eigenschaftsbild besonders für die Dichtungstechnik und erobern sich nach dem Verbot von Asbest in den meisten industrialisierten Ländern einen Spitzenplatz speziell in der chemischen Industrie.

Die besonderen Eigenschaften von Polytetrafluorethylen (PTFE) sind:

- eine nahezu universelle Chemikalienbeständigkeit,
- die Unlöslichkeit in allen bekannten Lösemitteln unterhalb 300 °C
- eine hohe Temperaturbeständigkeit, in einem dauerhaften Temperaturbereich von –270 bis +260 °C, kurzzeitig bis 315 °C,

- Unbrennbarkeit,
- ein geringes Adhäsionsvermögen und hervorragende dielektrische Eigenschaften,
- eine hohe Beständigkeit gegen Spannungsrißbildung und Witterungseinflüsse, siehe auch Kap. 2.

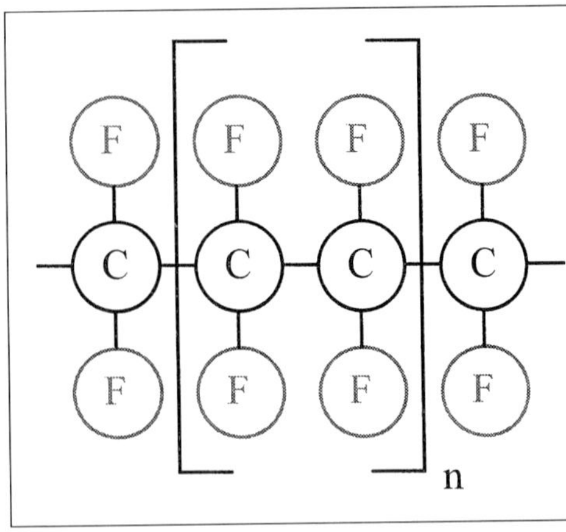

Bild 31: Molekulare Struktur von PTFE

Für die Dichtungstechnik sind die drei zuerst genannten Punkte am wichtigsten. Grund für diese von anderen Polymeren nicht erreichte Kombination außergewöhnlicher Eigenschaften von hoher Chemikalien- und Temperaturbeständigkeit ist der kompakte Aufbau des PTFE-Makromoleküls, Bild 31. Im Vergleich zum Polyethylen-Makromolekül CH_2-CH_2 behindern sich die Fluoratome so, daß sie nur in wendelförmiger Anordnung (Helixstruktur) entlang dem C-C-Rückgrad Platz finden können. Die sehr starke Fluor-Kohlenstoffbindung von 504 kJ/mol ist mit der hohen Kristallinität von bis zu 94 % und den geringen intermolekularen Kräften für die hohe Lösemittelbeständigkeit verantwortlich.

Dichtungen aus PTFE sind somit gegen fast alle Medien beständig, mit Ausnahme von gasförmigem Fluor und geschmolzenen Alkalimetallen. Der Umstand der chemischen Zerstörung des Makromoleküls durch Alkalimetalle wird technisch ausgenutzt, um z.B. vor dem sonst nicht möglichen Verkleben von PTFE die Oberfläche zu aktivieren (Beizen). Erreicht wird eine Klebbarkeit der PTFE-Oberfläche auch durch Bestrahlung.

Der einzige Nachteil von PTFE für die Dichtungstechnik, die geringe mechanische Festigkeit, ist dadurch bedingt, daß die Moleküle nicht zueinander vernetzt oder durch Seitenketten ineinander verhakt sind, sondern als lineare Makromoleküle mit sehr geringen zwischenmolekularen Kräften vorliegen. Das hat zur Folge, daß PTFE eine hohe Kriechneigung zeigt, die sich ungünstig auf die Druckstandsfestigkeit auswirkt. Das Kriechen von PTFE wird allgemein als die negativste Eigenschaft von PTFE in der Dichtungstechnik eingeschätzt.

Um diesen Nachteil zu verringern, gibt es verschiedene Einflußmöglichkeiten bei der Verarbeitung von PTFE zu Dichtungen.So kann z.B. durch den Einsatz von PTFE mit Faserstruktur oder PTFE-Compounds (PTFE mit Einlagerungen) die Druckstandsfestigkeit verbessert werden. Zur Unterscheidung der derzeit verwendeten PTFE-Werkstoffe ist deshalb folgende Einteilung zweckmäßig:

- reines PTFE (100 % PTFE)
- gefülltes PTFE (30-70 % PTFE)
- monodirektional und multidirektional gerecktes PTFE (ePTFE)

PTFE in reiner Form ist thermoplastisch nicht verarbeitbar. Es läßt sich durch Sintern zu Halbzeugen verarbeiten, welche dann durch Zerspanungs- und/oder Umformverfahren weiterberarbeitet werden können. Außerdem werden Verfahren wie Ramextrusion und Pastenextrusion verwendet, um Profile und Folien herzustellen.

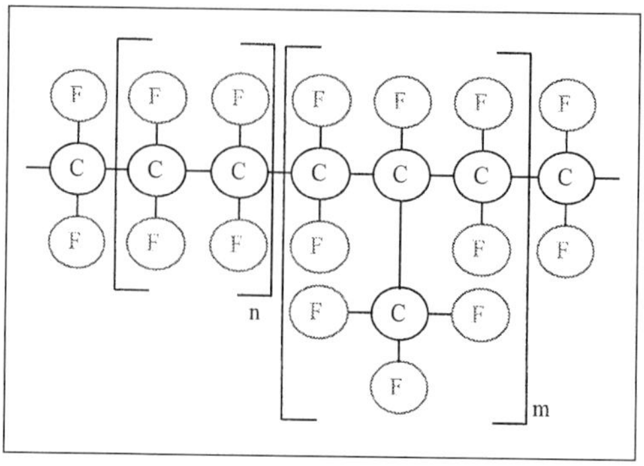

Bild 32: Molekulare Struktur von FEP

3.2.2.3.2 Übersicht über weitere fluorierte Thermoplaste

Andere fluorierte Polymere mit geringerer Bedeutung in der Dichtungstechnik sind FEP (Tetrafluorethylen-Perfluorpropylen-Copolymerisat) sowie PFA (Perfluoralkylvinylether). Diese Fluorpolymere sind thermoplastisch verarbeitbar und können als Hilfsstoffe zum Schweißen von PTFE eingesetzt werden, Bilder 32 und 33.

Desweiteren hat PVDF (Polyvinylidenfluorid) seinen Platz vorwiegend in der Beschichtung von Stahl und zwar beim Einsatz in korrosiven Medien. Bei Beschichtung der Dichtflächen an den Flanschen dichtet es oft ohne weitere Dichtung gleichzeitig ab. Auch dieser Werkstoff ist im Gegensatz zu PTFE durch seine Struktur mit der Vinylgruppe (CH_2) thermoplastisch verarbeitbar, Bild 34.

3.2.2.3.3 PTFE als Werkstoff für statische Dichtungen

Zur Abdichtung von Flanschverbindungen, Wellendurchführungen bei Pumpen und Rührbehältern sowie bei Spindelabdichtungen von Ventilen finden Produkte aus und auf der Basis von PTFE breite Anwendung. Grundsätzliche Argumente für die Verwendung sind die bereits erwähnte universelle chemische Beständigkeit sowie die gute Temperaturbeständigkeit.

Durch das Asbestverbot hat PTFE speziell als Flanschdichtung mit Anforderungen an geringste Leckraten hohe Bedeutung erlangt. Kein anderer Dichtungswerkstoff erreicht derartig niedrige Leckraten bei vergleichbarer Flächenpressung. Nur damit ist in üblichen DIN-Flanschen eine Leckrate von 0,01 mg/(m · s) und weniger möglich, da andere Dichtungswerkstoffe, wie Faser- und Grafitdichtungen zur Erreichung dieses nach TA- Luft geforderten Kriteriums für sogenannte „hochwertige" Dichtungen höhere Flächenpressungen als oft

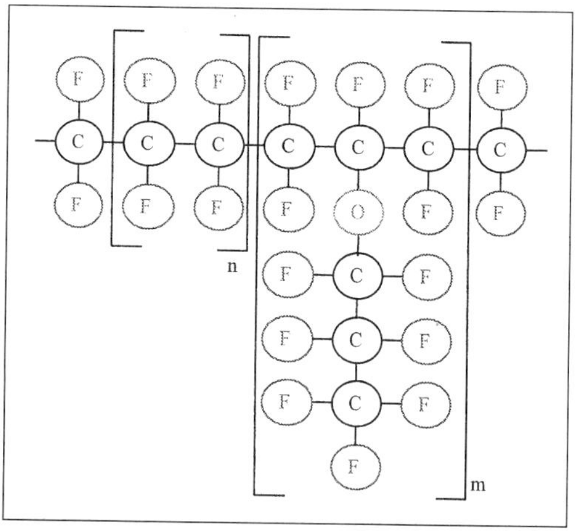

Bild 33: Molekulare Struktur von PFA

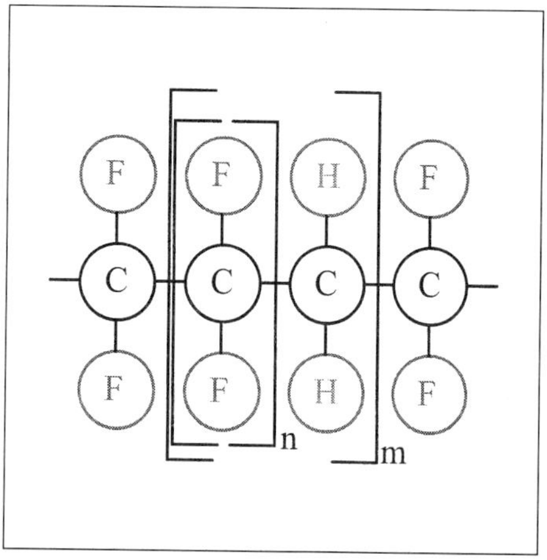

Bild 34: Molekulare Struktur von PVDF

möglich benötigen.(Besser und vom technischen Verständnis her sinnvoller ist anstelle der Bezeichnung „hochwertig" die Beschreibung „anwendungsgerecht" für eine Dichtung zu verwenden, siehe auch VDI-Richtlinie 2200 (der Hrsg.))

Wie im nachfolgenden Bild 35 zu erkennen ist, liegt die maximal erreichbare Flächenpressung mit der in der Chemie gängigen Schraubenqualität 5.6 oft nur bei 30 N/mm² oder darunter. Dadurch ergibt sich ein Bedarf für einen Dichtungswerkstoff mit niedrigen erforderlichen Anfangsflächenpressungen, um auch während des Betriebes die geforderte Leckagerate nicht zu überschreiten. Diese Bedingung erfüllt am besten PTFE. Andere Dichtungen liegen mit den minimal erforderlichen Flächenpressungen oft über den erreichbaren Werten in DIN Flanschen. Eine mögliche Lösung ist die Verwendung von Schrauben höherer Qualität, wie z.B. der Schraubenqualität 8.8 oder warmfesten Qualitäten. Dabei ist jedoch die zulässige Flanschtellerneigung zu berücksichtigen, damit die Flansche nicht unzulässig deformiert werden. Bei ANSI Flanschen ist dieses Problem nicht so groß, da die Konstruktionen steifer ausgelegt sind und eine höhere Schraubenkraft bei gleichzeitig geringerer Flanschverformung zur Verfügung steht. Zu beachten ist jedoch bei massiven, steifen Flanschen oder Flanschen mit kleiner Dichtfläche (z.B. Nut-Federverbindungen) die maximale Flächenpressung, die zu einer Zerstörung der Dichtung führen kann.

Um neben dem eben genannten Vorteil den vorher beschriebenen Nachteil des Kaltflusses von PTFE zu minimieren, welcher der kritische Punkt dieses Dichtungswerkstoffes ist, sind Fremdstoffanteile von 50 % und mehr bei Flachdichtungen auf der Basis von PTFE durchaus üblich. Eine klare Angabe oder Kennzeichnung fehlt jedoch im allgemeinen. Abhilfe kann hier die Kennzeichnungspflicht von Dichtungsplatten nach DIN 28091 schaffen.

Ein weiterer, nicht zu übersehender Vorteil von Dichtungen aus 100 % PTFE liegt darin, daß es sich um eine „weiße" Dichtung handelt Diese beinhaltet keine Kontaminationsgefahr. Das gilt jedoch nur für ungefüllte und nicht eingefärbte Produkte, d.h. Dichtungen aus 100 % PTFE. Füllstoffe wie Graphit, Borsilikat, Siliziumdioxyd usw. können ausgewaschen werden, die

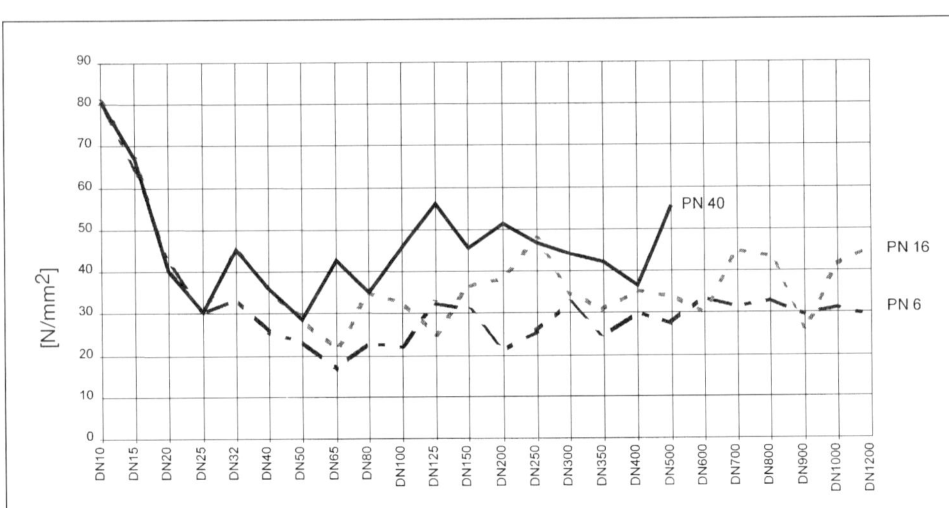

Bild 35: Maximal mögliche Flächenpressungen in Flanschen nach DIN mit Schraubenqualität 5.6

Prozeßmedien verschmutzen, unbeständig gegen das Prozeßmedium sein oder sogar katalytische Wirkung bei Prozessen haben. All diese Faktoren sollten bei der Dichtungsauswahl berücksichtigt werden, um sicher zu gehen, daß von vornherein negative Überraschungen vermieden werden.

Darüber hinaus ist die Verarbeitung, die Handhabung bei der Montage und Demontage von PTFE-Dichtungen unproblematisch. Insbesondere bei der Demontage von Dichtungen ist es für den Anwender wichtig, möglichst schnell und ohne große Vorbereitungen die alte Dichtung zu entfernen und eine neue Dichtung aufzubringen. Die Antiadhäsivität von PTFE auf Oberflächen kommt dieser Forderung im Gegensatz z.B. zu Graphitdichtungen sehr entgegen.

Neben dem Kaltfluß sind bei PTFE die mechanischen Eigenschaften speziell unter Temperatureinfluß zu beachten, da es sich um einen Kunststoff handelt, der seine Festigkeitseigenschaften in Abhängigkeit von der Temperatur ändert. Grundsätzlich hat PTFE eine geringere mechanische Festigkeit im Vergleich mit anderen Werkstoffen. Der dadurch bedingte Nachteil des Kaltflusses wird durch höhere Temperaturen noch verstärkt. Das bedeutet, daß die Dichtung den aufgebrachten Spannungen ausweicht und sie damit abbaut. Das Resultat kann eine dauerhafte Verformung sein, wobei die Dichtung radial aus den Flanschen fließt und ihre Dicke dadurch reduziert, Bild 36.

Die Reduzierung der Dichtungshöhe, bedingt durch eine bleibende Verformung bei Normaltemperatur (Kaltfluß) oder bei höheren Temperaturen (Erweichung), führt zum Abfall und ggf. zum völligen Verlust der Schraubenvorspannung und damit zur Undichtheit oder zur Überschreitung einer zulässigen Leckageklasse. Die Konsequenz daraus wäre, daß bei Produkten mit hohem Kaltfluß die Schrauben regelmäßig nachgezogen werden müßten, um die

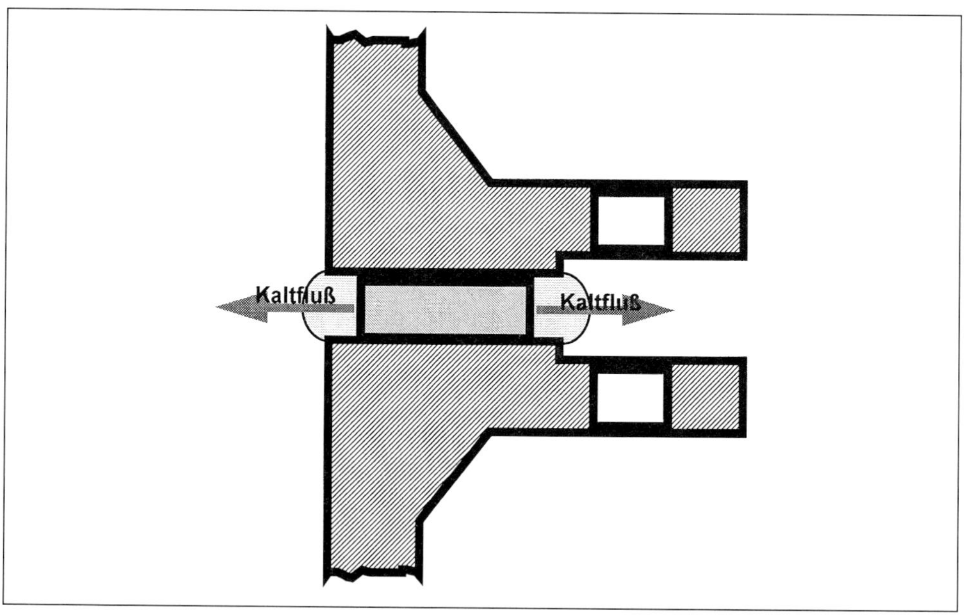

Bild 36: Schraubenkraftabfall durch Kaltfluß und Dickenverlust von Dichtungen

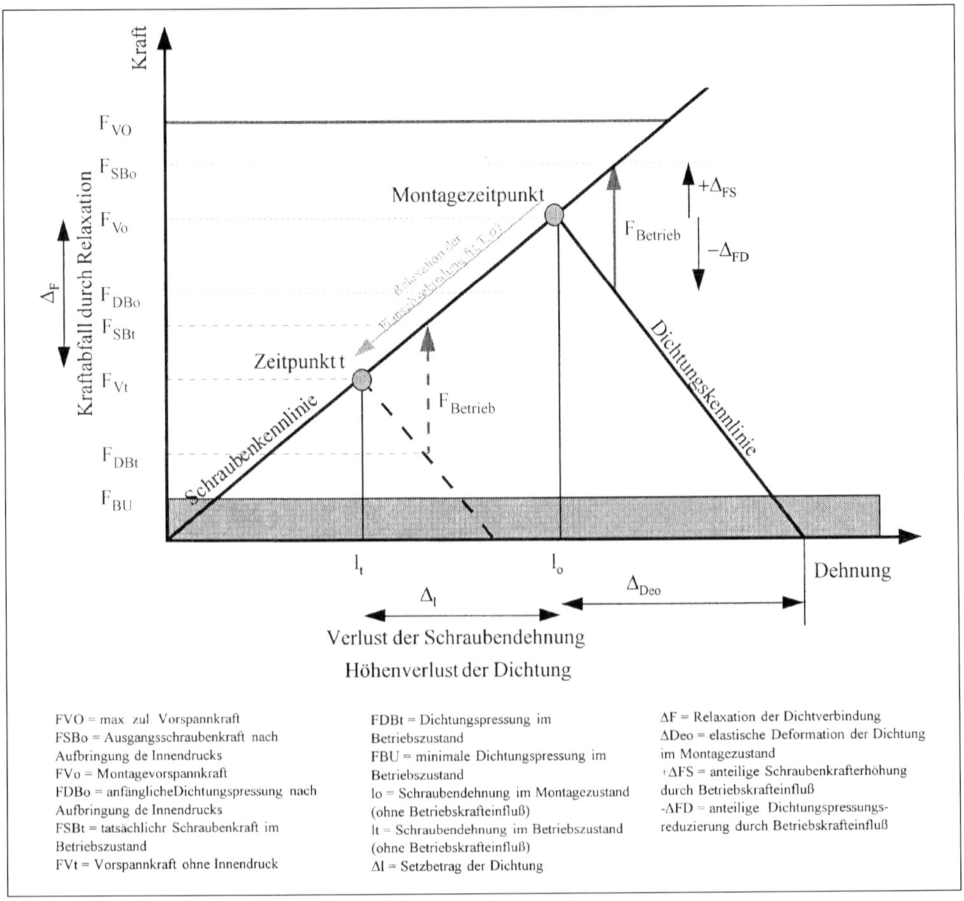

Bild 37: Verspannungsschaubild einer Flanschverbindung

Spannungsrelaxation der Schraubenverbindung zu kompensieren. Das ist jedoch in der Praxis meist nicht möglich, Bild 37.

Die hohe Deformationsneigung speziell von gesintertem PTFE der ersten Generation und der daraus resultierenden Relaxation der Flanschverbindung muß unbedingt vermindert werden, wenn die anderen positiven Eigenschaften von PTFE im Abdichtprozeß Anwendung finden sollen. Dieses Problem ist einerseits anwendungstechnisch und andererseits durch die Auswahl von geeigneten Produkten für viele Einsatzfälle lösbar. Es wurden von verschiedenen Herstellern Produkte aus und auf der Basis von PTFE entwickelt, welche diesbezüglich deutlich verbesserte Eigenschaften aufweisen.

3.2.2.3.4 Platten und Formdichtungen auf der Grundlage von PTFE

Dichtungen aus bzw. auf der Basis von PTFE werden auf verschiedene Arten hergestellt und angeboten und unterscheiden sich dadurch erheblich in ihren Eigenschaften voneinander. Die Annahme wäre falsch, daß alle Dichtungen aus PTFE gleich und untereinander aus-

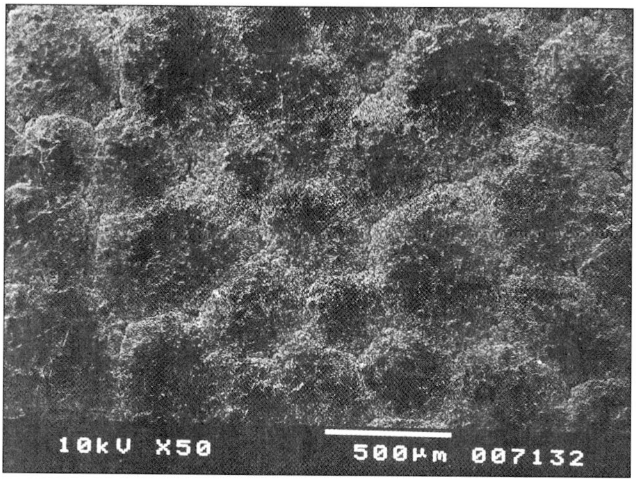

Bild 38: Gesintertes PTFE der ersten Generation im unverpreßten Zustand

tauschbar sind. Um die Unterschiede zu verstehen, ist es sicherlich notwendig, die einzelnen Herstellungsverfahren und sich daraus ergebende Lieferformen der Produkte zu betrachten.

- Erste Generation: Reines PTFE / Gesintertes PTFE

Bei gesintertem PTFE der ersten und gefülltem PTFE der zweiten Generation wird der Rohstoff als Granulat oder Pulver verwendet und zum Sintern in Formen gefüllt, Bild 38.

Das Bild zeigt deutlich das Granulat, das in diesem Fall zum Sintern verwendet wird. An den Grenzflächen haften die Körner nach dem Sinterprozeß aneinander. Diese Produkte bestehen zu 100 % aus PTFE, haben jedoch den Nachteil des ausgeprägten Kaltflusses. Der Einsatzbereich liegt bei geringen Flächenpressungen im Temperaturbereich bis 100 °C, Bild 39.

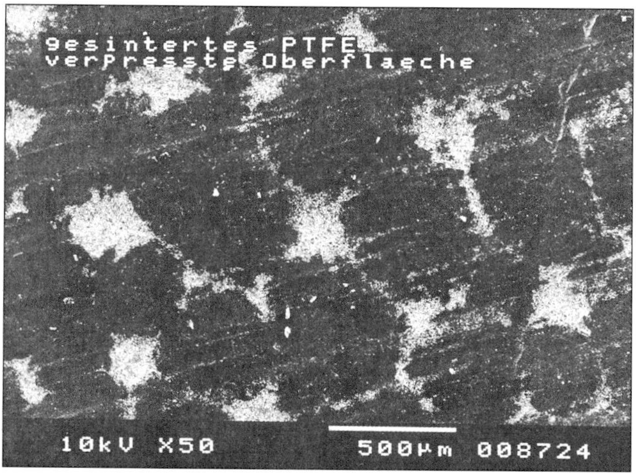

Bild 39: Gesintertes PTFE der ersten Generation nach Flächenpressungsbeaufschlagung

Die Struktur des Werkstoffs ändert sich nicht. Die Kornstruktur ist nach wie vor erkennbar. Da die Dichtung bereits während des Sinterprozesses verpreßt wurde, ist eine weitere Verdichtung in der Regel nicht möglich.

- Zweite Generation: Gefülltes PTFE

Die Füllstoffe werden entweder von den Verarbeitern zugemischt oder sind bereits als Standardmischung vom Rohstoffhersteller erhältlich. Während des Sinterprozesses werden aus Pulver/Granulat unter Druck und Temperatureinfluß Halbzeuge wie Blöcke, Stangen, Zylinder, Platten oder Formteile. Diese werden anschließend weiterbearbeitet, z.B. werden aus Zylindern Folien geschält, aus dickwandigen Rohren Dichtungen hergestellt, Formteile bzw. Hüllen für Dichtungen gedreht und aus Platten Dichtungsringe gestanzt.

Vergleicht man die Eigenschaften von gesinterten Dichtungen aus 100 % PTFE mit denen von gefülltem PTFE, so läßt sich erkennen, daß die Druckstandfestigkeit mit zunehmendem Füllstoffgehalt besser wird, die Produkte aber an Zugfestigkeit verlieren und immer härter werden. Das hat die Konsequenz, daß die Anpassungsfähigkeit an nicht planparallele Dichtflächen zunehmend schwieriger wird und höherer Kräfte bedarf.

Hier sei ein exemplarisches Beispiel einer Dichtungsplatte aus glasfasergefülltem PTFE aufgeführt, Bild 40. Der Füllstoffanteil beträgt hier ca. 30 %. Es ist deutlich zu erkennen, daß die Füllstoffe lose in der PTFE-Matrix liegen. Der Grund besteht in den antiadhäsiven Eigenschaften von PTFE. Bei konstruktiven Faserverbundwerkstoffen tritt eine Bindung zwischen dem Harz und der Faser ein, welche die Festigkeitseigenschaften bedingt. Die geringere Festigkeit von gefülltem PTFE ist auf diese nicht vorhandene Bindung mit PTFE zurückzuführen. Dieser Umstand ist bei allen Arten von Füllstoffen in PTFE zu verzeichnen. Die höhere Druckstandfestigkeit ist auf mechanische Abstützeffekte zurückzuführen. Bei einer bestimmten Flächenpressung und einer dadurch bedingten Verformung tritt Kontakt zwischen den Partikeln auf. Diese stützen sich somit gegenseitig ab und bilden sogenannte „Brücken" zwischen den Dichtflächen. Die Aufgabe von PTFE besteht nur noch im Ausfüllen der Zwischenräume.

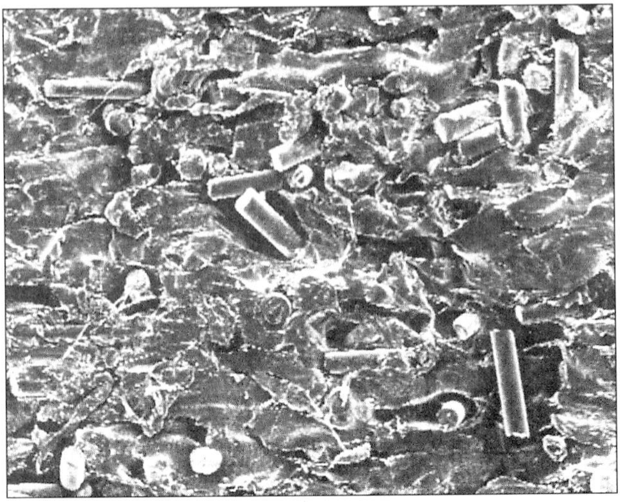

Bild 40: Gefülltes PTFE der zweiten Generation im unverpreßten Zustand

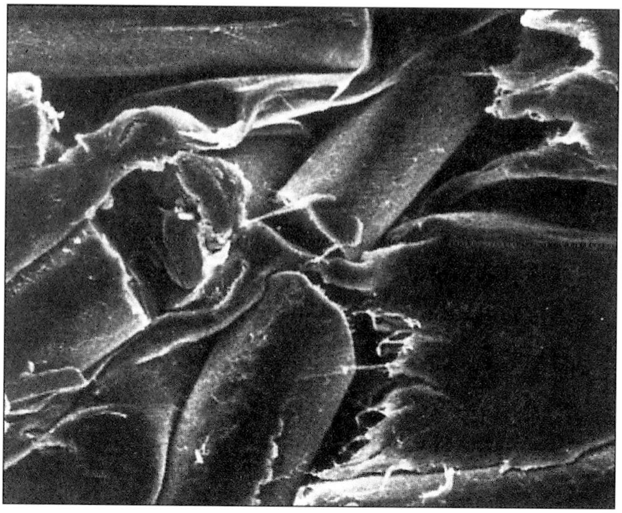

Bild 41: Gefülltes PTFE der zweiten Generation nach Beaufschlagung mit Flächenpressung

Auch nach dem Verpressen zeigt sich die nicht vorhandene Bindung sowie eine gewisse Restporosität, verursacht durch Inhomogenität, Bild 41. Es können Füllstoffe ins Medium gelangen und dieses verschmutzen. Da für verschiedene Anwendungen unterschiedliche Füllstoffgehalte verwendet werden, müssen die Produkte wegen der Verwechslungsgefahr gekennzeichnet werden. Das geschieht oft durch Zugabe von verschiedenen Farbpigmenten. Für die Anwendung in Stahlbauteilen mit höherem Innendruck werden Produkte mit ca. 50 % Füllstoffanteil verwendet, da nur diese eine ausreichende Standfestigkeit haben. In Flanschen mit unebenen Dichtflächen wie z.B. Email können die Produkte mit hohem Füllstoffgehalt nicht verwendet werden, da eine Anpassung an die makroskopische Oberfläche der Dichtflächen nicht mehr möglich wäre. Dafür können Dichtungen mit max. 30 % Füllstoffgehalt verwendet werden, da sich diese leichter verformen. Natürlich haben Produkte mit geringerem Füllstoffgehalt auch eine deutlich geringere Druckstandfestigkeit und einen geringeren Temperatureinsatzbereich.

- Dritte Generation: Direktional gerecktes PTFE / Expandiertes PTFE (ePTFE)

Die modernste Variante, die Standfestigkeit von PTFE zu verbessern, ist das „Expandieren“. Als Ausgangsform dazu dient pastenextrudiertes PTFE in Form von Profilen oder Folien. Dieses wird unter einer spezifischen Temperaturführung expandiert. Dadurch entsteht eine Orientierung, welche dem Produkt eine einzigartige Faserstruktur verleiht. Aus dieser resultiert eine deutlich höhere mechanische Festigkeit sowie eine hervorragende Anpassungsfähigkeit an mikroskopische und makroskopische Abweichungen zur Idealform der Dichtflächen. Diese dritte Generation von PTFE hat den Vorteil, daß es keiner Füllstoffe bedarf, um die Nachteile des Fließens von gesintertem und gefülltem PTFE zu eliminieren.

Das Bild zeigt deutlich die Faserstruktur, die dem Produkt die ausgezeichnete Druckstandfestigkeit verleiht, Bild 42. Es handelt sich hier um eine Dichtung aus 100 % PTFE, welche in den anwendungstechnischen Eigenschaften bezüglich Temperatureinsatzbereich und Spannungsrelaxation gefülltem PTFE zumindest gleichwertig oder sogar überlegen ist. Es kann

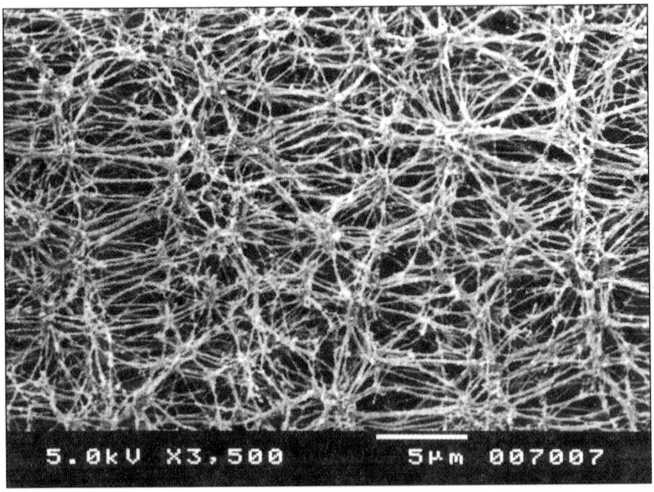

Bild 42: Multidirektional orientiertes PTFE der dritten Generation im unverpreßten Zustand

sowohl in Flanschen mit hohen Flächenpressungen als auch bei großen Unebenheiten bedenkenlos eingesetzt werden, da sich die Dichtung während der Montage nahezu ideal an die vorhandene Flanschoberfläche anpaßt. Es ist lediglich darauf zu achten, daß die Dichtung mit ausreichender Flächenpressung während der Montage beaufschlagt wird.

Wie zu erkennen ist, ergibt sich bei diesem Produkt durch Beaufschlagung mit Flächenpressung eine Erhöhung der Dichte und eine querschnittsdichte Struktur, Bild 43. Wie beispielsweise auch bei Grafitdichtungen, wird der Werkstoff erst im Flansch durch das Aufbringen der Montagevorspannkraft zu einer Dichtung geformt. Diese Dichtung eignet sich hervorragend für Anwendungen in der Chemie, Feinchemie und Pharmazie, da sie im Vergleich zu ge-

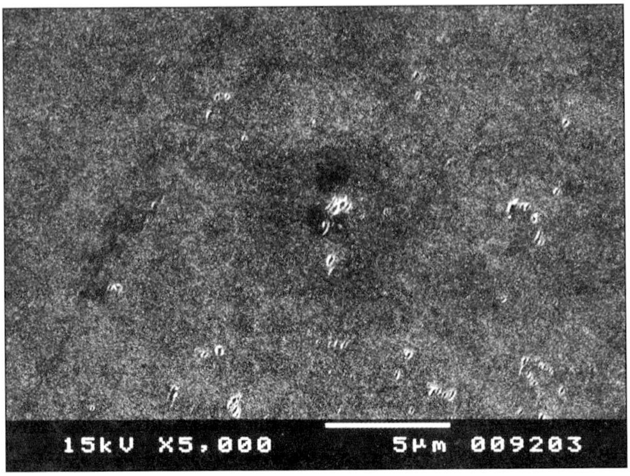

Bild 43: Multidirektional orientiertes PTFE der dritten Generation im verpreßten Zustand

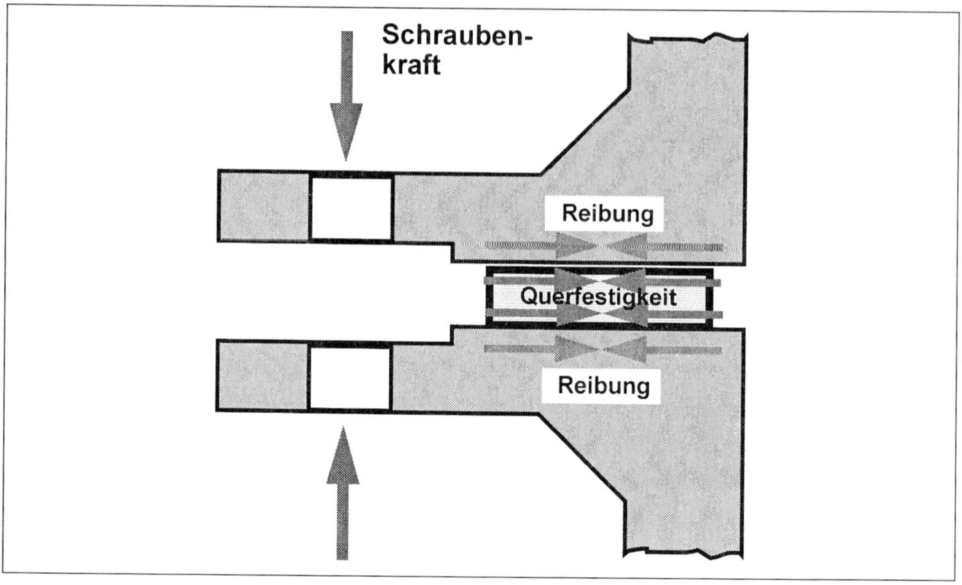

Bild 44: Kräftegleichgewicht bei Flachdichtungen

fülltem PTFE keine Fremdstoffe und damit die uneingeschränkte chemische Beständigkeit von PTFE sowie die FDA-Zulassung hat. Vor allem besteht keine Kontaminationsgefahr des Mediums durch Farben oder Füllstoffe. Die hohe Druckstandfestigkeit dieses Werkstoffes läßt sich im wesentlichen auf zwei Faktoren zurückführen: erstens hat ePTFE eine hohe Festigkeit, welche eine Gegenkraft zum Fließen im Flansch darstellt, und zweitens hat die Dichtung durch ihre Deformation während der Montagephase eine wesentlich bessere Anpassung an die Oberflächen und kann damit dünner ausgewählt werden, Bild 44. Wie auch von anderen asbestfreien Dichtungswerkstoffen her bekannt, sollte eine Dichtung immer möglichst dünn ausgewählt werden, damit maximale Ergebnisse hinsichtlich Ausblassicherheit, Relaxation und Leckage erzielt werden können.

Durch die unterschiedliche Struktur gleicht sich expandiertes PTFE während der Montagephase ideal an die Flanschoberfläche an, Bild 45. Unter Temperatureinfluß im Betrieb tritt zwar eine weitere Verformung auf, welche allerdings aus den o.g. Gründen meist deutlich geringer ausfällt als bei anderen Dichtungen auf der Basis von PTFE. Durch deren oft hohen Warmsetzwert bis 50 % wäre ein Nachziehen der Schrauben im Betrieb unvermeidlich. Das entfällt bei ePTFE, da die Schraubendehnung bei der Vorspannung ausreicht, um das Warmsetzen zu kompensieren und eine ausreichende Flächenpressung aufrechtzuerhalten, welche auf Dauer Dichtheit gewährleistet.

Ein bei der Bayer AG Leverkusen durchgeführter Versuch bezüglich der Spannungsrelaxation einer Flanschverbindung mit einer gestanzten Dichtung aus ePTFE zeigt Bild 46. Das Bild macht den äußerst geringen Spannungsabfall sowohl bei Raumtemperatur als auch bei 180 °C deutlich. Um sicherzustellen, daß auch bei höheren Temperaturen keine unzulässige Entspannung der Flanschverbindung und keine Probleme während des Anlagebetriebes auftreten, ist deshalb u.a. darauf zu achten, eine Dichtung mit möglichst geringem Fließverhalten zu verwenden.

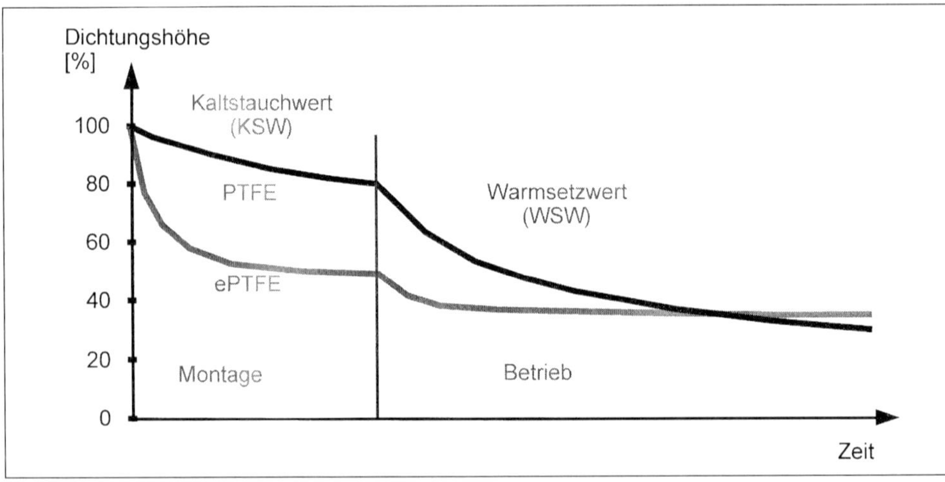

Bild 45: Deformation von Dichtungen auf der Basis von PTFE

Natürlich würde eine dünne PTFE-Folie ähnlich gute Werte zeigen. Diese Dichtungsfolie könnte allerdings nur bei absolut planparallelen Flanschen mit einwandfreien Dichtflächen eingesetzt werden. Meist ist jedoch die Kompensation von Unebenheiten eine wesentliche Aufgabe der Dichtung.

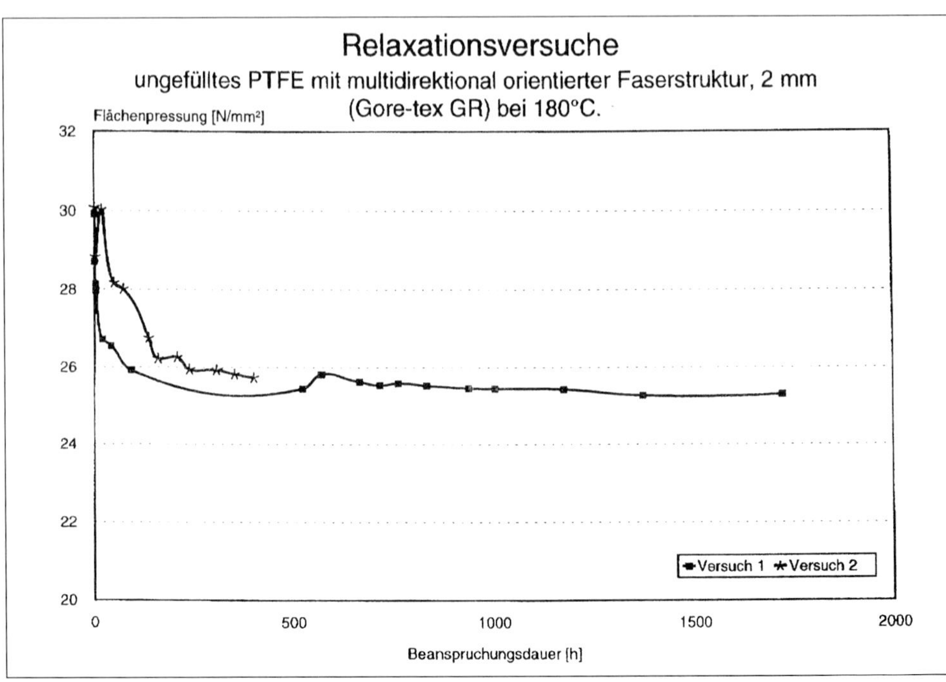

Bild 46: Darstellung des Flächenpressungabfalles an einer gestanzten Dichtung aus ePTFE

3.2.2.3.5 Profildichtungen aus expandiertem PTFE

Schnurdichtungen aus expandiertem PTFE sind seit Jahrzehnten eine im Dichtungsmarkt gängige Alternative zu gestanzten oder anderen Fertigdichtungen, Bild 47. Diese flanschformunabhängigen Dichtungen bieten speziell bei größeren Flanschen und in der allgemeinen Betriebsinstandhaltung eine Reihe von Vorteilen. Durch Einsparung der Stanzverluste und damit weniger Materialverbrauch ist die Wirtschaftlichkeit oft schon bei Durchmessern ab ca. 1000 mm gegeben. Desweiteren sind diese Dichtungen auch für spezielle Flanschformen wie Wärmeübertrager mit Umlenkkammern sofort verfügbar und einsatzbereit. Bei großen und

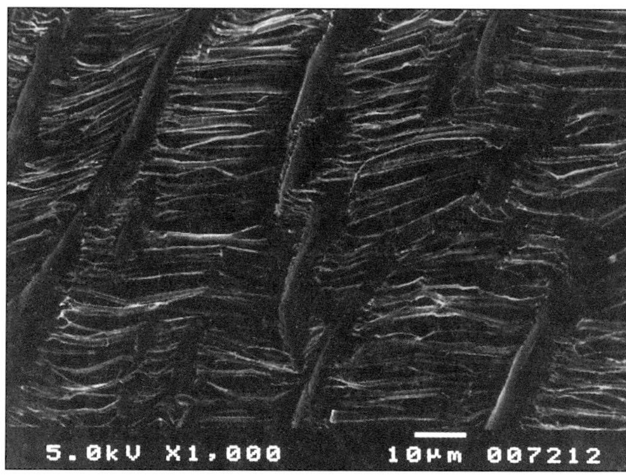

Bild 47: Struktur von monodirektional orientierten Schnurdichtungen

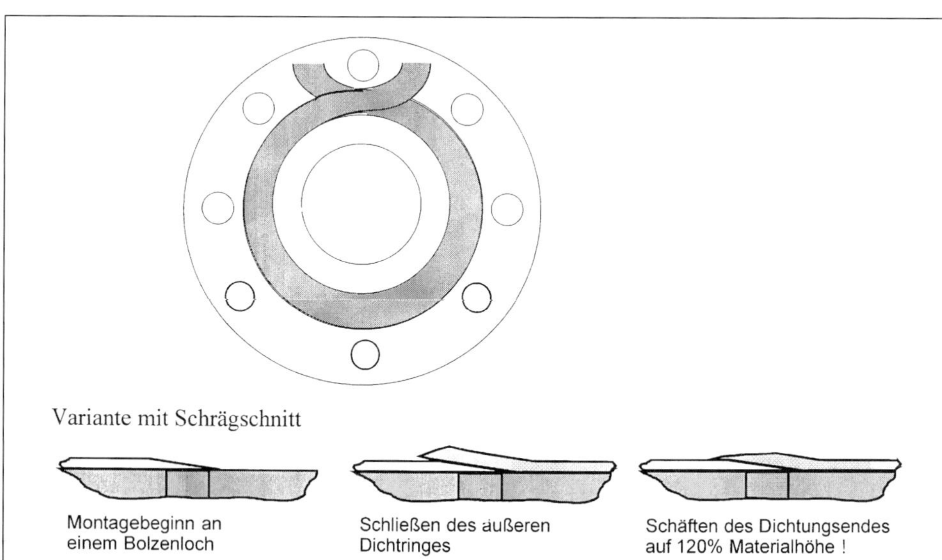

Bild 48: Ausführungsvarianten der Endstelle bei Schnurdichtungen aus ePTFE

komplizierten Dichtungen ergibt sich oft ein Herstellungs-, Transport-, Logistik-, Montage- oder Lagerungsproblem, welches durch eine universell einsetzbare Dichtung von der Rolle umgangen wird.

Bedingt durch das Herstellverfahren und die geringe Querfestigkeit haben diese anpassungsfähigen Dichtungen eine Tendenz der Verbreiterung und Höhenabnahme während der Montage. Das ist bei der Auswahl und dem Einsatz dieser Produkte zu beachten. Eine Besonderheit ist ebenfalls die Ausführung der Endstelle. Die üblichen Varianten sind die Überlappung und der Schrägschnitt. Untersuchungen haben gezeigt, daß die hochwertigen Typen dieser Schnurdichtungen durch die fachgerechte Ausführung der Endstelle keine Einschränkungen in der Dichtheit zeigen, Bild 48.

Eine Neuentwicklung ist ein multidirektional orientiertes Dichtungsband, welches dieselbe Struktur wie die bereits beschriebene multidirektional orientierte Dichtungsplatte der 3. Generation aus ePTFE hat. Dieses Band unterscheidet sich wesentlich von den marktüblichen Schnurdichtungen. Bedingt durch seine Struktur zeigt es zwar eine Höhenabnahme bei der Montage, jedoch keine Verbreiterung. Dieses Verhalten resultiert aus einer hohen Querfestigkeit. Durch dieses Eigenschaftsprofil zeigt multidirektional orientiertes ePTFE Band einen deutlich verringerten Kaltfluß und eignet sich hervorragend zur Abdichtung von Emailbauteilen.

Multidirektional orientiertes Band aus ePTFE mit gleichen Eigenschaften zur Platte eröffnet ebenso eine neue Dimension zur Abdichtung von großen Flanschen. Bisher wurden (oft aus Kostengründen) größere Dichtungen meist aus Segmenten zusammengesetzt. Bei Durchmessern über dem Plattenmaß war keine andere Möglichkeit mehr denkbar. Hier eröffnet sich nun ein ganzheitliches Konzept, in dem Dichtungen aus 100 % ePTFE mit gleichem Eigenschaftsbild als Platte, Fertigdichtung und als Band zur Verfügung stehen. Je nach Situation kann die montagetechnisch günstigste Variante gewählt werden.

3.2.2.3.6 Dichtungen aus Werkstoffkombinationen mit PTFE

- Metallverstärkte Dichtungen

Zu dieser Gruppe zählen im wesentlichen:

- Dichtungen mit Einlagen
- Spiraldichtungen mit PTFE
- Kammprofildichtungen mit PTFE-Auflage

Die Aufgabe der meist metallischen Einlagen ist prinzipiell die Verbesserung des bereits beschriebenen Nachteils der geringen Festigkeit von PTFE. Speziell durch Verwendung von Wellringen, Kammprofilen und durch Spiralwicklung wird der Weichstoff PTFE, welcher letztlich die Abdichtung übernimmt, gekammert. Dadurch wird das Fließen weitgehend verhindert. Nachstehend sind die grundsätzlichen Prinzipien der Kombination von PTFE mit metallischen Werkstoffen dargestellt, Bilder 49 und 50.

- Ummantelte Dichtungen

Ein weiteres Anwendungsfeld für PTFE liegt in der Ummantelung von Dichtungen. Dazu werden prinzipiell 2 Varianten der Ummantelung gewählt: rundgedrehte Hüllen für hochwertige Dichtungen und spitzgestochene Hüllen als preisgünstige Variante, welche unter dem Begriff Envelopedichtungen weit verbreitet sind.

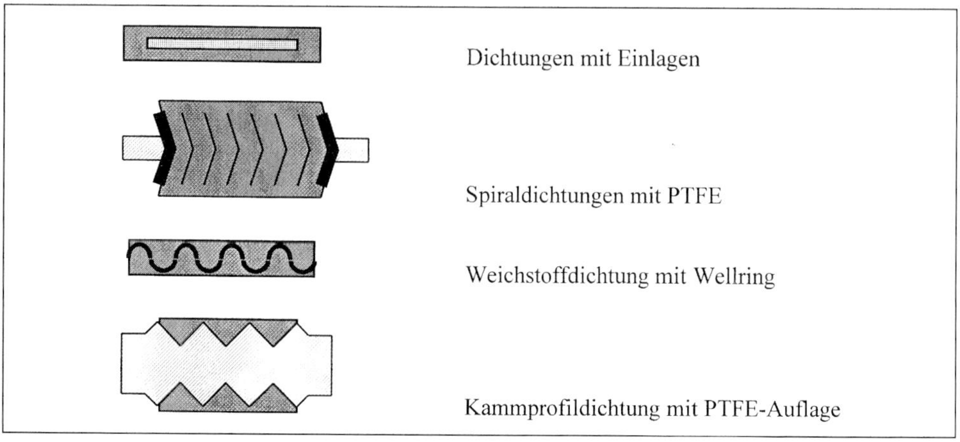

Bild 49: Metallverstärkte Dichtungen mit PTFE als Weichstoffauf- bzw. -einlage

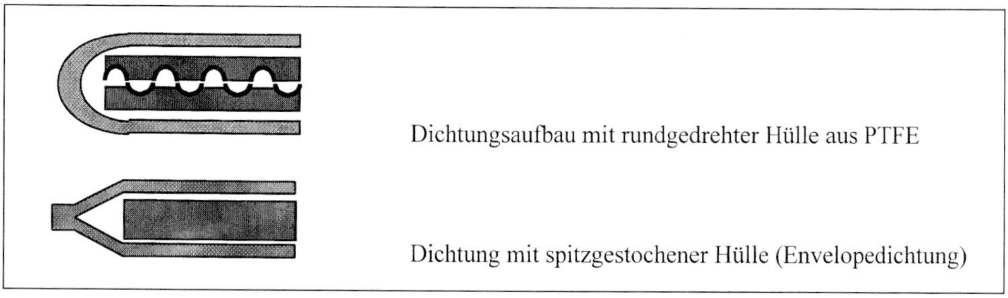

Bild 50: PTFE-ummantelte Dichtungen

Die Variante mit Wellring und doppelter Einlage findet oft im Emailbereich bei größeren Flanschen ihre Anwendung. Dabei ist es meist erforderlich, zusätzliche Ausgleichssegmente einzufügen (als „Schäften" bekannt). Zu beachten ist hier, daß die Hülle aus PTFE nie 100 % diffusionsdicht ist und dadurch die chemisch nicht beständigen Einlagen frühzeitig zerstört werden können. Dieses Thema ist sehr aktuell, seitdem die Einlagen von Asbest auf thermisch und chemisch nicht so beständige Faserdichtungen umgestellt wurden.

3.2.2.3.7 Einsatzbereiche von PTFE-Dichtungen

Ein vom „Netherlands Institute of Welding (NIL)" im Januar 1999 veröffentlichtes Projekt, an welchem Anwender, Dichtungshersteller und staatliche Stellen beteiligt waren, gibt den momentan aktuellsten Stand über den Einsatzbereich von PTFE-Dichtungen wieder. Ein Auszug ist in den Bildern 51 und 52 dargestellt. Die Temperatur- und Druckbereiche sind hier als konservativ anzusehen und können, insbesondere im Druckbereich für expandiertes und gefülltes PTFE bei metallischen Rohrflanschen, nach Rückfrage bei dem jeweiligen Hersteller nach oben korrigiert werden. Zudem ist bei Dichtungen, die nicht aus 100 % PTFE bestehen, die chemische Beständigkeit des Dichtungsmaterials zu prüfen.

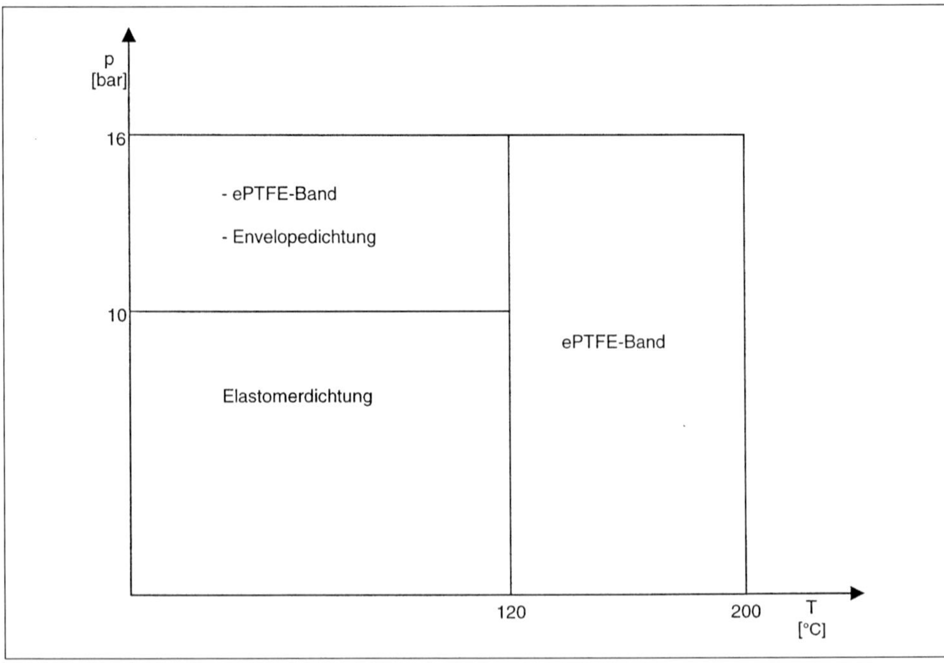

Bild 51: Übersicht für Email- und Kunststoffüberzogene Flansche

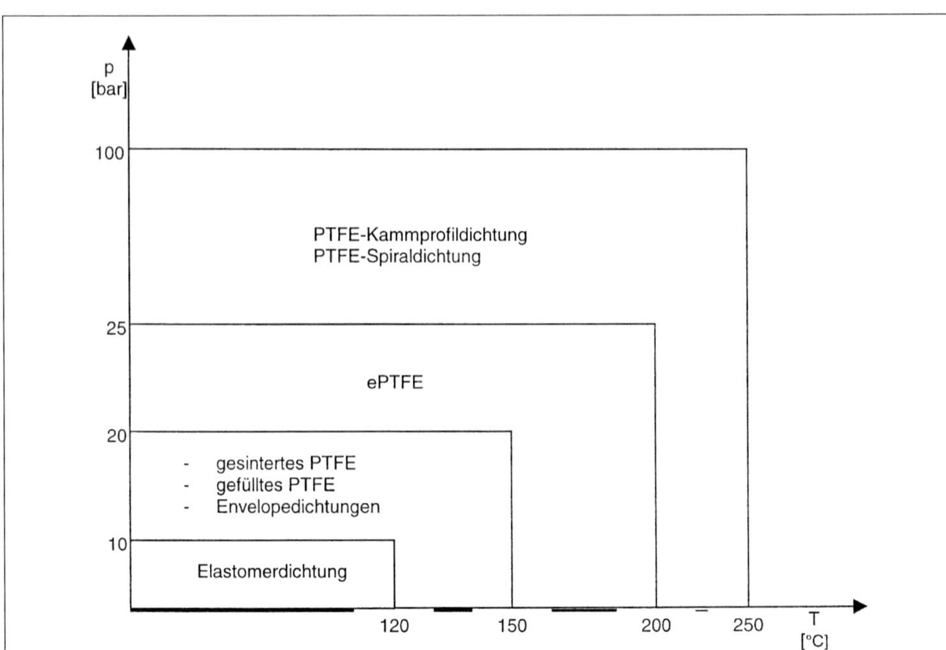

Bild 52: Übersicht der metallischen Rohrflansche für aggressive Medien

3.2.2.4 Gesickte Metalldichtungen mit Elastomerbeschichtung

3.2.2.4.1 Vorbemerkungen

Statische Dichtungen werden in weiten Bereichen des täglichen Lebens und der Industrie eingesetzt. Technisch unterscheidet man sie von den dynamisch belasteten; tatsächlich unterliegen aber auch die meisten der statischen Dichtungen in der Anwendung dynamischen Beanspruchungen, welche zu überlagernden Verformungen führen. Diese von äußeren Kräften erzeugten Verformungen können die Lebensdauer der somit nur quasistatischen Dichtungen entscheidend beeinflussen. Es hat daher nicht an Versuchen gefehlt, solche dynamischen Effekte zu berücksichtigen und zu entschärfen. Gesickte Metalldichtungen mit Elastomerbeschichtung sind ein Beitrag hierzu und können in vielen Anwendungen eingesetzt werden. Zum besseren Verständnis der Vorteile der neuen Dichtungen muß zunächst noch einmal auf einige grundlegende Anforderungen an Flachdichtungen und die Eigenschaften bestimmter Flachdichtungsausführungen hingewiesen werden.

Prinzipiell sollen Dichtungen verhindern, daß zwischen zwei oder mehreren getrennten Räumen ein Stofftransport in einer oder mehreren Richtungen stattfinden kann.

Diese einfach erscheinende Aufgabe ist in der Praxis oft schwierig und manchmal fast unlösbar, da viele z.T. widersprüchliche Einflüsse auf Dichtungen einwirken, siehe auch Kap. 1 und Bild 1, z.B.

- Druck
- Temperatur
- Betriebsmedien
- Dichtflächen
- Schrauben
- Dichtungseinbau
- Einflüsse im Betriebszustand

Diese unvollständige Aufzählung belegt deutlich, daß statische Dichtungen weit mehr Einflüssen unterliegen, als nur den üblicherweise bekannten, wie Drücken, Temperaturen und Medien. Nur so ist es zu erklären, daß manche Dichtungen aufgrund der konstruktiven Gegebenheiten nicht funktionieren (können).

Statische Dichtungen im Krafthauptschluß unterliegen allen Bewegungen der Dichtflächen. Temperaturwechsel mit der Folge von Dimensionsänderungen führen zu unmittelbaren Einwirkungen auf die Flachdichtung, wobei sich Änderungen in axialer Richtung (z.B. bei Rohrleitungen) und in radialer Richtung (z.B. bei Zylinderkopfdichtungen) unterscheiden lassen.

Bei Rohrleitungen treten durch die Wärmedehnung der Rohrwerkstoffe beachtliche Änderungen der Rohrlänge auf. Das wird durch Kompensatoren, Rohrbögen usw. berücksichtigt. Bei kurzen Rohren, z.B. an Kesseln, fehlen diese Maßnahmen.

Aus den Ausdehnungskoeffizienten, Tabelle 7, ergeben sich Längenänderungen im Millimeterbereich, welche je nach Elastizitätsmodul zu stärkeren oder schwächeren Verformungen des Dichtungsmaterials bis hin zur Überpressung führen können.

Diese Verformungen, selbst wenn sie nicht zur Zerstörung der Dichtungen führen, sind nie vollständig reversibel. Einschlägige Prüfverfahren hierzu finden sich im Kapitel 3.2.4. Als Folge bleibt die Flachdichtung nach den Temperaturschwankungen dünner als direkt nach dem

Tabelle. 7: Lineare Ausdehnungskoeffizienten verschiedener Werkstoffe

Aluminium	$22 - 24 \times 10^{-6}$
Kohlenstoffstahl	$10 - 11 \times 10^{-6}$
Cr-Ni-Stahl	$14 - 15 \times 10^{-6}$
Gummi	$120 - 180 \times 10^{-6}$
Asbestfreie Faserdichtungen	$20 - 40 \times 10^{-6}$

Einbau. Sofern die verwendeten Schrauben nicht genügend Elastizität besitzen, und wenn sie nicht genügend angezogen wurden, bleibt daher ein Spalt zwischen Dichtungsoberfäche und Dichtfläche. Mit der Folge von Leckage im kalten Zustand.

Zylinderkopfdichtungen werden häufig zwischen Motorblöcken aus Gußeisen und Köpfen aus Aluminium eingebaut. Dann führt die unterschiedliche Wärmedehnung dazu, daß sich der Kopf stärker ausdehnt als Dichtung und Block, s. Tabelle 7. Als Folge treten Relativbewegungen in der Größenordnung bis 1 mm auf, die mit starkem Reibungsverschleiß und möglicher Leckage verbunden sind.

Flachdichtungen, insbesondere wenn sie aus zunächst porösen Werkstoffen bestehen (Grafit, div. PTFE, Faserwerkstoffe), erfüllen ihre Funktion nur, wenn beim Einbau die benötigte Mindestflächenpressung auf der gesamten Dichtungsfläche erreicht wird. Dazu genügt es nicht, rein rechnerisch den Nachweis hierzu zu erbringen. Die benötigten Kräfte müssen auch tatsächlich auf die Dichtung übertragen werden und nicht in Form von Reibung ungeschmierter Schrauben oder im Toleranzbereich ungenauer Drehmomentschlüssel untergehen. Bild 53 gibt einen Eindruck, wie groß die Abweichung der errechneten von der erzielten Flächenpressung sein kann (Einzelheiten z.B. in der VDI-Richtlinie 2230). Ferner können biegeschwache Bauteile auch mit den besten Schrauben keine hohe Flächenpressung zwischen den Schrauben erzeugen.

Ein einfaches, leicht anzuwendendes Hilfsmittel zu Erkennung zu geringer Flächenpressungen ist der sog. Fuji-Film Prescale [24, 25].

Um ihre Funktionen erfüllen zu können, müssen diese Dichtungen während aller Betriebsbedingungen querschnittsdicht sein und eine so hohe Anpressung an die Dichtflächen besitzen, daß kein Spalt zwischen Dichtung und Dichtflächen auftritt. Ferner müssen die Rauhigkeiten weitgehend aufgefüllt sein.

Flachdichtungen benötigen daher eine gewisse Verformbarkeit (Gummi, ungefülltes, nicht expandiertes PTFE) oder Zusammendrückbarkeit (poröse Werkstoffe, wie expandiertes PTFE, Grafit, Faserwerkstoffe), um eine genügende Anpassung zu erzielen. Einmal eingebaut, muß ein bestimmtes Pressungsniveau auch in allen Betriebszuständen erhalten bleiben. Die Dichtungen dürfen sich nicht zu sehr setzen. Als meßbare Größen werden die schon genannten Eigenschaften Druckverformungsrest bzw Druckstandfestigkeit bestimmt. Der Dichtungseinbau muß die Aufrechterhaltung dieser Mindestflächenpressung im Betriebszustand gewährleisten. Man unterscheidet den Einbau im Kraftneben- und im -hauptschluß, siehe auch Kap. 3.1.

Dichtungen im Krafthauptschluß werden durch die vorgegebene Schraubenkraft an die Dichtflächen angepreßt und füllen dadurch Welligkeiten und Rauhigkeiten auf und werden im

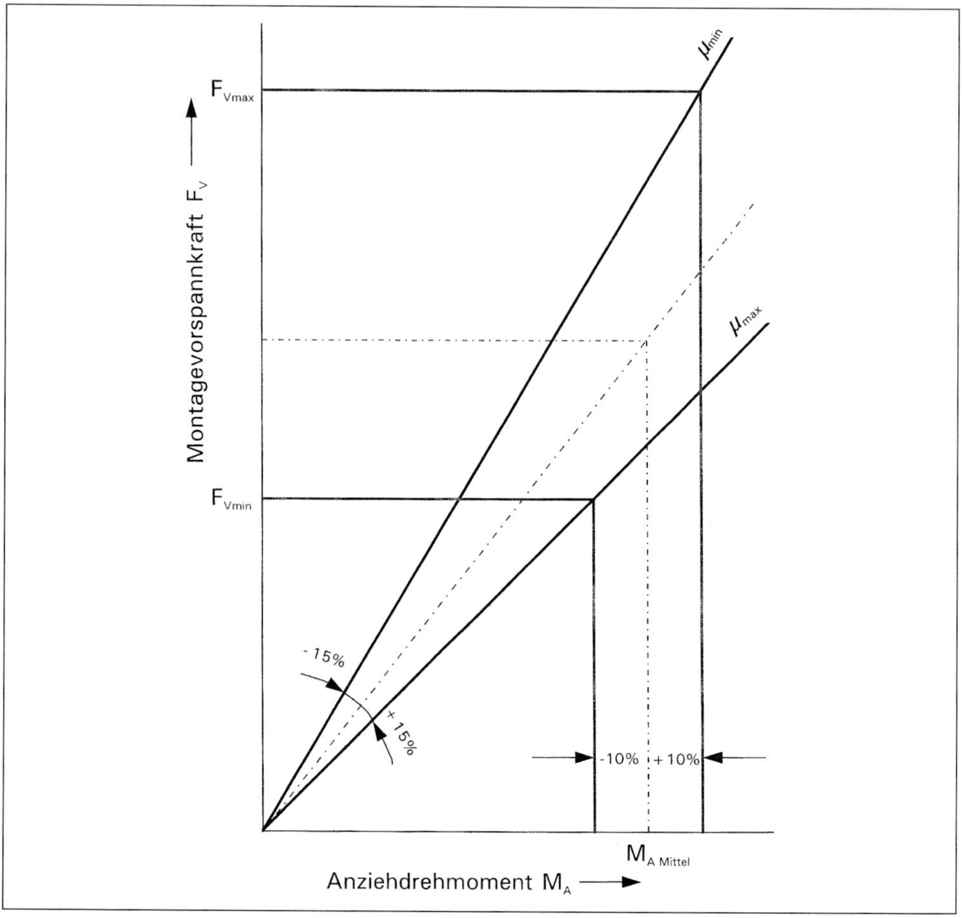

Bild 53: Abweichung der Vorspannkraft F_V durch Streuung des Anziehdrehmomentes M_A und des Reibungskoeffizienten μ im Anziehverfahren mit Drehmomentschlüsseln

Fall der porösen Werkstoffe so weit verdichtet, daß diese Porosität weitgehend geschlossen, also Dichtheit erzielt wird. Solchermaßen eingebaute Dichtungen müssen entweder durch eigene Materialeigenschaften (Metalle) oder durch die dauernd aufrechterhaltene Betriebsflächenpressung dem Betriebdruck standhalten. In kritischen Anwendungsfällen werden solche Dichtungen daher in Dichtflächen mit Nut und Feder nach z.B. DIN 2512 oder mit Vor- und Rücksprung nach DIN 2513 eingebaut, welche höhere Flächenpressungen gewährleisten und einen zusätzlichen Schutz gegen das Ausblasen der Dichtungen durch den Betriebsdruck bieten.

Alle statischen Dichtungen benötigen also in jedem Betriebszustand eine ausreichende Flächenpressung, um dicht zu sein. Dadurch ist die Flächenpressung die wichtigste Einflußgröße auf eine Dichtung.

Die Flächenpressung auf eine Dichtung unterliegt sehr vielen Einflüsen: neben den konstruktiven Kriterien der Dichtverbindung aus Dichtflächen, Schrauben und Dichtung noch den Schwankungen von Temperatur und Betriebsdruck, dem Langzeitverhalten der Dichtung selbst und dem Einfluß der Betriebsmedien auf alle beteiligten Werkstoffe. Die Praxis zeigt, daß die Aufrechterhaltung der Flächenpressung das wesentlichste Kriterium für die Funktion einer Flachdichtung über einen langen Zeitraum hinweg darstellt.

3.2.2.4.2 Die 'ideale' Flachdichtung

Die vielen Einflüsse auf eine Dichtungverbindung hat zu einer Vielzahl von Dichtungstypen geführt, also nicht zu einer einzigen idealen Dichtung für alle Anwendungsfälle. Das liegt nicht zuletzt an den z.T. widersprüchlichen Anforderungen an eine Dichtung. Sie muß gleichzeitig sein:

- Anpassungsfähig (mit geringen Kräften verformbar)
- Kompressibel (also porös)
- Kleinbauend (möglichst kleine Abmessungen)
- Widerstandsfähig gegen äußere Kräfte (Überpressung, Ausblasen)
- Querschnittsdicht (also nicht porös)
- Mechanisch stabil (leichtes Handling, berstsicher)

Die ideale Dichtung wäre daher ein medien- und temperaturbeständiges, gummielastisches Metall mit hoher Festigkeit. Das ist und bleibt natürlich Utopie. Metalle sind entweder hart und nur mit hohen Kräften innerhalb des Hook'schen Gesetzes, also nur im Bereich von wenigen Prozenten elastisch, d.h. vollständig reversibel verformbar, oder sie sind weich und mit geringeren Kräften, dann aber nur plastisch verformbar, nie jedoch mit geringen Kräften über eine größeren Bereich vollständig reversibel verformbar.

Im Gegensatz zu Metallen sind viele Polymere (Gummi, Thermoplaste) mit geringen Kräften verformbar, also anpassungsfähiger als Metalle und das über einen sehr viel größeren Verformungsbereich mehr oder weniger reversibel, wobei der Grad des plastischen, also nicht reversiblen Anteils vom Polymer und der Temperatur abhängt.

Es liegt daher nahe, Metalle und Polymere in Dichtungen zu kombinieren, um so die ideale Dichtung zu konstruieren, siehe auch Kap. 2 und 6.

3.2.2.4.3 Dichtungen aus Polymeren und Metallen

Die zugrundeliegende Idee dieser Kombinaton ist, die Vorteile von Metallen und Polymeren zu vereinen. Die Metalle liefern quasi mechanische Festigkeit und Berstsicherheit, die Polymere dagegen Anpassungsfähigkeit und Elastizität, also das Rückstellvermögen der Kombinationsdichtung. Wenn man bei statischen Flachdichtungen vier Grundanforderungen an die Dichtung wie folgt definiert:

- Makroanpassung an die Unebenheiten der Dichtflächen
- Mikroabdichtung der Rauhigkeiten der Dichtflächen
- Rückstellvermögen
- Mechanische Festigkeit

sieht man sofort, daß die Kombinationsdichtung gegenüber der reinen Polymerdichtung nur eine verbesserte mechanische Festigkeit besitzt.

Man darf jedoch nicht übersehen, daß neben den Vorteilen der einzelnen Bestandteile Polymer und Metall auch deren Nachteile in die Kombinationsdichtung einfließen. So wird die Beständigkeitet der Polymere gegen die verschiedenen Betriebsmedien nicht verbessert, ebensowenig Temperaturbeständigkeit, Druckverformungsrest oder Weiterreißfestigkeit.

Auch die negativen Metalleigenschaften wie Korrosionsanfälligkeit oder Gewicht bleiben erhalten. Hinzu kommen neue Probleme wie Haftung des Polymers auf dem Metall, Herstellbarkeit usw.

Viele dieser kurz skizzierten Nachteile von Metall-Polymer-Kombinationsdichtungen umgeht das neue Dichtungskonzept aus polymerbeschichtetem gesicktem Stahlblech.

3.2.2.4.4 Dichtungen aus elastomerbeschichtetem gesicktem Stahlblech

Aus Bild 54 sind Aufbau und Prinzip dieser nachfolgend 'Retall' genannten Dichtungen ersichtlich. Ein dünnes Blech wird beidseitig mit wenigen µm Elastomer beschichtet. Eine aus dieser Kombination bestehende Dichtung wird zusätzlich mit einer Sicke versehen. Damit gelingt es, die oben genannten vier Hauptanforderungen an eine statische Dichtung besser auf die beiden Komponenten Metall und Elastomer zu verteilen. Das Elastomer übernimmt nur noch die Mikroabdichtung der Rauhigkeit. Die Sicke übernimmt sowohl die Makroanpassung an die Dichtflächen, als auch das Rückstellvermögen; das Blech garantiert mechanische Festigkeit.

Diese neue Aufgabenverteilung bietet große Vorteile und stellt einen entsprechenden Fortschritt dar. Bisher wurden maßgebliche Eigenschaften der Kombinationsdichtung aus Metall und Polymer vom Polymer bestimmt, s.o. Die meisten Eigenschaften von Polymeren sind aber stark temperatur- und zeitabhängig. Damit sind auch die Eigenschaften solcher Kombinationsdichtungen temperatur- und zeitabhängig. Beim Retall-Dichtungskonzept sind die meisten Dichtungseigenschaften aber nicht mehr vom Polymer, sondern vom Stahl abhängig. Damit besteht keine ausgeprägte Temperatur- und Zeitabhängigkeit mehr. Die Dichtungen erfüllen ihre Aufgaben also über einen längeren Zeitraum und in einem höheren Temperaturbereich. Lediglich die Mikroabdichtung verbleibt der Beschichtung, aber selbst hier be-

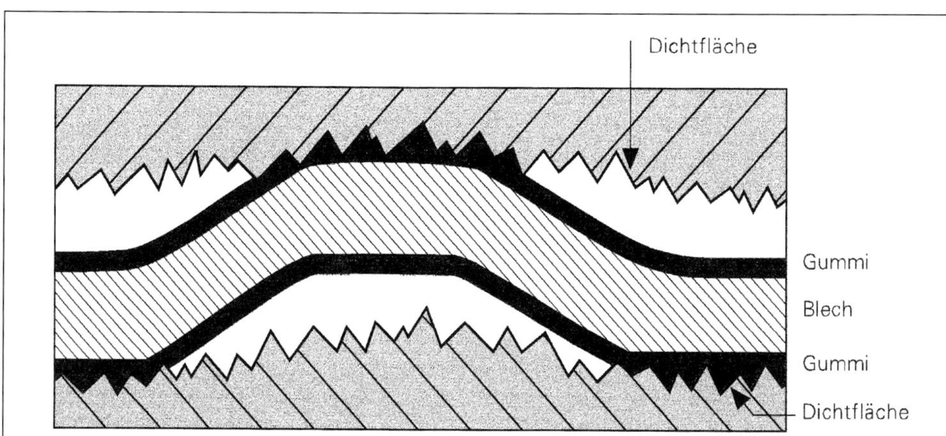

Bild 54: Aufbau und Funktionsweise einer Retall-Dichtung

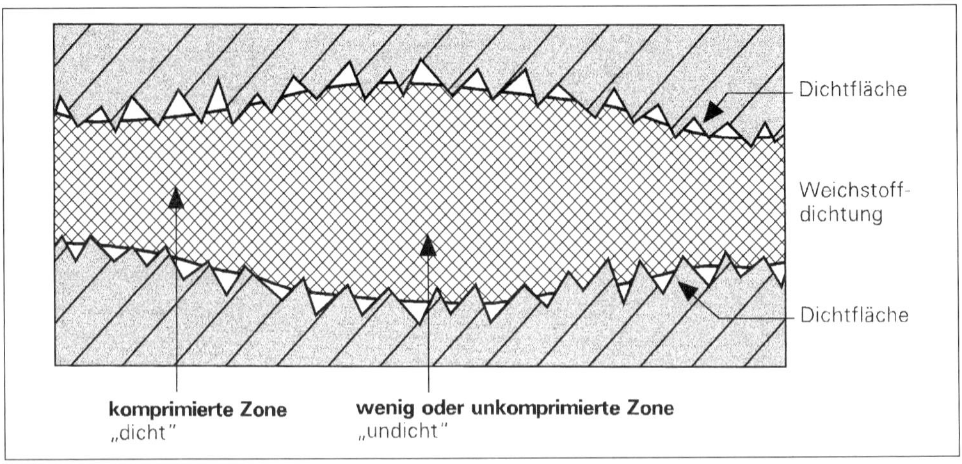

Bild 55: Aufgabe und Funktionsweise von Flachdichtungen aus kompressiblen Werkstoffen

sitzt das neue Konzept Vorteile gegenüber üblichen Abdichtungen mit Polymeren. Das wird weiter unten erläutert werden.

Bild 54 zeigt skizzenhaft, wie sich die neuartige Aufgabenverteilung der Retalldichtungen von denen der asbestfreien Faserdichtungen (FA), Bild 55 unterscheidet, welche zusammen mit Flachdichtungen aus Grafit den größten Anteil der sogenannten Hochdruckdichtungen darstellen.

3.2.2.4.4.1 Funktionsweise von statischen Flachdichtungen auf Faserbasis

Diese Weichstoffdichtungen auf Faserbasis sind aufgrund ihrer Zusammensetzung aus Fasern, Füllstoffen und Bindemitteln [26], und des Herstellverfahrens (eine lösungsmittelhaltige weiche Masse wird unter Verdampfung des Lösungsmittels durch Temperatur und Druck zu den sog. Dichtungsplatten ausgewalzt) immer porös. In dieser Form muß dieses Dichtungsmaterial die oben genannten vier Grundforderungen an statische Flachdichtungen erfüllen. Die Porosität ist gleichbedeutend mit der Kompressibilität der Dichtungen, die beim Einbau die Anpassung an die Dichtflächen ermöglicht. Die Porosität ist daher eine Voraussetzung für das Funktionieren solcher Dichtungen. Andererseits bedeutet Porosität gleichzeitig die Gefahr von Leckage, da die Poren nicht isoliert und in sich geschlossen sind, sondern untereinander in Verbindung stehen, also Kanäle bilden, durch die eine Leckage austreten kann, siehe dazu auch Pkt. 3.2.2.

Beim Einbau muß die Dichtung, wie schon erwähnt, vermittels der Einbauflächenpressung die Unebenheiten der Dichtungsflächen auffüllen und in die Oberflächenrauhigkeit eingepreßt werden. Gleichzeitig sollen aber alle Poren vollständig zusammengepreßt werden. Damit ist aber ein prinzipieller Widerspruch vorhanden: Bereiche der Dichtung, die durch „Wellenberge" der Dichtflächen zusammengepreßt sind, weisen geschlossene Poren auf. Diejenigen Bereiche der Dichtung, welche die „Wellentäler" der Dichtflächen auffüllen, sind je nach Welligkeit der Dichtflächen mehr oder weniger, nie jedoch vollständig geschlossen, können also nie optimal dicht sein, Bild 55. Man muß bedenken, daß diese faserhaltigen Dichtungen nicht verformbar, nur kompressibel sind. Anders als bei z.B. Gummi wird also von den Wellenbergen der Dichtflächen kein Dichtungsmaterial in die Wellentäler verdrängt. Dieser Vorgang würde eine Faserdichtung zerreißen.

Damit eine Faserdichtung zufriedenstellend funktionieren kann, müssen demnach bestimmte Voraussetzungen erfüllt sein. Die wichtigsten sind

- hohe Einbauflächenpressung
- ebene Dichtflächen
- steife Dichtflächen

Im Betriebszustand kommen weitere Forderungen an die Dichtverbindung hinzu. Unabhängig von den abzudichtenden Betriebsmedien sollen sich die Dichtungseigenschaften nicht ändern. Das ist jedoch der Fall. Unter Temperatureinfluß verhärten alle Faserdichtungen, da das Bindemittel endgültig ausvulkanisiert und u.U. durch den Luftsauerstoff sogar nachvernetzt wird. Damit verliert die Dichtung die bei Raumtemperatur vorhandene sogenannte Rückerholung. Hierunter versteht man die Eigenschaft, daß die Zusammenpressung der Dichtung unter Last nach Wegnahme dieser Last zu einem bestimmten Prozentsatz (üblicherweise > 40 %) reversibel ist, siehe auch Kap. 2 und 3.2.3.2.1. Besitzt eine neue Dichtung eine Kompressibilität von z.B. 10 %, so bedeutet das bei einer Dichtungsdicke von 2 mm eine Zusammenpressung um 0,2 mm auf 1,8 mm. Bei einer Rückerholung von 40 % würde die Dichtung nach Entlastung um 0,08 mm auf 1,88 mm aufgehen. Bei eingebauten und einer Temperaturbelastung unterworfenen, also harten Dichtungen sinkt dieser Wert auf 0,01 bis 0,02 mm. Andererseits würde eine hohe Rückerholung natürlich das erneute Öffnen der geschlossenen, weil verpreßten Poren bedeuten, letztlich also eine gewisse Leckage. Damit Dichtheit im Betriebszustand garantiert ist, darf sich der Dichtspalt also unter Temperatur- und Druckeinfluß nicht verändern, es müssen daher ebenfalls einige Bedingungen erfüllt sein, damit immer eine genügende Flächenpressung vorhanden ist, selbst wenn sich die Dichtung gesetzt hat:

- Steife Dichtflächen ohne zusätzliche Biegemomente
- Elastische Schrauben
- Hohe Schraubenkräfte

Diese Forderungen haben zur Folge, daß entweder Abstriche bei der Dichtheit in Kauf genommen werden oder sehr stabile Dichtflächen konstruiert werden müssen. Das erfolgt leider nicht immer, wie das Beispiel der Flächenpressungen bei DIN-Flanschen zeigt, Bild 56 und [27]. Bei bestimmten Abmessungen sind die rechnerischen Einbauflächenpressungen unterhalb von 30 N/mm^2, eines für die Abdichtung von Gasen bei den meisten Faserdichtungen benötigten Wertes.

Die Schrauben selber sollten möglichst lang sein und müssen beim Einbau gedehnt werden, damit eine genügende Elastizität vorhanden ist, um das unvermeidbare Setzen der Dichtung und die Relaxation der metallischen Bauteile zu kompensieren.

Es ist ferner kaum möglich, verschiedene Flansch- und Schaubenwerkstoffe zu kombinieren, da deren unterschiedliche Wärmeausdehnungskoeffizienten zu großen Problemen mit Spaltänderungen führen.

Natürlich treten die geschilderten Probleme in der Praxis nur selten auf, da es gute Dichtungen gibt und i. allg. die Einsatzgrenzen der Faserdichtungen auch eingehalten werden. Das bedeutet aber andererseits, daß außerhalb dieser Grenzen andere, zumeist teure Lösungen zum Einsatz kommen.

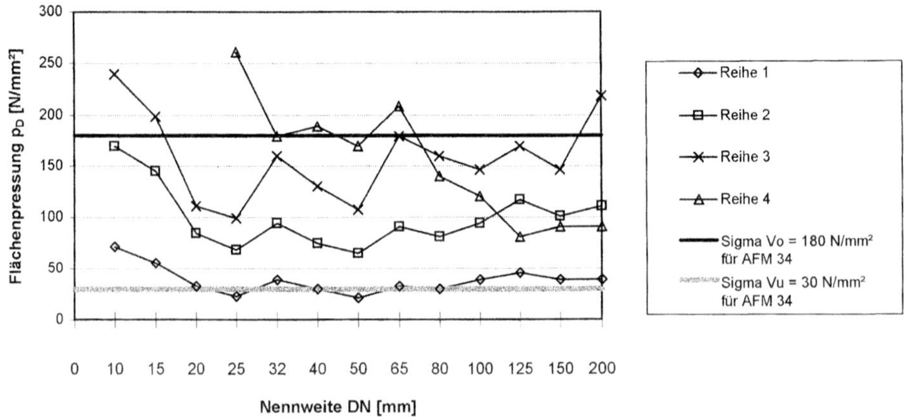

Reihe 1: PN 40 (DIN), mit Dichtleiste (RF), 4.6-Schrauben

Reihe 2: PN 40 (DIN), mit Dichtleiste (RF), 8.8-Schrauben

Reihe 3: PN 40 (DIN), mit Feder und Nut, Dehnschrauben 1.7709

Reihe 4: 300 psi (ANSI), mit Dichtleiste (RF), 8.8-Schrauben

Bild 56: Flächenpressung an Normflansch-Dichtverbindungen

Hier setzen die Vorzüge von Retall ein, das sowohl in vielen Fällen die Faserdichtungen und Grafit, aber auch teurere Lösungen ersetzen kann.

3.2.2.4.4.2 Wirkungsweise von Retalldichtungen

Gummibeschichtete Bleche werden schon seit längerer Zeit auch als Dichtungen eingesetzt [28]. Sie unterscheiden sich aber nicht wesentlich von den oben erwähnten Kombinationsdichtungen, da der Gummi drei der vier Grundforderungen an eine Flachdichtung übernimmt. Also Makroanpassung an Dichtflächenunebenheiten, Mikroabdichtung der Rauhigkeiten und elastisches Rückstellvermögen. Es versteht sich von selbst, daß eine Beschichtung von vielleicht 0,1 mm daher sehr ebene, glatte Dichtflächen voraussetzt. Durchbiegungen der Dichtflächen im Betrieb sind völlig unzulässig. Die Anforderungen an die Dichtflächen sind höher als bei Faserdichtungen.

Deshalb kommt bei Retall noch ein entscheidendes Merkmal hinzu, die Sicke.

Diese ermöglicht Anwendungen, die bisher keine Dichtung gelöst hatte und erlaubt den Ersatz von bestehenden teuren, komplizierten Dichtungen.

– Gummibeschichtung von Retall

Die Beschichtungsdicke beträgt üblicherweise zwischen 20 und 120 µm, kann dünner, aber auch dicker sein, Tabelle 8. Sie wird so gewählt, daß die Oberflächenrauhigkeit der Dichtfläche sicher aufgefüllt werden kann. Mehr ist nicht erforderlich. Aus Toleranzgründen und wegen der Produktionsvereinfachung werden natürlich bestimmte Beschichtungsdicken standardisiert.

Tabelle 8: Werkstoffkombinationen Blech/Gummi

Stahl	Beschichtung	Anwendungen
Kohlenstoffstahl 0,25 mm	NBR 60 µm	Industrie- u. Autonebendichtungen
Kohlenstoffstahl 0,25 mm	NBR 120 µm	Industriedichtungen
Kohlenstoffstahl 0,25 mm	HNBR 25 µm	Zylinderkopfdichtungen
Rostfreier Federstahl 0,20 mm	NBR 25 µm	Industrie- u. Zylinderkopfdichtungen
Rostfreier Federstahl 0,20 mm	FPM 25 µm	Industrie- u. Zylinderkopfdichtungen

Die Gummischicht wirkt wie eine zähe Flüssigkeit, welche die Rauhigkeitstäler der Dichtflächen auffüllt. Bestimmte typische Gummieigenschaften wie Druckstandfestigkeit, Reißfestigkeit oder -dehnung spielen nur noch eine untergeordnete Rolle, da die Oberflächenrauhigkeiten vollständig aufgefüllt sind. Die Dichtfunktion wird nicht durch eine elastische Verformung erzielt, mithin kann es kein Sitzenbleiben des Gummis (Druckverformungsrest) geben. Ein Rückstellvermögen der Gummischicht ist ebenfalls nicht vonnöten, da das von der Sicke gewährleistet wird.

Ferner sind die üblichen Anwendungsgrenzen von Gummi ohne Bedeutung. Ein Blick auf Tabelle 9 zeigt, wie unterschiedlich diese sind.

Die Ursache liegt in der Polymerkette, welche gewissermaßen das Rückgrat des Gummis darstellt. Die zumeist aus Kohlenstoffatomen gebildete Polymerkette (bei Silikonkautschuk aus -Si-O-Si-O-Ketten) kann vollständig gesättigt sein, dann gehen die Kohlenstoffatome keine weiteren Bindungen ein, oder sie kann teilweise ungesättigt sein, dann können die Kohlenstoffatome weitere Bindungen eingehen. Diese Ungesättigtheit nutzt man z.B. bei der Vulkanisation mit Schwefel, wobei im Idealfall ein Schwefelatom zwei Polymerketten verbindet und dadurch aus thermoplastischen Polymerketten schwach vernetzte Elastomere bildet. Es bleiben aber nach dieser Vulkanisation noch viele reaktive Kohlenstoffatome übrig, die mit weiterem Schwefel oder anderen aktiven Atomen oder Molekülen, insbesondere dem Luftsauerstoff reagieren können, wodurch der Gummi seine Eigenschaften völlig verändern kann und z.B. nicht mehr elastisch bleibt, sondern hart und spröde wird. Diese ungesättigten Kautschuke erkennt man bei den gebräuchlichen Abkürzung nach DIN ISO 1629 am letzten Buchstaben 'R', z. B. NBR oder NR. Die Einsatzgrenzen liegen bei ca 100 bis 110 °C.

Die gesättigten Polymerketten reagieren demgemäß nicht mit Schwefel und müssen mit anderen reaktiven Stoffen vernetzt werden. Als Vorteil erweist sich dabei, daß diese gesättigten Kautschuke deshalb auch erst bei sehr viel höheren Temperaturen mit dem Luftsauerstoff reagieren. Bei diesen Kautschuken ist der letzte Buchstabe der Abkürzung ein M, z.B. FPM oder ACM.

Tabelle 9: Temperatureinsatzgrenzen von Gummi in °C

NR	100 – 110	ACM	150 – 160
CR	100 – 110	EPM	140 – 150
SBR	100 – 110	FPM	220 – 250
NBR	100 – 110	VMQ	220 – 250

Die Temperatureinsatzgrenzen der ungesättigten Gummis sind also durch ihre Unbeständigkeit gegenüber Luftsauerstoff definiert. Man spricht von Alterungsbeständigkeit.

Die wirkliche Beständigkeit gegen höhere Temperaturen, die aber nur unter Ausschluß von Luftsauerstoff erreicht werden kann, liegt in der Größenordnung der Temperaturbeständigkeit der gesättigten Kautschuke, also bei über 150 °C.

Das wird bei der Anwendung von Retall ausgenutzt. Da die Elastomerschicht die Oberflächenrauhigkeit der Dichtflächen vollständig auffüllt, kann kein Luftsauerstoff von außen auf den Gummi einwirken. Bei höheren Temperaturen tritt daher nur eine Nachvernetzung durch enthaltenen überschüssigen Schwefel ein, aber keine fortschreitende Alterung durch den Sauerstoff. Lediglich die kleine Menge des in den Rauhigkeitstälern durch das Elastomer eingeschlossenen Sauerstoffes könnte mit dem Gummi reagieren, dieser Sauerstoff wird aber aufgrund der Mengenverhältnisse vollständig durch die dem Kautschuk zugegebenen Alterungsschutzmittel abgefangen.

Das bedeutet, daß bei Retall die Temperatureinsatzgrenze für z.B. NBR (Nitrilkautschuk) von den üblichen 110 °C auf 150 °C bis 180 °C ansteigt.

Bei FPM (Fluorkautschuk) steigt diese Grenze geringer an, da der Ausschluß von Luftsauerstoff bei einem von Hause aus Sauerstoff-beständigen Kautschuk keinen großen Effekt zeitigen kann.

- Funktion der Sicken

Die Sicken übernehmen die Anpassung einer Retalldichtung an die Dichtflächen und garantieren ein hohes Rückstellvermögen bei Dichtspaltänderungen, das abhängig ist von der Sickenhöhe und 0,1 bis 0,2 mm Weg überbrücken kann. Das muß mit dem Rückstellvermögen einer üblichen statischen Flachdichtung von 0,01 bis 0,02 mm verglichen werden. Abhängig von der vorhandenen Flächenpressung und der Auslegung der Dichtstelle sind sog. Halb- oder Vollsicken mit unterschiedlicher Steifigkeit in Anwendung, Bild 57 [29]. Ein weiterer, sehr wesentlicher Vorteil der Sicke liegt darin, daß im Gegensatz zu üblichen Flachdich-

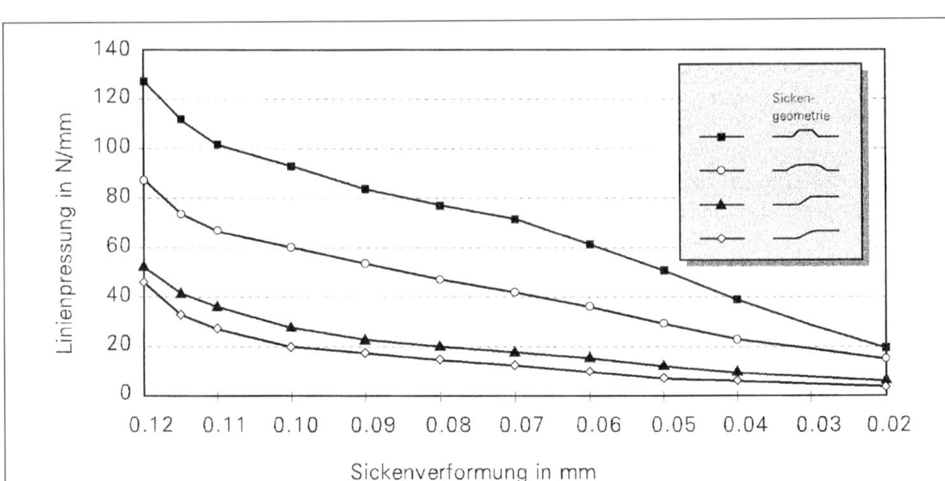

Bild 57: Einfluß der Sickengeometrie auf die Linienpressung

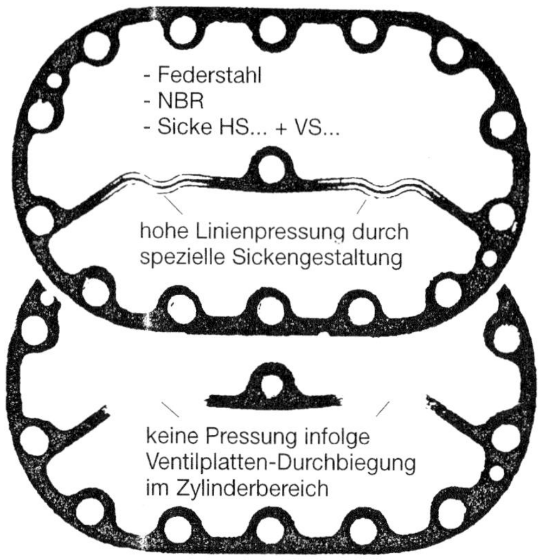

Bild 58: Vergleich von Faserdichtung und Retall-Dichtung

tungen nicht eine breite Zone der Dichtung zusammengepreßt werden muß, sondern nur die linienförmigen Berührungszonen der Sicke. Daher erzielt man auch mit niedrigen Schraubenkräften eine hohe (Linien)pressung. Bild 58 zeigt ein Beispiel einer kritischen Dichtung. Mittels des schon erwähnten Fuji-Films Prescale wurde die Flächenpressungsverteilung ermittelt.

Dieser Fuji-Film Prescale besteht aus einer Kunststoff-Folie, welche mit mikroverkapseltem rotem Farbstoff beschichtet ist. Je nach Höhe der Pressung, die auf diesen Film aufgebracht wird, platzen mehr oder weniger viele dieser Mikrokapseln und geben den Farbstoff frei. Die Farbtiefe gibt daher mit Hilfe einer Eichkurve einen guten Anhalt über die tatsächlich vorliegende Flächenpressung.

Es ist in Bild 58 zu erkennen, daß bei der Dichtung aus Faserstoff zwischen den weit entfernten Schrauben erwartungsgemäß eine geringe, in diesem Fall zu geringe Flächenpressung vorliegt. Die Gefahr von Leckage oder gar des Ausblasens der Dichtung ist offensichtlich. Der unter den gleichen Pressungsbedingungen aufgenommene Fuji-Film-Abdruck zeigt bei Retall eine geschlossene Pressungslinie. Die Retalldichtung wird demnach auch zwischen den weit entfernten Schrauben überall gut angepreßt. Dichtheit ist daher gegeben.

Weil nur geringe Schraubenkräfte benötigt werden, um ausreichende Flächenpressungen zu erzielen, lassen sich Material- und Gewichtseinsparungen erzielen. Ferner benötigen Retalldichtungen nur verhältnismäßig schmale Dichtzonen von 2 bis 3 mm Breite, wodurch ebenfalls Material eingespart werden kann und z.B. Gehäusewandungen direkt als Dichtflächen verwendet werden können.

– Bleche

Dem verwendeten Blech kommt eine große Bedeutung zu, da es neben der reinen mechanischen Festigkeit auch die Sickeneigenschaften wesentlich bestimmt. Die Sicke muß über der gesamten Lebensdauer die gleichen Eigenschaften behalten. Je nach Anforderung werden deshalb verschiedene Blechwerkstoffe eingesetzt. Die wesentlichsten sind:

- Kohlenstoffstahl
- Edelstahl
- Federstahl

Da die Herstellung der gesickten, gummibeschichteten Blechdichtungen auf mehrere Weisen möglich ist, kann bei einer bestimmten Prozeßführung auch ein Schritt der Blechhärtung eingeführt werden [30].

Es versteht sich von selbst, daß bei einer Dichtung aus Kohlenstoffstahl die Sicke nur eine geringere Anzahl von Deformationen durch Vibrationen usw überstehen kann, bevor sie durch Ermüdung versagt.

Eine Sicke aus nichtrostendem Federstahl dagegen übersteht Millionen von Lastwechseln, verlangt aber Dichtflächen aus Werkstoffen, welche eine ausreichende Härte aufweisen, um ein Einarbeiten der Sicke in die Dichtflächen zu vermeiden.

3.2.2.4.5 Ausführungsarten von Retalldichtungen

Die Kombinationen von Blechwerkstoff und -dicke, Gummiwerkstoff und -dicke, Sickenkonstruktion und Anzahl der Blechlagen lassen prinzipiell eine unüberschaubare Vielfalt von Ausführungen zu. Nachfolgend kann daher nur eine sehr verkürzte Übersicht gegeben werden, welche einige Standardtypen beschreibt.

– Häufige Kombinationen von Blech- und Gummiwerkstoffen

In Tabelle 8 sind einige Kombinationen beschrieben, die sich z.B im Industriebereich wie auch im Automobilbau als Zylinderkopf- oder Nebendichtungen bewährt haben. HNBR ist die Abkürzung für hydrierten Nitrilkautschuk, der durch diesen chemischen Vorgang vom sog. ungesättigten in einen mehr gesättigten Kautschuk überführt wurde und deshalb gegenüber dem normalen NBR eine erhöhte Alterungsbeständigkeit besitzt.

Ferner werden die Gummibeschichtungen auf Bedarf mit einer Antihaft- und Gleitbeschichtung versehen, um zu verhindern, daß bei Relativbewegungen der Dichtflächen die Beschichtungen zerrieben werden.

– Einlagige Retalldichtungen

Diese Konstruktion wird bei Industriedichtungen fast ausschließlich verwendet. Sie stellt die einfachste und daher auch preiswerteste Lösung dar. Allerdings sind dadurch auch die Anwendungsgrenzen enger: Dichtspaltunebenheiten und -änderungen müssen unterhalb der nutzbaren Sickenhöhe liegen, also unter ca. 0,1 mm.

– Mehrlagige Retalldichtungen

Diese Konstruktion wird überwiegend bei Zylinderkopfdichtungen eingesetzt. Die Kombination mehrer gesickter Blechlagen ergibt höhere absolute Federwege, wodurch entweder größere Unebenheiten überbrückt oder bei geringen Unebenheiten die einzelnen Sicken weniger belastet werden und daher immer im optimalen Bereich der Verformungskennlinien arbeiten. Damit lassen sich dann höchste Standzeiten erreichen. Müssen beim Austausch bestehender Dichtungen durch eine Retalldichtung bestimmte Einbaudicken eingehalten wer-

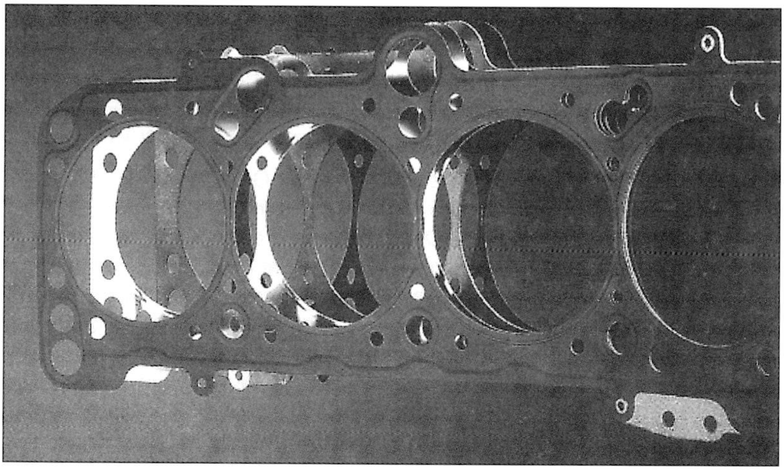

Bild 59: Zylinderkopfdichtung

den, können die gesickten Blechlagen auch noch mit einem sog. Distanzblech kombiniert werden. Natürlich muß zwischen allen Blechlagen eine Gummischicht vorhanden sein, um Dichtheit zu garantieren. Bild 59 zeigt z.B. eine Zylinderkopfdichtung aus zwei gesickten Blechen, einem Distanzblech und einem vierten, nur umgefalzten Blech. Dieser Falz hat die Aufgabe, die Sicken vor einem völligen Plattquetschen beim Einbau oder im Betriebszustand zu schützen und daher den Arbeitspunkt der Sicken in den optimalen Bereich zu legen und vermeidet ferner Ermüdungsbrüche.

3.2.2.4.6 Einsatzgebiete von Retalldichtungen

Diese relativ neue Dichtungskonstruktion kann überall dort eingesetzt werden, wo sich ihre Vorteile nutzen lassen, also bei:

- Unebenen Dichtstellen
- Biegeschwachen Dichtstellen
- Dichtstellen mit häufigen Temperaturwechseln
- Dichtstellen mit häufigen Pressungsänderungen
- Dichtstellen mit starken Vibrationen
- Dichtstellen mit geringen Flächenpressungen
- Schmalen Dichtstellen

Solche Dichtstellen finden sich außer im Automobilbau in Industriearmaturen, Vakuumanlagen, Kompressoren oder Hydraulikkomponenten mit vielen Steuerkanälen und filigranen Lochbildern, die bei der Abdichtung mit O-Ringen einen sehr hohen Aufwand für die Bearbeitung der Dichtflächen und -nuten verlangen.

Nicht sinnvoll sind Retalldichtungen in Standardabdichtungen mit ausreichend hohen Flächenpressungen oder bei Dichtflächen mit tiefen Kratzern, die von der Gummibeschichtung nicht aufgefüllt werden können.

Deutscher Akkreditierungs Rat

DAR

DAP-P-03.145-00-97-20

FACHHOCHSCHULE MÜNSTER

Dichtungsprüflabor
Fachbereich Physikalische Technik

Durch die DAP Deutsches Akkreditierungssystem Prüfwesen GmbH
akkreditiertes Prüflaboratorium
Die Akkreditierung gilt für die in der Urkunde
aufgeführten Prüfverfahren

Prüfungsmöglichkeiten

- Untersuchungen zum Leckverhalten von Dichtungen
- Prüfung von Dichtelementen für Flanschverbindungen (mechanische und Innendruckprüfungen)
- Ermittlung von Einsatzkriterien, Kennwerten und funktionellen Abhängigkeiten

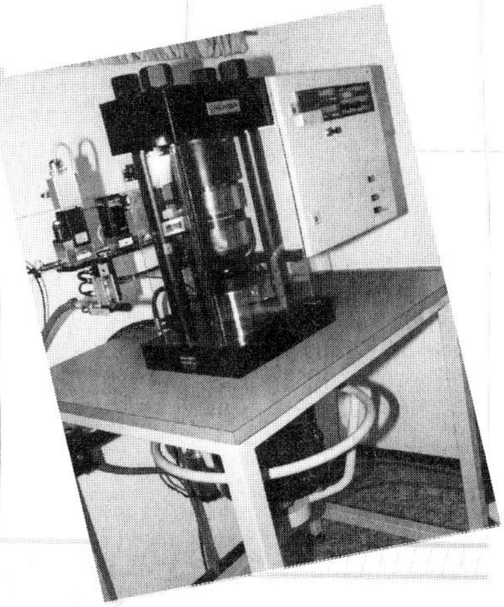

Ausstattung

- Prüftechnik nach DIN 28090/91
- Hydraulische Prüfeinrichtung für mechanische Kennwerte
- Innendruckprüfstände mit quantitativer Leckmengenerfassung
- Temperiereinrichtung / Oberflächenmeßtechnik
- Öffentliche Bestellung als Sachverständiger für Dichtungstechnik
- Akkreditiert als anerkanntes Prüflabor durch das DAP
- Internationales Dichtungskolloquium / zweijährlich

Aktuelle Informationen finden Sie auch im Internet
http://www.FH-Muenster.de/FB11/dichtlab.htm

3.2.3 *Prüfverfahren und Lieferbedingungen zur Charakterisierung von Flachdichtungen*

Flachdichtungen werden in der heutigen Dichtungstechnik vielfach verwendet. Ihr Einsatzgebiet umfaßt ein sehr weites Spektrum von Anwendungen in Rohrleitungen und Flanschverbindungen jeder Art.

Der Ausfall einer Flachdichtung ist mit hohen Reparaturkosten und langen Ausfallzeiten für die Maschine bzw. Anlage verbunden. Aus diesem Grund muß ein dauerhafter Betrieb der Dichtung gewährleistet werden. Um das zu erreichen, werden die Dichtungswerkstoffe mit einer Vielzahl von Prüfverfahren getestet.

Der Großteil dieser Prüfverfahren wird an einer Prüfvorrichtung durchgeführt, wie sie in dem Bild 60 dargestellt ist.

3.2.3.1 *DIN 28090 Prüfverfahren / DIN 28091 Lieferbedingungen*

Für die asbestfreien Dichtungen wurden die Normen DIN 28090 und DIN 28091 entwickelt. Die Norm DIN 28090 definiert die Kennwerte und die Meßmethoden, wie diese Kennwerte prinzipiell gemessen werden müssen.

Die Norm DIN 28091 spezifiziert die Werkstoffklassen und ihre Lieferbedingungen. Die Lieferbedingungen legen Mindestwerte der Kennwerte sowie die spezifischen Prüfbedingungen fest.

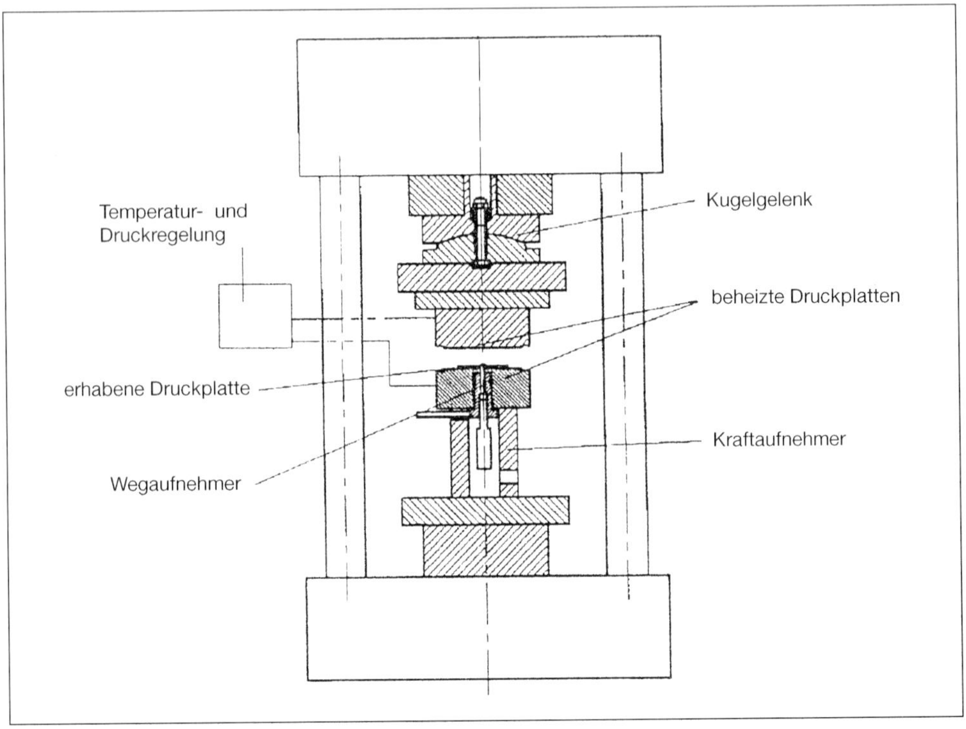

Bild 60: Prüfvorrichtung nach DIN 28090

3.2.3.1.1 Setzverhalten, Belastung und Temperatur

Dichtungen zeigen unter Last und bei höheren Temperaturen ein Setzverhalten. Zum einen ergeben sich Deformationen durch die vorherrschende Pressung bei Raumtemperatur, zum anderen bei zusätzlicher betriebsbedingter Erhöhung der Temperatur.

Die Vorpressung σ_V einer Dichtung dient vor allem dazu, noch vorhandenen Poren des Dichtmaterials zu schließen und die Anpassung der Dichtung an die meist metallischen Gegenflächen zu erreichen.

Die Betriebspressung σ_B einer Dichtung dient zum Aufrechterhalten des Kraftschlusses zwischen Dichtung und Flanschoberflächen in dem jeweiligen Dichtsystem bei entsprechender Temperatur infolge der entlastenden Wirkung des Innendruckes. Mit der Betriebsdichtungspressung soll erreicht werden, daß der Dichtheitseffekt nach der Aufgabe des Innendruckes aufrechterhalten wird und die Dichtung vor allem bei glatten Flanschoberflächen nicht aus der Verbindung herausgedrückt wird. Dabei spielt eine möglichst optimal gefertigte Oberflächengüte der metallischen Dichtflächen eine große Rolle.

Dieser Zusammenhang zwischen dem Verformungsverhalten, dem elastischen Verhalten einer Dichtung und dem Dichtverhalten spiegelt sich in den Kennwerten der DIN-Norm 28090 wieder.

3.2.3.1.2 Kennwerte der mechanischen Eigenschaften (ε_{KSW}, ε_{KRW}, ε_{WSW}, $\varepsilon_{WRW/T}$, R)

Das Setzverhalten einer Dichtung wird über die Kennwerte des Verformungsverhaltens nach DIN 28090 beschrieben. Hierbei werden der Kaltstauchwert ε_{KSW}, der Warmsetzwert ε_{WSW} und die dazugehörigen jeweiligen Kalt- bzw. Warmrückverformungswerte ε_{KRW} bzw. $\varepsilon_{WRW/T}$ ermittelt. Diese Kennwerte werden auch unter den technischen Lieferbedingungen der DIN-Norm 28091 als Anforderungen aufgeführt.

Der Rückverformungswert R wird in der DIN-Norm 28090 als die Differenz zwischen der Dicke nach der Warmverformung einer Dichtung und der Restdicke nach der Warmrückverformung einer Dichtung definiert.

Dieser Wert R ist die elastische Rückerholung einer Dichtung nach dem Kaltstauchweg und dem Warmsetzweg.

3.2.3.1.3 Meßmethoden für Leckagekennwerte

– Spezifische Leckagerate

Der Dichtungskennwert der spezifischen Gasleckage λ ist nach DIN 28090 Teil 1 folgendermaßen definiert:

Die spezifische Leckagerate λ ist die auf den mittleren Dichtungsumfang bezogene Leckagemenge, die sich im wesentlichen in Abhängigkeit von vorgegebener Flächenpressung, Druckdifferenz, Temperatur und gegebenem Prüfmedium einstellt. Daraus ergibt sich die Einheit der spezifischen Gasleckage mit: mg/(s·m)

Mittels dieses Dichtungskennwertes kann die Leckage beurteilt werden, die sich im Betriebszustand für die jeweilige Dichtverbindung einstellen wird.

Die spezifische Leckagerate wird mit Hilfe einer Prüfpresse gemäß Bild 60 ermittelt, die mit einem Meßgerät zur Bestimmung des Massendurchflusses des Prüfgases, meist technisch reiner Stickstoff, ausgestattet ist.

Die Prüfung wird an ringförmigen Proben (Abmessung 50 x 90 x 2 mm^3; A = 4398 mm^2) durchgeführt.

Die festzulegenden Parameter bei dieser Werkstoffprüfung sind:

a) Flächenpressung, b) Temperatur und c) Innendruck.

Zu a) Standardmäßig wird auf den Prüfling eine Pressung von 30 N/mm^2 aufgebracht (Vorgabe der DIN 28090); zweckmäßigerweise werden Werte zwischen 10 und 40 N/mm^2 eingestellt.

Zu b) Prinzipiell steht für diese Prüfung der gesamte Temperaturbereich der Prüfanlage zur Verfügung (Raumtemperatur bis zu 450 °C); allgemein wird geprüft bei RT, 100 °C, 200 °C und 300 °C, darüberhinaus kann das Temperatur-Maximum des jeweiligen Prüf-Werkstoffes in Schritten von 10 K ermittelt werden.

Zu c) Auch hier ist von der DIN 28090 mit 40 bar ein Standardwert festgelegt, der maximal aufzugebende Stickstoff-Innendruck beträgt 100 bar.

Wegen der Abhängigkeit der Mindestflächenpressung von der maximal zulässigen Leckagerate werden nach DIN 28090-1 sogenannte Dichtheitsklassen L gebildet, in die die verschiedenen Dichtungsmaterialien bzw. Dichtungstypen eingestuft werden können.

Tabelle 10: Dichtheitskassen nach DIN 28090-1[4]

Dichtheitsklasse	L1,0	L0,1	L0,01
spezifische Leckagerate λ [mg/(s · m)]	$\leq$ 1,0	$\leq$ 0,1	$\leq$ 0,01

– Messungen im Flansch

Zur Simulation möglichst realer, betriebsnaher Bedingungen kann die Bestimmung des Leckageverhaltens nach DIN-Norm 28090-2 mit einem Prüfgerät durchgeführt werden, das als wesentlichen Bestandteil ein Vorschweißflanschpaar nach DIN-Norm 2635 DN 40 enthält. Hierbei wird die Dichtung durch definierte Schraubenkräfte im Flanschpaar zusammengepreßt und verspannt. Die Temperatur der Prüfanordnung wird während der Messung konstant gehalten.

Das Flanschpaar mit Dichtung wird während des Versuches mit einem Stickstoffgas von 40 bar Druck beaufschlagt und der Druckabfall innerhalb einer festgelegten Zeitspanne bestimmt. Aus dem Druckabfall und der ermittelten Meßdauer kann die spezifische Leckage errechnet werden.

Mit dieser Methode läßt sich die spezifische Leckagerate auch nach Temperatureinfluß (Warmlagerung) bestimmen, jedoch ist diese gesamte Prüfmethode umständlich und sehr zeitaufwendig. Zeitspannen von bis zu 2000 Stunden für einen Wert sind hierbei keine Seltenheit.

– Messungen in der Prüfpresse

- Standardversuch zur Bestimmung des Kaltverformungsverhaltens und Warmverformungsverhaltens gemäß DIN 28090

Der Wert des Kaltverformungsverhaltens ε_{KSW} wird als relativer Setzbetrag durch Aufbringen einer Hauptlast auf einen Prüfling mit Bezug auf die Ausgangsdicke (Dicke unter einer definierten Vorlast) bei Raumtemperatur bestimmt.

Im Anschluß an diese Messung wird der Wert des Warmverformungsverhaltens ε_{WSW} als relativer Setzbetrag am gleichen Dichtring ermittelt. Hierbei wird eine für die Bestimmung definierte zweite Hauptlast auf die Dichtung aufgebracht und das Dichtsystem mit einer vorgegebenen Aufheizrate erwärmt (bei Fasermaterial nach DIN 28091-2: 5 K/min bis 200 °C).

Nachdem die Temperatur über einen definierten Zeitraum (bei Fasermaterial 16 h) gehalten wird, ist der Setzbetrag hinsichtlich der Ausgangsdicke bei Vorlast (neue Ausgangsdicke nach Ermittlung des Kaltsetzverhaltens) zu bestimmen. Dadurch kann das Warmverformungsverhalten des Werkstoffs errechnet werden.

Zusätzlich und gleichzeitig können über die Deformationen nach Entlastung die entsprechende Rückverformungswerte ε_{KRW}, $\varepsilon_{WRW/T}$ der Prüfdichtungen ausgewiesen werden.

Als Vorlast wird in der Norm 1 N/mm^2 vorgegeben, wobei diese 1 min auf die Dichtung wirken soll. Die Hauptlasten der Setzwertversuche sind je nach Material in den DIN-Normen 28091-1 bis 4 definiert. (Beispiel für FA-Werkstoffe: 35 N/mm^2)

Die entsprechenden Formeln für die Kennwerte Kaltsetzweg, Kaltrückfederungswert, Warmsetzwert, Warmrückfederungswert können der Norm DIN 28090-2 entnommen werden.

- Messungen zur Abhängigkeit von Flächenpressung und Innendruck

Die Leckagerate λ eines Dichtsystems ist von der auf die Dichtung aufgebrachten Flächenpressung und vom einwirkenden Innendruck abhängig.

Dazu wird eine Flachdichtung für ein vorgegebenes Leckagekriterium unter dem abzudichtenden Innendruck mit einer Mindestpressung belastet.

Die Ermittlung der Kennwerte $\sigma_{VU/L}$ (Mindestflächenpressung im Einbauzustand bei dem Leckagekriterium L) und $\sigma_{BU/L}$ (Mindestflächenpressung im Betriebszustand bei dem Leckagekriterium L) bei einem vorgegebenen Innendruck kann über einen Versuch an der bereits beschriebenen Prüfpresse durchgeführt werden, Bild 60.

Bei Bestimmung der Mindestflächenpressung für den Einbauzustand wird ein Dichtungsring definiert zusammengepreßt und in Abhängigkeit von der stufenweisen Erhöhung des Innendrucks die Leckage gemessen.

Bei der entsprechenden Bestimmung der Mindestflächenpressung für den Betriebszustand wird die Flächenpressung für die Dichtung in Abhängigkeit von einem konstant angelegten Innendruck erhöht oder gesenkt, wobei auch hier die Leckagerate gemessen wird.

Erreicht die Leckagerate den Wert, der als Kriterium für die Abdichtung festlegt wird, kann der funktionelle Zusammenhang zwischen Innendruck und Flächenpressung aufgenommen und graphisch dargestellt werden. Aus dem jeweiligen Diagramm können die Mindestflächenpressungs-Werte $\sigma_{VU/L}$ und $\sigma_{BU/L}$ entnommen werden.

3.2.3.2 Ergänzende Methoden

3.2.3.2.1 Schnellverfahren zur Bestimmung des Setzverhaltens

Das Setzverhalten eines Dichtungswerkstoffes wird in Zeitstandversuchen untersucht. Hierbei wird die Probe durch eine gleichbleibende Kraft beansprucht und die entsprechende Verformung gemessen. Diese Verformung gibt Aufschluß über das Kriechverhalten eines Dichtungsmaterials.

Die Norm DIN 28090-2 verlangt – wie oben erwähnt – die Angabe eines Warmsetzwertes ε_{WSW}. Dieser wird durch eine Langzeitbelastung des zu prüfenden Werkstoffes bei konstanter Temperatur und konstanter Flächenpressung ermittelt.

Die Druckstandfestigkeit einer Dichtung, die ebenfalls im Langzeitversuch bei konstanter Temperatur gemessen wird, stellt lediglich die Entspannungsneigung einer Dichtung dar, d.h. dieser Kennwert gibt die Flächenpressung wieder, auf die sich eine Flanschverbindung bei einer vorgegebenen Temperatur nach einer bestimmten Zeit infolge Nachgebens der Dichtung entspannt.

Beide Dichtungskennwerte sagen aber wenig über die maximale Belastbarkeit einer Dichtung aus sowie über deren Verhalten während des Versagens, d.h. unter welchen Bedingungen eine Dichtung versagt.

Anhand einer veränderten Prüfmethode kann jedoch recht genau bestimmt werden, welchen maximalen Belastungen (Pressung/Temperatur) ein Dichtungswerkstoff standhalten kann. Somit bietet der „Warmsetzweg" dieser Prüfung bei kürzerer Versuchsdauer einen höheren Informationsgehalt als beide vorgenannten Dichtungskennwerte.

Beschreibung:

Die Prüfung kann bis zu einer bestimmten Verformung (Dauerstandfestigkeit) oder bis zum Bruch (Zeitstandfestigkeit) durchgeführt werden.

Die Entlastung einer Dichtung – z. B. in einer Flanschverbindung – und dadurch das Nachlassen der Dichtwirkung in einer Dichtverbindung setzt sich zusammen aus dem Spannungsabfall durch die Dichtung (Kriechen der Dichtung) und dem Spannungsabfall in der Schraube (Relaxation der Schraube).

Die modifizierte Prüfmethode sieht jedoch schärfere Bedingungen als die oben beschriebene Prüfung gemäß DIN 28090 vor:

Eine Dichtung wird innerhalb von fünf Minuten mit der Hauptlast (z. B. 50 N/mm^2) beaufschlagt und dann mit konstanter Aufheizrate von 10 K/min auf die jeweilige Endtemperatur (200–450 °C) erhitzt. Es handelt sich hierbei um einen sogenannten „Schnellversuch" (Dauer ca. 45 Minuten), mit dem sich innerhalb sehr kurzer Zeit Aussagen über die Temperatur- und Pressungsbeständigkeit einer Dichtung gewinnen lassen.

Als Ergebnis liefert diese Methode den Setzbetrag eines Dichtungswerkstoffes und, falls die Dichtung versagt, die maximale Temperatur, die bei der gegebenen Flächenpressung ertragen wird.

Das folgende Bild 61 zeigt Warmsetzkurven am Beispiel eines Dichtungswerkstoffes bei einer Flächenpressung von 50 N/mm^2.

3.2.3.2.2 Verformungsverhalten

Unter dem Verformungsverhalten einer Dichtung versteht man deren Kompressibilität (Zusammendrückbarkeit) und Rückfederung. Das Verformungsverhalten gibt Aufschluß über die innere Verdichtung eines Dichtungswerkstoffes unter Last bei Raumtemperatur und liefert eine Aussage über deren Restelastizität. Die Kompressibilität spiegelt auch die Fähigkeit einer Dichtung wider, sich an die Makrounebenheiten einer abzudichtenden Verbindung anzupassen.

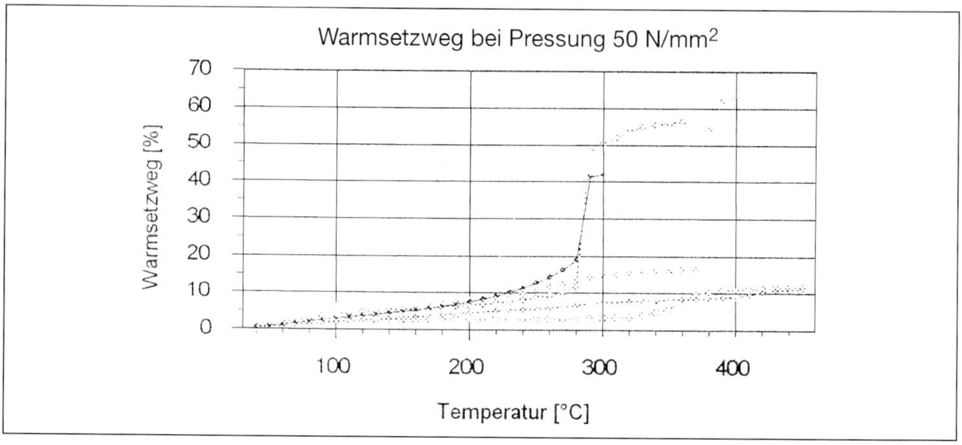

Bild 61: Warmsetzkurven von verschiedenen Dichtungswerkstoffen

Diese beiden Stoffeigenschaften wurden gewöhnlich zusammen in Kurzzeitversuchen bei Raumtemperatur ermittelt. Die Begriffe Kompressibilität und Rückfederung, die in der Dichtungstechnik vor allem für die Einpunktmessung nach ASTM F 36 A eingeführt worden sind, werden im vorliegenden Text für die Zusammendrückbarkeit und Rückfederung nach der neuen „Mehrpunkt-Methode" verwendet. Bild 62 zeigt die unterschiedlichen Stadien, die eine Dichtung während dieser Prüfung durchläuft.

Bei der Untersuchung des Verformungsverhaltens ging man bis zum Erscheinen der neuen Flachdichtungs-Normen DIN 28090ff und DIN 28091ff gemäß DIN 3754 nach der Methode in ASTM F 36 A vor. Darin ist eine Einpunktmessung über eine relativ kleine Preßfläche (ø = 6,4 mm → A = 32,2 mm^2) vorgeschrieben. Der Nachteil dieser Methode besteht darin, daß nur ein einziger Wert für Zusammendrückbarkeit und Rückfederung erhalten wird.

Nach DIN 28090 wird die Elastizität eines Dichtungswerkstoffes lediglich über die Setz- und Rückverformungswerte ε_{KSW} und ε_{KRW} bzw. ε_{WSW} und $\varepsilon_{WRW/T}$ sowie durch den Ersatz-Elastizitätsmodul E_D definiert.

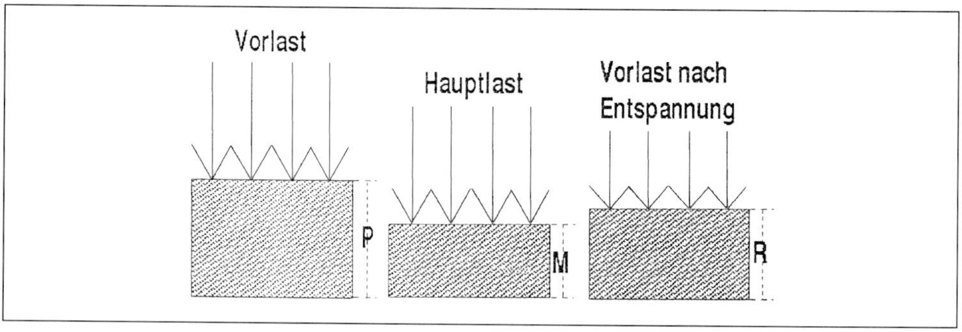

Bild 62: Dicke einer Dichtung unter Vorlast (P), unter Hauptlast (M) und nach Entspannung

Im Gegensatz zur Methode nach DIN 3754 wird hier eine Dichtung aber bereits erschöpfender untersucht, jedoch immer noch bei konstanten Parametern.

Um die Prüfungen immer stärker den realen Betriebsverhältnissen anzupassen, wurde eine spezielle Methode entwickelt, mit der es möglich ist, die Deformierung und Rückerholung eines Prüflings bezogen auf eine größere Preßfläche zu ermitteln.

Damit eröffnen sich weitere Möglichkeiten, die Elastizität von Flachdichtungswerkstoffen bei verschiedenen variablen Parametern zu prüfen, wobei die Kennwerte über die von der Norm geforderten Bedingungen hinausgehen.

Desweiteren besteht dabei die Möglichkeit, das Verformungsverhalten nicht nur bei einer diskreten Flächenpressung sondern über einen diskontinuierlich ansteigenden Flächenpressungsbereich von 5–90 N/mm² zu bestimmen. Auf diese Weise können genauere Auskünfte über das Kaltverformungsverhalten eines Dichtungswerkstoffes erhalten werden.

Bei diesem Versuch wird der ringförmige Prüfling (75 x 55 x 2 mm³, A = 2041 mm²) während des Versuchs nacheinander mit ansteigender Last beaufschlagt und dazwischen immer wieder auf Vorlast entlastet. Die Hauptlast bleibt jeweils für fünf Minuten konstant.

Dieser Wechsel zwischen Hauptlast und Vorlast erfolgt nacheinander mit den Flächenpressungen: 5, 10, 20, 30, 50, 70 und 90 N/mm² (Vorlast: 1 N/mm²).

Als Ergebnis wird die Dickenänderung des Prüflings in Abhängigkeit von der Zeit erfaßt.

Kompressibilität K und Rückfederung R_f errechnen sich als:

$$K = \frac{D_H - D_V}{D_V} \cdot 100\ \% \qquad (1)$$

$$R_f = \frac{D_E - D_H}{D_V - D_H} \cdot 100\ \% \qquad (2)$$

wobei bedeutet:

D_V : Dicke unter Vorlast [μm]

D_H : Dicke unter Hauptlast [μm]

D_E : Dicke nach Entlastung [μm]

Im Bild 63 ist das Kompressions- und Rückfederungsverhalten verschiedener Flachdichtungs-Werkstoffe dargestellt worden.

Die Grafik zeigt, daß ein gegensätzlicher Zusammenhang zwischen der Festigkeit (geringere Kompressibilität) eines Flachdichtungswerkstoffes und seiner Elastizität (höhere Rückfederung) besteht.

3.2.3.2.3 Wechsellastfestigkeit, Ableitung eines „relativen Lebensdauerwertes“

Ein wichtiges Kriterium, das eine Dichtung erfüllen muß, wenn sie Druck- und/oder Temperaturschwankungen unterworfen wird, ist die Beständigkeit gegen wechselnde Belastung. Dieser Aspekt bei der Beständigkeitsprüfung von Flachdichtungswerkstoffen findet in der DIN 28090 noch keine Beachtung.

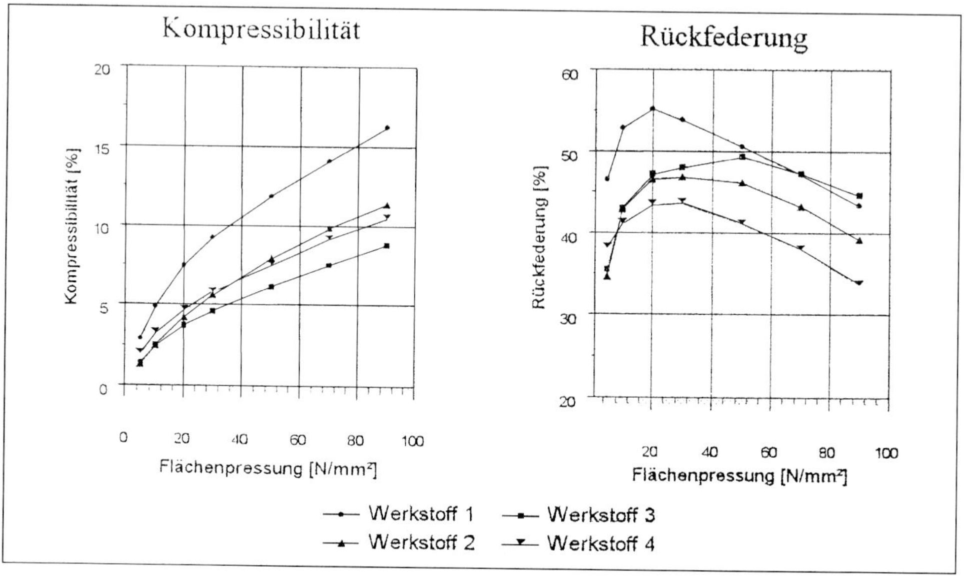

Bild 63: Kompressions- und Rückfederungsverhalten verschiedener FA-Werkstoffe

Die Wechsellast-Beständigkeit gibt Auskunft darüber, wie lange eine Dichtung unter stark schwankender Belastung einsatzfähig bleibt. Die Prüfung ermittelt hierbei das Verformungsverhalten einer Dichtung sowohl bei Wechsellast als auch unter Temperatureinfluß. Ziel dieser Prüfmethode ist es, Rückschlüsse über eine Kennzahl auf die Lebensdauer einer Dichtung zu ziehen.

Zur Untersuchung der Wechsellast-Beständigkeit wird eine Dichtung einer Anzahl Be- und Entlastungszyklen variabler Länge und Amplitude bei einer konstanten Temperatur unterzogen. Dabei wird ihr Verformungs- und Setzverhalten bestimmt. Als Ergebnis liefert die Prüf-

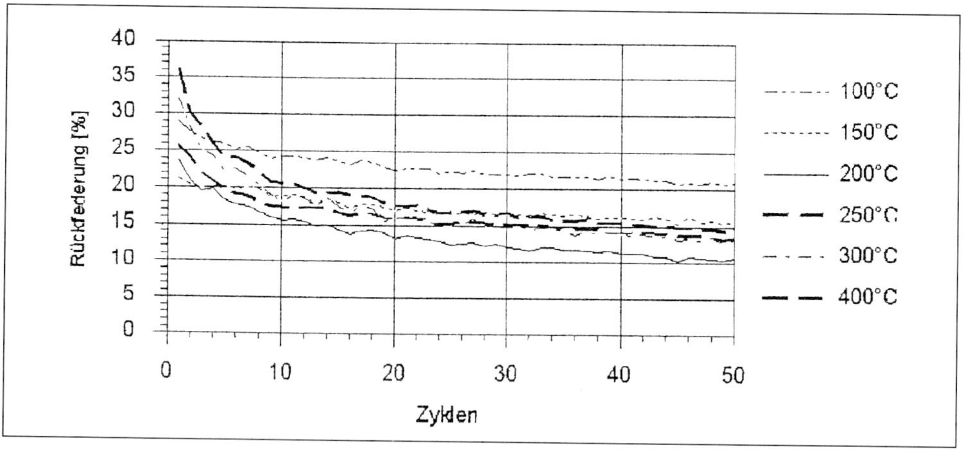

Bild 64: Verlauf der Wechsellast-Beständigkeit in Abhängigkeit von der Temperatur

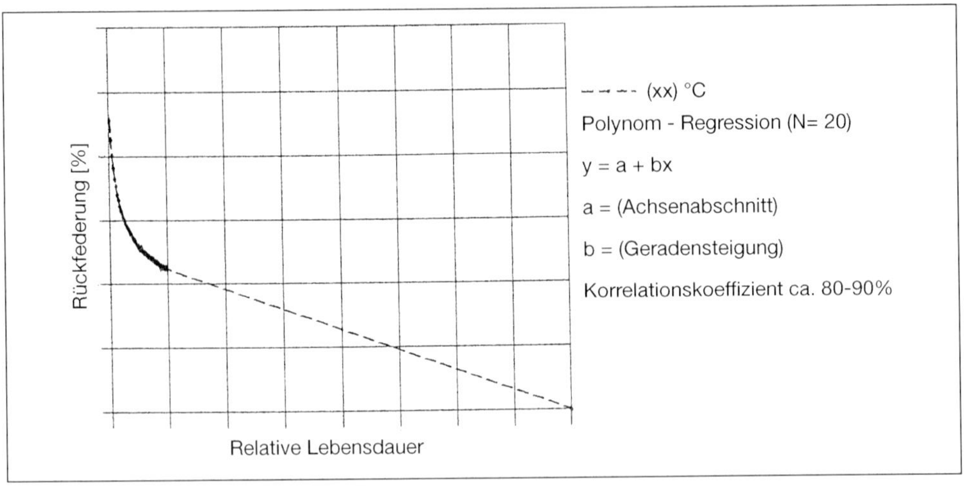

Bild 65: Auswertemethode zur Wechsellast-Beständigkeit

methode eine Rückfederungskurve sowie den Setzbetrag der Dichtung nach der Wechsellast-Beanspruchung.

Bild 64 zeigt als Beispiel Rückfederungskurven eines Dichtungswerkstoffes bei verschiedenen Temperaturen und Wechsellast-Amplituden.

Die erhaltenen Rückfederungskurven liefern nach bestimmten mathematischen Transformationen Kennwerte, anhand derer sich Aussagen über eine „theoretische Lebensdauer" eines Dichtungswerkstoffs unter Wechsellastbeanspruchung treffen lassen.

Das Versagenskriterium ist erreicht, wenn der Werkstoff kein Rückfederungsvermögen (Rückfederung = 0 %) mehr aufweist.

Der Bestimmung des Kennwerts für die Lebensdauer liegt folgende Auswerte-Methode zugrunde, siehe nachfolgendes Bild 65:

- Mit den Rückfederungswerten der letzten 20 Zyklen einer Wechsellastkurve wird eine lineare Regression durchgeführt, welche eine Geradengleichung (Achsenabschnitt *a* und Steigung *b*) sowie einen Korrelationswert liefert.
- Anhand dieser Geradengleichung kann die „relative Kennzahl für die Lebensdauer" der Dichtung unter den gegebenen Bedingungen ermittelt werden. Kennwert des Versagenskriteriums ist dabei der Schnittpunkt der extrapolierten Geraden mit der Abszisse, d.h. wenn der Werkstoff kein Rückfederungsvermögen mehr aufweist.

3.2.4 Auslegung von Flanschverbindungen im Krafthauptschluß

3.2.4.1 Einführung

Die Auswahl der Elemente Flansch – Schraube – Dichtung erfolgt in der Regel nach vorliegenden Standardwerken, wie zum Beispiel AD-Merkblättern, VDI-Richtlinien oder DIN Normblättern.

Die richtige Auslegung von Flanschverbindungen gestaltet sich als äußerst problematisch, wenn alle Montage- und Betriebsbedingungen berücksichtigt werden sollen. Insbesondere beim An- und Abfahren von Anlagen ergeben sich oft unkontrollierte Zustände. Neben der Überprüfung der Festigkeit der Bauteile ist die Gewährleistung der Dichtheit ein entscheidendes, aber oft unbeachtetes Kriterium. Die Flanschberechnung kann nach verschiedenen Berechnungsverfahren bzw. -normen erfolgen. Berechnungsnormen befinden sich zur Zeit in der Überarbeitung bzw. Änderung. So steht zur Zeit ein Berechnungsverfahren in Form der europäischen Norm DIN EN 1591 zur Diskussion [31]. Dieser Entwurf basiert auf der Auslegungsvorschrift gemäß TGL 32903/13 aus dem Jahre 1983 und soll als europäische Norm Geltung erhalten. Eine breite Anwendung findet derzeit die DIN V 2505, bzw. erweiterte Entwürfe (letzter 1990) hierzu [32].

Eine hinreichend genaue festigkeitsmäßige Berechnung von Flanschen kann mittels der Finite-Elemente-Methode erfolgen. Die Überprüfung der Dichtheit der Flanschverbindung ist jedoch nicht möglich. Zur Überprüfung der Dichtheit wurden in der Vergangenheit unter anderem Verspannungschaubilder auf der Grundlage von Schraubverbindungen verwendet. Neue Normen (DIN-Normenreihen 28090, 28091) zur Kennwertermittlung von Flachdichtungen können auch Kennwerte unter Berücksichtigung der Dichtheit bzw. unter Zugrundelegung von Dichtheitsklassen liefern [2, 33]. Gegenwärtig befindet sich als Prüfvorschrift zur Untersuchung von Flachdichtungen der europäische Normentwurf DIN EN 13555 in der Diskussion, der mit großer Wahrscheinlichkeit die deutsche Prüfnorm DIN 28090 ablösen wird.

Um die Berechnung einer Flanschverbindung vornehmen zu können, ist es wichtig, nicht nur eine Gewißheit über den Einbauzustand und den Betriebszustand zu bekommen, sondern auch die An- und Abfahrbedingungen zu beachten.

Das Anfahren (Innendruckbelastung) kann sowohl eine Erhöhung der Schraubenkraft als auch eine Verringerung verursachen. Das ist davon abhängig, wie stark das Flanschmoment ist, welches entsteht, wenn Innendruck aufgegeben wird. Bei warmgehenden Rohrleitungen ist der Einfluß der Temperatur zu berücksichtigen und dabei insbesondere die Temperaturgradienten und die Temperaturdifferenz der Bauteile. Bei einer Temperaturerhöhung im Rohrleitungssystem werden zunächst Flansch und Dichtung erwärmt. Die Schrauben hingegen sind verhältnismäßig kalt. Die unterschiedlichen Wärmeausdehnungen verursachen ein Ansteigen der Schraubenkraft und folglich auch der Dichtkraft bzw. der Dichtungsflächenpressung. Das ist ein für die Dichtung äußerst kritischer Zustand, da sich die Dichtungsflächenpressung erhöht und die Temperatur der Dichtung ansteigt. (Dieses Verhalten wird nach DIN 28090-1 durch den Kurzzeitstandversuch simuliert). Wie stark die Dichtungsflächenpressung zunimmt, ist vom Temperaturgradienten, d.h. von der Aufheizgeschwindigkeit in der Flanschverbindung abhängig. Das durch Dichtungsflächenpressungserhöhung und Temperaturerhöhung verursachte Setzen der Dichtung führt zu einer Entspannung der gesamten Flanschverbindung. Das Setzen erfolgt bis zu einem bestimmten Grad, bei der das Dichtungsmaterial die im spezifischen Fall maximale Flächenpressung für den Betriebszustand erreicht. Vom Dichtungswerkstoff ist es nun abhängig, ob ein weiteres Kriechen erfolgt. Insbesondere bei der Verwendung viskoelastischer Werkstoffe, wie z.B. PTFE muß dies beachtet werden. (Der Zeitstandversuch bei erhöhter Temperatur nach DIN 28090-1 charakterisiert dieses Werkstoffverhalten)

Im Betriebszustand verursacht das Setzen der verspannten Bauteile gleichfalls eine Relaxation der Flanschverbindung. Durch Temperaturerhöhung erfolgt eine Verringerung des Elastizitätsmoduls der Flansche, Schrauben, Muttern und gegebenenfalls verwendeter Unterlegscheiben. Die an den Oberflächenrauheiten der verspannten Bauteile herrschenden Spannungsspitzen führen zu einer plastischen Verformung bzw. einem Abflachen, und es erfolgt ein Einebnen dieser Oberflächen, was ein Setzen der Bauteile verursacht [34, 35].

Ein weiterer kritischer Zutand ist das Abfahren. Die die Dichtung entlastende Innendruckkraft entfällt, wodurch die Dichtung stärker belastet wird. Beim Abfahren wirkt also die gesamte verbleibende Schraubenkraft auf die Dichtung. Die Dichtungsflächenpressung steigt und belastet die heiße Dichtung, bevor sich das gesamte System abkühlt. (Das Verhalten wird durch den Stauchversuch bei erhöhter Temperatur nach DIN 28090-1 simuliert.)

Konstrukteure, Betreiber und Überwachungsorganisationen stehen nun aufgrund dieser Bedingungen gleichermaßen vor dem Problem, dieses sehr komplexe System unter Zuhilfenahme der vorhandenen Berechnungsmethoden zu gestalten, gemäß der Vorschriften zu montieren, zu überprüfen und instandzuhalten.

Hinweis:	Setzen –	Verdichten, Kompression des Dichtwerkstoffes
	Kriechen/Fließen –	Annähernde Volumenkonstanz der Dichtung, jedoch wird sie dünner und breiter

3.2.4.2 Gestaltung von Flanschverbindungen mit Dichtungen im Krafthauptschluß

Bei der Gestaltung von Flanschverbindungen sind die Wahl des Dichtungswerkstoffes, die Geometrie und die Position der Dichtung zwischen den beiden Flanschen von großer Bedeutung.

Zunächst muß sichergestellt werden, daß der Werkstoff bei gewählter Geometrie standhält. An welcher Stelle die Dichtung im Flansch positioniert wird, ist für eine Krafthauptschlußverbindung von großer Bedeutung.

Der sich ergebende Hebelarm, unter dem die Innendruckkraft angreift und der Hebelarm, unter dem die Dichtkraft (Schraube) angreift, sind entsprechend dem Durchmesser, der thermischen Belastung und der Druckstandfestigkeit der Dichtung zu berücksichtigen. Wird die Dichtung zu weit außen positioniert, so wird das Dichtungsmaterial sehr stark belastet. Bei Dichtungen, die zu nahe am Rohrinnendurchmesser liegen, ergeben sich große Flanschtellerneigungen, welche mit Ausnahme von kleinen Flanschen eine größere Dimensionierung der Flanschteller zur Folge haben. Jedoch ergeben sich geringere Innendruckentlastungen und somit geringere Vorverformungspressungen für die verwendete Dichtung.

Problematisch sind die oftmals zu geringen maximal ertragbaren Flächenpressungen, die auf ein Dichtungsmaterial aufgebracht werden können. Insbesondere bei großen Flanschen, wo es zu hohen Innendruckentlastungen kommen kann, und bei erhöhten Temperaturen gibt es oftmals Probleme.

3.2.4.3 Berechnung von Flanschverbindungen im Krafthauptschluß

Die zur Zeit verwendeten Berechnungsverfahren haben oftmals den Nachteil, daß nicht alle Montage- und Betriebszustände berücksichtigt werden können, da sie meist auf starken Vereinfachungen beruhen. Insbesondere die An- und Abfahrzustände bereiten wegen der undefinierten Temperaturgradienten häufig Probleme. Die Auslegung der Flanschverbindung erfolgt in der Regel nur unter Berücksichtigung des Montage- und Betriebszustandes. Das heißt, daß die Berechnung für den kalten Zustand einerseits und für den warmen bzw. innendruckbelasteten Zustand andererseits erfolgt. Für die Flanschberechnung werden im allgemeinen zwei theoretische Grundansätze verwendet:

Die Elastizitätstheorie

FEM, Verträglichkeitsbedingungen für Verschiebungen bzw. Winkeländerungen für den jeweils vorliegenden Belastungsfall.

Berechnung nach Finite-Elemente-Methode (ANSYS)

Die Traglasttheorie

Die Festigkeitsbedingung als Quotient aus Flanschmoment/Flanschwiderstand.

Verschiedene Standardberechnungsverfahren (festigkeitsmäßige Dimensionierung) existieren:

AD Merkblatt B7, B8 [36]

DIN 2505 (1964, -72, -86, -90) [32]

TGL 32903/13 (1983)

DIN EN 1591 (1995) [31]

ASME Code (American Society of Mechanical Engineers)

CODAP, BS

KTA

Für Flansche werden im Regelfall nach der Traglasttheorie über das vorhandene Flanschmoment und den Flanschwiderstand Festigkeitsnachweise geführt. Die am häufigsten angewendete Berechnungsmethode für Flanschverbindungen im Rohrleitungs- und Apparatebau erfolgt auf der Basis der Vornorm DIN 2505, Ausgabe 1964 und 1986. Eine Erweiterung stellen die Entwürfe von 1972 und 1990 dar. Den Belastungsfällen beim Anfahren und Abfahren bzw. Wiederanfahren wird hier stärker Rechnung getragen als in anderen Berechnungsvorschriften. Für den jeweiligen Belastungszustand werden die Schraubenkraft und die Dichtungskraft bestimmt. Anhand der berechneten Werte kann ermittelt werden, ob die vorhandene Dichtungsflächenpressung größer ist als die Mindestflächenpressung. Mit Hilfe dieser Berechnungsverfahren lassen sich also auch Dichtheitsnachweise führen, wenn Dichtungskennwerte für den jeweils verwendeten Werkstoff existieren, welche unter Zugrundelegung von Dichtheitsklassen ermittelt wurden (vgl. DIN 28090).

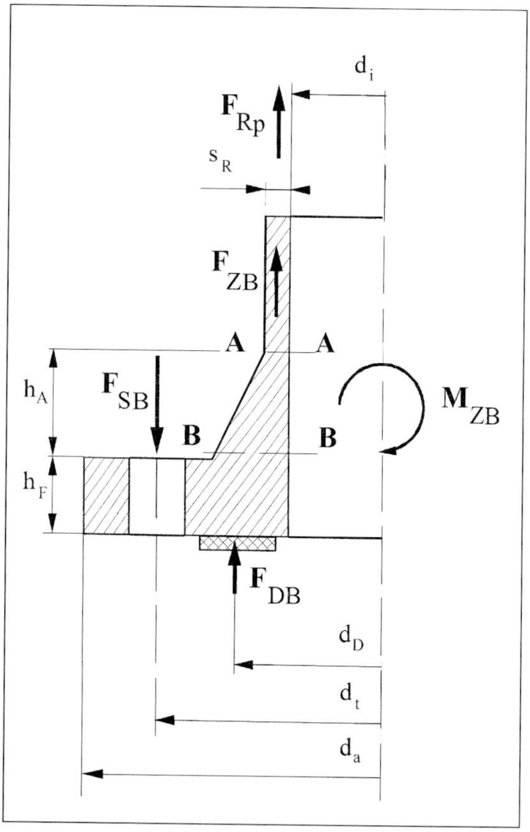

Bild 66: Kräfte am Flansch im Betriebszustand

Sowohl in der TGL 32903/13 als auch in der DIN EN 1591 werden Elastizitätsparameter und Tragfähigkeitsnachweise zur Überprüfung von Auslastungsgraden bestimmt. Die Auslastungsgrade werden für die Flansche, die Schrauben und die Dichtung berechnet.

Je nach verwendeter Flanschform ergeben sich unterschiedliche geometrische Verhältnisse am Flansch. Die geometrische Ausführung der einzelnen Flanschformen ist weitestgehend festgelegt. Für in Deutschland verwendete Standardflansche können die Abmessungen zur Berechnung dem Deutschen Flanschenkatalog respektive den beinhalteten Normen und dem ANSI (ASA) Normkatalog entnommen werden.

Apparateflansche nach AD B8 müssen nicht nachgerechnet werden, sofern die Hinweise bezüglich Druck, Temperatur und Werkstoff für Flansche/Schrauben/Dichtung beachtet werden. Gleiches gilt für Rohrleitungsflansche bis einschließlich Nennweite 600.

An welcher Stelle im Querschnitt die Flansche nachgerechnet werden, legen die Normen in Abhängigkeit von der Bauform der Flansche (Vorschweiß-, lose -, Schweißringflansche, usw.) fest. Die im Bild 66 dargestellte Flanschform mit konischem Ansatz wird beispielsweise bei A-A und B-B nachgerechnet.

Für die Schraubenberechnung werden weitere Berechnungsgrundlagen verwendet:

AD-Merkblatt B7 [36]

VDI-2230 [34]

DIN 2505 [32]

Die Berechnung von Schraubenkräften bzw. das Nachrechnen von Schrauben nach AD-Merkblatt ist nur ohne Berücksichtigung von äußeren Kräften möglich.

3.2.4.4 Bestimmung von Berechnungsgrößen (in Anlehnung an DIN E 2505-90)

Die Rohrkraft F_{Rp} infolge Aufgabe des Innendrucks p berechnet sich nach:

$$F_{Rp} = p \cdot \frac{\pi}{4} d_i^2 \tag{3}$$

Die Gesamtrohrkraft F_R unter Berücksichtigung eines eventuell vorhanden Zusatzmomentes oder einer Rohrzusatzkraft ist dann:

$$F_R = F_{Rp} + F_Z + \left| \frac{4 \cdot M_Z}{d_i + s_R} \right| \tag{4}$$

Die Ringflächenkraft F_F, welche durch die Krafteinwirkung des Innendrucks auf die Fläche zwischen Innendurchmesser und mittlerem Dichtungsdurchmesserer entsteht, berechnet sich nach:

$$F_F = p \cdot \frac{\pi}{4} \cdot \left(d_D^2 - d_i^2 \right) \tag{5}$$

Die Innendruckkraft F_i als Gesamtkraft aus Rohrkraft und Ringflächenkraft kann folgendermaßen bestimmt werden (ohne Berücksichtigung von Zusatzkräften):

$$F_i = F_{Rp} + F_F = p \cdot \frac{\pi}{4} d_D^2 \tag{6}$$

Die Dichtungskraft sollte im Bereich zwischen der maximalen Dichtungskraft beim Vorverformen bzw. der maximal zulässigen Betriebsdichtungskraft, meist ist diese geringer, und der minimalen Betriebsdichtungskraft liegen. Die Bestimmung dieses Bereichs der Flächenpressung ist notwendig, um einerseits die Dichtung nicht zu stark zu belasten und andererseits die Dichtheit im Betrieb sicherzustellen.

Für die Festlegung der Dichtungskraft im Betrieb ist die Berücksichtigung der sich ergebenden Leckagerate von besonderer Bedeutung. Unter Zuhilfenahme von festgelegten Leckage- oder Dichtheitsklassen ($L_{0,01}$ für „hochwertige Dichtungen gemäß TA-Luft“ (siehe dazu Hinweis unter Pkt. 3.2.2.3.3, Absatz 2), $L_{0,1}$ für Dichtungen der Gasversorgung gemäß DIN 3535 und $L_{1,0}$ für unkritische Anwendungen) läßt sich die minimale Dichtungspressung ermitteln. Diese minimal erforderliche Flächenpressung für die jeweilige Leckageklasse kann für verschiedene Dichtwerkstoffe nach DIN 28090 ermittelt werden. Sie darf dann für die Belastungsfälle Montage, Prüfung, Anfahren, Betrieb, Abfahren und Wiederanfahren die minimal erforderliche Flächenpressung nicht unterschreiten.

Die minimale Dichtungskraft zum Vorverformen F_{DVU} bei der Montage der Dichtung folgt demnach aus dem Dichtungskennwert für die minimale Flächenpressung im Montage-/Einbauzustand σ_{VU}:

$$F_{DVU} = \pi \cdot d_D \cdot b_D \cdot \sigma_{VU} \qquad (7)$$

Die maximale Dichtungskraft F_{DVO} bei der Montage ergibt sich sinngemäß zwangsläufig aus dem Dichtungskennwert für die maximal zulässige Flächenpressung im Einbauzustand σ_{VO}:

$$F_{DVO} = \pi \cdot d_D \cdot b_D \cdot \sigma_{VO} \qquad (8)$$

Im Betriebszustand gelten ähnliche Bedingungen für die maximal zulässige und minimal erforderliche Flächenpressung. Im Gegensatz zum Montagezustand liegen sie im Betriebszustand jedoch im Regelfall deutlich darunter.

Die minimale Dichtungskraft im Betriebszustand F_{DBU} wird unter Berücksichtigung des Dichtungskennwertes für die minimal erforderliche Dichtungsflächenpressung im Betriebszustand σ_{BU} und einem zusätzlichen Sicherheitsbeiwert s_D bestimmt. Dieser Sicherheitsbeiwert s_D sollte mindestens 1,2 betragen

$$F_{DBU} = \pi \cdot d_D \cdot b_D \cdot \sigma_{BU} \cdot s_D \qquad (9)$$

Die DIN 2505 gibt keinen festen Kennwert für die minimale Dichtungsflächenpressung im Betriebszustand σ_{BU} an. Anstelle dessen wird ein sogenannter m-Faktor bzw. m-Wert aufgeführt. Dieser m-Wert wurde eingeführt, um der unterschiedlichen Verminderung der Dichtungsflächenpressung infolge des Innendrucks Rechnung zu tragen. Der m-Wert ist ein dimensionsloser Multiplikator und spiegelt den Zusammenhang

$$m = \frac{\sigma_{BU}}{p} \text{ wider.} \qquad (10)$$

Dabei wird von einem linearen Zusammenhang von Dichtungsflächenpressung und Innendruck ausgegangen, Bild 67.

$$F_{DBU} = \pi \cdot d_D \cdot b_D \cdot m \cdot p \cdot s_D \qquad (11)$$

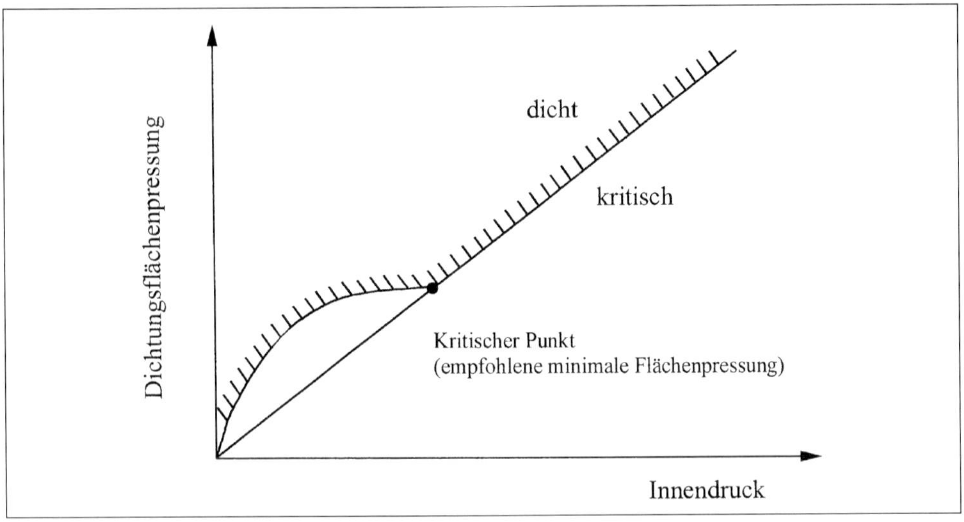

Bild 67: Zusammenhang von Dichtungsflächenpressung und Innendruck nach DIN 2505

Hinweis:

Intensiven Untersuchungen in den letzten Jahren zufolge ist der Zusammenhang $m = \frac{\sigma_{BU}}{p}$ nichtlinear, Bild 68. Die Verwendung einer vorgegebenen Mindestflächenpressung im Betriebszustand erscheint sinnvoller. Bei der Verwendung von m-Werten ist darauf zu achten, daß die Entlastung infolge des anstehenden Innendruckes (Innendruckkraft) nicht berücksichtigt ist, obwohl sie bei großen Durchmessern bedeutenden Einfluß hat.

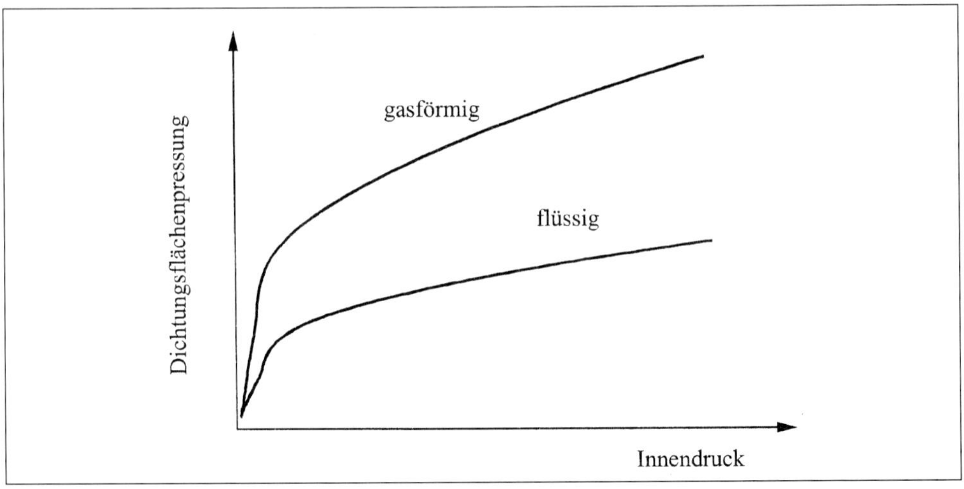

Bild 68: Zusammenhang von Dichtungsflächenpressung und Innendruck unter Zugrundelegung der gleichen Leckageklasse für Medien im gasförmigen und flüssigen Aggregatzustand

Die Ermittlung des m-Wertes für ein vorgebenes bzw. einzuhaltendes Leckkriterium als Quotient aus der erforderlichen Dichtungspressung und dem dabei abdichtbaren Innendruck ist sowohl für den Dichtungshersteller als auch den –anwender interessant. Das sich ergebende dimensionslose Verhältnis m aus beiden Werten kann als „Dichtvermögen" der betreffenden Dichtung betrachtet werden: hohe Werte für „m" weisen dabei auf ein „schlechtes", niedrige dagegen auf ein „gutes" Abdichtverhalten hin, siehe Gl. (10) sowie Pkt. 1.3 einschließlich [4].

Die maximale Dichtungskraft im Betriebszustand F_{DBO} ergibt sich aus dem Kennwert für die maximal zulässige Flächenpressung im Betriebszustand σ_{BO}. Dieser Kennwert stellt die maximal zulässige Dichtungsflächenpressung dar, die sich während des Betriebes ergeben kann, und wobei das Dichtungsmaterial nicht zerstört wird oder sich ein unzulässiges Setzen/Kriechen des Dichtungsmaterials einstellt. Dabei sind wiederum alle Lastfälle zu berücksichtigen.

$$F_{DBO} = \pi \cdot d_D \cdot b_D \cdot \sigma_{BO} \qquad (12)$$

Falls erforderlich, werden im iterativen Prozeß die erforderlichen Montagekräfte bestimmt bzw. festgelegt. Soweit möglich, soll eine Ausnutzung der Schraubenkräfte erfolgen (allgemein üblich sind 80 % der Streckgrenze). Das begründet sich mit einer erhöhten Elastizität der Flanschverbindung im Betriebszustand. Die nun festgelegten Kräfte werden zur Festigkeitsberechnung der Flansche benutzt.

Die Berechnung der Flansche erfolgt mit anschließender Überprüfung der zulässigen Beanspruchungen des Flanschwerkstoffes. Folgende Festigkeitsbedingung muß erfüllt sein:

$$\frac{W}{M} \le \frac{K}{s} \qquad (13)$$

(Moment/Widerstandsmoment ≤ Festigkeitskennwert/Sicherheitsbeiwert)

Diese Bedingung gilt für die betrachteten Querschnitte des Flansches im Einbau-, Prüf- und Betriebszustand.

Das angreifende Moment, welches in die Berechnung eingeht, ist das sogenannte Stülpmoment. Das Stülpmoment im Einbauzustand M_E und das Stülpmoment im Betriebszustand M_B errechnen sich nach den Beziehungen:

$$M_E = F_{DV} \cdot a_D + F_{ZE} \cdot a_R + \frac{4 \cdot M_{ZE} \cdot a_R}{d_i + s_R} \qquad (14)$$

$$M_B = F_{Rp} \cdot a_R + F_F \cdot a_F + F_{DB} \cdot a_D + F_{ZB} \cdot a_R + \frac{4 \cdot M_{ZB} \cdot a_R}{d_i + s_R} \qquad (15)$$

Das in die Berechnung eingehende Widerstandsmoment W der verwendeten Flansche ist abhängig von der konstruktiven Ausführung. Da es sich daher für alle Flanschformen und Ausführungsarten unterscheidet, soll an dieser Stelle darauf verzichtet werden, die Berechnung im einzelnen zu erläutern, siehe dazu [32]. Einige wichtige Parameter, die berücksichtigt werden müssen, sind folgende:

- Ausführung als fester Vorschweißflansch oder als loser Flansch
- kegliger Ansatz oder zylindrischer Anschweißflansch
- Blindflansche
- Ausführung der angeschlossenen Zylinderschale / Rohranschluß
- Durchmesser (Nenn-, Teilkreis-, Außen-)
- Flanschtellerdicke
- Werkstoff

Der Werkstoffkennwert K ist den entsprechenden Regelwerken zu entnehmen.

Ergibt sich aus der Überprüfung der Festigkeitsbeziehung ein unzulässig hoher Spannungszustand, so sind geeignete konstruktive Veränderungen an der Flanschverbindung vorzunehmen (im Regelfall wird die Flanschtellerdicke vergrößert).

Für Flanschkonstruktionen sind minimale Gewindedurchmesser der verwendeten Schrauben zu bestimmen.

Eventuell ist auch hier ein iteratives Vorgehen notwendig. Abschließend erfolgt die endgültige Festlegung der Abmessungen. Die Bestimmung der Schraubenkräfte erfolgt nach folgender Formel (Ein Sicherheitsfaktor, der das Setzen der Dichtung kompensieren soll, ist hier nicht enthalten):

$$F_{SBU} = F_{Rp} + F_{DBU} + F_{ZB} + \left| \frac{4 \cdot M_Z}{d_i + s_R} \right| \qquad (16)$$

Die Dimensionierung der Schrauben erfolgt nach folgender Beziehung:

$$d_S = \sqrt{\frac{4}{\pi \cdot n} \cdot \frac{F_S}{K_S / s_S}} + c \qquad (17)$$

(d_S ... Durchmesser des Spannungsquerschnitts der Schraube)

n ... Schraubenanzahl,

c ... Konstruktionszuschlag,

s_S ... Sicherheitszuschlag für Schrauben

K_S ... Festigkeitskennwert des Schraubenwerkstoffs)

Beim Anziehen unterliegen die Schrauben aufgrund des Torsionsmomentes einer erhöhten Beanspruchung. Dieses zusätzliche Torsionsmoment entsteht dann, wenn sie über den Schraubenkopf angezogen werden. In den meisten Fällen wird daher nur eine 80–90 %ige Ausnutzung der Mindeststreckgrenze σ_S (oder Mindestdehngrenze $\sigma_{0,2}$) zugelassen. Bei hydraulischen Anzugsverfahren lassen sich entsprechend höhere Montagekräfte realisieren.

Da auch unterschiedlichste Schraubenarten zur Anwendung kommen, ist der Durchmesser des kleinsten zu betrachtenden Querschnitts für die Berechnung maßgebend. Das trifft insbesondere für Dehnschrauben zu.

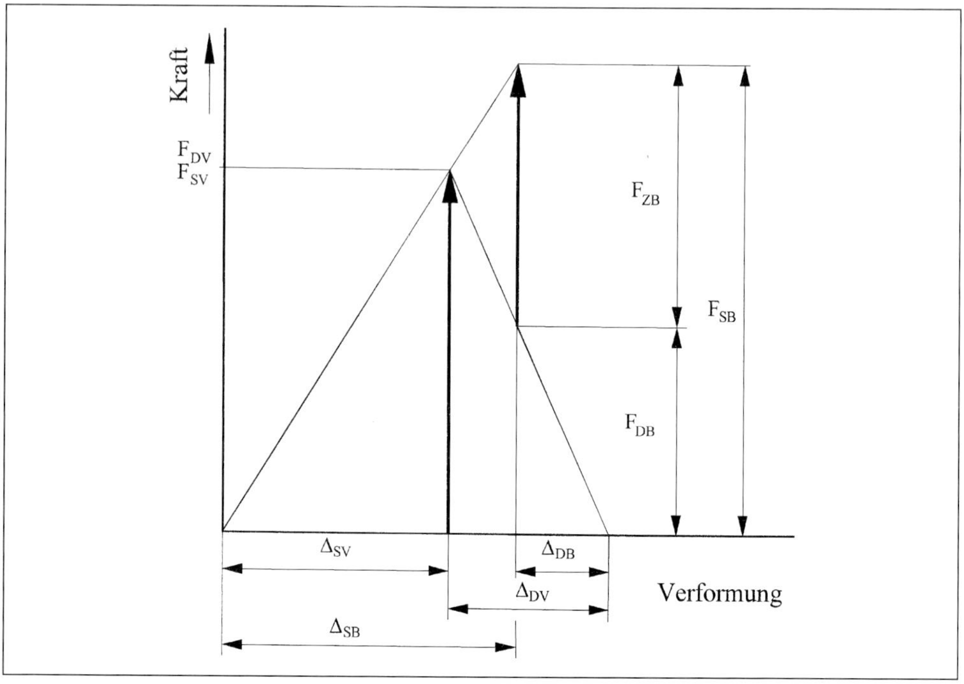

Bild 69: Verspannungsschaubild

Bei der Dimensionierung/Nachrechnung der Schrauben sind neben den Montagebedingungen auch die Betriebsbedingungen zu beachten. Für die Schrauben heißt das im Regelfall, daß niedrigere Werte für die Streckgrenze σ_S oder die Dehngrenze $\sigma_{0,2}$ anzusetzen sind. Für die unterschiedlichen Werkstoffe lassen sich diese Werte aus den einschlägigen Tabellen entnehmen.

Eine ausführliche Berechnungsvorschrift für hochbeanspruchte Schrauben bietet die VDI-Richtlinie 2230 [34].

Zur Veranschaulichung der Kraft- und Verformungsverhältnisse wird oftmals ein Verspannungsschaubild verwendet. Verspannungsschaubilder werden in der Regel für Schraubenverbindungen gezeichnet.

Das im Bild 69 dargestellte Verspannungsdiagramm veranschaulicht sinngemäß die Kräfte und Verformungen von Schrauben und Dichtung im Einbau- und im Betriebszustand. Als Betriebszustand sei hier der einfachste Fall der Innendruckbelastung dargestellt. Ein detailliertes Verspannungsschaubild für den An- und Abfahrzustand sowie bei erhöhter Temperatur enthält die DIN 2505 (1990) [32], siehe auch Pkt. 3.2.2.3.3, Bild 37.

Im Einbauzustand sind Vorspannkraft der Schrauben und Vorverformungskraft der Dichtung gleich ($F_{SV} = F_{DV}$). Nach der Aufgabe des Innendruckes steigt die Schraubenkraft um den Betrag der Innendruckkraft F_i ($F_i = F_{SB} - F_{SV}$), der durch den angreifenden Innendruck entsteht. Die Verformung der Schrauben wird demzufolge größer (Δ_{SB}). Die Dichtungskraft F_{DB} nimmt entsprechend ab. Gleiches gilt für den Verformungswert der Dichtung Δ_{DB}.

3.2.4.5 Auslegung von Flanschverbindungen nach europäischer Normung (in Anlehnung an DIN EN 1591)

Im Zusammenhang mit der wachsenden Integration der europäischen Länder innerhalb der Europäischen Union gewinnt auch die internationale Vereinheitlichung der Normen eine immer größere Bedeutung.

Verstärkte Anstrengungen auf dem Gebiet der europäischen Normung haben deshalb zur Erarbeitung des Normvorschlages DIN EN 1591 für die rechnerische Auslegung von Flanschverbindungen für Behälter und Rohrleitungen geführt.

Diese auf der Traglasttheorie beruhende Berechnungsvorschrift ist eine Weiterentwicklung des früheren DDR-Standards TGL 32 903/13, siehe auch Pkt. 3.2.4.3.

Vereinfacht formuliert wird dabei ein Vergleich vorhandener Lasten mit den von der Verbindung ertragbaren Lasten durchgeführt. Die dabei entstehenden Quotienten werden als „Auslastungsgrade" bezeichnet und für jedes an der Flanschverbindung beteiligte Element (Flansch, Schraube und Dichtung) getrennt ermittelt. Dabei werden sowohl die Dichtheits- als auch die Festigkeitseigenschaften der verwendeten Bauteile betrachtet [37].

Neben den normalerweise bei der Auslegung einer Flanschverbindung zu berücksichtigenden elementaren Einflußgrößen, wie

- Druck des Mediums
- Festigkeitskennwerte der Flansch-, Schrauben- und Dichtungswerkstoffe
- Dichtungsfaktor und -kennwerte sowie
- Schraubenkraft,

können auch

- mögliche Streuungen beim Schraubenanziehverfahren
- Änderungen der Dichtkraft bei mechanischer Beanspruchung und Deformation aller Komponenten der Flanschverbindung
- Einflüsse der angeschlossenen Schale oder des Rohres
- Einflüsse äußerer Kräfte und Momente sowie
- Der Einfluß der Temperatur auf die physikalischen Eigenschaften der Verbindungselemente

in die Berechnungen einbezogen werden.

Nachteil dieser neuen, nach der Bestätigung durch die Mitgliedsländer der EU verbindlichen Berechnungsvorschrift für Flanschverbindungen ist die Komplexität und damit schwierige manuelle Handhabbarkeit.

Aus diesem Grunde ist es zweckmäßig, für die Auslegung von Flanschverbindungen entsprechende, auf der Grundlage der DIN EN 1591 entwickelte Software zu nutzen [37].

Für eine überschlägige Berechnung von Flanschverbindungen kann natürlich nach wie vor der relativ einfache, mathematisch nachvollziehbare und manuell beherrschbare Festigkeitsnachweis gemäß DIN 2505 verwendet werden, siehe dazu Pkt. 3.2.4.3 f.

3.2.4.6 Auswahlhilfe für Dichtungen unter Berücksichtigung der Schrauben und der Flanschgeometrie

3.2.4.6.1 Einleitung

Um der Komplexität einer Flanschverbindung gerecht zu werden, ist es erforderlich, Flansche, Schrauben und Dichtung insgesamt als Bestandteile der Auswahlkriterien zu betrachten. In [38] wird versucht, die mangelnde Differenzierung der einzelnen Dichtwerkstoffe gemäß AD Merkblatt B7 und der DIN V 2505 auszugleichen [32, 36]. Ausführungen zu den Berechnungsnormen für Flanschverbindungen nach der neuen DIN E 2505 und der pr EN 1591 sind in vorstehenden Punkten 3.2.4.3 ff erfolgt. Beide Entwürfe arbeiten mit Kennwerten für die Dichtungen, die nicht mehr dem neuesten Stand der Technik entsprechen, sondern teilweise aus früheren Untersuchungen übernommen worden sind Es ist deshalb u.a. unerläßlich, unverzüglich repräsentative und reproduzierbare Kennwerte mit allgemeingültigem Charakter für die meisten der im Rahmen der Asbestablösung entwickelten Dichtungswerkstoffe zu ermitteln.

Durch die Substituierung asbesthaltiger Dichtwerkstoffe, die neuartige Betrachtung „dichter" Flanschverbindungen (TA-Luft, UVV-Gase), wird ein verändertes Verhalten bei der Auswahl der Dichtwerkstoffe verlangt.

Viele Anlagenbetreiber erstellen unter Berücksichtigung der obengenannten Einflüsse neue Spezifikationen nach dem Stand von Wissenschaft und Technik und nicht mehr allein nach den anerkannten Regeln und Normen. In den meisten Fällen wurden und werden früher vorhandene Dichtwerkstoffe ersetzt, ohne grundsätzlich die gesamte Problematik zu betrachten. Die folgenden Erläuterungen sollen eine Auswahlhilfe darstellen, die komplexen Anforderungen an Dichtungen zu berücksichtigen.

3.2.4.6.2 Die Anwendungsgrenzen der Dichtwerkstoffe

In der Vergangenheit wurden chemisch sehr ähnliche Dichtungsqualitäten auf der Grundlage von Asbestfasern in Flanschverbindungen eingesetzt. Durch das Asbestverbot in Deutschland und bereits auch in einigen anderen Ländern der Europäischen Union wurden die Asbestfasern durch Aramide, Glas-, Keramik- und Kohlefasern oder durch Gemische verschiedener Fasern ersetzt, ohne jedoch die wesentlichen Unterschiede im Verhalten der Fasern in gebührendem Maße zu berücksichtigen. Druck- und Temperaturangaben werden häufig vom Asbest übernommen oder aber nur unwesentlich korrigiert. Im wesentlichen wurde sogar auf die Unterscheidung der Gummibinder (EPDM für IT-C und NBR für IT-Ö) verzichtet, obwohl der Mischungsanteil des Gummis fast in der doppelten Menge in den neuen Platten vorkommt. Es wird ebenfalls oft nicht dargestellt, daß sich das Flächenpressungsverhalten der Dichtung stark verändert, siehe Tabelle 11.

Nach heutigem Stand werden von vielen Anlagenbetreibern die Fasersubstitut-Dichtungen nur eingeschränkt zwischen 100 und 150 °C sowie 10–25 bar zugelassen. Die Katalogwerte reichen bis 475 °C und 100 bar. DIN 3535, Teil 6 normt Faserdichtungen nur bis 150 °C, allerdings auch für Grafitdichtungen. In Teil 1 der DIN 3535 werden Gummidichtungen bis maximal 80 °C zugelassen, [39].

Eine wesentliche Einschränkung wird bei der Verwendung für Dampfleitungen vorgenommen. Durch Hydrolyse werden die Fasern, insbesondere Aramid geschädigt. Darüber hinaus sind die Gummibinder nur bedingt dampfbeständig, siehe dazu auch [40].

Der Dichtungsübersicht, Tabelle 11, können übersichtlich geordnet die wichtigsten Kennwerte der Hauptdichtungfamilien entnommen werden.

Tabelle 11: Dichtungsübersicht

Dichtungsübersicht

Werkstoff (Anmerkung)	Anteile Gummi in %	Anteile Faser in %	Anteile Füll-stoff in %	Temp. max. °C	Flächenpressung min. 20°C N/mm²	max. 20°C	max. 100°C	max. 200°C	max. 300°C	Leckrate l x mbar / s x m minimal	Anteile Ferrite in %	Anteile Chloride ppm
Gummi												
EPDM (Säure u. Lauge,80°C)	100			130	2	10	6					
NBR (ölbeständig)	100			100	2	10	6			0.00001	0,03	100
NR (Wasser max. 60°C)	100			100	2	10	6					
IT (Gummi -Asbest)												
IT 200, 2mm	10 b.15	65 b.80	10 b.15	300	45	80	73	64	56			
IT O,C,M,300,400, 2mm	7 b.10	65 b.80	10 b.15	300	50	90	83	74	66			
IT 200, 3mm	10 b.15	65 b.80	10 b.15	300	25	50	46	42	38	0,01	4	3000
IT Ö,C,M,300,400, 3mm	7 b.10	65 b.80	10 b.15	300	30	60	56	52	48			
IT 1000 mit Drahtgewebe	5 b.10	65 b.80	10 b.15	300	30	60	56	52	48			
Gummi - Faser, 2mm	Kennwerte nach [40]											
Aramid (dampfunbeständig)	10 b.20	20	75 b.85	130	15	25	20					
Glasfaser	30 b.40	30 b.40	30 b.40	150	20	55	50			0,01	3	100-300
Kohlefaser (Arylnitril b. ca 300° aus Vakuumofen)	20	23 b.26	50	180	20	35	30					
PTFE (auch mit Faserverstärkung)												
(hohe Wärmeausdehnung u. Fließfreudigkeit)				250	15	90	25			0,00001	0,03	20-100
Grafit mit Metallträgern (Reinheit bei Nuklearqualität 99,8%, bei Industriequalität 98%)												
Glattfolie (diverse Anbieter)	0	0	0	550	10	300	300	300	250			
Klettblech (Kempchen)	0	0	0	550	20	150	150	150	130			
Spießblech (Sigri)	0	0	0	550	50	150	150	150	130	0,001	0	20-50
Streckmetall (Union-Carbide)	0	0	0	550	100	150	150	150	130			
Achtung! Impränierungen sollen vermieden werden !!!												
Die Maximaltemperatur gilt nur für oxidierende Atmosphäre, sonst bis 2000 °C												
Wellringdichtungen												
z.B.												
1. 4541/ Grafitauflagen				500	15	180	170	160	150			
15 Mo 3/ Grafitauflagen				600	15	180	170	160	150	0,000001		
1. 4571/ PTFE-Auflagen				300	15	180	160	140	80			
Spiraldichtungen												
z.B.												
1. 4571/ Grafitwicklung				500	50	180	170	160	150			
1. 4571/ PTFE-Wicklung				300	50	180	160	150	140	0,000001		
Kammprofil- oder Convexdichtungen *)												
z.B.												
1. 4571/ PTFE-Auflagen				300	15	500	480	450	420			
1. 4571/ Grafitauflagen				500	15	500	480	450	420	0,000001		

In vielen neueren Veröffentlichungen wird davon ausgegangen, daß Grafitdichtungen gegenwärtig der einzige vollwertige Ersatz für IT-Dichtungen sind. Hier wird allerdings häufig der Einfluß der Trägerbleche auf die Vorverformungskraft vergessen. Angaben hierzu gibt es in der Dichtungsübersicht.

Die in Bild 70 angeführten Grafiken stellen die Anteile der Faserdichtungen dar. Für die Dichtungen wurden Mittelwerte verwendet, Tabelle 11. Eine deutliche Veränderung der Gesamt-

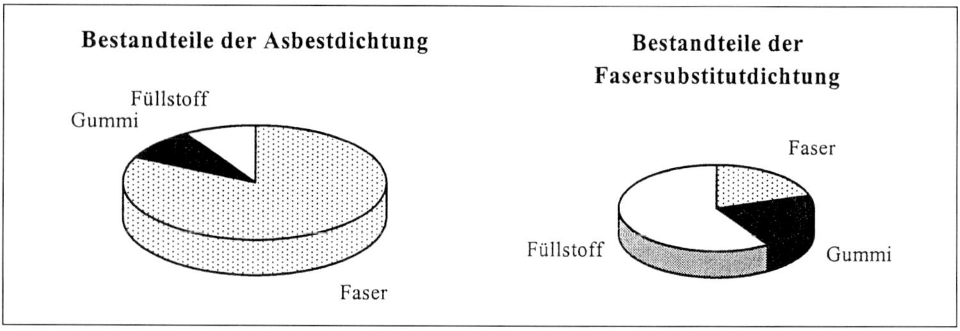

Bild 70: Bestandteile von Faserdichtungen

struktur der Werkstoffe ist zu erkennen, dieser müssen auch die Veränderungen im Dichtverhalten entnommen werden.

Die nächsten Grafiken stellen in Abhängigkeit von der Temperatur die Dickenabnahme der Dichtwerkstoffe dar [41]. Die Flächenpressung wurde dabei jeweils konstant gehalten. Es ist zu erkennen, daß die Standfestigkeit der Fasersubstitutdichtungen geringer ist als die der Asbestdichtungen. Ursache sind die geringeren Faseranteile sowie der erhöhte Gummibinderanteil, Bild 71.

Es ist allen Informationen zu entnehmen, daß die IT-Dichtungen nicht ohne genauere Betrachtung durch andere Gummifaserdichtungen zu ersetzen sind. Erschwerend kommt in die Betrachtung noch die gegenüber dem Asbest erheblich niedrigere Temperaturbeständigkeit der Fasersubstitute. Aramide hydrolysieren, Glasfasern verspröden mit höheren Temperaturen. Somit muß aus der Werkstoffanalyse die maximale Temperatur für Gummi-Faserdichtungen auf 100 °C beschränkt werden. Drahtgewebeeinlagen haben sich nicht bewährt, denn sie fördern den Temperatureintrag in die Dichtung und damit das Hydrolysieren, also die Versprödung.

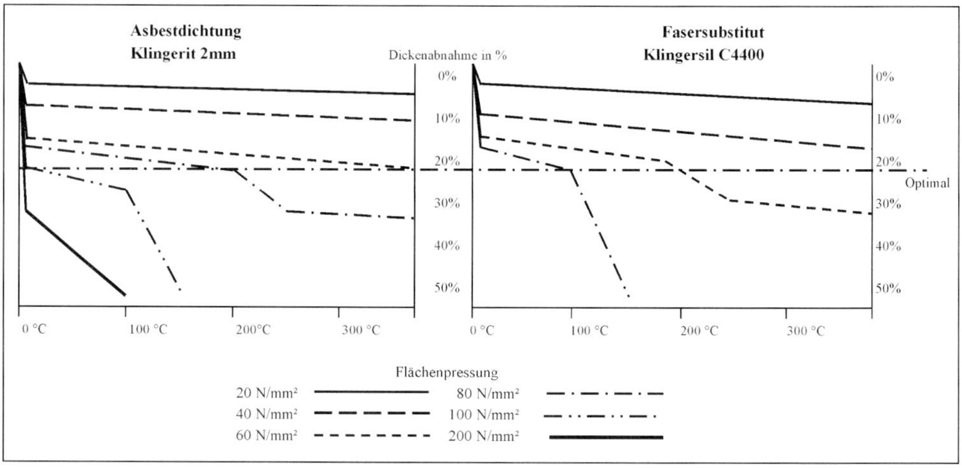

Bild 71: Standfestigkeit von Faserdichtungen

3.2.4.6.3 Anwendungsgrenzen für Druck

In den Lieferprospekten wird häufig neben der maximalen Betriebstemperatur auch der maximale Betriebsdruck angegeben. In den Anwendungen nach DIN ist diese Angabe jedoch nicht von Interesse, da die Geometrie der Flansche den Kraftbedarf für den Innendruck beinhaltet. Sobald die Dichtungen mit den vorgesehenen Schrauben verspannt sind, sollte man davon ausgehen können, daß die auf die Dichtung wirkende Kraft größer ist als die durch den Innendruck entstehende. Wichtig ist immer, für eine möglichst gleichmäßige Verteilung der Schraubenkraft auf die Dichtung zu sorgen. Homogene Dichtwerkstoffe wie PTFE und Grafit kommen dieser Anforderung sehr entgegen, Bild 72.

Bei der Betrachtung der für die Dichtungen jeweils zulässigen Drücke ist festzustellen, daß häufig die anerkannten Regeln der Technik mißachtet werden. Flachdichtungen aus Asbest wurden in gestanzter Ausführung bis 200 bar eingesetzt, häufig auch bei Flanschen mit abgesetzter Dichtleiste. Die Flansche sind nach der Art der Kammerung für die Drücke genormt, d.h. Dichtungen nach DIN 2690 für Flansche mit glatter Dichtleiste bis PN 40, nach DIN 2692 für Flansche mit Vor- und Rücksprung bis PN 100 und nach DIN 2691 für Flansche mit Nut und Feder bis PN 160 [42]. Aus der Art der Kammerung müßte sich also je nach Art der Dichtung eine Druckstufe ergeben, bis zu der sie eingesetzt werden darf. Dabei kommt es außerdem darauf an, ob die Weichstoffe ungekammert (Faserflachdichtung), teilgekammert (Innenbördel) oder gekammert (Spiraldichtung) eingesetzt werden. In Bild 73 soll dargestellt werden, wie Dichtung oder Flansch den Druckanforderungen angepaßt werden könnten. Eine Besonderheit stellen die Kammprofildichtungen dar, sie sind nach DIN 2997 bis 400 bar genormt.

3.2.4.6.4 Die „Einheit von Schraube und Dichtung"

Neben den Einflüssen wie Temperatur und chemische Beständigkeit der Dichtwerkstoffe wurden die physikalischen Eigenschaften durch den Entwurf DIN E 2505, Teil 1 und Teil 2,

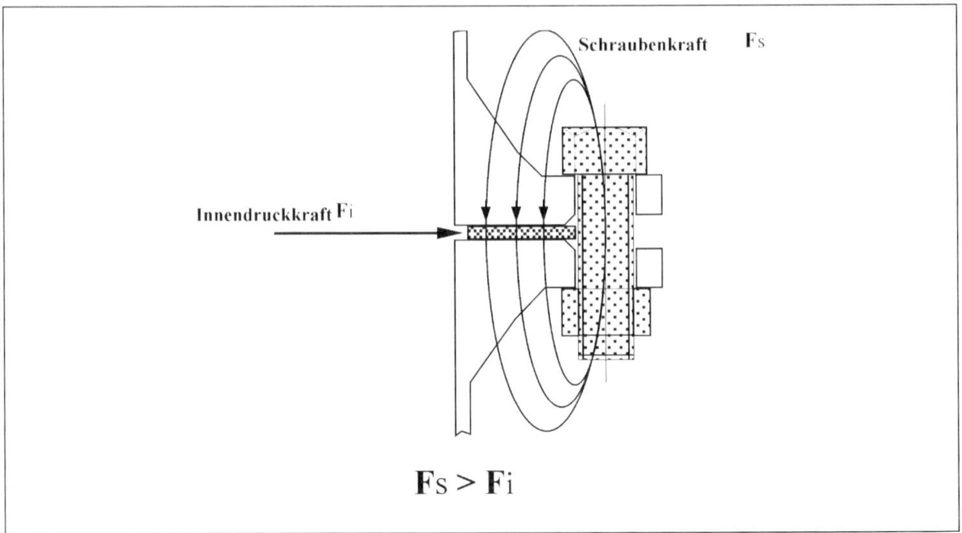

Bild 72: Zusammenhang zwischen Schrauben- und Innendruckkraft

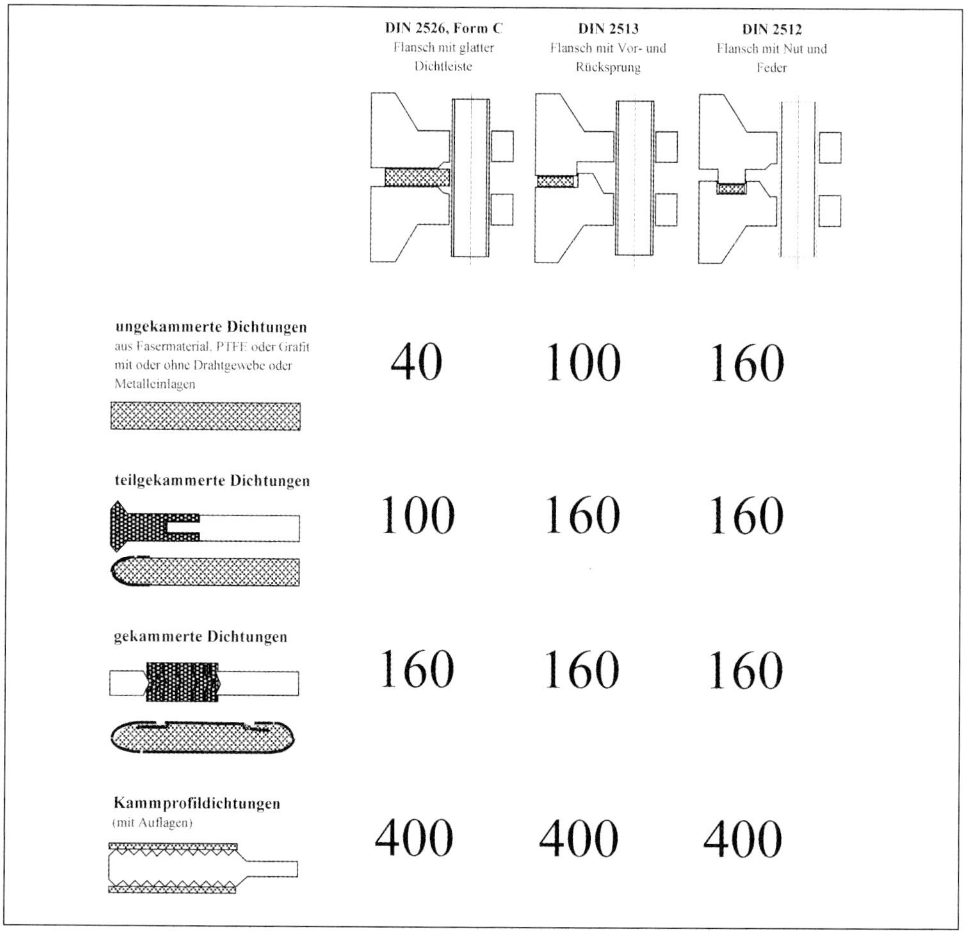

Bild 73: Anpassung von Flansch und Dichtung an die Druckanforderung

April 1990 auf der Grundlage von neueren Untersuchungsergebnissen stärker differenziert. In diesem Zusammenhang wurden erstmals Angaben über die von der Dichtung zu ertragenden Flächenpressungen σ_{Vu} und σ_{Vo} gemacht. Diese Werte werden schon seit den 70er Jahren in [43] genannt. In [38] werden diese Grenzen noch einmal eingeschränkt. Zu diesem Zweck wird die Spannungsraute als Darstellungshilfe eingeführt, Bild 74. Im wesentlichen geht es dabei um die Einführung eines Montageunsicherheitsfaktors, der Undichtigkeiten durch Erhöhung der Mindestflächenpressung σ_{Vu} oder durch Senken der oberen Flächenpressungsgrenze σ_{Vo} ausschließen soll. Gleichzeitig wird die optimale Flächenpressung als Beziehung aus beiden Grenzen ermittelt.

$$\sigma_{opt} = \sqrt{\sigma_{Vo} \cdot \sigma_{Vu}} \tag{18}$$

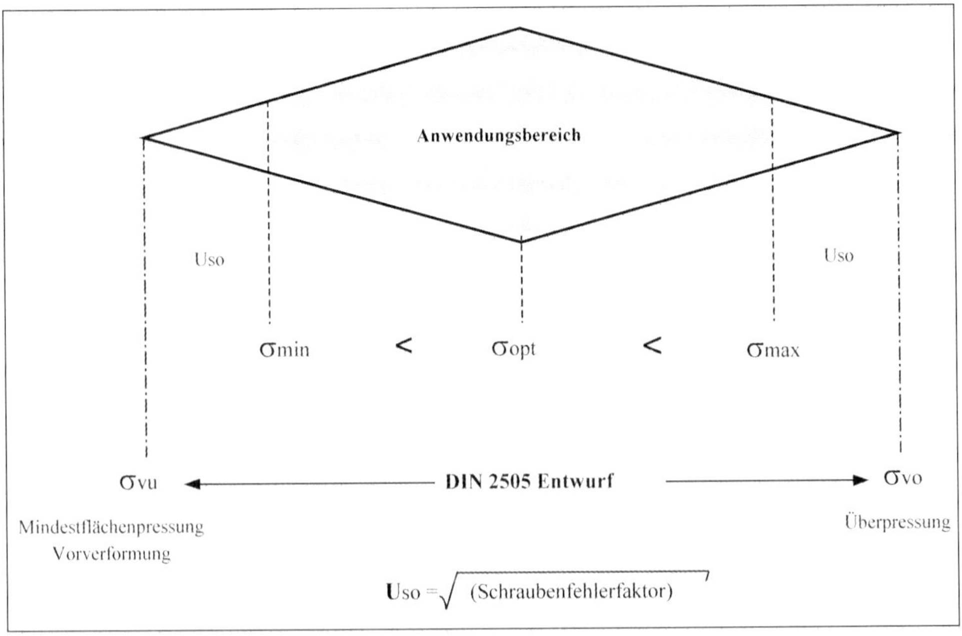

Bild 74: Die Raute als Dichtungsschaubild nach [38]

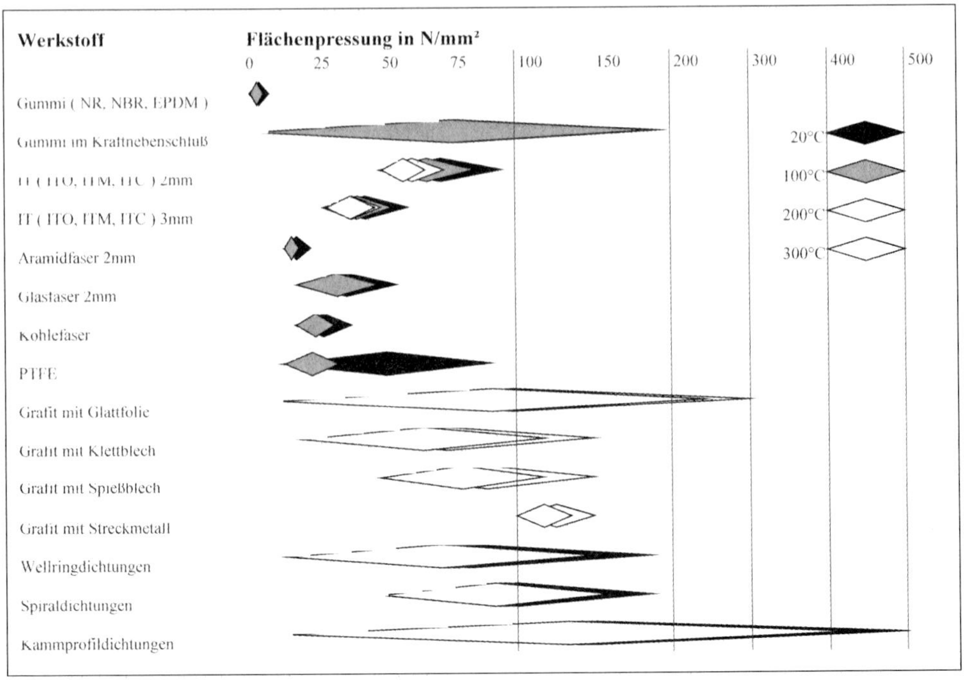

Bild 75: Grafische Darstellung der Anwendungsgrenzen in Abhängigkeit von der Temperatur

Die Kennwerte einzelner Dichtungen können der Dichtungsübersicht entnommen werden. Die in DIN E 2505 fehlenden Werte wurden dort durch veröffentlichte Werte aus der einschlägigen Literatur ergänzt und falsche Werte entsprechend der Herstellerangaben korrigiert. In Bild 75 werden verschiedene Dichtungsrauten in Abhängigkeit von Temperatur gegenübergestellt. Deutlich lassen sich hier anwendungsgerechte von weniger für den jeweiligen Anwendungsfall geeigneten Dichtungen unterscheiden. Insbesondere wird hier die Überlegenheit von Grafitdichtungen deutlich.

Dichtungen und Schrauben haben Kennwerte, die ihren Einsatz begrenzen. Die Flanschverbindung ist ein komplexes Gebilde, in dem die Werkstoffe von Dichtung, Schraube und Flansch miteinander harmonieren müssen. Die Berechnung erfolgt nach Modellen wie DIN E 2505 oder pr EN 1591 [31, 32]. Die in diesen Normen enthaltenen Kennwerte stimmen mit den Herstellerangaben nicht immer überein. Die in Bild 76 verwendeten Kennwerte entsprechen dem Stand verschiedener Veröffentlichungen, besonders aber den Veröffentlichungen, die Anwender auf Grund der schlechten Erfahrungen beim Ersatz von Asbestdichtungen gemacht haben. Bild 76 zeigt die Spannungsrauten verschiedener Dichtungen im Verhältnis zu den Schraubenkräften, die in Flanschen DIN 2633 PN 16 erzeugt werden können. Man kann sehen, daß sich bei Gummi-Stahl-Dichtungen die Schrauben lösen, weil die Dichtung die von den Schrauben eingetragenen Kräfte nicht ertragen kann. Der Grund besteht darin, daß die Dichtung bis zu einer, ihrem Werkstoff entsprechenden ertragbaren Belastung „kriecht" und dabei die Schrauben entspannt. Gummidichtungen im Kraftnebenschluß sind deshalb deutlich „anwendungsgerechter". In der Gasversorgung wurde die inneneingefaßte IT-Dichtung bei Verwendung von 5.6 Schrauben vorgeschrieben. Deutlich kann man sehen, daß die Schrauben die Dichtung nicht vorverformen konnten. Hier mußte Montagefett die Dichtaufgabe übernehmen, weil die Kräfte so klein waren, daß sich die Oberfläche der Dichtung kaum den Flanschdichtflächen anpaßt.

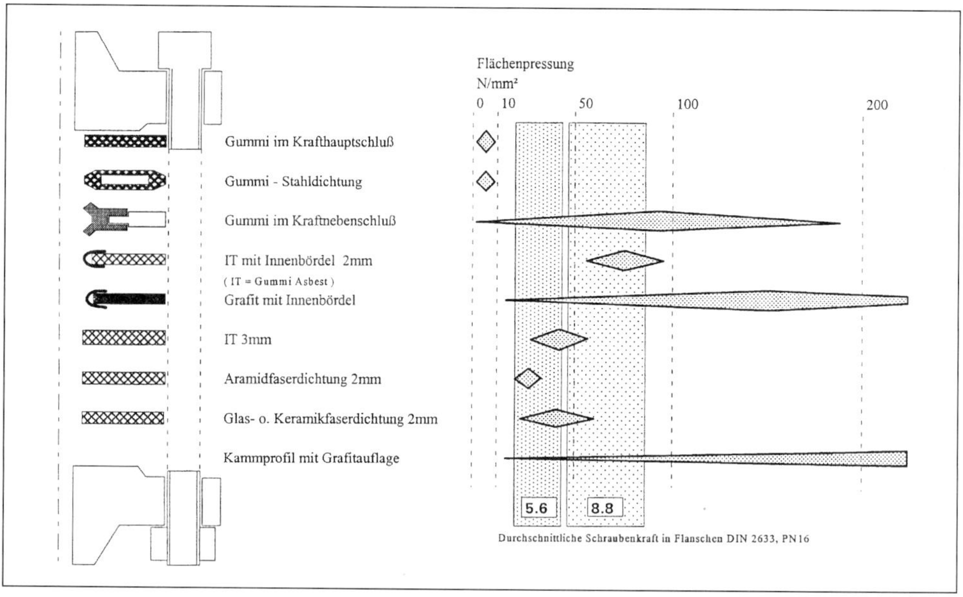

Bild 76: Verhältnis von Dichtungs- und Schraubenbelastung

Die Kraft, die von den Schrauben zur Verfügung gestellt werden kann, liegt etwa zwischen 50 % und 100 % der Streckgrenze (0,2-Dehngrenze). Unter der theoretischen Annahme paralleler Flanschflächen wird die Kraft dargestellt, die pro 1 mm^2 der Dichtfläche zur Verfügung steht. In der Realität treten jedoch Schrägstellungen und Spannungen in den Flanschverbindungen auf, die u.a. für ungleichmäßige Belastungen der Dichtungen verantwortlich sind. Aus diesem Grund sollte immer für ausreichende Reserven in der Dichtung gesorgt werden (Kammprofil- oder Grafitdichtungen). Dichtungen mit Kraftnebenschlußeffekt besitzen deshalb unter bestimmten Umständen Vorteile gegenüber Dichtungen im Krafthauptschluß. Durch ihr gutes Setzverhalten kann schon bei der Montage abschließend gearbeitet werden, Nachziehen im Betrieb und das damit verbundene Risiko wird unnötig. Sie erlauben eine auf die Schraube konzentrierte Montage. Es können einfache Tabellen für Montage mit Drehmomenten zur Verfügung gestellt werden.

In der Haushaltsversorgung werden die Dichtungen nach DIN 3535 und 2470 ausgewählt und eingesetzt [39,44]. In der Vergangenheit wurden diese Dichtungen als Flachdichtung IT (Gummi-Asbest) mit innerer Einfassung aus Weicheisen hergestellt. Die Einfassung sollte den Diffusionsquerschnitt der Dichtung verkleinern und brachte gleichzeitig den Vorteil einer Metallarmierung, wie sie für die Verwendung bei Drücken über 40 bar gefordert wurde. Verwendet wurden Dichtungen mit einer Materialdicke von 2 mm. Die Flächenpressung, die für die Vorverformung einer solchen Dichtung benötigt wird, liegt bei 50 N/mm^2. Angewendet wurden diese Dichtungen häufig in Flanschen nach DIN mit Schrauben der Güte 5.6. Die Monteure hatten die subjektive Empfindung, daß die Dichtungen zu hart wären. Um in den Flanschen Dichtigkeit erzielen zu können, mußten die Schrauben zum Teil überdehnt werden, siehe Bild 76. Die Verteilung der Schraubenkraft über der Dichtfläche beträgt für die Vorverformung je nach Flanschnennweite im Mittel nur ca. 20–45 N/mm^2. Eine Lösung war es, von DIN-Flanschen auf ANSI-Flanschen zu wechseln, da diese wegen ihrer schmalen Dichtflächen und größer dimensionierten Schrauben die benötigten Kräfte zur Verfügung stellen können. Eine weitere Lösung wäre das Ersetzen der Schrauben 5.6 durch Schrauben 8.8. Die Schrauben 8.8 stellen im Mittel zwischen 60 - 90 N/mm^2 zur Verfügung, was für eine Vorverformung der Dichtung ausreichend wäre, siehe Bild 76.

Oft wurden die Dichtungen aber durch Gummidichtungen mit und ohne Gewebeeinlage ersetzt. Bei den Dichtungen mit Gewebeeinlage stellte man sehr schnell fest, daß das Fließverhalten günstiger ist als das der Dichtungen ohne Einlage. Nachteilig ist allerdings die höhere Leckrate, da das Gas durch die Gewebeeinlage austreten kann. Es ist festzustellen, daß Gummidichtungen historisch gesehen immer für Flansche mit voller Dichtfläche bis zum Außendurchmesser vorgesehen waren. Wenn diese dann noch mit niedrig legierten Schrauben wie 4.6 verspannt wurden, hatte man stabile Flanschverbindungen erzeugt (z.B. im Schiffbau). Da Gummidichtungen sehr weich sind, werden sie als ideal empfunden. Die Mindestflächenpressung für Gummi beträgt 2 N/mm^2. Es war jedoch festzustellen, das sie eine sehr hohe Fließfreudigkeit hatten. Um das Fließverhalten in den Griff zu bekommen, aber auch um die Montage zu erleichtern, wurden die Dichtungen mit einer Stahleinlage versehen, es entstanden die Gummi-Stahl-Dichtungen. In allen Fällen liegt der Gummi im Krafthauptschluß, mußte also der vorhandenen Schraubenkraft standhalten. Unabhängig von der Härte des Gummi beträgt die maximale Flächenpressung 10–15 N/mm^2, sie ist damit sehr niedrig und hat ein starkes Setzen oder gar ein Überpressen der Dichtung zur Folge. Auf jeden Fall aber lösen sich die Schrauben und führen zu instabilen, gegen Rohr- und Systemkräfte anfälligen Flanschverbindungen, Bild 77.

Aus diesem Grund ist stets auf die Auswahl „anwendungsgerechter“ Dichtungen zu achten, die auch den Bedingungen von Flansch und Schraube gewachsen sind. Es bietet sich an,

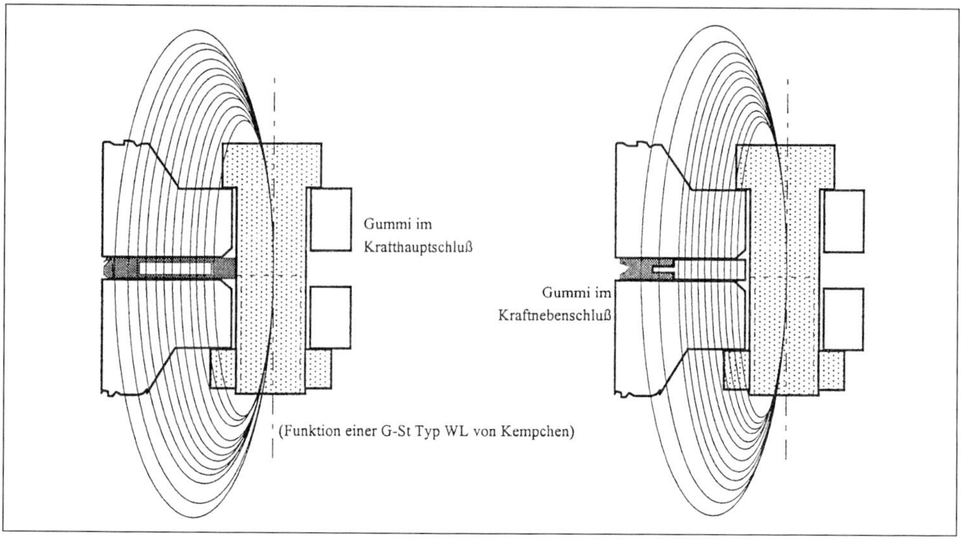

Bild 77: Kraftverlauf durch Gummi-Stahl-Dichtungen

Dichtungen zu verwenden, die die Weichheit und Dichtheit des Gummi haben, aber die Schraubenkräfte über metallische Stützen tragen. Andererseits ist oft zu beobachten, daß wegen höherer Kosten die Vorteile der Grafitdichtungen nicht genutzt werden. Die Verwendung von Dichtungen, die auf Flansch und Schrauben abgestimmt sind, bringen immer erheblichen Nutzen. Hohe Betriebssicherheit wird meistens verbunden mit geringerer Leckage (Diffusion), was in aller Regel auch der Umwelt nutzt.

3.2.4.6.5 Einfluß der Schrauben auf die Dichtungsauswahl

Völlig unberücksichtigt bleibt oft, daß die Schraubenwerkstoffe durch die Vorgabe vorhandener genormter Flanschverbindungen, also Anzahl und Größe der Dichtfläche, die Dichtungsauswahl ebenfalls beeinflussen. Durch die hohen Gummibinderanteile und den geringeren Faseranteil in den faserverstärkten Flanschdichtungen neigen die Flanschverbindungen zu einer Überpressung der Dichtungen. Werden aber Faserwerkstoffe durch Grafit ersetzt, macht man sich kaum Gedanken über die Unterschiede zu den Grafitdichtungen. Die Träger, wie Glattfolien, Klettbleche, Streckmetalle und Drahtgewebe, führen zu unterschiedlichen Mindestflächenpressungen. Die DIN E 2505 nennt als Mindestflächenpressung für Grafitdichtungen 15 N/mm^2 unabhängig vom Blechträger. Die Hersteller von Spießblechdichtungen verlangen bei einer Dicke von 2mm aber mindestens 30 N/mm^2 und bei einer Dicke von 1mm sogar 70 N/mm^2. Preßversuche an reinen Spießblechen ergeben eine Mindestflächenpressung von 50 N/mm^2, um die Spieße zu verformen. Das ist erforderlich, um eine genügend hohe Vorverdichtung zu erzielen. Bei Streckmetallträgern ist sogar von 100 N/mm^2 auszugehen. Es ist festzustellen, daß einige Hersteller die Dichtfähigkeit der Platten bei niedrigen Flächenpressungen durch Beifügung von Imprägnierungen versuchen zu erreichen und damit einen im Hochtemperaturbereich hervorragenden Werkstoff schwächen, da davon auszugehen ist, daß die Imprägnate bei Temperaturen um 200–300 °C ausgasen. Die Unterschiede, wie auch die Geometrie der Flanschverbindungen, führen dazu, daß bei vielen Flanschverbindungen entweder die Schraube durch ihre Kraft die Dichtung überpreßt (die Folge sind lose Schrauben durch sich setzende, geflossene Dichtungen, welche bereits einige Wochen nach Inbetriebnahme undicht sein können), oder die hohe Mindestflächenpressung führt zu einer plastischen Verformung der Schraube und damit zur Zerstörung des Spannelementes der Flanschverbindung (die Folge sind Undichtigkeiten bei Last- und Temperaturwechseln, bzw. keine erzielbare Dichtigkeit bei der Montage). Eine weitere Problematik ist die Angabe von Mindest- und Maximaldrehmomenten für die Schrauben einer Flanschverbindung in Abhängigkeit nur vom Dichtwerkstoff. Bei diesen Vorgehensweisen wird häufig die Schraube als Spannelement zwischen 0 und 100 % der Streckgrenze verwendet, ohne daß man sich im klaren darüber ist, daß dieser Bereich noch deutlich einzuschränken ist. Die pr EN 1591 begünstigt dieses Verhalten, da in dieser Norm die Auslastung der Schrauben für jeden Betriebzustand berechnet wird, wobei allerdings in der Regel lediglich auf die Vermeidung einer Überbeanspruchung der drei an der Flanschverbindung beteiligten Elemente geachtet wird und weniger auf eine Unterbelastung. Optimal ausgelastete Schrauben sind für die Verspannungsverhältnisse in einer Flanschverbindung besonders wichtig, schon um Dickenverluste der Dichtungen durch Masseverlust bei Temperatur auszugleichen. Zu beachten ist bei der Montage von Flanschverbindungen auch, daß die Schrauben nicht über die Steckgrenze des Werkstoffes hinaus angezogen werden sollen, weil sonst eine plastische Verformung der Schraube (Überdehnung) erfolgt. So kann eine einseitige Berechnung der Anzugsmomente nach den Grenzen der Dichtwerkstoffe zu trügerischen Annahmen für die Anzugsmomente der Schrauben führen. Entsprechende, von Dichtungsherstellern verbreitete Tafeln müssen überprüft werden, da sie die Monteure zu falschem Montageverhalten verleiten. Zu erkennen sind diese Tabellen meistens daran, daß nicht auf verschiedene Schraubenwerkstoffe und Schraubenarten (Dehn- oder Starrschrauben) eingegangen wird. Aus diesem Grunde empfiehlt sich auch bei Anwendung von Normflanschen eine rechnerische Überprüfung gemäß [31, 32], siehe Pkt. 3.2.4.4 f.

Beispiel 1: Flansch nach DIN 2633, PN 16, DN 125 mit Schrauben 5.6 DIN 931; Dichtung aus Grafit-Spießblech 1 mm dick. Die Mindestflächenpressung nach DIN E 2505, April 90 ist $F_{DVU} = \pi \cdot d_D \cdot b_D \cdot \sigma_{VU}$, das ergibt für die genannte Dichtung mit $\sigma_{VU} = 70$ N/mm² (Katalogangabe des Herstellers) einen Wert von $F_{DVU} = 3{,}14 \cdot 164{,}5 \cdot 23{,}5 \cdot 70 = 849.692$ N. Das Anzugsmoment für die Schrauben wäre damit 274 Nm. Die 8 Schrauben stellen bei $\mu = 0{,}12$ und 100 % ausgelastetem Werkstoff und einem Anzugsmoment von 121 Nm $F_{Sch} = 8 \cdot 42.429 = 339.432$ N zur Verfügung. Damit würden die Schrauben mit 226 % ihres maximal ertragbaren Anzugsmomentes überlastet werden, um die Vorverformung zu leisten. Der Kraftbedarf für den Innendruck und für Querkräfte sowie Sicherheitsfaktoren sind noch unberücksichtigt.

Beispiel 2: Flansch nach DIN 2633, PN 16, DN 100 mit Schrauben 8.8 DIN 931; Dichtung aus Fasersubstitut auf der Basis von Aramid, mit $\sigma_{VU} = 15$ N/mm². Es ergibt sich für $F_{DVU} = \pi \cdot d_D \cdot b_D \cdot \sigma_{VU} = 3{,}14 \cdot 136{,}5 \cdot 21{,}5 \cdot 15 = 138.227$ N. Die Tabelle würde ein Anzugsmoment von 38 Nm nennen. Die Schrauben stellen aber $F_{Sch} = 8 \cdot 100.429 = 803.432$ N bei einem Anzugsmoment von 221 Nm zur Verfügung. Das bedeutet eine Auslastung der Schraube bei dem in der Tabelle angegebenen Wert von nur 17 %, was mit einem Drehmomentanzugsverfahren wegen der Streufehler und der Reibung nicht kontolliert möglich ist.

3.2.4.6.6 Voraussetzungen für eine „anwendungsgerechte" Dichtung

In der Vergangenheit wurden Dichtungen verändert, um den gestiegenen Anforderungen durch veränderte Betriebsparameter und Umweltschutzbedingungen Genüge zu leisten. In der Gasversorgung wurden deshalb Dichtungen durch das Verwenden innerer Einfassungen gasdichter gemacht, weil man die hohe Diffusionsrate entdeckte. Dichtungsplatten wurden mit Drahtgewebeeinlage versehen, um die Zulassung als metallarmiert für Drücke über 40 bar zu erlangen. Die Gasversorgung trennte sich sehr schnell wieder von diesen Werkstoffen, weil höhere Leckageraten als bei Dichtungen ohne Drahtgewebe festgestellt wurden. Der heutige Stand der Technik läßt solche Dichtungen gemäß UVV bzw. TA-Luft teilweise nicht mehr zu. Zum Beispiel verlangt die Feuersicherheit nach British-Standard beständige Dichtungen in feuergefährlichen Bereichen, die 650 °C bei äußerlichem Flammenstrahl 30 min überstehen, ohne daß Undichtigkeiten entstehen dürfen. Das läßt vermuten, welche Anforderungen an Dichtungen und Schrauben zukünftig in immer höherem Maße gestellt werden. Diese Anforderungen werden zum Teil von vielen Betriebsingenieuren noch nicht erkannt, obwohl sie in ihrem Verantwortungsbereich liegen und Veränderungen fordern. Der Betriebsingenieur wird vom Gesetzgeber angehalten, sich am Stand der Technik zu orientieren und nicht allein anerkannte Regeln der Technik als Maßstab zu benutzen [46]. Die Betreiber von Kernkraftwerken verlangen sogar von ihren Zulieferern eine Orientierung nach dem Stand von Wissenschaft und Technik. Für den maximal zulässigen Druck gibt es Regeln, wie DIN 2690, 91 und 92 und DIN 3535 [39, 42]. Die DIN 2690 normt Flachdichtungen für Flansche mit glatter oder abgesetzter Dichtleiste bis 40 bar, DIN 2692 für Flanschen mit Vor- und Rücksprung bis 100 bar und DIN 2691 die Nut und Feder-Flanschen bis 160 bar. Das Prinzip der Kammerung bei höheren Drücken ist deutlich zu erkennen. In der Praxis findet man häufig gestanzte Dichtungen bis 100 oder gar 200 bar in den Flanschen und Blindflanschen mit glatten Dichtleisten. Dem Stand der Technik entspräche es hier, mindestens Dichtungen mit innerer Einfassung, besser aber Wellring-, Spiral- oder Kammprofildichtungen einzusetzen.

Im gesamten Normungsbereich entstehen zur Zeit sowohl für die Dichtungen als auch für die Schrauben neue Auswahl- und Auslegungsvorschriften. In der DIN 28090 und 28091 wird erstmals versucht, eine kontrollierte Leckrate (λ) in die Normung einzubeziehen. In der Vergangenheit wurden die Dichtwerkstoffe für ihre Flächenpressungskennwerte über den Wert $k_0 \cdot k_D$ unterschieden. Diese Werte wurden in der DIN V 2505 und in der AD-B7 für die Berechnung verwendet. Diese Kennwerte waren allerdings für die infolge der Asbestablösung entstandenen Vielzahl der Dichtwerkstoffe zu wenig und zu ungenau. Die DIN E 2505 stellt eine bessere Differenzierung dar, hat aber für Fasersubstitutdichtungen keine eindeutige Aussage und normt für Grafitdichtungen entgegen Herstellerangaben einen einheitlichen Mindestflächenpressungswert. Wie sich die Werte tatsächlich unterscheiden, kann der Dichtungsübersicht entnommen werden.

Der Verein Deutscher Ingenieure hat mit der VDI 2230, 6.86 zwar eine Norm zur Berechnung von Schraubenverbindungen geschaffen, die jedoch nur die Berechnung von Schraubenverbindungen „auf Block" gestattet, nicht aber Verbindungen mit Biegemomenten, gibt also für die meisten Flanschverbindungen keine Rechenhilfe.

Die Gesamtschraubenkraft einer Flanschverbindung sollte in einem sicheren Verhältnis zu der von der Dichtung benötigten Flächenpressung stehen. Es sollten aber auch Reserven für Montagefehler und Zusatzkräfte gelassen werden. Ebenso darf das Setzverhalten der Dichtung und auch des Flansches in der Realität nicht vernachlässigt werden. In [38] wird für die Einschätzung ein Sicherheitsfaktor U_{SO} mit mindestens 1,2 angegeben. Die Grenzwerte der Dichtungen werden dadurch bei der Mindestflächenpressung erhöht und bei der maximalen Flächenpressung gesenkt. Zwischen ihnen liegt der tatsächliche Anwendungsbereich der Dichtung.

Tabelle 12: Schraubenkrafterzeugungsfehler diverser Anzugsverfahren

Schraubenkrafterzeugungsfehler diverser Anzugsverfahren

Anzugsverfahren			Fehler in %	Uso
Anziehen mit Gabel- und Ringschlüssel nach DIN			60	1,3
Anziehen mit Verlängerungsmessung		manuel	10	1,0
		hydraulisch	2	1,0
Drehmomentanziehverfahren		(Hauptfehler ist die Reibwerteinschätzung)		
mit Schlüssel			20	1,1
mit Drehschrauber				
	Abwürgschrauber		20	1,1
	mit Schalt und Rutschkupplung		15	1,1
	mit Drehmomentschaltkupplung		10	1,0
	mit Drehmomentkontrolleinrichtung		12	1,1
mit Schlagschrauber		geeicht	40	1,2
		ungeeicht	60	1,3

3.2.4.6.7 Einsatzbedingungen bei Schrauben

Aus der Erzeugung der Schraubenkraft lassen sich Rückschlüsse auf das Montageverhalten ziehen, das in Abhängigkeit von der Dichtungsauswahl angewendet werden sollte. Dabei sollte man auch beachten, daß drehmomentkontollierte Montage wegen des sicheren Einsatzes der Schraube und nicht wegen eingeschränkter Kennwerte der Dichtungen erfolgen sollte. Die Größe der Fehler in der Einschätzung der Reibwerte und der Streufehler werden in der VDI 2230, 6.86 und in [47] beschrieben. Es sollten Fehler gemäß folgender Betrachtung mit einbezogen werden.

Tabelle 12 stellt die Hebelarmlängen dar, die für das Anziehen der Schrauben im Streckgrenzbereich von 70 % erforderlich ist, Bild 78. Die Werte für die Schrauben 5.6 wurden

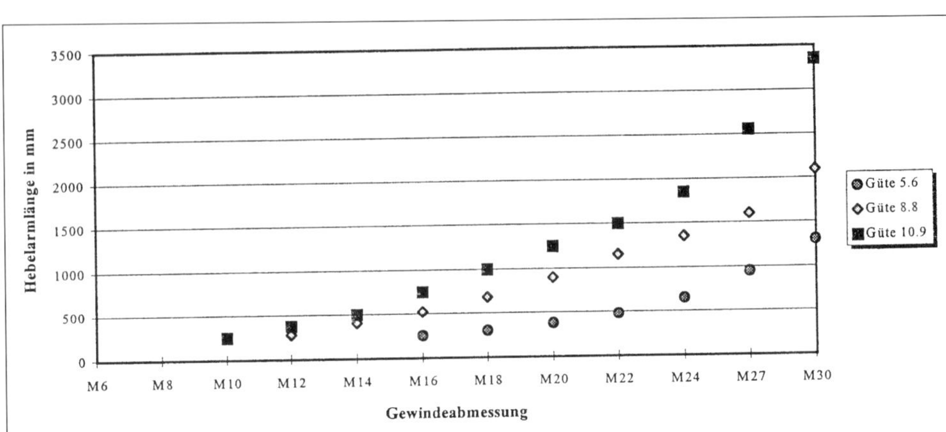

Bild 78: Erforderliche Hebelarmlänge

durch Interpolation ergänzt. Sollten keine Angaben gemacht sein, ist der Schraubenschlüssel allein ausreichend.

3.2.4.6.8 Anwendungsbereich einer Schraube M20

Ähnlich der Dichtung ist auch die Schraube durch ihren Werkstoff in einem bestimmten Anwendungsbereich eingeschränkt, Bild 79. Bei der Schraubenkrafterzeugung wird dieser Bereich nach oben durch die Streckgrenze des Schraubenwerkstoffes abgegrenzt. Sollte beim Verspannen die Streckgrenze überschritten werden, kann die Schraube plastisch verformt werden und keine Spannaufgaben mehr in der Flanschverbindung übernehmen. Die Flanschverbindung ist dann gegen Wechsellastbeanspruchung instabiler.

Die untere Grenze sollte so gewählt werden, daß eine sichere Dehnung in der Schraube erreicht wird. Der ASME-Code rechnet die Schrauben mit 40 % Auslastung. Die amerikanische Flanschnorm führt wegen der schmalen Dichtflächen und der starken Schrauben zu hohen Flächenpressungen, die von den üblicherweise verwendeten Dichtungen nicht ertragen werden, wenn die Schrauben zu 70 % und mehr ausgelastet werden. Man sollte Schrauben aber mit mindestens 50 % ihrer Streckgrenze belasten. Die Literatur empfiehlt eine Auslastung um 70 %, diese wird als optimal angesehen.

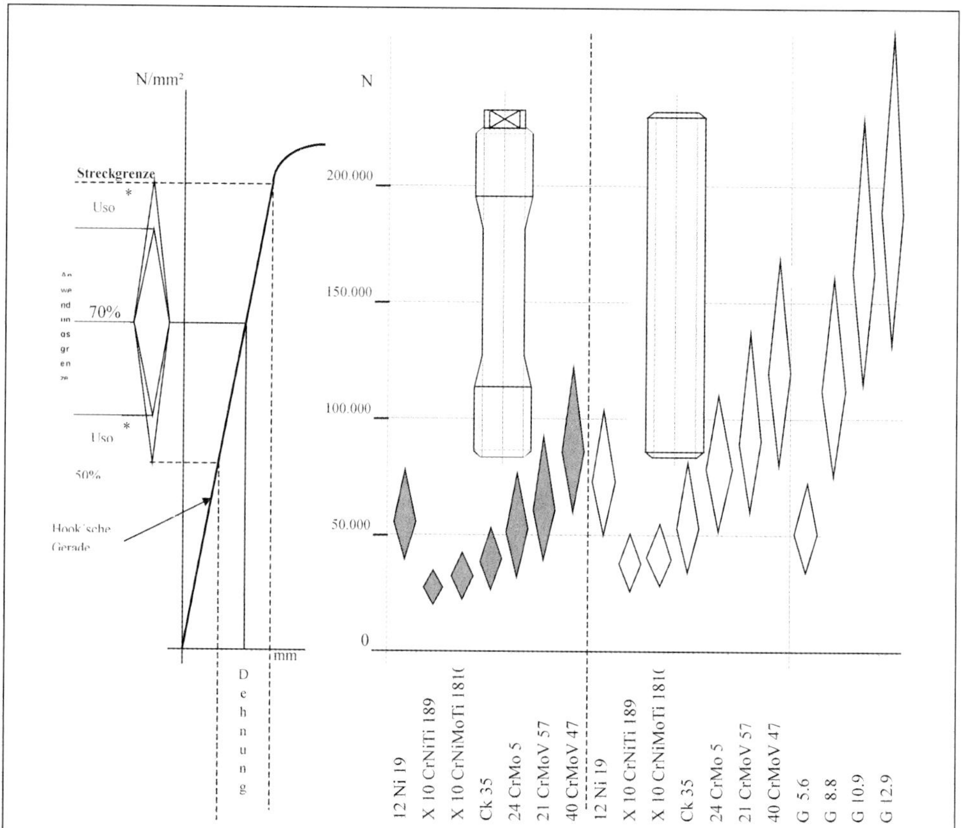

Bild 79: Anwendungsbereich einer Schraube am Beispiel einer Schraube M20
(Graphische Darstellung des Kräftespektrums)

3.2.4.6.9 Der Einfluß der Schraubenqualität

Die üblicherweise verwendete Kesselschraube aus Ck35 ist mit einer Streckgrenze von 280 N/mm² etwas schwächer als die der Güteklasse 5.6, besonders wenn sie als Dehnschraube hergestellt wird. Schrauben noch geringerer Festigkeiten sind Edelstahlschrauben aus nichtrostenden Materialien, sie haben Steckgrenzen zwischen 180 und 300 N/mm², wenn sie abgeschreckt worden sind. In der DIN 267, Teil 11 wird für nichtrostende Schrauben in der Festigkeitsklasse 70 (kaltverfestigt) bis M20 eine Steckgrenze von 400 N/mm² und von größer M20 bis M30 eine Streckgrenze von 250 N/mm² genannt. Festigkeitsklasse 80 (stark kaltverfestigt) nennt bis M20 600 N/mm². Die Schraube der Güte 8.8 ist mit 640 N/mm² Streckgrenze ein Stellvertreter der festeren Werkstoffe (bis > M16, 660 N/mm²). Die Schrauben der Güteklasse 10.9 oder 12.9 haben im Rohr- und Behälterbau keine Bedeutung. Bild 80 stellt die Schrauben im allgemeinen Vergleich dar.

Als Beispiel wurde eine Schraube M20 gewählt [45]. Die Anwendungsgrenzen der Schrauben wurden zwischen 40 und 100 % der Streckgrenze dargestellt. Die untere Grenze von 40 % ist wegen des ASME-Codes gewählt worden. Schrauben sollten insbesondere bei Reibanzugsverfahren höher belastet werden, um die Anzugsfehler durch die Streuung in der Reibung zu vermindern. Die Übersicht zeigt, warum die Schrauben der Güteklasse 5.6 und 8.8 repräsentativ für andere Werkstoffe stehen können.

3.2.4.6.10 Die Entspannung der Schraube infolge der Dichtung

Bild 81 stellt die Entspannung von Schrauben über einer weichen Dichtung dar. Der Anwendungsbereich der Schrauben M16 wird zwischen 40 und 100 % dargestellt. Als Beispiel wird ein Flansch DIN 2633, DN 100, PN 16 mit einer Aramidfaserflachdichtung und Schrauben DIN 933, 8.8 verwendet.

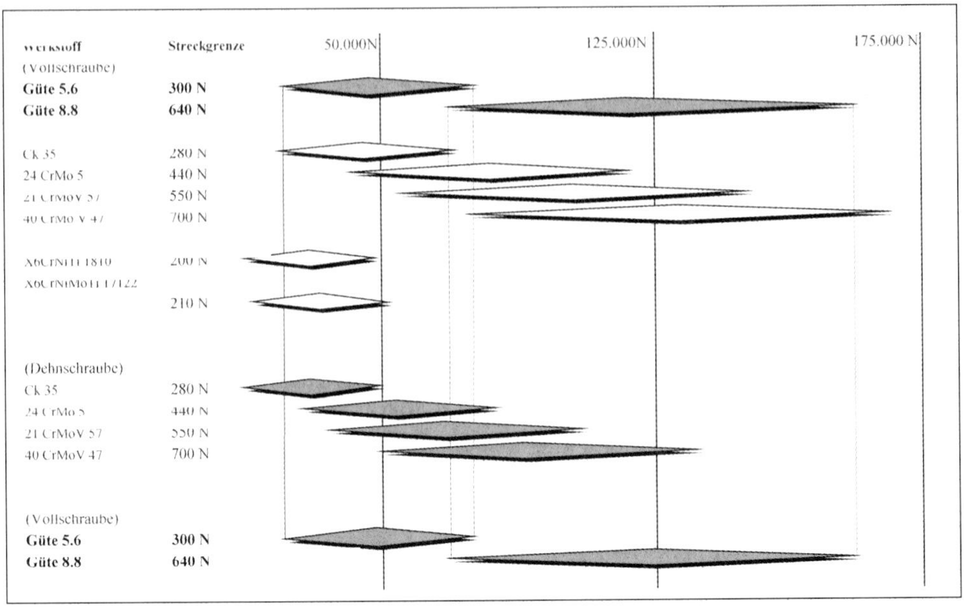

Bild 80: Vergleich der Belastbarkeit von Schrauben

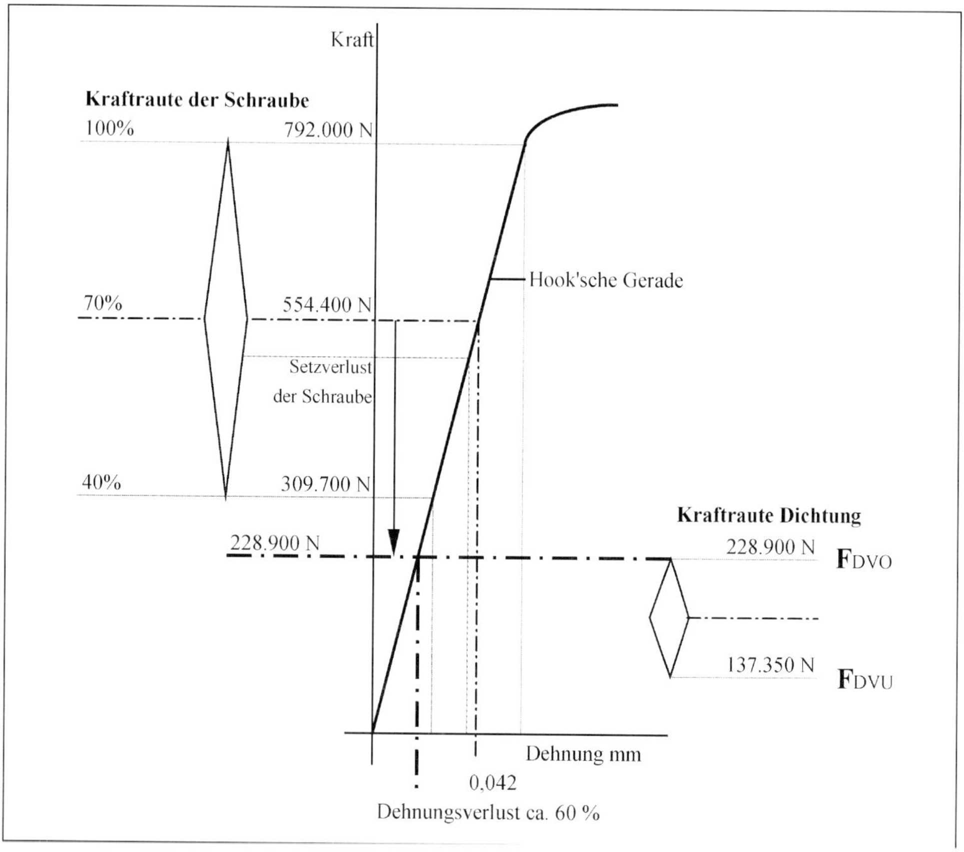

Bild 81: Beispiel für die Entspannung von Dichtungen

Warmgehende Flanschverbindungen sollten laut [45] grundsätzlich mit 70 % der Streckgrenze belastet werden. Die in diesen Flansch eingesetzte Aramidfaserflachdichtung hat nur einen niedrigen maximalen Flächenpressungswert, aus diesem Grund entspannt sich die Schraube so lange, bis die maximal für die Dichtung ertragbare Kraft erreicht ist. In diesem Fall ist die Schraube wegen der Dichtung nur noch mit ca. 30 % beansprucht. Verliert die Dichtung bei einer Erwärmung noch Masse, könnten die Schrauben ganz entspannt werden.

Im Verhältnis zum Kraftverlust durch die Dichtung ist der Kraftverlust durch das Setzen der Schraube sehr gering [47]. Bild 82 zeigt den Dehnungsverlust von Schraubenverbindungen, ermittelt aus dem Verhältnis von Spannlänge zu Durchmesser der Schraube pro Spalt. Spalte treten zwischen dem Gewinde der Schraube und der Mutter, der Mutter und dem Flansch, der Mutter und der Unterlegscheibe sowie zwischen Unterlegscheibe und Flansch auf.

3.2.4.6.11 Die Entspannung der Schraube durch Erwärmung

Bild 83 zeigt die prinzipielle Entspannung einer Schraube und den Streckgrenzenverlust bei Erwärmung.

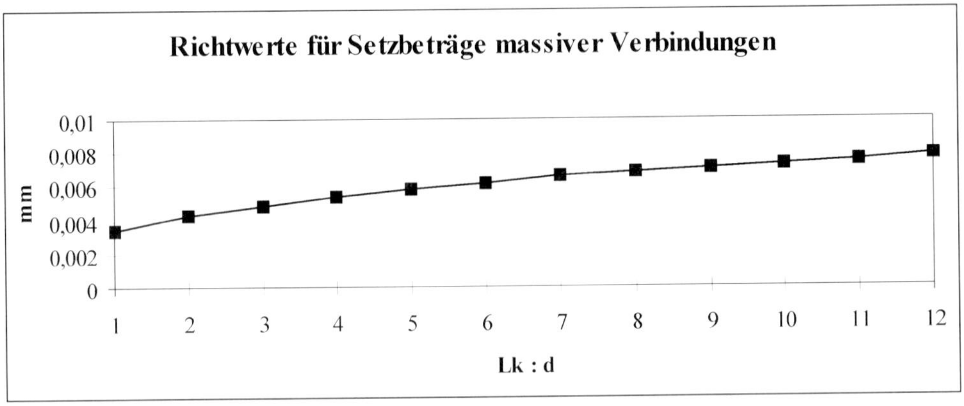

Bild 82: Dehnungsverlust von Schraubenverbindungen

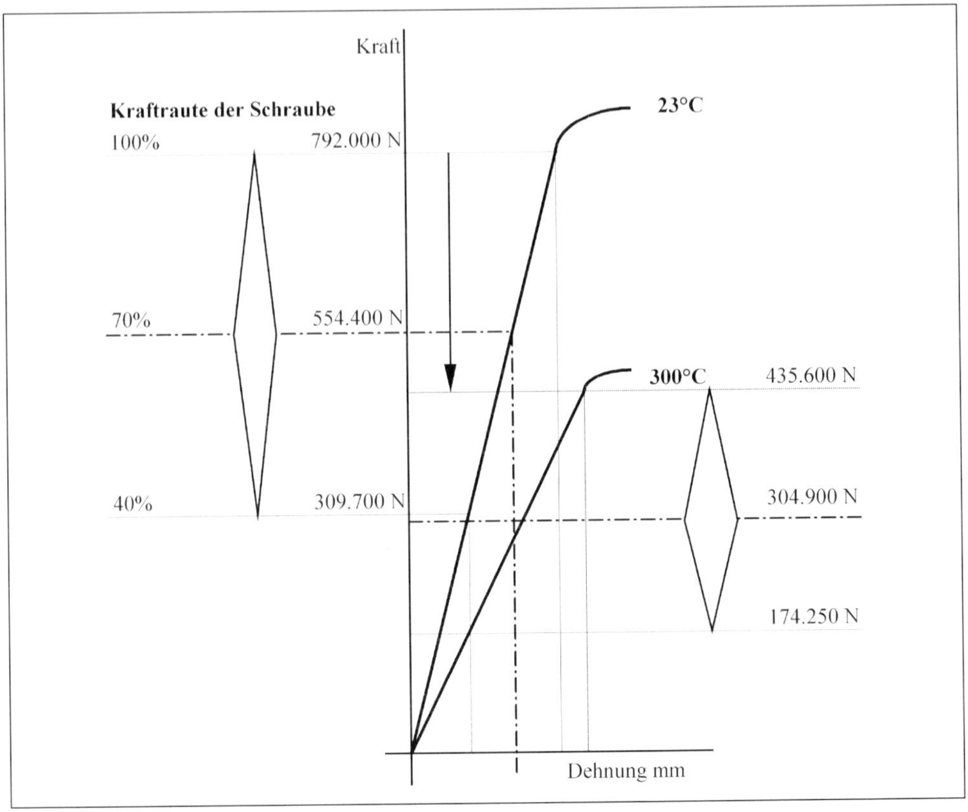

Bild 83: Entspannung einer Schraube

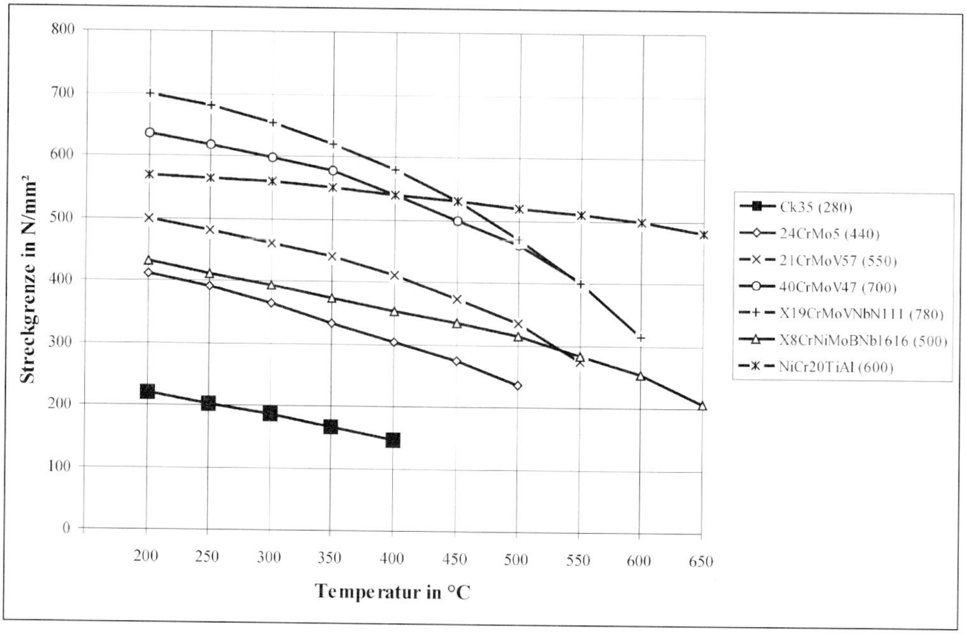

Bild 84: Warmfeste und hochwarmfeste Werkstoffe nach DIN 17240

Durch die Erwärmung der Schraube sinkt die Streckgrenze des Werkstoffes deutlich. Auch aus diesem Grund sollen Schrauben in den Flanschverbindungen möglichst mit 70 % ihrer Streckgrenze verspannt werden. Die folgende Tabelle zeigt die Veränderung in Prozenten zwischen Raumtemperatur und Betriebstemperatur (aus Tabelle 6, DIN 267 Teil 11).

Stahlgruppe	20 °C	100 °C	200 °C	300 °C	400 °C
A2. A4 austenitisch (Festigkeitskl. 70)	100	85	80	75	70
C1 martensitisch	100	95	90	80	65
C3 martensitisch	100	90	85	80	60

Bild 84 zeigt den Streckgrenzverlust für warmfeste und hochwarmfeste Schrauben bei erhöhter Temperatur. Die maximale Einsatzgrenze ist die Temperatur, bei der in Schritten von 50 °C die Streckgrenze noch nicht um mehr als 50 % gesunken ist.

Es ist also darauf zu achten, daß die erwärmten Schrauben auch den Kraftbedarf für den Innendruck noch decken.

3.2.4.6.12 Gegenüberstellung von Dichtung und Schraube

Im folgenden Beispiel soll eine praktische Auswahlhilfe für die Kombination von Dichtungsmaterial und Schraubenwerkstoff gegeben werden. Die Schraubenkennwerte wurden [45] entnommen. Die Werte der Schrauben wurden um U_{SO} = 1,2 erhöht bzw. gesenkt. Hiermit wird ein Anzugsfehler zwischen freiem Montageverfahren mittels Schraubenschlüssel (U_{SO} =

1,3) und drehmoment-gesteuertem Anzugsverfahren (U_{SO} = 1,1) gewählt [38]. Druck und Temperatur sind nicht Bestandteil dieser Betrachtung. Es wird davon ausgegangen, daß die Flanschgeometrie für den Druck ausreichend ist. Die vorgesehene Betriebstemperatur schließt schon in der Vorprüfung alle Werkstoffe aus, die die Temperaturen nicht auf Dauer ertragen können. Die folgenden Grafiken zeigen verschiedene Dichtungen in Flanschen der Nenndruckstufe PN 16 mit 5.6 und 8.8 Schrauben. In allen Fällen wurden die Flansche als biegesteif betrachtet und die Flanschflächen als parallel zueinanderstehend definiert, was auch die Grundvoraussetzung aller bekannten Berechnungsprogramme ist. Es sollte immer darauf geachtet werden, daß die Schrauben mit mindestens 40 % ihrer Streckgrenze belastet werden sollten. Ist die Schraube zu schwach, wird in der Grafik die Mindestanforderung auch optisch dargestellt, indem die Schraubenkurve verdeckt wird. Aus technischen Gründen, die im Rechnersystem liegen, werden die Schraubenwerte als Kurven und nicht als Einzelwerte pro Nenngröße dargestellt. Dieses Manko mindert nicht die Aussagekraft der Grafik. Das Rechnerprogramm kann die über der maximalen Flächenpressung liegenden Schraubenkräfte nicht darstellen, weil die Werte auf verschiedenen Ebenen liegen. Bei Bedarf müssen sie manuell ergänzt werden. Bild 85 erklärt die Grafik, Bild 86 zeigt ein ausgewähltes Beispiel mit einer ARAMID-faserverstärkten Dichtung.

Wenn die gesamte Darstellung der Schrauben innerhalb der Dichtungsgrenzen liegen, harmonieren Dichtungen und Schrauben miteinander !

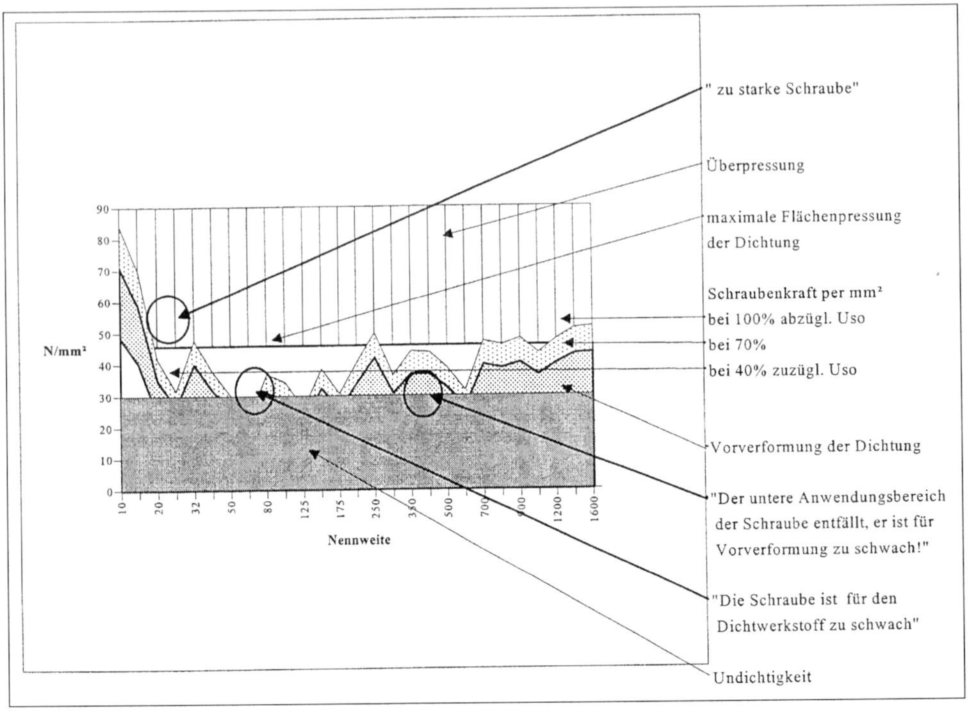

Bild 85: Schraube Güte 5.6 / Glasfaserflachdichtung

Tabelle 13: Statische Dichtungen im Kraftnebenschluß, Einteilung nach Werkstoffen

statische Dichtungen im Kraftnebenschluß Einteilung nach Werkstoffen				
Dichtungswerkstoffe, allgemein	Elastomere	Kunststoffe	Metalle	Verbundwerkstoffe
Werkstoff-Beispiele	NBR-,FPM-, EPDM-, und FFKM-Vulkanisate	PTFE PTFE +Füller	Nickel, Kupfer, Silber, Gold	Metall/Elastomer Metall/Graphit Metall/PTFE
Dichtungsformen Beispiele	O-Ringe Vierkant-Ringe	Lippenringe mit elastischer Stahlfeder	O-Ringe C-Profil V-Profil	Flachdichtungen

weise unterstützt werden, d. h. sie stellen aktive Dichtelemente mit einer hohen Betriebssicherheit dar.

4. Die Montage von Dichtungen im Kraftnebenschluß ist insofern einfacher, da keine bestimmten Anzugsmomente der Schrauben erforderlich sind, solange der direkte Formschluß der abzudichtenden Teile gewährleistet wird.

3.3.2 Einteilung der Dichtungen im Kraftnebenschluß nach Werkstoffen

Für die unterschiedlichen Einsatzbereiche gibt es eine Vielzahl von Dichtungsvariationen, die in Tabelle 13 nach den Dichtungswerkstoffen gegliedert wurden.

Bezüglich des mengenmäßigen Anteiles aller Dichtungen im Kraftnebenschluß nimmt der O-Ring eine Ausnahmestellung ein. Daher wird diese Abdichtungsart ausführlicher erörtert. Darüber hinaus werden zwei Beispiele für Verbunddichtungen vorgestellt.

3.3.3 O-Ringe

3.3.3.1 Allgemeine Zusammenhänge zur Wirkungsweise von O-Ringen

O-Ringe sind aus elastomeren Werkstoffen (Gummi) hergestellt, sie erzielen ihre Dichtwirkung dadurch, daß der runde Querschnitt in einer Nut verformt wird, das heißt, sie werden ausschließlich im Kraftnebenschluß (KNS) eingesetzt. Der Temperaturbereich, der von O-Ringen abgedeckt werden kann, erstreckt sich von ca. -70 °C bis max. 300 °C, der Druckbereich von Ultrahochvakuum bis ca 400 bar. In Ausnahmefällen werden auch Drücke über 1000 bar noch mit O-Ringen abgedeckt. O-Ring Abmessungen werden angegeben mit dem Innendurchmesser und der Schnurdicke. Die handelsüblichen O-Ringe liegen zwischen 0,5 mm und 20 mm Schnurdicke, die Innendurchmesser sind praktisch nicht begrenzt, wenn man auch stoßvulkanisierte oder geklebte O-Ringe mit einbezieht. Wegen der guten Verfügbarkeit sind die Abmessungen nach der amerikanischen O-Ring Norm AS 568 A am verbreitetsten, diese sind bei vielen Lieferanten in verschiedenen Werkstoffen lagerhaltig. Daher stammen auch die ungewohnten Schnurdicken (1,78; 2,62; 3,53; 5,33; 6,99), die fast unverändert auch in deutsche und internationale O-Ring Normen übernommen wurden, DIN 3771/1, ISO 3601/1.

O-Ringe können als statische Dichtungen einen breiten Leistungsbereich bezüglich der Dichtheit abdecken. Für den dynamischen Einsatz ist der Anwendungsbereich eingeschränkt, am ehesten werden sie dort für kleine Innendurchmesser und für kurze Hubbewegungen eingesetzt. Daher erfolgen die meisten Einsätze für O-Ringe bei statischen oder quasistatischen Anwendungen, bei denen die abzudichtenden Bauteile zueinander fixiert sind und dadurch nur geringe Relativbewegungen zwischen den Bauteilen unter Betriebsbedingungen auftreten, zum Beispiel infolge hoher Drücke oder zyklischen Temperaturen.

Wie bereits oben erwähnt, benötigen O-Ringe zur Erzielung ihrer Dichtfunktion ein gewisses Maß an Querschnittsverformung. Ein um ca. 20 % verformter O-Ring aus einem Werkstoff mittlerer Härte (70–80 IRHD) erzeugt eine maximale Flächenpressung von ca. 1–2 MPa, siehe Bild 88 „drucklos" [49]. Dabei tritt das Maximum der Flächenpressung in der Mitte der Berührungsbreite b auf. Je härter der Werkstoff ist, desto größer ist die erzeugte Flächenpressung, die bei größer werdenden Querschnittsverformungen progressiv zunimmt. Da Elastomere sich unter Druck annähernd inkompressibel verhalten, reagiert ein O-Ring unter der Einwirkung von Drücken wie eine Flüssigkeit und gibt den Systemdruck in Form einer erhöhten Dichtflächenpressung weiter, wie das in Bild 88 „bei 80 bar" maßstabsgerecht dargestellt wurde. Das Maximum der Flächenpressung ergibt sich dann aus einer Überlagerung der durch die Verformung eingeleiteten Druckspannung an den Berührungsflächen und dem Systemdruck. Diese Eigenschaft macht O-Ring-Abdichtungen sehr sicher in Bezug auf unvorhergesehene Druckspitzen, man bezeichnet die O-Ring-Abdichtung daher als „aktive" Dichtung, wobei die aktivierende Wirkung vom Systemdruck ausgeht.

Die Vorteile von O-Ringen lassen sich wie folgt zusammenfassen:

- gutes Dichtverhalten bei geringen Flächenpressungen
- gutes Spaltüberbrückungsvermögen durch die Elastizität
- breiter Temperaturbereich
- großer Druckbereich
- gutes Montageverhalten
- gute Verfügbarkeit bei niedrigem Preis.

Probleme beim Einsatz von O-Ringen gibt es in der Praxis vor allen Dingen, wenn entweder konstruktive Fehler bei der Nutauslegung gemacht werden, wenn werkstoffspezifische Ein-

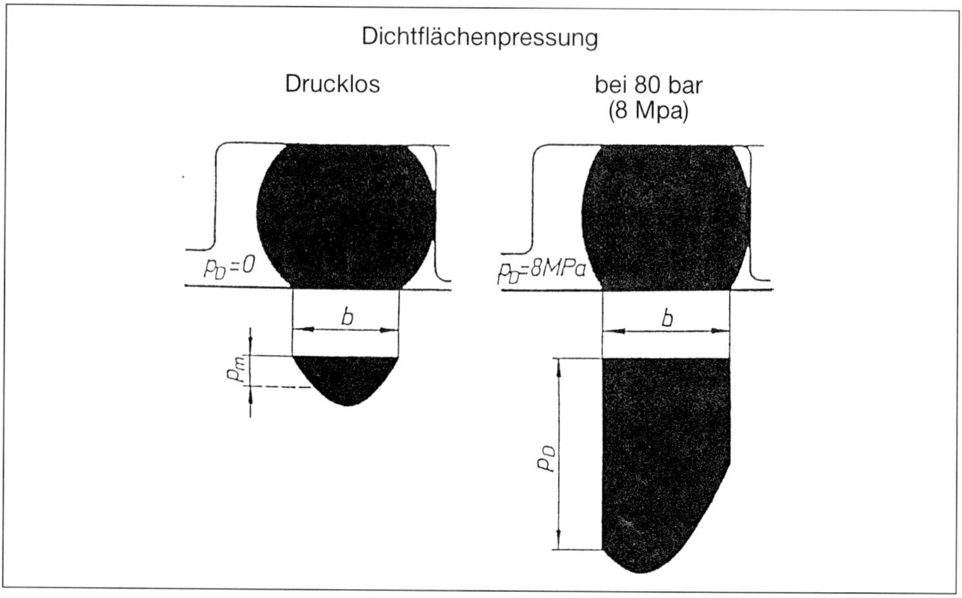

Bild 88: Maßstabsgerechter Verlauf der Dichtflächenpressung einer O-Ring Dichtung im drucklosen Zustand und bei einer Beaufschlagung mit 80 bar

satzgrenzen bezüglich Temperatur- und Medienbeständigkeit nicht beachtet werden, oder wenn wichtige Qualitätseigenschaften von O-Ringen gar nicht oder unzureichend vom Anwender spezifiziert werden. Die nachfolgenden Ausführungen können helfen, mit O-Ringen gute Dichtungslösungen zu erhalten.

3.3.3.2 Konstruktive Hinweise zur Nutgestaltung

Wie Bild 87 [48] zeigt, gibt es mehrere Möglichkeiten, wie O-Ringe eingebaut sein können. Man unterscheidet nach der Verformungsrichtung des O-Ring-Querschnittes nach radialer und axialer Verformung, bei der radialen Verformung unterscheidet man weiter nach „außendichtend" (Nut im Innenteil, Kolbendichtung) und „innendichtend" (Nut im Außenteil, Stangendichtung). Die meisten O-Ringe werden als ruhend beanspruchte Dichtungen eingesetzt, als bewegte beanspruchend Dichtungen stellen diese nur in Ausnahmefällen, nämlich bei kleinen Durchmessern und kurzen Hüben auch eine voll befriedigende technische Lösung eines dynamischen Abdichtproblems dar. Die Begrenzungen ergeben sich bei bewegten O-Ring Abdichtungen in der Praxis durch

- eine von der Stillstandszeit abhängige Losbrechkraft, die bis zu einem Vielfachen der Gleitreibungskraft betragen kann,
- ein begrenztes Spaltüberbrückungsvermögen und
- einen im Vergleich zu Lippendichtungen höheren Abrieb.

Für die Festlegung der wichtigsten Konstruktionsvorgaben der Nut soll hier exemplarisch für alle anderen Einbausituationen der Einbauraum einer Kolbenabdichtung betrachtet werden, siehe Bild 89.

O-Ring Einbauräume
O-Ring außendichtend

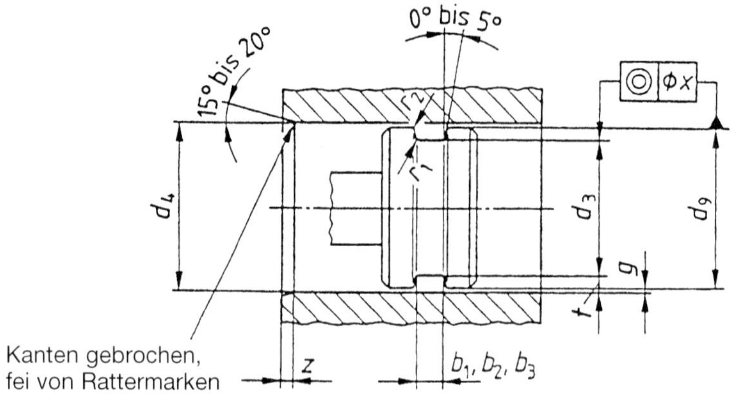

b_1	+0,25	Breite des O-Ring Einbauraumes
b_2	+0,25	Breite des O-Ring Einbauraumes mit einem Stützring
b_3	+0,25	Breite des O-Ring Einbauraumes mit zwei Stützringen
d_3	h9/h11	Innend. des Einbauraumes (Nutgrundd.)
d_4	H8	Bohrungsdurchmesser
d_9	f7	Kolbendurchmesser
g	H8/f7	halbes Durchmesserspiel
Z	$>d_2/2$	Länge der Einführschräge
r_1	>0,2	Radius am Boden des Einbauraumes
r_2	0,1-0,3	Radius der Kante des Einbauraumes

Bild 89: Konstruktive Vorgaben zur Festlegung eines O-'Ring Einbauraumes nach DIN 3771 Teil 5 für eine außendichtende O-Ring Abdichtung

Das wichtigste Maß zur Erzielung der Dichtheit ist in diesem Einbaufall, wobei zentrische Lage der beiden abzudichtenden Bauteile vorausgesetzt wird, die Nuttiefe, die sich als halbe Differenz zwischen dem Bohrungsdurchmesser d_4 und dem Nutgrunddurchmesser der Kolbennut d_3 ergibt. Das Auslegungskriterium für die Festlegung dieser Nuttiefe mit den dazugehörigen Durchmessertoleranzen sollte sein, daß sich zumindestens bei der zentrischen Lage der beiden Bauteile Verpressungen (relative Querschnittsverformung des O-Rings im eingebauten Zustand) im Bereich der hierfür zulässigen Grenzen ergeben, Bild 90. Wünschenswert ist es, daß das auch noch unter Einbeziehung der maximal möglichen Exzentrizität der Fall ist. Das setzt allerdings ein sehr kleines Durchmesserspiel zwischen dem Kolbendurchmesser d_9 und dem Bohrungsdurchmesser d_4 voraus. Nach den Einbauempfehlungen der DIN 3771/5 werden hier enge Toleranzpaarungen angegeben (H7/f7), die sich allerdings an gespritzten Kunststoffteilen nicht oder nur mit sehr großem Aufwand realisieren lassen. Tabelle 14 [50] ist ein Vorschlag für Nuttiefen, Nutbreiten (ohne Stützringe) und für die erforderlichen Längen der Einführschräge von radial dichtenden, ruhenden O-Ring Abdichtungen. Weichen die Fertigungstoleranzen von den empfohlenen ISO-Toleranzen ab, so sollte eine rechnerische Überprüfung zeigen, inwiefern unter den gegebenen Toleranzen die empfohle-

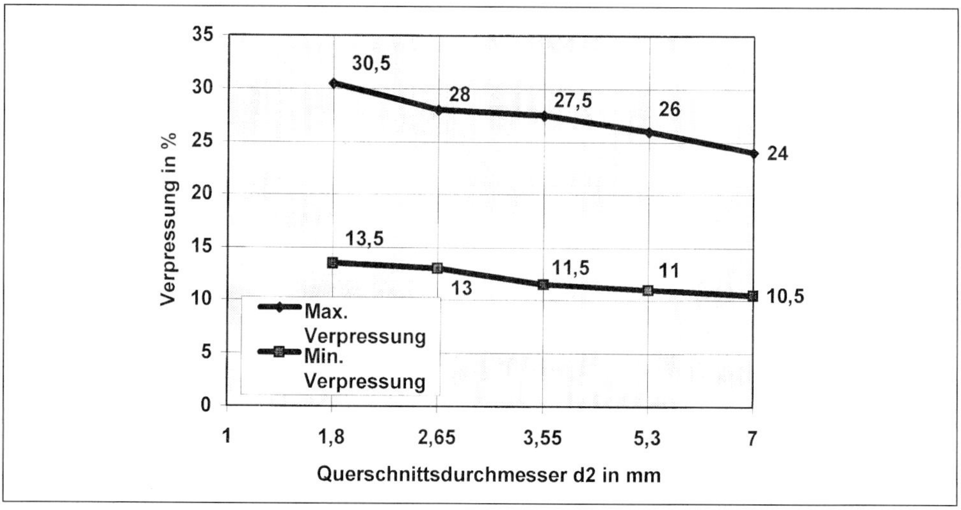

Bild 90: Empfohlene Werte für die O-Ring Verpressung bei statischem Einsatz und radiale Verformung, außendichtend nach DIN 3771 Teil 5

nen Grenzwerte für die Verpressung noch eingehalten werden und zwar auch für die ungünstigste exzentrische Lage der Bauteile. Auf keinen Fall darf es möglich sein, daß die Verpressung des O-Ringes an einer Stelle am Umfang zu Null werden kann, empfehlenswert sind auch im ungünstigsten (oft nur theoretisch möglichen) Fall mindestens 6 % Verpressung, zumindestens bis ca. 5 mm Schnurdicke, darüber hinaus sollten 0,3 mm absolute Verformung nicht unterschritten werden. Gummiwerkstoffe sind keine ideal elastischen Werkstoffe und verlieren bei kleinen Verformungen schon bei geringer Temperaturbeaufschlagung ihre Vorspannung. Für die Berechnung gibt es von Dichtungslieferanten angebotene PC-Programme [51, 52], die den zeitlichen Aufwand für solche Überprüfungen recht gering halten.

Der Dichtungsspalt sollte also allein deshalb klein sein, damit bei Außermittigkeiten die O-Ring-Verpressung nicht aufgehoben wird. Ein weiteres wichtiges Kriterium für die maximal zulässige Spaltweite ergibt sich aus der Anforderung, daß der O-Ring nicht durch Spaltextrusion zerstört werden darf. Daraus lassen sich in Abhängigkeit der Werkstoffhärte und des Druckes maximal zulässige Spaltweiten aus den Empfehlungen der Dichtungslieferanten ableiten, siehe Bild 91 [48].

Bei der Bemessung der Nutbreite ist das wichtigste Kriterium, eine Nutüberfüllung zu vermeiden. Üblicherweise sollte der O-Ring die Nut nicht mehr als bis zu 87 % füllen, damit noch eine Druckaktivierung des O-Ringes (siehe oben) möglich ist und auch eine Volumenzunahme des O-Rings infolge Quellung oder temperaturbedingter Ausdehnung nicht zur Nutüberfüllung führt.

Zur Vermeidung einer Spalteinwanderung des O-Ringes infolge hoher Drücke kann es sinnvoll sein, ein oder zwei Stützringe aus einem harten Werkstoff einzusetzen. In diesem Fall muß die Nut um das Volumen dieser Stützringe verbreitert werden. Stützringe gibt es sowohl aus harten Elastomerwerkstoffen (endlos) als auch aus spiralförmigen oder geschlitzten PTFE-Werkstoffen. Sie werden jeweils auf der druckabgewandten Seite des O-Rings eingebaut.

Tabelle 14: Nutmaße O-Ring in Rechtecknut, radiale Verformung, ruhender Einsatz

Nutdicke d2	Nuttiefe T	Nutbreite b	Fase 15° Z
1,50	1,13	2,18	1,9
1,60	1,20	2,31	2,0
1,78	1,34	2,54	2,2
2,00	1,50	2,86	2,4
2,40	1,80	3,38	2,8
2,50	1,88	3,51	2,9
2,62	2,02	3,57	2,8
3,00	2,31	4,08	3,2
3,50	2,70	4,72	3,6
3,53	2,82	4,58	3,2
4,00	3,20	5,23	3,7
4,50	3,60	5,85	4,1
5,00	4,00	6,46	4,5
5,30	4,24	7,10	4,7
5,33	4,26	7,14	4,7
5,50	4,40	7,41	4,9
5,70	4,56	7,66	5,1
6,00	4,80	8,05	5,3
6,50	5,40	8,37	4,9
6,99	5,80	8,97	5,2
7,00	5,81	8,98	5,2
7,50	6,23	9,63	5,8
8,00	6,64	10,27	6,1
8,40	6,97	10,78	6,4
8,50	7,06	10,91	6,5
9,00	7,47	11,55	6,9
9,50	7,89	12,19	7,2
10,00	8,30	12,75	7,6
10,50	8,72	13,48	7,9
11,00	9,13	14,08	8,2
11,50	9,55	14,69	8,5
12,00	9,96	15,31	9,0
12,50	10,38	15,92	9,2
13,00	10,79	16,54	9,5
13,50	11,21	17,15	9,8
14,00	11,62	17,77	10,1
14,50	12,04	18,38	10,4
15,00	12,45	19.,00	10,8

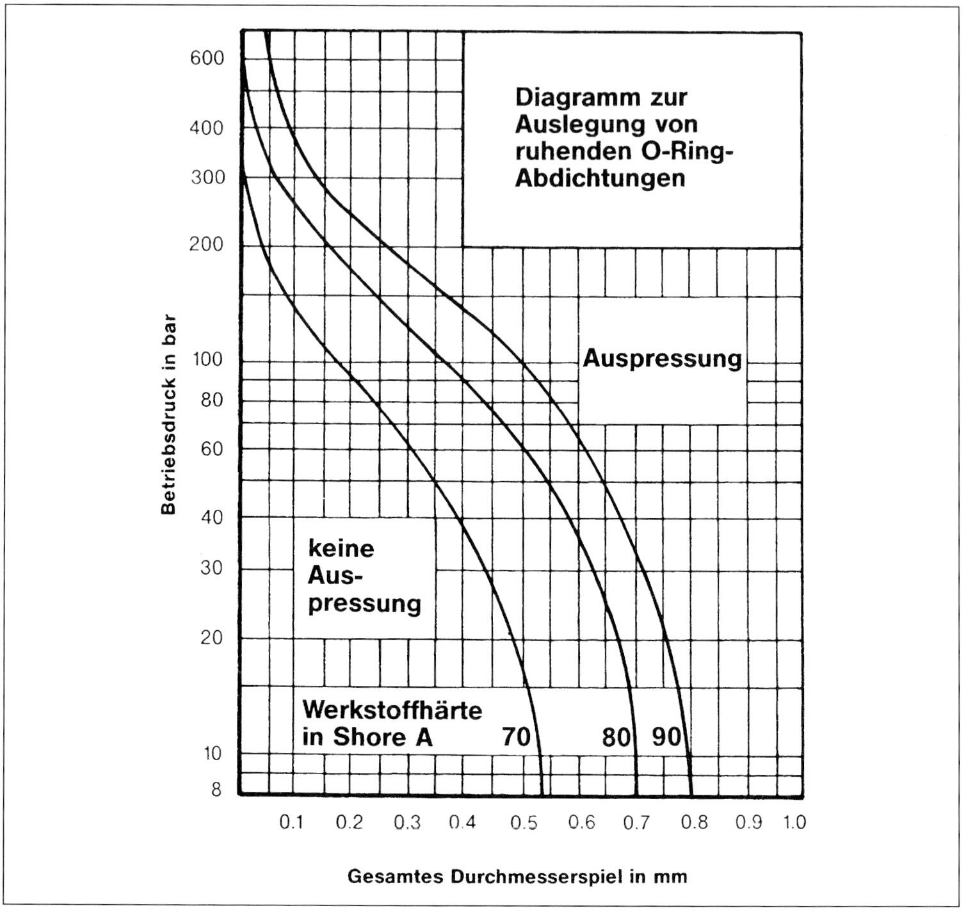

Bild 91: Diagramm zur Überprüfung der maximal zulässigen Spaltmaße von ruhenden O-Ring-Dichtungen (gilt nicht für VMQ- und FVMQ-Werkstoffe)

Zur Vermeidung von Montagebeschädigungen sind Einführschrägen unbedingt erforderlich, diese dürfen nicht zu steil (maximal 20°) und nicht zu kurz sein (größer als die halbe Schnurdicke), um auch tatsächlich Montagebeschädigungen verhindern zu können. Die eingestochene Nut darf an der Kante des Einbauraumes nicht scharfkantig sein, der empfohlene Kantenradius beträgt 0,1–0,3 mm, am Boden des Einbauraumes liegt der zulässige Radius je nach Schnurdicke einschließlich der Toleranzen zwischen 0,2 und 1,2 mm.

Durch die Verwendung von geänderten Nutmaßen oder anderen Nutgeometrien, Bild 92 [53] können für spezielle Anwendungen besondere Effekte bewirkt werden. Bei einer Vakuumnut erhöht man den Füllgrad der Nut, dadurch liegt der O-Ring an beiden Seiten der Nut an. Daraus ergibt sich eine erhöhte Dichtflächenpressung, gleichzeitig reduziert sich die für die Höhe der Diffusionsrate ausschlaggebende frei beaufschlagte Oberfläche des O-Ringes. Das Ergebnis ist eine gegenüber konventionellen Nuten deutlich reduzierte Leckrate. Noch besser lassen sich diese beiden beschriebenen Effekte durch eine Trapeznut realisieren, die aller-

Vakuum-Nut

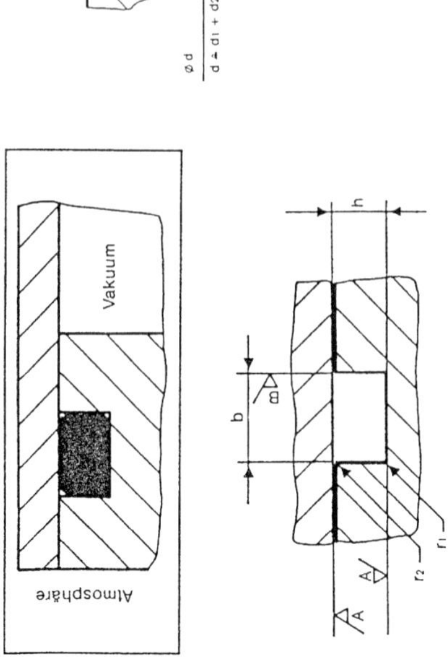

d_2	h-0.05	b±0.05	r_1/r_2
1.80	1.25	2.10	0.2
2.65	1.85	3.10	bis
3.55	2.50	4.15	0.4
5.30	3.70	6.30	
7.00	4.90	8.20	

Trapez-Nut

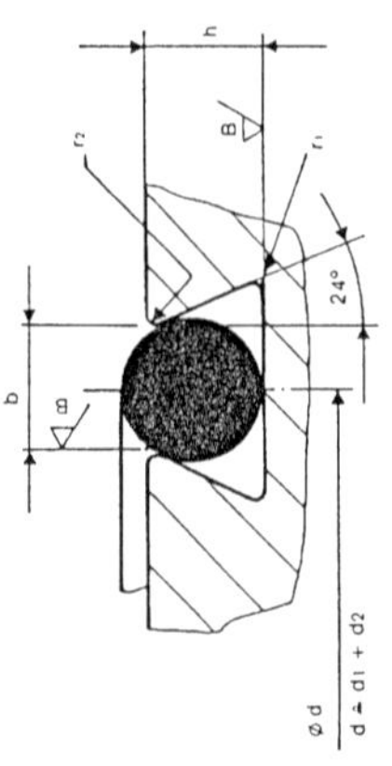

d_2	h	b+ 0.10	r_2	r_1
1.80	1.25+0.05	1.40	0.10	0.40
2.65	2.05+0.05	2.10	–	–
3.55	2.80+0.05	2.85	bis	bis
5.30	4.55+0.08	4.35	–	–
7.00	5.85+0.08	5.85	0.30	1.60

Dreiecks-Nut

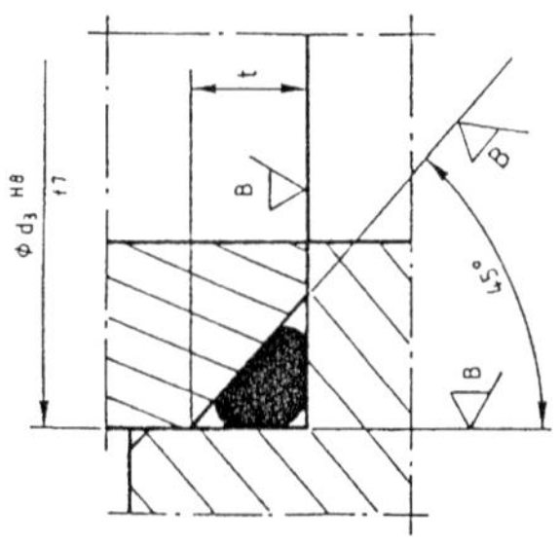

d_2 (mm)	t (mm)	Oberflächenrauheit in µm, Traganteil $t_p > 50\%$ B Nutseiten	
		Ra	R max
1,80	$2{,}38^{+0{,}08}$	1,6	6,3
2,65	$3{,}55^{+0{,}12}$		
3,55	$4{,}85^{+0{,}20}$		
5,30	$7{,}30^{+0{,}20}$		
7,00	$9{,}60^{+0{,}30}$		

Bild 92: Sonder-Nutformen für O-Ringe

Tabelle 15: Oberflächenrauheiten von ruhenden Dichtflächen

Freudenberg, Standard-Empfehlungen, O-Ringe

Dichtflächen $R_{max} < 16$ µm
Nutflanken $R_{max} < 25$ µm

Parker Hannifin, Standard Empfehlungen, O-Ringe

nicht pulsierend, tp > 50 %
Kontaktflächen $R_{max} < 6{,}3$ µm, $R_a < 1{,}6$ µm
Nutgrund und -Seiten $R_{max} < 12{,}5$ µm, $R_a < 3{,}2$ µm

pulsierend, tp > 50 %
Kontaktflächen $R_{max} < 3{,}2$ µm, $R_a < 0{,}8$ µm
Nutgrund und -Seiten $R_{max} < 6{,}3$ µm, $R_a < 3{,}2$ µm

Parker Hannifin, Anwendung Vakuum
Vakuum

Kontaktflächen, tp > 50 %

Vakuum	$R_{max} < 3{,}2$ µm	$R_a < 0{,}8$ µm
bis 10^{-8} Torr	$R_{max} < 1{,}6$ µm	$R_a < 0{,}4$ µm
bis 10_{-11} Torr	$R_{max} < 0{,}4$ µm	$R_a < 0{,}1$ µm
Nutflanken	$R_{max} < 6{,}3$ µm	$R_a < 1{,}6$ µm

dings bezüglich der Herstellung aufwendiger ist. Die Dreiecksnut sollte nur dort verwendet werden, wo konventionelle Rechtecknuten aus konstruktiven oder montagetechnischen Gründen ausscheiden. Die Praxis zeigt, daß diese öfter als andere Nuten zu Problemen bei den Anwendern führen.

Bezüglich der empfohlenen Oberflächenrauheiten gibt die DIN 3771 Teil 5 keine Empfehlungen und verweist auf entsprechende Angaben der Dichtungshersteller. Diese Angaben unterscheiden sich teilweise erheblich, wie Tabelle 15 zeigt. Verwunderlich ist das nicht, solange der Begriff der technischen Dichtheit nicht klar definiert ist. Der Begriff der technischen Dichtheit kann eine Spanne von 0,5 mbar · l /s bis 10^{-11} mbar · l /s umfassen [54], wobei O-Ring Dichtungen bis zu einer Dichtheitsanforderung von maximal ca. 10^{-8} mbar · l /s eingesetzt werden können. Das Vermeiden einer Tröpfchenleckage stellt das relativ geringste Dichtheitskriterium für O-Ring Abdichtungen dar, bei Ultrahochvakuum-Anwendungen dagegen will man die mögliche Leistungsgrenze einer O-Ring Abdichtung erreichen. Sicherlich wäre es nicht sinnvoll, in beiden O-Ring Anwendungen die gleichen Oberflächen zu spezifizieren.

Daher wird eine Einteilung der Anwendungen nach folgenden Kriterien empfohlen:

- fluiddicht (R_{max} < 16 µm)
- gasdicht ohne besondere Anforderungen (R_{max} < 6,3 µm)
- gasdicht mit besonderen Anforderungen, z.B. Ultrahochvakuum (R_{max} < 3,2 µm oder besser)

Da mit nur einer Kenngröße eine Oberfläche bezüglich ihres Abdichtverhaltens nur unzureichend genau beschrieben werden kann [55], ist es sinnvoll, die Dichtflächen durch weitere Kenngrößen (z.B. Mittenrauheitswert R_a und Traganteil t_p) zu beschreiben.

3.3.3.3 Hinweise zur Montage von O-Ringen

O-Ringe sollen in Kolbennuten leicht vorgespannt sein, um eine problemlose Montage sicherzustellen. In keinem Fall sollte der Innendurchmesser der O-Ringe größer als der Nutgrunddurchmesser sein, um Abscherungen bei der Montage zu vermeiden. Die Aufdehnung führt allerdings zu einer Reduktion der Schnurdicke, die bei der Berechnung der Verpressungswerte mit berücksichtigt werden muß. Die Höhe der zulässigen Dehnungen beträgt nach DIN 3771 Teil 5 in Abhängigkeit des Innendurchmessers zwischen 4 und 16 %, Bild 93. Bei der Einbauart der Stangendichtungen läßt die DIN 3771 Teil 5 ähnlich große Stauchungen des Außendurchmessers zu, jedoch sind dem in der Praxis montagetechnische Grenzen gesetzt. Prinzipiell unproblematischer ist die O-Ring Montage in Kolbennuten. Bei axial verformten O-Ringen, also bei Flansch-Abdichtungen, sollte der O-Ring bei der Abdichtung gegen Innendrücke möglichst mit seinem Außendurchmesser anliegen, jedoch sollte die Stauchung 1 % des Außendurchmessers oder 0,8 mm (je nachdem, welcher Betrag kleiner ist) nicht überschreiten, da das zu erheblichen Montageschwierigkeiten führen kann.

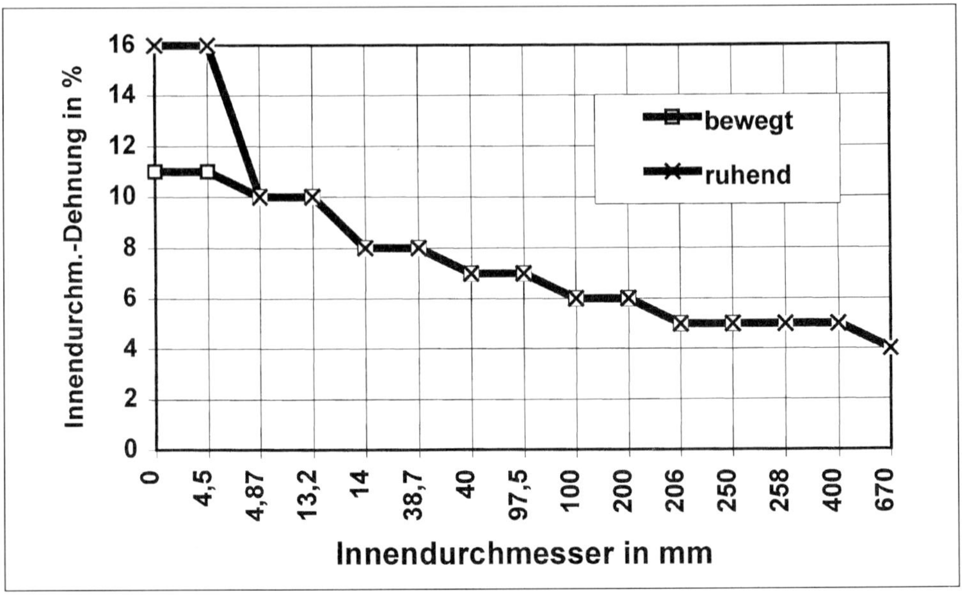

Bild 93: Maximal zulässige Dehnungswerte von O-Ringen im eingebauten Zustand nach DIN 3771 Teil 5, Einbauraum O-Ring außendichtend

O-Ringe sind äußerst empfindlich bezüglich scharfer Kanten. Deshalb ist eine wesentliche Voraussetzung für eine sichere Montage das Entgraten beziehungsweise das Abrunden jeglicher Kanten, über die der O-Ring gezogen oder gegen die er gedrückt werden kann, siehe Bild 94. Die zusätzliche Verwendung eines Montagefettes hilft, Beschädigungen der O-Ringe zu verhindern. Ist das nicht möglich, können andere Verfahren, wie Talkumieren, Graphitieren, Molykotieren, Halogenieren oder Silikonisieren der O-Ringe die Montagekräfte und damit die Beschädigungsgefahr reduzieren. In Ausnahmefällen können auch innerlich geschmierte Werkstoffe eine erhebliche Verbesserung der Montierbarkeit bewirken.

Weitere Maßnahmen zur Vermeidung von montagebedingten Fehlern sind:

- Bohrungen, die von einem bereits verpreßten O-Ring überfahren werden, sollen möglichst in eine Entlastungsnut gelegt werden, zumindestens müssen sie von innen entgratet werden, sonst besteht die Gefahr, daß sich der O-Ring beim Überfahren der Bohrung teilweise entspannt und dann abgeschert wird.
- Rückstände in der Nut müssen vorher beseitigt werden, der Montageplatz muß frei von Staub und Schmutz sein.
- scharfkantige Gewindegänge oder Steuerkanten, über die der O-Ring gezogen werden muß, sind durch Montagehülsen abzudecken.
- die Verwendung von Klebstoffen sollte vermieden werden, da die Kleber aushärten und dann zu Undichtheiten führen können.
- verwendete Montagefette sind auf ihre Verträglichkeit mit dem O-Ring-Werkstoff zu überprüfen.
- Verwechslungen von O-Ringen mit gleichen Abmessungen, aber unterschiedlichen Werkstoffen oder sehr ähnlichen Abmessungen müssen durch geeignete Maßnahmen verhindert werden, siehe auch Kapitel „Schäden an O-Ringen“
- Beim Ausbau von O-Ringen muß ein geeignetes Montagewerkzeug verwendet werden, damit die Dichtflächen nicht verkratzt werden.
- die kurzzeitige Aufdehnung der O-Ringe während der Montage sollte 50 % des Innendurchmessers nicht übersteigen.
- ein zu starkes Verdrehen des O-Ringes während des Montagevorganges sollte verhindert werden. Bis zu einer Verdrehung (360°/Umfangslänge) dürfte das für die meisten Anwendungen noch unkritisch sein, zumindestens bei gut entgrateten O-Ringen ohne unzulässige Form- und Oberflächenabweichungen.

3.3.3.4 Beständigkeitskriterien

3.3.3.4.1 Chemische Beständigkeit

Technische Gummiwerkstoffe sind rezepturartig aufgebaut, siehe auch Kapitel 2 „Elastomere“, wobei das Polymer selbst bezüglich der chemischen Beständigkeit gegenüber den abzudichtenden Medien das schwächste Glied in der Kette der verschiedenen Mischungsbestandteile darstellt. Daher beschränkt sich die Auswahl des richtigen Dichtungswerkstoffes häufig ausschließlich auf die Wahl der Polymerbasis. Allerdings können in der Praxis dann noch andere rezepturbedingte Einflüsse von entscheidender Bedeutung sein, wie z. B. die Art der Vernetzung, die Menge der eingesetzten Weichmacher und die Art der Füllstoffe. Die Polymerverträglichkeit allein ist also noch kein Garant für ein sicheres Dichten, aber sie ist eine wichtige Voraussetzung.

Wichtigster Grundsatz:
O-Ring darf nicht beschädigt werden.

Immer gilt:
1. Montagefase vorsehen
2. Scharfe Kanten vermeiden
3. Montagefett benutzen

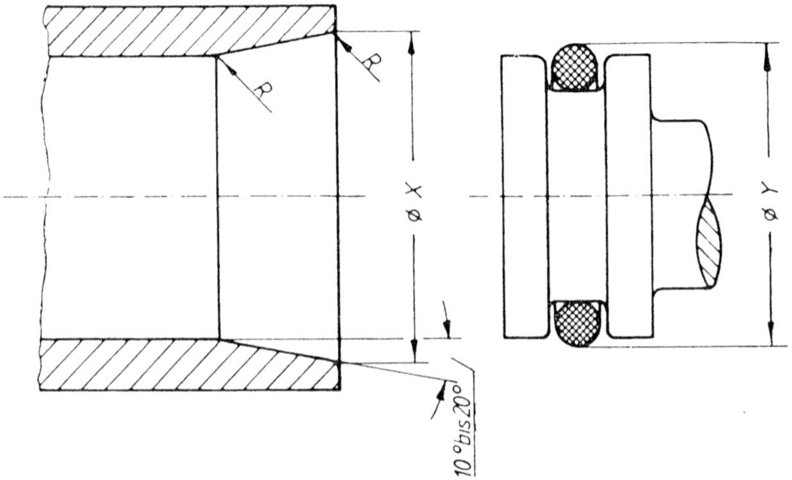

$\varnothing X > \varnothing Y$ Montagefase bei Kolbenabdichtungen

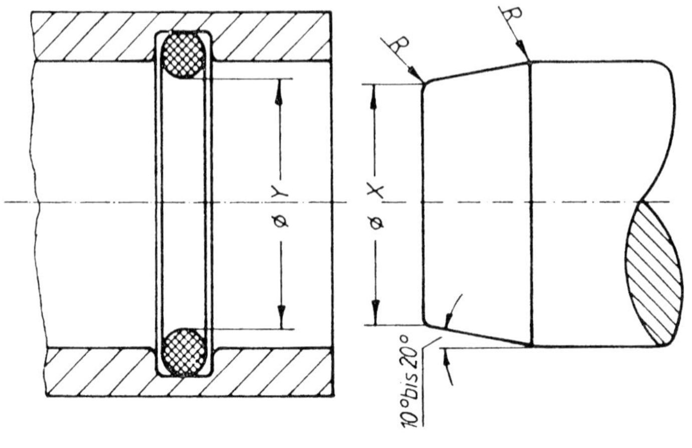

$\varnothing Y > \varnothing X$ **Montageabschrägung bei Kolbenstangenabdichtung**

Bild 94: Montageschrägen

Die chemische Einwirkung auf ein Polymer verändert dessen Struktur, d. h. es kann zu weiteren Vernetzungen oder zum Abbau kommen. Dabei ändern sich die physikalischen Eigenschaften wesentlich, d. h. der Werkstoff versprödet und bekommt Risse, oder er wird kaugummiartig weich und klebrig. Chemische Einwirkungen sind irreversibel und sind daher durch eine sorgfältige Werkstoffauswahl weitgehend auszuschließen.

Schließt man eine unzulässige chemische Veränderung der Polymer- oder Netzwerkstruktur aus, so bleiben noch die möglichen physikalischen Einwirkungen des Mediums auf den O-Ring zu betrachten. Das ist das Anquellen des Kautschuks und das Extrahieren von löslichen Mischungsbestandteilen, wie zum Beispiel Weichmacher oder Verarbeitungshilfsmittel. In der Summe bleibt in der Regel eine Volumenzunahme, die in bestimmten Grenzen akzeptiert werden kann. Für typische ruhende O-Ring Abdichtungen liegen diese Grenzen bei ca. 25–30 %, bezogen auf die maximale Volumenquellung in Labortests unter ungünstigsten Bedingungen. Bei dynamischen Anwendungen liegen diese Grenzwerte wesentlich niedriger, mehr als 10 % Volumenzunahme bedeuten bereits eine erhebliche Einschränkung der Einsetzbarkeit. Volumenabnahmen sind bei O-Ring Anwendungen immer kritisch, weil diese zu einer Reduktion der Vorspannung führen. Deshalb ist beispielsweise der Anteil von extrahierbaren Bestandteilen in einem O-Ring Werkstoff ein wichtiges Beurteilungskriterium für die Rezepturqualität.

Von einer unzulässigen chemischen Einwirkung auf den Dichtungswerkstoff geht man aus, wenn Einlagerungsversuche mit dem abzudichtenden Medium bei angemessenen Bedingungen (Zeit/Temperatur) eine relative Änderung der Zugfestigkeit oder der Reißdehnung um über 50 % ergeben, bei dynamischen Anwendungen können schon Änderungen oberhalb von 30 % eine wesentliche Einschränkung der Gebrauchsfähigkeit darstellen. Auch Risse sind klare Hinweise auf unzulässige chemische Einwirkungen.

Eine gründliche Werkstoffauswahl muß die Verträglichkeitsprüfung mit allen Medien einschließen, mit denen der O-Ring in Berührung kommen kann. Dazu stehen von Dichtungsherstellern verschiedene Beständigkeitstabellen, zum Teil auch schon recht komfortable Auswahlprogramme für PCs zur Verfügung [51]. Zu beachten ist dabei, daß die Bewertungen der Dichtungslieferanten (beständig, eingeschränkt beständig oder nicht beständig) zum Teil nach unterschiedlichen Kriterien vorgenommen werden und daher nicht immer übereinstimmen. In Zweifelsfällen sollte nach Testergebnissen gefragt werden, um die verbleibende Unsicherheit besser abschätzen zu können. Auch ist zu beachten, daß sich viele Beständigkeitsbewertungen auf Raumtemperaturen beziehen und sich nicht immer auf höhere Temperaturen übertragen lassen.

3.3.3.4.2 Temperaturbeständigkeit

Neben der möglichen chemischen oder physikalischen Einwirkung durch die abzudichtenden Medien ist auch die Temperaturbeständigkeit ein wichtiges Auswahlkriterium bei der Werkstoffauswahl. Geht man von einer guten Beständigkeit mit den umgebenden Medien aus, so wird die Lebensdauer des O-Ringes beziehungsweise die obere Temperatureinsatzgrenze von seiner Hitzebeständigkeit bestimmt, da der Sauerstoff in der Luft in der Regel zu einer stärkeren Alterung führt als die abzudichtenden Medien. Bei einer thermischen Einwirkung (Alterung durch die Anwesenheit des Luftsauerstoffs und durch Wärme) auf den O-Ring ergeben sich für das Dichtverhalten zwei wesentliche Auswirkungen:

1. eine bleibende Verformung, d.h. die durch die Querschnittsverformung des O-Ringes erzeugte Flächenpressung läßt nach (Spannungsrelaxation),

$$\text{DVR in \%} = \frac{h_0 - h_2}{h_0 - h_1} \times 100$$

Bild 95: Druckverformungsrest-Ermittlung an O-Ringen bzw. an O-Ring-Abschnitten

2. eine Versprödung, das heißt ein zunehmender Abbau der Gummielastizität, was sich in einer Härtezunahme und in einer Abnahme der Zugfestigkeit und der Reißdehnung äußert. In Ausnahmefällen kann das auch zu einer Erweichung bis hin in einen kaugummiartigen Zustand führen.

Wie oben gezeigt, Bild 88, erzeugt ein O-Ring seine anfängliche Dichtflächenpressung allein aus der Verformung des Querschnitts. Durch eine Druckbeaufschlagung wird die Flächenpressung wesentlich erhöht. Der kritische Betriebszustand von O-Ring-Dichtungen ist daher eher der Niederdruckbereich (<10 bar), wenn die Dichtkraft fast ausschließlich durch die elastischen Eigenschaften des O-Ring-Werkstoffes erzeugt wird. Unter der Einwirkung von Hitze kann die Dichtwirkung des Werkstoffes sehr schnell nachlassen, ohne daß die polymertypische Temperaturgrenze überschritten werden muß. Unterschiede bezüglich dieser für O-Ringe wichtigen Funktionseigenschaft können durch Druckverformungsrestprüfungen [56] festgestellt werden, Bild 95. Ein Druckverformungsrest (DVR) von 100 % heißt, daß keine Rückstellkraft mehr vorhanden ist, ein Wert von 0 % stellt den idealen Zustand dar. DVR-Werte beziehen sich immer auf bestimmte Prüfzeiten und Prüftemperaturen. Zu beachten ist, daß prinzipiell unterschieden werden muß zwischen den DVR-Werten, die auf technischen Datenblättern von Werkstoffen angegeben sind und den effektiven DVR-Werten, die sich an den unter Serienbedingungen hergestellten O-Ringen ergeben. Datenblatt-Werte des Druckverformungsrestes werden im Allgemeinen an genormten Probekörpern ermittelt mit einem rechteckigen Probenquerschnitt, die unter idealen Vulkanisationsbedingungen hergestellt wurden. Die Vulkanisationsbedingungen von O-Ringen, die unter Serienbedingungen gefertigt werden, können davon erheblich abweichen, außerdem hat auch die Form und die Dicke des Prüflings einen Einfluß auf die Höhe des gemessenen Druckverformungsrest-Wertes. Somit gibt es oft erhebliche Abweichungen innerhalb des gleichen Dichtungswerkstoffes (das heißt der gleichen Rezeptur) zwischen Datenblattwerten und den Ergebnissen, die an O-Ringen ermittelt werden.

Die Abhängigkeit des Druckverformungsrestes an O-Ringen, sozusagen die Lebensdauerqualität, läßt sich wie folgt darstellen:

Lebensdauerqualität (DVR) = Rezepturqualität x Verarbeitungsqualität

Die multiplikative Verknüpfung bedeutet, daß eine hohe Rezepturqualität viel von ihrem Vorteil für den Anwender verliert, wenn ein O-Ring bei der Herstellung nicht unter den richtigen Bedingungen vulkanisiert wird. Die Rezepturqualität eines Werkstoffes wird über Normprobekörper ermittelt, die teilweise bis zu 20 Minuten lang vulkanisiert werden. O-Ringe dagegen werden unter Serienbedingungen oft nur 30 Sekunden vulkanisiert. Daher haben Datenblatt-Angaben lediglich eine Aussagekraft über die Rezepturqualität.

Eine Verarbeitungsstudie, die an peroxidisch vernetzten HNBR-O-Ringen ermittelt wurde, Bilder 96 und 97, zeigt einerseits die hohe Empfindlichkeit des DVR-Wertes gegenüber zu niedrigen Werkzeugtemperaturen, andererseits belegen diese Diagramme, daß eine starke Untervernetzung von O-Ringen (T = 170 °C) nicht gut über eine Härtemessung nachgewiesen werden kann. Bei allen drei Werkzeugtemperaturen liegen die Härtewerte nach 180 Se-

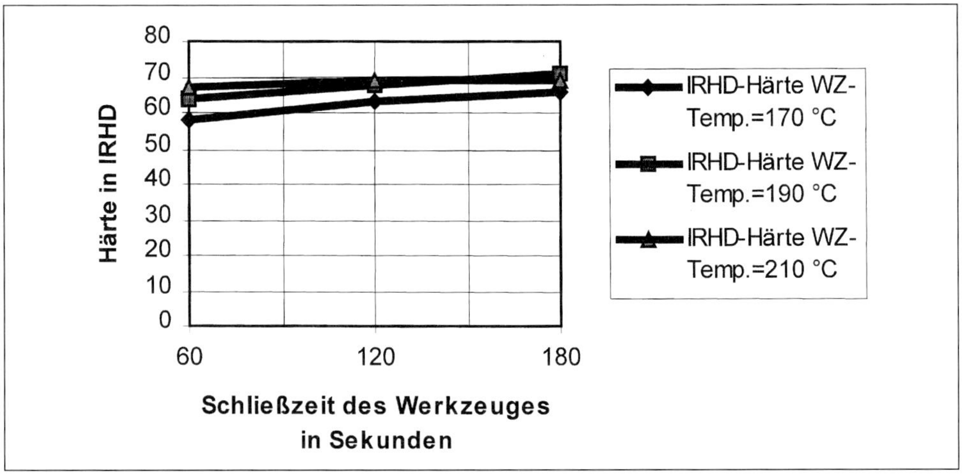

Bild 96: Einfluß der Fertigungsbedingungen auf die Härte von O-Ringen

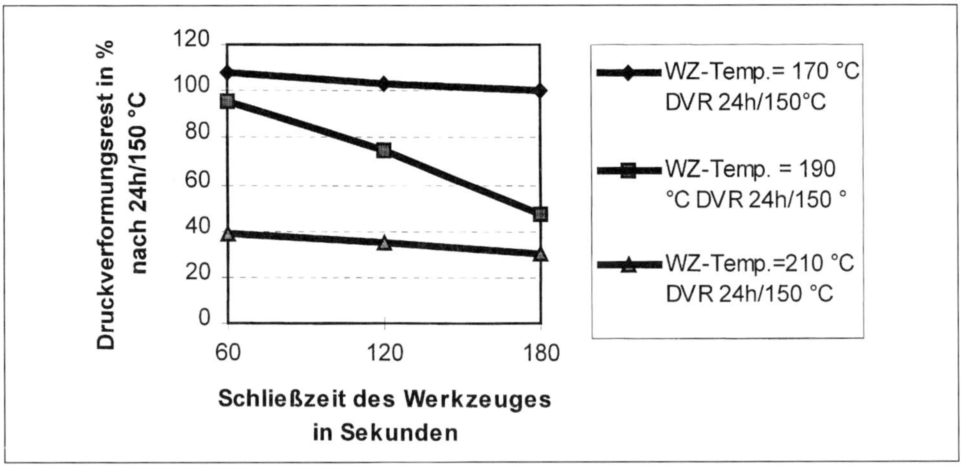

Bild 97: Einfluß der Fertigungsbedingungen auf den Druckverformungsrest von O-Ringen

Tabelle 16: Druckverformungsrestwerte von handelsüblichen O-Ringen

Zeit/ Temperatur	Polymer/ Härte	Schnurdicke in mm	Zahl der geprüften Positionen	DVR in % niedrigster Wert	DVR in % höchster Wert
22 h/100 °C	NBR 70	1,78	11	10,4	44,7
22 h/100 °C	NBR 70	3,53	10	13,4	29,3
22 h/100 °C	NBR 70	6,99	6	9,0	24,6
22 h/100 °C	NBR 90	2,5/3,0	3	21,4	36,4
22 h/150 °C	EPDM 70/80	3,53/3,0	11	9,3	82,4
22 h/200 °C	FPM 70/80	3,53/3,0	7	11,3	19,2

kunden sehr eng beieinander, obwohl die bei 170 °C vulkanisierten O-Ringe einen DVR von 100 % zeigen und damit stark untervernetzt sind. Auf die Praxis übertragen heißt das, daß erst DVR-Messungen an den O-Ringen selbst Aufschluß über den Vernetzungszustand der O-Ringe erbringen, und daß die Härte der O-Ringe beziehungsweise die Formstabilität der O-Ringe eine Untervulkanisation zu ungenau anzeigen. Durch eine rechnergesteuerte Vulkanisation können Vulkanisationsprozesse optimiert und auch geometriebedingte Einflüsse auf die Vulkanisationszeit berücksichtigt werden [57]. Durch Vorgaben von maximal zulässigen Druckverformungsrest-Sollwerten an den Serien O-Ringen kann der Vulkanisationsgrad ausreichend genau spezifiziert werden.

Eine Versprödung bedeutet neben der Verhärtung den Verlust der Zugfestigkeit und der Reißdehnung und damit den Verlust der Gummielastizität infolge Alterung. Sie wirkt sich jedoch in den meisten Anwendungen erst im Endstadium deutlich funktionsmindernd auf statische O-Ring-Dichtungen aus, indem die Systemdrücke nicht mehr in Form von Verformungsenergie als erhöhte Dichtflächenpressungen weitergegeben werden können. So kommt dem Reaktionsmechanismus der bleibenden Verformung in Bezug auf die Lebensdauer bei typischen O-Ring Dichtungen die größere Bedeutung zu.

Vergleicht man das Angebot des Marktes bezüglich O-Ringen aus Standard-Werkstoffen bezüglich DVR-Werte, Tabelle 16, so zeigen sich innerhalb gleicher Polymerfamilien erhebliche Schwankungen als Folge stark unterschiedlicher Rezeptur- und Fertigungsqualitäten der getesteten O-Ringe. Daher empfiehlt es sich, Mindestanforderungen für O-Ringe zu definieren, die dann auch an den Serien-O-Ringen überprüfbar sind und sowohl die Rezepturqualität als auch die Fertigungsqualität mit einbeziehen. Tabelle 17 stellt ein Beispiel für solche Mindestanforderungen dar.

3.3.3.4.3 Wichtige rezepturbedingte Unterschiede von NBR-, EPDM-, FPM- und FFKM-Werkstoffen

Sowohl bei NBR- wie auch bei EPDM-Werkstoffen enthalten die Rezepturen teilweise erhebliche Anteile von Weichmachern. Weichmacher in Gummiwerkstoffen verbessern die Tieftemperaturflexibilität und die Fließfähigkeit beim Spritzgießen, sie reduzieren den Mischungspreis und führen zu geringeren Volumenzunahmen bei Quelltests. Marktgängige O-Ringe enthalten bezogen auf das Volumen bis zu 20 % Weichmacher, in seltenen Ausnahmefällen auch noch mehr. Wenn diese nicht wegen extremer Kälteanforderungen benötigt

Tabelle 17: O-Ring Bestellvorschrift-Vorschlag für Mindestanforderungen an die Werkstoffeigenschaften

	Härte, IRHD bez. auf Sollwert	DVR nach 24 h/T	Volumenänd. nach Extraktion	Änd. Härte 70 h/T IRHD
NBR	+5/–8	30 % max. T = 100 °C	–10 % max.	+ 8 max. T = 100 °C
CR	+5/–8	25 % max. T = 100 °C	- 10 % max.	+ 8 max. T = 100 °C
EPDM	+5/–8	40 % max. T = 150 °C	–10 % max.	+ 8 max. T = 150 °C
FPM	+5/–8	25 % max. T = 200 °C	-3 % max.	+ 8 max. T = 250 °C
HNBR	+5/–8	50 % max. T = 150 °C	–10 % max.	+ 10 max. T = 150 °C

werden, sollten diese bei O-Ring-Werkstoffen vermieden oder zumindest eingeschränkt werden, da sie durch Hitzeeinwirkung oder durch Auswaschungen zu Volumenabnahmen führen, die der Verpressung des O-Ring-Querschnitts entgegenwirken. Diese Vorgänge laufen unter Anwendungsbedingungen relativ langsam ab, so daß der O-Ring bereits erheblich bleibend verformt ist, bis der Volumenschwund abgeschlossen ist, und damit steht ihm nur noch ein Teil seiner Elastizität zur Kompensation zur Verfügung. Daher können hohe Weichmacheranteile in O-Ringen die Betriebszeiten bis zur Leckage wesentlich verkürzen. Eine Mindestanforderung an die Rezepturqualität sollte daher sein, daß der durch eine Aceton- oder Prüfkraftstofflagerung und anschließende Rücktrocknung extrahierbare Volumenanteil bei O-Ringen unter 10 % liegen soll.

Bei NBR-Werkstoffen kommt dem Acrylnitril-Gehalt im Polymer eine wichtige Funktion bei den Werkstoffeigenschaften zu. Handelsübliche NBR-Polymere enthalten einen Acrylnitril-Gehalt zwischen 18 % und 50 %, Standard NBR-Rezepturen enthalten oftmals einen mittle-

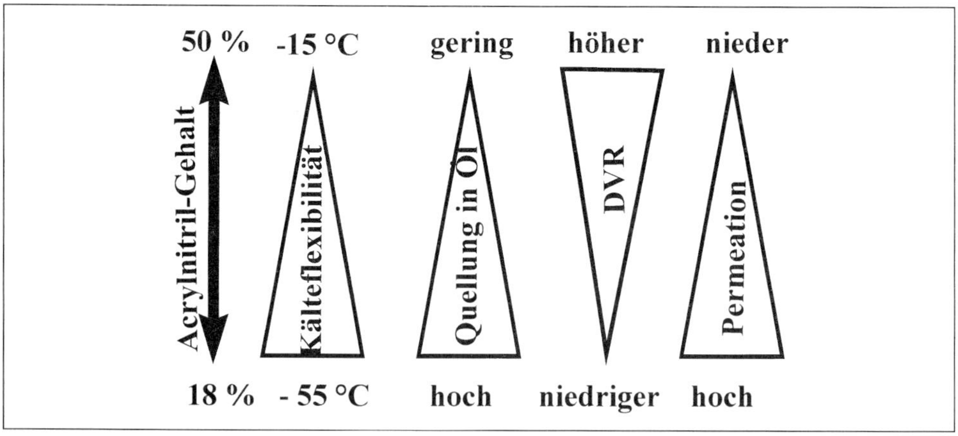

Bild 98: Einfuß des Acrylnitrilgehaltes auf NBR-Werkstoff Eigenschaften

ren Acrylnitril-Gehalt zwischen 28 % und 38 %. Wie aus Bild 98 zu erkennen ist, zeigen O-Ringe mit einem niedrigen Acrylnitril-Gehalt eine gute Kälteflexibilität, hohe Quellraten in Ölen, niedere Druckverformungsrest-Werte und hohe Permeationsraten. Wichtig ist es, als Anwender zu wissen, daß eine gute Quellbeständigkeit von NBR-Werkstoffen nicht mit einer guten Kälteflexibilität kombiniert werden kann. Die Bilder 99 und 100 [58] zeigen das Kälteverhalten eines Standard-NBR-Werkstoffes und einer Tieftemperatur-NBR-Mischung.

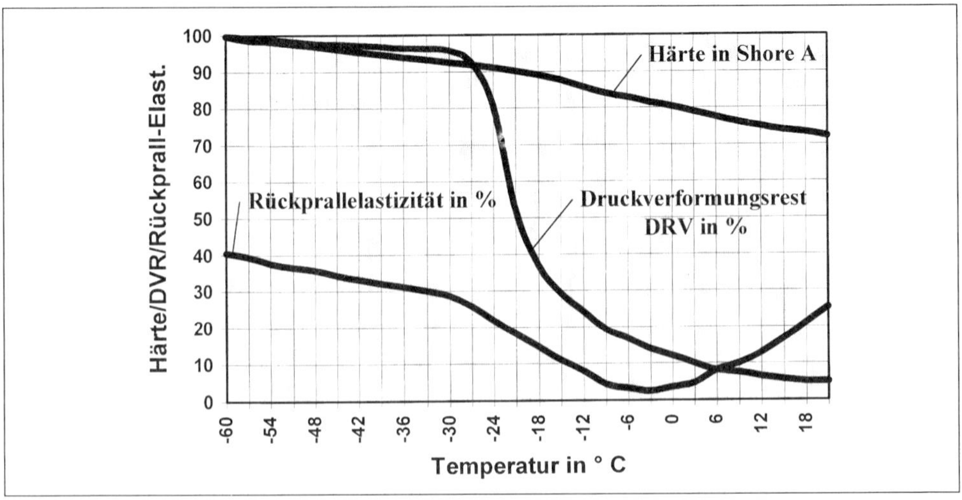

Bild 99: Verlauf der Härte, des Druckverformungsrestes und der Rückprallelastizität für einen Standard NBR-Werkstoff

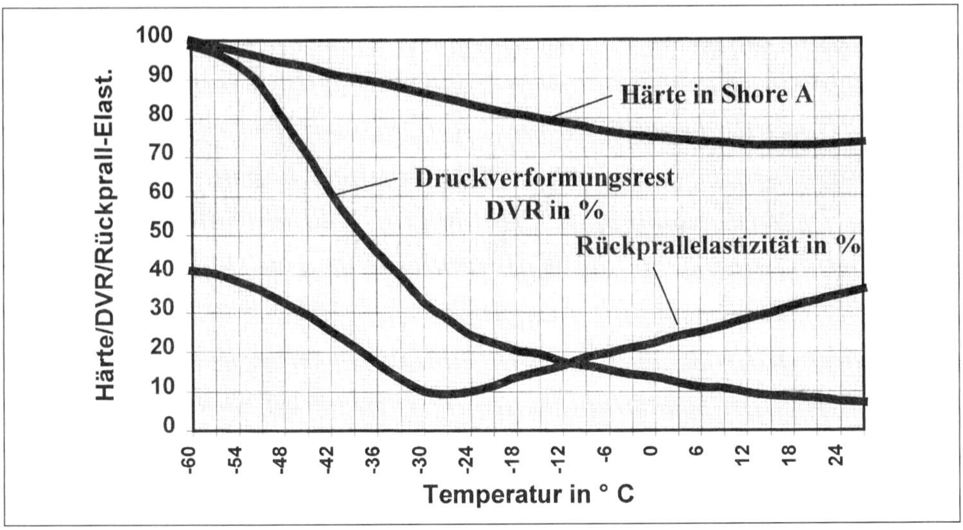

Bild 100: Verlauf der Härte, des Druckverformungsrestes und der Rückprallelastizität für einen Tieftemperatur NBR-Werkstoff

Tabelle 18: Kälteverhalten verschiedener EPDM-Werkstoffe bei -30 °C

	Druckverformungs-rest DVR 24h/–30 °C in %	Probekörper
EPDM A	47	O-Ring d_2 = 1,78
EPDM B	63	O-Ring d_2 = 1,78
EPDM C	83	Scheibe h = 2,0 mm
EPDM D	95	O-Ring d_2 = 1,78
EPDM E	97	Scheibe h = 2,0 mm

Während die gezeigte Standard-NBR-Mischung bereits bei -30 °C einen Druckverformungsrest weit über 90 % besitzt, Bild 99, zeigt die Tieftemperatur NBR-Mischung erst ab ca. -54 °C eine solch hohe bleibende Verformung.

Innerhalb der Klasse der Ethylen-Propylen-Dien-Werkstoffe (EPDM) gibt es bezüglich des Temperaturbereiches erhebliche rezepturbedingte Unterschiede. Der Ethylengehalt beeinflußt besonders die elastischen Eigenschaften [59], was sich beispielsweise sehr stark auf den Druckverformungsrest bei tiefen Temperaturen auswirken kann, Tabelle 18. Die Hochtemperaturbeständigkeit wird wesentlich durch das Vernetzungssystem (Schwefel oder Peroxid) und durch den Weichmacheranteil bestimmt. Tabelle 19 zeigt Meßergebnisse von EPDM-Werkstoffen aus dem oberen Leistungsspektrum, Tabelle 20 aus dem unteren Leistungsspektrum. Eine gute EPDM-Qualität läßt einen Einsatz in Heißwasser bis zu 200 °C und in Luft bis zu 150 °C zu, zumindestens über einen Zeitraum von mindestens 1000 Betriebsstunden. Allerdings führen nur wenige O-Ring Hersteller einen solchen Werkstoff auch lagermäßig. Für stark basische Medien und Heißwasser- und Dampfanwendungen gibt es jedoch kaum sinnvolle Alternativen zu solchen hochwertigen EPDM-Werkstoffen.

Der bekannteste Vertreter der Fluorkautschuk-Polymere (FKM) ist sicherlich Viton® von Dupont, weitere Anbieter sind die Firmen Ausimont (Tecnoflon®), Daikin (Dai-el®) und 3M (Fluorel®). Innerhalb dieser Klasse der FKM-Werkstoffe gibt es erhebliche Unterschiede bezüglich der chemischen Beständigkeit. Diese Unterschiede erklären sich aus den Unterschieden im Polymeraufbau und z.T. in der unterschiedlichen Vernetzung (z.B. Peroxidvernetzung bei den Tetrapolymeren). Tabelle 21 [60] ermöglicht eine Klassifizierung der Polymere und damit eine herstellerunabhängige Vergleichbarkeit der verschiedenen Typen.

Bei O-Ringen findet man am häufigsten Copolymere. Diese haben den niedrigsten Druckverformungsrest und behalten daher insbesondere auch bei zyklischen Temperaturwechseln am besten ihre Dichtkraft. Das lagermäßig verfügbare Angebot an FKM-O-Ringen der verschiedenen Lieferanten an FKM-O-Ringen beschränkt sich fast ausschließlich auf diese Gruppe.

Tabelle 19: Vergleich verschiedener EPDM-Werkstoffe – oberes Leistungsspektrum

	EPDM 1	EPDM 2	EPDM 3	EPDM 4	EPDM 6
Probekörper	O-Ring 20,22 x 3,53	O-Ring 20,22 x 3,53	O-Ring 20,22 x 3,53	Platten, Dicke 2 mm	Platten, Dicke 2 mm
Druckverformungsrest 24h/150 °C, %	9,3	13,2	12,0	13,2	10,6
Umluft 70h/150 °C Änd. Härte, IRHD	+3	+2	+2	+5	+1
Aceton 24h/23 °C + Rücktrocknung 22 h/100 °C					
Änd. Vol., %	-2	-0,4	-0,3	+0,3	+0,8
Änd. Härte, IRHD	0	-1	-1	+2	-2

Tabelle 20: Vergleich verschiedener EPDM-Werkstoffe – unteres Leistungsspektrum

	EPDM 7	EPDM 8	EPDM 9	EPDM 10	EPDM 11	EPDM 12
Probekörper	O-Ring 20 x 3	O-Ring 20 x 3	O-Ring 20,22 x 3,53	Platten, Dicke 2 mm	Platten, Dicke 2 mm	O-Ring 20,22 x 3,53
Druckverformungsrest 24h/150 °C, %	82,4	75,6	70,6	55,6	66,0	67,8
Umluft 70h/150 °C Änd. Härte, IRHD	+22	+11	+10	+14	+12	+7
Aceton 24h/23 °C + Rücktrocknung 22h/100°C						
Änd. Vol., %	-19,1	-5,3	-3,3	-11,4	-6,8	-2,6
Änd. Härte, IRHD	+18	+4	+0,2	+10	+6	-1

Tabelle 21: Gliederung der FKM-Polymere nach eingesetzten Monomeren und Fluorgehalt

Polymeraufbau	Beispiele für Handelsbezeichnungen	Fluorgehalt
Copolymer VF/HFP	Viton E 60 C Fluorel FC 2140 Tecnoflon FOR 421 Daiel G 701	ca. 66 %
Terpolymer VF/HFP/TFE	Viton B 70	ca. 66 %
	Viton B 600 Tecnoflon TN Fluorel FC 2350	ca. 68 %
	Viton VTR 6191	ca. 70 %
Tetrapolymer VF/HFP/TFE+X	Viton GBL 900	ca. 67 %
	Viton GF Daiel G 901	ca. 70 %
Tetrapolymer VF/PMVE/TFE+X	Viton GLT	ca. 65 %
	Viton GBLT	ca. 66 %
	Viton GFLT Tecnoflon P 7	ca. 67 %
VF = Vinylidenfluorid TFE = Tetrafluorethylen X = Vernetzungsmonomer HFP = Hexafluorpropylen PMVE = Perfluormethylvinyläther		

Die relativ beste Quellbeständigkeit bieten die hochfluorierten FKM-Polymere, allerdings geht das auf Kosten der Kälteflexibilität. Für Heißwasser- und Dampfanwendungen von FKM-Werkstoffen werden bevorzugt hochfluorierte Tetrapolymere eingesetzt, die peroxidisch vernetzbar sind. Ist die Kälteflexibilität für die Anwendung sehr wichtig, kann sich der Einsatz der mit Perfluormethylvinyläther modifizierten FKM-Polymeren bezahlt machen. Für ruhende O-Ring Abdichtungen läßt sich damit noch Dichtheit bei Temperaturen bis zu unterhalb von -40 °C erreichen, zumindestens mit den nieder fluorierten Typen wie zum Beispiel Viton GLT [61].

Der bekannteste Vertreter aus der Klasse der FFKM-Werkstoffen ist sicherlich Kalrez, von der Firma DuPont, die diesen Kautschuktyp entwickelt hat. Inzwischen hat sich das Marktangebot deutlich vergrößert, einige Beispiele für Markennamen sind in Tabelle 22 aufgeführt.

Die Klasse der Werkstoffe der perfluorierten Elastomere besitzt aufgrund des hohen Anteiles von Tetrafluoräthylen im Polymer eine ausgezeichnete chemische Beständigkeit. Letztlich bleibt nur noch eine kleine Anzahl von Medien übrig, die nicht mit diesen Werkstoffen abgedichtet werden können. Unterschiede bezüglich der Beständigkeit können sich insbesondere durch verschiedene Vernetzungssysteme ergeben [62]. So unterscheidet die technische Broschüre über Kalrez O-Ringe [63] in der Bewertung der chemischen Beständigkeit zwischen drei verschiedenen Werkstoffen, die jeweils ein anderes Vernetzungssystem besitzen. Insgesamt zeigt dabei der peroxidisch vernetzte Werkstoff Kalrez® 2035 und der bispheno-

Tabelle 22: Hersteller für Dichtungen aus Perfluorkautschuk (FFKM) und Markenbezeichnungen

Hersteller	Markenbezeichnung
DuPont	Kalrez®
Parker Hannifin	Parofluor®
Greene Tweed	Chemraz®
CFW Freudenberg	Simriz®

lisch vernetzte Kalrez® 1050 LF eine bessere Beständigkeit als Kalrez® 4079, das ein über Nitrilgruppen cyklisiertes Triazin-Vernetzungssystem besitzt, Tabelle 23 [63]. Dieses Vernetzungssystem zeigt sich dafür bei hohen Dauertemperaturen dem peroxidischen Vernetzungssystem überlegen, Bild 101 [62]. Bei anderen marktgängigen Perfluorelastomeren wird überwiegend ein peroxidisches Vernetzungssystem eingesetzt. Für Hochtemperatur-Anwendungen (> 200 °C) gibt es zwischenzeitlich auch von anderen Lieferanten spezielle Rezepturen mit thermisch stabileren Vernetzungssystemen, zum Beispiel Parofluor V 8545-75 [64]

Bei zyklischen Temperaturwechseln verhalten sich einige FFKM-Werkstoffe in ihrem Druckverformungsrestverhalten deutlich schlechter als konventionelle Werkstoffe, z.B. auf FKM-Basis. Das läßt sich nicht mit den üblichen Druckverformungsrest-Tests zeigen, da dort der

Tabelle 23: Medienbeständigkeit verschiedener FFKM-Rezepturen in ausgesucht kritischen Medien

Mischungsbez.	Prüftemp. °C	4079	1050LF	2035
Vernetzungssystem		Triazin-	Bisphenol-	Peroxid-
Flußsäure, 30%ig	85	A	NR	B
Ethylendiamin, 100%ig	50	NR	C	A
Monoethanolamin, 100%ig	50	C	A	A
Ammoniak, 28 %ige wäßrige Lösung	100	NR	B	B
Anilin	100	NR	A	A
Butyraldehyd	60	B	A	A
Dampf	200	NR	B	A
Heißwasser	225	NR	C	NR
Ethylen-Propylen-Oxid	50	NR	NR	A
Natrium/Kalium Metalle	–	NR	NR	NR
Therminol	232	A	A	NR

A = Volumenquellung < 10 %
B = Volumenquellung < 15 %
C = Befragen Sie den techn. Kundendienst
NR = Verwendung nicht empfohlen

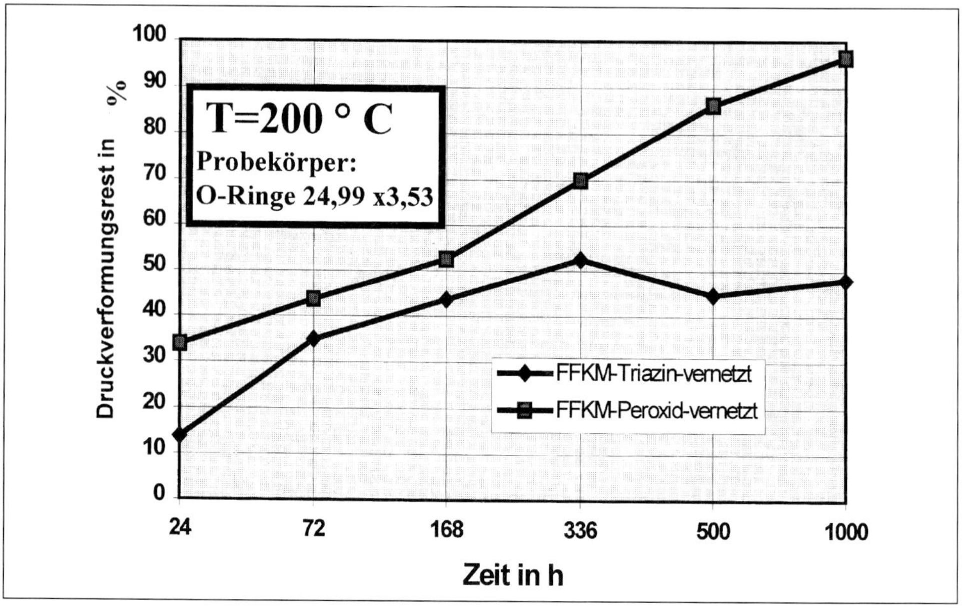

Bild 101: Druckverformungsrest-Langzeitverhalten verschiedener FFKM-Werkstoffe mit unterschiedlichen Vernetzungssystemen

O-Ring im heißen Zustand entspannt wird, das heißt, daß die DVR-Form im warmen Zustand geöffnet wird. Bedingt durch eine zum Teil sehr schlechte Kälteflexibilität einiger FFKM-Werkstoffe erstarren die O-Ringe bereits deutlich bei Raumtemperaturen und verlieren dadurch einen großen Teil ihrer Rückstellkraft. Das ist zwar ein physikalisch reversibler Vorgang, das bedeutet, daß bei einer Erwärmung des O-Ringes auch das elastische Rückstellverhalten wieder besser wird, kann aber bei Umgebungstemperaturen oder etwas darunter unter ungünstigen Bedingungen bereits zu Undichtheiten führen. Bei einer Entspannung der O-Ringe im heißen Zustand nach einem DVR-Test kommt dieser Wirkungsmechsanismus nicht zum Tragen, wohl aber in manchen Anwendungen. Bei hohen Dauertemperaturen wird der Druckverformungsrest überwiegend von einem chemischen Reaktionsmechanismus bestimmt. Das elastische Verhalten bei Raumtemperaturen dagegen wird gerade bei FFKM-Werkstoffen in viel stärkerem Maße von physikalischen Effekten beeinflußt als das bei anderen Elastomeren der Fall ist. Das geht bei den klassischen Prüfmethoden der Messung des Druckverformungsrestes nach DIN 53517 oder ASTM D 395 nicht oder nur unwesentlich mit ein. Daher sollte das elastische Verhalten von FFKM-Werkstoffen insbesondere bei häufigen Temperaturwechseln und bei Betriebstemperaturen unterhalb von Raumtemperaturen neben der chemischen Beständigkeit das Hauptauswahlkriterium bei der Werkstoffauswahl sein, und die O-Ringe sollten in Zweifelsfällen praxisnah getestet werden. Zum Teil werden für Anwendungen in der chemischen Industrie auch Werkstoffe mit gutem Erfolg eingesetzt, die vom Polymeraufbau nicht der Definition eines Perfluorkautschuks nach ASTM D 1418 entsprechen, aber eine ausreichende, zum Teil eine sehr gute Quellbeständigkeit auch in polaren Medien besitzen. Beispiele hierfür sind Zalak [65], Viton ETP [66] von DuPont Dow Elastomers, Tecnoflon PFR 91 [67] von Ausimont oder Hifluor [68] von Parker Hannifin.

3.3.3.5 Qualitätsbestimmende Eigenschaften von O-Ringen

Damit O-Ringe über eine angemessen lange Zeit dichten können, sollten diese in ihren Eigenschaften hinsichtlich der folgenden drei Bereiche definiert sein:

1. Maße: O-Ringe erhalten ihre Dichtwirkung dadurch, daß diese in ihrem Querschnitt verformt werden (ca. 10–30 %). Das wichtigste Funktionsmaß von O-Ringen ist die Schnurdicke, der Innendurchmesser kann in bestimmten Bereichen variabel sein, solange die O-Ringe noch montierbar sind und durch Aufweitungen entstandene Querschnittsreduzierung berücksichtigt werden. Daher sollte vor allem die Schnurdicke ausreichend eng toleriert sein, die O-Ring Norm DIN 3771 gibt hierzu im Teil 1 praxiserprobte und fertigungsgerechte Richtwerte an. Grundvoraussetzung für eine sichere Funktion ist eine vernünftige konstruktive Auslegung der Nuten, siehe oben.
2. Oberflächenbeschaffenheit: wo gedichtet wird, müssen die Oberflächen sowohl der Dichtflächen als auch der O-Ringe hohen Ansprüchen genügen. Die DIN 3771 beschreibt im Teil 4 Grenzen für zulässige Form- und Oberflächenabweichungen von O-Ringen, dabei wird nach Sortenmerkmal N und S unterschieden. Zu beachten ist allerdings, daß ein mehr oder weniger geringer Anteil der für den normalen industriellen Gebrauch gefertigten O- Ringe noch herstellungsbedingte Fehlermerkmale besitzen, die über die angegebenen Grenzen hinausgehen. Letztlich ist es eine Frage der Größe des Durchschlupfes und der Art der Fehler, ob das auch in der Praxis zu Problemen führt. Folgende Vorgehensweisen werden zur Vermeidung beziehungsweise zur Reduzierung von Leckagen infolge von fertigungsbedingten Oberflächenfehlern angewendet:
   1. Vereinbarung eines zulässigen AQL(Annehmbare Qualitätslage)-Niveaus für Oberflächenfehler (0,65–2,5)
   2. Unterscheidung nach kritischen (AQL 0) und unkritischen Oberflächenabweichungen (AQL 0,65–2,5)
   3. 100 % Oberflächenprüfung mittels Bandkontrolle, Tischprüfung (manuell) oder durch eine automatische Prüfmaschine.

   Zu beachten ist, daß dort, wo jeglicher Durchschlupf zum Sicherheitsrisiko wird, letztlich nur ein erhöhter Aufwand bei der Fertigung zusammen mit einem besonderen Kontrollaufwand zum gewünschten Erfolg führt. Die meisten Probleme, wie sie an O-Ring Dichtungen in der Praxis auftreten und sich auf Oberflächenfehler zurückführen lassen, werden durch recht grobe Oberflächenfehler verursacht, zum Beispiel durch starke Fließfehler, zu breite Einkerbungen oder Risse. Solche Fehler lassen sich oftmals bereits bei einer konsequenten Stichprobenprüfung (20–200 Stück/Los) im Rahmen einer Wareneingangskontrolle erkennen. Deshalb ist eine konsequent durchgeführte Sichtprüfung (Vergrößerung 2–4fach) als Wareneingangsprüfung empfehlenswert, auch wenn die Stichprobe im Verhältnis zum Lieferlos relativ gering ist.
3. Werkstoffeigenschaften: Gummiwerkstoffe sind rezepturartig aufgebaut und erhalten ihre Gummielastizität erst bei der Verarbeitung durch die Vulkanisation. Mit einer allgemeinen Definition der Polymerbasis sind weder das Quellverhalten des Werkstoffes noch das elastische Rückverformungsvermögen unter Temperatureinwirkung und die Kälteflexibilität ausreichend genau definiert. Diese großen möglichen Unterschiede in den Werkstoffeigenschaften bereiten auch beim Einsatz oftmals Schwierigkeiten. Schon durch einfache Teilebestellvorschriften, die sich auf Prüfungen an den Serien O-Ringen beziehen, können diese wesentlich eingeschränkt werden, Tabelle 24 ist ein Beispiel für eine Bestellvorschrift für NBR O-Ringe bezüglich wichtiger Werkstoffeigenschaften.

Tabelle 24: Vorschlag für eine fertigteilbezogene Bestellvorschrift (Werkstoffanforderungen) für NBR-O-Ringe

Werkstoff-Prüfung	NBR 70	NBR 80	NBR 90
Härte, DIN 53519,Teil 2, IRHD	70+/- 5	80+/- 5	90+/- 5
Spezifisches Gewicht, DIN 53 479, zulässige Abweichung vom rezepturbezogenen Mittelwert, g/cm^3	+/-0,02	+/-0,02	+/-0,02
Druckverformungsrest, DIN 53517 , % 24h/100 °C	30 max.	30 max.	30 max.
Druckverformungsrest, DIN 53 517, % 24h/-25 °C, Messung 60 s nach Entspannung,	95 max.	95 max.	95 max.
Lagerung in Prüfkraftstoff FAM B (DIN 51604), 24h/23 °C			
Änderung des Volumens, %	95 max.	90 max.	85 max.
Anschließende Rücktrocknung 22h/100 °C			
Änderung des Volumens, %	-10 max.	-10 max.	-10 max.
Änderung der Härte, Shore A	+12 max.	+12 max.	+12 max.
Lagerung in ASTM-Öl Nr. 3, 70h/100°C	.		
Änderung des Volumens, %	+15 max..	+12 max.	+10 max.
Änderung der Härte, Shore A	-10 max.	-10 max.	-10 max.
Umluft, 70h/100 °C			
Änderung des Volumens, %	-3 max.	-3 max.	-3 max.
Änderung des Gewichts, %	-3 max.	-3 max.	-3 max.
Änderung der Härte, Shore A	+8 max.	+7 max.	+6 max.

3.3.3.6 Schäden an O-Ringen, Ausfallursachen und Abhilfsmaßnahmen

3.3.3.6.1 Medieneinfluß

Die häufigsten Reaktionsmechanismen, die zu O-Ring Schäden führen, werden entweder vom Medium oder von der Temperatur verursacht. Eine gute Werkstoffverträglichkeit mit dem Dichtungswerkstoff setzt eine ausreichende Quellbeständigkeit und chemische Beständigkeit voraus. Bei statischen O-Ring Abdichtungen kann man bei normgerechter Nutauslegung (DIN 3771 Teil 5) davon ausgehen, daß dem O-Ring auch bei ungünstigsten Toleranzlagen mindestens 15 % seines Volumens zur Quellung zur Verfügung stehen, selten gibt es bei statischen O-Ring-Abdichtungen Quellprobleme, solange die in Laborversuchen ermittelte Quellrate unter 30 % liegt. Erst bei höheren Quellraten besteht die Gefahr, daß der O-Ring infolge einer Nutüberfüllung in den Dichtspalt gedrückt und an den Enden zerstört wird. Das muß nicht zwangsläufig zu einem Dichtungsausfall führen, allerdings stellt es einen undefinierten Betriebszustand dar, der insbesondere auch durch die erzeugten losen Gummipartikel für ganze Anlagen und Prozesse zum Betriebsrisiko wird. Besonders empfindlich auf Quellung reagieren dynamische O-Ring-Abdichtungen. Bereits bei Volumenzunahmen über 8–10 % kann die Reibkraft stark zu- und der Abriebwiderstand stark abnehmen. Dadurch kann sich die Laufzeit der Dichtung wesentlich verkürzen. Daher wird vor dem Einsatz von

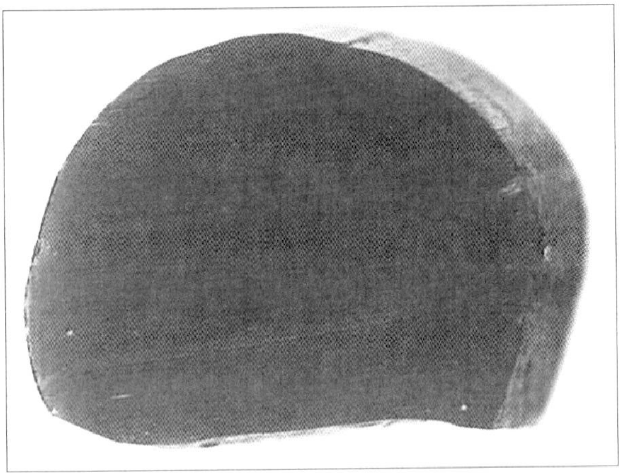

Bild 102: Profilschnitt eines durch Quellung ausgefallenen dynamisch beanspruchten O-Rings

O-Ringen als dynamische Abdichtung die Durchführung von Quelltests empfohlen. Zu beachten ist dabei, daß sich das Quellverhalten von O-Ringen auch innerhalb gleicher Lieferanten rezepturbezogen ändern kann, das heißt, daß diejenigen Rezepturen getestet werden sollten, die dann auch tatsächlich zum Einsatz kommen. Ein exemplarischer Test einer einzigen Rezeptur, beispielsweise für alle NBR-Werkstoffe, ist nicht ausreichend, zumindestens nicht bei dynamischen Anwendungen. Bild 102 zeigt den Querschnitt eines dynamisch eingesetzten O-Ringes, der durch eine unzulässige starke Quellung schon nach kurzer Zeit ausgefallen ist.

Bei statischen Anwendungen ist die Empfindlichkeit gegenüber Quellung viel geringer, daher ist es dort meistens ausreichend, die Quellraten sinnvoll abschätzen zu können, ob diese den oben genannten Kriterien (max. 30 %) entsprechen oder nicht. Ein Volumenschwund, beispielsweise infolge hoher Weichmacheranteile sollte vermieden werden, da das zu einer wesentlichen Lebensdauerverkürzung führen kann.

Neben einer ausreichenden Quellbeständigkeit ist eine chemische Verträglichkeit der O-Ringe mit allen Kontaktmedien erforderlich. Unabhängig von der Größe der Quellung kann das vom Dichtungswerkstoff aufgenommene Medium unzulässige chemische Veränderungen in

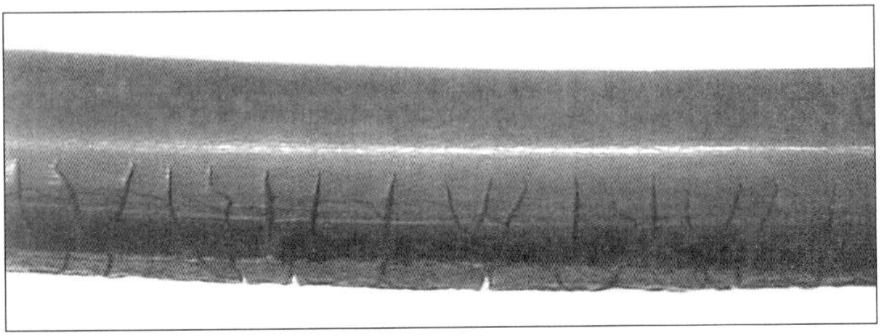

Bild 103: Ausfallursache chemischer Angriff, produktseitige Zerstörung des O-Rings

der Polymer- oder Netzwerkstruktur verursachen. Das kann zu einer Erweichung der O-Ringe bis hin zu einer klebrigen Oberfläche führen, häufiger ist eine Versprödung, oftmals verbunden mit einer rissigen Oberfläche. Diese Art der Einwirkung muß weitgehendst ausgeschlossen werden, da das zu einem Verlust der gummielastischen Eigenschaften bis hin zur Zerstörung der O-Ringe führen kann. Bild 103 zeigt ein Beispiel für einen chemischen Angriff, die Rißbildung hat auf der produktzugewandten Seite des O-Rings stattgefunden.

Findet man in den Medienbeständigkeitstabellen der Dichtungslieferanten den Hinweis auf eine Verträglichkeit, so läßt sich das meistens ausreichend genau auf die ganze Polymerfamilie übertragen, das heißt rezepturübergreifend, zumindestens bezüglich der chemischen Einwirkung.

3.3.3.6.2 Temperatureinfluß

Die Temperaturbeständigkeit von O-Ringen wird bei den meisten Anwendungen durch einen chemischen Reaktionsmechanismus der Alterung infolge von Sauerstoff und Wärme begrenzt, nämlich der Nachvernetzung und der parallel verlaufenden Kettenspaltung des Polymers. Das bedeutet, daß die Höhe der zulässigen Temperaturobergrenze eines O-Ringes beziehungsweise einer bestimmten Rezeptur abhängig ist von der Beanspruchungsdauer. Langzeittests an NBR O-Ringen einer guten Standard Rezeptur (Schnurdicke 3,53 mm) haben bei 125 °C eine Betriebsdauer von ca. 1000 h ergeben, bei 100 °C ca. 4200 h und bei 80 °C ca. 17 000 h. Je höher für denselben O-Ring die Lebensdaueranforderung ist, desto niedriger ist die zulässige Dauertemperatur. Was für den O-Ring eine zu hohe Temperaturbelastung bedeutet, hängt also einerseits von dem Leistungsprofil des Werkstoffes und andrerseits von dem Temperaturkollektiv des Anwenders ab. Auch die Schnurdicke kann eine wichtige Rolle spielen. Je dicker diese ist, desto mehr Sicherheitsreserven hat der O-Ring bezüglich der Hochtemperaturbeständigkeit. Ein starkes Überschreiten der Kurzzeit-Temperaturobergrenze führt zu Rissen und zu einer glänzigen Oberfläche an den O-Ringen. Bild 104 zeigt Risse an einem O-Ring, wie sie durch eine kurzzeitige Überhitzung entstanden sind, der O-Ring selbst war noch nicht verhärtet. Sind die ausgefallenen O-Ringe dagegen komplett versprödet und bleibend verformt, ist das ein Hinweis auf eine Überschreitung der maximal zulässigen Betriebsdauer innerhalb des polymertypischen Temperaturbereiches. Zur Verbesserung der Lebensdauer sollten dann besser temperaturbeständigere Polymere eingesetzt werden, beispielsweise statt NBR-Werkstoffe HNBR- oder FKM-Elastomere.

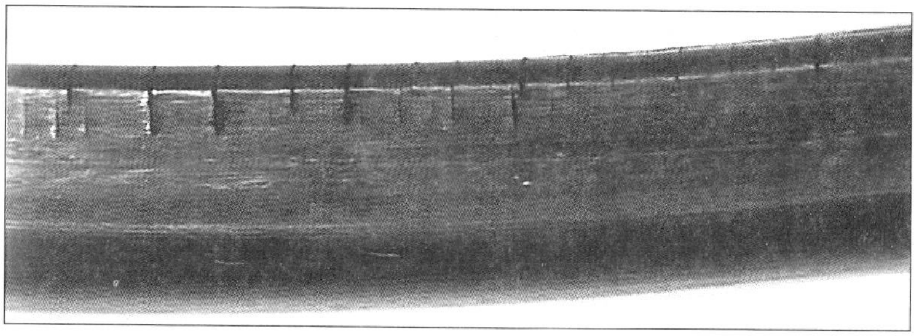

Bild 104: Rißbildung durch Überhitzung

3.3.3.6.3 Druckbeanspruchung

Die Widerstandsfähigkeit von O-Ringen gegenüber hohen Drücken wird maßgeblich von der Werkstoffhärte bestimmt. Ein härterer O-Ring erfordert bei gleichen Spaltweiten höhere Drücke, bis dieser durch das Einpressen in den Dichtungsspalt an der Nutkante aufplatzt. Bei ausreichenden Kantenradien (0,1–0,3 mm) lassen sich mit normgerechten Einbauräumen nach DIN 3771 Teil 5 für ruhende Abdichtungen mit harten O-Ringen (90 +/-5 IRHD) in der Regel Drücke bis 400 bar problemlos abdichten. Voraussetzung dafür ist die Begrenzung des Dichtspaltes auf möglichst unter 0,1 mm, bei geringeren Drücken können auch weichere Werkstoffe eingesetzt oder größere Dichtspalte zugelassen werden. Mit Hilfe von Grenzkurven, Bild 91, kann die Zulässigkeit des Spaltes in Abhängigkeit der verwendeten Werkstoffhärte und des maximalen Betriebsdruckes überprüft werden.

Durch Spaltextrusion zerstörte O-Ringe zeigen an der druckabgewandten Seite deutliche Beschädigungen, das können dünne, zum Teil recht lange Extrusionsfahnen sein, Bild 105, oder kleine Materialausbrüche, was den O-Ring an dieser Stelle wie angeknabbert aussehen läßt. Oftmals findet man dieses Schadensbild nur an einer Stelle des Umfangs, nämlich an der Stelle der größten Exzentrizität und damit des größten Dichtspaltes. Im Vergleich zu einer chemischen Einwirkung hat der Werkstoff noch seine gummielastischen Eigenschaften, er bricht also nicht beim starken Ziehen oder Biegen und hat auch keine Risse an der Oberfläche. Erhöhte Temperaturen führen bei Gummiwerkstoffen zu einer Verminderung der Zugfestigkeit und der Reißdehnung, das heißt, daß die Anfälligkeit für Spaltextrusion mit steigenden Temperaturen infolge der Abnahme der physikalischen Eigenschaften zunimmt. Auch Reibkräfte bei dynamisch eingesetzten O-Ringen können zu einer erhöhten Anfälligkeit für Spaltextrusion führen, sofern Reib- und Druckkräfte gleichgerichtet sind. Deshalb gelten für dynamisch eingesetzte O-Ringe deutlich geringere zulässige Spaltweiten beziehungsweise Drücke.

Bild 105: Zerstörung des O-Rings durch Spalteinwanderung

3.3.3.6.4 Ozoneinwirkung

Die für viele Anwendungen in der Hydraulik und Pneumatik eingesetzten NBR-Elastomere können im gedehntem Zustand bereits nach wenigen Tagen Risse erhalten, wenn diese beispielsweise im vormontierten Zustand einer ozonhaltigen Luft ausgesetzt sind. Dazu reichen die in der Umwelt befindlichen Ozonkonzentration aus, in Innenräumen erzeugen beispielsweise die meisten Lichtquellen UV-Licht, das wiederum den Ozongehalt der Luft ansteigen läßt. Die Rißbildung kann letztlich bis zum Durchriß der Ringe führen. Insbesondere in den Sommermonaten bei erhöhten Ozonbelastungen ist dieses Schadensbild immer wieder anzufinden, beispielsweise an Verschraubungen, die durchaus bis zu mehreren Monate im vormontierten Zustand bis zur Endmontage zwischengelagert werden können. Bild 106 zeigt einen NBR O-Ring mit den typischen Rissen (Ursache: Ozon) und einer sogenannten Elefantenhaut (Ursache UV-Licht), entstanden im vormontierten Zustand durch eine Freiluftbewitterung.

Als Abhilfsmaßnahme kann im einfachsten Fall bereits das Einölen der O-Ringe ausreichend Schutz bieten, zumindestens für eine begrenzte Zeit. Darüber hinaus gibt es auch ozongeschützte NBR-Werkstoffe. Durch den Zusatz von Ozonschutzmittel wird der chemische Angriff des Ozons auf das Polymer zumindestens für eine begrenzte Zeit verhindert. Zu beachten ist dabei, daß das in der Regel zu einer Verschlechterung des Druckverformungsrest-Verhaltens führt. Den besten Schutz bieten ozonbeständige Polymere, wie zum Beispiel EPDM-, HNBR- oder FKM-Kautschuk (Fluor-Kautschuk).

Probleme gibt es normalerweise nicht, wenn O-Ringe spannungsfrei gelagert sind oder komplett verbaut werden und damit lichtgeschützt sind und nur ein sehr begrenzter Luftaustausch mit der Umgebung stattfinden kann.

3.3.3.6.5 Montagefehler

Damit O-Ringe dichten können, muß der kreisrunde Querschnitt je nach Schnurdicke und Anwendung zwischen 10 und 30 % verpreßt werden. Dazu sind erhebliche Verformungskräfte bei der Montage erforderlich. Deshalb ist der O-Ring einer Beschädigungsgefahr aus-

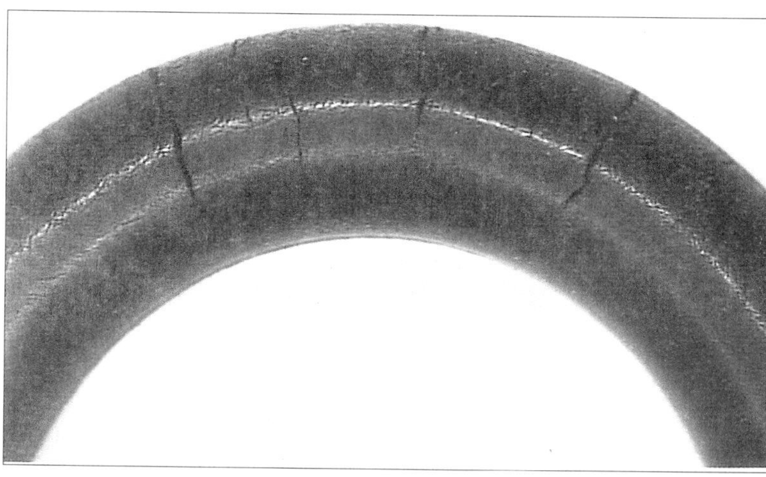

Bild 106: Ausfallursache Ozonrisse an NBR O-Ringen

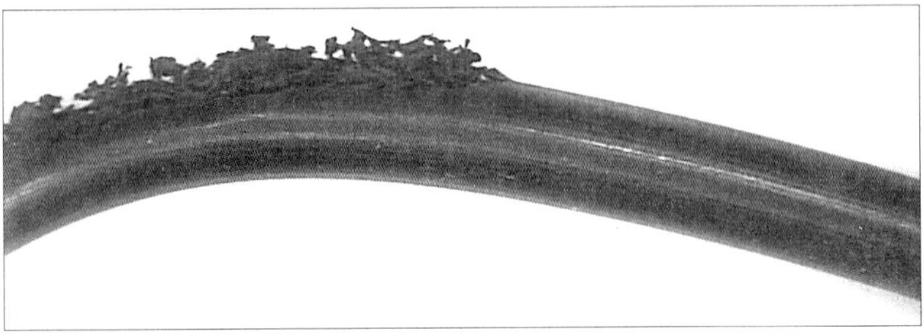

Bild 107: Zerstörung des O-Rings durch eine schlechte Positionierung in einer Flanschabdichtung

gesetzt, wenn dieser bei der Montage gegen scharfe Kanten gedrückt wird. Das ist beispielsweise der Fall bei radial dichtenden O-Ringen, die ohne Einführschräge oder mit einer zu steilen Einführschräge montiert werden. Einführschrägen sollten nicht steiler als 15–20° sein, zudem sollte die Länge größer als die halbe Schnurdicke des O-Rings sein. Zusätzlich empfiehlt sich die Verwendung von Montagefetten, weil dadurch die Montagekräfte wesentlich herabgesetzt werden. Ist das nicht möglich, kann bereits ein Talkumieren oder Molykotieren der O-Ringe oder eine andere Oberflächenbehandlung das Beschädigungsrisiko deutlich reduzieren.

Bei axial dichtenden O-Ringen (Flansch-Abdichtungen) besteht dann eine Beschädigungsgefahr des Abzwickens, wenn der O-Ring nicht stabil im vormontierten Zustand positioniert werden kann und dieser dann möglicherweise bei der Deckelmontage an einer Stelle am Umfang wieder aus der Nut springt. Bild 107 zeigt ein Beispiel dafür, dieser O-Ring wurde in einer Formnut eingesetzt. Das Herausspringen des O-Rings kann beispielsweise durch kleine Haltenoppen in der Nut verhindert werden, die bei der Verwendung von Sonderformteilen statt O-Ringen auch bereits an der Dichtung selbst angebracht werden können.

Montagebeschädigungen an O-Ringen können auch entstehen, wenn radial dichtende O-Ringe bereits im verpreßten Zustand bei der Montage Bohrungen überfahren müssen. Ist diese Bohrung nicht in eine Entlastungsnut hineingelegt oder zumindestens von innen entgratet und etwas angeschrägt, so ist der O-Ring bei der Montage einer großen Gefahr der Abscherung im Bereich der Bohrung ausgesetzt.

Eine weitere Gefahr der Beschädigung besteht, wenn die O-Ring-Nuten scharfkantig ausgeführt sind. Nicht gebrochene Kanten können schon bei der Montage den O-Ring beschädigen, hohe Drücke oder Relativbewegungen der abzudichtenden Bauteile können die entstandenen Montagebeschädigungen noch erheblich verstärken, bis es schließlich zum Dichtungsausfall kommen kann. Zu erkennen sind solche Ursachen anhand des ausgefallenen O-Rings meist an einem geradlinigen Beginn der Beschädigung, das heißt, die scharfe Kante als Ausgangspunkt der Zerstörung bildet sich auf dem O-Ring ab. Bild 108 zeigt ein Beispiel für eine so entstandene Zerstörung eines O-Ringes.

Auch zu hohe Aufweitungen des Innendurchmessers bei der Montage können zu Beschädigungen der O-Ringe führen. Aufdehnungen unter 50 % des Innendurchmessers gelten als unkritisch, solange der O-Ring genügend Zeit zur Rückverformung vor der Endmontage erhält. Bei stärkeren Aufweitungen bleibt je nach den physikalischen Eigenschaften der O-Ringe ein Restrisiko für Anrisse bestehen, härtere Werkstoffe haben eine höhere Anfälligkeit dafür als weichere. Bei besonders kritischen Abdichtungen, wo dieses montagebedingte Ri-

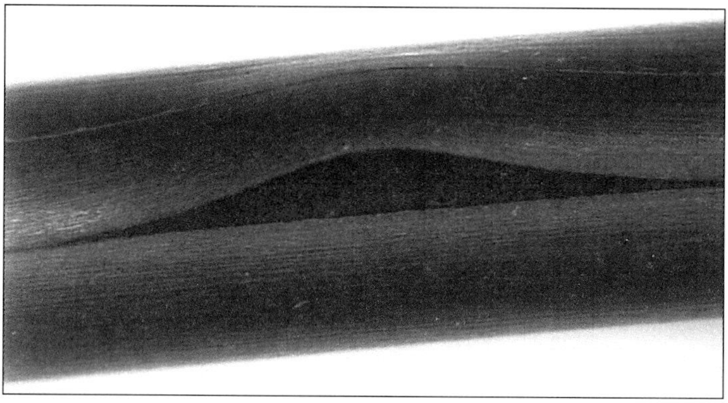

Bild 108: Aufgeschlitzter O-Ring durch scharfe Nutkanten

siko nicht ganz ausgeschlossen werden kann, hilft eine doppelte O-Ring Dichtung, das Leckagerisiko infolge von Anrissen zu minimieren.

3.3.3.6.6 Verwechslungsgefahr

Da O-Ringe wegen der Verwendung von Rußen als bevorzugten Füllstoff meistens schwarz sind, lassen sich unterschiedliche Werkstoffe äußerlich nicht auseinanderhalten. Deshalb sollten überall dort, wo parallel verschiedene Werkstoffgruppen eingesetzt werden, zum Beispiel NBR- und FKM-Kautschuk, besondere Vorkehrungen getroffen werden:

- Lagerung nicht nach Abmessungen, sondern nach Werkstoffgruppen
- farbliche Unterscheidung der Werkstoffgruppen: Bezüglich des Einsatzes von farbigen O-Ringen bietet der Markt derzeit vor allem FKM- und HNBR- und zum Teil auch EPDM-O-Ringe mit zu den schwarzen Werkstoffen vergleichbaren Werkstoffeigenschaften, bei den farbigen verfügbaren NBR-O-Ringen bedeutet der Einsatz dieser Werkstoffe oft eine Einbuße bezüglich der Hitzebeständigkeit. Prinzipiell kann nicht davon ausgegangen werden, daß farbige Werkstoffe immer so gut wie die schwarzen sind, auch wenn das meistens technisch machbar wäre. Daher sollten diese nur nach sorgfältiger Prüfung ausgewählt werden. Im einfachsten Fall kann schon eine nachträglich aufgebrachte Farbmarkierung die Verwechslungsgefahr wesentlich einschränken.
- Eine einfache Überprüfungsmöglichkeit der Werkstoffbasis besteht über die Rückprallelastizität (Elastomertester), wodurch eine sekundenschnelle, zerstörungsfreie und einfach durchzuführende Möglichkeit der Elastomererkennung gegeben ist. Auch wenn dieses Verfahren keine wissenschaftlich exakte Methode der Polymererkennung darstellt, lassen sich damit die am häufigsten eingesetzten FKM-, NBR-, und EPDM-O-Ringe mit einer erstaunlich hohen Trefferquote unterscheiden. Daher gehört ein solch einfaches Prüfinstrument an einen Montagearbeitsplatz, wo O-Ringe aus unterschiedlichen Polymeren verbaut werden.
- wo ähnliche Abmessungen im gleichen Erzeugnis verwendet werden, sollten auch die Möglichkeiten einer farblichen Kennzeichnung ausgeschöpft werden. Noch effektiver ist es, bereits bei der konstruktiven Auslegung darauf zu achten, entweder gleiche oder gut zu unterscheidende O-Ring Abmessungen auszuwählen.

3.3.4 Spiraldichtungen für Kraftnebenschluß-Anwendungen

3.3.4.1 Einführung

Systeme, bei denen Dichtungen im Kraftnebenschluß eingesetzt werden, erfordern eine konkrete Berührung der zu verbindenden Bauteile (häufig zur Vermeidung von Problemen schwingungstechnischer Natur). In Hochdruckanwendungen hat sich speziell die Anordnung eines Flansches mit eingestochener Nut gegen einen glatten Flansch etabliert.

Neben zahlreichen Dichtungsvarianten (z.B. Elastomer-O-Ringe) sollen im folgenden anhand von Spiraldichtungen wesentliche Aspekte für die optimale Auslegung einer Dichtverbindung für den KNS aufgezeigt werden.

Im allgemeinen werden Spiraldichtungen für KNS-Applikationen in der o.g. Anordnung Nut gegen glatten Flansch eingesetzt, Bild 109. Während meist einer der beiden Flansche eine vordefinierte Nut aufweist, die die Spiraldichtung aufnehmen soll, ist der Gegenflansch in diesen Fällen als glatter Flansch mit definierter Rauhigkeit ausgebildet. In nahezu allen Einsatzfällen versteht man unter Spiraldichtung hierbei lediglich das spiralförmig gewickelte Dichtelement.

In dem zu erzielenden Zustand des Kraftnebenschlusses liegen nach Verspannung der Schrauben beide Flansche in einem idealisierten Zustand planparallel aufeinander, das Dichtelement ist innerhalb der Nut eingeschlossen. In einem nicht-idealisierten Einbauzustand müssen z.B. Biegemomente berücksichtigt werden, die zu einer ungewollten Verdrehung der Bauteile infolge ihrer Steifigkeiten führen. In diesen Fällen liegen die Bauteile bzw. Flansche nicht über den gesamten Bereich planparallel aufeinander, sondern je nach Lage des Gelenkpunktes, um den diese Relativdrehung stattfindet, nur in gewissen Bereichen [79].

Da eine Kammerung des Dichtelementes sowohl am Innen- wie auch Außendurchmesser der Dichtung durch die Nut innerhalb des Flansches gegeben ist, entfallen die zur Stabilisierung des Spiralelementes notwendigen Stützringe wie sie z.B. in Krafthauptschlußanwendungen zwingend erforderlich sind. [80] zeigt, daß eine Stützung des Spiralelementes notwendig ist, um eine ausreichende Stabilität des Dichtungselementes zu gewährleisten. Ohne derartige Maßnahmen kann es bei Spiraldichtungen zu einem unkontrollierten Aufbrechen der Metallwicklungen des Spiralelementes kommen. Als Folge dessen kommt es zu einem Stabilitäts-

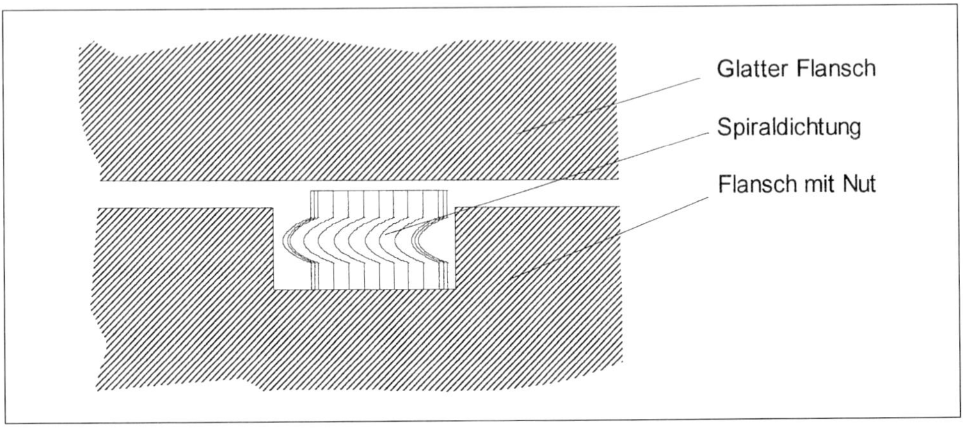

Bild 109: Schematische Anordnung einer Spiraldichtung im Kraftnebenschluß

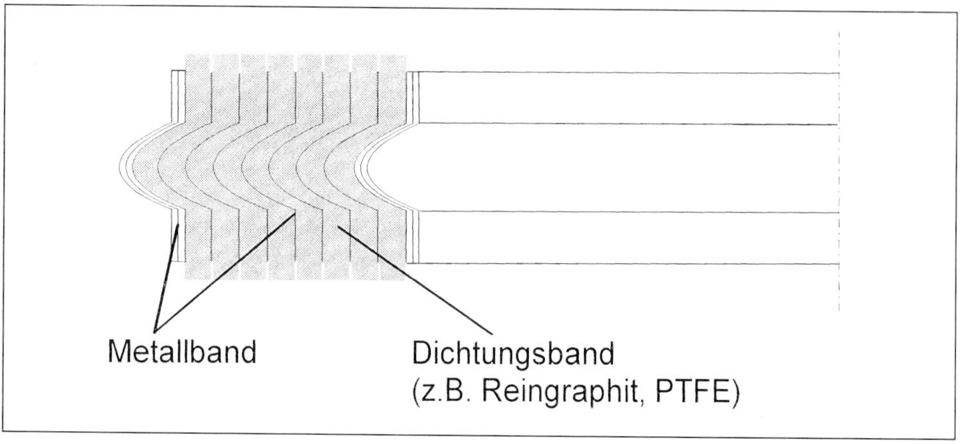

Bild 110: Querschnittsbild eines Spiralelementes

verlust, der zwangsläufig eine stark verminderte Rückfederung nach sich zieht und/oder nicht selten zu einer vollständigen Zerstörung der Dichtung führt.

Der Herstellungsprozeß dieser Spiralelemente ist bereits häufig beschrieben [81, 82] und soll im folgenden nur kurz zusammengefaßt werden. Zunächst wird ein in definierter V-Form vorprofiliertes Metallband auf eine rotierende Scheibe mit festzulegenem Außendurchmesser gewickelt. Nach Vollendung einer ersten Wicklung wird eine zweite metallische Wicklung mit der ersten Wicklung an definierten Punkten bzw. nach definierten Abständen verschweißt, so daß durch diese Schweißungen eine Fixierung am Innendurchmesser des zu fertigenden Dichtungselementes gegeben ist. Anschließend wird zusätzlich zu dem Metallband ein sehr viel weicheres Dichtungsband (z.B. Reingraphit, Polytetrafluorethylen, MICA, usw.) in die Wicklungen eingeführt. Der Außendurchmesser wird erneut durch Verschweißen der äußeren Metallwicklungen untereinander fixiert. In Bild 110 ist der schematische Aufbau eines derartigen Spiralelementes dargestellt.

Die Materialien für die Metallwicklungen wie auch des weichen Dichtungswerkstoffes sind entsprechend der Anforderungen hinsichtlich Medien- und Temperaturbeständigkeit zu wählen. Als Standardmaterialien für Einsatzfälle in der chemischen Industrie haben sich z.B. die Werkstoffkombinationen 1.4571/PTFE oder 1.4541/Graphit bewährt.

Da das Dichtungselement komplett aus Bändern (Metall- und Weichstoffbänder) gefertigt wird und man auf Stützringe im allgemeinen verzichtet kann, ist der Materialkosteneinsatz minimiert, wodurch eine nahezu vollständige Materialausnutzung vorliegt. Auch Werkzeugkosten für nicht-standardisierte Dichtungsabmessungen entfallen, da der Fertigungsprozeß üblicherweise keinerlei Spezialwerkzeuge bedarf. Für einen Anwender, der nicht nur die technische Funktionalität eines Dichtungskonzeptes zu berücksichtigen hat, spielen diese zusätzlichen wirtschaftlichen Faktoren häufig eine ausschlaggebende Rolle.

3.3.4.2 Die richtige Dichtungskonzeptionierung

Bei der Dichtungsauslegung ist man im allgemeinen darum bemüht, die Dichtung den entsprechenden Bedingungen anzupassen. Für eine Dichtung für den KNS bedeutet das, daß sie

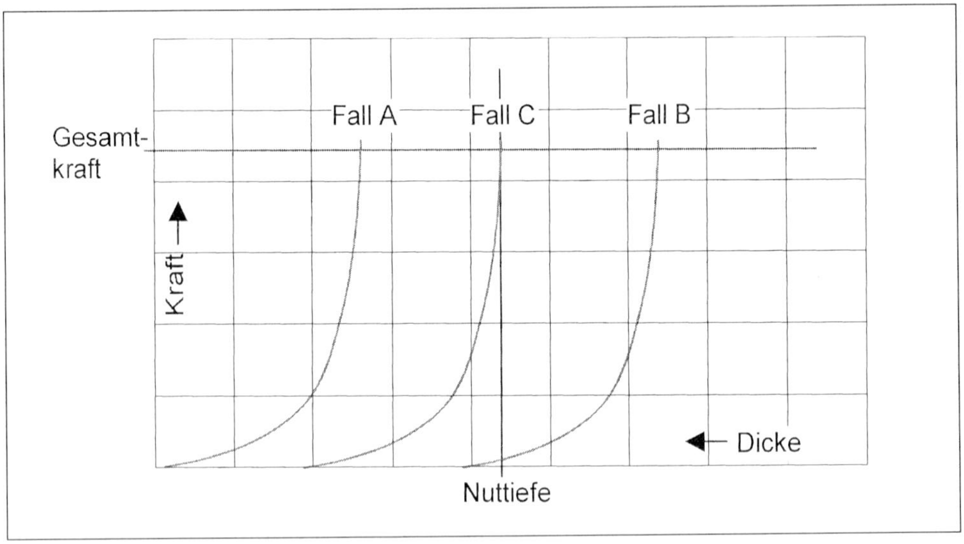

Bild 111: Unterschiedliche Einbauverhältnisse einer beliebigen Dichtung mit drei verschiedenen Dichtungsdicken

a) bei den gegebenen Kräften in ihren optimalen Arbeitsbereich hinein verformt wird und

b) die Dicke der Dichtung in ihrem optimalen Arbeitsbereich der Nuttiefe des Flansches entspricht.

Bild 111 soll verdeutlichen, welche Einbausituationen dabei auftreten können. Dargestellt ist eine willkürlich gewählte Verformungscharakteristik einer beliebigen Dichtung mit drei unterschiedlichen Ursprungsdicken bei einer willkürlich vorgegebener Nuttiefe.

Im Falle A wird die Dichtung bis auf den Bereich einer Totaldeformation (Bereich konstanter Dicke) verformt, ohne daß die Dichtungsdicke der Nuttiefe entspricht. Der KNS wird nicht erreicht; die Dichtung liegt vollständig im Krafthauptschluß. Im Fall B ist der optimale Arbeitsbereich der Dichtung weit unterhalb der Nuttiefe, und mit der anliegenden Gesamtkraft wird die Dichtung nur geringfügig verformt. Die Dichtung liegt im KNS, ohne jedoch ihre Eigenschaften optimal ausnutzen zu können. Lediglich im Fall C wird mit der Gesamtkraft die Dichtung zum einen optimal verformt und zum anderen auch auf Nuttiefe zusammengedrückt, so daß der KNS erreicht wird. Es sei erwähnt, daß bei feststehender Dichtungsdicke der gleiche Sachverhalt auch mit unterschiedlichen Nuttiefen erzielt werden kann.

Spiraldichtungen zählen, wie z.B. auch Elastomer-O-Ringe, zu den Dichtungstypen, die unter anliegender Kraft bzw. Pressung einer Änderung der ursprünglichen Durchmesser, d.h. einer radialen Ausdehnung unterliegen. Für eine Auslegung der Dichtung ist dieser Sachverhalt dringend zu beachten, da eine Mißachtung des Phänomens zu einer ähnlich unzureichenden Einbausituation führen kann wie soeben erklärt. Das bedeutet, daß selbst bei Wahl des richtigen Verhältnisses von Dichtungsdicke und Nuttiefe die Auslegung der korrekten Dichtungsdurchmesser ebenfalls von entscheidender Bedeutung ist.

Daher kann es analog zu den unterschiedlichen Dichtungsdicken (bzw. Nuttiefen) zu Einbausituationen kommen, wie sie in Bild 112 skizziert worden sind.

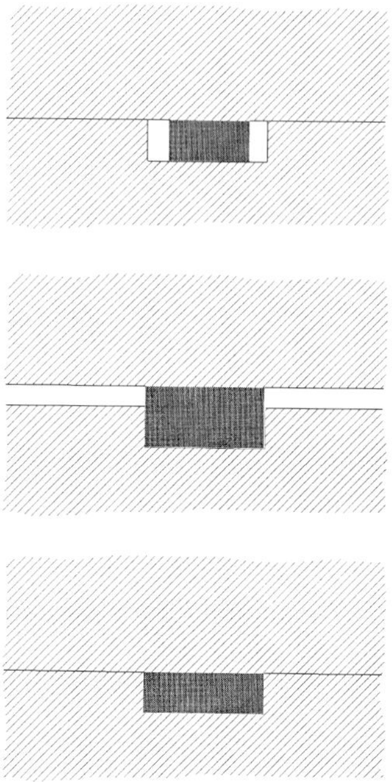

Bild 112: Darstellung der möglichen Anordnungen durch geänderte Dichtungsdimensionierung

Im Fall A wird die Dichtung vollständig auf Nuttiefe verformt, ohne die Nut jedoch komplett auszufüllen. Jegliche Zusatzkraft, die durch die Schrauben aufgebracht werden kann, wird in diesem Fall nicht in eine Verformungsarbeit hinsichtlich der Dichtung umgewandelt und daher dort gespeichert, sondern wirkt ausschließlich zwischen den sich berührenden Flanschen.

Im Fall B stellt sich die andere Extremsituation ein. Das Dichtungselement läßt sich nicht auf die erforderliche Dicke verformen, stützt sich aber am Innen- und Außendurchmesser der Nut ab. Die Gesamtkraft liegt hierbei zwar vollständig auf der Dichtung, der Zustand des Kraftnebenschlusses wird jedoch nicht erreicht.

Im Idealzustand wirkt die komplette zu generierende Schraubenkraft auf dem Dichtungselement, das sich unter dieser Pressung exakt auf Nuttiefe verformen läßt, wie im Fall C angedeutet wird.

In einem Untersuchungsprojekt wurden Spiraldichtungen exakt gleichen Aufbaus, jedoch unterschiedlicher Durchmesser in eine 3,2 mm tiefe Nut verspannt und mit einer Gesamtkraft analog einer Flächenpressung von 300 N/mm^2 belastet. Hier flossen die Empfehlungen unterschiedlicher Dichtungshersteller [83, 84] ein, die bei einer nominalen Standarddichtungsdicke von 4,5 mm für Spiraldichtungen eine Nuttiefe von 3,2 (±0,1) bzw. 3,3 (± 0,1) mm vorschlagen, Bild 113.

Die durchgeführten Verformungsuntersuchungen wurden kaltstatisch durchgeführt. Für Einsatzfälle unter merklicher Temperaturbeaufschlagung müssen zusätzliche Warmsetzeffekte

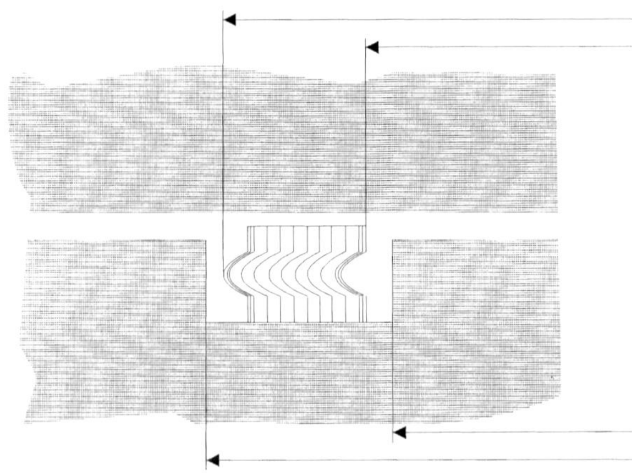

Bild 113: Darstellung der relevanten Abmessungen

wie auch Spannungsverluste innerhalb der Dichtung berücksichtigt werden. Während im Krafthauptschluß der Setzprozeß durch das Kriechen unter konstanter Kraft verstanden wird, ist beim Kraftnebenschluß die Relaxation (Spannungsverlust bei konstanter Dicke) der dominierende Vorgang.

Die Empfehlungen, die im folgenden erläutert werden, gelten daher nur unter der Annahme, daß der Spannungsverlust innerhalb einer Spiraldichtung im KNS unter Temperatureinwirkung vernachlässigbar ist. Speziell für Spiraldichtungen mit dem Füllstoff Reingraphit ist diese Aussage über einen weiten Einsatz- und Temperaturbereich zutreffend.

Eine Vorvermessung der Dichtungen ergab die gemittelten Einbautoleranzen bezüglich der gegebenen Nutabmessung gemäß Tabelle 25.

Die Ergebnisse zur kaltstatischen Verformung der Dichtungen sind den Bildern 114 und 115 zu entnehmen. Alle Dichtungen wurden stufenweise mit Flächenpressungen bis zu 300 N/mm^2 belastet; eine Entlastungskurve wurde ebenfalls von Maximallast ausgehend ermittelt. Die Ergebnisse lassen sich folgendermaßen deuten:

Bei minimalen Einbautoleranzen (Dichtung 4 und 5) wird die erforderliche Einbauhöhe von 3,2 mm mit den im Versuch zur Verfügung stehenden Flächenpressungen von maximal 300

Tabelle 25: Ergebnisse der Vorvermessung

Dichtung	**ID(Dichtung)-ID(Nut)**	**AD(Nut)-AD(Dichtung)**
5	0,21 mm	0,44 mm
4	0,55 mm	0,67 mm
3	0,89 mm	1,09 mm
2	1,28 mm	1,43 mm
1	1,74 mm	1,82 mm

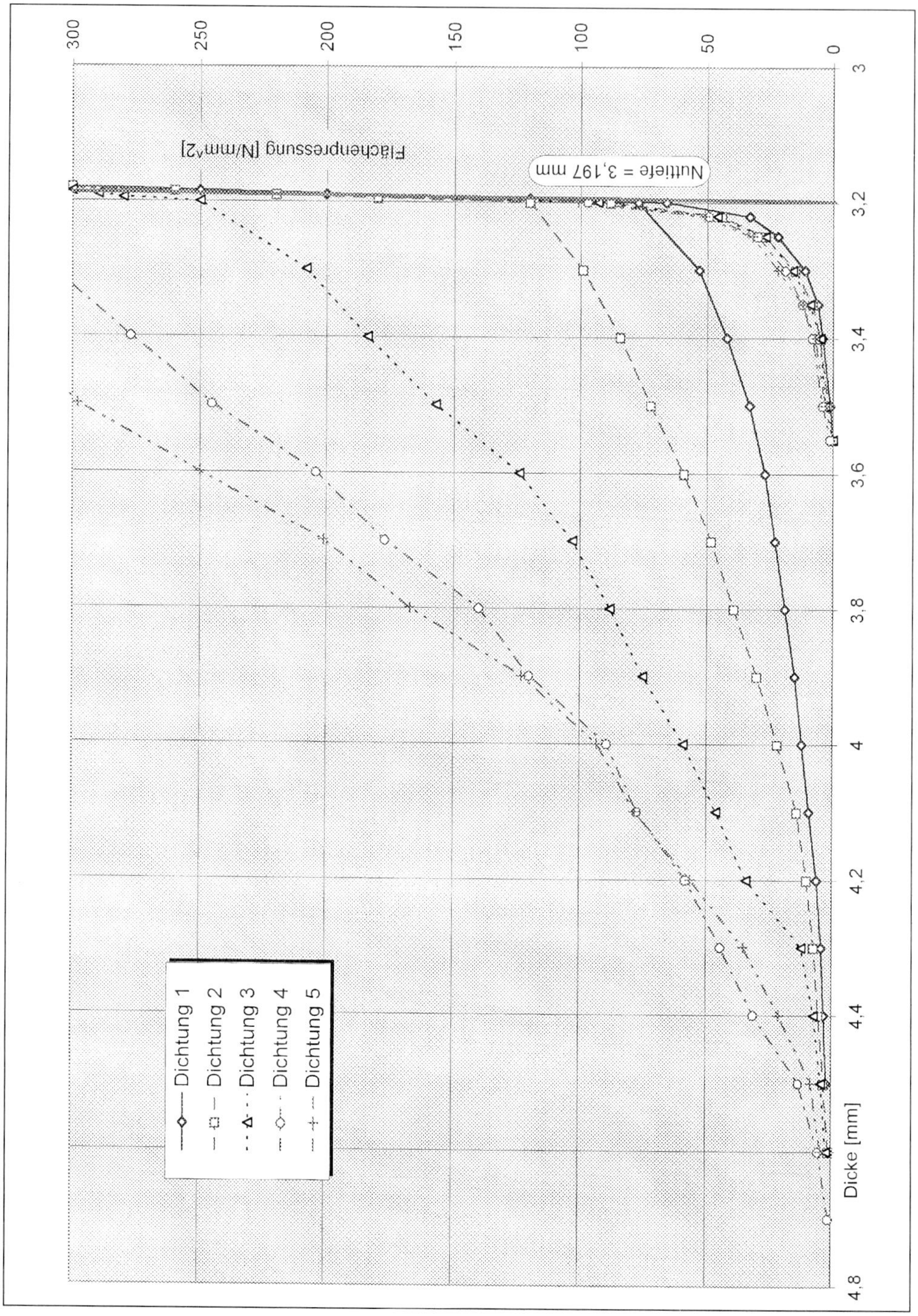

Bild 114: Verformungskennlinien der untersuchten Spiraldichtungen mit dem Füllstoff Graphit

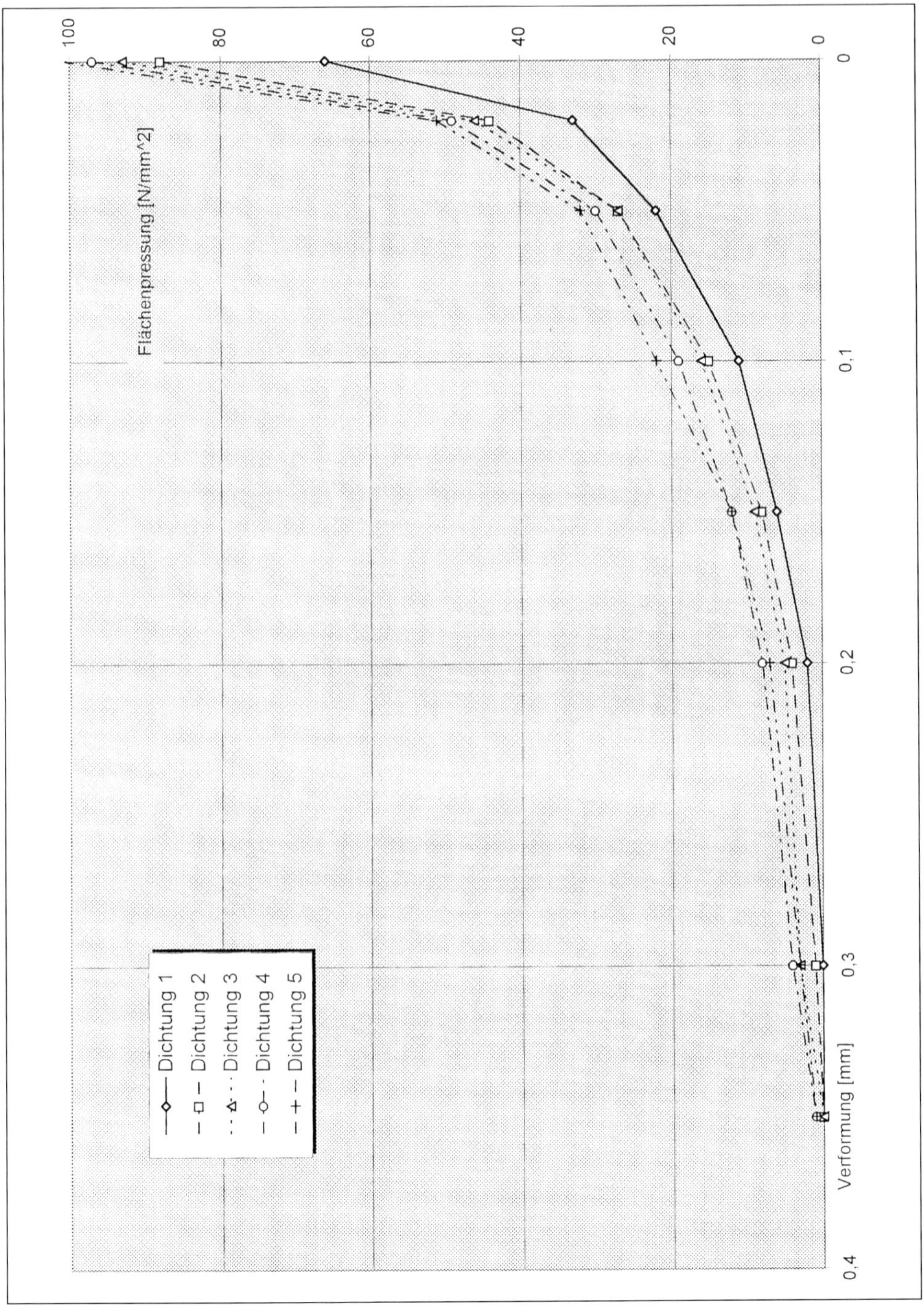

Bild 115: Darstellung der unterschiedlichen Rückfederungskurven von einer Belastungsstufe 300 N/mm²

Tabelle 26: Gemessene Flächenpressungen, die zum Erreichen des Kraftnebenschlusses erforderlich waren

Dichtung	Flächenpressung (Erreichen des KNS)
Nr. 5	> 300
Nr. 4	> 300
Nr. 3	~ 250
Nr. 2	~ 110
Nr. 1	~ 77

N/mm² nicht erreicht. Die Dichtungen liegen in beiden Fällen im Krafthauptschluß. Erst eine größere radiale Einbautoleranz ermöglicht den Dichtungen (Nr. 1–3) ein ausreichendes Raumangebot zur radialen Ausdehnung. Systematisch läßt sich das Ergebnis gemäß Tabelle 26 darstellen.

Unter den o.g. Versuchsbedingungen kann daher zunächst eine radiale Mindesteinbautoleranz erarbeitet werden, die notwendig ist, um mit einer Standard-Spiraldichtung den notwendigen Kraftnebenschluß zu erreichen. Als Anmerkung sei hier erwähnt, daß der Begriff Standard-Spiraldichtung eventuell zu Verwirrung führen kann (Spiraldichtungen sind kein national anerkanntes Normprodukt). Als Standard wird daher ein Produkt Spiraldichtung bezeichnet, dessen charakteristische Eigenschaften (z.B. Wickeldichte [85]) sich in einem mittleren Fertigungsbereich bewegen.

Im vorliegenden Fall ist die Mindesteinbautoleranz bei einer maximal zu generierenden Flächenpressung von 300 N/mm² zu ca. 0,9 mm am Innendurchmesser und 1,1 mm am Außendurchmesser gegeben. Für Anwendungsfälle, die eine z.T. signifikant geringere Flächenpressung zur Verfügung stellen, sei daher eine Mindesteinbautoleranz von ca. 1,25 mm am Innendurchmesser und 1,5 mm am Außendurchmesser zu berücksichtigen.

Das Rückfederungsverhalten von Maximalbelastung der einzelnen Dichtungen ist Bild 115 zu entnehmen und wird als Maß für die Elastizität einer Dichtung gewertet. Ohne explizite Aussagen treffen zu können, ergibt sich mit größer werdender Einbautoleranz eine tendezielle Minderung der Elastizität der Dichtverbindung.

Bei Dichtungsvarianten, die ein derartiges Verhalten bzgl. radialer Ausdehnung nicht aufweisen, z.B. Kammprofildichtung gemäß DIN 2697 [86] o.ä., deren druckstabiler metallischer Trägerkörper eine radiale Ausdehnung nahezu unmöglich machen, ist die Auslegung der Dichtungsparameter deutlich einfacher. In diesen Fällen muß lediglich die Dichtungsdicke derart konzipiert werden, daß unter vorgegebener Gesamtkraft (Schraubenkraft, quasi-statische Zusatzkräfte, usw.) der KNS erreicht wird. Selbstverständlich müssen die Setzprozesse bzw. Fließprozesse der unterschiedlichen Weichstoff-Materialien auch unter Betriebstemperatur berücksichtigt werden. Auf eine exakte Einhaltung der Dichtungsdicke bzw. Nuttiefe ist hierbei unbedingt zu achten.

3.3.4.3 Der Einfluß des Dichtungswerkstoffes

Bereits im vorherigen Kapitel ist der Einfluß des Dichtungswerkstoffes auf die Verformungscharakteristik einer Spiraldichtung angesprochen worden. Speziell unter Temperatureinwirkung ist der Einfluß der gewählten Dichtungswerkstoffe zum Teil signifikant. In einem Untersuchungsprojekt zwischen einem Dichtungshersteller und einem Dichtungsanwender wurden Spiraldichtungen mit unterschiedlichen Füllstoffen anwendungsnah im Modellgerät auf ihr Verformungskennbild untersucht [87]. Als Dichtungswerkstoffe für die Spiraldichtungen wurden folgende Materialien verwendet.

a) Graphit der Reinheit 98 %

b) PTFE in gesinterter Form

c) Flexite Super®[1]), Dichtungspapier auf Graphitbasis.

Die Ergebnisse dieses Projektes lassen sich folgendermaßen zusammenfassen: unter ambienter Temperaturbelastung unterliegen Spiraldichtungen mit den Füllstoffen Graphit und PTFE den geringsten Setzprozessen. Spiraldichtungen mit dem Füllstoff PTFE zeichnen sich bei Umgebungstemperatur durch höhere Elastizität aus.

Mit zunehmender Betriebstemperatur zeigt PTFE deutlich größere Warmsetzbeträge gegenüber anderen Dichtungsbändern; die Elastizität wird gemindert.

Leider lassen sich aus den gewonnenen Ergebnissen keine allgemeingültigen Aussagen für die richtige Konzipierung einer Spiraldichtung für KNS-Anwendungen formulieren, da Setz-

---

[1]) eingetragenes Warenzeichen der Flexitallic GmbH

prozesse mit variierender Dichtungsanordnung (z.B. Abmessung, Dichtungsbreite) stark streuen.

Bei der Dimensionierung einer Spiraldichtung für den KNS sollte jedoch berücksichtigt werden, daß die verschiedenen Materialien speziell unter höheren Betriebstemperaturen andere Setz- bzw. Warmsetzeigenschaften besitzen. So kann eine Spiraldichtung mit dem Füllstoff PTFE im Einbauzustand noch nicht auf Nuttiefe verformt sein, unter anliegender Betriebstemperatur jedoch infolge irreversibler Setzvorgänge durchaus im KNS liegen.

Selbstverständlich sind diese Beobachtungen nicht nur auf den angesprochenen Sonderfall der Spiraldichtungen beschränkt. Vielmehr ist auch bei anderen Dichtungstypen, deren Materialien deutliche Setzeffekte vermuten lassen (z.B. NBR), ein derartiges Verhalten zu beobachten. Bei reinen Ein-Komponenten-Dichtungen (z.B. Elastomer-O-Ring) sind diese Phänomene aufgrund einer fehlenden stützenden Metallstruktur wesentlich stärker ausgeprägt und müssen bei der Konzeptionierung berücksichtigt werden.

3.3.4.4 Der Einfluß der Dichtungsfertigung

Leider gibt es nach wie vor keinen einheitlichen Standard für die Fertigung von Spiraldichtungen. Einige Versuche zur Standardisierung des Produktes Spiraldichtungen, wie z.B. die DIN 2699 [88] sind niemals über den Status einer Entwurfsnorm hinaus gekommen. Daher ist es immer noch möglich, daß Spiraldichtungen unterschiedlicher Hersteller signifikant andere Dichtungseigenschaften haben können.

Frühere Arbeiten haben bereits versucht, den Einfluß der Dichtungsfertigung auf das Verformungsverhalten zu behandeln [85], ohne für den Anwender jedoch zu einem klaren und zufriedenstellenden Ergebnis hinsichtlich der Vergleichbarkeit von Dichtungen und deren Verformungscharakteristik zu gelangen. Das liegt im relativ komplexen Aufbau des Produktes Spiraldichtung. So gibt es zur Zeit immer noch keine klaren Richtlinien für den detaillierten Aufbau einer Spiraldichtung bezüglich der Anzahl von Metall- und/oder Weichstoffwicklungen pro Einheit Dichtungsbreite. Erschwerend kommt hinzu, daß weder die Breite, Dicke oder Dichte der verwendeten Wickelbänder national oder firmenübergreifend standardisiert sind.

Im Design- bzw. im anschließenden Fertigungsstadium kann jedoch häufig durch gezielte Beeinflussung des Wickelprozesses die Steifigkeit der Dichtung derart beeinflußt werden, daß die Dichtung den vorgegebenen Systemkräften optimal angepaßt werden kann. Hierzu wird der Fertigungsprozeß zum Beispiel derart gesteuert, daß die Anzahl der Wicklungen pro Einheit Dichtungsbreite variiert wird, die zu einer Änderung der Dichtungssteifigkeit führt. Das wird im allgemeinen nicht durch Variation der Wickelbanddicke erreicht, sondern durch definierte Änderung der Anpreßdrücke zwischen Wickel- und Führungsscheibe. Durch diese Steuerung wird zum einen der Anteil der Metallwicklungen variiert und zum anderen die Vorverdichtung des Weichstoffes beeinflußt.

In einer diesbezüglichen Versuchsreihe wurden Spiraldichtungen mit dem Füllstoff Graphit in drei Steifigkeitsklassen auf ihr Verformungsbild im Kraftnebenschluß untersucht, Bild 116 [87, 89].

In einem ersten Untersuchungsteil wurden die unterschiedlich steifen Dichtungen mit konstanter Kraft belastet. Es stellten sich drei verschiedene Verformungskennlinien analog zu den Kennlinien mit den unterschiedlichen Dichtungsbreiten ein. Hierbei gilt der Zusammenhang, daß jeweils mit höherer Dichtungssteifigkeit der Verformungswiderstand gegenüber einer Weiterverformung steigt.

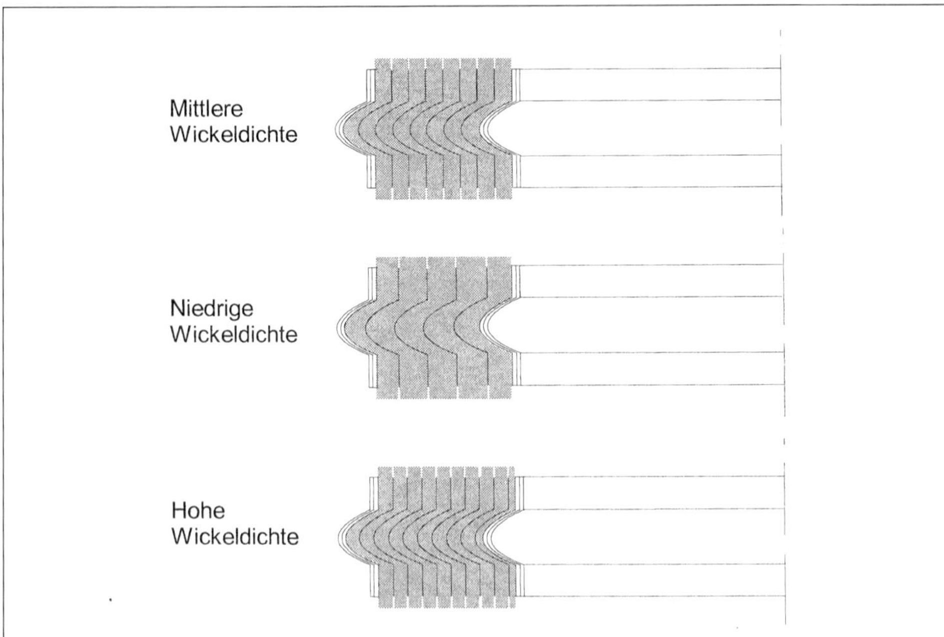

Bild 116: Unterschiedliche Anpreßdrücke führen zu einer Änderung der Dichtungssteifigkeit

In einem zweiten Untersuchungsteil wurden die Dichtungen auf konstante Einbauhöhe verformt. Das Ergebnis läßt sich im folgenden Sachverhalt zusammenfassen. Je steifer die Dichtung, desto größer die notwendige Flächenpressung zum Erreichen einer definierten Einbauhöhe. Dieser Sachverhalt erscheint trivial, muß jedoch für eine Auslegung einer Dichtung dringend beachtet werden, indem z.B. die Dichtungsbreite derart modifiziert wird, daß bei vorgegebener Kraft höhere Flächenpressungen erzielt werden.

Darüber hinaus muß bei den weicheren Dichtungsvarianten, die durch den bewußt gesteuerten Fertigungsprozeß größere Weichstoffanteile innerhalb der Dichtung besitzen, mit größeren Setzbeträgen (insbesondere Warmsetzbeträgen) gerechnet werden.

3.3.5 Spezielle Lösung für eine Kraftnebenschluß-Dichtung

3.3.5.1 Einführung

Eine Verbindung mit einer Dichtung im Kraftnebenschluß (KNS) verfolgt prinzipiell das Ziel: Einsatz der Dichtung für die Funktion „Dichten" und nicht für andere aufgezwungene Aufgaben, Bild 117, siehe auch Kap. 3.1.

Das Dichtelement vom Typ „Kraftnebenschlußdichtung mit H-Profil" (KNH) besteht aus dem Hartmaterial-Profil (3) und einem elastischen Dichtmaterial (4). Das Dichtmaterial (4) wird so vorgespannt, daß der Flansch bereits im Einbauzustand eine Stützwirkung der Flanschdichtleiste auf dem Hartmaterial (3) erreicht (Blocklage). Es ist außerdem so bemessen, daß es nach Verformung und Erreichen der Blocklage das volle Rückfederungsvermögen besitzt. Somit wird das Dichtmaterial (4) nur für die Funktion Dichtheit herangezogen. Die Kräfte und

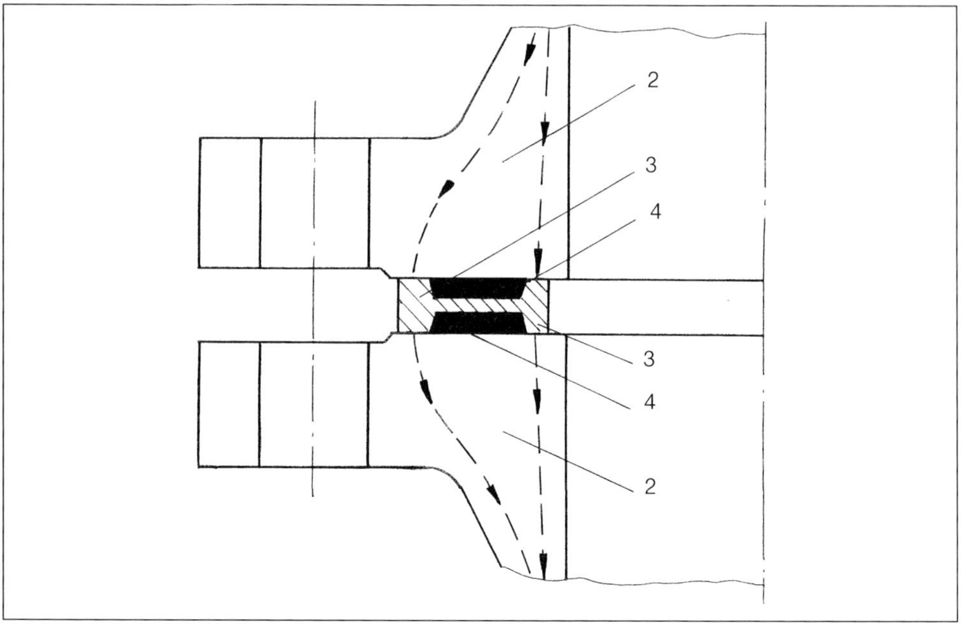

Bild 117: Prinzip des Kraftnebenschlusses, Übertragung der äußeren Lasten durch das Hartmaterial (3)

Momente werden über das Hartmaterial (3) von einem Flansch zum anderen weitergeleitet. Ein Überpressen des Dichtmaterials (4) ist ausgeschlossen.

Jeder Funktionsträger des Dichtsystems erfüllt demzufolge ausschließlich die Funktion, für die er konzipiert wurde. Daraus ergeben sich folgende Vorteile:

Kraft- und Momentenübertragung durch den Hartmetallring:

- eine hohe Vorspannung ist möglich, die Dichtverbindung ist hoch belastbar
- die Belastbarkeit über die Flanschverbindungsstelle hinaus ist kontinuierlich
- der Einfluß von gleichzeitig eingeleiteten äußeren Lasten ist gering
- die Sicherheit gegenüber unbekannten Faktoren ist insgesamt höher

„Dichten" im Kraftnebenschlußverhalten:

- die Dichtung übernimmt ausschließlich die Funktion des Dichtens
- die Dichtung ist gekammert, dadurch ist kein Ausblasen möglich
- das Dichtmaterial wird äußerlich nicht beansprucht
- bei asymmetrischer Schraubenanordnung erfolgt keine ungleichmäßige Flächenpressung
- ein Überpressen des Dichtmaterials ist ausgeschlossen
- es erfolgt kein Plastifizieren oder Kriechen des Dichtmaterials über die Grenzen hinaus
- damit wird ein Spannungsabbau durch Setzen der Dichtung vermieden.

3.3.5.2 Kraftnebenschluß-Varianten

Um den erhöhten Anforderungen einer Flanschverbindungsstelle gerecht zu werden, sind unterschiedliche Kraftnebenschluß-Dichtungen konzipiert worden.

Bei Kraftnebenschluß-Dichtungen besteht der dichtende Teil aus einem weichplastischen Material und einem Trägermaterial aus metallischen Werkstoffen. Während für den weichplastischen Teil eine relativ geringe Flächenpressung zur Verformung und somit zur Abdichtung erforderlich ist, läßt der metallische Trägerwerkstoff eine sehr hohe maximal ertragbare Flächenpressung zu. Das eigentliche Dichtmaterial wird lediglich in seiner zulässigen Weise gepreßt.

Die Auswahl der zu kombinierenden Werkstoffe wird durch die Betriebsparameter bestimmt. In folgenden Bildern 118 bis 120 wird eine Auswahl der üblichen Kraftnebenschluß-Dichtungen dargestellt:

Bei dem Füllstoff der Spiraldichtungen handelt es sich in der Vielzahl der Fälle um Graphit oder PTFE, welches in einer Edelstahlspirale gekammert ist, siehe auch Kap. 3.3.4.

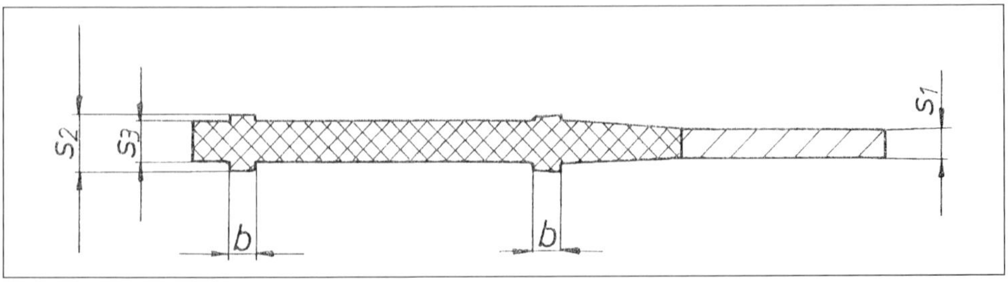

Bild 118: Elastomer-Stahl-Dichtung aus einem Elastomer-Profil und aus einem wiederverwendbaren Edelstahl-Stützring

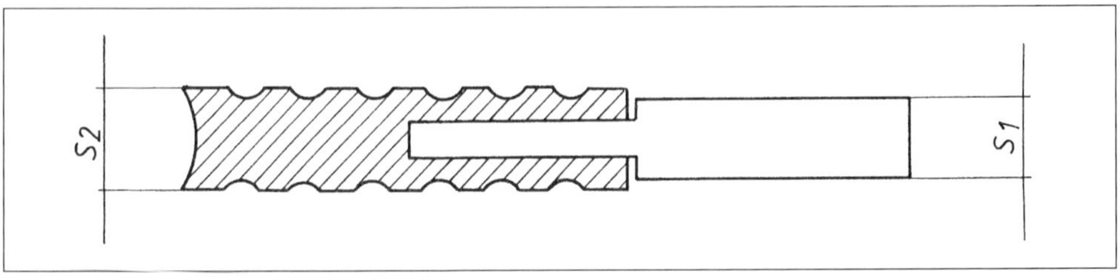

Bild 119: Variante einer profilierten Elastomer-Stahl-Dichtung

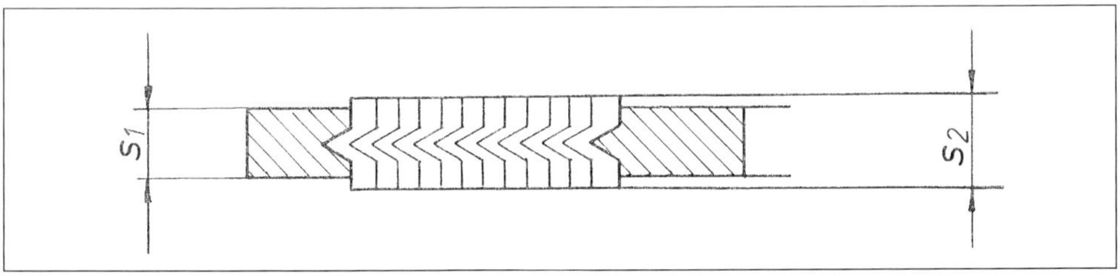

Bild 120: Spiraldichtung mit Innen- und Außenring

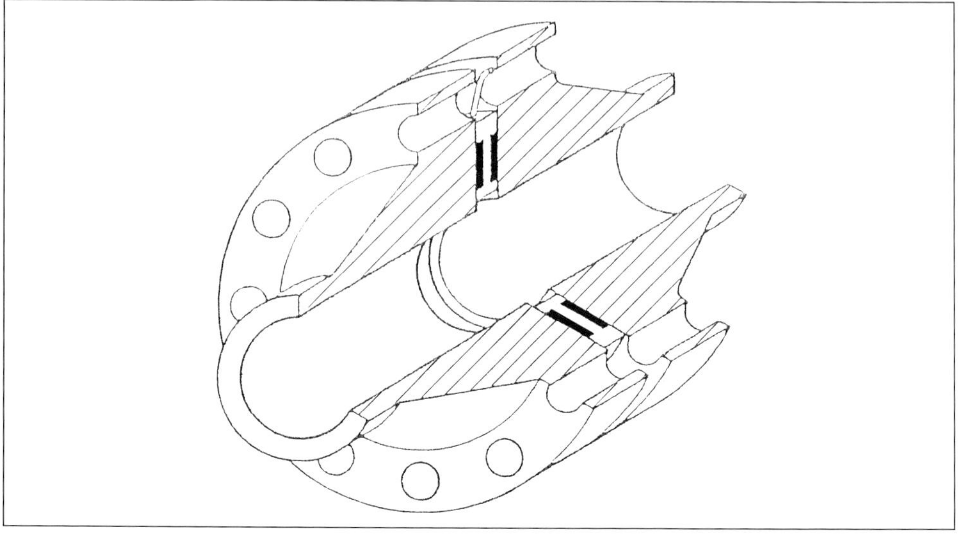

Bild 121: Kraftnebenschluß-Dichtung KNH, zur Veranschaulichung perspektivisch dargestellt

Dichtungen, bei denen zwei Werkstoffe mit unterschiedlichen Eigenschaften kombiniert werden, zeigen ein zweiphasiges Kompressionsverhalten:

- Füllen der Kapillare, Verdichtung des Dichtmaterials in sich (z. B. bei Graphit), Mikroanpassung an die metallischen Gegendichtflächen und Vorverformung
- Nach Erreichen der maximalen Verdichtung des Dichtwerkstoffs tritt ein annähernd statisches Verhalten ein (auch quasistatisches Verhalten).

Das Betriebsverhalten von Kraftnebenschluß-Dichtungen läßt sich am Besten an der Bauform der Kraftnebenschluß-Dichtung mit einem H-förmigen Profil erklären, Bild 121.

3.3.5.3 Kraftnebenschluß-Dichtungen mit einem H-förmigen Profil, Typ „KNH"

Vorgedanke bei der Entwicklung dieser Dichtung war, eine sehr gute Dichtung, die sich in Bezug auf extreme Temperatur- und Druckeinsatzbereiche bereits bewährt hat, derart zu modifizieren, daß weitere Nachteile beseitigt werden. Die Basis der KNH-Dichtung ist somit in der Kammprofil-Dichtung zu sehen, Bild 122, die in Verbindung mit dem in der chemischen Industrie entwickelten Hahn'schen Nutzring, Bild 123, zur Kraftnebenschluß-Dichtung wird, Bild 124.

Die wenigen Nachteile, die z. B. bei Kammprofil-Dichtungen dann auftreten, wenn zusätzlich äußere Kräfte oder Momente auf die Flanschverbindungsstelle wirken oder grundsätzlich zu hohe Dichtungspressungen auftreten, sind bei der KNH-Dichtung schon im Vorfeld ausgeschlossen. Das Dichtmaterial wird nicht überpreßt oder zerstört, die Flanschoberflächen nicht beschädigt.

Bei der KNH-Dichtung besteht die Materialkombination aus einem Edelstahlträger und einem Weichstoff, vorzugsweise Graphit, Bild 124. Diese Materialpaarung eignet sich durch Erreichen der Blocklage und der damit entstehenden metallische Berührung der zu dichtenden

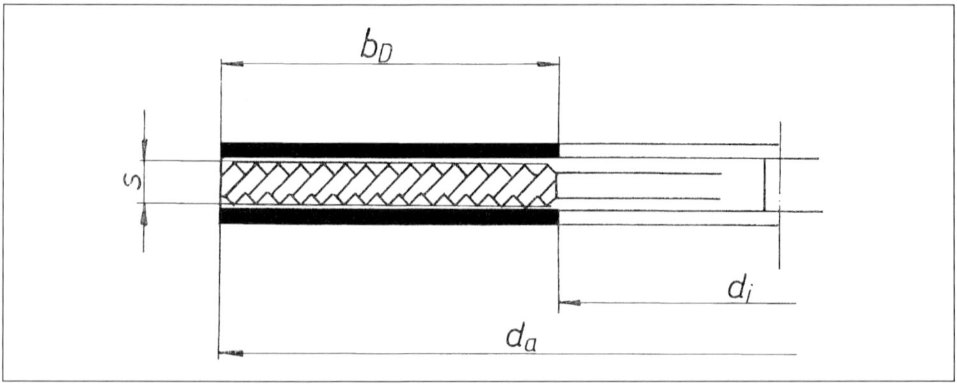

Bild 122: Kammprofil-Dichtung mit Graphitauflage

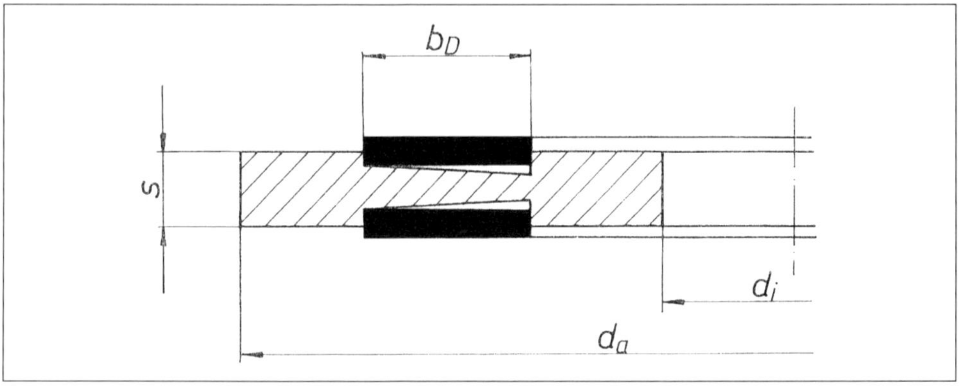

Bild 123: Nutring mit Graphiteinlage

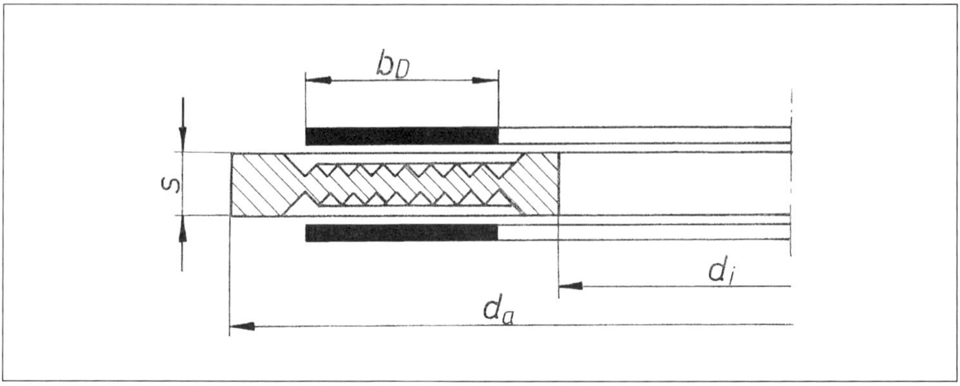

Bild 124: KNH-Dichtung mit einem H-förmigen Profil als Kraftnebenschluß-Dichtung

Flächen in Verbindung mit dem gekammerten expandierten Graphit besonders für intermittierenden Betrieb, extreme und wechselnde Druck- und Temperaturschwankungen.

Das Graphitmaterial stützt/trägt solange die Flanschkonstruktion, bis die Verdichtung des Materials soweit erfolgt ist, daß sich die metallischen Bauelemente der Dichtung und die Flanschflächen berühren und die Stützwirkung durch die Metallkränze (Innen und Außenring) übernommen wird, so daß die Abstützung der Konstruktion über maximal verdichtetes Graphitmaterial und metallische Innen- und Außenkränze erfolgt. Die mechanische seitliche Stützung wirkt der Extrusionsneigung des Graphits entgegen.

Dadurch, daß die Innen- und Außenkränze als Extrusionsbegrenzung, d.h. Kammerung wirken, wird ein Fließen bis zur Montageendlage definiert vollzogen und das Graphitmaterial in sich verdichtet, so daß die Dichtpressung letztendlich konstant bleibt und berechenbar ist. Voraussetzung für eine maximale Verdichtung ist die genaue Berechnung der Kombination Metallfassung-Graphit. Die somit erreichte optimale Abstütz-Dichtwirkung führt zu einem Schutz vor mechanischen Spannungen, Druckstößen usw., die von der Rohrleitung ausgehen können.

Da zwischenzeitlich KNH-Dichtungen auch in Flanschverbindungen für Rohrnetze und allgemeine Apparateflanschverbindungen eingesetzt werden, die derart medienbeaufschlagt sind, daß eine Graphitauflage aufgrund ihrer Reaktion mit dem Medium oder selbst eine PTFE-Auflage aufgrund ihrer Temperatureinsatzgrenze überfordert sind, wurde das Weichstoffauflagenspektrum derart erweitert, daß nahezu für jede Dichtungsproblematik eine entsprechende Edelstahl-Weichstoff-Variante vorliegt.

Um der Marktforderung gerecht zu werden, ist es somit in absehbarer Zukunft Stand der Technik, bisher übliche Materialien in Sonderfällen ebenfalls gekammert als KNH-Dichtung einzusetzen.

Kautschukgebundene Faserverbundwerkstoffe wie z.B.

Aramidfaser-elastomergebundene

Carbonfaser-elastomergebundene

Weichstoff-Dichtmaterialien finden dann ebenso Anwendung wie auf Silikaten basierende bzw. keramische Dichtmaterialien für sehr hohe Temperaturen.

3.3.5.4 Dichte, Kompressibilität und Rückfederungsverhalten der KNH-Dichtung

Die Graphitauflagen der KNH-Dichtungen werden aus nahezu reinem Graphit ohne Bindemittel oder Füllstoffe gefertigt.

Die Kammerung erlaubt eine hohe Kompressibilität, und somit wird durch Erreichen der maximalen Verdichtung von Graphit ein überdurchschnittliches Rückfederungsvermögen erreicht. Bei dem für Dichtungszwecke eingesetzten Graphit handelt es sich um expandierten Graphit. Die natürliche Grundstruktur des Graphits wird durch chemisch-thermische Prozesse derart verändert, daß physikalisch gesehen ein neuer Werkstoff vorliegt. Die im chemisch-thermischen Prozeß entstandenen expandierten Graphitteilchen werden durch mechanische Prozesse, Kalandrieren und/oder Pressen wieder zu massiven Körpern geformt. Dieser Stoff vereint die bereits definierten Eigenschaftanforderungen, siehe dazu auch Pkt. 3.2.2.2.

3.3.5.5 Beispiele für den Einsatz der KNH-Dichtungen

Das Dichtelement Typ KNH kann in vielen Bereichen des Apparatebaus eingesetzt werden.

Nachstehend dazu einige Beispiele für Wärmeübertrager: (Bilder 125–128)

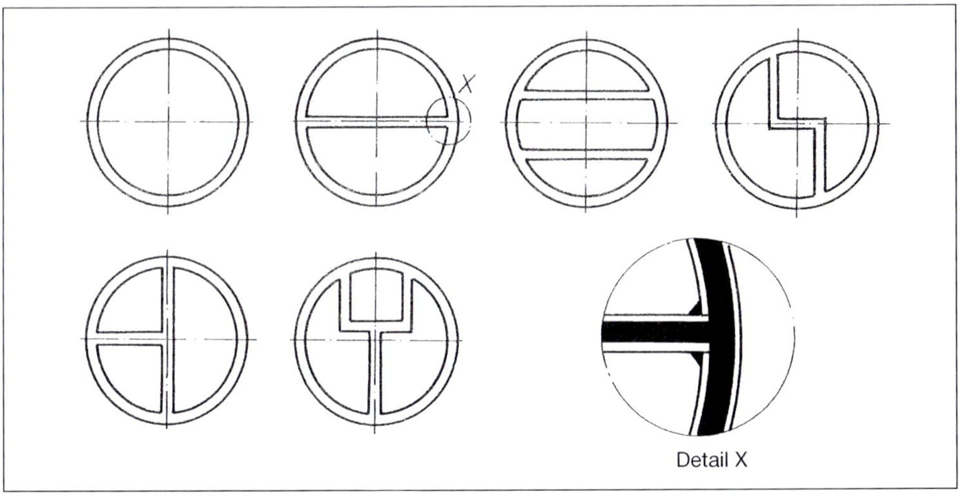

Bild 125: Kreisringförmige Ausführung

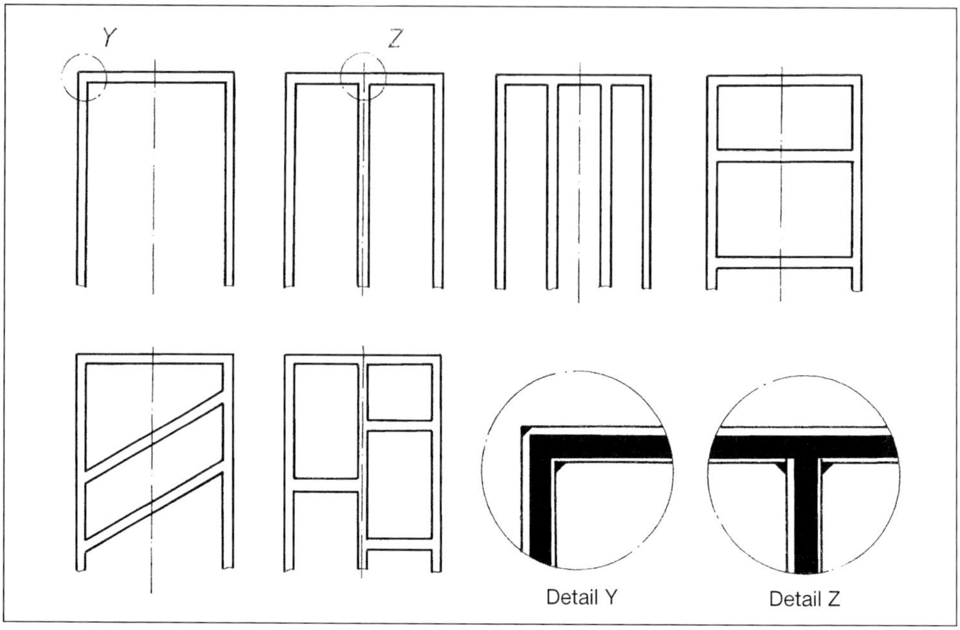

Bild 126: Rechteckige Ausführung

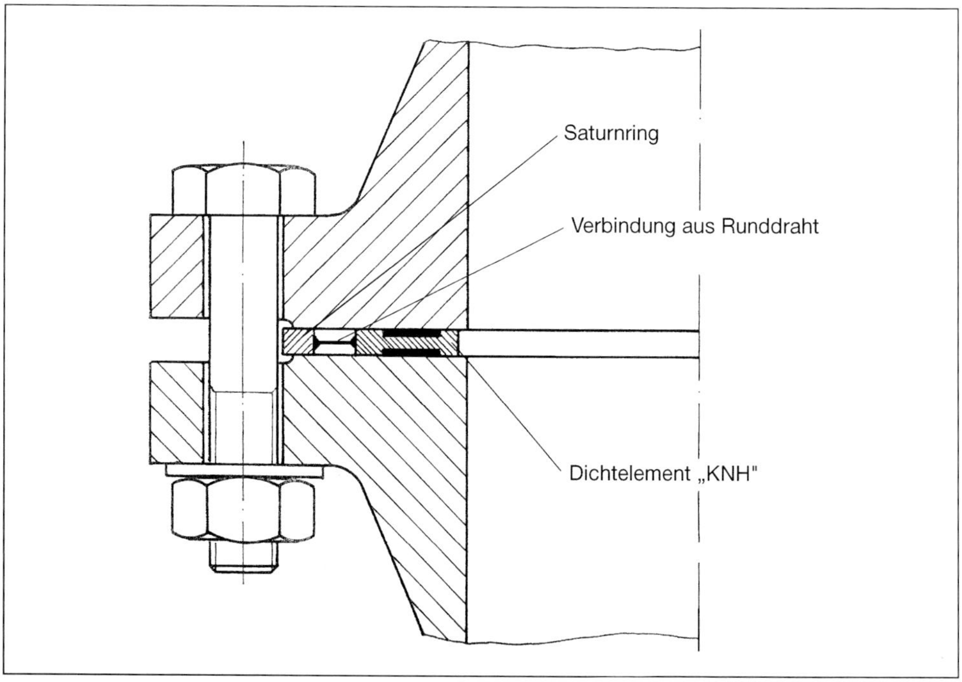

Bild 127: Sonderausführung mit Saturnring

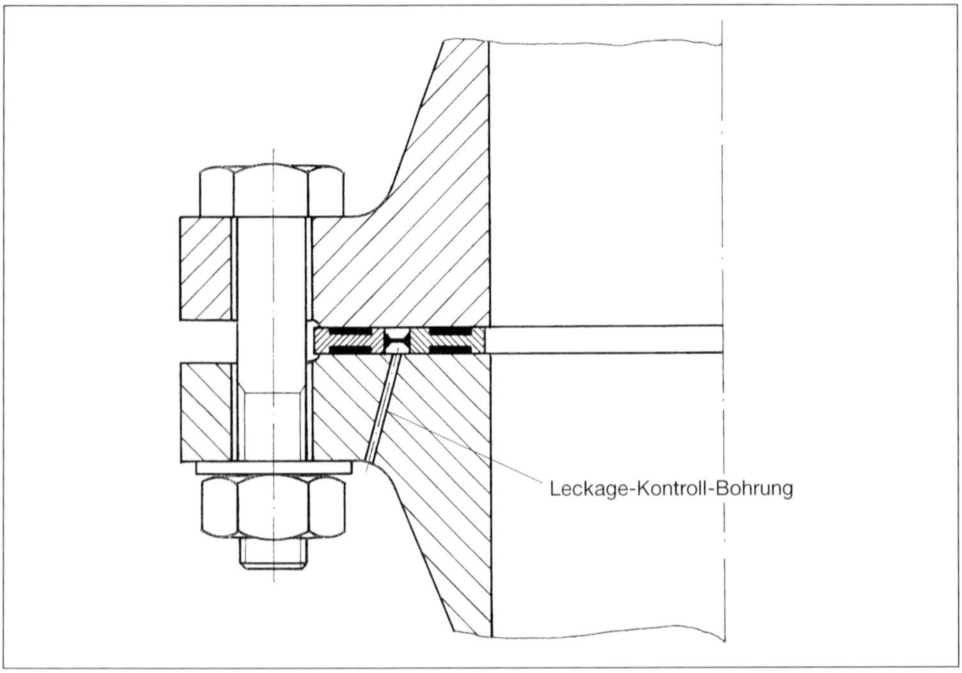

Bild 128: Sonderausführung Doppel-KNH-Dichtung

Neben Sonderlösungen und untergeordneten Dichtverbindungen wird der Dichtungstyp KNH aufgrund seiner Betriebssicherheit, universellen Einsetzbarkeit und Montagefreundlichkeit als einheitliches Dichtsystem bei Flanschverbindungen in der gesamten Industrie als Problemlöser zunehmend anerkannt.

3.3.6 Zusammenfassung

Für die Auslegung von Dichtungen bzw. Spiraldichtungen für Kraftnebenschluß-Anwendungen sind folgende Sachverhalte zwingend zu beachten:

- In einer Einbausituation Nut-Flansch muß das Verhältnis zwischen Nuttiefe und Einbauhöhe der Dichtung derart abgestimmt werden, daß bei vorgegebener Einbaukraft der optimale Einbaupunkt der Dichtung der Nuttiefe entspricht. Die zur Verfügung stehende Schraubenkraft sollte zu einem möglichst großen Anteil als elastische Verformungsarbeit für die Dichtung verwendet werden. Man bezeichnet die Dichtung auch als Energiespeicher.
- Setzvorgänge (insbesondere Warmsetzeffekte) und Spannungsverluste innerhalb der Dichtung, die stets zu einer reduzierten Einbauhöhe führen, sind konstruktiv zu berücksichtigen.
- Unterschiedliche Dichtungsmaterialien weisen verschiedene physikalische Eigenschaften auf, deren Eigenarten auch unter Auslegungstemperatur zu berücksichtigen ist.

- Bei Dichtungen, die einer radialen Ausdehung infolge Krafteinwirkung unterliegen (z.B. Spiraldichtung, Elastomer-O-Ring), muß dieser Sachverhalt konstruktiv in die Dichtungsauslegung einfließen. Es kommt daher zu Einschränkungen in der Dichtungsgeometrie bzw. zu Mindesteinbautoleranzen, die auch auf den Dichtungsdurchmesser anzuwenden sind.
- Spiraldichtungen unterliegen keiner firmenübergreifenden Normung im strengen Sinn und weisen oftmals stark variierende Dichtungseigenschaften auf. Letztendlich muß die Dichtung im Einzelfall durch den Hersteller separat abgestimmt werden, um eine optimale Funktionalität der Dichtung zu gewährleisten. Für den Anwender würde eine nationale bzw. internationale Norm des Produktes Spiraldichtung sicherlich förderlich sein, um Dichtungskonzepte unabhängig vom Hersteller möglichst transparent darstellen und begreifen zu können.

Literaturverzeichnis

[1] DIN 2690: Flachdichtungen

[2] DIN 28091-2 (Ausgabe 09/95), Technische Lieferbedingungen für Dichtungsplatten, Dichtungswerkstoffe auf Basis von Fasern, Beuth Verlag GmbH, 10772 Berlin

[3] DIN 3754-1 (Ausgabe 05/84), Dichtungsplatten, it-Platten, Beuth Verlag GmbH, 10772 Berlin

[4] Gefahrstoffe 1995/96, Universum Verlagsanstalt, Wiesbaden, 1995 (jährlich neu)

[5] Albracht G., Schwerdtfeger, O.: Herausforderung Asbest, Universum Verlagsanstalt, Wiesbaden, 1991

[6] Jentzsch L.: Gefahrstoff Asbest in der industriellen Anwendung, Kontrollierter Umgang und Substitution, Expert Verlag, Ehningen bei Böblingen, 1990

[7] Römpp Chemie Lexikon, Band 2, 9. Auflage, Thieme Verlag, Stuttgart, 1990

[8] Mushack R., Lüttich R., Bachmann W.: Helle Füllstoffe in Polymeren - Eine Übersicht, GAK Gummi Fasern Kunststoffe, 42. Jahrgang, November 1989, S. 584 - 592, Genter Verlag, Stuttgart

[9] Europäische Patentschrift 0 308 471 B1, 1988

[10] Schmid, Edgar, Handbuch der Dichtungstechnik, Kapitel 3, Zylinderkopfdichtungen vonwassergekühlten Diesel- und Ottomotoren, Expert Verlag, Ehningen bei Böblingen, 1981

[11] DIN 28090-1 (Ausgabe 09/95), Statische Dichtungen für Flanschverbindungen, Dichtungskennwerte und Prüfverfahren, Beuth Verlag GmbH, 10772 Berlin

[12] Abt, W.: Leckageraten von Flachdichtungswerkstoffen, 3R international 35 (1996), Heft 5, S. 257 ff.

[13] DIN 28090-3 (Ausgabe 09/95), Statische Dichtungen für Flanschverbindungen, Prüfverfahren zur Ermittlung der chemischen Beständigkeit, Beuth Verlag GmbH, 10772 Berlin

[14] Abt, Wittmann: Ein Konzept zur Beurteilung der Medienbeständigkeit von Flachdichtungswerkstoffen auf Faserbasis, Zeitschrift Dichtungstechnik, Vulkan Verlag, Heft 1 1998 S 32–38

[15] SGL TECHNIK GmbH Produktlinie Graphitfolien, „SIGRAFLEX-Produkte aus flexibler Graphitfolie"

[16] Hirschvogel A.: „Korrosion in Dichtverbindungen", X. Dichtungskolloqium Steinfurt, April 1997

[17] Hirschvogel A.: „Untersuchungen und Vergleich von hochwertigen statischen Dichtungen auf Basis von flexiblem Graphit", VIII. internationales Dichtungskolloqium Köthen, April 1993

[18] Saechtling, Hansjürgen: Kunststoff-Taschenbuch; München, Wien: Hanser, 1989[24]

[19] Domininghaus, H.: Die Kunststoffe und ihre Eigenschaften; Düsseldorf: VDI, 1992[4]

[20] W.L. Gore & Associates GmbH: GORE-GFO® Packungshandbuch; Putzbrunn, 1986[1] – vergriffen

[21] Bayer AG Spannungsrelaxation

[22] Merkel, T.: Taschenbuch der Werkstoffe, Fachbuchverlag Leipzig-Köln, 1994.

[23] N.L.C. van der Waart, P.M. Oude Weme, Scheme for the selection of gaskets, NIL, 1999.

[24] Fuji-Film Prescale der Firma Fuji Photo Film CO LTD, Tokyo, Japan. Bezugsquelle in Deutschland: Fa REINZ-Dichtungs-GmbH, Postfach 1909, 89229 Neu-Ulm

[25] Gladen, R.; Dußler, K.: Eine einfache Methode zur Ermittlung der Einbauflächenpressung bei Flachdichtungen, Dichtungstechnik 1 (1998), S. 30

[26] Pohle, R.: Dichtungen in der Verfahrenstechnik, Band 1 der Handbuchreihe DICHTUNGEN UND DICHTUNGSTECHNIK (1987), S. 7. Resch Verlag KG, München-Gräfelfing

[27] Praxisinformation 1: Dichtpressungen an DIN-Vorschweißflanschen mit „glatter Dichtleiste" der REINZ-Dichtungs-GmbH, Postfach 1909, D-89229 Neu-Ulm

[28] Steinhilper, W.; Mattheis, F.: Flanschdichtungen aus Stahlblech mit beidseitiger Polymerbeschichtung, MTZ 56 (1995), S. 212

[29] Grosch, P.; Ludwig, J.: Neue Mehrlagen-Metall-Zylinderkopfdichtungen. MTZ 55 (1994), Franck-Kosmos Verlags-GmbH & Co, Stuttgart

[30] Böhm, K. et. al.: Die neue Freiheit im Motorenbau: KLINGERmetaloflex Firmenschrift der Fa. Rich. Klinger GmbH, Postfach 1370, D-65503 Idstein

[31] DIN EN 1591: „Regeln für die Auslegung von Flanschverbindungen mit runden Flanschen und Dichtung" (1994)

[32] DIN 2505: Berechnung von Flanschverbindungen 1964, 1972, 1986, 1990

[33] DIN 28090: Statische Dichtungen für Flanschverbindungen. Dichtungskennwerte und Prüfverfahren (1995)

[34] VDI 2230: „Systematische Berechnung hochbeanspruchter Schraubenverbindungen" (1977)

[35] Roloff / Mattek: „Maschinenelemente". Vieweg Verlag 1987

[36] AD-Merkblatt B7 „Schrauben" (1986) und B8 „Flansche" (1990)

[37] Tietze,, W.; Hellerhoff, F.; Riedl, A.: Rechnergestützte Auslegung von Flanschverbindungen in Anlehnung an die prEN 1591. 3R international, Heft2/3 Februar/März 1998 (37)

[38] Die Optimierung statischer Dichtungen, Ausgabe 1984, H.-J. Tückmantel, Kempchen & Co GmbH, Oberhausen

[39] DIN 3535 T 1-6, 12.86; T1, 6.91; T5, 12.93; T6, 12.93

[40] Asbestfreie Dichtungen und Packungen in Energieanlagen, VGB-Kraftwerke, Heft 1.91, Dr.-Ing. Wilhelmi, Bayer AG, Leverkusen

[41] Klinger GmbH, Richard, Idstein
Reinz Dichtungs GmbH, Neu Ulm
SIGRI GmbH, Meitingen

[42] DIN 2690, 91, 92, 97

[43] Kempchen & Co GmbH, Oberhausen

[44] DIN 2470 T1, 12.87

[45] Wissenswertes über Edelstahlschrauben, Ausgabe 1991, Gebr. Grohmann, Löhne/ Westfalen

[46] Rechtsbegriffe technischer Sachverhalte, Dr.-Ing.E.h.Dipl.-Ing. C.O. Bauer aus den Informationsblättern des HDI, Quelle ist Werkstatt und Betrieb 120.87
Was der Betriebsingenieur über Produkthaftung wissen muß, C.O. Bauer, VDI-Jahrbuch Betriebstechnik 1991

[47] Schraubenvademecum, Ausgabe 1991, D. Blume und K.-H. Illgner, Bauer und Schauerte Karcher, Ennepetal

Bücher

Asbestersatzstoffe Band 4, Bundesanstalt für Arbeitsschutz, Ausgabe 1985, E. Poeschel und A. Köhling, Batelle Institut e.V., Frankfurt am Main

Beitrag zur Erzielung eines wirtschaftlichen Betriebsverhaltens von Flanschverbindungen, Nr. 185 der VDI-Fortschrittsberichte, Dipl.-Ing.G.Matziol

Flanschen und Werkstoffe, Beuth Verlag, 2.Auflage, 1992, Deutsches Institut für Normung e.V.

Zeitschriftenartikel

Über das elastische Verhalten von Flanschverbindungen, Konstruktion 39.87, Heft 6, H.-J. Tückmantel

Keine Dichtung ohne Leckrate, Chemische Industrie, Heft 11.87, H.-J. Tückmantel

Die Berechnung statischer Dichtverbindungen unter Berücksichtigung der maximalen zulässigen Leckmenge auf der Basis einer neuen Dichtungstheorie, Konstruktion 40.88, H.-J. Tückmantel

Einsatz asbestfreier Dichtungen für Niederdruck- und Hochdruck-Flanschverbindungen in der chemischen Industrie, 3R-International, Heft 7.89, H.-J. Tückmantel

Zur Berechnung des Systems Flansch-Schraube-Dichtung, 3R-International 28 (1989), Heft 3 u. 4, Dipl.-Ing. R. Tschiersch

Dichtsysteme in der Rohrleitungstechnik, 3R-International, 29 (1990), Heft 4, Dipl.-Ing. H. Thier

Reingrafit in Armaturenpackungen - Alternative zum Asbest, 3R-International, Heft 8, B. Mutzenbach und J.F. Schneider

Lohnender Tausch, Erfahrungen mit Reingrafit als Ersatz für Asbest in Dichtungen und Packungen, MM-Maschinenmarkt, 3.92, Dipl.-Ing. W.-D. Girod

Vorteile Nutzen, Dichtungen aus Reingrafit für verfahrenstechnische Anlagen haben sich in praxi bewährt, MM-Maschinenmarkt, Heft 19.92, Dipl.-Ing. W.-D. Girod

Zur Bedeutung des Leckkriteriums als Einflußgröße auf das Dichtverhalten, Konstruktion 44.92, Prof. W. Tietze

Flanschverbindungen in Freistrahlflammen, TÜ Bd. 34.93, Dr.-Ing. L. Marinescu-Pasoi und Dr. phil. nat. St. Schumann, Batelle Institut e.V., Frankfurt am Main

Feuerbeständige Flanschverbindungen, Handbuch „Sicherheit in der Rohrleitungstechnik", 1. Ausgabe, W. Spengler und H.-J. Tückmantel

Sicherheitsaspekt beim Einsatz von Dichtungen und Packungen, insbesondere aus asbestfreien Werkstoffen, Sonderdruck aus 3R-International, H.-J. Tückmantel

Auf Nummer sicher gehen, Chemie Technik 8.95, Dipl.-Ing. H.-D. Hehle

Verbesserungen an Armaturenstopfbuchsen zur Erhöhung der Dichtheit und der Sicherheit im Sinne der TA-Luft, 3R-International, Heft 5.95, H.-J. Tückmantel

Über die Sicherheit von Flachdichtungen in bezug auf diffuse Leckage und spontanes Bersten, 3R-International, Heft 5.96, H.-J. Tückmantel

Normen

AD-Merkblatt B7, 6.86; AD Merkblatt W7 und W10, 5.88

DIN V 2505, 1.86; DIN E 2505, 4.90 Teil 1 u. 2

DIN 16962 u. 16963, 11.93

DIN 28090 u. 28091, 9.95

DIN 30360, 7.83

VDI 2230

TRD 106, 5.88

DVGW-G480, 6.82

DVGW-VP301, Ent. 5.92

pr EN 1591. 94 (DIN E 1591, 11.94)

Kataloge

Technisches Lieferprogramm von H. Jungeblodt GmbH & Co, KG, Warstein

Burgmann Dichtungswerke GmbH & Co, Feodor, Wolfratshausen

Frenzelit Werke GmbH & Co, KG, Bad Berneck

Stahl- und Plastic-Flanschen Lorenz GmbH & Co, KG, Holzwickede

[48] Präzisions-O-Ringe Handbuch, Parker Hannifin

[49] Weidner, P.: Dichtverhalten von O-Ring-Nebendichtungen unter hohem Absolutdruck bei niedrigen abzudichtenden Druckdifferenzen, Sonderdruck der Fa Burgmann

[50] Simrit-Katalog, Technische Grundlagen, Freudenberg Schwingungs- und Dichtungstechnik

[51] inPHorm, PC-Programm zur Berechnung und Auswahl von O-Ringen, Parker Hannifin

[52] SimCat, der Katalog, Freudenberg Schwingungs- und Dichtungstechnik

[53] Ebertshäuser, H.: Dichtungen in der Fluidtechnik, Resch-Verlag

[54] Dichtheitsprüfungen an Apparaten und Komponenten von Chemieanlagen, Informationsblatt ZfP 1, Dechema

[55] Dichtungshandbuch, Parker Hannifin

[56] DIN 53 517 Bestimmung des Druckverformungsrestes nach konstanter Verformung

[57] Streit, G.: Hochpolymere Werkstoffe, Teil 2, GAK 7/1998

[58] Nagdi, K.: Correlation between Laboratory Tests and Service Performance of Elastomeric Seals at low Temperature, Kautschuk+Gummi, 7/88

[59] Heinisch, K. F.: Kautschuk-Lexikon, Gentner Verlag Stuttgart

[60] Richter, B.: Dichtungswerkstoffe im Vergleich, Chemie Technik, 25.Jahrgang, 10/96

[61] Franssen, O.: Dichtungsaufgaben in Gegenwart von Kraftstoffen und Ölen, für Hitze und Kälte, Vortragsunterlagen zum Seminar „O-Ringe in Kraftfahrzeugen" im Haus der Technik vom 7.10.97

[62] Weston, R. J.: Perfluorelastomers in Extreme Environments, Dupont

[63] Kalrez Perfluorelastomerteile, Hinweise zur O-Ring Auswahl und Gestaltung

[64] Parofluor Seals, Compounds for Chemical, Petrochemical, Aerospace, 9703.2, Parker Hannifin

[65] Zalak high performance parts, Dichtungen aus Zalak vervollständigen das Leistungsprogramm, DuPont Dow Elastomers

[66] Stevens, R. D.; L-Moore, A.: A new Unique Fluorelastomer with expanded Fluid -Resistance, Presented at the Meeting of the Rubber Division, American Chemical Society, Oct. 97

[67] Tecnoflon PFR 91, Technische Information, Ausimont

[68] Hifluor Dichtungen, Hochleistungs-Fluorelastomere beständig gegen polare Medien, 9803.1, Parker Hannifin

Weitere wichtige Literaturstellen, auf die im Text nicht direkt verwiesen wurden:

[69] DIN 3771 Teil 5, O-Ringe, Berechnungsverfahren und Maße der Einbauräume

[70] Nagdi, K.: Gummi-Werkstoffe, ein Ratgeber für Anwender, Vogel-Verlag

[71] Parker O-Ring Handbook, ORD 5700, Figure A2-4, Parker Hannifin

[72] Scherer, K.: Dichtheit von Kunststoff-Dichtelementen, Kunststoffe 80 (1990)

[73] Streit, G.: Perfluorierte Elastomere, chemische Struktur und physikalisches Verhalten, Gummi Fasern Kunststoffe, 47. Jahrgang, September 1994

[74] DIN-Taschenbuch 47, Kautschuk und Elastomere 1, physikalische Prüfverfahren, Beuth-Verlag

[75] Krumeich, P.: Polymere Dichtungswerkstoffe, Resch Verlag

[76] Chemical Resistance, Volume II-Thermoplastic Elastomers, Thermosets And Rubbers, Plastic Design Library

[77] Gummi-Werkstoffe in der Dichtungstechnik, Seminar-Unterlagen, O-Ring Prüflabor Richter

[78] Mehr Sicherheit beim Einsatz von O-Ringen, Seminar-Unterlagen, O-Ring Prüflabor Richter

[79] Tückmantel, H.J.: Die Optimierung statischer Dichtungen, 2. Auflage, Kempchen, Oberhausen, 1984

[80] Tietze et. al.: Spiraldichtungen – Eine Möglichkeit zur Substitution von Asbestdichtungen, CAV 12 (1990), S25-30

[81] Cierocki, K.: Richtlinien zur Fertigung von Spiraldichtungen, Flexitallic, Burscheid, 1994

[82] Hirschvogel, A.: Examination and Comparison of High-Quality Static Gaskets based on Flexible Graphite, 15–17 September 1993, 3rd International Symposium on Fluid Sealing, Biarritz, France

[83] Offizielle Empfehlung der Fa. Flexitallic GmbH

[84] Reuter, F.W., Tückmantel H.J.: Dichtungen in der Verfahrenstechnik, Resch-Verlag, München, 1987, Seite 12–21, Verbunddichtungen

[85] Cierocki K.: Spiraldichtungen – Anpassung eines Dichtungskonzeptes an heutige Anforderungen, 21–22. April 1993, VIII. Internationales Dichtungskolloquium, TH Köthen

[86] DIN 2697, Kammprofildichtungen

[87] Kollmar, H.: Persönliche Mitteilung, KSB Frankenthal

[88] DIN 2699 Entwurf, Spiraldichtungen

[89] Interner Untersuchungsbericht der Fa. Flexitallic GmbH

4 Stopfbuchspackungen

4 Stopfbuchspackungen

H. Merkel und O. Kahle, R. Vogel

4.1 Einführung

Stopfbuchspackungen sind historisch gesehen eines der ältesten Dichtelemente. Schon im Altertum wurden Abdichtungen erwähnt, die heutigen Stopfbuchsabdichtungen ähnlich waren. Der bis heute gebräuchliche Name der „Stopfbuchse" resultiert aus den Anfängen des Dampfschiffbaus, als man die Wellendurchführungen durch den Schiffsrumpf abdichten mußte und das mit fettgetränkten Lappen tat, die zwischen Stevenrohr und Gehäuse in eine Buchse „gestopft" wurden.

Die rapide technische Entwicklung nach der industriellen Revolution hatte einen entscheidenden Einfluß auf die verwendeten Packungsmaterialien und Produktionsprozesse. Die Entwicklung von Flechtmaschinen zur Herstellung des Packungsstranges verbesserte die Funktionsbeständigkeit erheblich. In der heutigen Zeit kommen auch Anforderungen an die gesundheitliche Unbedenklichkeit und Umweltverträglichkeit der verwendeten Werkstoffe hinzu. Ebenfalls werden die Grenzwerte für zulässige Emissionen immer enger gesteckt. Das hatte auf die Packungsentwicklung und die verwendeten Materialien in den letzten beiden Jahrzehnten einen großen Einfluß. Viele neue Fasermaterialien bilden die Grundlage der Packungsfertigung. Auch die Fertigungstechniken wurden kontinuierlich verbessert und weiterentwickelt.

Trotz der Konkurrenz durch Gleitringdichtungen und andere Dichtelemente ist die Stopfbuchspackung durch ihre universelle Verwendbarkeit manchmal die einzig einsetzbare Dichtungskonstruktion. Die nutzbaren Vorteile jeweiliger Stopfbuchspackungen sind ihre hohe Temperatur- und Druckbeständigkeit sowie die gute chemische und/oder physikalische Resistenz auch gegen abrasive Medien. Packungen können je nach erforderlicher Leckagemenge während des Betriebs nachgestellt werden, und sie fallen meistens nicht ganz plötzlich aus. Die Montage und Wartung von Packungen ist relativ einfach, und man kann bei der Montage von Packungsringen auf bevorratete Meterware zurückgreifen, wenn man keine vorgefertigten Ringe zur Verfügung hat.

4.2 Packungsmaterialien

Der größte Teil der verwendeten Stopfbuchspackungen besteht aus einem Gerüst aus miteinander verflochtenen Garnen und einer eingebrachten Imprägnierung. Für dynamische Anwendungen werden Packungen zusätzlich mit einem Einlaufgleitmittel versehen. Die Garne, aus Fasern gesponnen, bilden die Grundlage der technischen Eigenschaften der Packung.

4.2.1 Faserwerkstoffe

Die für die Packungsgarnfertigung verwendeten Faserwerkstoffe lassen sich nach ihrer Herkunft in zwei Gruppen einteilen: die natürlichen und die synthetischen Fasern. Die natürlichen Fasern werden aus Materialien gewonnen, die in der Natur vorkommen, und die synthetischen Fasern werden in den verschiedensten Herstellprozessen der Synthesechemie erzeugt. Die Fasern werden in zwei Untergruppen unterschieden: die organischen und anorganischen Fasern, Tabelle 1, siehe auch Kap. 2.3.

Tabelle 1: Packungsfaserwerkstoffe

Organische, natürliche Fasern	Anorganische, natürliche Fasern	Organische, synthetische Fasern	Anorganische, synthetische Fasern
Baumwolle	Blauasbest	Aramid	Kohlenstoff
Hanf	Weißasbest	PTFE	Graphit
Jute		Acryl	Glas
Flachs		Viscose	Keramik
Ramie		Novoloid (Kynol)	Silikat
		PI	
		PBI	
		PPS	

4.2.1.1 Natürliche organische Fasern

Zu den organischen natürlichen Fasern gehört Baumwolle und die aus Pflanzenteilen gewonnen Fasern, wie Jute, Hanf, Flachs und Ramie. Baumwolle ist eines der preisgünstigsten Fasermaterialien. Von Nachteil ist aber die stark eingeschränkte chemische Beständigkeit und das Verrotten der Faser in Wasseranwendungen. Das gleiche gilt für Jute- und Flachsfasern. Besonders die gut wasserbeständigen Fasern, wie Hanf und Ramie haben in der Packungsgarnproduktion breite Anwendung gefunden. Die Anwendungstemperaturen für diese Fasern liegen bei maximal 120 °C, Tabelle 2. Die Ramiefasern haben dazu die höchsten Festigkeitswerte der organischen natürlichen Fasern.

4.2.1.2 Natürliche anorganische Fasern

Zu den anorganischen natürlichen Fasern gehören die Asbestfasern. Diese Fasern werden aus kristallisierten silikatischen Mineralien gewonnen. Die Asbestfasern waren bis vor zwei Jahrzehnten besonders wegen der hervorragenden Allroundeigenschaften, wie gute chemische und sehr gute thermische Beständigkeit bis zu 650 °C bei einem sehr günstigen Materialpreis das Universalmaterial für die Packungsgarnproduktion. Der große Vor- und Nachteil des Asbests ist seine Faserstruktur. Die Fasern haben eine Hohlkörperstruktur, die ihnen eine sehr gute Druckstandfestigkeit verleiht. In Längsrichtung lassen sich die Asbestfasern aber zu sehr feinen und kurzen Fibrillen aufspalten, deren durchschnittliche Faserlänge 1–40 µm bei einem Faserdurchmesser von 0,75–17 µm betragen kann.

Der bei der Verarbeitung oder Verwendung des Materials freigesetzte Asbestfeinstaub kann durch die Atmung in die Lunge gelangen. Dort lagern sich diese Feinstfasern ab und können krebserregend wirken. Aus diesem Grund ist die Verarbeitung und Verwendung von Asbestfasern in vielen Ländern gesetzlich eingeschränkt oder untersagt worden.

4.2.1.3 Synthetische organische Fasern

Für Anwendungstemperaturen bis zu 300 °C sind die Asbestfasern überwiegend durch organische synthetische Fasern ersetzt worden. Hier existert eine Vielzahl von Fasern, die überwiegend aus der Textilbranche stammen. Die breiteste Anwendung in technischen Garnen für Packungen haben die Aramid- und PTFE-Fasern gefunden.

Tabelle 1: Parameter der in Packungen verwendeten Faserwerkstoffe

Fasertyp	Farbe	Faserdurchmesser (μm)	Temperatur in Luft (°C)	Zugfestigkeit (N/mm^2)	Chemische Beständigkeit
Baumwolle	Weiß	12 - 20	120	350 - 700	schlecht
Ramie	Weiß	15 - 20	120	800	schlecht
Blauasbest	Grau	0,75 - 1,5	400	3000 - 4000	gut
Weißasbest	Weiß	0,75 - 1,5	600	2000 - 6000	gut
M-aramid	Gelb	12	280	600 - 750	gut
P-aramid	Gelb	12	280	2000 - 2900	gut
PTFE	Weiß	10	280	160 - 380	sehr gut
PI	Gold	20	260	395	sehr gut
Kynol	Rotbraun	14 -33	250	1200 - 1500	sehr gut
PBI	Gold	12	280	380	gut
Acryl	Weiß	12	150	200 - 450	mäßig
Oxid. PAN	Schwarz	10 - 12	240	1200	mäßig
Kohle	Schwarz	7 - 8	400	1700 - 2400	sehr gut
Graphit	Schwarz	7 - 8	450	2500 - 3200	sehr gut
Glas	Weiß	6 - 9	400 - 800	1750 - 3000	mäßig
Keramik	Weiß	0,5 - 7	900	400 - 1500	gut
Siliziumdioxid	Weiß	10 - 12	1100	1000	gut

Aramid ist die Bezeichnung für aromatische Polyamide. Es handelt sich dabei um synthetische, lineare Makromoleküle aus aromatischen Gruppen, die durch Amidbrücken miteinander verknüpft sind. Grundsätzlich sind zwei Typen zu unterscheiden, die Meta-Aramide (z.B. unter dem DuPont Handelsnamen Nomex bekannt) und die Para-Aramide (Handelsnamen Kevlar und Twaron). Für Packungen werden überwiegend Garne aus Para-Aramidfasern verwendet. Sie sind durch ihre hohe Zugfestigkeit, geringe Wärmedehnung und gute thermische Beständigkeit charakterisiert. Die chemische Beständigkeit ist ebenfalls gut. Bei den Para-Aramiden ist auf die Hydrolyse in Dampfanwendungen über 180 °C zu achten, die die Festigkeit der Fasern stark reduziert. Die hohe Zug- und Druckfestigkeit der Aramidfasern macht sie vor allen Dingen für Packungen zum Dichten gegen abrasive Medien geeignet.

Aramidgarne werden aus zwei unterschiedlichen Fasertypen hergestellt. Aus Multifilament- oder aus Stapelfasern. Die Multifilamentfasern werden in einem kontinuierlichen Herstellungsprozeß erzeugt, und das Garn ist ein Bündel aus vielen feinen Filamenten mit unendlicher Faserlänge. Diese Fasern haben eine sehr hohe Festigkeit. Deshalb kann es zu möglichen Wellenbeschädigungen kommen, wenn Packungen aus diesem Fasertyp mit zu großer Brillenspannung beaufschlagt werden. Stapelfasern sind Monofilamentfasern, die zu Fasern endlicher Länge (Stapel) zerkleinert und dann zu einem Garn versponnen werden. Dieses Garn hat eine geringere Festigkeit, aber die Elastizität und das Rückfederungsvermögen sind höher. Deshalb sind diese Garne wellenschonender. Für statische Gehäuse- und Deckelabdichtungen verwendet man gerne Packungen aus diesen Garnen wegen des besseren elastischen Verhaltens.

PTFE ist die Abkürzung für Polytetrafluoräthylen. Diese Polymerfaser ist chemisch universell beständig und deshalb für alle Anwendungen in der chemischen Industrie geeignet. Einzige Ausnahmen sind Fluor und Fluorverbindungen bzw. geschmolzene Alkalimetalle, die PTFE angreifen können. Die Temperaturbeständigkeit ist mit bis zu 280 °C gut und der Reibungskoeffizient von PTFE ist sehr niedrig. Von Nachteil sind die schlechte Wärmeleitfähigkeit der Fasern und ihre geringe Elastizität. Die Zug- und Druckfestigkeit des Materials ist niedrig, und es neigt zur Extrusion. Deshalb muß bei Packungsanwendungen auf die Spaltmaße geachtet werden.

Die meisten PTFE-Multifilamentfasern für die Packungsfertigung werden im Spalt-Schäl-Prozeß hergestellt. Aus einem PTFE-Block werden Filamente herausgeschält und dann verstreckt und getempert. Eine Variante des PTFE-Garns ist die PTFE/Graphit-Compoundfolie. In einem speziellen Herstellverfahren werden bis zu 50 % Graphitpartikel in die PTFE-Folie eingebracht. Diese Folie kann auch mit einem zusätzlichen Gleitmittel versehen werden, wenn sie für Rotationsanwendungen verarbeitet werden soll. Der Vorteil dieses Materials ist eine stark verbesserte Wärmeleitfähigkeit, die besonders bei hohen Gleitgeschwindigkeiten für eine bessere Wärmeabfuhr sorgt. Außerdem reduziert der hohe Graphitanteil das bei PTFE-Materialien übliche Anwachsen des Packungsvolumens unter hohen Temperaturen. Für Armaturenanwendungen wird üblicherweise auf den Gleitmittelzusatz verzichtet.

Als Alternative zu Aramidfasern werden Polyimid-Fasern (PI) und Novoloidfasern eingesetzt. Diese Fasern haben eine ähnlich gute Temperaturbeständigkeit und Elastizität. Ihre Festigkeit ist gut, aber nicht so hoch wie die der Aramidfasern. Ähnliche Eigenschaften haben die Polybenzimidazol- (PBI) und Polyphenylensulfidfasern (PPS). Aber wegen der höheren Preise im Vergleich zu den vorgenannten Fasern haben diese Materialen für den Packungsbereich seltener Anwendung gefunden.

Eine preisgünstige Alternative sind die aus der Bekleidungsbranche stammenden Acryl- und Viskosefasern. Diese Fasern haben geringe Zugfestigkeitswerte und eine geringe chemische Beständigkeit. Sie können bis 200 °C eingesetzt werden, allerdings kann schon bei Temperaturen von 170 °C starker Schrumpf auftreten.

4.2.1.4 Synthetische anorganische Fasern

Die Gruppe der anorganischen synthetischen Fasern ist durch ihre Hochtemperaturbeständigkeit charakterisiert. Die weiteste Verwendung im Packungsbereich haben hier die Kohle- und Graphitfasern gefunden. Diese Fasern unterscheiden sich aufgrund ihres Kohlenstoffgehalts. Kohlefasern haben einen maximalen Kohlenstoffanteil von 96 %, während die Graphitfasern aus mindestens 99 % Kohlenstoff bestehen. Die Fasern werden durch Carbonisieren von unterschiedlichen Ausgangswerkstoffen gewonnen. Die gebräuchlichsten sind Zellulose-, Pech- sowie Polyacryilnitrilfasern, die unterschiedlichen Wärmebehandlungen unterzogen werden, um einen definierten Kohlenstoffanteil zu erhalten.

Breite Anwendung finden die oxydierten PAN-Fasern, die einen Kohlenstoffanteil von etwa 65–68 % haben. Weil diese Fasern nur einen Teilprozeß der Carbonisierung durchlaufen, sind sie relativ preisgünstig. Die maximale Anwendungstemperatur für diese Fasern beträgt aber nur 300 °C. Die thermische Einsatzgrenze für voll carbonisierte Kohlefasern liegt bei etwa 450 °C für die meisten Medien und Luft, während Graphitfasern hier bis Temperaturen von 500 °C eingesetzt werden können. Bei Dampfanwendungen sind bis zu 550 °C zulässig.

Die Kohle- und Graphitfasern haben eine sehr gute chemische Beständigkeit und einen niedrigen Reibungskoeffizienten. Sie sind relativ elastisch, und ihre Wärmeleitfähigkeit ist gut. Obwohl die Zugfestigkeit der Fasern hoch ist, ist die Druck- bzw. Scherbelastbarkeit relativ niedrig.

Für diverse statische Anwendungen verwendet man Glasfaser-Packungen. Glasfasern sind durch ihre sehr gute Wärmebeständigkeit und Zugfestigkeit gekennzeichnet. Es sind drei verschiedene Varianten zu unterscheiden:

- E-Glas mit einer guten elektrischen Widerstandsfähigkeit,
- C-Glas mit einer verbesserten chemischen Beständigkeit und
- S-Glas mit höchster Zugfestigkeit, siehe Kap. 2.3.

Zu beachten ist eine starke Abnahme der Zugfestigkeit der Glasfasern ab 300 °C. Für Dampfanwendungen sollte man Glasfaser-Packungen wegen Hydrolyseanfälligkeit ab 160 °C nicht verwenden. Ein weiterer Nachteil der Glasfasern ist ihre Sprödigkeit, die nur sehr geringe Druckbelastungen zuläßt.

Für statische Anwendungen mit Einsatztemperaturen bis zu 1100 °C werden Packungen aus keramischen Fasern und Siliziumdioxydfasern eingesetzt (z.B. Abdichtung von Ofentüren). Die Beständigkeit dieser Fasern gegen Säuren ist gut, die Laugenbeständigkeit aber mäßig. Die Fasern sind sehr spröde, und die mögliche Druckbelastbarkeit ist ebenfalls gering.

4.2.1.5 Verbundgarne

Neben den beschriebenen Werkstoffen gibt es ein weites Anwendungsfeld von Verbundfasergarnen, in denen verschiedene Faserwerkstoffe miteinander kombiniert werden, um die

Vorteile der Einzelfasern zu optimieren. Das kann während des Spinnprozesses geschehen, oder Garne unterschiedlicher Materialen können miteinander verzwirnt werden. In einem neueren Spinnverfahren wird z.B. ein Faserkern mit einem zweiten unterschiedlichen Fasermaterial konzentrisch umsponnen. Ein Beispiel hierfür ist das Umspinnen eines Glasfaserkerns mit Acrylfasern. Der Kern gibt dem Verbundgarn eine höhere Zugfestigkeit als eine 100 %ige Acryilfaser mit einer niedrigen Festigkeit.

Eine weitere Möglichkeit der Festigkeitserhöhung von Garnen ist das Verzwirnen mit Metalldrähten. Besonders für Hochdruckanwendungen werden hier rostfreier Stahl, Inconel- oder Messingdraht in Durchmessern von 0,1–0,15 mm verwendet. Diese Garne werden für statische oder quasistatische Anwendungen eingesetzt, da bei dynamischen Anwendungen eine mögliche Wellenschädigung durch den Kontakt mit dem Metalldraht nicht ausgeschlossen werden kann.

Es läßt sich theoretisch eine große Vielfalt dieser Verbundfasergarne vorstellen, wobei je nach Einsatzfall zu beachten ist, daß die möglichen Einsatzgrenzen immer vom jeweils schwächeren Fasermaterial bestimmt werden. In der Praxis haben sich diese Garne nur in Teilbereichen durchgesetzt, da die aufwendigen Fertigungsprozesse die Garne erheblich verteuern.

4.2.2 Imprägnierungen

Das Imprägnieren von Packungen und Packungsgarnen hat verschiedene Funktionen. Die Hauptfunktion ist das Ausfüllen der Hohlräume im Packungsgeflecht, um der Packung eine gute Dichte zu geben und die Leckagewege durch die Packung zu schließen. Desweiteren gewährleistet eine gute Imprägnierung einen Schutz der Garne gegen Medienangriff. Andere Vorteile können je nach Imprägnierung ein verbessertes Reibverhalten und/oder eine erhöhte Wärmeabfuhr sein. Zum Teil werden Packungsgarne vor dem Flechten imprägniert, um die Verarbeitbarkeit zu gewährleisten oder zu verbessern und, falls erforderlich, um die chemische Beständigkeit zu erhöhen.

Je nach Fasermaterial, Garntyp, Herstellprozeß und Imprägnierung können unterschiedliche Mengen an Imprägniermittel in die Packung eingebracht werden. Üblich sind ca. 20–30 %

Tabelle 3: Gebräuchliche Imprägnierungsmaterialien für Packungen

Imprägnierungsmaterialien für Packungen
PTFE
Graphit
Glimmer
Talkum
Bornitrid
Bariumsulfat
Molybdändisulfid
Fett
Wachs

Imprägnierungsanteil am Gesamtgewicht der Packung. Die Spannbreite beträgt 10–50 %. In Tabelle 3 sind die bei Packungen gebräuchlichsten Imprägnierungsmaterialien aufgeführt.

Eines der am häufigsten verwendeten Imprägnierungsmittel ist die PTFE-Dispersion. Das PTFE liegt in einer wässrigen Lösung vor, mit der Packungen oder Einzelgarne relativ einfach in einem Bad oder auf dem Maschinenbett getränkt werden. In einem nachgeschalteten Trockenprozeß verdunstet das Wasser und das PTFE bleibt zurück. Durch die hohe Querschnittsdichte und die gute plastische Verformbarkeit gewährleistet die PTFE-Imprägnierung ein sehr gutes Dichtverhalten. Sie schützt die verwendeten Garne gegen Medienangriff, und es wird ein günstiges Reibungsverhalten der Packung erzielt. Von Nachteil ist die geringe Abriebfestigkeit und die hohe Wärmeausdehnung des PTFE.

Die im folgenden beschriebenen Feststoffe werden überwiegend in Pulverform mit geeigneten Bindemitteln in wässrigen Dispersionen in die Packung eingebracht. Der wichtigste Festschmierstoff ist hier Graphit wegen seiner hohen Temperaturbeständigkeit, der geringen Wärmeausdehnung und eines ausgezeichneten Reibwertes. Ähnliche Eigenschaften hat Molybdändisulfid, das aber aus korrosionstechnischen und preislichen Gründen seltener eingesetzt wird. Für Anwendungen, bei denen eine schwarze Imprägnierung wegen möglicher Kontaminierung des Mediums, z.B. in der Lebensmittelindustrie, nicht eingesetzt werden kann, werden Glimmer, Talkum, Bariumsulphat oder Bornitrid als Hauptimprägnierungsbestandteil eingesetzt. Diese Feststoffe haben einen guten Reibwert und sind hochtemperaturbeständig.

Die preisgünstigsten Imprägniermittel sind Wachse und Fette auf pflanzlicher, tierischer, mineralischer oder synthetischer Basis. Die Fette können mit einem Festschmierstoff bzw. Füllstoff gemischt werden. Durch Erhitzen über den Schmelzpunkt wird das Fett verflüssigt und in die Packung eingebracht. Nach dem Erkalten erstarrt das Fett und haftet gut am Packungsgarn. Der Nachteil der Fettimprägnierungen ist ihre geringe Temperaturbeständigkeit bis max. 160 °C und die mögliche Gefahr des Ausblutens der Imprägnierung, d.h. bei Überhitzen der Packung kann die Imprägnierung ausgewaschen werden.

4.2.3 Einlaufgleitmittel

Alle Packungen, die für den dynamischen Einsatz in Pumpen, Mischern und Rührwerken verwendet werden, sind mit einem zusätzlichen Einlaufgleitmittel versehen. Das Einlaufgleitmittel hat hier zwei Funktionen. Zum einen gewährleistet es einen ersten Schmierfilm zwischen Packung und Welle beim Einfahren des Aggregates und zum anderen kompensiert der Volumenverlust durch das Auswaschen des Schmiermittels die mögliche Volumenausdehnung der Packung bei erhöhter Reibungswärme. Der Anteil des Einlaufgleitmittels am Gesamtgewicht der Packung beträgt in der Regel etwa 10–25 %.

Als Einlaufgleitmittel werden überwiegend Fette und Mineralöle verwendet. Um das Schmiermittel länger in der Packung zu halten, werden auch Gemische aus Mineralöl und Paraffin eingesetzt. Weite Verbreitung finden auch Silikonöle wegen der guten Hitzestabilität bis 250 °C. Silikonöle dürfen nicht in der Automobil- und Farbenindustrie eingesetzt werden, weil sie als Trennmittel schon in geringen Mengen die Lackierbarkeit von Oberflächen beeinträchtigen.

4.3 Packungsarten

Je nach Anwendung und Fertigungsverfahren lassen sich verschiedene Packungsarten unterscheiden. In Tabelle 4 sind die unterschiedlichen Strukturen dargestellt. Den größten Anteil an den Packungsanwendungen haben hierbei die Geflechtpackungen.

Tabelle 4: Packungsarten

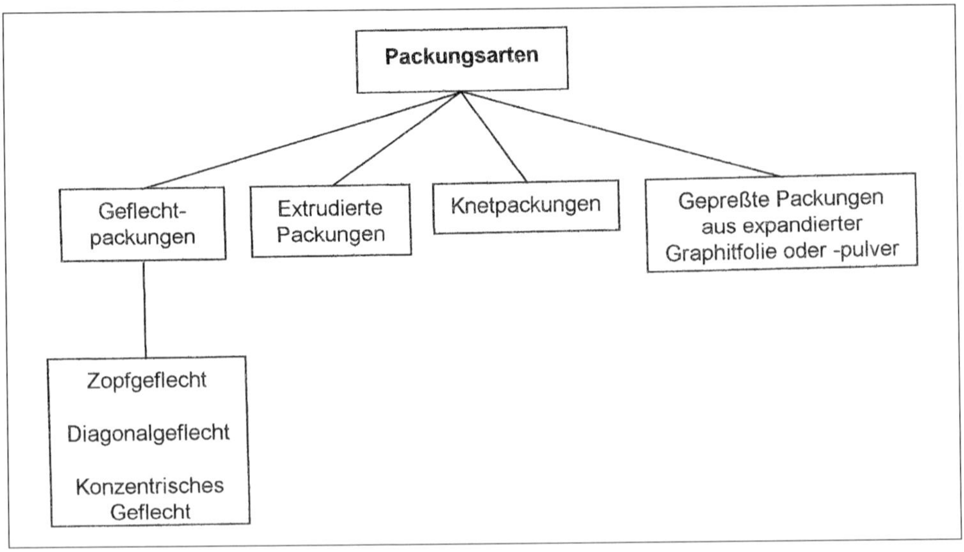

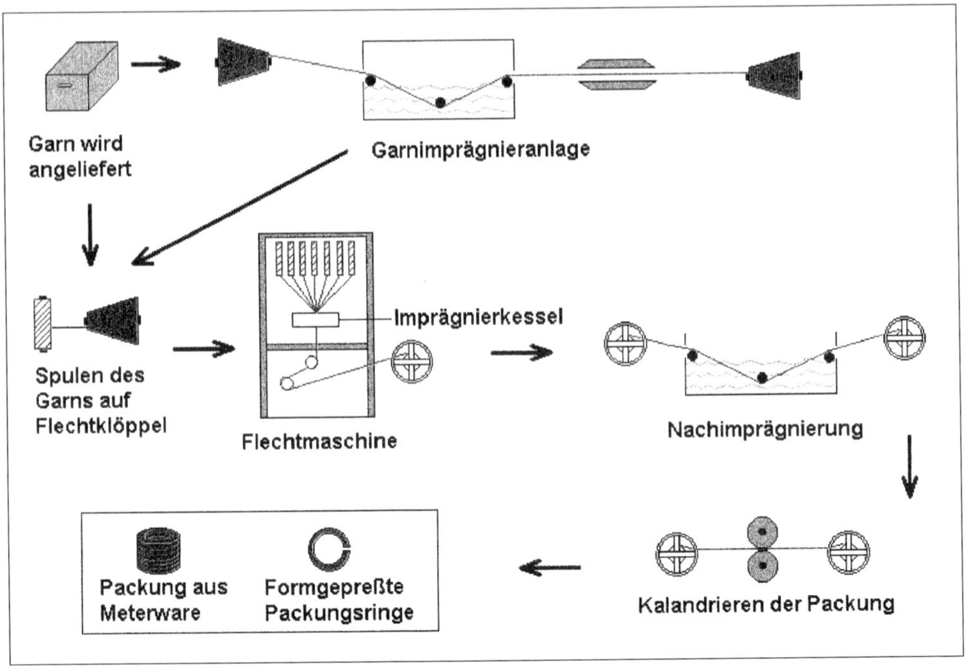

Bild 1: Fertigungsprozeß von Geflechtpackungen

4.3.1 Geflechtpackungen

In Bild 1 ist der Herstellungsprozeß einer geflochtenen Packung dargestellt. Die benötigten Garne können direkt verwendet werden oder sie werden vorher mit einer Imprägnierung versehen, um das Verarbeitungsverhalten zu verbessern oder die chemische Beständigkeit zu erhöhen. Danach werden die Garne auf die Flechtklöppel umgespult, die die Geflechtstruktur der Packung bestimmen. Auf der Flechtmaschine werden die so präparierten Garne zu einem Packungsstrang geflochten, Bild 2. Je nach Anwendung und Fertigungsverfahren lassen sich verschiedene Flechtarten unterscheiden.

– Zopfgeflecht

Das Zopfgeflecht wird üblicherweise für quadratische Packungen bis zu einem Querschnitt von 5 oder 6 mm verwendet. Die Struktur der Packung ist in Bild 3 dargestellt. Acht Flechtfäden werden hier um 4 Eckfäden zu einer zweibahnigen Zopfstruktur geflochten. Die Flechtfäden laufen diagonal durch die Packung, so daß auch bei Beschädigung eines Fadens das Geflecht nicht zerfällt. Die Eckfäden geben der Packung Stabilität. Das Zopfgeflecht ist sehr elastisch und einfach zu fertigen. Für größere Packungsquerschnitte hätte dieses Geflecht eine zu grobe Oberflächenstruktur, deshalb verwendet man es nur für kleinere Abmessungen.

Bild 2: Flechtmaschine

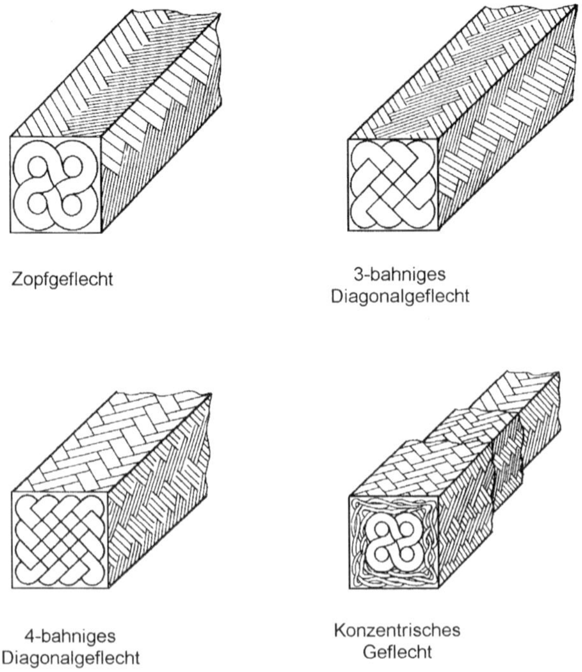

Bild 3: Flechtarten

- *Diagonalgeflecht*

Für die gängigen Packungsquerschnitte werden drei- oder vierbahnige Diagonalgeflechte verwendet. Für ein dreibahniges Geflecht werden Flechtmaschinen mit 18 Klöppeln verwendet, für ein vierbahniges Maschinen mit 24 bzw. 32 Klöppeln. Durch die Verwendung einer größeren Anzahl von Flechtklöppeln können so auch bei großen Packungsabmessungen feine Oberflächenstrukturen erzeugt werden, die eine größere Kontaktfläche zwischen Welle und Packung gewährleisten. Durch die Verwendung von dünneren Garnen kann hier auch ein dichteres Geflecht realisiert werden, was die Leckagewege minimiert.

- *Konzentrisches Geflecht*

Beim konzentrischen Geflecht, auch Schlauchgeflecht genannt, wird um einen größeren Kern ein dünnes Geflecht, ähnlich wie ein Schlauch, geflochten. Das Geflecht hat eine feine und dichte Oberfläche, die aber mechanisch weniger verschleißfest als das Diagonalgeflecht ist. Um die Querschnittsdichte zu erhöhen, kann der Kern auch mehrfach umflochten werden. Je nach Dimension der Packung wird auf Flechtmaschinen mit 16 bis zu 48 Klöppeln gearbeitet.

Als Kern werden parallel in einem Strang angeordnete gedrehte oder verzwirnte Garne verwendet, die der Packung eine gute Verformbarkeit und Elastizität verleihen. Alternativ werden auch extrudierte Gummi- oder Elastomerstränge verwendet, die die Form der Packung bestimmen. So können nicht nur quadratische, sondern auch rechteckige und runde Querschnitte erzeugt werden. Diese Packungen mit einer sehr hohen elastischen Verformbarkeit werden überwiegend in statischen Anwendungen als Gehäuse- oder Deckeldichtungen verwendet. Mittels spezieller Flechtmaschinen, deren Klöppelführungskopf teilbar ist, werden auch endlose Packungsringe für diese Anwendungen hergestellt.

Bei allen beschriebenen Flechtarten kann das Geflecht schon während des Flechtvorganges in der Maschine mit einer Imprägnierung versehen werden, so daß eine durchgängige Imprägnierung des gesamten Packungsquerschnitts erzielt wird. Das hat einen entscheidenden Qualitätsvorteil gegenüber Packungen, die trocken geflochten werden und dann in einem nachfolgenden Prozeß in einem Imprägnierbad getränkt werden. Besonders höherviskose Imprägnierungen benetzen hierbei nur die Oberfläche der Packungen. Sie füllen aber nicht die im Inneren der Packung vorhandenen Hohlräume, was zu einer erhöhten Leckage des Mediums durch die Packung führen kann. Deshalb sind derart getränkte Packungen gegenüber gasförmigen Medien meist nicht ausreichend dicht.

Nach dem Flechten und Trocknen der Imprägnierung werden die meisten Packungen kalandriert, d.h. sie werden durch eine allseitige Druckverformung in einem Walzprozeß weiter verdichtet und auf ein gleichmäßiges Maß gebracht. Das hier eingestellte Maß weicht von der quadratischen Struktur ab. Durch ein Kalandrieren des Packungsprofils von 0,2–0,5 mm unter Nennmaß bei einem entsprechenden Plusmaß der Packungshöhe wird der Einbau der Packung in die auf Nennmaß ausgelegte Stopfbuchse erheblich erleichtert. Packungen für die Verwendung in Ventilen oder Armaturen werden härter kalandriert und somit besser verdichtet. Für dynamische Anwendungen werden Packungen nach dem Kalandrieren in einem Imprägnierbad noch mit einem Einlaufgleitmittel versehen.

Die Geflechtpackungen werden üblicherweise als endlicher Packungsstrang hergestellt und entweder nach Länge oder nach Gewicht verkauft. In einem weiteren Verarbeitungsschritt können formgepreßte, einbaufertige Packungsringe hergestellt werden. Dafür wird ein Packungsstrang auf definierte Länge geschnitten und in einem Formwerkzeug zu einem Ring mit den gewünschten Stopfbuchsenmaßen verdichtet. Der so hergestellte Ring läßt sich erheblich besser montieren als ein Packungsabschnitt vom Strang. Die Axialkräfte zum Verpressen der Packung in der Stopfbuchse sind niedriger, wenn die Ringe bereits vorverpreßt sind. Daraus resultieren auch niedrigere Radialkräfte auf die Packung, was die Lebensdauer verlängert. Desweiteren vermeidet man Abfall durch Zuschnittfehler oder Reststücke. Nachteilig ist der höhere Preis der Packungsringe und die aufwendigere Lagerhaltung.

4.3.2 Knetpackungen

Für die Herstellung von Knetpackungen verwendet man vornehmlich PTFE, Graphit, Fett und Faserstoffe, die in einem Mischer zu einem plastischen Granulat vermengt werden. Dieses formlose Granulat läßt sich dann leicht in eine Stopfbuchse einbringen und über die Brille verformen. Mit einer Knetpackung ist man nahezu unabhängig von bestimmten Stopfbuchsquerschnitten und -geometrien. Die Knetpackung ist kostengünstig herzustellen und sehr vielfältig sowohl in Armaturen als auch in Pumpen einzusetzen, muß aber immer mit Kammerungsringen aus geflochtenen Packungen eingebaut werden, um ein Extrudieren des Knetpackungsgemisches durch die Stopfbuchsenspalte zu vermeiden.

Nachteilig ist die schwierigere Handhabung bei der Montage und insbesondere beim Ausbau der Knetpackungen. Es kann keine definierte Verdichtung eingestellt werden. Besonders in Pumpenanwendungen werden Knetpackungen mit hohem Fettanteil verwendet, um ein gutes Reibungsverhalten und eine gleichmäßige Schmierung zu gewährleisten. In Verbindung mit einer Laterne in der Stopfbuchse kann bei Volumenverlust der Packung weiteres Knetpackungsmaterial über eine Druckpumpe in den Packungsraum eingebracht werden, ohne die Brille zu öffnen. Das hat den Vorteil einer einfachen und schnellen Wartung, aber die zusätzlichen Kosten der Druckpumpe halten die Kosteneinsparungen in Grenzen.

4.3.3 Extrudierte Packungen

Eine Abart der Knetpackungen sind die extrudierten Packungen. Hier werden ähnliche Gemische und Stoffgemenge wie für Knetpackungen in einer Extrudiermaschine mit einem beheizten Druckzylinder durch ein Formwerkzeug gepreßt und zu einem Packungsstrang extrudiert. Die so erzeugten Packungen haben eine sehr hohe Querschnittsdichte und sind damit besonders zum Dichten von gasförmigen Medien geeignet. Aber auch Medien, die abrasive Materialien enthalten, können mit extrudierten Packungen gedichtet werden. Sollten diese Partikel in die Packung gelangen, so werden sie in das weiche Packungsmaterial eingebettet, und Beschädigungen der Welle können vermieden werden.

Ein Nachteil der extrudierten Packungen sind ihre geringe Festigkeit sowie die leichte plastische Verformbarkeit. Deshalb müssen sie immer mit einer geflochtenen Packung oder anderen Kammerungsringen gekammert werden, um Spaltextrusion zu vermeiden.

Eine weitere Anwendung finden extrudierte Packungsmaterialen als Kern- oder Rückenmaterial in Verbindung mit geflochtenen Packungen. Ein extrudierter Kern kann konzentrisch umflochten werden. Das Flechtgarn gewährleistet hierbei den Schutz gegen Spaltextrusion, während der Kern eine hohe Querschnittsdichte bietet. Eine andere Variante ist eine Packung, die aus einer geflochtenen flachen Lauffläche besteht, welche mit einem breiten, extrudierten Rückenmaterial vernäht wird. So lassen sich relativ kostengünstige Packungen erzeugen, bei denen die Vorteile eines teuren Garnmaterials und eines günstig herzustellenden Kernmaterials miteinander kombiniert werden.

4.3.4 Graphitexpandatpackungen

Eine weitere Variante sind die aus expandierter Graphitfolie hergestellten Reingraphitringe. Der Rohstoff für diese Packung ist reiner Naturgraphit, der nach einem mehrfachen Reinigungsprozeß einer speziellen thermisch-chemischen Behandlung unterzogen wird. Hierbei expandieren die Kristallgitterebenen um ein Vielfaches. Dadurch erhält man längliche Graphitpartikel, die miteinander gemischt werden und in einem mehrfachen Walzprozeß zu einer dünnen Folie mit einer Dicke von 0,25–0,5 mm verarbeitet werden. Die Graphitteilchen in dieser Folie haften aufgrund ihrer Adhäsionskräfte ohne ein zusätzliches Bindemittel zusammen. Die Graphitfolie weist ein anisoptropes Verhalten auf, d.h. in der Foliendicke sind die spezifischen Eigenschaften wie Wärmeleitfähigkeit, Elastizität und elektrischer Widerstand unterschiedlich in Folienlängs- bzw. querrichtung sowie senkrecht dazu. Aus der Folie mit üblichen Dichten von 0,7–1,0 g/cm^3 werden Bänder mit einer bestimmten Breite geschnitten. Diese können zusätzlich mit einer Prägevorrichtung profiliert werden, um Zonen unterschiedlicher Dichte zu schaffen.

Derartige Bänder können für Reparaturzwecke an Armaturen direkt eingesetzt werden. Sie werden spiralförmig um die Spindel gewickelt und dann durch Anziehen der Brille zu einem Packungsring verdichtet. Das ist zu wiederholen, bis der Stopfbuchsraum gefüllt ist. Dieses Vorgehen ist aber aufwendig und langwierig und nur im Reparaturbetrieb sinnvoll. Der Großteil der Graphitfolie wird von den Packungsherstellern zu formgepreßten Ringen verarbeitet.

Bild 4: Querschnitt eines verpreßten Graphitringes

Dazu wird das Graphitband spiralförmig in ein Preßwerkzeug gewickelt. Beim nachfolgenden vertikalen Verdichten in dieser Form faltet sich das Graphitband aufgrund der Prägung in mehreren Ebenen. Bild 4 zeigt einen senkrechten Schnitt durch einen verpreßten Graphitring. Deutlich ist die unterschiedliche Faltstruktur der Folie zu erkennen. Der Verbund der Graphitfolie ist gut, und der fertige Ring zeigt ein homogenes Verhalten in Bezug auf seine mechanischen Eigenschaften.

Die so erzeugten hochreinen endlosen Graphitringe mit einem Kohlenstoffgehalt von 98–99,85 % haben eine Dichte von 1,2–1,85 g/cm^3 je nach Preßdruck. Viel seltener werden Ringe direkt aus expandiertem Graphitpulver in einer Preßform hergestellt. Der Fertigungsprozeß ist zeitaufwendiger, und aufgrund der hohen Schütthöhen ist die Verdichtung und Adhäsion des Graphits schlechter im Vergleich zur Folie.

Reingraphitringe werden überwiegend in Armaturen eingesetzt, insbesondere für Hochtemperaturanwendungen in Kraftwerken. Sie zeichnen sich durch ein sehr gutes Dichtverhalten aufgrund der homogenen Querschnittsdichte und einer guten Elastizität aus. Der Graphit ist chemisch sehr gut beständig, und die Ringe können für Drücke bis 1000 bar eingesetzt werden, wobei sie aber bei höheren Drücken oder größeren Stopfbuchsenspalten durch geflochtene Kohle- oder Graphitfaserpackungen gekammert werden sollten, da die Graphitpartikel nur durch ihre Adhäsionskräfte zusammengehalten werden. Auch bei häufig bewegten Armaturenspindeln sollten die Ringe gekammert werden, da so ein Volumenverlust durch Austragen von Graphitpartikeln aufgrund erhöhter Adhäsion von Spindelmaterial und Graphit minimiert werden kann.

Selbstabdichtende Deckelverschlüsse, auch Bredtschneider/Udhe-Verschlüsse genannt, werden in Großarmaturen, Hochdruckvorwärmern, Wärmeübertragern und Reaktoren eingesetzt, Bild 5. Die hier verwendeten Graphitringe werden durch Schrauben vorgespannt und dann durch den Betriebsdruck statisch verspannt. Die Druckerhöhung an der Dichtung ist um das Verhältnis von Deckelfläche zu Dichtfläche größer als der Betriebsdruck. Unter Betriebsbedingungen können Flächenpressungen von bis zu 200 N/mm^2 auftreten. Die Graphitringe werden deshalb mit einer höheren Dichte von 1,6 g/cm^3 vorgepreßt. Baubedingte Spaltmaße bis zu 0,3 mm werden sicher abgedichtet. Bei größeren Spaltbreiten werden Graphitringe mit integrierten Federsystemen in den Ringecken oder mit Metallkappen gegen Extrusion gesichert. Hierbei hat sich die Federlösung als vorteilhaft erwiesen, da sie kostengünstig ist. Außerdem wird die Demontage der Ringe dadurch erheblich erleichtert.

Nachteilig für die Armaturenwartung und Lagerhaltung ist, daß die formgepreßten Graphitringe nur in festgelegten Abmessungen erhältlich sind. In jüngerer Zeit haben sich deshalb Geflechtpackungen auf dem Markt durchgesetzt, die aus expandiertem Graphit bestehen. Hierbei werden Graphitpartikel mittels eines Binders mit einem Trägerfaden verklebt. Übliche

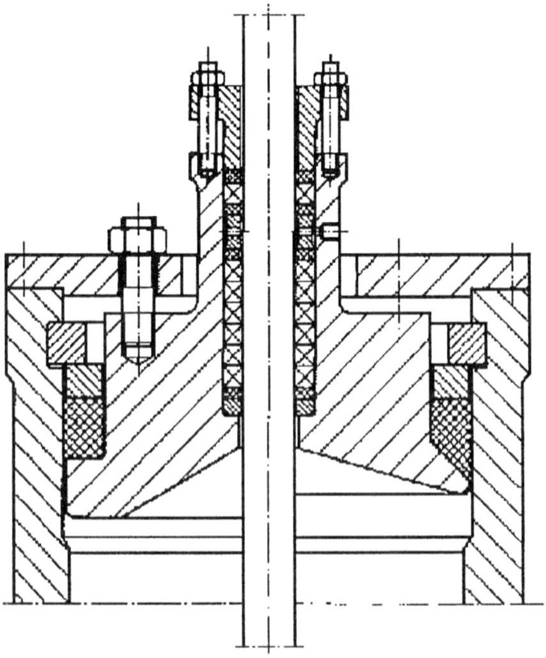

Bild 5: Bredtschneider/Uhde-Verschluß

Garnmaterialen für Trägerfäden sind Baumwolle, Glas, Aramid oder Kohlenstoff. Dieses Graphitverbundgarn wird dann auf Flechtmaschinen zu Packungen verflochten. Somit erhält man Packungsstränge mit einer Dichte von etwa 0,9–1,2 g/cm^3, die dann in den verschiedenen Packungsdimensionen bevorratet werden können.

4.4 Einsatzbedingungen und Betriebsparameter

Verschiedene Einflußfaktoren bestimmen die richtige Auswahl einer Packung für den jeweiligen Einsatzfall. Wichtig sind die folgenden Auswahlkriterien:

- Um welche Anwendung handelt es sich?
- Gegen welches Medium muß gedichtet werden?
- Wie groß sind der Druck an der Stopfbuchse und der maximale Mediendruck?
- Wie hoch sind die Betriebstemperatur und die maximale Anwendungstemperatur?
- Wie groß ist die Wellen- bzw. Plungergeschwindigkeit bei dynamischen Anwendungen?
- Wie groß sind die Wellen- und Gehäusedimensionen? Welche Wellen- und Gehäusematerialien werden eingesetzt mit den entsprechenden Oberflächengüten? Wie groß sind die Spalte zwischen Welle bzw. Gehäuse und Stopfbuchsbrille?

Bei genauer Kenntnis der oben angegebenen Parameter kann die Auswahl einer geeigneten Stopfbuchspackung erfolgen. Es ist darauf zu achten, daß die in den Katalogen der

Tabelle 5: Packungen für Kreiselpumpen, Plungerpumpen und Rührwerke

Packungsaufbau	Maximaler Druck (bar)	Temperaturbereich (°C)	Geschwindigkeit (m/s)	pH-Wert	Anwendungen
Baumwollgarn mit Mineralfettimprägnierung	16	–10 bis +100	6	6 – 9	Kreiselpumpen für Wasser, Seewasser, leicht saure und alkalische Abwässer
Ramiegarn mit PTFE-Imprägnierung, Einlaufgleitmittel Mineralöl	40 Kreiselp. 1000 Plungerp. (gekammert)	– 30 bis + 120	12 Kreiselp. 2 Plungerp.	5 – 11	Kreisel- und Plungerpumpen für Kalt-, Warm-,Trink, See- und Abwasser, Lebensmittel
Aramidgarn mit PTFE-Imprägnierung, Einlaufgleitmittel Mineralöl	25	–50 bis +280	26	1 – 13	Kreiselpumpen für abrasive Medien, Öle, Fette, verdünnte Säuren und Laugen
PTFE-Fasergarn, Einlaufgleitmittel Silikonöl	15	–100 bis +250	8	0 – 14	Kreiselpumpen für fast alle Chemikalien, konzentrierte heiße Säuren und Laugen
PTFE/Graphit-Compoundgarn, Einlaufgleitmittel Silikonöl	25	–100 bis +280	20	0 – 14	Kreiselpumpen für nahezu alle Säuren, Laugen, Lösungsmittel, Bitumen, Lebensmittel
Graphitgarn, PTFE-Imprägnierung, Einlaufgleitmittel Mineralöl	25	–60 bis +300	25	0 – 14	Kreiselpumpen für Säuren, Laugen, Gase, Dampf, Kesselspeisewasser
PTFE/Graphit-Extrudat mit Fettschmierstoff	25 (gekammert)	–30 bis +250	6	0 – 14	Kreiselpumpen und Mischer für kristalline und abrasive Medien, Gase, Dampf, Lacke
PTFE/Graphit-Compound- und Aramid-Garn, Einlaufgleitmittel Mineralöl	25 Kreiselp. 250 Plungerp. (gekammert)	–50 bis +280	25 Kreiselp. 2 Plungerp.	1 – 13	Kreisel- und Plungerpumpen für Heißwasser, mittelkonzentrierte Säuren, Laugen, Lösungsmittel
Kohle- und PTFE-Garn, PTFE-Imprägnierung, Einlaufgleitmittel Mineralöl	25	–100 bis +280	20	0 – 14	Rührwerke, Mischer und Kreiselpumpen für Alkalien, Öle, Säuren, Lösungsmittel

Packungshersteller angegeben Parameter immer Maximalwerte darstellen. Sie stehen für die Einsatzgrenzen der verwendeten Garnmaterialien und Imprägnierungen. Die einzelnen Parameter sind voneinander abhängig. Die Temperatureinsatzgrenze kann von der jeweiligen Druckhöhe beeinflußt werden. Bei gemeinsam auftretenden Maximalbelastungen müssen unter Umständen zusätzliche entlastende Maßnahmen getroffen werden. Im Zweifelsfall sollte sich der Anwender immer an die technischen Beratungsingenieure der Packungshersteller wenden, die eine auf den jeweiligen Anwendungsfall bezogene Dichtungslösung empfehlen können.

4.4.1 Packungen für Rotationsanwendungen und Plungerpumpen

Bedingt durch die Kombination aus Faser- bzw. Garnmaterial der Packung und der Art der Imprägnierung ergeben sich bestimmte Einsatzparameter für die gängigen Standardpackungen für Rotationsanwendungen und Plungerpumpen, Tabelle 5.

Die preisgünstigste Möglichkeit zum Dichten von Pumpen bieten die fettimprägnierten Naturgarnpackungen. Für höhere Drücke und längere Standzeiten sind die mit PTFE imprägnierten Naturgarnpackungen einzusetzen, insbesondere mit den Materialien Ramie und Flachs. Diese Packungen haben sich für alle Anwendungen gegen Wasser und wässrige Lösungen sowie gegen Lösungsmittel bis 120 °C sehr gut bewährt.

Muß bei höheren Temperaturen als 120 °C gedichtet werden, so werden mit PTFE imprägnierte Aramidgarnpackungen verwendet. Durch die hohe Festigkeit des Aramids können diese Packungen auch recht gut zur Abdichtung abrasiver Medien eingesetzt werden, z.B. in der Zuckerverarbeitung und bei der Papierherstellung.

PTFE-Garnpackungen werden überwiegend in der chemischen Industrie verwendet, wo eine universelle chemische Beständigkeit der Packung gefragt ist. Für schneller laufende Kreiselpumpen ist aber der hohe thermische Ausdehnungskoeffizient von Nachteil. Deshalb werden in diesen Anwendungen häufig die PTFE/Graphit-Compoundpackungen eingesetzt, die einen Graphitanteil von bis zu 50 % haben und damit die Wärmeableitung der Packung entscheidend verbessern. Für Pumpen mit sehr hohen Umfangsgeschwindigkeiten und großer Wärmeentwicklung werden Packungen aus Kohle- oder Graphitgarnen verwendet.

Für spezielle Anwendungen werden Packungen aus verschiedenen Garnkombinationen erfolgreich eingesetzt. Ein Beispiel hierfür ist die Kombination von PTFE/Graphit-Compoundgarn mit Aramidgarn, Bild 6. Die äußeren Flechtbahnen der Packung, auch Ecken genannt, bestehen hierbei aus Aramidmultifilamentgarnen, um die Packung extrusionsfest zu machen und gegen abrasive Medien zu schützen. Die Flechtbahnen, welche die Lauffläche der Packung ausmachen, bestehen aus PTFE/Graphit-Compoundgarn, das ein reibungsarmes Laufverhalten an der Welle garantiert. Dieser Packungstyp wird auch erfolgreich bei höheren Drücken in Plungerpumpen eingesetzt.

Eine weitere Kombinationspackung wird aus Kohle- und PTFE-Garnen geflochten. Ein aus Kohlegarnen bestehender Kern wird mit einer speziellen Struktur aus PTFE- und Kohlegarnen umflochten, Bild 7. Der Kohlegarnkern gibt der Packung eine sehr gute Elastizität und ein gewisses Rückstellvermögen. Das macht die Packung für Einsatzfälle in Rührwerken und Mischern überlegen, die einen gewissen Wellenschlag aufweisen können. Reine PTFE-Garnpackungen versagen hier, da sie durch die nicht konzentrische Wellenbewegung bleibend plastisch verformt werden. Daraus resultiert eine übermäßige Wellenleckage, die nicht mehr nachgestellt werden kann.

Bild 6: PTFE-Graphit-Compoundgarn mit Aramidgarn als Eckenverstärkung

Bild 7: Kohle- und PTFE-Faserpackung

4.4.2 Packungen für Armaturen, Spindel-, Deckel- und Gehäuseabdichtungen

Gängige Packungen für Armaturen- und Gehäuseabdichtungen sind in Tabelle 6 dargestellt. Für die statische Abdichtung von Gehäusen bis Einsatztemperaturen von 280 °C haben sich Packungen aus Aramidstapelgarnen mit einer PTFE-Imprägnierung gut bewährt. Die Fasern sind relativ elastisch und geben der Packung ein gutes Rückfederungsvermögen.

Tabelle 6: Packungen für Armaturen, Deckel- und Gehäusedichtungen

Packungsaufbau	Maximaler Druck (bar)	Temperaturbereich (°C)	pH-Wert	Anwendungen
Acrylfasergarn mit PTFE-Imprägnierung	50	–50 bis +150	1 – 13	Armaturen und Deckeldichtungen für fast alle Medien außer konzentrierten Säuren und Laugen
Aramid-Stapelfasergarn mit PTFE-Imprägnierung	200	–50 bis +250	1 – 13	Armaturen, Gehäuse- und Deckeldichtungen für Kalt- und Heißwasser, Öle, Fette, verdünnte Säuren und Laugen
PTFE-Fasergarn mit PTFE-Dispersionsimprägnierung	250	–200 bis +280	0 – 14	Armaturen für alle Chemikalien außer Fluor und geschmolzene Alkalimetalle. Auch für Plungerpumpen geeignet.
PTFE/Graphit-Compoundgarn	250	–200 bis +280	0 – 14	Armaturen für fast alle Säuren und Laugen, Lösungsmittel, Dampf. Auch für Plungerpumpen geeignet.
PTFE/Graphit-Extrudat mit Fettschmierstoff	160 (gekammert)	–30 bis +250	0 – 14	Armaturen für abrasive Medien, Dampf, Gase, Lösungsmittel, Säuren und Laugen
Kohlegarn mit Graphitimprägnierung	300	–30 bis +400 Dampf +550	0 – 14	Armaturen für Heißwasser, Heißluft, Dampf, Säuren und Laugen mit Ausnahme von stark oxidierenden Säiuren
Expandiertes Graphitgarn mit Inconeldrahtverstärkung	450	– 200 bis +450 Dampf +550	0 – 14	Armaturen für Heißwasser, Dampf, Gase, Öl, Säuren und Laugen mit Ausnahme von stark oxidierenden Säuren
Gepreßte Ringe aus expandiertem Reingraphit	1000	–200 bis +550 Dampf +700 Inertgas +2500	0 – 14	Armaturen für fast alle Medien, besonders Heiß-, Speisewasser und Dampf mit Ausnahme von stark oxidierenden Medien
Silikatfasergarn	10	–50 bis + 1100	2 – 12	Gehäuse- und Ofentürdichtungen für Rauchgase, Inertgase, Säuren und verdünnte Laugen

Packungen aus PTFE-Garnen mit zusätzlicher PTFE-Dispersionsimprägnierung werden überwiegend in Armaturen der Chemie- und Lebensmittelindustrie eingesetzt. Aufgrund ihrer hohen Querschnittsdichte werden mit diesen Packungen die günstigsten Dichtwerte aller geflochtenen Packungen erzielt. Für Einsatzfälle, bei denen eine bessere Druckstandfestigkeit und Wärmeleitfähigkeit gefragt ist, werden wiederum PTFE/Graphit-Compoundgarnpackungen verwendet. Diese Packungen haben sich auch in Kombination mit Kammerungsringen in Plungerpumpenanwendungen gut bewährt. Die Temperaturgrenze liegt bei 280 °C.

Eine weitere Alternative zu den geflochtenen Packungen sind Packungen aus PTFE/Graphit-Extrudat. Schon bei niedrigen Drücken müssen diese aber aufgrund ihrer Extrusionsneigung mit geeigneten Geflechtpackungen oder anderen Kammerungsringen kombiniert werden. Aufgrund der guten Volumenstabilität und sehr guter Gasdichtheit sind diese Packungen besonders zum Dichten von gasförmigen Medien geeignet.

Für Betriebstemperaturen bis 550 °C werden Packungen aus Kohle- bzw. Graphitfasern mit speziellen Graphitpulverimprägnierungen eingesetzt. Anwendungsgebiete sind hier in den meisten Fällen Dampfarmaturen in Kraftwerken. Von Nachteil ist die niedrige Querschnittsdichte dieser Packungen. Deshalb werden sie oft in Kombination mit formgepreßten Reingraphitringen eingesetzt. Die Kohle- bzw. Graphitgarnpackungen werden als Endringe verwendet und haben dort eine Doppelfunktion. Zum einen werden die Reingraphitringe bei höheren Drücken vor Spaltextrusion geschützt und zum anderen dient die Geflechtpackung als Abstreifer für den Graphitabrieb, der so in der Stopfbuchse gehalten und nicht über die Spindel ausgetragen wird.

Diese Ringe aus Graphitexpandat sind üblicherweise in verschiedenen Verdichtungsstufen zwischen 1,2 und 1,85 g/cm^3 erhältlich. Dadurch läßt sich eine sehr gute Dichtwirkung erzielen. Auch bei Temperaturzyklen bleiben die Graphitringe dauerelastisch. Drücke von bis zu 1000 bar werden bei richtiger Stopfbuchsauslegung sicher beherrscht. Eine Alternative für den Reparaturbetrieb bieten hier die geflochtenen Packungen aus Graphitexpandat.

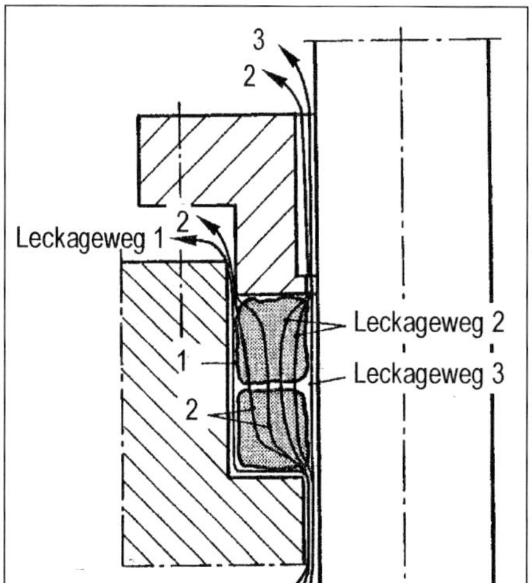

Bild 8: Die typischen Leckagewege der Stopfbuchsabdichtung

Für die statische Abdichtung von Ofentüren und Abgasrohren werden auch bei Temperaturen größer als 550 °C Packungen eingesetzt. Bei diesen hohen Betriebstemperaturen werden Packungen aus Glasfaser- oder Silikatfasergarn verwendet, die je nach Material Temperaturen bis 1100 °C widerstehen.

4.5 Die Wirkungsweise von Stopfbuchspackungen

4.5.1 Typische Leckagewege von Packungen

Der im Bild 8 gezeigte Leckageweg 1 wird in den meisten Packungsstopfbuchsen nicht auftreten, wenn bei der Montage eine ausreichend hohe Brillenspannung aufgebracht wurde, die zum „Fließen“ des Packungsmaterials führt. Eine Ausnahme hierzu stellen Stopfbuchsen für

Wellenabdichtungen mit relativ geringem Betriebsdruck dar, bei denen man sich in der Praxis nicht die Mühe macht, mit formgepreßten Ringen oder exakter Brillenspannung die vollständige Ausformung der Packung sicherzustellen. In diesem Fall sind häufig Leckagen zu beobachten, die hauptsächlich über den Leckageweg 1 entstehen. Manchmal führen solche Abdichtungen sogar zum Ausfall der Packung infolge Überhitzung, obwohl eine ausreichende Leckage vorhanden ist.

Der Leckageweg 2 tritt bei jeder Stopfbuchspackung auf, jedoch sind die hierbei auftretenden Leckagen verschwindend gering. Diese Leckagemöglichkeit ist jedoch unbedingt bei Armaturen im Auge zu behalten, die für hochtoxische oder radioaktive Medien eingesetzt werden sollen.

Der Leckageweg 3 ist bei statischen sowie quasistatischen Abdichtungen mit Packungen verschlossen. Bei dynamischer Abdichtung von Wellen oder Plungern wird aber bewußt eine Leckage an dieser Stelle zugelassen, um die Reibenergie und damit die Erwärmung der Packung zu minimieren.

4.5.2 Mechanisches Druckverhalten der Packungen

Die in die Stopfbuchse eingeführten Packungsringe werden mit Hilfe der Brille und der Schrauben zusammengedrückt. Durch Querverformung der Packungsprofile legt sich das Packungsmaterial an die Wandungen, innen an die Welle und außen an die Stopfbuchsbohrung. Bei fortschreitender Verformung bilden sich im Packungsmaterial entsprechende Kontaktdrücke innen und außen sowie in axialer Richtung aus.

Durch Messungen am Einzelring, sowohl innen als auch außen, konnte nachgewiesen werden, daß sich die Packungsringe nicht wie eine vergleichsweise dicke Flüssigkeit verhalten, sondern ein Dehnungs- und Spannungsverhalten besitzen, welches in seinen drei möglichen Hauptrichtungen unterschiedlich ist.

Für die Beschreibung der Vorgänge in der Stopfbuchse sind nur die beiden verhältnismäßig leicht zu messenden Hauptrichtungen, axial und radial, von Bedeutung. Die dritte Hauptrichtung in Umfangsrichtung ist bisher nicht an einem verformten Ring meßbar gewesen. Beim Messen der Innen- und Außendrücke zeigen die Ergebnisse aber, daß die dritte Spannungsebene ebenfalls reagiert. Besonders beim Verformen stark gekrümmter Packungsringe beobachtet man an der Innenseite wesentlich höhere Kontaktspannungen als an der Außenseite.

Das höher verdichtete Material an der Innenseite versucht nach außen zu drängen und erzeugt dabei in radialer Richtung eine zusätzliche Druckspannung. Ähnliche Ergebnisse konnten interessanterweise an verpreßten Gummiringen gemessen werden. Um die Betrachtung des Spannungs- und Verformungsverhaltens an der Packung zu vereinfachen, soll im folgenden nur von einem zweiachsigen Modell ausgegangen werden.

4.5.3 Der Querverformungsfaktor k und der Reibfaktor m

Der Querverformungsfaktor k, auch Kraftumlenkungsfaktor genannt, drückt das Verhältnis der radial auftretenden Spannungen an Welle bzw. Spindel und Stopfbuchsbohrung zur axial auftretenden Spannung aus. Dieser im Bild 9 dargestellte Faktor hat eine große Bedeutung für den Spannungsverlauf in der Stopfbuchse.

Der Reibfaktor μ drückt das Verhältnis der Reibkraft zu einer quer dazu auftretenden Normalkraft aus. Man kann diesen Faktor auch als Verhältnis der spezifischen Reibspannung zur

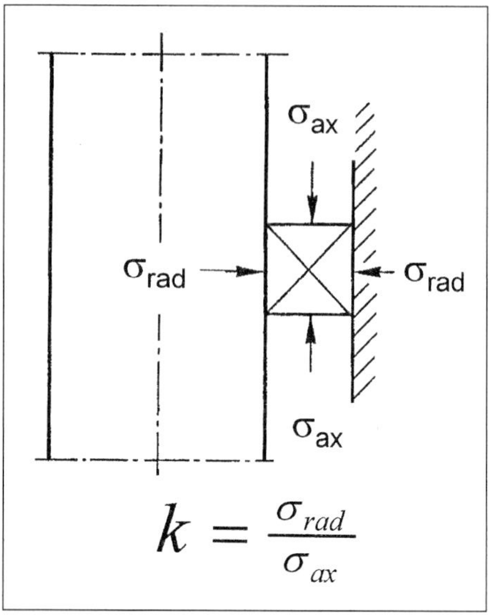

Bild 9: Der Querverformungsfaktor k

senkrecht dazu auftretenden Kontaktspannung verstehen. Der Reibfaktor μ hat für die Stopfbuchse eine doppelte Bedeutung, einerseits beeinflußt er wie der Querverformungsfaktor k den Verlauf der Spannungsverteilung in der Stopfbuchse, andererseits nimmt er Einfluß auf die Reibkraft an der Welle bzw. Spindel.

Die Axialkraft an der Brille und damit an der Oberseite des ersten Ringes ist um einen bestimmten Betrag größer als an der Unterseite des ersten Ringes. Der Kraft an der Unterseite fehlen die Reibkräfte, die sich an der inneren und äußeren Seite des Packungsringes bei einer Relativbewegung, d.h. beim Hineinbewegen des Packungsringes ergeben. Dieses Verhältnis des Kraftverlustes von Oberseite zur Unterseite der Packungsringe setzt sich von Ring zu Ring fort, am Ende der Stopfbuchse kommt bei einer sehr tiefen Stopfbuchse nur noch ein kleiner Teil der ursprünglichen Brillenkraft an. Für den Anwender ist entscheidend, daß der letzte Packungsring eine für den Dichtvorgang ausreichende Querspannung aufweist, die allgemein etwas größer als der zu erwartende Betriebsdruck sein soll.

Die Größe des Kraftverlustes beim Anziehen einer Stopfbuchspackung ist abhängig von zwei Faktoren. Erstens vom Querverformungsfaktor k und zweitens vom Reibfaktor μ. Beide Faktoren werden durch spezielle Eigenarten der Packung bestimmt, das sind maßgeblich

- die Flechtart,
- das Garn und
- die Imprägnierung,
- teilweise aber auch das Zusatzschmiermittel.

Auch die Herstellungsart der eingebauten Packungsringe, formgepreßt oder von der Schnur abgelängt und zum Ring geformt, hat einen Einfluß auf die Spannungsverteilung in der Stopfbuchse.

Der Querverformungsfaktor k sollte möglichst klein sein, um einen kleinen Spannungsabfall entlang der Stopfbuchse zu gewährleisten. Auch für den Betreiber ist ein kleiner k-Wert vorteilhaft, weil sich die Stopfbuchse feinfühliger einstellen läßt. Der kleine k-Wert wirkt wie ein Untersetzer der axial aufgebrachten Brillenkraft.

Der Hersteller kann bei einzelnen Fertigungsvorgängen den k-Wert durch Flechtart, Fadenspannung und gezieltes Querverformen beim Kalandrieren der Packungsschnur beeinflussen. Auch beim Formpressen kann der k-Wert noch verbessert werden. Insgesamt werden Packungsringe mit k-Werten von 0,2 bis 1,0 hergestellt, z.B. ist bei Packungsmaterialien aus einem plastischen homogenen Werkstoff ein k-Wert von 1,0 nicht zu unterschreiten.

Für den Reibfaktor μ gelten entsprechende Überlegungen wie für den k-Wert, er sollte möglichst klein sein, um für eine günstige Spannungsverteilung in dem verpackten Stopfbuchsraum zu sorgen.

4.5.4 Berechnung von Spannungen und Reibkräften an formgepreßten Ringen

Um für den Anwender die Spannungsverteilung berechenbar und damit überschaubar zu machen, sollte von der in älterer Literatur üblichen Längenbezeichnung mittels der Ringanzahl n abgewichen werden und durch die tatsächliche Packungslänge L ersetzt werden.

$$\sigma_{axe} = \sigma_{axa} \cdot e^{-(\mu 1+\mu 2) \cdot k \cdot L/B} \quad (1)$$

Die Axialspannung fällt entsprechend dem genannten Gesetz exponential über der Packungslänge ab. Bild 10 zeigt den Verlauf der Axialspannung für verschiedene Werte von k und μ. Der Verlauf der Radialspannung, das ist die Spannung an der Welle bzw. an der Stopfbuchsbohrung, ist ähnlich dem der Axialspannung, nur um den Reibfaktor μ verkleinert.

$$\sigma_{rad} = k \cdot \sigma_{ax} \cdot e^{-(\mu 1+\mu 2) \cdot k \cdot L/B} \quad (2)$$

Im Bild 11 ist der Verlauf der Radialspannung zu sehen. Wie bereits erwähnt, muß auch am letzten Ring eine etwas höhere Spannung als der Betriebsdruck vorliegen, um eine Abdichtung zu bewirken. Über die jeweils notwendige Länge der Packung wird an anderer Stelle berichtet, siehe auch Pkt. 4.5.7.

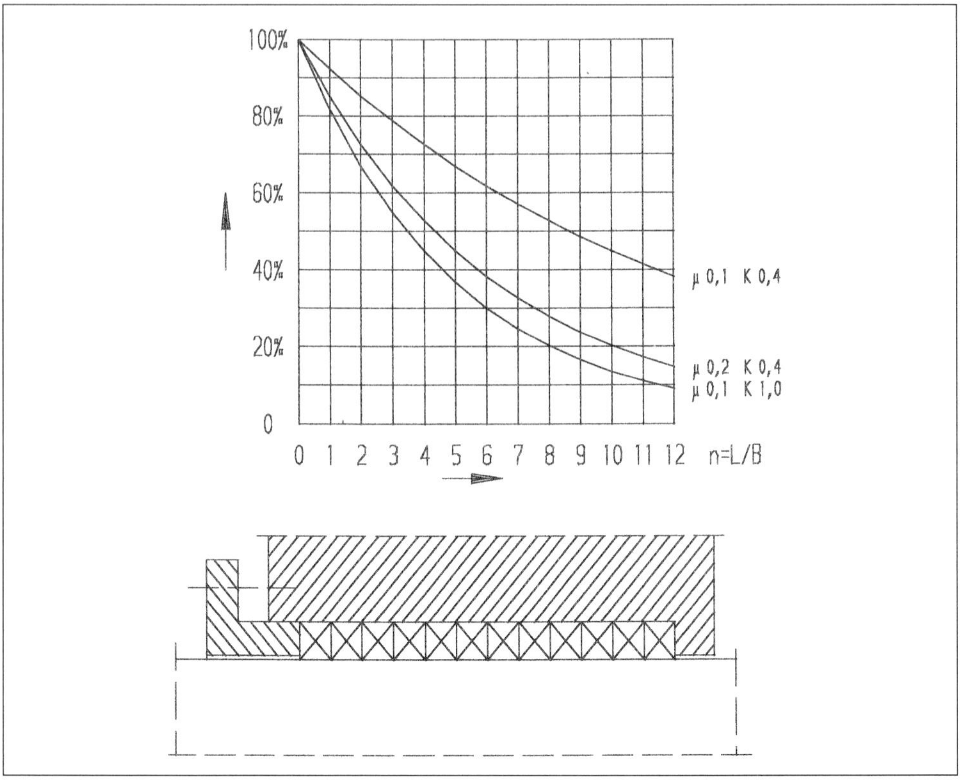

Bild 10: Verlauf der Axialspannung

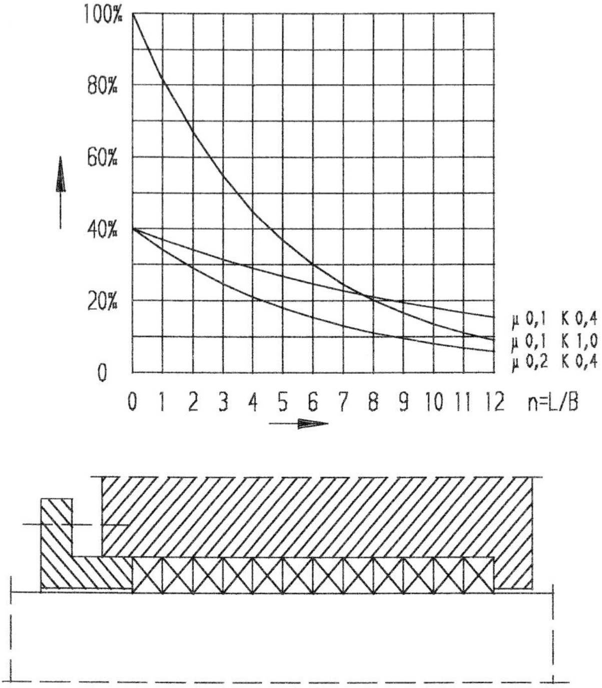

Bild 11: Verlauf der Radialspannung

Im folgenden Bild 12 ist der Faktor k1 dargestellt. Aus dem Kurververlauf ist zu entnehmen, um wieviel die Brillenspannung größer als der Betriebsdruck eingestellt werden muß, um am letzten Ring eine ausreichend große Radialspannung zu erzeugen, siehe vorn.

Für die Praxis ist es natürlich wichtig, die Gesamtreibungskraft an der Welle bzw. an der Spindel zu ermitteln.

$$F_r = d \cdot \pi \cdot B/2 \cdot \sigma_{axa} \cdot 1\text{-}e^{-((\mu 1+\mu 2)\,.\,k \cdot L/B} \quad (3)$$

$$M_r = F_r \cdot d/2 \quad (4)$$

Das Reibmoment M_r an der Welle gilt nur für die Anlaufphase, während des Dauerbetriebes verringert es sich. In dieser Phase bleibt es nahezu konstant und ist von Bedeutung für weiterführende Berechnungen, siehe auch Pkt. 4.7.2.

Unter der Voraussetzung, daß die Radialspannung des letzten Ringes größer als der Betriebsdruck ist, ändert sich bei Aufgabe des Betriebsdruckes weder die Reibkraft noch das Reibmoment. Andererseits ist eine in der vorher beschriebenen Weise ausreichend vorgespannte Stopfbuchsabdichtung besonders sicher und wird deshalb bei einfachen Armaturenabdichtungen ausschließlich eingesetzt.

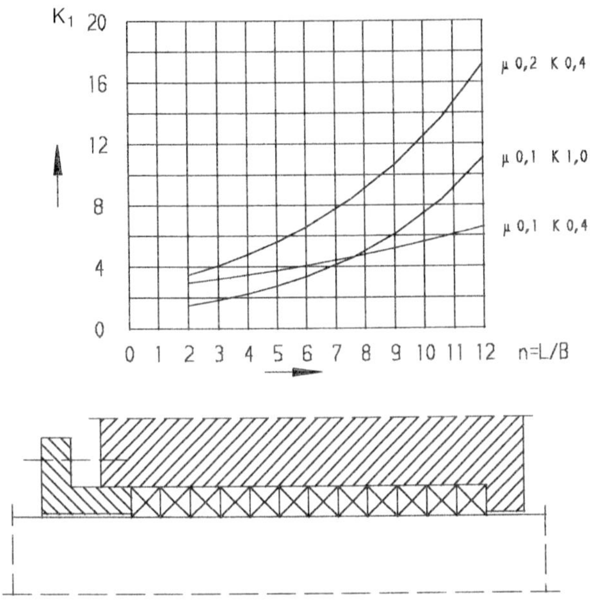

Bild 12: Vergrößerungsfaktor k_1

Um die Reibkraft bzw. das Reibmoment an der Welle oder der Spindel abzusenken, bedarf es besonderer Maßnahmen. Dabei ist die Brille wiederholt zu lösen, dann die Brillenkraft jeweils kleiner als vorher wieder aufzubringen und die Welle bzw. Spindel etwas zu bewegen. Der Vorgang muß zügig durchgeführt werden, da sich eine Restspannung in den letzten Ringen nicht abbauen soll. Ziel ist eine gleichmäßige Spannungsverteilung über der Packungslänge. Die zuletzt aufgebrachte Brillenspannung braucht dann nur noch Betriebsdruck durch k mal Sicherheitsfaktor S = 1,05 bis 2,0 zu betragen.

$$\sigma_{bre} = \Delta P/k \cdot S \qquad (5)$$

$$Fr_1 = d \cdot \pi \cdot B/2 \cdot k_1 \cdot \Delta P \cdot S \cdot (1-e^{-((\mu 1+\mu 2) \cdot k \cdot L/B)}) \qquad (6)$$

$$Fr_2 = d \cdot \pi \cdot L \cdot \Delta P \cdot S \cdot \mu_1 \qquad (7)$$

Für ein Beispiel mit d = 32 mm, b = 8 mm, L = 64 mm, k = 0,4, $\mu_1 = \mu_2 = 0{,}2$ sowie ΔP = 400 bar und S = 1,3 ergibt sich nach der klassischen Methode eine Reibkraft von 135,7 kN, nach der zweiten Methode eine solche von 66,9 kN. Die Reibkraft ist also etwa um den Faktor 2,0 reduziert worden. Auch bei Anwendung der reduzierten Brillenspannung gilt, daß bei Aufgabe des Betriebsdruckes die Reibkraft konstant bleibt. Eine Nachverformung der Packung erfolgt nicht.

Der Reibfaktor von Packungswerkstoffen ist aus verschiedenen Gründen nicht konstant, sondern ist von der Kontaktspannung abhängig. In der Regel fällt der Reibfaktor mit dem An-

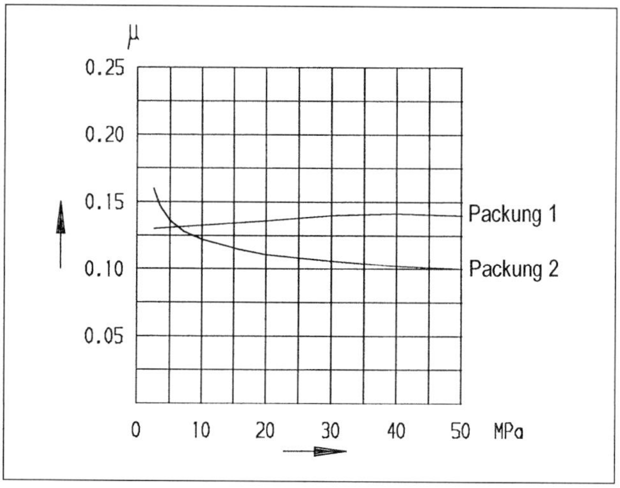

Bild 13: Reibungsfaktor μ

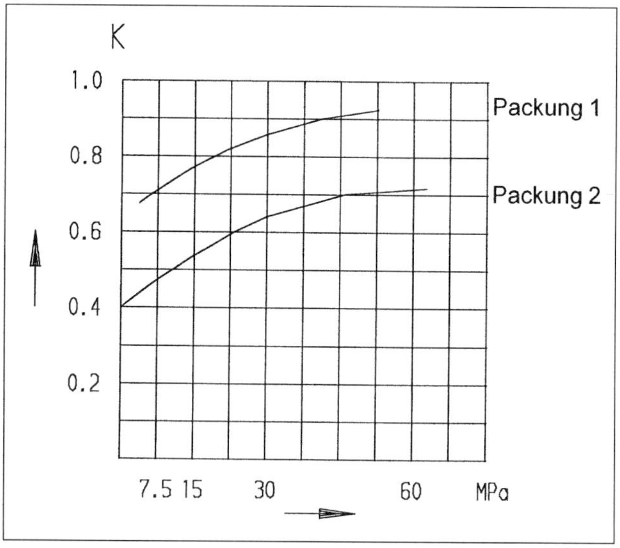

Bild 14: Querverformungsfaktor k

stieg der Spannung. Auch der Querverformungsfaktor k fällt bei Packungen mit sehr zugfesten Garnen beim Anstieg der Spannung. Um also eine exakte Berechnung der Spannungsverteilung und der Reibkräfte vornehmen zu können, braucht man eine Reihe von Meßergebnissen. Die Bilder 13 und 14 zeigen den Verlauf von Reib- und Querverformungsfaktor für einige ausgewählte Packungen.

4.5.5 Die Spannungssituation bei zugeschnittenen Packungsringen

Durch die Krümmung des vorher geraden Packungsabschnittes bei der Verformung zu einem Ring entsteht ein trapezförmiger Querschnitt. Bei der Montage solcher Ringe verbleiben an der Außenfläche die im Bild 15 zu sehenden dreieckförmigen Hohlräume. Beim Anziehen der Stopfbuchse müssen die Ringe zunächst in einen nahezu rechteckförmigen Querschnitt verformt werden. Die Spannungen sind dabei innen deutlich höher als außen. Eine exakte Berechnung dieser Spannungsverteilung ist nicht möglich.

In der Praxis behilft man sich, indem man entweder die Brillenspannung durch Drehmomentanzug der Schrauben kontrolliert oder vielfach, besonders bei Wellenabdichtungen, das Leckageverhalten beobachtet und die Brille nach Gefühl anzieht. Das Bild 16 zeigt das Aussehen der dann fertigmontierten Stopfbuchse im Schnitt. Man kann diese schlechte Verteilung des Packungsmaterials und der Spannung vermeiden, indem die Stopfbuchse zunächst mit dem in der Regel sehr viel größeren Fließdruck verspannt wird und nach Lösen der Brille auf Betriebsdruck einstellt wird. Der Fließdruck ist keine Konstante, sondern ist auch vom Krümmungsverhältnis der Packungsringe abhängig und muß für den praktischen Einsatz durch Versuch ermittelt werden. Eine wünschenswerte

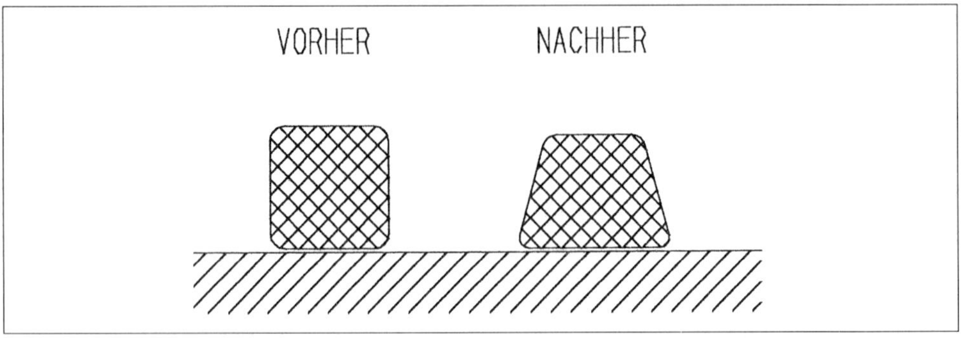

Bild 15: Veränderung des Querschnitts durch Krümmung

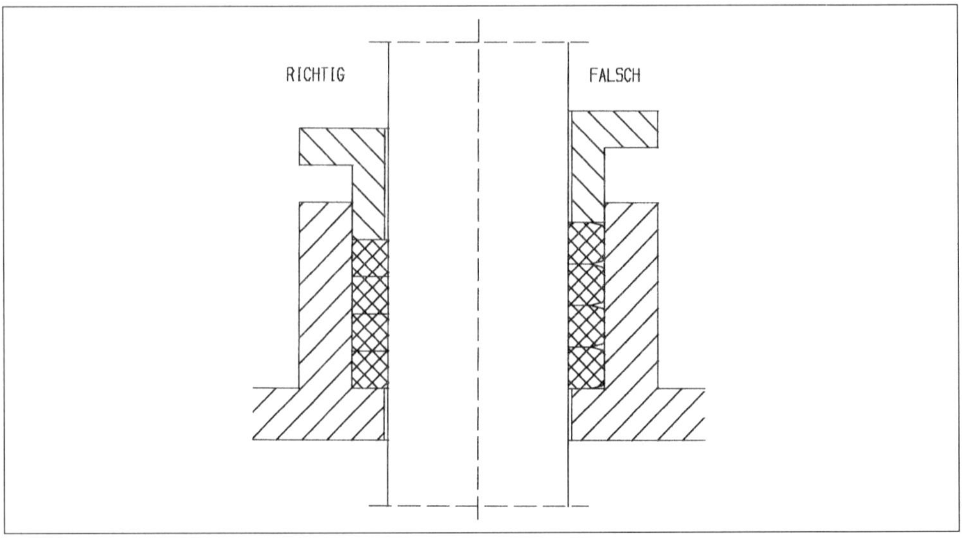

Bild 16: Unvollkommene Verformung der Packung

gleich hohe Spannung, innen wie außen, läßt sich aber bei Verwendung von zugeschnittenen Ringen nicht erreichen.

4.5.6 Innendruckverhalten von Packungen

Armaturenpackungen sind allgemein derart hoch vorgespannt, daß bei Aufgabe des Betriebsdruckes keine Änderung des Spannungsverlaufs und der Reibkraft zu erwarten ist.

Anders verhält es sich bei Änderung der Temperatur an der Stopfbuchse. Da das Packungsmaterial und besonders die Imprägnierung einen deutlich höheren Temperaturausdehnungswert als die umgebenden Metallteile aufweisen, ist mit dem Anstieg der Spannung und der Reibkraft zu rechnen. Aus Sicherheitsgründen ist eine vorherige Berechnung des zu erwartenden Spannungsanstiegs durchzuführen, um zum Beispiel das Abreißen von Schrauben zu vermeiden. Eine Ausnahme hierzu bilden Packungen aus expandiertem Graphit, da dessen

Wärmeausdehnungswert kleiner als der der Metallteile ist. Auf eine Berechnung der Spannungsänderung kann man in diesem Falle verzichten.

Die Spannungserhöhung läßt sich mit den folgenden Gleichungen ermitteln:

$$L_0 = L_p \cdot (1 + \sigma_m / K_p) \quad (8)$$

$$L_t = L_0 \, (1 + 3 \cdot \Delta\alpha_p \cdot \Delta t) \quad (9)$$

$$\sigma_t = (L_t - L_p) / L_p \cdot K_p \quad (10)$$

Für ein Beispiel mit d = 32 mm, D = 48 mm, L_p = 48 mm, σ_m = 60 N/mm^2, Δt = 450 K, $\Delta\alpha_p$ = 88 · 10^{-6} K^{-1} und K_p = 1500 N/mm^2 ergibt sich eine Spannungserhöhung auf 245 N/mm^2. Das ist die 4fache Ausgangsspannung. In diesem Falle wäre die im Bild 17 gezeigte Verspannung der Brille durch Federn sinnvoll.

Packungen für dynamische Abdichtungen werden nur so fest verspannt wie zur Abdichtung gerade erforderlich. Zwecks Einlaufhilfe sind die Packungen mit Fetten, Ölen oder anderen wasserlöslichen Stoffen imprägniert. Der k-Wert liegt nahe 1,0. Die Stopfbuchslängen sind knapp bemessen. Deshalb ist der Spannungsabfall relativ gering. Meist genügt schon eine Axialspannung von

$$\sigma_{ax} = (1{,}05 \ldots 2{,}0) \cdot \Delta P, \quad (11)$$

um eine ausreichende Abdichtung zu erreichen. Dynamische Packungsabdichtungen werden mit etwas Leckage betrieben, um die Erwärmung der Stopfbuchse in Grenzen zu halten.

Für Wellenabdichtungen wird der gesamte Packungssatz in der Stopfbuchse durch Anziehen der Brille verdichtet. Anschließend wird die Brille soweit gelöst, daß sich die Packung wieder entspannen kann. Für die Inbetriebnahme wird die Spannung an der Brille auf den 1,05 ... 2,0fachen Betriebsdruck eingestellt.

Hochdruckplungerpumpen werden mit einer von innen durch Federn vorgespannten Packung abgedichtet. Die innere Axialvorspannung beträgt allgemein nur einen Teil des Betriebsdruckes, sie muß nur den Fließdruck der Packung überwinden. Beim Saughub ist die

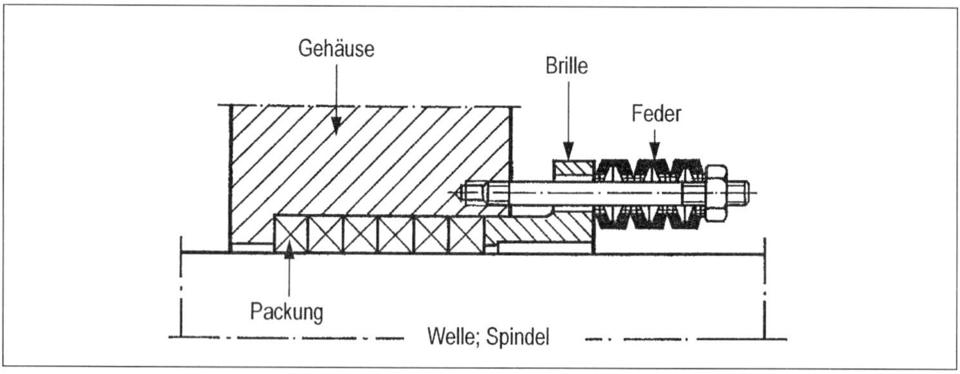

Bild 17: Stopfbuchse mit Federvorspannung

Packung nur durch die Feder leicht verspannt, während beim Druckhub der Betriebsdruck am inneren Ring wirkt und zur Brille hin leicht abfällt. Dadurch wird es möglich, Plungerpumpen mit mehreren 1000 bar zu betreiben. Wichtig ist hierbei, daß die Packungen vor der Inbetriebnahme ausreichend vorverdichtet sind und daß die einzelnen Packungsringe durch Backringe zusätzlich gegen Extrusion geschützt werden.

4.5.7 Die Dimensionierung der Packungsstopfbuchse

Die wichtigsten Konstruktionsgrößen der Packungsstopfbuchse sind die Packungsbreite B und die Packungslänge L.

– Die Packungsbreite B:

In der DIN 3780 werden vier verschiedene Packungsbreiten vorgeschlagen. Eine begründete Empfehlung für die Auswahl fehlt, es kann aber aus den beigefügten Attributen eine gewisse Vorauswahl getroffen werden:

$B_1 = 1{,}00 \cdot \sqrt{d}$ sehr schmal

$B_2 = 1{,}25 \cdot \sqrt{d}$ schmal

$B_3 = 1{,}60 \cdot \sqrt{d}$ mittel

$B_4 = 2{,}00 \cdot \sqrt{d}$ breit

In der Armaturenindustrie hat sich daneben eine mittlere Packungsbreite durchgesetzt:

$B_5 = 1{,}41 \cdot \sqrt{d}$ Armatur

Die Auswahl der Packungsbreite B ist nicht beliebig, sondern sollte im Hinblick auf die speziellen Anforderungen im Betrieb getroffen werden. Eventuell vorhandene Querkräfte dürfen beispielsweise nicht zum Öffnen der Stopfbuchsabdichtung führen. Solche Querkräfte im Betrieb können zum Beispiel

- bei einseitiger Betätigung eines Handrades,
- durch Zahnkräfte bei maschineller Betätigung oder
- durch Eigengewichte bei horizontaler Anordnung der Welle oder Spindel

innerhalb des vorgesehenen Führungsspiels auftreten.

Da Packungen axial und radial verspannt sind, können sie in gewissen Grenzen Querbewegungen aufnehmen (1 bis 2 % · B), ohne daß die Radialspannung unter eine kritische Grenze gerät.

Bei Wellen mit Wälzlagerführung kann man Rundlaufabweichungen erwarten, die in etwa mit dem Wert $\sqrt{d}$ eingehen. Für ein Beispiel von d = 50 mm sei die Rundlaufabweichung des Wälzlagers s = 25 µm. Unter Berücksichtigung von Lagerabstand, Entfernung bis zur Stopfbuchse, Mittenabweichung der Schonbuchse und Durchbiegung der Welle infolge Unwucht eines Pumpenläufers ergibt sich eine ungefähre Rundlaufabweichung der Welle von s_{max} = 50 µm, das entspricht in diesem Falle zufällig 1/1000 · d.

Allgemein kann man die zu erwartende Rundlaufabweichung mit folgender Formel berechnen:

$$S_{max} = 0{,}007 \cdot \sqrt{d} \qquad (12)$$

Bei Ausführung der Packungsbreite B nach B_5 ergibt sich für die Packung eine maximale radiale Verformung von

$$\Delta B = 0{,}5\ \% \cdot B \qquad (13)$$

für alle Durchmesser. Die radiale Verformung liegt also immer unterhalb der Grenze von ≤ 1,0 % · B. Man könnte in Erwägung ziehen, die Packungsbreite zu verkleinern, sollte aber dabei berücksichtigen, daß damit die Stopfbuchsabdichtung besonders bei geringen Betriebsdrücken und damit geringer Verspannung sehr schnell ausfallen kann, weil kein ausreichendes Federungsvermögen mehr vorhanden ist, das sich aus der Volumenelastizität ergibt.

Für statische Abdichtungen ist die Wahl einer ähnlichen Dimensionierung wie für dynamische Anwendungen empfehlenswert, wenn auch aus anderem Grund. Die für dieses Anwendungsgebiet viel höheren Werte der Verspannung ergeben auch größere radiale Federraten. Da aber auch größere Drücke und häufig gas- oder dampfförmige Medien anstehen, ist bei auftretender Leckage schnell ein turbulenter Zustand der Strömung im Leckkanal erreicht, der zu äußerst schnellem Versagen der Abdichtung führt. Dieser Sicherheitsaspekt sollte bei der Auslegung der Packungsbreite B für statische Abdichtungen im Vordergrund stehen.

– Die Packungslänge L für statische Abdichtungen:

Für statische Abdichtungen ohne Bewegung, Bredtschneider-Verschlüsse, axiale Deckelabdichtungen oder Gehäuseabdichtungen reicht allgemein eine Packungslänge von 1,0 · B aus.

Für statische Abdichtungen mit zeitweiliger Bewegung, typisch für die meisten Armaturen, können unterschiedliche Zweckbestimmungen der Ventile zu verschiedenen Packungslängen L führen. So muß aus thermischen Gründen die Führungsbuchse einer Armatur ein Spiel aufweisen, da bei Betriebstemperatur die Spindel etwa das Temperaturniveau des Mediums erreicht, die Führung aber in etwa bei Raumtemperatur verharrt. Dadurch wird das relative Spiel kleiner. Damit das Ventil mit seinem Kegelsitz dicht bleibt, muß eine Achswinkelabweichung der Spindel vermieden werden. Diese Aufgabe übernimmt der verspannte Packungssatz. Je nach möglicherweise auftretender Querkraftgröße muß eine ausreichende Packungslänge gewählt werden. Die notwendige Länge der Packung wird hier fast ausschließlich aufgrund praktischer Erfahrungen festgelegt.

Als Anhaltswerte kann man folgende Packungslängen wählen:

$$L_4 = 5{,}6 \cdot \sqrt{d} \qquad (14)$$

$p \leq 100$ bar, gasförmig oder flüssig, $T \leq T_d + 160$ K

$$L_6 = 8{,}4 \cdot \sqrt{d} \qquad (15)$$

$p \leq 250$ bar, gasförmig oder flüssig, $T \leq T_d + 320$ K

$$L_8 = 11{,}2 \cdot \sqrt{d} \qquad (16)$$

$p \leq 400$ bar, gasförmig oder flüssig, $T \leq T_d + 500$ K

Sollte die Vermeidung von Verschleiß an der Packung im Vordergrund stehen, ist es ratsam, die Stopfbuchslänge größer als den Hub auszulegen. Bei Schiebern mit ihren großen Stellwegen ist diese Regel aber nicht anwendbar. In diesem Falle ist eine Verspannung der Brille mit Federn zu empfehlen.

Bei der Abdichtung von hochtoxischen oder radioaktiven Medien kommt es auf geringst mögliche Leckraten an, hier interessiert der Leckageweg 2. Die Größe des Leckstroms errechnet sich nach folgender Formel:

$$Q = k_f \cdot A \cdot \Delta_p/(\eta \cdot L) \qquad (17)$$

Durch Umstellung der Gleichung für Q läßt sich die Packungslänge L ermitteln.

$$L = k_f \cdot A \cdot \Delta_p/(\eta \cdot Q) \qquad (18)$$

Die hier ermittelte Packungslänge L bezieht sich auf die aktive Abdichtung. Aus Sicherheitsgründen wird die Abdichtung eines Ventils für ein Kernkraftwerk noch zusätzlich mit Laternenringen und weiteren Packungsringen versehen, um ein Sperrmedium oder eine Absaugung zusätzlich einsetzen zu können.

Die Festlegung der Packungslängen für Wellenabdichtungen wird im Pkt. 4.7.2 und für Hochdruckplungerpumpen im Pkt. 4.7.3 behandelt.

Für dynamische Abdichtungen, zum Beispiel Mischer, Reaktoren, Autoklaven usw., werden die Packungen im Mischreibungsgebiet gefahren. Für dieses Anwendungsgebiet sind hohe Betriebsdrücke typisch, meist liegt aber nur eine geringe Geschwindigkeit vor. Denkt man an die sehr unterschiedlichen Betriebsbedingungen, wird verständlich, daß eine Richtwertangabe sehr problematische wäre. Man stützt sich deshalb im wesentlichen auf Betriebserfahrungen.

Ein besonderes Problem für dieses Gebiet sind die vielfach recht großen Durchmesser, die mit verhältnismäßig geringen Packungsbreiten gepaart sind. Da der Wellendurchmesser und der Stopfbuchsbohrungsdurchmesser nur geringe Unterschiede aufweisen, besteht bei diesen Abdichtungen die Gefahr des Mitrutschens der Packungsringe. Insbesonders dann, wenn die Stopfbuchsen sehr lang sind oder eine schlechte Lagerung mit großer Exzentrizität vorliegt. Die Packungsbreite B wird vielfach nach B_5 ausgelegt, die Stopfbuchslänge L nach L_4, L_6 und L_8, siehe vorn.

4.6 Konstruktive Gestaltungmöglichkeiten für Stopfbuchsräume

Abhängig von den Betriebsbedingungen des jeweiligen Anwendungsfalls und abgestimmt auf die eingesetzten Aggregate haben sich im Laufe der Zeit eine Vielzahl von konstruktiven Lösungen für den Einsatz von Stopfbuchspackungen herausgebildet. Dabei haben sich einige wenige Dichtungsanordnungen praktisch zu bewährten Standardlösungen entwickelt. Die wichtigsten dieser grundsätzlichen Packungsanordnungen sollen hier dargestellt und die Lösungen im einzelnen erläutert werden. In diesem Zusammenhang wird auch auf einige bei der Konstruktion einzuhaltende Parameter hingewiesen.

An dieser Stelle sei noch erwähnt, daß es für den gesamten Bereich der Stopfbuchspackungsanwendungen im Gegensatz zu anderen Dichtungsanwendungen nur eine für die Konstruktion relevante Norm gibt. Das ist die DIN 3780 aus dem Jahre 1954, die die Stopfbuchsdurchmesser und die dazugehörigen Packungsbreiten regelt.

4.6.1 Toleranzen, Oberflächen und Spaltbreiten

Um eine einwandfreie Funktion und möglichst lange Standzeiten der Packungen zu gewährleisten, sind bei der konstruktiven Auslegung von Stopfbuchsräumen bezüglich der Toleranzen, Oberflächenrauhigkeiten und Spaltbreiten am Stopfbuchsgrund und an der Brille bestimmte Vorgaben einzuhalten.

Die Oberflächenrauheit von Kreiselpumpenwellen, Plungern und Spindeln sollte einen Wert von R_a = 0,25 mm möglichst nicht überschreiten. Für die Gehäusebohrung kann eine größere Oberflächenrauhigkeit von $R_a \leq$ 2,5 µm akzeptiert werden.

Diese Werte gelten für Standardausführungen von Stopfbuchsräumen mit normalen Anforderungen an Dichtheit und Lebensdauer der Packung. Bei hohen Anforderungen ist der R_a-Wert für die Laufflächen von Wellen, Plunger und Spindeln auf Werte von $R_a \leq$ 0,1 µm zu reduzieren.

Wellenschlag kann die Funktionsfähigkeit von Packungen an drehenden Wellen erheblich beeinflussen, deshalb sollte bei Kreiselpumpen der Wellenschlag möglichst geringer als 1/1000 des Wellendurchmessers sein, siehe auch Pkt. 4.5.7. Sollen aufgrund besonderer Anforderungen sehr niedrige Leckagewerte erzielt werden, darf der Rundschlag nicht größer als 1/100 der Packungsbreite sein.

Um das Extrudieren des Dichtungsmaterials in die Spalten zwischen Welle bzw. Plunger oder Spindel einerseits und Brillen- bzw. Grundbohrung andererseits zu verhindern, sind zulässige Spaltbreiten von 2/100 der Packungsbreite vorzusehen. Für die Fälle, in denen konstruktiv bereits größere Spaltbreiten festgelegt wurden oder ausgesprochen extrudierfreudige Packungen zum Einsatz kommen sollen, müssen zur Spaltüberbrückung Kammerungsringe aus einem hochfesten Packungsgarn oder auch aus Metall oder Kunststoff eingesetzt werden.

4.6.2 Grundausführung einer Stopfbuchse

Die sehr einfache und in der Herstellung kostengünstige Standard-Ausführung einer Stopfbuchse, die im Bild 18 gezeigt wird, findet ganz allgemein bei Armaturen, Kreisel- und Plungerpumpen Anwendung. Die Anzahl der zu verwendenden Packungsringe bestimmt sich aus den Anforderungen an die Dichtheit, dem Druck und dem Einsatzgebiet. Sie kann zwischen 3 und 8 Ringen variieren. In der Regel reichen für die Aufbringung der Brillenspannung 2 Schrauben aus. Bei höheren Drücken und großen Ringflächen können auch mehr Schrauben zum Einsatz kommen.

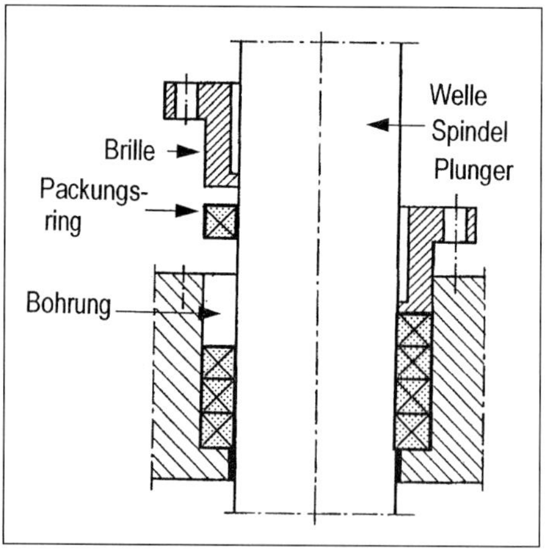

Bild 18: Die Standard-Stopfbuchse

Statt der Stopfbuchsbrille kann bei kleinen Armaturenstoffbuchsen auch eine Ring- oder Überwurfmutter zur Verpressung der Packung vorgesehen werden. Ein Schiefziehen durch ungleichmäßiges Anziehen der Muttern oder ungleichmäßige Materialverteilung in der Stopfbuchse kann hier nicht auftreten. Die möglichen Vorspannkräfte dieser Ausführung sind jedoch limitiert, Bild 19.

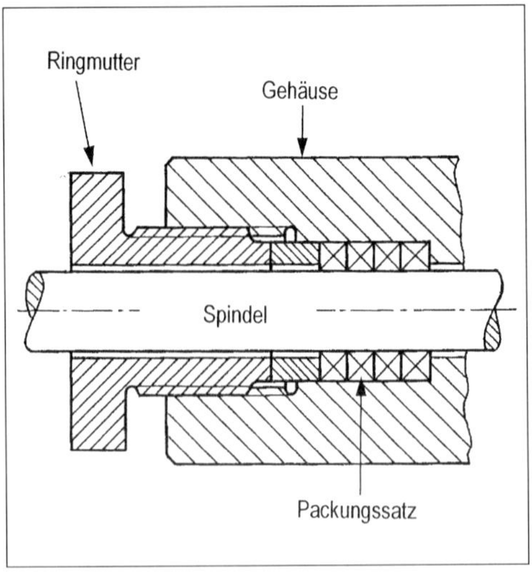

Bild 19: Stopfbuchsausführung für Kleinarmatur

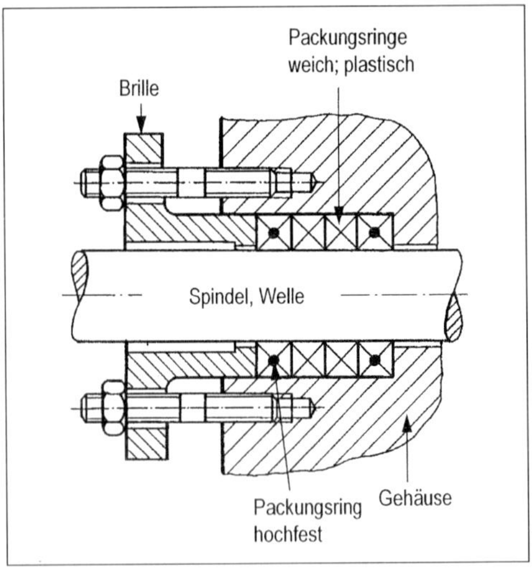

Bild 20: Stopfbuchse mit verschiedenartigen Packungen

4.6.3 Stopfbuchse mit unterschiedlichen Packungstypen

Mit der im Bild 20 dargestellten Dichtungsanordnung kann durch Einsatz von Kammerungsringen am Stopfbuchsgrund und an der Brille die Extrusion einer plastischen Packung in die Spalte vermieden werden. Es können außerdem zu große Spaltmaße überbrückt werden, die konstruktions- oder verschleißbedingt auftreten. Diese Anordnung wird auch gewählt, wenn hoch verdichtete Kammerungsringe metallische Führungen in Armaturen für Hochtemperatureinsatz ersetzen sollen.

4.6.4 Stopfbuchsen mit Laternenringen

Die in einer Stopfbuchsanordnung eingesetzten Laternenringe können verschiedene Funktionen erfüllen. Sie dienen generell zur Zufuhr und Abfuhr von Medien unterschiedlicher Art in bzw. aus dem Stopfbuchsraum. Sie sind über Bohrungen an Leitungen angeschlossen, über die mit Leitungsdruck oder Pumpen Medien zu- oder abgeführt werden.

Die im Bild 21 gezeigte Anordnung mit einem Laternenring dient der Zuführung von Zusatzschmiermitteln bei der Förderung schlecht schmierender Medien. Eine Vermischung von Schmierstoff und Medium kann stattfinden und muß in Grenzen zulässig sein. Eine gleichmäßige Förderung des Schmiermittels und die Regelung des

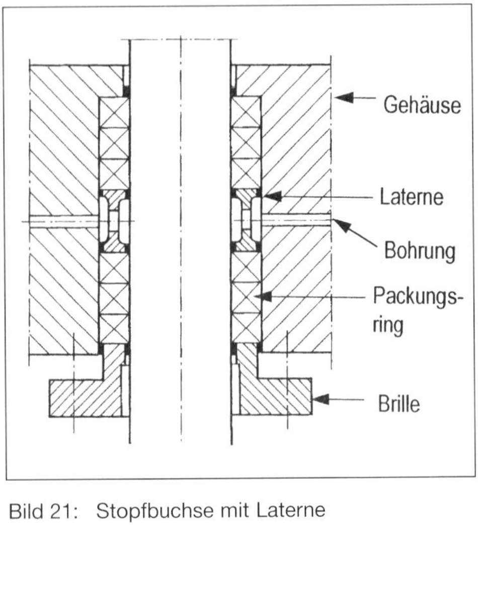

Bild 21: Stopfbuchse mit Laterne

Druckes sind für einen wartungsfreien Betrieb sehr aufwendig, deshalb wird meist nach Bedarf mit Handpumpe nachgefördert. Eine ähnliche Funktion wird bei der Verwendung von fettimprägnierten Packungen erfüllt, die bei Fettverlust zu stärkerer Leckage neigen. Zuführung von kleinen Mengen an Fett über den Laternenring verbessern die Funktionsfähigkeit und gleichen den Volumenverlust aus.

Die gleiche Anordnung eines Laternenrings wird zur Abdichtung gefährlicher Stoffe verwendet. Die Einführung des Sperrmediums in den Laternenring erfolgt mit geringfügig höherem Druck als dem des Betriebsdrucks. Die unbedingt notwendige zuverlässige Funktion dieser Ausführung ist mit erheblichem Aufwand verbunden.

Ein weiterer Einsatzfall ist die permanente Absaugung von gefährlichen Leckagen des Fördermediums über den Laternenring. Dabei ist sowohl eine Rückführung in den Druckraum als auch eine externe Aufbereitung der Leckage möglich. Auch hier führen die Sicherheitsanforderungen zu hohem Aufwand.

Die gezeigte Dichtungsanordnung kann weiterhin zur Zuführung eines Kühlmittels über den Laternenring eingesetzt werden, um die Temperatur des geförderten Mediums unter seiner Verdampfungstemperatur bei Normaldruck zu halten. Der Druck des Kühlmittels liegt bei dieser Anwendung unter dem Betriebsdruck.

Über den Laternenring kann bei Hochtemperaturanwendungen auch ein Inertgas unter sehr niedrigem Druck zugeführt werden, um das innen angeordnete Packungsmaterial vor Oxydation zu schützen. Außen muß mit einer hochtemperaturbeständigen Dichtung abgedichtet werden, an die nur mäßige Dichtheitsanforderungen zu stellen sind. Medientemperaturen von bis zu 1000 °C lassen sich hiermit sicher beherrschen.

Bild 22 stellt eine Dichtungsanordnung mit zwei Laternenringen dar, die insbesondere bei Hochdruckarmaturen in Kernkraftwerken anzutreffen ist. Hier wird über den druckseitigen Laternenring ein Sperrmedium zugeführt, das über den brillenseitigen Ring wieder abgesaugt wird.

Statt des Sperrmediums kann in dieser Anordnung auch über den ersten Ring eine Hochdruckschmierung vorgesehen werden, die über den zweiten Ring wieder abgeführt wird.

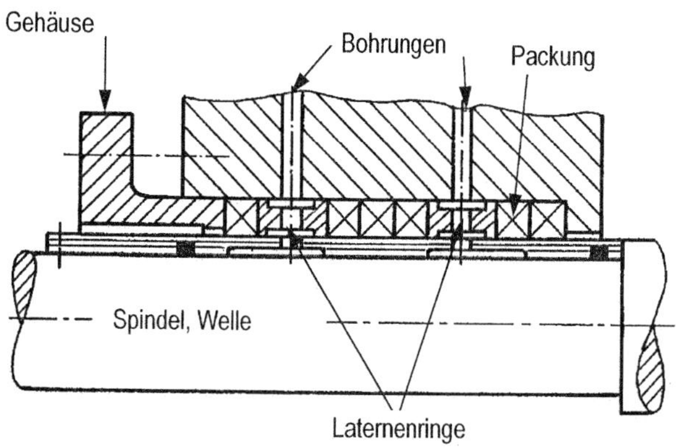

Bild 22: Stopfbuchse mit 2 Laternen und Kühlung der Schonbuchse

Außerdem kann natürlich auf diese Weise, wie schon beschrieben, ein Kühlmittel zu- und abgeführt werden, um Wellen von Hochleistungspumpen zu kühlen, bei denen große Wärmemengen anfallen. In die Kühlung kann auch die Schonhülse integriert werden.

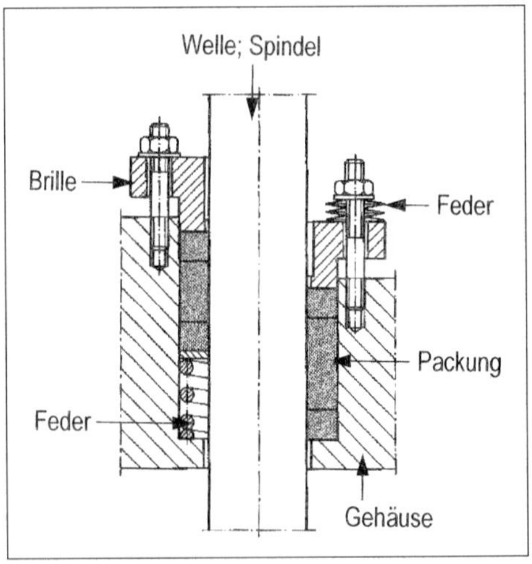

Bild 23: Stopfbuchse mit innen- und außenliegender Feder

4.6.5 Stopfbuchse mit Federn

Es gibt im wesentlichen zwei Varianten, die sich durch die Lage der Federn unterscheiden und in sehr unterschiedlichen Fällen zur Anwendung kommen.

Die Ausführung mit innenliegender Einzelfeder oder Gruppenfedern wird überwiegend in Hochdruckplungerpumpen verwendet, siehe Bild 23. Diese Anordnung ermöglicht eine Minimierung der Reibkräfte dadurch, daß die gewählte Federkraft gerade ausreicht, um während des Saughubs der Pumpe eine Vorabdichtung zu erreichen. Die Packungsspannung ist beim Druckhub nur geringfügig höher als der Betriebsdruck der Pumpe. Mit dieser Anordnung wird es möglich, Reibung, Verschleiß und Wärmeentwicklung zu minimieren und damit eine erhebliche Verlängerung der Standzeiten gegenüber bisherigen Systemen mit gewebeverstärkten Lippendichtungen zu erreichen.

Die im Bild 23 gezeigte Dichtungsanordnung mit außenliegenden Federn findet hauptsächlich zur Spannungsminimierung in der Packung bei steigenden Temperaturen Anwendung. Die Feder kompensiert den durch Wärmedehnung entstehenden Anstieg der Packungsspannung. Es wird bei allen Betriebszuständen für eine annähernd gleiche Packungsspannung gesorgt, so daß eine Reduzierung der Spannung durch Abrieb bzw. Setzen des Materials oder Volumenveränderung infolge Temperaturrückgang durch automatisches Nachstellen der Brille aufgefangen wird.

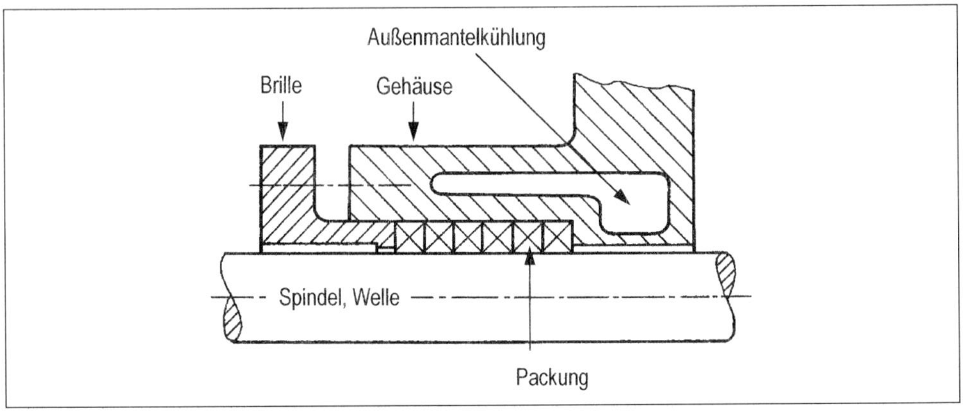

Bild 24: Stopfbuchse mit Außenmantelkühlung

Damit sind weitgehend wartungsfreie Abdichtungen realisierbar. Voraussetzung ist, daß der Federdruck größer ist als der Mediendruck bezogen auf die Ringfläche der Brille.

4.6.6 Stopfbuchse mit Außenmantelkühlung

Im Bild 24 wird eine Konstruktion gezeigt, die dazu dient, die Temperatur der Leckage herunterzukühlen, um eine Verdampfung des Mediums in der Stopfbuchse zu unterbinden und damit den für die Funktion des Dichtsystems notwendigen hydrodynamischen Schmierfilm aufrecht zu erhalten. Diese Art der Kühlung hat nur geringe Wirkung, weil der Wärmetransport durch die nur schlecht wärmeleitende Packung erfolgt.

4.6.7 Selbstdichtender Deckelverschluß mit Grafitexpandatringen

Das Prinzip des selbstdichtenden Deckelverschlusses, Bild 25, kommt vor allem in den Bredtschneider/Uhde-Verschlüssen im großen Umfang für die Abdichtung von Deckeln gegenüber einem mit Druck beaufschlagten Behälter zur Anwendung. Es kann sich dabei beispielsweise um Ventile, Reaktoren und Wärmeübertrager handeln.

Die Packung wird zuerst durch die Schrauben am Deckel vorgespannt, um dann beim Anfahren mit einem Preßdruck beaufschlagt zu werden, der um ein Vielfaches über dem Betriebsdruck liegt. Dieser Effekt ergibt sich durch das große Verhältnis der Deckelfläche zur Ringfläche der Packung und führt zu einer sehr zuverlässigen Dichtwirkung.

4.7 Typische Anwendungsfälle für Stopfbuchspackungen

4.7.1 Armaturen

Für die Abdichtung von Armaturen werden überwiegend Packungsstopfbuchsen angewendet. Das Einsatzgebiet ist durch eine Vielfalt der abzudichtenden Medien, Drücke und Tem-

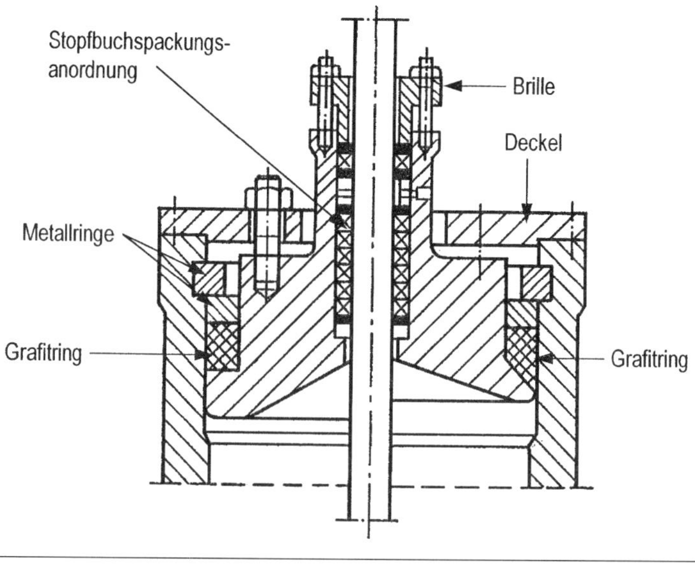

Bild 25: Selbtdichtender Armturendeckelverschluß mit Grafitexpandatringen (alternative Ausführungen)

peraturen gekennzeichnet. An die jeweiligen Betriebsbedingungen angepaßt, kommen sehr viele unterschiedliche Packungswerkstoffe zum Einsatz.

Auf dem Gebiet der Kleinarmaturen wird statt der Brille meist eine Überwurfmutter mit einem Spannring zur Packungsverspannung verwendet, wobei der Spannring entsprechend Bild 26 vielfach auch die Funktion der Führung übernimmt. Im geöffneten Zustand der Armatur werden Querkräfte nur durch die Packung und durch den Spannring aufgenommen, im geschlossenen Zustand werden zusätzlich Reibkräfte beim Aufsetzen des Ventilkegels wirksam.

Für den Anwender sind zwei Kräfte bzw. Momente wichtig. Erstens muß das Drehmoment an der Überwurfmutter bekannt sein, das die Abdichtung der Armatur bewirken soll. Zweitens muß die Betätigungskraft bzw. das -moment bekannt sein, wobei zwecks Leichtgängigkeit eine Minimierung dieser Werte angestrebt wird.

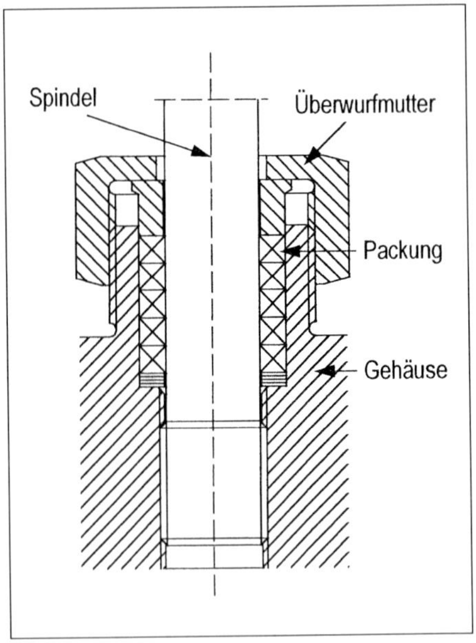

Bild 26: Stopfbuchse mit Überwurfmutter

Die überwiegend angewendete Stopfbuchskontruktion bei Armaturen ist die klassische Stopfbuchsbohrung. Auch bei dieser Konstruktionsvariante sind die vorher erwähnten Kräfte und Momente zu ermitteln. Es interessieren erstens das Drehmoment an den Spannschrauben der Brille, um die erforderliche Brillenspannung zu erzeugen und zweitens die Betätigungskräfte bzw. -momente an der Spindel.

Für die folgende Berechnung muß im Falle der „normalen“ Armatur, die mehrere Schrauben an der Brille hat, beachtet werden, daß die Brillenkraft F_{br} durch die Anzahl n der Schrauben zu teilen ist, ansonsten kann entsprechend der unten aufgeführten Formel gerechnet werden. Nach den im Abschnitt 4.5.4 vorliegenden Gleichungen sind zunächst die Brillenspannung und die Reibkraft bzw. das -moment an der Spindel zu ermitteln. Aus Brillenspannung und Ringfläche der Packung ergibt sich die Brillenkraft F_{br}, die am mittleren Durchmesser von Spannring und Gewinde wirksam wird.

$$F_{br} = \sigma_{br} \cdot (D_a + D_i)/2 \cdot \pi \cdot B \qquad (19)$$

$$M_{br} = F_{br} \cdot (\mu_g \cdot D_{mg} + \mu_s \cdot D_{ms})/2 \qquad (20)$$

$$\mu_g = \tan(t/(D_{mg} \cdot \pi))/\cos\beta + \mu \qquad (21)$$

Die zugehörigen Größen sind dem Bild 27 zu entnehmen.

Aus der Reibkraft F_r an der Spindel und der hydraulisch bedingten Druckkraft F_{hyd} ergibt sich die Summe der Kräfte, die im Gewinde der Spindel auftreten. Ist die Armatur mit einer nichtdrehenden Spindel ausgeführt, wird das Betätigungsmoment noch um das Reibmoment der Auflage des Handrads vergrößert.

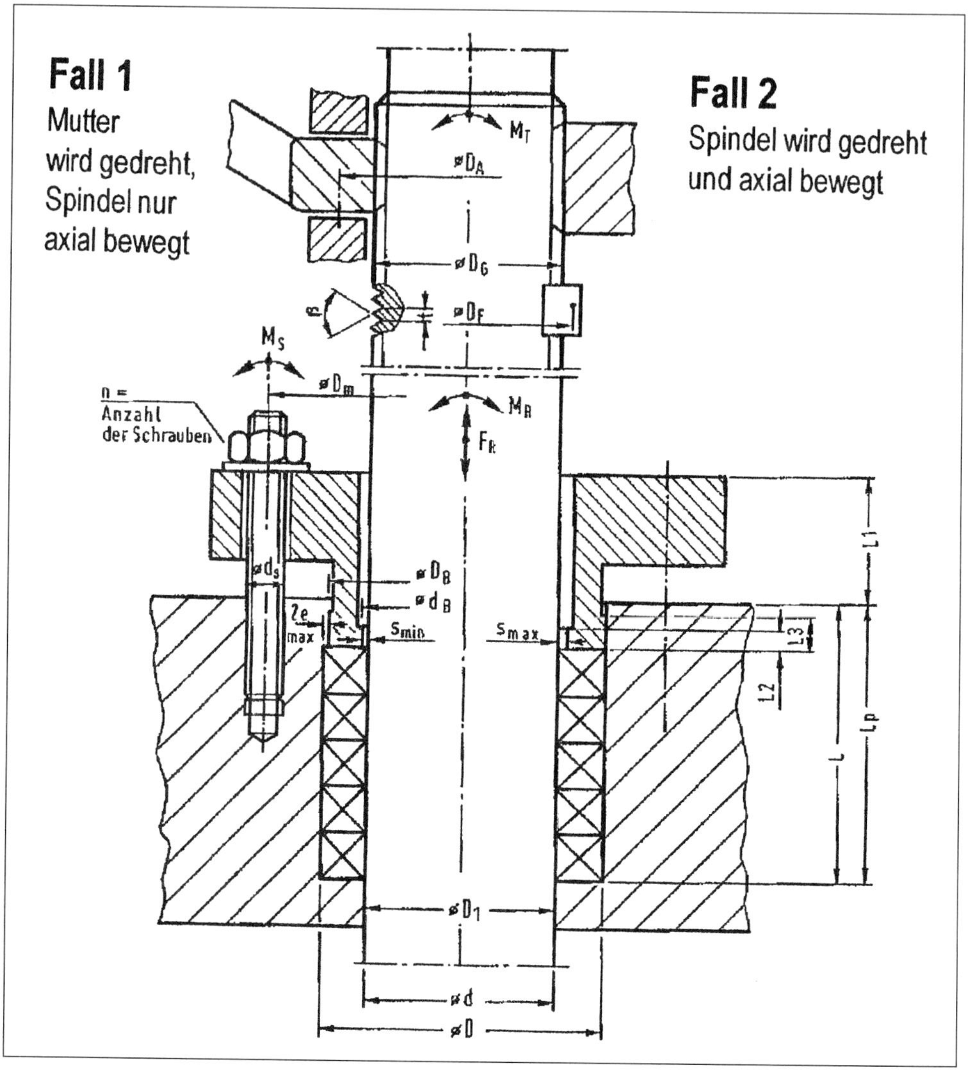

Bild 27: Berechnungsbeispiel

$$M_{bs} = F_{bs} \cdot (\mu_{gs} \cdot D_{gs} + \mu_a \cdot D_{ma})/2 \quad (22)$$

$$F_{hyd} = \Delta P \cdot D_s^2 \cdot \pi/4 \quad (23)$$

$$F_{bs} = F_{hyd} \pm F_r \quad (24)$$

$$\mu_{gs} = \tan(t_s/(D_{gs} \cdot \pi))/\beta_s + \mu_s \quad (25)$$

Die Gesamtkraft F_{bs} und das Drehmoment M_{bs} sind abhängig von der Bewegungsrichtung. Beim Herausdrehen ergeben sich wegen der entgegen gerichteten Packungsreibung entsprechend kleinere Werte. Bei Erwärmung der Armatur und bei Verwendung einer Packung mit großem Ausdehnungswert steigen alle spannungsrelevanten Reibkräfte und damit auch die Betätigungskräfte, es sei denn, daß die Brille durch Federelemente ein Ausdehnen der Packung zuläßt. Siehe dazu auch das vorher durchgeführte Rechenbeispiel.

Voraussetzung für die Berechnung der Betätigungskräfte im Betriebsfall ist, daß keine Substanzverluste beim Packungsmaterial auftreten. Ist wegen des Einsatzes zum Beispiel im Hochtemperaturbereich (> 500 °C) ein Substanzverlust unvermeidlich, weil die Imprägnierung thermisch umgewandelt wird, ist die Packung beim ersten Anfahren zu beobachten und eventuell nachzuziehen.

Die Materialauswahl für Gehäuse, Spindel oder Führung bei Armaturen erfolgt außer nach Festigkeitsmaßstäben auch nach den Erfordernissen einer möglichst geringen Korrosion. Besonders gefürchtet ist die sogenannte „Stillstandskorrosion" bei Armaturen. Sie wird von einer geringen Rückstandsmenge an elektrisch leitfähigem Wasser in der Packung hervorgerufen, die nach der Druckprüfung zurückgeblieben ist. Aber auch in einer betriebsmäßig belasteten Armatur kann diese Stillstandskorrosion bei sehr seltener Betätigung auftreten.

Das Erscheinungsbild der Stillstandskorrosion ist häufig durch Lochfraß an der Spindel geprägt, so daß eine in dieser Weise geschädigte Armatur nicht mehr zu betätigen ist, weil die unter Spannung stehende Packung in die entstehenden Löcher einwandert.

Der Mechanismus der Korrosion, besonders der Lochfraßbefall, ist an sich bekannt. Es handelt sich hierbei nicht um den gleichmäßigen Angriff einer aggressiven Flüssigkeit auf die Metalloberfläche, der im allgemeinen durch eine flächenhafte Oxidation des Metalls z.B. beim Rosten gekennzeichnet ist. Der Lochfraß ist vielmehr ein begrenzter Angriff mit hoher Abtragsgeschwindigkeit auf die relativ kleinen Bereiche der Korngrenzen im Metall.

Für die Erklärung der Lochfraßkorrosion bedient man sich eines elektro-chemischen Korrosionsmodells (galvanisches Element). Es geht von zwei als Elektroden bezeichneten, unterschiedlichen Metallen und einem elektrisch leitfähigem Elektrolyten aus.

Anode ist dabei die Elektrode mit dem geringeren Potential gegenüber der als Kathode bezeichneten Elektrode mit dem höheren Potential. Für die unterschiedlichen Medien weisen die metallischen Werkstoffe unterschiedliche elektro-chemische Werte in der Spannungsreihe auf, siehe hierzu Tabelle 7.

Bei entsprechenden Gegebenheiten findet an der Anode der schädliche Metallabtrag statt, während an der Kathode eine Metallabscheidung auftreten kann. Da das Korrosionssystem nach außen elektrisch neutral ist, muß die Gesamtstromstärke, d.h. das Produkt aus der spezifischen Stromdichte J und Oberfläche A an der Anode und an der Kathode gleich sein:

$$J_{Anode} \cdot A_{Anode} = J_{Kathode} \cdot A_{Kathode} \quad (26)$$

Die Lochfraßkorrosion ist gekennzeichnet durch sehr kleine Anodenflächen und vergleichsweise dazu sehr große Kathodenflächen. Die zugehörigen Stromdichten verhalten sich umgekehrt zum Verhältnis der Flächen, es findet ein hochaktiver Metallabtrag an der Anode statt. Das Potential eines Metallkörpers ist in der Regel nicht gleichförmig, sondern durch elektro-chemische Spannungsunterschiede der verschiedenen Gefügebestandteile oder durch physikalische Spannungsunterschiede in der Oberfläche bestimmt. Das ist die Ursache für die Bildung von Lokalelementen. Sind die betroffenen Lokalanoden und -kathoden klein und gleichmäßig über die Oberfläche verteilt, findet ein nahezu flächiger Korrosionsangriff statt.

Tabelle 7: Eigenpotential wichtiger Spindel- und Gehäusewerkstoffe

Werkstoff	Eigenpotential (mV)
1.0402	800
1.4550	1030
1.7335	950
1.4021	1040
1.0052	820
1.4057	1050
1.4122	1050
1.4921	1040
MS 58	1080
AL 99.5	600

Es kann als sicher gelten, daß Halogenionen, d.h. Chlorid-, Bromid-, Jodid- und Hypochloridionen, die Lochfraßkorrosion erheblich fördern. Hydroxyde, Chromate, Phosphate, Nitrate und Silikate mildern oder verhindern die Lochfraßkorrosion, sie werden deshalb bevorzugt als sogenannte Inhibitoren entweder dem Packungsmaterial oder dem Prüfwasser bei der Druckprobe zugesetzt. Der Schutz vor Lochfraß mittels Inhibitoren ist zeitlich begrenzt, da die Inhibitoren im Betrieb allmählich aus der Packung herausgelöst werden.

Bei Versuchen hat man festgestellt, daß es für die Halogensalze eine Grenzkonzentration gibt, unter der eine Lochfraßkorrosion nicht mehr stattfindet. Für Chloridsalze beträgt dieser Grenzwert 10^{-4} mol/l. Für besonders kritische Anwendungsfälle, wie zum Beispiel im Kernkraftwerksbereich, werden nahezu chloridfreie Packungen eingesetzt. Um jede Verunreinigung auszuschließen, muß selbst die Montage unter Reinraumbedingungen durchgeführt werden.

Für den „durchschnittlichen" Anwendungsfall behilft man sich durch eine Metallauswahl von Spindel und Gehäuse mit sehr geringem Potentialunterschied zwischen den metallischen Werkstoffen. Die Potentialunterschiede werden in vollentsalztem Wasser mit einer Leitfähigkeit von ca. 1 mSiemens gemessen. Wenn die Festigkeit es zuläßt, verwendet man als Spindelwerkstoff den elektro-chemisch positiveren Partner, siehe Tabelle 7.

Der Versuch, das Korrosionsproblem durch Zugabe nichtleitender Werkstoffe wie Fett oder Mineralöle in der Packung zu lösen, kann aus zwei Gründen nicht empfohlen werden. Erstens ist dieser Schutz nur zeitweilig aufrechtzuerhalten, da das Schutzmittel bei Temperaturbeaufschlagung und/oder durch die Spindelbewegung ausgetragen und durch wäßriges Medium ersetzt wird und zweitens geht sowohl die Axial- als auch die Radialspannung in der Packung verloren, so daß die Packung häufig nachgespannt werden muß.

4.7.2 Rotationspumpen

Schnellaufende Wellen können mit Packungen abgedichtet werden und erreichen dabei erstaunlich lange Betriebszeiten. Die Voraussetzungen für einen problemlosen Einsatz sind nicht nur vom verwendeten Packungsmaterial abhängig, sondern auch von einer Reihe zusätzlicher Maßnahmen bei der Montage und bei der Inbetriebnahme der Packungsabdichtung. Diese zusätzlichen Maßnahmen sind unter Kostenaspekten nicht sehr aufwendig, sie stellen aber die angestrebte lange Lebensdauer sicher und sollten das Minimum des geforderten Anwendungswissens darstellen.

Im Gegensatz zu den Anleitungen für den problemlosen Betrieb ist die Erklärung der Funktion der Packung beim Einsatz an schnellaufenden Wellen ungleich schwieriger. Die „Theorie" der Funktion der Packungsstopfbuchse soll hier durch Grenzbetrachtungen und Versuchsergebnisse begründet werden. In einigen Fällen werden Berechnungen herangezogen, um den erwarteten Zustand negativ zu beweisen, also auszuschließen.

Für eine gut eingefahrene Wellenabdichtung gilt:

Die Leckraten, die an Packungsstopfbuchsen von schnellaufenden Wellen beobachtet werden, lassen darauf schließen, daß Spaltweiten von wenigen Millimetern vorliegen. Die Packung läuft also im eingefahrenen Zustand nicht direkt auf der Welle, sondern ist durch einen Medienfilm getrennt. Es liegt also hydrodynamische Schmierung vor, dadurch ergibt sich ein sehr geringer spezifischer Reibwert. Diese Erklärung korrespondiert mit der Erfahrung, daß die Temperatur an der Stopfbuchse nur wenige Grad über der des Mediums liegt.

Für die weiteren Überlegungen ist es sinnvoll, ein konkretes Beispiel aus der Praxis heranzuziehen. Eine Welle d = 65 mm, B = 10 mm, 4 Ringe, L = 40 mm läuft mit n = 3000 min^{-1} gegen einen Druck ΔP = 10 bar um, das Medium ist Wasser mit 20 °C. Der Wellenschlag beträgt etwa 56 µm, die Leckrate Q = 252 cm^3/h und die Temperatur an der Brille t_{br} = 26 °C.

Für die Berechnung der durchschnittlich vorliegenden Spaltweite muß die folgende Formel umgestellt werden.

$$Q = \Delta P \cdot d \cdot \pi \cdot h^3/(12 \cdot \eta \cdot L) \quad (27)$$

$$h = \sqrt[3]{12 \cdot Q \cdot \eta \cdot L/(\Delta P \cdot d \cdot \pi)} \quad (28)$$

$$Ex = R_s/2 \quad (29)$$

Die Berechnung ergibt eine Spaltweite h = 5,5 µm. Die Packungsbreite B muß bei einer Umdrehung der Welle um den Betrag R_s = 56 µm hin- und herschwingen, das ist etwa der 10fache Wert der errechneten Spaltweite.

Das Federungsvermögen der Packung in radialer Richtung ist ungewöhnlich groß, da Packungen für Wellenabdichtungen durch das hinzugefügte Einlaufschmiermittel sehr plastisch sind. Dieses Federungsvermögen der Wellenpackung wird durch die Verspannung des Packungskörpers erreicht, wodurch die sogenannte „Volumenelastizität" entsteht.

Um bestehende Zweifel auszuräumen, soll noch die Berechnung der Leckage bei vollplastischem Verhalten der Packung folgen. Das Modell geht davon aus, daß die Welle infolge des Rundschlags eine Bohrung mit dem Durchmesser d' = d + R_s = 65,056 mm erzeugt hat, siehe Bild 28. Die durchschnittliche Spaltweite beträgt dann h' = Ex = 28 mm. Die Leckrate bei exzentrischer Lage der Welle ist damit um den Faktor 2,5 größer als bei zentrischer Lage.

Die Berechnung ergibt eine theoretische Leckrate Q' = 82000 cm^3/h bei vollplastischem Verhalten der Packung, das ist der 325fache Wert der effektiv gemessenen Leckage.

$$Q' = 2{,}5 \cdot \Delta P \cdot d \cdot \pi \cdot h^3/(12 \cdot \eta \cdot L) \quad (30)$$

$$m = Q_{eff}/Q_{theo} \quad (31)$$

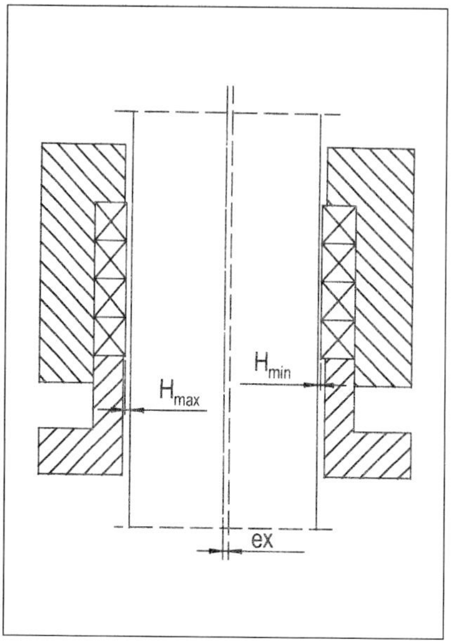

Bild 28: Einzelheit zum Wellenschlag

Um den Einfluß des Wellenschlages auf die Leckage von Packungen zu ermitteln, hat man in umfangreichen Testreihen verschiedene Packungswerkstoffe bei unterschiedlichen Wellenschlägen und Drehzahlen laufen lassen. Die Ergebnisse zeigen, daß alle Packungen ein deutliches Federungsvermögen aufweisen. Ausgedrückt durch den m-Wert, kann man an den Werten im Diagramm gemäß Bild 29 erkennen, daß das Leckageverhalten der Packungen einerseits durch ihre mehr oder weniger ausgeprägte Plastizität bestimmt wird, andererseits aber durch den Wellenschlag vergrößert wird und mit steigender Drehzahl fällt. Die Abhängigkeit von der Drehzahl und damit von der Frequenz der Querschnittsverformung deutet auf einen viskoelastischen Charakter der Packungswerkstoffe hin.

Für die Praxis ergab sich aus Versuchen, daß ein kleiner Wellenschlag sogar günstig für das Leckageverhalten ist. Der Wellenschlag sollte das Federungsvermögen der Packung nicht überfordern, als Grenzwert ist

$$R_S \leq 0.5\,\% \cdot B$$

anzustreben. Falls der Wert des Wellenschlages größere Werte für die Querschnittsverformung ergibt, sollte eine größere Packungsbreite B gewählt werden.

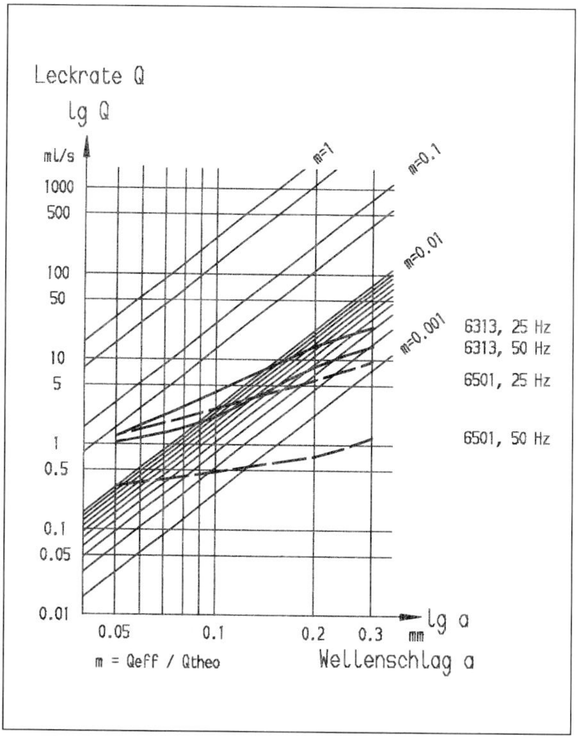

Bild 29: Wellenschlag- und Drehzahleinfluß

Die Wärmeabfuhr an der Stopfbuchse ist für den Dauerlauf besonders wichtig, es muß ein Gleichgewicht der zu- und abgeführten Wärme bei möglichst geringer Temperaturdifferenz erreicht werden. Während der Einlaufphase kann die anfallende Reibwärme nicht von der vorhandenen Kühlfläche an der Welle abgeführt werden, so daß die Temperatur an der Welle, in der Packung und im Medium steigt. Während der Einlaufzeit ist die Stopfbuchse ständig zu beobachten, um ein Verbrennen der Packung zu vermeiden. Außerdem ist es in dieser Zeit

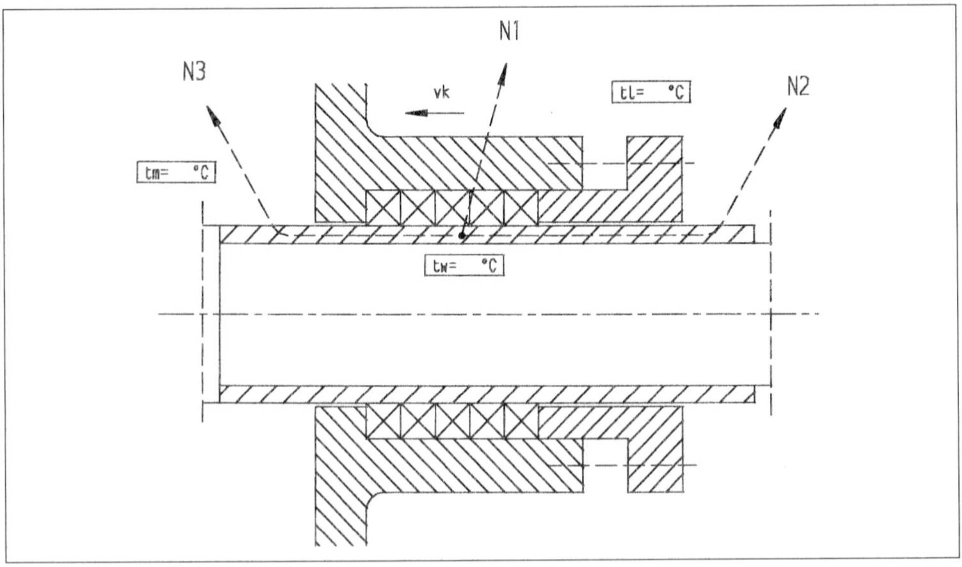

Bild 30: Wärmefluß an der Wellenstopfbuchse

wichtig, die Geschwindigkeit des Temperaturanstiegs zu kennen, damit man im voraus weiß, wann die Welle spätestens gestoppt werden muß, bevor die Packung verbrennt. Bei hoher Wellengeschwindigkeit ist ein mehrmaliges Anfahren sehr sinnvoll, da im ersten Anlauf nicht immer der angestrebte Endzustand der Packung erreicht wird, siehe auch Pkt. 4.8.3.

Auf der Grundlage der schon vorliegenden Werte soll für das bereits verwendete Beispiel nachfolgend auch die Temperaturanstiegsgeschwindigkeit berechnet werden:

Die Welle ist mit einem Wellenschoner ausgestattet, der die Abmessungen d_i = 55 mm und l_s = 120 mm besitzt. Der Wellenschoner ragt mit der Länge l_k = 50 mm in das Medium. Die Berechnung lehnt sich an die Vorgaben von Bild 30 an. Für den Berechnungsgang sind weiterhin die Wärmedurchgangswerte k_1, k_2, k_3 wie unten beschrieben zu ermitteln. Zur Bestimmung der Temperaturanstiegsgeschwindigkeit werden nur die anfallende Reibwärme und die Masse des Wellenschoners benötigt, während die abgeführten Wärmebeträge für Vergleichszwecke von besonderem Interesse sind. Der Reibwert wird mit μ_r = 0,1 (Mischreibung) angenommen.

$$v_r = d \cdot \pi \cdot n/60 \tag{32}$$

$$A_r = d \cdot \pi \cdot L \tag{33}$$

$$N_a = \Delta P \cdot \mu_r \cdot A_r \cdot v_r \tag{34}$$

$$t^* = Na / (G \cdot c) \tag{35}$$

$$A_k = d \cdot \pi \cdot L_k \tag{36}$$

$$A_l = d \cdot \pi \cdot L_l \tag{37}$$

$$A_m = d \cdot \pi \cdot L_m \tag{38}$$

Berechnung der Wärmeübergangszahl α_k am Außenmantel:

Luftgeschwindigkeit $v_k = 0$:

$$\alpha_k = C_s \cdot ((T_m/100)^4 - (T_l/100)^4)/(T_m - T_l) + 1{,}13 \cdot ((T_m - T_l)/d_4)^{0{,}25} \quad (39)$$

Luftgeschwindigkeit $v_k = < 5$ m/s :

$$\alpha_k = C_s \cdot ((T_m/100)^4 - (T_l/100)^4)/(T_m - T_l) + 5 + 3{,}4 \cdot v_k \quad (40)$$

Luftgeschwindigkeit $v_k = > 5$ m/s :

$$\alpha_k = C_s \cdot ((T_m/100)^4 - (T_l/100)^4)/(T_m - T_l) + 6{,}14 \cdot v_k^{0{,}78} \quad (41)$$

Berechnung des Wärmedurchgangswertes k_k am Außenmantel :

$$k_k = 1/(d_4 \cdot (1/(a_k \cdot d_4) + 1/(2 \cdot \lambda_1) \cdot \ln(d_3/d_2) + 1/(2 \cdot \lambda_2) \cdot \ln(d_4/d_3))) \quad (42)$$

Berechnung der Wärmeübergangszahl α_l an der Welle/Luftseite :

Luftgeschwindigkeit $v_r = < 5$ m/s:

$$\alpha_l = C_s \cdot ((T_m/100)^4 - (T_l/100)^4)/(T_m - T_l) + 5 + 3{,}4 \cdot v_r \quad (43)$$

Luftgeschwindigkeit $v_r = > 5$ m/s:

$$\alpha_l = C_s \cdot ((T_m/100)^4 - (T_l/100)^4)/(T_m - T_l) + 6{,}14 \cdot v_r^{0{,}78} \quad (44)$$

Berechnung des Wärmedurchgangswertes k_l an der Welle/Luftseite:

$$k_l = \lambda_3 \cdot A_r / (L_l \cdot A_l) \cdot (\ln(1/\alpha_l + L_l \cdot A_l / (\lambda_3 \cdot A_r)) - \ln(1/\alpha_l)) \quad (45)$$

Berechnung der Wärmeübergangszahl am an der Welle/Mediumseite :

$$a_m = 2900 \cdot v_r^{0{,}85} \cdot (1+0.014 \cdot t_m) \quad (46)$$

Berechnung des Wärmedurchgangswertes k_m an der Welle/Mediumseite :

$$k_m = \lambda_3 \cdot A_r/(L_m \cdot A_m) \cdot (\ln(1/\alpha_m + L_m \cdot A_m/(\lambda_3 \cdot A_r)) - \ln(1/\alpha_m)) \quad (47)$$

$$N_k = A_k \cdot k_k \cdot \Delta t_k \quad (48)$$

$$N_l = A_l \cdot k_l \cdot \Delta t_l \quad (49)$$

$$N_m = A_m \cdot k_m \cdot \Delta t_m \quad (50)$$

Die Reibungswärme beim Einlaufvorgang beläuft sich auf 8168 Watt, die Kühlbeträge betragen $N_1^* = 6{,}1$, $N_2^* = 0{,}09$, $N_3^* = 0{,}09$ Watt/K. Aus der Summe der Kühlbeträge läßt sich eine theoretische Beharrungstemperatur von 1297 K über der des Mediums ableiten, erst dann wäre die Zufuhr und Abfuhr der Wärme im Gleichgewicht. Die Temperaturanstiegsgeschwindigkeit beträgt 5,3 K/s. Wenn man eine zulässige Temperaturdifferenz von 250 K ansetzt, darf der erste Anlauf nicht länger als 47 s dauern. Die Wartezeit bis zum nächsten Anlauf wird aber mehrere Minuten betragen, bis die Abkühlung auf eine erträgliche Temperatur erreicht ist. Während der Rückkühlzeit verliert die Packung ihre durch die Erwärmung erhöhte Spannung, so daß Tropfleckage auftreten kann. Wenn dieser Zustand eintritt, kann die Welle wieder angefahren werden. Meist ist nach dem ersten Zyklus von Lauf, Stopp und Wartezeit bereits der angestrebte Dauerlaufzustand der Packung erreicht. Es hat sich dann ein stabiler

Schmierfilm zwischen Welle und Packung eingestellt, wodurch sich die Reibwärme stark reduziert.

$$N_d = \eta \cdot A_r \cdot v_r{}^2/h \qquad (51)$$

Die Reibwärme erreicht jetzt nur noch N_d = 152 Watt, während die Temperaturdifferenz an der Packung etwa 24 K beträgt. Diese beiden Temperaturwerte lassen einen stabilen Dauerlauf zu.

Die Berechnung der Beharrungstemperatur an der einfachen Stopfbuchse zeigt, daß die beiden in die Umgebungsluft abgeführten Wärmebeträge zu vernachlässigen sind. Sollte die Temperatur jedoch unzulässig hohe Werte annehmen, kann bereits eine drucklos arbeitende Wasservorlage an der Außenseite des Wellenschoners erhebliche Wärmebeträge abführen und damit zum Beispiel die Abdichtung von Heißwasser bei Temperaturen ermöglichen, die über dem Siedepunkt liegen.

Es sind noch die technischen Zusammenhänge für die Schmierfilmbildung zwischen Packung und Welle zu beschreiben. Durch Praxisergebnisse ist dieser Zustand zwar vielfach nachgewiesen, jedoch ist es für den Anwender wichtig, die Einflußgrößen zu kennen, um zum Beispiel die Leckage minimieren oder die Beharrungstemperatur senken zu können.

Die erforderliche Spaltweite von wenigen Mikrometern läßt sich auch bei Verwendung von formgepreßten Ringen nicht vorher einstellen. Durch entsprechende Formgebung der vorgepreßten Ringe erreicht man aber, daß die Leckwege 1 und 2 schon nach dem Einbau verschlossen sind. Am Innendurchmesser ist nach der Montage ein geringer Spalt vorhanden, der je nach Toleranzlage gegen Null tendiert. Für das Dichtschließen des Leckagewegs 3 muß nur eine relativ geringe Spannung aufgewendet werden, nämlich der Fließdruck des Packungswerkstoffes. Anschließend wird die Brille gelöst und die Brillenspannung auf $\Delta P \cdot k_w$ eingestellt. Der Wert k_w liegt bei 1,05 ... 2. Um bei Temperaturänderungen das Ansteigen der Packungsspannung zu unterbinden, kann die Brille durch geeignete Federelemente nachgiebig vorgespannt werden.

Beim Einlaufen dreht sich die Welle auf einem Gemisch aus Einlaufschmiermittel und Packungsmaterial, welches zunehmend abgetragen wird. Durch das Nachfließen des Mediums werden die losen Materialteilchen allmählich nach außen befördert und dann durch das Medium ersetzt. Die Welle drückt auf ihrer „Bergseite" das Medium gegen die Packung und erzeugt ähnlich wie beim Gleitlager einen Druckberg, welcher mit der Welle umläuft. Auf der „Talseite" der Welle kann die Packung nicht schnell genug zurückfedern, weil der Schmierfilm auch in diesem Bereich nicht schnell genug entweichen kann. Die Radialspannung der Packung nimmt im Dauerlaufzustand die der umlaufenden Flüssigkeit an. Zu jeder Zeit befindet sich an jeder Stelle der Packungskontaktfläche ein Schmierfilm, welcher mit der halben Umfangsgeschwindigkeit umläuft. Zugleich findet der Flüssigkeitstransport in axialer Richtung statt, angetrieben durch den Druck im Medium. Wegen nahezu gleicher Spaltweite in axialer Richtung fällt der Druck im Spalt annähernd dreieckförmig nach außen hin ab. Die geometrisch zu addierenden Geschwindigkeitsanteile der Flüssigkeit dürfen nicht zu turbulenter Strömung führen, da sonst eine schnell verlaufende Zerstörung der Packungskontaktfläche eintritt. Die kritische REYNOLDS-Zahl beträgt für diesen Fall Re = 1050.

$$Re = v_g \cdot h/n \qquad (52)$$

Für das vorliegende Beispiel ergibt sich eine REYNOLDS-Zahl von Re = 28, also ist die Strömung laminar. Das Erscheinungsbild eingesetzter Packungen zeigt an der Kontaktseite typischerweise eine spiegelglatte, gleichmäßige Oberfläche.

4.7.3 Hochdruckpumpen, Plungerpumpen

Plungerpumpen werden im Hochdruckbereich mit Drücken von mehreren tausend bar eingesetzt. Die mittlere Hubgeschwindigkeit beträgt dabei bis zu 2 m/s. Der Einsatz von Packungen für den Hochdruckbereich dieser Plungerpumpen hat sich in neuerer Zeit wieder verstärkt durchgesetzt, weil mit Packungen im hydrodynamischen Reibzustand abgedichtet werden kann. Wenn man zum Beispiel eine Plungerpumpe mit $\Delta P = 1000$ bar bei einer mittleren Geschwindigkeit v = 2 m/s im Mischreibungszustand bei $\mu = 0{,}1$ abdichten wollte, hätte man eine Reibleistung von $N_r = 20$ MW/m^2 an der Kontaktstelle zu erwarten. Die dabei entstehende Reibungswärme läßt sich mit normalen Mitteln nicht mehr abführen.

Durch die hin- und hergehende Bewegung des Plungers ist das Packungsmaterial an den Spalten von Grundring und Plunger der Extrusion ausgesetzt. Würde man die Reibung als Scherspannung des der Kontaktfläche benachbarten Materials betrachten, ergäbe sich bei Mischreibung eine Spannung von τ_s=10 N/mm^2 ($\mu = 0{,}1$). Eine derartig hohe Scherspannung kann von keinem der bekannten Packungsmaterialien aufgenommen werden.

Die Reibwärmeabfuhr und die Beherrschung der Reibspannung sind deshalb die wichtigsten Aufgabenstellungen bei der Abdichtung der Hochdruckpumpen.

Man verwendet für diesen Einsatz fast ausschließlich formgepreßte Packungsringe. Die einzelnen Packungsringe sind dabei durch vollflächig ausgebildete Backringe gekammert, siehe Bild 31. Durch die Anordnung der Feder erreicht man beim Einfahren des Plungers, dem Druckhub, ein sehr sanftes Anlegen des Packungsmaterials mit Spaltbildung zur hydrodynamischen Schmierung. Beim Ausfahren wird der Packungssatz entsprechend dem Druckabbau entspannt.

Beim Einlaufen des Packungssatzes wird zunächst durch die Rauheit des Plungers Packungsmaterial, Einlaufschmiermittel und Medium von der Kontaktfläche entfernt und allmählich durch Medium ersetzt. Bei ausreichender Länge des Packungssatzes kann sich ein hydrodynamischer Schmierfilmkeil zwischen Packung und Plunger ausbilden, so daß kein

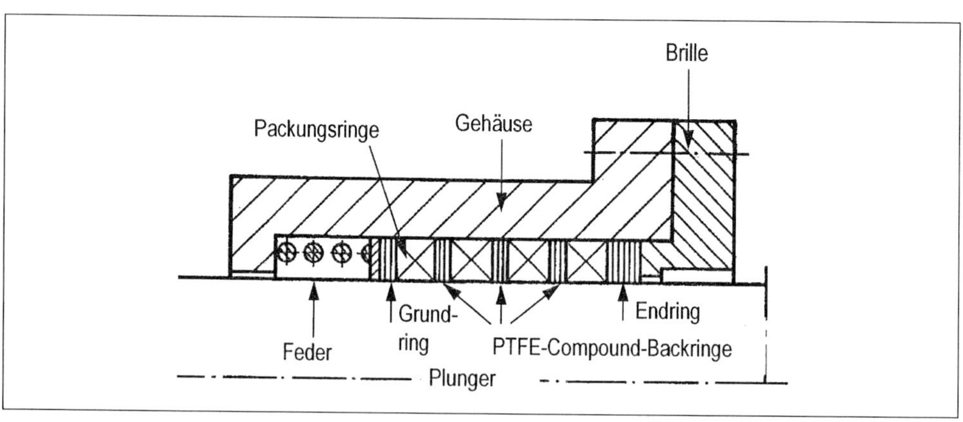

Bild 31: Abdichtung einer Hochdruckplungerpumpe

Abrieb mehr erfolgt. Beim drucklosen Ausfahren des Plungers wird ein kleiner Schmierfilm mit der Plungeroberfläche mitgezogen. Beim Einfahren dient dieser Schmierfilm zum Aufbau des „Schmierkissens“, auf dem die Packung über die Oberfläche des Plungers läuft. Dabei werden die einzelnen Medienpartikel des Schmierfilms durch die Reibung entlang ihres Weges erwärmt, wodurch sich ein keilförmiger Spalt ausbildet. Die Randbedingungen entsprechen praktisch denen eines geschlossenen Axiallagers. Die Filmdicke beim Einfahren ist geringer als beim Ausfahren, die Differenz beider Filmdicken ergibt schließlich die Leckage.

4.7.4 Rührwerke, Mischer, Filter

Für dieses Anwendungsgebiet sind hohe Betriebsdrücke und geringe Geschwindigkeiten sowie große Wellendurchmesser typisch. Die Stopfbuchsen sind teilweise am Boden der Behälter angeordnet, so daß das Medium an der Packung ansteht. Soll das Medium im Rührbehälter während seiner Mischzeit zusätzlich reagieren, zum Beispiel bei einer Polymerisation, wird in der Regel eine auf dem Behälter angeordnete Stopfbuchsanordnung gewählt. In diesem Falle steht meist eine Gasphase an der Packung an. Es muß dann eine Laterne zur Schmierung der Packung vorgesehen werden. Bei sehr großen Behältern, zum Beispiel Filtern, sind die Welle bzw. die Wellenenden waagerecht angeordnet. Die dazugehörigen Stopfbuchsen sind in vielen Fällen nicht vom Medium umspült, so daß auch in diesen Fällen Laternen zur Schmierung der Packung eingesetzt werden müssen.

Wegen der sehr geringen Umfangsgeschwindigkeiten ist eine hydrodynamische Schmierung der Packung nicht möglich. Es wird also im Mischreibungszustand gefahren. Die Vorspannung der Packung dabei liegt im Bereich von

$$\sigma_{br} = (1{,}5 \ldots 3) \cdot \Delta P. \tag{53}$$

Die sich einstellende Radialspannung an der Kontaktfläche der Packung belastet nicht nur die Wärmebilanz, sondern auch das Standvermögen der Packung an ihrem Sitz in der Stopfbuchsbohrung. Während bei kleinen Wellendurchmessern die relative Krümmung der Packung und das Verhältnis von äußerem zu innerem Reibradius groß ist, sind die Bedingungen bei Behälterabdichtungen umgekehrt, so daß die schon erwähnte Gefahr des Mitrutschens der Packungsringe gegeben ist. Ist die Welle schon exzentrisch gelagert, werden Partien der Packung mit höherer Packungsbreite zu Bereichen mit geringerer Breite verschoben und vergrößern hier die Kontaktspannung. Durch den Wellenschlag kommt es zusätzlich zu einer umlaufende Walkverformung. Beim Anziehen der Brille ergibt sich nun bei exzentrischer Lage der Welle eine unterschiedlich hohe Spannung an der Packung, die Zone am „Wellenberg“ wird stark verspannt, die Zone am „Wellental“ gering verspannt. Beginnt die Packung in den Teilbereichen mit geringerer Spannung mitzurutschen, wird sie in den Bereichen mit höherer Spannung festgehalten und vergrößert dort die ohnehin schon höhere Spannung. Im ungünstigen Fall kann es zum Abreißen des Packungsstranges und zum gewaltsamen Öffnen der Stopfbuchse kommen.

Um diesen geschilderten Vorgang zu verhindern, muß der Wellenschlag begrenzt werden. Bei einem Wert von

$$a \leq 0{,}007 \cdot \sqrt{d} \tag{54}$$

und einer nach B_5 ausgelegten Packungsbreite ist ein Mitrutschen der Packung mit Sicherheit zu verhindern.

Bei waagerechter Anordnung großer langsamlaufender Wellen werden häufig offene Halblager mit Fettschmierung angewendet. Bei diesen Lagern besteht durch Wartungsmangel die Gefahr des Auslaufens der Lager. Die sich damit vergrößernde Exzentrizität kann ebenfalls zu dem bereits beschriebenen Zustand des Mitrutschens führen.

Die Wärmebilanz wird mit den genannten Gleichungen für Rotationswellen berechnet. Die sich dabei ergebende Beharrungstemperatur an der Kontaktfläche der Packung muß niedriger als die Siedetemperatur des Kühlmediums sein, wenn nicht weitergehende Forderungen aus der Prozeßführung vorliegen, zum Beispiel Brandgefahr.

Die Festlegung einer Packungslänge für das Gebiet der Behälterabdichtungen ist wegen der sehr verschiedenen Betriebsbedingungen nicht sinnvoll, meist wird die Länge aus früher gewonnenen Betriebserfahrungen bestimmt.

4.7.5 Sonstige Anwendungen

Packungen finden über die bereits erwähnten Bereiche hinaus in einer ganzen Reihe von anderen statischen und quasi-statischen Einsatzfällen Anwendung. Überwiegend handelt es sich dabei im weiteren Sinne um verschiedenste Arten von Deckel- bzw. Flanschabdichtun gen wie Dichtungsanordnungen für Ofentüren, Trockner, Wärmeübertrager, Autoklaven, Tankdeckel, Chemiecontainerverschlüsse und Lampenabdeckungen für unterschiedliche industrielle Anwendungsgebiete. Meistens geht es um kundenbezogene Problemlösungen, für die es keine Standardisierung der Ausführung oder der Abmessungen gibt, sondern die in enger Zusammenarbeit mit der Anwendungstechnik der Packungshersteller zu erarbeiten sind.

Allen gemeinsam ist, daß es im allgemeinen um eine Nut- und Federanordnung geht, in der nur ein Packungsring zum Einsatz kommt. Da die Deckel bzw. Verschlüsse oft geöffnet werden, verwendet man vielfach endlos hergestellte Packungsringe, um das Leckagerisiko auszuschalten, das sich bei einer offenen Stoßstelle ergibt. Zur Verbesserung der Elastizität werden Elastomerkerne eingesetzt, die mit einen Schlauchgeflecht umflochten werden. Die Umflechtung kann mehrere Funktionen haben. Sie kann den Elastomerring vor chemischen und thermischen Angriff schützen, die Spaltextrusion des Ringes vermeiden und das Anhaften der Dichtung an den Deckel verhindern. Wegen guter chemischer und thermischer Beständigkeit sowie geringer Adhäsionsneigung werden vorwiegend PTFE-haltige Ausgangsmaterialien für die Ummantelung verarbeitet. Wenn der Extrusionsschutz im Vordergrung steht, werden heute hochfeste Garne auf Aramidbasis bevorzugt.

Beim Einbau und im ständigen Einsatz ist zu beachten, daß Deckel und Flansche sehr genau und gleichmäßig angezogen werden müssen, um die für die Dichtwirkung ausschlaggebende gleichförmige Spannungsverteilung über den gesamten Umfang sicherzustellen. Bei niedrigen Drücken wird die Dichtungskraft direkt durch zentrale oder über den Umfang verteilte Deckelverschraubungen aufgebracht, während bei höheren Drücken die Packung im Inneren des Deckels mit Schrauben vorgespannt wird und die Dichtkraft indirekt über den Betriebsdruck erzeugt wird, wie es beispielsweise bei den bereits gezeigten Bredtschneider-/Uhde-Verschlüssen der Fall ist.

Es gibt eine ganze Reihe weiterer interessanter konstruktiver Lösungen mit Stopfbuchspackungen, wie zum Beispiel Rußbläser für Kraftwerke und Zylinderbuchsenabdichtungen für Dieselmotoren, deren Beschreibung jedoch im Rahmen dieses Kapitels zu weit führen würde.

4.8 Praktische Handhabung von Packungen

4.8.1 Montage und Einbauhinweise

Der korrekten Installation von Stopfpackungen ist große Bedeutung beizumessen, da ein hoher Prozentsatz von Packungsausfällen auf Fehler zurückzuführen ist, die beim Einbau gemacht wurden. Im allgemeinen werden von den Lieferanten Einbauanleitungen mitgeliefert. Sie beinhalten alle zu beachtenden Einzelschritte und gehen auch auf spezifische Besonderheiten einzelner Packungen ein. Auf allgemeingültige Regeln soll hier noch einmal hingewiesen werden.

Zur Vorbereitung des Einbaues ist die alte Packung zu entfernen und der Stopfbuchsraum einschließlich Spindel- bzw. Wellenoberfläche gründlich zu reinigen. Dazu werden nach Abschalten und Druckentlastung der Anlage die Stopfbuchsbrille oder die Überwurfmutter entfernt und alle alten Packungsringe bis zum Grund des Stopfbuchsraumes ausgebaut. Die Demontage kann durch Verwendung von Packungsziehern, die sich wie Korkenzieher in das zu entfernende Packungsmaterial hineindrehen lassen, erheblich erleichtert werden. Außerdem werden dadurch typische Beschädigungen an Welle und Gehäuse vermieden, wie sie durch Einsatz von Schraubendrehern und ähnlichen Instrumenten entstehen.

Anschließend ist der Zustand der Welle, Wellenschonhülse oder Spindel auf Einlaufriefen und Korrosionschäden zu überprüfen. Gegebenenfalls sind Wellen und Schonhülsen zu erneuern. Einwandfreie Lagerung und Rundlauf der Welle sind sicherzustellen.

Als nächstes sind die Spalte zwischen Brille und Welle sowie zwischen Gehäuse und Welle am Stopfbuchsgrund auf Einhalten der zulässigen Spaltmaße zu untersuchen. Bei zu großen Spalten kann die Extrusion des Packungsmaterials in den Spalt durch Einlegen von Metall- oder Kunststoffscheiben oder auch einer Grundbuchse zur Verringerung der Spaltbreite verhindert werden. Aber auch vorverdichtete Ringe aus hochfestem Packungsmaterial werden vielfach als Extrusionschutz eingesetzt.

In manchen älteren Konstruktionen findet man konisch ausgeführte Flächen am Stopfbuchsgrund und auf der Druckseite der Brille. Hier sollte inbesondere bei Pumpenanwendungen ein rechtwinkliges Nacharbeiten der Teile erfolgen, weil die Keilwirkung, die durch die konische Ausführung hervorgerufen wird, die Anpreßkräfte auf die Wellenoberfläche erhöht und dabei verstärkter Materialverschleiß an der Packung und ein erhöhter Wellenverschleiß entstehen kann.

Vor dem Einbau der neuen Packungsringe sind Qualität und Abmessungen noch einmal auf Eignung für die vorliegenden Einsatzbedingungen zu überprüfen. Bei Armaturen sollten die Abmessungen des Packungsquerschnittes möglichst genau mit denen des Einbauraumes übereinstimmen. Die sicherste und am wenigsten zeitaufwendige Lösung ist die Verwendung von formgepreßten Ringen, siehe auch Pkt. 4.3.1. Bei der Verpackung von Pumpen wird für den verwendeten Packungsquerschnitt ein Untermaß von 0,3 bis 0,6 mm empfohlen, um die für Wärmeabfuhr und Schmierung notwendige Leckage beim Anlaufen sicherzustellen.

Das Zuschneiden von Ringen aus Meterware kann durch die Verwendung einer Packungsschneidlehre optimiert werden, die ohne umständliches Berechnen und Abmessen ein sehr genaues Ablängen des Materials ermöglicht. Über der Welle oder der Spindel wird dann der Packungsabschnitt zu einem Ring geformt. Steht eine Schneidlehre nicht zur Verfügung, sollte die Meterware möglichst um ein Rohr oder eine Welle gewickelt werden, deren Abmessungen mit dem Wellen- bzw. Spindeldurchmesser übereinstimmen. Hilfsweise kann der benötigte Durchmesser auch durch mehrfaches Umwickeln eines Dornes mit einem Klebe-

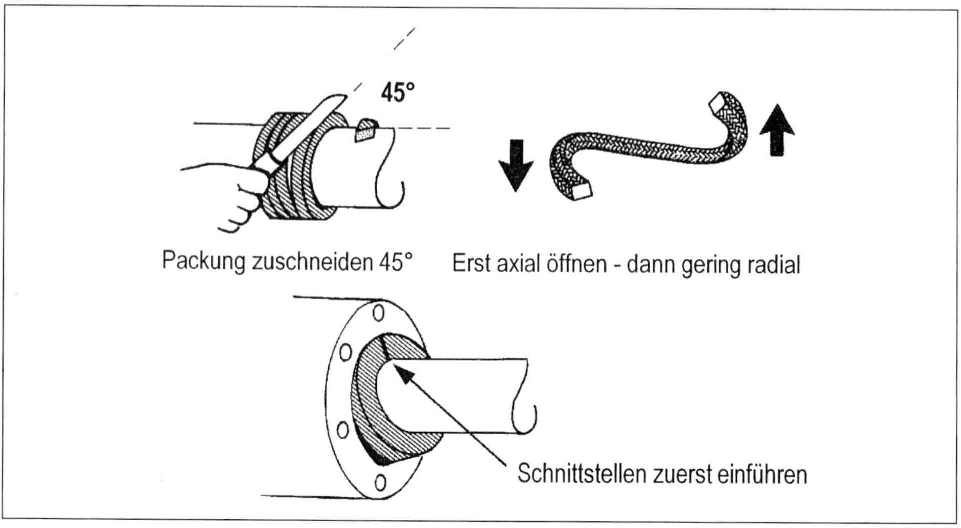

Bild 32: Zuschnitt von Packungen

streifen hergestellt werden. Ein Schrägschnitt unter einem Winkel von 45° ergibt bezüglich der Dichtungseigenschaften bessere Ergebnisse als ein Stumpfschnitt. Packungen ohne Bindemittel neigen beim Schneiden zum Aufspleißen. Das kann verhindert werden, indem die Schnittstelle vor dem Schneiden durch einen Klebestreifen umwickelt wird, durch den im Anschluß der Schnitt erfolgt, Bild 32.

Die zugeschnittenen bzw. vorgepreßten Packungsringe werden möglichst mit um 90° versetzten Schnittstellen nacheinander in die Stopfbuchse eingeführt. Die Schnittenden sollten dabei stets zuerst mit der Brille oder einem speziellen Montagewerkzeug in Form eines Ringsegments, das auf den Packungszieher kraftschlüssig aufgesetzt werden kann, in die Stopfbuchse geschoben werden. Es sind so viele Ringe zu installieren, daß für die Führung der Stopfbuchsbrille ungefähr die Länge einer halben Packungsdicke übrigbleibt. Anschliessend werden die Ringe mit der Stopfbuchsbrille einmal fest angezogen, um eine Anpassung der Packung an den Stopfbuchsraum zu erreichen. Danach wird die Brille wieder gelöst und noch einmal mit der bereits genannten Brillenspannung festgezogen.

Beim Einbau formgepreßter Ringe ist auf eine besonders schonende Behandlung des Materials zu achten. Die Ringe sollten erst axial und dann nur so weit radial geöffnet werden,daß sie gerade über die Welle geschoben werden können. Es wird so verhindert, daß durch unnötiges Aufbiegen des Querschnittes Beschädigungen des Ringes entstehen, die die Dichtwirkung negativ beeinflussen können. Auch hier sollte der einzelne Ring mit der Schnittstelle voran eingebaut werden. Die hier beschriebene Einbauweise erübrigt sich natürlich, wenn die Packung von vorn in einen offenen Stopfbuchsraum geschoben werden kann.

4.8.2 Vorspannen der Packung

Vor der Inbetriebnahme sind Packungen in Abhängigkeit von den zum Einsatz kommenden Packungstyp und der jeweiligen Anwendungsart mit einer definierten Vorspannung zu beaufschlagen. Für Pumpen- und Armaturenpackungen gelten unterschiedliche Richtwerte.

Für die Einstellung der erforderlichen Brillenkräfte ist es zweckmäßig, möglichst einen Drehmomentschlüssel oder ähnliche Instrumente zur Kraftmessung zu verwenden.

Die Betriebsspannung an der Brille sollte bei Pumpenpackungen auf den (1,05 ... 2)-fachen Mediendruck eingestellt werden. Dabei ist es notwendig, eine Mindestspannung von 0,5–1,5 N/mm^2 vorzusehen.

Die Betriebsspannung an der Brille ist bei Armaturenpackungen möglichst auf den (2 ... 5)-fachen Mediendruck zu orientieren. Als Mindestspannung gilt in diesem Fall 5 N/mm^2.

4.8.3 Einfahren von neu verpackten Wellenabdichtungen

Packungen haben beim Einsatz als Wellendichtung nicht die Aufgabe, die Leckage völlig zu verhindern, sondern lediglich zu sichern,daß der Austritt des Mediums auf ein tolerierbares Maß begrenzt wird. Es muß sowohl für einen Flüssigkeitsschmierfilm gesorgt werden, um Reibungswärme abzuleiten als auch den Verschleiß der Welle und der Packung so gering wie möglich zu halten. Während der Einlaufphase ist die Gefahr besonders groß, die Packung durch thermische Einflüsse zu schädigen. Deshalb sollte die Stopfbuchse vor dem Anfahren nur leicht und gefühlvoll von Hand angezogen werden. Bei Inbetriebnahme ist die Wärmeentwicklung an der Welle genau zu beobachten. Bei zu hoher Erwärmung von mehr als 40 °C über der Medientemperatur muß die Pumpe wieder abgestellt werden. Nach kurzer Abkühlung wird sich allmählich eine Leckage einstellen. Die Pumpe kann nun wieder angefahren werden. Unter Umständen muß dieser Vorgang mehrfach durchgeführt werden, bis sich die betriebsnotwendige Leckage an der Welle einstellt. Als Faustregel für diese Mindestleckage gilt ein Wert von ca. 4 cm^3/min oder ca. 20 Tropfen je 25 mm Wellendurchmesser. Das Aggregat sollte während des gesamten Einlaufvorganges, der zwischen 15 und 30 Minuten dauern kann, genau beobachtet werden.

4.8.4 Wartung von Stopfbuchspackungen

Eine sachgemäß eingestellte Stopfbuchse für Wellenabdichtungen muß im allgemeinen während des Betriebes nicht nachgestellt werden. Insbesondere, wenn mit Federn vorgespannte Brillen Verwendung finden, kann ein fast wartungsfreier Betrieb mit herkömmlichen geflochtenen Stopfbuchspackungen erreicht werden. Verändert sich die anfänglich eingestellte Mindestleckage zu häufig, ist das meistens ein Hinweis auf eine ungünstige konstruktive Auslegung der Stopfbuchse oder unsachgemäßen Umgang mit dem Dichtungsmaterial. Typische Ursachen für kurze Nachstellperioden sind zu kurze Stopfbuchsen und zu hohe Brillenspannungen. Aber auch das Setzverhalten der Packung und Verschleiß können zu erhöhter Leckage führen. Um eine möglichst gleichbleibende Dichtwirkung zu erzielen, muß die ursprüngliche Brillenspannung durch gleichmäßiges und vorsichtiges Nachziehen der Muttern wiederhergestellt werden. Nur wenn dieser Vorgang gewissenhaft durchgeführt wird, können angemessene Standzeiten der Packung erzielt werden. Voraussetzungen hierfür sind erfahrenes und geschultes Wartungspersonal und die Bereitstellung der notwendigen Spezialwerkzeuge.

Eine Standzeitverlängerung einer im Einsatz befindlichen Stopfbuchspackung kann durch sogenanntes „Nachpacken“ erreicht werden. Dabei werden ein oder mehrere Ringe in den Stopfbuchsraum nachgelegt, um den durch Setzen und Verschleiß aufgetretenen Volumenschwund auszugleichen. Eine andere gängige Methode besteht darin, ein oder zwei Ringe aus der Stopfbuchse zu entfernen und durch neue Ringe zu ersetzen. Beide Vorgehensweisen haben sich in der Praxis bewährt und sind durchaus akzeptabel. Natürlich wird in der Regel eine Neuverpackung unter dem Gesichtspunkt der Standzeit dem „Nur-Nachpacken“ überlegen sein. Vorteil des Nachpackens ist die Materialersparnis und gerade bei schwierigen Einbausituationen ein nicht unerheblich kürzerer Zeitaufwand für die Wartung.

Ein vielfach zu beobachtendes, schnelles und unkontrolliertes Nachziehen der Brillenmuttern kann sowohl bei Pumpen- als auch bei Armaturendichtungen zu unerfreulichen Betriebsstörungen führen. So können beispielsweise Spindeln an Regelarmaturen durch zu starkes Nachziehen blockieren oder sich nur ruckartig drehen lassen, was zu unerwünschten Schwingungen im System führen kann. Pumpendichtungen reagieren auf zu starkes Anziehen wegen Eintretens von Mischreibung mit schneller Temperaturerhöhung im Stopfbuchsraum, was dazu führt, daß die Packung durch Verbrennen des Materials an der Lauffläche ausfällt.

4.8.5 Entsorgung von Packungen

Beim Packungswechsel fallen Abfälle an, bei deren Entsorgung je nach verwendetem Ausgangsmaterial bestimmte gesetzliche Regelungen beachtet werden müssen.

Der Einsatz asbesthaltiger Packungen ist durch die Gefahrstoffverordnung, die Asbest als besonders gefährlichen krebserregenden Gefahrenstoff einstuft, in Deutschland nicht mehr gestattet. Die Gesundheitsgefährdung geht dabei von eingeatmetem Asbestfeinstaub aus, der Asbestose verursachen und/oder kanzerogene Wirkung entfalten kann. Die gesetzlichen Regelungen schließen jedoch nicht aus, daß heute noch beim Packungswechsel insbesondere im Armaturenbereich aufgrund früheren Einsatzes von Asbestpackungen Abfälle anfallen können, für deren Entsorgung besondere Regelungen gelten. Die Bestimmungen, die hier nicht im einzelnen wiedergegeben werden können, sehen ein besonderes Erfassen und Sammeln der Abfälle vor. Die Beseitigung hat in einer Sonderdeponie zu erfolgen. Nachzulesen ist die vorgeschriebene Vorgehensweise im LAGA-Merkblatt zur Entsorgung asbesthaltiger Abfälle, wobei Packungsabfälle als Produkte mit fester Faserbindung einzustufen sind.

Schon bei Ausbau von asbesthaltigen Packungen sollten Vorsichtsmaßnahmen ergriffen werden, da es vorkommen kann, daß Imprägnierung und Schmiermittel durch Druck- und Temperaturbeaufschlagung in der Packung nur noch geringfügig vorhanden sind. Wenn in diesem Fall keine Benetzung durch das abzudichtende Medium gegeben ist, sollte die Packung noch in der Stopfbuchse mit Wasser oder Öl befeuchtet werden, um von vorherein jede mögliche Staubentstehung bei der Entfernung des Packungsmaterials zu vermeiden. Zusätzlich ist Atemschutz mit Partikelfilter P 2 zu verwenden (siehe Merkblatt Gefährliche Arbeitstoffe A 135).

Auch bei kunststoffhaltigen Packungsabfällen sind gemäß Abfallgesetz besondere Maßnahmen zur Entsorgung zu treffen. Die Abfälle müssen gemäß LAGA entsorgt und auf einer Sonderdeponie beseitigt werden. Fluorhaltige Abfälle, z.B. PTFE, sind in die Hochtemperaturverbrennung zu geben. Das gilt auch für Abfälle von Packungen, die mit fluorhaltigen Imprägnierungen hergestellt wurden.

Alle Packungsabfälle, die nicht zu den bereits genannten Gruppen gehören, sind als feste öl- und fettverschmutzte Betriebsmittel zu behandeln und mit dieser Deklaration der Verbrennung zuzuführen. Eine Beseitigung als Hausmüll ist nicht zulässig.

Zu beachten ist, daß in den Mitgliedsstaaten trotz Regelung der Tatbestände in EU-Richtlinien bezüglich der Entsorgung sehr stark voneinander abweichende Festlegungen getroffen wurden.

4.9 Ausgewählte typische Schäden bei Verwendung von Stopfbuchspackungen

– Schäden an schnellaufenden Wellen

Sie sind in den meisten Fällen durch falsche Betriebsweise der Packungsstopfbuchse verursacht und deshalb allgemein vermeidbar.

Schadensbild 1:

Die Oberfläche der Welle oder des Wellenschoners ist im Außenbereich durch Anlauffarben verfärbt, obwohl nur eine kurze Betriebszeit vorgelegen hat, Bild 33.

Schadensursache:

Die erforderliche Anlaufzeit ist überschritten worden, die Packung konnte sich unter den geforderten Betriebsbedingungen nicht „selbst befreien“.

Die Packung kann am äußeren Spalt stark extrudiert sein, Bild 34.

Die erforderliche Brillenspannung ist überschritten worden.

Die Packungslänge ist zu kurz, ein hydrodynamischer Schmierzustand ist nicht erreichbar.

Bild 33: Schadensbild 1 / Anlauffarben

Bild 34: Schadensbild 1 / Extrusion

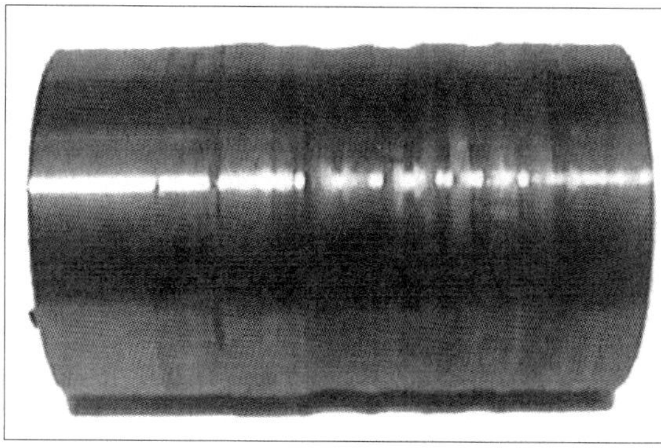

Bild 35: Schadensbild 2

Schadensbild 2:

Die Oberfläche der Welle oder des Wellenschoners ist im Kontaktbereich der Packung stark eingelaufen, die Fläche ist spiegelblank, Bild 34 und 35.

Schadensursache:

Durch zu hohe Brillenspannung war die Welle längere Zeit ohne Schmierung durch das Medium in Betrieb. Durch die Temperaturerhöhung steigt die Spannung der Packung infolge verhinderter Ausdehnungsmöglichkeit. Die Imprägnierung der Packung ergibt wegen ihrer Temperaturstabilität eine gute Gleitfläche, die das Material der Welle verdichtet und verdrängt. Eine Abrasion des Wellenmaterials findet nicht statt. In extremen Fällen wurden die Wellenschoner im Bereich der Packungsmitte zerteilt.

Schadensbild 3:

Die Oberfläche der Welle oder des Wellenschoners ist im Kontaktbereich der Packung stark eingelaufen, die Fläche ist rauh.

Das Medium enthält entsprechende Partikel, die sich in die relativ weiche Packung einbetten und die Abrasion an der Welle verursachen. Dieser Schaden läßt sich durch Anordnung einer effektiven Spülung mit Reinmedium vermeiden.

Schadensbild 4:

Die Oberfläche der Welle oder des Wellenschoners ist im Kontaktbereich mit scharfkantigen Löchern übersät.

Schadensursache:

Durch Korrosion während der Stillstandszeit infolge von Salzbildnern wie beispielweise Chloriden im Medium und durch falsche Materialauswahl kann diese Schadensform auftreten, ist aber in der Praxis relativ selten.

Schadensbild 5:

Die Leckage ist zu hoch, ein großer Teil der Leckage erfolgt über die Stopfbuchsbohrung.

Schadensursache:

Die Packung ist nicht richtig ausgeformt, so daß an der Außenfläche der Packung Hohlräume verbleiben.

Schadensbild 6:

Die Leckage ist zu hoch, die Leckage erfolgt durch den Spalt zwischen Welle und Packung.

Schadensursache:

Die Stopfbuchslänge ist zu groß und/oder die Brillenspannung ist zu klein, es bildet sich eine zu große Spaltweite aus.

Das Medium löst die Imprägnierung der Packung auf, die Leckage erfolgt zum großen Teil über Leckageweg 2.

Schadensbild 7:

Die Welle ist durch Berührung mit der Brille beschädigt worden, die Packung ist stark verbrannt.

Schadensursache:

Die Schadensursache ist nicht auf Fehler bei der Packungsinstallation zurückzuführen, sondern auf die metallische Berührung. Die Reibwärmebeträge steigern sich auf ein Mehrfaches der Packungsreibung und machen damit die errechnete Wärmebilanz restlos zunichte.

Schadensbild 8:

Die demontierte Packung zeigt nicht die typische spiegelblanke Lauffläche, sondern ist schwarz und riecht verbrannt, Bild 36.

Bild 36: Labortest: Metall-Packungen in vollentsalztem Wasser. Braune Ränder (Fe_2O_3) sind durch Belüftungseinfluß entstanden.

Schadensursachen:

- Durch zu lange oder nicht eingehaltene Einlaufzeit wurde zeitweilig eine zu große Beharrungstemperatur gefahren. Die Packung konnte sich danach aber „selbst befreien". Die schwarze Verfärbung rührt von Verkokungsprodukten der Packungsimprägnierung her.
- Die Brillenspannung war zu hoch, die Packung konnte sich aber durch Verschleiß von Packungsmaterial „selbst befreien".

  Im Medium sind Bestandteile enthalten, welche im Packungsbereich durch Aufkonzentration ausfallen und zur zeitweiligen Temperaturerhöhung, Spannungserhöhung und Abrasion führen. Diese ausgefällten Stoffe können sich auch an der Wellenfläche ablagern.

Schadensbild 9:

Die demontierte Packung ist durch und durch mit Kesselstein gefüllt und hart, die Leckage hat sich allmählich erhöht, die Brille ist nicht mehr nachzuziehen.

Schadensursache.

Das Medium enthält zu viele „Härtebildner". Diese Bestandteile normaler Wässer fallen bei der üblichen Temperaturerhöhung von über 45 °C an der Stopfbuchse aus. Diese Schadensform ist bei „harten" Wässern normal und unvermeidlich.

– Schäden an Wellen für Behälter

An den Wellen der Behälter, Mischer und Filter verursachen die Packungen durch den ständigen Mischreibungsbetrieb eine unvermeidbare Abrasion, die sich durch entsprechende Härte und Verschleißfestigkeit des ausgewählten Wellenmaterials minimieren läßt. Bei der Aufstellung der Wärmebilanz sollte man nach der Möglichkeit suchen, die sich einstellende Beharrungstemperatur an der Kontaktfläche durch zusätzliche Kühlfläche so niedrig wie möglich zu halten.

Schadensbild 10:

Die Packung ist durch Mitrutschen völlig zerstört, Packungsanteile sind durch den Spalt an der Brille/Welle ausgetreten.

Schadensursache:

Die Welle war vor der Montage der Packung exzentrisch gelagert. Obwohl die Brille parallel zur Stirnfläche der Stopfbuchsbohrung angezogen worden war, konnte wegen der unterschiedlichen Geometrie des Einbauraumes keine gleichförmige Verspannung der Packung in Umfangsrichtung erreicht werden.

Schadensbild 11:

Die Welle zeigt nach ihrem Einsatz eine leicht eingelaufende Oberfläche im Kontaktbereich mit blankem oder rauhem Aussehen:

Schadensursache:

Diese Schadensform ist für diesen Einsatz völlig normal und muß hingenommen werden. Das blanke Aussehen kommt durch „Verdrängung" infolge der Packung zustande, das rauhe Aussehen durch harte Partikel aus dem Medium.

– Schäden an Plungern

An den Plungern sind die Verschleißerscheinungen wegen der hin- und hergehenden Bewegung nicht auf den Packungsbereich beschränkt, sondern haben die Länge des Hubes plus Packungslänge. Wegen der Verteilung der möglichen Abrasionsvorgänge über der Hublänge sind die Beträge der Abrasion viel geringer als bei der Wellenabdichtung. Die Reibkräfte an der Packung sind wegen der Hubbewegung in axialer Richtung wirksam und verursachen dadurch eine relativ starke Extrusion des Packungsmaterials an den Grundringen bzw. Backringen des Packungssatzes.

Schadensbild 12:

Der demontierte Packungssatz zeigt eine schwarz gefärbte Kontaktfläche, die Kanten am Innendurchmesser zeigen an der Medienseite und an der Außenseite starke Extrusionsfahnen an den jeweiligen Backringen. Eine Leckage trat nicht auf.

Schadensursache:

Die Brillenspannung war zu hoch eingestellt, eine Spaltöffnung an der Kontaktfläche konnte nicht erfolgen, so daß die Packung im Mischreibungsgebiet gefahren wurde.

Schadensbild 13:

Der Plunger zeigt auf dem Kontaktbereich Längsriefen, der demontierte Packungssatz hat eine spiegelglatte Kontaktfläche, die Enden der Bohrung zeigen an ihren jeweiligen Endseiten eine kaum wahrnehmbare Extrusionsfahne.

Schadensursache:

Die Packungslänge und die Brillenspannung waren in Ordnung, die Riefen stammen von harten Partikeln aus dem Medium her, die sich beim Saughub in der Packung festsetzen. Abhilfe ist durch Anordnung einer Spüllaterne vor der Packung möglich, über welche während des Saughubes ein Teil der Fördermenge läuft. Diese Spülmedienzufuhr mit Reinmedium muß mittels Rückschlagventil abgesichert werden.

Schadensbild 14:

Der Packungssatz ist nicht dicht zu halten, die Leckage ist so groß, daß kein ausreichender Druckaufbau erfolgt. Der demontierte Packungssatz zeigt örtlich tiefe Einschnitte.

Schadensursache:

Die Spannung des Packungssatzes war nicht ausreichend, der Fließdruck der Packung ist nicht erreicht worden. Durch örtlich zu geringe Radialspannung erfolgt beim Druckhub eine Leckage durch „Kanäle“ mit so hoher Geschwindigkeit, daß die Leckströmung turbulenten Charakter annimmt und die Kanäle bei jedem Druckhub vergrößert.

– Schäden an Armaturenspindeln

Die Schäden, welche bei der Armaturspindelabdichtung auftreten, sind in der Regel vermeidbar, wenn die schon beschriebenen Konstruktions- und Einbaurichtlinien eingehalten wurden und die richtige Materialauswahl von Packung, Spindel und Gehäuse erfolgt ist. Manche Schäden treten auf, weil bei Inbetriebnahme notwendige Wartungsaufgaben nicht erfolgt sind. Das gilt besonders bei Armaturen für den Heißdampfbetrieb.

Schadensbild 15:

Die Armatur ist auch durch Nachziehen der Brille nicht abzudichten. Die ausgebaute Packung ist örtlich mit tiefen Kanälen versehen, die Packung wirkt wie ausgewaschen.

Schadensursache:

Die Armatur wurde für Heißdampf eingesetzt. Während der Aufheizperiode wurde der Verlust der Packungsanteile nicht durch Nachziehen der Brille ausgeglichen, so daß Leckage eintrat. Mit zunehmendem Verlust wurden die Leckkanäle so erweitert, daß turbulente Strömung und damit exzessiver Verlust an Packungsmaterial auftrat.

Die Packung wurde zur Verhinderung von Korrosion vor der Druckprobe in Öl getränkt und danach nicht ausgetauscht. Nach längerer Lagerung wurde die Armatur ohne Nachspannen der Brille im Hochdruckbereich eines gasförmigen Mediums eingesetzt. Die sofort einsetzende Leckage wurde nicht beseitigt, so daß die Packung durch turbulente Strömung zerstört wurde. Eine Tränkung von Packungsmaterial zur Korrosionsverhütung sollte immer unterbleiben, da solche Packungen durch das Austreten des Öls immer ihre Vorspannung einbüßen.

Schadensbild 16:

Die Spindel läßt sich nach der Aufheizperiode auf mittlere Temperatur kaum noch bewegen.

Schadensursache:

Die Packung ist in einer normalen Stopfbuchse eingebaut und hat gegenüber den Metallteilen einen großen Wärmeausdehnungskoeffizienten. Für die Ausdehnung wurde keine nachgiebige Brillenverspannung vorgesehen, so daß die Druckspannung in der Packung durch die Erwärmung kräftig stieg. Damit wuchsen in entsprechender Weise auch die Reibungskräfte an der Packung und im Spindelgewinde. Der Druckspannungsanstieg bei Erwärmung kann auch zum Abreißen der Brillenschrauben führen.

Schadensbild 17:

Die Armatur überschreitet die vorgegebene Maximal-Leckage. Ein Nachziehen der Brille bringt keine Verbesserung.

Schadensursache:

Es wurde eine ungeeignete Packung verwendet, der k_f-Wert der Packung ist zu hoch. Bei geringer Überschreitung des Grenzwertes ist durch Verlängerung des Packungssatzes Abhilfe mit der schon verwendeten Packung möglich.

4.10 Vergleichende Betrachtung Packungen und Gleitringdichtungen

Seit einigen Jahrzehnten werden Packungen in Anwendungen mit rotierenden Wellen mehr und mehr durch den Einsatz von Gleitringdichtungen ersetzt. Der Stand der Substitution ist dabei sehr weitgehend von dem Grad der Industrialisierung in den einzelnen Regionen und Ländern abhängig. Trotz dieses eindeutigen Trends gibt es eine Vielzahl von Gründen, die auch heute noch für einen relativ weit verbreiteten Einsatz von Packungen ausschlaggebend sind.

Als technische Kriterien sprechen für den Einsatz von Packungen:

- der einfache konstruktive Aufbau und
- die nicht zu komplizierte Funktionsweise,

die unter Serviceaspekten betrachtet:

- eine einfache Montage,
- ein einfaches Neuverpacken ohne Demontage der Pumpe und
- durch die Nachstellbarkeit bei Leckage eine einfache Wartung

zur Folge haben. Weiterhin sind Packungen auch bei schwierigen Umfeldbedingungen und bei verschmutzten Medien relativ unempfindlich im Betrieb.

Unter Sicherheitsaspekten ist von Bedeutung, daß die Gefahr eines plötzlichen Ausfalles relativ gering ist. Durch den Einsatz moderner Packungswerkstoffe mit erheblich reduziertem Verschleiß, niedrigen Reibwerten und guten Notlaufeigenschaften konnten die Standzeiten in den zurückliegenden Jahren deutlich erhöht werden.

Unter wirtschaftlichen Gesichtspunkten müssen beim Vergleich mit Gleitringdichtungen die bei Standardanwendungen niedrigeren Einstandskosten und die Einsetzbarkeit in bestimmten Abmessungsbereichen unabhängig vom Wellendurchmesser mit der Folge einfacher und wenig kapitalbindender Lagerhaltung genannt werden.

Gleitringdichtungen dagegen weisen eindeutige Vorteile bei den meisten technischen Einsatzparametern auf. So können schnellaufende Wellen mit über 40 m/s mit Packungen nicht mehr zuverlässig abgedichtet werden, während für Gleitringdichtungen mit Zusatzeinrichtungen für Rückkühlung Geschwindigkeiten bis zu 100 m/s erreichbar sind. Für die meisten Pumpenpackungen stellen 25 bar – in Ausnahmefällen 40 bar – die Obergrenze hinsichtlich des Druckes dar. Gleitringdichtungen können bei Drücken bis zu 50 bar und in Sonderfällen auch höher eingesetzt werden. Im dynamischen Einsatz liegt die Temperaturobergrenze für Packungen bei 300° C. Gleitringdichtungen können jedoch in vergleichbaren Einsatzfällen bis 400 °C eingesetzt werden. Auch bezüglich der Leckrate weisen Gleitringdichtungen mit wenigen ml/h deutlich bessere Ergebnisse als Packungen mit bis zu 300 ml/h auf. In Literaturangaben wird sogar von einem Verhältnis von 1 : 1000 bezüglich der Leckrate von Gleitringdichtungen und Packungen berichtet. Aufgrund praktischer Erfahrungen müssen diese Angaben in Frage gestellt werden, weil bei Gleitringdichtungen der größte Teil der Leckage dampfförmig anfällt und in der Regel nicht bemerkt wird. Ein unter Kostenaspekten wichtiger Gesichtspunkt ist außerdem der bei Stopfbuchspackungen auftretende Verschleiß an Wellen oder Wellenschonhülsen, der bei Gleitringdichtungen konstruktionsbedingt nicht auftreten kann.

Ein oft zu hoch bewerteter Nachteil von Gleitringdichtungen ist, daß durch spontanes Versagen plötzlich eine sehr hohe Leckage entstehen kann, während Packungen, sofern sie fachgemäß installiert und eingefahren wurden, bei sich ankündigendem Ausfall besser unter Kontrolle gehalten werden können. Gleitringdichtungen sind außerdem hinsichtlich der radialen Beweglichkeit dazu in der Lage, größere Abweichungen zuzulassen als Packungen, die gegen Wellenschlag empfindlicher reagieren. Im allgemeinen sind mit Gleitringdichtungen auch deutlich längere Standzeiten bei weitgehender Wartungsfreiheit zu erzielen.

Der Vergleich zeigt, daß eine ganze Reihe von Kriterien bei der Entscheidung zu berücksichtigen ist, ob Gleitringdichtungen oder Packungen zum Einsatz kommen. Es gibt klare Fälle, bei denen aufgrund technischer Gegebenheiten nur eine Gleitringdichtung zum Zuge kommen kann, aber es gibt auch einen relativ großen Bereich, der durch beide Produkte abgedeckt werden kann. Generelle Empfehlungen können für diesen Bereich nicht ausgesprochen werden, sondern es wird immer von den Umständen des einzelnen Einsatzfalles und den Präferenzen der Betreiber abhängen, für welches Dichtsystem man sich entscheidet, siehe dazu auch Kap. 5.

Literaturverzeichnis

[1] Reuter, F.W.: Dichtungen in der Verfahrenstechnik, 1. Ausgabe, Resch Verlag KG, Gräfeling/München, 1987

[2] Schmid, E.: Handbuch der Dichtungstechnik, Expert Verlag, Grafenau/Württ., 1981

[3] Trutnovsky, K.: Berührungsdichtungen an ruhenden und bewegten Maschinenteilen, 2. Auflage, Springer Verlag, Berlin, Heidelberg, New York, 1975

[4] Seals and Sealing Handbook, Fourth Edition, Elsevier, 1995

[5] Müller, H.K., Nau B.S.: Fluid sealing technology – principles and applications, Verlag: Marcel Dekker, Inc., New York – Basel - Hong Kong, 1998

[6] Guidelines for the use of compression packings, Fluid Sealing Association and European Sealing Association, 1996

[7] Latty, C.X.: 1st Conference on Controlling Fugitive Emissions from Valves, Pumps and Flanges, BHR Group Limited, Cranfield, 1995

[8] Denny, D.F., Turnbull D.E.: Sealing characteristics of stuffing-box seals for rotating shafts, Proc.Instn.Mech.Engrs., 174 (1960), No. 6, S. 271–284

[9] Thomson, J.L.: A theory of sealing with particular reference to the packed stuffing-box, 4th International Conference on Fluid Sealing, BHR Group Limited, Cranfield, 1961

[10] Ochonski, W.: Radial stress distribution and friction forces in a soft-packed stuffing-box seal, Tribology International, 21 (1988), No. 1, S. 31–38

[11] Kahle, O.: Leckrate Null - Wunsch und Wirklichkeit bei der Abdichtung von Armaturen, vt Verfahrenstechnik 14 (1980), Nr. 12, S. 836–837

[12] Girod, W.: Asbestersatz für Packungen und Dichtungen, VGB Kraftwerkstechnik 72 (1992), Nr. 11, S. 951–961

[13] Reincke, A.: Asbestsubstitution in Stopfbuchspackungen, Sonderdruck Nr. 75 aus Themenband Lothar Jentsch u.a. Gefahrstoff Asbest in der industriellen Anwendung, expert Verlag, Ehningen, 1990

[14] Merkel, H.: Substitution von Asbest in Stopfbuchspackungen, VDI-Berichte Nr. 475 (1993), S. 483–489

[15] Entsorgung asbesthaltiger Abfälle, LAGA-Merkblatt, Mitteilungen der Länder-Arbeitsgemeinschaft Abfall (LAGA), Stand September 1995, MBl.NW 1996 Nr. 3, S. 178

5 Gleitringdichtungen (GLRD)

5 Gleitringdichtungen (GLRD)

H.-W. Laarmann und J. Wohlert

Bei der Konstruktion von Pumpen, Kompressoren und sonstigen Apparaten mit Rühr- oder Mischerwellen besteht das Ziel u.a. darin, zu verhindern, daß zu irgendeinem Zeitpunkt Flüssigkeiten oder Gase in die Atmosphäre austreten können.

Eine besondere Herausforderung wird dabei neben den statischen Dichtungen insbesondere an die Funktion der Antriebswellenabdichtung gestellt.

Zur Lösung dieses Problems werden heute sehr häufig Gleitringdichtungen eingesetzt. Ihre Aufgabe ist es, mit möglichst geringer Leckage den Spalt zwischen dem Gehäusebauteil und der rotierenden Welle abzudichten.

5.1 Einführung

Das Maschinenelement GLRD hat die klassische Stopfbuchspackung heute in vielen Einsatzgebieten der modernen Verfahrenstechnik verdrängt, da komplexe Anforderungen aus abzudichtenden Drücken und Drehzahlen die Leistungsfähigkeit herkömmlicher Stopfbuchspackungen oftmals übersteigen. Den Aufbau einer typischen Stopfbuchspackung zeigt Bild 20, Kap. 4.

Patentschriften von J. Wilkinson (1913) und J. H. Dorau (1919) zeigen Konstruktionen, die den heutigen GLRD-Konzepten sehr ähnlich sind, Bild 1. Bis auf wenige Anwendungen aber war die Stopfbuchspackung bis in die 50er Jahre das meist verwendete Dichtungssystem, das zur Abdichtung rotierender Wellen beim Durchtritt zwischen Räumen unterschiedlichen Druckes erfolgreich eingesetzt wurde.

Formstabile Gleitringwerkstoffe mit guter Wärmeleitfähigkeit wie Hartmetall und vor allem Siliziumkarbid in der Kombination gegen Hartkohlen oder Siliziumkarbid ermöglichten bereits in den siebziger Jahren die Umrüstung von Kesselspeisewasserpumpen und schnellaufenden Turboverdichtern auf die GLRD-Technologie.

Heute liegen zahlreiche Erfahrungen in den unterschiedlichsten Anwendungen in der Verfahrensindustrie mit flüssigkeitsgeschmierten GLRD vor.

Ergänzend zu dieser Technologie gewinnen seit Ende der siebziger Jahre gasgesperrte GLRD bei der Abdichtung von Verdichtern immer mehr an Bedeutung.

Etwa seit 1995 werden gasgesperrte Dichtungssysteme auch für Pumpenabdichtungen und seit neuestem auch für Rührwerksdichtungen angeboten.

– Die Wirkungsweise von Gleitringdichtungen

Der Aufbau und das Funktionsprinzip einer GLRD läßt sich anhand der nachfolgend dargestellten Standarddichtung wie folgt beschreiben:

Bild 2 zeigt eine einfache Standard-GLRD mit zentraler konischer Feder. Bei dieser GLRD wird das Drehmoment kraftschlüssig von der Welle auf die Feder und formschlüssig von der Feder auf den Gleitring übertragen.

Teil 1 Gleitring

Der Gleitring ist der befederte Ring, dessen Stirnfläche extrem plan und feingeläppt bearbeitet ist.

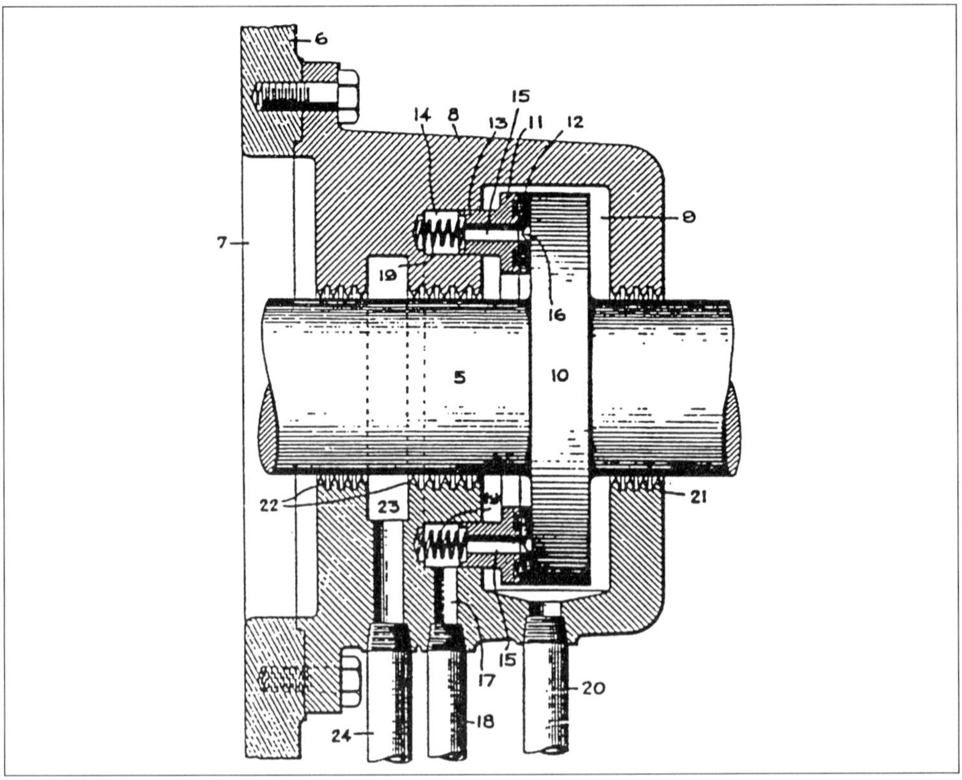

Bild 1: Koaxial-GLRD US-Patent Sept. 1919

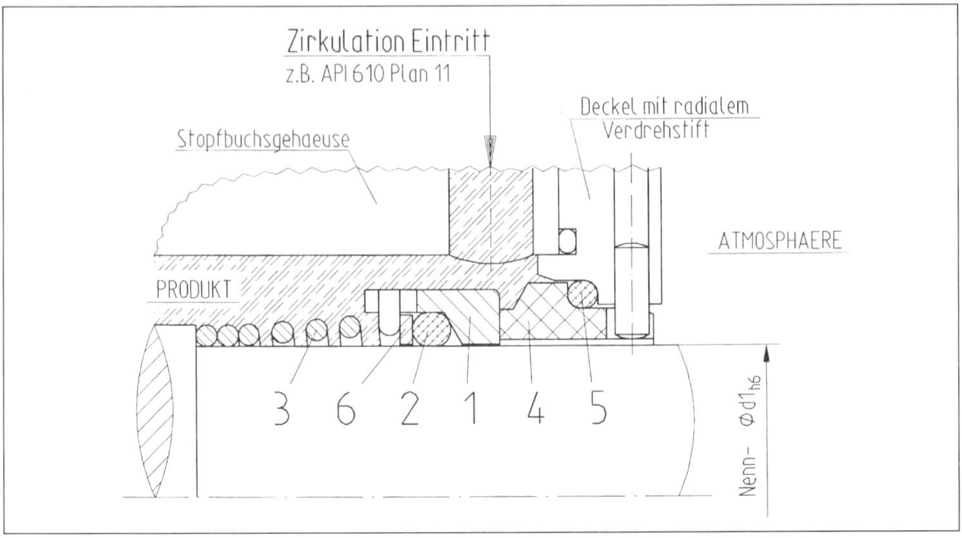

Bild 2: Standard-GLRD mit rotierender zentraler konischer Feder

Er gleitet in axialer Richtung, wenn eine axiale Wellenbewegung erfolgt oder ein Verschleiß an einer der Dichtflächen auftritt.

Bei diesem Dichtungstyp rotiert er mit der Welle.

Teil 2 Nebendichtung

Die Nebendichtung (Dichtring) des Gleitringes beim dargestellten Dichtungstyp hat folgende Aufgaben:

- Abdichtung des Gleitringes zur Welle
- Zentrierung des Gleitringes auf der Welle

Teil 3 Feder

Die konische Spiralfeder überträgt die Drehbewegung der Welle auf den Gleitring. Wellendrehrichtung und Wicklungsrichtung sind dabei zu beachten.

Außerdem erzeugt die Feder die mechanische Schließkraft zwischen Gleit- und Gegenring.

Teil 4 Gegenring

Als Gegenring wird immer der nicht befederte Ring bezeichnet.

Der Gegenring bildet bei der dargestellten Dichtung die stationäre Gleitfläche.

Wie der Gleitring ist die Stirnfläche des Gegenringes ebenfalls läpptechnisch plan bearbeitet.

Die zugewandten Stirnflächen von Gleit- und Gegenring bilden den Dichtspalt.

Teil 5 Nebendichtung

Der O-Ring des Gegenringes hat drei Aufgaben

- Abdichtung des Gegenringes im Gehäuse
- Zentrierung des Gegenringes im Gehäuse
- Drehmomentmitnahme, falls GLRD-Design keinen Verdrehstift vorsieht.

Die gewünschte Abdichtfunktion einer GLRD, verbunden mit einer ausreichenden Standzeit, stellt sich nur dann ein, wenn die vier Grundvoraussetzungen für die Funktion innerhalb zugelassener Toleranzen jederzeit erfüllt sind:

- Planparallelität der Dichtflächen
- Rechtwinkligkeit der Dichtflächen zur Rotationsachse
- federelastischer Kontakt der Dichtflächen
- Vorhandensein eines Schmierfilmes zwischen den beiden Dichtflächen (je nach Dichtungskonzept Flüssigkeit oder Gas).

- *Ausführung Gleitring bzw. Gegenring (massiv oder nicht massiv)*

Die Entscheidung, die Gleitkörper komplett massiv aus dem Werkstoff herzustellen, aus dem die eigentlichen Gleitflächen bestehen, oder in geschrumpfter, geklebter Ausführung oder über zusätzliche Dicht- und/oder Zentrierelemente in Metallfassungen eingesetzte Gleitflächeneinsätze zu verwenden, bedarf der Bewertung folgender Punkte:

- Durchmesser der Gleit- oder Gegenringe
- Betriebsbedingungen der Dichtung, wie Temperatur und Druck

- Innendruckbeaufschlagung der Gleit- oder Gegenringe, d.h. kann der Werkstoff die entstehende Zugspannung betriebssicher erfüllen?
- sichere Übertragung bzw. Abstützung der Drehmomente.

Einen nicht zu vernachlässigenden Einfluß auf die tribologischen Verhältnisse im Dichtspalt haben außerdem die Mikrostruktur der Werkstoffe, wie Porosität und Porenstruktur, d.h. z.B. miteinander verbundene Poren, Korngröße sowie Läppbild der Gleitkörper.

Die beste Werkstoffpaarung kann in Verbindung mit dem Abdicht- oder Sperrmedium kein stabiles Tribosystem bilden, wenn z.B. durch hochglanzpolierte und „absolut eben" geläppte Gleitflächen endmaßeffektähnliche Adhäsionserscheinungen auftreten, die keine Flüssigkeit in den Spalt eindringen lassen.

Andererseits ist bei zu dichten Gleitkörperwerkstoffen auch durch Erhöhung der Rauheit durch Läppen mit einem gröberen Läppmittel die fehlende Porosität nicht zu ersetzen, da es nach kurzer Betriebszeit zu einem Polieren der Gleitflächen kommt.

Diese Voraussetzungen sind vor allem bei den sogenannten „toten Werkstoffen" wie Siliziumkarbid zu beachten, da es aufgrund des niedrigen Wärmeausdehnungskoeffizienten auch bei partiellen Erwärmungen im Dichtspalt nicht zu Verwerfungen kommt, die die Dichtspaltversorgung mit Flüssigkeit unterstützen.

5.2 Werkstoffe

Bei der Auswahl der geeigneten Werkstoffe für GLRD unterscheidet man von konstruktiver Seite drei Hauptwerkstoffgruppen, siehe auch Kap. 2.5:

1. Werkstoffe für Gleit- und Gegenringe
2. Sekundärdichtelemente, wie O-Ringe und andere Nebendichtungen
3. Federn-, Gehäuse- und sonstige Dichtungsbauteile

5.2.1 Gleitwerkstoffe, Werkstoffpaarungen

- Gleitwerkstoffe

Die Auswahl der Gleitwerkstoffe wird neben der korrosiven Beständigkeit durch einige weitere wichtige Erfordernisse bestimmt, wie z.B. tribologische Einflußgrößen.

Die als Voraussetzung für eine erfolgreiche Dichtfunktion geltenden Auswahlkriterien lassen sich wie folgt beschreiben:

- chemische Beständigkeit der Werkstoffe
- Produkt- oder Sperrflüssigkeitseigenschaften
- Gleitgeschwindigkeit
- Abdichtdruck
- thermische Anforderungen
- abrasive Beanspruchungen.

Die Werkstoffentwicklung der letzten 15 Jahre hat auf die Gleitringdichtungsindustrie besonders in Bezug auf die Gleitkörper einen wesentlichen Einfluß genommen.

Während noch vor etwa 20 Jahren einerseits gehärtete Stahl- oder Graugußringe gegen Bronze bzw. gegen kunstharzimprägnierte Hartbrandkohle die Abdichtaufgaben im Maschinenbau, z.B. in Kältekompressoren übernahmen und andererseits in der chemische Industrie Aluminiumoxid-Gleitkörper gegen Kohle die erforderliche chemische Beständigkeit erreichten, nahm in den letzten Jahren das zur Serienreife entwickelte Siliziumkarbid stürmischen Einzug in die Gleitringdichtungstechnik.

Zwar wurde auch mit diesem Werkstoff nicht die universell einsetzbare Werkstoffpaarung gefunden, jedoch eröffnete der hohe Wert für den Elastizitätsmodul, die sehr gute chemische Beständigkeit sowie die gute Wärmeleitfähigkeit in Verbindung mit der Thermoschockbeständigkeit einen breiten Anwendungsbereich, der bis dahin nicht annähernd von einem anderen Werkstoff in diesem Maße erfüllt wurde.

Durch den sinkenden Herstellungspreis solcher Siliziumgleitkörper werden immer mehr Anwendungen in sogenannten hart/hart-Paarungen aus Siliziumkarbid oder in hart/weich-Paarungen, d.h. Siliziumkarbid gegen Kohle ausgeführt, die bisher mit Werkstoffen wie Chromguß bzw. Aluminiumoxid gelöst wurden.

Die heute aktuellen Gleitwerkstoffe, Tab. 1:

Tabelle 1: Gleitkörper-Werkstoffe

Werkstoffe	**Werkstoffschlüssel nach DIN 24960**	**Werkstoffbeschreibung**
Kunstkohlen		
Kohle metallimprägniert	A	Kohlenstoff-Graphit antimonimprägniert
Kohle kunstharzimprägniert	B	Kohlenstoff-Graphit kunstharzimprägniert
Metalle		
Chrom - Guß	S	1. 4138
Karbide		
Wolframkarbid mit Kobaldbinder	U1	Metallkarbid mit Kobaldbinder
Wolframkarbid mit Nickelbinder	U2	Metallkarbid mit Nickelbinder
Siliziumkarbid SiC	Q1	drucklos gesintertes Siliziumkarbid mit 99,9 % SiC
Siliziumkarbid SiC Si	Q2	reaktionsgesintertes SiC mit ca. 8 bis 12 % freiem Si
Siliziumkarbid SiCC Si	Q3	reaktionsgesintertes Siliziumkarbid mit ca 5–7 % freiem Si und ca 13–17% freiem Kohlenstoff
silizierte Kohle reaktionsgebunden		
Metalloxide(Keramik)		
Aluminiumoxid	V	99,9 % Aluminiumoxid
Kunststoffe		
PTFE glasfaserverstärkt	Y1	PTFE mit verstärkter Formstabilität durch Glasfasern
PTFE kohleverstärkt	Y2	PTFE mit verstärkter Formstabilität durch Kohlefüllung

Werkstoffpaarungen für flüssigkeitsgeschmierte GLRD

Werkstoffpaarung	*typische Anwendung*
SiC-Si / Kohle, kunstharzimprägniert	Sterilanwendungen, z.B in der Lebensmittelindustrie
SiC/ Kohle, kunstharzimprägniert	Sterilanwendungen mit Sterilisierung nach dem CIP-Verfahren, das bei der Natronlauge zur Sterilisation eingesetzt wird.
SiC-Si / Kohle, antimonimprägniert	Standardwerkstoffpaarung in vielen Bereichen der chemischen Industrie. Mit dieser Werkstoffpaarung werden bei der Kohle sehr geringe Verschleißraten erreicht. Der Einsatz der antimon-imprägnierten Kohle begrenzt diese Werkstoffpaarungen auf Anwendungen pH > 5
SiC / Kohle, antimonimprägniert	Heißwasseranwendungen, wie Kesselspeisewasser. Das freie Si in SiC-Si Werkstoffen würde bei diesen Anwendungen in den Randzonen der Gleitkörper korrodieren und zu einer Aufrauhung der Baukörperoberfläche führen.
SiC-Si / SiC-Si	feststoffbeladene Flüssigkeiten, wie REA-Suspensionen. Die Erfahrung hat gezeigt, daß trotz geringer Korrosion in den Randzonen des SiC-Si durch pH Werte bis 10 kein Einfluß auf die Funktion der Dichtungen entstand.
SiC / SiC	feststoffbeladene Flüssigkeiten und Flüssigkeiten mit pH > 10
Wolframkarbid-Kobaldbinder / Wolframkarbid-Kobaldbinder	Für mechanisch hohe Beanspruchungen, z.B. in der Zuckerindustrie bei klebrigen Medien. Bei Schlagbeanspruchungen Nicht geeignet bei hochreinem VE-Wasser
Wolframkarbid-Nickelbinder/ Wolframkarbid-Nickelbinder	Wie Wolframkarbid-Kobaldbinder-Paarung, jejedoch höhere chemische Beständigkeit
Chromguß / Kohle, kunstharzgebunden	preisgünstige Standardpaarung ohne hohe chemische Beständigkeit, nicht für Medien mit hohen Viskositäten
Chromguß / Kohle, antimongebunden	preisgünstige Standardwerkstoffpaarung ohne hohe chemische Beständigkeit, aufgrund der blisterbeständigeren antimonimprägnierten Kohle auch für Medien höherer Viskosität wie Öl geeignet.

PTFE glasfaserverstärkt/ Aluminiumoxid	bei hohen chemischen Beanspruchungen, wie Säuren und Laugen

Werkstoffparungen für gasgeschmierte GLRD

Kohle, antimonimprägniert/ Wolframkarbid-Kobaldbinder	Standardwerkstoffpaarung für gasgeschmierte Turbodichtungen
SiC-Si mit Hartstoffbeschichtung aus diamantartigem Kohlenstoff/ Wolframkarbid-Kobaltbinder	Standardwerkstoffpaarung für gasgeschmierte Turbodichtungen
SiC-Si mit Hartstoffbeschichtung aus diamantartigem Kohlenstoff/	Werkstoffpaarung für gasgeschmierte Turbodichtungen mit Umfangsgeschwindigkeit am Außen-Siliziumnitriddurchmesser des Rotors v_g > 120 m/s

Werkstoffpaarungen für trockenlaufende kontaktierende GLRD (Rührwerks-GLRD)

Elektrokohlegraphit / SiC	Trockenlaufende RW-GLRD für maximale Gleitgeschwindigkeiten bis ca. v_g = 2 m/s

Werkstoffpaarungen für trockenlaufende, nicht kontaktierende „lift-off" GLRD (Rührwerks-GLRD)

Kohle kunstharzimprägniert / SiC	Trockenlaufende, nicht kontaktierende „lift-off" RW GLRD für Gleitgeschwindigkeiten bis ca. v_g = 4 m/s

5.2.2 Sekundärdichtelemente

Der Einfluß der Sekundärdichtungen oder Nebendichtungen auf die Funktion der GLRD ist erheblich und wird häufig unterschätzt, Tab. 2.

Je nach Position dieser Bauteile haben sie neben der Abdichtfunktion auch die Aufgabe der Zentrierung und gegebenenfalls auch die der Drehmomentübertragung bzw. Abstützung zu erfüllen.

So muß z.B. die Abdichtung des Gleitringes bezüglich der Dimensionen so gewählt werden, daß neben der einwandfreien Abdichtung die freie axiale Beweglichkeit des Geitringes nicht beinträchtigt wird.

Somit sind Formstabilität, Quellverhalten und verbleibende Restelastizität eines Elastomerwerkstoffes von großer Wichtigkeit.

Bei Nicht-Elastomeren (PTFE) müssen je nach Abdichtaufgabe solche Dichtelemente befedert werden.

Siehe dazu auch Kap. 3, Dichtungen im Kraftnebenschlußverhalten.

5.2.3 Gehäuse-, Dichtungsbauteile und Federn

Bei der Auswahl der Werkstoffe für diese Bauteile steht die korrosive Beständigkeit im Vordergrund.

Es kommen fast ausschließlich Werkstoffe aus rostfreien Chrom-Nickel-Edelstählen zum Einsatz.

Tabelle 2: Sekundärdichtelement-Werkstoffe

Werkstoffe	Werkstoff-schlüssel nach DIN 24960	Werkstoffbeschreibung, gängige Handelsnamen z. B.	Beständigkeit
Elastomere, nicht ummantelt			
Äthylen Propylen Kautschuk **EPDM**	E	EPDM ist ein Kautschuk, der durch Polymerisation von Ethen, Propen und einen Dien hergestellt wird. EPD ist ein Copolymer aus Ethen und Propen. Gängiger Handelsname: z.B. Buna EP, Epsyn, Vistalon, Dutral etc.	Heißwasser, viele organische und anorganische Säuren, Waschmittel; **nicht mineralölbeständig**, quillt bei geringstem Ölkontakt
Chloroprene-Kautschuk **CR**	N	synthetischer Kautschuk, gängiger Handelsname: z. B. Neoprene	Kohlenwasserstoffe,Benzin Mineralöl, Wasser; **nicht beständig bei:** aromatischen und chlorierten Kohlenwasserstoffen
Acrylnitril-Butatien-Kautschuk **NBR**	P	Acrylnitril-Butadien Mischpolymer; gängiger Handelsname: z. B. Perbunan	gute chemische Beständigkeit z. B. Propan, Butan, Fette, Benzin, Dieselkraftstoffe; **nicht beständig**: Chlorierte Kohlenwasserstoffe, starke Säuren
Fluorkarbon-kautschuk **FPM**	V	einer der wichtigsten Sekundärdichtungswerkstoffe, gängiger Handelsname: z. B. Viton	hohe chemische Beständigkeit, geeignet auch für chlorierte Kohlenwasserstoffe, **nicht beständig:** bei Ammoniak/-gas, überhitztem Wasserdampf
Perflour-Kautschuk **FFKM**	K	Werkstoff mit hoher chemischer und thermischer Beständigkeit, jedoch sehr hohem Materialpreis, gängiger Handelsname: z. B. Kalrez, Chemraz, Parofluor, Simriz	Beständigkeit ähnlich PTFE, Elastizität jedoch geringer als Fluorkautschuk
Elastomere (ummantelt)			
Fluorkarbon-kautschuk PTFE ummantelt	M	ca. 1,5 fach PTFE ummantelter Elastomer O-Ring	gute chemische und hohe thermische Beständikeit
FEP O-Ringe	M	nahtlos umhüllte Elastomere	gute chemische Beständigkeit
Nicht Elastomere			
Graphit	G	gepreßter Graphit	hohe thermische und chemische Beständigkeit
Polytetrafluor-ethylen (PTFE)	T	z. B. TFM 1700 (Hoechst), ein PTFE Werkstoff mit Restelastizität	nahezu uneingeschränkte chemische Beständigkeit
sonstige Nichtelastomere			
PTFE Manschette, federunter-stützt	Y	diverse PTFE Compounds, Federwerkstoffe z. B. aus 1.4310 oder 2.4819	hohe thermische und chemische Beständigkeit
PTFE Manschette, nicht feder-unterstützt	Y	Manschette aus TFM 1700 (Hoechst)	hohe thermische und chemische Beständigkeit

Tabelle 3: Werkstoffauswahl

pH Wert	Chloridgehalt (ppm)	Werkstoff Nr.	Werkstoff/ Handelsname
	< 1000	1.4571	Edelstahl
> 3			
	< 5000	1.4462	Duplex-Stahl
1–3			
	> 5000	2.4610	Hastelloy C 4
< 1	> 100 000	entfällt	Siliziumkarbid, Kunststoff, Gummi

Bei der Auswahl der Werkstoffe ist insbesondere der Konzentration an Chloriden und dem pH-Wert der Flüssigkeiten, die mit den Werkstoffen in Berührung kommen, besondere Beachtung zu schenken. (Der pH Wert gibt u. a. an, wie eine wässrige Lösung reagiert)

Der Werkstoff 1.4571, der in vielen Fällen auch in den Werknormen der chemischen Industrie als Gehäusewerkstoff-, Dichtungsbauteil- und Federwerkstoff seine Zulassung findet, ist der am häufigsten verwendete Dichtungswerkstoff.

Bei chloridbeladenen Abdichtflüssigkeiten oder bei niedrigen pH-Werten werden folgende Werkstoffe im GLRD-Bau mit Erfolg eingesetzt, Tab. 3.

Bei konstruktiv aufwendigen Bauteilen mit hoher korrosiver Beanspruchung haben sich auch Schweißkonstruktionen mit produktabgewandten Schweißnähten bewährt. Durch diese konstruktiven Maßnahmen lassen sich komplexe Bauteile kostengünstiger fertigen.

Schweißkonstruktionen aus chemisch hochbeständigem Hastelloy C4 werden mit Edelstählen hergestellt, wie z.B. 1.4462.

Diese Konstruktionen werden z. B. in GLRD für Rauchgasentschwefelungsanlagen eingesetzt.

Bei Wellenhülsen und Mitnehmergehäusen, deren produktberührte Bereiche einer hohen korrosiven Beanspruchung unterliegen, können auch O-Ring-Sitze, an denen Spaltkorrosion erwartet wird, auf diese Weise geschützt werden.

Bei extrem hohen korrosiven oder auch bei bestimmten abrasiven Belastungen können Wellenhülsen oder Teile der Gehäuse auch aus keramischen Werkstoffen oder aus Polyethylen ausgeführt werden.

In Hochdruck-GLRD finden für Bauteile, deren Formstabilität einen funktionsentscheidenden Einfluß auf die GLRD haben, wie z. B. Mitnehmer und Wellenhülsen mit Anlageschultern für rotierende Gegenringe, Werkstoffe wie 1.4406, 1.4122 oder 1.4582 Verwendung.

Der Einsatz von ferritischen Stählen ist fast ausschließlich auf GLRD mit größeren Wellendurchmessern beschränkt.

Bei diesen Anwendungen werden nicht produktberührte Dichtungsgehäuseteile oder Hochdruckflansche aus Festigkeits- und Kostengründen aus unlegiertem Stahl hergestellt.

Durch Beschichtungen oder Plattierungen kann gegebenenfalls ein gewisser Korrosionsschutz erzielt werden.

5.3 Flüssigkeitsgeschmierte Gleitring-Dichtungen

Bei der Anwendung flüssigkeitsgeschmierter GLRD unterscheidet man zwischen innenliegenden und außenliegenden Anordnungen.

Innenliegende GLRD sind die in der Prozeßindustrie am häufigsten verwendeten Dichtungen.

In der DIN 24960 sind die Einbaumaße, Hauptmaße, Bezeichnungen und Werkstoffschlüssel für GLRD festgelegt.

Eine typische Einbausituation beschreibt Bild 3.

Außenliegende GLRD lassen sich in einzelnen Fällen aus maßlicher Sicht einfacher einbauen. Sie haben jedoch einige grundlegende Nachteile wie:

- ungünstige Wärmeabfuhr (das abzudichtende Medium steht innen an den Dichtflächen an, eine Zirkulation ist nicht möglich)
- geringere Druckgrenzen

Typisch ist der Einsatz solcher Dichtungen bei Anwendungen, die eine metallfreie Dichtung erfordern. Bei diesen Dichtungen handelt es sich um PTFE-Balgdichtungen mit Gleitkörpern aus PTFE gegen Keramik oder Siliziumkarbid gegen Silizumkarbid, Bild 4.

5.3.1 Nicht entlastete / entlastete Gleitringdichtungen

– Nicht entlastete Gleitringdichtungen

Als nicht entlastete GLRD werden Dichtungen bezeichnet, deren hydraulische Schließkräfte, die den Gleitring in Richtung Gegenring drücken, nicht durch Wellen- oder Wellenhülsenabsätze bzw. durch konstruktive Maßnahmen an der Dichtung reduziert wurden.

Der sogenannte "Entlastungsfaktor" bei einer nicht entlasteten Dichtung beträgt 1 bis 1,3.

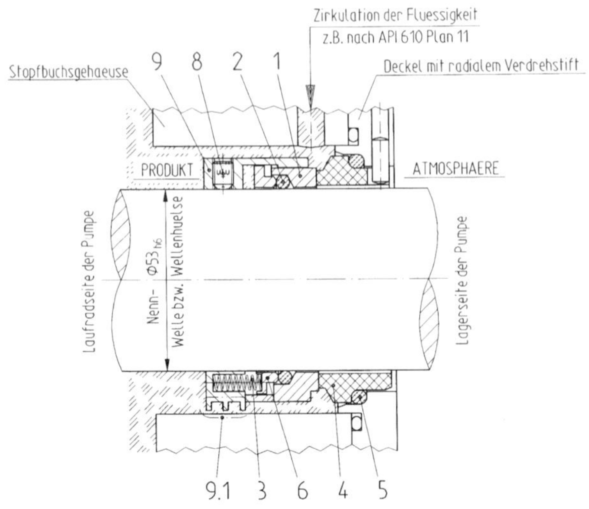

Bild 3: Typische DIN-Axial-GLRD mit rotierendem Federkern

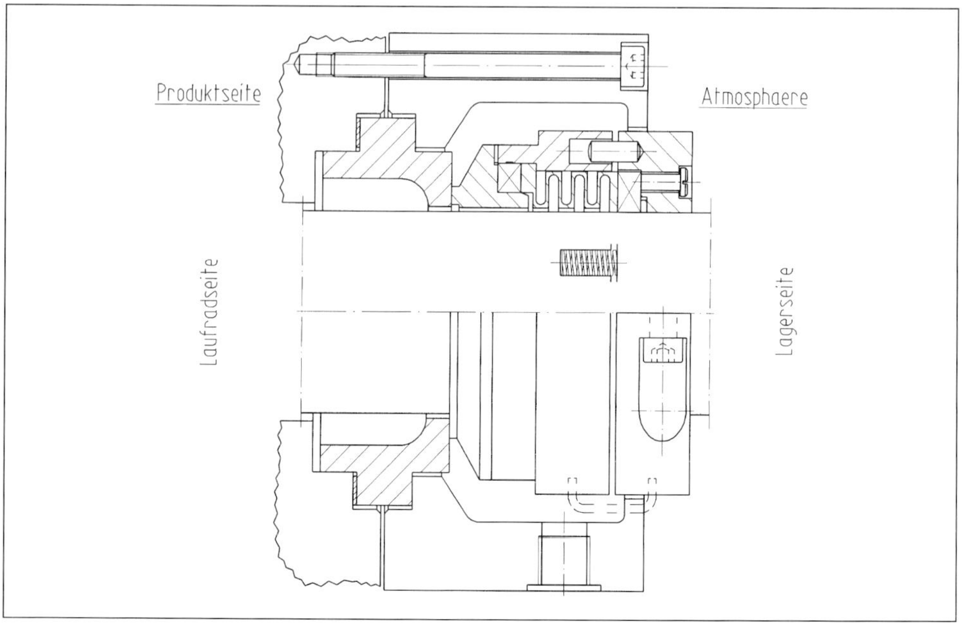

Bild 4: Außenliegende PTFE-Faltenbalg GLRD

Aggregat	:	Kreiselpumpe
GLRD-Typ	:	Außenliegende Einzel-GLRD balanciert innenschließend, produktberührte Bauteile metallfrei
Werkstoffcode	:	Q2Q2TMG
Typisches Anwendungsbeispiel		
Abdichtmedium	:	Säuren und Laugen
Abdichtdruck	:	5 bar
Temperatur	:	100 °C
Drehzahl	:	970 min^{-1}
GLRD-Versorgung	:	API 610 Plan 2

Nicht entlastete GLRD werden üblicherweise bis zu Abdichtdrücken ≤ 10 bar, aber auch bei tribologisch günstigen Werkstoffpaarungen mit guter Wärmeleitfähigkeit in bestimmten Anwendungen ≤ 16 bar eingesetzt, Bild 5, siehe auch Kapitel 5.4.1.

– Entlastete Gleitringdichtungen

Bei entlasteten GLRD ist die Anpressung des Gleitringes an den Gegenring reduziert. Man erreicht dieses Ziel durch spezielle Dichtungsausführungen oder mit Hilfe eines Wellen- oder Wellenhülsendurchmessersprunges, um die Schließkraft des Gleitringes in Richtung Gegenring zu reduzieren. Durch diese Maßnahme wird die spezifische Flächenpressung der Gleitflächen verringert.

Gleitringdichtungshersteller empfehlen bei Abdichtdrücken > 10 bar den Einsatz von entlasteten GLRD.

Regelwerke wie z.B. die API 610 (API: American Petrol Industrie, API 610: Centifugal Pumps for General Refinery Services) erlauben in Raffinerien nur den Einsatz von entlasteten GLRD

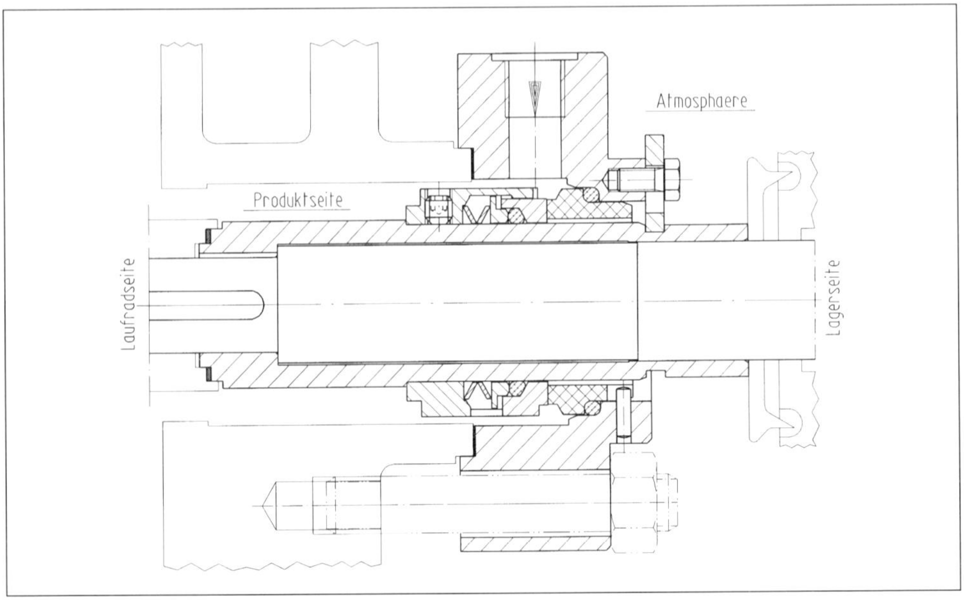

Bild 5: Einzel-GLRD mit rotierendem Felderteil unbalanciert

Aggregat	: Chemie-Norm-Pumpe
GLRD-Typ	: Einzel-GLRD, unbalanciert in Cartridge-Ausführung
Bez. nach DIN	: z.B. GLRD DIN 24960-KU033S1-SAVGG

Typische Anwendungsbeispiel

Medium	: diverse Chemieprodukte
Abdichtdruck	: 16 bar max.
Temperatur	: 200 °C max.
Drehzahl	: 2900 min^{-1}
Zirkulation	: API 610 Plan 11

Systemen.

Vorteile gegenüber nicht entlasteten GLRD sind:

- niedrigeres Anfahrmoment, das dadurch die Drehmomentabstützungen geringer belastet
- geringere Reibmomente und daraus folgend geringere Wärmeentwicklung im Dichtspalt
- reduzierter Gleitflächenverschleiß.

Standardisierte entlastete Gleitringdichtungen werden mit einem k-Wert von 0,65 bis 0,8 ausgeführt, Bild 6, siehe auch Kapitel 5.4.1.

5.3.2 Einzeldichtungen

Einzeldichtungen sind die am meisten ausgeführten GLRD-Systeme. Sie haben den Vorteil einer einfachen, preiswerten Konstruktion und bedürfen keiner zusätzlichen Versorgungseinheit, da der Dichtspalt von der Produktflüssigkeit versorgt wird.

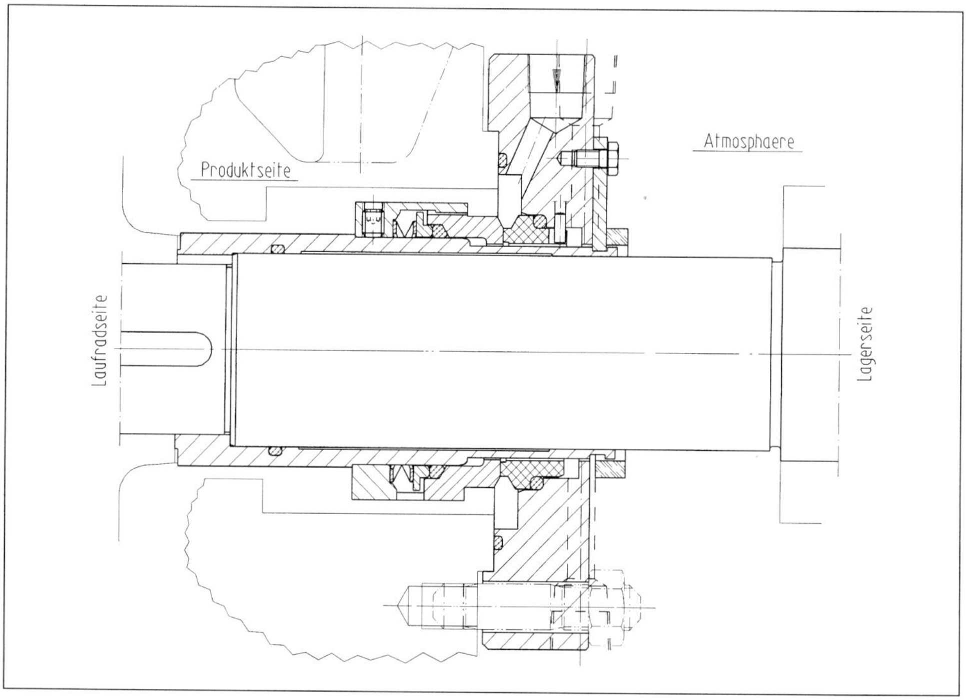

Bild 6: Einzel-GLRD mit rotierendem Federteil balanciert

Aggregat	:	Kreiselpumpe 1-stufig
GLRD-Typ	:	Einzel-GLRD balanciert in Cartridge-Ausführung
Bez. nach DIN	:	z.B. GLRD IN 24960-KB080S0-Q2ATGG
Typisches Anwendungsbeispiel		
Abdichtmedium	:	Dieselkraftstoff
Abdichtdruck	:	30 bar
Temperatur	:	80 °C
Drehzahl	:	2900 min^{-1}
Zirkulation	:	API 610 Plan 11

Sie eignen sich jedoch nur zur Abdichtung von flüssigen, bedingt feststoffbeladenen und vor allem nur von ungiftigen und nicht explosiven Medien, Bild 7.

Weitere Darstellungen von Einzelgleitringdichtungen Bild 8 bis 11.

5.3.3 Doppeldichtungen

Bei Doppeldichtungen wird unterschieden zwischen:

- Back to back-Anordnung
- Face to face-Anordnung

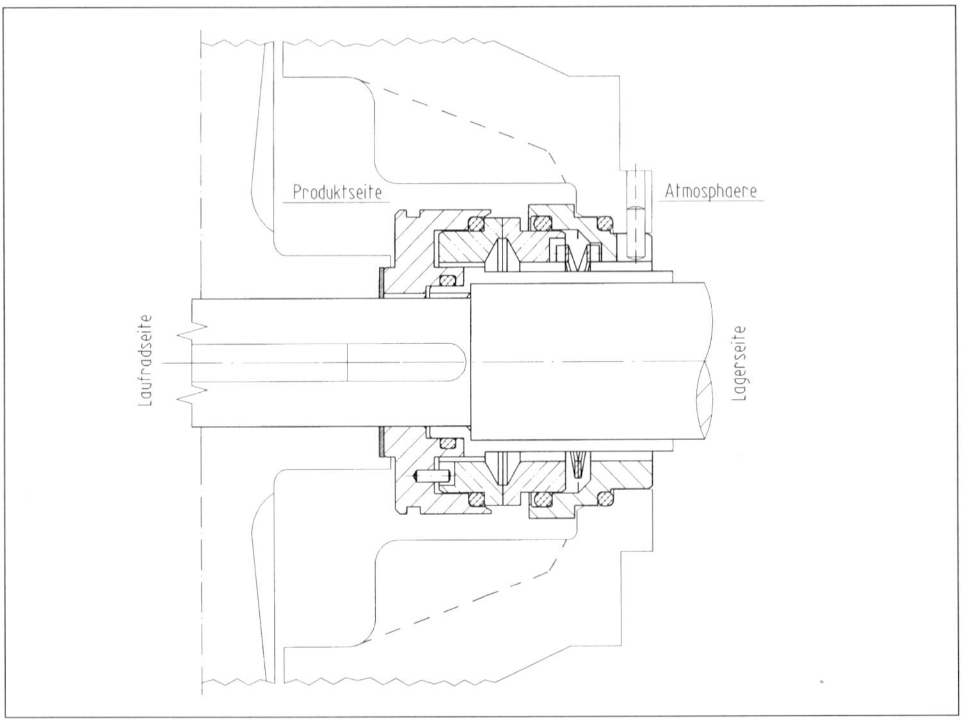

Bild 7: Einzel-GLRD mit stationärem Federteil balanciert

Aggregat	:	Kreiselpumpen, 1-stufig nach DIN 24256 mit konisch geöffnetem Dichtungsdeckel und Anschlußmaßen nach DIN 24960
GLRD-Typ	:	Einzel-GLRD balanciert mit rotierendem Gegenring und stationärem Federteil
Typisches Anwendungsbeispiel		
Bez. nach DIN	:	GLRD DIN 24960-C0060S2-Q1Q1VGG
Abdichtmedium	:	diverse Produkte mit/ohne Feststoffe
Abdichtdruck	:	25 bar max.
Temperatur	:	200 °C
Geschwindigkeit	:	25 m/s
Zirkulation	:	interner Produktaustausch im Dichtungsraum

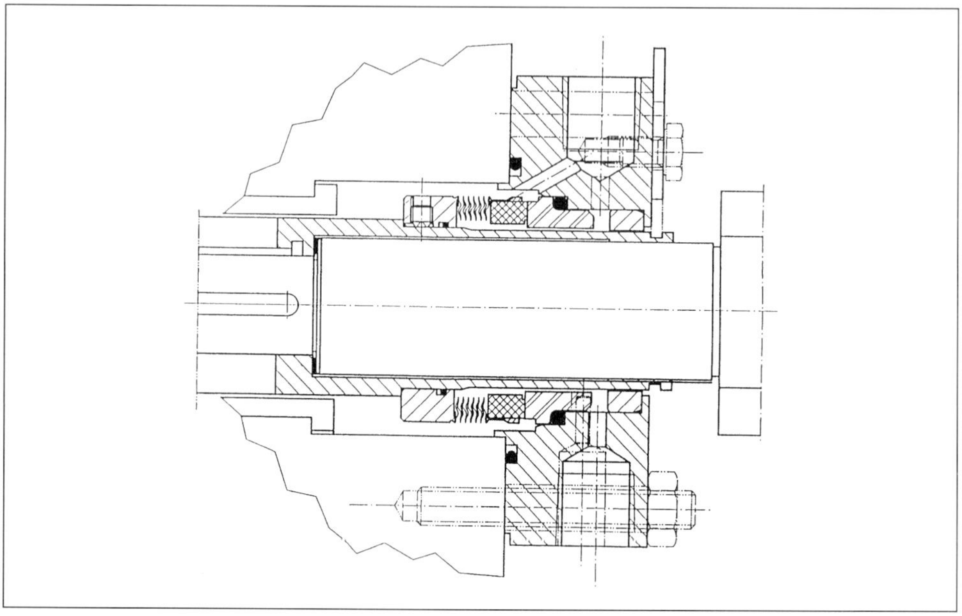

Bild 8: Membranbalgdichtung

Aggregat	:	Prozeßpumpe
GLRD-Typ	:	Einzel-GLRD mit rotierendem Faltenbalg GLRD nach DIN 24960
Typisches Anwendungsbeispiel:		
Werkstoffcode	:	AQ1VGG
Abdichtmedium	:	Öl
Abdichtdruck	:	20 bar
Temperatur	:	80 °C
Drehzahl	:	2900 min^{-1}
GLRD-Versorgung	:	API-Plan 11

Doppeldichtungen in back to back-Anordnung, bei der zwei Einzelgleitringdichtungen rückenseitig zu einer doppeltwirkenden Dichtung angeordnet, oder in face to face-Anordnung, bei der die Gleitflächen einander zugewandt sind und meistens einen gemeinsamen Gegenring haben, bieten gegenüber Einzeldichtungen folgende Vorteile:

- Bei Medien, die nicht an die Atmosphäre gelangen dürfen, verhindert die mit höherem Druck beaufschlagte Sperrmedium-Sperre den Austritt in die Atmosphäre. Dieser Dichtungsaufbau gewährleistet nahezu eine Null-Emission des abzudichtenden Mediums.
- Bei gasbeladenen Medien sichert das druckbeaufschlagte Sperrmedium die Versorgung des produktseitigen Dichtspaltes.
- Der Sperrkreis dient der Wärmeabfuhr bei hochbelasteten Dichtungen, die aufgrund von hohen Abdichtdrücken und / oder Umfangsgeschwindigkeiten eine hohe Verlustleistung erzeugen. Dieser Vorteil kann jedoch auch mit einem Tandemdichtungssystem erfüllt werden.

Doppeldichtungen werden meist mit positivem Sperrdruck, d.h. mit einem Differenzdruck von 1 bis 3 bar über dem abzudichtenden Mediendruck betrieben.

Hinweise zu Sperreinrichtungen siehe Kapitel 5.3.5.

- *Doppeldichtungen in back to back-Anordnung*

Eine typische Doppeldichtung in back to back-Anordnung zeigt Bild 12.

Weitere Darstellungen von Doppeldichtungen in back to back-Anordnung sind Bild 13 bis 17.

- *Doppeldichtungsdarstellungen in face to face-Ausführung* siehe Bild 18 bis 20.

5.3.4 Tandemdichtungen

Eine Tandemdichtungsanordnung besteht aus zwei hintereinander geschalteten Einzel-GLRD und kann damit eigentlich prinzipiell den Doppel-Dichtungen zugeordnet werden, Bild 21.

Bei den meisten Anwendungen übernimmt die produktseitig angeordnete GLRD (Innendichtung) die Abdichtung des Mediums, während die atmosphärenseitige GLRD (Außendichtung) nur die drucklose Quenchflüssigkeit abdichtet. Diese atmosphärenseitige GLRD dient oft als Sicherheitsdichtung (sogenannte back up-GLRD). Sie kann bei Ausfall der Innendichtung den anstehenden Produktdruck abdichten.

Tandemdichtungen kommen jedoch auch zur Anwendung, wenn das Abdichtmedium die Dichtspaltversorgung nicht gesichert übernehmen kann. Das trifft z. B. bei Flüssigkeiten zu, die gasbeladen sind oder bis in die Nähe ihres Siedepunktes erwärmt worden sind.

Tandemdichtungen können auch so betrieben werden, daß der Druckabbau in zwei Stufen erfolgen kann. Diese Einsatzform bedarf einer besonderen Druckregelung zwischen Innen- und Außen-GLRD. Derartige Ausführungen werden jedoch selten eingesetzt.

Weitere Ausführungen von Tandemdichtungen, Bild 22.

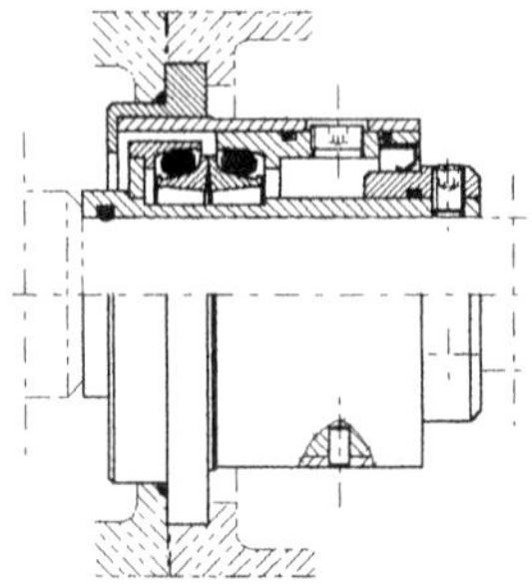

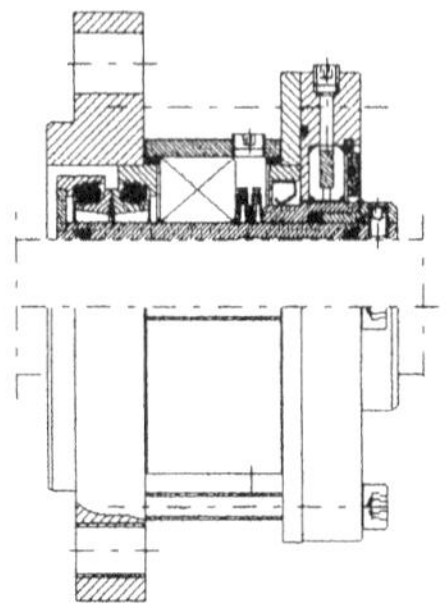

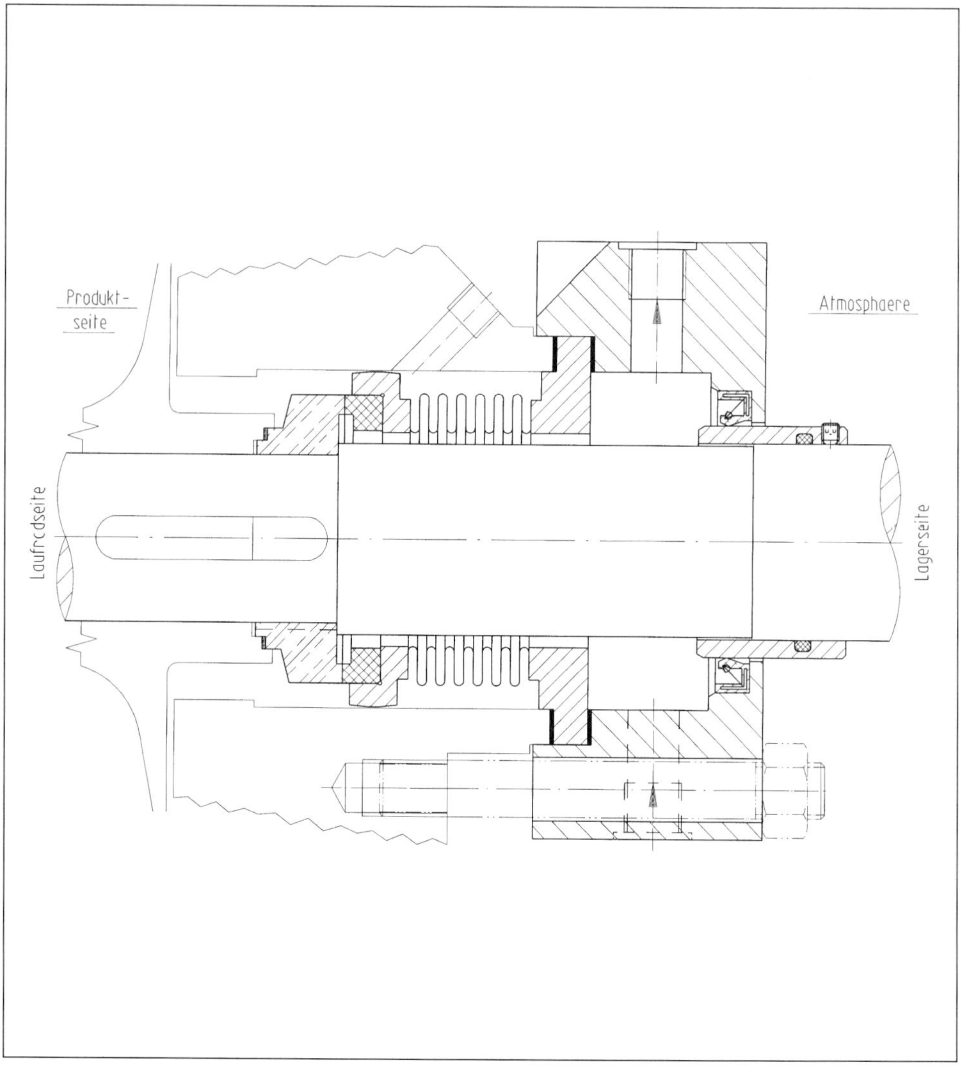

Bild 9: Rollbalgdichtungen

Aggregat : Prozeßpumpe 1-stufig
GLRD-Typ : Rollbalg-GLRD balanciert stationär, mit rotierenden Gegenring und Quenchdeckel
Bez. nach DIN : keine Anschlußmaße nach DIN 24960
Typisches Anwendungsbeispiel:
Werkstoffcode : AU1GGG
Abdichtmedium : Gasrückstandsöl
Quenchmedium : Wärmeträgeröl
Abdichtdruck : 10 bar
Temperatur : 250 °C
Drehzahl : 2900 min^{-1}
Zirkulation : API 610 Plan 2+51

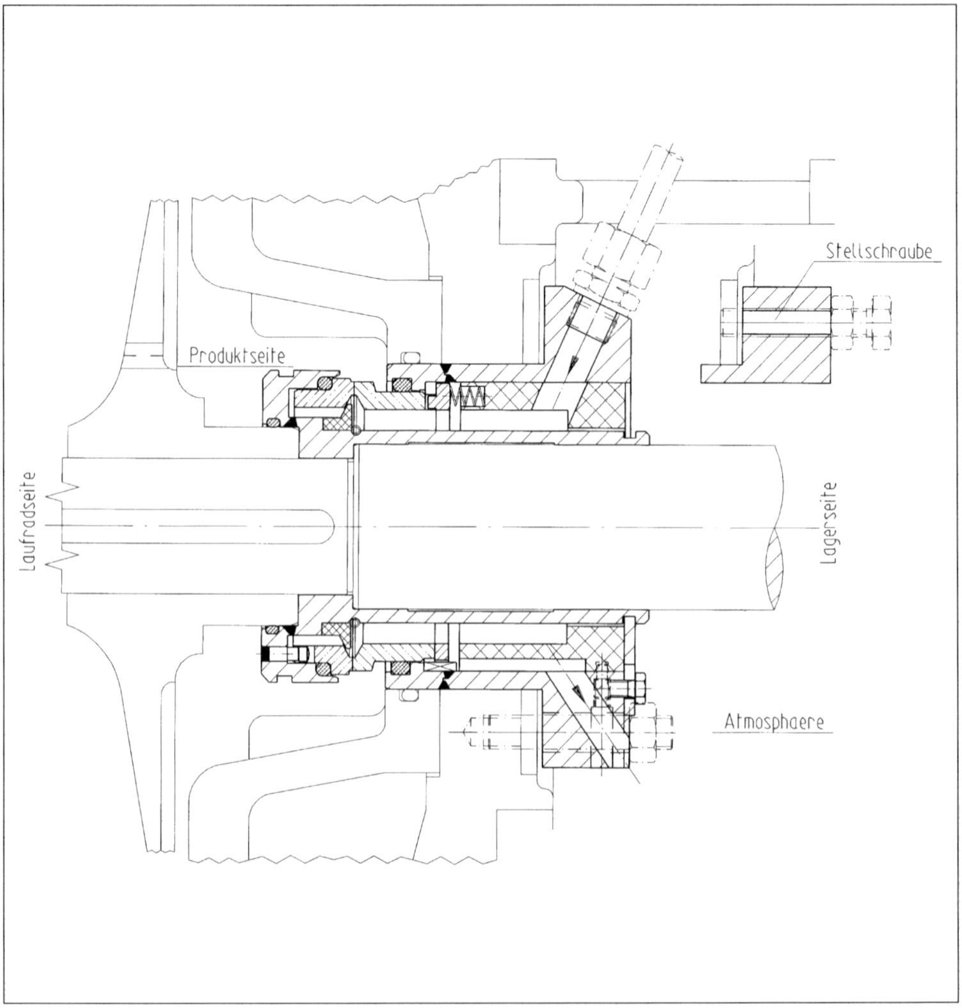

Bild 10: Einzeldichtung mit stationärem Federteil

Aggregat	: Prozeßpumpe 1-stufig
GLRD-Typ	: Rollbalg-GLRD mit stationärem Federteil sowie Pflege-/Reinigungsspülbohrungen in Cartridge-Ausführung. Gehäusejustierung mittels Stellschraube für Wellenverschiebung durch Laufradverschleiß. Gegenring-Sicherung gegen axiales Verschieben bei Vakuumbetrieb
Bez. nach DIN	: keine Anschlußmaße nach DIN 24960

Typisches Anwendungsbeispiel:

Werkstoffcode	: Q2Q2VMM
Abdichtmedium	: REA-/Gips-/Kalkmilch-/Quencher-Suspension
Abdichtdruck	: 10 bar
Temperatur	: 80 °C
Drehzahl	: 980 bis 2950 min^{-1}
Zirkulation	: interner Produktaustausch im Dichtungsraum

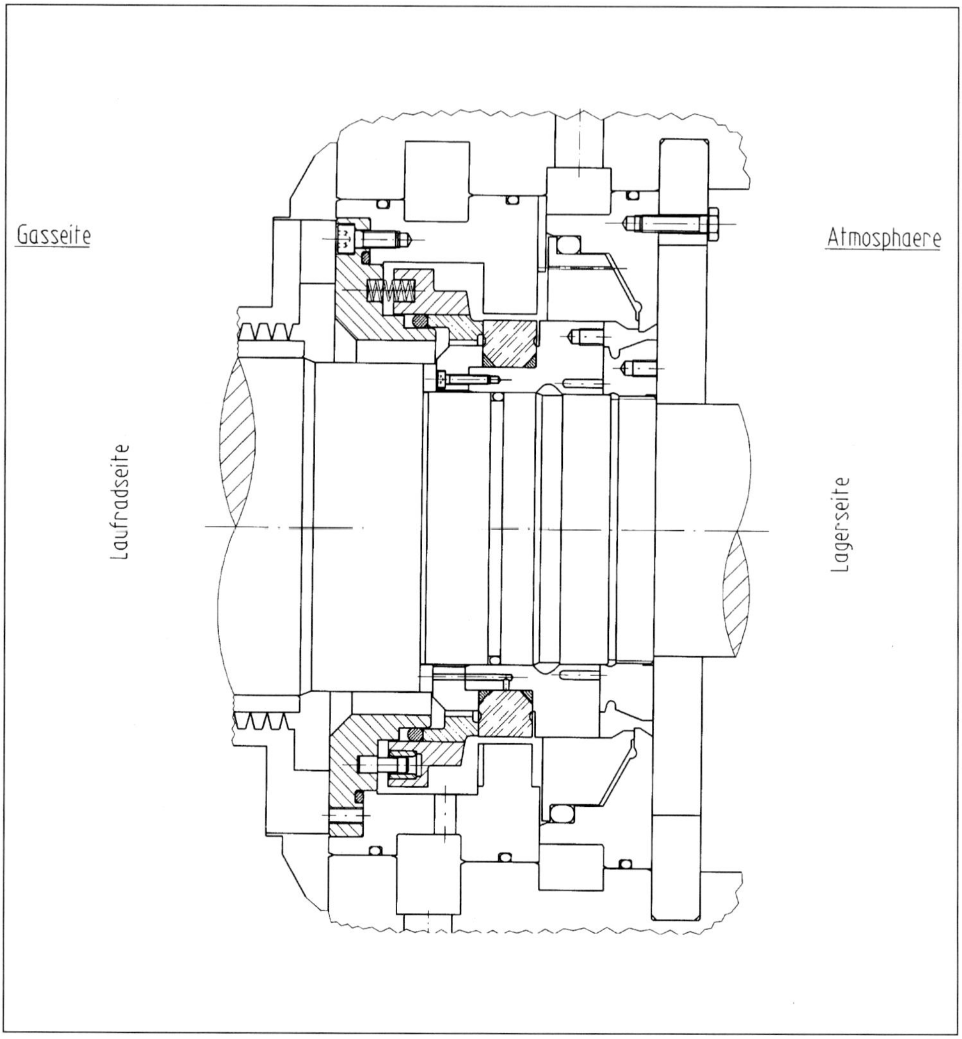

Bild 11: Hochgeschwindigkeits-Einzeldichtung mit atmosphärenseitigem Schwimmring

Aggregat	: Radial-Turbokompressor
GLRD-Typ	: GLRD in Kombibauweise, d.h. Einzel-GLRD balanciert mit stationärem Federteil für wechselnde Druckrichtungen produktseitig und Schwimmring atmosphärenseitig.
Werkstoffcode	: Q3Q2MGG

Typisches Anwendungsbeispiel:

Abdichtmedium	: Erdgas; Ethylen; Propylen; Wasserstoff; Propan; Butan; Rohgas ua.
Sperrmedium	: Turbinenöl ISO VG 32 oder 46
Abdichtdruck	: 50 bar
Statischer Druck	: 90 bar
Temperatur	: 180 °C
Geschwindigkeit	: 10 m/s
GLRD-Versorgung	: API 610 Plan 54

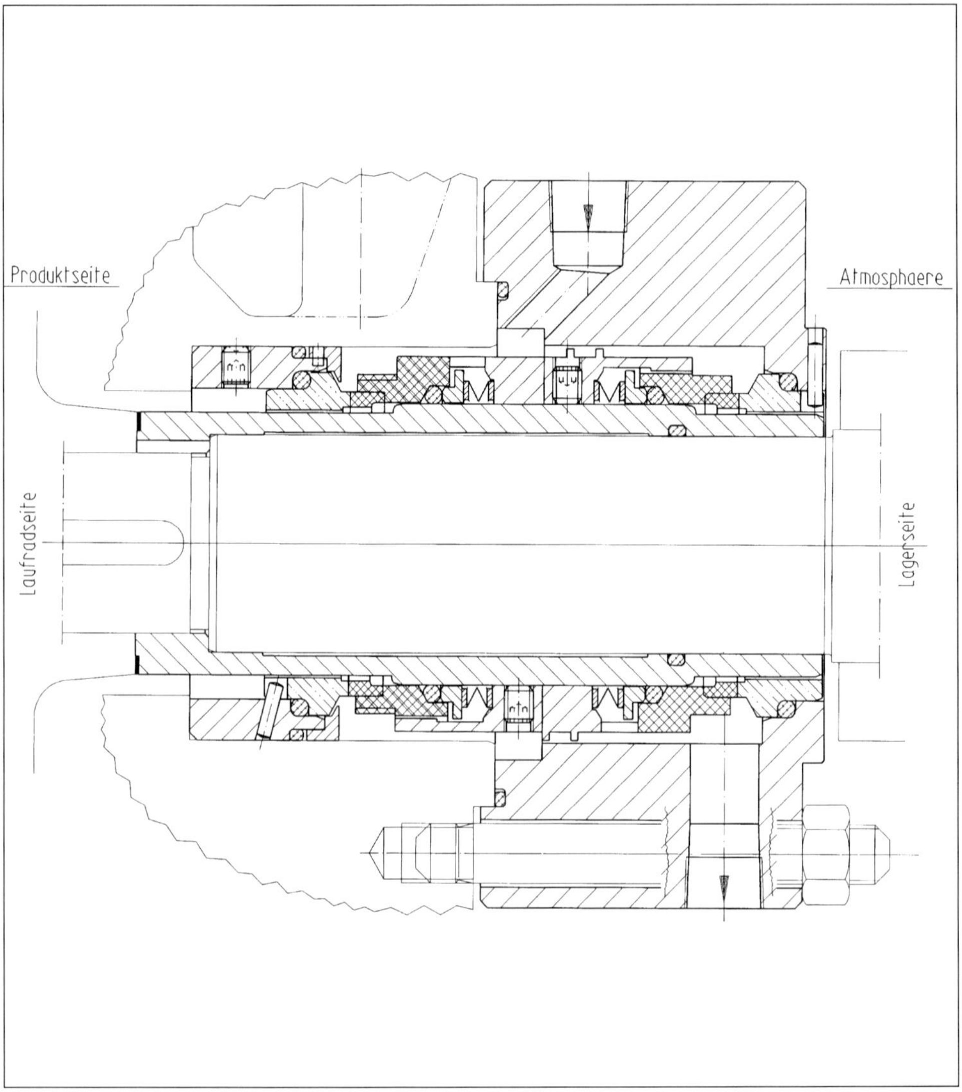

Bild 12: Doppel-GLRD back to back

Aggregat	:	Kreiselpumpe 1-stufig
GLRD-Typ	:	Doppel-GLRD balanciert back to back-Anordnung mit Gegenringsicherung produktseitig und Fördergewinde atmosphärenseitig
Bez. nach DIN	:	GLRD DIN 24960-BB070S3D-AQ2TGGAQ2T

Typisches Anwendungsbeispiel

Abdichtmedium	:	Kohlenwasserstoff
Sperrmedium	:	Methanol
Abdichtdruck	:	50 bar max.
Temperatur	:	-40 °C
Drehzahl	:	2980 min^{-1}
Zirkulation	:	API 610 Plan 53+02

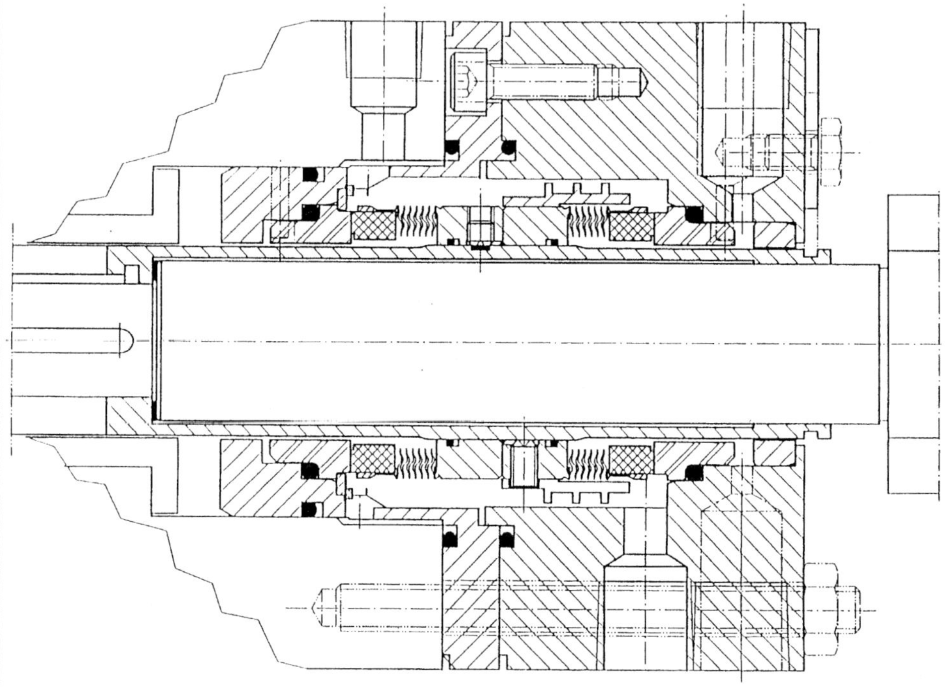

Bild 13: Membranbalgdichtung

Aggregat	: Prozeßpumpe
GLRD	: Doppeldichtung mit rotierendem Faltenbalg, selbstschließend vom Sperrdruck oder Abdichtdruck mit Fördergewinde

Typisches Anwendungsbeispiel:

Abdichtmedium	: verunreinigtes Wasser
Sperrmedium	: Wasser Glykolgemisch
Abdichtdruck	: 15 bar
Sperrdruck	: Δp 2 bar
Produkttemperatur	: 150 °C
Sperrmedientemperatur	: 80 °C
Drehzahl	: 2900 min^{-1}
GLRD Versorgung	: API Plan 53

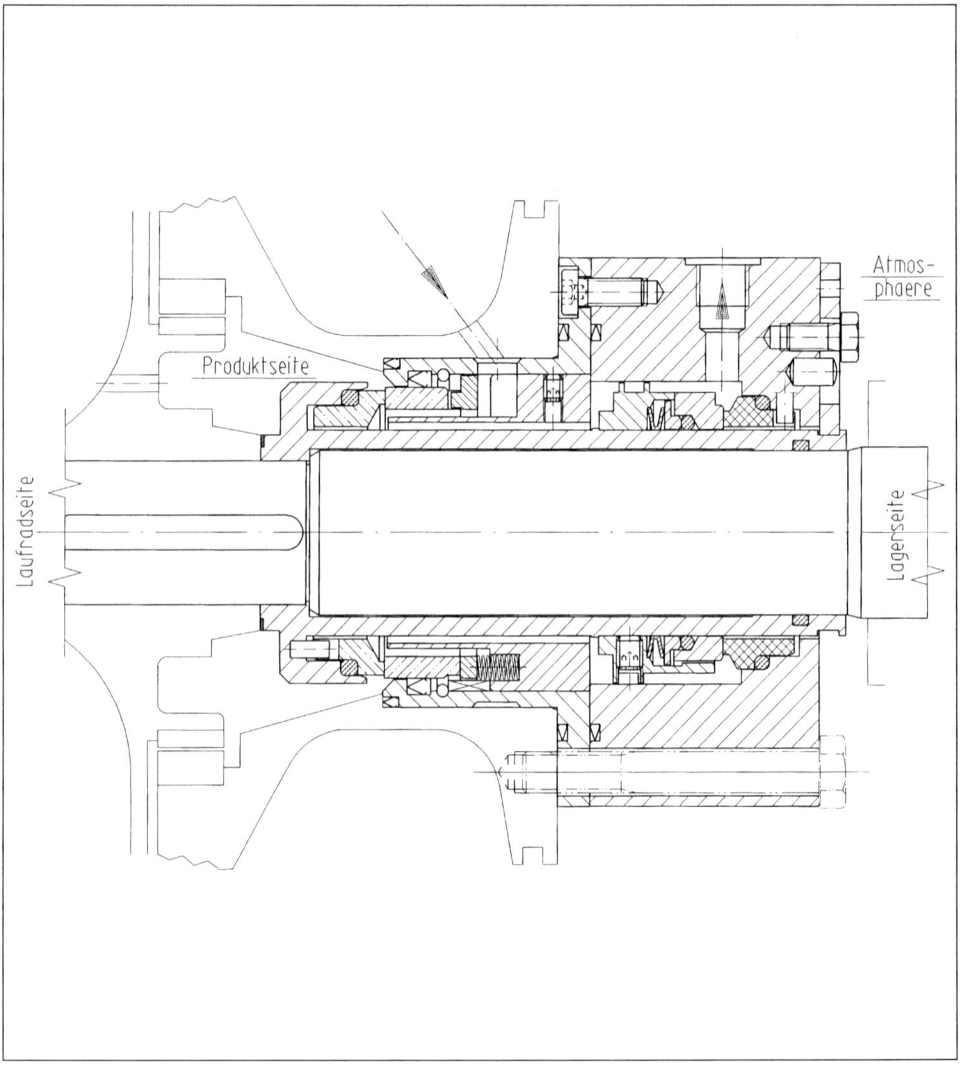

Bild 14: Doppeldichtung produktseitig mit stationärem Federteil

Aggregat	: Kreiselpumpe
GLRD-Typ	: Doppel-GLRD unbalanciert mit stationärem Federteil, produktseitig und DIN-GLRD atm.-seitig einschließlich Fördergewinde in Cartridge-Ausführung
Bez. nach DIN	: Q2Q2TGG-SAT

Typisches Anwendungsbeispiel

Abdichtmedium	: Salz-Maische
Sperrmedium	: VE-Wasser
Abdichtdruck	: 8 bar
Temperatur	: 100 °C
Drehzahl	: 1465 min^{-1}
Zirkulation	: API 610 Plan 53

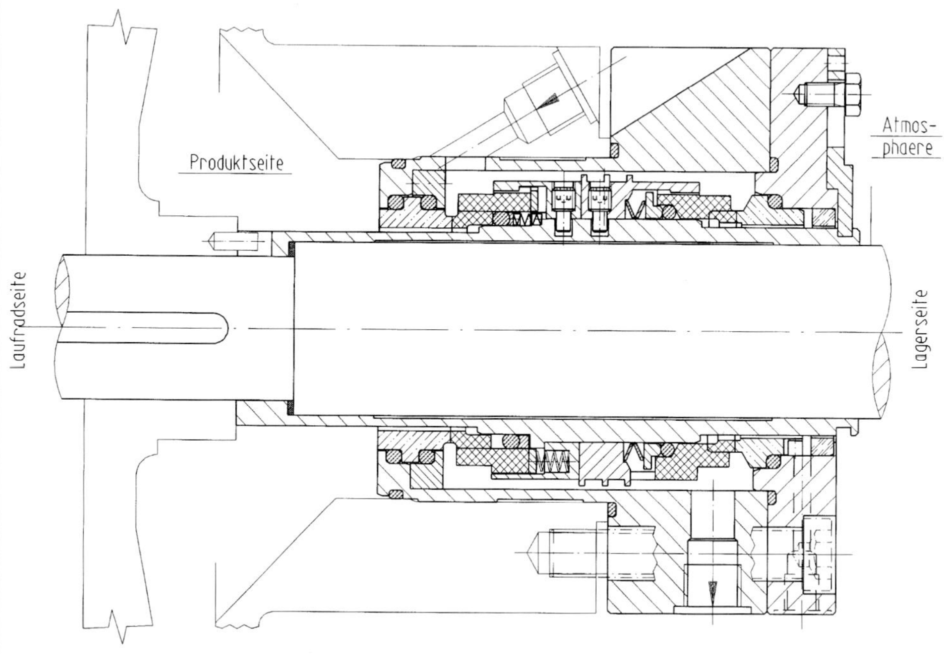

Bild 15: Doppeldichtung mit produktseitig wechselnder Schließfunktion, Federteil rotierend

Aggregat	: Prozeß-Kreiselpumpe 1-stufig
GLRD-Typ	: Doppel-GLRD, balanciert, back to back-Anordnung mit doppelt-gelagertem Gegenring produktseitig und Fördergewinde sowie fester Drossel atmsophärenseitig in Cartridge-Ausführung. Sicherheits-GLRD für wechselnde Druckrichtungen (z.B. bei Sperrdruckausfall) auf der Produktseite
Bez. nach DIN	: keine Anschlußmaße nach DIN 24960 produktseitig

Typisches Anwendungsbeispiel

GLRD-Werkstoff	: AQ1KGGAQ1M
Abdichtmedium	: Butadien/Wasser/Kohlenwasserstoff
Sperrmedium	: N-Methylpyrroliden/Wasser
Abdichtdruck	: 15 bar
Temperatur	: 150 °C
Drehzahl	: 1500 min^{-1}
Zirkulation	: API 610 Plan 54

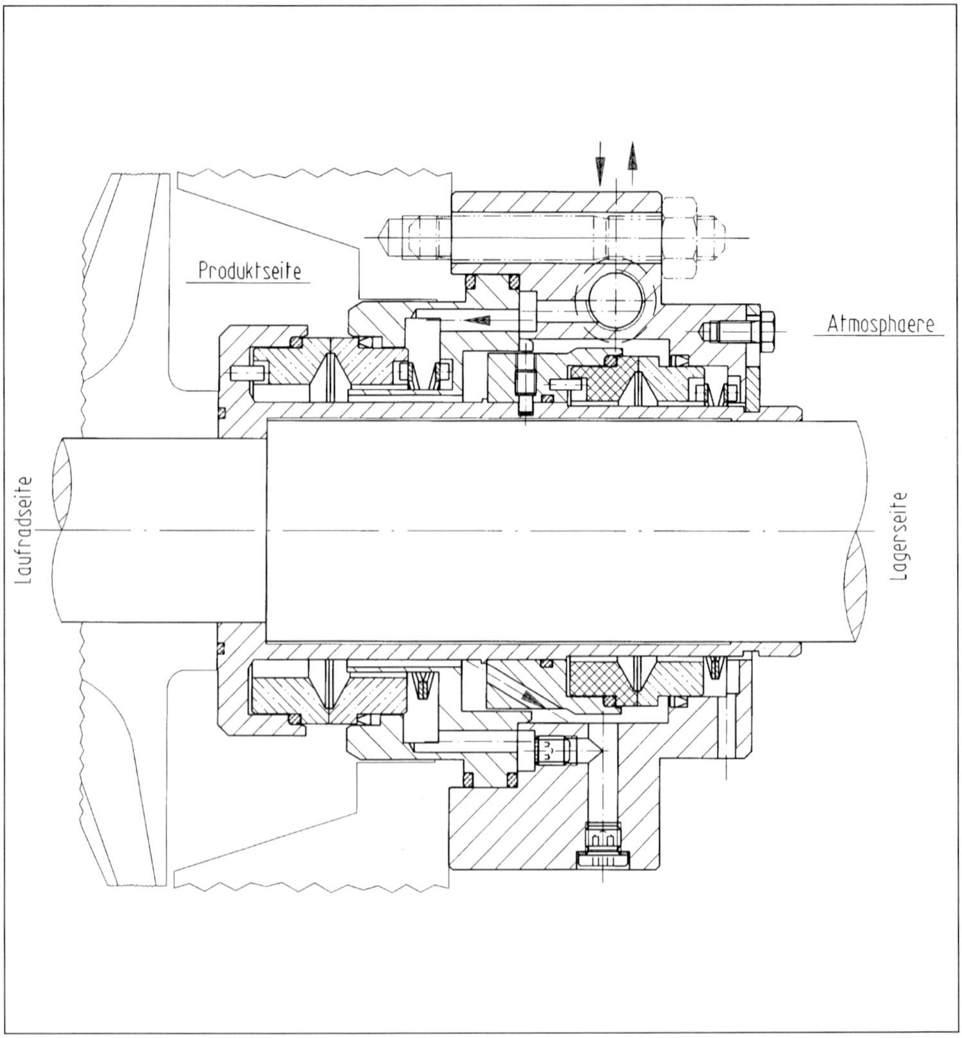

Bild 16: Doppeldichtung mit beidseitig stationären Federteilen

Aggregat : Kreiselpumpe nach DIN 24256 (ISO 2858) mit konischen A-Deckel

GLRD-Typ : Doppel-GLRD, balanciert mit stationärem Federteil produkt- und atmosphärenseitig und integrierter Pumpeinrichtung in Cartridge-Ausführung. Durch Auslegung für wechselnde Druckrichtungen kein Versagen bei Sperrdruckausfall.

Bez. nach DIN : GLRD DIN 24960-CC060S4E-Q1Q1TGGQ1AV

Typisches Anwendungsbeispiel

Abdichtmedium : diverse Produkte mit/ohne Feststoffe

Sperrmedium : VE-Wasser, Methamol, Mineralöl oder Siliconöl

Abdichtdruck : 25 bar max.

Temperatur : 220 °C

Geschwindigkeit : 25 m/s

Zirkulation : API 610 Plan 53 oder 52

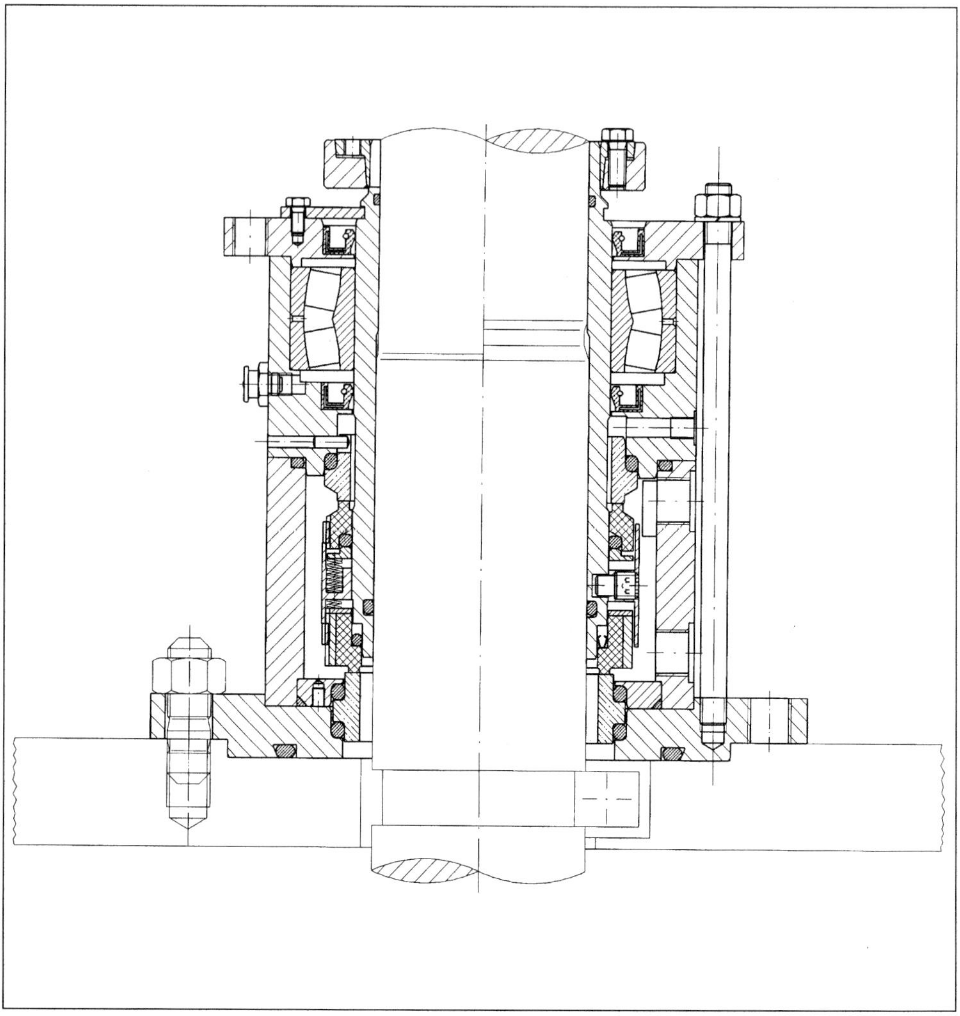

Bild 17: Rührwerksdichtung, Obenantrieb

Aggregat	: Rührwerk-Obenantrieb
GLRD-Typ	: linke Bildhälfte: Rührwerks-Doppel-GLRD, unbalanciert, für Rührwellen aus Stahl, emailliert, mit Anschlußmaßen nach DIN 28138 Teil 2.
	: rechte Bildhälfte: Rührwerks-Doppel-GLRD, unbalanciert, für Rührwellen aus Stahl, Anschlußmaße nach DIN 28138 Teil 1. Cartridge-Ausführung mit integriertem Pendelrollenlager als Loslager
Bez. nach DIN	: BQ2MGG-BQ2V

Typisches Anwendungsbeispiel

Abdichtmedium	: diverses Rührgut N_2 überlagert
Sperrmedium	: Weißöl
Abdichtdruck	: 10 bar
Temperatur	: 180 °C
Geschwindigkeit	: 250 m^{-1}
Zirkulation	: API Plan 52 oder 53

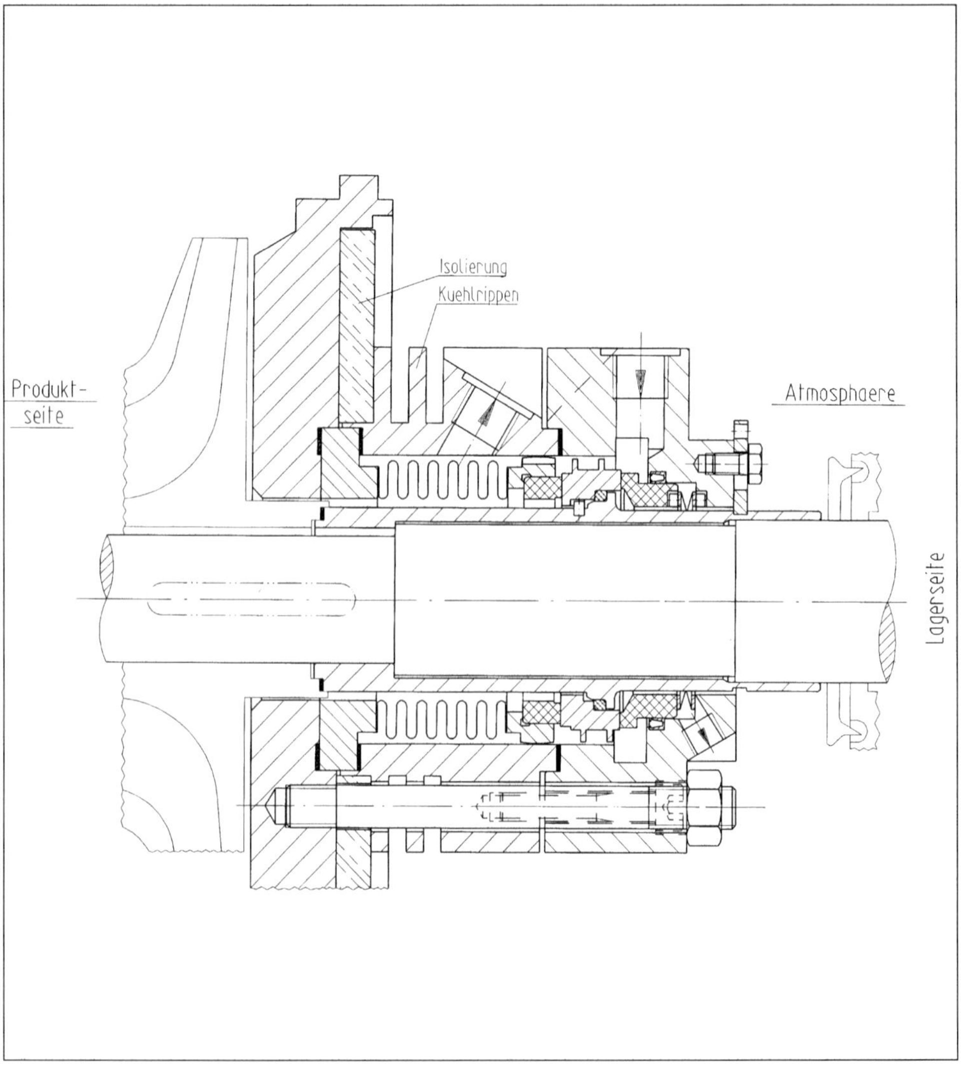

Bild 18: Rollbalgdichtung

Aggregat	: Wärmeträger-Kreislaufpumpe
GLRD-Typ	: Doppel-GLRD, balanciert, in Cartridge-Ausführung Statische Rollbalg-GRD produktseitig und GLRD mit stationärem Federteil atmosphärenseitig. Mittig rotierender Gegenring mit Fördergewinde.

Typisches Anwendungsbeispiel

Werkstoffcode	: ASGGG-AST
Abdichtmedium	: Wärmeträgeröl
Sperrmedium	: Wärmeträgeröl
Abdichtdruck	: 12 bar
Temperatur	: 400 °C
Drehzahl	: 1450 min^{-1}
Zirkulation	: API 610 Plan 53

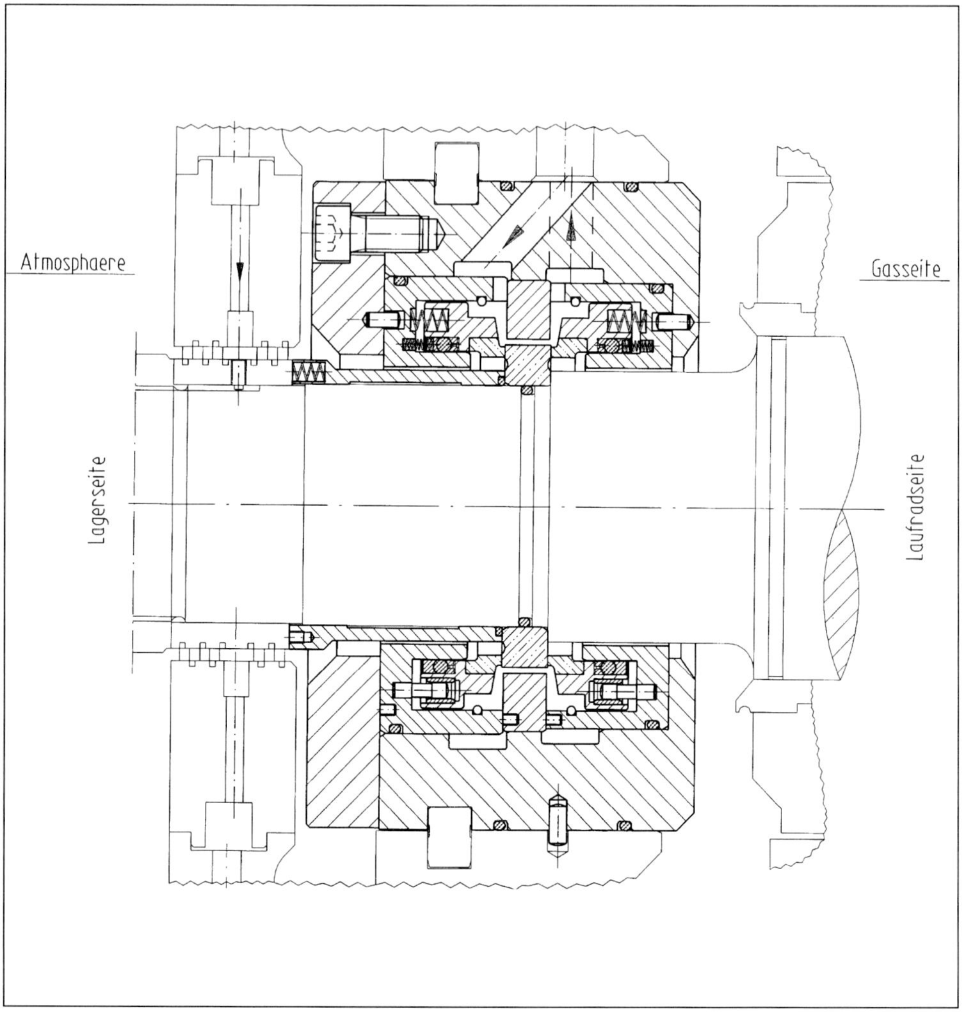

Bild 19: Hochgeschwindigkeitsdichtung

Aggregat	:	Radial-Turboverdichter
GLRD-Typ	:	Doppel-TURBOPAC-GLRD in face to face-Anordnung. GLRD, balanciert, mit stationären Federteilen und mittig rotierendem Gegenring. Ausgelegt für wechselnde Druckrichtungen bei Stillstand und Sperrdruckausfall.

Typisches Anwendungsbeispiel

Werkstoffcode	:	Q3Q2MGG-Q3Q2M
Abdichtmedium	:	Mischgas
Sperrmedium	:	Turbinenöl ISO VG 46
Abdichtdruck	:	30 bar
Stillstandsdruck	:	40 bar
Temperatur	:	60 °C
Drehzahl	:	9500 min^{-1}
Zirkulation	:	API 610 Plan 54

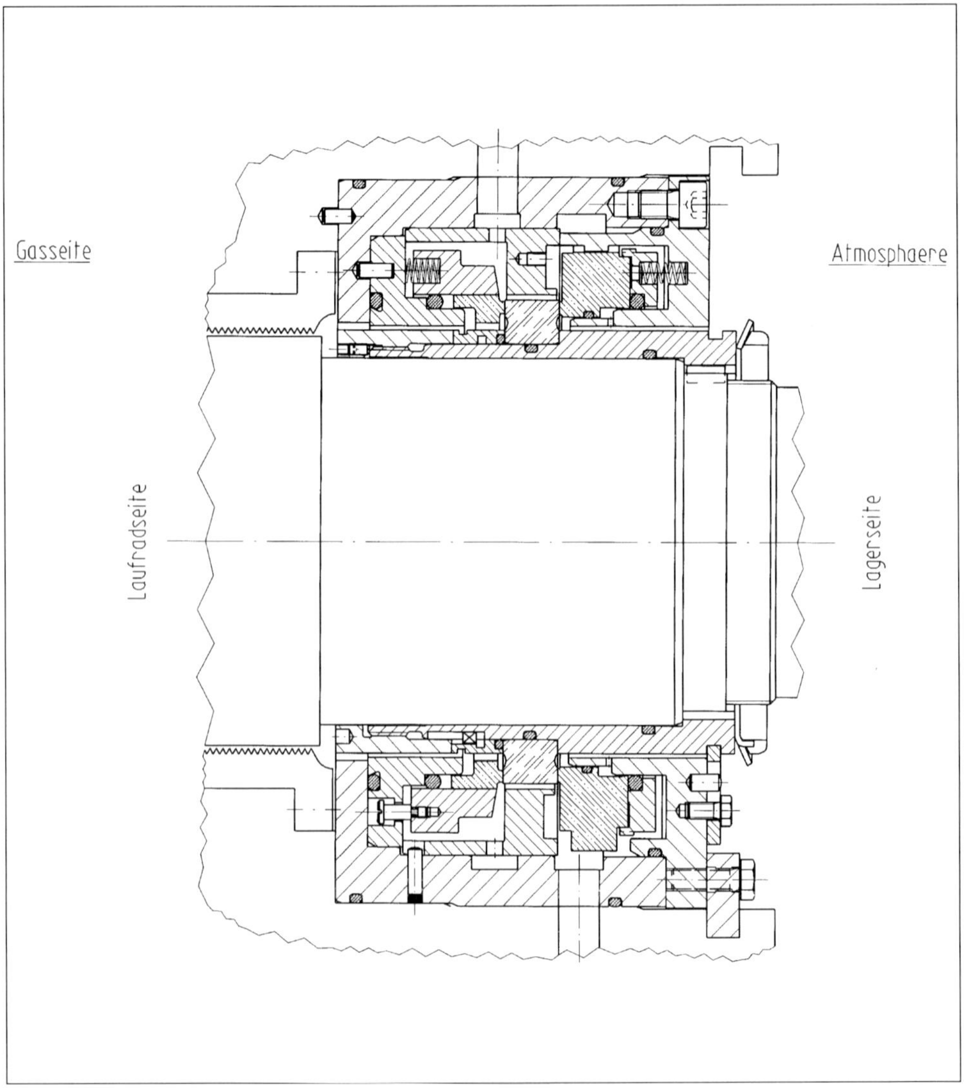

Bild 20: Hochgeschwindigkeits-Hochdruckdichtung

Aggregat	: Radial-Turbokompressor
GLRD-Typ	: Doppel-GLRD, balanciert, mit stationären Federteilen produkt- und atmosphärenseitig, in Cartridgeausführung
Werkstoffcode	: Q3Q2MGG-Q3Q2V

Typisches Anwendungsbeispiel

Abdichtmedium	: Wasserstoff-Gemisch (H2 - 66 %)
Sperrmedium	: Turbinenöl ISO VG 32
Abdichtdruck	: 45–300 bar
Temperatur	: 100 °C
Drehzahl	: 8000 min^{-1}
GLRD-Versorgung	: API 610 Plan 54

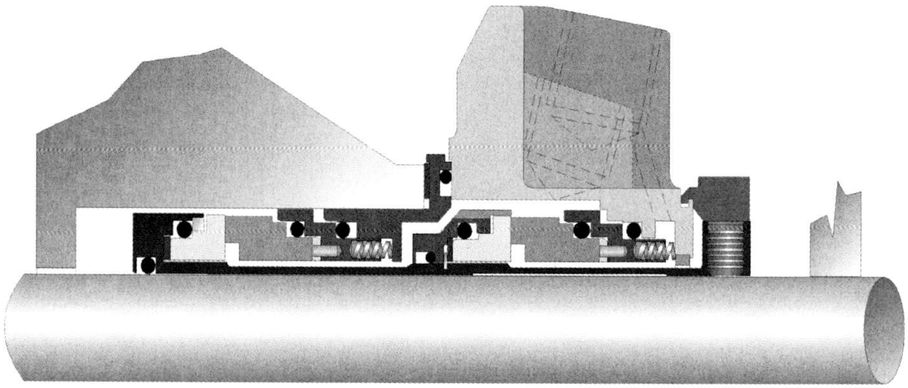

Bild 21: Typische Darstellung einer Tandemdichtung in Cartridge-Ausführung

Aggregat	: ANSI und DIN Prozeßpumpe
GLRD-Typ	: Doppel-GLRD balanciert Tandem-Anordnung mit integrierter Pumpeinrichtung in Cartridge-Ausführung

Typisches Anwendungsbeispiel

Abdichtmedium	: Gasoline
Quenchmedium	: Turbinenöl
Abdichtdruck	: 20 bar
Temperatur	: 200 °C
Drehzahl	: 2980 min^{-1}
Zirkulation	: API 610 Plan 52

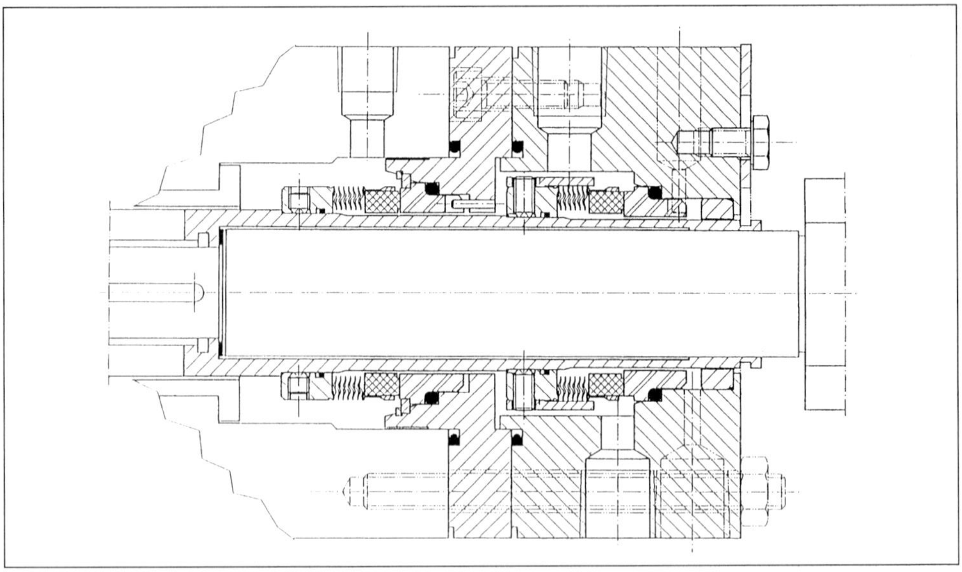

Bild 22: Membranbalgdichtung

Aggregat	:	Prozeßpumpe
GLRD	:	Tandemdichtung mit rotierendem Faltenbalg drucküberlagert
Typisches Anwendungsbeispiel:		
Abdichtmedium	:	Kohlenwasserstoff mit Feststoffen
Sperrmedium	:	ÖL
Abdichtdruck	:	15 bar
Sperrdruck	:	Δp 2 bar
Produkttemperatur	:	150 °C
Sperrmedientemperatur	:	80 °C
Drehzahl	:	2900 min^{-1}
GLRD Versorgung	:	API Plan 11/53

5.3.5 Versorgungssysteme für flüssigkeitsgesperrte Doppel- und Tandemdichtungen.

Zum Betreiben von Tandem- und Doppeldichtungssystemen werden Sperrdruckanlagen bzw. Sperrdruckgeräte benötigt. Sie dienen der Erzeugung des Sperrdruckes, der Abfuhr der in der GLRD erzeugten Wärme, dem Ausgleich der Leckage und der Sperrflüssigkeitsumwälzung.

Die Ausführung solcher Versorgungseinrichtungen wird bestimmt durch:

- die Dichtungsart, wie Doppel- oder Tandemdichtungen
- die abzudichtende Maschine, wie Pumpen, Rührwerke, Verdichter usw.
- die Dichtungseinbaulage, wie horizontal oder vertikal
- Obenantrieb, Seitenantrieb oder Untenantrieb für RW-GLRD sowie
- Betriebsvorschriften, wie z.B. API-Pläne.

Die Zirkulation des Sperr- oder Vorlagemediums kann durch:

- Naturumlauf (Konvektionsströmung)
- dichtungsinterne Umwälzeinrichtung, wie z.B. Fördergewinde oder Pumpenrad
- oder auch mittels einer externen Umwälzeinrichtung erfolgen.

Am meisten verwendete Systeme sind:

Drucklose Vorlagebehälter

Sie dienen der Versorgung einer Einzel- oder einfachen Tandemdichtung mit einer sogenannten Vorlageflüssigkeit.

Diese Behälter haben üblicherweise nur ein geringes Volumen von ca. 3 l und sind mit einer dauerhaft offenen Entlüftung zur Atmosphäre ausgestattet.

Mittels einer Stichleitung wird der Behälter mit dem Raum hinter der Innendichtung verbunden. Als nachgeschaltete Dichtung kann eine preisgünstige Gleitringdichtung oder ein Wellendichtring eingesetzt werden.

Die Quenchflüssigkeit soll die Versorgung des Dichtspaltes einer mit geringem Druck (max. ca. 6 bar) beaufschlagten Dichtung übernehmen oder aber in dem Fall wirksam werden, wenn die Versorgung des Dichtspaltes mit der Pumpflüssigkeit nicht gesichert ist, z. B. bei GLRD in vertikalen Pumpen.

Sperrkreis mit Thermosyphonbehälter gemäß API-Plan 52

Dieser API-Plan beschreibt ein Sperrdrucksystem für eine Tandemdichtung. Der Kreislauf wird drucklos betrieben. Die Zirkulation erfolgt durch Konvektionsströmung (Zirkulation des warmen Mediums von der Dichtung zum kühlbaren Behälter und Rücklauf des abgekühlten Mediums zur Dichtung) oder durch dichtungsintegrierte Pumpeinrichtungen, Bild 23.

Der Kreislauf ist zur Fackel belüftet, so daß kein Druckaufbau möglich ist.

Da sich die Leckage der inneren GLRD zur Vorlageflüssigkeit addiert, ist eine Füllstandsüberwachung sowohl für denTief- (low-), als auch für den Hoch- (high-) Alarm installiert.

Die Vorlageflüssigkeit muß in regelmäßigen Abständen erneuert werden, um eine zu starke Konzentration durch das Medium (Leckage der inneren GLRD) zu verhindern.

Sperrkreis mit Thermosyphonbehälter gemäß API-Plan 53

Dieser API-Plan beschreibt ein Sperrdrucksystem für eine Doppeldichtung, Bild 24.

Das Sperrmedium zirkuliert mittels Konvektionsströmung zwischen einer dichtungsintegrierten Pumpeinrichtung oder einer externen Umwälzpumpe in einem geschlossenen Kreis über den Sperrraum der Doppeldichtung und einen Druckbehälter. Die Druckbeaufschlagung des Sperrkreises ist konstant und wird durch einen Gasdruck im Behälter erzeugt.

Empfehlenswert sind solche Versorgungssysteme bis zu einem maximalen Abdichtdruck von ca. 30 bar. Die Druckbegrenzung ist dadurch begründet, daß durch den Gasdruck Gas vom Sperrmedium aufgenommen wird. Durch die Reibungswärme im GLRD-Bereich und Dichtspalt kann es zu Ausgasungen kommen.

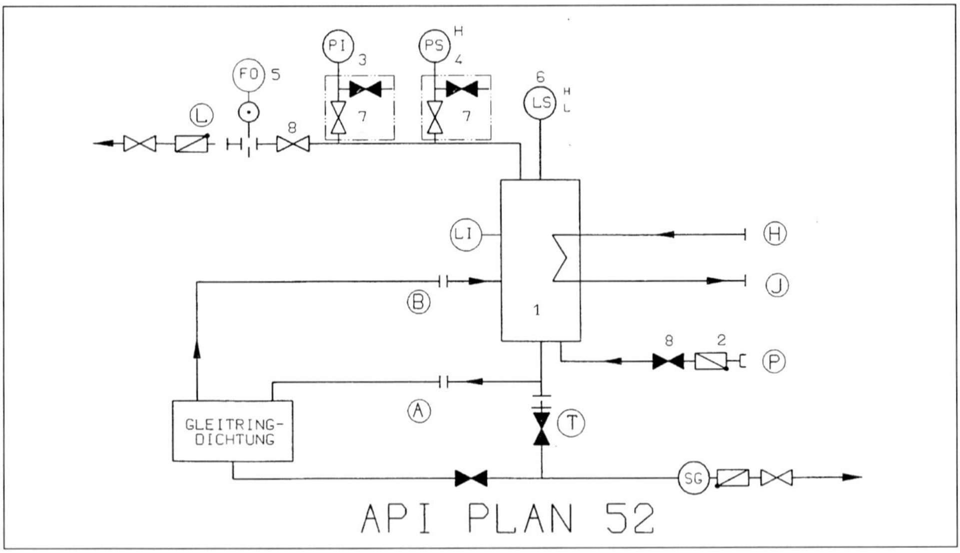

Bild 23: Beispielhafter Kreislauf für eine drucklose Tandemdichtungsversorgung gemäß API-Plan 52. Komponenten der Versorgungseinrichtung:

1	Vorlagebehälter mit Kühlschlange und Sichtglas für optische Füllstandskontrolle
2	Rückschlagventil in der Nachfülleitung
3	Manometer
4	Druckschalter mit high-Alarm zur Absicherung eines Druckaufbaus
5+8	Absperrventil mit Blende zur Fackel
6	Niveauschalter mit low- und high-Alarm
7	Manometerabsperrventile mit Entlüftungseinrichtung
8	Absperramaturen

Sperrkreis mit Drucktransmitter
"API Plan 53 modifiziert"

Bei stark schwankenden und hohen Abdichtdrücken bieten Sperrsysteme mit Transmittern nennenswerte Vorteile, Bild 25 und 26.

Die Druckdifferenz zwischen Sperr- und Abdichtdruck an der produktseitigen Dichtung wird automatisch auch bei schwankenden Abdichtdrücken durch zwei Kolbenflächen unterschiedlichen Querschnitts geregelt.

Die produktseitige Dichtung wird geschont und hat eine geringere Leckage, da sie immer im gleichen Differenzdruckbereich (prozentuale Druckdifferenz zu Abdichtdruck) arbeiten kann.

Der abzudichtene Druck der Gleitringdichtung, auch Impulsdruck des Transmitters genannt, wird unter dem Kolben erzeugt. Die Kolbenseite hat die größere Fläche.

Der Differenzdruck wird durch das Übersetzungsverhältnis „i" des Transmitters bestimmt und beträgt üblicherweise 1,05; 1,15 oder 1,25.

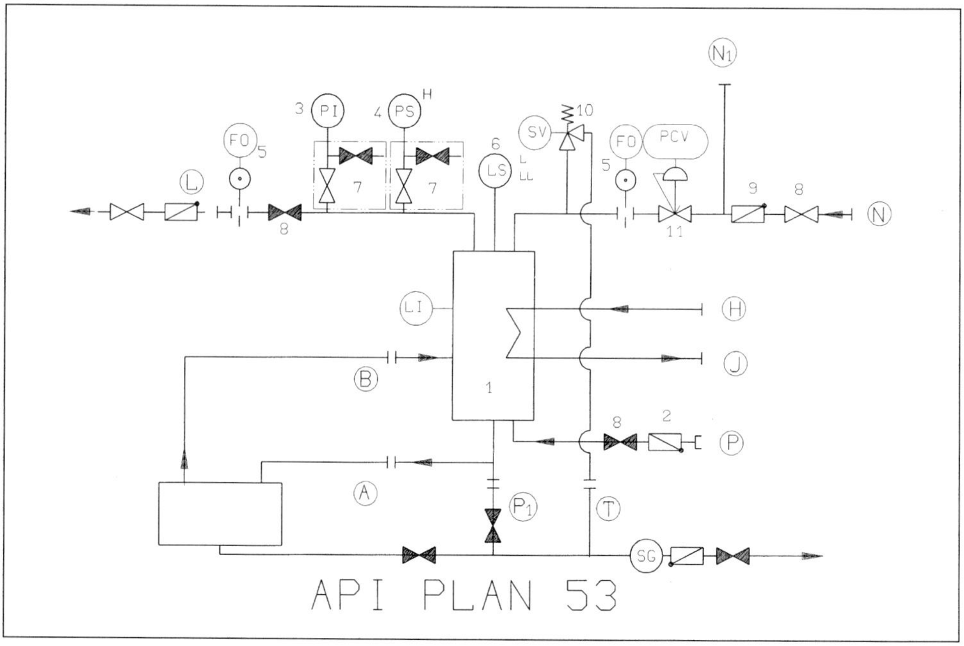

Bild 24: Beispielhafter Sperrkreisaufbau mit Überwachungseinrichtungen für eine Doppeldichtung gemäß API-Plan 53.
Komponenten der Versorgungseinrichtung:

1	Druckbehälter mit Kühlschlange und Sichtglas für die optische Füllstandskontrolle
2	Rückschlagventil in der Nachfülleitung
3	Manometer zur Druckanzeige
4	Druckschalter mit Alarm zur Absicherung von zu hohen Drücken
5+8	Ablaßventil mit Blende zur Fackel
6	Niveauschalter mit Low- und Low-Low Alarm
7	Manometer Absperrventile mit Entlüftung
8	Absperrarmaturen
9	Rückschlagventil in der Druckbeaufschlagungsleitung
10	Sicherheitsventil
11	Druckminderventil

Beispiel: Abdichtdruck der Pumpe 40 bar
gewähltes Übersetzungsverhältnis: 1,15
erzeugter Sperrdruck: 46 bar

Je höher der Betriebsabdichtdruck, desto kleiner wird das Übersetzungsverhältnis gewählt.

Sperrdruckanlage

Ein sogenanntes offenes Versorgungssystem ist die Sperrdruckanlage, Bild 27. Sie wird bevorzugt zur Versorgung von Rührwerksdichtungen und insbesondere bei Untenantrieben eingesetzt.

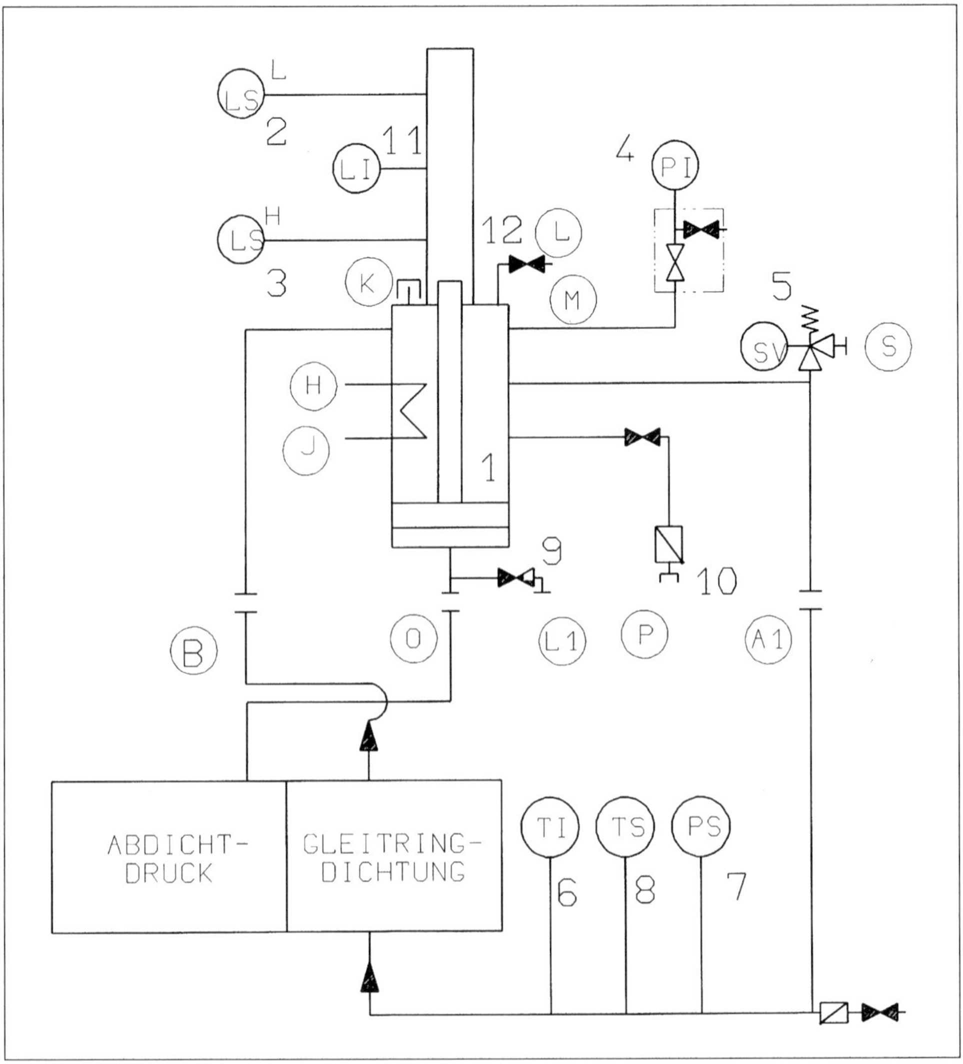

Bild 25: Sperrkreis mit Drucktransmitter im Durchlauf
Komponenten der Versorgungseinrichtung:

1	Drucktransmitter mit Kühlschlange
2+3	Niveaugrenzschalter
4	Manometer für Sperrdruck
5	Sicherheitsventil
6	Thermometer
7	Druckschalter
8	Temperaturschalter
9	Entlüftung für Impulsleitung und Sperrmedien-Raum
10	Nachfüllanschluß
11	Niveauanzeige
12	Entlüftung für Sperrmedien-Raum

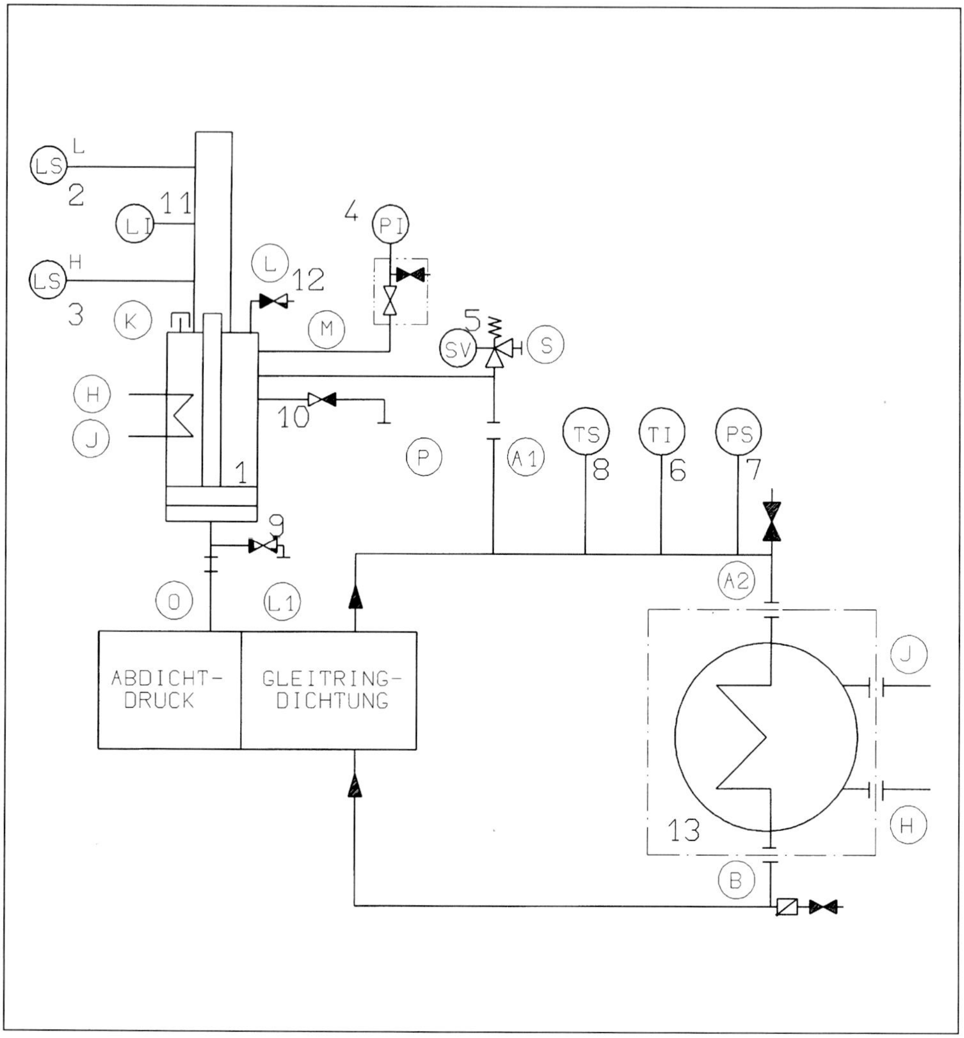

Bild 26: Sperrkreis mit Drucktransmitter im Bypaß
Komponenten der Versorgungseinrichtung:

1	Drucktransmitter mit Kühlschlange
2+3	Niveaugrenzschalter
4	Manometer für Sperrdruck
5	Sicherheitsventil
6	Thermometer
7	Druckschalter
8	Temperaturschalter
9	Entlüftung für Impulsleitung und Sperrmedien-Raum
10	Nachfüllanschluß
11	Niveauanzeige
12	Entlüftung für Sperrmedien-Raum
13	Wärmeübertrager

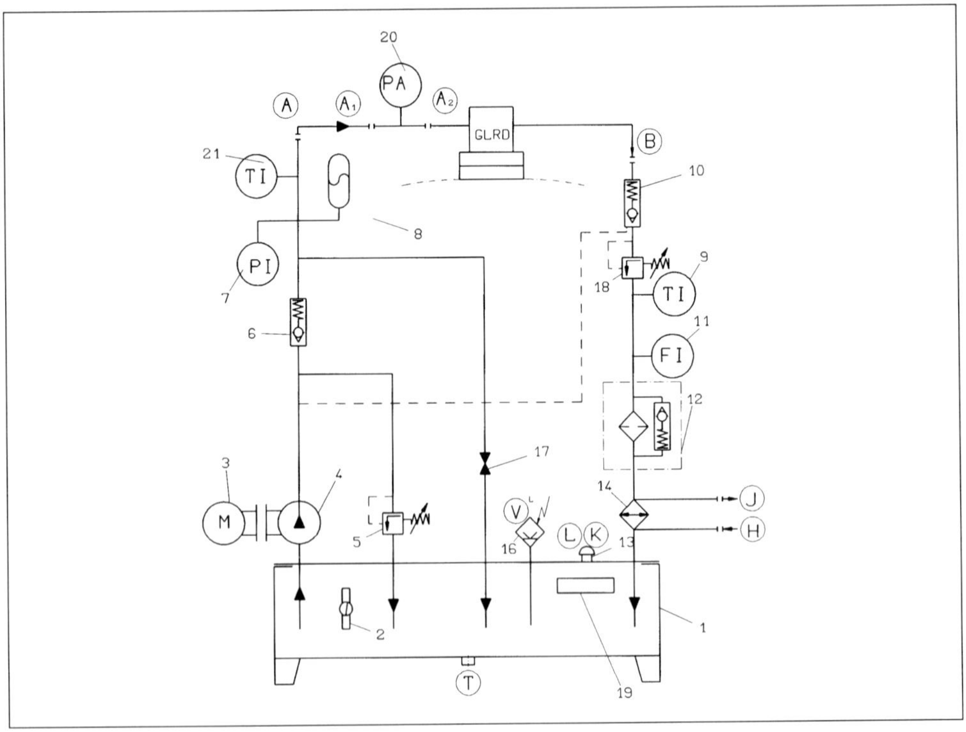

Bild 27: Fließschema einer Sperrdruckanlage

Die wichtigsten Komponenten der Anlage:

1	Vorratsbehälter
2	optische Füllstandsanzeige
3+4	Zahnradpumpe mit Antriebsmotor
5	Sicherheitsventil für Zahnradpumpe
6	Rückschlagventil
7	Druckanzeige des Sperrdrucks
8	Membranspeicher
9	Temperaturanzeige des Rücklaufs (hinter GLRD)
10	Entsperrbares Rückschlagventil (ohne Vordruck geschlossen)
11	visuelle Durchflußkontrolle
12	Filter mit Bypaßventil
13	Einfüll- und Entlüftungsfilter für Vorratsbehälter
14	Wärmeübertrager Sperrmedium/Wasser
16	Niveauschalter mit Min-Alarm
17	Entspannungsventil
18	Druckbegrenzungventil zur Sperrdruckeinstellung
20	analoges Meßsignal für den Sperrdruck (zur Meßwarte)
21	Temperatur Vorlauf

Bei dieser Anlage wird mittels einer Zahnradpumpe ein Sperrmedium (bevorzugt Öle) aus einem Vorratsbehälter über eine GLRD gepumpt. Der Sperrdruck wird durch die Zahnradpumpe in Kombination mit einem Ventil erzeugt.

In den Sperrkreis integrierte Rückschlagventile und eine Speicherblase gewährleisten auch bei Ausfall der Zahnradpumpe eine zeitlich begrenzte Druckhaltung, die ein sicheres Abfahren und Entspannen des Rührwerksbehälters ermöglicht.

Duch einen Differenzdruckregler, der hinter der GLRD angeordnet wird und einen Referenzdruckimpuls vom Kessel erhält, kann die GLRD bei schwankendem Kesseldruck an der produktseitigen GLRD mit konstanter Druckdifferenz betrieben werden.

5.4 Betriebsverhalten flüssigkeitsgeschmierter GLRD

Flüssigkeitsgeschmierte GLRD sollen gegenüber anderen Wellenabdichtsystemen bei vergleichbar niedriger Leckage und geringer Reibung die gestellten Abdichtaufgaben in Pumpen und Maschinen möglichst wartungsfrei erfüllen. Auftretender Verschleiß soll von der GLRD automatisch ausgeglichen werden.

Voraussetzungen für die Erfüllung dieser Bedingungen und damit für einen erfolgreichen Betrieb ist neben guter Sachkenntnis bei der Konstruktion, der Werkstoffauswahl und der Montage vor allem auch eine qualitätsgerechte Fertigung dieser komplexen Baugruppe. Dabei ist der Maschinen- oder Apparatehersteller bzw. Anwender mit einer guten Spezifizierung der Abdichtaufgabe sowie fachgerechter Montage und Inbetriebnahme wesentlich am Erfolg der Abdichtung beteiligt.

5.4.1 Auslegung von Gleitringdichtungen

5.4.1.1 Einführung

In der DIN 24960 für Gleitringdichtungen (GLRD) wird u.a. differenziert zwischen:

- GLRD nicht entlastet (U = unbalanciert); Form U ohne Wellenabsatz
- GLRD entlastet (B = balanciert); Form B mit Wellenabsatz

Nichtentlastete GLRD werden üblicherweise bis zu einer abzudichtenden Druckdifferenz von $\Delta p < 10$ bar eingesetzt. Entlastete GLRD in Serienbauweise haben sich bis zu einer Druckdifferenz von $\Delta p = 50$ bar bewährt. In der Regel handelt es sich hierbei um GLRD mit O-Ringen als Sekundärdichtelement an Gleit- und Gegenring.

Entlastete GLRD in Sonderbauweise sind heute bis zu einem Abdichtdruck von $p = 300$ bar im Einsatz. Das ist jedoch nur mit speziellen GLRD-Konstruktionen (siehe Kapitel 5.5) und hochfesten Gleit-Werkstoffen (z.B. Siliziumkarbid, Siliziumnitrid oder Wolframkarbid) beherrschbar, siehe Kap. 2.5.

Mit Hilfe der Finiten-Element-Methode (FEM) lassen sich die Verformungen der drucktragenden Bauteile optimieren.

5.4.1.2 Belastungsfaktor

Die Entlastung bzw. Nichtentlastung beschreibt das dimensionslose hydraulische Flächenverhältnis (k-Wert) einer GLRD und wird definiert als

$$k = \frac{\text{hydraulisch belastete Fläche}}{\text{Gleitfläche}} = \frac{A_h}{A} = \frac{D^2 - d_h^2}{D^2 - d^2} \tag{1}$$

Um bei Membranen oder Rollbälgen den k-Wert bestimmen zu können, muß zuvor der hydraulische Durchmesser d_h nach folgender Formel ermittelt werden

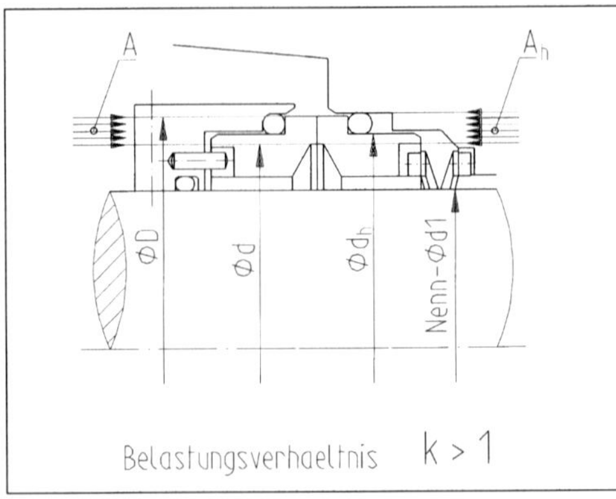

Bild 28: Federteil stationär, GLRD innenschließend

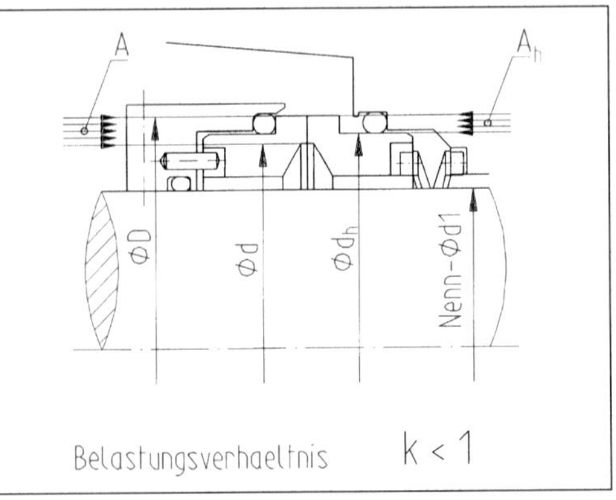

Bild 29: Federteil stationär, GLRD außenschließend

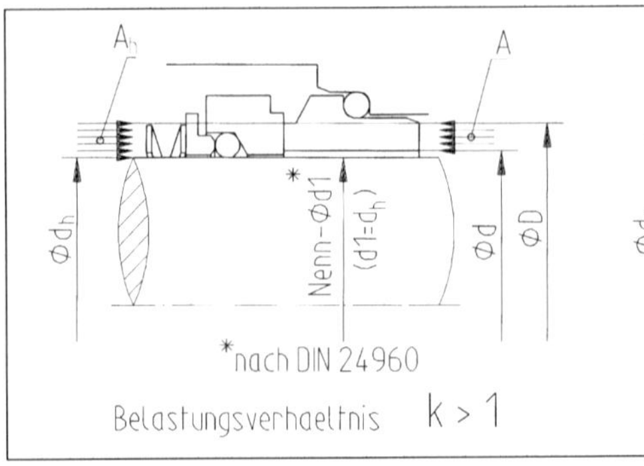

Bild 30: Federteil rotierend, GLRD außenschließend

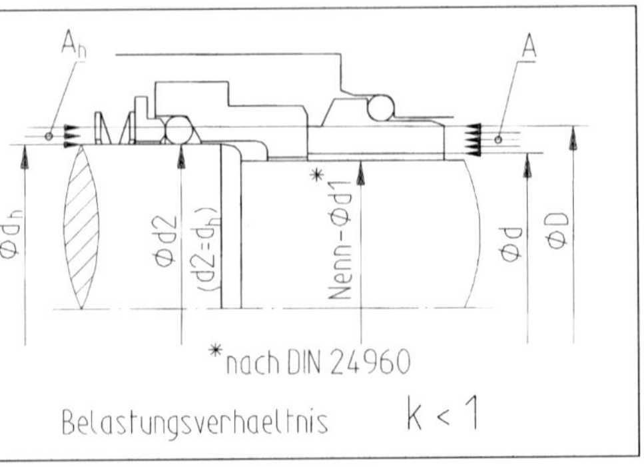

Bild 31: Federteil rotierend, GLRD außenschließend

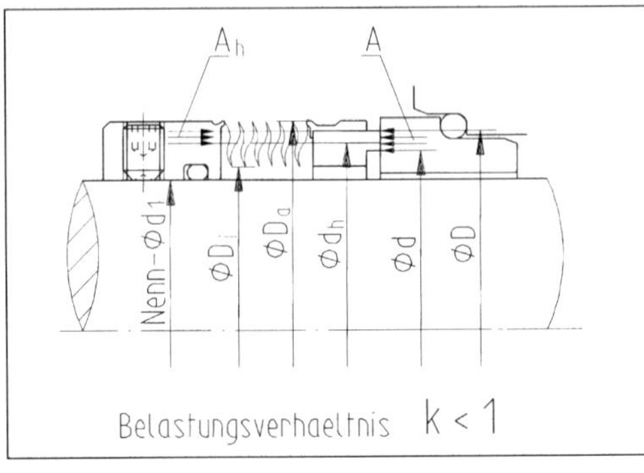

Bild 32: Membranbalg rotierend, GLRD außenschließend

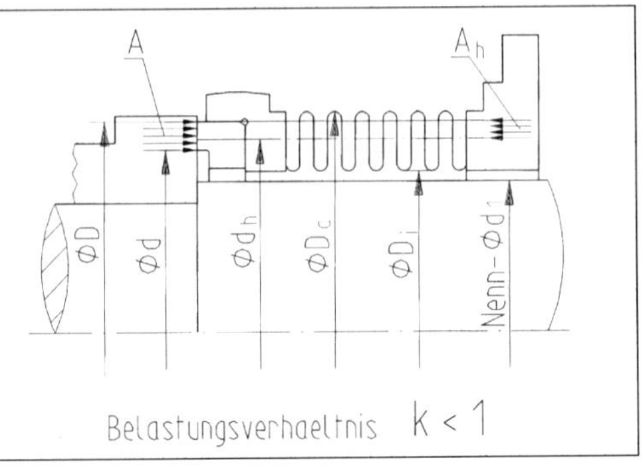

Bild 33: Rollbalg stationär, GLRD außenschließend

$$d_h = \sqrt{\left(D_h^2 + D_i^2\right)/2} \qquad (2)$$

Hinweis: Membranbälge gemäß Bild 32 sind bei der Anordnung von hydraulisch entlasteten GLRD auf durchgehend glatten Wellen mit $k < 1$ auszulegen.

k-Werte in der Praxis:

Tabelle 4: Belastungsfaktoren von GLRD

	Standard-GLRD nicht entlastet	Standard-GLRD entlastet	Sonder-GLRD [1]) entlastet
k-Werte	k = 1,1 bis 1,2	k = 0,66 bis 0,8	k = 0,62 bis 0,66
Belastung in %	110 bis 120	66 bis 80%	62 bis 66 %

[1]) Hochdruck- und Hochgeschwindigkeits-GLRD

Hinweis: Gleitringdichtungen mit z.B. O-Ringen als Nebendichtungen und $k < 0{,}6$ neigen bei wechselnden Betriebsparametern, verbunden mit kleinen Veränderungen der Spaltgeometrie (Konvergenz), zu großer Leckage. Eine Ausnahme bilden hier Membranbalg-GLRD (auch Metallfaltenbalg oder Lamellenbalg genannt), deren Flächenverhältnis bis $k \sim 0{,}5$ gewählt werden kann.

5.4.1.3 Gleitflächenabmessungen

Gleitflächenbreiten von serienmäßigen GLRD werden unterschieden zwischen Standard-Profil und Schmal-Profil (narrow face). Die Standard-Gleitflächenbreiten für Hart/Weich-Werkstoffpaarungen (z.B. S gegen A gemäß Werkstoffschlüssel nach DIN 24960) betragen b = 2,5 bis 10 mm in Abhängigkeit vom Wellen-ø d_1 gemäß nachfolgender Tabelle. Diese Werte können bei den verschiedenen GLRD-Herstellern Unterschiede aufweisen. Hart/Hart-Paarungen (z.B. Q1 gegen Q1) haben eine möglichst beidseitig gleiche Gleitflächenbreite von ca. 0,9b. Bei Gleitflächen in narrow-face-Ausführung ist die weiche Fläche etwa 0,5b so breit.

Standard-Gleitflächenbreite b (weiche Fläche):

Tabelle 5: Dichtspaltbreiten

Wellen-ø *d1*	**10-20**	**21-25**	**26-39**	**40-54**	**55-74**	**75-100**	**101-150**	**151-200**
b	2,5	3,0	3,5	4,0	4,5	4,75	5,0	5,5
Wellen-ø *d1*	**201-250**	**251-300**	**301-350**	**351-425**	**426-500**			
b	6	7,0	8,0	9,0	10,0			

Die Ermittlung von Dichtflächenaußendurchmesser D und Dichtflächeninnendurchmesser d bei gewählter Dichtflächenbreite b und gewünschtem k-Wert erfolgt somit nach

$$D = 2kb \pm \sqrt{(2kb)^2 - 4kb^2 + dh^2} \qquad (3)$$

$$d = D - 2b \qquad (4)$$

Aus fertigungstechnischen Gründen werden Durchmesser D und Durchmesser d in Detailzeichnungen auf Zehntel gerundet.

5.4.1.4 Federkräfte

Die notwendige Schließkraft einer GLRD im drucklosen Zustand wird von der Befederung erzeugt. Eingesetzt werden grundsätzlich Druckfedern in Form von

1. zylindrischen Schraubenfedern (Einzelfeder)
2. Kegelfedern (Einzelfeder)
3. zylindrischen Druckfedern (Gruppenfeder)
4. X-Wellfedern (Einzelfeder 2- oder 3-wellig) oder
5. Super X-Wellfedern (Einzelfeder 2- oder 3-wellig) mit patentierten, aufgeschweißten Drehmomentstütznocken.

Einzelfedern gem. 1 und 2 sind drehrichtungsabhängig. Die Ausführung 3 und 4 benötigt eine separate Drehmomentmitnahme (z.B. Sicke, Stift oder Klaue zwischen Mitnehmer und Gleitring).

Die auf die Gleitfläche A wirkende Federkraft F_f erzeugt eine spezifische Federpressung p_f und wird ermittelt nach

$$p_f = \frac{F_f}{A} \tag{5}$$

In Abhängigkeit der GLRD-Bauart und des Einsatzfalles wird p_f in Anlehnung an nachfolgende Tabelle gewählt, Tab. 6:

Spezifische Flächenpressung p_f (für Standard-Gleitflächenbreiten)

Tabelle 6: Spezifische Gleitflächenpressung aus der Federkraft

GLRD-Bauart	**Federteil**	**Dichtspaltversorgung durch**	**Wellen-ø *d1* [mm]** ***p***p_f **[N/cm2]**
Standard-GLRD für z. B. Pumpen	rotierend/ stationär	Flüssigkeit	ø10....ø100...ø250 35.....20.....15
Rührwerks-GLRD	rotierend	Flüssigkeit	ø40....ø250...ø500 25.....15.....12
Turbo-GLRD für Kompressoren	stationär	Flüssigkeit	ø40.....ø250 12.......10
Turbo-GLRD für Kompressoren	stationär	Gas	ø40.....ø250 6.......10
Rührwerks-GLRD kontaktierend	rotierend	Gas	ø40.....ø250 6.......5
Rührwerks-GLRD nicht kontaktierend "lift-off"	rotierend	Gas	ø40.....ø250 6.......5

5.4.1.5 Gleitdruck

Der spezifische Gleitdruck p_g bezeichnet die Schließkraft einer GLRD bezogen auf die Gleitfläche. Er wird gebildet aus der abzudichtenden Druckdifferenz Δp mal dem Flächenverhältnis k abzüglich des Druckgradientenfaktors k_1 im Dichtspalt plus der spezifischen Flächenpressung p_f.

Der Faktor k_1 beschreibt die Druckverteilung über der Gleitflächenbreite. Ideellerweise wird bei der Berechnung von einem parallelen Spalt ausgegangen und somit ein linearer Druckabbau vorgesetzt, d.h. $k_1 = 0{,}5$.

Die Errechnung des Gleitdruckes p_g erfolgt nach der Formel

$$p_g = \Delta p \cdot 10 \cdot (k - k_{11}) + p_f \qquad (6)$$

5.4.1.6 Reibungsbeiwert

Für die allgemeine Berechnung der Reibleistung P_R einer GLRD werden anhand von Praxisergebnissen folgende Reibungsbeiwerte f gewählt, Tab. 7.

Tabelle 7: Reibungsbeiwerte

Bedingungen	**Reibbeiwert *f***
Pumpen-GLRD nicht entlastet	0,1
Pumpen-GLRD entlastet	0,08
Turbo-GLRD	0,05
Rührwerks-GLRD	0,12
Trockenlauf-GLRD(in Kontakt)	0,15
Anfahren einer GLRD	0,3 0,5

5.4.1.7 Gleitgeschwindigkeit

Die Gleitgeschwindigkeit v_g einer GLRD wird mit dem mittleren Gleitflächen-Durchmesser d_m und der Drehzahl n gebildet nach

$$d_m = \frac{D + d}{2} \qquad (7)$$

$$v_g = \frac{dm \cdot \pi \cdot n \cdot 10^{-3}}{60} \qquad (8)$$

Hinweis: GLRD mit umlaufenden Federteil werden bis zu einer Gleitgeschwindigkeit von v_g < 25 m/s eingesetzt. Darüberhinaus wird die Befederung einer GLRD stationär angeordnet (z.B. Turbo-GLRD, vgl. Bild 19).

5.4.1.8 Reibleistung

Die Ermittlung der Reibleistung P_R einer GLRD erfolgt nach der Formel

$$P_R = (\Delta p \cdot 10 \cdot k + p_f) \cdot v_G \cdot A \cdot f \qquad (9)$$

5.4.1.9 Volumenstrom

Die erzeugte Reibleistung der GLRD muß bei Einzel-GLRD durch das Abdichtmedium und bei Doppel-GLRD durch das Sperrmedium abgeführt werden. Der erforderliche Volumenstrom V zur Abfuhr der Reibungswärme wird berechnet nach

$$V = \frac{P_R \cdot 60}{\Delta T \cdot c \cdot 1000 \cdot \rho} \qquad (10)$$

In der Regel wählt man eine Temperaturdifferenz zwischen Ein- und Austritt der Kühlflüssigkeit von $\Delta T = 10$ K, bei leicht siedenden Flüssigkeiten eher $\Delta T = 5$ K.

5.4.1.10 Losbrech-/Anfahrmoment

Für die Auslegung des Antriebes einer Maschine und die Drehmomentübertragungs-Elemente der GLRD ist das Losbrechmoment M_L eine wichtige Komponente. Beim Anlaufen einer GLRD aus dem Stillstand ergaben sich in der Praxis Anfahr-Reibungsbeiwerte von f = 0,6 ..... 0,8.

Das Losbrechmoment M_L errechnet sich aus

$$M_L = \left(\Delta p \cdot 10 \cdot k + p_f\right) \cdot \frac{dm \cdot 10^{-3}}{2} \cdot A \cdot f \qquad (11)$$

5.4.1.11 Berechnungsbeispiel für eine GLRD

Gegeben:

Einzel-GLRD balanciert DIN 24960 KB065S1 – Q2AVGG (vgl. Bild 6)

d_1 = 65 mm	Nenn-ø der GLRD
$d_2 = d_h$ = 70 mm	hydraulischer Wellen-ø
D = 76 mm	Gleitflächenaußen-ø
d = 67 mm	Gleitflächeninnen-ø
F_f = 230 N	Federkraft
f = 0,08	Reibungsbeiwert im Betrieb
f = 0,5	Reibungsbeiwert beim Anfahren
n = 3000 min^{-1}	Drehzahl
Δ_p = 30 bar	Druckdifferenz
Abdichtmedium =	Weißöl
c = 2,1 kJ/kgK	spez. Wärmekapazität
ρ = 850 kg/m^3	Dichte
ΔT = 10 K	Temperaturdifferenz

Gesucht:

A	[cm^2]	Gleitfläche
k	[--]	Fächenverhältnis
p_f	[N/cm^2]	spez. Federpressung
v_g	[m/s]	Gleitgeschwindigkeit
P_R	[W; J/s]	Reibleistung
V	[l/min]	Volumenstrom
M_L	[Nm]	Losbrechmoment

Lösung:

$$A = \left(D^2 - d^2\right)\pi/4 = \left(76^2 - 67^2\right)\text{mm}^2 \cdot \pi/4 = 1010{,}8\,\text{mm}^2 = 10{,}1\,\text{cm}^2$$

$$k = \frac{D^2 - d_h^2}{D^2 - d^2} = \frac{\left(76^2 - 70^2\right)\text{mm}^2}{\left(76^2 - 67^2\right)\text{mm}^2} = \frac{876}{1287} = 0{,}68$$

$$p_f = \frac{F_f}{A} = \frac{F_f}{\left(D^2 - d^2\right)\pi/4} = \frac{230\,\text{N}}{\left(76^2 - 67^2\right)\text{mm}^2 \cdot 0{,}785} = 0{,}23\,\text{N/mm}^2 = 23\,\text{N/cm}^2$$

$$v_g = \frac{d_m \cdot \pi \cdot n \cdot 10^{-3}}{60} = \frac{71{,}5 \cdot \pi \cdot 3000 \cdot 10^{-3}}{60} = \underline{11{,}23\,\text{m/s}}$$

$$P_R = \left(\Delta p \cdot 10 \cdot k + p_f\right) \cdot v_g \cdot A \cdot f$$

$$P_R = \left(30 \cdot 10\,\text{N/cm}^2 \cdot 0{,}68 + 23\,\text{N/cm}^2\right) \cdot 11{,}23\,\text{m/s} \cdot 10{,}1\,\text{cm}^2 \cdot 0{,}08$$

$$P_R = 2060\,\text{Nm/s} = 2060\,\text{J/s} = \underline{2060\,\text{W}}$$

$$V = \frac{P_R \cdot 60}{\Delta T \cdot c \cdot \rho} =$$

$$V = \frac{2060\,\text{J} \cdot 60\,\text{s} \cdot \text{kgK} \cdot \text{m}^3 \cdot 10^3\,\text{dm}^3}{\text{s} \cdot \text{min} \cdot 10\,\text{K} \cdot 2100\,\text{J} \cdot 850\,\text{kg} \cdot \text{m}^3}$$

$$V = 6{,}92\,\text{dm}^3/\text{min} \sim \underline{7\,\text{l/min}}$$

$$M_L = \left(\Delta p \cdot 10 \cdot k + p_f\right) \cdot \frac{d_m \cdot 10^{-3}}{2} \cdot A \cdot f$$

$$M_L = \left(30 \cdot 10\, N/cm^2 \cdot 0{,}68 + 23\, N/cm^2\right) \cdot \frac{(76+67)10^{-3} m}{2 \cdot 2} \cdot 10{,}1\, cm^2 \cdot 0{,}5$$

$$M_L = \underline{41\, Nm}$$

5.4.1.12 Mantelreibung

Werden GLRD bei einer Gleitgeschwindigkeit v > 30 m/s eingesetzt, so muß die Mantelreibung p_M des mitrotierenden Flüssigkeitsringes im Dichtungsraum zur Reibleistung P_R addiert werden. Das gilt insbesondere für Doppel-GLRD (siehe Bild 19 und 20) und Kombi-GLRD, d.h. Einzel-GLRD plus Schwimmring (siehe Bild 11 bzw. Bild 34), die in z.B. Turbo- und Schraubenverdichtern, Entspannungsturbinen oder Gebläsen eingebaut werden. Um die Reibungswärme gezielt abzuführen, sollte die Kühlflüssigkeit dichtflächennah an der GLRD mittels eines Verteilerringes über den rotierenden Gegenring geführt werden. Der Spalt zwischen dem Rotor und dem Verteiler ist zweckmäßigerweise mit s = 1,5 .... 3 mm in Abhängigkeit vom Durchmessers D_G festzulegen.

Die Mantelreibung P_M wird nach der folgenden Formel berechnet

$$P_M = k_m \cdot \rho \cdot \omega^3 \cdot r^4 \cdot l \qquad (12)$$

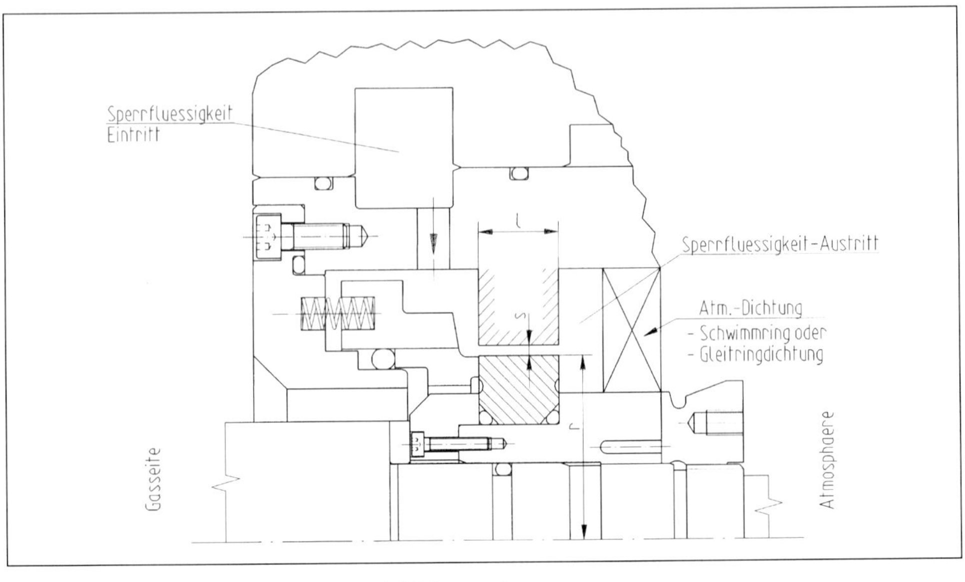

Bild 34: Radialspalt zwischen Rotor und Ölführungsring

Die Reynoldszahl Re ergibt sich aus

$$Re = r^2 \cdot \omega / \nu \tag{13}$$

wobei die Winkelgeschwindigkeit w nach

$$w = \pi \cdot n / 30 \; \{s^{-1}\} \tag{14}$$

berechnet wird.

Die Gleichung für den Reibungsbeiwert k_m lautet

$$k_m = \frac{2\pi}{Re \cdot s / r} + \frac{(1 + s / r) \cdot 0{,}15}{(2 + s / r) \cdot Re^{0{,}2}} \tag{15}$$

Berechnungsbeispiel für die Mantelreibung

Gegeben:

$n = 10\,000 \text{ min}^{-1}$

$s = 0{,}002 \text{ m}$

$l = 0{,}015 \text{ m}$

Turbinenöl ISO VG 32

$\rho = 860 \text{ kg/m}^3$

$\upsilon = 30$ û $10^{-6} \text{ m}^2/\text{s}$

Lösung:

$$\omega = \pi \cdot 10000 / 30 = 1047 \text{ s}^{-1}$$

$$Re = \frac{0{,}05^2 \cdot 1047}{30 \cdot 10^{-6}} = 87250$$

$$k_m = \frac{2\,\pi}{87250 \cdot 2 / 50} + \frac{(1 + 2 / 50) \cdot 0{,}15}{(2 + 2 / 50) \cdot 87250^{0{,}2}} = 9{,}66 \cdot 10^{-3}$$

$$P_M = 9{,}66 \cdot 10^{-3} \cdot 860 \cdot 10473 \cdot 0{,}05^4 \cdot 0{,}015 = \underline{894 \text{ W}}$$

5.4.1.13 Stoffwerte einiger Flüssigkeiten, die als Sperrmedium eingesetzt werden

(Tabelle 8)

5.4.2 Bedingungen im Dichtspalt

Der radiale Druckverlauf im Dichtspalt einer GLRD muß sowohl unter hydrostatischen als auch unter hydrodynamischen Bedingungen betrachtet werden.

Tabelle 8: Physikalische Daten von Sperrmedien

	ρ	bei	c	bei	υ	bei	z. B. Marke Sorte
Medium	kg/dm³	°C	kJ/kg K	°C	10^{-6} m²/s	°C	
Wasser (VE-Wasser)	1000	4	4,19	20	1	20	
Wasser/Glykol 3:1	1100	20	3,0	20	10	20	
Ethylenglykol	1130	20	2,4	20	96	20	
Turbinenöl ISO VG32 [1])	860	15	2,12	60	30	40	Esso Teresso 32
Turbinenöl ISO VG46 [1])	870	15	2,12	60	43	40	Esso Teresso 46
Spindelöl, sehr niedrig viskos [1])	760	15	2,0	40	1,6	40	Shell S.4919
Spindelöl, niedrig viskos [1])	890	15	2,0	40	4,9	40	Shell Fusus 5
Kältemaschinenöl	880	15	2,1	40	34,6	40	BP Energol LPT32
Weißöl, medizinisch [1]) [2])	850	20	2,1	40	14	40	BP Energol WM2
Weißöl, technisch [1]) [2])	850	20	2,1	40	16	40	BP Energol WT61
Methanol (Methylalkohol)	800	15	2,55	20	0,75	25	
Wärmeträgeröl	1000	60	1,71	60	7,6	60	Hüls Marlotherm S
Wärmeträgeröl	830	60	2,03	60	10,5	60	Mobil Mobiltherm 603
Wärmeträgeröl	1035	20	1,58	20	6,3	20	Bayer Diphyl DT
Silikonöl	900	40	1,68	40	4,0	40	Bayer Baysilone KT5
Lebensmittel- und Pharmaschmieröl [2]) [3]) [4])	820	15	2,2	40	15	40	Klüberoil 4 UH 1-5

[1]) Mineralölraffinat [2]) FDA-Zulassung [3]) USDA H1-Registrierung [4]) mineralölfrei

Der Einfluß von

- parallelen Dichtspalten
- divergentem Spalt (A-Spalt)
- konvergentem Spalt (V-Spalt), Bild 35.

zeigt bereits bei der statischen Druckprobe an Cartridge – GLRD (einbaufertige Dichtungspatronen), die bevorzugt mit Luft oder Stickstoff durchgeführt wird, ein unterschiedliches Dichtverhalten.

Während GLRD mit parallelem Spalt je nach Dichtungstyp, Durchmesser und Werkstoffpaarung reproduzierbare Leckagebereiche aufweisen, zeigen Dichtungen mit divergierendem Spalt bei Außendruckprüfung oft erheblich niedrigere Gasleckagen. Starke Kontakte am Außendurchmesser der Gleitflächen „schnüren" den Dichtspalt ab.

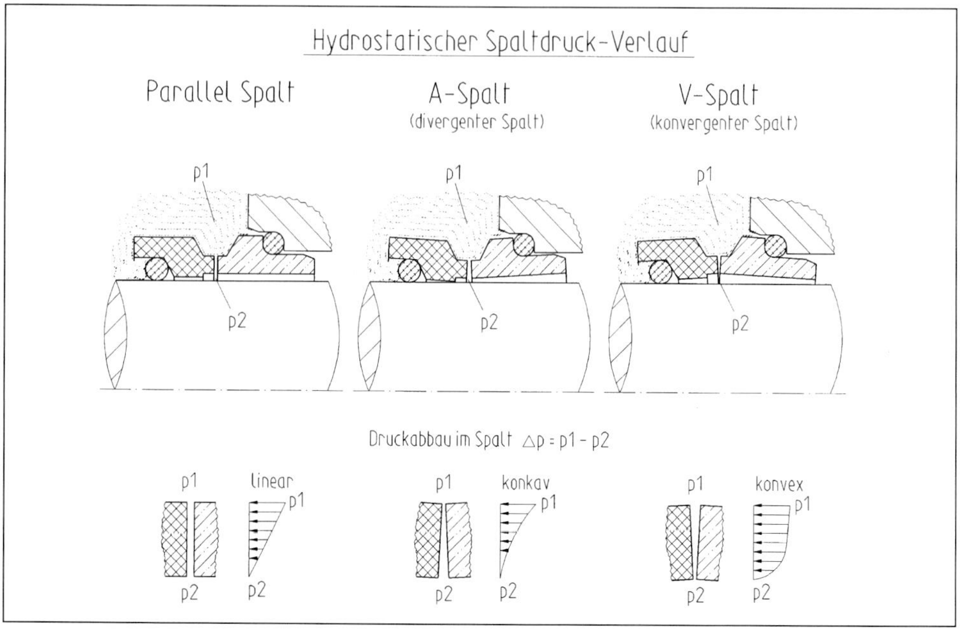

Bild 35: Hydrostatischer Spaltdruck-Verlauf

Im dynamischen Betrieb zeigen GLRD mit divergierendem Spalt am Außendurchmesser der Gleitflächen oft Überpressungserscheinungen. Bei dieser Spaltgeometrie kommt es zur Unterversorgung des Dichtspaltes.

Bei einer außen beaufschlagten Dichtung unterstützt ein konvergenter Spalt die Versorgung des Dichtspaltes. Das führt bei einer Gasdichtigkeitsprüfung zu nennenswert höheren Leckagen.

Steigende Divergenz in Verbindung mit einem hohen Entlastungsgrad kann zum Öffnen eines Dichtspaltes führen.

Die dynamische Tragfähigkeit eines Dichtspaltes wird jedoch auch von der Ebenheit einer Dichtfläche, betrachtet in Umfangsrichtung, beeinflußt.

Die Literatur nennt vielfach eine maximal zulässige Ebenheitsabweichung von einem Lichtband (1 Lichtband = 0,29 µm) je 25 mm Gleitflächendurchmesser. Eine untere Toleranzgrenze, d.h. eine Mindestebenheitsabweichung, wird nicht benannt.

Mit Einführung von Siliziumkarbidpaarungen, sogenannten Hart/Hart-Paarungen, mit Beginn der 80er Jahre wurde bei der Bearbeitung von Gleitflächen die Herstellung hochglanzpolierter, extrem ebener Flächen möglich.

Während die Werkstoffpaarungen mit einem größeren Wärmeausdehnungskoeffizienten bereits beim Läppen der Gleitkörper durch die Wärme der Läppscheiben Verwerfungen und damit Ebenheitsabweichungen erzeugten, ließen sich rotationssymmetrische Ringe aus SIC extrem eben und glatt läppen. Sogenannte "Endmaßeffekte" führten bei vielen Anwendungen zu Ausplatzungen an den Mitnahmenuten und zu Brüchen der Ringe.

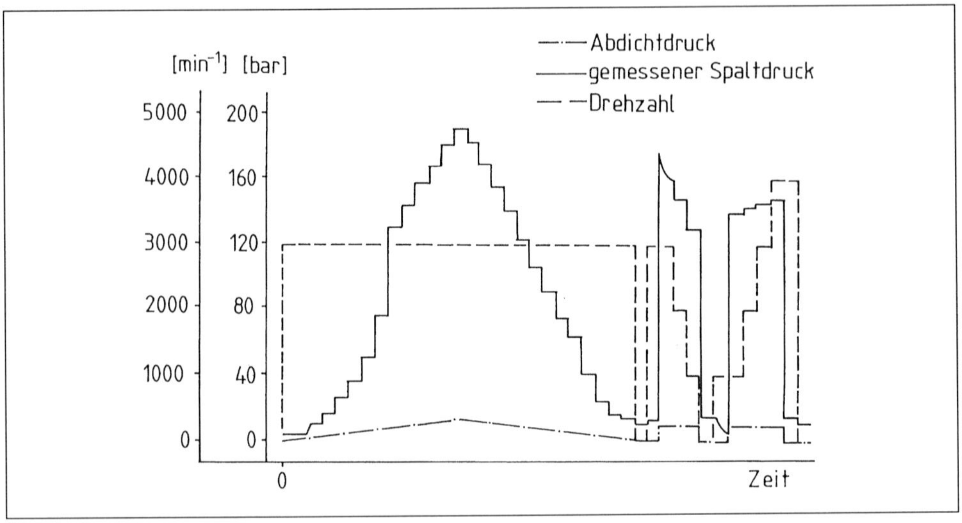

Bild 36: Spaltdruckmessung

Erst eine Reduzierung der Oberflächengüte, höhere Porositäten der Werkstoffe und z.T. läpptechnische Einflüsse beseitigten diese „Ansaugeffekte".

Dichtungsherstellern und Betreibern wurde klar, daß nur eine Mindestrauhigkeit und eine definierte Abweichung von der absoluten Ebenheit einen reibungsreduzierten erfolgreichen Betrieb der GLRD zuließen.

Im Rahmen eines vom BMFT geförderten Gemeinschaftsprojektes wurde in Zusammenarbeit von einem Keramikhersteller, der Hochschule Aachen und einem Dichtungshersteller die Hydrodynamik einer GLRD untersucht.

Messungen der Spaltdrücke an GLRD ergaben, daß bei extrem eben und glatt geläppten Gleitflächen kein Spaltdruck aufgebaut werden konnte. Demgegenüber wurden zwischen gezielt wellig geläppten Gleitflächen partielle Spaltdrücke gemessen, die mehr als das 10fache des Abdichtdruckes betrugen.

Bild 36 zeigt die erfaßten Meßwerte an einer, mit speziellen Miniaturdruckaufnehmern im stationären Gegenring ausgerüsteten Test - GLRD. Der Entlastungsfakor der Testdichtung betrug ca. 1.

Mit steigendem Abdichtdruck baute sich im Bereich eines Druckaufnehmers, der unmittelbar vor einer Unebenheitsspitze installiert war, ein Druck auf, der bei einem Abdichtdruck von ca. 13 bar mehr als 160 bar betrug.

Diese Optimierung der Tragkräfte wird heute z.T. gezielt zur Erhöhung der Tragfähigkeit hochbelasteter GLRD genutzt.

5.4.3 Einflüsse auf die Verhältnisse im Dichtspalt

Die Funktion und Dichtheit einer GLRD wird primär von den unter Betriebsbedingungen herrschenden Verhältnissen im Dichtspalt bestimmt.

Folgende Faktoren haben Einfluß auf den Dichtspalt und somit auf die Funktion der GLRD:

5.4.3.1 *die konstruktive Ausführung der Dichtfläche*
(Dichtflächenbreite, Dichtflächenausführung)

Eine allgemeingültige bevorzugte Dichtflächenbreite, die von allen Dichtungsherstellern angewendet wird, gibt es nicht.

Die Gleitfächenbreite muß so gewählt werden, daß unter den für die Dichtung zugrunde gelegten Betriebsbedingungen die beiden Gleitflächen und der dazwischen befindliche Schmierfilm ein Tribosystem bilden. Dieser Schmierfilm soll unter allen Betriebsbedingungen möglichst stabil sein.

Die tribologischen Kenngrößen Reibung und Verschleiß werden durch das jeweilige System bestimmt. Sie sind daher keine Stoffeigenschaften, wie beispielsweise die Härte oder die Dichte. Ein und derselbe Werkstoff als Bauteil unterschiedlicher Systeme kann auch bei gleicher Beanspruchung voneinander abweichende Reibungs- und Verschleißwerte aufweisen.

Abgesehen von wenigen Sonderabdichtaufgaben wird als radiale Abmessung des Dichtspaltes eine Länge von 3,5 bis 5 mm gewählt. Siehe auch Pkt. 5.4.1.3

Bei zu schmalen Gleitflächen, d.h. < 2,5 mm, besteht die Gefahr, daß bereits kleine Ausbrüche an den Gleitflächenkanten übergroße Leckagen zur Folge haben.

Zur Reduzierung von Verlustleistungen können Dichtflächenbreiten in Sonderfällen auf eine Breite von ca. 3 ± 0,5 mm verringert werden.

Zur Unterstützung der Dichtspaltversorgung mit Flüssigkeit und/oder zur Optimierung der Dichtspaltkühlung werden von einigen Dichtungsherstellern bei speziellen Anwendungen Konturen in eine der Dichtfächen eingebracht, Bild 37.

Die Lage und Dimensionierung der Konturen können die Dichtfunktion der GLRD beeinflussen. Darum muß diese Art von Merkmalen bei der Dichtungsauslegung besondere Berücksichtigung finden.

5.4.3.2 die konstruktive Ausführung der Dichtungsumgebung
(Abstand zwischen den rotierenden Dichtungsteilen und stationären Dichtungsgehäuseteilen, Entlüftung des Dichtungsraumes, Versorgung des Dichtspaltes mit Flüssigkeit.
Vermeidung von Produkteindickungen, wenn der Dichtspalt vom Produkt versorgt werden muß)

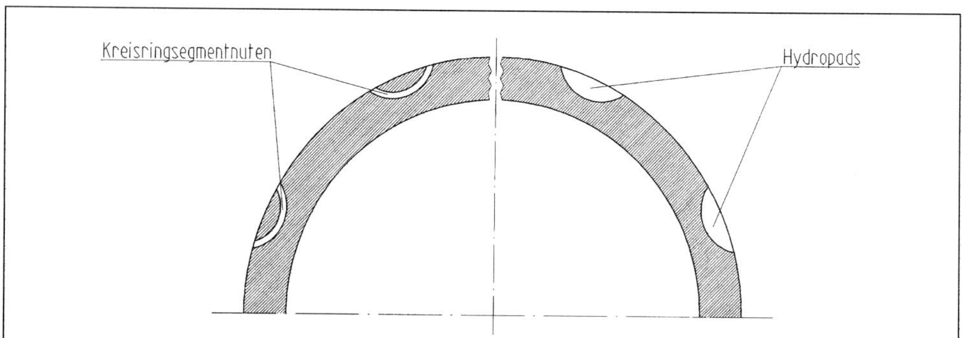

Bild 37: Nutgeometrien in Dichtflächen

Zur Vermeidung von zu hohen Verlustleistungen sollten die radialen Spalte zwischen rotierenden Dichtungsteilen und Dichtungsgehäuse vor allem bei Abdicht- oder Sperrmedien mit hoher Viskosität nicht zu eng ausgeführt werden.

Desweiteren können zu enge Radialspalte zwischen den rotierenden und stationären Dichtungsteilen bei radialen Auslenkungen der Welle zu Kontakten führen. Man wählt üblicherweise einen Abstand von min. 1,5–2,5 mm.

Die Versorgung des Dichtspaltes mit Flüssigkeit ist eine der wichtigsten Voraussetzungen für die Funktion einer flüssigkeitsgeschmierten GLRD.

Nach dem Befüllen des Dichtungsraumes mit Abdichtflüssigkeit bzw. bei Doppeldichtungen mit Sperrmedium muß der Dichtungsraum entlüftet werden. Das kann entweder durch eine optimale Stopfbuchsraumkonstruktion automatisch erfolgen oder muß durch manuell bzw. automatisch arbeitende Entlüftungsmaßnahmen gesichert sein.

Die durch die Inbetriebnahme der Maschine oft vorausgesetzte selbständige Entlüftung kommt in vielen Fällen nicht zur Wirkung. Hierfür gibt es eine einfache physikalische Erklärung.

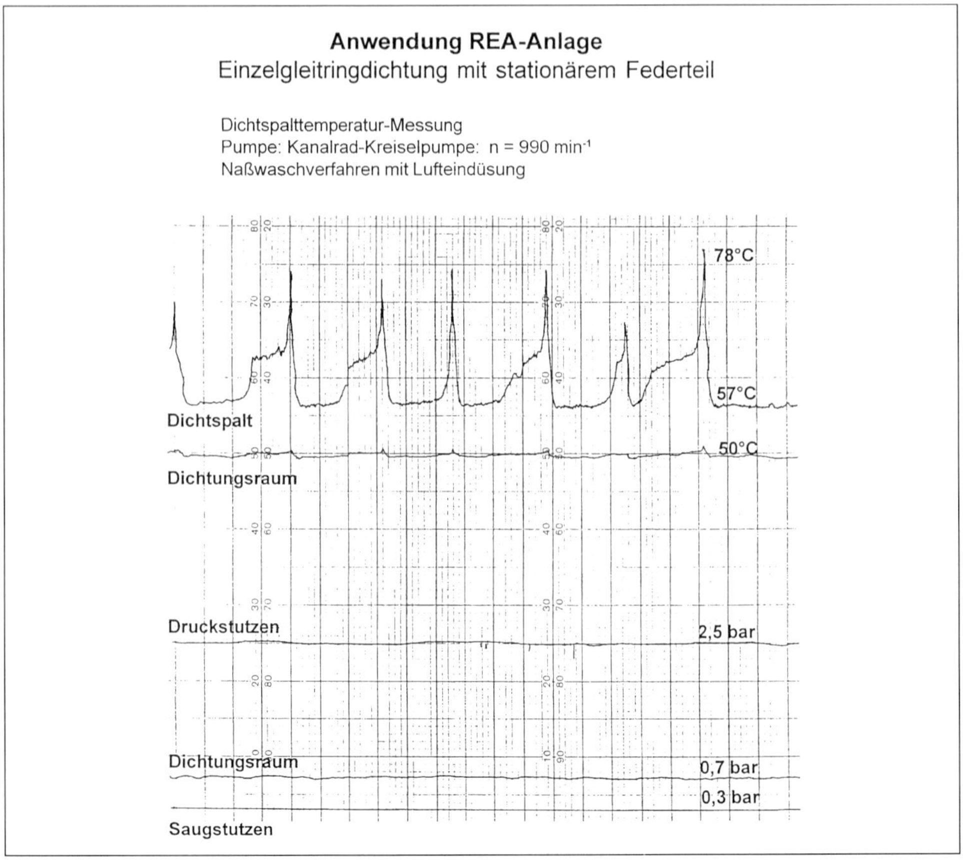

Bild 38: Dichtspalttemperaturen bei nicht entlüftetem Dichtungsraum

Unmittelbar nach dem Maschinenstart wird durch die Fliehkraft die Flüssigkeit im Dichtungsraum nach außen zentrifugiert. Das gegenüber der Flüssigkeit leichtere Gas hingegen wandert nach innen und legt sich als Ring um den kleinsten rotierenden Durchmesser, der meistens der Gleitflächenaußendurchmesser ist.

Es bildet sich somit eine Gassperre zwischen dem Dichtspalt und der Flüssigkeit.

Trockenlaufähnliche Betriebsbedingungen und eine nicht mehr gewährleistete Kühlung der Gleitfächen führen kurzfristig zu Vorschädigungen oder zum Totalausfall der Dichtung.

Merkmale wie Thermoschockrisse auf den Gleitflächen und Abplatzungen an den Gleitflächen sowie thermisch überlastete O-Ringe sind typische Erscheinungen für diese Betriebszustände.

Beim Einsatz von Einzelgleitringdichtungen in gasbeladenen Abdichtflüssigkeiten muß eine kontinuierliche Dichtungsentlüftung vorgesehen werden.

Den Einfluß von Gas auf die Dichtspalttemperatur, gemessen am stationären Gegenring einer Wäscherpumpen-GLRD in einer Rauchgasentschwefelungsanlage ohne und mit einer kontinuierlichen Entlüftung des Dichtungsbereiches zeigen die Bilder 38 und 39.

Anwendung REA-Anlage

Einzelgleitringdichtung mit stationärem Federteil

Dichtspalttemperatur-Messung

Pumpe: Kanalrad-Kreiselpumpe: $n = 990\ min^{-1}$

Naßwaschverfahren mit Lufteindüsung

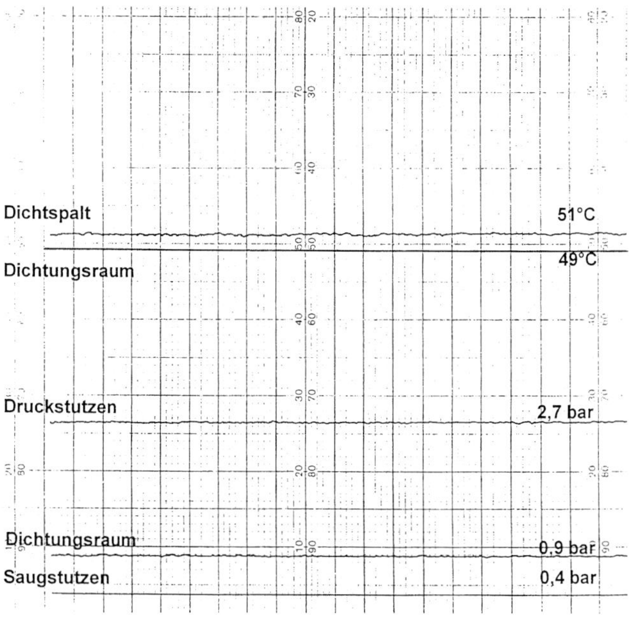

Bild 39: Dichtspalttemperaturen bei entlüftetem Dichtungsraum

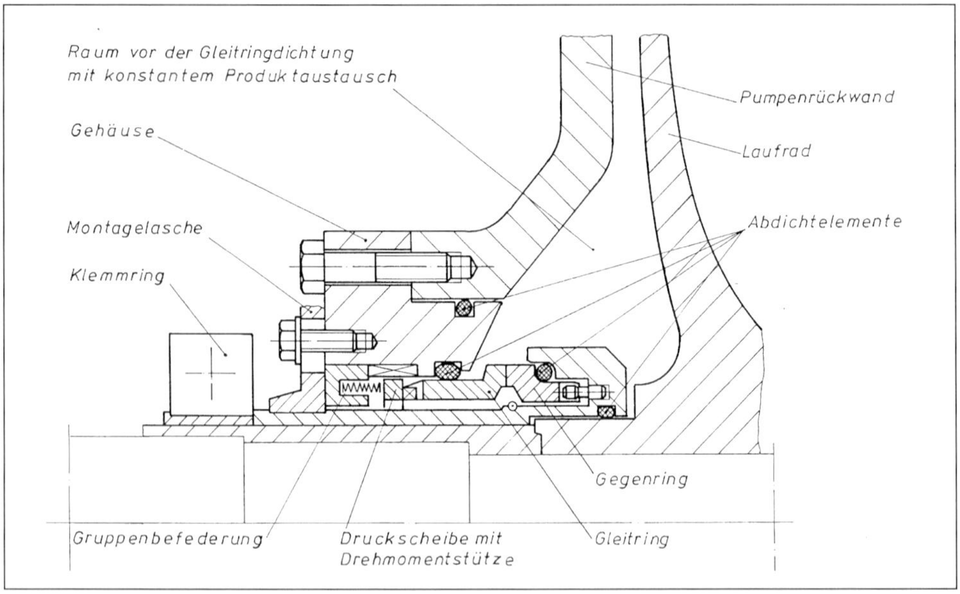

Bild 40: Typische Dichtungsraumgestaltung für REA-GLRD

Während es bei einer nicht gesicherten Entlüftung des Dichtungsraumes zu Dichtspalttemperaturspitzen kommt, zeigt die Temperatur im Dichtspalt eines entlüfteten Dichtungsraumes eine parallel zur Abdichttemperatur verlaufende Charakteristik.

Bei feststoffhaltigen Abdichtmedien sind die Stopfbuchsräume von GLRD so zu gestalten, daß die Dichtspaltversorgung mit Flüssigkeit nicht durch eine Eindickung des Abdichtmediums im Dichtungsbereich beeinträchtigt wird.

Diese Eindickung entsteht, wenn sich die Flüssigkeit hinter dem Laufrad nicht austauscht, zu stark erhitzt oder die Feststoffe im Dichtungsraum mechanisch verändert, d.h. verkleinert werden.

Die konstruktive Ausführung des Dichtungsraumes sowie eine auf den Anwendungsfall angepaßte Rückenschaufelgestaltung haben einen entscheidenden Einfluß auf den Produktaustausch hinter dem Pumpenlaufrad, Bild 40.

5.4.3.3 die spezifische Flächenpressung
(aus der Federkraft, aus der hydraulischen Kraft)

Die Auslegung der spezifische Flächenpressung aus der Federkraft ist primär abhängig vom Dichtungsdurchmesser, d.h. kleine GLRD haben üblicherweise zur Sicherung ihrer Schließfunktion höhere spezifische Flächenpressungen.

Ebenso werden die Flächenpressungen von Dichtungen mit geringer Umfangsgeschwindigkeit (< 2 m/s) größer als die mit höheren Umfangsgeschwindigkeiten (> 25 m/s) ausgeführt.

Bei Pumpendichtungen liegt die spezifische Flächenpressung aus der Befederung überwiegend bei 15 bis 35 N/cm^2.

Die hydraulische Belastung der Gleitflächen wird durch den bereits genannten k-Faktor bestimmt.

Wenn spezielle Normen oder Betriebsvorschriften keine anderslautenden Forderungen stellen, werden GLRD mit folgenden Schließkraftfaktoren zum hydraulischen Abdichtdruck gewählt:

Abdichtdruck $\leq$ 10 bar k-Faktor: $<$1,2

Abdichtdruck $\geq$ 10 bar k-Faktor: je nach Abdichtdruck 0,8 bis 0,62
(Siehe hierzu Kapitel 5.4.1.2)

Die Summe aus Federkraft und hydraulischer Schließkraft bestimmt die spezifische Flächenpressung einer GLRD.

5.4.3.4 die Gefügemerkmale der Gleitkörper und Läppung von Gleitflächen
(Wärmeleitfähigkeit, Elastizitätsmodul, Porosität, Bearbeitungsverfahren)

Die werkstoffspezifischen Eigenschaften der Gleitringe schaffen wichtige Voraussetzungen für die Betriebsbedingungen im Dichtspalt.

Grundsätzlich ist eine gute Wärmeleitfähigkeit eines oder besser beider Gleitkörper vorteilhaft.

Die im Dichtspalt erzeugte Verlustleistung muß möglichst schnell aus dem Dichtspaltbereich abgeführt werden. Zu hohe Dichtspalttemperaturen können zum Verdampfen oder Verkräcken der im Dichtspalt befindlichen Flüssigkeit führen. Infolge von partiellen Ablagerungen des Mediums oder seiner Inhaltsstoffe können außerdem Trockenlauf oder erhöhte Leckage auftreten. Diese setzen sich z.B. als harte Beläge bevorzugt auf den Gleitflächen ab und führen zu erhöhten Leckageraten.

Durch formstabile Gleitkörperwerkstoffe, wie z.B. keramische Werkstoffe, konnte die Parallelität der Gleitflächen im Betrieb gewährleistet werden, da die Radialkräfte aus den Sekundärdichtelementen nur noch zu geringeren Verformungen der Gleitringe im eingebauten Zustand führten.

Grundsätzlich sind die Vorgänge im Dichtspalt einer GLRD mit denen von Gleitlagern verwandt.

Lagerhersteller und Betreiber bearbeiten die Lagerschalen so, daß die Schmierfilmbildung im Lager durch spezielle Rauigkeiten, Porositäten und Schmiertaschen unterstützt wird.

Daß diese Voraussetzungen auch für die Funktion von Gleitringdichtungen entscheidend sind, wurde sowohl den Herstellern als auch den Betreibern von GLRD erst mit Einführung von Siliziumkarbidringen klar, das sind unter Druck und Temperatur formstabile Gleitkörper.

Schäden durch übergroße Anfahr- und Drehmomente, wie Klauen und Nutausbrüche bis hin zu Anfahrproblemen bei kleinen Labormaschinen wegen fehlender Antriebsleistung, führten zum Umdenken bezüglich der Gefügestruktur geeigneter Gleitkörper. Gleitkörperwerkstoffe mit höheren Porositäten verbesserten das Betriebsverhalten von GLRD nachhaltig.

Die Entstehung von Blister wird ebenfalls nennenswert durch die Gefügestruktur und die Oberflächengüte der Gleitringe beeinflußt.

Kunstkohlen mit hoher Dichte initiierten innerhalb von Sekunden nach der Inbetriebnahme vor allem bei höherviskosen Medien Temperaturgradienten im Dichtspalt, die zu einer Blisterbildung auf den Kohlegleitflächen führten.

Die seit Anfang der 80er Jahre zur Verfügung stehende Meßtechnik, die mittels Tastschnittsystemen sowohl die Rauhigkeit und damit die Mikrostruktur der Gleitflächen erfaß- und bewertbar machte, wie auch die Oberflächenformtastsysteme, die es ermöglichten, Ebenheitsabweichungen ab ca. 0,1 mm zu erfassen und graphisch auf Papier zu bringen, waren die Voraussetzungen dafür, industriell umsetzbaren Einfluß auf die Gleitflächenausführung zu nehmen.

Rauher geläppte und nicht mehr hochglanzpolierte Kohlegleitflächen sowie keramische Gleitkörper, die gezielt mit einer geringen Abweichung von der absoluten Ebenheit gefertigt wurden, führten zu nennenswert verbessertem Betriebsverhalten. Das Leckageverhalten wurde durch diese Maßnahmen nicht beeinflußt.

Die Bewertbarkeit der radialen Spaltform als A oder V Spalt (siehe Kapitel 5.4.2) sowie deren gezielte Herstellbarkeit ermöglichten es den Dichtungsherstellern in Sonderfällen, die Spaltversorgung mit der abzudichtenden Flüssigkeit gezielt zu beeinflussen.

Bei gemeinsamen Forschungsvorhaben der Hochschule Aachen mit Kohle- und Keramiksowie GLRD-Herstellern und Dichtungsbetreibern wurden mit Unterstützung des Bundesministerium für Forschung und Technologie Werkstoffe mit gezielter Rauheit und Porosität entwickelt, bei Endbetreibern erprobt und für die Serienherstellung fertigentwickelt.

Durch eine Summe von Verbesserungen wurden die Tragfähigkeiten nennenswert erhöht sowie die Dichtspalttemperaturen und der Verschleiß der Gleitflächen reduziert, siehe auch Kap. 2.5.

5.4.3.5 die Betriebsbedingungen
(Abdichtdruck, Umfangsgeschwindigkeit)

Der Abdichtdruck einer Gleitringdichtung steht nicht im direkten Zusammenhang zur Gleitflächenbelastung.

Wie schon beschrieben, wird die Dichtflächenbelastung durch den Entlastungsgrad einer Dichtung maßgebend beeinflußt.

Der Einfluß möglicher Verformungen auf die Gleitflächenparallelität muß durch geeignete Werkstoffe und Gleitkörperformen berücksichtigt werden.

Gleitkörper von Hochdruck-GLRD sollten möglichst zylindrisch und ohne große Querschnittsänderungen ausgeführt werden, damit sie unter Druck nur zylindrisch einfedern und keine Verwerfungen an den Gleitflächen erzeugen.

Die Umfangsgeschwindigkeit hat in den meisten Fällen einen direkten Einfluß auf die Dichtspalttemperatur einer GLRD.

Durch gute Flüssigkeitsführung, geeignete Gleitkörperformen und Werkstoffe mit guten Wärmeleitfähigkeiten lassen sich mit flüssigkeitsgeschmierten Dichtungen Umfangsgeschwindigkeiten bis max. 100 m/s erfolgreich abdichten.

In der Praxis liegt die ausgeführte maximale Umfangsgeschwindigkeit meistens bei < 85 m/s.

5.4.3.6 die Charakteristik des Abdichtmediums
(Viskosität, Stabilität unter dem Einfluß der Scherung und der Temperatur, Schmierfähigkeit, Verhalten bei Kontakt mit der Atmosphäre)

Der Aufbau eines stabilen Schmierfilmes wird nennenswert vom Abdicht- bzw Sperrmedium beeinflußt.

Der Begriff der Schmierfähigkeit der Spaltflüssigkeit ist jedoch nicht direkt mit der einer Lagerschmierung vergleichbar.

Ein höherviskoses Öl, welches für eine Lagerschmierung gut geeignet ist, führt bei der Verwendung in Gleitringdichtungen zu beachtenswerten Nachteilen, die sich wie folgt erklären lassen:

Die Dichtspaltweite einer normalen flüssigkeitsgeschmierten GLRD beträgt ca. 5 bis 8 µm. In diesem engen Spalt verbleibt das Öl für einige Zeit und wird zwischen dem stationären und dem rotierenden Ring auf Scherung beansprucht. Bei einer Öltemperatur von ca. 40 °C im Dichtungsgehäuse erhitzt sich das Öl im Spalt auf eine Temperatur, die ca. 50 bis 90 °C (je nach Gleitgeschwindigkeit) höher ist.

Trotz guter Wärmeabfuhr kann diese Temperaturerhöhung im Dichtspalt nur bedingt beeinflußt werden.

Diese hohe Dichtspalttemperatur, die beim Anfahren der GLRD in ca. 3 Sekunden erreicht wird, kann bei Werkstoffen mit geringer Wärmeleitfähigkeit, wie z.B. Kohle, zu sogenanntem Blistering führen. Bei diesem Vorgang dehnen sich Inhaltsstoffe der Kohle, wie z.B. Kunstharz, schneller aus als die sie umgebende Matrix. Es kommt zu feinsten Rißbildungen und zur Vorschädigung der Kohle-Gleitfläche. Folgeschäden wie aus- und abgeplatzte Kohlepartikel an und auf den Gleitflächen sind die Folge.

Bei hohen Viskositäten, wie z.B. bei Ölen der Viskositätsklasse 68 oder höher, die im Winter im Außenbetrieb ohne Vorheizung Dichtspalte versorgen sollen, können Viskositäten von über 500 mm^2/s erreicht werden.

Das zähe Öl kann beim GLRD Start nicht sofort kapillar in den Spalt eindringen. Die Folge ist ein trockenlaufähnliches Betriebsverhalten.

Leichtsiedende Medien hingegen überschreiten im Dichtspalt oft die Verdampfungstemperatur. Der Schmierfilm der GLRD ist nur zu 70 oder evtl. zu 50 % mit Flüssigkeit versorgt. Im produktabgewandten Teil der Gleitfläche entstehen Mischreibungs- bzw Trockenlaufbedingungen, Bild 41.

Eine unter diesen Bedingungen eingesetzte Hart-Hart Paarung, wie z.B. SIC gegen SIC, würde aufgrund der teilweise ungeschmierten Spaltverhältnisse kurzfristig ausfallen.

Ähnliche Verhältnisse treten auch bei Heißwasserabdichtungen auf. Durch eine geeignete Werkstoffpaarung, wie z.B Siliziumkarbid gegen Kohle, lassen sich solche Medien erfolgreich abdichten. Die gegenüber dem Siliziumkarbid weiche, bedingt selbstschmierende und verschleißende Kohle läßt diese Kontaktbedingungen zu.

Feststoffbeladene Abdichtmedien können bei bekannten Feststoffgehalten im Abdichtmedium auch mit einer Einzeldichtung abgedichtet werden.

Beispielhaft sind die GLRD in den verschiedenen Pumpen von Rauchgasentschwefelungsanlagen.

Bei diesen Anwendungen werden Feststoffe von maximal 40 Vol. % mit einer Einzeldichtung abgedichtet.

Wichtig für die Auslegung ist jedoch neben der Dichtungsausführung der Dichtungsraum, der konisch ausgeführt sein sollte (Winkel ca. 5–15°).

Ebenso ist auch die Korngrößenverteilung der Feststoffe von Wichtigkeit.

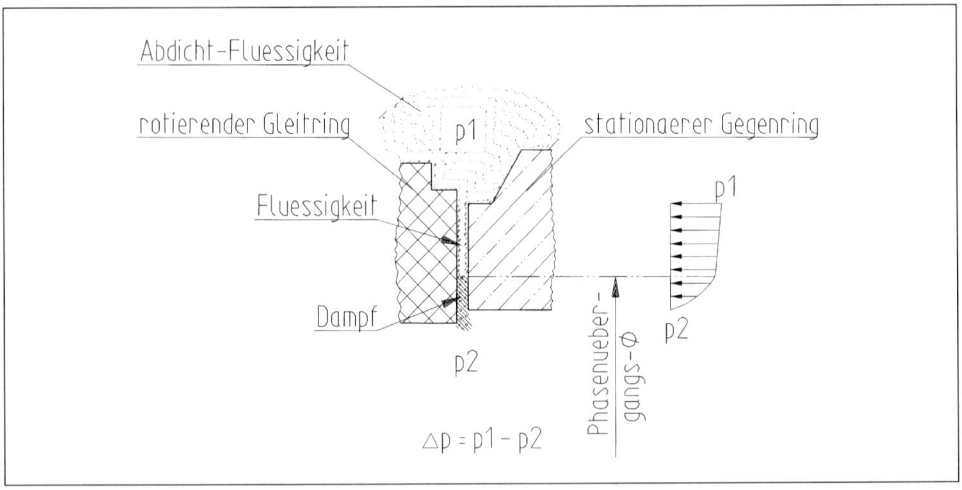

Bild 41: Verhältnisse im Dichtspalt

Sogenanntes spaltgängiges Material, d. h. Feststoffe < 3 µm, darf nur einen Anteil von etwa 3–5 % der Gesamtfeststoffmenge haben, andernfalls sollte eine Doppeldichtung eingesetzt werden.

Bei nicht schmierfähigen Abdichtmedien muß durch die Verwendung einer Doppeldichtung mit einem Sperrmedium, dessen Druck mindestens 1 bar höher als der Abdichtdruck sein sollte, die Schmierfilmversorgung des Dichtspaltes gesichert werden.

Bei der Bewertung einer Abdichtflüssigkeit für eine GLRD ist nicht nur der Zustand der Flüssigkeit in der Pumpe von Bedeutung, sondern auch der Zustand der Flüssigkeit, wenn diese als Leckage mit dem Luftsauerstoff an der Atmosphärenseite in Kontakt kommt.

Kristallisation, Vereisung, Aushärtung, Koksbildung, Entstehung korrosiver Komponenten oder gefährlicher Dämpfe müssen bei der Auswahl des Dichtungssystems ebenfalls Berücksichtigung finden.

5.4.4 Leckagen

Bedingt durch das physikalische Funktionsprinzip weist jede GLRD eine geringe Leckage auf, deren Größe aus mehreren Gründen interessiert.

Hinsichtlich genauer Leckagewerte besteht eine gewisse Verunsicherung, da die gültigen Richtwerte leider auf relativ weit zurückliegenden Messungen mit nicht dokumentierten Sicherheitszuschlägen basieren. Die in der VDI-Richtlinie 2440 als Richtwert angegebenen Größen der Leckagen an GLRD mit Q = 12 g/h ohne Bezug auf Abdichtmedium, Größe und Abdichtdruck werden dem Entwicklungsstand einer heutigen GLRD nicht mehr gerecht.

Die GLRD-Hersteller geben heute Q = 1 g/h als durchschnittliches Ergebnis eigener Messungen an Pumpendichtungen an.

Im Rahmen einer Gemeinschaftsforschung von Gleitringdichtungsherstellern wurden in Feldversuchen mit GLRD bei Wellendurchmessern von 33 bis 65 mm, verschiedenen Abdichtmedien und unterschiedlichen Herstellern Durchschnitts-Leckagen von 0,85 g/h ermittelt.

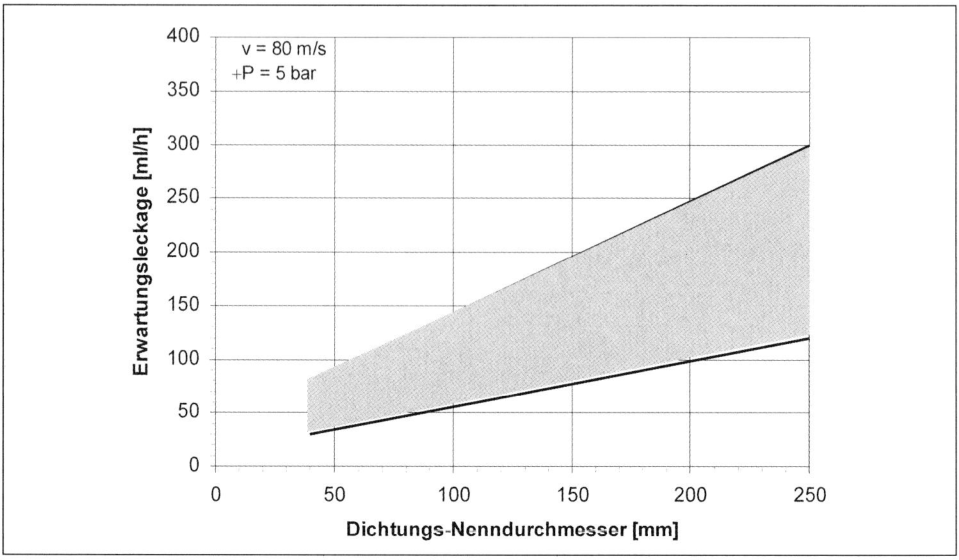

Bild 42: Leckagen von schnellaufenden Turbo-GLRD

Diese Meßergebnisse werden für die Überarbeitung zur Neuauflage der VDI Richtlinie 2440 durch die Arbeitsgruppe Leckagen des VDI-Ausschusses berücksichtigt.

Der Einfluß des Wellendurchmessers und vor allem die Umfangsgeschwindigkeit sind für Turbokompressoren-GLRD pro Dichtfläche dem Bild 42 zu entnehmen.

Bei schnellaufenden GLRD stellt sich eine größere Spaltweite ein, die eine Erhöhung der Leckage bewirkt. Für die Lebensdauer einer schnellaufenden GLRD ist eine gegenüber Pumpen-GLRD höhere Leckage sinnvoll, da das im Spalt befindliche Sperröl aufgrund der Umfangsgeschwindigkeit und Spalttemperatur einer hohen Belastung unterliegt Das führt bei längerem Verweilen des Öles im Dichtspalt zu Ausfällungen von Ölinhaltsstoffen und zu Ablagerungen auf den Gleitfächen.

Bei der Bewertung von Leckagen ist zu berücksichtigen, daß diese geringen Mengen bei wässrigen Stoffen oder flüchtigen Kohlenwasserstoffen in der Regel sofort in den gasförmigen Zustand übergehen. Diese Leckage kann nicht in konventioneller Weise durch Sammeln der Flüssigkeit gemessen werden.

Zur Messung solcher flüchtigen Leckagen wurden Meßgeräte entwickelt, die folgendermaßen arbeiten:

Eine Einzel-GLRD mit Quenchkammer wird mit einer definierten Menge Spülgas, z.B. Luft durchspült. Innerhalb der Quenchkammer wird das Spülgas mit der vergasenden Menge angereichert, die aus der GLRD entweicht. Das am Austritt der Quenchkammer entweichende Gas wird einem Flammen-Ionisationsdetektor zur Feststellung der Erhöhung der Konzentration zugeführt, Bild 43.

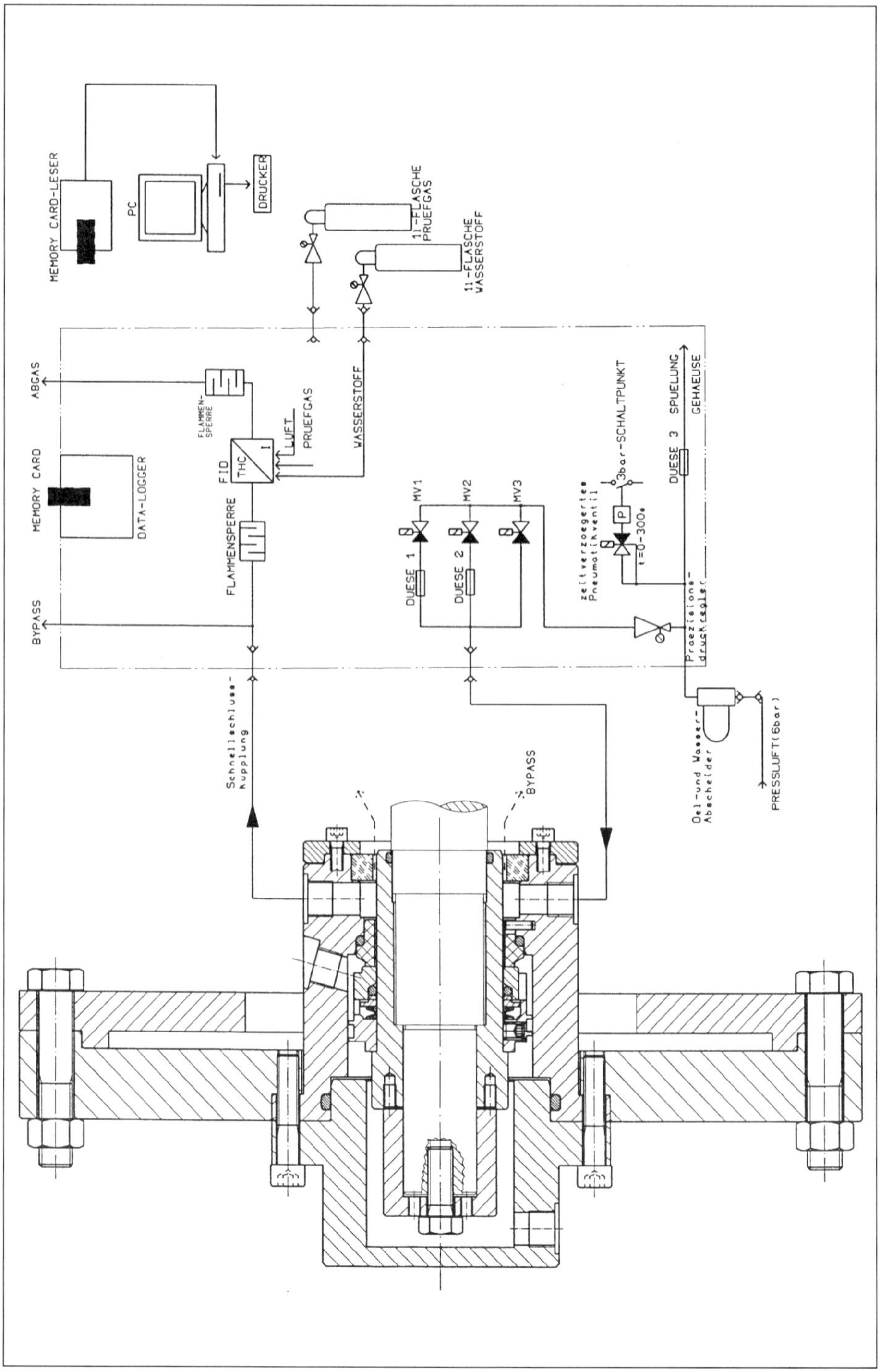

Bild 43: Meßgeräteaufbau zur Erfassung von gasförmigen Leckagen

Die unter verschiedenen Betriebsbedingungen ermittelten Leckagen der Feldmessungen betrugen gemäß nachfolgender Tabelle:

Tabelle 9: Leckagen aus Feldmessungen

Konditionen: – Verschiedenartige Pumpen nach Fabrikat, Laufzeit, Betriebsnutzungsart, Wartungsintervallen – Verschiedene GLRD-Hersteller, Wellendurchmesser 33 mm bis 65 mm – Einzel-Gleitringdichtungen der Bauformen U oder B Messungen:			
Stoff	Druck in bar	Temperatur in °C	Leckrate in g/h
• Leichtbenzin	10	35	0,3
• Leichtbenzin	10	35	4,7
• Benzin	7,5	20	0,3
• Naphta	7	60	0,6
• Schwerbenzin	3,5	200	0,7
• Dimethylformamid	14	170	0,3
• Dimethylformamid	4	51	0,5
• Methanol	8	20	0,9
• Formalin	6	40	< 0,1
• Formalin	4	40	< 0,1
Leckraten-Durchschnitt aller zehn Feldmessungen: 0,85 g/h			

5.4.5 Standzeiten und Verschleiß

In alten Dokumentationen über GLRD wurden diese Dichtungen oftmals als „Schleifringdichtungen" bezeichnet, was dem damaligen Betriebsverhalten vermutlich entsprach.

Eindeutige, allgemeingültige Aussagen über die Standzeit von GLRD gibt es nicht.

Während der Endbetreiber je nach Anwendungsbereich eine Lebenserwartung einer Gleitringdichtung von ein bis zwei Jahren in Pumpen und von mindestens drei Jahren in gut arbeitenden Rührwerken und Verdichtern erwarten, bleibt die Gewährleistung der Hersteller üblicherweise auf ein Jahr begrenzt.

Der Grund hierfür liegt bei den unterschiedlichsten Betriebsbedingungen und Betriebsarten. Generell zu unterscheiden sind die verfahrensspezifischen Unterschiede, die den GLRD Betrieb in vier grundsätzliche Fahrweisen einordnen:

1. Kontinuierlicher Betrieb der Dichtung ohne Produktänderung und Drehzahlvariation in einem für GLRD bevorzugt geeigneten Medium (siehe auch Sperrmedienliste, Kapitel 5.4.1.13), wie z.B. Turboverdichter-Dichtungen.
2. Diskontinuierlicher Betrieb mit einem für GLRD bevorzugt geeigneten Medium bei niedrigen Gleitgeschwindigkeiten von < 2 m/s, wie z.B. in Rührwerksdichtungen.

3. Wie 1., jedoch mit einem Sperr- oder Abdichtmedium, das aufgrund seiner Betriebsbedingungen keinen dauerhaft stabilen Schmierfilm zuläßt, wie z.B. ungekühlte Heißwasserdichtungen.
4. Diskontinuierlicher Betrieb mit häufigem Start / Stop und rauhen GLRD-Umgebungsbedingungen.

Die entsprechend **1.** eingesetzten GLRD zeigen mit modernen Gleitwerkstoffen häufig auch nach Laufzeiten von 30 000 Betriebsstunden keinerlei meßbaren Verschleiß. Die Gleitkörperdicke ist im Gegenteil gegenüber dem Neumaß häufig gering vergrößert, was auf eine leichte Belagbildung von Sperrmedieninhaltsstoffen zurückzuführen ist.

Daß eine Revision trotzdem nach ca. drei Jahren sinnvoll ist, begründet sich aus den Sekundärdichtelementen, die häufig ihre Elastizität verlieren, Aushärtungsmerkmale aufweisen und bei Anwendungen mit höheren Abdichtdrücken Spaltextrusionserscheinungen aufweisen.

Entsprechend **2.** eingesetzte RW-GLRD zeigen in der Praxis Standzeiten von 20 000 Betriebsstunden ohne nennenswerten Gleitflächenverschleiß. Bei diesen Anwendungen, die häufig chemischen Beanspruchungen ausgesetzt sind, ist das Sekundärdichtelement meist das primär die Lebensdauer bestimmende Bauteil der GLRD.

Die entsprechend **3.** eingesetzten Dichtungen unterliegen aufgrund des anstehenden Mischreibungsbetriebes einem gewissen Gleitflächenverschleiß des weicheren Gleitringes, z.B. Hart-Kohle.

Im Prüffeld wurden Kohle-Verschleißraten aus Testläufen zwischen 400 und 1000 Betriebsstunden von 0,02 mm / 100 h ermittelt. Das entspräche bei einer dichtungsseitig vorgesehenen Verschleißlänge von 2 mm einer zu erwartenden Laufzeit von ca. 10 000 Std.

Die Verschleißrate der ersten 50 Stunden ist jedoch nennenswert größer als die der weiteren Betriebszeit, so daß die 10 000 Stunden im Anlagenbetrieb sicher überschritten werden.

Die Standzeit der entsprechend **4.** eingesetzten Dichtungen lassen sich nur bedingt über das Verschleißverhalten kalkulieren. Oftmals entscheiden dichtungsunfreundliche Betriebsphasen wie Trockenlauf, unruhiger Betrieb, Lagerungsprobleme und Produktbeeinflussungen, wie z.B. Verkräckungen, über die Standzeit der GLRD.

5.5 Gasgeschmierte Gleitring-Dichtungen

Gasgeschmierte GLRD werden zur Abdichtung von rotierenden Wellen in Strömungsmaschinen eingesetzt. Etwa seit Mitte der 80er Jahre finden diese Dichtungen in nennenswerten Stückzahlen in Turbokompressoren ihre Verwendung und sind bei Neukonstruktionen heute Standard. Neben Gebläsen und Ventilatoren findet diese Dichtungsbauart auch in Pumpen und seit etwa 1997 verstärkt in Rührwerken mit Obenantrieb ihren Einsatz.

Sie eignen sich zur Abdichtung von Gasen, Gasgemischen und Flüssigkeiten.

Die gasgeschmierte GLRD arbeitet berührungslos und ist konstruktiv ähnlich aufgebaut wie flüssigkeitsgeschmierte GLRD.

Durch konsequente Weiterentwicklungen blieben die Einsatzgebiete nicht auf Anwendungen mit Umfangsgeschwindigkeiten von $v > 2 m/s$ begrenzt. Ausführungen mit aerostatischen „lift-off" Merkmalen ermöglichen einen sicheren Dichtungsbetrieb auch bei Drehzahlen $n < 10$ Umdrehungen/Minute und einer Sperrdruckdifferenz von $\Delta p \approx 3$ bar.

Die primären Bauteile solcher GLRD sind:

1. befederter Gleitring
2. rotierender bzw. stationärer Gegenring mit „Bemusterung“ (T-Nuten, Spiral-Nuten oder Wavy-Face)
3. Nebendichtungen, wie O-Ringe oder federunterstützte PTFE-Manschetten
4. Mitnehmer, Wellenhülse und Gehäuse.

Sie werden bevorzugt in Patronenbauweise (Cartridge) ausgeführt und vor allem bei Anwendungen in Verdichtern und Rührwerken vor Auslieferung meistens einem dynamischen Testlauf gemäß Kundenspezifikation unterzogen.

5.5.1 Gasgeschmierte Verdichter-GLRD

Hohe Verlustleistungen und damit verbunden Dichtspalttemperaturen von >> 150 °C führten bei ölgeschmierten Turbodichtungen zur Begrenzung von Abdichtdrücken und Umfangsgeschwindigkeiten. Die Sperröle dieser Doppeldichtungen erreichten ihre Betriebseinsatzgrenzen und führten oft zu übergroßen Leckagen infolge von Gleitflächenveränderungen durch Ablagerungen von Ölinhaltsstoffen.

Zwar wurden ölgeschmierte Doppel-GLRD für Verdichter bis zu Abdichtdrücken von 300 bar und Umfangsgeschwindigkeiten von 100 m/s erfolgreich entwickelt und betrieben, jedoch waren aufwendige Ölsysteme und Ölführungen sowie hohe Leckagen auf der Atmosphärenseite der Doppeldichtungen Voraussetzung dafür, die Reibleistung und die dadurch entstehende Verlustwärme abzuführen.

Die Forderung von Endbetreibern von Verdichtern, die z.B. Gaspipelines zum Transport von Erdgas betrieben, Abdichtsysteme ohne aufwendige Hochdruck-Sperrölversorgungen einzusetzen, führte Anfang der 80er Jahre zur Weiterentwicklung und Serienreife der sogenannten kontaktfrei laufenden, gasgeschmierten Gleitringdichtungen, Bild 44.

Vereinfachte Sperrsysteme, sogenannte Panel, durch die die Dichtungen mit gefiltertem Produktgas versorgt werden, sowie moderne Werkstoffe für Gleit- und Gegenringe und verbesserte Sekundärdichtelemente ermöglichen heute die Abdichtung von Gasdrücken bis 230/250 bar (dynamisch/statisch) und Umfangsgeschwindigkeiten bis 200 m/s.

Bild 44: Gasgeschmierte Turbo-GLRD

Das Prinzip einer gasgeschmierten Gleitringdichtung unterscheidet sich nicht grundsätzlich von einer konventionellen flüssigkeitsgeschmierten Gleitringdichtung.

Die Gleitflächen solcher Dichtungen sind allerdings breiter als bei flüssigkeitsgeschmierten GLRD, und ihre spezifische Flächenpressung aus der Federkraft und der Gaskraft ist erheblich kleiner als die flüssigkeitsgeschmierter GLRD. Für die Versorgung des Dichtspaltes mit Gas sorgen unterschiedlich ausgeführte Geometrien, die in einer der Gleitflächen eingebracht sind.

Eine der wichtigsten Voraussetzungen für das erfolgreiche Betreiben von gasgeschmierten Turbo-Gleitringdichtungen ist ein Betrieb mit ausschließlicher Gasschmierung der Dichtspalte.

Feuchtigkeitskontaminationen aus dem abzudichtenden Gas, wie auch das Eindringen von Lageröl in die Dichtspalte führen zu einem erschwerten Separieren der Gleitflächen, dem sogenannten „lift off" beim Maschinenstart. Die Folge sind Überhitzung und Schädigung der Gleitkörper und Sekundärdichtelemente.

5.5.1.1 Einzel-Gasdichtung

Bevorzugte Anwendung:

Einzeldichtungen finden Anwendung in nicht toxischen Gasen wie Stickstoff, Luft, Kohlendioxid usw., d.h. bei allen gasförmigen Produkten, deren Leckage in die Atmosphäre ungiftig und nicht explosiv ist, Bild 45.

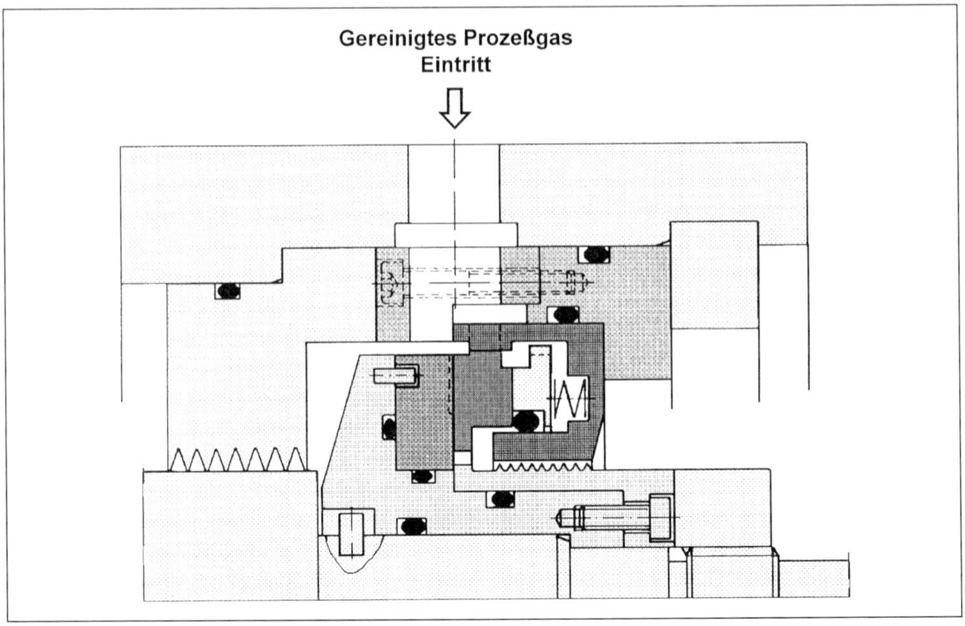

Bild 45: Gasgeschmierte Einzel-GLRD

Dichtungsversorgung:

Die Dichtung wird durch Einspeisung von gereinigtem Prozeßgas (Anschluß A) zwischen Dichtung und vorgeschaltetem Labyrinth vor Verschmutzungen aus der Maschine und dem Fördergas geschützt.

5.5.1.2 Tandem-Gasdichtung

Bevorzugte Anwendung:

Die Tandem-Gasdichtung dient der Abdichtung von toxischen, explosiven oder leicht entzündbaren Gasen, d.h. allen Gasen, deren Leckage nur in äußerst geringen Mengen in die Atmosphäre gelangen darf.

Durch nachgeschaltete Dichtungssysteme, wie Labyrinthe oder ähnliche Dichtelemente, kann durch Einspeisung von Inertgas ein Entweichen von Fördergas in die Atmosphäre völlig verhindert werden, Bild 46.

Die Hauptdichtung übernimmt die Abdichtung des gesamten vor der Dichtung anstehenden Produktdruckes. Während dieser Betriebssituation wird die Sicherheitsdichtung nur mit dem Fackeldruck (max. 0,5 bis 1,5 bar) beaufschlagt. Bei diesem Abdichtdruck beträgt die Leckage der Sicherheitsdichtung nur wenige Liter/Minute.

Die nachgeschaltete Sicherheitsdichtung ist in ihrer Auslegung mit der Hauptdichtung identisch und kann im Falle einer Beschädigung der Hauptdichtung den vollen Abdichtdruck übernehmen. Aus Sicherheitsgründen wird bei Ausfall der Hauptdichtung die Maschine sofort abgefahren, so daß die Sicherheitsdichtung nur für die Auslaufphase und die Stillstandsfunktion zum Einsatz kommt.

Dichtungsversorgung und -entsorgung

Wie bei der Einzeldichtung wird die Dichtung durch Einspeisen von gereinigtem Prozeßgas zwischen Hauptdichtung und vorgeschaltetem Labyrinth vor Verschmutzungen aus der Maschine und dem Fördergas geschützt.

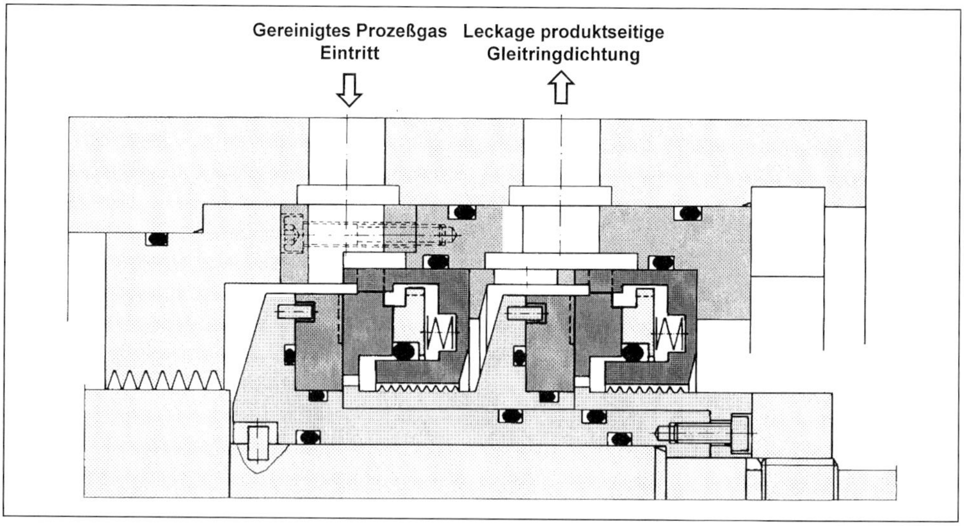

Bild 46: Gasgeschmierte Tandem-GLRD

Die Leckage der Hauptdichtung wird zwischen Haupt- und Sicherheitsdichtung entsorgt. Dieser Anschluß führt normalerweise zum Fackelanschluß, wo das Leckagegas verbrannt wird. Der Abdichtdruck der Sicherheitsdichtung entspricht dem Fackeldruck. Dieser sollte zur ausreichenden Versorgung des Dichtspaltes mindestens 0,3 bar betragen.

5.5.1.3 Doppel-Gasdichtung

Bevorzugte Anwendung:

Gasdichtung in Doppeldichtungsaufbau, sogenannte face to face-Ausführungen, finden bevorzugt Anwendung bei der Abdichtung von toxischen, explosiven und leicht entzündbaren Gasen sowie Gasen, die mit Flüssigkeiten oder Feststoffen kontaminiert sind, die nicht in den Dichtspalt der Dichtungen eindringen dürfen, Bild 47.

Als Sperrgas, dessen Druck immer mindestens 3 bis 5 bar höher als der Druck des abzudichtenden Prozeßgases sein muß, wird bevorzugt ungiftiges, produktverträgliches Gas verwendet, wie Stickstoff oder Kohlendioxid.

Dieser Dichtungsaufbau bedarf keiner Leckageentsorgung. Die Sperrgasleckage zum Produktgas ist sehr niedrig, da die produktseitige Dichtung nur eine geringe Druckdifferenz abzudichten hat.

Die atmosphärenseitige Sperrgas-Leckage gelangt in die Atmosphäre.

Dichtungsversorgung:

Dieses Dichtungssystem bedarf nur einer Sperrdruckbeaufschlagung des Raumes zwischen den beiden Dichtungen. Eine Gasspülung der Dichtung zu Kühlungszwecken ist nicht erforderlich.

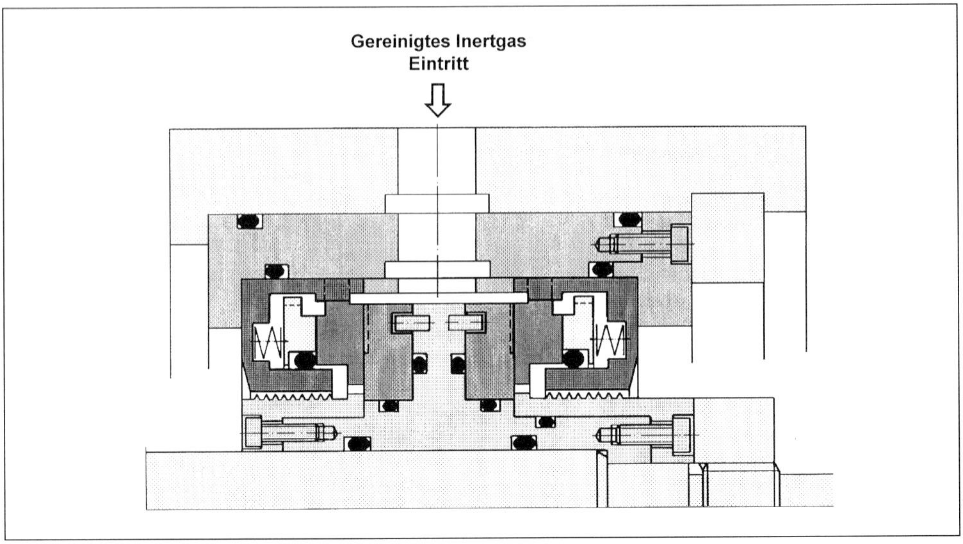

Bild 47: Gasgesperrte Doppel-GLRD

5.5.1.4 Tandem-Gasdichtung mit internem Labyrinth

Bevorzugte Anwendung:

Diese Sonderausführung der Tandemdichtung wird zur Abdichtung von toxischen, explosiven und leicht entzündbaren Gasen eingesetzt, wenn keinerlei Leckage in die Atmosphäre zulässig und kein Sperrgas verfügbar ist, Bild 48.

Die Dichtungsauslegung und die Abdichtfunktionen sind vergleichbar mit denen einer Standard-Tandemdichtung.

Durch die Einspeisung von gereinigtem Inertgas wird die Leckage der Hauptdichtung verdünnt und mit dem eingespeisten Inertgas vollständig abgeführt. Das Gas kann über eine Fackel entsorgt werden.

Durch diese Inertgaseinspeisung dichtet die Sicherheitsdichtung ausschließlich Inertgas, d.h. ungiftiges, die Umwelt nicht verunreinigendes Gas ab.

Mit diesem Dichtungssystem wird eine 100 %ige Abdichtung des Fördermediums zur Atmosphäre erreicht.

Dichtungsversorgung:

Entsprechend der Einzeldichtung und Standard-Tandemdichtung wird durch Einbringen von gereinigtem Prozeßgas vor Verschmutzungen aus der Maschine und dem Fördergas geschützt.

Je nach Dichtungsgröße wird Inertgas von 30 bis 100 l/min eingespeist. Die Strömungsgeschwindigkeit im Labyrinth sollte > 5 m/s betragen. Zusammen mit dem Leckagegas der Hauptdichtung wird das Inertgas hinter der Hauptdichtung abgeführt.

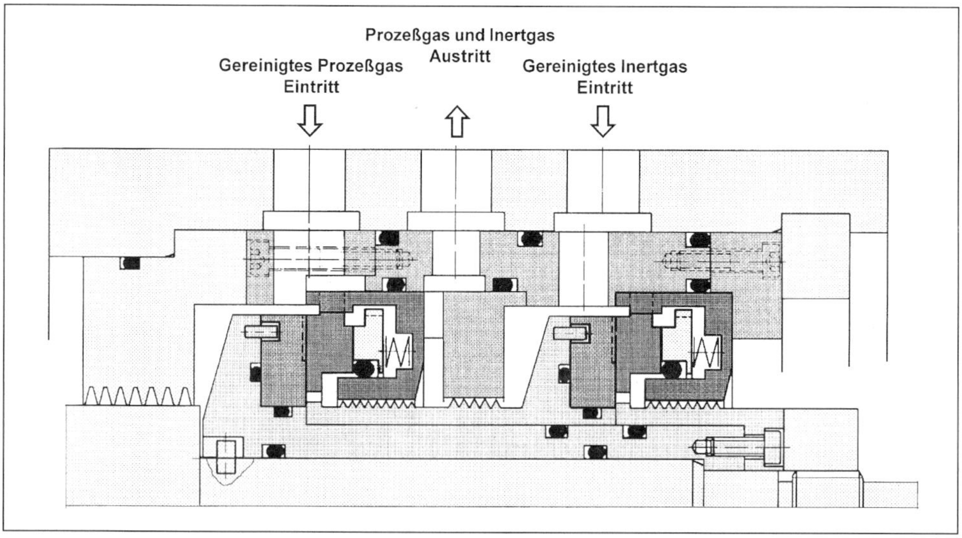

Bild 48: Gasgeschmierte Tandem-GLRD mit internem Labyrinth

5.5.2 *Gasgesperrte Pumpendichtungen*

Verschärfte Emissionsgesetze und die Forderung der Endbetreiber, leckagefreie Abdichtsysteme anzubieten, führten zum verstärkten Einsatz von dichtungslosen Pumpen. Magnetgekoppelte Pumpen und Spaltrohrmotorpumpen fanden ihre Anwendungen in den verschiedensten Verfahren, in denen toxische, explosive oder aber extrem reine Flüssigkeiten gefördert werden mußten, Bild 49.

Diese aufwendigen Pumpensysteme erfordern neben höheren Investitionen auch höhere Betriebskosten als Pumpen mit Gleitringdichtungen.

Die geforderte „Null-Emission“ ließ sich mit herkömmlichen Gleitringdichtungen vor allem bei toxischen, ätzenden und explosiven Medien nur durch Doppeldichtungsysteme mit speziellen Versorgungseinrichtungen realisieren.

Gasgesperrte Dichtungen ermöglichen auch in diesem Anwendungsbereich neue, preiswertere Alternativen.

Mit Hilfe eines einfachen Versorgungssystems werden diese Dichtungen zum Aufbau eines Dichtspaltes mit einem sauberen Sperrgas versorgt.

Solche mit Gas gesperrten, dynamisch kontaktfrei arbeitenden Doppelgleitringdichtungen werden heute schon in einer nennenswerten Stückzahl zur Abdichtung von Pumpen in der chemischen Industrie, der Pharmazie und den Raffinerien eingesetzt.

In dem weiten Anwendungsgebiet verschiedenster Pumpensysteme und Abdichtmedien arbeitet man intensiv an der Sammlung von Betriebserfahrungen.

Insbesondere die Verwendung von Gas als Sperrmedium bietet für viele Verfahren und Abdichtaufgaben Vorteile wie:

- gute Produktverträglichkeit
- durch Gasreibung im Dichtspalt niedriger Energiebedarf
- Verbesserung des Wirkungsgrades des Pumpensystems
- Verschleißfreiheit
- höhere Maschinenverfügbarkeit durch höhere Lebendauer der Dichtung
- Kosteneinsparung durch ein einfaches Versorgungssystem.

Bild 49: Gasgesperrte Pumpen-GLRD

Gasgessperrte GLRD sind ein sehr betriebssicheres Abdichtsystem und haben gegenüber flüssigkeitsgesperrten GLRD folgende Vorteile:

- die Drehmomentmitnahme und -abstützung unterliegt beim Anfahren und im Betrieb aufgrund der minimalen Gleitflächenreibung nur einer geringen Belastung,
- ein Trockenlauf der Pumpe hat keinen Einfluß auf die Dichtungsfunktion,
- bei Schwingungen, die infolge von NPSH-Problemen oder Kavitation enstehen, haben gasgesperrte Dichtungen hohe Sicherheitsreserven aufgrund der Steifigkeit des Gasfilmes im Dichtspalt.

Typische Bauformen von gasgesperrte Pumpen GLRD, Bild 50 und 51.

5.5.3 Gasgesperrte Rührwerksdichtungen

Rührwerksdichtungen (RW-GLRD) werden seit den 60er Jahren in Rührwerksbehältern unterschiedlicher Bauart erfolgreich eingesetzt und erfüllen die erforderlichen Abdichtaufgaben sowohl in der chemischen, pharmazeutischen und Lebensmittelindustrie als auch in der Bio-Verfahrenstechnik. In Verfahren wie Rühren, Kneten, Dispergieren, Trocknen usw. dichten Rührwerksdichtungen betriebssicher, verfahrensgeeignet und emissionsfrei mit geringem Wartungsaufwand die Behälter ab.

Besondere Erfahrungen liegen bei dieser Abdichtaufgabe mit flüssigkeitsgeschmierten Rührwerksdichtungen in Catridgebauweise vor, die bevorzugt als Doppeldichtungen mit im Gehäuse intergrierter Loslagerung ausgeführt sind. Diese oft in modularem Aufbau (Baukasten) konzipierten Dichtungen orientieren sich in ihren Abmessungen und Betriebsbedingungen bevorzugt an der DIN 28138.

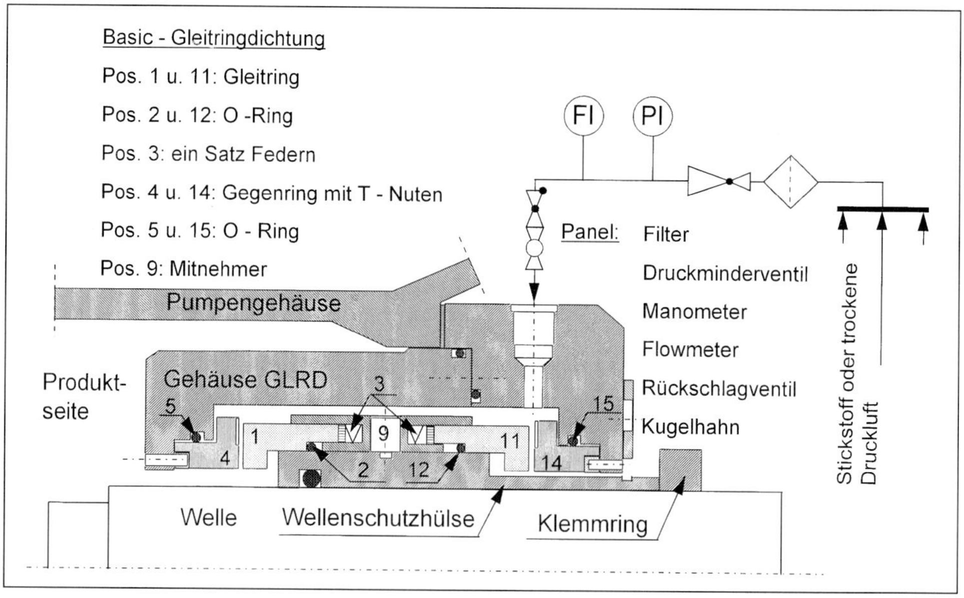

Bild 50: Schematische Darstellung einer gasgesperrrten Pumpen-Gleitringdichtung, Doppel-GLRD, Anordnung „back to back"

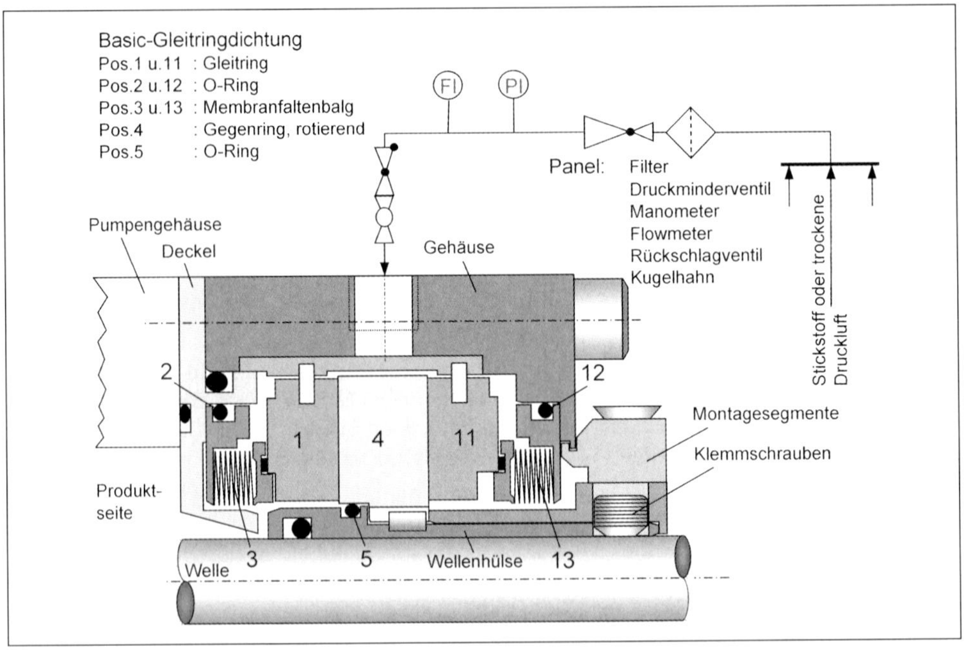

Bild 51: Schematische Darstellung einer gasgesperrrten Pumpen-Gleitringdichtung, Doppel-Membranbalg-GLRD-Anordnung „face to face“ mit produktseitiger Selbstschließfunktion, die bei Sperrdruckabfall ein Schließen der Dichtung vom Produktdruck sichert.

Diese DIN-Orientierung führte bei Cartridge-Rührwerksdichtungen zu einer gewissen Standardisierung, die zu einer Angleichung der Leistungsfähigkeit, des Leckageverhaltens und der Lebensdauer bei Dichtungen unterschiedlicher namhafter Hersteller führte, siehe Bild 17.

Steigende Umweltschutzanforderungen sowie höhere Ansprüche an die Reinheit des Produktes führen bei Maschinenherstellern und Endbetreibern zu der Forderung, statt flüssigkeitsgesperrter Rührwerksdichtungen sogenannte gasgesperrte, nicht kontaktierende („lift-off“) RW-GLRD einzusetzen.

Vor allem Forderungen wie:

- Keine die Produktqualität beeinflussende Sperrflüssigkeitsleckage
- Kein Gleitflächenabrieb im Produkt (Partikelfreiheit)
- Keine Ablagerungen von Sperrmedium-Inhaltsstoffen auf den Gleitflächen
- Keine erhöhten Dichtspalttemperaturen während des dynamischen Betriebes
- Eignung auch für niedrige Produkttemperaturen bis –100°C
- Einfache und preiswerte Sperrsysteme

ließen sich mit herkömmlichen flüssigkeitsgesperrten Dichtungen nicht in vollem Umfang erfüllen.

Basierend auf den Erfahrungen gasgesperrter Kompressor- und Pumpendichtungen wurden bei gasgesperrten „lift-off" Rührwerks GLRD nennenswerte Erfahrungen umgesetzt wie:

- Weiterentwicklung der Nutgeometrien
- Verformungsreduzierte Anbindung der Gleitkörper an die Dichtungsgehäuse
- Grundlegende konstruktive Optimierung der Lage und des Einflusses des dynamischen Sekundärdichtelementes am Gleitring

Erfahrungen mit gasgesperrten Dichtungen haben gezeigt, daß auch die beste Nutgeometrie keine erfolgreiche Dichtungsfunktion gewährleistet, wenn durch chemische und/oder thermische Quellung die radiale Vorspannung des O-Ringes zwischen Wellenhülse und Gleitring zunimmt und somit sogenannte „hang-up" Effekte entstehen.

Selbst chemisch besonders beständige O-Ringe aus Perflourkautschuk-Qualitäten sind nicht frei von chemischem und vor allem thermischem Quellen. Die Veränderung der Schnurdicke und/oder des O-Ring-Durchmessers dürfen keinen Einfluß auf die Dichtstelle und auf die Reibung zwischen Gleitring, O-Ring und Wellenhülse haben, Bild 52.

Die Einbindung gasgesperrrter Innendichtungen in die von der Normung für Obenantriebe bei

- Wellenenden für Rührer aus unlegiertem nicht rostenden Stahl gemäß DIN 28 154 und
- Wellenenden für Rührer Stahl emailliert gemäß DIN 28 159

vorgegebenen Dimensionen und Betriebsanforderungen konnte ohne Einschränkungen erfüllt werden.

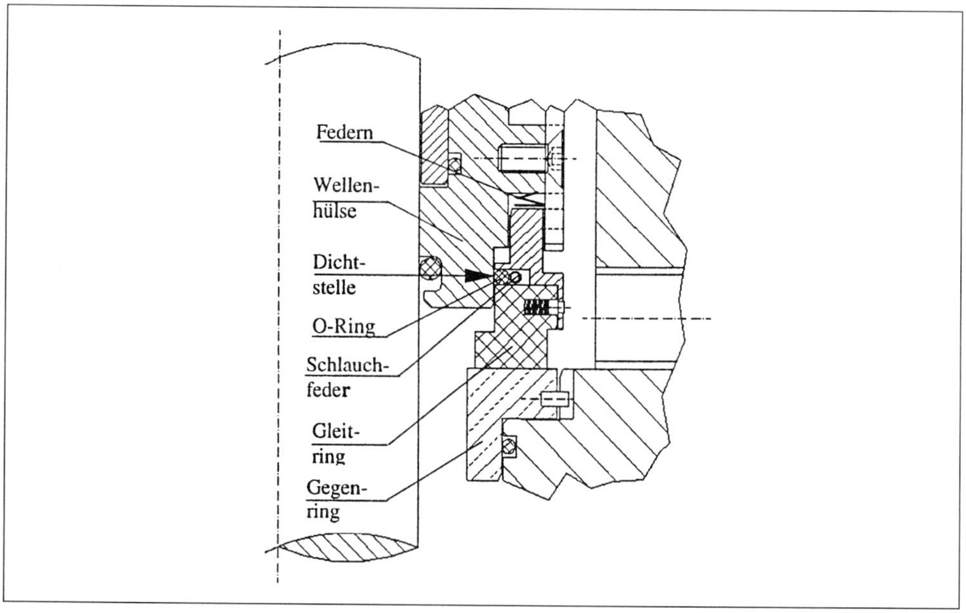

Bild 52: Aufbau einer gasgesperrten Rührwerksdichtung, bei der die Anordung eines dynamischen O-Ringes hinter dem Gleitring positioniert ist und eine Schlauchfeder die radiale Vorspannung sichert.

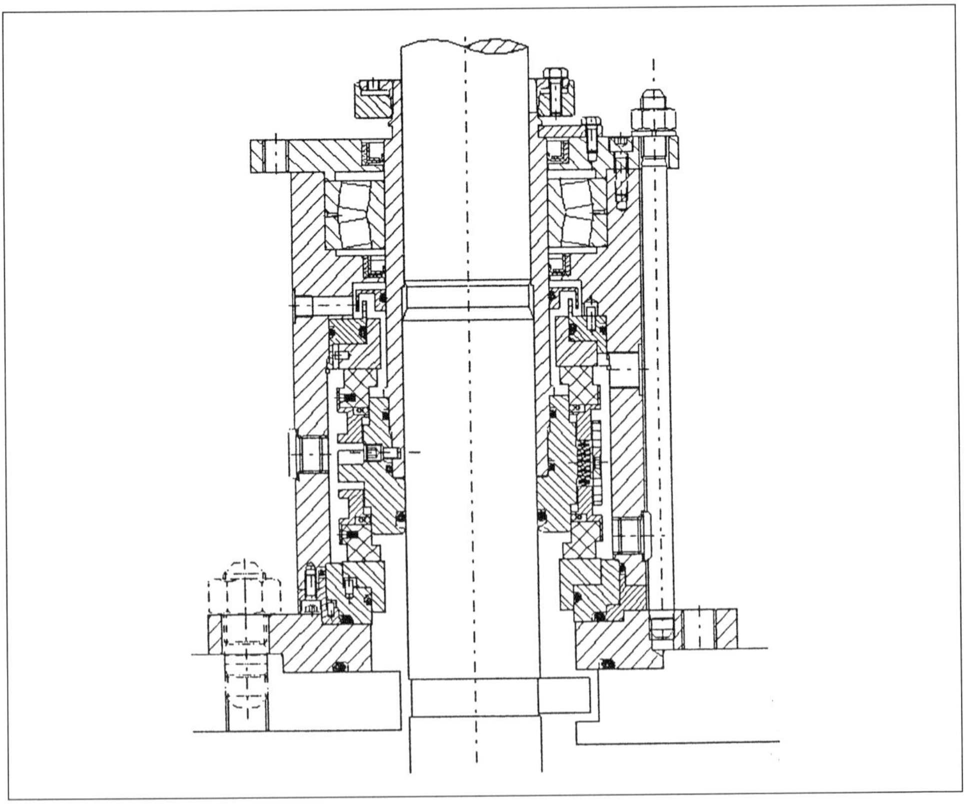

Bild 53: Modular aufgebaute Rührwerks-Doppeldichtung mit Lager und Anschlußmaßen gemäß DIN 28138 Teil 2 mit einer gasgesperrten, trocken laufenden, nicht kontaktierenden „lift-off“ Dichtung für Stahlbehälter mit den o.g. Merkmalen

Weitere Varianten der gasgesperrten, trockenlaufenden Rührwerksdichtungen sind konstruktive Lösungen, die den Anforderungen an Rührwerksdichtungen mit erhöhter Sterilisationseignung gerecht werden, da Kundenanforderungen wie „sterilisierbar“, „CIP (cleaning in place)“, „SIP (sterilisation in place)“ oder „FDA-gerechte Ausführung“ stetig zunehmen, Bild 53.

Auch hier werden Konzepte umgesetzt, die zwar in kundenspezifischen Ausführungen bereits als flüssigkeitsgesperrte Dichtungen im Einsatz sind, in Behältern gemäß DIN jedoch nicht ohne Änderungen eingesetzt werden können. Diese Dichtungen sind atmosphärenseitig identisch mit den zuvor beschriebenen Dichtungen, werden jedoch produktseitig mit einem innengesperrten Dichtungssystem ausgestattet.

Diese sterilisierbaren gasgesperrten, trockenlaufenden „lift-off“ Rührwerksdichtungen wurden sowohl für Behälter aus hochwertigen Edelstählen wie auch für emaillierte Behälter entwickelt, Bild 54.

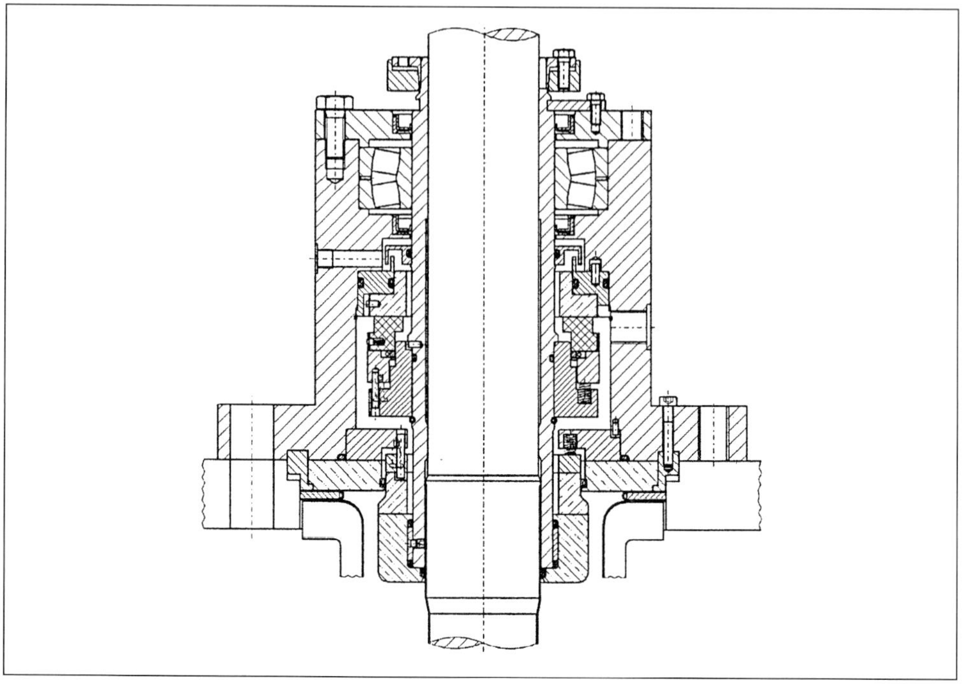

Bild 54: Sterilisierbare gasgesperrte trockenlaufende „lift-off" Rührwerksdichtung mit Lager für emaillierte Behälter

5.6 Betriebsverhalten gasgesperrter Gleitringdichtungen

Gasgesperrte GLRD haben vergleichbare Anforderungen und ähnliche Eigenschaften wie flüssigkeitsgesperrte GLRD.

Die Aufbau des Dichtspaltes erfolgt durch Gas. Hierdurch wird die Reibung gegenüber flüssigkeitsgesperrten GLRD nennenswert reduziert. Als Versorgungsgas kann je nach Abdichtaufgabe Stickstoff (N_2), trockene Luft, Inertgas oder gefiltertes Prozeßgas Verwendung finden.

Die zur Gasversorgung eingesetzten Systeme sollen preiswert und wartungsarm sein.

Die gegenüber flüssigkeitsgesperrten GLRD geringere Spaltkraft bei gasgesperrten GLRD erfordert eine gezielte konstruktive Auslegung und Fertigung, die den Anforderungen des Kräftegleichgewichtes von Schließ- und Spaltkraft gerecht wird.

Die freie Federbeweglichkeit solcher Dichtungen ist für die Funktionsfähigkeit von hoher Bedeutung. Konstruktions- und Auslegungsfehler, die z. B. zum Quellen oder zur Spaltextrusion des Dichtelementes am befederten Gleitring führen, lassen keinen erfolgreichen GLRD-Betrieb erwarten. Die vorgegebene, FEM berechnete Dichtspaltgeometrie darf sich unter Druck und Temperatur nur in den festgelegten Toleranzen verändern.

Eine genaue Beschreibung der Abdichtaufgabe und eine fachlich fundierte Dichtungs- und Werkstoffauswahl können diesem Dichtsystem einen weiten Anwendungsbereich öffnen.

5.6.1 Nutformen, Kräfte und Bedingungen im Dichtspalt

Grundlage für die Funktion gasgeschmierter Gleitringdichtungen ist u.a. die richtige Auswahl der Geometrie der aerodynamischen Tragstruktur.

Die schnelle aerodynamische Trennung der beiden Gleitflächen wird durch verschiedene Strukturen erreicht, die in einen der Gleitkörper eingebracht werden.

Neben den drehrichtungsabhängigen spiralförmigen Nuten werden mit Erfolg diverse Formen mit drehrichtungsunabhängigen Geometrien, wie T-Nuten, U-Nuten oder ähnlichen Formen sowie gezielt eingebrachte Welligkeiten, die sogenannten Wavy-Faces, in gasgesperrten Dichtungen eingesetzt, Bild 55.

Diese Geometrien werden bei Pumpen- und Rührwerks GLRD bevorzugt in die Gleitfläche der Gegenringe eingearbeitet. Die Nuttiefen betragen je nach Nutform zwischen 4 und 10 µm.

Sie sind so ausgeführt, daß bereits statisch und bei niedrigsten Relativgeschwindigkeiten zwischen Gleit- und Gegenring ein dünner Dichtfilm aufgebaut wird. Entscheidend für die Funktion ist jedoch die Steifigkeit (statische Stabilität) des Gasfilmes.

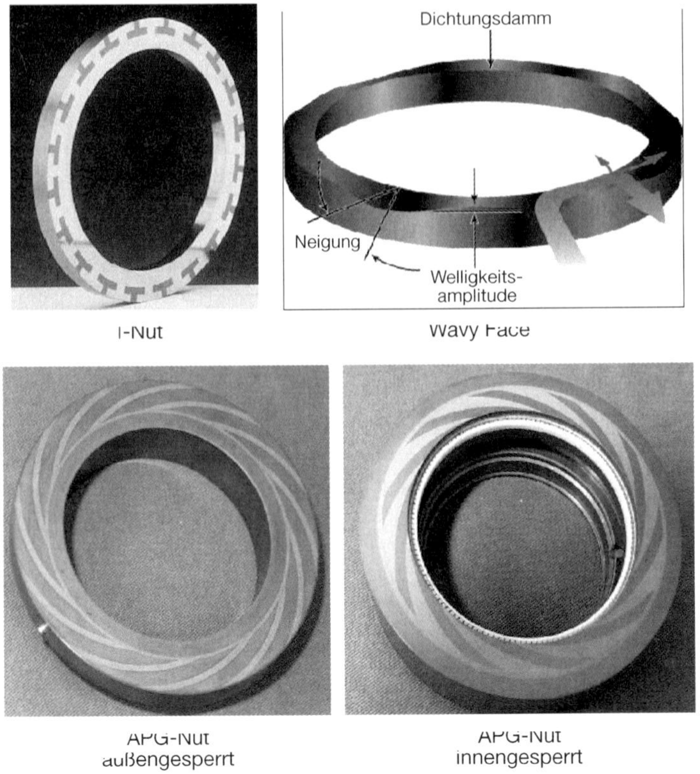

Bild 55: Typische Dichtflächen-Geometrien

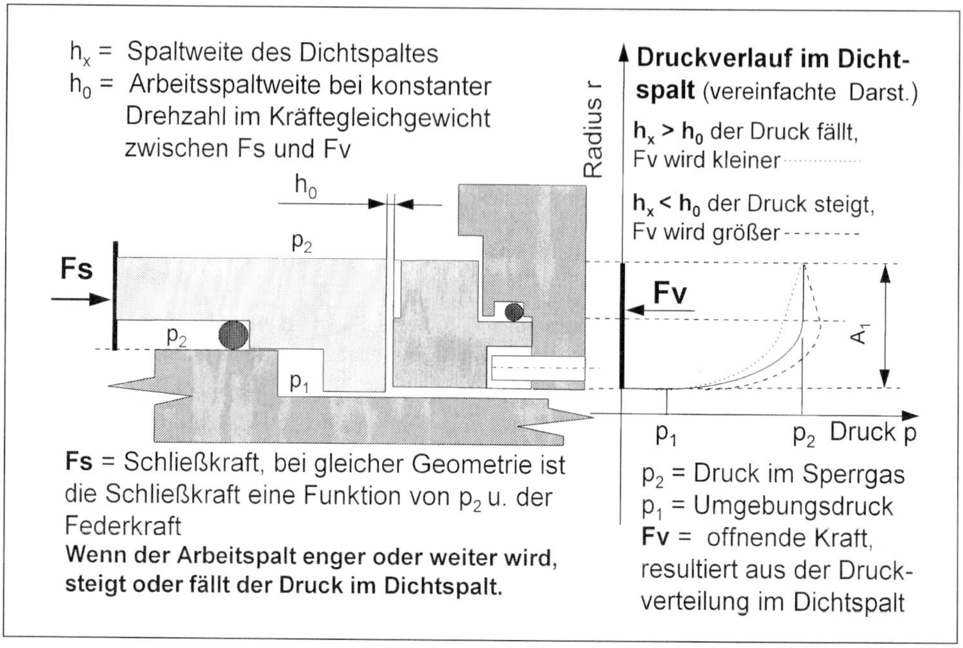

Bild 56: Selbständige Regelung der Arbeitsspaltweite des Dichtspaltes

Ähnlich der flüssigkeitsgeschmierten GLRD wird der Spalt durch ein Gleichgewicht von Schließ- und Öffnungskräften bestimmt, Bild 56.

Während die Spaltdrücke im dynamischen Betrieb bei flüssigkeitsgeschmierten GLRD partiell ein Vielfaches des Abdichtdruckes erreichen können, sind die Druckspitzen im Dichtspalt einer gasgeschmierten Dichtung nur geringfügig höher als der Abdichtdruck.

Das muß bei der Auslegung der Schließkräfte, d. h. bei der Befederung und dem Entlastungsgrad der GLRD berücksichtigt werden.

Sogenannte „hang ups", hervorgerufen durch Klemmeffekte zwischen Mitnehmer und Gleitring, schlecht gleitende oder unter Temperatur quellende Sekundärdichtelemente sowie Spaltextrusion der dynamischen O-Ringe der befederten Gleitringe können das Gleichgewicht zwischen Schließ- und Öffnungskraft stören. Ungewollte Dichtflächenkontakte sind die Folge.

Im dynamischen Betrieb beträgt der Abstand zwischen den Dichtoberflächen ca. 3 bis 5 µm.

Die Formstabilität und damit die Planparallelität der Gleitflächen unter Druck und Drehzahl sind von hoher Wichtigkeit.

Zur Sicherung der Dichtfuktion bei Ausfall der Sperrgasversorgung werden gasgeschmierte Pumpen-GLRD mit einer Schließfunktion ausgerüstet, die dann zur Wirkung kommt, wenn der Sperrdruck geringer wird als der Abdichtdruck. Bei diesen Betriebsverhältnissen arbeitet die GLRD wie eine herkömmliche flüssigkeitsgeschmierte GLRD und wird vom Produkt (Pumpflüssigkeit) geschmiert und gekühlt, Bild 57.

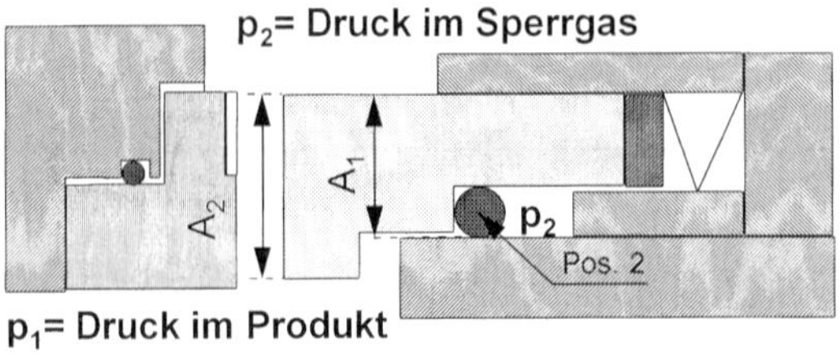

Normalbetrieb: $p_2 > p_1$

Bufferpac arbeitet mit Gas gesperrt.

A_1 = hydraulisch / pneumatisch belastete Fläche

A_2 = tragende Fläche

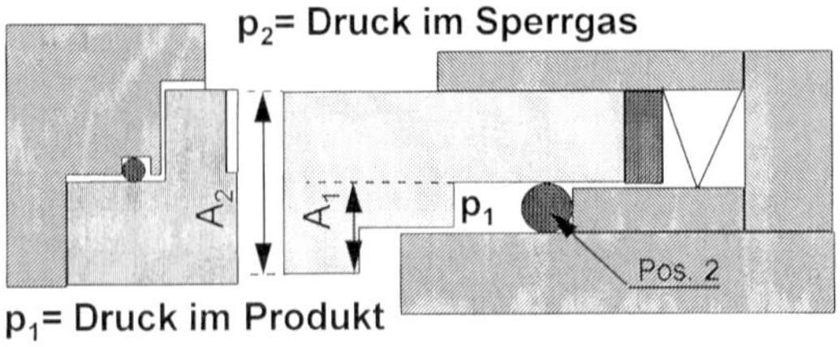

Gasdruck fällt aus: $p_2 < p_1$

Pos.2 ändert seine axiale Lage. Der höhere Druck wirkt auf den Gleitring in Schließrichtung und hält das System verschlossen.

Gasgeschmierte Gleitringdichtungen in den Anordnungen "back to back" bzw. "face to face" arbeiten bei Ausfall der Sperrgasversorgung wie von Flüssigkeit berührte Gleitringdichtungen und werden dann vom Produkt (Pumpflüssigkeit) geschmiert.

Bild 57: Verhalten der gasgesperrten Gleitringdichtung bei Ausfall der Sperrgasversorgung

5.6.2 Leckagen

Die gasgesperrten Pumpen- oder Rührwerksdichtungen benötigen für den Aufbau eines Schmierfilmes Gas zwischen den Gleitflächen.

Die in den Gleit- oder Gegenring eingebrachten Nuten, wie T-Nuten, Spiralnuten oder ähnliche Geometrien, erzeugen eine partielle Druckerhöhung im Dichtspalt, die einige zehntel bar über dem Abdichtdruck betragen kann. Die Gleitflächen heben abhängig von Druck, Drehzahl und aerostatischer Entlastung voneinander ab. Dieser Vorgang wird mit „lift-off" bezeichnet. Über diese, durch den „lift-off"-Effekt entstandenen Spalte strömt eine geringe Menge des Sperrgases ab. Der Volumenstrom ist primär vom Abdichtdruck und vom Wellendurchmesser abhängig.

Die zur Produktseite abströmende Gasmenge ist aufgrund des eingestellten Differenzdruckes von ca. 2 bis 5 bar sehr gering.

In den meisten Anwendungen hat diese Gasmenge keinen Einfluß auf die Funktion von Pumpen. In Sonderfällen und bei höheren Differenzdrücken muß für eine kontinuierliche Entlüftung des Pumpengehäuses gesorgt werden.

Der Gasbedarf einer gasgeschmierten GLRD ist je nach Bauart mehr oder weniger von folgenden Parametern abhängig:

- Dichtungsdurchmesser
- Abdichtdruck
- produktseitiger Differenzdruck

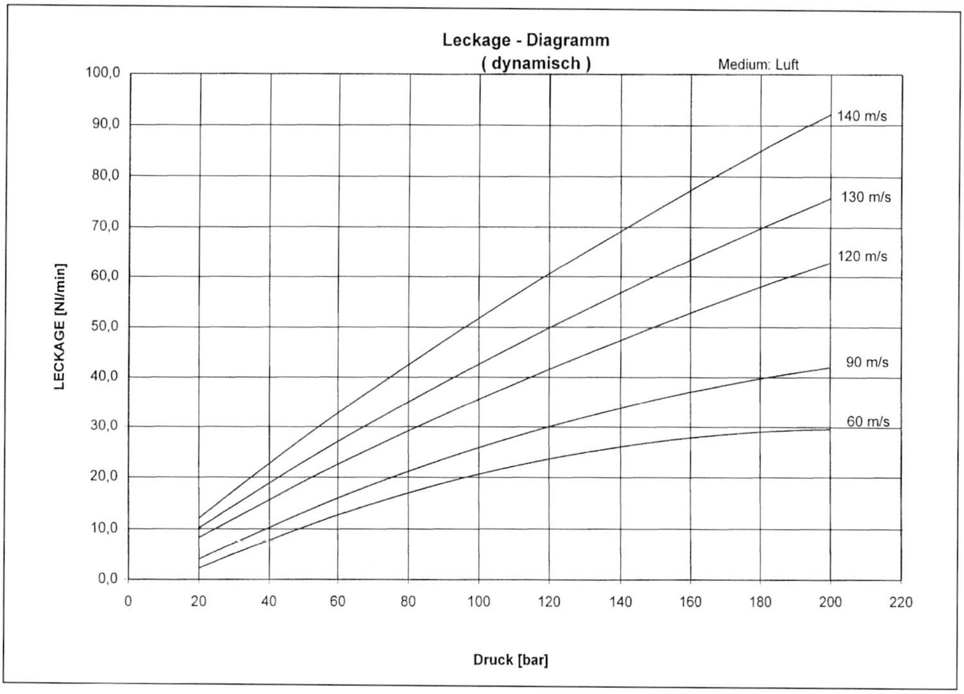

Bild 58: Leckage-Diagramm von gasgesperrten Turbo-GLRD

- Umfangsgeschwindigkeit
- Gasviskosität
- Gastemperatur

Bild 58 zeigt das Leckageverhalten von gasgesperrten Turbodichtungen, Bild 59 das von gasgesperrten Pumpendichtungen und Bild 60 das von gasgesperrten Rührwerksdichtungen.

5.6.3 Standzeiten, Verschleiß

Die Lebensdauer und die Betriebssicherheit von flüssigkeitsgeschmierten GLRD hängt entscheidend von der Schmierfilmbildung ab, d.h. von der Schmierung im Dichtspalt.

Eine Unterbrechung der Flüssigkeitsversorgung und der daraus entstehende Trockenlauf führt zu Kontakten zwischen den Gleitkörpern, die je nach Intensivität zu einer Verschlechterung der Reibverhältnisse im Dichtspalt führen.

Hohe Verschleißraten, Riefenbildungen und Ausplatzungen an den Gleitflächen können die Folge sein.

Auch Medien mit schlechten Schmiereigenschaften können oft nur eine unzureichende Trennung der Gleitkörper sichern. Das gilt ebenso für Medien, die oberhalb ihres atmosphärischen Siedepunktes abgedichtet werden.

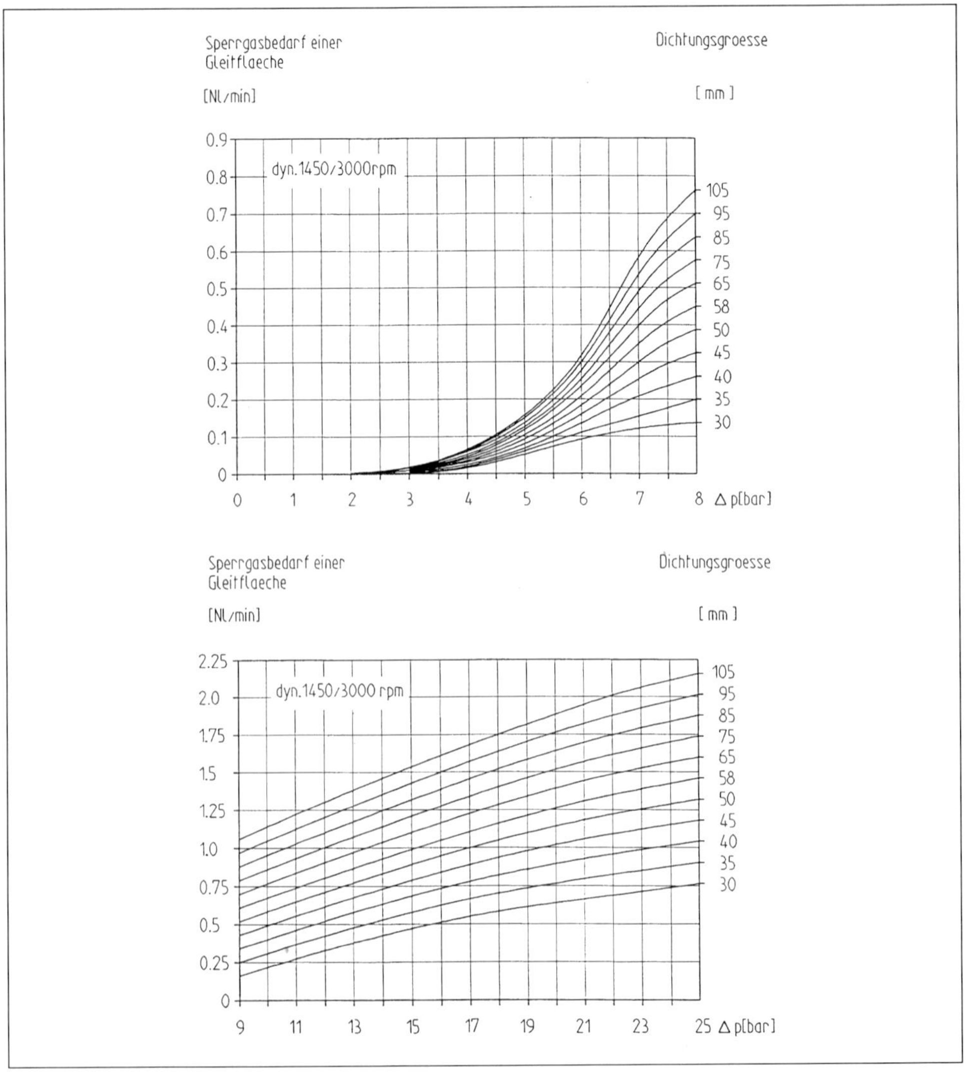

Bild 59: Leckage-Diagramm von gasgesperrten Pumpendichtungen

Auch hier kommt es zu sektionalen Kontakten zwischen den Gleitkörpern, da der Druckabbau im Dichtspalt partiell Verdampfungen und damit Zonen mit einer Gasphase im Dichtspalt entstehen läßt, siehe Bild 41.

Gasgeschmierte Dichtungen sind von diesen Betriebsvoraussetzungen weitgehend unabhängig. Ihre Funktion wird vom physikalischen Verhalten der Sperr- bzw. abzudichtenden Flüssigkeit nicht beeinflußt.

Die zulässigen Betriebstemperaturen werden primär von den Bauteilen der Dichtung bestimmt, d.h. vor allem von den Sekundärdichtelementen.

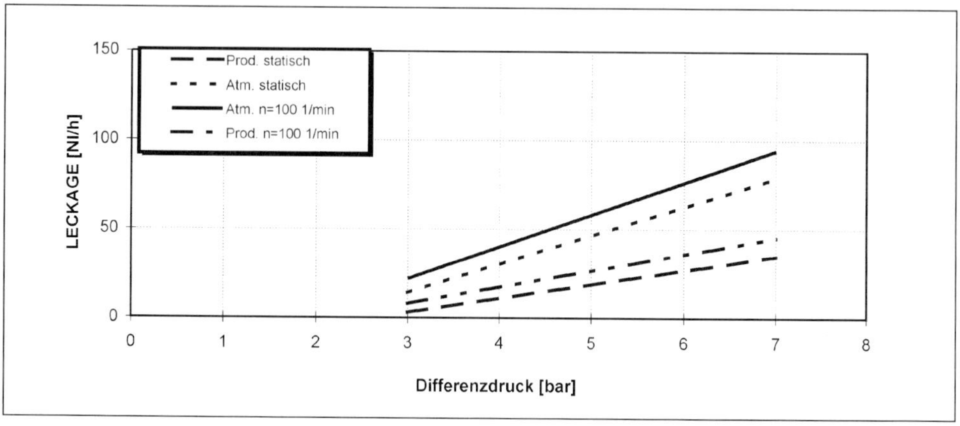

Bild 60: Leckage-Diagramm einer gasgesperrten Rührwerks-GLRD Wellendurchmesser 60 mm

Die Stabilität des Sperr- oder Abdichtmediums oder dessen Siedepunkt ist nicht mehr von Bedeutung.

Gasgesperrte Dichtungen arbeiten kontaktfrei. Betriebsbedingter Verschleiß aus Kontakten der Gleitflächen ist nicht zu erwarten.

Verlustleistungen im Dichtspalt, die bei flüssigkeitsgeschmierten GLRD vor allem bei höheren Umfangsgeschwindigkeiten und Abdichtdrücken berücksichtigt werden müssen, sind bei gasgeschmierten Dichtungen nahezu vernachlässigbar.

5.6.4 Versorgungssysteme für gasgesperrte Gleitringdichtungen

Die Versorgungs- und Kontroll- bzw. Meßeinrichtungen von gasgesperrten Gleitringdichtungen werden Panel benannt, Bild 61 und 62.

Diese Panels sind entsprechend der Maschinenpriorität bei gasgesperrten Dichtungen für Verdichter wesentlich aufwendiger als bei gasgesperrten Pumpendichtungen.

Die Panels für gasgesperrte Turboverdichterdichtungen werden meistens anlagenspezifisch ausgeführt und sind darum nur selten baugleich. Sie versorgen und überwachen folgende Dichtungsausführungen:

- Einzeldichtungen
- Doppeldichtungen
- Tandemdichtungen
- Tandemdichtungen mit Zwischenlabyrinth
- Dichtungen mit nachgeschaltetem Labyrinth.

Im Einzelnen sollten diese Systeme folgende Versorgungs- und Kontrollstränge beinhalten:

- Versorgung der produktseitigen Dichtung mit gereinigtem Gas, welches zwischen einer Drosselstrecke und der produktseitigen Dichtung eingespeist wird.
- Überwachung der produktseitigen Leckage und Abführung der Leckage

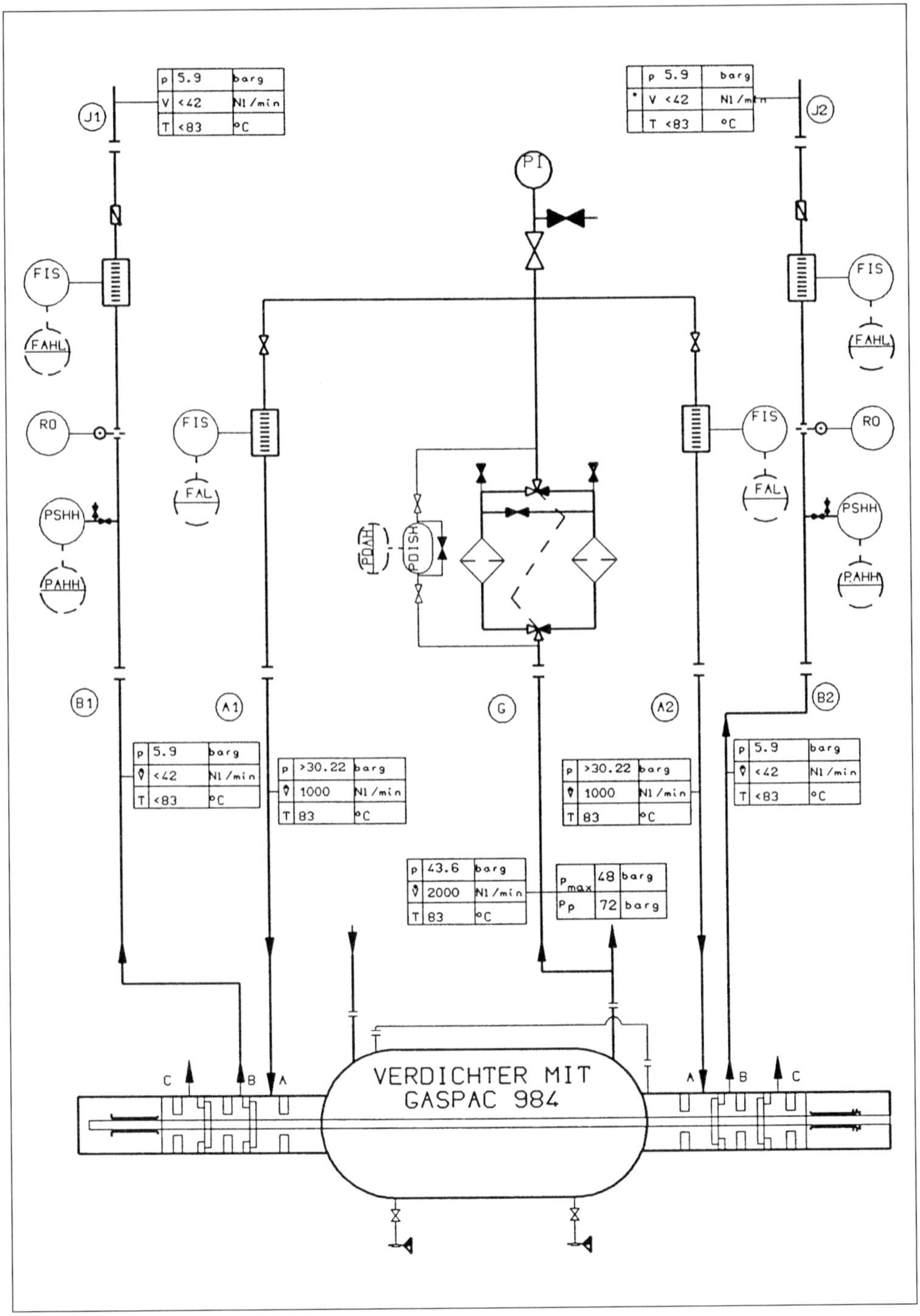

Bild 61: Gasdichtungspanel für gasgesperrte Verdichter Tandem GLRD

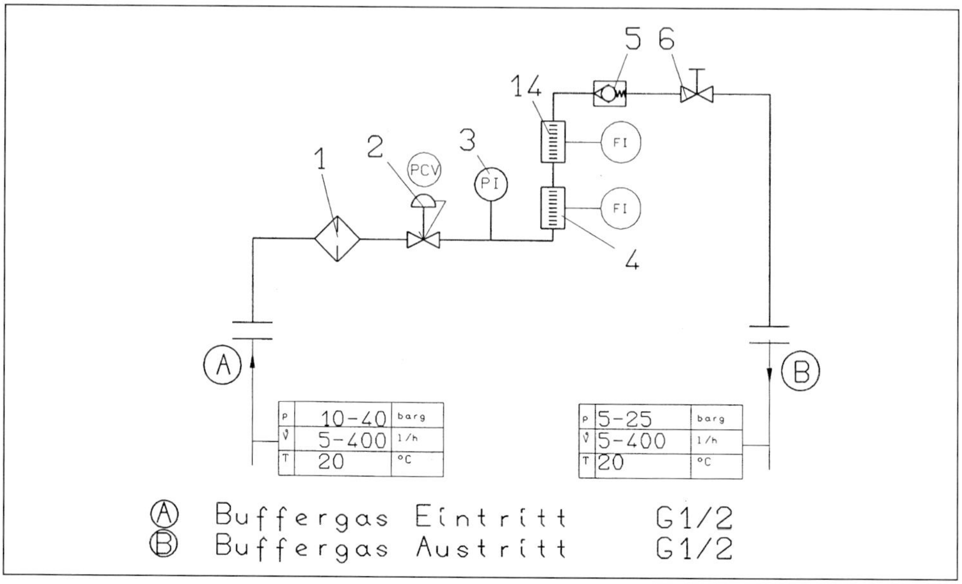

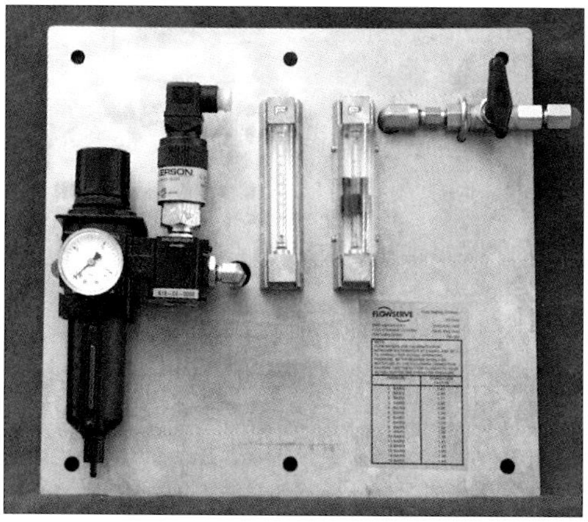

Bild 62: Gasdichtungspanel-Panel für Pumpen-GLRD

- Versorgung und Überwachung der Labyrinthe und Schwimmringdichtungskomponenten
- Steuerung und Überwachung der benötigten Differenzdrücke

Die Panels für gasgesperrte Pumpendichtungen sind generell einfacher aufgebaut. Sie dienen dem Schutz der nachgeschalteten gasgesperrten Dichtung und werden zwischen der Gasversorgung des Kunden und der GLRD montiert.

Die Aufgaben der Panels sind:

- Filtern des Sperrgases
- Einregeln des erforderlichen Gasdruckes auf das von Hand eingestellte Niveau
- Geregeltes Konstanthalten des vorgegebenen Druckes unabhängig vom Gasdruck
- Anzeige des Gasdurchsatzes
- Schutz der Gasversorgung vor Eindringen von Produkt aus dem Dichtungsraum.

Die Druck- und Durchflußmeßeinrichtungen können durch Grenzwertschalter extern überwacht werden.

5.7 Schadensanalyse an Gleitring-Dichtungen

5.7.1 Voraussetzungen für eine gesicherte Schadensanalyse an GLRD

Das Thema Gleitringdichtungsschäden ist sehr komplex.

Oft werden Schadensteile präsentiert, die aufgrund von Folgeschäden die eigentliche Schadensursache nicht mehr erkennen lassen.

Die Erfahrung hat gezeigt, daß eine wichtige Voraussetzung zur Ursachenbestimmung nur gegeben ist, wenn die Dichtung ungereinigt einer ersten visuellen Überprüfung unterzogen werden kann. Das setzt selbstverständlich voraus, daß die GLRD nicht mit giftigen Medien beaufschlagt wurde.

Aktuelle Betriebsdaten sowie das Verhalten der Maschine und der GLRD vor und während des Dichtungsausfalls können, sofern sie verfügbar sind, die Ausfallursachenermittlungen erheblich erleichtern.

Der Fachmann, der die GLRD demontiert, sollte dabei genau auf besondere Merkmale der Dichtungsumgebung, wie den Lagerungszustand der Maschine, Anlaufspuren aus Kontakten zwischen rotierenden und stehenden Maschinenkomponenten und die freie Federbeweglichkeit des Gleitringes achten.

Untypische Produktrückstände wie auch ausgehärtete Produktreste an den beweglichen Teilen der GLRD sind für den Gutachter von hoher Wichtigkeit.

Schadensanalysen bei Betreibern haben gezeigt, daß vor allem Lagerschäden oft den GLRD-Ausfällen vorausgehen.

GLRD-Schäden treten bevorzugt beim An- und Abfahren der Maschine, in Aufheiz- oder Abkühlphasen wie auch bei Verfahrens- und Betriebsänderungen auf.

Primär sind für die Schadensursachenermittlung folgende Überprüfungen von Wichtigkeit:

- Gasdichtigkeitsprüfung der GLRD vor der Demontage, um die undichte Stelle zu lokalisieren.
- Visuelle Begutachtung der angelieferten Dichtungsteile oder der kompletten Cartridge auf mechanische Beschädigungen.
- Überprüfung der freien Federbeweglichkeit der Gleitringeinheit.
- Überprüfung der Gleitkörper und der benachbarten Dichtungsteile auf mögliche Korrosionsschäden.
- Visuelle Bewertung der Gleitflächen auf Beschädigungen wie Ab- oder Ausplatzungen, Belagbildung, Blistering, Korrosion, Riefenbildung, Thermorisse usw.

- Gegebenenfalls mikroskopische Überprüfung der Gleitflächen zur Ermittlung von Thermoschockspannungsrissen und ähnlichen Schäden unter einem Mikroskop mit bis zu 50facher Vergrößerung .
- Überprüfung der drehmomenteinleitenden und -abstützenden Dichtungsbereiche und Bauteile auf Ausbrüche oder Eingrabungsmerkmale infolge übergroßer Anfahr- und Drehmomente
- Bewertung von möglichen Schwingungsmerkmalen
- Überprüfung der Sekundärdichtelemente auf Merkmale, die auf chemische Unbeständigkeit, Überhitzung, Spaltextrusion, ungenügende Restvorspannung oder Verlust einer ausreichenden Restelastizität hinweisen.

5.8 Formelzeichen

Größe	Einheit	Bezeichnung
D	mm	Gleitflächenaußendurchmesser
D_a	mm	Membranbalg-Außendurchmesser
D_i	mm	Membranbalg-Innendurchmesser
d	mm	Gleitflächeninnendurchmesser
k	--	Flächenverhältnis (k-Wert)
k_1	--	Druckgradientenfaktor
d_h, d_2	mm	hydraulischer Durchmesser, Wellendurchmesser
A	cm^2	Gleitfläche
A_h	cm^2	hydraulische, druckbelastete Fläche
b	mm	Gleitflächenbreite
d_1	mm	Nenn-/ Wellendurchmesser
F_f	N	Federkraft
F_1	N	Federkraft bei Einbaulänge
p_f	N/cm^2	spezifische Federpressung
p_g	N/cm^2	spezifischer Gleitdruck
f	--	Reibungsbeiwert (Anfahr- bzw. Betriebs-Reibungsbeiwert)
v_g	m/s	Gleitgeschwindigkeit
d_m	mm	mittlerer Gleitflächendurchmesser
n	min^{-1}	Drehzahl
P_R	W	Reibleistung (1 W = 1 J/s = 1 Nm/s)
ΔT	K	Temperaturdifferenz
ρ	kg/m^3	Dichte
c	kJ/kgK	spezifische Wärmekapazität
Δp	bar	Druckdifferenz (1 bar = 0,1 Mpa = 10 N/cm^2)
υ	10^{-6} m^2/s	kinematische Viskosität
M_L	Nm	Losbrechmoment
P_M	W	Mantelreibung

Re	--	Reynoldszahl
D_G	m	Rotordurchmesser
D_V	m	Verteilerringdurchmesser
L	m	Rotorbreite
s	m	Radialspalt
C	--	Konstante
η	Pas	dynamische Viskosität (1Pas = 1 kg/sm) ($\eta = \upsilon \cdot \rho$)
r	m	Rotorradius
l	m	Spaltbreite
k_m	-	Reibungsbeiwert
ω	s^{-1}	Winkelgeschwindigkeit
Q	g/l	Leckmenge, Leckage

Literaturverzeichnis

[1] Fortschrittsberichte VDI: Tribologisches Verhalten von nichtoxidischen Keramiken und praxisnahen Bedingungen. Dissertation von Dipl. Ing. Thomas Niester Aachen

[2] Abdichtung bewegter Maschinenteile, Heinz Konrad Müller

[3] Veranstaltungsunterlagen, Anwendung und Installation von Gleitringdichtungen für Wellen bei Pumpen, Kompressoren und Rührwerken; Haus der Technik, Veranstaltungsnummer 30-923-134-6

[4] ABC der Gleitring Dichtung, Burgmann Lexikon

[5] Axiale Gleitringdichtungen, Dr. Ing. Ehrhard Mayer

[6] BW/IP Pacific Technisches Forum 1996 in Dortmund

[7] Dichtungen in der Verfahrenstechnik, F.W. Reuter

[8] Verbesserung der Elastohydrodynamität von Gleitringdichtungen durch direkte Temperaturregelung und definierte Oberflächeneinflüsse
BMFT Förderkennzeichen 01 ZT 221
01 ZT 231
01 ZT 301

[9] AEG Mitteilungen, Reibungsverlust insbesondere bei Turbomaschinen, H. Linneke

[10] Tribologie und Schmierungstechnik 39. Jahrgang 3/1992

[11] VDMA Druckschrift Gleitringdichtungen, Ausgabe 1996,
Umweltschutz durch High-tech
Unternehmen und ihre Leistungen

Normen

DIN 24960	(06.92)	Gleitringdichtungen Einbaumaße, Hauptmaße, Bezeichnungen und Werkstoffschlüssel
DIN 28138 Teil 1	(10.83)	Gleitringdichtungen für Rührwellen Rührwellen aus unlegiertem und nichtrostendem Stahl Betriebsdaten, Einbaumaße
DIN 28138 Teil 2	(10.83)	Gleitringdichtungen für Rührwellen Rührwellen aus Stahl, emailliert Betriebsdaten, Einbaumaße

DIN 28138 Teil 3	(10.83)	Gleitringichtungen für Rührwellen Bezeichnung Sperrflüssigkeits-, Kühl-, Kontroll- und Montageanschlüsse
DIN 3750	(08.57)	Dichtungen, Benennungen
DIN 3770	(10.70)	Runddichtringe mit besonderer Maßgenauigkeit, aus Elastomeren. Beiblatt (10.70) Runddichtringe mit besonderer Maßgenauigkeit, aus Elastomeren; Konstruktionshinweise für den Einbau (zurückgezogen)
DIN 7168	(04.91)	Allgemeintoleranzen; Längen- und Winkelmaße. T2 Allgemeintoleranzen; Form und Lage
DIN 24255	(11.78)	Kreiselpumpen mit axialem Eintritt, PN 10, Mit Lagerträger; Bezeichnung, Nennleistung, Hauptmaße.
DIN 28130 T3	(10.83)	Rührbehälter mit Rührwerk, Rührantrieb; Benennungen, Bauteilkombinationen, Übersicht.
DIN 28130 T3	(10.83)	Rührbehälter mit Rührwerk; Rührantrieb; Erläuterungen Beiblatt 1
DIN 28136 T1	(02.93)	Rührbehälter, E (11.85) Hauptmaße T2 (05.82) Rührbehälter, Anordnung und Größe der Deckelstutzen für Rührbehälter aus unlegierten und nichtrostendem Stahl. T3 (04.84) Rührbehälter, Anordnung und Größe der Deckelstutzen für Rührbehälter aus Stahl emailliert.
DIN 28137 T1	(04.94)	Rührwerksflansche für Rührbehälter aus unlegiertem und nichtrostendem Stahl; Maße und Ausführungen. T2 (10.83) Rührwerksflansche Form E für Rührbehälter aus Stahl, emailliert; Anschlußmaße für GLRD und Rührwerklaterne.
DIN 28141	(01.92)	Montageflansche für Rührbehälter aus unlegiertem und nichtrostendem Stahl. Korrespondiert mit DIN 28137 T1 und DIN 28138 T1.
DIN 28148	(01.92)	PTFE umhüllte Dichtungen für Rührbehälter aus Stahl emailliert. Korrespondiert mit DIN 28137 T2 und DIN 28138 T2.
DIN 28154	(10.83)	Wellenende für Rührer aus unlegiertem und nichtrostendem Stahl für Gleitringdichtungen, Maße. Korrespondiert mit DIN 28138 T1 und 28141.
DIN 28159	(10.83)	Wellenende für einteilige Rührer, Stahl emailliert, Maße. Korrespondiert mit DIN 28138 T2.
DIN 28161 T1	(04.87)	Rührwerkslaternen für Rührantriebe mit Gleitringdichtung T2 (10.83) Rührwerkslaterne für Rührantriebe mit Stopfbuchsdichtung
DIN ISO 1629	(10.81)	Kautschuke und Latices; Einleitung, Kurzzeichen.
VDI 2440	(06.83)	Emissionsminderung; Mineralölraffinerien
API Standard 610		Centrifugal Pumps for Petroleum Heavy Chemical, and Gas Industrie Services Eight Edition, August 1995

API Standard 617	Centrifugal Compressors for Petroleum, Chemical, and Gas Service Industrie Sixth Edition, February 1995
API Standard 682	Shaft Sealing Systems for Centrifugal and Rotary Pumps First Edition, Okt. 1994

6 Radialwellendichtringe

6 Radialwellendichtringe

E. Bock und W. Guth, M. Schuster

6.1 Anfänge des Radialwellendichtrings

Die Notwendigkeit der Abdichtung von Wellen im Fahrzeug- und Maschinenbau bestand schon sehr früh, aber die Mittel dazu waren entsprechend des Standes der Technik bescheiden. Das Temperatur- und Drehzahlniveau im Maschinen- und Fahrzeugbau war niedrig, reichliche Schmierung mit hochviskosen Schmierstoffen oder Fett war üblich und Verluste durch Tropfleckage wurden in Kauf genommen. Erst um 1930 entstanden spezielle Wellendichtungen als Einbauelement, um die Dichtungen aus textilen Stoffen, vor allem Filz, abzulösen. Diese ersten Radialwellendichtringe (RWDR) hatten eine Dichtlippe aus Chromleder, die in ein dreiteiliges Metallgehäuse eingepreßt war. Die zur Abdichtung notwendige Radialkraft wurde zum größten Teil von einer aufgelegten Wurmfeder aufgebracht. Der Vorteil lag primär in der besseren Dichtwirkung, die zulässige Dauertemperatur der Dichtlippe aus Leder war aber noch auf maximal 90 °C beschränkt.

Mit dem Aufkommen niedrigviskoser Schmierstoffe, die zu schnellerer Durchölung nach dem Anlaufen und zu niedrigeren Reibungsverlusten in den Lagern führten, genügten diese Dichtungen nicht mehr. Sobald der synthetische Kautschuk industriell herstellbar wurde, begann um 1937 die Entwicklung von RWDR auf ganz neuer Basis. Das neue Dichtelement hatte eine Dichtlippe, die aus einem Elastomer in geschlossenem Werkzeug durch Vulkanisation des Kautschukrohlings geformt war. Der Erfinder dieses Dichtungstyps war Walter Simmer, nach dem dieses neuartige Maschinenelement Simmerring® benannt wurde. Diese neuartige Dichtlippe wurde zunächst noch analog zur Lederdichtung in ein dreiteiliges Gehäuse gepreßt, bis später durch Fortschritte in der Werkstoff- und Verbindungstechnik die Dichtlippe mit einem Versteifungsblech während des Vulkanisationsvorgangs im Werkzeug zu einer Einheit möglich wurde.

Der Vorteil dieses Simmerring®-Radialwellendichtrings war die mit einer Dichtkante und einer Federrille versehene Dichtlippe, die die Dichtfähigkeit entscheidend verbesserte. Schon in der Patentschrift von 1938 wurde eine Dichtlippenform gezeigt, die im Prinzip noch heute Gültigkeit hat, Bild 1. Die dort schon vorgeschlagenen Gitter- und Rautennetze auf der luftseitigen Kontaktfläche hinter der Dichtkante sind als Vorläufer heutiger dynamischer Dichthilfen für extreme Abdichtverhältnisse erkennbar.

Diese Erfindung hatte weit über die Schaffung dieses Dichtelements hinausgehende Bedeutung und führte im Lauf der weiteren Entwicklung zu Wechselwirkungen zwischen Dichtungsform und -werkstoff, dem Schmierstoff und schließlich zu neuen Maßstäben speziell im Motorenbau. Zunächst waren niedrigviskose Schmierstoffe, zum Beispiel Motorenöle, bei Temperaturen bis 100 °C sicher abzudichten. Mit dem Aufkommen von Sonderelastomeren stieg die zulässige Temperatur weiter an, wodurch parallel Schmierstoffe höherer Temperaturbeständigkeit entstanden. Die wiederum erlaubte den Motorenbauern, den Bauraum und das Gewicht durch höhere Leistungsausbeute zu vermindern und gleichzeitig das umlaufende Ölvolumen zu reduzieren. Diese gegenseitige Abhängigkeit führte zu einer engen Zusammenarbeit zwischen den Dichtungs- und Schmierstoffherstellern und den Motorenbauern und bestimmt bis heute die technische Entwicklung.

Der im Vergleich zu den Elastomeren jüngere Werkstoff PTFE wird seit einigen Jahren trotz seiner unelastischen Verhaltensweise für RWDR verwendet. Er widersteht auch aggressiven

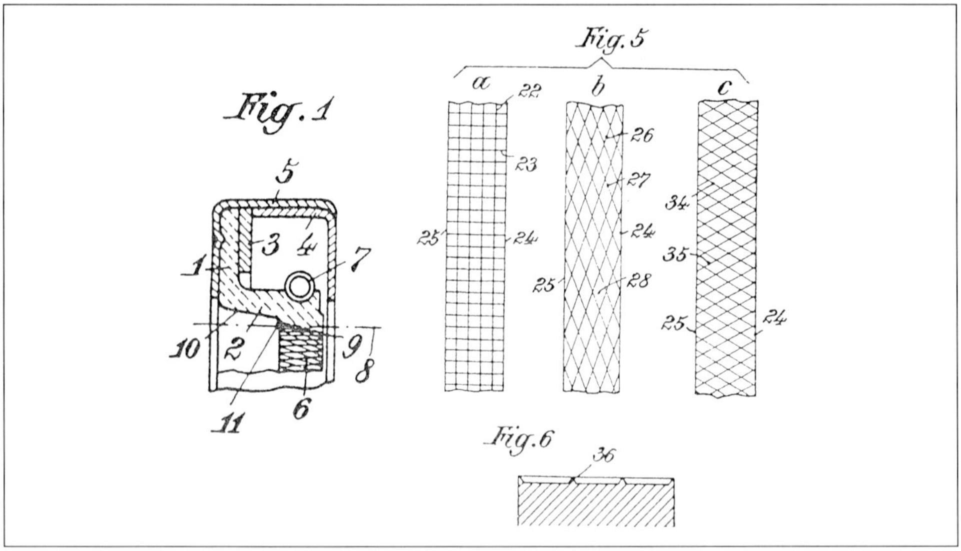

Bild 1: Auszug aus der Patentanmeldung der ersten Elastomer-RWDR aus dem Jahre 1938

Medien bei Temperaturen bis 200 °C, kurzzeitig bis 300 °C. Angewendet werden diese Dichtungen in spezieller konstruktiver Gestaltung in der chemischen Industrie und in Verbundbauweise mit einem geeigneten Elastomer auch als Kurbelwellendichtung.

An das Maschinenelement Radialwellendichtring (RWDR) werden prinzipiell hohe Anforderungen gestellt, die sowohl von der technischen und umwelttechnischen als auch von der betriebswirtschaftlichen Seite geprägt sind. Dies sind:

- statische und dynamische Dichtheit
- Zuverlässigkeit und Unempfindlichkeit
- kleine und kompakte Baugröße
- geringe Kosten
- niedrige Verlustleistung im Betrieb.

Deshalb geht der Trend dahin, möglichst reibungsarme Dichtringe zu entwickeln, um dadurch Verlustleistung und Verschleiß niedrig zu halten und die Zuverlässigkeit und die Lebensdauer zu steigern. Um möglichst große Stückzahlen eines Dichtrings produzieren und so die Kosten niedrig halten zu können, sollte der Konstrukteur bereits in der Konzeptionsphase den hohen Stellenwert des RWDR berücksichtigen und möglichst genormte Größen nach DIN 3760 vorsehen [1]. Die konstruktiv anders gestalteten RWDR mit PTFE-Dichtlippen sind in der ISO 9164 normiert. Die äußeren Abmessungen beider RWDR-Typen sind nach Norm identisch.

Für die Elastomer-RWDR wurden in der DIN 3761 [2] zur internen und externen Verständigung über die konstruktive Gestaltung oder Fehler und Schäden einheitliche Bezeichnungen für alle funktionswichtigen Stellen geschaffen, Bild 2.

Die für RWDR aus Elastomer und PTFE eingesetzten Werkstoffe werden in Kapitel 2 eingehend beschrieben.

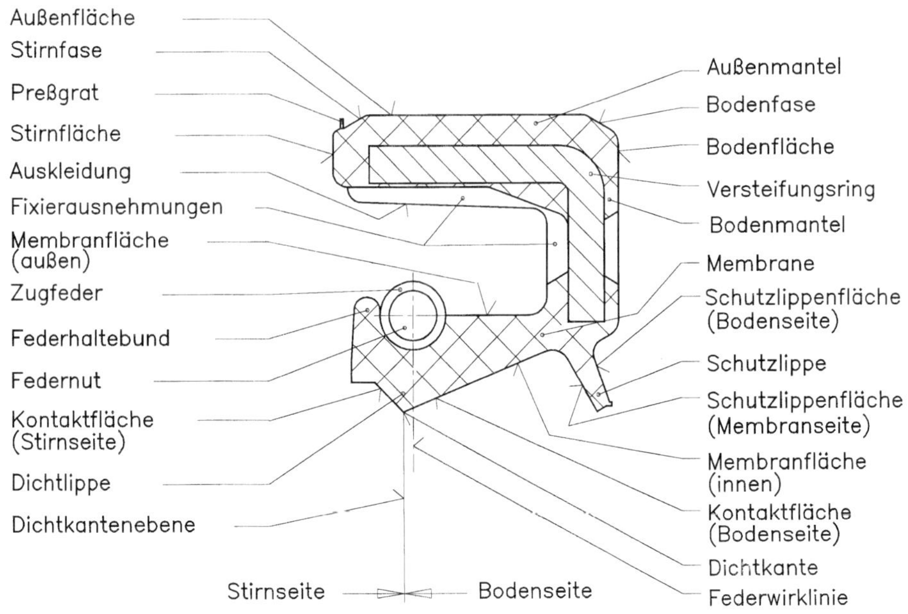

Bild 2: Bezeichnungen nach DIN 3761 am Querschnitt des RWDR Form AS nach DIN 3760

6.2 Dichtungstechnische Begriffe und Grundlagen

Das Kapitel beschränkt sich auf die wichtigsten dichtungstechnischen Grundlagen und Begriffe. Für weitere Informationen wird auf vorhandene Literatur der Dichtungstechnik und auf eine Vielzahl von Dissertationen verwiesen [3 bis 16]. Die Dichtungshersteller erläutern in ihren Katalogen und Schriften zwar Begriffe, gehen mit wenigen Ausnahmen [17 bis 19] aber nicht auf Grundlagen ein.

6.2.1 Statische und dynamische Abdichtung

Von statischer Abdichtung spricht man, wenn zwei relativ zueinander unbewegte Flächen oder Körper gegeneinander abgedichtet werden. Die Dichtung legt sich an beide Körper an und verschließt im Idealfall den potentiellen Leckageweg vollständig. Bewegen sich die beiden gegeneinander abzudichtenden Körper relativ zueinander, so spricht man von dynamischer Abdichtung. Dabei müssen die Körper durch einen Spalt voneinander getrennt sein, der als Dichtspalt bezeichnet wird, siehe auch Kap. 1 und 3.

Der Außenmantel des Radialwellendichtrings dichtet gegen das Gehäuse, in das er eingepreßt ist, statisch ab, während die Dichtkante des Radialwellendichtrings gegen die rotierende Welle dynamisch abdichtet.

6.2.2 Starrer und dynamischer Dichtspalt und hydrodynamische Spaltbildung

Sind die beiden relativ zueinander bewegten Körper, die den Dichtspalt bilden, unelastisch, so liegt ein starrer Dichtspalt vor. Ein einfaches Beispiel hierfür ist eine durch eine Gehäusebohrung hindurchgeführte Welle, die zusammen mit der Gehäusebohrung einen starren Ringspalt bildet, der als Strömungsdrossel wirkt, vgl. Bild 3a. Kompliziertere Dichtsysteme mit starren Dichtspalten sind beispielsweise Drosselspaltdichtungen mit radial beweglichem Schwimmring. Solche Dichtungen kommen in Turboverdichtern zum Einsatz. Berührungslose Fanglabyrinthdichtungen, wie sie aufgrund der geringen Wärmeentwicklung hauptsächlich zur Abdichtung von schnellaufenden Werkzeugmaschinenspindeln eingesetzt werden, enthalten in der Regel eine Reihe von hintereinander angeordneten starren Dichtspalten, vgl. Kap. 8.

Die Spalthöhe starrer Dichtspalte liegt je nach Anwendung zwischen einigen Hundertstel und einigen Zehntel Millimeter und bleibt auch bei ruhenden Dichtflächen erhalten.

Wird der Dichtspalt wie beim RWDR durch einen unelastischen Körper und einen elastischen Dichtkörper gebildet, so verschließt der Dichtkörper den Spalt im ruhenden Zustand vollständig, vgl. Bild 3c,d. Erst durch die Relativbewegung der Dichtflächen entsteht durch hydrodynamische Vorgänge ein Dichtspalt, dessen Höhe meist weniger als 1 µm beträgt.

Die unelastische Dichtfläche, die meist als Gegenlauffläche bezeichnet wird, schleppt durch ihre Bewegung die Flüssigkeit mit, die durch Kapillarkräfte unter den Dichtkörper vorgedrungen ist. Durch die Oberflächenrauheiten und die Welligkeit der Dichtflächen entstehen konvergente Mikrospalte im Dichtspalt, in denen sich durch Schleppströmung ein hydrodynamischer Spaltdruck aufbaut. Dieser Vorgang ist vergleichbar mit der Funktionsweise eines hydrodynamischen Gleitlagers und tritt bei allen dynamischen Berührungsdichtungen auf. Der Schmierfilm trennt die Dichtflächen im Idealfall vollständig voneinander, so daß bei permanenter Rotation der Welle der Verschleiß vernachlässigbar gering ist.

Spaltdruck und Dichtspalthöhe hängen unter anderem von der Viskosität der abzudichtenden Flüssigkeit (oder auch des abzudichtenden Gases) und von der Oberflächenbeschaffenheit sowie der Relativgeschwindigkeit der Dichtflächen ab. Bei Radialwellendichtringen ergeben sich beim Abdichten von Schmierölen Spalthöhen im Bereich von 0,1 µm bis 1 µm.

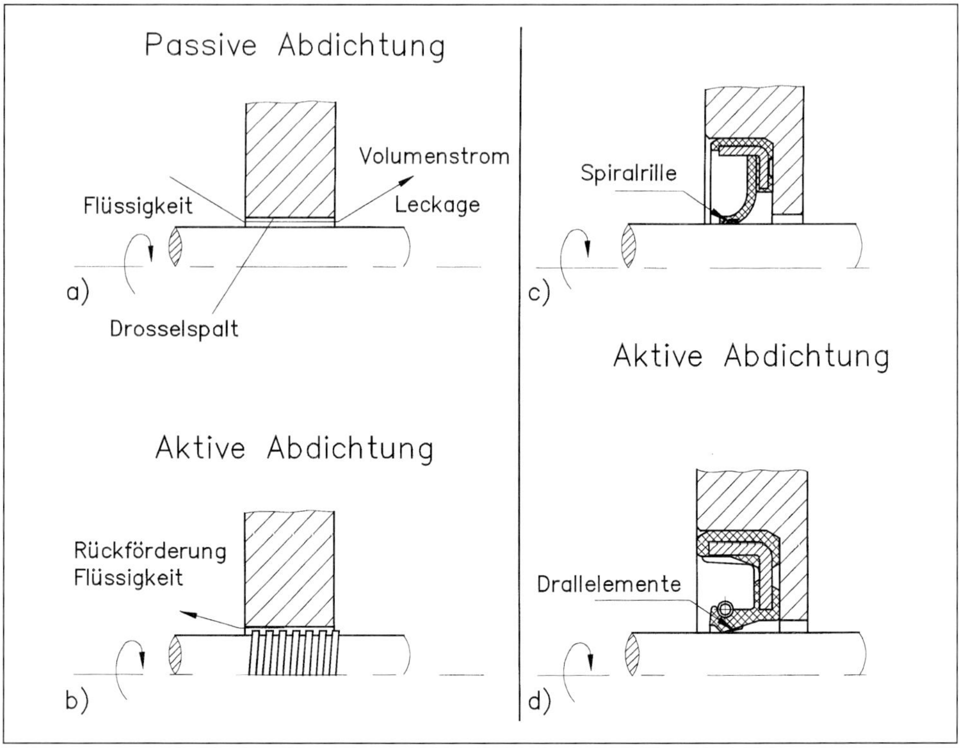

Bild 3: Passive und aktive Abdichtung
a) Passive Abdichtung beim starren Dichtspalt
b) Aktive Abdichtung beim starren Dichtspalt
c) Aktive Abdichtung beim dynamischen Dichtspalt

6.2.3 Passive und aktive Abdichtung

Von passiver Abdichtung spricht man, wenn der Dichtspalt den Flüssigkeitsstrom lediglich drosselt, Bild 3a. Die Drosselung setzt aber einen Durchfluß voraus, so daß bei passiven Dichtsystemen immer Leckage auftritt. Handelt es sich bei der Leckage um toxikologisch und ökologisch unbedenkliche Flüssigkeit, und tritt durch die Leckage keine Funktionsstörung auf, so wird häufig kein größerer Aufwand betrieben, um die Leckage zu reduzieren. In manchen Fällen wird die Leckage aufgefangen und zurückgeführt. Obwohl aus vielen Dichtsystemen prinzipbedingt Leckage austritt, werden sie als technisch dicht bezeichnet.

Bei der aktiven Abdichtung wird die Relativbewegung zwischen dem Dichtkörper und der Gegenlauffläche ausgenutzt, um die in den Dichtspalt eingedrungene Flüssigkeit in den abzudichtenden Raum zurückzufördern. Der Dichtspalt enthält eine „Rückförderpumpe“. Bei dynamischen Dichtungen mit starrem Dichtspalt kann diese Pumpe beispielsweise durch ein Gewinde auf der Welle realisiert werden, das allerdings die Flüssigkeit bei nur einer Drehrichtung in den abzudichtenden Raum zurückfördert, Bild 3b.

Bei Radialwellendichtringen aus PTFE wird eine ähnliche Pumpe erzeugt, indem in die PTFE-Manschette eine Spiralrille eingeschnitten oder eingeprägt wird, Bild 3c. Legt sich die

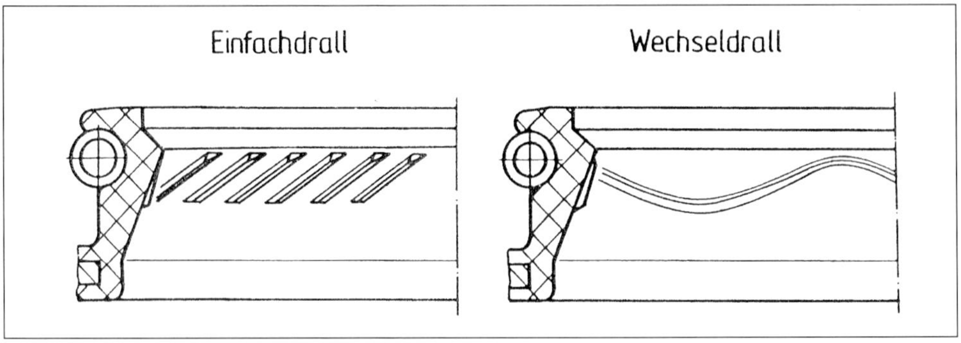

Bild 4: Verschiedene Ausführungen des Dralls

PTFE-Manschette an die Welle an, so bildet die Spiralrille ein Rückfördergewinde. Die rotierende Welle fördert die an ihr haftende Flüssigkeit in die Spiralrille hinein und somit in den abzudichtenden Raum zurück. Prinzipbedingt funktioniert auch dieser Rückfördermechanismus bei nur einer Drehrichtung der Welle.

Bei Radialwellendichtringen aus Elastomer werden auf der Bodenseite häufig erhabene Strukturen – Drallelemente oder auch Rückförderdrall genannt – eingearbeitet, die so angeordnet sind, daß sie mit der Dichtkante in Drehrichtung konvergente Keilspalte bilden, in die Flüssigkeit hineingeschleppt und auf die Stirnseite gefördert wird, Bild 3d. Dadurch wird das Fördervermögen erhöht und somit die Dichtsicherheit gesteigert. Drallelemente werden „unidirektional" (in eine Drehrichtung wirksam, „Einfachdrall") oder auch „bidirektional" (in beide Drehrichtungen wirksam, „Wechseldrall") ausgeführt, Bild 4, wobei das Fördervermögen und die Dichtsicherheit unidirektional wirksamer Drallelemente um ein Vielfaches höher sind. Dichtringe mit Einfachdrall werden beispielsweise zur Abdichtung der Kurbelwelle im Verbrennungsmotor eingesetzt. Dichtringe mit Wechseldrall finden in der Radnabe eines KFZ Anwendung. Durch den Wechseldrall kann auf beiden Seiten der gleiche Dichtring eingesetzt werden.

6.2.4 Natürlicher Dichtmechanismus

Radialwellendichtringe aus Elastomer verfügen über einen sogenannten „natürlichen" oder „dynamischen" Dichtmechanismus, der jedoch nur in Verbindung mit unterschiedlich großen Kontaktflächenwinkeln zwischen Dichtkante und Welle funktioniert: der Kontaktflächenwinkel auf der Flüssigkeitsseite (Stirnseite) des Radialwellendichtrings muß größer sein als der Kontaktflächenwinkel auf der Luftseite (Bodenseite).

Mehrere Hypothesen versuchen, das Phänomen der axialen Flüssigkeitsförderung im Dichtspalt zu erklären [3, 10, 12, 15, 20, 21, 22] und beruhen ausnahmslos auf dem durch die unterschiedlichen Kontaktflächenwinkel erzeugten asymmetrischen Pressungsprofil im Dichtspalt, das auf der Flüssigkeitsseite steiler ist als auf der Luftseite. Vereinfacht läßt sich die Pumpwirkung nach [10] wie folgt erklären, vgl. Bild 5:

Die Oberfläche der Dichtlippe ist nie ideal glatt. Oberflächenrauheiten entstehen schon bei der Herstellung und können durch Verschleiß noch verstärkt werden. Die Dichtkante legt sich an die Welle an und wird abgeplattet. Die höchste Anpressung tritt an der Stelle auf, an der die Dichtkante am stärksten verformt wird. Diese Stelle liegt aufgrund der asymmetrischen

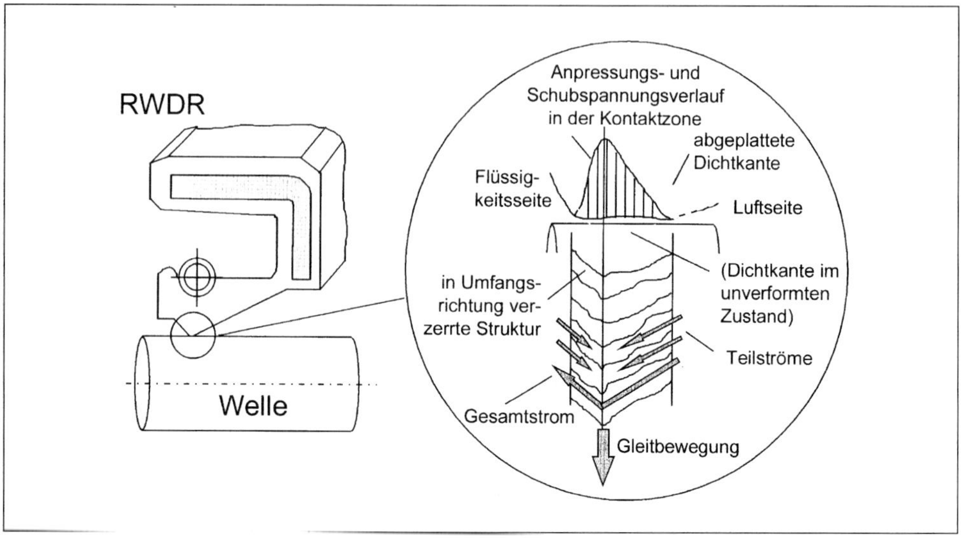

Bild 5: Natürlicher Dichtmechanismus

Kontaktflächenwinkel nicht in der Mitte der Berührbreite, sondern ist zur Flüssigkeitsseite hin verlagert. Die Welle verzerrt bei Rotation die Oberfläche der Dichtkante tangential und erzeugt dadurch eine gerichtete Struktur. Das Maß dieser elastischen Verzerrung hängt von der lokalen Anpressung ab, ist deshalb an der Stelle des Pressungsmaximums am größten und klingt nach beiden Seiten zu den Berandungen der Berührbreite hin ab.

Die entstandene Verzerrungsstruktur läßt sich mit zwei gegeneinander arbeitenden Gewinden unterschiedlicher Länge und Steigung vergleichen, die zu gegeneinander gerichteten Schleppströmungen führen. Prinzipiell wird also Flüssigkeit in beide Richtungen gefördert. Das luftseitige Fördergewinde ist jedoch länger und hat deshalb ein größeres Fördervermögen. Flüssigkeit wird solange auf die Flüssigkeitsseite und damit in den abzudichtenden Raum gefördert, bis auf der Luftseite keine Flüssigkeit mehr angeboten wird und sich im Dichtspalt ein Gleichgewicht der beiden Förderströme einstellt.

Der dynamische Dichtmechanismus eines Radialwellendichtrings ist – bedingt durch die rein elastische Verzerrung der Oberfläche – von der Drehrichtung der Welle unabhängig. Durch diese Erklärung wird deutlich, warum ein Radialwellendichtring zwei flüssigkeitsgefüllte Räume nicht trennen kann und beispielsweise auch Spritzwasser und eventuell sogar Schmutz in den abzudichtenden Raum hineinfördert. Ferner wird verständlich, warum ein RWDR, der mit seiner Bodenseite zum abzudichtenden Raum hin eingebaut wird, undicht sein muß.

Durch den geschilderten Effekt, eventuell unterstützt durch aktive Dichthilfen wie Rückfördergewinde oder Drallelemente, können Radialwellendichtringe Flüssigkeit von außen in das abzudichtende Aggregat transportieren. In erster Linie wird Flüssigkeit, die unter der Dichtlippe hindurch nach außen gedrungen ist, zurückgefördert. Steht jedoch von außen Flüssigkeit wie z.B. Spritzwasser an, so wird auch dieses je nach Betriebsbedingungen in das abzudichtende Aggregat gefördert.

Durch den aktiven Dichtmechanismus ist der RWDR in der Lage, Störgrößen, die seine Funktion beeinträchtigen, in gewissem Maß zu kompensieren. Störgrößen sind zum Beispiel

- Unregelmäßigkeiten in der Wellenoberfläche
- Wellenexzentrizitäten
- Wellenversatz
- schiefer Einbau in das Gehäuse
- Schwingungen.

Kapitel 6.3 befaßt sich näher mit dem Einfluß dieser Störgrößen.

6.2.5 Radialkraft, Reibung und Verlustleistung

Reibung und Verlustleistung eines RWDR stehen in engem Zusammenhang mit der Radialkraft F_R. Als Radialkraft wird die Gesamtkraft bezeichnet, mit der die Dichtlippe auf der Welle aufliegt. Sie ist das Integral der radialen Linienpressung über dem Wellenumfang und tritt deshalb nicht als Kraftvektor auf, sondern ist eine fiktive Größe. Bild 6 zeigt physikalische Größen, die mit der Reibung und der Verlustleistung in Zusammenhang stehen.

Die Radialkraft entsteht durch Aufweitung der Dichtlippe, deren Durchmesser im nicht eingebauten Zustand kleiner ist als der Wellendurchmesser. Der Durchmesserunterschied wird als Überdeckung bezeichnet. Bei Elastomer-RWDR wird die leicht vorgespannte Zugfeder bei der Montage gedehnt und erzeugt einen Teil der Radialkraft. Die Relaxation der Zugfeder ist relativ zur Relaxation von Elastomeren vernachlässigbar gering. Deshalb geht der Trend dahin, den Anteil der Zugfeder an der Radialkraft zu steigern. Bei modernen Elastomer-RWDR werden über 50 % der Radialkraft von der Zugfeder aufgebracht.

Um die Verlustleistung so gering wie möglich zu halten, wird eine möglichst kleine Radialkraft angestrebt. Bei zu kleiner Radialkraft vermag die Dichtlippe jedoch vor allem bei hoher Wellendrehzahl den Rundlaufabweichungen der Welle nicht mehr zu folgen und hebt partiell von der Welle ab. Ferner muß der Radialkraftverlust durch Fertigungstoleranzen, Verschleiß und Werkstoffrelaxation bereits bei der Auslegung des RWDR berücksichtigt werden, so daß ein gewisses Radialkraftniveau nicht unterschritten werden darf.

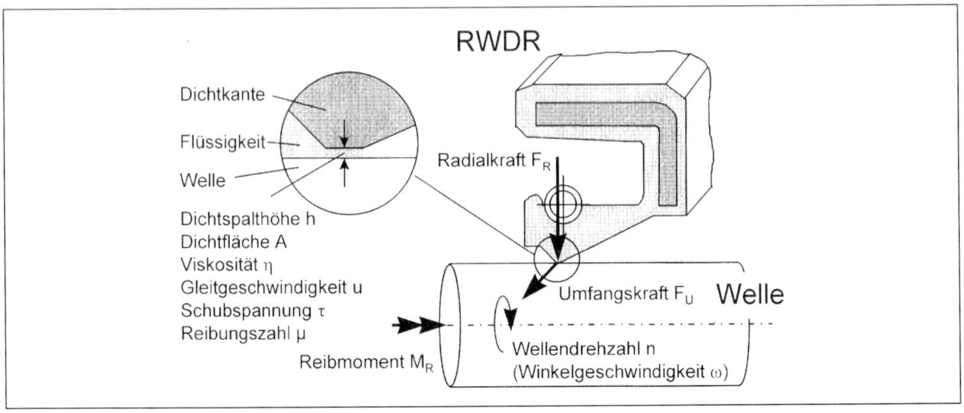

Bild 6: Physikalische Größen beim Betrieb des RWDR

Die Verlustleistung P eines RWDR ergibt sich aus dem Reibmoment M_R und der Winkelgeschwindigkeit ω zu

$$P = M_R \cdot \omega \tag{1}$$

Für überschlägige Berechnungen kann

$$\omega = 2 \cdot \pi \cdot n / 60 \tag{2}$$

mit der Wellendrehzahl n vereinfachend als

$$\omega = n / 10 \tag{3}$$

angenommen werden.

Bei Trockenreibung ergibt sich das Reibmoment M_R aus der Radialkraft F_R, der Reibungszahl μ und dem Wellendurchmesser d:

$$M_R = F_R \cdot \mu \cdot d/2. \tag{4}$$

Bei der Abdichtung von schmierenden Flüssigkeiten bildet sich in der Regel bereits bei einer Gleitgeschwindigkeit u von nur wenigen cm/s ein Schmierfilm, so daß Flüssigreibung auftritt und die auf die Dichtlippe wirkende Umfangskraft F_U über Schubspannungen im Schmierfilm übertragen wird. Bei der geringen Dichtspalthöhe h, die der Schmierfilmdicke entspricht, ist die Strömung immer laminar und die Schubspannung τ beträgt

$$\tau = \eta \cdot u / h. \tag{5}$$

Dabei ist η die dynamische Viskosität der Flüssigkeit, die mit steigender Temperatur im Dichtspalt stark abnimmt. Mit abnehmender Viskosität wird jedoch auch die Dichtspalthöhe kleiner, so daß sich die Temperatureinflüsse in erster Näherung ausgleichen.

Mit der oben genannten Beziehung ergibt sich die Umfangskraft in Zusammenhang mit der Berührungsfläche A zu

$$F_U = \tau \cdot A \tag{6}$$

und das Reibmoment bei Flüssigreibung zu

$$M_R = F_U \cdot d/2 = \tau \cdot A \cdot d/2 \tag{7}$$

Die Verlustleistung P beträgt demzufolge

$$P = \tau \cdot A \cdot d/2 \cdot \omega \tag{8}$$

Diese Beziehung vermittelt den Eindruck einer linear mit dem Wellendurchmesser ansteigenden Reibleistung. Da jedoch auch die Berührfläche A linear vom Wellendurchmesser abhängt, ergibt sich für die Verlustleistung ein quadratischer Zusammenhang. Dem Anwender von RWDR stehen die für die Berechnung der Verlustleistung erforderlichen Daten selten zur

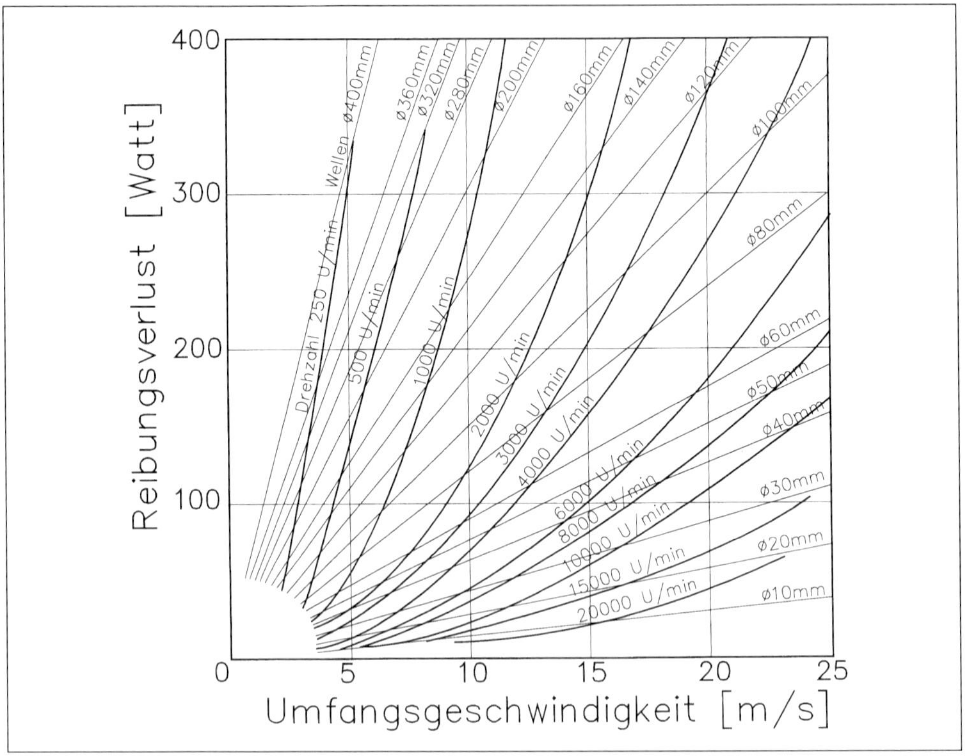

Bild 7: Reibungsverlust von Elastomer-RWDR in Abhängigkeit von der Umfangsgeschwindigkeit bei verschiedenen Wellendurchmessern für die Abdichtung von Motorenöl SAE 20 bei 100 °C

Verfügung. Nach [3] läßt sich für Elastomer-RWDR die Verlustleistung P in Watt nach folgender Formel abschätzen, wenn der Abdichtdurchmesser d in cm und die Wellendrehzahl n in min^{-1} eingesetzt werden:

$$P = \lambda \cdot d^2 \cdot n / 1000 \qquad (9)$$

Der Proportionalitätsfaktor λ liegt im Bereich λ = 0,5 (gealterte Dichtringe, dünnflüssiges Öl, z. B. SAE 10) bis λ = 1 (Dichtringe im Neuzustand, dickflüssiges Öl, z. B. SAE 50).

Bild 7 zeigt beispielhaft für Elastomer-RWDR den Zusammenhang zwischen Reibungsverlust, Umfangsgeschwindigkeit, Drehzahl und Wellendurchmesser. Aufgrund der zahlreichen Einflußgrößen auf die Reibung kann dieses Diagramm ebenfalls nur eine Größenordnung der zu erwartenden Reibungsverluste vermitteln.

Aus den oben dargestellten Beziehungen ist ersichtlich, daß die Verlustleistung von der Berührfläche abhängt. Deshalb ist man bestrebt, die Berührbreite möglichst klein zu halten. Sie beträgt bei Elastomer-RWDR im Neuzustand 0,1 bis 0,15 mm und nimmt durch Verschleiß durchschnittlich auf 0,2 bis 0,25 mm nach 500 Stunden zu. Enthält das Schmiermittel abrasive Partikel, so können sich Berührbreiten von bis zu 0,7 mm einstellen.

Bei PTFE-RWDR liegt die Berührbreite im Neuzustand bereits bei 1 bis 2,5 mm, damit die Spiralrille in Verbindung mit der Welle ein Rückfördergewinde bilden kann. Die Verlustleistung kann deshalb trotz der günstigen Gleiteigenschaften im trockenen Zustand und der – verglichen mit dem Elastomer-RWDR – geringeren Flächenpressung beim Abdichten schmierender Medien größer sein als die Verlustleistung von Elastomer-RWDR.

Die Verlustleistung führt in Verbindung mit der relativ kleinen Berührbreite zu einer sehr hohen, auf die Fläche bezogenen Reibleistung P/A und damit zu enormer thermischer Belastung der Dichtlippe. Aus Bild 7 läßt sich beispielsweise entnehmen, daß ein Elastomer-RWDR (d = 80 mm, Öltemperatur ϑ = 100 °C, Motorenöl SAE 20) bei einer Wellendrehzahl von n = 4000 min^{-1} eine Verlustleistung von etwa 210 Watt erzeugt. Daraus ergibt sich bei einer Berührbreite von 0,15 mm eine bezogene Reibleistung von ca. 550 W/cm^2. Eine Herdplatte hat eine Wärmeleistung von 6 bis 8 W/cm^2.

Bei RWDR mit PTFE-Dichtlippe liegt die Verlustleistung meistens etwas höher. Da die Berührbreite der Dichtlippe auf der Welle jedoch bis zu 10 mal so groß ist wie die der Elastomer-Lippe, ist die bezogene Reibleistung geringer.

6.3 Einflußfaktoren auf die Funktion des RWDR

Auf das Dichtverhalten und die Funktionssicherheit des RWDR wirken zahlreiche Einflußfaktoren ein, die bei der konstruktiven Gestaltung der Dichtstelle berücksichtigt werden müssen. Die wichtigsten sind in Bild 8 aufgelistet. Bestimmend für die Lebensdauer einer Dichtung sind die Betriebsbedingungen wie Drehzahl (Gleitgeschwindigkeit), Temperatur, Druck und Schmierstoff. Wenn sich diese während der Betriebsdauer ändern, ändern sich auch alle direkt an der Dichtkante wirkenden Einflüsse, zum Beispiel:

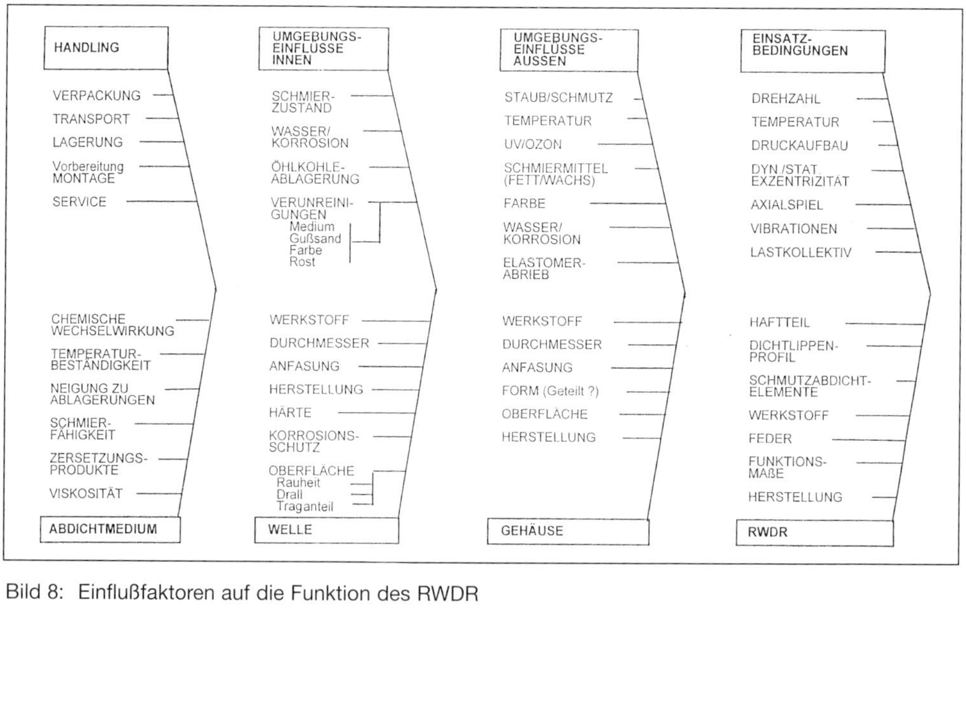

Bild 8: Einflußfaktoren auf die Funktion des RWDR

- Anpressung oder Vorspannung der Dichtlippe
- Flächenpressung
- Reibmoment
- Temperatur des Schmierfilms
- Oberfläche der Welle im Bereich der Laufspur
- Härte des Elastomers und der Struktur im Bereich der Dichtkante
- Schmierstoffeigenschaften und Schmierungszustand

Die aufgeführten Faktoren beeinflussen sich gegenseitig und damit die Lebensdauer der Dichtung. Wie oben erwähnt, kann daher diese nicht vorausberechnet werden, selbst wenn konstante Verhältnisse von Anfang an bestehen bleiben. Da das Ende der Lebensdauer oder die Größe der eintretenden Leckage physikalisch nicht exakt definierbar sind, ist der Zeitpunkt zum Auswechseln der Dichtung auch vom Standpunkt des Anwenders abhängig.

Der Anwendungsbereich verschiedener Elastomere ist in DIN 3761 angegeben.

Außer den genannten Einflüssen treten kaum reproduzierbare andere Einflüsse in Form stochastischer Schwingungen, Einwirkung von Schmutz und Wasser, gelegentliche oder häufige Spitzentemperaturen oder Schmiermittelmangel auf. Um die mitunter dominanten Randbedingungen beherrschen zu können, gibt es Sonderbauformen, bei denen einzelne konstruktive Merkmale – meist auf Kosten anderer – verstärkt ausgebildet sind. Beispiele sind Abdichtungen am Achsgetriebe von Kraftfahrzeugen oder im Antrieb von Landmaschinen mit zwei oder drei Schutzlippen.

6.3.1 Betriebsbedingungen

Als wichtigste Betriebsbedingungen gelten Temperatur, Drehzahl und Rundlauf der Welle. Bei Auftreten eines betriebsbedingten Überdrucks werden besondere konstruktive Lösungen erforderlich.

6.3.1.1 Temperatur

Zu hohe Temperatur führt zur Verhärtung des Elastomers und zur Rißbildung in der Kontaktzone der Dichtlippe. Ferner kann der Temperatureinfluß unerwünschte Reaktionen des Schmierstoffs mit dem Elastomer oder der Welle hervorrufen. Durch Ablagerungen von Zerfallsprodukten aus dem Schmierstoff oder Ablagerung aus dessen Additiven an der Dichtlippe wird der Dichtmechanismus auch bei Dichtungen aus chemisch resistentem Werkstoff gestört. Höherer Verschleiß und Leckage sind die Folge.

In jedem Aggregat stellt sich bei stationärem oder instationärem Betrieb ein bestimmtes Temperaturniveau ein. Der Schmierstoff spielt hierbei eine entscheidende Rolle. An der Dichtstelle tritt im Bereich der Kontaktzone eine Übertemperatur durch Reibung auf, die jeweils mit großer Streuung vom Schmierstoff abhängt. Diese Temperatur unter der Dichtkante kann im Betrieb nur in Ausnahmefällen [23, 24] gemessen werden, weshalb die Temperatur des Schmierstoffs im Sumpf als Grenztemperatur für die verwendeten Elastomere herangezogen wird. Die tatsächliche Grenztemperatur für das Elastomer ist also die Summe der Medientemperatur und der Übertemperatur. Die Übertemperatur hängt bei Verwendung desselben Schmierstoffs von der Umfangsgeschwindigkeit der Welle ab. Bei konstanter Umfangsgeschwindigkeit ergeben sich bei kleinen Wellendurchmessern wegen der geringeren

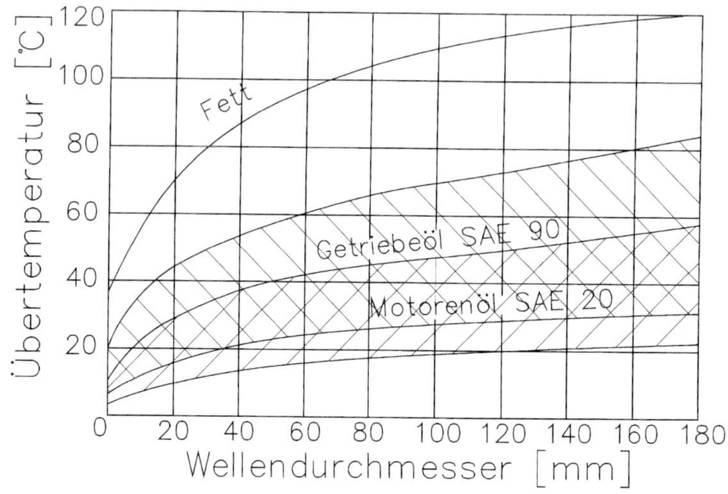

Bild 9: Übertemperatur an der Dichtkante eines Elastomer-RWDR bei Abdichtung unterschiedlicher Medien. Ölbadtemperatur 100 °C, Drehzahl 3000 min^{-1}

Wärmekapazität und eingeschränkten Wärmeableitung höhere Übertemperaturen. Bei RWDR mit PTFE-Dichtlippe ist die Übertemperatur wegen der geringeren flächenbezogenen Reibleistung niedriger.

Für die Wärmeabfuhr von der Dichtstelle spielt der Werkstoff der Welle wegen seiner Wärmeleitfähigkeit ebenso eine Rolle wie der Füllstand des Öls im Aggregat. Ein umspülter RWDR ist thermisch weniger belastet wie ein nur bespritzter. Bild 9 zeigt beispielhaft die Übertemperatur an der Dichtkante eines Elastomer-RWDR bei der Abdichtung unterschiedlicher Medien. Die Werte der unteren Grenzkurve wurden bei vollständig umspülter Welle, die der oberen Grenzkurve bei nur 25 % umspülter Welle ermittelt. Der Bereich zwischen der oberen und unteren Grenzkurve zeigt die möglichen Übertemperaturen an der Dichtkante, wie sie sich bei unterschiedlicher Wärmeabfuhr einstellen. Das Diagramm kann keine genauen, einem spezifischen Betriebszustand zuordenbare Werte angeben, sondern soll lediglich die Größenordnung der zu erwartenden Übertemperatur vermitteln.

Die Übertemperatur läßt sich im Prüfstand beispielsweise mit einem in die Welle integrierten Thermoelement erfassen. Bei PTFE-RWDR mit Rückfördergewinde lassen sich winzige Thermoelemente in das Gewinde einbringen, so daß auch Messungen im abzudichtenden Aggregat möglich sind [23, 24].

Die Dichtlippe muß auch bei tiefen Temperaturen eine noch ausreichende Elastizität besitzen, um Wellenauslenkungen folgen zu können, ohne lokal von der Gegenlauffläche abzuheben oder einzureißen. Im Temperaturbereich bis -40 °C stellt sich der Einsatz eines RWDR aus NBR oder MVQ, vgl. Kap. 2, normalerweise als unkritisch dar. Die bei der ersten Drehbewegung der Welle entstehende Reibungswärme führt schnell zu einem Aufwärmen der Kontaktzone der Dichtlippe und zu fast normalen Betriebsverhältnissen.

6.3.1.2 Drehzahl

RWDR werden in einem weiten Drehzahlbereich entsprechend der unterschiedlichen Anwendungsgebiete eingesetzt. Die zulässige Grenze wird allerdings durch die sich aus Drehzahl und Wellendurchmesser ergebende Umfangsgeschwindigkeit der Welle vorgegeben. Markante Drehzahlen einiger typischer Abdichtstellen betragen:

- bei Drehstromantrieben in Werkstätten 3000 min^{-1} und mehr
- an der Hinterachsdichtung einesTraktors 100 min^{-1}
- an der Lkw-Radnabe 600 min^{-1}
- am seitlichen Getriebeausgang eines Pkw 1500 min^{-1}
- am Getriebeein- und -ausgang eines Lkw 1700 min^{-1} bis 2500 min^{-1}
- an der Kurbelwelle eines Zweitaktmotors bis 12000 min^{-1}
- In CVT-Getrieben bis 12000 min^{-1}
- im Getriebewinkelschleifer 25000 min^{-1}.

Trotz dieser großen Unterschiede bewegt sich die Umfangsgeschwindigkeit in kleinerem Rahmen, da langsamer drehende Wellen in diesen Fällen größere und die besonders schnell drehenden Wellen geringe Drehmomente zu übertragen haben und kleinere Durchmesser aufweisen. Die Umfangsgeschwindigkeit bestimmt den Schmierzustand und die Übertemperatur in der Kontaktzone der Dichtlippe. Über die Einsatzgrenzen gibt Bild 32 in Kap. 6.5.1 Aufschluß.

6.3.1.3 Koaxialität und Rundlauftoleranz der Welle

Koaxialität oder Mittigkeitsabweichung zwischen Welle und Aufnahmebohrung oder zu großes Lagerspiel führen zu ungleicher Verteilung der radial wirkenden Anpreßkraft der Dichtlippe über den Umfang. Einseitig stärkere Beanspruchung führt in diesem Bereich zu größerer Laufspurbreite, und der Anpressungsverlust auf der gegenüberliegenden Seite beeinträchtigt die Dichtfunktion. Der Koaxialitätsabweichung sind daher Grenzen gesetzt, Bild 10.

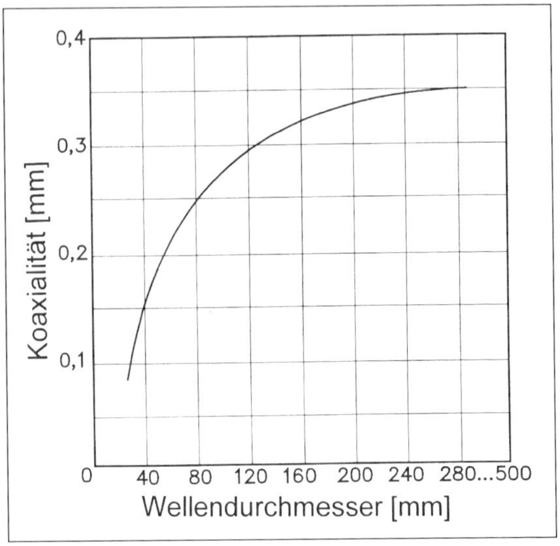

Bild 10: Maximal zulässige Abweichung der Koaxialität in Abhängigkeit vom Wellendurchmesser

Eine Rundlaufabweichung oder dynamische Exzentrizität entsteht durch Biegeschwingungen der Welle, unrunde Dichtstellen und Koaxialitätsabweichungen zwischen Lagersitz und Dichtstelle. Bild 11 zeigt die maximal zulässigen Rundlaufabweichungen in Abhängigkeit vom Wellendurchmesser. Der RWDR muß aufgrund seiner Anordnung außerhalb des Lagers flexibel auf die Taumelbewegung reagieren. Bei hohen Drehzahlen kann das dazu führen, daß die Dichtlippe infolge ihrer Trägheit der Welle nicht mehr folgen

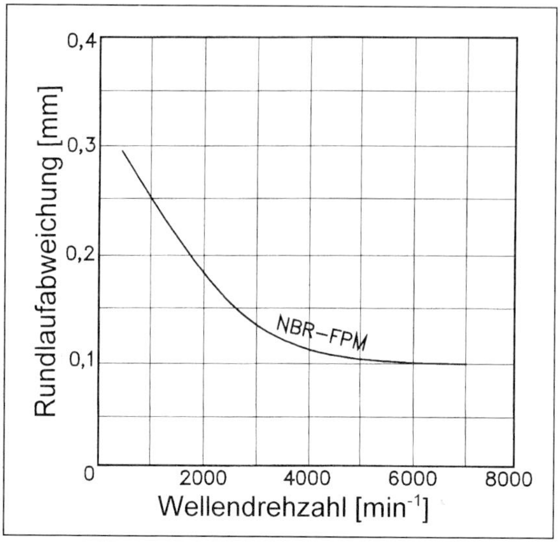

Bild 11: Maximal zulässige Rundlaufabweichung in Abhängigkeit von der Drehzahl

kann. Die dabei zwangsläufig entstehende Dichtspaltvergrößerung führt ab einer bestimmten Größenordnung zu Leckage. Eine Anordnung des RWDR in direkter Nähe des Lagers wirkt diesem Effekt entgegen, wenn die dynamische Exzentrizität durch Biegeschwingungen verursacht wird.

6.3.1.4 Überdruck

Steht die abzudichtende Flüssigkeit unter Überdruck, so wirkt dieser direkt auf die Dichtlippe. Um die druckbelastete Fläche möglichst klein zu halten, wird bei druckbelastbaren RWDR die Dichtlippe unter Verzicht auf die volle Flexibilität verkürzt. Dadurch sinkt die überdruckbedingte Anpressung der Dichtlippe. Dennoch ist mit einer erhöhten Übertemperatur zu rechnen. In Bild 12 ist der

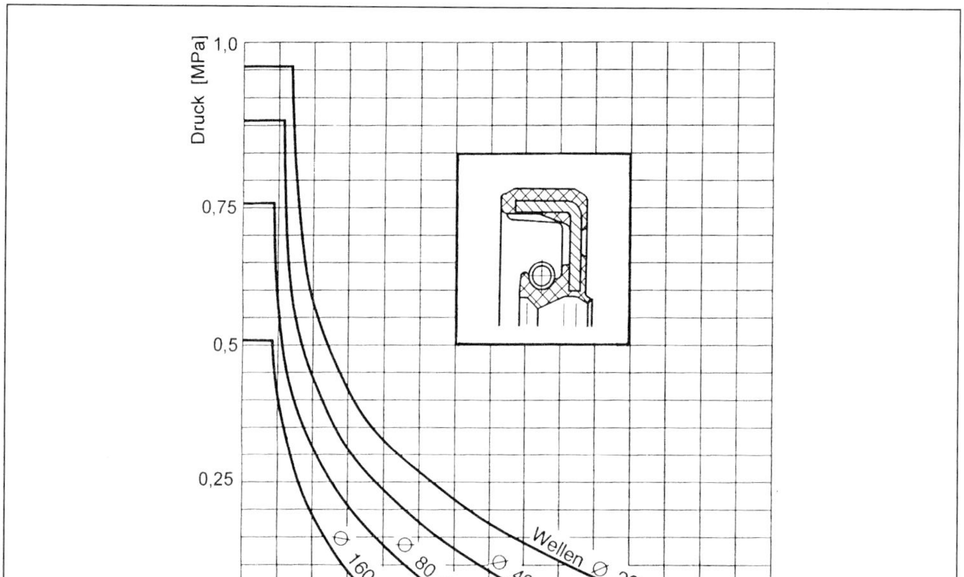

Bild 12: Zulässiger abdichtbarer Druck in Abhängigkeit von der Wellendrehzahl für verschiedene Wellendurchmesser am Beispiel eines druckbelastbaren RWDR

zulässige abdichtbare Überdruck in Abhängigkeit von der Wellendrehzahl für verschiedene Wellendurchmesser beispielhaft für einen bestimmten druckbelastbaren RWDR dargestellt [17, 18]. Eine sichere bodenseitige Abstützung des Dichtrings ist erforderlich.

6.3.2 Abzudichtende Medien

Die abzudichtenden Medien können pastös, flüssig oder gasförmig sein. In erster Linie sind jedoch Schmierstoffe in Form von Schmierölen oder Schmierfetten abzudichten. Mineralöle bilden noch den Hauptanteil an den Schmierstoffen. Sie stehen in einem breiten Viskositätsbereich zur Verfügung. Der Anwendungsbereich und die Gebrauchsdauer gegenüber den Schmierstoffen auf Basis eines Mineralöls werden durch zunehmende Einführung teil- und vollsynthetischer Öle und Fette erreicht. Die vielfältigen Wechselwirkungen zwischen Schmierstoff und Dichtungswerkstoff sind ein wesentlicher Gesichtspunkt bei Neu- oder Weiterentwicklungen von Werkstoffen.

Zur eindeutigen Charakterisierung dienen die Viskosität und das Viskositäts-Temperaturverhalten sowie außerdem die von der Society of Automotive Engineers (SAE) in den USA eingeführten SAE-Viskositätsklassen. Mit der DIN 51511 „SAE-Viskositätsklassen für Motoren-Schmieröle" liegt eine entsprechende Norm vor. Das System wird inzwischen auch für Getriebeöle angewandt. Gebräuchlich sind Mehrbereichsöle für den Motor, daneben gibt es noch Einbereichsöle. Die SAE-Klassen dienen ausschließlich der Viskositätseinstufung und machen keine Aussage über die Ölqualität.

6.3.2.1 Motorenöl

Motorenöle, die nach den Stufen der API-Klassifikation (American Petroleum Institute) klassifiziert sind, müssen den unterschiedlichsten Anforderungen und Spezifikationen gerecht werden. Die Verträglichkeit der marktgängigen Motorenöle mit den Dichtungswerkstoffen ist gegeben, da bei Neuentwicklungen eine gegenseitige Abstimmung vorgenommen wird. Die Dichtfunktion der RWDR ist damit gesichert. Motorenöle sind wegen des hohen Anforderungsprofils additiviert. Synthetische Öle bieten gegenüber Mineralölen ein besseres Viskositäts-Temperaturverhalten, weniger Verdampfungsverlust und günstigeres Kältefließverhalten. Wegen des über 100 °C hinausgehenden Temperaturniveaus im Motor sind Fluorpolymerwerkstoffe für die Dichtungen notwendig.

6.3.2.2 Getriebeöl

Infolge der ganz anderen Beanspruchungen hat Getriebeöl eine andere Zusammensetzung als Motorenöl und weist andere Schmiereigenschaften auf. Dadurch wird die an der Dichtstelle auftretende Übertemperatur beeinflußt, worauf im Kap. 6.6.3.2 eingegangen wird. Auch zwischen den SAE-Klassen für Motoren- und Getriebeöle besteht kein Zusammenhang. Da in der Regel kein merkbarer Ölverlust eintritt, gibt es keine Ölstandsanzeige im Getriebe. In einigen Fällen ist eine Einmalbefüllung ohne Nachfüllmöglichkeit vorgesehen.

Unter den höherlegierten Ölen haben besonders die sogenannten Hypoidgetriebeöle einen Einfluß auf die Dichtung. Getriebe mit Spiral- oder Hypoidverzahnung und Kegelradgetriebe mit versetzten Achsen in Omnibussen müssen mit derartigen Ölen befüllt werden. Sie enthalten spezielle Zusätze als Phosphor-, Schwefel- und Chlorverbindungen, die bei höherer Temperatur mit der Metalloberfläche reagieren und eine Schutzschicht bilden. Werkstoffe auf NBR-Basis sind nicht beständig, weshalb Dichtungswerkstoffe auf Basis FPM eingesetzt werden müssen, allein schon wegen der allgemein über 100°C hinausgehenden Schmiermitteltemperatur. Das Dichtverhalten kann durch Ablagerungen der Wirkstoffe aus Hypoidölen an der Dichtlippe und in der Kontaktzone zwischen Lippe und Welle gestört werden. Die Übertemperatur muß durch geeignete Dichtlippenkonstruktion und Optimierung des Dichtungswerkstoffes und des Umfeldes der Dichtung möglichst niedrig gehalten werden, um diese Ablagerungen zu vermeiden oder klein zu halten.

Aufgrund dieser hohen Anforderungen hinsichtlich thermischer und chemischer Beständigkeit wird im Einsatzbereich Getriebe vermehrt der PTFE-RWDR eingesetzt werden.

6.3.2.3 Schmierstoffe für den Tieftemperaturbereich

Mit sinkender Temperatur verlieren nicht nur die Elastomerwerkstoffe zunehmend ihre Elastizität, auch die Schmierstoffe werden zäher. Bei Abkühlung auf eine charakteristische Temperatur erreicht der Schmierstoff seinen Stockpunkt, läßt sich nicht mehr pumpen und erreicht die zu schmierenden Stellen nur noch bedingt. Bei sehr tiefen Temperaturen – in der Flughydraulik werden bis -70 °C erreicht – werden beispielsweise Phosphatester eingesetzt.

6.3.2.4 Biologisch abbaubare Schmierstoffe

Rapsöl-Methylester als Vollraffinat bildet zunehmend die Basis für sogenannten Bio-Diesel als Kraftstoff. Als Schmierstoff und als Hydraulikflüssigkeit wird das gereinigte und additivierte Rapsöl selbst verwendet. Bemerkenswert ist neben der biologischen Abbaubarkeit von ca. 90 % in 21 Tagen die gute Schmiereigenschaft. Der Viskositäts-Temperaturverlauf ist flacher als bei Mineralöl. Das Mischen mit Mineralölen ist möglich.

Der Dichtungswerkstoff Elastomer muß den spezifischen Eigenschaften dieses additivierten Schmierstoffs angepaßt sein. Die häufig in Axialkolbenmaschinen in Hydrauliksystemen verwendeten RWDR sollten in Kreisläufen mit biologisch abbaubaren Flüssigkeiten wie HETG, HEES oder HEPG aus den in DIN 51524 angegebenen Werkstoffen gefertigt sein [25, 26, 27].

PTFE hält den biologisch abbaubaren Schmierstoffen problemlos stand.

6.3.2.5 Schmierfett

Fette haben aufgrund ihrer Konsistenz nicht die Fähigkeit zur Wärmeabfuhr von der Laufstelle. Deshalb muß die für NBR zulässige Umfangsgeschwindigkeit um etwa ein Drittel reduziert oder FPM eingesetzt werden. Fette mit hoher Ölausscheidung eignen sich zur Schmierung der Dichtlippe besonders gut. Die unter der Bezeichnung Mehrzweckfette angebotenen Lithiumseifenfette werden durch ihr Korrosionsschutzvermögen, ihre Temperaturbeständigkeit und die verschleißmindernde Wirkung bevorzugt angewandt.

6.3.3 Gegenlauffläche

Eine ungenügend oder fehlerhaft hergestellte Gegenlauffläche wirkt sich auf die Gebrauchsdauer des RWDR negativ aus. Um eine ausreichende Gebrauchsdauer zu erreichen, muß sich unter der Dichtkante ein tragender Schmierfilm bilden, der reibungs- und verschleißreduzierend wirkt. Die Oberflächenstruktur der Welle beeinflußt entscheidend die Bildung eines tragfähigen Schmierfilms und damit die Dichtfunktion. Definierte Anforderungen werden deshalb an die Oberflächenbeschaffenheit der Welle gestellt. Die Welle besteht in der Regel aus Stahl und ist geschliffen. Aus Kostengründen werden mittlerweile auch andere Oberflächenbearbeitungsverfahren wie beispielsweise Hartdrehen eingesetzt. In manchen Fällen werden die Wellen zum Verschleißschutz mit einer thermischen Spritzschicht versehen, die wiederum in den meisten Fällen geschliffen wird.

Um eine einwandfreie Funktion sicherzustellen, ist es notwendig, daß die Partner im Tribosystem

- Radialwellendichtring
- Schmierstoff
- Wellenoberfläche

optimal aufeinander abgestimmt sind.

Die Oberflächenrauheit soll im Bereich der Laufstelle der Dichtlippe nach DIN 3761 diese Werte aufweisen:

- R_z = 1–5 µm
- R_a = 0,2 µm – 0,8 µm entsprechend ISO 6194 oder DIN 3761
- R_{max} = ca. 6,3 µm

Eine Unterschreitung der empfohlenen Rauheitsparameter kann bei höheren Gleitgeschwindigkeiten zu ungenügender Schmiermittelzufuhr an die Dichtfläche führen. Der Aufbau eines ausreichenden Schmierfilms auf der Welle wird verhindert, und es treten Verbrennungserscheinungen an der Dichtkante auf. Zu große Rautiefen > 4 µm führen zu erhöhtem Dichtlippenverschleiß. Kratzer, Druckstellen, Rost oder andere Beschädigungen der Wellenoberfläche im Bereich der Dichtstelle führen ebenfalls zu einer Störung, die sich auch als Leckage äußert. Daher ist größte Sorgfalt auf den Schutz der Welle von der Fertigung bis zur Endmontage zu legen. Schutzhüllen und geeignete Transportvorrichtungen sind zu benutzen.

Die oben genannte Charakterisierung geeigneter Gegenlaufflächen mit Hilfe der Rauheitskennwerte R_z, R_a und R_{max} ist im Grunde genommen nicht ausreichend, da sie die Oberflächenstruktur nicht eindeutig beschreibt. Auch die zusätzliche Angabe des Traganteils genügt nicht für eine ausreichende Beschreibung. Zwei Gegenlaufflächen mit gleichen Rauheitskennwerten können einerseits viele Rauhigkeitsspitzen haben, abrasiv auf die Dichtkante wirken und die Schmierung beeinträchtigen; andererseits können sie einen eher welligen Charakter haben, dadurch weniger verschleißend wirken und durch flache Vertiefungen die Schmierung begünstigen.

Zur Charakterisierung von thermischen Spritzschichten sollten die Rauheitskennwerte R_{pk}, R_k und R_{vk} herangezogen werden. Auch hier ist allerdings die alleinige Angabe der Werte für eine eindeutige Beschreibung der Oberfläche nicht ausreichend. In beiden Fällen – Gegenlauffläche aus Stahl und thermische Spritzschicht – spielt der Traganteil für den Aufbau eines Schmierfilms eine große Rolle.

Die Härte der Wellenoberfläche sollte mindestens 45 HRC betragen. Wenn mit starker Verschmutzung von außen durch Partikel mit abrasiver Wirkung zu rechnen ist, soll die Härte möglichst auf 60 HRC angehoben werden. Als Werkstoff für die Welle eignen sich die im Maschinenbau üblichen Stähle, zum Beispiel C 35 und C 45. Gußwerkstoffe, insbesondere Kugelgraphit und Temperguß, bewährten sich auch. Voraussetzung für die Anwendung sind Lunkerfreiheit und eine Porenbreite < 0,05 mm. Thermische Spritzschichten stellen für viele Anwendungen eine hinsichtlich Reibung und Verschleiß eine Alternative dar, vgl. Kapitel 6.3.3.2.

Eine wichtige Anforderung an die Gegenlauffläche für RWDR ist die Drallfreiheit. Drallfreiheit bedeutet, daß die Welle keine gewindeartige Struktur aufweist, die zu einer Förderwirkung führt. Drallstrukturen können auf verschiedene Art und Weise detektiert werden. Eine bereits sehr alte Methode ist die Fadenmethode. Hierbei wird eine durch ein Gewicht belastete Fadenschleife über die leicht mit Öl benetzte Welle gelegt. Weist die Welle eine Drallstruktur auf, so wandert der Faden bei langsam rotierender Welle in axialer Richtung. Eine quantitative Bestimmung der Wirksamkeit des Dralls ist mit der Fadenmethode nicht möglich.

Ein moderneres Verfahren zum Bestimmen der Oberflächentopographie und Bewerten des Dralls ist die rechnergestützte Analyse von Topographiedaten. Mit der Kreuz-Korrelations-Funktion wird ein mathematisches Abbild der gemessenen Oberflächenwerte erzeugt, in dem periodische Strukturen hervorgehoben werden [28, 29]. Das Erfassen von unregelmäßig verteilten, förderfähigen Strukturen ist mit dieser Methode nicht möglich.

Eine dritte Methode zum Erfassen von Drallstrukturen ist das Förderwertverfahren. Hierbei wird die Menge an Öl gemessen, die – auf die Luftseite des Versuchsdichtrings aufgebracht – in einem bestimmten Zeitraum von der Wellenlauffläche unter der Dichtlippe hindurchgefördert wird. Dabei wird davon ausgegangen, daß sich die Förderwerte von Welle und RWDR überlagern und der Förderwert des RWDR drehrichtungsunabhängig ist. Um den Einfluß des Förderwerts des RWDR zu eliminieren, wird bei beiden Drehrichtungen der Welle gemessen und die Differenz der gemessenen Förderwerte bestimmt, die dem doppelten Wert des Förderwerts der Welle entspricht.

Forschung und Entwicklung befassen sich vielerorts mit der Verbesserung und Optimierung der Werkstoffpaarungen von Dichtkante und Gegenlauffläche sowie der Untersuchung individuell geeigneter Nachbearbeitungsverfahren. Ziel ist dabei, den Verschleiß beider Kontaktpartner und die Reibungsverluste zu minimieren. Der dichtungstechnisch orientierten Charakterisierung der Oberflächenstruktur von Gegenlaufflächen wird ebenfalls große Bedeutung beigemessen.

6.3.3.1 Stahlwellen als Gegenlaufflächen

Die angebliche Drallfreiheit einer im Einstich geschliffenen Oberfläche führte dazu, daß anderen Bearbeitungsverfahren weniger Beachtung geschenkt wurde. Erst durch den zunehmenden Kostendruck wurden auch Alternativen, wie z. B. die Eignung des Glattwalzens oder Drehens der Oberflächen untersucht. Heute hat es der Konstrukteur in der Hand, durch die Vorgabe von Wellenbeschaffenheiten Kosteneinsparungen durch die Wahl alternativer Bearbeitungsverfahren zu ermöglichen. In den folgenden Abschnitten wird gezeigt, daß aufgrund neuerer Untersuchungen und Erkenntnisse aus der Tribologie außer der geschliffenen Lauffläche auch gedrehte, glattgewalzte oder gestrahlte Oberflächen unter Beachtung der speziellen Erfordernisse als Gegenlauffläche nicht nur möglich sind, sondern sogar vorteilhaft sein können [30, 31].

6.3.3.1.1 Geschliffene Lauffläche

Die Endbearbeitung der Gegenlauffläche erfolgt meist durch Einstichschleifen. Die jahrzehntelange Erfahrung hat gezeigt, daß das ein sicheres und bewährtes Verfahren ist. Ein mit Vorschub arbeitendes Schleifverfahren ist ungeeignet, aber selbst durch Einstichschleifen kann die Drallfreiheit der Welle nicht garantiert werden. Der durch Abziehen der Schleifscheibe auf deren Oberfläche gebildete Drall kann sich auf der Welle abbilden.

In der Praxis stellt sich die Forderung nach drallfreien Wellenoberflächen folglich als nahezu unerfüllbar heraus. Wesentliche Prozeßparameter wie konstante und definierte Drehzahlverhältnisse werden oft nicht eingehalten, die Abrichtvorgaben für die Schleifscheibe nicht befolgt und die Ausfeuerungszeit oftmals zu knapp bemessen.

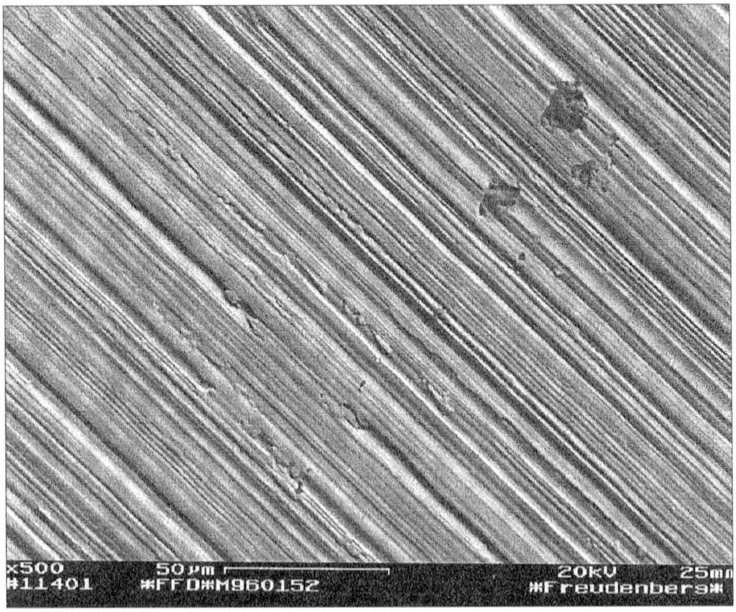

Bild 13: Oberfläche einer im Einstich geschliffenen Welle (Ausfeuerungszeit 3 Minuten)

Die Ausfeuerungszeit ist ein wesentlicher Faktor beim Schleifen von Oberflächen als Laufstelle für RWDR. Da sich eine Gewindestruktur unabhängig von den Prozeßparametern nie ganz vermeiden läßt, muß die Ausfeuerungszeit entsprechend hoch sein, um diese möglichst weit zu beseitigen. Ausfeuerungszeiten von 30 Sekunden sollten sicherheitshalber nicht unterschritten werden. Bild 13 zeigt, daß auch bei nahezu perfekter Fertigung und entsprechender Ausfeuerungszeit die Oberfläche nicht homogen ist. Die Schleifkörner drücken die Spitzen der Oberfläche zum Teil zur Seite oder reißen ganze Bereiche aus ihr heraus. Je mehr solcher Beschädigungen in axialer Richtung der Welle auftreten, desto weniger Widerstand wird der Flüssigkeit entgegengesetzt und um so eher tritt Leckage auf.

Eine weitere Anforderung an die Qualität der Gegenlauffläche ist die Rundheit. Eine Unrundheit überlagert sich im Betrieb mit der dynamischen Exzentrizität der Welle mit Einfluß auf das Dichtverhalten, vgl. Kap. 6.3.1.3. Die Unrundheit entsteht vor allem durch:

- schlecht ausgewuchtete Scheiben
- zu große Spantiefe, was zu Schwingungen der Welle führt
- ungenügende Kühlung.

Aber auch nach dem Schleifen kann die Welle unrund werden, beispielsweise durch

- Verzug bei den dem Schleifvorgang folgenden Arbeitsgängen oder
- Verspannung durch Verschrauben einer Schwungmasse mit der Welle (z. B. am schwungradseitigen Ende einer Kurbelwelle)

Bild 14 zeigt relevante Bearbeitungsrichtlinien für geschliffene Wellen.

Prozeßparameter	Auswirkung	Anstreben	Beachten
Drehzahlverhältnis Schleifscheibe/ Werkstück	Kann einen Drall erzeugen	nicht ganzzahlig z. B. 10,5:1	Während des Prozesses überprüfen
Drehzahl Werkstück Drehzahl Schleifscheibe	Kann einen Drall erzeugen	30 – 300 U/min 1500 – 1700 U/min	Werkzeug und Werkstück müssen gegensinnig rotieren
Abrichtvorschub	Beeinflußt die Steigung des Fördergewindes	< 0.02 mm/Umdrehung	Abrichtung sollte nur in einer Richtung erfolgen
Abrichtwerkzeug	Kann Drallstruktur erzeugen	Vielkorndiamant Einkorndiamant	
Abrichtzustellung	Beeinflußt Rauheitswerte	ca. 0,02 mm	
Ausfeuerungszeit	Beeinflußt Querschnitt des Fördergewindes	vollständiges Ausfeuern, min. 30 Sekunden	Häufigste Ursache für drallbehaftete Oberflächen
Zustelltiefe	Kann Leckage hervorrufen	>> als Rmax vom vorherigen Bearbeitungsprozeß	
Schleifscheibe/ Körnung	Beeinflußt die Rauheitsparameter Rmax; Rz; Ra	Beispiel: 60 – 100; Edelkorund 60 KL8V25 (weiß) Abmessung 400x50x127	
Koaxialität der Werkzeug-, und Werkstückachse	Erzeugt Drallstruktur auf der Oberfläche	Koaxialität so klein wie möglich	

Bild 14: Relevante Bearbeitungsrichtlinien für geschliffene Oberflächen von Stahlwellen

6.3.3.1.2 Gedrehte Wellen

Die Technologie des Hartdrehens von Wellen wurde in den letzten Jahren weiter verbessert und ist heute bei vielen Unternehmen aus wirtschaftlichen Gründen in den Fertigungsprozeß integriert. Von noch wenigen Ausnahmen abgesehen, werden die Wellen im Bereich der Dichtstelle aber nach wie vor geschliffen.

Da beim Drehen zwangsläufig ein gerichteter Drall wie ein Gewinde auf die Welle aufgebracht wird, sollte die Welle nur für Aggregate verwendet werden, die vorwiegend in einer Drehrichtung betrieben werden. Das ist beispielsweise der Fall beim Verbrennungsmotor, am Getriebeeingang von Kfz, mit Einschränkung am Getriebeausgang und am Eingang des Achsgetriebes. Das „Fördergewinde" auf der Welle kann die Dichtwirkung des RWDR durch Rückfördern des Schmierstoffs unterstützen. Die Bearbeitung der Welle muß allerdings bei entsprechender Drehrichtung der Welle durchgeführt werden, um nicht die gegenteilige Wirkung zu erzielen. Es ist erwiesen, daß ein RWDR auf gedrehter Welle bei entsprechender Drehrichtung problemlos arbeitet.

Wenn die Drehrichtung eines Aggregates wechseln kann, so muß das Fördervermögen des RWDR aufgrund seiner aktiven Dichthilfen sowie des Dralls größer sein als das durch die Drehbearbeitung erzeugte entgegengesetzte Fördervermögen der Welle. Versuche ergaben, daß ein RWDR bei geeigneter Bearbeitung der Wellenoberfläche auch bei „kritischer" Drehrichtung der Welle noch zuverlässig abdichtet, wenn nicht nur die Drehparameter

- Schnittgeschwindigkeit
- Vorschub
- Schneidenradius
- Schneidwerkstoff

richtig gewählt werden, sondern auch die Betriebsbedingungen:

- Umfangsgeschwindigkeit
- Schmierstofftemperatur
- Schmierstoffart
- Druck
- Axialbewegung
- Drehrichtung
- Wellendurchmesser.

In die Versuchsreihen wurden RWDR mit verschiedenen Profilen und Drallarten aus unterschiedlichen Werkstoffen einbezogen.

Die heute vorliegenden Erkenntnisse und Erfahrungen zeigen:

- Der RWDR ist in der Lage, auf gedrehten Oberflächen sicher abzudichten.
- Je nach Drehrichtung der Welle kann die Oberflächenstruktur die Dichtwirkung unterstützen oder ihr entgegen wirken.
- Sind die Dichtungen entsprechend konstruiert, können sie auch in beide Richtungen zuverlässig abdichten.
- Das Reibmomentverhalten eines RWDR auf gedrehten Wellen ist qualitativ und quantitativ mit dem von geschliffenen Wellen vergleichbar.

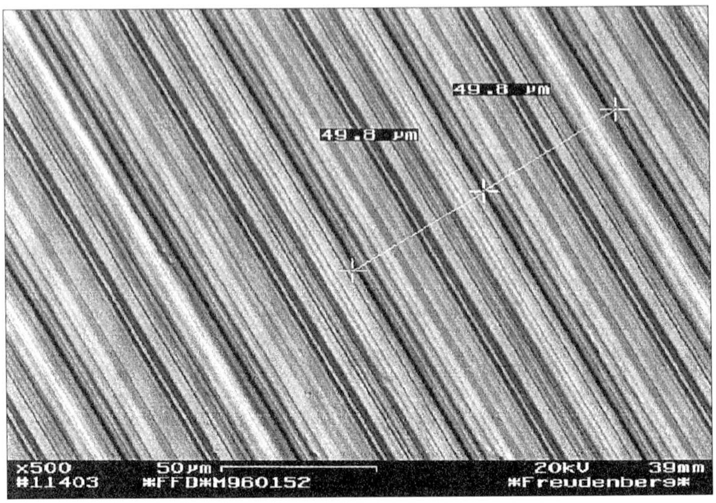

Bild 15: Oberfläche einer gedrehten Welle

Hartdrehen ist im Vergleich mit anderen Verfahren sehr wirtschaftlich und bietet noch Potentiale zur Kostenreduzierung. Vorteilhaft ist auch, daß die Oberflächentextur gedrehter Wellen exakt definiert und ausgesprochen homogen ist, Bild 15. Zur Klärung der Detailfragen ist eine Rücksprache mit dem Dichtungshersteller notwendig.

6.3.3.1.3 Glattgewalzte Wellen

Durch Glattwalzen wird eine Verfestigung der Wellenoberfläche erreicht. Das trägt zur Erhöhung der Kerbspannungsfestigkeit der Welle bei, vor allem bei schwingender Beanspruchung und an Übergängen bei Wellenabsätzen. Neben der reinen Oberflächenverfestigung hat dieser Bearbeitungsprozeß den Vorteil, die überwiegend gedrehte Grundstruktur in ihrer Wirkung teilweise zu neutralisieren. Durch den hohen spezifischen Druck auf die Oberfläche werden die „Bergspitzen" in die Täler gedrückt. Dadurch wird vor allem der R_a-Wert drastisch reduziert und der Traganteil des Profils entsprechend erhöht.

Grundlegende Versuche bei Dichtungsherstellern haben gezeigt, daß gewalzte Oberflächen als Gegenlauffläche für einen RWDR prinzipiell geeignet sind, wenn die empfohlenen Fertigungsparameter eingehalten werden. Die Wellenoberfläche muß vor dem Glattwalzprozeß unter definierten Bedingungen mit:

- einem Vorschub von 0,05 mm
- einer Schnittgeschwindigkeit von von 30 m/min
- einem Schneidenradius von 0,8 mm

vorgedreht werden. Der Glattwalzprozeß muß ebenfalls mit exakt eingestellten Parametern erfolgen. Unter der Voraussetzung, daß der Bearbeitungsprozeß reproduzierbar ist, gilt:

- Die Funktion des Wellendichtrings ist einwandfrei und hängt nicht von der Drehrichtung ab
- Die Höhe des Reibmoments bzw. die Verlustleistung ist nicht höher als auf geschliffener Oberfläche
- Der Einlauf der Dichtung in die Welle wird durch die verfestigte Oberfläche verringert
- Die zulässigen Grenzen hinsichtlich der Betriebsbedingungen sind noch nicht vollständig ermittelt. Die bisherigen Erfahrungen zeigen, daß Umfangsgeschwindigkeiten von 20 m/s bei Ölsumpftemperaturen von 130 °C keine Probleme bereiten, entsprechende Dichtungsauswahl vorausgesetzt.

Vor Einführung des Verfahrens sollte mit dem Dichtungshersteller gesprochen werden.

6.3.3.1.4 Gestrahlte Wellen

Das Strahlen der Wellenoberfläche durch „Beschießen" mit Glas- oder Keramikkugeln dient ebenfalls der Verfestigung der Oberfläche. Ein Nebeneffekt dieses Verfahrens ist die ausgezeichnete Benetzung der kraterförmigen Oberflächenstruktur durch den Schmierstoff. Solche Oberflächen sind hydrodynamisch wirksam und begünstigen einen Schmierfilmaufbau. Unter der Dichtkante kann ein permanenter Schmierstoffaustausch erfolgen. Das Reibmoment und damit die Verlustleistung sinken auf gestrahlten Wellen in Abhängigkeit von den Betriebsbedingungen um 10 % bis 30 % gegenüber geschliffenen Wellen. Folglich sinkt auch die Dichtkantentemperatur, und die schädliche Ölkohlebildung wird reduziert.

Zum Erzeugen der günstigsten Oberflächentextur müssen die Prozeßparameter definiert und eingehalten werden:

- Strahlgut (Art und Durchmesser der Kugeln)
- Korund und Stahlkrapfen eignen sich nicht, da sie zu einer undefinierten Struktur führen
- Strahldruck und Strahldauer
- Strahlrichtung

Nach dem Strahlprozeß muß die Oberfläche vom Staub des Strahlguts gereinigt werden. Falls Axialbewegungen auftreten können, empfiehlt es sich, die Oberfläche zu polieren, um die Spitzen der Krater leicht zu brechen. Auch hier gilt: Die Rückförderleistung der Dichtung muß entsprechend groß sein, um den evtl. zu guten Schmierungszustand zu kompensieren. Sonst tritt Leckage auf.

Weitere, kaum verbreitete Verfahren der Oberflächenbearbeitung wie Honen, Superfinischen und Schmiergeln werden in [30] beschrieben.

6.3.3.1.5 Tiefgezogenes Blech als Gegenlauffläche

RWDR können in bestimmten Fällen komplett mit einer Gegenlauffläche aus tiefgezogenem Blech geliefert werden. Auf solchen Oberflächen kann in Abhängigkeit von den Betriebsbedingungen nahezu so zuverlässig abgedichtet werden wie auf geschliffenen. Voraussetzung ist, daß das Blech keine Poren oder Lunker, keine Kratzer oder Riefen und keine Inhomogenitäten des Materials aufweist. Diese Gegenlaufflächen gehören zum Lieferumfang des Dichtungsherstellers.

Ebenfalls aus tiefgezogenem Blech bestehen Reparaturhülsen, die zum Aufziehen auf eingelaufene Wellen angeboten werden. Diese Hülsen sind jedoch häufig überschliffen.

6.3.3.2 Thermische Spritzschichten als Gegenlaufflächen

Eine Möglichkeit des Verschleißschutzes von Wellenoberflächen besteht im Aufbringen von thermischen Spritzschichten. Unter der Bezeichnung „thermisches Spritzen“ werden verschiedene Beschichtungsverfahren zusammengefaßt, bei denen der Beschichtungswerkstoff in schmelzflüssiger Phase auf die Bauteiloberfläche aufgetragen wird. Diese Beschichtungsverfahren werden seit mehr als 30 Jahren zur Erzeugung von Funktionsoberflächen wirtschaftlich genutzt. Da nahezu alle Werkstoffe, die eine stabile schmelzflüssige Phase haben, als Beschichtungswerkstoffe verwendet werden können, ergibt sich ein breites Anwendungspotential. Die mit diesen Verfahren erzeugten Schichten können auf viele metallische Werkstoffe, sowie mit Einschränkungen auf Kunststoffe, Glas, Keramik, Holz und Beton aufgetragen werden.

Unterschiedliche Anforderungen an das Bauteil und seine Oberfläche können durch diesen Werkstoffverbund gelöst werden. Eine der Hauptanwendungen von thermischen Spritzschichten ist der Verschleißschutz [32, 33].

6.3.3.2.1 Verfahren des thermischen Spritzens

Die thermischen Spritzverfahren werden gemäß EN 657 [34] nach der Art der verwendeten Energieträger eingeteilt, Bild 16. Verwendung für Dichtungslaufflächen finden in der Hauptsache die Verfahren Pulverflammspritzen, Hochgeschwindigkeitsflammspritzen und atmosphärisches Plasmaspritzen.

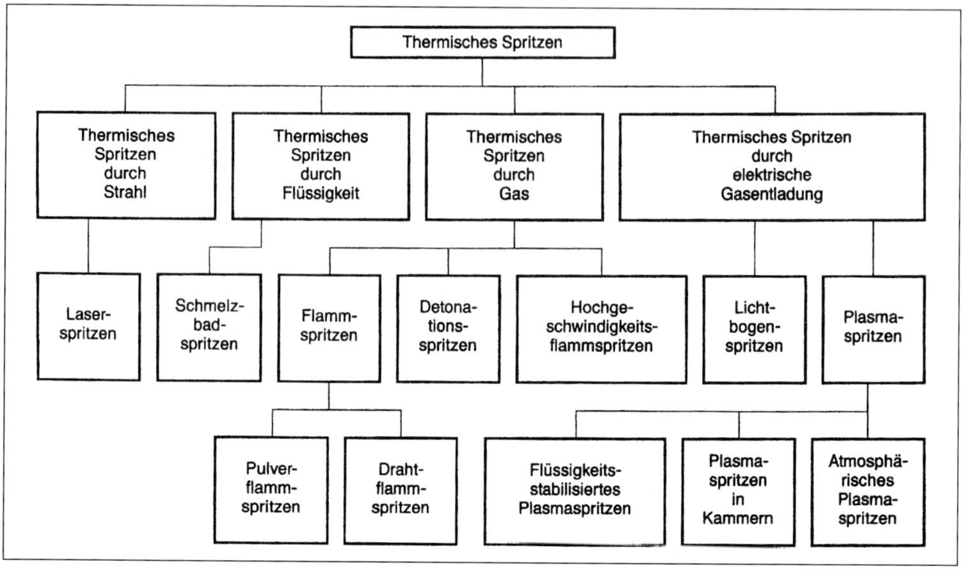

Bild 16: Einteilung der Verfahren der thermischen Spritztechnik nach EN 657

Pulverflammspritzen

Beim Flammspritzen wird der Beschichtungswerkstoff mit einer Brenngas-/Sauerstoffflamme geschmolzen und durch das Verbrennungsgas oder mit Unterstützung durch ein Zerstäubergas auf das Werkstück geschleudert. Bei der Verarbeitung von Nickel- oder Kobalthartlegierungen wird der Beschichtungswerkstoff während oder nach der Beschichtung eingeschmolzen, was die Haftung und Dichte der Spritzschicht verbessert.

Hochgeschwindigkeitsflammspritzen

Das Hochgeschwindigkeitsflammspritzen – meist auch als HVOF (High Velocity Oxygen Fuel) Spritzen bezeichnet – ist eine Variante des Flammspritzens, bei der durch einen in der Brennkammer erzeugten hohen Druck in Verbindung mit einer nachgeschalteten Expansionsdüse eine besonders hohe Gasgeschwindigkeit erzeugt wird.

Atmosphärisches Plasmaspritzen

Beim atmosphärischen Plasmaspritzen, Bild 17, wird der Beschichtungswerkstoff durch einen Plasmastrahl an- oder aufgeschmolzen und auf das Werkstück geschleudert. Das Gasplasma wird durch einen zwischen Kathode und Anode brennenden Lichtbogen erzeugt, wobei die hohe Geschwindigkeit des aus der Düse austretenden Plasmastrahls durch die thermische Expansion der Gase entsteht.

6.3.3.2.2 Beschichtungswerkstoffe

Für das thermische Spritzen steht eine große Auswahl an reinen, legierten oder gemischten Werkstoffen in Pulverform zur Verfügung, deren Herstellprozeß, chemische Zusammensetzung, Morphologie und Korngröße großen Einfluß auf die fertige Schicht haben. Die gängig-

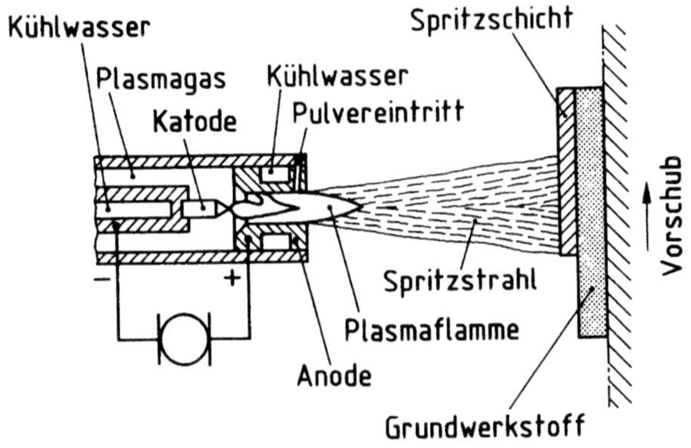

Bild 17: Schema des atmosphärischen Plasmaspritzens nach EN 657

sten Pulver sind nach EN 1274 [35] genormt. Bei Beschichtungen für Dichtungssysteme werden vorwiegend die in Bild 18 aufgeführten Werkstoffe verwendet. Bei anderen Beschichtungsverfahren werden die Beschichtungswerkstoffe auch in anderer als der Pulverform verarbeitet.

Die Zusammensetzungen der Pulver können zur Optimierung der Schichteigenschaften angepaßt werden. Metallkarbide werden mit Bindephasen verarbeitet. Hier kommen in der Regel Kobalt, Nickel und Chrom zum Einsatz. Die Bindephasen verhindern die Zersetzung der

Werkstoffgruppe	**Werkstoff**
Metalloxide	Al_2O_3 Al_2O_3/TiO_2 Cr_2O_3 $Cr_2O_3/SiO_2/TiO_2$
Metallkarbide	WC/Co WC/Ni WC/Co/Cr, WC/Ni/Cr $WC/Cr_3C_2/Ni$ $Cr_3C_2/NiCr$
Metallegierungen	Ni-Hartlegierungen Co-Haltlegierungen

Bild 18: Beschichtungswerkstoffe in Dichtsystemen

Karbide während des Beschichtungsvorgangs und bestimmen stark die Korrosionsbeständigkeit der fertigen Beschichtung.

6.3.3.2.3 Eigenschaften von thermischen Spritzschichten

Die durch die Spritzverfahren auf die vorher (z.B. durch Strahlen) präparierte Oberfläche aufgeschleuderten Partikel treffen in an- oder aufgeschmolzenem Zustand mit hoher Geschwindigkeit auf die Oberfläche, wo sie sofort erstarren und durch geeignete Prozeßführung eine gut haftende Schicht erzeugen.

Um die Haftung zu verbessern, können Zwischenschichten aus z.B. Molybdän oder Nickel-Chrom (-Aluminium) Legierungen verwendet werden. Diese haben aber gegenüber vielen abzudichtenden Medien eine zu geringe Korrosionsbeständigkeit. Darüber hinaus sind die bei Dichtungssystemen auf die Schicht wirkenden Spannungen so niedrig, daß auf eine Zwischenschicht verzichtet werden kann.

Die Morphologie der fertigen Beschichtung ähnelt in ihrer lamellelaren und mikroporösen Struktur der eines Sinterbauteils. Die zwischen den einzelnen Partikeln der Beschichtung existierenden Poren sind in Größe und Verteilung von Beschichtungswerkstoff und Beschichtungsverfahren abhängig. Über die Steuerung der Verfahrensparameter kann die Porosität in gewissen Grenzen eingestellt werden. Ni- oder Co-Hartstoffschichten mit nachfolgendem Einschmelzen weisen jedoch eine äußerst geringe Porosität auf. Es hat sich herausgestellt, daß Schichten, die durch das Flammspritzen mit drahtförmigen Werkstoffen erzeugt werden, fast immer eine zu hohe Porosität aufweisen und aus diesem Grund nicht zum Einsatz kommen können.

6.3.3.2.4 Bearbeitung von thermischen Spritzschichten

Für die Verwendung als Gegenlauffläche in Dichtungssystemen muß die Beschichtung nach dem Auftragen fertigbearbeitet werden. Bei rotationssymmetrischen Bauteilen wie Wellen oder Wellenschutzhülsen erfolgt die Bearbeitung meist durch Schleifen und Polieren mit Diamantwerkzeugen. Bei einigen wenigen Beschichtungssystemen ist auch Hartdrehen möglich. Durch spezielle Finishverfahren kann die Oberfläche dem Dichtungselement angepaßt werden.

Zur Anpassung an verschiedene Dichtungselemente und zur Imprägnierung der Oberfläche kann die thermische Spritzschicht mit einer Reihe von verschiedenen Versiegelungsmitteln behandelt werden. Beispielweise kann damit der Einlaufverschleiß eines PTFE-RWDR verringert werden.

Werden thermische Spritzschichten als Gegenlaufflächen eingesetzt, so ist unbedingt darauf zu achten, daß sowohl der Hersteller der Schicht als auch der Schleifbetrieb bereits Erfahrungen mit Gegenlaufflächen für Dichtsysteme und gute Referenzen vorweisen können. Wird eine thermische Spritzschicht mit ungünstigen Bearbeitungsparametern geschliffen, so kann eine hinsichtlich Reibung und Verschleiß schlechte Gegenlauffläche entstehen. Der Anwender sollte darauf achten, daß die thermische Spritzschicht komplett in nur einem Betrieb entsteht bzw. fertigbearbeitet wird.

6.3.3.2.5 Eigenschaften der bearbeiteten Schicht für Dichtungssysteme

Die fertige Schicht weist eine von Beschichtungswerkstoff und Beschichtungsverfahren abhängige Schichtdicke von 0,1 bis 1,0 mm auf. Als optimale Schichtdicke für die meisten Dichtungssysteme hat sich ein Wert von 0,25 mm herausgestellt.

Die Härte von thermischen Spritzschichten ist aufgrund der geringen Dicke der Schicht, der Mikroporosität und des Härteunterschieds zwischen Schicht und Grundwerkstoff nur unzureichend zu bestimmen und kann sinnvoll nur in Mikrohärten nach Vickers mit geringster Prüflast angegeben werden. Dabei ist speziell bei mehrphasigen Systemen der Meßpunkt zu berücksichtigen, da Hartstoffe und Bindephase stark voneinander abweichende Härtewerte aufweisen.

Die nach der Bearbeitung erzielten Oberflächentopographien unterscheiden sich aufgrund der Schichtstruktur stark von homogenen Werkstoffen oder galvanisch abgeschiedenen Schichten. Die üblichen durch Rauheitsmessungen nach dem Tastschnittverfahren ermittelten Kennwerte wie R_a, R_{max} oder R_z, sind stark durch die Beeinflussung durch Poren gekennzeichnet und spiegeln nicht die für die berührende Dichtung wesentliche Kontaktoberfläche wider.

Hierbei ist es unverzichtbar neben der optischen Analyse der Oberfläche die Rauheitskennwerte R_{pk}, R_k und R_{vk} und den Materialanteil M_p zu ermitteln, die sich aus der Auswertung der Materialanteilverteilung (Abbot-Kurve) nach DIN 4776 ergeben.

Wenn in der betrieblichen Praxis R_a oder R_z Werte verwendet werden müssen, so ist deren Angabe nur in Verbindung mit dem verwendeten reproduzierbaren Schichtsystem eines Herstellers zulässig. Vorzugsweise sollten hier R_z Werte verwendet werden. Dabei ist der Einfluß der gemessenen Poren zu berücksichtigen, so daß die Meßwerte meist größer sind als die an homogenen Werkstoffen gemessenen. Beispielsweise liegt der Bereich der Oberflächenrauheit für eine Chromoxidbeschichtung bei R_z 1,0–2,5 µm.

Unabdingbar ist es, aufgrund der statistisch verteilten Porosität Rauheitsmessungen nach dem Tastschnittverfahren an einem Teil an so vielen Meßstellen durchzuführen, daß die Verfälschungen des Meßergebnisses durch einzelne Poren ausgeschaltet werden. Hierzu bietet sich die Parallelaufzeichnung der Rauheitsmessung mit der Möglichkeit der 3D Abbildung des Meßergebnisses und einer statistischen Auswertung der Meßergebnisse an.

Die Drallmessung an thermisch gespritzten Oberflächen ist nicht minder schwierig als bei anderen Wellenwerkstoffen und ist auch hier nicht sicher anwendbar. Untersuchungen an oxidkeramischen Oberflächen mit Hilfe von verschiedenen Drallmeßmethoden im Vergleich mit Prüfstandsversuchen zur Dichtheit des Systems lassen die Aussage zu, daß oxidkeramische Beschichtungen werkstoff- und herstellungsbedingt keinen Drall aufweisen, da das Schleifen von harten, porösen Schichten weniger einem Zerspanen sondern vielmehr einem „Mikrobrechen“ gleicht. Vermutlich aus diesem Grund wird kein Drall erzeugt.

Die Korrosionsbeständigkeit von thermischen Spritzschichten ist werkstoffabhängig. Bei Metalloxiden hat das chemisch reine Chromoxid die beste Korrosionsbeständigkeit und wird in Verbindung mit hochlegierten austenitischen Edelstählen, Titan und Nickelbasislegierungen als Standard in der Verfahrenstechnik eingesetzt. Bei Metallkarbiden hängt die Korrosionsbeständigkeit der Schicht stark von der Korrosionsbeständigkeit der Bindephase und den Verfahrensparametern ab. Während die meisten Wolframkarbidsysteme eine eher geringe Korrosionsbeständigkeit aufweisen und teilweise schon bei bestimmten synthetischen Ölen Auflösungserscheinungen zeigen, sind Chromkarbidsysteme besser korrosionsbeständig. Grundsätzlich ist die Korrosionsbeständigkeit im Einzelfall zu überprüfen.

Die Wärmeleitfähigkeit von thermischen Spritzschichten ist im Bereich der Metalloxid- und Metallkarbidsysteme oft schlechter als die des Grundwerkstoffs. Aufgrund der geringen Dicke ist jedoch das Wärmeableitungsvermögen aus dem Dichtsystem selten beeinträchtigt. Zwar kann durch die Wahl des Beschichtungswerkstoffes die Wärmeleitung gezielt beeinflußt werden, aber die Veränderung der Wärmeleitung durch die Wahl des Grundwerkstoffs und die Verringerung der Reibung des Dichtsystems ist ein effektiverer Ansatzpunkt.

Die Temperaturbelastbarkeit der Beschichtungen liegt immer über der Temperaturbelastbarkeit der Dichtungswerkstoffe. Darüber hinaus ist bei allen Schichtsystemen eine ausreichende Thermoschockbeständigkeit gegeben.

Versuche mit Elastomer-RWDR auf Chromoxid-Titandioxid-Beschichtungen haben ergeben, daß die thermische Belastung des abzudichtenden Öls geringer und die Lebensdauer der RWDR höher war als bei vergleichbaren Versuchen auf geschliffenen Stahlwellen.

6.3.3.2.6 Systembetrachtung und Optimierung

Eine thermische Spritzschicht kann leicht in ein bestehendes Dichtungssystem integriert werden, wenn einige wesentliche konstruktive Details beachtet werden. Grundsätzlich können alle radialen, axialen, innenliegenden oder in beliebigen Winkeln angebrachten Dichtflächen beschichtet und bearbeitet werden.

Im Gegensatz zu herkömmlichen Bauteilen muß beachtet werden, daß thermisch gespritzte Teile nicht in einer Einspannung hergestellt werden. Zur Erreichung von engen Form- und Lagetoleranzen des Fertigteils und einer gleichmäßigen Schichtdicke muß schon bei der Vorfertigung von Bauteilen zum Beschichten besondere Sorgfalt angewandt werden.

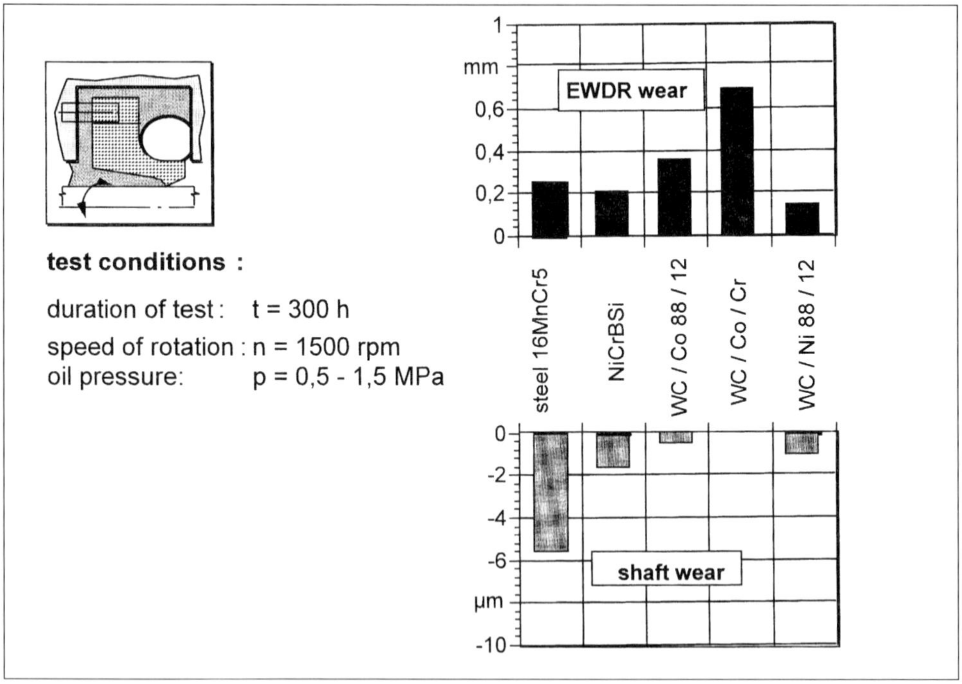

Bild 19: Dichtungs- und Wellenverschleiß im System EWDR/Welle

Hersteller von thermischen Spritzschichten beraten in Herstellungsfragen oder liefern als Dienstleister in der Regel sowohl einbaufertige Komplettbauteile als auch ganze Baugruppen wie z.B. Drehdurchführungen. Bedingt durch die Tatsache, daß viele Beschichtungen durch Regeneration wieder in den Neuzustand gebracht werden können, bietet sich eine kostengünstige Instandhaltungsalternative.

In Kooperation des thermischen Spritzbetriebs mit seinem Kunden sowie Dichtungsherstellern und Forschungseinrichtungen werden komplette Dichtungssysteme optimiert. Dabei besteht teilweise erhebliches Optimierungspotential, wie Bild 19 zeigt. Hier wurde der Verschleiß des entlasteten Wellendichtrings (EWDR) aus einem PTFE Compound im Entwicklungsstadium auf verschiedenen Oberflächenbeschichtungen untersucht. Dabei zeigte sich, daß bei der Verwendung der Beschichtung WC/Co/Cr der Wellenverschleiß im Gegensatz zum ursprünglich verwendeten Wellenwerkstoff 16MnCr5 stark verringert wurde. Da das allerdings zu erheblichem Verschleiß der Dichtung selbst führte, konnte der Gesamtverschleiß des Dichtungssystems kaum verringert werden. Erst durch Verwendung eines für dieses spezielle System optimierten Werkstoffs WC/Ni konnte der Systemverschleiß deutlich gesenkt werden.

6.3.3.2.7 RWDR aus Elastomer und PTFE auf thermischen Spritzschichten

Thermische Spritzschichten stellen generell eine Alternative zu Gegenlaufflächen aus Stahl dar. Versuche mit Elastomer-RWDR aus FPM und NBR auf Chromoxid-Titandioxid haben gezeigt, daß Leckage und Reibung geringer sind als auf Stahl. Das führte zu einer höheren Lebensdauer der RWDR bei unbeschädigter Welle [36, 37].

Bei Einsatz von PTFE-RWDR ist mehr Vorsicht geboten. Unversiegelte thermische Spritzschichten wirken zumindest zu Beginn abrasiver auf die PTFE-Dichtlippe, bis sich die Poren mit Abrieb gefüllt haben und so automatisch eine „Versiegelung“ entsteht. In manchen Fällen wurde beobachtet, daß thermische Spritzschichten zu erhöhtem Verschleiß der PTFE-Dichtkante führten [38].

Bei Einsatz beider RWDR-Typen sollte sowohl mit dem Dichtungshersteller als auch mit dem Hersteller der Schichten Rücksprache gehalten und der Anwendungsfall eingehend analysiert werden. Generell sollte beachtet werden, daß mit Stahlwellen wesentlich mehr Erfahrung vorliegt.

6.3.4 Konstruktive Auslegung des RWDR

Bei der konstruktiven Auslegung des RWDR müssen bestimmte konstruktive Richtlinien zum Erreichen der statischen und dynamischen Abdichtung zwischen Dichtlippe und Welle sowie der einwandfreien statischen Abdichtung zwischen RWDR-Haftteil und Gehäusebohrung beachtet werden. Die vorwiegend empirische Auslegung und Konstruktion eines RWDR in Übereinstimmung mit Erkenntnissen aus der Tribologie und der Gummitechnologie wird heute durch eine Auslegung mit Hilfe numerischer Methoden unterstützt.

6.3.4.1 Einsatz moderner Simulationsmethoden

Moderne Simulationsmethoden kommen für die Darstellung der gesamten Prozeßkette von Entwicklung, Konstruktion und Prototypenbau bis hin zur Fertigung zum Einsatz. Mit Hilfe der Finite-Element-Berechnung wird der RWDR hinsichtlich Geometrie und zu erwartender Radialkraft ausgelegt. Ein Beispiel für unterschiedliche Simulationsmöglichkeiten sind zeit- und frequenzabhängige Berechnungen. Mit solchen Simulationen werden die in der Praxis oft unterschätzten Einflüsse von Gehäuseschwingungen und Wellenschlag auf die Radialkraft und damit auf die Verteilung der Kontaktspannung bei einem RWDR sichtbar gemacht. Dazu müssen die viskoelastischen Werkstoffeigenschaften in verschiedenen Prüfverfahren bestimmt werden. Wie Bild 20 zeigt, kann mit kommerziell verfügbaren Materialmodellen das reale Werkstoffverhalten nur ungenügend über einen Dehnungsbereich abgebildet werden. In einem interdisziplinären Arbeitskreis wurde ein physikalisch begründetes Werkstoffmodell erarbeitet, das eine genaue Berechnung von Elastomeren über einen weiten Verformungsbereich erlaubt [39].

In einem weiteren Berechnungsschritt kann aus der gewünschten RWDR-Geometrie die Werkzeuggeometrie berechnet werden, die sich aufgrund des Materialschwundes während der Herstellung des RWDR von der RWDR-Geometrie unterscheidet. Bild 21 zeigt als Ergebnis einer Simulation die Geometrie einer Sonderform eines RWDR mit mehreren Elastomer-Schmutzlippen vor und nach dem Ausformen sowie die Verformung der Dicht- und der Staublippe bei eingebautem Zustand des RWDR. Nach der konstruktiven Auslegung des RWDR können also mit Hilfe der FE-Simulation die Deformationen und Kräfte im Einbauzustand berechnet werden.

Für den Konstrukteur wurde bei einem Dichtungshersteller ein Berechnungsverfahren automatisiert, das ihm ohne Kenntnis der nichtlinearen FEM selbst FEM-Berechnungen verschiedener RWDR-Varianten erlaubt [39]. Die gesamte Berechnungsprozedur läßt sich direkt vom CAD-Arbeitsplatz aus starten. Als Ergebnis erhält der Konstrukteur die deformierte Kontur des Radialwellendichtrings sowie die Radialkräfte nach Montage mit und ohne Feder.

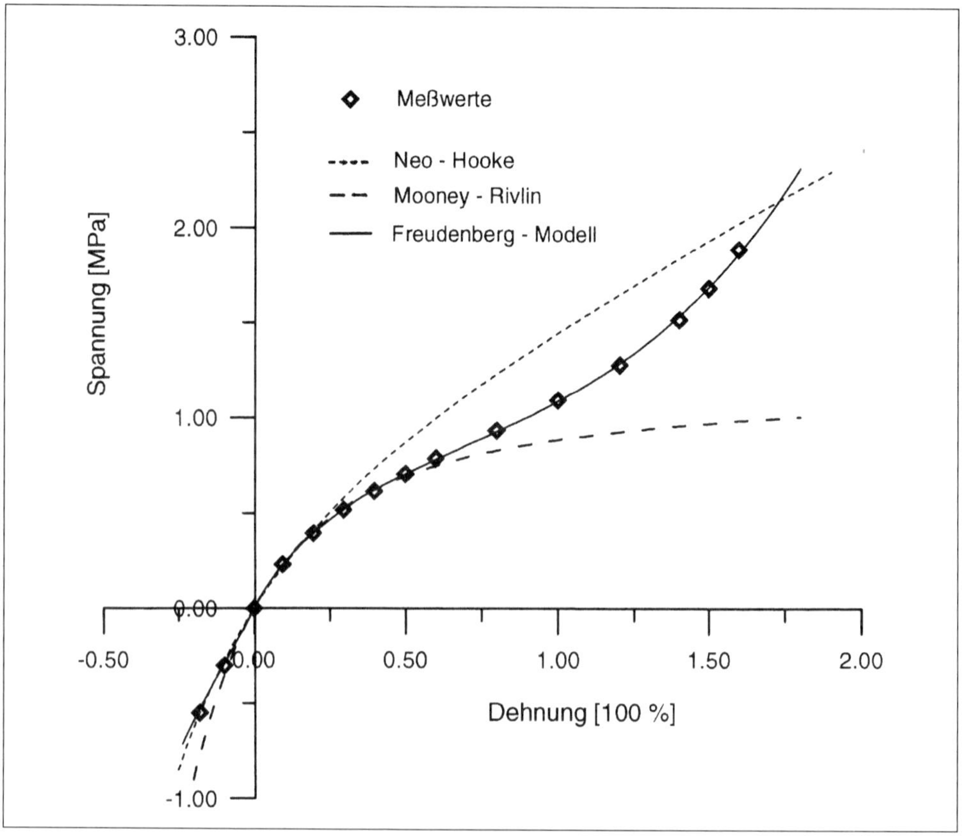

Bild 20: Werkstoffmodelle für FE-Simulation und Meßwerte im Vergleich

Numerische Simulationen ermöglichen sowohl die Auslegung von Werkzeugen als auch die Optimierung von Prozeßparametern. Der rheologischen thermischen und mechanischen Auslegung der Spritzgießwerkzeuge kommt eine besondere Bedeutung zu. Die im Spritzgießwerkzeug ablaufenden Vorgänge werden simuliert, bevor das erste Prototypenwerkzeug gebaut wird. Derzeit beschränkt man sich noch auf die Füllphase und auf dünnwandige Bauteile, aber auch die Simulation des Spritzgießvorganges dickwandiger Bauteile wird mit Hilfe von strömungsmechanischen Programmen untersucht.

Numerische Simulationsmethoden unterstützen den Entwickler bei seiner Tätigkeit. Nach wie vor ist ein grundlegendes Verständnis der Gummitechnologie notwendig, ebenso eine generelle Kenntnis der Anforderungen von der Anwenderseite im konkreten Einzelfall. Die Simulation von komplexen Problemen, wie sie bei hoch belasteten RWDR auftreten, wird weiterhin eine Domäne von spezialisierten FEM-Berechnungsabteilungen bleiben.

In den weiteren Abschnitten werden die standardisierten Bauformen von Radialwellendichtringen und einige Sonderbauformen dargestellt.

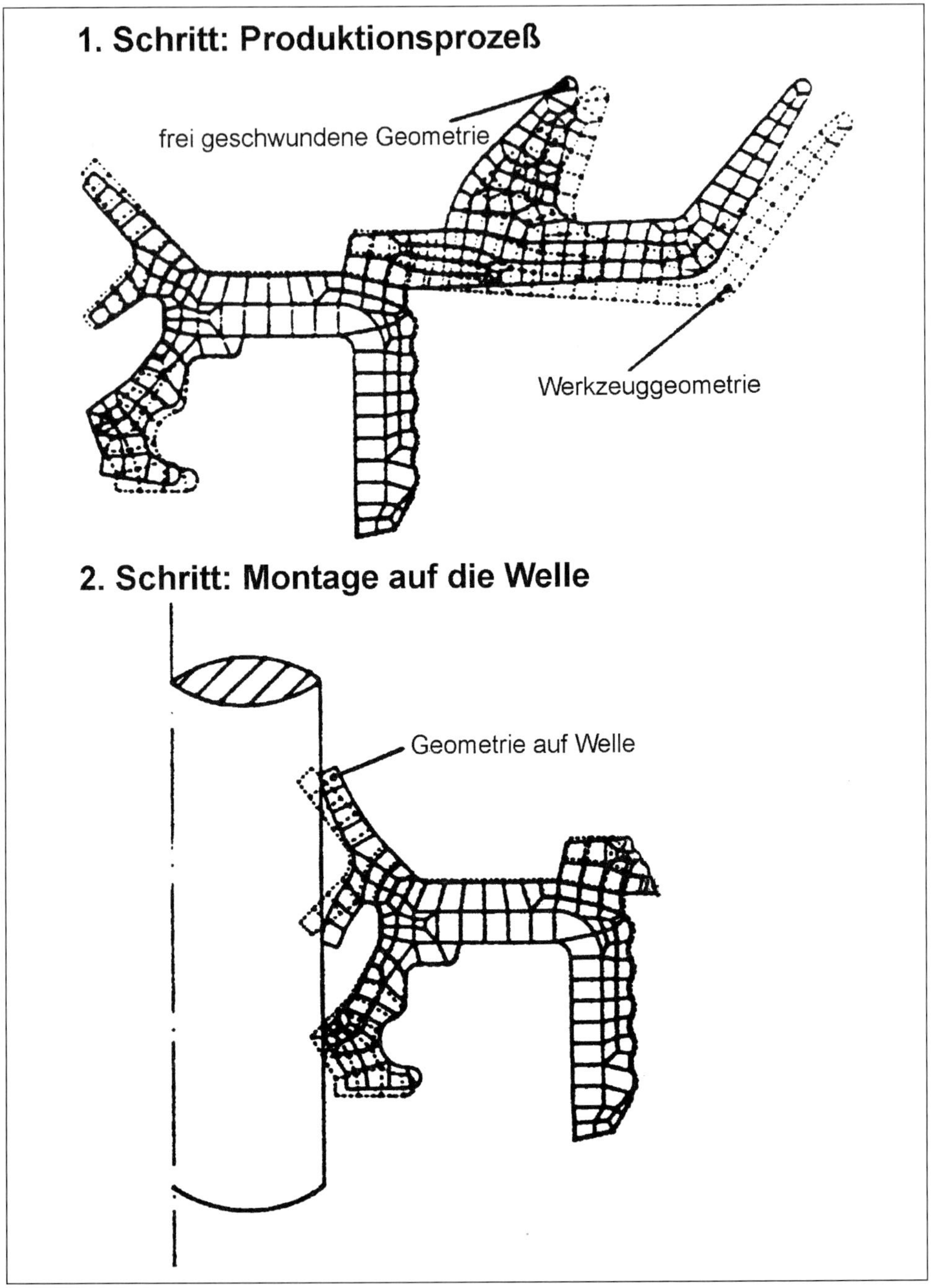

Bild 21: Dichtlippengeometrie der Sonderbauform eines RWDR
Oben: Werkzeuggeometrie und frei geschwundene Geometrie nach Entformung
Unten: Dicht- und Schutzlippengeometrie nach Montage auf der Welle

6.3.4.2 *Haftteil*

Für das Haftteil werden als Standard drei verschiedene Ausführungen angeboten, Bild 22 a bis c. Neben der statischen Abdichtung in der Aufnahmebohrung besteht noch die Aufgabe, einen ausreichenden Festsitz in der Bohrung zu gewährleisten. Außerdem muß der RWDR unter Großserienbedingungen einwandfrei zu montieren sein. Neben den Anforderungen an die aufnehmende Bohrung wird das Haftteil des RWDR mit geeigneten Anfasungen und einer Preßsitzzugabe zum Nennaußendurchmesser ausgelegt.

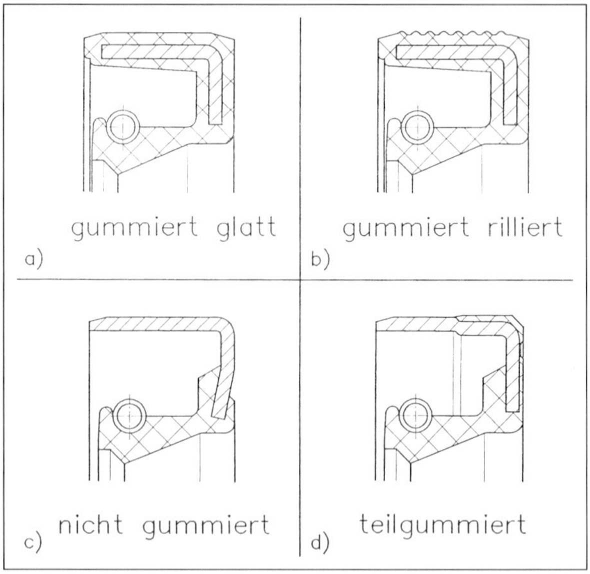

Bild 22: RWDR mit verschiedenen Haftteilausführungen

Die Bauform A DIN 3760/61 nach Bild 22 a bietet mit der Elastomerbeschichtung des Versteifungsblechs die besten Voraussetzungen für ein gutes statisches Abdichtverhalten auch bei niedrigviskosen Medien und geteilten Gehäusen. Zur Montageerleichterung, aber auch um Rückfedern oder Schrägstellen des RWDR zu vermeiden, brachten rillierte Ausführungen des Elastomermantels Verbesserungen, Bild 22 b.

Die Bauarten B und C ohne Haftteilgummierung nach DIN 3761 bieten bei der Montage eine exakte Einbaulage und verfügen gegenüber der gummiummantelten Haftteilausführung über wesentlich höhere Festhaltekräfte in der Gehäusebohrung, sind jedoch gegenüber Toleranzen des Aufnahmedurchmessers empfindlicher. Diese Ausführungen werden für bessere statische Dichtheit teilweise auch mit einer Dichtlackbeschichtung auf dem Haftteil angeboten. Bild 22 c zeigt Bauart B nach DIN 3761.

Ein Haftteil als Kombination von Elastomer- und Blechmantel vereinigt die Vorzüge der Bauformen A und B in einem Element, Bild 22 d. Durch Abstufung des Versteifungsblechs von einem Außendurchmesser mit einem bestimmten Preßsitzmaß auf einen zweiten deutlich reduzierten Außendurchmesser, der eine Elastomerummantelung erhält, wird diese Variante möglich.

6.3.4.3 *Dichtlippe*

Das Dichtlippenprofil wird je nach Anwendungsgebiet, Art des abzudichtenden Mediums, des verwendeten Elastomers und nach dem zur Verfügung stehenden Einbauraum unterschiedlich gestaltet. Unabhängig davon weist jede Dichtlippenausführung bestimmte Konstruktionsgrößen auf, Bild 23. Die Abstimmung von Lippenlänge h_D zu Lippendicke s_m beeinflußt die Dichtlippenflexibilität und die Lagestabilität der Dichtlippe zur Welle.

Neben der allgemein üblichen Gestaltung einer ausgeprägten Dichtlippe, vgl. Bild 24 b, die mit einer sogenannten Membran am Versteifungsblech angelenkt ist, findet sich auch im

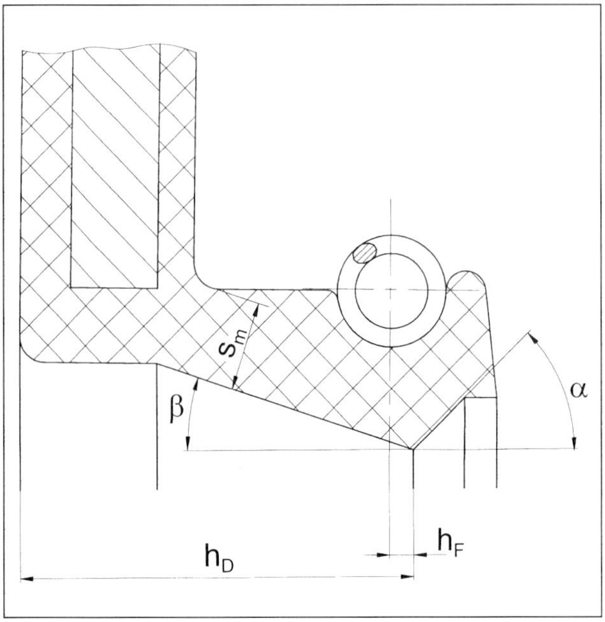

Bild 23: Charakteristische Größen an der Dichtlippe

Standardbereich das einem schlanken Dreieck angenäherte Profil, vgl. Bild 24 a. Es wurde speziell auf die hohen Anforderungen an Flexibilität bei den Dichtungen für den Motorenbau abgestimmt [17, 18]

Für Einbaustellen mit erhöhter Rundlaufabweichung der Welle ist es wichtig, RWDR mit flexiblen und langen Dichtlippen zu haben, die der Wellenauslenkung besser folgen können. Verstärkt gilt dies auch für den Betrieb im Tieftemperaturbereich.

Die flüssigkeitsseitigen und luftseitigen Kontaktflächenwinkel α und β unterscheiden sich stark. Der flüssigkeitsseitige Winkel beträgt $\alpha = 40° - 60°$, der luftseitige Winkel ist flach zur Wellenachse mit $\beta = 12° - 30°$ ausgeführt. Die Begründung dafür ist im Dichtmechanismus zu suchen, vgl. Kap. 6.2. Dieser setzt für die notwendigen Anpressungsverhältnisse bestimmte Kontaktflächenwinkel voraus. Gleichzeitig wird jedoch auch die Lagestabilität der Dichtlippe zur Welle beeinflußt. Ein zu kleiner luftseitiger Kontaktflächenwinkel führt zu breiter Anlagefläche der Dichtlippe und damit zu großer Laufspurbreite. Ein zu großer luftseitiger Kontaktflächenwinkel führt dagegen zu einer weniger stabilen Lage der Dichtlippe relativ zur Welle und zu einer geringeren Rückförderkapazität des RWDR.

Der Abstand von der Federwirkebene zur Dichtkantenebene des RWDR wird als Federhebelarm bezeichnet. In der Regel ist der Federhebelarm positiv, d. h. die Federrille ist von der Dichtkantenebene zur Bodenseite verschoben.

6.3.4.4 Anpreßkraft der Dichtlippe

Der Innendurchmesser der Dichtlippe ist im ungespannten Zustand kleiner als der Wellendurchmesser. Beim Aufschieben des RWDR auf die Welle wird die Dichtlippe gedehnt, wodurch Reaktionskräfte, die die Dichtkante radial auf die Welle pressen, hervorgerufen werden:

- tangentiale und von der Profilgröße der Dichtlippe abhängige Zugkräfte im Elastomer
- tangentiale Zugkräfte in der Feder, abhängig von der Profilgröße
- Biegekräfte im Elastomer, die durch Aufbiegen des Profils entstehen und wiederum von der Profilgröße abhängig sind.

Die Gesamtanpressung der Dichtlippe setzt sich aus den genannten Anpressungskomponenten zusammen. Der Gummi- und der Federanteil an der spezifischen Anpressung des

RWDR im Neuzustand veränderte sich von ursprünglich 60:40 über 50:50 bis zu 40:60. Aufgrund der Relaxation des Elastomers geht der Trend zu größerem Anteil der Federkraft an der Radialkraft F_R, um diese über die Lebensdauer des RWDR möglichst konstant zu halten.

Die auf den Umfang bezogene Radialkraft wird als Linienkraft oder Linienpressung bezeichnet. Sie beträgt bei RWDR für drucklose Anwendung im Neuzustand 0,08 bis 0,15 N/mm. Bei kurzlippigen RWDR für Druckanwendung kann sie etwas höher liegen.

6.4 Bauformen

Die Bauformen der RWDR orientieren sich stark an den von der DIN 3760 vorgegebenen Bauformen A bzw. AS, die mit gummiertem Außenmantel und mit oder ohne Schutzlippe angeboten werden.

6.4.1 Typische Bauformen

Bild 24 a zeigt beispielhaft einen entsprechenden RWDR aus NBR mit rilliertem Elastomer-Außenmantel und Schutzlippe. Die nach neuesten Erkenntnissen gestaltete Dichtlippe ist wie bei den meisten RWDR aus Elastomer federangepreßt. Als Einsatzgrenzen nennt der Hersteller eine Medientemperatur von -40 °C bis +100 °C [17, 18]. Die maximale Umfangsgeschwindigkeit der Welle an der Dichtstelle wird mit 14 m/s angegeben, der maximale Überdruck mit 0,02 MPa. Ähnliche Bauformen werden auch aus anderen Werkstoffen angeboten, vgl. Kapitel 2. Die Einsatzgrenzen sind dann entsprechend anders anzunehmen. Grundsätzlich sollten jedoch die von den Herstellern genannten Einsatzgrenzen berücksichtigt werden.

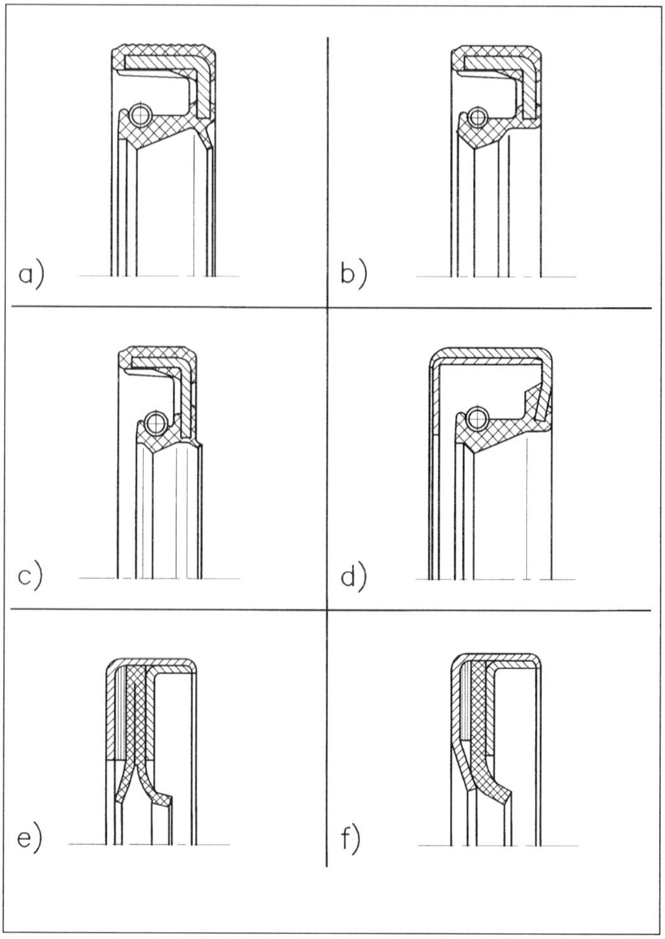

Bild 24: Typische Bauformen von RWDR
a) bis d): RWDR aus Elastomer, e) und f): RWDR aus PTFE

Bild 24 b zeigt einen RWDR mit stärker ausgeführter Dichtlippe. In FPM-Ausführung liegt sein Einsatzgebiet zwischen -25 °C und +160 °C, bis 40 m/s Umfangsgeschwindigkeit und einem Überdruck von maximal 0,05 MPa. Die höhere Druckbeständigkeit ist durch die stärkere Ausführung der Dichtlippe und den temperaturbeständigeren Werkstoff bedingt.

Bild 24 c zeigt einen Dichtring mit verkürzter Dichtlippe und damit reduzierter Wirkfläche. Deshalb wird die Dichtlippe vergleichsweise wenig vom Überdruck an die Welle angepreßt. Als maximaler Überdruck wird ca. 1,0 MPa bei kleiner Umfangsgeschwindigkeit angegeben. Die von den Dichtungsherstellern angegebenen Grenzwerte für maximale Umfangsgeschwindigkeit und maximalen Überdruck dürfen nicht gleichzeitig auftreten. Ein Überdruck-Drehzahldiagramm für den dargestellten RWDR ist in Kap. 6.3.1.4 enthalten (Bild 12).

Weitere Bauformen unterscheiden sich von den genannten lediglich durch den Außenmantel, der nach DIN 3761 (RWDR für Kfz) auch metallisch oder mit Dichtlack beschichtet sein kann (Bauformen B, BS). Die Bauformen der verschiedenen Hersteller sind ähnlich, dementsprechend auch ihre Einsatzgrenzen. Dem Vorteil der größeren radialen Steifigkeit stehen Nachteile wie größere Rundheitsabweichungen, höhere Montagekräfte und damit verbunden stärkere Sitzbeschädigungen sowie ein größerer Herstellungsaufwand gegenüber. Die erforderliche Menge an Elastomer ist jedoch erheblich geringer, so daß sich daraus vor allem bei größeren Stückzahlen ein preislicher Vorteil ergibt.

Der in Bild 24 d dargestellte Dichtring ist zusätzlich durch eine Metallkappe nach DIN 3761 Bauform C ausgestattet, die vor allem bei größeren Abmessungen für Stabilität sorgt. Die Einsatzgrenzen sind wiederum durch den Werkstoff vorgegeben und entsprechen denen der oben genannten RWDR.

Bild 24 e zeigt eine Standardbauform eines RWDR mit PTFE-Dicht- und Schutzlippe für drucklose Anwendungen. Sie zeichnet sich dadurch aus, daß Dicht- und Schutzlippe aus einem Teil bestehen und die Dichtlippe eine definierte Laufspurbreite aufweist. Als Einsatzgrenzen nennt der Hersteller einen Temperaturbereich von -60 °C bis +220 °C, 30 m/s Umfangsgeschwindigkeit, 0,05 MPa Überdruck, einen Mittenversatz von < 0,2 mm und eine Rundlauftoleranz von < 0,3 mm [54].

Die in Bild 24 f gezeigte Ausführung mit verstärkter PTFE-Dichtlippe ohne Schutzlippe ist zum Abdichten unter Überdruck stehender Flüssigkeiten konzipiert. Als maximaler Überdruck wird 1 MPa angegeben. Die maximale Umfangsgeschwindigkeit beträgt 20 m/s, wird jedoch nur bei geringerem Überdruck erreicht. Durch die geringere Flexibilität sind die maximal zulässige Rundlauftoleranz und der Mittenversatz geringer [40].

6.4.2 Sonderbauformen und ihre Einsatzgrenzen

Für spezielle Abdichtaufgaben gibt es von den verschiedenen Herstellern viele Sonderbauformen, von denen hier lediglich einige vorgestellt werden sollen. Spricht man von Sonderbauformen, so stellt sich angesichts der breiten Angebote der Dichtungshersteller an „Standardbauformen“ die Frage, welche Arten oder Ausführungen von RWDR als Sonderbauformen zu bezeichnen sind. Im folgenden werden einige Dichtringe vorgestellt, deren Ausführung von den in den DIN-Normen 3760 und 3761 dargestellten Ausführungen beträchtlich abweicht.

Bild 25 a zeigt einen federlosen Dichtring mit Elastomer-Dichtlippe. Dieses einfache Dichtelement wird für untergeordnete Dichtungsaufgaben eingesetzt, beispielsweise als Zusatzdichtung bei mäßigem Staub- und Schmutzanfall oder als Lager-Schutzdichtung. Der Einbauraum ist kleiner als bei den bisher beschriebenen Bauformen [17, 18].

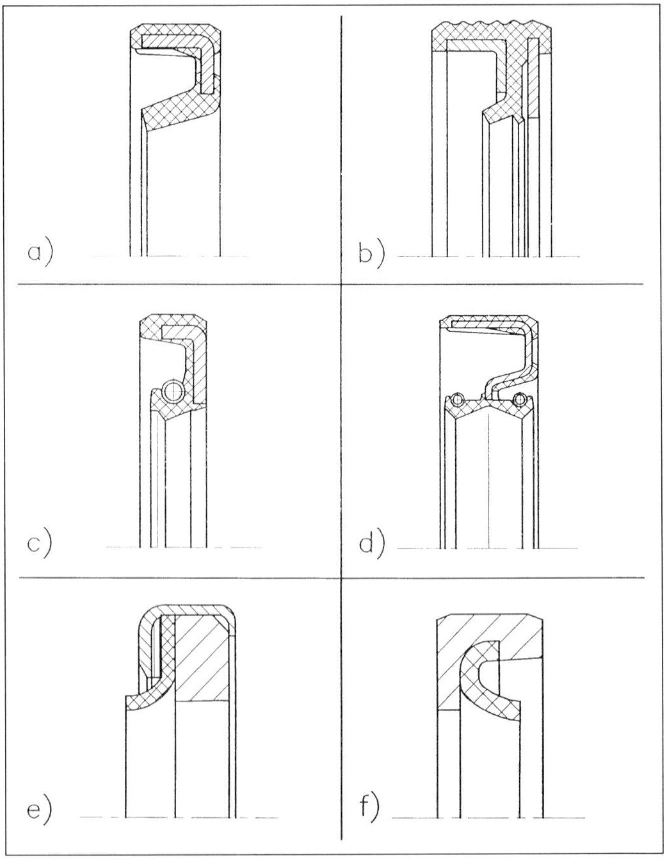

Bild 25: Sonderbauformen von RWDR
a) bis d): RWDR aus Elastomer, e) und f): RWDR aus PTFE

Die in Bild 25 b dargestellte Variante eines Elastomer-Lippenrings unterscheidet sich vom klassischen Radialwellendichtring dadurch, daß das Elastomerteil nicht am Versteifungsring anvulkanisiert, sondern aufgespannt ist. So entsteht eine Federwirkung des radial und tangential vorgespannten Membrankörpers zur Dichtlippe. Der Bohrungsdurchmesser der integrierten Druckscheibe ist nur 0,5 mm größer als der Wellendurchmesser, und die verkürzte Dichtlippe liegt mit nur 25 % der Radialkraft federunterstützter RWDR an der Welle an. Dadurch können diese Dichtungen bei Umfangsgeschwindigkeiten bis 40 m/s oder Drücken bis 1,5 MPa eingesetzt werden [41]. Diese Dichtungen haben außerdem die gleichen Einbauräume wie RWDR nach DIN 3760/61 und können im Service-Bereich direkt nach dem Ausbau des verschlissenen Dichtrings ohne Beseitigung eventuell vorhandener Einlaufspuren montiert werden, weil ihre Dichtlippe versetzt zur Einlaufspur der Erstdichtung läuft. Die Welle muß folglich nicht repariert werden. Es ist keine Reparaturhülse erforderlich. Lediglich Verunreinigungen und scharfe Kanten sollten beseitigt werden.

Bild 25 c zeigt eine RWDR-Hochdruckdichtung, wie sie beispielsweise in Hydraulikpumpen und -motoren eingesetzt wird. Sie zeichnet sich durch eine extrem kurze Dichtlippe und damit durch eine sehr kleine Wirkfläche aus. Bei sehr geringen Umfangsgeschwindigkeiten und bei Schwenkbewegungen werden mit solchen Dichtungen Drücke bis 14 MPa abgedichtet.

Bild 25 d zeigt einen Dichtring mit zwei spiegelsymmetrischen federangepreßten Dichtlippen. Als Anwendungsgebiet nennt der Hersteller die Trennung zweier Medien und die Abdichtung bei Auftreten von flüssigem oder dickflüssigem Schmutzanfall von außen. Die maximale Umfangsgeschwindigkeit ist wesentlich geringer als bei Dichtringen mit einer Dichtlippe, da die thermische Belastung durch die beiden dicht nebeneinander liegenden Dichtlippen höher ist [17, 18]. Zum Trennen zweier Medien sollten jedoch – wenn der Bauraum das zuläßt – zwei

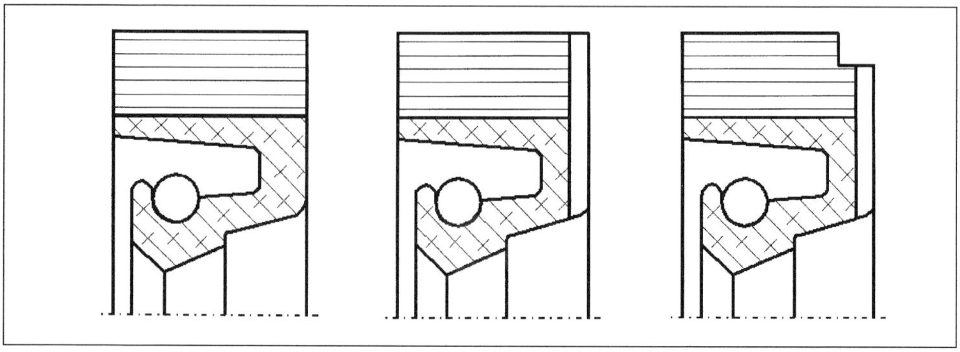

Bild 26: RWDR-Bauformen für große Durchmesser

einzelne RWDR in Rücken-an-Rücken-Anordnung mit entlüftetem Zwischenraum vorgezogen werden. Gründe hierfür sind in Kapitel 6.2 erläutert.

Bild 25 e zeigt einen RWDR mit PTFE-Dichtlippe, dessen Blechmantel auf der Flüssigkeitsseite radial weit nach innen reicht. Dadurch werden die Toträume reduziert und eine bessere Reinigung gewährleistet [38]. Die hauptsächlichen Anwendungsgebiete sind die Lebensmittel- und Medizintechnik.

Bei dem in Bild 25 f dargestellten RWDR ist die PTFE-Dichtlippe in ein Kunststoffgehäuse eingebettet. Diese Lösung ist insbesondere bei großen Stückzahlen wirtschaftlich und wird beispielsweise in Pumpen und Elektromotoren eingesetzt.

Bild 26 zeigt eine Sonderbauform für große Durchmesser bis 1800 mm und maximal 0,05 MPa Druck. Die maximal zulässige Gleitgeschwindigkeit wird mit 25 m/s angegeben. Das Haftteil am äußeren Durchmesser besteht aus Gummigewebe. Der RWDR wird an dieser Stelle axial verspannt und so gegen Verdrehen gesichert. Die radialen Nuten am Rücken der in der Mitte und rechts im Bild dargestellten RWDR dienen der Schmiermittelzufuhr bei Rücken-an-Rücken-Anordnung.

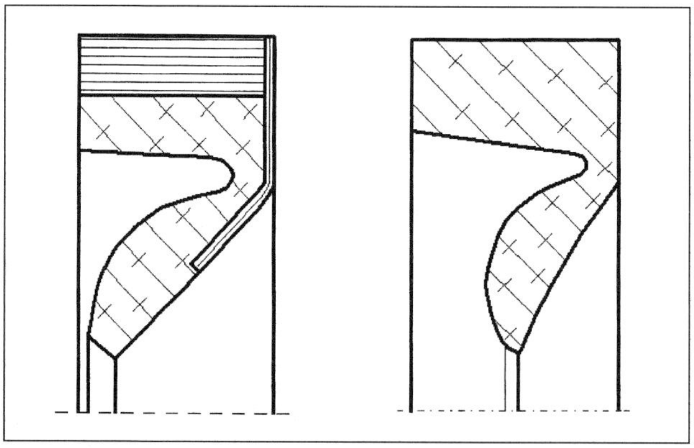

Bild 27: RWDR-Bauformen für große Durchmesser und höheren Druck

Für höhere Druckbelastungen bis 0,5 MPa und Gleitgeschwindigkeiten bis 2 m/s werden RWDSR entsprechend Bild 27 vorgeschlagen. Sie wurden speziell für große Durchmesser bis 1800 mm entwickelt und tolerieren großen radialen Versatz der Welle.

Um die bei höherem Druck auftretenden Reibmomente aufnehmen zu können, werden auch diese RWDR unter axialer Vorspannung eingebaut, Bild 28.

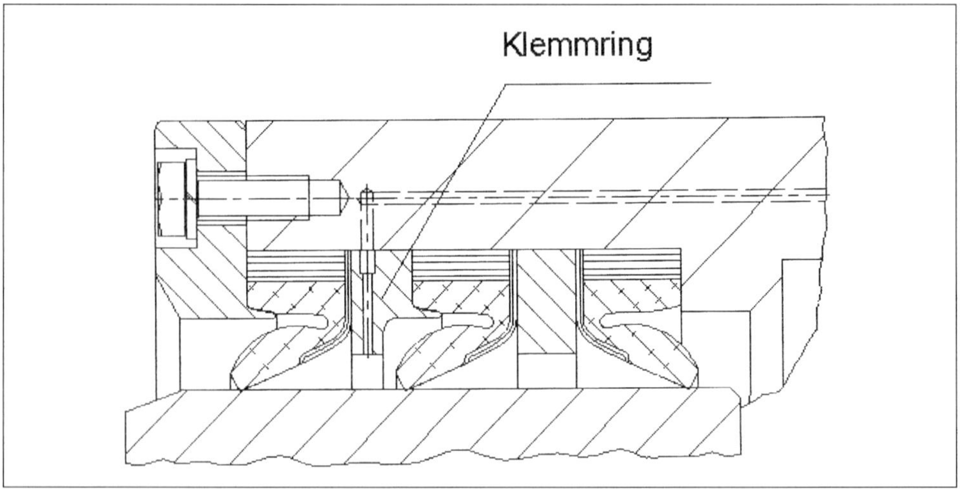

Bild 28: Einbaubeispiel von RWDR nach Bild 26 und 27

6.4.3 Sonderbauformen für Kraftfahrzeuge

Im Gegensatz zu vielen Anwendungsfällen im Maschinenbau liegt bei Kfz in der Regel kein stationärer Betrieb vor. Die Belastungen im Betrieb sind durch hohe und über den Jahreslauf stark wechselnde Temperaturen und hohe Drehzahlen im ganzen Antriebsstrang – außer an den Rädern – überdurchschnittlich hoch.

Speziell im Verbrennungsmotor werden hochadditivierte Motorenöle, auch auf synthetischer Basis, verwendet, wodurch die Anforderungen an die Dichtungswerkstoffe extrem hoch liegen. Im Sommer treten bei scharfer Fahrt Öltemperaturen von bis zu 150 °C auf, bei Lastwagen vor allem bei Bergfahrten und im Baustellenbetrieb, weil der kühlende Fahrtwind fehlt. Noch krasser können diese Verhältnisse bei einem unter Vollast in einem niedrigen Gang fahrenden Ackerschlepper auftreten. In diesen Fällen sind auch Getriebe und Achsantriebe betroffen.

6.4.3.1 Kurbelwellendichtungen

Die Kurbelwelle eines Verbrennungsmotors wird aufgrund ihrer konstruktiven Gestaltung, des ungleichförmigen Antriebs und den daraus resultierenden Kräften zu starkem Schwingen angeregt [42]. Dadurch entstehen an den Enden deutliche Taumelbewegungen, auf der Kraftabgabeseite noch unterstützt durch die Kreiseleffekte des Schwungrads. Die Dichtlippen der RWDR müssen flexibel genug sein, den Radialbewegungen der Welle zu folgen. Ein Rückförderdrall ist unumgänglich, um trotz dieser hohen dynamischen Exzentrizität die notwendige Dichtheit zu gewährleisten. Die im Abschnitt 6.3.1.3 genannte Rundlauftoleranz kann hier nicht zugrunde gelegt werden. Unterschiede bestehen im Verhalten von geschmiedeten und gegossenen Kurbelwellen und außerdem von der Arbeitsweise des Motors her. Die Belastungen im Dieselmotor, heute allgemein mit Turboaufladung, sind durchweg höher als im Ottomotor, wobei auch Unterschiede zwischen Personenkraftwagen und Nutzfahrzeugen bestehen.

Als Kurbelwellendichtring wurden in der Vergangenheit ausschließlich RWDR aus Elastomer, hauptsächlich FPM und MVQ (vgl. Kapitel 2) eingesetzt. Diese klassische Dichtung wurde zunächst bei hochbelasteten Nutzfahrzeugmotoren mit Abgasturboaufladung durch die neuartige PTFE-Dichtung ersetzt [43]. Die Vorteile des PTFE können trotz fehlender Elastizität durch eine besondere konstruktive Gestaltung speziell für Kurbelwellendichtungen genutzt werden. Voraussetzung für die Funktion ist die Gestaltung der Dichtlippe mit einem ausgeprägten Drall in Form eines Rückfördergewindes, vgl. Kapitel 6.2. Die Bewährung im Nutzfahrzeugdieselmotor führte zur Entwicklung verschiedenen Formen der Dichtlippe nach Bild 29 und einer Optimierung des Dralls und damit zu einem erfolgreichen Dichtungstyp mit

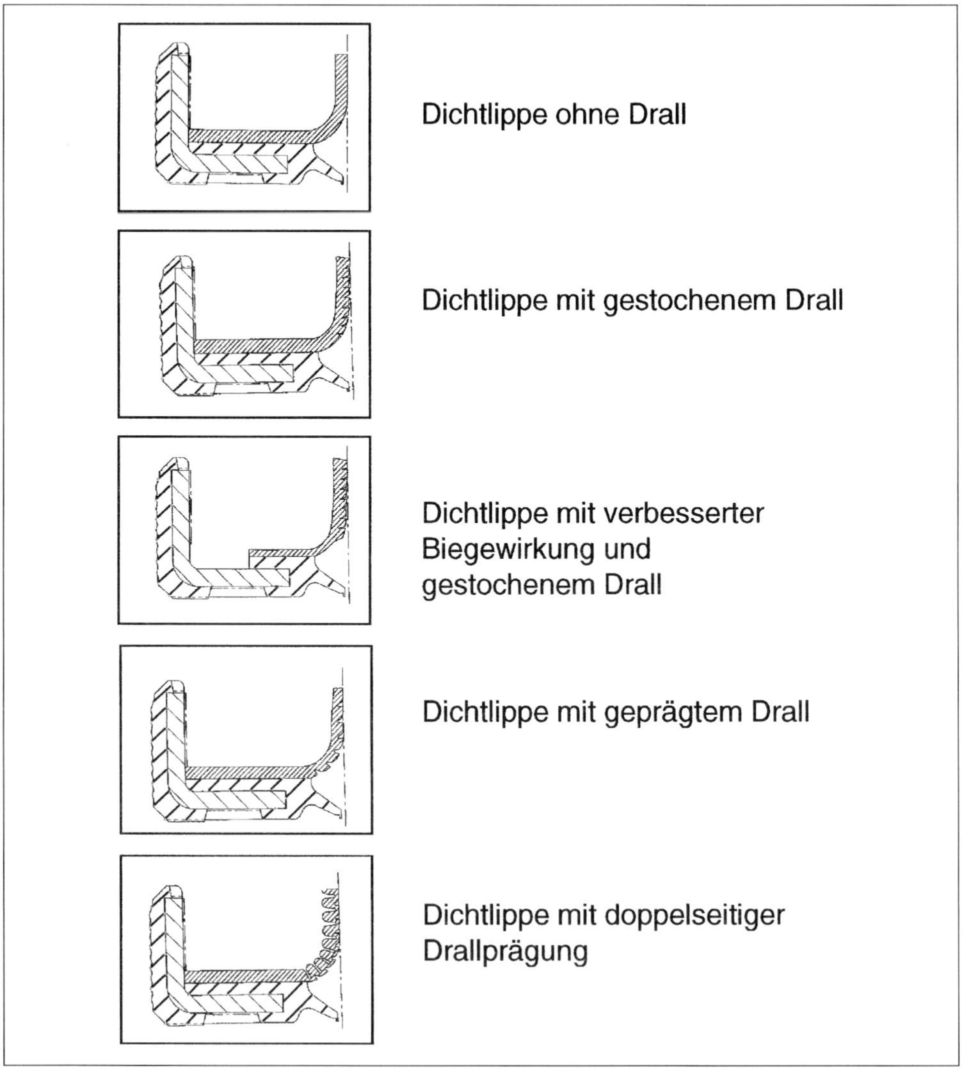

Bild 29: Bauformen von PTFE-RWDR mit Werkstoffkombination Elastomer-PTFE

- hoher Beständigkeit gegen aggressive Bestandteile im Motorenöl auf Mineralöl-, Syntheseöl- und Bioölbasis
- hoher Beständigkeit gegen extreme Schmierstofftemperaturen
- insgesamt hoher Beständigkeit gegen thermische und chemische Belastungen.

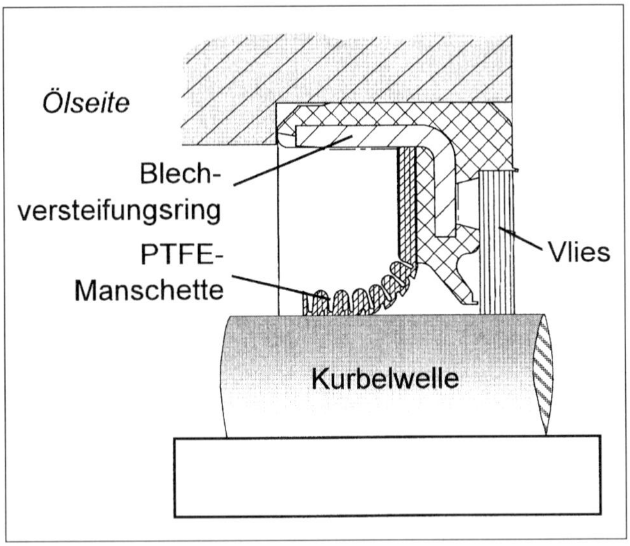

Bild 30: Optimierter PTFE-RWDR für Verbrennungsmotoren

Bild 30 zeigt einen häufig eingesetzten, robusten PTFE-RWDR der in jahrelanger Entwicklungsarbeit optimiert wurde und in immer mehr Verbrennungsmotoren verschiedener Hersteller eingesetzt wird. Auf der Luftseite verhindert ein Scheibe aus Vlies, daß Schmutz und Staub in den Dichtspalt gelangen kann. Die PTFE-Manschette ist im sogenannten Raupenprofil ausgeführt, einem Profil, das auf der Wellenseite durch eine Spiralnut mit asymmetrischem Querschnitt und auf der der Welle abgewandten Seite durch eine deutlich tiefere, symmetrische Spiralnut gebildet wird. Durch das Aufziehen der Manschette auf die Welle werden die Spiralnuten zu Gewinden. Das der Welle abgewandte Gewinde reduziert die Steifigkeit der Manschette und damit die Radialkraft. Das gegenüberliegende Gewinde kommt mit der Welle im Dichtbereich in Berührung und bildet so einen geschlossenen Gewindegang, der als Rückfördergewinde wirksam wird. Die Rückförderwirkung wird vorwiegend durch die Anzahl, die Größe und die Tiefe des Rückfördergewindes beeinflußt.

Insgesamt ergeben sich durch den Einsatz des PTFE-RWDR als Kurbelwellendichtung verschiedene Vorteile:

- Der Dichtring ist robust und unempfindlich
- Längere Laufzeiten werden ohne Verlust der Dichtfähigkeit erreicht
- Die Wartungsintervalle der Motoren werden länger
- Die Ablagerung von Alterungsprodukten aus dem Öl wird geringer
- Insgesamt eignet sich die PTFE-Dichtung für härteste mechanische, thermische und chemische Belastung.

Die Wartungsintervalle für Dieselmotoren für Lastkraftwagen im Fernverkehr betragen heute schon bis 100.000 km; Untersuchungen und Versuche zielen auf eine Verlängerung bis 1.000.000 km, wozu die PTFE-Dichtung in Verbindung mit einem entsprechenden Schmierstoff einen wesentlichen Beitrag leisten wird.

Das Interesse der Automobilindustrie an dieser Dichtung wächst ständig, und neben Pkw-Dieselmotoren werden nun auch schon Hochleistungsottomotoren damit ausgerüstet.

6.4.3.2 Dichtungen für Getriebe, Achsen und Radlager

Die Dichtungen für Schaltgetriebe unterliegen ähnlichen Belastungen, auch hier ist ein Rückförderdrall notwendig, Rechtsdrall auf der einen, Linksdrall auf der anderen Seite. Bei Automatikgetrieben und CVT-Getrieben kommt erschwerend hinzu, daß eine Medientrennung vorzusehen ist. Der Wandler ist mit ATF (Automatic Transmission Fluid) gefüllt und geschmiert, im anschließenden Getriebe wird Getriebeöl verwendet. An den Trennstellen werden zwei RWDR, gegebenenfalls aus zwei verschiedenen Werkstoffen, angeordnet. Auf Entlüftung ist zu achten, vgl. Kapitel 6.2. Vor allem beim CVT-Getriebe sind die Anforderungen extrem, da bei Wellendurchmessern > 50 ... 60 mm Drehzahlen bis 12000 min^{-1} erreicht werden.

An den Hinterachsgetrieben ist mit hoher Spritzwasser- und Schmutzbelastung zu rechnen, weshalb zum Beispiel am Differentialeingang und besonders bei Nutzfahrzeugen RWDR mit radialen und axialen Schutzlippen versehen sind. Als Radabdichtung bei Antriebsachsen findet die Kassettendichtung zunehmend Interesse, da durch die Integration der Gegenlauffläche ein einbaufertiges Element entsteht, das bei Reparaturen leicht auswechselbar ist, Bild 31. Teure Nacharbeit der tiefen Laufspur am Achskörper bei Reparaturen entfällt. Bei dieser Dichtungsbauform, mit der vorwiegend ölgeschmierte Außenplanetengetriebe abgedichtet werden, hat die Gegenfläche einen festen Sitz auf dem Achskörper, während die Dichtkonstruktion mit Hauptlippe und zusätzlichen Schutzlippen in die Radnabe eingepreßt wird und mit dieser umläuft. Ein weiterer Vorteil dieser Bauform ist die raumsparende kompakte Bauart.

Da die Viskosität der abzudichtenden Medien durch zeitweilig hohe Betriebstemperatur niedrige Werte annehmen kann, ist eine Gummiummantelung des Haftteils notwendig. Bei allen Dichtungen ist höchste Qualität der Fertigung und des Werkstoffs Voraussetzung, da in allen Fällen ein Austausch einer Dichtung wegen einer Leckage mit unverhältnismäßig hohen Kosten verbunden ist.

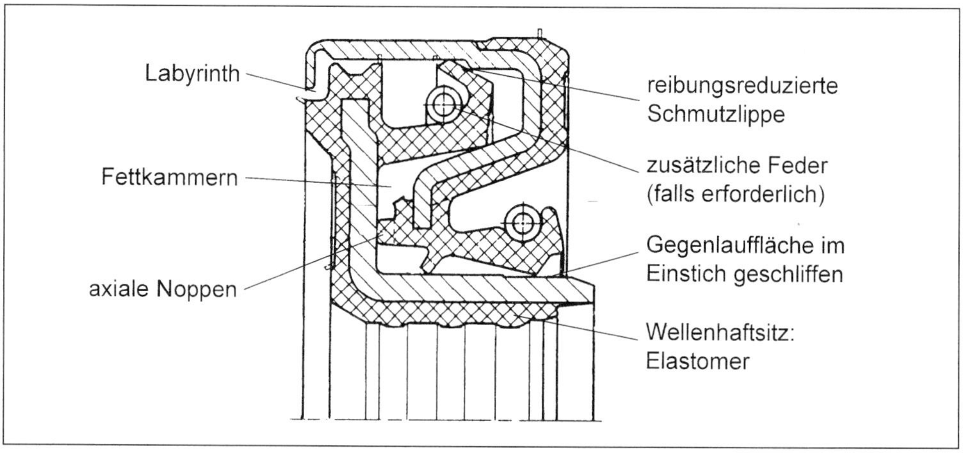

Bild 31: RWDR in Kassettenbauweise

6.5 Vorschläge zur anwendungsgerechten Auswahl der Dichtringe und typische Anwendungsfälle

RWDR werden zum Abdichten sehr unterschiedlicher Medien unter den verschiedensten Betriebsbedingungen eingesetzt. Der Markt bietet daher eine Vielzahl von Dichtungsbauformen an, die teilweise ein sehr großes Aufgabengebiet abdecken, teilweise aber auch für ganz spezifische Anwendungen entwickelt wurden. Der vorzugsweise Einsatz der jeweiligen Ausführung wird in der Regel von den Dichtungsherstellern in deren Katalogen angegeben.

6.5.1 Vorgehensweise bei der Auswahl eines geeigneten RWDR

Hauptkriterien für die Auswahl eines RWDR sind das abzudichtende Medium, der Betriebsdruck im abzudichtenden System oder Aggregat, die Betriebstemperatur und die maximale Gleitgeschwindigkeit, die sich aus dem jeweiligen Wellendurchmesser und der Wellendrehzahl ergibt. Zusammen mit der Aggressivität des Mediums sind damit die Einsatzgrenzen gegeben.

Die Kriterien für die Wahl der geeigneten Bauform wurden im Abschnitt 6.3 bereits genannt, die Einsatzgrenzen der Werkstoffe in Kap. 2. Eine ebenso zuverlässige wie einfache Grob-

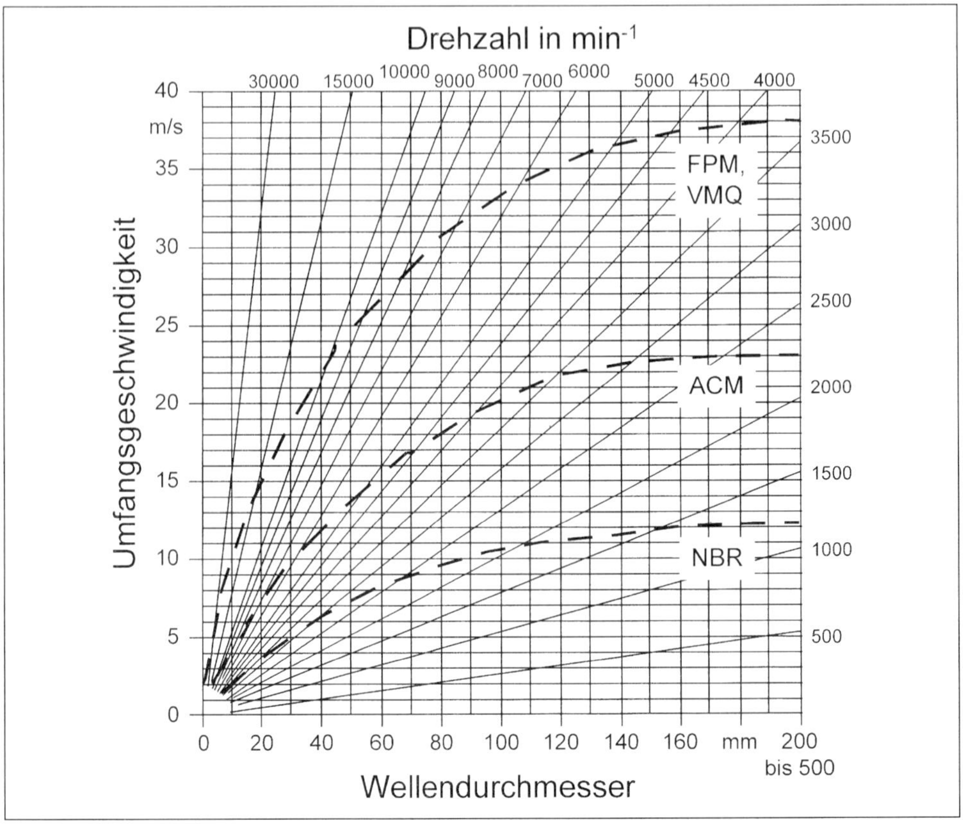

Bild 32: Höchstzulässige Drehzahlen bei drucklosem Betrieb entsprechend DIN 3760

auswahl des geeigneten Dichtungswerkstoffs ermöglicht das Diagramm über höchstzulässige Drehzahlen bei drucklosem Betrieb nach DIN 3760. Ein entsprechendes Diagramm – erweitert um den Einsatzbereich der Werkstoffe VMQ und ACM – ist in Bild 32 wiedergegeben und erlaubt auch, aus dem Wellendurchmesser und der Drehzahl direkt die Umfangsgeschwindigkeit abzulesen. Die Grenzlinien für NBR und FPM (FKM) berücksichtigen die durchschnittlich an der Dichtkante auftretende Übertemperatur. Zusätzlich müssen jedoch die in den Herstellerkatalogen genannten Grenzwerte für die zulässige Umfangsgeschwindigkeit für die verwendeten Werkstoffe beachtet werden, da die von den einzelnen Herstellern angegebenen Einsatzgrenzen für NBR und FPM geringfügige Unterschiede aufweisen. Für die Praxis muß ferner der Werkstoff der Welle wegen der Wärmeleitfähigkeit beachtet werden sowie der Füllstand des Öls im Aggregat. Ein vom Öl umspülter Dichtring wird thermisch gegenüber einem nur bespritzten Dichtring weniger belastet sein (s. Abschnitt 6.3.1.1).

Zur Erleichterung der Auswahl sowohl für Anwender als auch für Hersteller wird in DIN 3760 ferner ein Formblatt vorgeschlagen, das die für die Auswahl wichtigsten Informationen enthält:

Angaben

- zur Welle (Abmessungen, Werkstoff, Oberfläche, Wellenbewegung, usw.)
- zum Gehäuse (Abmessungen, Werkstoff, Oberfläche, usw.)
- zur verwendeten Flüssigkeit (Art, Temperatur und Druck über der Betriebszeit, usw.)
- zu Form- und Lagetoleranzen und
- zu äußeren Bedingungen (Außendruck, umgebende Medien).

Einige Hersteller haben in Anlehnung an die DIN 3760 ähnliche Formblätter erarbeitet, die die Auswahl von RWDR, die häufig zusammen mit dem Hersteller erfolgt, erleichtert. Für die schnelle und unkomplizierte Auswahl stehen PC-Programme zur Verfügung, die die Einsatzbedingungen für den Dichtring interaktiv abfragen und Bauformen des jeweiligen Herstellers vorschlagen. Zusätzlich stehen bereits elektronische Kataloge mit Hinweisen zur Auswahl als CD-ROM zur Verfügung [18].

6.5.2 Typische Anwendungsfälle für RWDR aus Elastomer und PTFE

Bild 33 zeigt eine Lagerabdichtung mit einem RWDR aus Elastomer mit Schutzlippe. Der Raum zwischen Dicht- und Schutzlippe wird bei der Montage mit Fett gefüllt. Die auswechselbare Laufbüchse hat eine Einfahrschräge und ist am Innendurchmesser mit einem O-Ring gegen die Welle ab-

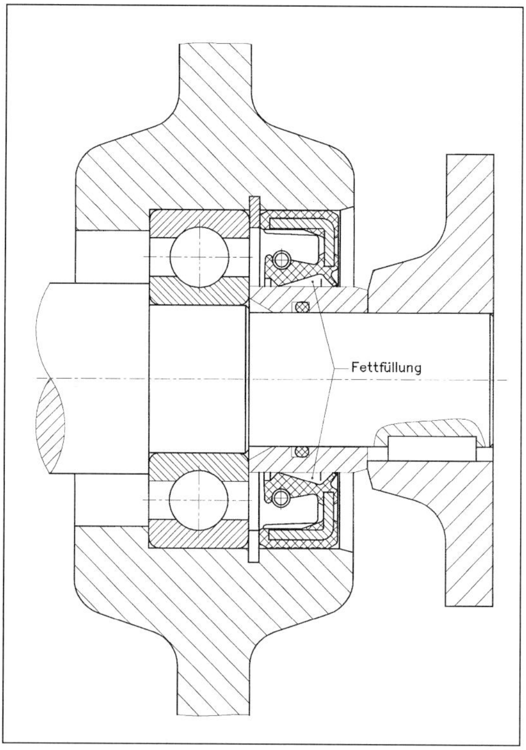

Bild 33: Einbaubeispiel für einen RWDR nach DIN 3760, Bauform AS

gedichtet. Um den O-Ring gegen Beschädigung bei der Montage zu schützen, sollte die Paßfedernut entweder ausreichend angefast sein oder auf einem kleineren als dem Abdichtdurchmesser des O-Rings sitzen.

Bild 34 zeigt die Abdichtung der Kurbelwelle eines Zweitaktmotors durch einen Elastomer-RWDR mit Schutzlippe. Aufgrund des pulsierenden Drucks im Kurbelgehäuse wird hier ein druckbelastbarer RWDR eingesetzt. Die Anordnung des Dichtrings in der Lagerabdeckung erleichtert die Montage sowie den Austausch im Reparaturfall und verhindert das druckbedingte Herauswandern des Dichtrings aus dem Gehäuse. Die Lagerabdichtung muß gegenüber dem Gehäuse zentriert und abgedichtet werden. Die Paßfedernut auf der Welle ist gegenüber dem Abdichtdurchmesser zurückgesetzt.

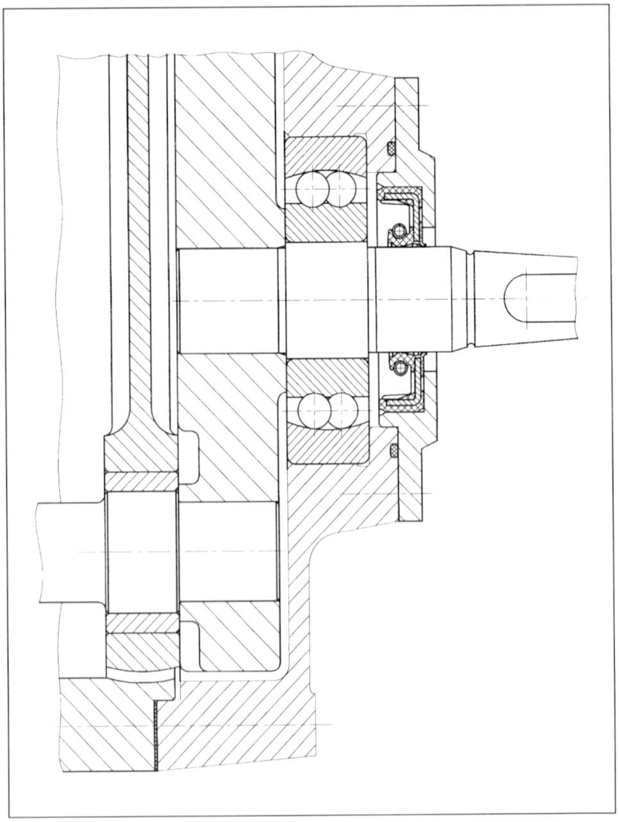

Bild 34: Einbaubeispiel für einen druckbelastbaren RWDR

Bild 35 zeigt eine Wellenabdichtung an einem Spindelbohrkopf mit einem RWDR aus PTFE. Der hier eingesetzte, sehr kleine Dichtring dichtet Kühlschmierstoff ab und muß auch hohe Anforderungen hinsichtlich Reibung, Verunreinigungen und Mangelschmierung bei hoher Umfangsgeschwindigkeit erfüllen. Die Laufhülse auf der Welle ist entweder mit einem O-Ring gegenüber der Welle abzudichten, oder – wie in Bild 35 dargestellt – auf die Welle aufzukleben.

Bild 36 zeigt die Abdichtung der Welle eines Schraubenkompressors mit einem druckbelastbaren RWDR aus PTFE. Generell können RWDR mit PTFE-Dichtlippe bei höheren Anforderungen wie zum Beispiel Trockenlauf oder Abdichtung aggressiver Medien angewendet werden. Außerdem vermögen sie höhere Drücke aufzunehmen als druckbelastbare RWDR mit elastomerer Dichtlippe. In allen Fällen ist die Leckageneigung aber größer, so daß besondere Maßnahmen, wie z. B. Doppelabdichtung, erforderlich werden.

6.6 Hinweise zur Konstruktion des Dichtungsumfeldes und der Montage von RWDR

Radialwellendichtringe sind empfindliche Maschinenelemente, deren Funktion durch eine ungünstige Gestaltung des Dichtungsumfeldes wie beispielsweise der Welle und durch unsachgemäße Montage beeinträchtigt werden kann.

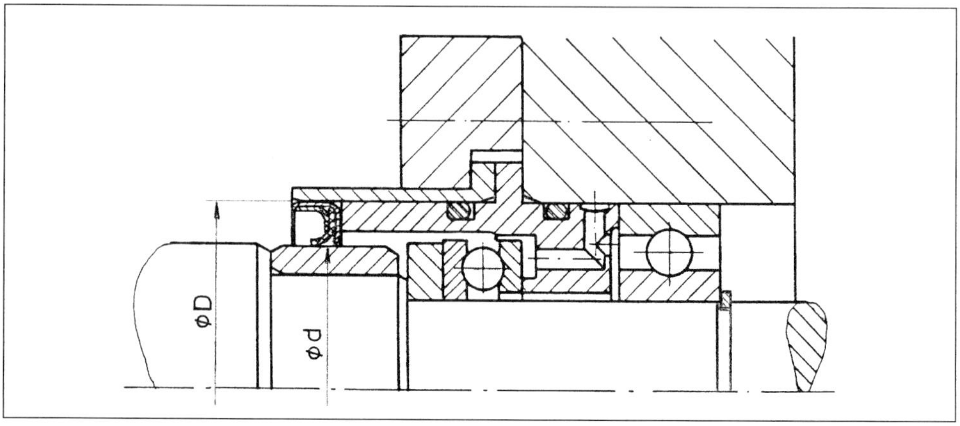

Bild 35: Einsatz eines PTFE-RWDR in einem Spindelbohrkopf

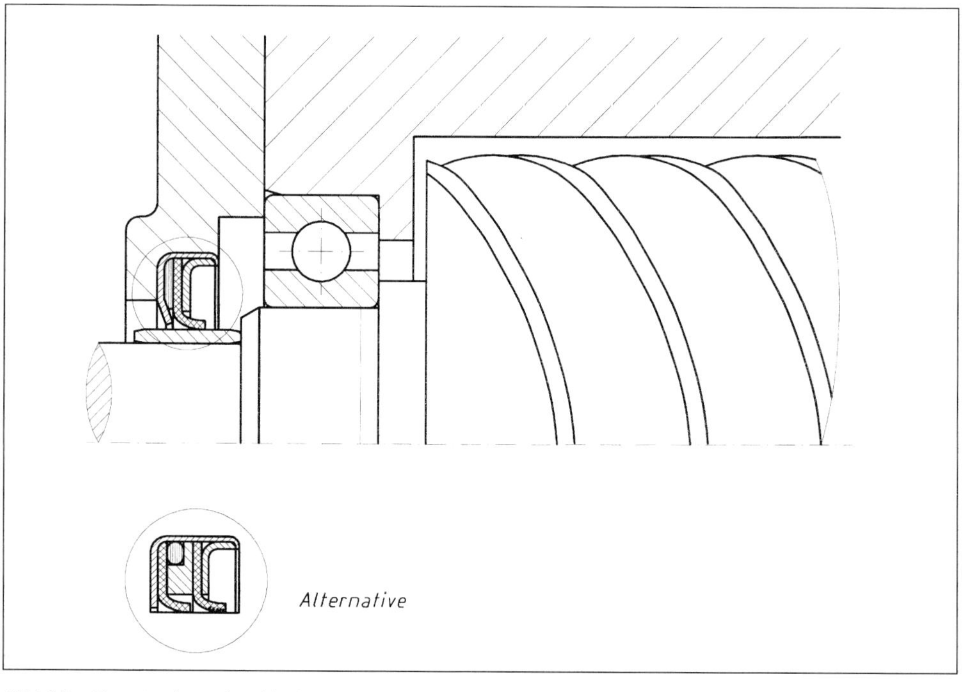

Bild 36: Einsatz eines druckbelastbaren PTFE-RWDR in einem Schraubenkompressor

6.6.1 Welle

Wird der RWDR bei der Montage über eine scharfe Kante oder einen Grat auf der Welle gezogen, so kann dadurch die Dichtkante beschädigt werden. Deshalb sollten folgende Hinweise beachtet werden:

Der Übergang der Gegenlauffläche zu einem kleineren Durchmesser sollte eine flache Fase mit gerundeten Kanten aufweisen, die oft als „Einfahrschräge“ bezeichnet wird, Bild 37. Die angegebenen Größen sind Richtwerte für die durchmesserabhängige Größe der Fase nach DIN 3760. Falls ein Radius anstelle der Fase angebracht wird, soll dieser nicht kleiner sein als die Durchmesserdifferenz $d_1 - d_3$. Kann aus konstruktiven Gründen keine Einfahrschräge vorgesehen werden, so muß der Dichtring mit einer Einbauhülse montiert werden, vgl. Bild 38. Hierbei ist jedoch zu bedenken, daß vor allem im Falle einer Reparatur die Gefahr besteht, daß eine Einbauhülse nicht zur Verfügung steht und der Monteur den neuen Dichtring bereits beim Einbau beschädigt.

Weist die Welle vor der Dichtstelle eine Paßfedernut auf, Bild 38, so muß diese auf einem kleineren als dem Abdichtdurchmesser liegen. Dasselbe gilt für Gewinde auf der Welle und Querbohrungen in der Welle, wie sie beispielsweise bei Drehmomentübertragern üblich sind. Ist das Überfahren der Querbohrung mit der Dichtlippe bei der Montage unumgänglich, so muß die Bohrung „zurückgenommen“ werden, das heißt in einem Bereich kleineren Durchmessers liegen, der beidseitig durch schräge Fasen begrenzt ist. Die Kanten der Fasen müssen abgerundet sein. Eine scheinbare Alternative dazu besteht im Ansenken der Bohrung. Die Ausführung einer solchen Senkung gestaltet sich auf der gekrümmten Wellenoberfläche meist schwierig und wird oft nicht sauber ausgeführt.

Eine weitere Beschädigungsgefahr der Dichtlippe besteht, wenn der Lagersitz denselben Durchmesser hat wie die Dichtstelle und somit zuerst das Lager und danach der Dichtring

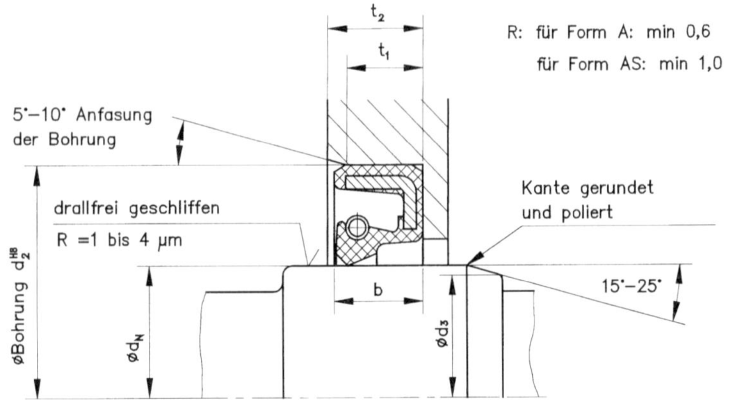

b	t_1 (0.85 * b) min	t_2 (b + 0.3) min
7	5.95	7.3
8	6.8	8.3
10	8.5	10.3
12	10.3	12.3
15	12.75	15.3
20	17.0	20.3

d_1	$(d_1 - d_3)$[1]	d_1	$(d_1 - d_3)$[1]
≤ 10	1.5	> 50 – 70	4.0
> 10 – 20	2.0	> 70 – 95	4.5
> 20 – 30	2.5	> 95 – 130	5.5
> 30 – 40	3.0	> 130 – 240	7.0
> 40 – 50	3.5	> 240 – 500	11.0

[1] Falls ein Radius anstelle der Fase verwendet wird, soll dieser nicht kleiner sein als die Durchmesserdifferenz $(d_1 - d_3)$.

Bild 37: Richtlinien für die Gestaltung des Dichtungsumfeldes nach DIN 3760

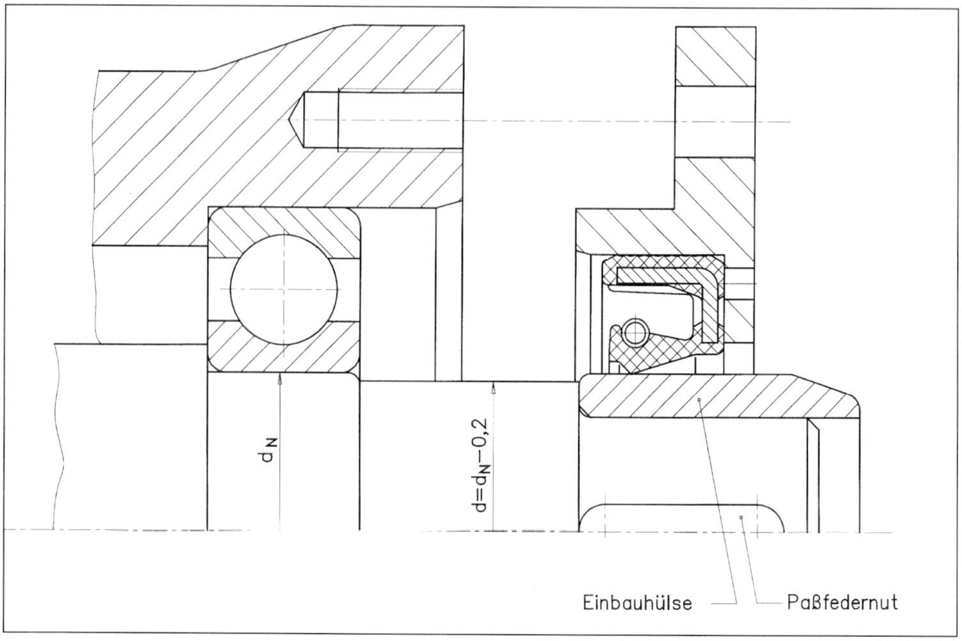

Bild 38: Montage eines RWDR mittels Einbauhülse

montiert wird. Durch das Aufpressen des Lagers können an der Dichtstelle axiale Riefen entstehen, die die Dichtlippe im Betrieb zerstören können.

Um diese Gefahr zu verringern, genügt bereits eine Verkleinerung des Wellendurchmessers im Laufbereich um 0,2 mm, vgl. Bild 38. Der für den Nenndurchmesser der Welle ausgelegte RWDR kann in der Regel ohne nachteilige Auswirkung auf die Dichtfunktion verwendet werden. Lediglich bei sehr kleinen Durchmessern muß darauf geachtet werden, daß die für die Anpressung der Dichtlippe erforderliche Überdeckung groß genug bleibt. Generell sollte deshalb der abzudichtende Durchmesser kleiner sein als der Innendurchmesser des Lagers. An die Gegenlaufflächen der RWDR auf der Welle werden hohe Anforderungen gestellt, die in Kapitel 6.3.3 beschrieben sind.

Um dynamischen Rundlaufabweichungen vorzubeugen, sollte der Dichtring grundsätzlich möglichst nahe am Lager sitzen.

6.6.2 Spritzschutz der Dichtlippe

Trifft ein scharfer Strahl der abzudichtenden Flüssigkeit in den Dichtspalt, so kann ohne Beschädigung der Dichtlippe Leckage auftreten. Im Öl laufende Kegelrollenlager verursachen beispielsweise Axialströmungen in Richtung Dichtspalt. Deshalb sollte die Dichtlippe je nach Anwendungsfall vor solchen Einflüssen geschützt werden. Das kann zum Beispiel durch einen Wellenabsatz oder eine Schleuderscheibe auf der Welle erfolgen. Dabei ist jedoch darauf zu achten, daß vor allem bei schnell drehenden Wellen die Schmierung und Kühlung der Dichtstelle nicht durch Abschleudern des Öls unterbunden wird.

6.6.3 Aufnahmebohrung

Für die Aufnahmebohrung im Gehäuse sollte nach DIN 3760 das ISO-Toleranzfeld H8 vorgesehen werden. Die Bohrung muß wie die Welle angefast werden und sollte geringfügig tiefer sein als die Breite des Dichtrings. Zu tiefe Bohrungen sind bei der Montage des Dichtrings hinderlich und können – besonders bei nicht gummierten Dichtringen – zu einer Beschädigung des Haftteils des RWDR führen. Die Anforderungen hinsichtlich der Koaxialität zur Welle wurden bereits in Kapitel 6.3.1 beziffert.

6.6.4 Montage

Der RWDR wird mit Hilfe einer mechanischen oder hydraulischen Einpreßvorrichtung und Einpreßstempeln in die Gehäusebohrung eingepreßt, Bild 39. Durch leichtes Einölen oder Einfetten am Außendurchmesser wird die erforderliche Einpreßkraft reduziert. Grundsätzlich ist darauf zu achten, daß die Einpreßkraft möglichst nahe am Außendurchmesser des Dichtrings angreift, um eine Verformung des Dichtrings zu vermeiden [2, 17, 18].

Die Dichtungshersteller fordern in der Regel einen senkrechten Sitz des RWDR zur Welle. Durch eine leichte Schrägstellung kann jedoch – ebenso wie durch eine geringfügige Koaxialitätsabweichung von Gehäuse und Welle – das Rückfördervermögen des Dichtrings zunehmen [12]. Durch einen schrägen Einbau nimmt auch die Wärmebelastung an der Dichtstelle ab, da die durch die Schrägstellung hervorgerufene relative Axialbewegung der Dichtlippe die Laufspur auf der Welle verbreitert und damit die flächenbezogene Wärmemenge abnimmt. Dennoch legen die Dichtungshersteller auf einen senkrechten Einbau des Dichtrings zur Welle großen Wert.

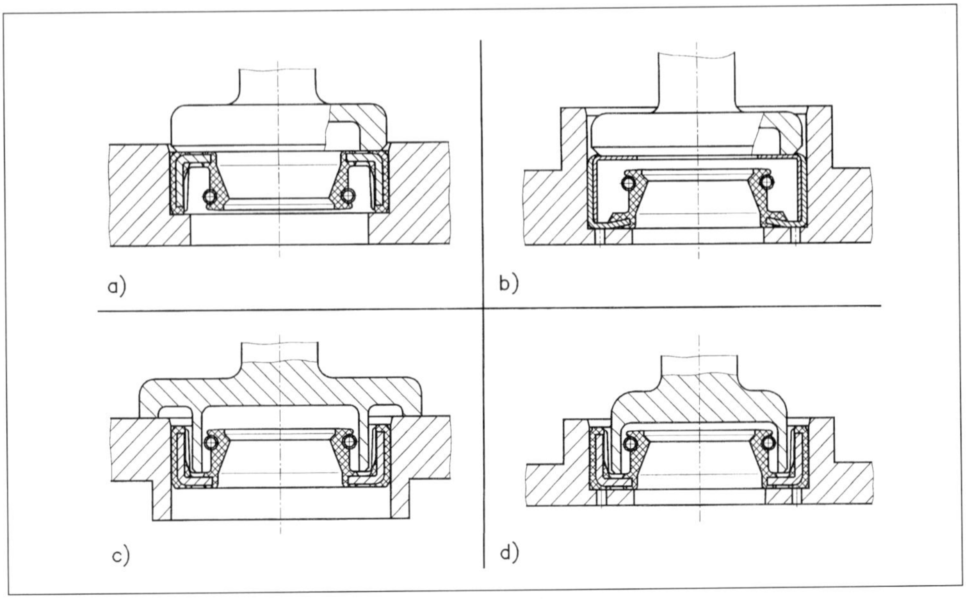

Bild 39: Beispiele für die Montage mit verschiedenen Einpreßstempeln

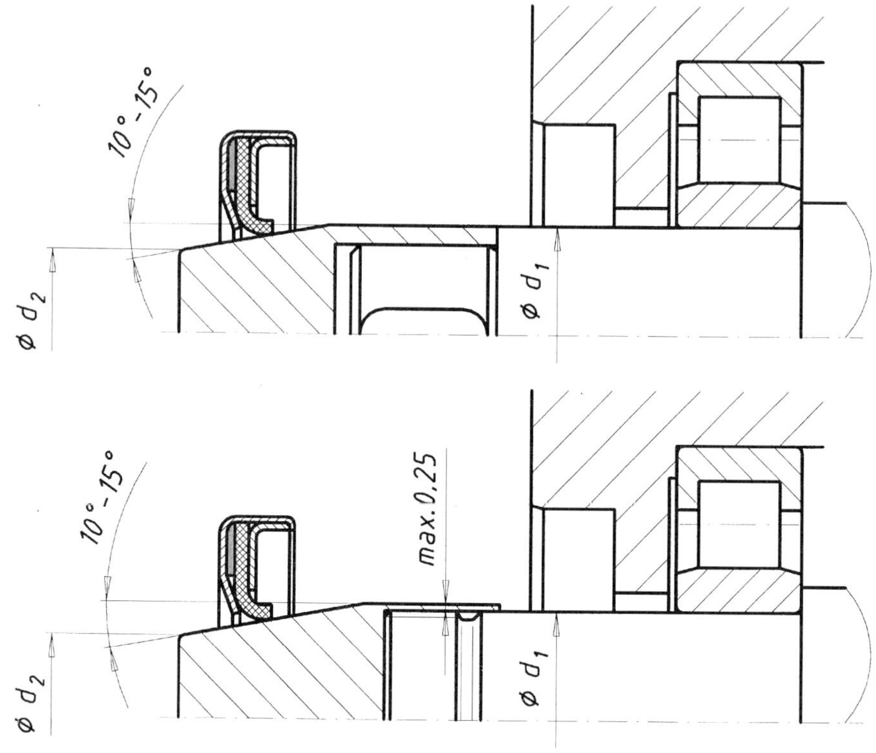

Richtwerte für die Durchmesser der Einführschrägen

Wellen-Ø d_1 [mm]	≤30	31 - 60	61 - 100	101 - 150
Konus-Ø d_2 [mm]	$d_1 - 2$	$d_1 - 3$	$d_1 - 4$	$d_1 - 5$

Bild 40: Montage eines PTFE-RWDR mit Hilfe eines Aufziehkonus

Beim Aufschieben des Dichtrings auf die Welle bzw. beim Einführen der Welle in den Dichtring ist insbesondere darauf zu achten, daß die Dichtkante nicht beschädigt wird. Das wird hauptsächlich durch die in Kapitel 6.6.1 genannten Maßnahmen erreicht.

PTFE-Dichtlippen sind empfindlicher gegenüber mechanischen Beschädigungen als Elastomer-Dichtkanten. Deshalb wird von manchen Herstellern als Montagehilfe die Verwendung eines riefenfreien Aufziehkonus mit gerundeten Kanten und vergrößerter Einfahrschräge empfohlen, Bild 40. Werden Dichtlippe oder Dichtkante dennoch beschädigt – die Gefahr besteht immer, wenn die Welle vor der Dichtstelle beispielsweise zahlreiche Absätze, scharfe Kanten oder Gewinde aufweist – so muß der Dichtring sofort ausgetauscht werden. Der Dichtring sollte auch ausgetauscht werden, wenn lediglich der Verdacht einer Beschädigung besteht, da das Versagen des Dichtrings im Betrieb in der Regel wesentlich höhere Folgekosten nach sich zieht und kleine Beschädigungen mit bloßem Auge oft nicht erkennbar sind.

Häufig entsteht im abzudichtenden Raum, beispielsweise durch betriebsbedingte Temperaturerhöhung, ein Überdruck, dessen Höhe schwer abschätzbar ist und den der Konstrukteur bei der Auswahl des RWDR oft nicht berücksichtigt. Dadurch kann die Gebrauchsdauer des RWDR stark verkürzt werden. Ist mit Überdruck zu rechnen, so sollte eine Gehäuseentlüftung vorgesehen werden.

6.6.5 Allgemeines

Die Stirnseite des Dichtrings (Seite mit Dichtlippe) muß stets dem abzudichtenden Raum zugewandt sein. Der Dichtring darf nicht axial vorgespannt werden und kann außer der erforderlichen Vorspannung der Dichtlippe keine Kräfte aufnehmen. Gebrauchte RWDR sollten nicht wiederverwendet werden.

Prinzipiell muß darauf geachtet werden, daß der Dichtring nicht schon vor der Montage durch falsche Lagerung oder unsachgemäßen Umgang beschädigt oder verschmutzt wird. Eventuell abgesprungene Federn müssen wieder aufgelegt werden. Fehlt die Feder, so ist mit verkürzter Lebensdauer oder auch sofortigem Ausfall zu rechnen.

Der Montageplatz muß sauber gehalten werden. Verunreinigungen jeglicher Art können zum verfrühten Ausfall des Dichtrings führen. Insbesondere Metallspäne können sehr schnell zu starken Beschädigungen führen. Viele Hersteller empfehlen, die Dichtlippe vor der Montage einzuölen oder einzufetten. Ungeölte Dichtringe jedoch erzeugen während den ersten Umdrehungen der Welle schneller die für den aktiven Fördermechanismus wichtige, charakteristische Oberflächenstruktur. Insbesondere bei in Öl eingesetzten Dichtringen, die kurz nach Inbetriebnahme automatisch geölt werden, ist das Einölen nicht empfehlenswert, da die Verschmutzungsgefahr dadurch ansteigt.

Auch sollte die Dichtlippe nicht mit einem fasrigen Lappen oder ähnlichen Gegenständen gereinigt werden, da die Fasern hängen bleiben können. Liegt die Dichtlippe auf den Fasern auf, so bilden sich dadurch „Leckagekanäle", die im Falle einer Verschmutzung durch Haare noch größer sein können. Ein Haar hat etwa eine Dicke von 50.000 Ölmolekülen. Es ist leicht nachvollziehbar, daß ein Haar regelrechte Leckageströme verursachen kann, obwohl der Dichtring unbeschädigt ist und auch nach dem Ausbauen kein Schaden nachgewiesen werden kann.

Die Gegenlaufflächen sind genauso sorgsam zu behandeln wie der Dichtring. Bereits kleine Kratzer oder Dellen können die Dichtkante zerstören bzw. deren Funktion beeinträchtigen.

Bei der Reparatur oder Überholung eines Aggregats sollten grundsätzlich neue RWDR eingebaut werden. Weist die Welle deutlich spürbare Einlaufspuren auf, so sollte die Dichtkante des neuen Dichtrings nicht in dieser Laufspur zu liegen kommen. Das wird beispielsweise durch den Einsatz von Wellenbüchsen (Reparaturhülsen) erreicht. Eine weitere Möglichkeit besteht im Einbau von Distanzringen hinter dem RWDR, wodurch der RWDR weniger tief in das Gehäuse eingepreßt wird.

6.7 Schadensfälle

Der RWDR verdient, als hochwertiges Maschinenelement betrachtet zu werden. Gelegentliche Schadensfälle lassen sich auf unterschiedliche Ursachen zurückführen. Außerhalb möglicher Fertigungsfehler sind drei Gruppen von Schadensursachen bei grober Unterteilung feststellbar:

- Schäden durch Transport und Lagerhaltung
- Schäden durch Montagefehler
- im Betrieb aufgetretene Schäden.

Da das Schadensbild einer Dichtung auf die Ausfallursache schließen läßt, sollten beschädigte Dichtungen zur exakten Schadensanalyse bereitgehalten werden. Auch eine Ölprobe und der Zustand der Welle im Dichtungsbereich bieten wichtige Aufschlüsse. In der DIN 3761 werden die nicht zulässigen Fertigungsfehler für Elastomer-RWDR ausführlich beschrieben. Für den Bereich der Standarddichtungen nach DIN 3760 sind die Angaben nur bedingt zutreffend. Im Schadensfall muß geprüft werden, ob eine statische Leckage am Haftsitz oder an der Dichtlippe oder eine nur an der Dichtlippe auftretende dynamische Leckage vorliegt. Die Oberfläche der Aufnahmebohrung oder der Welle kann Ursache eines Schadens sein.

Zunächst ist zu klären, wann ein RWDR als beschädigt gelten kann. In der Regel ist jede Art von Beschädigung am Nachlassen der Dichtfähigkeit, also am Auftreten von Leckage zu erkennen. In der DIN 3761 wird eine Leckagedefinition gegeben. Unterschieden wird zwischen dicht ohne erkennbare Feuchtigkeit, feucht, naß und meßbarer Leckage. Eine anfänglich auftretende Feuchtigkeit ist funktionsbedingt und bleibt über die ganze Lebensdauer erhalten. Ein Reklamationsgrund ist nicht gegeben. Selbst wenn die Feuchtigkeit in Nässe in Form eines über die Bodenfläche hinausgehenden Films umschlägt, kann das eine vorübergehende Erscheinung sein, die einen Austausch der Dichtung nicht rechtfertigt. Erst eine meßbare Leckage mit stärkerer Tropfenbildung oder einem erkennbaren Rinnsal ist eindeutig auf eine beschädigte Dichtlippe rückführbar. In diesem Fall ist mit zunehmender Leckage bei weiterem Betrieb zu rechnen.

In der ISO 9164 sind mögliche Beschädigungen und Fertigungsfehler von PTFE-RWDR beschrieben.

6.7.1 Schäden durch Transport und Lagerhaltung

Durch falsche Lagerung, Verpackung oder Stapelung der Ringe können die Dichtungen defomiert an die Einbaustelle gelangen. Neben einer Deformierung des Gehäuses und der Dichtlippe kann auch die Deformierung der Schutzlippe zur Ausfallursache werden. Dichtungen mit filigranem Profil sind besonders schonend zu behandeln. Zahlreiche Stationen vom Versand über den Transport, den Wareneingang, Zwischenlagerungen und Montagevorbereitung führen bei unsachgemäßer Behandlung zu sofortigem oder frühem Dichtungsausfall oder zur Verkürzung der Lebensdauer. Grundsätzlich müssen Dichtungen aus gummielastischen Werkstoffen eingepackt, kühl und trocken gelagert werden.

6.7.2 Schäden durch Montagefehler

Obwohl alle Hersteller von RWDR auf die Notwendigkeit einer sorgfältigen Montage hinweisen, werden immer wieder Fehler gemacht, die zu Schäden führen und die Funktionssicherheit beeinträchtigen. Häufige Schäden werden durch eine Montage des RWDR über scharfe Kanten oder scharfkantige Gewinde verursacht. Auch eine zu rauhe Wellenoberfläche führt zu einer Beschädigung der Dichtlippe beim Überstreifen. Im Kap. 6.6 werden Hinweise zur konstruktiven Gestaltung und der richtigen Montage gegeben.

Die Überdehnung der PTFE-Dichtlippe bei der Montage kann systembedingt zu einer Anfangsleckage führen. Die PTFE-Dichtlippe hat jedoch die Eigenschaft, sich bei Erwärmung an ihre ursprüngliche Form vor der Verformung zu „erinnern". Diese als Plastic-Memory-Effekt bezeichnete Eigenschaft bewirkt, daß sich die überdehnte Dichtlippe spätestens bei starker Erwärmung im Betrieb an die Welle anlegt [3, 13, 44 bis 46] und die Anfangsleckage abnimmt. Zu starke Überdehnung ist zu vermeiden.

PTFE-Dichtlippen sind gegenüber mechanischen Einflüssen bei der Montage empfindlicher als Elastomer-RWDR. Die mangelnde Elastizität des PTFE führt dazu, daß bereits unsanftes Anfassen der Manschette mit den Fingern oder das Überstreichen der Manschette mit einem Fingernagel oder einem Werkzeug zu bleibenden plastischen Verformungen und damit zum Ausfall der RWDR führt.

6.7.3 Schäden im Betrieb

Hier können verschiedene Ursachen den Ausfall eines RWDR bewirken. Die Schäden lassen sich auf zu hohe mechanische, thermische oder chemische Belastung zurückführen. Häufig entstehen Schäden durch eine Überlagerung dieser Einflüsse.

Die Auswirkungen des abzudichtenden Mediums auf den RWDR zeigen sich am Zustand der Dichtlippe, dem Laufbild und den Meßdaten nach Versuch oder Betrieb in der Praxis. Eine Verhärtung der Dichtlippe tritt durch den Einfluß des abzudichtenden Mediums in Verbindung mit thermischer Überlastung ein. Das damit verbundene Nachlassen der elastischen Eigenschaften führt zu einer Angleichung des Dichtlippendurchmessers an den Wellendurchmesser, oft mit Rißbildung verbunden. Ein Anpressungsverlust und eine ungleiche Anlage der Dichtlippe an der Welle – erkennbar am Laufbild – und eine starke Leckage sind die Folge.

6.7.3.1 Schäden durch mechanische Einwirkung

Außer den durch fehlerhafte Montage hervorgerufenen Schäden kann ein gestörter Einlaufvorgang durch eine zu rauhe Oberfläche der Welle entstehen. Ein zu hoher Anfangsverschleiß führt schneller zu einer Leckage, abgesehen davon, daß die Bildung eines tragfähigen Schmierfilms im Dichtspalt verhindert wird, was bei Elastomer-RWDR wiederum zu höheren Reibungsverlusten und damit auch zu einer thermischen Überlastung führt. Schmutzpartikel und Metallabrieb im Ölkreislauf tragen ebenfalls zur Beschädigung der Dichtlippe bei. Schmutzpartikel können beim Nachfüllen von Öl eingebracht werden oder beispielsweise durch unsachgemäße Dampfstrahl- oder Hochdruckreinigung.

Bei Elastomer-RWDR verhindert eine zu glatte Wellenoberfläche, gebildet durch Polieren oder Verchromen ohne Aufrauhen der Dichtstelle, die Bildung eines Schmierfilms und führt somit zu einem Dichtungsausfall durch Überhitzung. Bei einer Dichtung mit Rückförderdrall kann durch die starke Förderwirkung an der Dichtstelle eine Mischung aus Öl und Schmutz in Form einer Schmirgelpaste entstehen. Starker Abrieb in Verbindung mit einer ausgeprägten Laufspur führen dann schnell zu Leckage.

Auch das Überschreiten der maximal zulässigen Rundlaufabweichung der Welle führt zu einer mechanischen Überlastung der Dichtung.

Speziell Kegelrollenlager üben beim Lauf eine zeitweilig beträchtliche Förderwirkung des Schmierstoffes aus. Dadurch kann entweder ein Ölstrahl die Dichtlippe so treffen, daß eine Undichtigkeit ohne Beschädigung der Dichtlippe eintreten kann.

6.7.3.2 Schäden durch thermische Einwirkung

Elastomer-RWDR

Außer den erwähnten Ausfällen, bei denen durch mechanische Fehler eine thermische Überlastung eintreten kann, treten thermisch bedingte Dichtungsschäden ein, wenn die Dichtstelle ungenügend mit Schmierstoff versorgt wird. Das ist zum Beispiel dann der Fall, wenn in der Nähe der Dichtlippe ein Unterdruck durch eine Schleuderscheibe entsteht. Auch ungeeignete Öle können zu einer Überhitzung führen. Bei Verwendung von Getriebeöl, das für die Dichtung schlechtere Schmiereigenschaften aufweist als Motorenöl, tritt eine höhere Übertemperatur an der Dichtstelle auf, wodurch der Dichtungswerkstoff thermisch überfordert wird und verhärtet. Bekannt wurden auch Fälle, bei denen durch unsachgemäße Lagerung einer Welle und größere Entfernung der Dichtung vom Lager Biegeschwingungen der Welle zu einer ständigen hochfrequenten Belastung der Dichtlippe und durch Mangelschmierung mit erhöhter Reibung zu thermisch bedingtem Schaden führen.

Erhöhte Reibung tritt auch durch eine Schutzlippe auf, die allenfalls von der Montage her eine Fettschmierung hat. In Verbindung mit einem Drall an der Hauptlippe kann sich durch die Rückförderwirkung ein Vakuum zwischen der Haupt- und der Schutzlippe bilden, was ebenfalls zu erhöhter Reibung und höherer Übertemperatur führt. RWDR mit Rückförderdrall und berührenden Schutzlippen sollten deshalb nicht eingesetzt werden.

Elastomere sind schlechte Wärmeleiter, weshalb die Welle erheblich zur Wärmeabfuhr beitragen muß. Das ist aber bei Hohlwellen und kleinen Wellendurchmessern < 20 mm oder bei einer aufgepreßten Laufbüchse mit schlechtem Wärmeübergang zur Welle in Frage gestellt.

Bei Getrieben, die in normaler Umgebungstemperatur mit einer Betriebstemperatur von meist 50 bis 60 °C arbeiten, ist Vorsicht geboten, wenn diese in Heißräumen oder zum Antrieb von heißen Rührwerken mit senkrechter Welle dienen. Da das Wärmegefälle des Getriebes zur Umgebung vermindert oder aufgehoben wird, tritt ebenfalls eine thermische Überlastung nicht nur der Dichtung, sondern auch des Schmierstoffs auf. Das ist schon bei der Projektierung eines Antriebes zu berücksichtigen. Wenn in einem solchen oder ähnlichen Fall der Schmierstoff thermisch überlastet wird, tritt eine Ölkohlebildung im Dichtlippen- und Laufspurbereich ein und ruft Beschädigungen in diesen Bereichen hervor. Ebenso führen angelagerte Additive aus dem Öl zu starkem Verschleiß. Die Dichtringe selbst bleiben in vielen Fällen unbeschädigt und werden lediglich durch die Verschmutzung undicht.

Schäden durch thermische Einwirkung führen durch Verhärtung (Anstieg des E-Moduls) und Rißbildung zum Dichtungsausfall. Die Verhärtung erfolgt durch Nachvernetzung des Elastomers im aufgedehnten, also verformten Zustand. Dadurch büßt der RWDR an Elastizität ein, so daß die leckagefrei ertragbare Exzentrizität geringer ist.

PTFE-RWDR

Da PTFE einer Temperatur von über 250 °C standhält, tritt eine Überhitzung der Manschette weit seltener auf als eine Überhitzung der Dichtkante bei Elastomer-RWDR. Treten im Dichtspalt hohe Temperaturen auf, so kann jedoch die abzudichtende Flüssigeit geschädigt werden. Bei Öl bedeutet das Ölkohlebildung und Auslegung von Additivien. Es können sich Ablagerungen bilden, die die Rückförderelemente – soweit vorhanden – verstopfen und so zu Leckage führen.

Da der E-Modul von PTFE mit steigender Temperatur abnimmt und der Werkstoff weicher wird, besteht eher die Gefahr erhöhten Verschleißes.

6.7.3.3 Schäden durch chemischen Angriff

Beim PTFE-RWDR besteht für die Manschette keine Gefahr durch chemischen Angriff. Ist der RWDR außen gummiert, so ist nur hier auf Medienbeständigkeit zu achten. Bei Elastomer RWDR führen ungeeignete Schmierstoffe oder falsche Wahl des Dichtungswerkstoffes in der Regel zu schnellem Ausfall der Dichtung. Kap. 2 gibt eine Hilfestellung für die Auswahl des geeigneten Dichtungswerkstoffes. Hochleistungsschmieröle mit starker Additivierung bewirken einen chemischen Angriff auf den Dichtungswerkstoff, ebenso wie chemisch aggressive Stoffe, die häufig auch eine schlechte Schmierwirkung aufweisen. Auch durch chemische Unverträglichkeit zweier Schmierstoffe, zum Beispiel synthetisches Öl an der Dichtlippe und mineralbasisches Fett zwischen Haupt- und Schutzlippe, kann das Elastomer angegriffen werden. Das Fett kann dem synthetischen Öl Additive entziehen, was zu einer Additivkonzentration im Fett führt und einen chemischen Angriff auf die Dichtlippe infolge fehlender Antioxydanzien im Öl bewirkt.

Die Einwirkung aggressiver Medien auf den Dichtungswerkstoff kann zu der erwähnten Verhärtung führen oder zu einer Erweichung durch Abfall des E-Moduls. Ursache der Erweichung ist eine Quellung durch Aufnahme von Stoffen aus dem umgebenden Medium.

6.8 Ausblick

Das Maschinenelement Radialwellendichtring steht, wie in den vorhergehenden Kapiteln beschrieben, im Spannungsfeld des Systems Dichtung – Schmierstoff – Welle. Neben den spezifischen Bedingungen an der Einbaustelle steht auch das Aggregate-know-how bei der Entwicklung und bei dem Einsatz von RWDR zunehmend im Vordergrund.

Der Trend in der Technik geht – insbesondere vor dem Hintergrund der technologischen Entwicklung des Schrittmachers Automobilindustrie – in folgende Richtungen:

- Kostenreduzierung für Dichtsysteme
- kleine Bauräume
- höhere thermische Belastung
- Wartungsfreiheit, größere Austauschintervalle der Schmierstoffe bzw. Lebensdauerbefüllung der Aggregate
- Erhöhung der Lebensdauer, robustes Design.

Aus diesem Umfeld leiten sich nach heutigem Stand folgende Entwicklungstendenzen ab:

- Ein noch höherer Modularisierungsgrad und eine vermehrte Funktionsintegration wird sich beim Maschinenelement RWDR abzeichnen. Das ist in den letzten Jahren an einer starken Zunahme bei der Anwendung von Kassettendichtungen zu erkennen. Im Bereich Deckel und Flansche geht der Trend zu Komplettflanschen, das heißt, es werden in den Flansch dynamische und statische Dichtungen integriert werden.
- Werkstoffe als einer der Haupterfolgsfaktoren für einen problemlosen Einsatz von Dichtungen werden hinsichtlich Temperatur und Medienbeständigkeit verbessert werden müssen. Das erfolgt einerseits in Zusammenarbeit mit den Polymerherstellern: es werden verbesserte Polymerrohstoffe entwickelt werden. Andererseits werden neue Materialien für bestimmte Dichtungsaufgaben verwendet werden, bzw. der Einsatz von bekannten Materialien wie beispielsweise PTFE wird entsprechend den Einsatzbedingungen zunehmen.
- Hinsichtlich der Integration von Zusatzfunktionen werden neue kompakte Bauteile wie beispielsweise RWDR mit integrierter Drehzahlerfassung Eingang in die Aggregate finden.
- Eine weitere Kostenreduktion wird auch insbesondere dadurch zu erzielen sein, daß vereinfachte und robuste Verfahren zur Bearbeitung der Gegenlauffläche der Welle gefunden werden. Erste Aktivitäten laufen zur Zeit in Forschungsvorhaben an Hochschulen und bei größeren Dichtungsherstellern.

Zusammenfassend läßt sich sagen, daß auch bei dem „alten“ Maschinenelement Radialwellendichtring noch genügend Anforderungen für Weiterentwicklungen in der Zukunft vorhanden sind.

Literaturverzeichnis

[1] DIN 3760: Radial-Wellendichtringe, Beuth Verlag, Berlin, 1996

[2] DIN 3761: Radialwellendichtringe für Kraftfahrzeuge, Beuth Verlag, Berlin, 1984

[3] Müller, H. K.: Abdichtung bewegter Maschinenteile. Medienverlag U. Müller, Waiblingen, 1990.

[4] Schmitt, W.: Kunststoffe und Elastomere in der Dichtungstechnik. Verlag Kohlhammer, Stuttgart, Berlin, Köln, Mainz, 1987

[5] Schmid, E.: Handbuch der Dichtungstechnik. expert-Verlag, Grafenau / Württ., 1981

[6] Trutnovsky; K.: Berührungsdichtungen an ruhenden und bewegten Maschinenteilen, 2. Auflage. Springer-Verlag, Berlin, 1975

[7] Brown, M Publishers. W.: Seals and Sealing Handbook, 4th Edition, Elsevier Science LTD, Oxford, 1995

[8] Horve, L. A.: Shaft seals for dynamic applications, Marcel Dekker, Inc., New York, 1996

[9] Ott, W.: Untersuchungen zum dynamischen Leckage- und Reibverhalten von Radial-Wellendichtringen. Dissertation, Institut für Maschinenelemente, Universität Stuttgart, 1983

[10] Kammüller, M.: Zur Abdichtwirkung von Radial-Wellendichtringen. Dissertation, Institut für Maschinenelemente, Universität Stuttgart, 1986

[11] Britz, S.: Ein Beitrag zur Erfassung der Funktionsprinzipien dynamischer Wellendichtungen unter besonderer Berücksichtigung des Radialwellendichtrings. Dissertation, Lehrstuhl für Maschinenelemente, Universität Kaiserslautern, 1988

[12] Jenisch, B.: Abdichten mit Radial-Wellendichtringen aus Elastomer und Polytetrafluorethylen. Dissertation, Institut für Maschinenelemente, Universität Stuttgart, 1991

[13] Wollesen, V.: Temperaturbestimmung in der Dichtzone von Radialwellendichtringen als Randbedingung für die Modellierung des Dichtvorganges. Dissertation, Konstruktionstechnik II Technische Universität Hamburg-Harburg, 1993

[14] Hoffmann, Ch.: Untersuchungen an PTFE-Wellendichtungen. Dissertation, Institut für Maschinenelemente, Universität Stuttgart, 1995.

[15] Oliveira, S.: Das nichtnewtonsche Verhalten von Fluiden bei hohen Schergefällen als Erklärung der Schmierungs- und Dichtvorgänge bei Radialwellendichtringen. Dissertation, Konstruktionstechnik II Technische Universität Hamburg-Harburg, 1995

[16] Bock, E.: Schwimmende Wellendichtringe. Dissertation, Institut für Maschinenelemente, Universität Stuttgart, 1995

[17] Simrit® Standardkatalog, 5. Auflage, , Druck-Nr. 419137 - 197 D

[18] SimCat® Der Katalog. CD-ROM- Katalog, Freudenberg Dichtungs- und Schwingungstechnik

[19] Fachschriften der Reihe „E”, Goetze AG, Burscheid, 1965–1981

[20] Müller, H.K.: Tribologische Dichtmechanismen bei Wellendichtungen. In: Tagungsband des Antriebstechnischen Kolloquiums 1995, RWTH Aachen. Wissenschaftsverlag Aachen, 1995

[21] Oliveira, S.; Wollesen, V.; Vötter, M.: Neue Erklärung des Fördermechanismus von Radialwellendichtringen. ATZ Automobiltechnische Zeitschrift 98 (1996) 5, S. 296–300

[22] Kammüller, M., Müller, H. K.: Physikalische Ursachen der Dichtwirkung von Radial-Wellendichtringen. ATZ Automobiltechnische Zeitschrift 88 1986.

[23] Bock, E.; Sckuhr, M. und Weiß, R.: Temperaturmessung und -berechnung im Dichtspalt von Radialwellendichtringen. Tagungsband zur 11. Internationalen Dichtungstagung, Dresden, 1999

[24] Bock, E. und Guth, W.: Temperaturabsenkung im Dichtspalt von Radialwellendichtringen. Dichtungstechnik 1 (1999), ISSN 1436-526 X, S. 29–36

[25] Kuschel, R.: Wechselwirkungen zwischen Elastomeren und Schmierstoffen,. Seminar 819 225016, Technische Akademie Wuppertal

[26] Peschk, G.: Wechselwirkung von elastomeren Dientypwerkstoffen mit konventionellen und biologisch abbaubaren Hydraulikflüssigkeiten und Schmierstoffen, Mineralöltechnik 12, 1993, Beratungsgesellschaft für Mineralöl-Anwendungstechnik, 22087 Hamburg

[27] VDMA Einheitsblätter: Biologisch schnell abbaubare Druckflüssigkeiten, VDMA 24568 und DIN 51524, Druckflüssigkeiten, Beuth Verlag Berlin
[28] Rau, N., Seibold, M.: Drallstrukturen geschliffener Dichtflächen beurteilen. Carl-Hanser-Verlag, München, Werkstatt und Betrieb 130 (1997),m Nr. 11, S. 1013–1016.
[29] Rau, N., Kruppke, V., Seibold, M.: Drallstrukturen an geschliffenen Dichtflächen und ihr Einfluß auf die Dichtfunktion. Tagungsbvand zur 11. Internationalen Dichtungstagung, Institut für Fluidtechnik, Technische Universität Dresden, Dresden 1999.
[30] Vogt, R. und H. Metzner: Bearbeitung von Wellenoberflächen für Radialwellendichtungen. Druckschrift der Freudenberg Dichtungs- und Schwingungstechnik, Weinheim, Nr. 30D050507/97
[31] Raab, H. und W. Haas: Tribologische Partner: Radialwellendichtring und Gegenlauffläche. In: antriebstechnik 38 (1999) Nr. 4, S. 133–135
[32] Putzier, U., Putzier, J., Thermische Spritzschichten als Konstruktionselement in Dichtungssystemen, VDI Bericht 1331, Düsseldorf, 1997
[33] Haas, W., Putzier, U., Haiser, H., Putzier, J., Wear Resistant Coatings for Radial Shaft Sealing Systems, Proceedings of the 15th International Spray Conference, Nizza, May 1998
[34] N.N., DIN EN 657, Thermisches Spritzen, Beuth-Verlag, Berlin, Juni 1994
[35] N.N., DIN EN 1274, Thermisches Spritzen – Pulver, Beuth-Verlag, Berlin, August 1996
[36] Haas, W., Haiser, H.: Keramik-Gegenlaufflächen in der Dichtungstechnik. Technische Akademie Esslingen, 2. Symposium Keramik, 24.–26. Juni 1996
[37] Haas, W., Haiser, H.: Verschleißschutz-Beschichtungen. In: Tagungsband des Antriebstechnischen Koloquiums, 27.–28. Mai 1997 RWTH Aachen, S. 313–322, Wissenschaftsverlag Aachen
[38] H. K. Müller, W. Haas, G. Wüstenhagen: Gegenlaufflächen für Radialdichtungen, Tribologie + Schmierungstechnik, 43. Jahrgang, 3/1996
[39] Beyer, R. et. al.: CAD-integriertes FEM-Berechnungsverfahren zur Auslegung von Radialwellendichtringen. ABAQUS User Meeting, Dortmund, September 1996
[40] Wellendichtungen mit PTFE-Dichtlippe. Firmenschrift der Firma Elring Kunststoff-Technik GmbH, Bietigheim-Bissingen, 1995
[41] Kreutzer, S.: Druckbelastbare Drehdurchführungen. Der Konstrukteur 1-2/96, S. 66–67
[42] Hoepke, E.: Motor und Kurbelwelle als Schwingungssystem und ihr Einfluß auf die Kurbelwellen-Dichtungen. MTZ, Motortechnische Zeitschrift 42 (1981) 7/8, S. 285–289
[43] Guth, W.: Eine leistungsfähige Alternative: Die Kurbelwellendichtung aus PTFE, System Partners 98, Friedrich Vieweg & Sohn Verlagsgesellschaft mgH, Wiesbaden, 1998
[44] Wüstenhagen, G.: Beitrag zur Optimierung des Entlasteten Wellendichtrings. Dissertation, Institut für Maschinenelemente, Universität Stuttgart, 1995
[45] Wüstenhagen, G.; Müller, H. K.: Plastic-Memory-Effekt contra Wärmedehnung bei Dichtungen. Antriebstechnik 32 (1993) Nr. 6 S. 61–63
[46] Elring Memory Manschetten. Firmenschrift der Firma Elring Kunststoff-Technik GmbH, Bietigheim-Bissingen 1991

Für Radialwellendichtringe wichtige DIN-Normen:

DIN 3760 für Elastomer-RWDR

DIN 3761 für Elastomer-RWDR

DIN/ISO 6194 für Elastomer-RWDR

ISO 9164 für PTFE-RWDR

Elastomere:

Einteilung:	DIN ISO 1629
	DIN 7724

Prüfung:	DIN 53505
	DIN 53507
	DIN 53512
	DIN 53516
	DIN 53517
	DIN 53522
	DIN 53545
	DIN 53561
Chemische Verträglichkeit:	DIN 53476
	DIN 53538
	ISO 6072

7 Hydraulik- und Pneumatikdichtungen

7 Hydraulik- und Pneumatikdichtungen

W. Tietze und O. Kahle, E. Schneider, H. Werther

7.1 Einführung

Hydraulikdichtungen werden eingesetzt, um Medien in Maschinen oder Apparaten einzuschließen oder voneinander zu trennen. In Hydraulikgeräten werden flüssige Medien, Mineralöle oder schwerentflammbare Flüssigkeiten bei Betriebsdrücken bis zu mehreren tausend bar eingesetzt. Auf der Saugseite von Pumpen kann auch Unterdruck herrschen.

In Pneumatikgeräten wird Luft mit geringen Zusätzen von Mineralöl eingesetzt, die Drücke liegen im Bereich bis 40 bar. Das Öl in der Druckluft dient zum Schmieren der Arbeitsgeräte. Nach dem Durchlauf wird die Abluft ins „Freie" abgegeben. Da in der heutigen modernen Fertigung der Einsatz von druckluftbetriebenen Arbeitsgeräten enorm zugenommen hat, wird in der industriellen Fertigung mehr und mehr auf die Zugabe von Mineralöl zur Druckluft verzichtet. Statt der Ölschmierung wird heute vielfach eine Einmalschmierung mit Fett angewendet. Für die Pneumatikdichtungen ergeben sich dadurch erhebliche Verschleißprobleme.

Sind die abzudichtenden Dichtflächen in Ruhelage zueinander, spricht man von „Statischen Dichtungen", bei einer Relativbewegung von „Dynamischen Dichtungen". Bei den statisch eingesetzten Dichtungen ist die maximal zulässige Betriebstemperatur gleich der maximal zulässigen Temperatur des eingesetzten Dichtungsmaterials, bei dynamisch eingesetzten Dichtungen muß eine Übertemperatur durch Reibwärme mit einkalkuliert werden, siehe auch Kap. 3.

Um eine Dichtwirkung zu erzielen, muß die Oberfläche der Dichtung an die der Gegenflächen angepaßt werden, siehe Bild 1. Meist wird die erforderliche Anpassung durch ein Übermaß der Dichtung zum Einbauraum sichergestellt, so daß die Dichtung nach der Montage mit einer Vorspannung gegen die Kontaktflächen gepreßt wird. Die Größe der erforderlichen Vorspannung (Kontaktspannung) ist abhängig von der Steifigkeit des Dichtungswerkstoffs, vom Profil der Dichtung und von der Rauheit der Gegenflächen. Die Kontaktspannung kann nicht

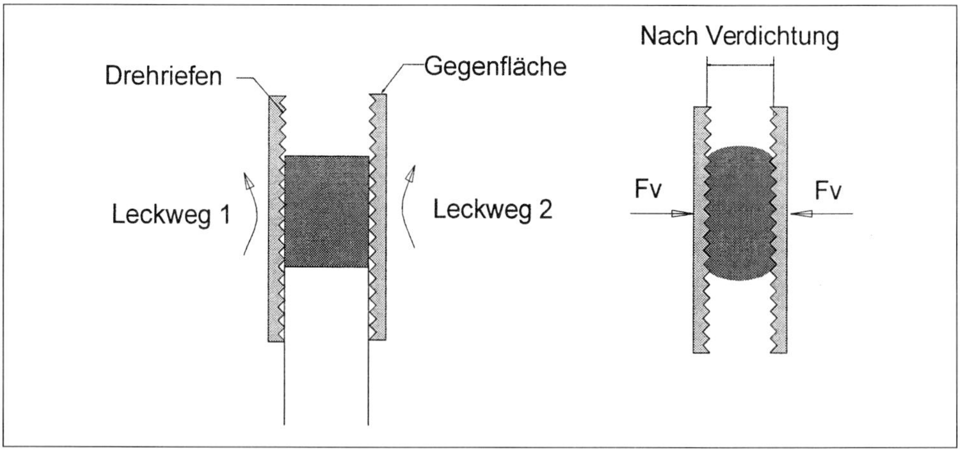

Bild 1: Anpassung der Dichtfläche

direkt gemessen werden, deshalb bedient man sich einer Meßvorrichtung, siehe Bild 2, um die Dichtwirkung mittels einer Leckagemessung nachzuweisen. Der Leckageraum ist mit Luft gefüllt, um eine Beeinflussung der Messung durch Kapillarwirkung einer Flüssigkeit zu verhindern. Der Vordruck ist mit 0,005 bar absichtlich niedrig gewählt, um eine Verformung der Dichtung auszuschließen. Es wird die Linienkraft Fl und die Kontaktbreite Bk der Dichtung bestimmt, die zum Dichtschließen führt.

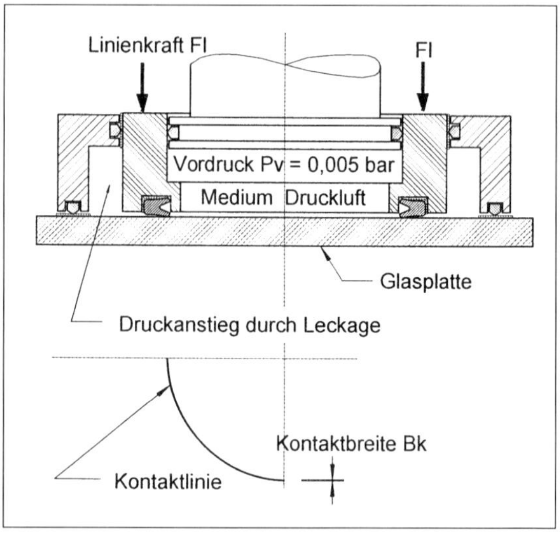

Bild 2: Meßvorrichtung für Leckagemessung

Teilt man die Linienkraft Fl durch den Umfang der Dichtlinie, erhält man die spezifische Linienkraft $fl = Fl / (Dk \cdot \pi)$ in N/mm. Man benutzt diese Linienkraft zum Vergleich verschiedenartiger Dichtungen. Die Verteilung der Vorspannung längs der Kontaktbreite Bk läßt sich nicht direkt ermitteln, man kann nur eine mittlere Spannung $\sigma_{mitt} = fl / Bk$ aus den Meßwerten berechnen.

Eine anschließende FE-Berechnung gibt Aufschluß über die Spannungsverteilung entlang der Kontaktbreite. Die gemessenen Größen Fl und Bk sind hilfreich beim Vergleich der entsprechenden Werte aus der FE-Berechnung. Eine Berechnung der Leckrate mit der FE-Me-

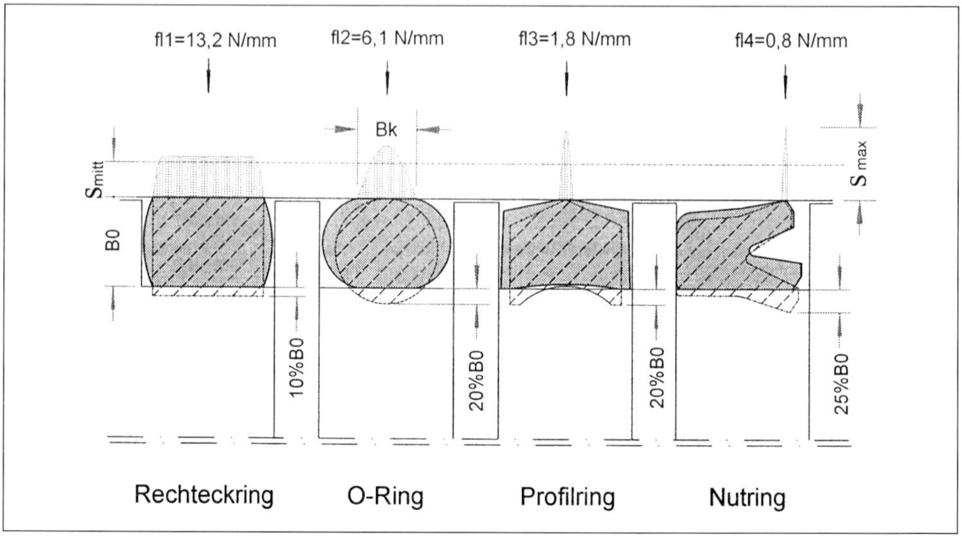

Bild 3: Kontaktdruckverteilung an Dichtringen

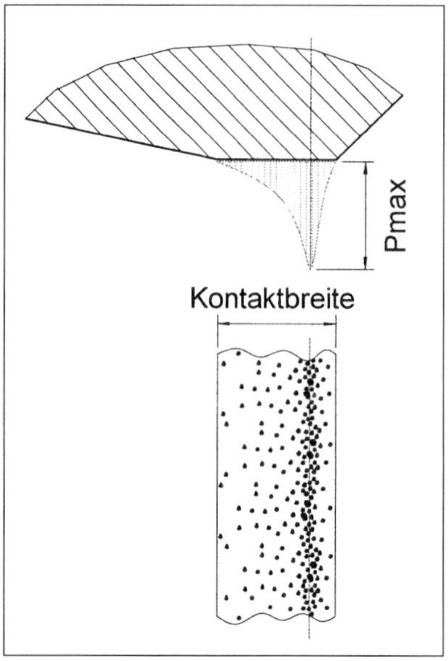

Bild 4: Reale Berührung in der Kontaktzone

thode ist nicht möglich, weil bei dieser Berechnung von ideal glatten Flächen der Dichtung und der Gegenfläche ausgegangen wird, dadurch tritt kein Spalt auf.

Die mittleren Kontaktspannungen für verschiedene Profile für vom Dichtungshersteller vorgegebene Verformungsgrade sind in Bild 3 dargestellt. Die hierbei erreichten Kontaktspannungen sind erheblich größer als die Minimalvorspannungen, welche aus dem vorgenannten Versuch bestimmt werden, weil Toleranzabweichungen, Relaxationerscheinungen und Wärmedehnungen zu überbrücken sind. Die Linienkraft fl (= Summe der Kontaktspannungen längs der Kontaktbreite Bk) nimmt in der Darstellung von links nach rechts ab, trotzdem halten alle Dichtungen in gleicher Weise dicht. Der Grund für die unterschiedliche Profilgestaltung liegt in der unterschiedlichen Anwendung der Dichtungen. Der Rechteck- und der O-Ring werden in der Regel für statische Abdichtungen eingesetzt, dabei können sie in ihrer Wirkrichtung auch um 90° verdreht als Axialdichtung eingesetzt werden. Der relativ große Wert der Linienkraft hat keine nachteilige Wirkung für diese Anwendung. Anders ist die Größe der Linienkraft beim Profil- und Nutring zu beurteilen, welche in der Regel für dynamische Abdichtungen eingesetzt werden. Da die Linienkraft Ursache für die Reibkraft ist, sollte diese immer so klein wie möglich sein.

Bei einer genaueren Betrachtung der Kontaktlinie wird man beobachten, daß die Berührungszone keine geschlossene Fläche darstellt, sondern aus vielen Kontaktpunkten besteht. An den Rändern der Linie treten die Punkte nur vereinzelt auf, im Bereich der Dichtschneide sind die Punkte derart massiert, daß eine geschlossene Berührungszone entsteht, siehe Bild 4. Man kann davon ausgehen, daß die Kontaktspannungen erheblich größer als die darüberliegenden Spannungen aus der FE-Berechnung sind. Für weitergehende Betrachtungen ist es deshalb notwendig, zwischen der scheinbaren und der realen Kontaktspannung zu unterscheiden, allgemein wird die scheinbare Kontaktspannung kurz als „Kontaktspannung" bezeichnet.

Bei der Montage von Dichtringen treten Reibkräfte auf, welche die Verformung erheblich beeinflussen. Im Bild 5, rechte Seite, ist die durch Reibung behinderte Verformung eines Rechteckrings besonders deutlich gemacht worden.

Die Dichtungen ändern ihre Kontaktspannung, wenn ein Druck aufgegeben wird, siehe Bild 6. Die Kontaktspannung σ_{max} ergibt sich aus dem Druck Δ P und der Überspannung $\sigma_{ü}$, welche ursächlich mit der Vorspannung σ_{V} zusammenhängt. Für den Dichtvorgang ist wichtig, daß die Überspannung $\sigma_{ü}$ bei allen Betriebszuständen einen positiven Wert aufweist, da sonst ein Abheben der Dichtfläche von der Gegenfläche erfolgt. Die Ermittlung der Kontaktspannung unter Druck erfolgt mit einer FE-Berechnung, ein spezifischer Reibwert muß dazu bekannt sein.

Dichtungen im dynamischen Einsatz ändern die Kontaktspannungen des Einbauzustands, weil die der Bewegung entgegen gerichteten Reibspannungen in ihrer Wirkrichtung verän-

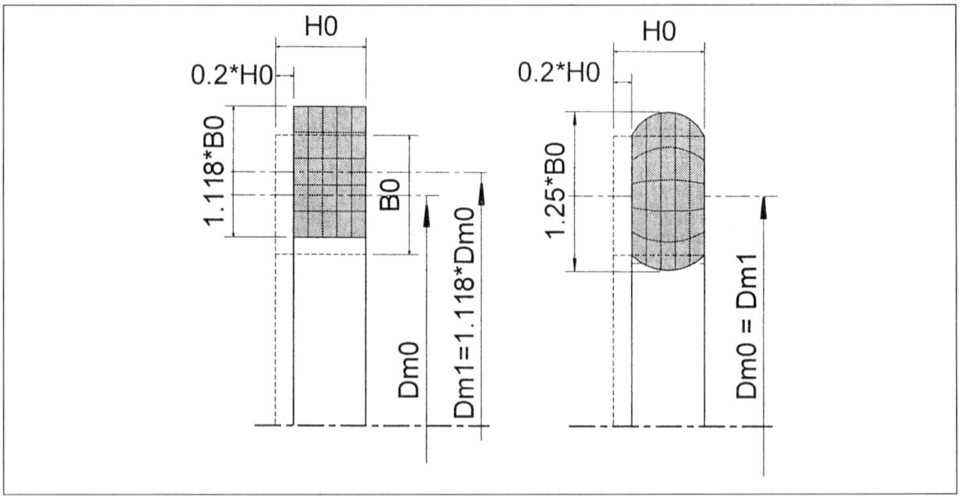

Bild 5: Reale Verformung eines Rechteckrings durch Reibung

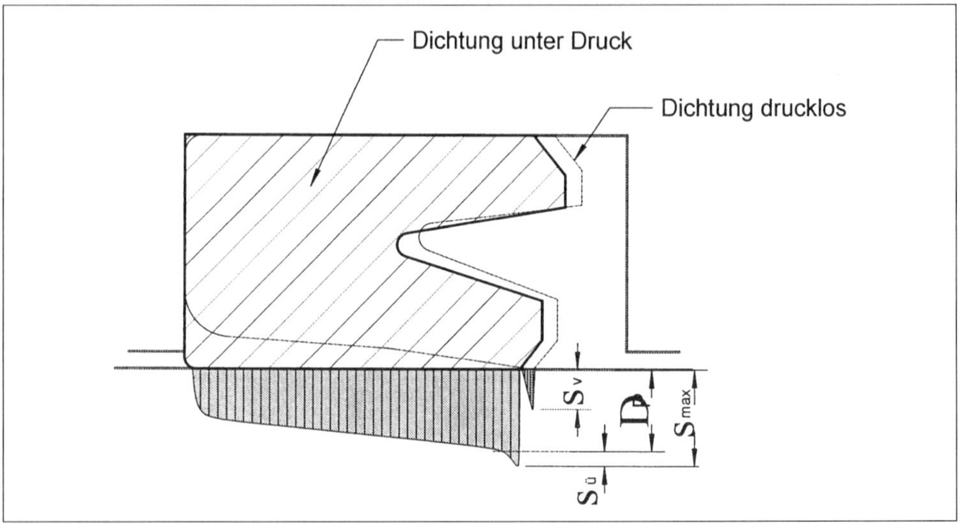

Bild 6: (Schein-) Kontaktspannung an der Dichtung

dert werden. Bei einer translatorischen Bewegung sind deshalb die Kontaktspannungen je nach Bewegungsrichtung unterschiedlich, bei Rotation tritt eine Verzerrung in Umfangsrichtung auf. Wenn die spezifischen Reibwerte bekannt sind, können die Kontaktspannungen für den dynamischen Einsatzfall berechnet werden.

Die Ermittlung der Reibwerte an translatorisch bewegten Dichtungen ist nur mit großem Aufwand möglich. Mit steigender Geschwindigkeit wird der hydrodynamisch entstehende Druck im Spalt zwischen Dichtung und Gegenfläche größer, so daß der reale Kontaktdruck an den

Tragpunkten verringert wird. Damit wird der Reibwert vom Mischreibungszustand allmählich in Richtung auf flüssige Schmierung verringert. Sind der Verlauf des Kontaktdruckes der Dichtung an der Kolbenstange, die Viskosität des Öls und die Hubgeschwindigkeit bekannt, läßt sich mit der Reynolds'schen Theorie die geringste Spaltweite h_0 zwischen Dichtung und Kolbenstange berechnen. Die Gleichung geht von einer idealen Ebenheit der Flächen an Dichtung und Kolbenstange aus, damit wäre eine hydrodynamische Schmierung zu erwarten.

$$h_0 = [8/9 \cdot \eta \cdot v/(dp/dx)]^{0,5} \qquad (1)$$

h_0 (m) – Spaltweite
η (Pa · s) – dynamische Viskosität
v (m/s) – Geschwindigkeit
dp/dx (N/m³) – Kontaktdrucksteilheit

Die sich ausbildende Filmdicke f_0 beträgt $h_0/2$. Die Einzelheiten sind in Bild 7 dargestellt.

Die Kontaktdrucksteilheit dp/dx ist an der inneren Seite größer als an der äußeren Seite, dadurch ergibt sich eine kleinere Filmdicke f_{aus} beim Ausfahren und eine mögliche größere Filmdicke f_{ein} beim Einfahren unter sonst gleichen Bedingungen $f_{aus} < f_{ein}$. (Tatsächlich kann die wieder eingeschleppte Filmdicke f_{ein} aber nicht größer als f_{aus} sein). Diese Eigenschaft einer Dichtung ist wichtig, um die sogenannte „Nulleckage“ zu verwirklichen, beim Einfahren liegt in der Regel ein schlechterer Schmierungszustand vor.

Aus der Kontaktdruckkurve läßt sich auch die Kontaktlänge Bk ablesen, so daß man die hydrodynamische Reibung ermitteln kann:

$$R_{hr} = d \cdot \pi \cdot B_k \cdot \eta \cdot v \cdot \frac{1}{h_0} \qquad (2)$$

R_{hr} (N) – Reibkraft
d (m) – Stangendurchmesser
B_k (m) – axiale Kontaktlänge

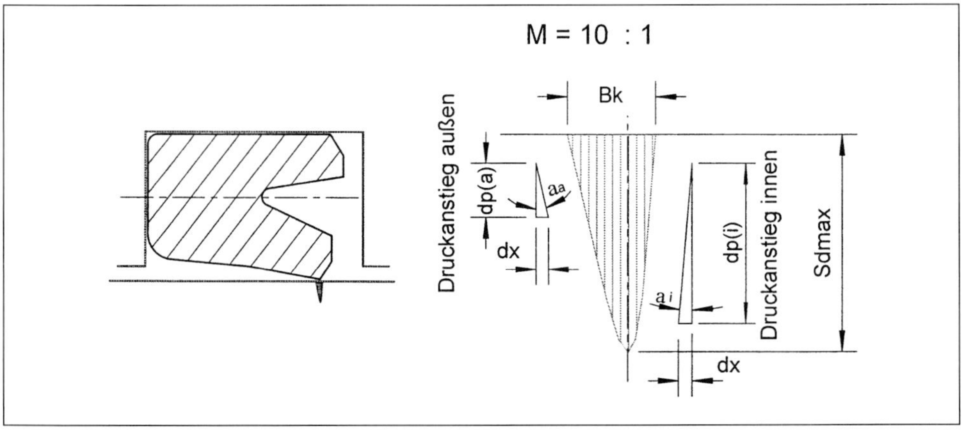

Bild 7: Einzelheiten zur Kontaktdruckverteilung

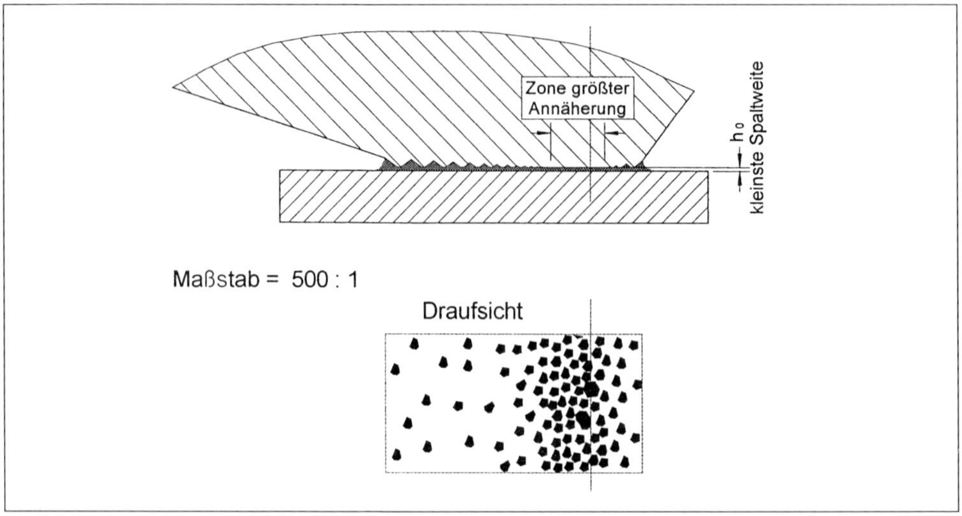

Bild 8: Dichtlinienkontakt (Schema)

Die Berechnungen ergeben für neuwertige Dichtungen äußerst geringe Spaltweiten h_0 von (1/10–1/100 µm), deshalb überrascht es auch nicht, daß die gemessenen Reibkräfte um mehr als das 10fache von den gerechneten Werten abweichen, die Rauheiten von Dichtung und Gegenfläche liegen im Bereich mehrerer µm, ein vollständiges Trennen der Flächen kann deshalb nicht erreicht werden. In der Zone größter Annäherung der Kontaktflächen, siehe Bild 8, kann eine hydrodynamische Schmierung einsetzen, wenn die Kontaktdrucksteilheit dp/dx zum Beispiel durch Abrieb stark verringert wird und damit eine entsprechend große Spaltweite entsteht. Auf der restliche Fläche der Kontaktzone liegt Mischreibung mit entsprechend hohen Reibwerten vor. Durch die Reibkräfte an der Kontaktfläche der Dichtung verändert sich der Verlauf und die Größe der Kontaktspannung. Man beobachtet deshalb bei Reibkraftmessungen das Phänomen, daß Stangendichtungen unter Druck beim Ausfahren deutlich geringere Reibkräfte als beim Einfahren aufweisen. Diese Erscheinung tritt bei sehr unterschiedlichen Dichtungskonstruktionen und Werkstoffen auf, auch bei Dichtungen mit Gleitring aus PTFE-Compounds. Treffen zwei Rauhigkeitsspitzen zentral aufeinander, wird die Gummispitze verformt, es entsteht eine Kontaktspannung. Durch die Reibung wird das benachbarte Material der Gummispitze auf Schub beansprucht, die relative Geschwindigkeit gegen die Stange ist null, die Schubkraft wächst mit der Stangengeschwindigkeit (Bulgin Modell). Die Summe aller Schubkräfte der Kontakte führt zu einer Verformung der gesamten Dichtung und damit zu einer gleich großen Reaktionskraft. Die Steigung der Reaktionskraft über dem Verformungsweg der gesamten Dichtung ist sehr viel steiler als die der Kontakte. Im Schnittpunkt der beiden Kurven befindet sich das Gleichgewicht der Kräfte, die Kontakte mit der größten Verformung müssen sich lösen und werden durch neue ersetzt, dabei schnellt das verformte Kontaktmaterial in die Ausgangslage zurück. Dieses Minischwingungssystem wird bei genügend großer Stangengeschwindigkeit am vollen Ausschwingen gehindert, so daß insgesamt ein gleichmäßiger Reibzustand erreicht wird. Bei geringer Stangengeschwindigkeit können die Minischwingungssysteme voll ausschwingen und reißen dabei lawinenartig benachbarte Kontakte mit, es kommt zu ungleichmäßiger Reibbewegung der Dichtung (Stick-Slip).

7.2 Hydraulikdichtungen

7.2.1 Statische Dichtungen

Bei den statischen Abdichtungen nimmt der O-Ring eine hervorragende Stellung ein, siehe auch Kap. 3. Die universelle Einsetzbarkeit des O-Rings ergibt sich durch die heute mögliche hochpräzise Fertigung und die große Auswahl der zur Verfügung stehenden Elastomerwerkstoffe. Der O-Ring kann gegen axiale, radiale und geneigte Kontaktflächen eingesetzt werden, sogar dem Schnurdurchmesser angepaßte Kontaktflächen werden angewendet. Der O-Ring wird durch den Innendurchmesser „d_1" und durch den Schnurdurchmesser „d_2" hinreichend beschrieben. Durch die Deformation des Schnurdurchmessers „d_2", in welcher Richtung auch immer, entsteht die erforderliche Überspannung an den Kontaktstellen des O-Rings im drucklosen Zustand. Unter Betriebsdruck bleibt eine Überspannung erhalten, die Kontaktlänge vergrößert sich in Richtung druckabgewandte Seite. Die zunächst ovalförmige Deformation des O-Ring Querschnitts im drucklosen Zustand ändert sich auf der druckabgewandten Seite und nimmt zum Schluß die Form des Einbauraumes an. Der Wert der Überspannung wird durch die Größe der Deformation und durch die Auswahl des verwendeten Elastomerwerkstoffs beeinflußt, Bild 9.

Eine Berechnung der Kontaktspannungen, ihr Verlauf und die Deformation des Querschnitts des O-Rings im drucklosen Zustand sowie unter Betriebsdruck läßt sich am besten mittels einer FEM-Analyse vornehmen. Dazu müssen neben den Abmessungen die genauen Werkstoffdaten des verwendeten Elastomers bekannt sein. Eine solche Berechnung sollte daher vom Dichtungshersteller durchgeführt und die Ergebnisse von diesem abgefordert werden. Diese Vorgehensweise wird aus Kostengründen wohl auf wenige Spezialfälle beschränkt bleiben.

Ohne jetzt das gesamte Gebiet der Gummitechnologie darzustellen, muß aber erwähnt werden, daß die bisher genannten Elastomerwerkstoffe genau genommen Mischungen von Elastomeren mit verstärkenden Füllstoffen sind. In diesen Elastomermischungen liegt ein erhebliches Entwicklungspotential der Dichtungshersteller vor, welches deshalb einer besonderen Geheimhaltung unterliegen muß, siehe Kap. 2.

Um den Konstrukteur bei der Auswahl des „richtigen" O-Rings zu helfen, sind von den Dichtungsherstellern umfangreiche Auswahlhilfen in den Katalogen erarbeitet worden, so daß eine schnelle Auswahl und Dimensionierung sichergestellt ist. Für den Standardeinsatz werden Einbauräume empfohlen, welche eine Deformtion des Schnurdurchmessers „d_2" von ca. 20 % ergeben. Das Einbauraumvolumen wird ca. 25 % größer als das O-Ring-Volumen ausgeführt, unabhängig von der gewählten sogenannten „Vorspannung" des Schnurdurchmes-

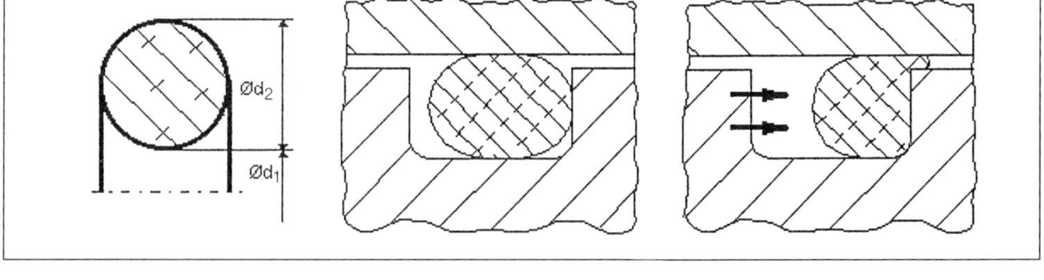

Bild 9: O-Ring, Deformation im Einbauraum und unter Druck

sers „d_2“. Die Gründe dafür sind die im Verhältnis zu Metall-Werkstoffen sehr viel größere spezifische Wärmeausdehnung der Elastomerwerkstoffe, eine mögliche Quellung, die Toleranzen des O-Rings und des Einbauraumes.

Eine hohe Aufmerksamkeit ist den Spalten zu widmen, welche sich durch die Toleranzen, Druckdehnungen oder Wärmedehnungen ergeben können. Siehe auch „Vergleich O-Ring/Rechteckring“. Auf keinem Fall sollten die vom Dichtungshersteller empfohlenen maximalen Spaltweiten überschritten werden. Ist konstruktiv eine Verkleinerung der Spaltweiten nicht zu erreichen, können auf der druckabgewandten Seite Stützringe eingesetzt werden. Der Einbauraum muß dann um die Dicke der Stützringe verlängert werden.

Der O-Ring darf in gewissen Grenzen gedehnt oder gestaucht werden, um zum Beispiel die Montage zu erleichtern oder bei geringen Unterschieden des Innendurchmessers „d_1“ die Anzahl von Bauteilen zu senken. Für die Dehnung gilt 6 % · d_1 als Grenzwert, für Stauchung gilt allgemein 2 % · d_1 als Grenzwert. Bei großen Durchmessern von „d_1“ kann die Stauchung bei der Montage allerdings zu Schwierigkeiten führen, wenn der O-Ring wellenförmige Ausbuchtungen bildet. In diesem Falle muß der O-Ring kleiner gewählt werden.

Bei Dehnung bzw. Stauchung ist die Querschnittsänderung des O-Rings bei den Abmessungen des Einbauraums zu berücksichtigen. Bei großen O-Ringen kann es bei der Montage zum Verdrillen des Querschnitts in Umfangsrichtung kommen. Dieses Verdrillen erzeugt sehr große Scherspannungen, so daß es zum Bruch im Querschnitt des O-Rings kommen kann. Ein Verdrillen sollte unbedingt vermieden werden, meist reicht es aus, eine Bucht am montierten O-Ring über den gesamten Umfang durchzuziehen.

Um das mögliche Verdrillen des O-Rings auszuschließen, werden teilweise Dichtringe mit Rechteckprofil verwendet. Über die Vor- und Nachteile dieser Dichtungsform siehe auch „Vergleich O-Ring / Rechteckring“. Mit Rücksicht auf die Montagekräfte wird die Querschnittsverformung meist auf 10 % · B beschränkt.

Bei der Abdichtung radial angeordneter Einbauräume muß man relativ große Spaltweiten überbrücken. Um für diese Einbaufälle die Vorteile des O-Rings, seine hervorragende Spaltüberbrückung, und des Rechteckrings, seine Verdrillsicherheit, zu kombinieren, hat man eine statische Dichtung mit den in Bild 10 dargestellten Profilen für die Aufnahme in Außen- oder in Innennuten entwickelt. Diese Dichtringe können auch bei hohen Druckspitzen ohne zusätzliche Anordnung eines Backrings eingesetzt werden.

Das gleiche Ziel, das Verdrillen wie beim O-Ring zu vermeiden, wird mit dem X-Ring erreicht, Bild 11. Der X-Ring, auch Quadring genannt, kann gut auf Verdrillen kontrolliert werden, weitere Vorteile dieses Dichtringes gegenüber dem O-Ring sind nicht erkennbar, die oft behauptete geringere Reibung ist mit dem O-Ring durch verringerte Vorspannung ebenfalls erreichbar, für statische Abdichtung aber nicht erforderlich.

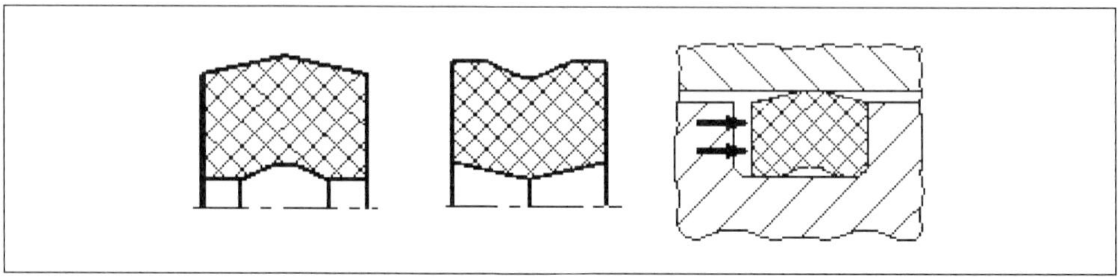

Bild 10: TPU-Profildichtung alternativ für O-Ring + Backring

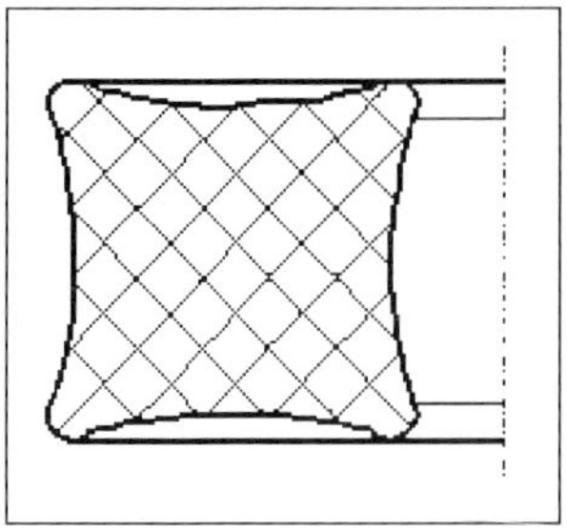

Bild 11: X-Ring

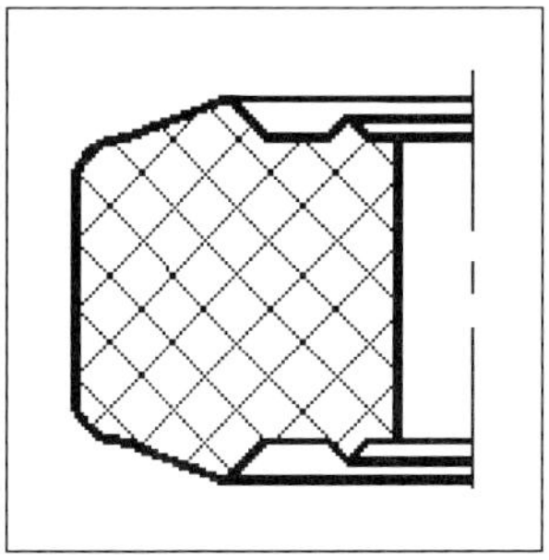

Bild 12: Profildichtung für Ventile und Flansche

Ventilblöcke werden aus Kostengründen vielfach nicht mehr in einem Stück hergestellt, sondern aus einzelnen Ventilelementen zusammengesetzt. Der Einbauraum wird durch einen Rezeß in jeweils einem Teil und durch die Stirnfläche des anderen Teils gebildet. Der Innendurchmesser der Dichtung stellt den Strömungskanal dar und muß im eingebauten Zustand größer als der Bohrungsdurchmesser sein. Bei einer Axialströmung des Mediums wird durch die Querschnittserweiterung im Dichtungsbereich ein Unterdruck erzeugt, der die Dichtung in den Strömungskanal ziehen will. Durch die Wahl eines Querschnittes mit hohem Trägheitsmoment und einem sehr steifen Elastomer wird das Hineinziehen verhindert, Beispiel Bild 12.

Vergleich O-Ring-Rechteckring

Für den Vergleich werden zwei flächengleiche Dichtringe betrachtet, siehe Bild 13.

O-Ring ø 20,0 x ø 3,88

Rechteckring ø 20,0 x 3,40 x 3,40

Vergleichswerkstoff für beide Dichtringe NBR 70 SHORE A

100 %-Spannungswert ~ 5,0 N/mm²

Betriebsdruck 60 bar und 160 bar

Spaltweite 0,20 mm

Der für diesen Werkstoff und diese Spaltweite höchstzulässige Druck beträgt 60 bar. Die für den Vergleich angewendeten Werte des Druckes sind mit Absicht bis auf 160 bar gesteigert worden, um die Eigenschaften der beiden Dichtringe eindeutiger von einander unterscheiden zu können.

1. Der Einbauzustand – drucklos

   Der O-Ring wird beim Einbauzustand um etwa 20 % seines Schnurdurchmessers zusammengedrückt. Die durchschnittliche Verformung des Querschnitts ergibt sich aus dem Verhältnis eingedrückter Flächen zum Ausgangsquerschnitt, sie beträgt 8,2 %. Die Längenänderung quer zur Spannrichtung ergibt 12,9 % des Schnurdurchmessers, siehe Bild 14.

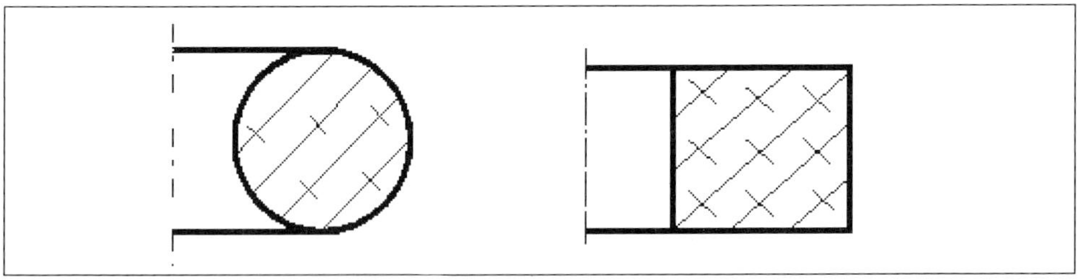

Bild 13: Profilbild O-Ring und Rechteckring

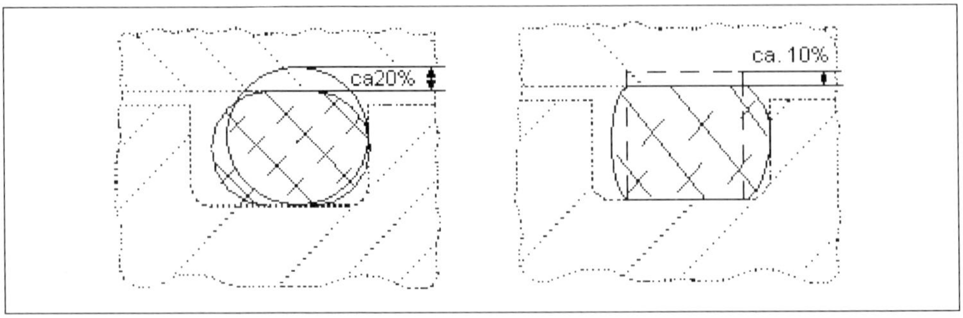

Bild 14: O-Ring und Rechteckring, Verformung im Einbauraum

Die Spannungsverteilung an der Kontaktfläche kann etwa sinusförmig angenommen werden. Für den Vergleichswerkstoff ergibt sich ein Maximum von 3,5 N/mm^2. Die Krümmung der quer zur Spannrichtung liegenden Oberfläche wird verstärkt, der Radius wird kleiner. $R_v = 0{,}87 \cdot R_o$. Bei einseitiger Anlage des verformten O-Rings an eine Seite ergibt sich ein nichtausgefüllter Restquerschnitt von 4,6 % des Ringquerschnitts. Das entspricht einer möglichen Relativbewegung von 5,8 % des Schnurdurchmessers, Bild 15 und 16.

Der Rechteckring wird beim Einbauzustand um 10 % seiner Schnurdicke verspannt. Die durchschnittliche Verformung des Querschnitts beträgt ebenfalls 10 %. Die Längenänderung quer zur Spannrichtung beträgt 16,6 % der Schnurdicke, Bild 14.

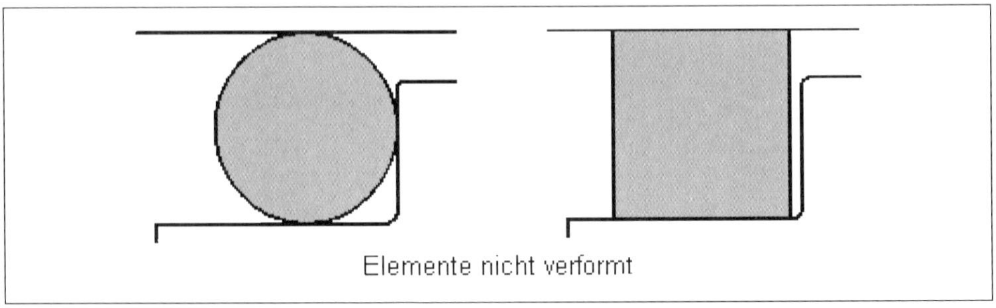

Bild 15: Vergleich: Spannungsbild – Elemente nicht verformt

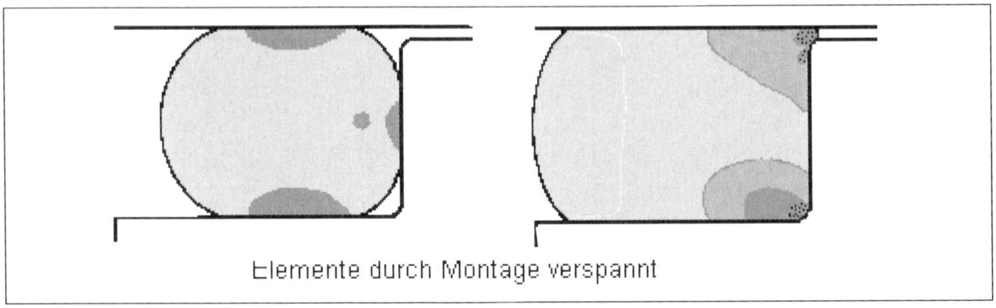

Bild 16: Vergleich: Spannungsbild – Elemente durch Montage verformt

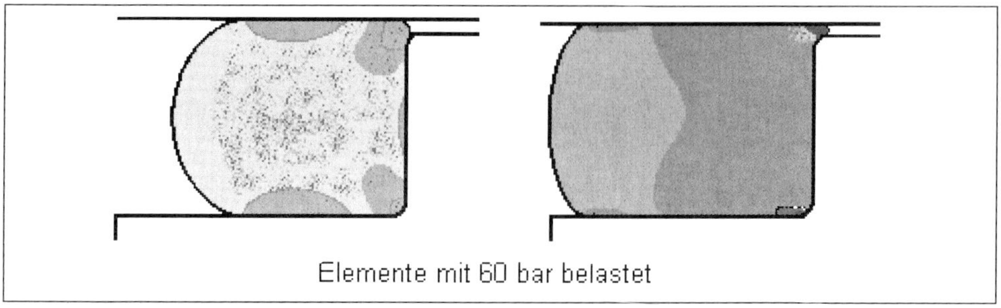

Bild 17: Vergleich: Spannungsbild – Elemente mit 60 bar belastet

Die Spannungsverteilung an der Kontaktfläche kann gleichmäßig mit starkem Abfall an den Enden erwartet werden. Für den Vergleichswerkstoff ergibt sich ein Maximum von 1,6 N/mm^2. Die Krümmung der quer zur Spannrichtung liegenden Oberfläche ergibt einen Radius von 1,26 · Schnurdicke.

Bei einseitiger Anlage des verformten Rechteckringes an eine Seite ergibt sich ein nicht ausgefüllter Restquerschnitt von 2,5 % des Ringquerschnitts. Das entspricht einer möglichen Relativbewegung von 2,7 % der Schnurdicke.

2. Der Betriebszustand mit Druck 60 bar

Der O-Ring wird bei diesem Druck in den vorhandenen Einbauraum verformt. Am Spalt zeigt sich seine hervorragende Eigenschaft, den Freiraum überbrücken zu können. Es findet keine Spaltextrusion statt. In X-Richtung tritt eine Druckspannung von 33 % des Vergleichswertes, in Y-Richtung eine von 20 % auf, siehe Bild 17.

Der Rechteckring zeigt schon bei diesem Druck eine erhebliche Extrusionsneigung. In X-Richtung tritt eine Druckspannung von 60 % des Vergleichswertes, in Y-Richtung von 100 % auf.

3. Der Betriebszustand mit Druck 160 bar.

Der O-Ring wird bei zunehmender Belastung mit der gewölbten Seitenfläche an die Wandung gedrückt. Dabei fließt das Material in die Ecken des Einbauraumes, so daß Zugspannungen in dieser Querschnittszone auftreten. Diese Zugspannungen werden mit zu-

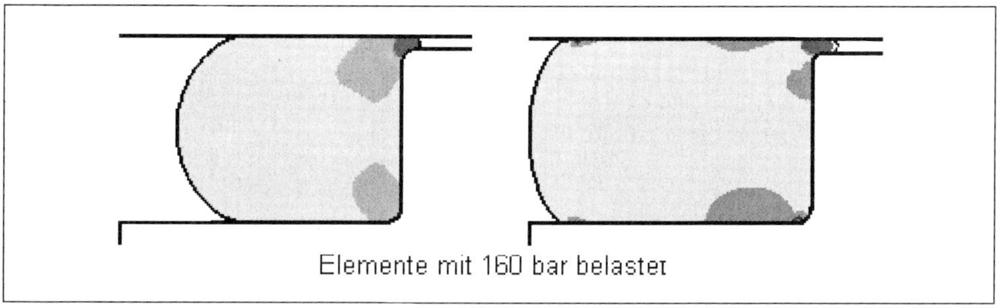

Bild 18: Vergleich: Spannungsbild – Elemente mit 160 bar belastet

nehmendem Druck durch Druckspannungen überlagert. In den Randzonen wwerden deshalb Druckspannungen beobachtet, welche bei ca. 50 % des Betriebdrucks liegen. In der Mitte der Kontaktfläche ergeben sich Druckspannungen, welche etwa 15 % über dem Betriebsdruck liegen. Die Überbrückung des Spaltes bei diesem Betriebsdruck wird von einer kleinen Extrusion des Werkstoffs in die Übergangsrundung des Spaltes begleitet. Im Spalt ergeben sich eine Zugspannung von 30 % des Vergleichswertes in X-Richtung und eine Druckspannung von 45 % in Y-Richtung, Bild 18.

Der Rechteckring wird bei zunehmender Belastung mit der leichtgewölbten Seitenfläche an die Wandung gedrückt. Dabei fließt das Material ausschließlich in Druckrichtung an die Wandung. Die aus der Vorverformung herrührende Druckspannung des Eckbereichs überdeckt die gering auftretende Zugspannung völlig. Deshalb wird auch eine sehr gleichförmige Druckspannug an der Kontaktfläche beobachtet, ihr Wert liegt nur wenige Prozent über dem Betriebsdruck.

Die Überbrückung des Spaltes bei diesem Betriebsdruck gelingt nicht mehr, es tritt eine erhebliche Extrusion auf. Im Spalt ergeben sich eine Zugspannung von 106 % des Vergleichswertes in X-Richtung und eine Zugspannung von 14 % in Y-Richtung.

4. Zusammenfassung.

Der Rechteckring kann als alternatives Dichtelement zum O-Ring eingebaut werden, wenn minimal kleine Spalte sichergestellt sind. Eine kleinere Relativbewegung und der verdrillungsfreie Einbau sind als Vorteil gegenüber dem O-Ring zu betrachten. Die nur halb so große Vorverformung und die nur gering über dem Betriebsdruck liegende Kontaktspannung können beim „Atmen“ der Bauteile infolge von Druckschlägen oder bei Ausnutzung großer Toleranzen zu Problemen führen.

Bei radialer Einbaulage mit den üblicherweise größeren Spalten ist der O-Ring wegen seiner geringen Extrusionsneigung eindeutig vorzuziehen. Ebenso beim Auftreten von Druckschlägen und großen Toleranzen sollte der O-Ring wegen seiner erheblichen „Sicherheitsreserve“ an Vorverformung und Übermaß der Kontaktspannung vorgezogen werden. Nachteilig ist lediglich die höhere Walkarbeit bei pulsierender Druckbelastung, siehe dazu auch Kap. 3.

7.2.2 Dynamische Dichtungen

7.2.2.1 Plunger- und Stangendichtungen

Die Plunger- und Stangendichtungen sind dynamisch beanspruchte Dichtungen. An die Dichtfunktion werden höchste Ansprüche gestellt, weil die Leckagen nach außen treten und damit gut sichtbar sind. Plunger- und Stangendichtungen unterscheiden sich im wesentlichen in ihrem Einsatzgebiet.

Während Plungerdichtungen einer nahezu sinusförmigen Geschwindigkeitsverteilung über dem Hub ausgesetzt sind, werden Stangendichtungen meist mit einer gleichförmigen Geschwindigkeit gefahren.

Die Hubgeschwindigkeit hat neben der dynamischen Viskosität des Mediums und der Kontaktdruckverteilung einen großen Einfluß auf die Schmierfilmdicke, welche unter der Dichtung hindurchgezogen wird. Den wichtigsten Einfluß auf die Schmierfilmdicke hat die Steilheit des Kontaktdruckanstiegs an der Einlaufkante der Dichtung, Bild 19.

Die absolute Größe der maximal auftretenden Kontaktspannung beeinflußt die Schmierfilmdicke nicht. Der Konstrukteur der Dichtung ist bemüht, die Steilheiten des Kontaktdruckpro-

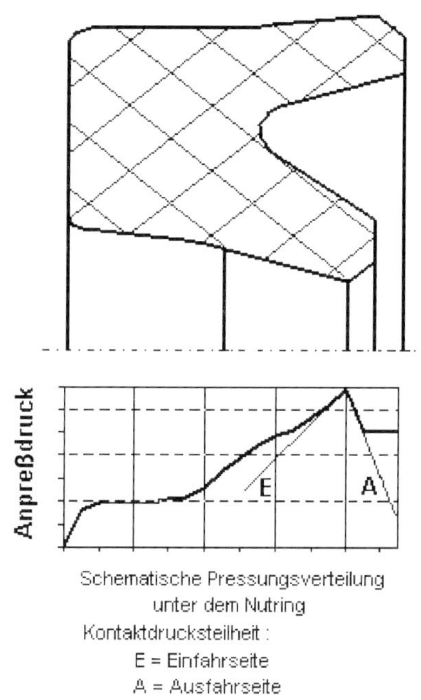

Bild 19: Pressungsverteilung unter Nutring

fils unter druck- und drucklosem Zustand derart zu gestalten, daß die Schmierfilmdicke beim Ausfahren geringer als die beim Einfahren ist. Ein solches Verhältnis der Steilheiten ist zwar erreichbar, aber die alternativen Filmdicken können in diesem Fall nur gleich dick sein, weil für das Einfahren nur die vorher herausgefahrene Filmdicke zur Verfügung steht. Das bedeutet für die „Schmierstelle“ an der Dichtkante Unterversorgung mit Schmierstoff. Die Folge ist ein Anstieg des Mischreibungsanteils an der Gesamtreibung der Stangendichtung mit entsprechender Zunahme des Verschleißes an der Dichtkante. Obwohl möglichst geringe Schmierfilmdicken „Nulleckage“ oder relativ kleine Leckagen möglich erscheinen lassen, kommt der „Schmierung“ der Dichtkante eine hohe Bedeutung zu, weil die Lebensdauer hiervon abhängt. Ideal wäre eine Stangendichtung, welche beim Ausfahren und Einfahren die gleiche Filmdicke erzeugen würde, mit einer Filmdicke, die eine nahezu hydrodynamische Reibung ergibt und damit verschleißfrei laufen könnte. Wegen der möglichen unterschiedlichen Betriebsbedingungen beim Aus- und Einfahren der Stange ist dieser ideale Zustand leider nicht erreichbar. Um eine möglichst geringe Leckrate sicher zu stellen, geht der Kontrukteur der Dichtung von zwei Grenzfällen aus:

1. Ausfahren mit hoher Geschwindigkeit und drucklosem Zustand.
2. Einfahren mit geringer Geschwindigkeit unter Betriebsdruck

Diese Voraussetzung würde dazu führen, daß die Dichtung bei allen Betriebszuständen die „Nulleckage“ erreicht, der Verschleiß der Dichtkante durch teilweise Unterversorgung wird dann hingenommen.

Der erfolgende Verschleiß der Dichtkante verändert aber das Verhältnis der Kontaktdrucksteilheiten und damit die Ausbildung der Schmierfilmdicken. Die Dichtung verändert damit das Leckverhalten während ihrer Laufzeit. Der Zustand „Nulleckage“ kann deshalb nicht über die ganze Laufzeit der Dichtung aufrecht erhalten werden. Um den Betreiber von hydraulischen Geräten nicht zu häufigem Dichtungswechsel infolge des Überschreitens der „Nulleckage“ zu zwingen, werden Dichtsysteme mit mehreren, meist verschiedenartigen Dichtungen in Reihenschaltung angeordnet.

Bei den Dichtsystemen nimmt die erste dem Druck zugewandte Dichtung den vollen Betriebsdruck auf, während die folgenden Dichtungen nahezu drucklos arbeiten und daher über eine sehr große Laufzeit betriebsfähig bleiben, Bild 20. Die der Primärdichtung folgende Dichtung läßt die von der Primärdichtung herrührende Filmdicke beim Ausfahren nicht vollständig hindurchtreten, beim Einfahren läßt die Sekundärdichtung ihren Ausfahrfilm passieren. Dadurch kommt es zunächst zur Ansammlung von Medium im Zwischenraum der bei-

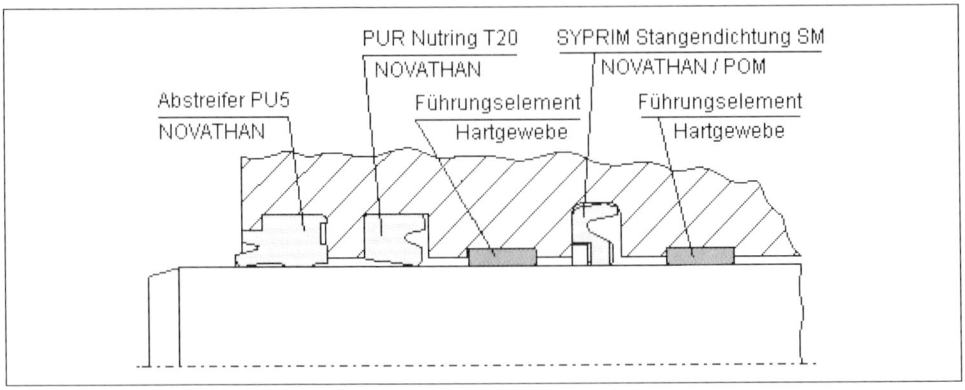

Bild 20: Dichtsystem für Stangenabdichtung

den Dichtungen. In der Folge stellt sich ein Zwischendruck im Zwischenraum ein, der die Einfahrfilmdicke der Primärdichtung vergrößert bis Gleichgewicht von Aus- und Einfahrfilmdicke an der Primärdichtung erreicht ist. Die Ausfahrfilmdicke der Sekundärdichtung wird durch den kleinen Druckanstieg im Zwischenraum kaum verändert. Damit ist die Voraussetzung für „Nulleckage" des gesamten Systems gesichert.

Für besonders langlebige Abdichtungen verwendet man zusätzlich zu einer Sekundärdichtung eine weitere Dichtung, die meist in Form eines Doppelabstreifers ausgebildet ist. Die Funktionsweise dieser Dichtung in Bezug zur ersten Sekundärdichtung und zur Primärdichtung ist die gleiche wie bereits geschildert.

Plunger- und Stangendichtungen werden durch Abstreifer, Bild 21, vor eventuell eindringendem Schmutz geschützt. Der Abstreifer soll mit seiner Abstreiflippe Schmutzteile vom Eindringen in den Dichtraum hindern, er darf aber nicht den immer vorhandenen Restschmierfilm entfernen. Deshalb ist der Ausbildung der Abstreiferlippe eine hohe Bedeutung einzuräumen. Das heißt, daß die Kontaktdrucksteilheit beim Einfahrhub etwas geringer als beim Ausfahrhub gestaltet werden muß, sonst ist der Aufwand sogar einer Systemabdichtung vergeblich.

Die für die Abdichtung von Plungern und Stangen immer erforderlichen Führungselemente werden im Abschnitt „7.2.3 Führungen" behandelt.

Die Vielfalt der Dichtungen, welche für die Abdichtung von Plungern und Stangen von den Dichtungsherstellern angeboten werden, wird den unerfahrenen Betrachter zunächst überraschen.

Eine gewisse historische Komponente spielt eine Rolle, da eine Reihe von Dichtungen schon vor Jahrzehnten konzipiert wurden und trotzdem noch heute im Einsatz sind, obwohl inzwischen modernere, preiswertere Dichtsysteme vorhanden sind. Aber für besonders langlebige, teure Hydraulikgeräte, zum Beispiel Großpressen, macht es keinen

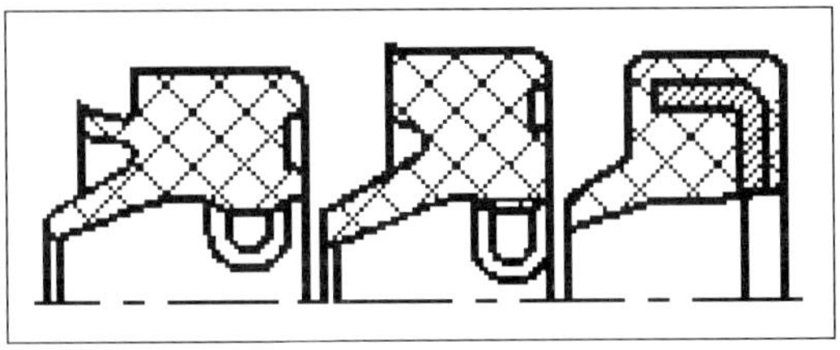

Bild 21: Bauformen Abstreifer

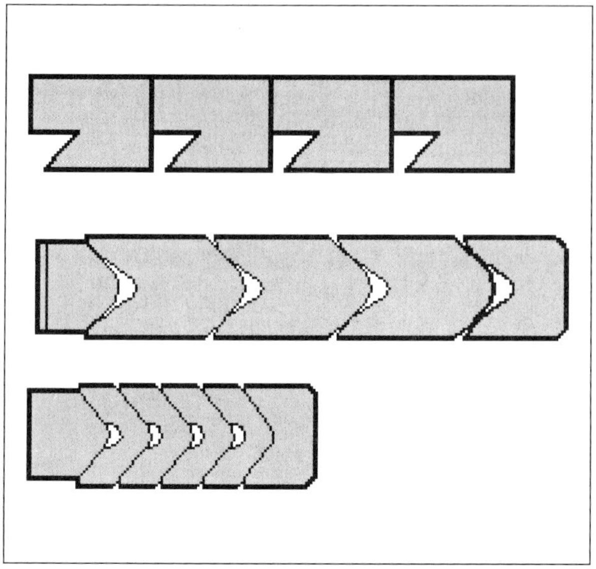

Bild 22: Stangendichtungen ältere Bauformen

Sinn, das Dichtsystem zu wechseln, weil die moderneren Dichtsysteme in der Regel wesentlich besser bearbeitete Oberflächen und relativ kleine Spalte voraussetzen.

Zu den älteren Dichtsystemen zählen V-Ring Dichtungen, Dachmanschettendichtungen sowie Lippen-Ring-Dichtungen, welche meist in Mehrfachanordnung eingesetzt werden, Bild 22.

Zu den moderneren Dichtsystemen gehören die als Einzeldichtung eingesetzten Nutringe, Kompakt-Dichtungen und Kompaktdichtung mit einem Elastomerkörper und einem Gleitring, welcher meist aus PTFE-Compound besteht, Bild 23.

Nutring, Aufbau und Funktion

Der Nutring wird entweder als Einzeldichtung oder in Dichtsystemen als Sekundärdichtung eingesetzt. Die Konstruktion des Nutringprofils weist eine Reihe positiver Merkmale auf. Das Übermaß des ungespannten Nutringprofils gegenüber dem Einbaum kann sehr groß sein, so daß die gegenüber Metalltoleranzen größeren Gummitoleranzen leicht auszugleichen sind. Damit erreicht man eine relativ gute Gleichförmigkeit der Vorspannung des drucklos eingebauten Nutringes.

Das Nutringprofil kann als Grundkörper mit etwa Rechteckquerschnitt und Außen- bzw. Innenlippen beschrieben werden. Diese Lippen werden beim Einbau verformt, auf Biegung und im geringen Maß auf Ringspannung in Umfangsrichtung beansprucht. Der hohe Anteil der Biegekraft an der Linienkraft erlaubt einen großen Durchmesserbereich für ein gegebenes Nutringprofil. Die Dichtkanten an den Lippen werden durch die Linienkräfte gegen die entsprechenden Gegenflächen gepreßt und erzeugen damit linienförmige Kontaktdruckflächen. Wegen dieser sehr kleinen Kontaktfläche entstehen ausreichend große Kontaktspannungen, so daß eine sichere Abdichtung außen sowie innen beim drucklosen Zustand sichergestellt

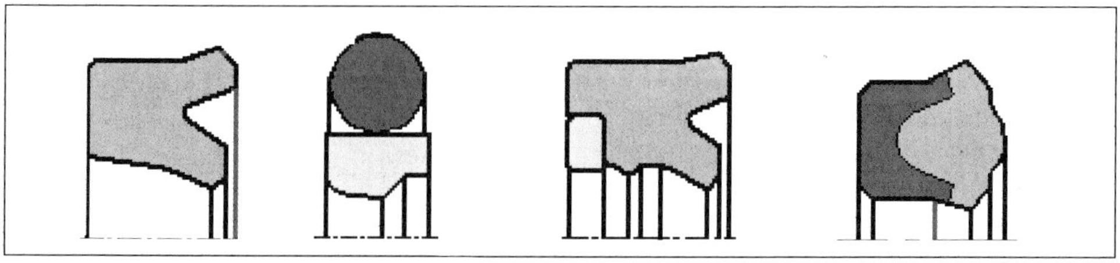

Bild 23: Stangendichtungen moderne Bauform

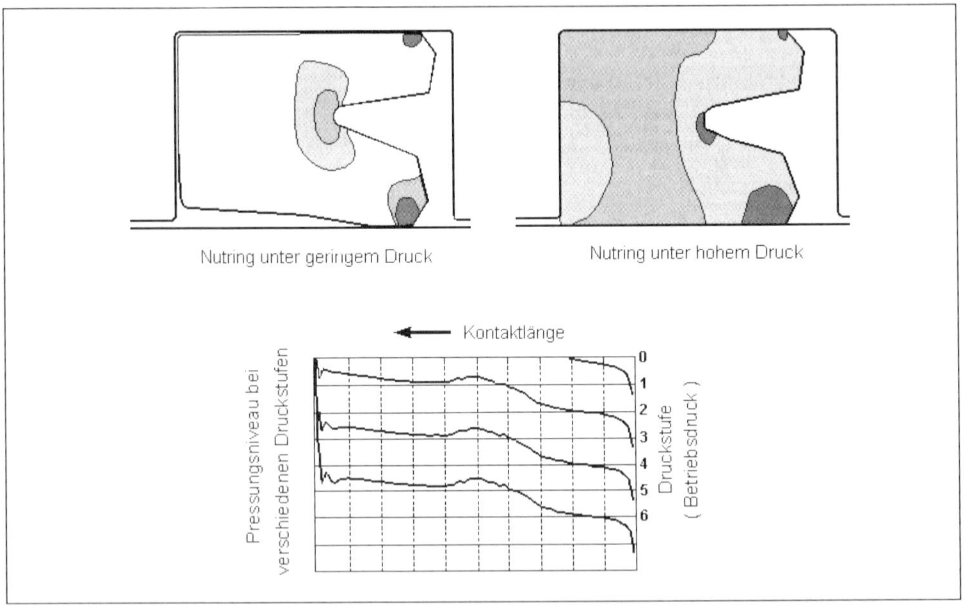

Bild 24: Kontaktdruck unter Nutring

ist. Das Kontaktdruckprofil zeigt eine deutliche Spitze im Bereich der Dichtkante des Nutringprofils. Die Steilheit der Kontaktdruckkurve auf der Medienseite ist bestimmend für die Ausbildung der Schmierfilmdicke der ausfahrenden Stange, Bild 24.

Bei Druckaufgabe wird das Nutringprofil mehr und mehr in Richtung druckabgewandte Seite verformt. Beim Höchstdruck liegt das Nutringprofil nahezu auf der ganzen Länge außen sowie innen an. Das Kontaktdruckprofil zeigt deutlich eine Spitze im Gebiet der Dichtkanten des Profils. Die Steilheit der Kontaktdruckkurve auf der medienabgewandten Seite ist bestimmend für die Ausbildung der Schmierfilmdicke beim Einfahren der Stange. Der Kontrukteur des Nutringprofils ist bemüht, daß die theoretische Einfahrfilmdicke etwas größer als die Ausfahrfilmdicke ist, um „Nulleckage“ zu erreichen.

Stillschweigend sind bei der Betrachtung der Schmierfilmdicken die beiden Grenzfälle vorausgesetzt worden. Es sind aber auch alle möglichen anderen Belastungsfälle nach der gleichen Methode zu betrachten, um das Leckageverhalten der Nutringdichtung vorher zu bestimmen.

In der Dichtungstechnik werden die unterschiedlichen Betriebsbedingungen in zwei verschiedene Belastungsfälle eingeordnet.

1. „Stemmende Betriebsweise“ einer Dichtung, wenn die Stange unter Druck ausgefahren wird.

2. „Ziehende Betriebsweise“ einer Dichtung, wenn die Stange unter Druck eingefahren wird, Bild 25.

Der „drucklose“ Betrieb ist in der Regel ein kleiner Vordruck, der sich durch den Widerstand beim Ausschieben der Ölmenge aus dem Zylinder ergibt. Die entsprechende Betriebsweise

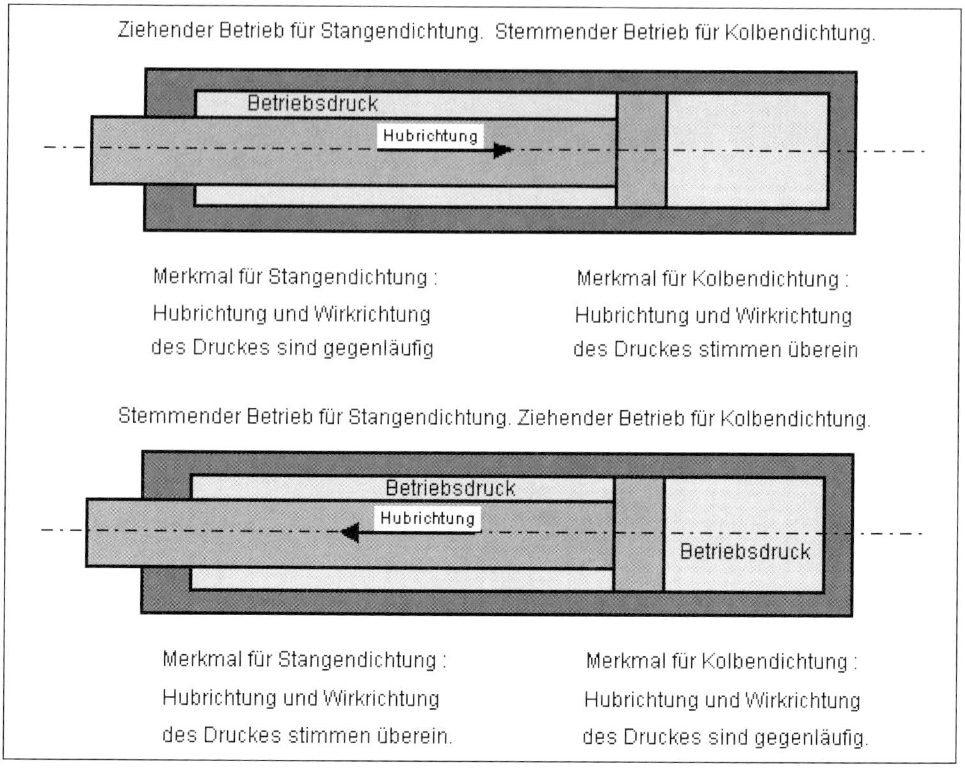

Bild 25: Merkmale für stemmenden und ziehenden Betrieb

kann also wie vorher vorgenommen werden. Das Nutringprofil wird bei stemmender Betriebsweise im Spaltbereich der Stange auf Extrusion beansprucht, weil die Reibkräfte die der Kontaktfläche nahe liegenden Materialteilchen in Richtung auf den Spalt mitziehen wollen, zusätzlich zu der Belastung durch die Druckspannung.

Durch sinnvolle Gestaltung des Nutringprofils und Auswahl einer hochfesten Elastomermischung kann der Kontrukteur diese negative Erscheinung minimieren. Ist wegen extremer Betriebsbedingungen die Extrusion nicht zu verhindern, müssen Backringe angeordnet werden. Das Nutringprofil ist radial leicht verformbar, deshalb ist eine Montage in eingestochene Nuten über einen großen Durchmesserbereich möglich. Dadurch kann die Gesamtlänge eines Hydraulikzylinders sehr kurz ausgeführt werden.

Die Oberflächengeometrie hat eine wichtige Bedeutung für das Reibverhalten einer Dichtung an ihrer Gegenfläche. In Bild 26 kann man die Verformung der Dichtung an einer systematisierten Oberflächenrauhigkeit mit einem R_z-Wert von 2 µm für verschieden steife Werkstoffe erkennen. Der Kontakt des Dichtungsmaterials erfolgt nicht auf der gesamten Oberfläche, sondern nur in Teilbereichen. In den freibleibenden Zonen befindet sich Medium, welches bei dynamisch beanspruchter Oberfläche zu hydrodynamischer Reibung mit relativ kleinen Reibwerten führt. An den Zonen mit Kontakt von Dichtung und Gegenfläche findet Festkörperreibung mit relativ großen Reibwerten statt. Die außen spürbare Reibung entspricht also einem

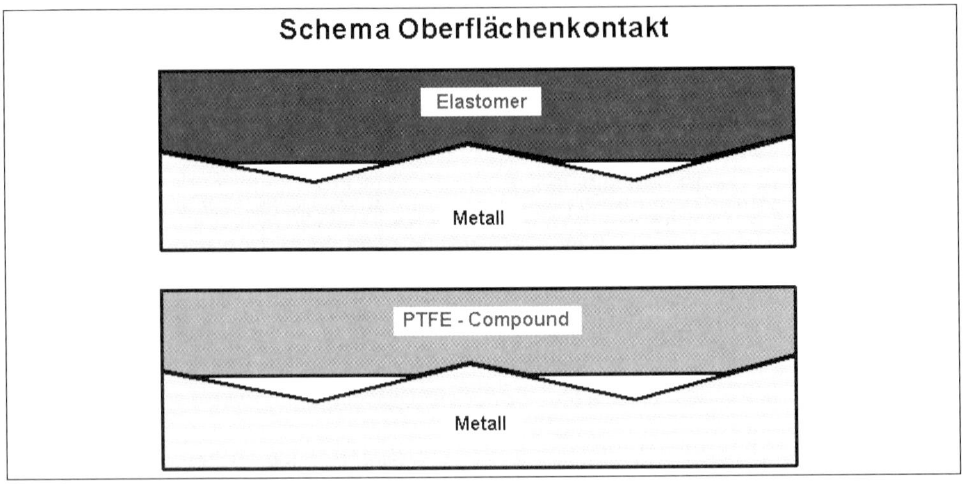

Bild 26: Oberflächenkontakt unterschiedlich steifer Werkstoffe

Mischreibungszustand. Durch die Größe der Kontaktspannung läßt sich also das Reibverhalten der Dichtung und damit das Verschleißverhalten beeinflussen. Messungen der Reibkraft an Dichtungen haben ergeben, daß die spezifischen Reibwerte ca. 10fach größer als die aus der hydrodynamischen Reibung im Schmierfilm berechneten waren. Das Reibverhalten reiner Elastomerdichtungen, also auch der Nutringdichtungen, ist in bestimmten Grenzen frei von Stick-Slip Erscheinungen. Bei Kriechgeschwindigkeiten und kleinen bewegten Massen kann es zu Stick-Slip Bewegungen kommen.

Man könnte vermuten, daß die unausgefüllten Flächen in den Rauhigkeitstälern, in denen sich das Medium befindet, Leckkanäle darstellen, die das Ausmaß der Leckrate bestimmen. Um die Größe der Leckrate einschätzen zu können, soll mit der Annahme kalkuliert werden, daß alle Rauhigkeitstäler achsparallel ausgerichtet sind. Nachfolgend wird der denkbar ungünstigste Fall berechnet:

d	$= 50\ \text{mm}$	Stangendurchmesser	
t	$= 50\ \text{mm}$	Abstand der Rillen	
b	$= 7{,}5\ \text{mm}$	Breite des Freiraums	
h	$= 0{,}3\ \text{mm}$	Tiefe des Freiraums	
$p_{ö}$	$= 250\ \text{bar}$	Betriebsdruck (Öl)	
$\eta_{ö}$	$= 450 \cdot 10^{-6}\ \text{Pas}$	Dynamische Viskosität (Öl)	
p_{Luft}	$= 6\ \text{bar}$	Betriebsdruck (Luft)	
η_{Luft}	$= 20 \cdot 10^{-6}\ \text{Pas}$	Dynamische Viskosität (Luft)	
l	$= 6\ \text{mm}$	Länge der Dichtung und der Rillen	
n	$= d \cdot \pi / t$	Anzahl der Rillen	(3)
a_f	$= b \cdot h/2 = 1{,}125 \cdot 10^{-12}\ \text{m}^2$	Querschnitt Freiraum	(4)
u	$= 2 \cdot b = 1{,}5 \cdot 10^{-6}\ \text{m}$	Umfang Freiraum	(5)

d_{hyd}	$= 4 \cdot a_f/u = 3{,}0 \cdot 10^{-7}$ m	Hydraulischer Durchmesser	(6)
$v_{Öl}$	$= p_ö \cdot d_h^2/(32 \cdot \eta_ö \cdot l) = 2{,}60 \cdot 10^{-2}$ m/s	Strömungsgeschwindigkeit (Öl)	(7)
$q_{Öl}$	$= v_ö \cdot a_f \cdot n_f \cdot 1 \cdot 10^9 = 0{,}092$ mm³/s	Leckstrom (Öl)	(8)
v_{Luft}	$= p_l \cdot {}^*d_h^2/(32 \cdot \eta_{Luft} \cdot l) = 1{,}40 \cdot 10^{-2}$ m/s	Strömungsgeschwindigkeit (Luft)	(9)
q_{Luft}	$= v_l \cdot a_f \cdot n_f \cdot 1 \cdot 10^9 = 0{,}050$ mm³/s	Leckstrom (Luft)	(10)

Für Öl würde der Leckstrom in etwa alle 540 s $\cong$ 9 min einen Tropfen erbringen. Diese Leckrate würde noch um ein Vielfaches kleiner sein, wenn man die diskret verteilte Richtung der Rillen einer wahren Oberfläche berücksichtigen würde. Es scheint auch näher zu liegen, die Hauptrichtung der Rillen in Bearbeitungsrichtung der Oberfläche zu vermuten, mit endlicher Länge, die nicht über den Kontaktbereich der Dichtung hinaus gehen muß.

Diese Berechnung soll den Leser auch nur mit der Größenordnung von Leckagen bekannt machen.

Die vorhergehenden Betrachtungen machen deutlich, daß die Dichtungen besonders bei hohem Betriebsdruck mit entsprechend hohen Kontaktdrücken dem Verschleiß der Kontaktflächen ausgesetzt sind. Die anfangs vorhandenen Kontaktdrucksteilheiten verändern sich, und das Leckageverhalten verschlechtert sich zunehmend. Um das Gesamtleckverhalten der Stangenabdichtung stabil zu halten, werden vielfach Dichtsysteme mit mehreren Dichtungen in Reihenschaltung angeordnet, wie vorangehend geschildert.

Kombidichtungen, Aufbau und Funktion

Kombidichtungen sind in der Regel Dichtringe, die in Teilbereichen aus unterschiedlichen Werkstoffen bestehen, Bild 27. Häufig liegt ein Grundkörper in Form eines Nutringes aus Gummigewebe-Compound vor, dessen Nutraum mit einem aus reinem Gummi bestehenden Formteil gefüllt ist und durch Vulkanisation fest miteinander verbunden wird. Der Gummiteil wird etwas über die Spitzen des Nutringteils hinaus angeordnet, um an der Dichtschneide eine gleichmäßige Oberfläche zu erreichen. Beim Einbau des Kombirings wird der Nutringteil mit dem Gummiteil gemeinsam verformt, es bildet sich eine linienförmige Kontaktzone am Außen- und Innendurchmesser. Die Kontaktzone überschreitet beim drucklosen Einbaufall nicht den Übergangsbereich zum Gewebenutring. Mit zunehmendem Druck wird der Kombiring in Richtung druckabgewandte Seite verformt und nimmt zum Schluß nahezu die Form des Einbauraumes an. Durch die Kombination von Geweben mit zugsteifen Fäden und Gummi ist das Verformungsverhalten des Nutringteils wesentlich steifer als bei einem reinem Elastomer. Zugleich erreicht man durch diese Kombination unterschiedlicher Werkstoffe eine fein gerasterte Oberfläche an den Kontaktflächen der Dichtung, wodurch die Reibkräfte stark gemindert werden. Im Spaltbereich ist die Extrusion durch die Gewebeeinlage stark eingeschränkt, so daß mit einer guten Lebensdauer der Kombidichtungen zu rech-

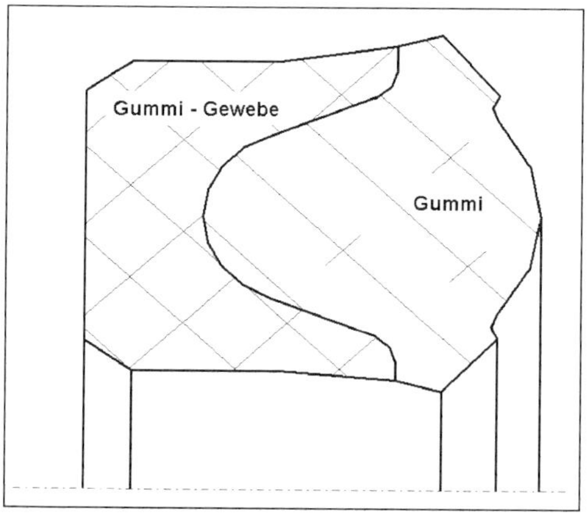

Bild 27: Schematischer Aufbau Kombi-Dichtung

nen ist. Die Dichtungshersteller schreiben beim Einsatz von Kombidichtungen maximale Spaltweiten vor. Sollten aus konstruktiven Gründen größere Spaltweiten unvermeidbar sein, müssen Backringe eingesetzt werden.

Auch Kombidichtringe können in gewissen Durchmesserbereichen in eingestochene Nuten eingebaut werden. Die Kombidichtungen neigen wegen ihrer Reibflächen aus feingerastertem Gummi-Gewebe Verbund weniger zur Stick-Slip Erscheinung als Dichtungen aus reinem Elastomer.

Kompakt-Dichtungen, Aufbau und Funktion

Kompakt-Dichtungen für die Abdichtung von Stangen sind Baugruppen, die aus einem Elastomerring und einem Gleitring bestehen, Bild 28. Die Aufgaben der Bauteile sind bei dieser Dichtungsform streng getrennt. Der Elastomerteil, meist als O-Ring ausgebildet, übernimmt die Aufgabe der dauerhaften Vorspannung der gesamten Dichtung und schließt nebenbei die Dichtstellen am Außendurchmesser und zwischen den Bauteilen selbst.

Der Gleitring dichtet mit seiner speziell ausgebildeten Dichtkante die Stange ab. Der für den Gleitring verwendete Werkstoff besteht meist aus einem PTFE-Compound, um eine Stick-Slip Erscheinung während des Betriebes auszuschließen. Die Verwendung von Gleitringen aus reinem PTFE-Material ist heute kaum noch anzutreffen. Der Grund liegt in den Materialeigenschaften des PTFE. Neben den als positiv zu wertenden Eigenschaften, geringer Reibwert, Stick-Slip freies Reibverhalten und hohe Temperaturbeständigkeit, stand das als negativ zu wertende „Kaltfließverhalten", welches der Verwendung als Dichtung bisher im Wege stand. Der Materialforschung ist es gelungen, Füllmaterialien für PTFE-Compounds zu entwickeln, die die Standfestigkeit des Werkstoffs erheblich verbessert haben und sogar einen geringen Anteil an elastischem Verhalten erbringen, so daß die Gleitringe in eingestochene Nuten eingebaut werden können. Der in die Nut eingebaute Gleitring wird von der anschließend eingeschobenen Stange gedehnt und zugleich vom O-Ring am Außendurchmesser gestaucht. Die Linienkraft an der Dichtschneide des Gleitrings besteht aus zwei Anteilen, dem ersten Anteil aus der Ringspannung des aufgeweiteten Gleitrings und einem zweiten Anteil durch die Verformungskraft am O-Ring. Wegen der Eigenschaft des PTFE-Compounds ist mit einer Relaxation des ersten Linienkraftanteils zu rechnen, so daß hauptsächlich der Anteil des O-Rings die Vorspannung aufrechterhält. Der Konstrukteur der Dichtung muß die Schneidengeometrie so festlegen, daß einerseits eine ausreichend hohe Vorspannung vorliegt und damit der Dichtvorgang eingeleitet wird, andererseits muß die Kontaktdrucksteilheit an den entsprechenden Flanken sichergestellt

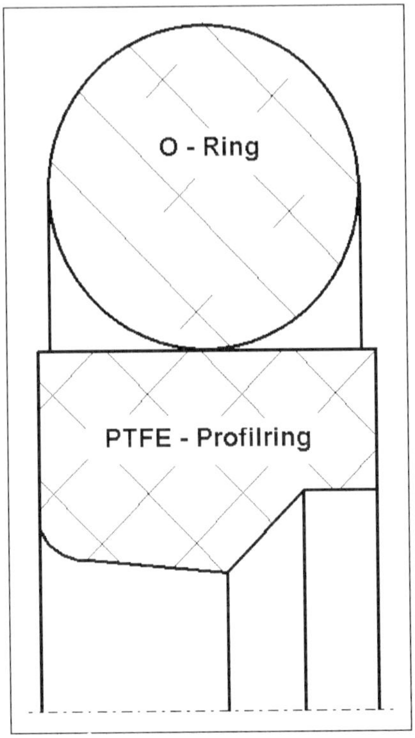

Bild 28: Schematischer Aufbau Kompaktdichtung

sein. Die sich im Dichtschneidenbereich einstellende Kontaktzone hat eine deutlich kürzere axiale Länge als bei reinem Elastomerwerkstoff. Durch die gegenüber Elastomerwerkstoffen wesentlich größere Steifigkeit ergibt sich eine angemessene Kontaktspannung, die ein teilweises „Eindringen" in die Oberflächengeometrie der Stange ermöglicht. Der Betrag dieser Eindrückbewegung ist kleiner als bei Dichtringen aus reinem Elastomer. Deshalb sollte man bei der Herstellung der Stangenoberfläche auf sehr gute Gleichförmigkeit achten. Man kennzeichnet diese Gleichförmigkeit durch den Traganteil der Oberfläche. In dieser Hinsicht sind Kompaktdichtungen mit Gleitring anspruchsvoll. Unter zunehmenden Betriebsdruck wird der O-Ring verformt und füllt allmählich den vorhandenen Freiraum zur druckabgewandten Seite hin aus. Das Profil des Gleitrings ist so ausgebildet, daß dem Verformungsdruck des O-Rings an der Gleitringseite ein Verdrehwiderstand entgegensteht. Der Gleitring wird also erst bei steigendem Betriebsdruck an die Stangenoberfläche gedrückt. Die Kontaktdruckkurve des Gleitrings unter Betriebsdruck zeigt deutlich den Spitzenwert im Schneidenbereich mit einer steil abfallenden Kurve auf der Druckseite und einer sanft abfallenden Kurve auf der druckabgewandten Seite.

Der Vergleich der beiden Kontaktdruckkurven zeigt, daß Kompaktdichtungen mit Gleitring ein ähnliches Dichtverhalten wie Dichtungen aus reinem Elastomer erbringen können. Die Reibkräfte der Kompaktdichtung sind trotz der gegenüber Elastomerdichtungen höheren Linienkraft an der Stange kleiner, eine Folge des kleinen spezifischen Reibwertes. Beim Verschleißverhalten sind Kompaktdichtungen mit Gleitring den Nutringdichtungen unterlegen, die Leckage verändert sich früher. Eine ideale Abdichtung liegt aber vor, wenn die Kompaktdichtung in einem Dichtungssystem, Bild 29, als Primärdichtung eingesetzt wird, gefolgt von einer nahezu drucklos laufenden Nutringdichtung. Der größte Anteil an der Reibkraft wird an der Primärdichtung erzeugt, die Sekundärdichtung ergibt nur einen geringen Anteil, die Leerlaufreibung.

Zu den älteren Ausführungen von Stangendichtungen zählen die Dachmanschettendichtungen. Die gesamte Dichtung besteht an den Enden aus jeweils einem Stütz- oder Druckring. Die eigentlichen Dachmanschettenringe sind in unterschiedlicher Anzahl zwischen Druck- und Stützring angeordnet. Die Dachmanschettenringe werden sowohl als Gummi-Gewebeverbund als auch als reine Elastomerringe hergestellt.

Durch die Vielzahl der möglichen Anordnungen der Dachmanschettenringe kann auf die Anforderungen des Betriebes besonders gut eingegangen werden.

Die Leckagen sind relativ größer als bei einschneidigen Dichtelementen. Außerdem sind die Reibkräfte sehr hoch, eine Folge der großen Kontaktfläche. Dachmanschetten-Dichtsätze können wegen ihrer guten Überdeckung auch auf stärker beschädigten Stangenoberflächen eingesetzt werden.

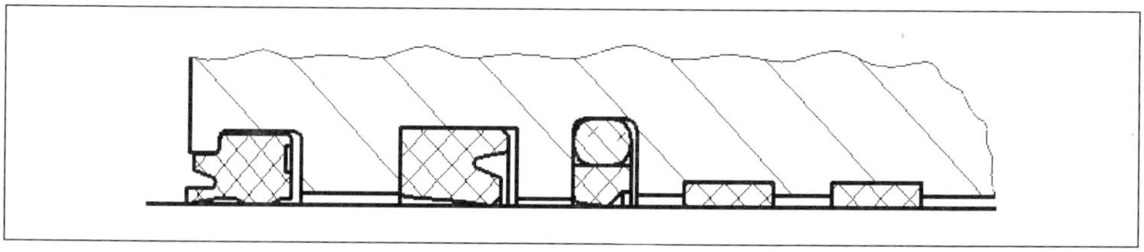

Bild 29: Schematischer Aufbau Dicht-Kompakt-Dichtung

7.2.2.2 Abstreifer

Abstreifer für Kolbenstangen haben die Hauptaufgabe, den am äußeren Stangenende auftretenden Schmutz am Eindringen in den Zylinder zu hindern, Bild 30. Daneben soll der aus den Dichtungen herrührende Schmierfilm auf gar keinen Fall außen abgestreift werden, da dadurch sofort eine Leckage angesammelt würde. Der ideale Abstreifer sollte den vorhandenen Schmierfilm der Dichtung beim Ausfahren der Stange möglichst abstreifen und als Meniskus sammeln. Beim Einfahren würde dann diese Überschußmenge wieder an die Kolbenstange abgegeben und über die Dichtung zurückgefördert. Der Gestaltung der Abstreiferlippe kommt insofern eine große Bedeutung zu.

Bei älteren Konstruktionen hat man die Abstreiflippe relativ spitz ausgeführt. Diese Form ergab nur eine relativ geringe Abstreifwirkung.

Neuere Konstruktionen von Abstreifern weisen Außenlippen mit relativ stabiler Wanddicke auf. Durch FEM-Berechnungen hat man herausgefunden, daß die Abstreiferaußenkante mit einem Winkel von etwa 90 Grad gute Abstreifwirkung erzielt und zugleich den ausgefahrenen Schmierfilm beim Einfahren passieren läßt. Der Innenwinkel der Abstreiferlippe ist konstruktionsbedingt relativ stumpf ausgebildet. Man erreicht dadurch nur eine niedrige Kontaktdrucksteilheit und damit eine relativ geringe Abstreifwirkung beim ausfahrenden Schmierfilm. Damit sich an der Außenkante des Abstreifers keine Leckage ansammelt, darf beim Ausfahren der Stange nur eine solche Schmierfilmdicke vorliegen, die beim Einfahren aufgrund der vorhandenen Kontaktdrucksteilheit an der Außenkante wieder eingeführt werden kann. Das System Dichtung-Abstreifer arbeitet in der Praxis nur dann leckagefrei, wenn die Schmierfilmdicke beim Ausfahren geringer ist als die beim Einfahren mögliche. Das bedeutet eine geringe Unterversorgung der „Schmierstelle“ Außenkante-Abstreifer. Ein Überdruck im Zwischenraum Dichtung-Abstreifer führt unmittelbar zur Leckage nach außen. Der Außendurchmesser des Abstreifers wird infolge eines Übermaßes zum Nutdurchmesser zusammengepreßt und übernimmt die statische Dichtfunktion. Die Haltefunktion, auch bei geringem Überdruck vor dem Abstreifer, übernimmt die vorspringende metallische Schulter.

Durch einvulkanisierte Metallringe wird die Preßkraft erheblich erhöht. Diese Abstreifer müssen in axial zugängliche Nuten eingebaut werden.

Um die Funktionen des Abstreifers zu verbessern, hat man die Abstreiferaußenkante von der -innenkante getrennt, dadurch entsteht der sogenannte Doppelabstreifer, Bild 31. Durch die Anordnung der zweiten Dichtkante ist es möglich, die Schmierfilmdicke beim Ausfahren der Stange derart zu begrenzen, daß beim Einfahren keine Leckage außen auftritt. Der Doppelabstreifer ist also in seiner Leckagefunktion unabhängig von der vorliegenden Dichtung. Ein

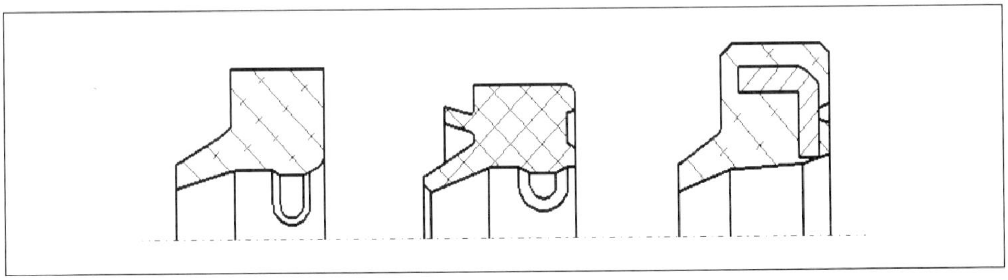

Bild 30: Abstreifer

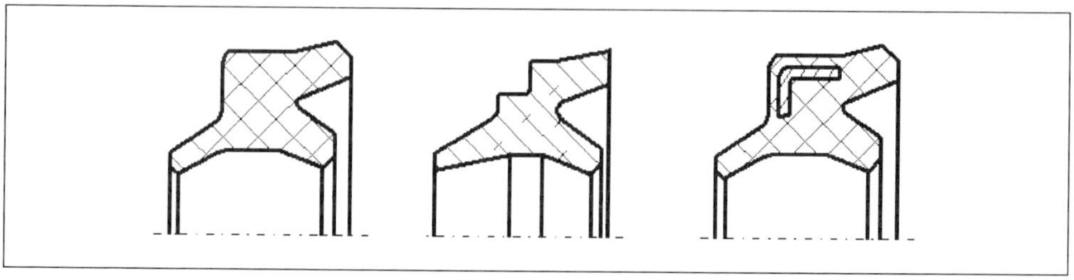

Bild 31: Doppelabstreifer

geringer Überdruck im Zwischenraum Dichtung-Abstreifer kann von der Innenlippe des Doppelabstreifers aufgenommen werden.

Um die Reibkräfte des Doppelabstreifers zu minimieren, wurden Konstruktionen mit Gleitring aus PTFE-Compound und Anordnung von zwei O-Ringen als Spannelement entwickelt, siehe Bild 32.

7.2.2.3 Dichtsysteme

Um den Betreiber von hydraulischen Geräten nicht zu häufigem Dichtungswechsel infolge des Überschreitens der „Nulleckage" zu zwingen, werden Dichtsysteme mit mehreren, meist verschiedenartigen Dichtungen in Reihenschaltung angeordnet, siehe auch Pkt. 7.2.2.1 und Bild 20.

Bei den Dichtsystemen nimmt die erste, dem Druck zugewandte Dichtung (Primärdichtung) den vollen Betriebsdruck auf, während die folgenden Dichtungen (Sekundärdichtungen) nahezu drucklos arbeiten und daher über eine sehr große Laufzeit betriebsfähig bleiben.

Im Neuzustand läßt die Sekundärdichtung die von der Primärdichtung herrührende Filmdicke beim Ausfahren nur teilweise passieren, die überschüssige Menge sammelt sich als Meniskus vor der Dichtkante der Sekundärdichtung an. Beim Einfahren läßt die Sekundärdichtung ihren Ausfahrfilm passieren. Dieser Film plus die zuvor im Meniskus angesammelte Überschußmenge wird unter der Primärdichtung in den Druckraum zurückgefördert.

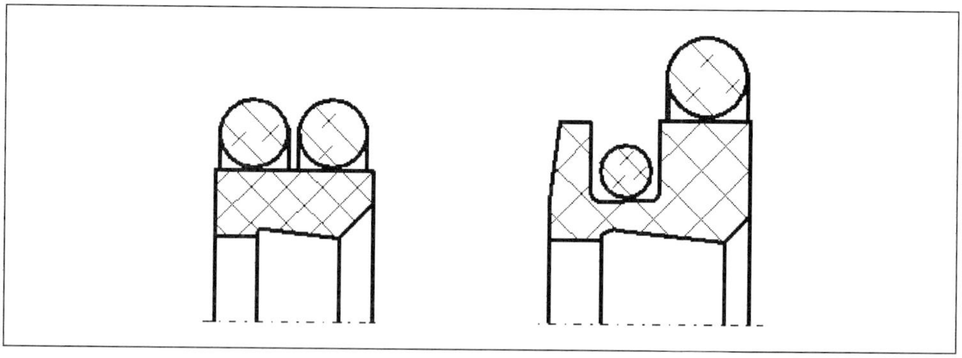

Bild 32: Doppelabstreifer mit minimierter Reibung

Mit zunehmendem Verschleiß der Primärdichtung kann aber der Zustand eintreten, daß die Primärdichtung nicht mehr in der Lage ist, den ankommenden Film (Überschußmenge) passieren zu lassen. Es kommt zunächst zur Ansammlung von Medium im Zwischenraum der beiden Dichtungen. Nach einer Zwischenphase, die zum Füllen des Zwischenraums benötigt wird, stellt sich in der Folge ein Überdruck im Zwischenraum ein, der die Einfahrfilmdicke der Primärdichtung vergrößert, bis Gleichgewicht von Aus- und Einfahrfilmdicke erreicht worden ist.

Die Ausfahrfilmdicke der Sekundärdichtung wird durch den kleinen Druckanstieg im Zwischenraum kaum verändert. Damit ist die Voraussetzung für „Nulleckage" des gesamten Systems gesichert. Da die Sekundärdichtung in der Regel nur mit kleinem Druck beaufschlagt wird, ist der Verschleiß sehr viel geringer als an der Primärdichtung.

Der Verschleiß der Primärdichtung kann sich fortsetzen, bis der Überdruck im Zwischenraum das Niveau des Hauptraums erreicht. Jetzt wird das Leckageverhalten nur noch von der Sekundärdichtung und dem Abstreifer bestimmt – auch der Verschleiß der Sekundärdichtung geht jetzt schneller voran.

Der Überdruck im Zwischenraum kann unter besonders ungünstigen Betriebsbedingungen den Druck im Hauptraum übersteigen, wenn der Einfahrschmierfilm der Primärdichtung kleiner als der Ausfahrfilm wird.

Für besonders langlebige Abdichtungen verwendet man zusätzlich zu einer Sekundärdichtung eine weitere Dichtung, die meist in Form eines Doppelabstreifers ausgebildet ist. Die Funktionsweise dieser Dichtung in Bezug zur Sekundär- und Primärdichtung ist die gleiche wie bereits geschildert. Der Überdruck im Zwischenraum Sekundärdichtung-Doppelabstreifer kann aber nur bis auf einen Teildruck des Hauptdruckes ansteigen bis das System versagt.

Auf dem folgenden Bild 33 sind die meist angewendeten Dichtsysteme dargestellt. Die erste Variante zeigt ein Dichtsystem aus einer Primärdichtung mit Gleitring aus PTFE-Compound, um die Reibkraft klein zu halten, und einer Sekundärdichtung in Form eines Polyurethannutrings, der besonders im Niederdruckbereich sehr kleine Ausfahrfilmdicken ergibt und beim Einfahren wieder passieren läßt. Den Abschluß bildet ein Einfachabstreifer.

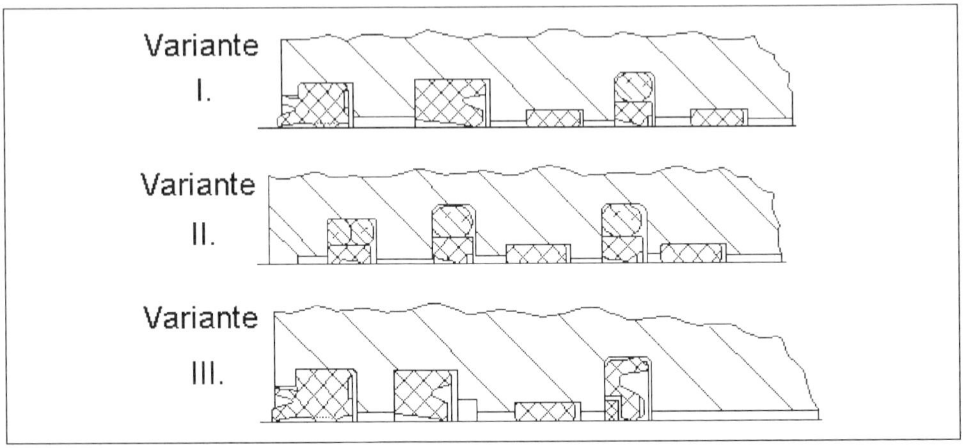

Bild 33: Optimierte Dichtsysteme

Die zweite Variante zeigt ein Dichtsystem mit zwei hintereinander angeordneten Dichtungen mit Gleitring aus PTFE-Compound, um die Reibkraft zu minimieren, gefolgt von einem Doppelabstreifer.

Die dritte Variante zeigt ein Dichtsystem mit einer als Primärdichtung angeordneten Stangendichtung, welche mit Sicherheit einen Überdruck im Zwischenraum gegenüber dem Hauptraum ausschließt. Als Sekundärdichtung folgt ein Polyurethannutring und ein Abstreifer. Dieses Dichtsystem hat sich in der Praxis als besonders unempfindlich und langlebig herausgestellt.

Plunger- und Stangendichtungen werden durch Abstreifer vor eventuell eindringendem Schmutz geschützt. Der Abstreifer soll mit seiner Abstreiflippe Schmutzteile am Eindringen in den Dichtraum hindern, zugleich muß aber der immer vorhandene Restschmierfilm in beide Richtungen passieren können. Deshalb ist der Ausbildung der Abstreiferlippe eine hohe Priorität einzuräumen.

7.2.2.4 Kolbendichtungen

Kolbendichtungen werden in den meisten Fällen beidseitig mit Druck beaufschlagt. Im allgemeinen wechselt der Druck die Seite je nach Bewegungsrichtung des Zylinders. Bei Hubzylindern mit aufliegender Last und in Stellzylindern werden die Kolbendichtungen mit unterschiedlichem Druck auf beiden Seiten gefahren. In Sonderfällen ist die Kolbendichtung nur einseitig beaufschlagt.

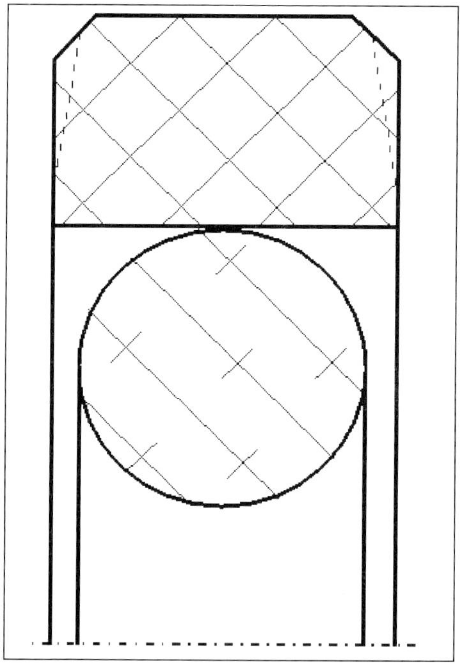

Bild 34: Kompakt-Kolbendichtung

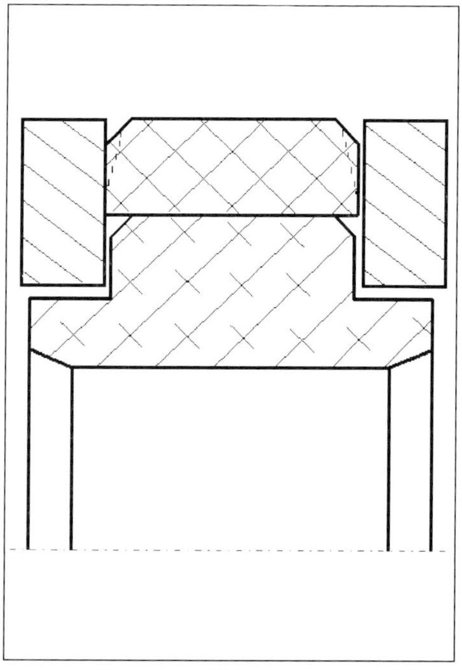

Bild 35: Kompakt-Kolbendichtung für große Spalte

An das Dichtvermögen der Kolbendichtungen werden nicht so hohe Ansprüche wie bei den Stangendichtungen gestellt, aber es muß immerhin so gut sein, daß das Durchsacken eines unter Last stehenden Hydraulikzylinders mit Sicherheit vermieden wird.

Kolbenabdichtungen für beidseitig beaufschlagte Kolben können als Einzeldichtung oder mit zwei getrennten Dichtungen erfolgen.

Einzeldichtungen für Kolben müssen symmetrisch gestaltet werden, wenn sie beidseitig beaufschlagt werden sollen. Um die Reibkraft klein zu halten, werden auch für Kolben Dichtungen mit Gleitring aus PTFE-Compound und Spannelement aus Elastomer verwendet.

Das folgende Bild 34 zeigt eine Kolbendichtung mit Gleitring aus PTFE-Compound, welcher durch einen Elastomerring verspannt und statisch abgedichtet wird. Diese Ausführung kann mittels Vorrichtung in eingestochene Nuten des Kolbens montiert werden und ergibt damit sehr kurz bauende Kolben. An den Stirnflächen des Gleitrings sind Nuten angebracht, um einen schnellen Druckwechsel bei Bewegungsumkehr zu ermöglichen.

Die Dichtung nach Bild 35 ist für sehr hohe Druckbelastungen und bei notwendiger Überbrückung großer Spaltweiten geeignet

Für einseitig beaufschlagte Kolben ist die Variante in Bild 36 vorgesehen. Bei der Montage muß die Druckrichtung beachtet werden.

Das Bild 37 zeigt eine Kolbenabdichtung mit Gleitring aus Polyurethan und einem Spannring aus Elastomer. Diese Ausführung weist durch Verwendung des Polyurethanrings äußerst kleine Leckraten auf und ist deshalb vorzuziehen, wenn es auf lange Haltezeiten unter niedriger Last ankommt.

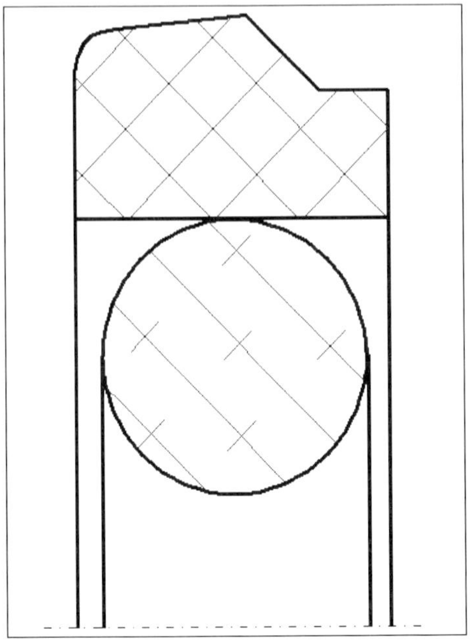

Bild 36: Kolbendichtung für einseitige Beaufschlagung

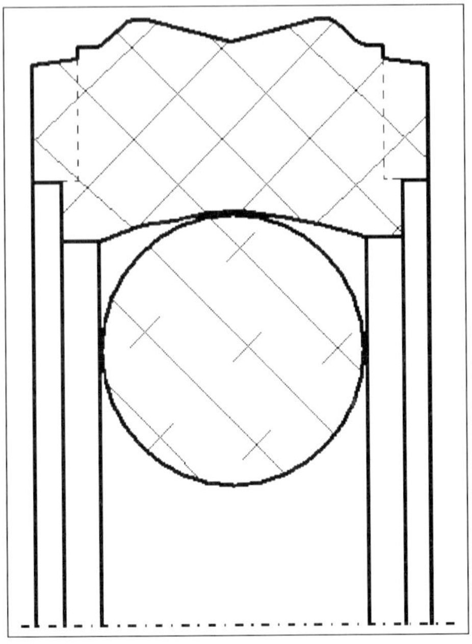

Bild 37: Kolbendichtung mit Gleitring aus Polyurethan

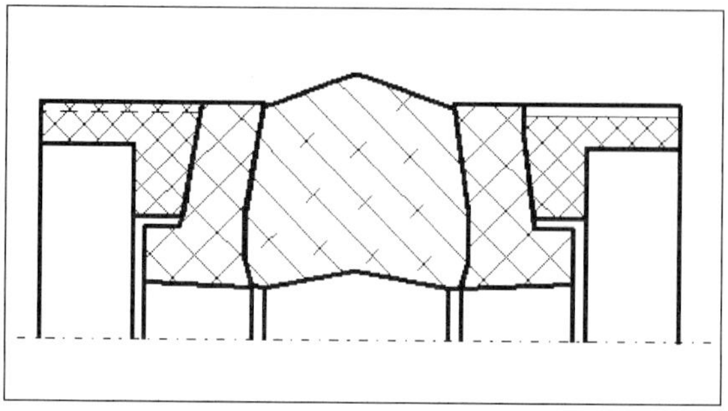

Bild 38: Kolbendichtung für schnelle Druckwechsel und harten Einsatz

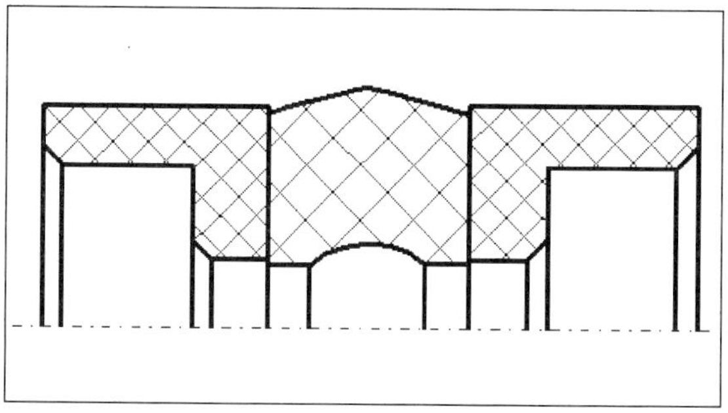

Bild 39: Kolbendichtung für geringere Belastungen

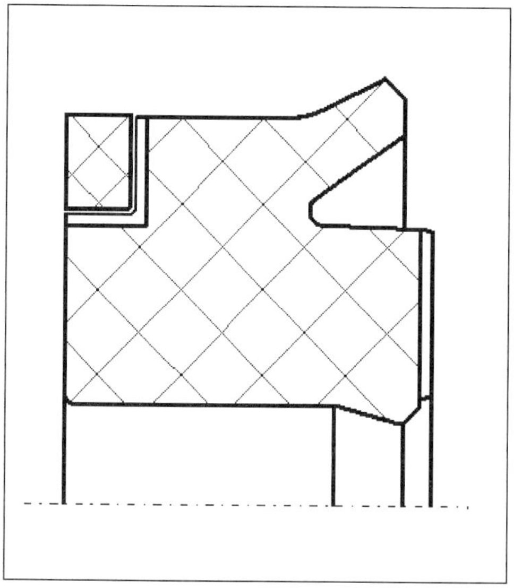

Bild 40: Kolbendichtung für hohe Belastungen und einseitige Beaufschlagung

Beim Druckwechsel muß bei den zuvor beschriebenen Kolbendichtungen der innen liegende Spannring auf die jeweils andere Seite der Aufnahmenut verschoben werden. Diese Relativbewegung erfolgt vor der eigentlichen Kolbenbewegung. Um das Positionieren von Hydraulikzylindern zu erleichtern, verwendet man Kolbendichtungen nach Bild 38, die speziell für rasche Bewegungsumkehr gedacht sind. Diese Kolbendichtung mit zusätzlich angeordneten, profilierten Backringen ist für sehr harten Einsatz gedacht.

Für geringere Belastungen sind die Kolbendichtungen nach Bild 39, für einseitig beaufschlagte Kolben ist die Ausführung nach Bild 40 vorgesehen. Bei dieser Kolbendichtung ist zusätzlich ein Backring an der druckabgewandten Seite vorgesehen. Diese Ausführung kann auch als back-to-back Anordnung für beidseitig beaufschlagte Kolben verwendet werden.

7.2.2.5 Rotationsdichtungen

Für Schwenkbewegungen und Betriebsdrücke bis 400 bar und bei Gleitgeschwindigkeiten bis 0,5 m/s sind Dichtringe nach Bild 41 im Einsatz. Sie werden vorwiegend bei sehr geringen Umfangsgeschwindigkeiten eingesetzt, dadurch sind die Temperaturprobleme relativ unbedeutend.

Sollten die Betriebsbedingungen außerhalb der Grenzen der dargestellten Wellendichtringe liegen, ist der Einsatz einer Gleitringdichtung, siehe Kapitel 5, einer Stopfbuchsabdichtung, siehe Kapitel 4 oder eines Radialwellendichtringes gemäß Kap. 6 zu prüfen.

7.2.3 Führungen

Führungen an Hydraulikgeräten, seien es Zylinder, Rotoren oder Plungerpumpen, sind eigentlich Lager, sie werden aber vom

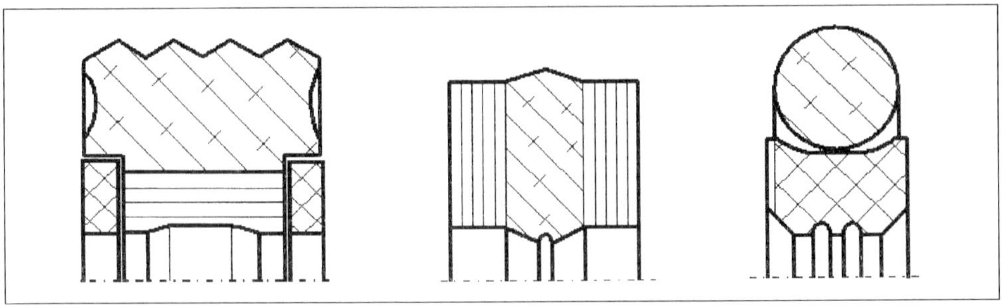

Bild 41: Dichtelemente für Schwenkbewegungen

Konstrukteur häufig als gering belastet angesehen. Zu dieser Sicht wird man leicht verführt, wenn man zum Beispiel an einen beiderseits mit Kugelführungen gelenkig angeordneten Hydraulikzylinder denkt oder an einen Plunger, welcher auf der Kreuzkopfseite mittels Gleitschuh von Querkräften freigehalten wird. Wegen dieser Sicht werden Führungen vielfach nach Gefühl ausgelegt und selten nachgerechnet. Erst nach unerwarteten Schadensfällen wird eine Berechnung der Führungskräfte vorgenommen, häufig kommen dabei unerwartet große Werte heraus.

7.2.3.1 Funktionale Zusammenhänge zwischen Führung und Dichtung

Zueinander bewegte Bauteile müssen ein betriebsbestimmtes Mindestspiel aufweisen, um die Schmierung nicht zu behindern und um unterschiedliche Wärmeausdehnungen der Bauteile zu ermöglichen. Das betriebsbestimmte Größtspiel ergibt sich aus der zusätzlichen Dehnung der Bauteile unter Druck und der Verschleißgrenze der Bauteile. Dieses Größtspiel ist wichtig für die Berechnung der Führungskräfte und die Auslegung der Führungsteile. Die Führungskräfte erzeugen Reibwärme in den beteiligten Bauteilen, bei hoch beanspruchten Geräten müssen die entstehenden Temperaturen besonders berücksichtigt werden.

Die Führungselemente sollen Radialbewegungen von Stangen, Kolben, Plungern oder Rotorwellen möglichst klein halten und die Führungskräfte aufnehmen. Dabei werden die Führungselemente etwas zusammengedrückt und die Auslenkung von Stange, Welle oder Plunger vergrößert. Das Material der Führungselemente sollte eine hohe Steifigkeit aufweisen, es werden Werkstoffe mit E-Modulen von 500 bis 100.000 N/mm^2 verwendet.

Die Dichtung soll die Stange, Kolben, Plunger oder Welle mit möglichst geringer Reibkraft abdichten, zugleich sollen die Dichtungen Radialbewegungen der abgedichteten Teile zueinander zulassen, um das Größtspiel der Führung auszugleichen. Dichtungen werden aus weichelastischen Werkstoffen (Gummi) hergestellt mit einem E-Modul bzw. 100 %-Spannungswert von 5,0 bis 500 N/mm^2.

Ein Vergleich der Linienkräfte ergibt zum Beispiel für ein Führungsband mit 10 mm Breite eine zulässige Last von 250 N/mm. Die Linienkräfte für Dichtungen liegen bei Werte von 0,5 bis 5 N/mm. Die entsprechenden Steifigkeiten betragen beim Führungsband 35.000 N/mm^3, bei Dichtungen 0,5 bis 10 N/mm^3.

Diese unterschiedlichen Aufgaben und Materialien lassen erkennen, warum die Dichtungen nicht für Führungsaufgaben herangezogen werden können. Eine Ausnahme hierzu bilden

Sonderdichtungselemente mit integriertem Führungsteil für Pneumatik- oder gering belastete Hydraulikzylinder. Streng betrachtet liegt aber auch in diesem Falle eine Trennung der Führungsfunktion von der des Dichtungsteils vor.

Hydraulikzylinder, Rotoren und Plunger sind in der Regel neben den Dichtungen mit einem oder mehreren Führungselementen ausgestattet. Diese zusätzlich angeordneten Führungselemente verlängern die Konstruktion von Kolben, Zylinderkopf, Rotorwelle in erheblichem Ausmaß. Konstruktiv ist man bemüht, die Hydraulikgeräte möglichst kurz zu bauen, deshalb ist die Fragestellung nach der notwendigen Mindestlänge der Führungselemente für den Konstrukteur von großer Bedeutung.

Die Bauteile von dynamisch betriebenen Hydraulikzylindern weisen wegen der betriebstechnisch erforderlichen Spiele immer Winkelabweichungen zueinander auf. Dadurch ist stets mit erheblicher Kantenpressung an den Führungen sowie mit „Fressen" der bewegten Bauteile oder mit Kantenausbruch zu rechnen. Führungselemente werden deshalb häufig aus hochfesten Kunststoffen hergestellt. Die Verwendung von solchen Führungselementen verhindert „Fressen" sowie Kantenausbrüche und führt meist zur Verringerung der Reibung. Die Führungskräfte werden auf eine größere Kontaktfläche verteilt, zugleich werden die Führungselemente stärker als bei einer Metallausführung zusammengepreßt. Diese zusätzliche radiale Verformung muß auch bei der Spaltüberbrückung der Dichtung berücksichtigt werden. Wegen der größeren Temperaturausdehnung der Kunststoffe ist bei unterschiedlichen Betriebszuständen ein zusätzliches Spiel zu berücksichtigen.

Zusammenfassend läßt sich feststellen, daß eine metallische Führung die kleinsten Winkelabweichungen zuläßt, aber wegen der sehr hohen Kantenpressung leicht zum „Fressen" der bewegten Bauteile neigt. Dem gegenüber wird bei der Verwendung von hochfesten Kunststoffen als Führungselement das „Fressen" der Bauteile vermieden, etwas größere Führungsspiele müssen dafür aber in Kauf genommen werden. Trotz der zuletzt genannten negativen Folgen bei der Verwendung von hochfesten Kunststoffen für Führungselemente überwiegen jedoch die positiven Aspekte.

Für die Berechnung der Führungskräfte sind neben den bereits erwähnten Auslenkungen infolge der Führungsspiele weitere Auslenkungen durch einseitiges Eindrücken in das Führungselement und Auslenkung durch Biegung von Stange, Zylinder, Plunger oder Welle zu berücksichtigen. Die Führungskräfte werden außerdem durch Reibkräfte beeinflußt, welche sich durch Winkeländerungen in den Aufhängungen der Hydraulikzylinder ergeben. Es muß auch eine eventuelle exzentrische Krafteinleitung, Vorkrümmung der Bauteile und bei liegender Anordnung des Hydraulikgerätes noch das Eigengewicht und Füllung mit Medium beachtet werden.

Die Berechnung der Führungskräfte unter Berücksichtigung der bis hierher genannten Aspekte erfolgt mit Absicht ohne eine Einbeziehung von äußeren Kräften oder Momenten. Die hierbei ermittelten Führungskräfte ergeben häufig schon erstaunlich große Werte. Die getrennte Betrachtung sogenannter „innerer Führungskräfte" macht methodisch Sinn, denn bei Vorliegen äußerer Kräfte oder Momente können die jeweils auftretenden Kraftanteile einfach addiert werden.

Bisher ist noch nicht die Bedeutung des Lagerabstands der Führungselemente zueinander erwähnt worden. Die naheliegende Annahme, daß die größten Führungskräfte beim kleinsten Abstand der Führungselemente entstehen, muß nicht richtig sein, weil die größten Auslenkungen durch die zusätzliche Durchbiegung von Stange, Zylinder usw. entstehen können. Es gibt keine sichere Voraussage, bei welcher Hubstellung die größten Führungskräfte auftreten. Der Anwender ist also genötigt, zum Beispiel Hydraulikzylinder oder Plungerpumpen über den gesamten Hubbereich zu betrachten.

7.2.3.2 Rotorführungen

Rotoren oder Drehdurchführungen werden in der Regel durch Wälzlagerung der Gehäuse und der Wellen geführt, um größere Führungskräfte von der Dichtstelle fern zu halten. Die Dichtungen sind dabei meistens im äußeren Gehäuse integriert. Vorherrschend ist die metallische Führung. Sollen Führungselemente aus hochfestem Kunststoff eingesetzt werden, ist eine Winkelbuchsenkonstruktion zu wählen. Die radial liegenden Schenkel können durch Stifte oder Schrauben zur Aufnahme der Reibmomente herangezogen werden. Eine Aufnahme der Reibmomente durch Preßsitz der Kunststofführungselemente scheidet wegen der zu geringen Haftmomente aus. Die radialen Führungskräfte werden durch die Reibmomente der Dichtungen und der Verformungskräfte an den Zuführungsorganen für die Medien bestimmt. Zusätzlich muß eine axial wirksame Führung angeordnet werden.

7.2.3.3 Zylinderführungen

Für die Berechnung der Führungen an Hydraulikzylindern muß die Gesamtanordnung des Gerätes bekannt sein, in dem der Zylinder arbeiten soll, um die von außen wirkenden Kräfte und Momente ermitteln zu können. Vielfach werden Hydraulikzylinder mit winkeleinstellbaren Aufhängungen an beiden Enden angeordnet, z B. Lagerbock mit Bolzen oder kugelige Aufhängungen.

Der am universellsten einsetzbare Hydraulikzylinder ist an beiden Enden gelenkig ausgeführt. Alle Führungsverhältnisse ergeben sich aus den Abmaßen der vorhandenen Bauteile, die größten Führungskräfte entstehen bei liegender Anordnung. Unter dieser Voraussetzung kann die Dimensionierung der Führungen vorgenommen werden, ohne daß der spätere Einsatz des Hydraulikzylinders eine Anpassung derselben erfordert. Vielfach werden Hydraulikzylinder mit Flansch am Kopf oder Boden des Zylinders ausgeführt, um sie im Verwendungsfall mit dem Gerät verschrauben zu können. Bei kleineren Abmessungen der Hydraulikzylinder findet man auch Gewinde im Kopf- oder Bodenbereich, um den Zylinder mit dem Gerät zu verbinden. Eine weitere Ausführungsform von Hydraulikzylindern verwendet Traversen, damit der Zylinder seitwärts befestigt werden kann. Für diese Ausführungsformen ist gemeinsam, daß eine Disparallelität von Zylinder- und Geräteachse sehr große zusätzliche Führungskräfte hervorrufen kann, auch wenn das Stangenende gelenkig und zusätzlich mit Gleitschuh ausgeführt wird. Eine besondere Aufmerksamkeit bei der Berechnung von Führungskräften am Hydraulikzylinder ist den „schlanken“ Zylindern zu widmen, weil die Durchbiegung von Stange und Zylinder ein Versagen herbeiführen können, ohne daß die kritische Knicklast (nach Euler) für die Stange vorliegt.

7.2.3.4 Hydraulikzylinder mit beidseitig gelenkiger Aufhängung

Am liegenden Zylinder ist das Ausknicken der Konstruktion infolge der immer vorhandenen Spiele an der Stangen- bzw. der Kolbenführung am leichtesten zu erkennen, aber unabhängig von der Stellung der Zylinderachse nimmt der Zylinder auch in vertikaler Anordnung diese Ausknickstellung an, nur die Richtung quer zur Achse ist beliebig. Das Bild 42 zeigt einen typischen Differentialzylinder mit beiderseits kugeliger Aufhängung. Die Spiele sind zur Verdeutlichung des Problems stark vergrößert, dadurch erscheint auch die Winkelstellung stark übertrieben. Real sind relative Führungsspiele „ψ“ bis zu 10 ‰.

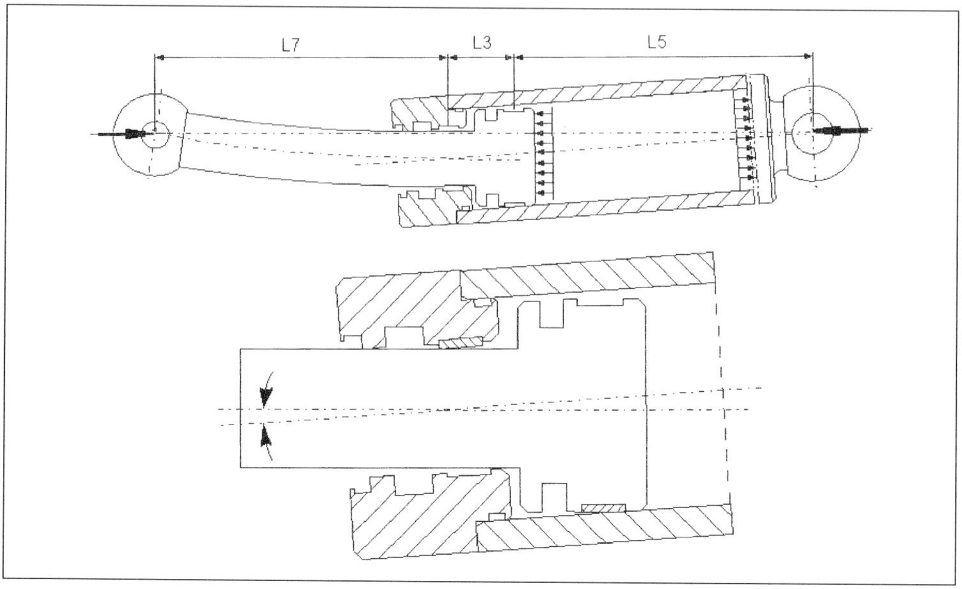

Bild 42: Auslenkungen an einem Hydraulikzylinder

Im Schema Bild 43 ist der Zusammenhang der verschiedenen Einflüsse auf die Winkelstellung von Zylinder- zur Stangenachse dargestellt. Die Auslenkungsbeträge „Al" und „Ar" bestimmen den Drehpunkt „Mp" und die Gesamtauslenkung „Hm" des Zylinders, weitere Einzelheiten sind dem Schema zu entnehmen.

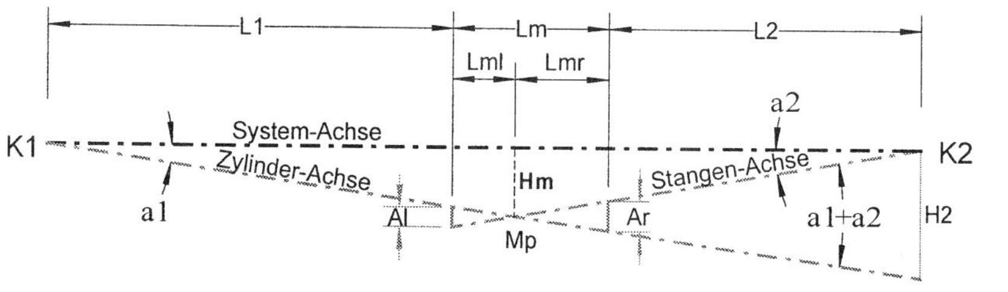

K1, K2 sind die Kraftangriffspunkte des Hydraulikzylinders

L1 ist der Abstand K1 - Führung am Kolben

L2 ist der Abstand Führung der Stange - K2

Lm ist der Abstand der beiden Führungen

Lml ist die linke Teillänge Lm (von Mp gesehen)

Lmr ist die rechte Teillänge von Lm

Al ist die Gesamtauslenkung Kolbenführung

Ar ist die Gesamtauslenkung Stangenführung

Hm ist die Auslenkung des Hydraulikzylinders

Lml = Lm*Al/(Al+Ar)   Lmr = Lm*Ar/(Al+Ar)

H2 = Ar*(Lmr+L2)/Lmr   Hm = H2*(L1+Lml)/(L1+Lm+L2)

a1 = atan(Hm/(L1+Lml))   a2 = atan(Hm/(Lmr+L2))   ag =a1+a2

Bild 43: Schema der Auslenkung am beidseitig gelenkig befestigten Hydraulikzylinder

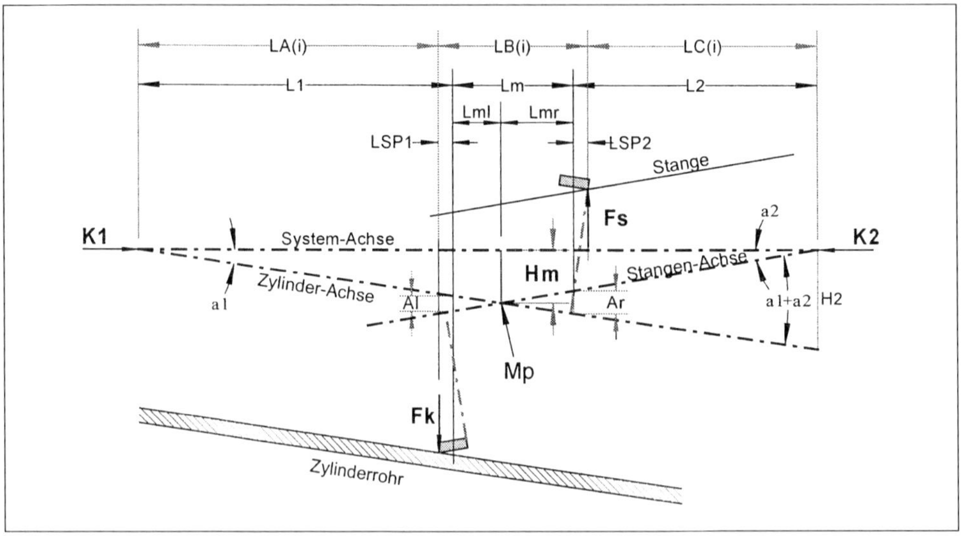

Bild 44: Schrägstellung der Führung zu Stange und Zylinderrohr (drucklos)

Die Stangenführung richtet sich nach der Zylinderachse, sie ist im Zylinderkopf eingebaut, dadurch entsteht der winklige Kontakt zur Stangenoberfläche. Umgekehrt richtet sich die Kolbenführung nach der Stangenachse, es entsteht auch hier ein winkliger Kontakt zur Zylinderfläche. In Bild 44 sind die beiden Führungsbuchsen lagerichtig angeordnet, es ist der drucklose Zustand dargestellt, eine Eindrückung der Führungsbuchsen tritt noch nicht auf.

Die gesamte Auslenkung des Hydraulikzylinders wird durch eine Reihe von Faktoren beeinflußt.

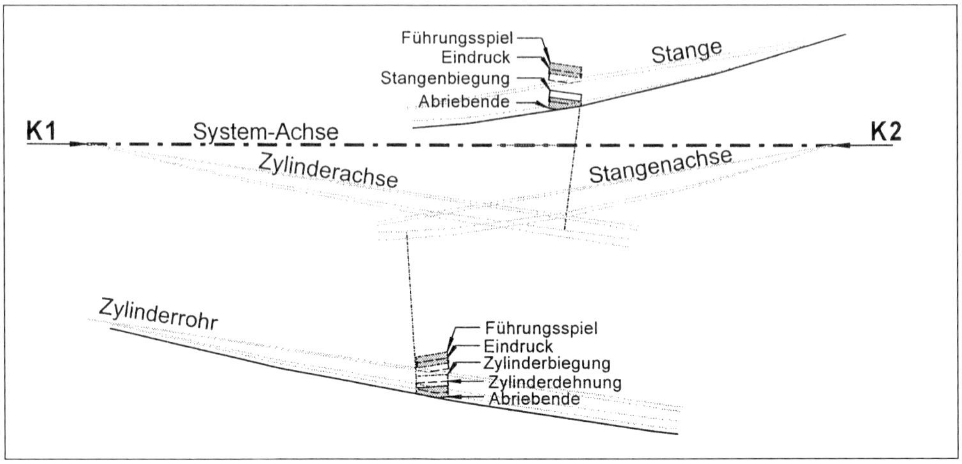

Bild 45: Zunehmende Schrägstellung unter verschiedenen Einflüssen

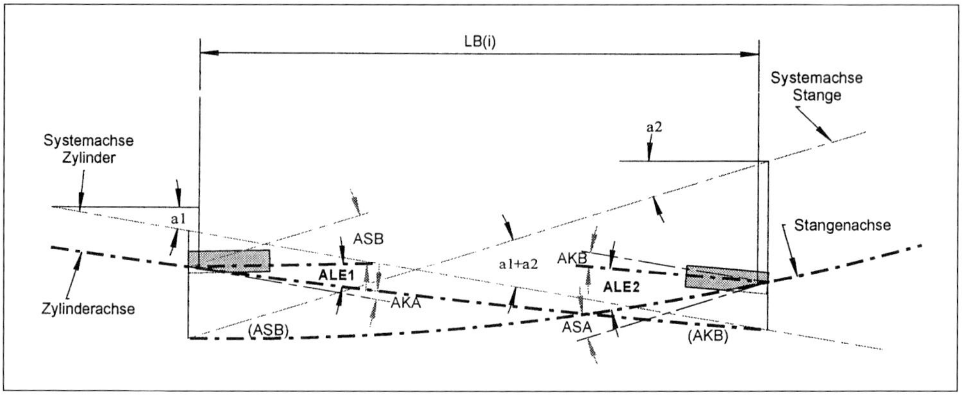

Bild 46: Schrägstellung der Führung zu Stange und Zylinderrohr unter Betriebsdruck

An der Stange: Führungsspiel, Eindruck in die Führungsbuchse, Durchbiegungsanteil der Stange, Abrieb an der Stangenführung.

Am Kolben: Führungsspiel, Eindruck in die Führungsbuchse, Durchbiegungsanteil des Zylinders, Dehnung des Zylinders, Abrieb an der Kolbenführung.

Im Bild 45 kann man die zunehmende Schrägstellung der Stange und des Zylinders durch die einzelnen Einflüsse beobachten. Die effektiv sich einstellenden Schrägstellungen der Führungen zu ihren Gegenflächen kann man dem Bild 46 entnehmen, die Winkel ALE1 und ALE2 sind die wirksamen Kontaktwinkel, der Einfachheit wegen sind die Querschnitte radial an die Achsen verschoben.

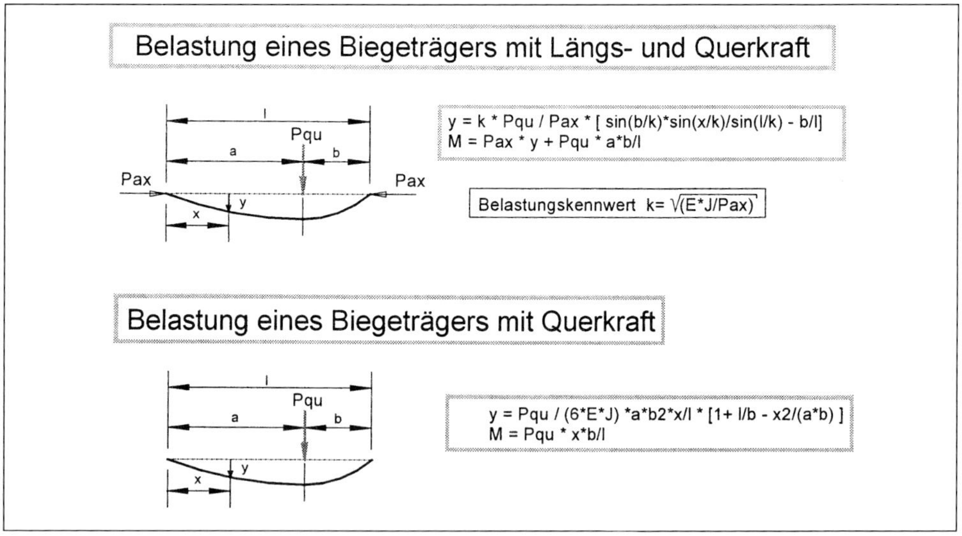

Bild 47: Durchbiegung von Stange und Zylinder

Die Durchbiegung des Zylinderrohrs wird durch das Moment der Führungskräfte hervorgerufen, bei liegendem Zylinder sind noch die Eigengewichtsanteile zu berücksichtigen. Die Rohrdehnung beeinflußt zusätzlich die Schrägstellung der Achsen.

Die Durchbiegung der Stange wird durch das Moment der Führungskräfte und durch die gleichzeitig wirkende Axialkraft des Zylinders zuzüglich Eigengewichtsanteil bei waagerechter Anordnung beeinflußt. In Bild 47 sind die wichtigsten Einzelheiten dargestellt.

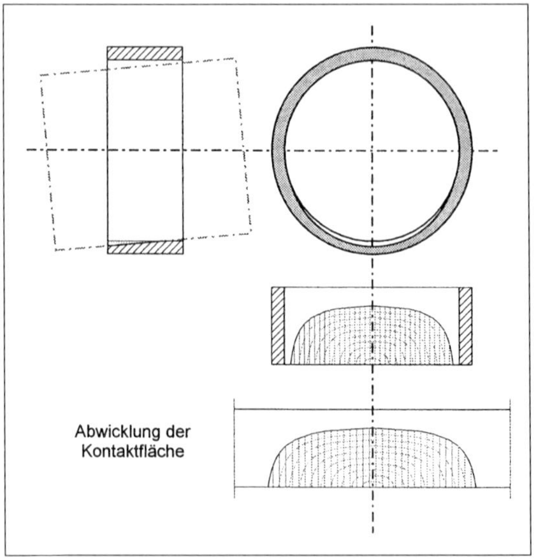

Bild 48: Eindruck der Stange in die Führungsbuchse

Diese wirksamen Kontaktwinkel werden zur Berechnung der Kontaktspannungen, der räumlichen Ausdehnung des Eindrucks und der Schwerpunktabstände LSP1 und LSP2 herangezogen. Der Eindruck einer Stange in die Führungsbuchse zeigt Bild 48, die ungleiche Spannungsverteilung in der Kontaktfläche ergibt sich aus der Schrägstellung und der Schmiegung der zum Führungsdurchmesser kleineren Stange. Die Breite des Eindrucks ist immer kleiner als der Führungsdurchmesser, die Länge des Eindrucks dagegen kann unterschiedlich ausfallen, siehe Bild 49. Ein negativer Kontaktwinkel tritt relativ selten auf, jedoch können alle dargestellten Kontakte nacheinander an einer Kontaktfläche während des Durchlaufs eines Zylinders auftreten. Die durchschnittliche Kontaktspannung errechnet sich aus Führungskraft durch Länge mal Durchmesser der Führungsbuchse, die maximale Spannung

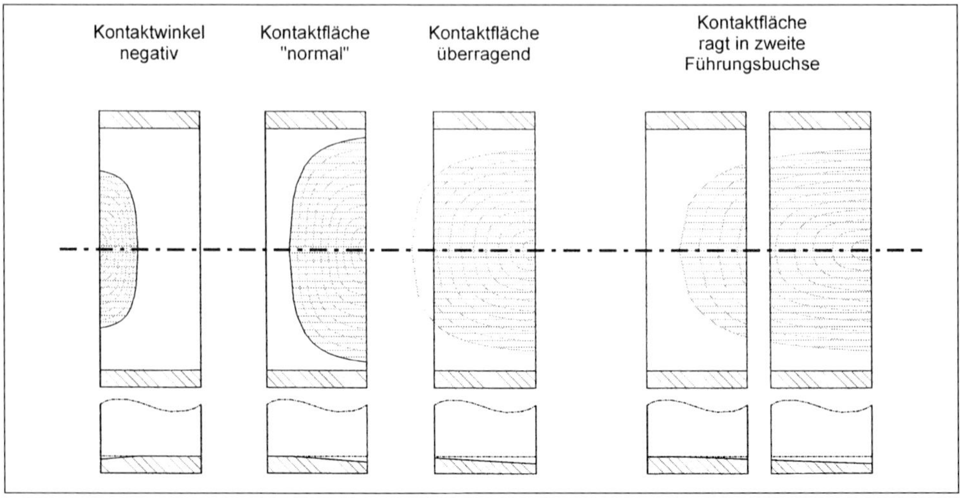

Bild 49: Verschiedene Kontaktformen

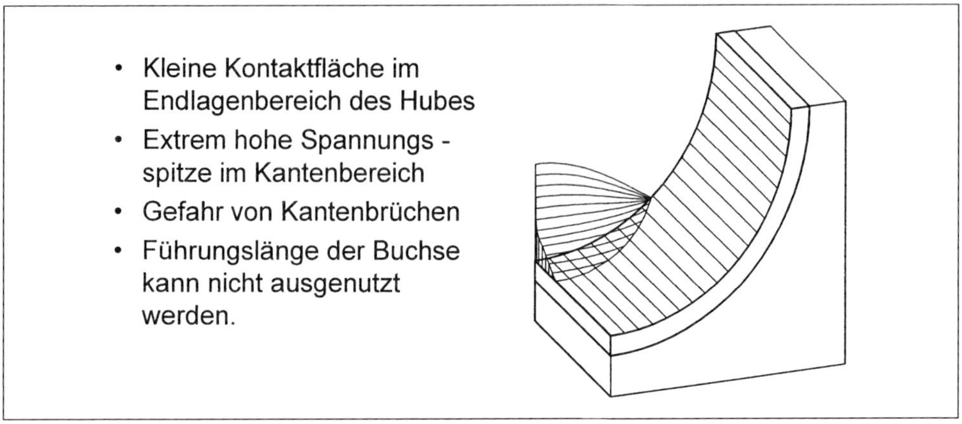

Bild 50: Kontaktspannung einer Bronze-Führungsbuchse

kann ein mehrfaches betragen. Konstruktiv kann die Länge des Eindrucks durch die Banddicke der Führungsbuchse beeinflußt werden, je größer die Banddicke, je länger wird der Eindruck. Vorteilhaft für die Materialausnutzung ist ein Eindruck entsprechend der mittleren Darstellung in Bild 49, da das fehlende Ende der überragenden Kontaktfläche nur einen kleinen Anteil der Führungskraft tragen würde.

Den Materialeinfluß bei der Ausbildung der Kontaktflächen und den Unterschied der auftretenden Kontaktspannung bei Verwendung von Bronze im Vergleich zu einer Hgw-Führungsbuchse zeigen die Bilder 50 und 51. Die mehrfach größere Kontaktfläche der Hgw-Führungsbuchse führt zu einer relativ geringen maximalen Kontaktspannung. Die maximale Kontaktspannung tritt in beiden Beispielen an der äußeren Kante der Führungen auf. In Bild 52 ist dargestellt, daß eine patentierte Führungsbuchse durch eine spezielle Profilgestaltung auch bei Winkelstellung der Kontaktpartner eine Kontaktdruckverteilung erzielt, deren Maximum im inneren Bereich des Profils auftritt. Dadurch kann die maximal zulässige Führungskraft im Vergleich zu herkömmlichen Rechteckprofilen deutlich gesteigert werden.

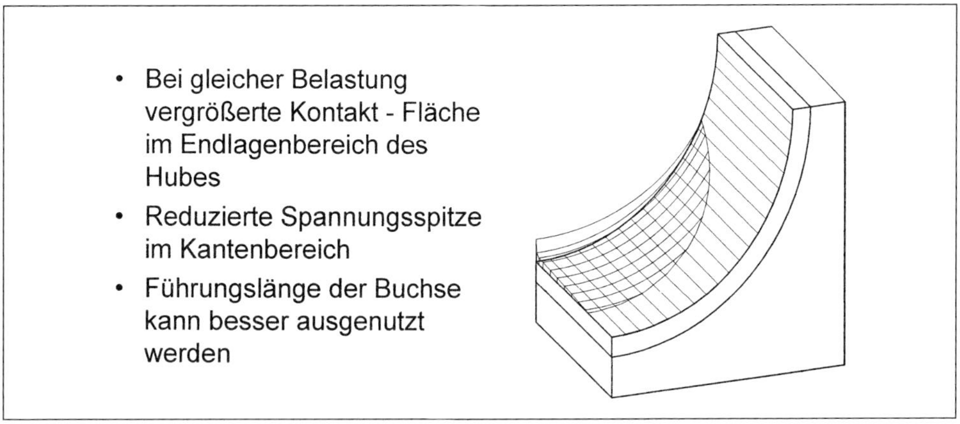

Bild 51: Kontaktspannung einer Hgw Führungsbuchse

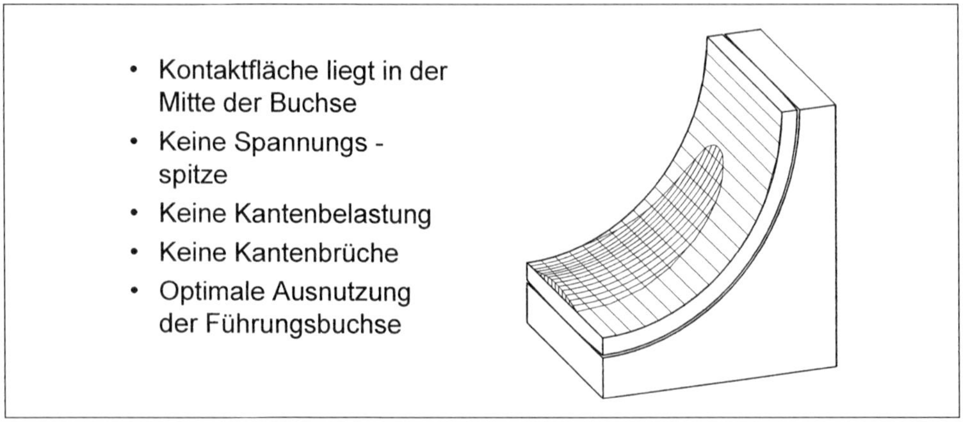

Bild 52: Kontaktspannung einer gewölbten Führungsbuchse

Dem Abrieb der Führungsbuchsen ist doppelt Rechnung zu tragen. Erstens wird die Schrägstellung der Achsen weiter vergrößert, zweitens nähern sich die Metallteile relativ zu einander. Es ist darauf zu achten, daß es nicht zur metallischen Berührung kommt, um ein „Fressen" auszuschließen.

Alle bisher genannten Größen sind abhängig von der jeweiligen Hubstellung des Zylinders. Eine sichere Voraussage für die Stellung mit der größten Führungskraft kann nicht gemacht werden. Das bedeutet eine Berechnung durch alle Hubstellungen.

Ein der Praxis entnommenes Beispiel eines Hydraulikzylinders soll mit den Ergebnissen vertraut machen, die bei der Berechnung der Führung auftreten.

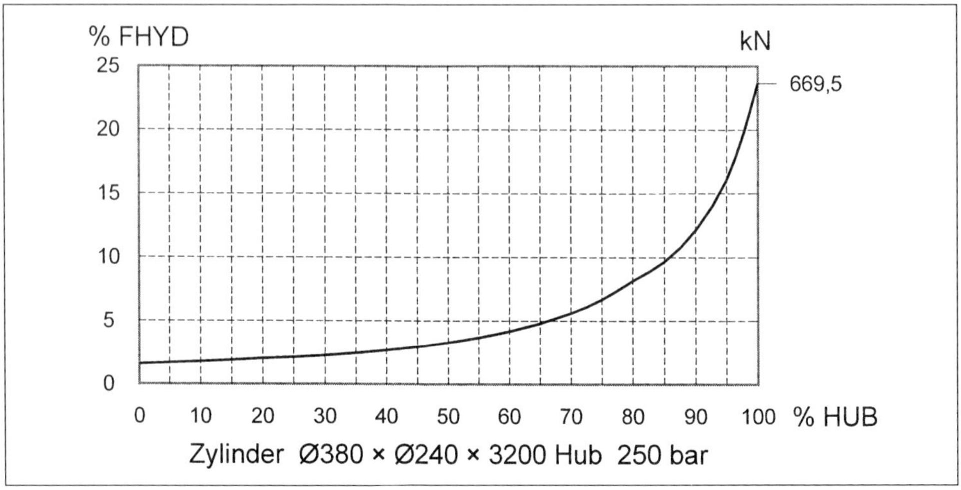

Bild 53: Verhältnis Führungkraft zu Hydraulikkraft

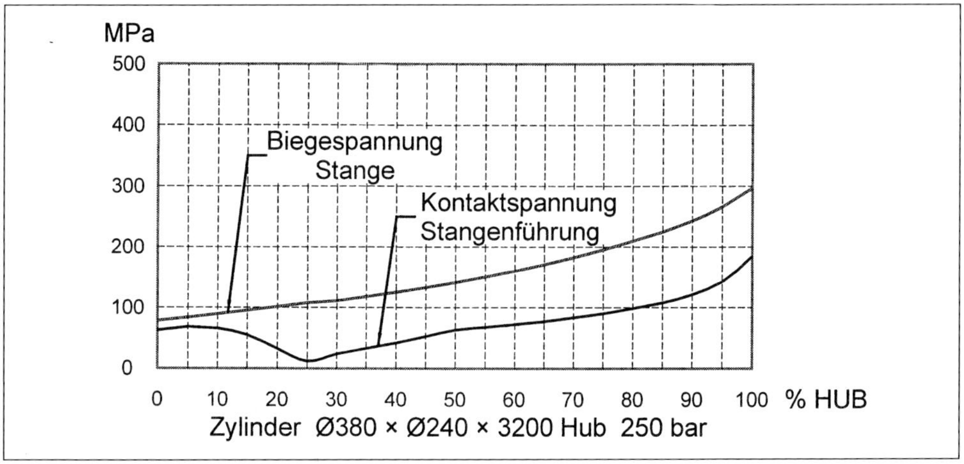

Bild 54: Spannungen an Stange und Führung

In Bild 53 ist die Führungskraft in den verschiedenen Hubstellungen dargestellt. Der absolute Wert mit rund 670 kN am Ende des Hubes wurde in der linken Skala in Vergleich zur konstanten Zylinderkraft FHYD gesetzt, die maximale Führungskraft erreicht immerhin ca. 23 % von FHYD. Entscheidend für den Wert der maximalen Führungskraft sind die Länge Lm, Mitte Stangenführung – Mitte Kolbenführung und die Auslenkung Hm in der vollausgefahrenen Endstellung. Bei kritischen Werten der Führungskraft kann der Konstrukteur durch Vergrößerung von Lm die Führungskraft verkleinern. Zusammenhänge siehe auch Bild 44.

Bild 54 zeigt die maximale Biegespannung an der Stange, diese Spannung ist mit der Streckgrenze des Stangenmaterials zu vergleichen, im Beispiel wurde 65 % der Streckfestigkeit er-

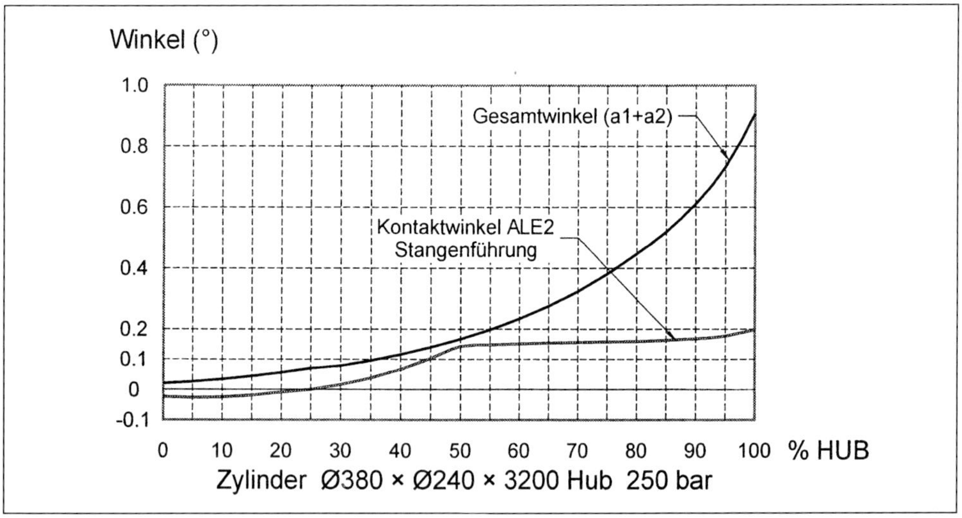

Bild 55: Verschiedene Winkel am Hydraulikzylinder

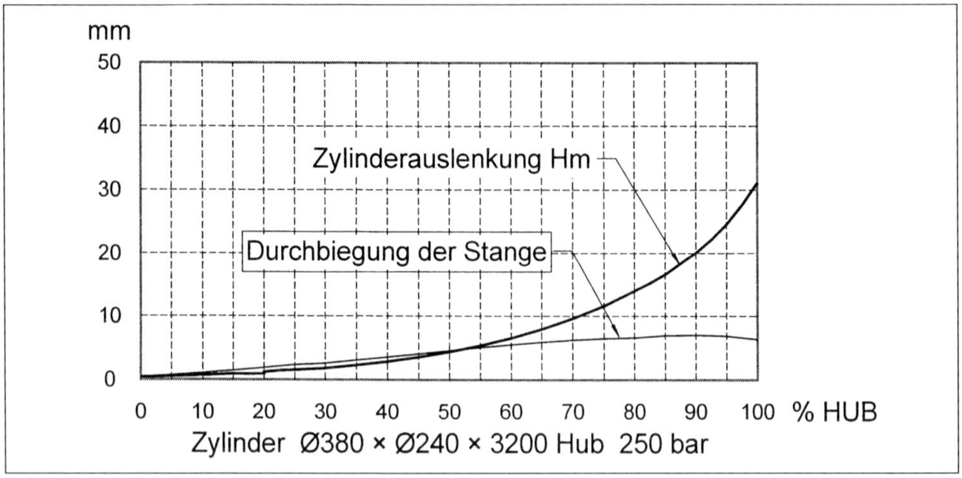

Bild 56: Durchbiegung der Stange und Zylinderauslenkung

reicht. Die zweite Kurve des Bildes zeigt die maximale Kontaktspannung an der Stangenführung. Die Kurve zeigt als Grundtendenz steigende Werte entsprechend der Hubstellung, jedoch bei 10 bis 50 % des Hubes fallen die Werte bei 25 % auf ein Minimum. Der Grund für das nicht erwartete Ergebnis ist in der Winkelstellung Stangenführung zu Stange zu suchen. Für das verwendete Führungsmaterial gilt eine (durchschnittliche) Druckfestigkeit von 50 N/mm². Die maximale Kontaktspannung erreicht aber 185 N/mm², sie ist mit der maximalen Druckfestigkeit von 220 N/mm² für dieses Material zu vergleichen, die Führung ist also noch stabil.

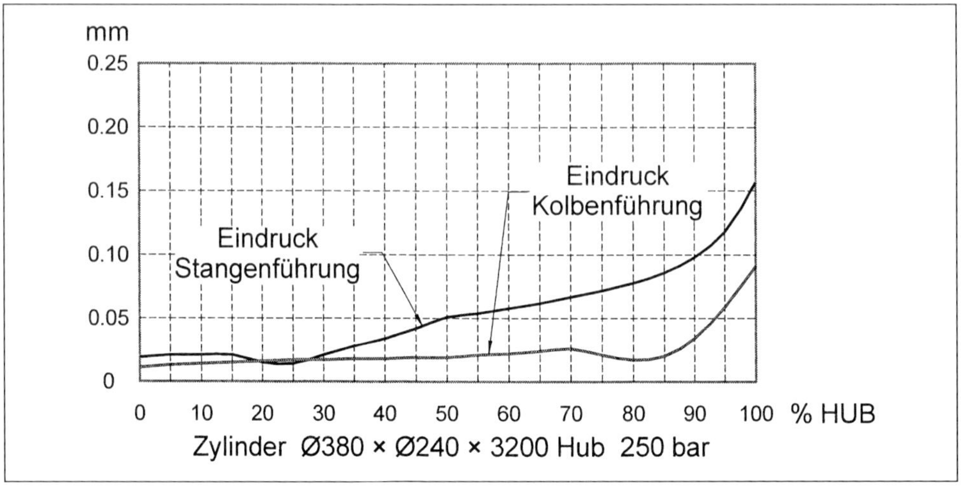

Bild 57: Eindruck in Kolben- und Stangenführung

Bild 55 zeigt den Gesamtwinkel ($\alpha_1 + \alpha_2$). Man sieht, daß der Winkel auch gegen Ende des Hubes relativ klein bleibt. Der Kontaktwinkel ALE2 an der Stangenführung wird dargestellt, da er zu Beginn des Hubes negative Werte hat, bei ca. 25 % Hub verläuft er durch den Nullpunkt. Damit ist auch das Minimum der Kontaktspannung aus Bild 54 erklärt.

In Bild 56 ist die Durchbiegung der Stange dargestellt. Das Maximum der Durchbiegung wird bei ca. 90 % des Hubes erreicht. Die Zylinderauslenkung Hm erreicht am Ende des Hubes ihr Maximum von ca. 31 mm. Fährt der Kolben mit seiner Anlage gegen die Gegenfläche im Zylinderkopf, kann es zum ruckartigen Ausrichten des Zylinders kommen (wenn Aufrichtmoment größer als FHYD · Hm).

Der maximale Eindruck in die Führungsbuchsen ist in Bild 57 zu sehen. Die erheblich größere Eindrückung der Stangenführung resultiert aus der kleineren zur Verfügung stehenden Kontaktfläche. An sich ist eine relativ große Eindrückung nicht nachteilig, man muß aber den zusätzlichen Abriebbetrag berücksichtigen, damit es nicht zur metallischen Berührung kommt.

7.2.3.5 Hydraulikzylinder mit fest angebautem Zylinderteil

Für diese Zylinderanordnung ist es wichtig, daß die Achse der Hauptlast mit der Achse des Hydraulikzylinders deckungsgleich ist, wenn das Stangenende von außen geführt wird. Kleine Abweichungen im Größenbereich der Führungsspiele sind zulässig, sonst muß die Rahmenkonstruktion und ihre Verformung in die Berechnung einbezogen werden. An sich ist diese Forderung selbstverständlich, es hat sich aber häufig gezeigt, daß zum Beispiel eine exzentrisch aufgebrachte Last auf einem Pressentisch die Rahmenkonstruktion stark verformt und damit ein Biegemoment in die Stange eingeleitet hat. Meist wird dieses Moment als Reibmoment im Gelenk am Stangenkopf übertragen.

Ist keine äußere Führung vorhanden, wenn zum Beispiel die Last direkt an der Stange befestigt ist, treten bei jeder Abweichung von der Vertikalen Querkräfte am Hydraulikzylinder auf.

An Plungerpumpen entstehen wegen der sehr hohen Betriebsdrücke erhebliche Führungskräfte. Das Bild 58 zeigt das Schema einer Plungerpumpe. Infolge des immer notwendigen Spiels SP1 in der Kreuzkopfführung tritt zunächst eine geringe Schiefstellung des Plungers auf, welche durch Biegung und einseitigem Eindruck in die Plungerführung weiter vergrößert wird. Im oberen Totpunkt, 180° Kurbelwinkel, steht der Plunger noch unter vollem Betriebs-

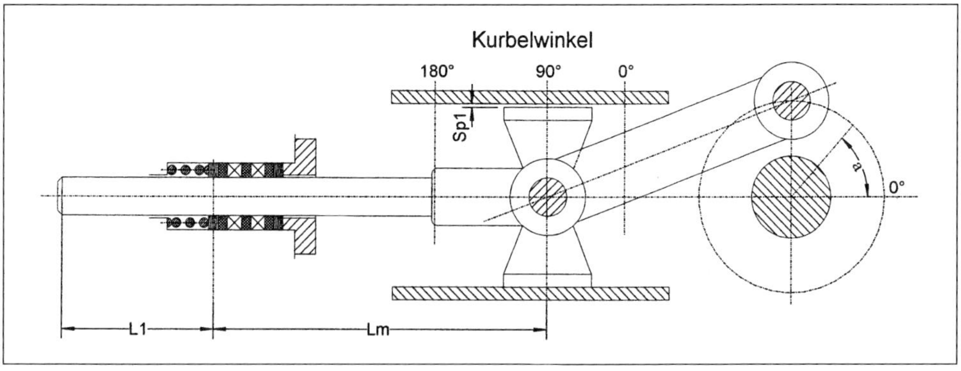

Bild 58: Schema einer Plungerpumpe

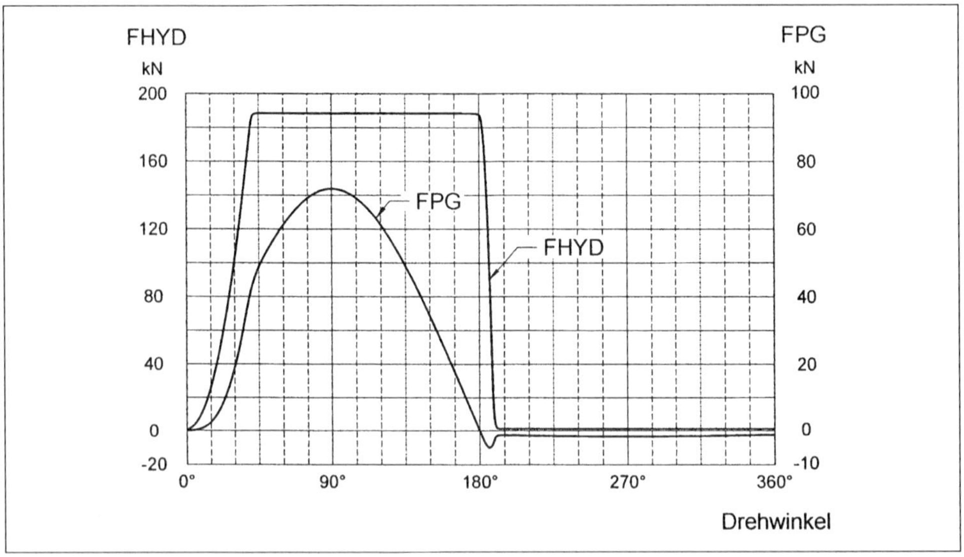

Bild 59: Kolben- und Führungskraft / Plungerpumpe

druck, der erst bei der fortgesetzten Bewegung abgebaut wird. Während dieser Phase nimmt die Führungskraft FPG des Kreuzkopfes negative Werte an, der Kreuzkopf wechselt die Anlageseite. Der Dichtsatz und die Plungerführung müssen dieser Bewegungsumkehr folgen können, siehe Bild 59. Der Plunger ist ähnlich wie im Hydraulikzylinder durch die axial wirkende Hauptkraft FHYD und durch das Biegemoment der Führungskräfte FPG belastet.

7.2.3.6 Teleskopzylinder

Die Teleskopzylinder bieten die Möglichkeit, eingefahrene Zylinder sehr kurz zu gestalten. Geht man bei der Betrachtung vom einfachen Hydraulikzylinder mit dem Hub H aus, bietet der Teleskopzylinder angenähert einen Hub = n · H. Es werden in der Praxis zwei verschiedene Betriebsweise für Teleskopzylinder angewendet.

1. Bild 60, die Kolbenstangen fahren nacheinander aus, von außen beginnend, die innerste fährt zuletzt aus. Beim Wechsel von einer Kolbenstange auf die nächste erfolgt ein Drucksprung, der Höchstdruck wird durch die innerste Kolbenstange bestimmt. Nach jedem Ausfahren einer Stange bis zum Anschlag erfolgt ein Ausrichten des Zylinders.

   Diese Bauart führt zu ungleichmäßiger Geschwindigkeit, ergibt dafür die kleinsten Durchmesser.

2. Bild 61, die Kolbenstangen fahren zugleich aus. Die Kolbenstangen wirken zugleich als Druckübersetzer. Die Drücke sind konstant. Der erforderliche Pumpendruck ist relativ klein. Diese Bauart führt zu gleichmäßiger Geschwindigkeit, ergibt aber die größten Durchmesser.

Zum Vergleich sollen die Daten für diese beiden Bauarten für zwei 4fach Teleskopzylinder gegenübergestellt werden.

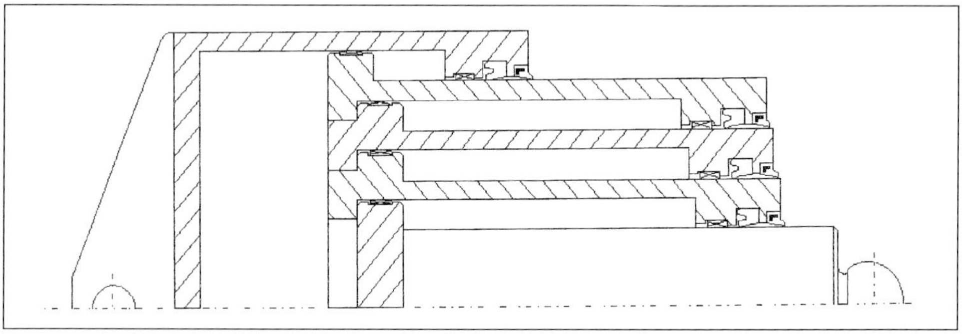

Bild 60: Teleskopzylinder – Kolbenstangen fahren nacheinander aus

p_{max} = 400 (bar)

σ_{zul} = 520 (N/mm²) Zulässige Spannung in den Zylindern

Bauart 1

d1 = 115; d2 = 120; d3 = 130; d4 = 135; d5 = 145; d6 = 150; d7 = 165; d8 = 170; d9 = 185 (mm)

P1a = 176; P1b = 226; P1c = 280; P1d = 385 (bar)

Bauart 2

d1 = 115; d2 = 120; d3 = 130; d4 = 165; d5 = 180; d6 = 235; d7 = 250; d8 = 330; d9 = 340 (mm)

P1 = 385; P2 = 333; P3 = 230; P4 = 145 (bar)

Der erforderliche Pumpendruck wechselt

bei Bauart 1 von 176 bis auf 385 bar,

bei Bauart 2 ist der Pumpendruck konstant 145 bar.

Der Teleskopzylinder sollte beidseitig gelenkig gelagert sein. Um eine Berechnung der Führungskräfte vornehmen zu können, sollten die Bezeichnungen der einzelnen Bauteile geklärt sein. Die innenliegende Stange wird von (n - 1) Zylindern umschlossen, die ausgefahren werden können. Diese Zylinder werden der Einfachheit wegen 2. Stange, 3. Stange, 4. Stange usw. bezeichnet.

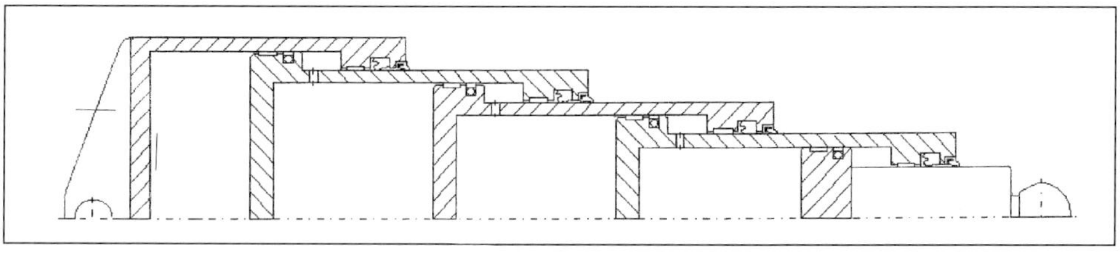

Bild 61: Teleskopzylinder – Kolbenstangen fahren gleichzeitig aus

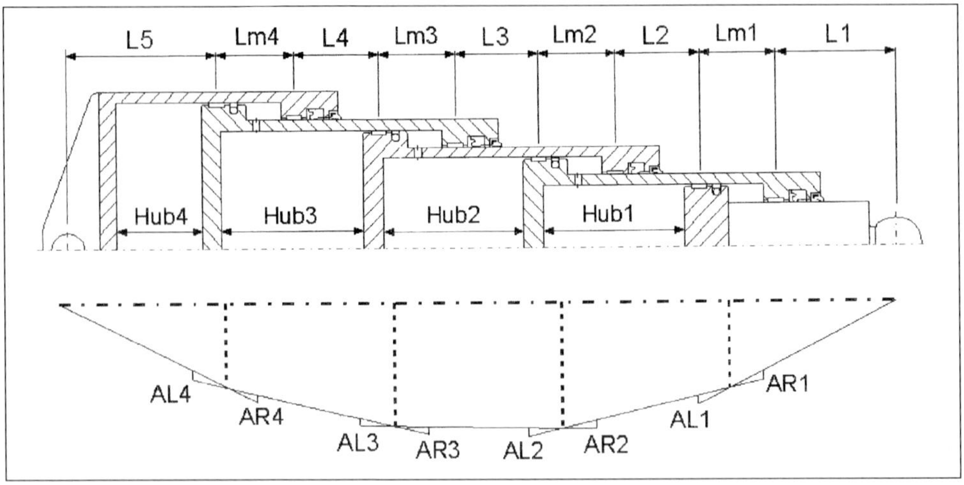

Bild 62: Teleskopzylinder – Auslenkungen bei beidseitig gelenkiger Lagerung

Bild 62 zeigt das Schema für einen 4zügigen Teleskopzylinder im teilweise ausgefahrenem Zustand.

Der feststehende, außen liegende Zylinder trägt am rechten Ende die 4. Stangenführung, die 4. Stange trägt am linken Ende die 4. Kolbenführung, am rechten Ende die 3. Stangenführung usw. Die 1. Stange trägt am linken Ende die 1. Kolbenführung.

7.2.3.7 Hinweise zur Berechnung der Führungskräfte

Die Berechnung der Führungskräfte ist wegen der vielen Einzeleinflüsse enorm aufwendig, siehe die Bilder 45 und 46. Wollte man für alle dargestellten neun Einzeleinflüsse plus Temperatur je zwei Extremlagen und etwa zehn verschiedene Hubstellungen berücksichtigen, käme man auf etwa zehntausend Berechnungen der Führungskraft. Da schon die Berechnung einer einzigen sehr aufwendig ist, sollte man eine sinnvolle Beschränkung der zu berechnenden Führungskräfte einführen. Eine gewisse Unsicherheit in der Beurteilung, welche Bedingungen zum Beispiel zur größten Führungskraft oder zur größten Biegespannung der Stange führen, kann nicht bestritten werden. Deshalb wird man eine optimale Auswahl der zu berechnenden Führungskräfte erst nach einiger Rechenerfahrung festlegen können.

Das Berechnungsprogramm der Führungskräfte muß in der Lage sein, alle möglichen Variationen zu berücksichtigen. Durch Einführung von als „Schalter" wirkenden Zwischenabfragen kann die Berechnung interaktiv auf gesuchte Einzelfälle beschränkt werden. Selbstverständlich ermittelt man mit dem Programm zusätzlich viele wichtige Ergebnisse, die bei der Berechnung sowie benötigt werden, siehe auch die Bilder 53–57. So ergibt zum Beispiel die Biegespannung der Stange im Vergleich zu ihrer Streckspannung ein wichtiges Signal für die Stabilität eines Hydraulikzylinders. Ein solches Berechnungsprogramm bietet zudem die Möglichkeit, notwendige Änderungen an der Konstruktion sofort veranlassen zu können.

Da dem Konstrukteur eines komplexen Hydraulikgerätes nicht immer zuzumuten ist, für alle eingesetzten Bauteile ein entsprechendes, zeitraubendes Rechenprogramm zu schreiben, sollte er sich an den Anbieter der Führungselemente wenden. Er kann erwarten, daß die Anbieter für seine Problemstellung entsprechende Berechnungsprogramme vorliegen haben.

7.3 Pneumatikdichtungen

7.3.1 Einleitung

Der Hauptunterschied zwischen einer Pneumatik- und einer Hydraulikdichtung liegt darin, daß bei der Hydraulikdichtung das Hydraulikmedium (z. B. Hydrauliköl) im engen Dichtspalt zwischen Dichtung und Dichtfläche aufgrund seiner Viskosität abdichtet, während bei der Pneumatikdichtung das flüssige Medium fehlt, es muß gegen Luft abgedichtet werden.

Aus diesem Grunde muß die Pneumatikdichtung so elastisch sein, daß sie selbst kleinste Abweichungen von der geometrischen Form ausgleichen kann.

Diese Tatsache ist jedem bekannt, der einmal versucht hat, eine ausgetrocknete Handpumpe, wie sie heute noch auf entlegenen Bauernhöfen zu finden ist, wieder in Betrieb zu nehmen. Mit einem Zusatz von Wasser auf den Kolben kann die Funktion im allgemeinen wieder hergestellt werden. Die Wirkung des Wassers kann bis zu einem gewissen Grad bei den Pneumatikdichtungen von einer Ölnebelschmierung und einer Einfettung der Dichtungen vor der Montage übernommen werden. Größtenteils wird die Dichtung jedoch ohne ausgebildeten Schmierfilm laufen, so daß dieser als Dichtung nicht herangezogen werden kann, er wirkt dann lediglich verschleißmindernd.

Die einleitend geschilderten Probleme waren schon erkannt, als man anfing, Lederdichtungen durch Tränken in tierischen und pflanzlichen Fetten zu imprägnieren. Man erreichte dadurch dreierlei:

- Die Dichtung wurde geschmeidig, d. h. elastisch, um sich der geometrischen Form der Dichtfläche gut anzupassen.
- Die Poren im Leder selbst wurden durch das Fett verschlossen. Ein sehr wichtiger Punkt, der sogar dazu führte, daß in der Druckluftbremstechnik, die bereits vor 70 Jahren hohe Anforderungen an die Dichtheit stellte, Anweisungen an die Einkäufer ergingen, den Ankauf von Leder aus insektenverseuchten Gebieten zu unterlassen, da das Leder zu stark zerstochen war.
- Kleine Kavernen in der Gleitfläche (z. B. Bearbeitungsspuren und Lunker) werden ausgefüllt und somit eine Annäherung an die ideale geometrische Form erreicht.

Fehlen nun diese Voraussetzungen, so muß der Dichtungswerkstoff so elastisch sein, daß er diese Funktionen übernehmen kann. Die erste Forderung kann durch einen flexibleren Werkstoff erfüllt werden. Ebenso bereitet die zweite Forderung bis zu einem Druck von 30 bar keine Schwierigkeiten, da die heute verwendeten Dichtungswerkstoffe eine gute Gasdichtheit haben. Beim dritten Punkt wird es problematischer. Da Elastomer-Werkstoffe selbst nicht gefettet sind wie Lederdichtungen, treten enge Kontakte zwischen Gleitfläche und Dichtung ohne Schmierfilm auf. Diese engen Kontakte machen sich besonders nach längeren Stillstandszeiten als erhöhte Reibung bemerkbar. Hierbei ist besonders die ruhende Reibung mit ihren hohen Losbrechkräften ein kritischer Punkt. Diese hohe Anfangsreibung benötigt wesentlich höhere Drücke, als sie zum normalen Bewegen der Pneumatik-Komponenten nötig wären und ist oft Ursache von Stick-Slip-Vorgängen oder plötzlich vorschnellenden Steuerelementen oder -kolben.

7.3.2 O-Ringe

Die heute zweifellos am häufigsten eingesetzte Dichtung ist der O-Ring, Bild 63. Siehe dazu auch Kap. 2.1 sowie Pkt. 3.3.2 und 7.2.1.

Jeden Tag werden weltweit Millionen von O-Ringen hergestellt und von den Anwendern montiert. Die Gründe hierfür sind folgende:

- Der O-Ring kann als statische oder dynamische Dichtung eingesetzt werden.
- Aufgrund seiner einfachen, runden Geometrie kann der O-Ring nicht falsch montiert werden.
- Die Reibungskräfte des O-Ringes können über die Wahl der Nuttiefe stufenlos eingestellt werden.
- Der O-Ring ist standardmäßig in allen Qualitäten zu erhalten.
- Der O-Ring ist preiswert.
- Der O-Ring ist genormt und steht dem Anwender auch bei plötzlichen Reparaturfällen praktisch weltweit ohne Lieferzeit zur Verfügung.

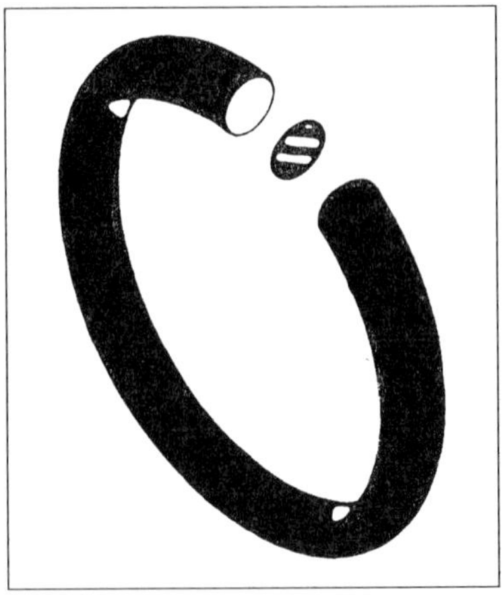

Bild 63: O-Ring (aufgeschnitten)

Aus diesen Gründen lohnt es sich, dem unscheinbaren O-Ring auch bei der Betrachtung von Pneumatik-Dichtungen eine größere Aufmerksamkeit zu widmen.

Von der Form her kann der O-Ring wie folgt definiert werden: Ein O-Ring ist ein kreisförmiger Ring mit rundem Querschnitt. Er besteht in der Regel aus einem elastischen Material, zum Beispiel aus Gummi, Bild 63.

Von der Funktion her kann der O-Ring entsprechend der allgemeinen Definition im Kap. 1 folgendermaßen beschrieben werden: Ein O-Ring ist – im eingebauten Zustand – eine Dichtung zur Verhinderung des unerwünschten Austretens oder Verlustes von Flüssigkeiten oder Gasen aus einem System oder innerhalb eines Systems.

Eine O-Ring-Abdichtung ist eine „automatische Dichtung", bei der eine Nachstellung oder eine Wartung während des Betriebes entfällt. Eine solche „wartungsfreie Dichtung" entspricht den Vorstellungen und Wünschen der modernen Industrie. Die grundsätzliche Funktionsweise ist in Bild 64 dargestellt. Die Nuttiefe L ist kleiner als der O-Ring-Schnurdurchmesser. Dadurch wird der O-Ring-Querschnitt zusammengepreßt (sogenannte O-Ring-Vorspannung). Da der O-Ring bestrebt ist, seine Ursprungform wieder anzunehmen, drückt er permanent gegen die abzudichtende Fläche.

Kommt durch das abzudichtende Medium ein Systemdruck hinzu, wird der O-Ring an eine Nutflanke gepreßt, und die Dichtwirkung wird erhöht. Hierbei ist die Anpressung dem Mediendruck proportional. Die eintretende Gesamtdichtwirkung entsteht also aus einer Ursprungsdichtwirkung aufgrund der Vorspannung und aus einer Hilfsdichtwirkung aufgrund des Systemdrucks.

Das bedeutet bei veränderlichem Druck:

- niedrige Anpressung bei niedrigem Druck
- hohe Anpressung bei hohem Druck.

Dieser Effekt kann als Automatik angesehen werden. Man spricht deshalb auch von Automatik-Dichtungen, von selbsttätigen Dichtungen oder von selbstverstärkenden Dichtungen.

Infolge der Proportionalität zwischen Betriebsdruck und Anpreßdruck ergibt sich bei allen selbstverstärkenden Dichtungen der Vorteil einer praktisch konstanten Sicherheit gegen

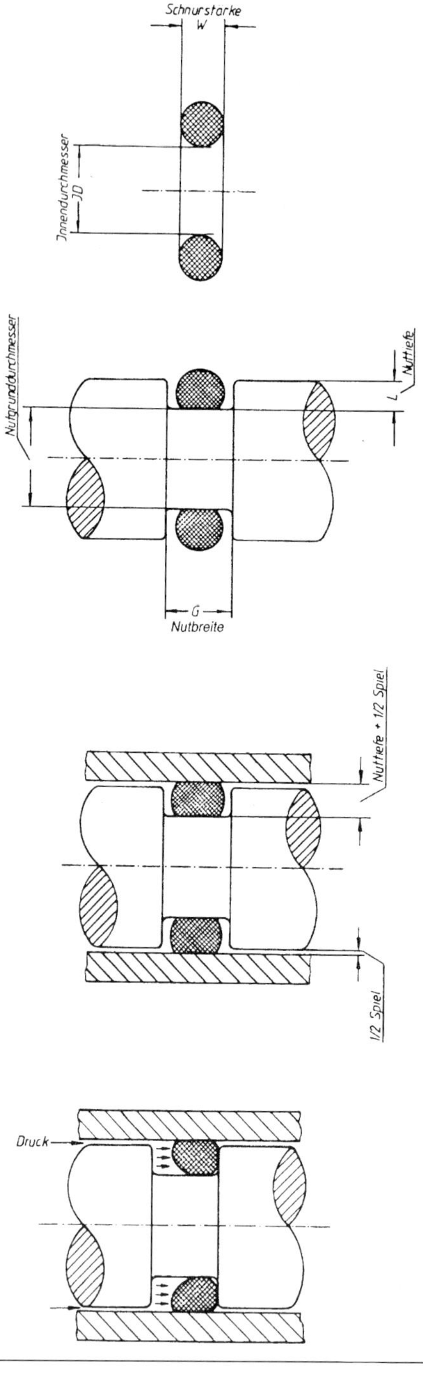

O-Ring vor dem Einbau

Durch die Aufdehnung des Innendurchmessers bedingt liegt der O-Ring sicher im Nutgrund an

O-Ring nach Montage der Hülse. Da die Nuttiefe plus Spiel kleiner ist als die O-Ring-Schnurdicke, wird der O-Ring-Querschnitt verformt und wirkt als automatische Dichtung

Funktion der O-Ring-Abdichtung unter Systemdruck

Bild 64: O-Ring-Funktionsweise

Leckage. Hinzu kommt der Vorteil einer zuverlässigen Abdichtung bei schnellen Temperaturschwankungen, da die Hilfswirkung von der Wärmedehnung nicht beinflußt wird.

Die O-Ring-Abmessungen werden wie folgt angegeben:

Innendurchmesser x Schnurdicke.

Diese beiden Abmessungen sind jeweils mit einer Toleranz versehen. Der Außendurchmesser wird bei Anfragen und Bestellungen nicht genannt, er dient lediglich als Hilfsmaß bei der Konstruktion. Der Außendurchmesser wird in jedem Fall ohne Toleranz als „Freimaß" angegeben, da sich hierbei die Toleranzen des Innendurchmessers und der Schnurdicke gegenseitig addieren oder subtrahieren können.

Im Markt werden heute O-Ringe nach amerikanischer Norm (AS 568), nach deutscher Norm (DIN 3771) und nach schwedischer Norm (SMS 1568) angeboten. Die DIN/ISO 3601 befindet sich zur Zeit in der Vorbereitung. Den größten Marktanteil haben heute O-Ringe nach der amerikanischen Norm erreicht. Daneben gibt es noch eine Vielzahl von O-Ring-Abmessungen nach Kundenwunsch.

Für Neukonstruktionen sollten aber möglichst genormte O-Ringe eingesetzt werden.

Für die Auswahl der O-Ring-Abmessung gilt grundsätzlich: Es ist nach Möglichkeit immer der O-Ring mit der größten Schnurdicke auszuwählen, weil eine größere Schnurdicke ein höheres „Arbeitsvermögen" besitzt als eine kleinere Schnurdicke, außerdem können mit einem dickeren O-Ring größere Toleranzen überbrückt werden als mit einem dünneren Ring, und er hat einen größeren Widerstand gegen das Auspressen.

Der O-Ring mit der größeren Schnurdicke hat – bei gleicher Qualität – einen besseren, das heißt kleineren Druckverformungsrest (Compression Set) als der dünnere O-Ring.

Der O-Ring Innendurchmesser sollte etwas kleiner gewählt werden als der Nutgrund, damit der O-Ring aufgedehnt wird und mit Sicherheit sauber im Nutgrund anliegt. Diese Innendurchmesser-Aufdehnung des O-Ringes sollte maximal 6 % nicht überschreiten. In der Praxis hat sich eine Aufdehnung um 1–2 % des Innendurchmessers als optimal erwiesen.

7.3.2.1 O-Ringe für statische Abdichtungen

Von statischer Abdichtung spricht man, wenn sich die abzudichtenden Teile relativ zueinander nicht bewegen (abgesehen von der geringen Ausdehnung oder Trennung durch den Flüssigkeitsdruck), siehe auch Kap. 3. Beispiele für statische Dichtungen sind Dichtungen unter Schraubenköpfen oder Nieten, Dichtungen bei Rohrverbindungen, Dichtungen unter Deckeln oder Stopfen, Flanschdichtungen u.ä., siehe Kap. 3. Viele Anwender sind der Meinung: „O-Ringe sind die besten statischen Dichtungen, die jemals entwickelt wurden." Einer der Gründe für diese Behauptung ist, daß O-Ringe „narrensicher" sind. Es ist keine Nachstellung erforderlich, und der menschliche Fehlerfaktor entfällt, wenn die O-Ringe in der Erstausrüstung oder bei Reparaturen an richtig konstruierten Dichtstellen verwendet werden. O-Ringe erfordern kein hohes Schraubendrehmoment, um eine einwandfreie Abdichtung zu gewährleisten. O-Ringe sind vielseitig, sie sparen Platz und Gewicht, und sie dichten über einen außergewöhnlich großen Bereich von Drücken, Temperaturen und Toleranzen sicher ab. Aus der Tabelle für statische Abdichtungen kann die erforderliche Nuttiefe und -breite direkt abgelesen werden, Bild 65.

Enstsprechend der grundsätzlichen Empfehlung bei der Auswahl von O-Ringen sollte nach Möglichkeit der O-Ring mit der größten Schnurdicke ausgewählt werden.

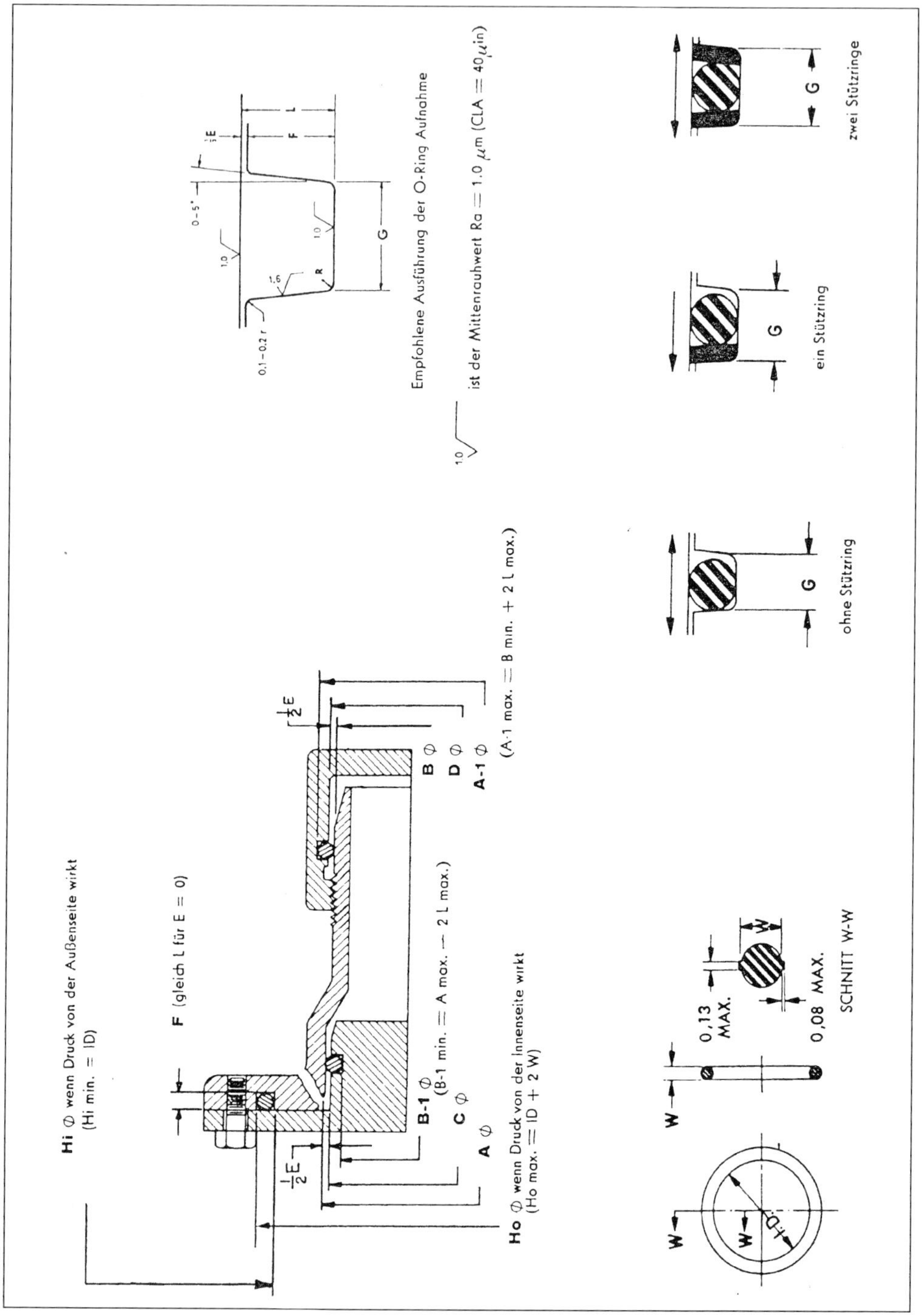

Bild 65: Konstruktionsempfehlungen für statische Abdichtungen

7.3.2.2 O-Ringe für wechselseitig bewegte Abdichtungen

Bei einer wechselseitig bewegten Abdichtung führen die abzudichtenden Teile relativ zueinander eine hin- und hergehende Bewegung aus. Diese Bewegung versucht, den O-Ring wechselwirkend zu verschieben oder zu rollen. O-Ringe an Kolben oder Stangen von Hydraulik-Zylindern sind zum Beispiel solche wechselseitig bewegte Dichtungen. Ebenso wie in der Hydraulik werden O-Ringe als wechselseitig bewegte Abdichtungen auch in der Pneumatik erfolgreich eingesetzt. Richtig verwendet, gewähren sie eine lange, störungsfreie Lebensdauer.

Wechselseitig bewegte Abdichtungen werden durch Auspressung, Atmung, Oberflächengüte und Härte des Dichtungsmaterials beeinflußt, und es ist wichtig, diese Faktoren zu berücksichtigen. Zusätzlich sollten noch die Betriebstemperatur, die Druckbeaufschlagung sowie die für die Reibung wichtige Vorspannung des O-Ringes beachtet werden. Die beste Verformung für eine wechselseitig bewegte O-Ring-Abdichtung ist ein Kompromiß zwischen allen beteiligten Faktoren.

Wird der O-Ring zu stark verformt, dann erhöht sich die Anlegebreite des O-Ringes, damit erhöht sich die Reibung und verstärkt den O-Ring-Verschleiß. Wird der O-Ring zu gering verformt, besteht Leckagegefahr. Aus der Tabelle ist die Nuttiefe und -breite für wechselseitig bewegte Abdichtungen im Normalfall ersichtlich, Bild 66. Auch hier sollte entsprechend der vorgenannten Empfehlung nach Möglichkeit der O-Ring mit der größten Schnurdicke ausgewählt werden.

7.3.2.3 O-Ringe für Pneumatik-Abdichtung

In den letzten Jahren hat die Drucklufttechnik eine überproportionale Bedeutung erhalten, nicht nur für neue Geräte, sondern auch als Austausch für hydraulische Ausrüstungen. Folgende Gründe waren entscheidend:

- Größere Sicherheit gegen Brandgefahr
- Geringes Gewicht
- weniger kritische Leckverluste
- geringere Schmutzanfälligkeit
- unerschöpfliches Reservoir durch die umgebende Atmosphäre.

Bei allen bisher beschriebenen Abdichtungsarten wurde die O-Ring-Schnurdicke verformt und durch die Rückfederungskraft des O-Rings die automatische Abdichtung erzielt. Bei der Pneumatik-Abdichtung wird die O-Ring-Schnurdicke nicht verformt, die Nutbreite und Nuttiefe sind größer als die O-Ring-Schnurdicke, der O-Ring „schwimmt" in der O-Ring-Nut, Bild 67. Wird Druckluft auf die Dichtung gegeben, so strömt die Luft im ersten Moment um den O-Ring herum, und es entsteht eine geringfügige Leckage. Im zweiten Moment drückt die Luft den O-Ring an die gegenüberliegende Nutflanke, der O-Ring dichtet ab und die Druckluft bewegt den Kolben. Der Hauptvorteil der „schwimmenden O-Ring-Abdichtung" besteht darin, daß der O-Ring nur minimale Reibung an den Metallteilen hat, dadurch geringsten Verschleiß und außergewöhnlich lange Lebensdauer besitzt. Wegen der Leckage beim Anfahren wird diese Abdichtungsart ausschließlich für den Niederdruckbereich bis 15 bar in einem Temperaturbereich von –20 °C bis + 80 °C empfohlen.

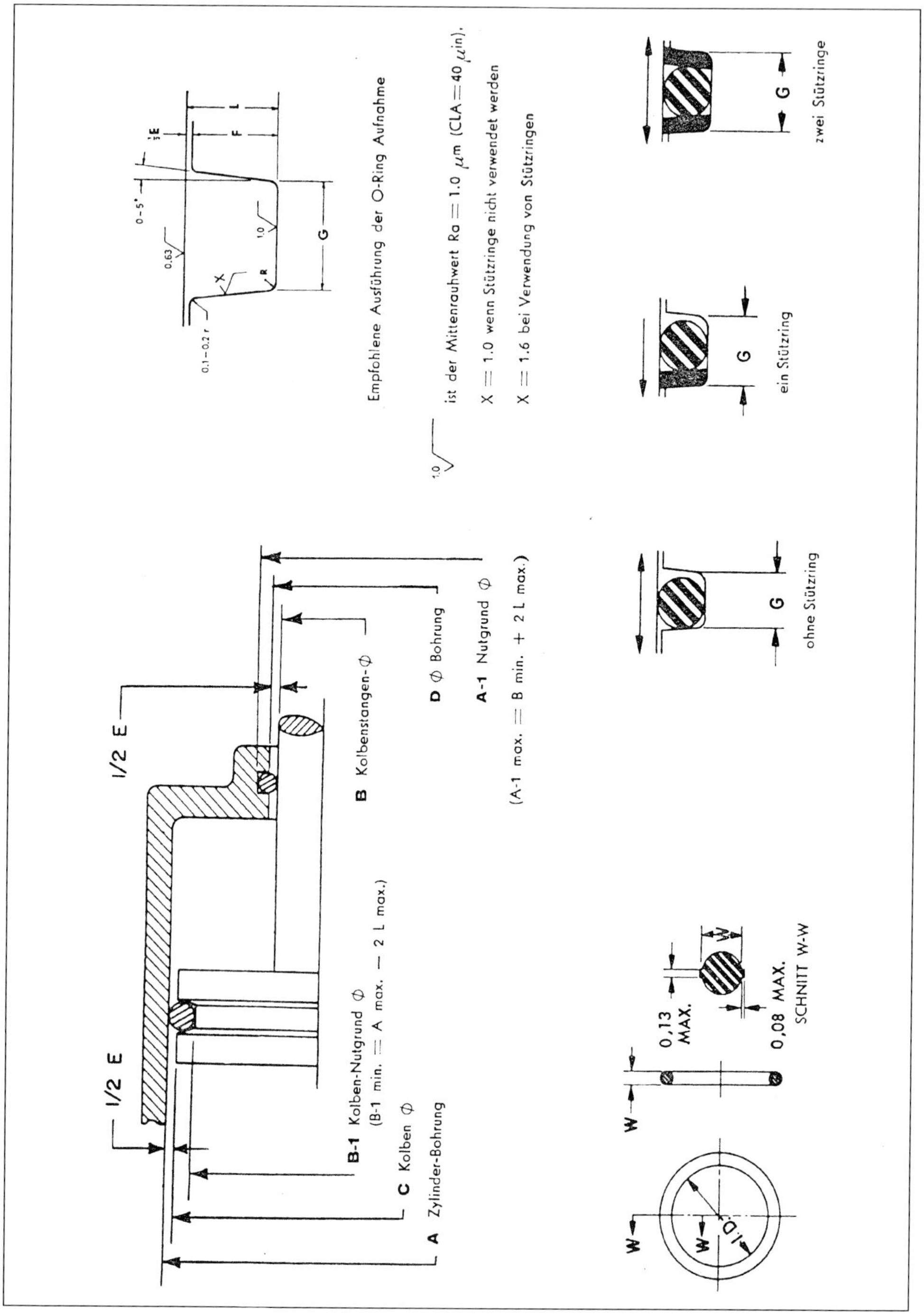

Bild 66: Konstruktionsempfehlungen für wechselseitig bewegte Abdichtung

Parker O-Ring Größe Nr.	A	B	W	L	Verformung		E * Durchmesserspiel		G ** Nutbreite			R	
	ϕ Bohrung	ϕ Wellen	ϕ O-Ring Querschnitt	Nuttiefe	mm	%	60 kg/cm² max.	100 kg/cm² max.	ohne Stützring	ein Stützring	zwei Stützringe	Nutgrund Radius	Exzentrizität max. ***
2–4 ◆ 2–50	6 ◆ 150	3 ◆ 125	1.78 ± 0.08	1.25 ◆ 1.35	0.35 ◆ 0.61	20 ◆ 33	0.05 ◆ 0.25	0.05 ◆ 0.13	2.4 ◆ 2.6	3.5 ◆ 3.7	4.6 ◆ 4.8	0.1 ◆ 0.4	0.05
2–110 ◆ 2–178	15 ◆ 250	10 ◆ 250	2.62 ± 0.08	2.05 ◆ 2.15	0.39 ◆ 0.65	15 ◆ 25	0.05 ◆ 0.25	0.05 ◆ 0.13	3.6 ◆ 3.8	4.7 ◆ 4.9	5.8 ◆ 6.0	0.1 ◆ 0.4	0.05
2–210 ◆ 2–284	25 ◆ 480	20 ◆ 460	3.53 ± 0.10	2.80 ◆ 2.95	0.48 ◆ 0.83	13 ◆ 23	0.08 ◆ 0.28	0.08 ◆ 0.16	4.8 ◆ 5.0	5.8 ◆ 6.0	6.8 ◆ 7.0	0.2 ◆ 0.6	0.08
2–325 ◆ 2–395	50 ◆ 680	40 ◆ 680	5.33 ± 0.13	4.30 ◆ 4.50	0.70 ◆ 1.16	13 ◆ 22	0.08 ◆ 0.28	0.08 ◆ 0.18	7.2 ◆ 7.4	8.7 ◆ 8.9	10.2 ◆ 10.4	0.5 ◆ 1.0	0.10
2–425 ◆ 2–475	125 ◆ 700	120 ◆ 700	6.99 ± 0.15	5.75 ◆ 5.95	0.89 ◆ 1.39	13 ◆ 20	0.10 ◆ 0.30	0.10 ◆ 0.20	9.6 ◆ 9.8	12.0 ◆ 12.2	14.4 ◆ 14.6	0.5 ◆ 1.0	0.12

* Durchmesserspiel soll möglichst klein sein in Übereinstimmung mit den konstruktiven Forderungen bei erhöhten Drücken und Temperaturschwankungen.
** Bei Betriebsdrücken über 100 kg/cm² empfiehlt sich die Verwendung von Stützringen.
*** Gesamt-Meßuhrenausschlag zwischen O-Ring-Nut und anliegender Tragfläche.

Parker O-Ring Größe Nr.	A Φ Zylinder-Bohrung	B Φ Kolben-Stange	W Φ O-Ring Querschnitt	L Nuttiefe	Verformung		E * Durch-messer-spiel	G ** Nutbreite			R Nutgrund Radius	Exzentrizität max. ***
					mm	%		ohne Stützring	ein Stützring	zwei Stützringe		
2–6 ◆ 2–12	6 ◆ 15	3 ◆ 10	1.78 ± 0.08	1.40 ◆ 1.45	0.25 ◆ 0.46	14 ◆ 25	0.05 ◆ 0.13	2.4 ◆ 2.6	3.5 ◆ 3.7	4.6 ◆ 4.8	0.1 ◆ 0.4	0.05
2–110 ◆ 2–116	15 ◆ 25	10 ◆ 20	2.62 ± 0.08	2.25 ◆ 2.30	0.24 ◆ 0.45	9 ◆ 17	0.05 ◆ 0.13	3.6 ◆ 3.8	4.7 ◆ 4.9	5.8 ◆ 6.0	0.1 ◆ 0.4	0.05
2–210 ◆ 2–222	25 ◆ 50	20 ◆ 40	3.53 ± 0.10	3.05 ◆ 3.10	0.33 ◆ 0.58	9 ◆ 16	0.08 ◆ 0.16	4.8 ◆ 5.0	5.8 ◆ 6.0	6.8 ◆ 7.0	0.2 ◆ 0.6	0.08
2–325 ◆ 2–349	50 ◆ 125	40 ◆ 120	5.33 ± 0.13	4.65 ◆ 4.75	0.45 ◆ 0.81	8 ◆ 15	0.08 ◆ 0.18	7.2 ◆ 7.4	8.7 ◆ 8.9	10.2 ◆ 10.4	0.5 ◆ 1.0	0.10
2–425 ◆ 2–460	125 ◆ 400	120 ◆ 400	6.99 ± 0.15	6.00 ◆ 6.10	0.74 ◆ 1.14	10 ◆ 16	0.10 ◆ 0.20	9.6 ◆ 9.8	12.0 ◆ 12.2	14.4 ◆ 14.6	0.5 ◆ 1.0	0.12

* Durchmesserspiel soll möglichst klein sein in Übereinstimmung mit den konstruktiven Forderungen bei erhöhten Drücken und Temperaturschwankungen.

** Bei Betriebsdrücken über 100 kg/cm^2 empfiehlt sich die Verwendung von Stützringen.

*** Gesamt-Meßuhrenausschlag zwischen O-Ring-Nut und anliegender Gleitfläche

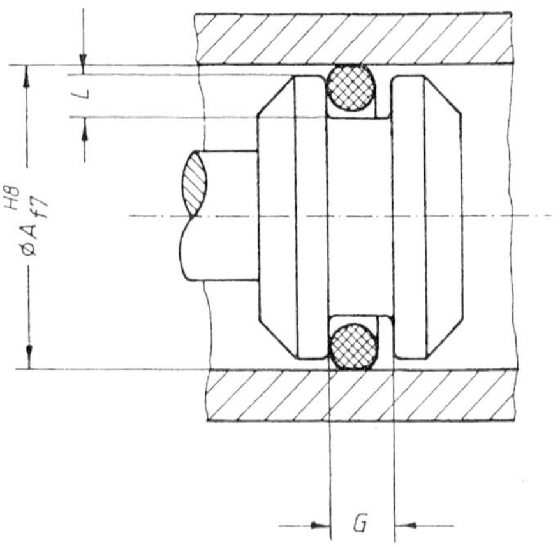

O-Ring Schnur-dicke mm	Nuttiefe L − 0,05 mm	Nutbreite G + 0,10 mm
1,78	1,95	1,90
2,62	2,80	2,80
3,53	3,75	3,90
5,33	5,55	5,80
6,99	7,30	7,70

Empfehlung:
Außendurchmesser O-Ring
> ⌀ A (um 2–5%)
Innendurchmesser O-Ring
> Nutgrund ⌀

Vorteil: Verschleißarm
Leichtgängig

Bild 67: Konstruktionsempfehlung für Pneumatik-Abdichtungen
O-Ring als „schwimmende Abdichtung", wechselseitig bewegt

7.3.2.4 Werkstoffauswahl

Die Auswahl des geeigneten O-Ring-Werkstoffes richtet sich nach folgenden Kriterien:

- Welches Medium ist abzudichten?
- Welcher Druck ist abzudichten?
- In welchem Temperaturbereich muß die Dichtung ihre Funktion erfüllen?
- Liegt eine statische oder dynamische Abdichtung vor? (Bei dynamischer Abdichtung: Welche Geschwindigkeit wird verlangt?)
- Welche Maschine, welches Gerät soll abgedichtet werden? Liegen eventuell noch Randbedingungen vor, die beachtet werden müssen (Maße, Toleranzen, Oberflächenbeschaffenheit, wirtschaftliche Gesichtspunkte)?

Es würde den Rahmen dieses Kapitels sprengen, wenn hier detaillierte Werkstoffvorschläge für O-Ringe unter Berücksichtigung vorstehender Einflüsse erscheinen würden. Alle Hersteller von Qualitäts-O-Ringen haben Medien-Beständigkeitslisten herausgegeben, aus denen leicht die richtige Qualität für den jeweiligen Abdichtungsfall bestimmt werden kann. In Zweifelsfällen sollte aber nicht gezögert werden, den technischen Beratungsdienst der Dichtungshersteller in Anspruch zu nehmen. Die vorliegende jahrzehntelange Erfahrung sollte man nutzen, bevor zeitraubende und kostspielige eigene Versuche durchgeführt werden. Wichtig für den Dichtungslieferanten ist, daß schon in der Anfrage alle wichtigen technischen Informationen (mindestens aber die Antworten auf die vorstehend genannten fünf Punkte) enthalten sind, damit die Empfehlung vom Dichtungsspezialisten möglichst ohne Rückfragen umgehend abgegeben werden kann.

7.3.2.5 O-Ring Montage

Sauberkeit ist für die einwandfreie Funktion der Abdichtung und eine lange Lebensdauer des O-Ringes unerläßlich.

Beim Zusammenbau müssen alle Teile absolut sauber sein. Fremdkörper, Schmutz, Späne usw. in der Dichtungsaufnahme können Leckage verursachen, den O-Ring beschädigen und seine Lebensdauer verkürzen. Ebenso wichtig wie Sauberkeit beim Zusammenbau sind saubere Oberflächen während des Betriebes. Kostspielige Ausfälle und Reparaturen lassen sich durch den Einbau guter Filter im hydraulischen System vermeiden.

Das Einsetzen erfordert Sorgfalt, so daß der O-Ring in seiner Nut richtig liegt und nicht beschädigt werden kann, wenn die Abdichtung geschlossen wird.

Hierzu einige wichtige konstruktive Hinweise:

- Die Dehnung des O-Ringes sollte nach dem Einsetzen in seiner Nut nicht mehr als 6 % des Innendurchmessers betragen, da die meisten Gummimischungen bei größerer Dehnung schneller altern und unbrauchbar werden.
- Die Dehnung des O-Ringes sollte während der Montage 100 % des Innendurchmessers nicht übersteigen. Für O-Ringe mit sehr kleinen Durchmessern ist oftmals eine noch größere Dehnung erforderlich. Sofern das der Fall ist, muß dem O-Ring genügend Zeit gelassen werden, sich auf seinen ursprünglichen Durchmesser zusammenzuziehen, bevor die Dichtungsaufnahme geschlossen wird.
- Der O-Ring darf nicht verdreht werden. O-Ringe, die im Verhältnis zu ihrem Querschnitt einen großen Durchmesser haben, verdrehen sich beim Einbau besonders leicht.
- O-Ringe niemals über scharfe Kanten wie Gewinde, Keilnuten, Schlitze, Anschlußöffnungen usw. ziehen. Läßt es sich nicht vermeiden, so sind Führungen zum Schutz des Ringes zu verwenden.
- Beim Verschließen der Ringaufnahme ist darauf zu achten, daß der O-Ring nicht eingeklemmt oder gequetscht wird.
- Das Verschließen oder Zusammensetzen der Ringaufnahme soll durch eine geradlinige, ruhige Bewegung erfolgen. Eine Drehbewegung, d.h. Hin- und Herdrehen, ist weniger angebracht, da der O-Ring hierdurch beschädigt werden kann.
- Montageschrägen sind gemäß Bild 68 anzubringen und dürfen keine scharfen Kanten aufweisen, an denen eine Beschädigung der O-Ringe möglich ist.

Bei der Montage sollen die O-Ringe und die mit dem O-Ring in Berührung kommenden Oberflächen gut eingefettet werden. Diese Schmierung bietet folgende Vorteile:

- Montageerleichterung, die Teile gleiten leicht übereinander, ein „Rollen“ und „Verdrehen“ des O-Ringes wird vermieden.
- Die Anfahrreibung wird vermindert und eine Übergangsschmierung sichergestellt, bis die Schmierung durch das Medium erfolgt.
- Wird das Gerät nach der O-Ring-Montage noch nicht in Betrieb genommen, so sorgt die Montageschmierung als Depotschmierung dafür, daß der O-Ring während der Lagerzeit nicht austrocknet und nach der Lagerung eine problemlose, reibungsarme Inbetriebnahme erfolgt.

Es empfiehlt sich, ein Schmiermittel zu wählen, das den O-Ring Werkstoff nicht angreift und sich mit dem Medium gut verträgt. Es gibt auch spezielle Schmiermittel, die für die O-Ring-Schmierung entwickelt worden sind, z. B. O-Lube und Super-O-Lube.

Wichtigster Grundsatz:
O-Ring darf nicht beschädigt werden.

Immer gilt:
1. Montagefase vorsehen
2. Scharfe Kanten vermeiden
3. Montagefett benutzen

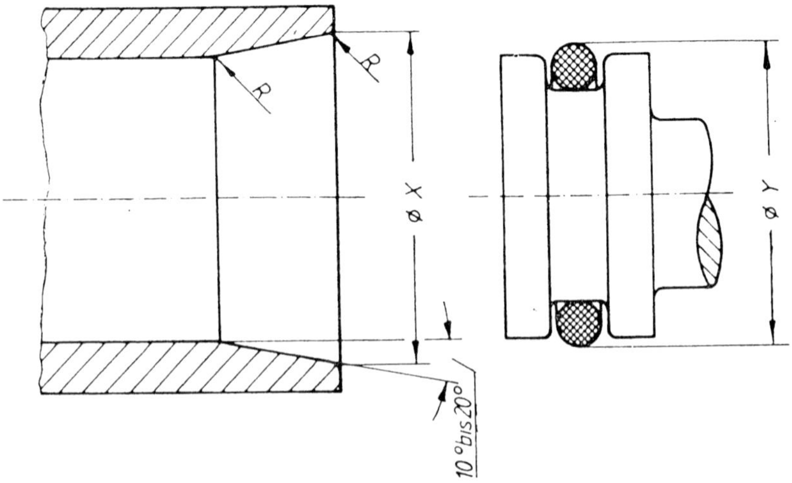

$\varnothing X > \varnothing Y$ Montagefase bei Kolbenabdichtungen

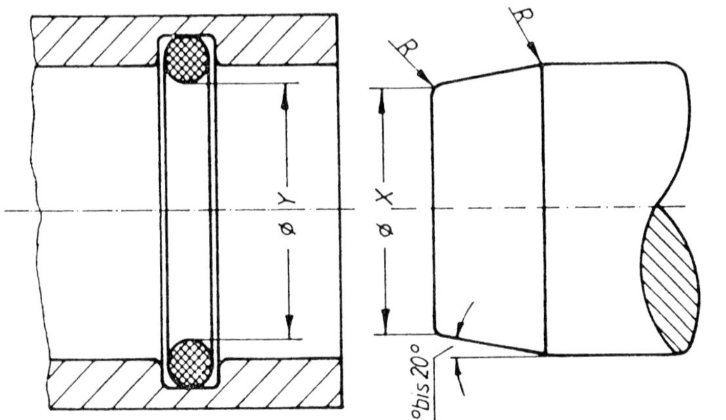

$\varnothing Y > \varnothing X$ Montageabschrägung bei Kolbenstangenabdichtung

Bild 68: Montageschrägen

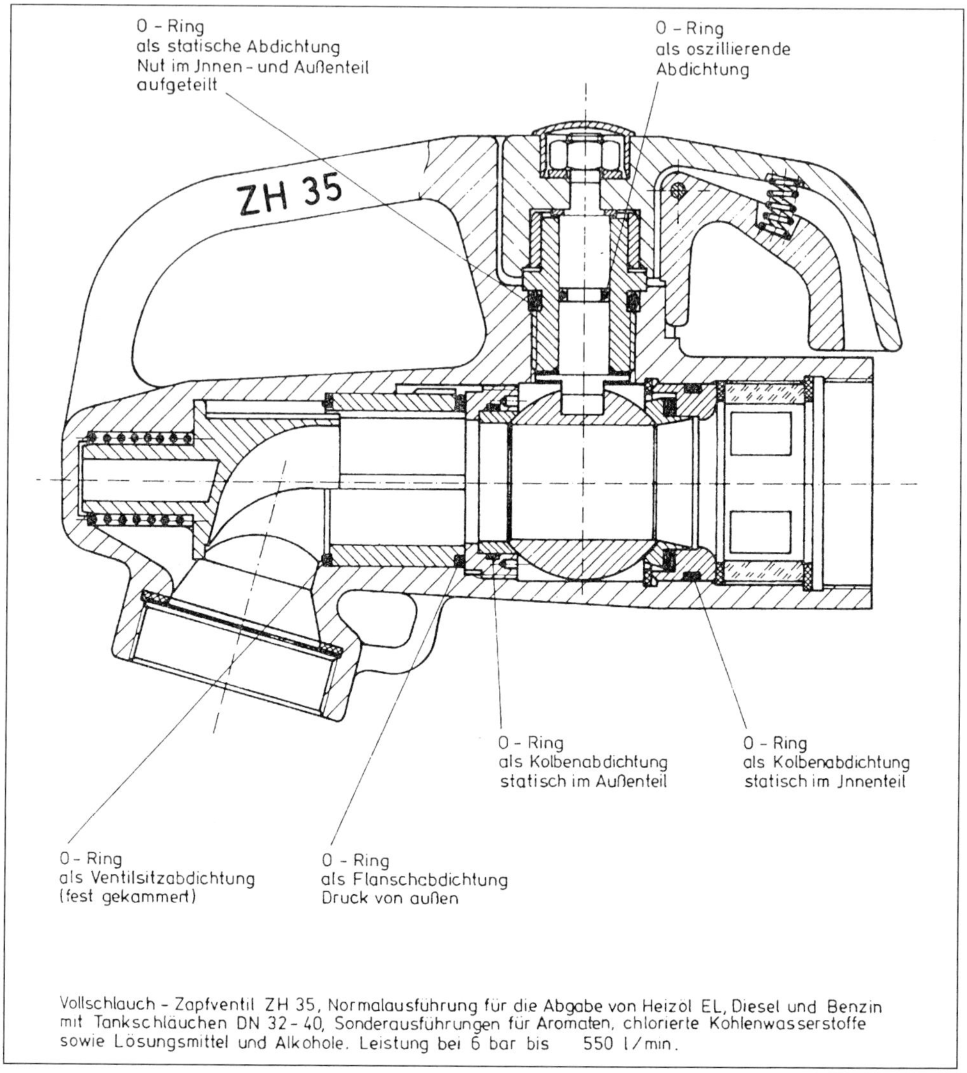

Bild 69: Praxisbeispiel für O-Ring-Einsatz

Bild 69 zeigt am Beispiel eines Hochleistungszapfventiles die vielfältigen Möglichkeiten des O-Ring Einsatzes in der Praxis.

7.3.3 Lippendichtungen

Wenn man die Dichtkante einer Hydraulikdichtung genau betrachtet, dann stellt man fest, daß diese scharfkantig ist, um möglichst die gesamte Hydraulikflüssigkeit, die sich auf der Kolbenstange oder im Zylinder befindet, restlos abzustreifen und im System zu halten. Es bleibt nur der tolerierbare Restfilm zur Schmierung der Dichtlippe auf den Metallteilen zurück.

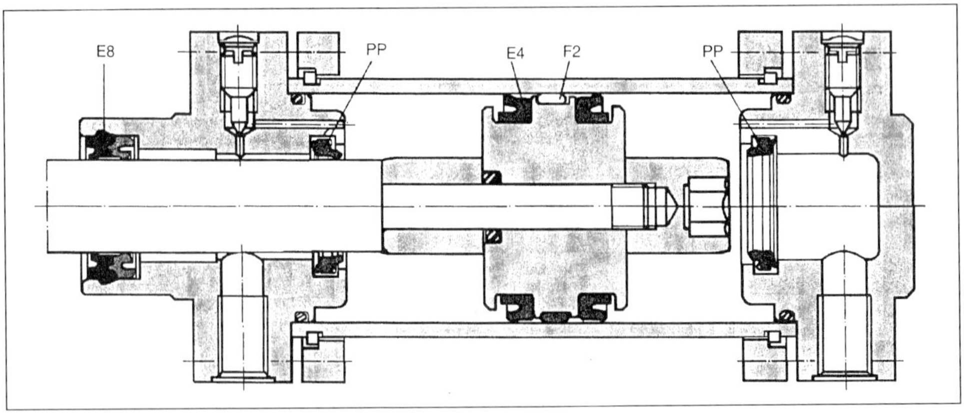

Bild 70: Schnittbild eines Pneumatikzylinders

Bei einer Pneumatik-Dichtung ist die Dichtkante in den meisten Fällen abgerundet, das ist natürlich möglich, weil keine Flüssigkeit abzustreifen ist und die runde Kante der Dichtung dazu dient, eventuell vorhandene Restschmierung auf der Kolbenstange bzw. im Zylinder auf diesen Metallteilen zu belassen, damit die Reibung möglichst gering wird.

Einen typischen Pneumatik-Zylinder zeigt Bild 70. In diesem Zylinder sind beispielhaft einige Pneumatik-Lippendichtungen dargestellt.

Hier die Erläuterung zu den einzelnen Dichtungen:

E8: ein kombinierter Dicht-Abstreifsatz, der nach außen hin Schmutzpartikel, die sich auf der Kolbenstange befinden, abstreift und nach innen hin gegen das Medium abdichtet.

PP: ein Pneumatik-Dämpfungsring, der die harten Druckschläge im Zylinder vermeidet.

E4: eine Pneumatik-Kolbendichtung mit abgerundeter Dichtkante.

F2: ein PTFE-Kolbenführungsband zur einwandfreien Führung des Kolbens.

Um sich ein besseres Bild von den Bauformen dieser Lippendichtungen machen zu können, werden diese beispielhaft in Bild und Wort nachfolgend vorgestellt.

7.3.3.1 Dicht-Abstreifsatz E8

Der in Bild 71 dargestellte, selbstsichernde Dicht-Abstreifsatz für Kolbenstangen von Pneumatik-Zylindern erfüllt gleichzeitig drei Funktionen:

– Dichten – Abstreifen – Fixieren

Durch zweiteilige Formgebung und besondere Werkstoffauswahl ergeben sich entscheidende Vorteile:

- Keinerlei Korrosionsgefahr, da das kombinierte Halte- und Abstreifteil Profil EA die Verwendung von zusätzlichen Runddrahtsprengrringen erübrigt.
- Keine Schmutzecken durch die spezielle Form im Bereich des Abstreifens.
- Wird nur ein Abstreifring benötigt, z. B. bei einfach wirkenden Zylindern, dann kann das Halte-Abstreifteil EH auch ohne Dichtteil verwendet werden, ohne daß der Einbauraum geändert werden muß.

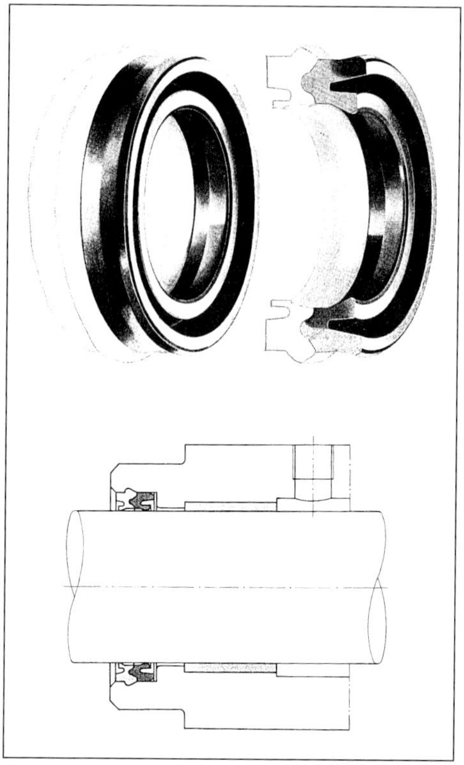

Bild 71: Dicht-Abstreifsatz

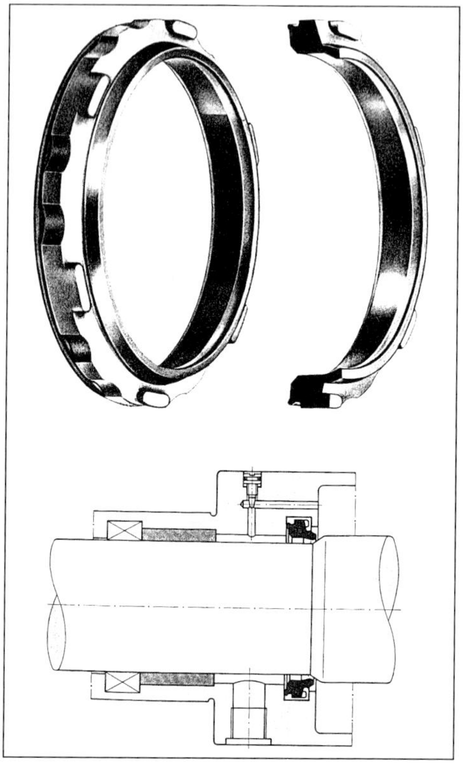

Bild 72: Dämpfungsring

- Günstige Reibwerte und hohe Betriebsdauer durch die abgestimmte Geometrie der Funktionslippen des Dichtteils in Verbindung mit einem Spezialwerkstoff sowie durch die Verwendung eines hochverschleißfesten Kunststoffes für das Halteteil.
- Möglichkeit der Verwendung auch bei Betrieb mit trockener und ölfreier Luft nach Montagefettung, die Voraussetzung für eine sehr lange Gebrauchsdauer ist.
- Auswechselbarkeit auch bei eingebauter Kolbenstange.

7.3.3.2 Dämpfungsring PP

Der in Bild 72 dargestellte Dämpfungsring dichtet Dämpfungskolben in Pneumatik-Zylindern ab. Ein Dämpfungsring bietet bei der Zylinderkonstruktion folgende Vorteile:

- Der Einbau von mechanischen Rückschlagventilen entfällt, da deren Funktion von den Dämpfungsringen übernommen wird.
- Optimale Ausnutzung des konstruktiv bedingten Dämpfungsweges.
- Hohe Dämpfungskonstanz durch Zentrierautomatik auch bei Mittenversatz vom Dämpfungskolben zum Zylinderkopf.
- Erhöhte Funktionssicherheit durch die Anwendung von zwei unabhängigen Dichtsystemen bei der Axialabdichtung (bewegliche Dichtlippe sowie Flachsitz).
- Einfachste Schnappmontage von Hand

7.3.3.3 Kolbendichtung E4

Im Bild 73 ist eine typische Pneumatik-Kolbendichtung dargestellt. Diese Dichtung hat abgerundete Dichtkanten und eine auf die Betriebsverhältnisse von gewarteter, wie auch getrockneter und ölfreier Druckluft abgestimmte Dichtlippengeometrie.

Weitere Vorteile sind:

- Robuste Ausführung durch maßlich günstige Dichtungsquerschnitte.
- Hohe Funktionssicherheit durch Lippenring-Bauart mit Festsitz im Nutgrund.
- Nach sorgfältiger Montagefettung optimale Reibungsverhältnisse durch schmierfilmerhaltende Dichtlippenausführung.
- Geeignet für Zylinder mit Endlagendämpfung.
- Hohe Betriebsdauer durch Verwendung bewährter Elastomere.
- Leichte Schnappmontage in einfach herzustellende Nuten.

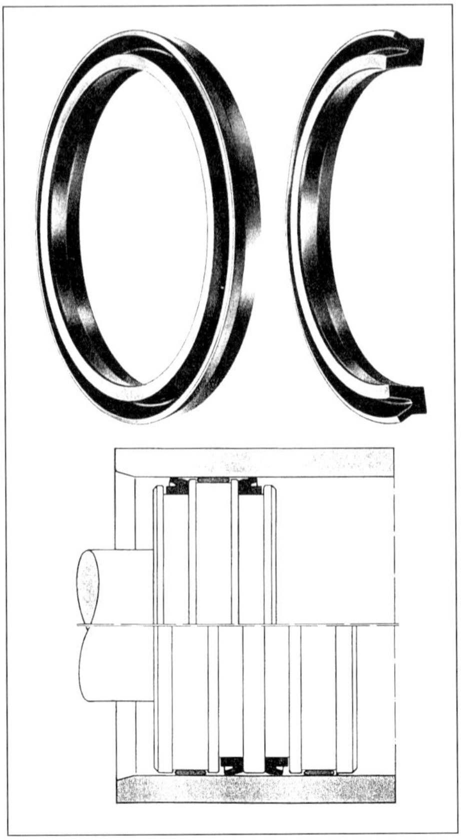

Bild 73: Pneumatik-Kolbendichtung

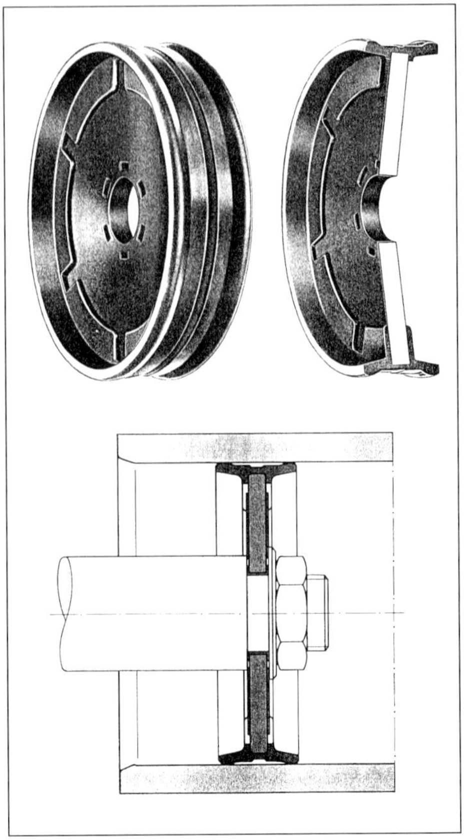

Bild 74: Pneumatik-Komplettkolben

7.3.3.4 Komplettkolben

Für Anwender, die keine einzelnen Dichtungen einlegen wollen, wurde der Pneumatik-Komplettkolben konzipiert, Bild 74.

Hierbei handelt es sich um eine Doppeltopfmanschette mit einer einvulkanisierten Metallscheibe als Stützteil. Der Pneumatik-Komplettkolben erfüllt zwei Funktionen gleichzeitig: Abdichten und Führen.

Außer dem symmetrischen Aufbau, der eine falsche Montage ausschließt, bietet der Komplettkolben noch folgende Vorteile:

- Einfache Befestigung auf der Kolbenstange ohne zusätzliche Dichtelemente.
- Keine Korrosion durch vollständige Polymerummantelung.
- Sofortiges Ansprechen (volle Druckbeaufschlagung) durch eingearbeitete Belüftungskanäle.
- Reibungsarmen und ruckfreien Lauf durch schmierfilmhaltende Dichtlippengeometrie.
- Einsatzmöglichkeit sowohl bei gewarteter als auch bei ölfreier Druckluft (nach Montagefettung).

Für Anwender, die nicht jedesmal eine Metallscheibe wegwerfen wollen, wenn die Dichtung verschlissen ist, bietet sich an, nur die Kolbendichtung gemäß Bild 75 zu wechseln.

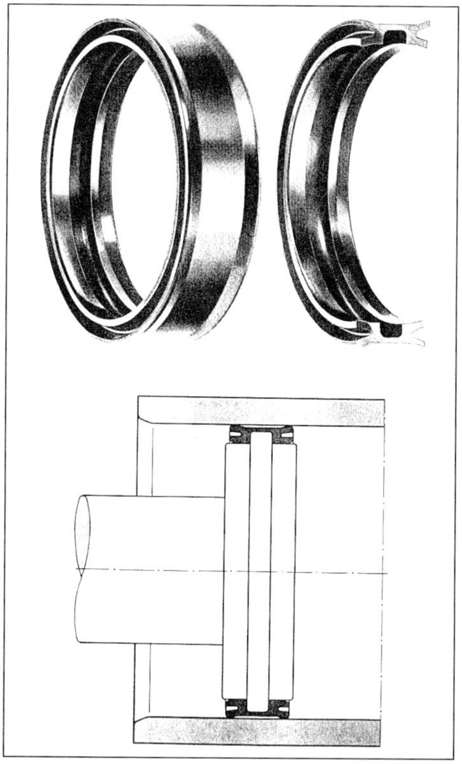

Bild 75: Pneumatik-Kolbendichtung, beidseitig

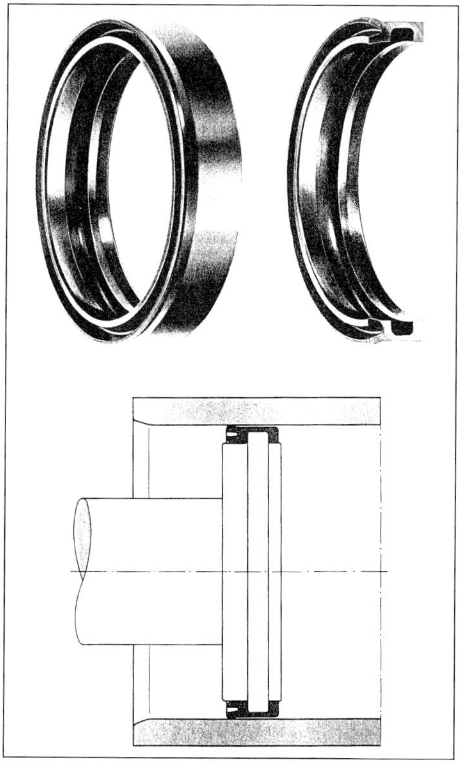

Bild 76: Pneumatik-Kolbendichtung, einseitig

Sollte der Druck nur von einer Seite bestehen, z. B. bei Rückzug durch eine Feder oder durch eine Plunger-Anordnung, dann genügt eine „halbe“ Dichtung gemäß Bild 76.

7.3.3.5 Kolbendichtung PZ

Die Pneumatik-Kolbendichtung Profil PZ wurde für die Abdichtung von Kolben in Pneumatik-Zylindern und in Ventilen entwickelt, Bild 77. Die beidseitig druckbeaufschlagbare Kolben-Dichtung zeichnet sich durch geringe Einbaumaße aus. Leichtgängige Kolben-Dichtungen mit zwei Mikro-Dichtkanten und Schmier-Depot in der Mitte weisen folgende Vorteile auf:

- Gute Dichtwirkung bei kleinsten Einbauverhältnissen.
- Leichtgängiger Lauf durch optimale schmierfilmerhaltende Geometrie.
- Geringe Haftreibung sowie niedrige dynamische Reibung durch Kleinstbauweise.
- Verwendung auch mit getrockneter und ölfreier Druckluft nach sorgfältiger Montagefettung, die Voraussetzung für hohe Gebrauchsdauer ist.
- Leichte Montage durch Aufziehen in einfach herzustellende Nuten.

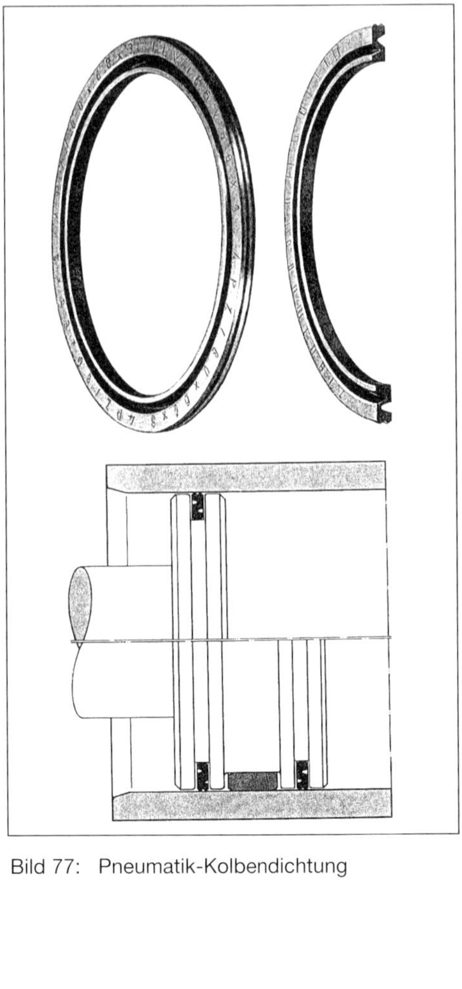

Bild 77: Pneumatik-Kolbendichtung

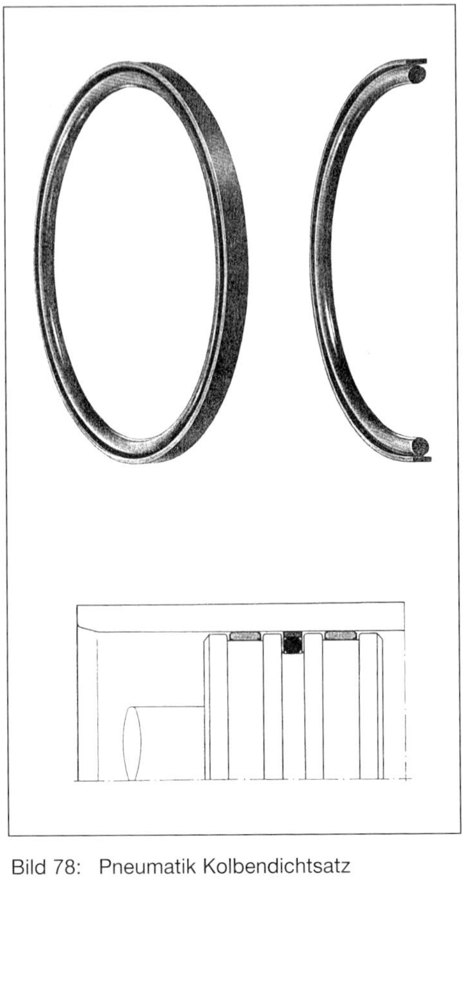

Bild 78: Pneumatik Kolbendichtsatz

7.3.3.6 Kolbendichtsatz OA

Der PTFE-Kolbendichtsatz Profil OA, bestehend aus einem Kolbendichtring und einem O-Ring, ist eine kombinierte Einheit zur Abdichtung von doppelt beaufschlagten Pneumatik-Kolben, Bild 78.

Die Vorteile dieses Dichtsatzes sind:

- Montage auf einteilige Kolben.
- Kurze Einbaulänge.
- Geringe Losbrechreibung und keine Neigung zum Ruckgleiten (Stick-Slip), wodurch auch bei niedrigeren Geschwindigkeiten eine gleichmäßige Bewegung gewährleistet ist.
- Geringer Abrieb und hohe Extrusionssicherheit.
- Hohe Temperaturbeständigkeit.

7.3.4 Einflußfaktoren auf den Dichtvorgang

Die Frage, ob bzw. wie eine Dichtung ihre Aufgabe erfüllen kann, hängt von einer Reihe von Faktoren ab, die sowohl die Dichtung als auch die Dichtflächen betreffen und die zudem teilweise nur schwer erfaßbar sind, so daß es großer Erfahrung bedarf, sie richtig abgestimmt zu berücksichtigen, siehe auch Kap. 1. Zu diesen Einflußgrößen zählen u. a. Gerätedaten, wie Fertigungsgenauigkeit (Fluchtung, Mittigkeit, Rundheit, Oberflächenfeingestalt) und Spaltgröße sowie Betriebsbedingungen, wie Hublänge und -frequenz, Hubgeschwindigkeit, Druck und Stillstandszeiten. Schließlich kommen noch die Auswirkungen des Druckmediums mit seinen physikalischen und chemischen Einflüssen hinzu.

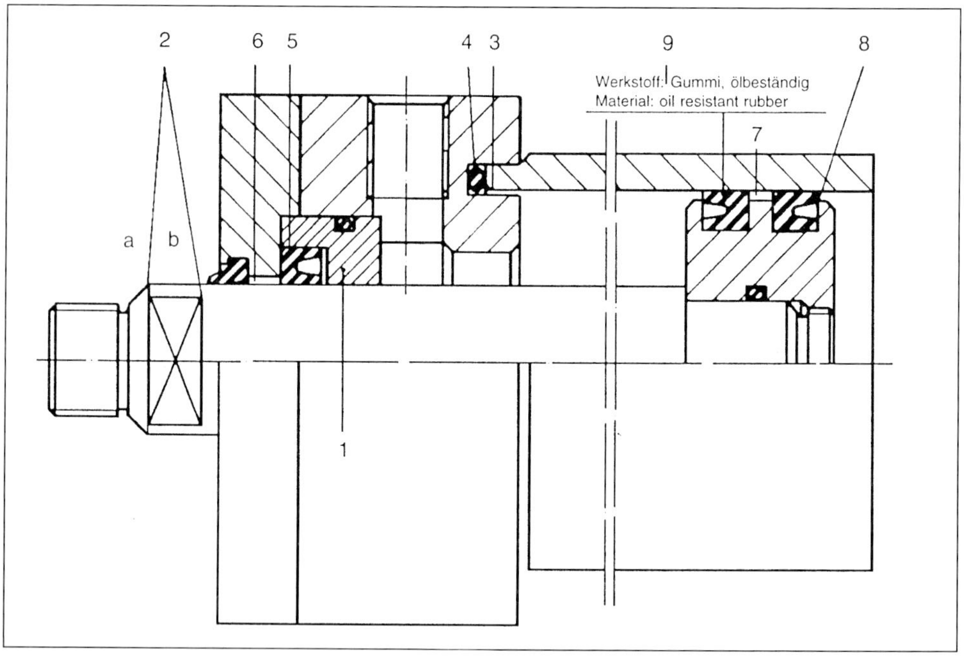

Bild 79: Fehlerhafte Zylinderkonstruktion

Die Entscheidung, ob eine Dichtung in der Praxis richtig funktioniert oder nicht, wird aber oft schon bei der Konstruktion des Zylinders oder des Gerätes entschieden.

7.3.4.1 Einfluß der Konstruktion

Bei der Zylinder-Konstruktion können durch den Konstrukteur schon Systemfehler in die Konstruktion einfließen, die später auch die beste Dichtung nicht ausgleichen kann. Aus diesem Grunde werden nachstehend die häufigsten Konstruktionsfehler aufgeführt:

Bild 79 enthält neun Konstruktionsfehler:

1. Führungslänge ist zu kurz (Soll: 1-bis 1,5facher Stangendurchmesser).

2a. Scharfkantige Fase: 45° ist zu steil. Möglichst flach anfasen und Kante brechen, keine Riefen auf der Fase!

2b: Falsch angeordnete Schlüsselfläche: Dichtung muß über die scharfe Fräskante eingebaut werden. Fläche auf kleineren Durchmesser setzen.

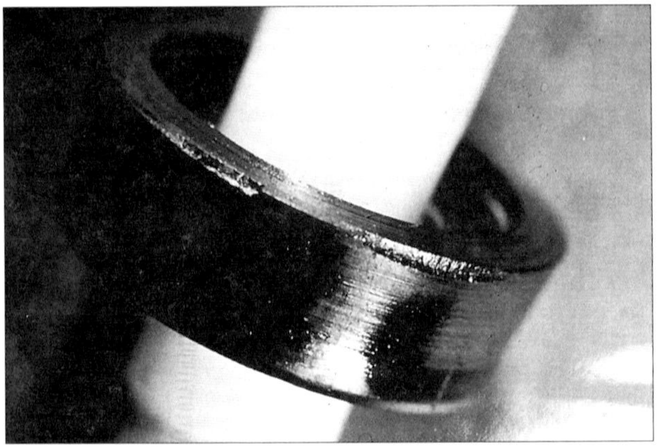

Bild 80: Folge fehlender Einführschräge

Bild 81: Abgescherter O-Ring durch axialen Einbau

Bild 82: Ausgepreßte gewebeverstärkte Manschette

3. Schräge am Zylinderrohr zum Einführen des Kolbens fehlt. Folge: Die Dichtkante wird bei der Montage abgeschert, Bild 80.
4. Abdichten auf der Stirnseite des Zylinderrohres vermeiden! Führt zum Abquetschen des O-Ringes sowie zu Fluchtungsfehlern des Zylinderrohres gegenüber dem Kolben. Zugschrauben atmen, die Folge zeigt Bild 81.
5. Rauhtiefe von R_t = 6,3 µm im Nutgrund bei abgeflachten Bearbeitungsriefen beachten.
6. Extrusionsspalt zwischen Dichtung und Abstreifer nicht zu groß wählen. Bild 82 zeigt die Auswirkung von Fehler 6. Auch eine Gewebeverstärkung schützt nicht vor Extrusion, wenn der Spalt bei 200 bar wie in diesem Fall 0,56 mm beträgt.

7 Kolbenführung fehlt.

8. Einbauraum ist axial zu kurz.
9. Angabe „Gummi ölbeständig“ ist unzureichend. Beständig gegen welches Öl, welche DVI hat das Öl?

Weitere sechs Fehler findet man in der Zylinderkonstruktion nach Bild 83.

10. Anschlußbohrung hat Drosselwirkung (Luftauslösung).
11. Keine Drallnut in der langen Führung (Schleppdruck!).
12. O-Ring zu nahe an Einführungsschräge.

13 Profilbreite auf Druck abstimmen! (im Bild 280 bar).

14. Gewinde zentrieren nicht. Der Spalt tritt dadurch einseitig auf und kann zu groß werden. Hier hilft auch das Beilegen einer Scheibe nicht, wenn sie im Schraubring angeordnet wird. Sie muß vielmehr dort zentriert werden, wo auch die Dichtung sitzt. Auch der Einbau ist nicht korrekt: Das Zentrierstück am Schraubring ist zu kurz, es ragt nur in die Einführungsschräge.
15. Rauhtiefenangabe „Schleifen“ reicht für eine Gleitfläche nicht aus.

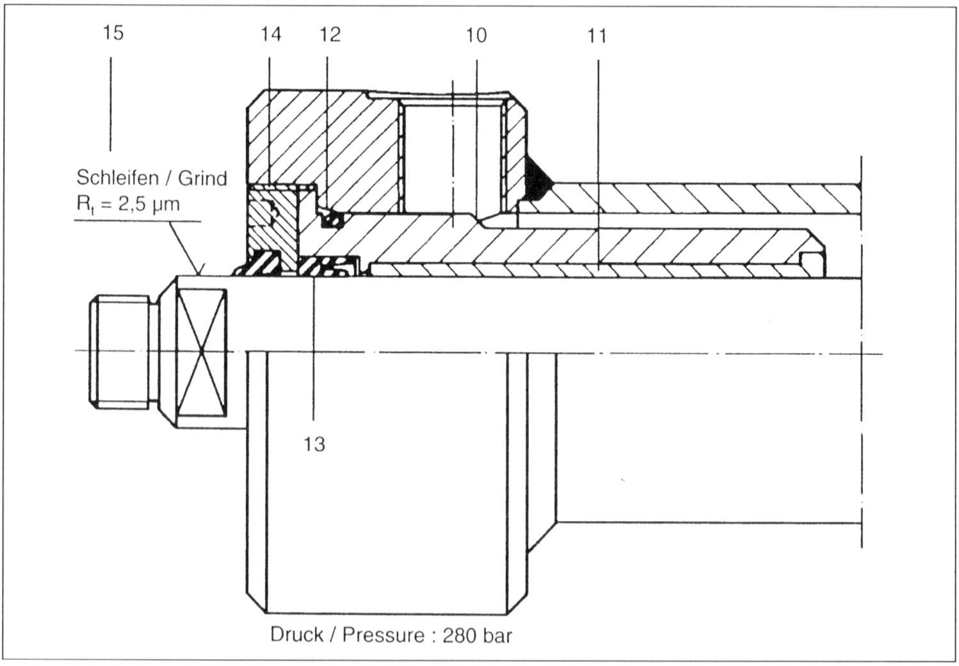

Bild 83: Fehlerhafte Zylinderkonstruktion

Schließlich können noch Fehler am Kolben auftreten, wie sie im Bild 84 enthalten sind:

16. Fase an Einführungsschräge ist zu scharfkantig und zu steil: O-Ring kann verletzt werden. Bei 45°-Fase Kante runden!
17. Gewindelänge ist zu kurz für den Druck von 280 bar. Das Gewinde wird mit großen Kräften belastet, verbunden mit Druckspitzen. Zudem fehlt die Sicherung gegen Lockern.
18. Nutring-Abstützung ist falsch. Ein Nutring kann sich nicht auf dem Rücken des anderen Nutringes abstützen. Das Zwischenstück muß axial fixiert werden.
19. Kolbenführung fehlt! Die Dichtungen werden beim Verkanten des Kolbens zusätzlich verformt.
20. O-Ring-Abdichtung fehlt.
21. Bei diesem Druck sollte der O-Ring mit einem Backring eingebaut werden.

Ein ebenfalls häufig beobachteter Konstruktionsfehler ist im Bild 85 dargestellt. Hier wird gezeigt, daß sich ein ungleichmäßiger Extrusionsspalt durch die exzentrische Lage der Stützscheibe bilden kann. Da ein Gewinde niemals exakt zentrieren kann, ist eine Lösung nur mit einer speziellen Zentrierscheibe möglich, wie im Bild gezeigt.

7.3.4.2 Einfluß der Fertigungsgenauigkeit

Die Wirksamkeit einer Dichtung setzt das Vorhandensein einer Vorpressung an der abzudichtenden Fläche voraus, die jedoch nur dann entstehen kann, wenn die Elastizität der

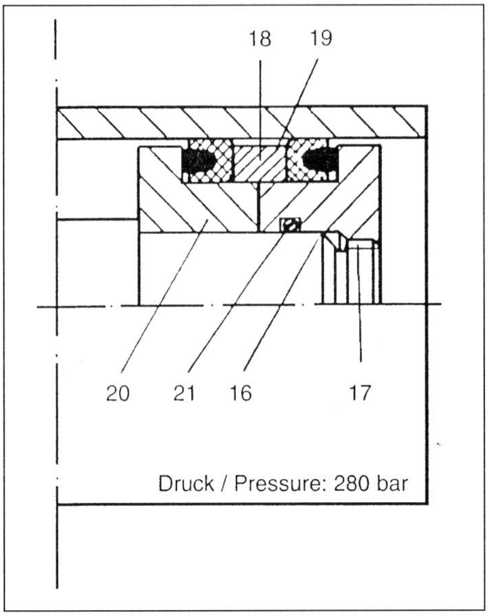

Bild 84: Fehlerhafte Kolbenkonstruktion

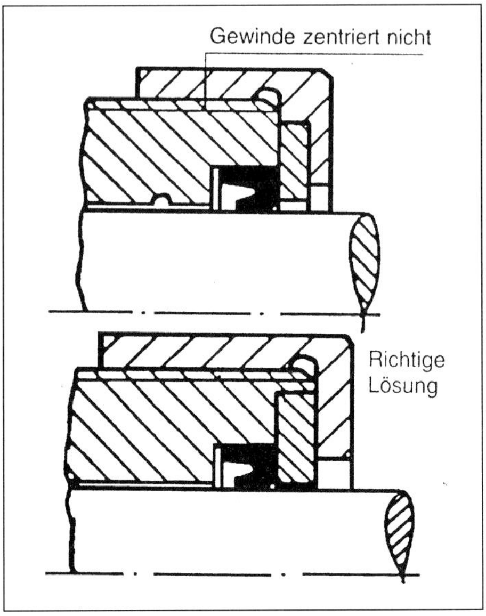

Bild 85: Fehlerhafter Stützscheibeneinbau

Dichtung ausreicht, um die Fertigungsgenauigkeiten auszugleichen. Dabei werden die größten Anforderungen bei den „groben“ Fehlern, wie Fluchtungs- oder Mittigkeitsabweichungen sowie Auftreten von Konizität oder Unrundheit gestellt.

Während diese Fehler bei einigermaßen sorgfältiger Fertigung in engen Grenzen gehalten werden können, ist das bei Abweichungen der Oberflächenfeingestalt nicht mehr so einfach,

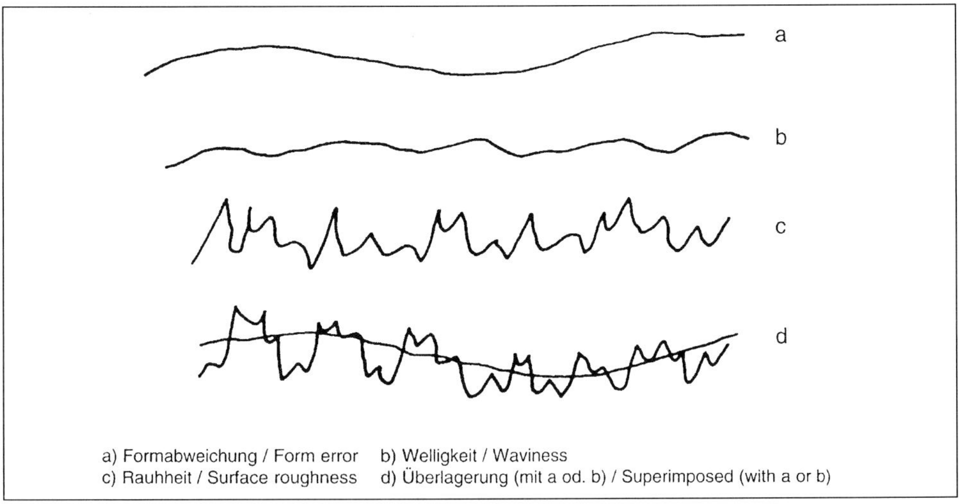

Bild 86: Oberflächenstruktur

denn eine technische Oberfläche besitzt nie die ideale geometrische Form. Sie setzt sich vielmehr aus einer Reihe von Gestaltabweichungen zusammen, die von der Formabweichung (1. Ordnung nach DIN 4760) über die Welligkeit (2. Ordnung) bis zu den verschiedenen Rauheiten (3.–5. Ordnung) reichen und die sich gegenseitig überlagern, Bild 86.

Die Gestaltabweichung 2. bis 5. Ordnung wird im allgemeinen aus zur Gesamtfläche repräsentativen Teilbereichen ermittelt. Der Teilbereich (Meßstrecke l_m) ist in fünf gleichgroße Einzelmeßstrecken l_e unterteilt, deren Größe einer Grenzwellenlänge (cut off) entspricht. Aus diesen Einzelmeßstrecken wird R_{max}, R_z u. a. Werte ermittelt. Die Meßstrecke L_m, sie beträgt 0,4 bis 40 mm, sowie die dazugehörige Grenzwellenlänge von 0,08 bis 8 mm sind genormt. Während die Elastizität von Dichtungen aus Elastomeren ohne Schwierigkeit eine Anpassung an normale Formabweichungen und Welligkeit erlaubt, wirkt sich die Oberflächenrauhigkeit der abzudichtenden Flächen stark auf den Verschleiß und damit auf die Betriebsdauer der Dichtung aus.

Um die Oberflächenrauheit zu beschreiben, werden überwiegend die Maße R_t, R_{max}, R_a, R_z, t_p benutzt.

R_t ist innerhalb der Meßstrecke l_m der Abstand zwischen dem tiefsten Profiltal und der höchsten Profilerhebung, Bild 87a.

R_{max} wird wie R_t ermittelt, aber innerhalb der kürzeren Einzelmeßstrecke l_e, Bild 87b. Es ist die größte der auf der Gesamtmeßstrecke l_m vorkommenden Einzelrauhtiefen Z_i.

Die gemittelte Rauhtiefe R_z (µm) ist das arithmetische Mittel aus den Einzelrauhtiefen fünf aneinandergrenzender Einzelmeßstrecken, Bild 87b.

Der Mittenrauhwert R_a (µm) ist eine integrale Größe. Er ist gleichbedeutend mit der Höhe eines Rechtecks, dessen Länge gleich der Gesamtmeßstrecke l_m und das flächengleich mit der Summe der zwischen Rauheitsprofil und mittlerer Linie eingeschlossenen Flächen ist, Bild 87c.

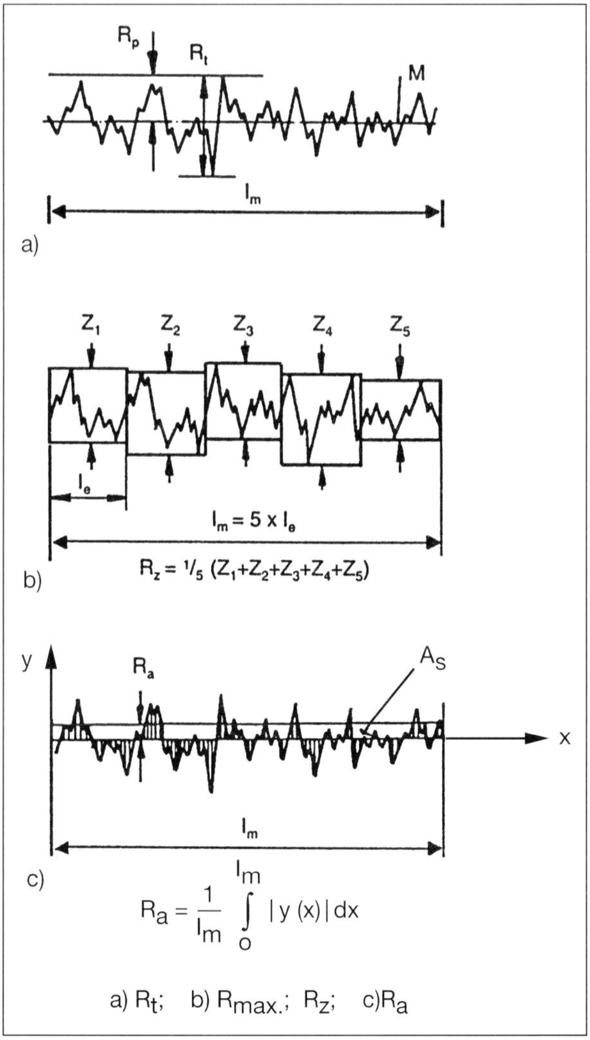

Bild 87: Rauheitsbegriffe

R_a und R_z geben nur ungenügend Auskunft über die Feingestalt der Oberfläche, tiefe Rillen und hohe Spitzen, sofern sie nicht in jeder Einzelmeßstrecke l_e auftauchen, werden nivelliert. Hier sollte zusätzlich R_{max} angegeben werden.

Der Traganteil t_p ist das prozentuale Verhältnis von tragender Länge zur Meßstrecke l_m bei einer bestimmten zugrunde gelegten Schnittiefe c.

Für die Ermittlung von R_z bei gegebenem R_a und umgekehrt dient das Diagramm in Bild 88 aus dem Beiblatt zu DIN 4768 Teil 1. Wird hiernach der R_z-Wert nach der oberen Grenze des Streubereichs festgelegt, kann angenommen werden, daß der vorgeschriebene R_a-Wert nicht überschritten wird. Entsprechendes gilt für einen vorgeschriebenen R_z-Wert, wenn zur Festlegung des R_a-Wertes die untere Grenzlinie benutzt wird.

Schließlich wird häufig noch die Glättungstiefe R_p benutzt. Sie ist der senkrechte Abstand zwischen dem höchsten Punkt und der Mittellinie eine Rauhheitsprofils, siehe Bild 87.

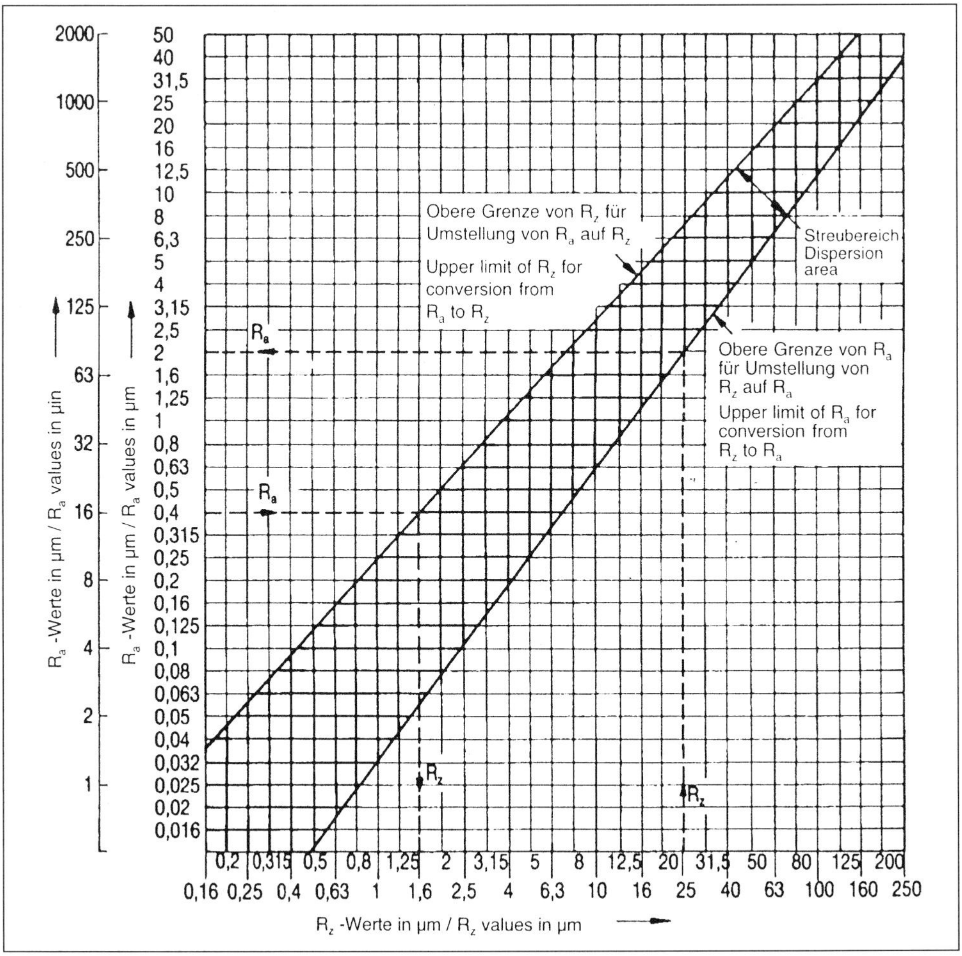

Bild 88: Beziehung zwischen R_a und R_z

Für die Beurteilung der Eignung der Oberflächenrauhheit einer Gegenfläche für Dichtheit und Verschleiß einer Dichtung sagt die Angabe von R_t wenig aus, wie Bild 87 anhand von verschiedenen idealisierten Profilschnitten zeigt, die alle das gleiche Potential R_t aufweisen. Auch R_a allein hilft nicht weiter, wenn so gegensätzliche Profile, wie Nr. 6 und 7 den gleichen R_a-Wert haben. Es muß vielmehr stets der R_p-Wert bzw. der Traganteil t_p mit herangezogen werden. Dabei sind die Anforderungen an die jeweils ruhende Dichtfläche mit $R_t < 6{,}3$ µm (∇∇∇ Rauheit DIN 3141) geringer als die an bewegte Flächen.

Hier wird heute von Dichtungsherstellern gefordert: $0{,}8$ µm $\leq R_t < 2{,}5$ mm (R_a 0,25 bis 0,5 mm) (∇∇∇ Rauheit DIN 3141), wenn der Traganteil t_p zwischen 80 und 95 % liegt. Diese Einschränkung wird häufig nicht beachtet. Sie ist jedoch sehr wichtig, da Oberflächen mit geringem Traganteil in der Regel „offene" Profile mit scharfen Kanten sind, auf die Elastomere besonders ungünstig reagieren, z. B. die Nr. 2, 4 und 6 im Bild 89. Diese offenen Profile entstehen bei zerspanenden Verfahren, wie Schleifen oder Honen, während umformende Verfahren, wie Rollieren, Ziehen oder Hämmern meist einen hohen Traganteil ergeben. Dabei werden, wie Bild 90 erkennen läßt, die von der Vorbearbeitung eventuell vorhandenen Profilspitzen eingeebnet, wobei es für die Dichtung keine besonders schädlichen Ausreißer mehr nach oben gibt. Dafür bilden die zurückbleibenden Profilvertiefungen Schmiertaschen, die die Schmierverhältnisse im Dichtspalt verbessern. Bei der praktischen Anwendung aller dieser Werte muß sichergestellt sein, daß die auf einer sehr kleinen Länge gemessenen Rau-

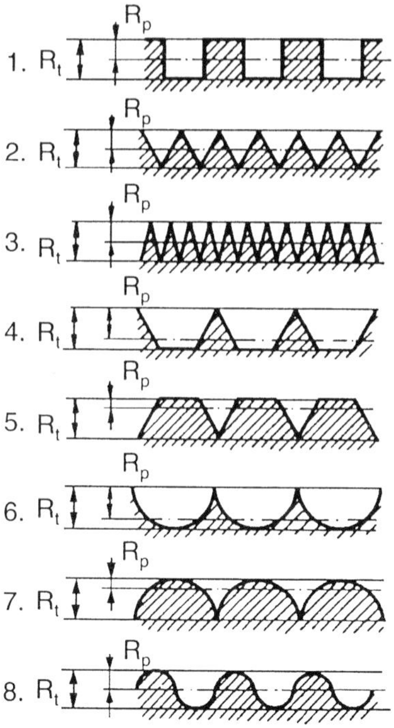

	R_t	R_p	R_a	t_p (%)		
	µm	µm	µm	0,25	0,50	0,75 R_t
1.	1	0,5	0,5	50	50	50
2.	1	0,5	0,25	25	50	75
3.	1	0,5	0,25	25	50	75
4.	1	0,75	0,28	12,5	25	37,5
5.	1	0,25	0,28	62,5	75	87,5
6.	1	0,785	0,188	3,5	14	35
7.	1	0,215	0,188	65	86	96,5
8.	1	0,5	0,39	43	50	57

Bild 89: Idealisierte Profilschnitte für die Oberflächenbeurteilung

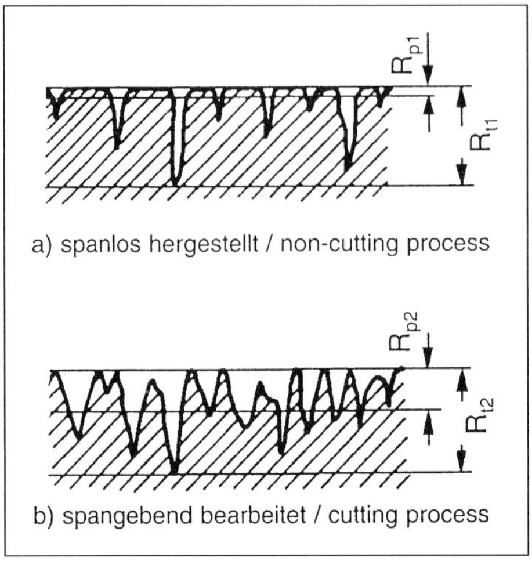

Bild 90: Oberflächenvergleich, spanlos oder spangebend bearbeitet

heitswerte auch für die gesamte Fläche gelten. Darüber hinaus müssen – zumindest für Oberflächenvergleiche – die Bezugslängen angegeben werden, da sich sonst unterschiedliche Profilhöhen ergeben.

7.4 Richtlinien für die Lagerung von Gummi

Als Faustregel gilt: „Bei Umgebungsbedingungen, bei denen sich der Mensch wohlfühlt, fühlt sich auch Gummi wohl."

Diese Regel ist leicht zu merken und hilft dem Lager-Verantwortlichen, sich zu entscheiden, auch wenn er die entsprechende Lagervorschrift nicht zur Hand hat.

Sachgemäß gelagerte Gummierzeugnisse können viele Jahre ohne nennenswerte Veränderungen ihrer Eigenschaften überstehen. Auf der anderen Seite können ungesättigte Elastomere unter ungünstigen Lagerbedingungen durch sehr frühzeitige Alterung unbrauchbar werden. Grundsätzlich sollen Gummierzeugnisse nach Möglichkeit spannungsfrei (d. h. ohne Zug, Druck oder sonstige Verformungen) gelagert werden, oder zumindest soll man Verformungen auf ein Minimum reduzieren, da Spannungen, wie bereits erwähnt wurde, sowohl eine bleibende Verformung als auch eine Rißbildung begünstigen. Man darf beispielsweise Gummiartikel nicht über einen Nagel hängen oder eng zusammenfalten bzw. zusammenrollen, um Platz zu sparen.

Es ist ferner darauf zu achten, daß die Lagerfähigkeit von Gummi in erster Linie durch die Einwirkung von Wärme, Licht, Sauerstoff und Ozon beeinflußt wird. Daher soll die Lagertemperatur bei etwa 15 °C liegen und darf 25 °C nicht übersteigen. Die relative Feuchtigkeit soll unter 65 % liegen. Die Gummierzeugnisse sollen vor Licht geschützt werden, insbesondere vor direkter Sonnenbestrahlung und vor starkem künstlichem Licht mit einem hohen ultravioletten Anteil. Eine Raumbeleuchtung mit normalen Glühlampen ist vorzuziehen. Die Lagerräume dürfen keinerlei ozonerzeugende Einrichtung enthalten, wie z. B. Elektromotoren oder Hochspannungseinrichtungen. Die Gummierzeugnisse sollen durch geeignete Verpackung oder durch Lagerung in luftdichten Behältern vor Zugluft geschützt werden. Weichmacherhaltige Folien dürfen zur Verpackung nicht verwendet werden. Hierfür sind Polyäthylenfolien geeignet. Das gegenseitige Berühren von Gummierzeugnissen verschiedener Zusammensetzung ist zu vermeiden. Ferner dürfen Gummierzeugnisse nicht in Berührung mit schädlichen Metallen wie Kupfer und Mangan gelagert werden. Weitere Einzelheiten über Lagerung, Reinigung und Wartung von Gummi findet man in DIN 7716 sowie ISO 2230.

Falls die Reinigung von Gummierzeugnissen notwendig wird, ist darauf zu achten, daß das mit sauberem Lappen und handwarmen Wasser geschieht. Benzin, Benzol, Terpentin u. ä. dürfen nicht zum Reinigen verwendet werden. Auch verbietet sich die Benutzung scharfkantiger Gegenstände, wie Drahtbürsten, Schmirgelpapier usw.. Das Trocknen gereinigter Gummiwaren in der Nähe von Heizkörpern ist schädlich.

Bei der Lagerung von Geräten mit eingebauten Dichtungen ist darauf zu achten, daß nur mit dem Gummi verträgliche Konservierungsmittel verwendet werden. Diese Mittel sollten keine

Luftfeuchtigkeit aufnehmen, da sonst elektrolytische Korrosion entstehen kann, siehe auch Kap. 2.

7.5 Schäden an Dichtungen

Schäden an Dichtungen sind für den Betreiber einer Anlage in erster Linie deshalb unerwünscht, weil sie meistens Produktionsstillstand, Montagekosten und Stress bedeuten.

Wie aus dem vorstehenden Kapitel 7.3.4 zu entnehmen ist, haben Dichtungsausfälle die unterschiedlichsten Ursachen. Von der falschen Konstruktion angefangen, über falsch gewählte Dichtungsmaterialien, Abmessung oder Profile bis zur falschen Montage.

Grundsätzlich können zwei Arten von Schäden unterschieden werden:

7.5.1 Schäden durch Verschleiß

Dichtungen sind von der Aufgabenstellung her Verschleißteile, d. h. durch die vorliegenden Betriebsbedingungen, wie Medium, Druck, Temperatur, Oberflächenbeschaffenheit, Reibung usw. wird eine Dichtung altern bzw. verschleißen.

Wenn dieser Verschleiß nach einer ausreichenden Standzeit der Dichtung auftritt und sich dann durch Leckage oder sonstige Funktionsstörung bemerkbar macht, muß die alte Dichtung durch eine neue Dichtung ersetzt werden. Mehr ist in diesem Falle aber auch nicht nötig.

Überspitzt gesagt, könnte an dieser Stelle bemerkt werden, daß ein großer Teil der gesamten Dichtungsindustrie nur dadurch existiert, daß sie für verschlissene Dichtungen Ersatz liefert.

7.5.2 Schäden durch andere Ursachen

Liegen andere Ursachen vor, so ist es mit dem einfachen Tausch – neue gegen alte Dichtung – nicht getan, denn die Ursache des Schadens ist dadurch nicht beseitigt worden, und die neue Dichtung wird sehr bald einen ähnlichen Schaden zeigen und ausfallen.

Die Schadensursache zu suchen, ist eine der schwersten Aufgabe in der gesamten Dichtungstechnik. Außerdem existiert oft nicht nur eine einzelne Ursache, sondern es überlagern sich zwei oder mehr Schadensursachen.

Schäden können z. B. auftreten durch:

- Luft im Öl
- Schleppdruck
- Diesel-Effekt
- Fremdkörper
- Explosive Dekompression
- Auspressung in den Dichtspalt
- Überhitzung
- Chemischer Angriff durch das Medium
- Reibung
- Konstruktionsfehler
- Montagefehler

Praktische Ratschläge für die Schadensanalyse:

1. Ausbauen der beschädigten Dichtung und genaue visuelle Prüfung dieser Dichtung.
2. Visuelle Prüfung der Umgebung der Dichtung. Sind in den Metalloberflächen Beschädigungen zu sehen, Einlaufriefen, scharfe Kanten, überdehnte oder verbogene Teile usw.?
3. Aktenkundiges Festhalten aller Betriebsbedingungen. Wie lange war die Dichtung eingebaut, wann und wie machte sich der Schaden bemerkbar? Wie sind die sonstigen Bedingungen wie z. B. Staub, Druckstöße, hohe oder tiefe Temperaturen usw.?
4. Kann eine klare Schadensanalyse nicht sofort erfolgen, sind ggf. verschiedene Dichtungsfachleute bzw. Dichtungs-Sachverständige unter Vorlage der ausgefallenen Dichtungen und ihren Betriebsbedingungen zu Rate zu ziehen.

Einige typische Schäden zeigen die nachfolgenden Schadensbilder:

Bild 91 zeigt einen extrudierten O-Ring. Bei Druckaufbau verhält sich der O-Ring wie eine inkompressible Flüssigkeit und erhöht proportional zum Druck seine Anpreßkraft auf die Dichtflächen. Mit steigendem Druck wird ein immer größeres O-Ring-Volumen in den Dichtspalt gedrückt, schert ab oder wird durch das Atmen der Maschinenteile oder durch Druckstöße „angeknabbert".

Bild 92 zeigt einen solchen „angeknabberten" O-Ring.

Die Extrusion oder Spalteinwanderung tritt bei bewegten Anwendungen der Zylinder- und Stangendichtungen auf sowie bei statischen Anwendungen mit pulsierendem und hohem

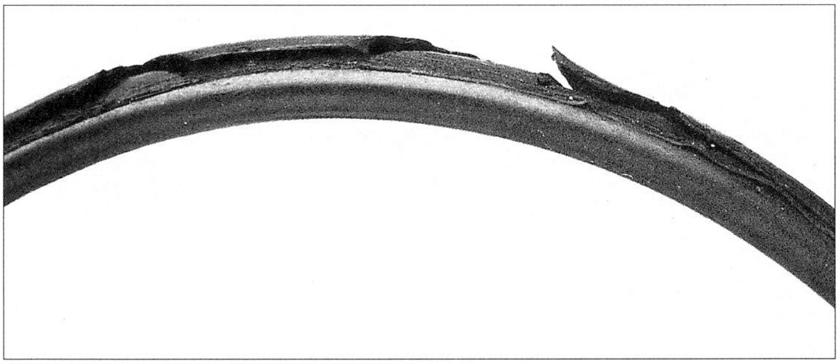

Bild 91: Extrudierter O-Ring

Bild 92: „Angeknabberter" O-Ring

Druck, bei atmenden Maschinenteilen und an Dichtspalten, die konstruktiv oder fertigungstechnisch zu viel Spiel haben.

Die Ursachen sind dem Praktiker bekannt:

Der Zwang zur wirtschaftlichen Bearbeitung hat häufig zu große Toleranzen und damit zu breite Dichtspalten zur Folge. In anderen Fällen bleibt unberücksichtigt, daß sich Deckel, Flansche oder Zylinderwände unter Druckbeaufschlagung elastisch aufweiten oder Verschraubungen dehnen.

Dann reicht die innere Festigkeit des Elastomer-Werkstoffes nicht mehr aus, um sich schneller zurückzuziehen als das Maschinenteil, das den Spalt öffnet bzw. die Festigkeit des Elastomers wird überschritten. Teile des O-Ringes scheren ab und werden in den Spalt gedrückt.

Durch folgende Maßnahmen kann die Spalteinwanderung des O-Ringes verhindert werden:

- Verringerung des Spaltmaßes durch engere Toleranzen
- Einsetzen eines Stützringes
- Erhöhen der Härte des O-Ring-Werkstoffes
- Überprüfung der Medienbeständigkeit
- Einengung der Toleranzen, die zur Exzentrizität führen oder Änderung der Maschinenteile, die zum Atmen führen
- Brechen des Nutradius (mindestens 0,1 mm bis max. 0,4 mm)

Bild 93 zeigt Schäden an einem O-Ring durch eine Verdrehung bzw. einen Spiralfehler.

Bei bewegten Anwendungen kann der Fehler als Verdrehung infolge von unterschiedlich großen Verpressungen des O-Ring-Querschnittes durch Unrundheit oder Exzentrizität der abzudichtenden Teile eintreten. Dabei gleiten Teile des O-Ringes, während andere rollen. Das führt zu spiralförmigen Markierungen oder Einschnitten durch die Verdrehung des O-Ringes. Sie verlaufen meistens unter 45 Grad. Bei ruhenden Anwendungen ist der O-Ring meist bereits verdreht in die Nut eingelegt worden. Aufgrund eines ungünstigen Schnurdicken- / In-

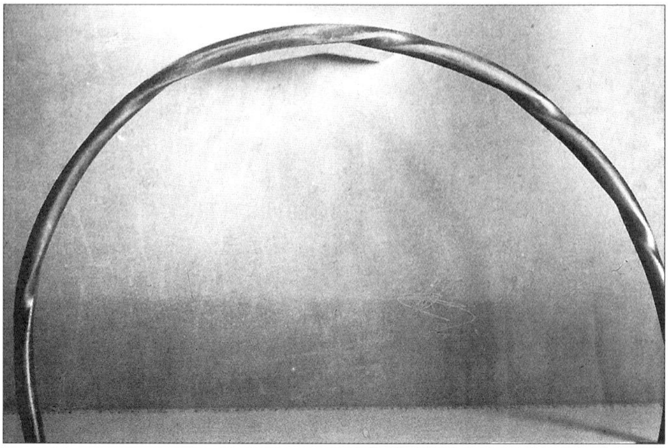

Bild 93: Verdrillter O-Ring

nendurchmesser-Verhältnisses (Durchmesser groß und Schnurdicke klein) rollt er in der Montagefläche in die Nut.

Ausfälle aufgrund dieser Fehler lassen sich durch folgende Änderungen verhindern:

- Verringerung der möglichen Unrundheit oder Exzentrizität der Bauteile
- Verringerung der diametralen Verformung des O-Ring-Querschnittes
- Sicherstellung der Schmierung
- Verbesserung der Oberflächengüte
- Wahl eines größeren Schnurdicke-/Innendurchmesser-Verhältnisses
- Sorgfältige Montage unter Verwendung eines geeigneten Schmiermittels.

Bild 94: In die Dichtung eingebetteter Metallspan

Bild 95: Gewebeablösung an der Manschette

Bild 94 zeigt einen Schaden, der dadurch aufgetreten ist, daß sich ein Metallspan in die Dichtung eingebettet hat und dadurch auf der Gegenfläche Riefen erzeugt hat.

Abhilfe: Vor dem Zusammenbau der Anlage alle Teile sorgfältig reinigen bzw. die Anlage vor Gebrauch gut durchspülen.

Bild 95 zeigt die Folge von schlecht benetzenden Hydraulikölen. Bei derartigen Ölen sind Geräuschbildung, Stotterlauf und ausgefallene Dichtungen durch abgelöstes Gewebe, hervorgerufen durch Schwingungen, also von raschem Wechsel zwischen Andrücken und Abheben der Dichtung möglich.

Bild 96 zeigt, daß sich der Schmierfilm bei Dachmanschetten nur unter der ersten Manschette ausbildet, d.h. die nachfolgenden Manschetten laufen trocken und verschleißen früher als die erste Manschette, die durch das Hydrauliköl geschmiert wird.

Bild 97 zeigt, daß auch Metallteile durch Schwingungskavitation beschädigt werden. Hier wurde bei Verwendung schlecht benetzender Öle ein Dachmanschettensatz regelrecht in die Büchse eingehämmert.

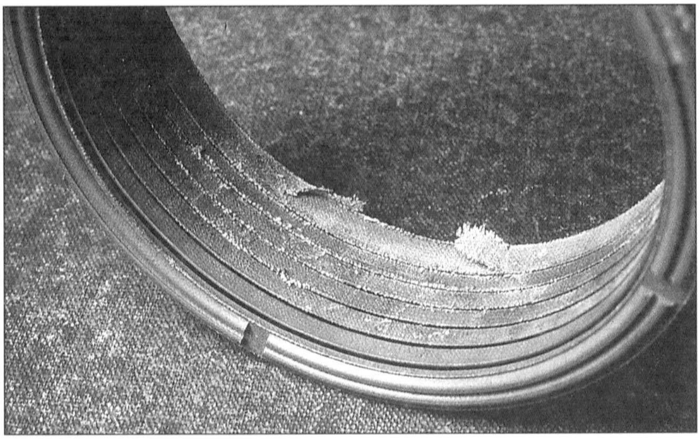

Bild 96: Beschädigung durch Trockenlauf

Bild 97: Beschädigung durch Schwingungskavitation

Bild 98: Beschädigung durch rauhe Oberfläche

Bild 98 zeigt, daß auch ein gefüllter PTFE-Gleitring nicht verschleißfest gegen Rauhigkeitspitzen ist, er wird abgeraspelt bzw. mechanisch weggeschoben. Der O-Ring ist durch Spalt im Nutgrund infolge eines geteilten Kolbens beschädigt.

Bild 99 zeigt Schäden durch zu großen Spalt. Dieser Teil-Backring wurde bei 700 bar (im Bergbau) beschädigt. Kann der Spalt unter Druck nicht enger gehalten werden, muß der Spalt durch einen Backring abgedeckt werden, der dem Spalt bzw. Druck Rechnung trägt und möglichst über die gesamte Profilbreite reicht.

Bild 100 zeigt das Ergebnis eines Konstruktionsfehlers. Der Sicherungsstift für die Kolbensicherung war unter dem Führungsband angeordnet. Das Band wurde durch die Radialkraft in die Querbohrung gedrückt.

Bild 101 zeigt einen Schaden durch Schleppdruck. An Kolben mit langer Führung werden Dichtungen umgestülpt. Durch die Punktbewegung und den Schleppeffekt füllt sich der Zwi-

Bild 99: Beschädigung durch Spaltextrusion

Bild 100: Konstruktionsfehler: Sicherungsstift

Bild 101: Schaden durch Schleppdruck

Bild 102: Schaden durch Schleppdruck

schenraum zwischen den Dichtungen mit Druckflüssigkeit. Wird der Kolben unter raschem Lastwechsel-Einsatz gefahren, wirkt sich das Druckübersetzungsverhältnis von Kolbenfläche zur Dichtungs-Ringkolbenfläche ungünstig aus, so daß enorme Kräfte wirksam werden.

Bild 102 zeigt ein weiteres Beispiel für Schäden durch Schleppdruck. Durch den Schleppdruck wurden hier sogar Haltescheiben aus Stahl abgebogen. Luft im Hydrauliksystem und Druckstöße begünstigten diesen Abkipper.

Bild 103 zeigt Schäden durch Luft im System. Hier wurden durch die Luft im System Strahlschäden an den Dichtungen und dem Führungsring (Mitte) einer Kolbendichtung verursacht.

Bild 104 zeigt das typische Schadensbild an einem Gummi-Nutring, hervorgerufen durch Luft im System. Die Luftbläschen expandieren in der druckentlasteten Zone des Dichtungsspaltes und graben Kanäle in die Lauffläche. Da die Dichtung ständig angepreßt wird, erfolgt eine permanente Materialabtragung. Nachfolgendes Öl, das im Spalt hoch beschleunigt wird, erzeugt im weiteren Verlauf Spülschäden.

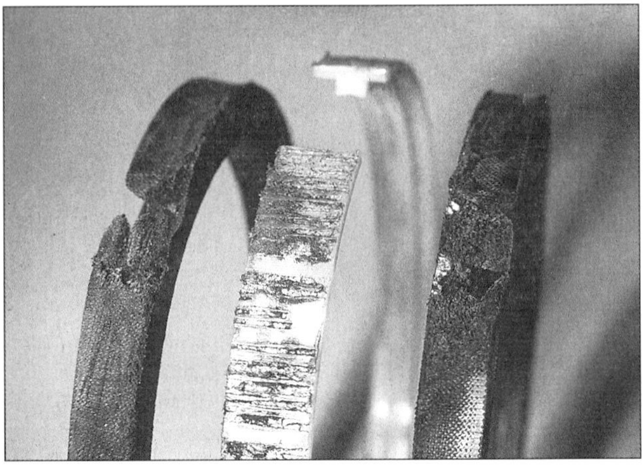

Bild 103: Beschädigung durch Luft im System

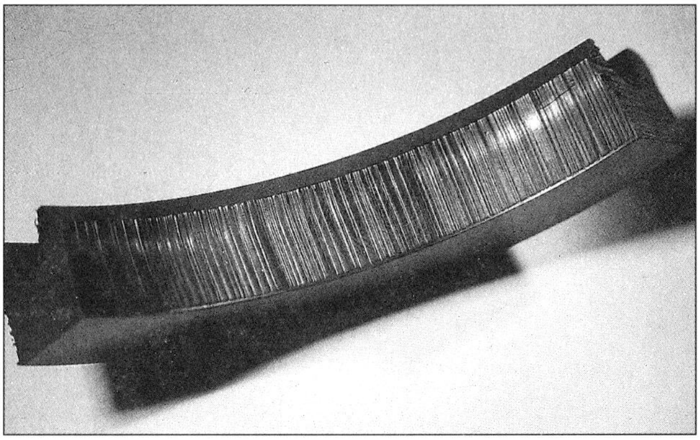

Bild 104: Beschädigung durch Luft im System

Bild 105 zeigt, daß an der Lauffläche dieses Gewebe-Nutringes keine Beschädigungen zu erkennen sind. Zwischen den Hüben erfolgten längere Druckhaltepausen, so daß die Luft beim langen Stehen unter Druck in die Dichtung diffundierte und kurz nach Erreichen des Spaltes expandierte.

Bild 106 zeigt die Luftzerstörung an einem Polyurethan-Profil. In Folge der höheren Festigkeit dieses Werkstoffes tritt diese Zerstörung jedoch in weit geringerem Maße auf als bei Gummi- Profilen.

Bild 107 zeigt ein weiteres Ergebnis eines Konstruktionsfehlers. Dieser Kolbenring zeigt am Innendurchmesser Extrusionsschäden, weil der zweiteilige Kolben axial nicht ausreichend gesichert war. Gleichzeitig ist am Außendurchmesser Zerstörung durch Luft eingetreten.

Bild 108 zeigt einen anderen Schaden durch Luft. Bei diesem Kolben aus einer Preßwasserpumpe wurde beim Ansaugen Luft bzw. Dampf ausgelöst. Die auf 300 bar verdichteten Luftblasen haben mit dem Gleitfilm den Dichtspalt durchwandert und sind danach sehr rasch expandiert. Die entstehende Kavitationsblase stürzte danach zusammen, so daß sehr hoch be-

Bild 105: Beschädigung durch Luft im System

Bild 106: Beschädigung durch Luft im System

Bild 107: Schaden durch Luft im System

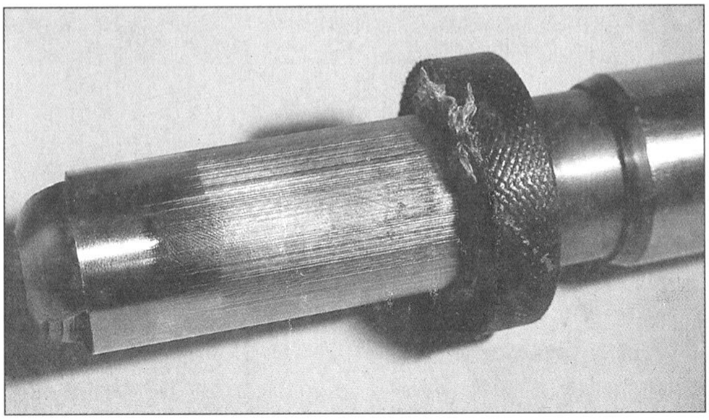

Bild 108: Schaden durch Luft im System

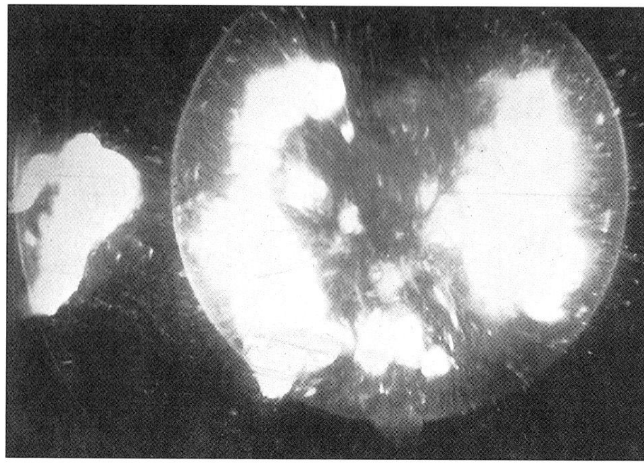

Bild 109: Diesel-Effekt in einer Hydraulikanlage

schleunigte Flüssigkeitsteilchen perlenkettenförmige Löcher, die zu Längsriefen wurden, in die hart verchromte Kolbenstange geschlagen haben.

Abhilfe: Luft muß durch entsprechende Maßnahmen wieder gelöst werden, bevor sie zur Dichtung gelangt.

Bild 109 zeigt eine Aufnahme des Diesel-Effektes in einer Hydraulikanlage. Durch hohe Temperatur und Drücke kann es zu örtlichen Temperaturblitzen (Diesel-Effekt) im Öl kommen, wenn ein Luft-Öl-Gemisch rasch verdichtet wird.

Bild 110 zeigt einen Führungsring, der durch die hohen Temperaturen des Diesel-Effektes beschädigt wurde.

Am Schluß des Punktes „Schäden an Dichtungen" muß nochmals der Hinweis wiederholt werden:

Bei unklaren Dichtungsschäden ist es zweckmäßig, wenn sich der Anwender an einen oder mehrere Dichtungshersteller bzw. durch die Industrie- und Handelskammer öffent-

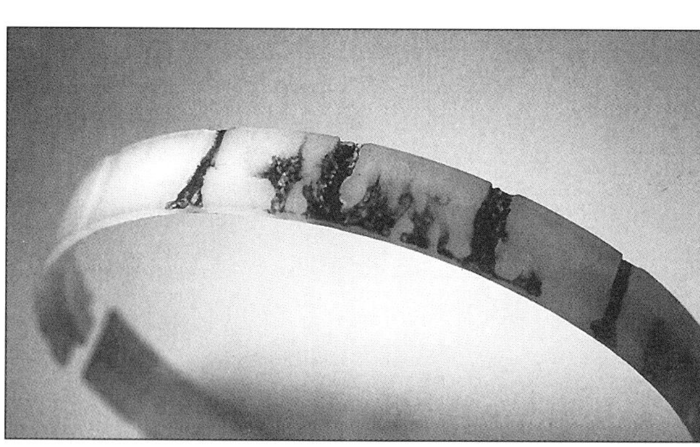

Bild 110: Beschädigung durch den Diesel-Effekt

lich bestellte Dichtungs-Sachverständige wendet und sich beraten läßt. Dadurch können wertvolle Hinweise für die dauerhafte Beseitigung der Schadensursache, für eine Verbesserung der Anlage bzw. zu einer Verlängerung der Standzeit der Dichtung erhalten werden.

Dieser anwendungstechnischen Beratungsdienst – den alle seriösen Dichtungshersteller kostenlos anbieten –, sollte in unklaren Schadensfällen unbedingt genutzt werden, denn nur bei einer eindeutigen Diagnose mit Erkennen der Ursache ist auch eine wirksame Abhilfe möglich.

7.6 Zusammenfassung

Im Kapitel 7 werden alle wichtigen statischen und dynamischen Dichtungen für den Bereich der Hydraulik und Pneumatik dargestellt. Typische Werkstoffe werden vorgestellt und auch die wichtigen Zusammenhänge zwischen Führung und Dichtung behandelt.

Konstruktions-, Fertigungs- und Montagehinweise werden gegeben, ebenso Richtlinien für die Lagerung von Gummi.

Anhand von Bildern werden typische Schäden an Dichtungen gezeigt und Abhilfemaßnahmen zur Schadensvermeidung vorgeschlagen.

Bildnachweis
Erich Schneider
Parker Hannifin GmbH O-Ring Division Pleidelsheim
Parker Hannifin GmbH Packing Division Bietigheim-Bissingen

8 Berührungsfreie Dichtungen

8 Berührungsfreie Dichtungen

E. Karl und W. Haas

8.1 Einführung

Wird die Fuge zwischen zwei abzudichtenden Teilen mit einem geeigneten Hilfsstoff gefüllt, Bild 1, und wird dieser Hilfsstoff so stark verpreßt, daß sowohl seine internen „Poren“ als auch die Mikrospalte zwischen Hilfsstoff und abzudichtenden Teilen so klein werden, daß der zurückzuhaltende Stoff nicht mehr durchdringen kann, ist eine berührende Dichtung realisiert. Flachdichtungen für Flansche und Stopfbuchsen für Wellen und Stangen funktionieren nach diesem Prinzip, siehe Kap. 3 und 4.

Eine besondere Klasse von Dichtungen sind dagegen diejenigen Dichtsysteme, welche ohne mechanische Berührung der beiden Teile und ohne einen festen „Zwischenstoff“ auskommen. Sie werden „Berührungsfreie Dichtungen“ genannt, Bild 2.

8.1.1 Zum Begriff „Berührungsfreie Dichtung“

Um Mißverständnisse auszuschließen, bedarf der Begriff „berührungsfrei“ bzw. „Berührungsfreie Dichtung“, wie er in dieser Abhandlung benutzt wird, einer Erläuterung.

Definition: Eine Dichtung wird dann als „Berührungsfreie Dichtung“ bezeichnet, wenn die beiden dichtspaltbildenden Teile mit und ohne Bewegung und ohne Hilfsenergie dauerhaft durch einen endlichen Spalt voneinander getrennt sind.

Diese Definition unterscheidet die „Berührungsfreien Dichtungen“ von den Berührungsdichtungen, die entweder durch hydrodynamische Spaltbildung bei höherer Gleitgeschwindigkeit ebenfalls berührungsfrei laufen – z. B. Gleitringdichtungen oder Radialwellendichtringe – oder durch aktive Druckeinspeisung zwischen die Gleitflächen hydrostatisch getrennt werden – z. B. Stirnflächen-Drosselspaltdichtungen.

Es gibt auch Dichtelemente, bei denen durch Fliehkraftwirkung die Berührung der Gleitdichtflächen bei höherer Umfangsgeschwindigkeit aufgehoben wird. Ein markanter Vertreter

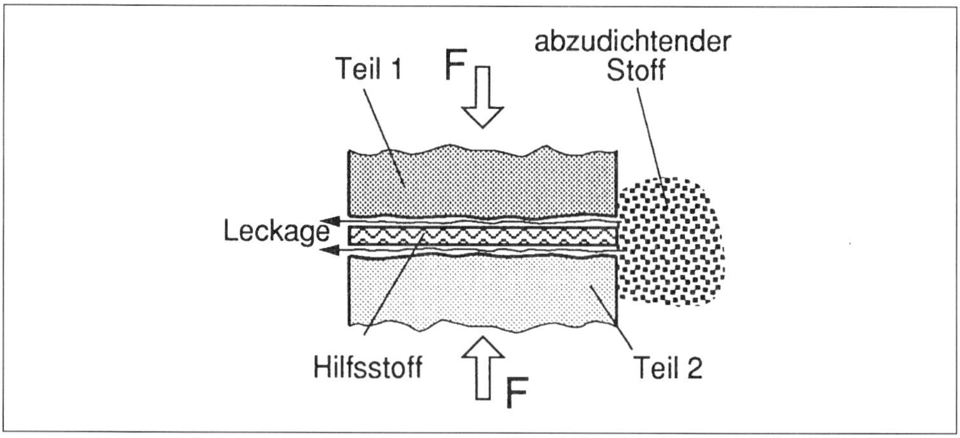

Bild 1: Realisierung einer berührenden Dichtung

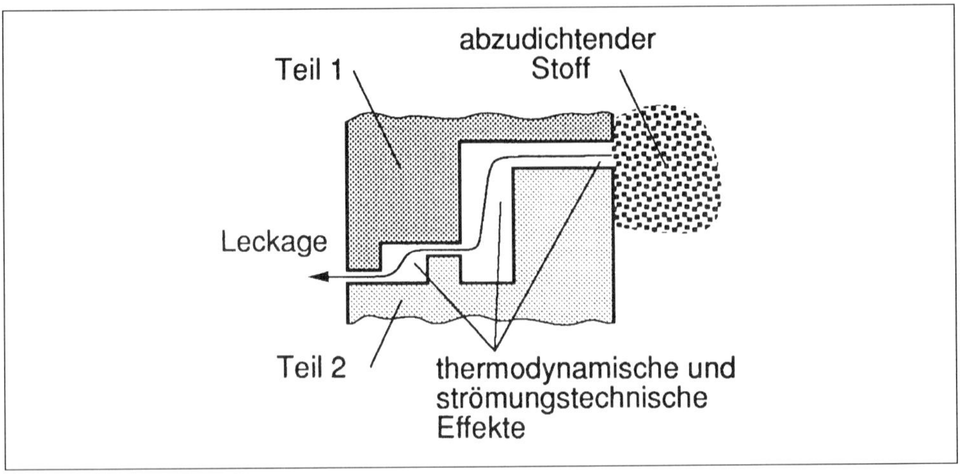

Bild 2: Prinzip einer berührungsfreien Dichtung

dieser Gruppe ist der V-Ring, Bild 3, aus gummielastischem Material. Seine Dichtlippe hebt bei ca. 15 m/s Umfangsgeschwindigkeit von ihrer Gegenlauffläche ab. Gerade der V-Ring wird häufig als berührend dichtendes Zusatzelement in den berührungsfreien Dichtungen eingesetzt, die erst bei höherer Umfangsgeschwindigkeit leckagefrei abdichten können, z. B. die Zentrifugal-Wellendichtung, oder der V-Ring verhindert in berührungsfreien Schutzdichtungen oder Fanglabyrinth-Dichtungen unerwünschten Luftdurchzug bei Wellenstillstand und bei kleiner Drehzahl.

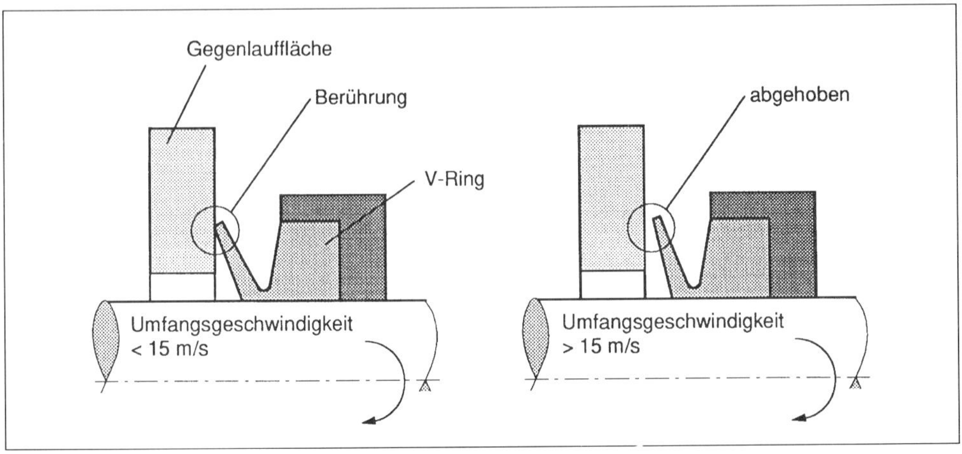

Bild 3: Die Dichtlippe eines V-Ringes hebt bei höherer Umfangsgeschwindigkeit von ihrer Gegenlauffläche ab

8.1.2 Vor- und Nachteile berührungsfreier Dichtungen

Primärer Grund für die Anwendung berührungsfreier Dichtungen ist das Vermeiden der Berührung und der damit verbundenen Reibung zwischen festen Körpern. Daraus leiten sich fast alle Vorteile berührungsfreier Dichtungen ab:

- Keine Reibung oder nur Flüssigkeitsreibung bei relativ großer Spalthöhe
- Keine Schmierung notwendig, dadurch keine Einschränkung bezüglich Schmierstoff und zulässiger Schmierstofftemperatur, keine Schmierungskosten, keine Verunreinigung des Betriebsmittels und keine Wartung
- Kein Heißlaufen
- Kein Verschleiß
- Keine Veränderung der Dichtwirkung
- Kein Nachstellen notwendig
- Keine Wärmeübertragung durch Wärmeleitung zwischen den Teilen
- Keine Temperaturbeschränkung
- Keine Beschränkung der Relativgeschwindigkeit
- Kein Härten und Schleifen der Welle
- Relativ grobe Bearbeitung (drehen) ausreichend.

Richtig ausgelegte (kein unerwünschtes Anstreifen) berühungsfreie Dichtsysteme erfüllen ihre Dichtfunktion langzeitzuverlässig.

Diesen bedeutenden Vorteilen stehen nur wenige Nachteile gegenüber. Dazu zählen zum einen die meist höheren Gestehungskosten und zum anderen die bei einigen Gruppen prinzipbedingte nicht vollständige Dichtheit. Zudem sind berührungsfreie Dichtungen nur in wenigen Fällen als handelsübliche Konstruktionselemente von Spezialfirmen zu kaufen. Sie müssen vom Hersteller des „Technischen Systems", z. B. einer Turbine, selbst gebaut und in das System integriert werden. Das kann aber auch schon wieder ein Vorteil sein, da so z. B. Bauraum gespart werden kann.

Die höheren Gestehungskosten entstehen vielfach nicht durch die Dichtung selbst, sondern durch die zur Aufrechterhaltung der „kleinen" Spalthöhen notwendigen sonstigen konstruktiven Maßnahmen. Bei Fanglabyrinth-Dichtungen ist statisch und dynamisch Flüssigkeitsdichtheit erreichbar. Gasdicht sind sie ohne zusätzliche Maßnahmen nicht. Sperrdichtungen können dynamisch dicht sein, statisch sind sie es nie. Drossel- und Drossellabyrinth-Dichtungen, die wie die Sperrdichtungen zu den berührungsfreien Dichtungen für Fluide unter Druck gehören, haben prinzipbedingt sowohl statisch als auch dynamisch Leckage.

8.1.3 Einteilung berührungsfreier Dichtungen

Berührungsfreie Dichtungen, Bild 4, werden in zwei große Gruppen eingeteilt. Die erste Gruppe umfaßt solche, die ohne oder bei kleiner Druckdifferenz von einigen Pascal bis in Einzelfällen von maximal 0,1 MPa abdichten und nicht dauernd überflutet sind, sondern vom abzudichtenden Stoff nur bespritzt oder schwallartig überflutet werden.

Die Dichtungen der zweiten Gruppe dichten Fluide bei Überflutung und unter Druck ab. Diese Gruppe ist weiter zu unterteilen in passive Dichtungen, bei denen die Relativbewegung der Dichtflächen zueinander nichts oder nur wenig zur Dichtwirkung beiträgt und in aktive

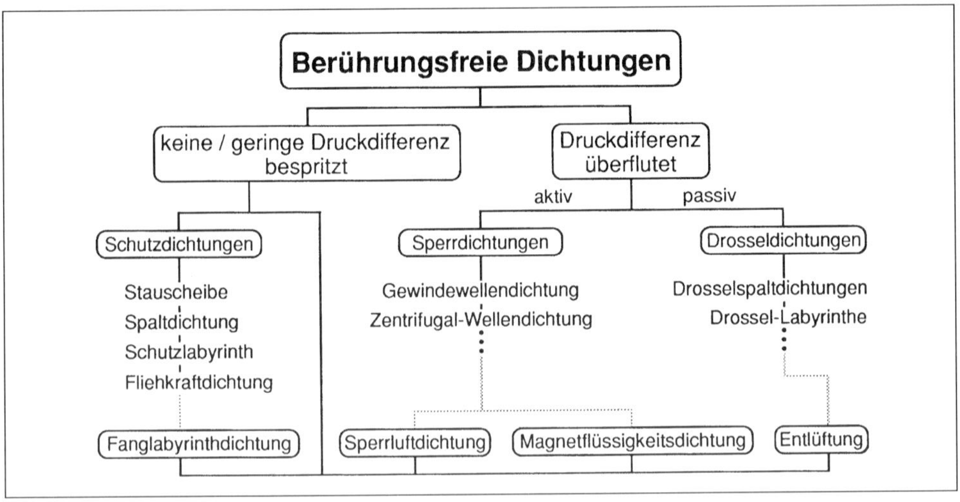

Bild 4: Differenzierung berührungsfreier Dichtungen

Dichtungen, bei denen die Relativbewegung der Dichtflächen zueinander ein maßgeblicher Faktor für die Dichtwirkung ist oder bei denen ein Sperrfluid von „außen" zwischen die Dichtflächen gepreßt wird. Diese Dichtungen mit aktivem Dichtmechanismus werden als „Dichtungen mit Flüssigkeitssperrung" bezeichnet oder kurz „Sperrdichtungen" genannt. Berührungsfreie Dichtungen ohne aktiven Dichtmechanismus werden als Drosseldichtungen bezeichnet. Bei ihnen tritt stets Leckage auf.

Zu den berührungsfreien Dichtungen für bespritzte Dichtstellen ohne nennenswerte Druckdifferenz zählen unter anderem die berührungsfreien Schutzdichtungen. Als Schutzdichtungen werden in der Literatur Wellendichtungen bezeichnet, die Lagerstellen einerseits vor Umwelteinflüssen schützen und andererseits den Austritt von Schmierstoff in die Umgebung verhindern. Berührungsfreie Schutzdichtungen sind im Gegensatz zu den Fanglabyrinth-Dichtungen nicht geeignet, stark flüssigkeitsbespritzte Wellendurchtrittsstellen abzudichten. Richtig gestaltete Fanglabyrinth-Dichtungen sind auch unter extremer Flüssigkeitsbespritzung statisch und dynamisch tropffrei dicht.

Sperrluft- und Magnetflüssigkeitsdichtungen sind Sperrdichtungen für geringen Differenzdruck. Sperrluftdichtungen verhindern das Vordringen von Flüssigkeiten, Gasen und auch großen Staubmengen. Magnetflüssigkeitsdichtungen verhindern das Vordringen von Gasen und einzelnen Staubpartikeln.

Berührungsfreie Entlüftungen sind inaktive, statische technische Systeme, die einen möglichst ungehinderten Gasaustausch, aber keinen Flüssigkeits- oder Staubdurchtritt, z. B. an Getrieben, zulassen sollen.

8.2 Berührungsfreie Dichtungen für Fluide unter Druck

Fluide, also Flüssigkeiten und Gase, die die Dichtstelle überfluten und unter Überdruck stehen, können durch spezielle berührungsfreie Dichtungen, das sind Drossel- und Sperrdichtungen, abgedichtet werden. In [1] wird ein umfassender Überblick über den Stand der Technik auf diesem Gebiet gegeben. Die folgenden Ausführungen liefern einen Überblick.

8.2.1 Funktionsprinzip und physikalische Wirkungsweise

Die im abzudichtenden Fluid, das z.B. infolge einer Druckdifferenz in die Dichtung eindringt, enthaltene Bewegungsenergie und bei kompressiblen Fluiden auch dessen Druckenergie wird in der Dichtung größtenteils in Wärmeenergie umgewandelt und abgeführt. Das Ziel besteht darin, einen Strömungskanal so zu formen, daß bei gegebener Druckdifferenz des abzudichtenden Fluids der Fluidstrom (Leckstrom) möglichst gering wird. Das physikalische Prinzip, das dazu angewendet wird, lautet:

> Die in Strömungsrichtung (Spaltlängsrichtung) vorhandene gerichtete kinetische Energie wird mittels viskoser Reibung und/oder Verwirbelung in Wärmeenergie umgewandelt.

Es werden die Wirkprinzipien „Drosseln“ und „Umlenken“ angewendet. In der Gruppe der Drosseldichtungen sind ausschließlich diese beiden Prinzipien wirksam. In der Gruppe der Sperrdichtungen hingegen wird die Dichtwirkung primär durch den Aufbau eines Gegendrucks zum Druck des abzudichtenden Fluids in der Dichtung erreicht. Dem System wird also Energie zugeführt. Das führt zu unerwünschter Erwärmung. Häufig macht man sich hier das Wirkprinzip „Fördern/Rückfördern“ zunutze.

8.2.2 Drosseldichtungen

In den Strömungs- oder Drosseldichtungen, den klassischen berührungsfreien Dichtungen, zu denen die Spalt-, Labyrinth- und Labyrinthspaltdichtungen zählen, wird der Leckstrom durch Drosseln gemindert. Diese Dichtungen weisen vergleichsweise große Leckströme auf. Das ist z. B. bei industriellen Gas-, Dampf- oder Wasserkraftmaschinen unproblematisch, solange nicht der Wirkungsgrad erheblich beeinflußt wird. Darf kein Fluid in die Umgebung gelangen, muß die primäre Leckage durch ein zweites sekundäres Dichtsystem aufgefangen werden. Bild 5 zeigt die wesentlichsten Ausführungsformen und deren vorzugsweise Eignung für bestimmte Einsatzparameter.

8.2.2.1 Spaltdichtungen

Spaltdichtungen sind berührungsfreie Dichtungen mit glattem Durchgangsspalt. Der Spalt kann achsparallel als Ringspalt nach Bild 5-1 oder senkrecht zur Achse als Stirnflächenspalt nach Bild 5-4 angeordnet sein. Selbstverständlich ist jede Zwischenlage möglich. Vorzugsweise werden Spaltdichtungen zur Abdichtung inkompressibler Fluide, also von Flüssigkeiten, bei laminarer Spaltströmung verwendet.

Bei gegebener Länge des Strömungskanals (Spaltlänge) hat der enge, laminar durchströmte Spalt den größten Strömungswiderstand und damit bei gegebener Druckdifferenz den geringsten Leckstrom.

Flüssigkeiten strömen infolge ihrer wesentlich größeren Zähigkeit bei gleicher Spaltabmessung bis zu viel höherer Druckdifferenz laminar als das bei Gasen der Fall ist (siehe Bild 8 „Reynoldszahl Re“). Außerdem erhöht sich bei Gasen die Strömungsgeschwindigkeit infolge Expansion bei abnehmendem Druck.

Um trotz relativ großer betriebsbedingter Bewegung der spaltbegrenzenden Bauteile zueinander enge Spalte realisieren zu können, werden schwimmende Buchsen, Bild 5-2, angewendet, die häufig hydrodynamisch oder hydrostatisch selbstzentrierend sind. Ist Fluid bei großer Druckdifferenz abzudichten und mit großer Wellendurchbiegung zu rechnen, wird die

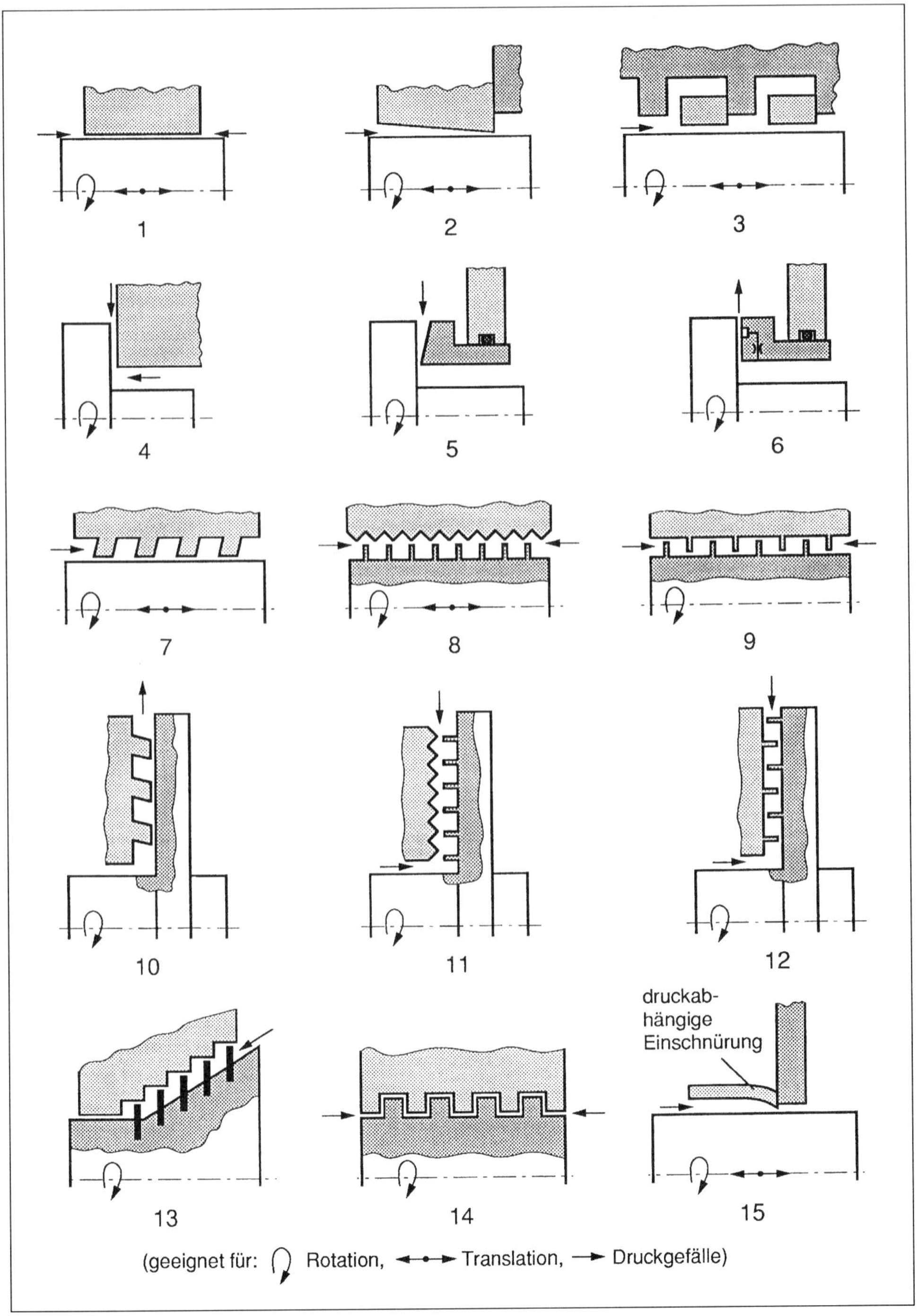

Bild 5: Schematische Darstellung berührungsfreier Drosseldichtungen

notwendige breite Buchse in mehrere schmale aufgeteilt, Bild 5-3. Jede Buchse ist für sich radial beweglich und bewirkt einen Teil des Gesamtdruckabfalls. Die wirkenden Kräfte zusammen mit der Beweglichkeit der schwimmenden Buchse können zu deren Schwingungen führen. Das muß durch mechanische Dämpfungsglieder wie Federn oder Reibungsdämpfer unterbunden werden. Eine solche Anordnung wird Schwimmring-Drosseldichtung genannt. Bei großer Druckdifferenz kann mittels einer dünnwandigen Buchse der Druck des abzudichtenden Fluids zur selbsttätigen Spaltweitenregelung und zur Erzeugung eines zentrierend wirkenden Keilspaltes insbesondere bei Axialbewegung genutzt werden, Bild 5-15. Auch beim Stirnflächenspalt kann durch konstruktive Maßnahmen eine hydrostatisch wirkende Spaltstabilisierung erreicht werden. Entweder es wird ein flacher Keilspalt, Bild 5-5, realisiert oder in den Parallelspalt wird wie beim hydrostatisch stabilisierten Gleitlager über eine Drossel Fluid zugeführt, Bild 5-6.

8.2.2.2 Labyrinthdichtungen

Die Bilder 5-9 und 5-12 zeigen Labyrinthdichtungen in axialer bzw. radialer Anordnung. Sie sind dadurch gekennzeichnet, daß die beiden Spaltwände ineinander „verzahnt" sind. Dadurch werden abwechselnd kurze enge Ringspalte als Drosselstellen und weite Ringkammern als Wirbelkammern gebildet. In den Drosselstellen wird das Fluid beschleunigt. In der nachfolgenden Kammer wird dann die gerichtete Bewegungsenergie größtenteils in Wärme umgewandelt. Die Leckage nimmt mit der Kammerzahl ab. Das ideale Labyrinth zeichnet sich dadurch aus, daß es keinem Stromfaden möglich ist, mit der im engsten Querschnitt erlangten oder mit verminderter Geschwindigkeit in die nächste Drosselstelle einzutreten.

Labyrinthdichtungen werden vorzugsweise angewendet, um Gasströme zu drosseln. Im idealen Labyrinth mit den Voraussetzungen:

- keine Vorgeschwindigkeit an der Drosselstelle,
- vollständige Umwandlung der in der Drosselstelle erzeugten kinetischen Energie in thermische Energie,
- keine Energieverluste des Gasstroms durch Reibung und Stoß,
- keine Wärmezufuhr oder Wärmeabfuhr und
- größte Geschwindigkeit innerhalb der Drosselstelle

laufen nachfolgend beschriebene thermodynamische Vorgänge ab, Bild 6.

Beim Einströmen in den Drosselspalt mit der Spalthöhe h wird das Gas wie in einer Blende isentrop beschleunigt. Der engste Strömungsquerschnitt A liegt infolge der Strahleinschnürung kurz hinter dem Drosselspalt und ist kleiner als der geometrische Drosselquerschnitt

$$A_L = \pi \cdot D \cdot h. \qquad (1)$$

Das Flächenverhältnis

$$\alpha = A/A_L \qquad (2)$$

wird als Durchflußzahl bezeichnet. In der anschließenden großräumigen Kammer expandiert der ringförmige Gasstrahl und löst sich in kleine, ungeordnete Wirbel auf. Im idealen Laby-

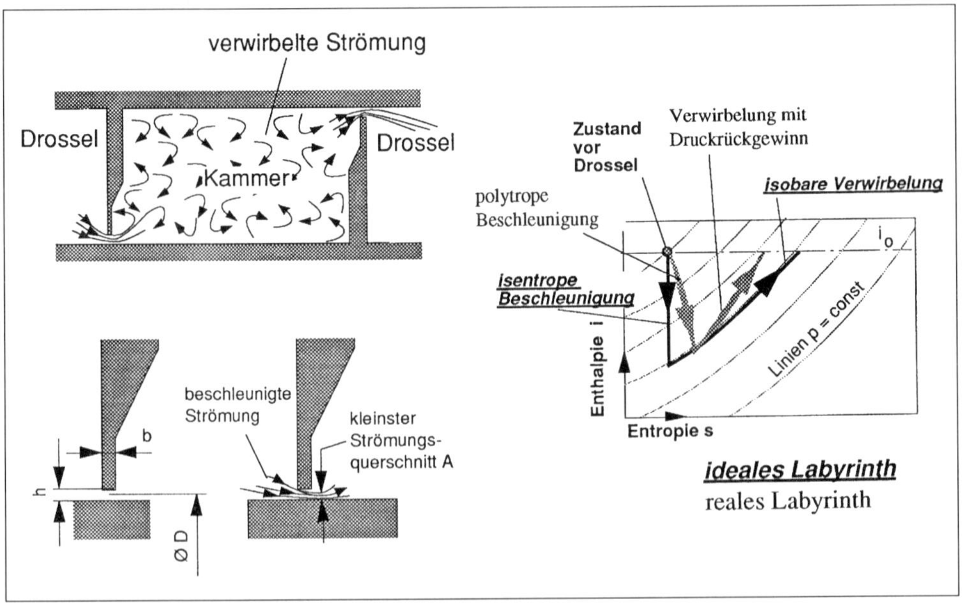

Bild 6: Thermodynamik des gasdurchströmten Drossellabyrinths nach [2]

rinth erfolgt die Verwirbelung bei konstantem Druck so, daß die gesamte gerichtete Bewegungsenergie des eintretenden Gasstrahls in völlig ungerichtete Bewegung – also Wärme – umgewandelt wird. Bild 6 zeigt im Enthalpie-Entropie-Diagramm den idealen und den realen Vorgang. Im realen Labyrinth ist die Beschleunigung polytrop, und in der Kammer steigt der Druck nach dem engsten Querschnitt durch Stoß wieder an.

Die mittlere Strömungsgeschwindigkeit w in den engsten Strömungsquerschnitten jeder Drossel beträgt:

$$w = \frac{\dot{m}}{A \cdot \rho} \tag{3}$$

Dabei ist $\dot{m}$ der Massenstrom, A der engste Strömungsquerschnitt und ρ die Dichte des Gases. Da der Massenstrom konstant ist, nimmt die Geschwindigkeit stromabwärts bei sinkendem Druck und demgemäß abnehmender Dichte immer mehr zu. Am Austritt aus der letzten Drosselstelle kann maximal Schallgeschwindigkeit erreicht werden. Reicht die Drosselwirkung dafür nicht aus, steigt der Mündungsdruck, und der austretende Gasstrom entspannt sich nach dem Labyrinth in Stoßwellen.

Prinzipbedingt ist die Labyrinthdichtung sowohl bei axialer als auch bei radialer Anordnung, wie auch die Stirnflächen-Spaltdichtung, nur für drehende Bewegung geeignet. Mit den Labyrinthspaltdichtungen hingegen können auch linear bewegte Bauteile abgedichtet werden.

8.2.2.3 Labyrinthspaltdichtungen

Labyrinthspaltdichtungen, Bilder 5.1-7, 8, 10, 11, nehmen eine Zwischenstellung zwischen der Spaltdichtung und der Labyrinthdichtung ein. Sie werden auch offenes Labyrinth, Durchblicklabyrinth, Halblabyrinth oder unverzahntes Labyrinth genannt. Ihr Vorteil bei axialer Anordnung, Bild 5-7 und Bild 5-8, ist die axiale Beweglichkeit der spaltbildenden Wände zueinander. Demgemäß sind sie als Kolben- oder Stangendichtungen anwendbar.

Eine Sonderstellung nimmt das in Bild 5-13 dargestellte Stufenlabyrinth ein. Es ist axial montierbar, aber nur für drehende Bewegung geeignet. Seine Drosselwirkung ist geringer als die des Labyrinths, aber besser als die eines Labyrinthspalts.

Bild 5-14 stellt einen „verzahnten Spalt" dar. Häufig wird er auch als radiale Anordnung ähnlich der im Bild 5-12 gezeigten Labyrinthdichtung gestaltet. Über seine Eigenschaften ist wenig bekannt. Ist der Spalt gleichmäßig eng, die Druckdifferenz gering oder die Viskosität hoch – also die Spaltströmung laminar – so dürfte der „verzahnte Spalt" wie ein verlängerter glatter Spalt wirken. Wird die Strömung schneller und wechseln die Spalthöhen, so tritt wegen der Turbulenzentstehung der Labyrinth- bzw. Labyrinthspaltcharakter hervor.

8.2.2.4 Berechnung von Drosseldichtungen

Am meisten interessiert bei Drosseldichtungen der Leckagestrom. Der Leistungsverlust spielt eine untergeordnete Rolle. Es sei denn, er ist so groß, daß gekühlt werden muß. Die Druckdifferenz bestimmt bei identischer Geometrie hauptsächlich den Leckagestrom. Zuverlässigkeit und Lebensdauer stehen außer Frage, solange im Betrieb die Berührungsfreiheit gesichert ist.

Bei der Berechnung des Leckagestroms einer Drosseldichtung ist zwischen laminarer und turbulenter Strömung sowie zwischen kompressiblem und inkompressiblem Fluid zu unterscheiden. So vielfältig die Formen der Spalte, Labyrinthe, Labyrinthspalte und die Betriebsbedingungen sind, so vielfältig sind die Berechnungsgänge. Wie bei der Berechnung des Fluidstroms durch ein rauhes Rohr, sind auch bei der Drosseldichtung bei turbulenter Strömung Einflußfaktoren empirisch zu bestimmen. Prinzipiell kann der Massenstrom durch eine Drosseldichtung näherungsweise wie der Massenstrom durch eine Blende mit Vorgeschwindigkeit Null bzw. wie der Ausfluß aus einem Behälter durch eine kleine Öffnung bestimmt werden [1, 3, 4, 5, 6].

Es werden folgende Berechnungsansätze verwendet:

Für inkompressibles Fluid
$$\dot{m} = \varepsilon \cdot A \cdot \sqrt{2 \cdot \Delta p \cdot \rho} \tag{4}$$

Für kompressibles Fluid
$$\dot{m} = \varepsilon \cdot A \cdot \sqrt{p_1 \cdot \rho_1} \tag{5}$$

Dabei ist, Bild 7, $\dot{m}$ der Durchfluß bzw. Massenstrom durch die Drosseldichtung, $\Delta p = p_1 - p_2$ die Druckdifferenz, ρ die Dichte der Flüssigkeit, p_1 der Absolutdruck und ρ_1 die Dichte des Gases im abzudichtenden Raum, p_2 der Absolutdruck nach der Drosseldichtung, A der freie Durchströmquerschnitt und ε die meist empirisch zu ermittelnde Labyrinthkennzahl. In der Labyrinthkennzahl, auch Ausflußkennzahl genannt, sind alle den Massenstrom beeinflussenden Größen zusammengefaßt. Das sind z. B. das Druckverhältnis p_1/p_2, die Rohrreibungszahl λ, die Spaltlänge L, die Spaltweite h, der Polytropen- oder Isentropenexponent κ, die

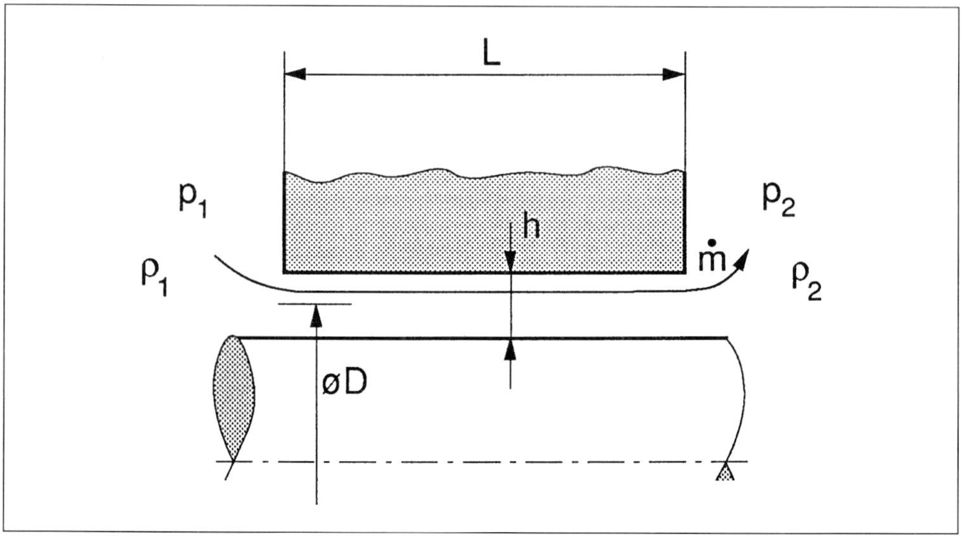

Bild 7: Bezeichnungen am Drosselspalt

Kammerzahl z, Formparameter bei der Labyrinth- und Labyrinthspaltdichtung, die Betriebsbewegungen (Rotation/Translation) und andere mehr. Für einfache Fälle laßt sich ε errechnen. Meist ist man jedoch auf empirisch gewonnene Werte angewiesen. Das Radiallabyrinth und der Einfluß der Bewegung auf den Durchfluß ist noch wenig erforscht. Auf genauere Berechnungsverfahren wird hier nicht eingegangen. Es sei auf die einschlägige Literatur, z. B. [1, 7, 8, 4], verwiesen.

Die Berechnung des Durchflusses durch eine Drosseldichtung mit komplexer Gestaltung der Spalte ist mit einer großen Unsicherheit behaftet. Nachfolgend wird für den einfachsten Fall, glatter Drosselspalt bei inkompressiblem Fluid, gezeigt, wie weit der reale Leckagestrom von dem bei idealer Geometrie berechneten allein auf Grund fertigungsbedingter und betrieblicher Einflüsse abweichen kann.

8.2.2.5 Einflüsse auf den Durchfluß beim Drosselspalt

Um den Flüssigkeitsdurchfluß durch Dichtspalte berechnen zu können, muß ein Zusammenhang zwischen der Flüssigkeitsbewegung, dem Verlauf des Flüssigkeitsdrucks und weiteren Eigenschaften der Flüssigkeit hergestellt werden. Dieser Zusammenhang wurde für laminare Strömung erstmals von Reynolds umfassend behandelt. Die Reynolds-Gleichungen ergeben sich, wenn die Wirkung des lokalen Druckgefälles und der Zähigkeitskräfte auf ein Flüssigkeitsteilchen in einer stationären Strömung betrachtet werden [2]. Außerdem ist die Kontinuitätsbedingung zu beachten. Trägheits- und Massenkräfte sowie thermodynamische Einflüsse werden vernachlässigt.

Aufgrund der von Reynolds aufgestellten Gleichung ergibt sich als Volumenstrom $\dot{V}_0$ einer inkompressiblen Flüssigkeit durch einen glatten, zentrischen, parallelen, ruhenden Ringspalt bei laminarer Strömung die in Bild 8-A dargestellte Beziehung (Gleichungen für den Massenstrom kompressibler, laminar strömender Fluide durch enge glatte Spalte sind in Kapitel

	Aufbau	Durchfluß	Vergleich	Beispiel
A	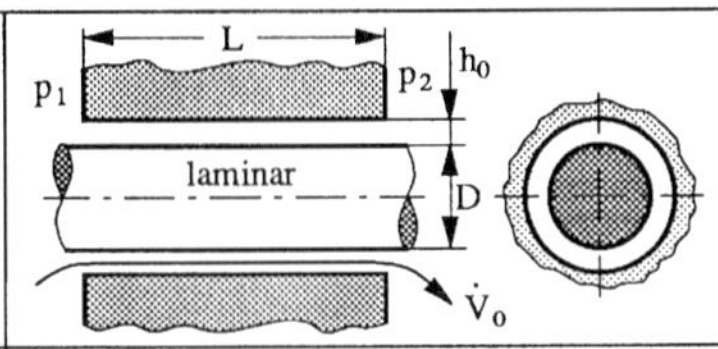	$\dot{V}_0 = \frac{\pi\cdot D\cdot\Delta p\cdot h_0^3}{12\cdot\eta\cdot L}$ mit $\Delta p = p_1 - p_2$	$\dot{V}_0 = \dot{V}_0$	$0{,}262\ \frac{l}{s}$
B	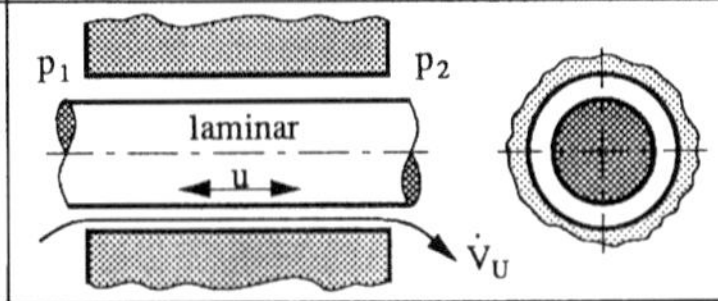	$\dot{V}_U = \pi\cdot D\left(\frac{\Delta p\cdot h_0^3}{12\cdot\eta\cdot L} \pm \frac{u\cdot h_0}{2}\right)$	$\dot{V}_U > \dot{V}_0$ $\dot{V}_U < \dot{V}_0$	$0{,}278\ \frac{l}{s}$ $0{,}246\ \frac{l}{s}$
C	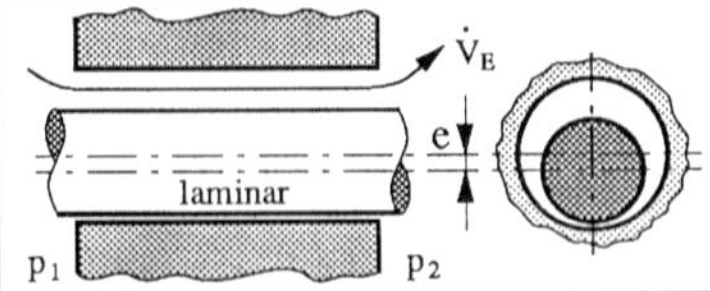	$\dot{V}_E = \frac{\pi\cdot D\cdot\Delta p\cdot h_0^3}{12\cdot\eta\cdot L}\cdot\left(1 + 1{,}5\cdot\varepsilon^2\right)$ mit $\varepsilon = \frac{e}{h_0}$	$\dot{V}_E \geq \dot{V}_0$ $\dot{V}_{E_{max}} = 2{,}5\cdot\dot{V}_0$	$0{,}655\ \frac{l}{s}$
D	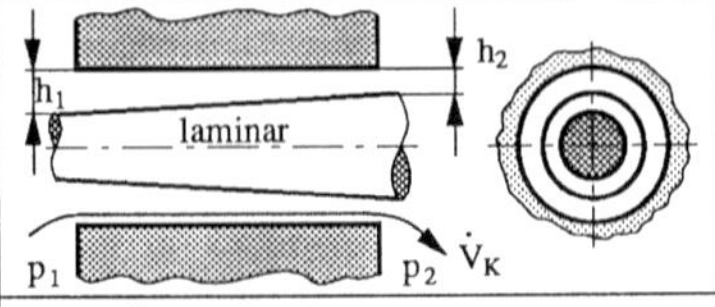	$\dot{V}_K = \frac{\pi\cdot D\cdot\Delta p\cdot h_2^3}{12\cdot\eta\cdot L}\cdot\frac{2\cdot\lambda^2}{\lambda + 1}$ mit $\lambda = \frac{h_1}{h_2}$	$\dot{V}_K > \dot{V}_0$ für $h_1 = 2\cdot h_2$ $\dot{V}_{K_2} = 2{,}7\cdot\dot{V}_0$	$0{,}698\ \frac{l}{s}$
E	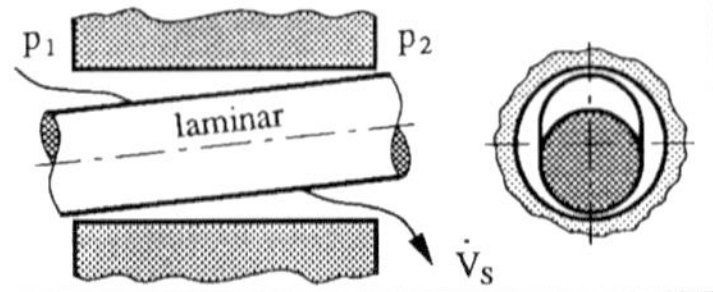	$\dot{V}_S = \frac{\pi\cdot D\cdot\Delta p\cdot h_0^3}{12\cdot\eta\cdot L}\cdot S$ nur experimentell $S = 0{,}6 \ldots 0{,}4$	$\dot{V}_S \approx 0{,}5\cdot\dot{V}_0$	$0{,}131\ \frac{l}{s}$
F	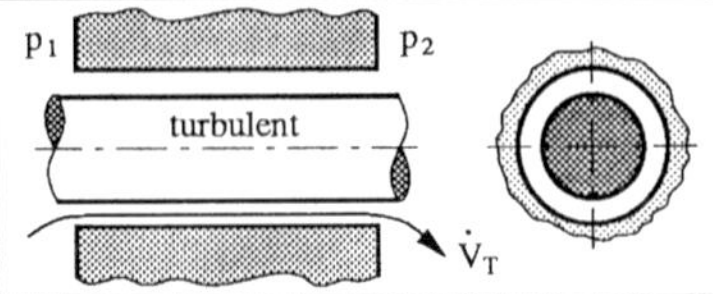	$\dot{V}_T = \pi\cdot D\cdot h_0\cdot\sqrt{\frac{\Delta p\cdot h_0}{2\cdot L\cdot\rho}}\cdot\left(3{,}45 \ldots + 5{,}52\cdot\log\left(\frac{h_0}{2\cdot\nu}\cdot\sqrt{\frac{\Delta p\cdot h_0}{2\cdot L\cdot\rho}}\right)\right)$	(Δp variiert) $\dot{V}_T \approx \dot{V}_0$ bei $Re \approx 1700$	(Δp variiert) bei $Re = 500$ $\dot{V}_T \approx 1{,}64\cdot\dot{V}_0$ bei $Re = 4000$ $\dot{V}_T \approx 0{,}7\cdot\dot{V}_0$
G	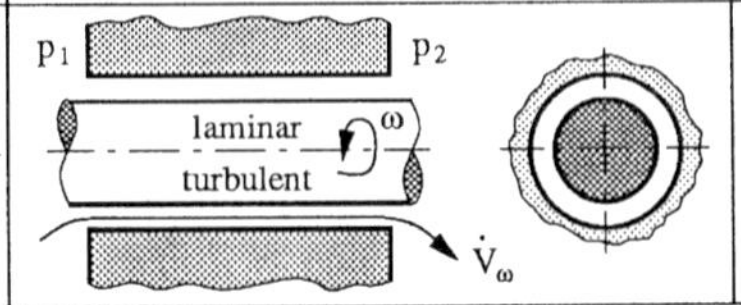	laminar: $\dot{V}_{\omega L} = \dot{V}_0$ turbulent: $\dot{V}_{\omega T} = \dot{V}_T\cdot R$ $R = 1 \ldots 0{,}2 = f\left(\frac{w}{v}\right)$	$\dot{V}_{\omega L} = \dot{V}_0$ $\dot{V}_{\omega L} < \dot{V}_T < \dot{V}_0$	$\dot{V}_{\omega T} \approx 0{,}6\cdot\dot{V}_0$ $= 0{,}157\ \frac{l}{s}$

Reynoldszahl Re	$Re = \frac{w\cdot 2\cdot h\cdot\rho}{\eta}$	$Re_{laminar} = \frac{\Delta p\cdot h^3\cdot\rho}{6\cdot\eta^2\cdot L}$	$Re < 500 - 2000$ laminar $2000 < Re < 4000$ Übergangsbereich $Re > 4000$ turbulent
Bezeichnungen:	η ... dynamische Viskosität ν ... kinematische Viskosität u ... axiale Geschwindigkeit	ω ... Winkelgeschwindigkeit der Welle w ... mittlere axiale Strömungsgeschwindigkeit v ... Umfangsgeschwindigkeit	ρ... Dichte

Bild 8: Durchfluß inkompressibler Fluide durch glatte Ringspalte nach [1, 2, 4, 9]

8.3.9.5 Bild 44 dargestellt). Bemerkenswert ist, daß alle Größen linear eingehen, bis auf die Spalthöhe h_0, die mit der drittten Potenz eingeht. Das bedeutet, daß eine Spalthöhenänderung von ca. 26 % den Durchfluß verdoppelt oder halbiert. Beträgt das Nennmaß des Spaltes h_0 = 50 µm, so verändert sich der Volumenstrom bei einer Toleranz von 13 µm um den Faktor 2. 13 µm Spalthöhentoleranz bedeuten für Welle und Bohrung eine Fertigungstoleranz von je 0,013 mm, was nicht ganz einfach einzuhalten ist.

In Reynolds Gleichungen (stationäre Strömung) sind der Druckabfall für die Ausbildung des Strömungsprofils (Stoßverlust) am Spalteingang und der Austrittsverlust am Spaltende nicht berücksichtigt. Das bleibt nur bei sehr engen Spalten ($h_0 \leq$ 0,05 mm) ohne gravierenden Einfluß auf das Ergebnis. Weitere Einflüsse, die nicht immer vernachlässigt werden dürfen werden in [1] beschrieben.

Den idealen Spalt gibt es in der Wirklichkeit nicht. Durch Toleranzen bei der Fertigung und durch betriebsbedingte Einflüsse muß mit erheblichen Abweichungen gerechnet werden. So vergrößert sich beim parallelachsigen, exzentrischen Ringspalt der Durchfluß auf maximal das 2,5fache, Bild 8-C. Bei konischem Spalt (kleinste Spalthöhe h_0) vergrößert sich der Durchfluß ebenfalls erheblich, Bild 8-D, und bei schrägliegendem Kern, Bild 8-E, vermindert sich der Durchfluß, [9, 10, 11]. So kann allein infolge geometrischer Abweichung der tatsächliche Durchfluß zwischen 50 % und 500 % des nach Reynolds berechneten liegen. Die Spannbreite beträgt also eine Zehnerpotenz. Der Einfluß geometrischer Abweichungen wäre, sofern man sie kennen würde, rechnerisch gut erfaßbar. Schwieriger wird es, wenn die Spaltwände sich zusätzlich relativ zueinander bewegen.

Bewegt sich eine Spaltwand in Spaltlängsrichtung, Bild 8-B, so muß der zusätzliche Schleppstrom zum Druckstrom $\dot{V}_0$ addiert werden. Rotiert die Welle, Bild 8-G, so hat das bei laminarer Strömung keinen Einfluß auf den Durchfluß $\dot{V}_{\omega L} = \dot{V}_0$ [1]. Durch die Drehbewegung werden jedoch Taylorwirbel induziert und Turbulenzen angefacht. Bei turbulenter Strömung V hat die Drehbewegung nun aber einen erheblichen Einfluß auf den Durchfluß $\dot{V}_{\omega T} \leq \dot{V}_T$, Bild 8-G.

Turbulente Strömung kann nach [2] im ungünstigsten Fall aber (sehr „rauher" Spalt) schon bei Re = 500 auftreten. Im günstigsten Fall (sehr glatter Spalt, keine Erschütterungen) auch erst bei Re = 4000. Ab einer bestimmten Reynoldszahl ist der Durchfluß $\dot{V}_T$ nach den Formeln für turbulente Strömung gerechnet stets kleiner als der unter Annahme laminarer Strömung errechnete Durchfluß $\dot{V}_0$ [4].

Variiert man im gezeigten Beispiel, Tabelle 1 und Bild 8, die Druckdifferenz Δp so, daß die Reynoldszahl $Re_{laminar}$ von Re = 500 bis Re = 4000 reicht, so ist bei Re ≈ 1700 der berechnete Durchfluß $\dot{V}_T \approx \dot{V}_0$. Bei kleinerer Reynoldszahl Re < 1700 wird $\dot{V}_T > \dot{V}_0$, bei Re > 1700 wird $\dot{V}_T < \dot{V}_0$. Üblicherweise wird bei Re ≤ 2000 von laminarer Strömung und bei Re > 2000 von turbulenter Strömung ausgegangen. Die Abweichung des berechneten Durchflusses be-

Tabelle 1: Daten zum Beispiel in Bild 8

$D = 0{,}1\ m$,	$\Delta p = 1\ MPa$,	$h_0 = 10^{-4} m$,	$\eta = 10^{-3} Pa \cdot s$
$L = 0{,}1\ m$,	$u = 1\ m/s$,	$\varepsilon = 1$,	$h_2 = h_0,\ h_1 = 2h_0$
$S = 0{,}5$,	$\rho = 10^3\ kg \cdot m^{-3}$,	$R = 0{,}6$,	$n = 800\ min^{-1}$

trägt bei Re = 4000 immerhin ca. 30 %. Das heißt, wenn unter der Annahme turbulenter Strömung gerechnet wird, obwohl die Strömung noch laminar ist, ist der tatsächliche (ideale) Durchfluß um 30 % höher als der berechnete.

Prinzipiell gilt, daß turbulente Strömungen schwer zu erfassen und erzielte Rechenergebnisse unsicherer sind als bei laminarer Strömung. Die Berechnungsformeln sind bei turbulenter Strömung meist nicht mehr vollständig physikalisch begründet, sondern auf Grund von Versuchsergebnissen erstellt.

Zusammenfassend ist festzustellen, daß dem Praktiker zwar Berechnungsformeln für den Leckagestrom zur Verfügung stehen, jedoch die Bestimmung des wirklich zu erwartenden Wertes deshalb unsicher ist, weil in der Regel die in der Praxis tatsächlich auftretende Spaltform und andere wichtige Parameter nicht bekannt sind. Eine Vorausberechnung läßt deshalb nur eine Eingrenzung des zu erwartenden Leckagestromes zu. „Die Rechenergebnisse weichen meist spürbar von den gemessenen Werten ab." [1, 3, 9]

8.2.3 Sperrdichtungen

Charakteristisch für diese Gruppe, Bild 9, ist ein Sperrfluid. Das Sperrfluid kann das abzudichtende Fluid selbst oder ein Fremdfluid sein. Meist ist das Sperrfluid eine Flüssigkeit, seltener ein Gas. Während bei Drosseldichtungen durch Umwandeln der im abzudichtenden Fluid enthaltenen Energie und Abführen der gewandelten Energie aus dem Dichtsystem der Leckagestrom gemindert wird, wird bei Sperrdichtungen durch zusätzliches Zuführen von Energie in das Dichtsystem bzw. durch geschicktes Ausnutzen der in das Dichtsystem sowieso eingebrachten Energie Dichtheit erzielt. Entweder wird durch Aufbauen eines „Gegendruckes" zum Druck des abzudichtenden Fluids dieses am weiteren Vordringen im Dichtspalt gehindert, oder der „Leckstrom" wird noch im Dichtspalt durch einen im Dichtspalt erzeugten entgegengerichteten „Rückförderstrom" kompensiert. Da Sperrdichtungen in ihrem Auslegungsbereich meist vollkommen abdichten (abgesehen von Diffusionsverlusten), eignen sie sich besonders gut für den Einsatz in Maschinen, die mit giftigen Betriebsmitteln oder mit Vakuum arbeiten.

8.2.3.1 Flüssigkeitsgesperrte Drosseldichtungen

In flüssigkeitsgesperrten Drosseldichtungen, Bild 9-1 bis 3, wird die Sperrflüssigkeit aktiv von außen in den Dichtspalt gedrückt und verwehrt somit dem abzudichtenden Fluid den Durchtritt. Es gibt keine Leckage des abzudichtenden Fluids, solange $p_1 < p_0 > p_2$ ist, Bild 9-I. Das bedingt, daß Sperrflüssigkeit nach außen tritt – $\dot{V}_1$ – und auch in das abzudichtende Fluid – $\dot{V}_2$ – gelangt. Deshalb darf p_0 nur wenig größer als p_2 sein. Als Drosselstrecken dienen sowohl Spalte, Bild 9-1 und 2, als auch Labyrinthe oder Labyrinthspalte, Bild 9-3. Es gibt auch gasgesperrte Drosseldichtungen. Sie funktionieren genauso. Prinzipiell gehört die später ausführlich beschriebene Sperrluftdichtung auch zu den gasgesperrten Drosseldichtungen.

8.2.3.2 Zentrifugal-Wellendichtungen

Der Sperrdruck wird durch Fliehkraft in der Dichtung selbst erzeugt. Die Flüssigkeit wird durch Reibung von einer umlaufenden, glatten Scheibe, Bild 9-4, einer umlaufenden Rinne, Bild 9-5, oder einer einseitig beschaufelten Scheibe, Bild 9-6, mitgenommen. Im rotierenden Flüssigkeitsring entsteht durch Fliehkaft eine Druckbarriere p_0 gegen den Druck des abzudichtenden Fluids p_1, Bild 10-II. Auch hier gilt $p_1 < p_0 > p_2$. Die Sperrflüssigkeit kann das ab-

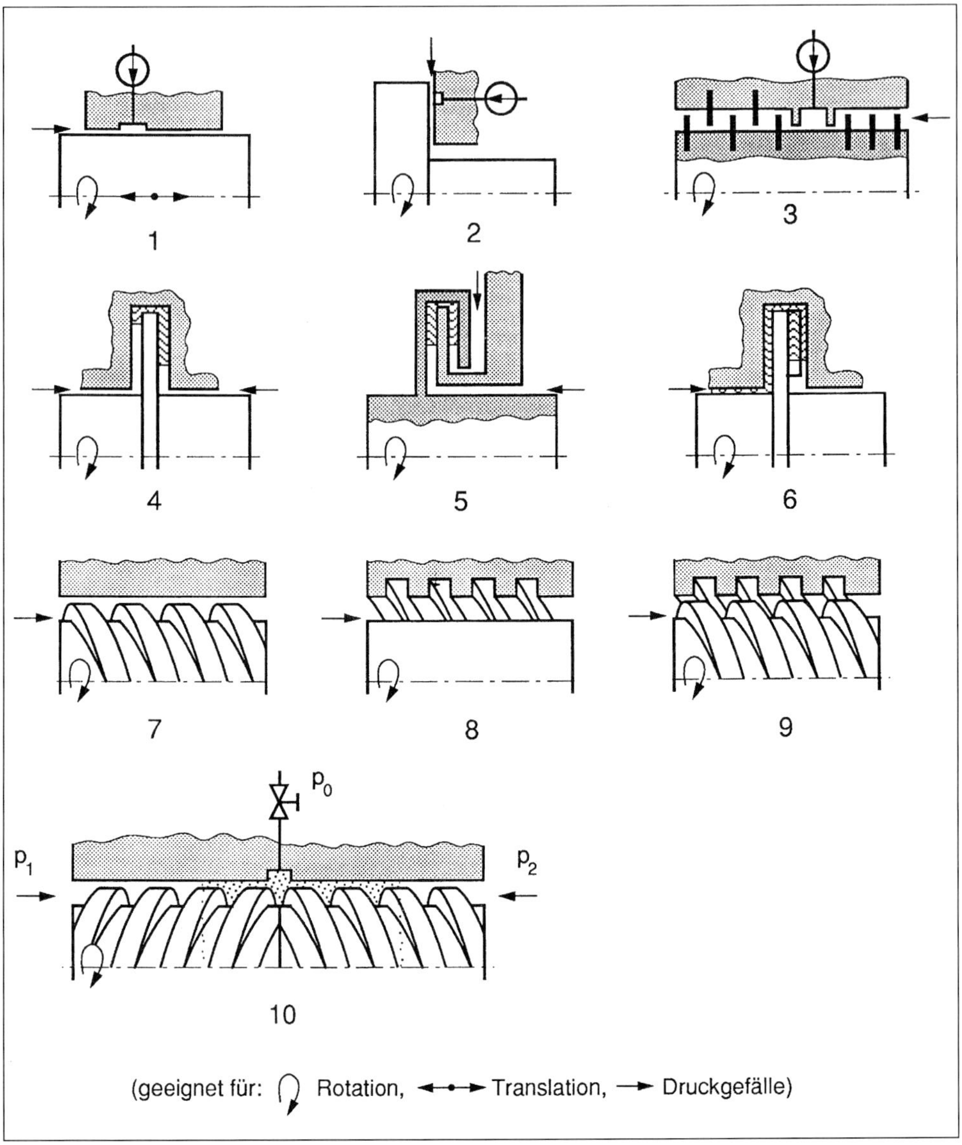

Bild 9: Schematische Darstellung berührungsfreier Sperrdichtungen.

zudichtende Fluid selbst sein, Bild 9-6 und 10-II. Zur Abdichtung von Gasen, Bild 9-4 und Bild 9-5, wird eine separate Sperrflüssigkeit eingefüllt.

Bei kleiner Drehzahl und im Stillstand ist eine Zentrifugal-Wellendichtung nicht wirksam. Eventuell muß hierfür eine Hilfsdichtung, z. B. ein V-Ring oder eine durch Fliehkraft öffnende Gleitring-Dichtung vorgesehen werden.

8.2.3.3 Gewindewellendichtungen

In der Gewindewellendichtung wird der Sperrdruck an der Dichtstelle durch den axialen Fördereffekt eines Gewindes erzeugt.

Rotiert eine glatte Welle in einer glatten, flüssigkeitsgefüllten Bohrung, so wird dadurch Flüssigkeit nur in Umfangsrichtung geschleppt, nicht aber axial transportiert. Befinden sich jedoch in der Bohrungswand vertiefte Kanäle (Nuten), deren Kanten schräg zur Umfangsrichtung verlaufen (Gewinderillen), so wird die Schleppströmung durch die Längskanten der Vertiefungen teilweise „umgelenkt". Dadurch wird in Längsrichtung der Kanäle Flüssigkeit transportiert. Durch diesen Effekt wird in der Gewindewellendichtung durch Rotation der Welle Flüssigkeit auch in axialer Richtung gefördert, solange die geförderte Flüssigkeit abfließen kann. Fördert die Gewindewellendichtung gegen eine Barriere, z. B. gegen ein unter Druck stehendes abzudichtendes Fluid, baut sich längs der Achse ein zur Barriere hin ansteigender Druck auf.

Das Gewinde kann sich auf der Welle oder im Gehäuse befinden. Auch eine beidseitige Anordnung gegenläufiger Gewinde ist möglich, Bild 9-7 bis 9. Eine solche Anordnung hat bei turbulenter Strömung eine bessere Dichtwirkung als ein einseitiges Gewinde. Die effektivste Gewindeform ist das Flachgewinde. Meist werden mehrgängige Gewinde angewendet, um bei kurzer Baulänge gute Dichtwirkung zu erzielen. Je zäher das abzudichtende Fluid, desto besser die Dichtwirkung. Die Flüssigkeit dringt so weit in das Gewinde vor, bis der Sperrdruck p_0 am Gewindebeginn dem abzudichtenden Druck p_1 entspricht, Bild 10-III.

Um Gase abzudichten, wird ein Doppelgewinde mit Sperrflüssigkeitsfüllung angewendet, Bild 9-10. Beide Gewinde versuchen, eine zähe Sperrflüssigkeit zur Mitte hin zu fördern. Dort baut sich der Sperrdruck p_0 auf. Steigt p_1 oder p_2, so wird der Sperrflüssigkeitsring aus seiner Mittellage verschoben. Auch hier gilt $p_1 < p_0 > p_2$.

Ohne Rotation gibt es keine Förderung. Die Gewindewellendichtung wirkt dann ähnlich wie eine Drosselspaltdichtung. Auch hier können berührende Elemente zur Abdichtung bei Wellenstillstand eingesetzt werden.

8.2.3.4 Berechnung von Sperrdichtungen

Bild 10 gibt einen groben Überblick über die Berechnung des Sperrmittelverluststroms $\dot{V}_0$, der maximal leckagefrei abdichtbaren Druckdifferenz Δp und der zu erwartenden Reibleistung P_R. Die Gleichungen enthalten nicht alle Einflußgrößen, sondern sind auf die für einen Überblick wesentlichen reduziert. Der Rest steckt in den Faktoren c_1 bis c_5, ausführlichere Berechnungsanleitungen in [1, 2].

Der Sperrmittelverluststrom $\dot{V}_0$ bei der flüssigkeitsgesperrten Drosseldichtung ist analog zur normalen Drosseldichtung zu berechnen. Es sind zwei Volumenströme zu beachten, die addiert werden, Bild 10-I. Die Reibleistung setzt sich zusammen aus der Drosselleistung, die im wesentlichen von der dritten Potenz der Spalthöhe h abhängt, und der Schleppleistung, die hauptsächlich von der dritten Potenz des Durchmessers D abhängt. Die Gleichung für die Schleppleistung ergibt sich, wenn man ausgehend vom Newtonschen Reibungsgesetz

$$\tau = \eta \cdot dv/dh \; (\tau = \eta \cdot v/h) \tag{6}$$

die Schleppleistung mit

$$P_S = \tau \cdot v \cdot A \tag{7}$$

<table>
<tr><td>I</td><td>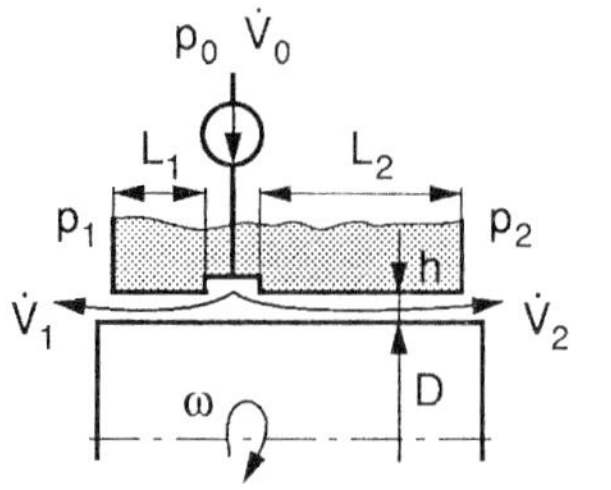
</td><td>$\dot{V}_{1,2} = \frac{\pi \cdot D \cdot \Delta p_{1,2} \cdot h^3}{12 \cdot \eta \cdot L_{1,2}}$

$\dot{V}_0 = \dot{V}_1 + \dot{V}_2$</td><td>$P_S = \frac{\pi \cdot \eta \cdot \omega^2 \cdot D^3 \cdot L}{4 \cdot h}$

$P_P = \dot{V}_0 \cdot \Delta p$

$P_R = P_S + P_P$</td></tr>
<tr><td>II</td><td>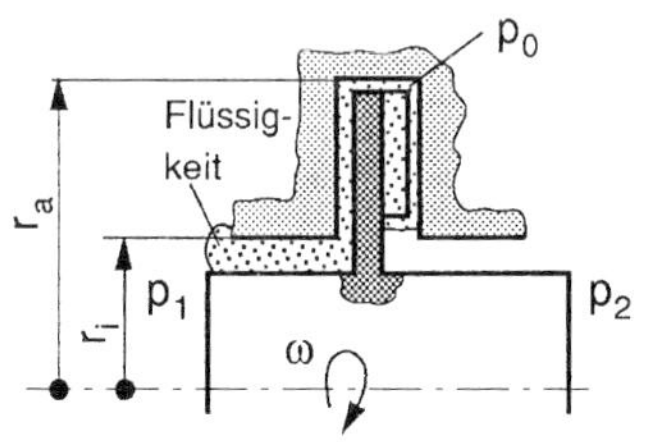
</td><td>$\Delta p = \frac{\rho}{2} \cdot \omega^2 \cdot \left(c_3 \cdot r_a^2 - c_4 \cdot r_i^2\right)$</td><td>$P_R = c_5 \cdot \frac{\rho}{2} \cdot \omega^3 \cdot r_a^5$</td></tr>
<tr><td>III</td><td>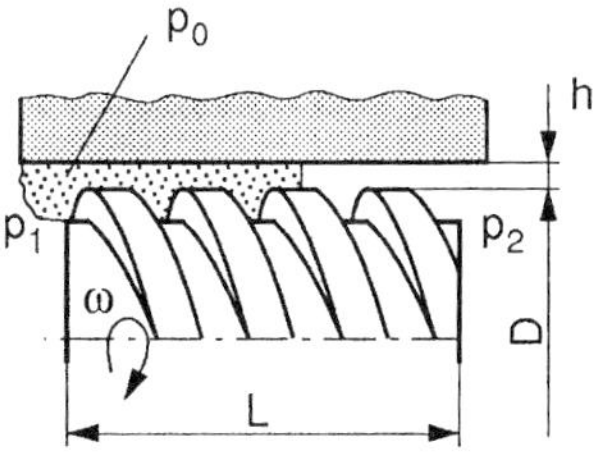
</td><td>$\Delta p = c_1 \cdot \frac{\eta \cdot \omega \cdot L \cdot D}{4 \cdot h^2}$</td><td>$P_R \approx c_2 \cdot \frac{\pi \cdot \eta \cdot \omega^2 \cdot D^3 \cdot L}{h}$</td></tr>
</table>

Bezeichnungen:

$\dot{V}$ ... Volumenstrom	P ... Leistung	η ... dynamische Viskosität
p ... Druck	P_S ... Schleppleistung	v ... Umfangsgeschw.
ρ ... Dichte	P_P ... Drosselleistung	c ... Faktor
Δp ... Druckdifferenz	P_R ... Reibleistung	(siehe [31] und [38])

Bild 10: Näherungsberechnungen von Sperrdichtungen bei laminarer Strömung. Ausführliche Anleitung in [1] und [2] (zusammengefaßt), sowie detailliert in [12-14] für Zentrifugal-Wellendichtungen und [15-17] für Gewinde-Wellendichtungen

ansetzt. Für geringe Verlustleistung sollten also Spalthöhe und Durchmesser möglichst gering sein.

Generell wird bei allen Sperrdichtungen der Leistungsverlust wesentlich geringer, wenn der Durchmesser geringer wird. Von besonderer Bedeutung ist das bei der Zentrifugal-Wellendichtung, wo der Radius r_a bei turbulenter Strömung in der fünften Potenz eingeht. Das bedeutet bei großem Durchmesser einen hohen Reibungsverlust und große Wärmeentwicklung. Da die abdichtbare Druckdifferenz nur mit der zweiten Potenz des Scheibendurchmessers zunimmt, ist es zweckmäßig, für größere Druckdifferenz mehrere hintereinandergeschaltete Zentrifugal-Wellendichtungen mit kleinerem Durchmesser zu verwenden.

Die Beziehung für die abdichtbare Druckdifferenz bei Gewindewellendichtungen erhält man, wenn die Schlepp-Druckströme im Gang $\dot{V}_G$ und auf dem Damm $\dot{V}_D$ in Damm- bzw.

Ganglängsrichtung und der Volumenstrom $\dot{V}_V$ quer dazu nach Beziehung B in Bild 8 berechnet, in Gewindeachsrichtung addiert und zu Null (kein Durchfluß) gesetzt werden

$$(\dot{V}_G + \dot{V}_D + \dot{V}_V \cdot cos^2\,\alpha = 0). \tag{8}$$

Dabei ist α der Gewindesteigungswinkel. Die abdichtbare Druckdifferenz ist in erster Linie von der Spalthöhe h abhängig, die in zweiter Potenz eingeht. Je kleiner h, um so größer Δp. Für günstig ausgeführte Gewindeparameter wird der Faktor $c_1 \approx 1$ und $c_2 \approx 0{,}17$, und die Reibleistung beträgt nur ca. 70 % der Schleppleistung in einem gleich dimensionierten glatten Spalt. Außerdem gibt es keine Drosselleistung, so daß die Reduktion der Reibleistung bis zu 50 % betragen kann.

Die Beziehung für die abdichtbare Druckdifferenz bei der Zentrifugal-Wellendichtung erhält man, indem die örtlichen Druck- und Fliehkräfte an einem in einem rotierenden Flüssigkeitsring mitrotierenden Fluidteilchen betrachtet werden. Die Faktoren c_3 und c_4 hängen von der Beschaufelung, den Spaltweiten und gewählten Sicherheitsfaktoren ab. Der Faktor c_5 bei der Zentrifugal-Wellendichtung ist eine Funktion der Reynoldszahl, der Beschaufelung, der Spaltweiten und des Verhältnisses r_a zu r_i.

Bei Drosseldichtungen wird ein Teil der aus der Reibleistung resultierenden Wärme durch die unvermeidbare Leckage abgeführt. Bei leckagefreien aktiven Dichtungen muß die Wärme ausschließlich durch Wärmeleitung und Konvektion abgeführt werden. Das führt zu großer Erwärmung und erfordert meist eine Zwangskühlung.

8.3 Fanglabyrinthe

Sind flüssigkeitsbespritzte Dichtstellen sowohl statisch als auch dynamisch bis zu höchster Umfangsgeschwindigkeit optimal berührungsfrei abzudichten, so sind im wesentlichen acht Wirkprinzipien in das Dichtsystem zu integrieren.

8.3.1 Wirkprinzipien bei Fanglabyrinth-Dichtungen

Die Gesamtfunktion – Berührungsfrei Abdichten – wird durch die Realisierung der physikalischen Wirkprinzipien (Grundfunktionen) – Abweisen, Abspritzen, Abschirmen, Umlenken, Drosseln, Rückfördern, Auffangen, Abführen – erfüllt.

Ein „Technisches (Dicht)-System“, das alle diese Wirkprinzipien enthält, wird Fanglabyrinth-Dichtung genannt, Bild 11. Eine problemgerecht gestaltete Fanglabyrinth-Dichtung ist „technisch dicht“, solange sie nicht andauernd überflutet wird. Technische Dichtheit bedeutet hier, daß am Ausgangsspalt der Dichtung keine Flüssigkeit abtropft oder gar ausströmt. Soll auch der Austritt von Flüssigkeitsdampf, Flüssigkeitsdunst und Flüssigkeitsnebel vermieden werden, so sind „Zusatzelemente“ in die Fanglabyrinth-Dichtung zu integrieren. Wird z. B., um Fertigungsaufwand zu sparen, nur ein Teil der Wirkprinzipien in ein Dichtsystem integriert, so wird, wenn keine Zusatzelemente integriert sind, auf Dichtsicherheit verzichtet. Solche Dichtsysteme sind dann entweder nicht technisch dicht oder nur für weniger kritische Dichtbedingungen als starke Flüssigkeitsbespritzung geeignet. Sie werden in der Literatur meist als „Berührungsfreie Schutzdichtungen“ bezeichnet, sofern in der Regel weniger als fünf Wirkprinzipien integriert sind, siehe Kap. 8.3.6, [2] und [18].

Im Gegensatz zur herkömmlichen Darstellung in Bild 4, zeigt Bild 12 eine systematische Darstellung der berührungsfreien Dichtungen für flüssigkeitsbespritzte Wellen-Dichtstellen, die ohne oder bei kleiner Druckdifferenz abdichten, auf der Basis physikalischer Wirkprinzipien.

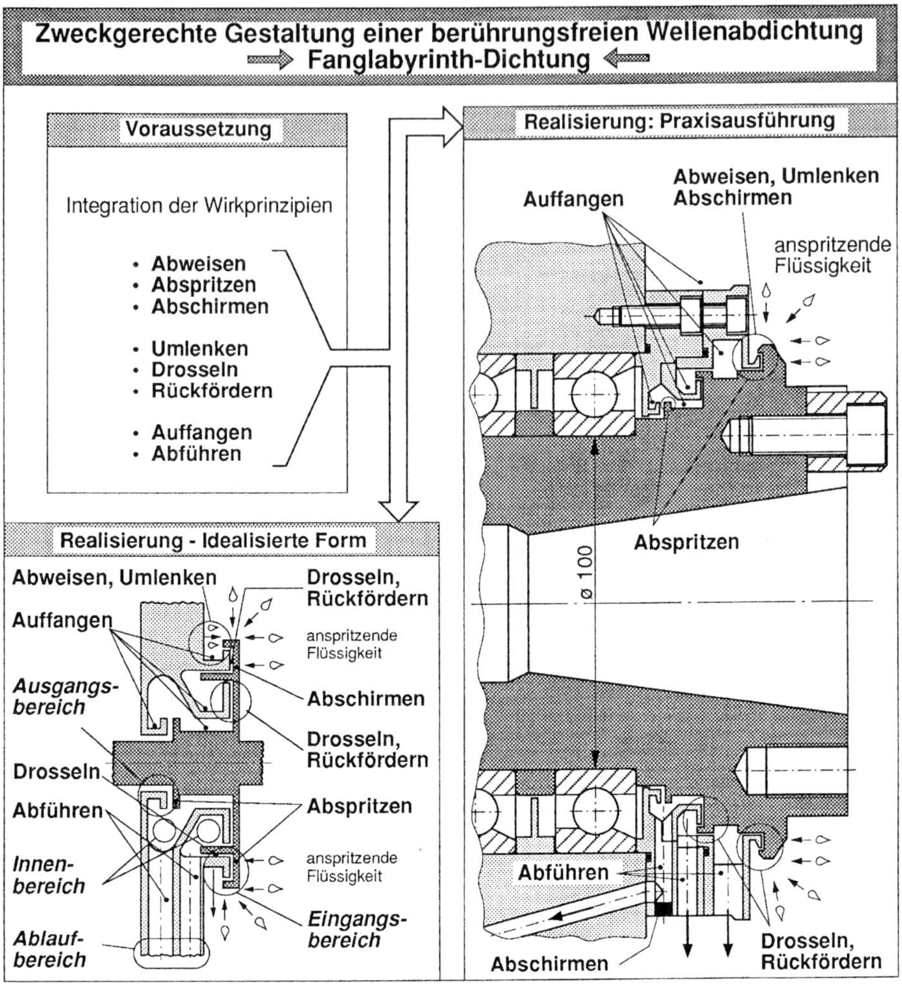

Bild 11: Gestaltung einer Fanglabyrinth-Dichtung. Realisierung der Gesamtfunktion – anspritzende Flüssigkeit berührungsfrei abdichten – durch Integrieren von acht Wirkprinzipien

Zentrales Element ist die Fanglabyrinth-Dichtung mit ihren acht Wirkprinzipien. Durch Weglassen von Wirkprinzipien und/oder Hinzufügen von Zusatzelementen – bis heute sind als Zusatzelemente Sperrluft und Magnetflüssigkeit bekannt – gelangt man zu den anderen Dichtungen, siehe auch Kap. 10. Insbesondere durch den Einsatz von Sperrluft kann auch gegen Staub günstig abgedichtet werden.

Die Aufgabe des Konstrukteurs ist es nun, die gegenstandslosen sprachlichen Begriffe der Wirkprinzipien wie „Abweisen“ oder „Auffangen“ – also die Anforderungen– für jeden Einzelfall in die Beschreibung herstellbarer, funktionsfähiger technischer Gebilde umzusetzen. In Bild 13 ist das für den allgemeinen Fall geschehen. Hier wird gezeigt, mit welchen bewähr-

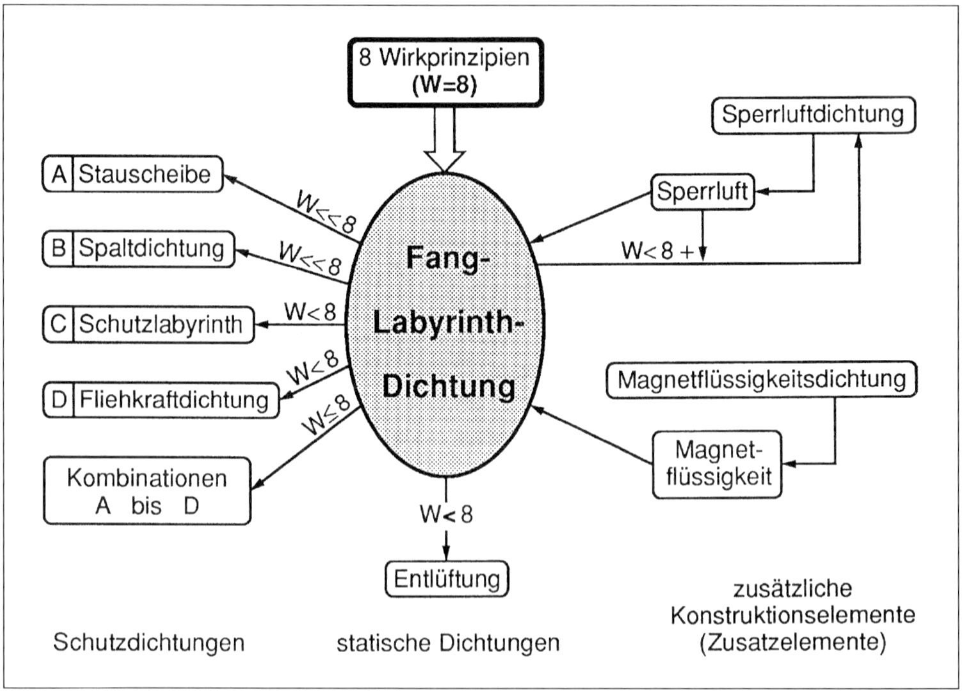

Bild 12: Die Fanglabyrinth-Dichtung, das zentrale Dichtsystem zur Abdichtung flüssigkeitsbespritzter Dichtstellen

ten Funktionselementen die einzelnen Wirkprinzipien „gegenständlich" zu realisieren sind. Zusätzlich ist deren Funktion stichwortartig erläutert. So wird beispielsweise das Wirkprinzip „Rückfördern" am einfachsten und besten durch einen radial nach außen gerichteten Stirnspalt – auch Stirnflächenspalt oder Radialspalt genannt – in der Dichtung realisiert. Rotiert eine Spaltwand, so wird die im Spalt befindliche Flüssigkeit tangential mitgeschleppt und durch Fliehkraft nach außen zum größerem Durchmesser hin gefördert. Ist die Anordnung so gewählt, daß die abzudichtende Flüssigkeit eigentlich von außen nach innen vordringen will, ist das Wirkprinzip „Rückfördern" erfüllt. Je nachdem, wie wirksam das Wirkprinzip im Verhältnis zur Beanspruchung umgesetzt wurde, wird die durch den Stirnspalt strömende Flüssigkeit (Leckage) reduziert oder der Flüssigkeitsdurchtritt ganz unterbunden und der Spalt zum Teil leergepumpt. Die Erfahrung lehrt, daß solche radial rückfördernde Stirnspalte dann am besten funktionieren, wenn die Spaltwände glatt ($R_a \leq 3{,}2$ µm) und eben sind. Gröbere „Pumpstrukturen" stören die Ausbildung eines laminar geschichteten Flüssigkeitsrings und beeinträchtigen die Dichtwirkung erheblich.

Bei der Gestaltung einer optimalen berührungsfreien Wellendichtung liegt es nun am Können des Konstrukteurs, möglichst viele Funktionselemente in möglichst optimaler Ausprägung und Anordnung in sein technisches System zu integrieren und dabei noch der übergeordneten Forderung – einmal vom Rotor abgeschleuderte Flüssigkeit darf nicht wieder auf ihn zurückgelangen – Genüge zu tun.

Wirkprinzip	Funktionselement	Funktion
Abweisen	Fangrinne u. Spritzscheibe 	Direkte Spaltanspritzung verhindern. Flüssigkeitsstau am Spalteingang vermeiden. Strahlimpuls vom Spalteingang fernhalten.
Abspritzen	Spritzring A  Dichtkammer B 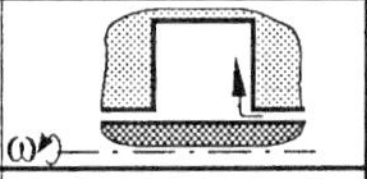	Auf die Welle gelangte Flüssigkeit abschleudern A bzw. abdrängen B.
Abschirmen	Spritzscheibe 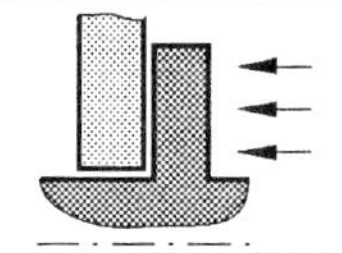 Abschirmung 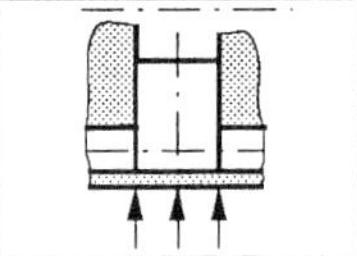	Direktes Anspritzen des Eingangsspaltes und Einspritzen in Ablaufkanäle verhindern.
Umlenken	Stauscheibe 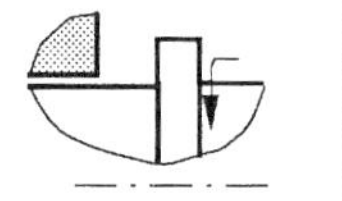 „Dach" u. „Graben" 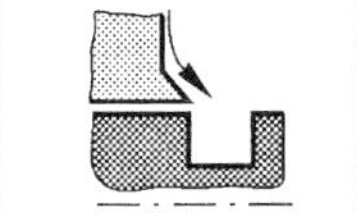	Flüssigkeit am Entlangströmen hindern und vom Ausgangsspalt fernhalten.
Drosseln	1. Ringspalt 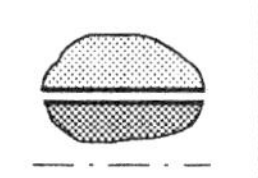 2. Stirnspalt 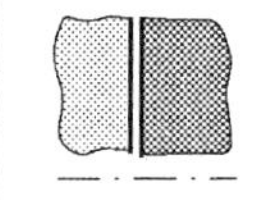 1. u. 2. 	Vordringende Flüssigkeit durch enge Spalte am Weiterfließen behindern.
Rückfördern	Stirnspalt 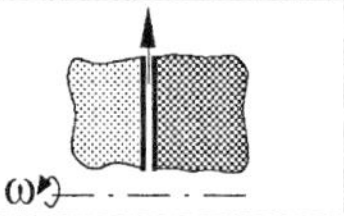 Schrägspalt 	Flüssigkeit im Dichtspalt bei rotierender Welle aktiv zurückfördern.
Auffangen	Dichtkammer 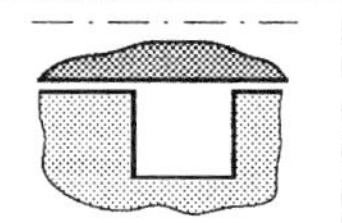 Fangrinne 	Abgespritzte und ablaufende Flüssigkeit auffangen.
Abführen	Rücklaufkanal 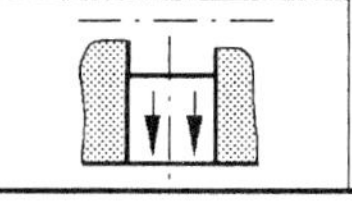 Saugpumpe 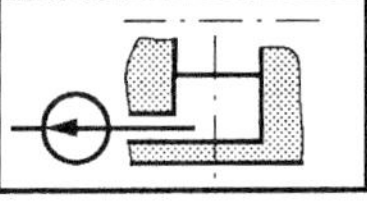	In Dichtkammern eingedrungene Flüssigkeit nach außen passiv ableiten, oder aktiv absaugen.

Bild 13: Die acht wesentlichen Grundprinzipien (Grundfunktionen) einer zweckgerecht gestalteten berührungsfreien Wellenabdichtung; konstruktive Verwirklichung, Funktionselement und Erläuterung der Funktion

8.3.2 Gestaltung von Fanglabyrinth-Dichtungen

Fanglabyrinth-Dichtungen, Bild 11, bestehen aus einer Reihe von hintereinander angeordneten Dichtspalten, Stau/Spritzscheiben, Dichtkammern, Fangrinnen und Ablaufkanälen als Funktionselemente.

Eine wesentliche Voraussetzung für die Gestaltung eines optimalen Fanglabyrinths besteht darin, daß der Konstrukteur genügend Bauraum für das Dichtsystem vorsieht. Bild 11 veranschaulicht u. a. die Grundfunktionen einer Fanglabyrinth-Dichtung in idealisierter Form. In einem Eingangsbereich muß die anspritzende Flüssigkeit so gut wie möglich abgeschirmt, passiv abgewiesen und aktiv abgeschleudert werden. Flüssigkeit, die direkt auf den Spalteingang trifft, gelangt zum Teil in den Innenbereich der Dichtung, der meist aus zwei Dichtkammern besteht. Die Spalte bremsen die eintretende Flüssigkeit mittels Wandreibung. In jeder Dichtkammer wird die Flüssigkeit auf dem Rotor umgelenkt oder vom Rotor abgeschleudert, im stationären Teil aufgefangen und über zweckgerecht gestaltete Kammerwände und Fangrinnen in Rücklaufkanäle im Ablaufbereich geleitet.

Im Ausgangsbereich ist darauf zu achten, daß sich infolge Adhäsion und Kohäsion keine den Spalt überspannenden Flüssigkeitsbrücken bilden können und daß dünne Flüssigkeitsschichten, die bei hoher Drehgeschwindigkeit wie Wassertropfen an der Windschutzscheibe von der turbulenten Luftströmung an den Kammerwänden umhergetrieben werden, nicht in den Ausgangsspalt gelangen können.

Immer ist zu beachten, daß Flüssigkeit, die mit großer Geschwindigkeit direkt auf den Spalteingang spritzt, durch ihren Impuls in die Fangkammer hineingepreßt wird. Um diesen Fall weitestgehend zu vermeiden, ist bei der Konstruktion des Aggregats im Umfeld der Dichtung darauf zu achten, daß keine Flüssigkeitsstrahlen ungebremst auf den Spalteingang treffen können.

Die wesentlichen Funktionsbereiche einer Fanglabyrinth-Dichtung – Eingangs-, Innen-, Ausgangs- und Ablaufbereich sowie das Dichtungsumfeld – werden in den nächsten Kapiteln ausführlich besprochen.

8.3.2.1 Der Eingangsbereich

Dem Eingangsbereiches ist größte Bedeutung beizumessen. Mit der Gestaltung des Eingangsbereiches legt der Konstrukteur den für das Dichtsystem benötigten Querschnitt (Baugröße) und den fertigungstechnischen Aufwand fest. Ziel aller konstruktiver Maßnahmen ist es:

- Möglichst wenig Flüssigkeit mit
- möglichst geringer Geschwindigkeit in den
- Innenbereich der Dichtung eindringen lassen.

Soweit möglich, ist der Spalteingang gegen anspritzende Flüssigkeitsstrahlen abzuschirmen, Bild 14. In den Spalt darf ausschließlich die Flüssigkeit gelangen, die direkt auf den Spalteingang gerichtet ist. Die von einer rotierenden Spaltwand oder von der mitbewegten Luft geschleppte Flüssigkeit wird durch Fliehkraft nach außen gedrängt. Abgeschleuderte Flüssigkeit darf nicht an überstehenden Teilen reflektiert und zum Spalteingang hin umgelenkt werden. Flüssigkeit, die außerhalb des Spalts auf Dichtungs- oder Umbauteile prallt, muß abgewiesen werden. Auf den Spalt zuströmende Flüssigkeit ist über den Spalteingang hinwegzuführen. Damit außerhalb des Spalts auftreffende Flüssigkeit nicht in den Spalt gelenkt wird, müssen am Spalteingang beide Spaltwände auf dem gleichen Durchmesser mit einem Absatz enden.

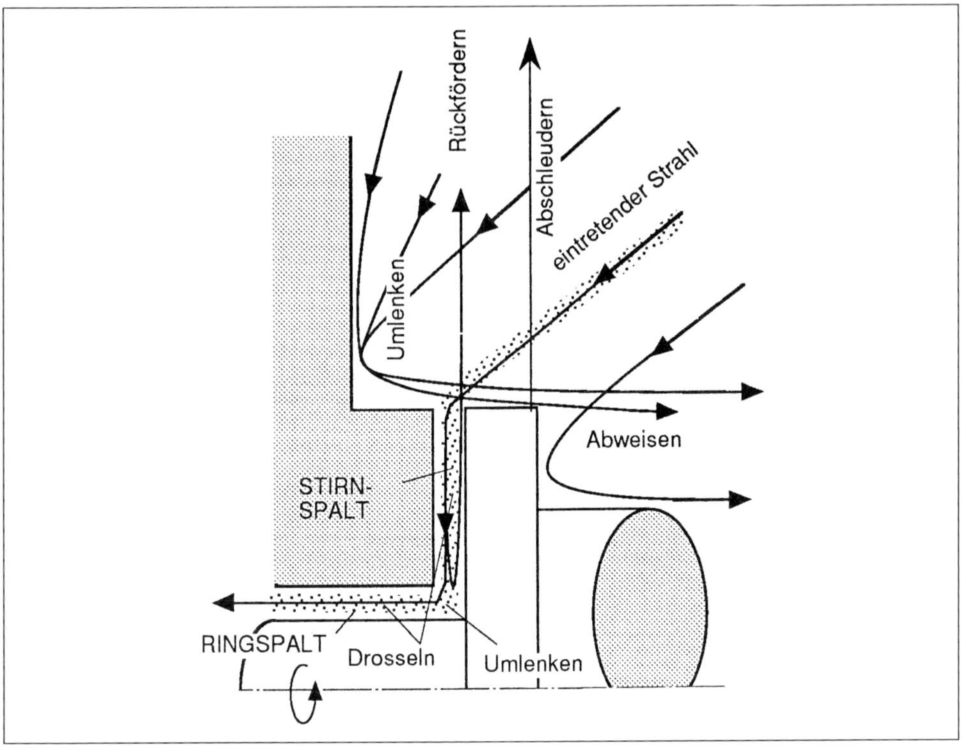

Bild 14: Eingangsbereich – grundsätzliche Funktion und Bezeichnungen

Die in den Spalt eintretende Flüssigkeit soll durch viskose Wandreibung möglichst stark abgebremst (gedrosselt) werden. Wird der Spalt von Stirnflächen gebildet, so entsteht außer der Drosselung bei rotierender Welle zugleich eine Rückförderwirkung. An den Stirnflächenspalt soll sich zur ersten Dichtkammer hin ein möglichst enger zylindrischer Ringspalt anschließen.

Je größer der Anteil des Spaltumfangs ist, der von Flüssigkeitsstrahlen getroffen wird und je höher die Geschwindigkeit der Strahlen ist, desto enger sollte der Spalt sein. Bei der Festlegung der Spalthöhe sind außerdem die temperaturbedingte Axialverschiebung zwischen Rotor und Stator, die Laufgenauigkeit des Rotors und die zulässigen Fertigungskosten in Betracht zu ziehen. Bei starker Bespritzung mit wässrigen Flüssigkeiten sollte die Spalthöhe zwischen den Stirnflächen ungefähr 0,3 mm, die des Ringspalts 0,1...0,2 mm betragen. Es funktioniert auch mit wesentlich weiteren Spalten, nur müssen die Bespritzungsbedingungen günstiger und/oder der Dichtungsbauraum größer sein.

Bild 15 veranschaulicht die gestalterischen Konsequenzen dieser Regeln. Auch bei bündigen Absätzen am Spalteingang sollte die Flüssigkeit (a) nicht unmittelbar in einen axial gerichteten Ringspalt eintreten können. Besser ist es, die Rückförderwirkung eines Stirnflächenspalts auszunützen (b), (c). Besonders günstig ist zusätzlich eine den Spalteingang umgebende Fangrinne (c), eventuell sogar mit rotorseitiger Überdeckung (b) des Stirnspalts. Dabei darf die Überdeckung keinesfalls in die Fangrinne überstehen (siehe auch Bild 17-I und

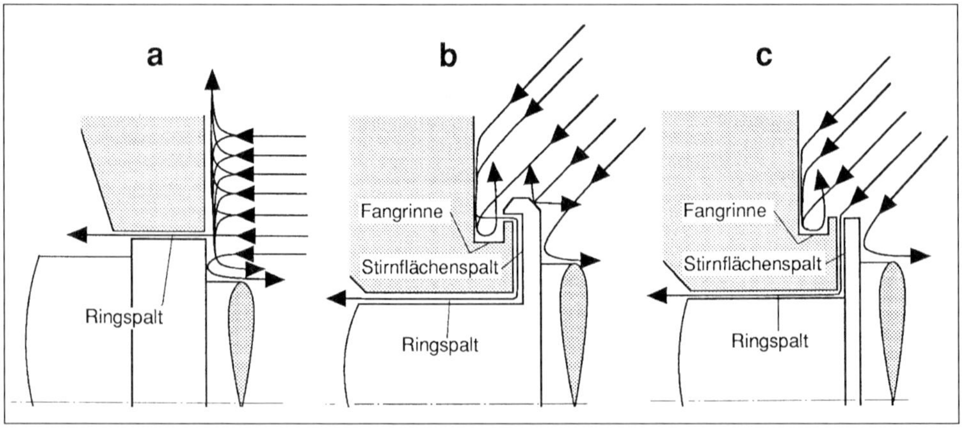

Bild 15

J). Die Fangrinne fängt die radial an der Gehäusestirnwand nach innen strömende Flüssigkeit auf und leitet sie um den Spalteingang herum. In Bild 15 (b) kann kein schneller Flüssigkeitsstrahl mehr direkt, also ungebremst und unreflektiert, in den Dichtspalt eindringen.

Um die Anforderungen weiter zu verdeutlichen, zeigt Bild 16 ungünstige Anordnungen. Hier wird nochmals deutlich, weshalb die den Spalt bildenden Wände von Rotor und Stator am Spaltanfang abgesetzt sein müssen, der Spalteingang also freigestellt sein muß. Sobald sich eine der Spaltwände über den Spaltanfang hinaus in den „Anspritzraum" erstreckt, wird die schräg auf sie treffende Flüssigkeit direkt in den Spalt gelenkt. Prallt die vom Rotor abgeschleuderte Flüssigkeit auf vorstehende Wände oder andere Teile des Stators, so gelangt sie ebenfalls teilweise in den Spalt.

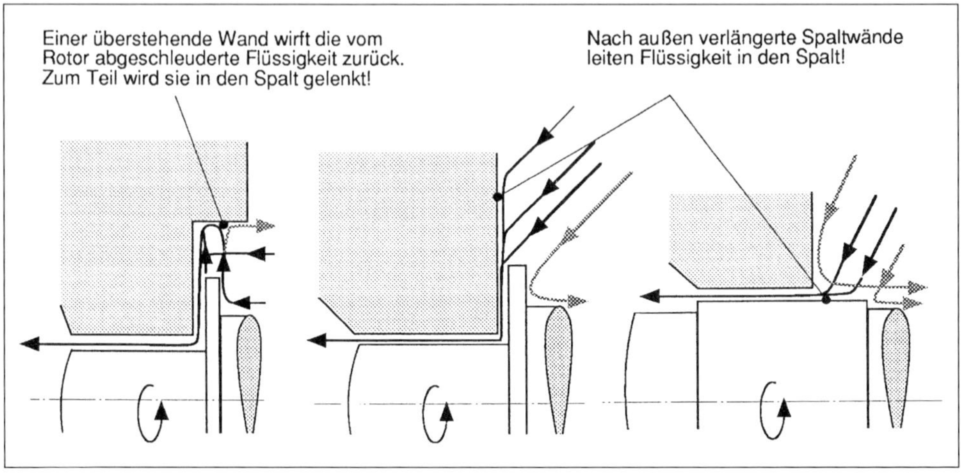

Bild 16: Ungünstig gestaltete Eingangsbereiche

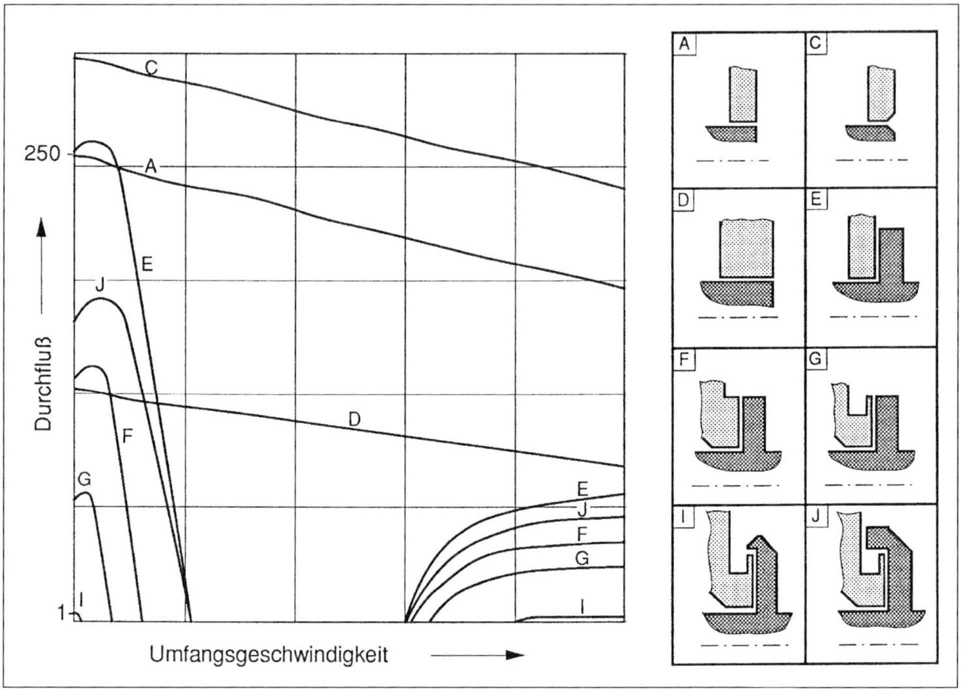

Bild 17: Qualitative Darstellung des Durchflusses durch bespritzte, engspaltige Eingangsbereiche unter praxisnahen Betriebsbedingungen bei Anspritzung aus beliebiger Richtung von rechts

Bild 17 verdeutlicht anhand unterschiedlicher Eingangsbereiche, inwieweit sich eine zweckgerechte Gestaltung auf den in die Dichtung eindringenden Flüssigkeitsstrom auswirkt.

Besonders auffällig ist, daß die Rotation der Welle beim Ringspalt A-D kaum einen Einfluß auf den Durchfluß hat. Beim Stirnspalt E-I ist dieser Einfluß dagegen gravierend. Der Durchfluß nimmt mit steigender Umfangsgeschwindigkeit schnell ab. Es schließt sich ein Bereich an, in dem kein Durchfluß auftritt. Ab einer bestimmten Umfangsgeschwindigkeit tritt wieder Durchfluß auf. Der Durchfluß ist nun verschäumt. Eine nähere Erläuterung dieses Verhaltens wird in Kapitel 8.3.5 gegeben.

Bei extremer Bespritzung dringt beim einfachen Ringspalt A bis zu 250-mal mehr Flüssigkeit ein als bei der besten Lösung I. Die Folgen für eine nachfolgende erste Dichtkammer sind:

- Ein unzweckmäßig gestalteter Eingangsbereich hat bei starker Bespritzung des Spalteingangs eine vollständig mit Flüssigkeit gefüllte erste Dichtkammer zur Folge.
- Ein zweckmäßig gestalteter Eingangsbereich läßt auch unter ungünstigen Bedingungen nur wenige Tropfen je Sekunde in die erste Dichtkammer eindringen.

Ein dichtungstechnisch optimal gestalteter Eingangsbereich ist in Bild 18 nochmals zusammen mit seinen Funktionsmerkmalen dargestellt. Er gilt für jede Lage im Raum. Eingangsbereiche dieser Art erlauben aber leider nur geringe Axialverschiebungen der Welle oder des Gehäuses im Betrieb. Sind größere Verschiebungen zu erwarten, muß notgedrungen auf dichtungstechnisch ungünstigere Konstruktionen zurückgegriffen werden.

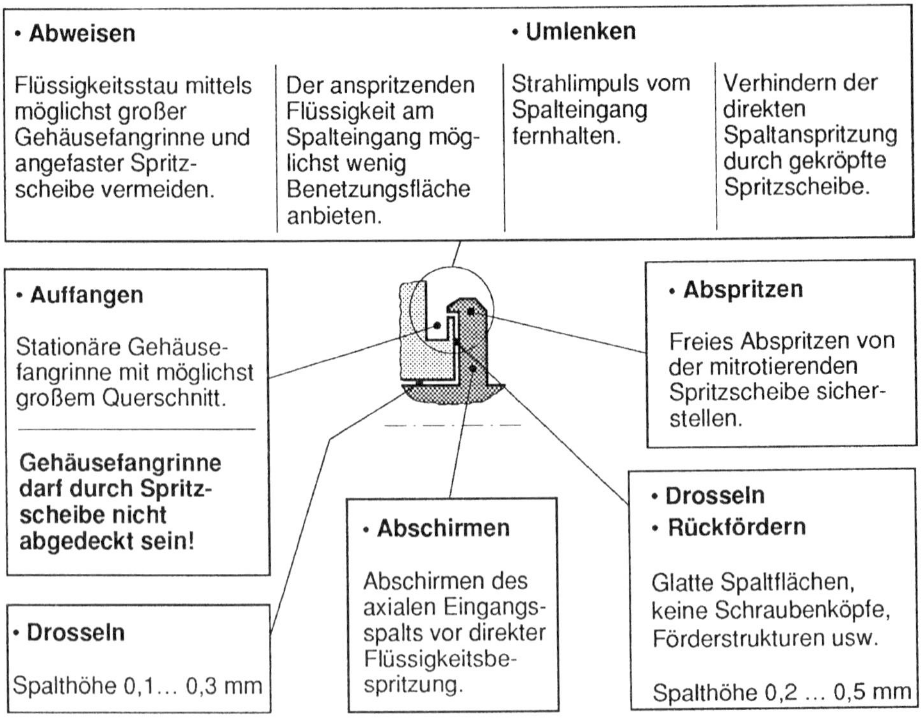

Bild 18: Gestaltungsrichtlinien für den Eingangsbereich einer berührungsfreien Wellenabdichtung bei beliebiger Wellenlage und beliebiger Anspritzrichtung

Der je nach Gestaltung des Eingangsbereiches mehr oder minder große durchgelassene Flüssigkeitsstrom muß nun im Innenbereich der Dichtung zurückgehalten werden.

8.3.2.2 Der Innenbereich

In den Innenbereich der Dichtung eingedrungene Flüssigkeit wird durch ihren Impuls sowie durch Schwerkraft, Fliehkraft und Oberflächenkräfte weiter bewegt. Dichtkammern sammeln die eingedrungene Flüssigkeit und leiten sie Ablaufkanälen zu. Die Dichtkammern sind so zu gestalten, daß möglichst wenig Flüssigkeit zu deren Ausgangsspalt gelangt. Meist sind zwei, manchmal drei, selten mehr oder nur eine Dichtkammer notwendig.

Die Dichtkammern können axial und/oder radial zueinander versetzt sein. Generell soll der Querschnitt der Dichtkammern so groß wie möglich sein. Der notwendige Querschnitt der einzelnen Dichtkammern wird durch den eindringenden Flüssigkeitsstrom festgelegt und kann vom Eingang des Dichtsystems zu dessen Ausgang hin abnehmen. Um Dichtkammern sachgerecht gestalten zu können, muß eine Vorstellung über das Flüssigkeitsverhalten in der Dichtung vorhanden sein.

8.3.2.2.1 Flüssigkeitsverhalten im Innenbereich

Die Gestaltung der Dichtkammern muß das Flüssigkeitsverhalten in den Dichtkammern weitestgehend berücksichtigen. Dabei sind in axialer Richtung – tangentiale Strömungen wer-

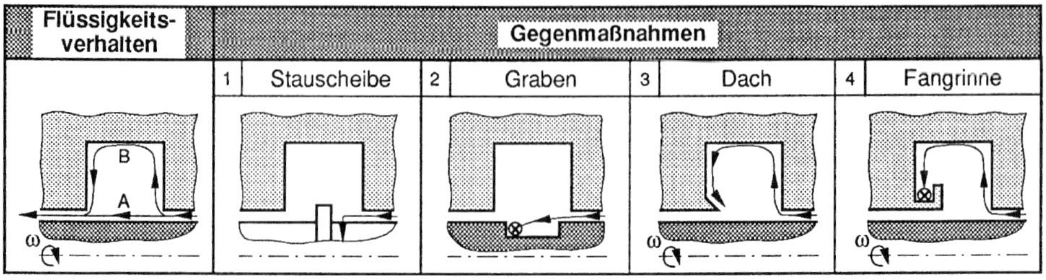

Bild 19: Vereinfacht dargestellte axiale Flüssigkeitsbewegung in einer Dichtkammer und zweckmäßige Maßnahmen, das Weiterströmen der Flüssigkeit zum Dichtkammerausgang zu unterbinden

den an anderer Stelle betrachtet – insbesondere zwei Flüssigkeitsströme zu beachten, Bild 19:

- Bei Wellenstillstand und niedriger Umfangsgeschwindigkeit strömt die eindringende Flüssigkeit entlang der Welle dem Ausgang der Dichtkammer zu, A in Bild 19.
- Ist die Umfangsgeschwindigkeit größer als etwa 5 m/s, so wird die mitrotierende Flüssigkeit unmittelbar nach dem Eindringen in die Dichtkammer von der Welle abgedrängt. Danach strömt die Flüssigkeit entlang der Kammerwände dem Ausgang der Dichtkammer zu, B in Bild 19.

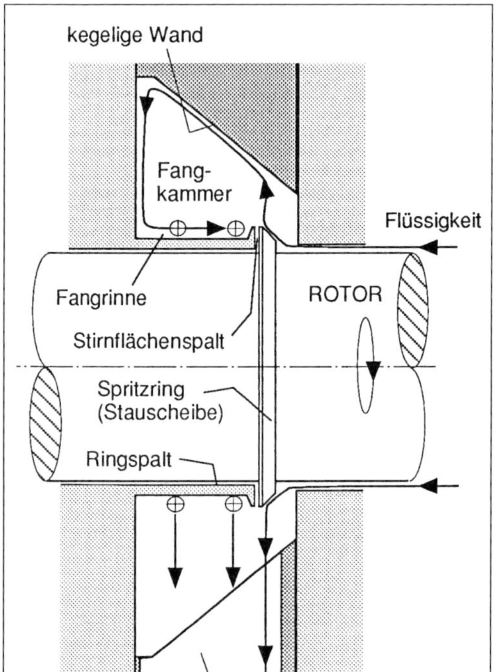

Bild 20: Dichtkammer – wesentliche Gestaltungsmerkmale, Elemente und Funktionen

Eine funktionsgerechte Gestaltung schreibt daher zwingend vor, daß die Funktionselemente Stauscheibe (1), Graben (2), sowie Dach (3) oder Fangrinne (4) in der Dichtkammer realisiert sind. Weiterhin muß die Gestaltung der einzelnen Dichtkammern abhängig vom eindringenden Flüssigkeitsstrom erfolgen. Es sind Dichtkammern zu unterscheiden, in die viel, wenig oder sehr wenig Flüssigkeit eindringt. Viel bedeutet mehr als 100 µl pro mm Umfang und Sekunde, wenig zwischen 100 µl und 1 µl pro mm Umfang und Sekunde und sehr wenig weniger als 1 µl pro mm Umfang und Sekunde. Für alle gibt es jedoch eine prinzipiell nicht falsche Gestaltung.

8.3.2.2.2 Grundprinzip der Dichtkammergestaltung

Bild 20 zeigt die wesentlichen Gestaltungsmerkmale und Funktionen einer Dichtkammer. Eine so gestaltete Dichtkammer beinhaltet die Wirkprinzipien Abspritzen, Umlenken, Auffangen und Abführen. Eine zentrale Forderung bei der Dichtkammergestaltung besteht darin, die Kammer weitestgehend mit stationären und so wenig wie möglich mit bewegten (rotierenden) Wänden zu begrenzen. Rotierende Teile – z. B. Spritzscheiben – dürfen nur so weit wie unbedingt erforderlich in die Kammer radial hineinstehen. Das gilt ganz besonders für hohe Umfangsgeschwindigkeiten (größer 20 m/s) und Dichtkammern nahe dem Ausgangsbereich des Dichtsystems.

Der Grund dafür ist, möglichst wenig Luftbewegung in diesen Dichtkammern anzufachen, um größere Druckunterschiede und Luftturbulenzen zu vermeiden, die Flüssigkeitströpfchen losreißen und unkontrollierbar umherwirbeln. Erfahrungsgemäß wirken Dichtkammern um so besser, je „ruhiger" es in ihnen zugeht.

Die aus dem Ringspalt in Bild 20 in eine Fangkammer einströmende Flüssigkeit muß am axialen Weiterfließen entlang der Oberfläche des Rotors gehindert werden. Dazu muß der Rotor einen radial etwa 2 mm überstehenden schmalen Ring aufweisen, der auch als Spritzring oder Stauscheibe bezeichnet wird. Dieser Ring muß von der eingangseitigen Stirnwand der Kammer einen genügend großen Abstand (größer 2 mm) haben, um ein aktives Einsaugen von Flüssigkeit in die Dichtkammer zu vermeiden. Bei stillstehendem oder langsam drehendem Rotor dient dieser Ring als Barriere gegen axiales Durchströmen entlang des Rotors zum Austrittsspalt der Fangkammer (Stauscheibe). Bei zunehmender Drehzahl wird die Flüssigkeit dann nach außen an die Kammerwand geschleudert (Spritzring). Bei sehr hoher Drehzahl wird die mitrotierende Flüssigkeit jedoch größtenteils schon vor dem Spritzring am Rotor abgeschleudert bzw. abgedrängt und Rücklaufkanälen zugeführt.

Um zu vermeiden, daß die Flüssigkeit beim Aufprall an der Kammerwand stark zerspritzt und auf den Rotor zurückprallt, soll die auffangende Kammerwand zur Abspritzrichtung geneigt – also kegelig – sein. Über dem Rotor ist die Fangkammer begrenzt von einer zylindrischen Fangrinne, deren Rand zusammen mit der austrittsseitigen Stirnfläche des Spritzrings den Ausgangsstirnspalt aus der Kammer bildet. Erstreckt sich die kegelige Wand steil genug über den Ausgangsspalt hinweg, so tropft auch nach dem Stillsetzen der Welle nichts von oben in diesen Spalt. Ein kegeliger Rand des Spritzrings und der Fangrinne verhindern, daß anhaftende Flüssigkeit bei ruhender Welle in den Ausgangsspalt abläuft.

Will man noch der übergeordneten Forderung genügen, daß keine einmal an ein stationäres Teil gelangte Flüssigkeit wieder auf den Rotor zurückgelangen darf, so muß die eingangsseitige Dichtkammerwand, Bild 21, ebenfalls eine Fangrinne erhalten. Die Erfahrung lehrt jedoch, daß diese zweite Fangrinne nur in seltenen Fällen notwendig ist. Für besondere Anforderungen – viel, wenig, sehr wenig Flüssigkeit dringt ein – kann die Gestalt der Dichtkammer speziell optimiert werden.

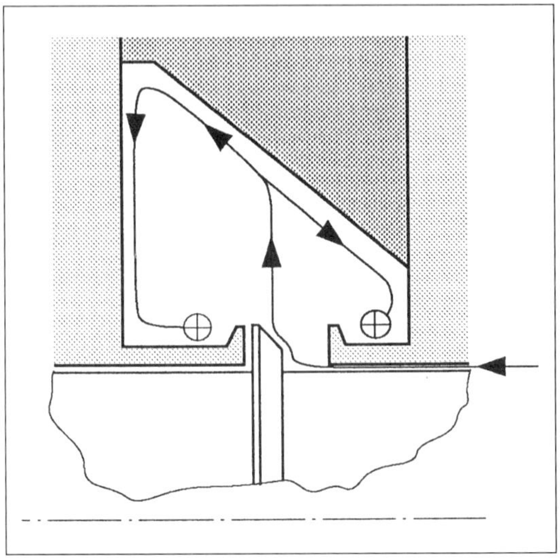

Bild 21: Dichtkammer – Optimierung durch eine zweite Fangrinne

8.3.2.2.3 Dichtkammergestaltung bei großer Flüssigkeitsmenge

Nur bei ungünstig gestaltetem Eingangsbereich kann viel Flüssigkeit in eine erste Dichtkammer gelangen. Es gilt dann als übergeordnete Forderung, die erste Dichtkammer so groß wie möglich – und zwar vorzugsweise radial tief – auszuführen. In diesem Fall kann die Umfangsfläche der Kammer anstatt kegelig auch zylindrisch ausgeführt und auf eine Fangrinne verzichtet werden, Bild 22 links. Der Spritzring darf sich wieder nicht zu nahe an der eingangsseitigen Wand befinden, sonst saugt er aktiv Flüssigkeit in die Kammer. Er sollte radial gerade so weit vorstehen, daß er seiner Funktion „Umlenken“ gerecht werden kann. Ablaufkanal und Graben sind großzügig zu dimensionieren. Der rechte Bildteil zeigt bewertete Ausführungen nach [19].

Es ist ersichtlich, daß eine Kammer dichtungstechnisch dann günstig wirkt, Bild 22-W, wenn möglichst viele Funktionselemente – in diesem Fall Stauscheibe, tiefer Graben, Dach und rückfördernder Stirnspalt –, günstig in die Dichtkammer integriert sind.

Für die weiteren Dichtkammern – insbesondere für die letzte außenseitige Dichtkammer – gelten jedoch unbedingt die vorher beschriebenen und in Bild 20 dargestellten Gestaltungsrichtlinien.

8.3.2.2.4 Gestalten einer zweiten oder letzten Dichtkammer

In eine zweite oder letzte Dichtkammer darf nur noch zeitweise wenig Flüssigkeit gelangen. Für den Übergangsbereich von der ersten zur nächsten Fangkammer gelten dieselben Gestaltungsregeln wie für den Eingangsbereich. Wiederum ist möglichst ein Stirnflächenspalt vorzusehen, der bei drehender Welle Flüssigkeit in die erste Kammer zurückfördert. Falls noch Flüssigkeit in die zweite Fangkammer gelangt, muß sie dort endgültig abgespritzt und

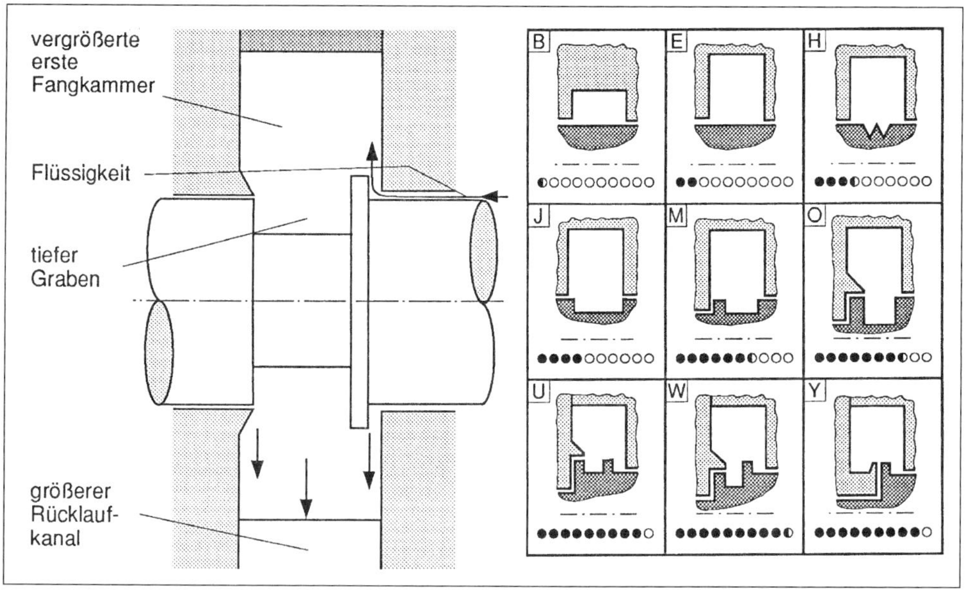

Bild 22: Besondere Gestaltungsmerkmale für eine erste Fangkammer, in die viel Flüssigkeit eindringt. Die Anzahl der dunklen Punkte gibt die dichtungstechnische Wirksamkeit an

an der Wand aufgefangen werden. In der Regel bewegen sich an den Statorwänden der zweiten Fangkammer nur noch dünne Flüssigkeitsschichten, die bei hoher Drehgeschwindigkeit von der turbulenten Luftströmung umhergetrieben werden können, siehe auch Pkt. 8.3.2.

Eine Fangrinne über dem Ausgangsspalt der zweiten oder, falls noch weitere Kammern folgen, der letzten Fangkammer ist deshalb unbedingt erforderlich. Die Krempe dieser Fangrinne bildet eine wesentliche Austrittsbarriere für die ungerichtet strömenden Flüssigkeitsschichten, Bild 20.

In Bild 23 sind einige bewertete Varianten zusammengestellt. Die aus vielen Versuchen gewonnene Bewertung der Variante I bestätigt obige Aussage.

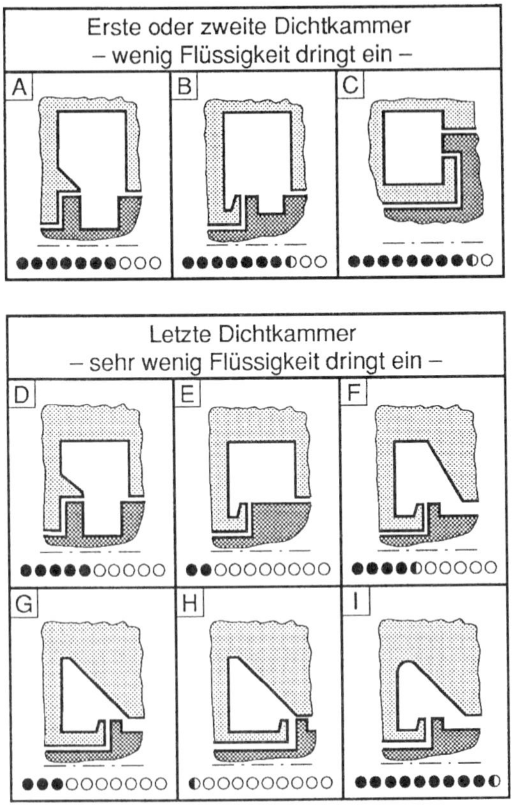

Bild 23: Dichtkammergestaltung. Die Anzahl der dunklen Punkte gibt die dichtungstechnische Wirksamkeit an

8.3.2.3 Der Ausgangsbereich

Im Ausgangsbereich, d.h. am Ende einer Fanglabyrinth-Dichtung sind weite Spalte zu bevorzugen. Sie müssen so weit sein, daß sich durch Oberflächen- und Zähigkeitskräfte keine den Spalt überbrückende geschlossene Flüssigkeitsringe bilden, die gegebenenfalls dann als Leckage ablaufen können. Der Ausgangsspalt aus der letzten Dichtkammer sollte nicht nur weit, sondern auch stets ein Stirnflächenspalt sein, Bild 23-E bis I. Dieser sorgt bei Rotation für einen geringen Luftdurchzug entgegen der Leckagerichtung und vermindert somit dort den Niederschlag von Flüssigkeitsdampf und -dunst. Beim Ausgangsstirnspalt mit Fangrinne an der ausgangsseitigen Kammerwand wäre prinzipiell, wie im Eingangsbereich empfohlen, eine Überdeckung des Stirnspalts möglich. Das ist hier nicht nützlich. Zum einen gibt es in der letzten Dichtkammer keine großen Flüssigkeitsströme oder Flüssigkeitsstrahlen mehr, die abgewiesen werden müssen, und zum anderen würde der dann wesentlich weiter in die Kammer ragende rotierende Spritzring „dichtheitsschädliche Unruhe" in die letzte Dichtkammer bringen.

8.3.2.4 Der Ablaufbereich

Im Ablaufbereich ist die in die Dichtkammern eingedrungene Flüssigkeit gezielt und wirkungsvoll abzuleiten. Meist wird sie in den Anspritzraum zurückgeführt. Um das zweckmäßig tun zu können, müssen die Flüssigkeitströmungen in der Dichtkammer, insbesondere in Umfangsrichtung, bekannt sein.

8.3.2.4.1 Flüssigkeitströmungen in Dichtkammern

In den Fangkammern fließt die aufgefangene Flüssigkeit infolge der Schwerkraft und der Luftströmung über die Ringflächen und die Stirnflächen des Stators. Sie muß möglichst schnell in den unteren Bereich der Kammer gelangen und dort aus der Kammer abgeleitet werden. Bei hoher Drehzahl kann die Wirkung der Luftströmung örtlich überwiegen, das heißt, die Flüssigkeit wird in einem Teil der Kammer nach oben getrieben und gelangt erst auf der anderen Seite nach unten. Bild 24 zeigt die Verhältnisse für verschiedene Betriebsbedingungen.

Flüssigkeit dringt partiell oder am ganzen Umfang in die Dichtkammer ein und fließt der Schwerkraft folgend nach unten ab, Bild 24-A.Wenn sich die Welle mit ihrem Spritzring dreht, versetzt sie die in der Kammer befindliche Luft in Rotation. Das führt dazu, daß Flüssigkeit entgegen der Schwerkraft im einen Teil der Dichtkammer nach oben gefördert wird und sich im anderen Teil der Ablaufstrom und die Ablaufgeschwindigkeit vergrößern. Zusätzlich bildet sich am Rand des Ablaufkanals durch Luftstau ein Flüssigkeitsberg, der mit steigender Wellendrehzahl an der Kammerwand nach oben geschoben wird, dabei wächst, irgendwann instabil wird, zusammenbricht und sich wieder neu aufbaut. Oder er wird vom Spritzring erfaßt und zersprüht.

Hat der durch die Luft umgeförderte Flüssigkeitsstrom im Bereich des Ablaufs eine zu hohe Geschwindigkeit, so wird der Ablauf von einem Teil der Flüssigkeit überströmt, Bild 24-B. Strömt bei niedriger Umfangsgeschwindigkeit von beiden Seiten Flüssigkeit auf einen zu kleinen Ablauf zu, Bild 24-C, so staut sich dort die Flüssigkeit. Ist, insbesondere bei geringer Umfangsgeschwindigkeit, der Ablaufkanal zu klein, kann er durch eine Luftblase vollständig

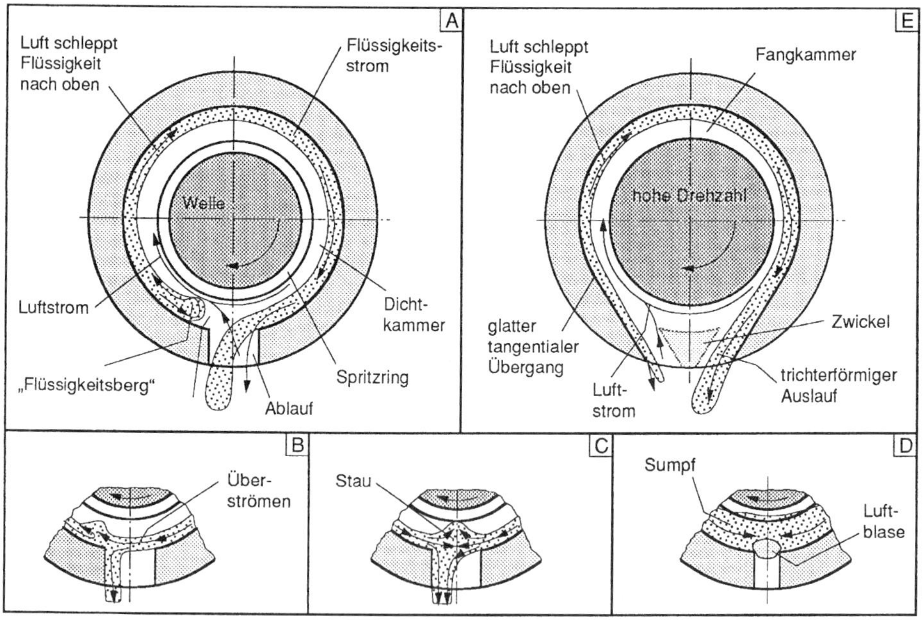

Bild 24: Flüssigkeitsströme und Ablaufgestaltung

verschlossen werden, und in der Dichtkammer bildet sich ein unerwünschter leckagefördernder Flüssigkeitssumpf.

Will man alle diese Schwierigkeiten umgehen, so ist der Ablaufbereich entsprechend Bild 24-E zu gestalten. Durch trichterförmiges Anschrägen des genügend großen Ablaufkanals wird eine optimale Kammerentleerung insbesondere für stark flüssigkeitsführende Kammern erreicht, wobei zur Vermeidung eines Flüssigkeitsbergs der Übergang in die radiale Kammerwand tangential und glatt sein sollte.

8.3.2.4.2 Gestaltungsregeln für Ablaufkanäle

Auf Grund des erläuterten Flüssigkeitsverhaltens in Fangkammern gelten für die Ablaufkanäle einige wichtige Gestaltungsregeln. Bild 25 zeigt bewertete Gestaltungsvarianten. Vom tiefsten Bereich jeder Fangkammer muß ein Ablaufkanal mit möglichst großem Querschnitt, also geringem Strömungswiderstand, ausgehen. Der Rücklaufkanal jeder Kammer soll, um Kurzschlüsse zu vermeiden, möglichst weit separat geführt werden. Der Ablaufkanal aus der letzten Dichtkammer sollte nicht im „Anspritzraum" enden. In der Regel sind Bohrungen von der Größe der Kammerbreite zu klein.

Besser sind von der tiefsten Stelle der Fangkammer ausgehende, in Umfangsrichtung möglichst breite Auslaufschlitze (Langlöcher). Der Ablaufkanal soll die ganze Dichtkammerbreite ausnutzen. Der Ablaufquerschnitt einer zweiten oder dritten Dichtkammer kann kleiner sein als der der ersten. Der Übergang vom ringförmigen Teil der Dichtkammer zum Auslaufschlitz soll insbesondere für stark bespritzte erste Dichtkammern trichterförmig angeschrägt sein. Muß in der Schwerelinie dabei Material stehenbleiben, Bild 25-G, z. B. um ein Lager anzudrücken, ist das unschädlich.

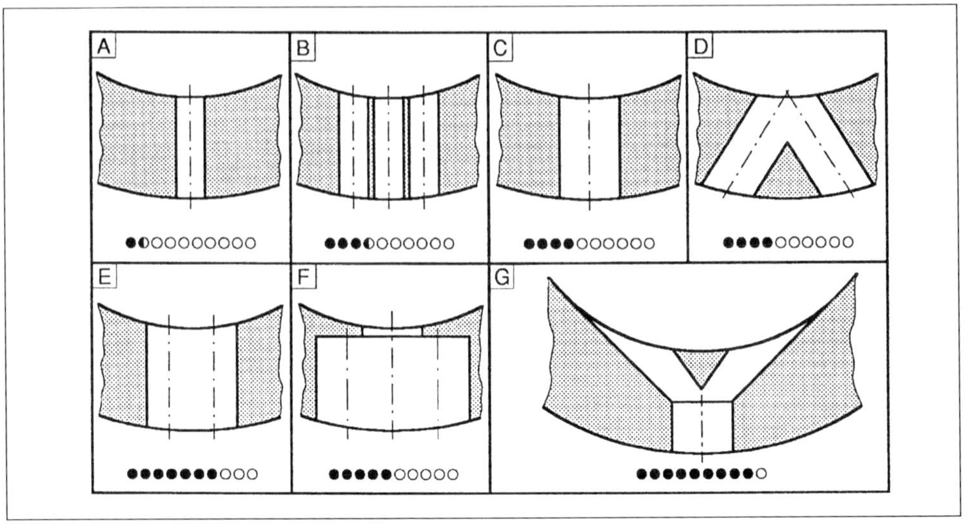

Bild 25: Bewertete Ablaufgestaltungen. Die Anzahl der dunklen Punkte gibt die dichtungstechnische Wirksamkeit an

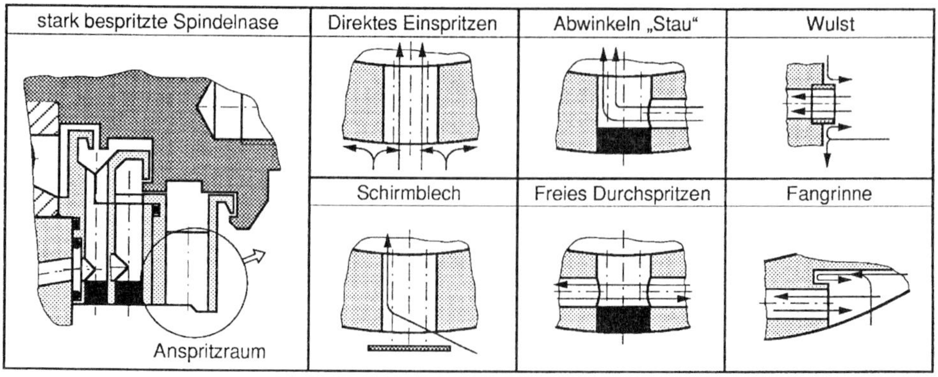

Bild 26: Ablaufkanäle abschirmen

8.3.2.4.3 Abschirmung von Ablaufkanälen

Unter allen Umständen ist zu vermeiden, daß Dichtkammern – sozusagen rückwärts – durch die Ablaufkanäle geflutet werden. Enden Ablaufkanäle frei im Anspritzraum, wie in Bild 26 der Ablaufkanal der ersten Kammer, kann das Anbringen eines „Spritzblechs“ eventuell schon einfache Abhilfe schaffen. Besser ist es, den Ablaufkanal ein- oder gar zweimal abgewinkelt zu führen. Dabei kann es jedoch noch zum „Stau“ an der Umlenkstelle kommen. Das wird vermieden, wenn freies Durchspritzen ermöglicht wird. Immer ist zu beachten, daß durch das Abwinkeln der Ablaufkanäle der normale Ablauf der Flüssigkeit aus den Dichtkammern behindert wird. Der Ablaufquerschnitt darf nach außen hin keinesfalls zu gering werden.

Der Ausgang des Ablaufkanals kann mittels Wulst oder Fangrinne so gestaltet werden, daß wirklich nur die Flüssigkeitsstrahlen, die den Kanalquerschnitt direkt treffen, in diesen eindringen können. Ist der Kanal nur gegen an der Wand ablaufende Flüssigkeit zu sichern, kann der untere Teil des Wulstes auch entfallen.

Enden die Ablaufkanäle im Ölraum eines Getriebes oder einer Wellenlagerung, gelten prinzipiell dieselben Regeln. Zusätzlich kann hier möglicherweise der Rücklaufkanal-Ausgang unter Ölniveau gelegt oder der Kanal bei genügender Höhe als Siphon ausgeführt werden. Das verhindert zusätzlich, daß es zu einem unerwünschten Luftdurchzug – führt zu Öldunstleckage – durch den Ablaufkanal kommt. Diese Maßnahme beherbergt aber das Risiko, daß schwappendes Öl die Flüssigkeitssäule im Ablaufkanal zu hoch drückt.

8.3.2.5 Ablaufkanäle bei nicht-horizontaler Wellenlage

Bei nicht horizontaler Lage, also schräger oder vertikaler Wellenlage, gelten alle bisher erläuterten Gestaltungsregeln weiter, es kommen nur einige lagespezifische Forderungen hinzu.

- Grundsätzlich müssen Ablaufkanäle nach unten weisen. Sie dürfen allenfalls waagerecht liegen.
- Ablaufkanäle müssen, um eine vollständige Dichtkammerentleerung zu ermöglichen, stets am jeweils tiefsten Punkt der Dichtkammer enden.

Diese Forderungen machen sofort klar, daß mit einem Ablaufkanal pro Dichtkammer nur ein Schwenkbereich von 180° um eine Schwenkachse rechtwinklig zur Wellenachse zu bewerkstelligen ist. Dieser Ablaufkanal muß mindestens die gesamte Breite der Dichtkammer überdecken. Alle weiteren Bewegungen erfordern zusätzliche Ablaufkanäle. Dabei wird dann die Gefahr groß, daß Flüssigkeit durch gerade nach oben oder in Anspritzrichtung weisende Ablaufkanäle in die Dichtkammern eindringt. Hier ist eine Domäne des später zu betrachtenden Zusatzelements „Sperrluft". Sperrluftunterstützte Dichtsysteme können ohne Rücklaufkanäle auskommen.

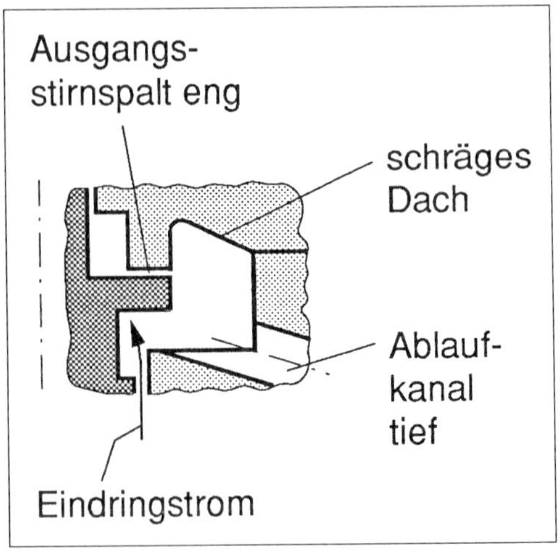

Bild 27: Besonderheiten einer Dichtkammer bei vertikaler Wellenlage und Bespritzung von unten

Für vertikale Wellenlage und Bespritzung von unten gilt zusätzlich, Bild 27:

- Die obere Dichtkammerwand ist nach außen abfallend zu gestalten, um Kondensationstropfen vom Ausgangsspalt weg abgleiten zu lassen.
- Der Ausgangsstirnspalt ist ausnahmsweise eng auszuführen und möglichst hoch in der Kammer anzuordnen. Der folgende Ringspalt muß dann weit sein.

Für vertikale Wellenlage und Bespritzung von oben gilt zusätzlich, Bild 28:

- In einer ersten und gegebenenfalls zweiten Kammer ist der Ausgangs- bzw. Übergangsspalt zur nächsten Kammer möglichst hoch in der Kammer anzuordnen. Dadurch kann sich in der Kammer ein kleiner Flüssigkeitssumpf ausbilden, ohne gleich den Ausgangsspalt zu überfluten.
- In der letzten Kammer ist die Stau-/Spritzscheibe gekröpft auszuführen, um bei Wellenstillstand ein Weiterkriechen von Flüssigkeit entlang der Stauscheibe in den Ausgangsspalt zu unterbinden.

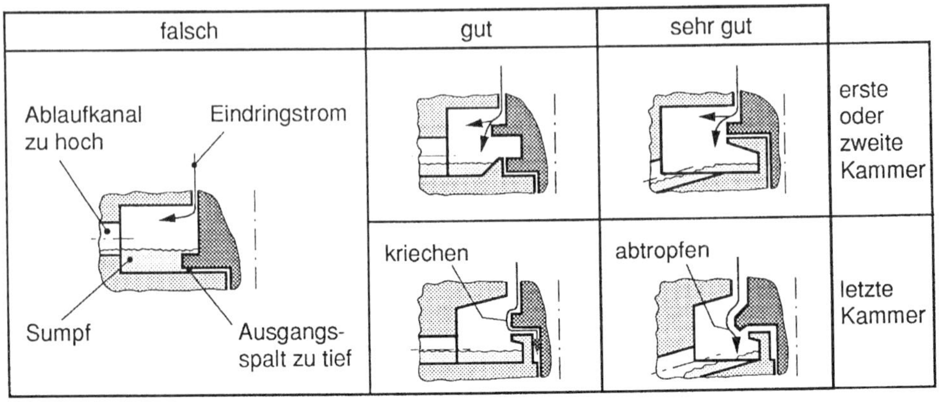

Bild 28: Spezielle Dichtkammergestaltung bei Wellenlage vertikal nach oben und Bespritzung von oben

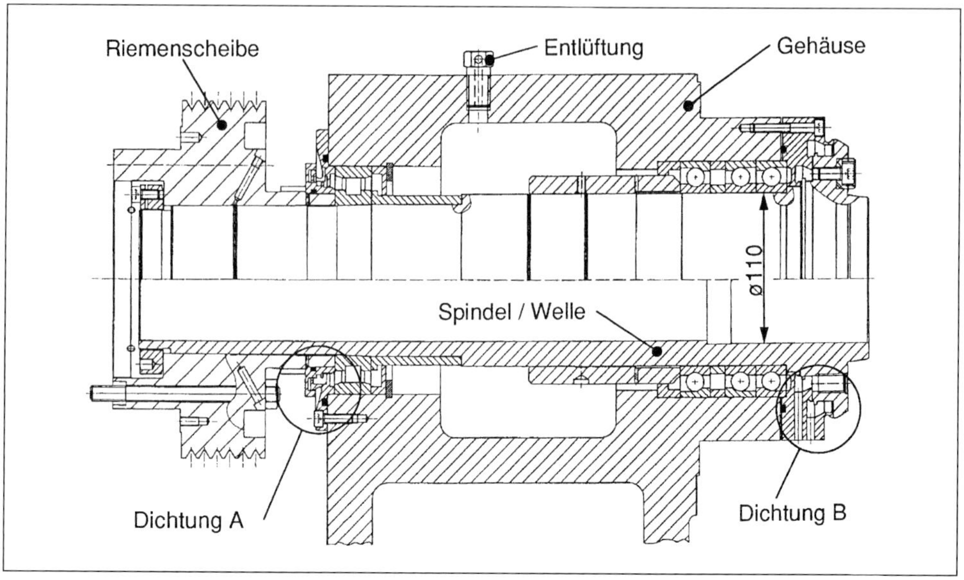

Bild 29: Erweiterte Originalzeichnung der Hauptspindel einer modernen CNC-Drehmaschine

Für Wellenlagen von vertikal nach unten über horizontal bis vertikal nach oben und Bespritzung aus der jeweiligen Richtung ist auf jeden Fall den Forderungen für vertikal nach oben zu genügen. Bild 29 vermittelt beispielhaft einen Gesamteindruck von der Hauptspindel einer modernen Werkzeugmaschine. Bild 30 zeigt die berührungsfreie Abdichtung (Dichtung B in Bild 29) einer fettgeschmierten Werkzeugmaschinenhauptspindel, die für alle oben beschriebenen Betriebslagen geeignet ist.

8.3.3 Maßnahmen im Umfeld der Dichtung

Die Optimierung einer berührungsfreien Wellenabdichtung setzt voraus, daß neben einer zweckgerechten Gestaltung der Dichtung selbst und insbesondere ihres Eingangsbereichs auch das Dichtungsumfeld mit in die Überlegungen zur Dichtsystem-Gestaltung einbezogen wird. Zum Umfeld einer Dichtung wird alles das gezählt, was nicht im engen Sinne zur Dichtung selbst gehört, aber Auswirkungen auf sie hat. Im Umfeld einer berührungsfreien Wellendichtung ist generell dafür zu sorgen, daß nur ein minimaler Flüssigkeitsstrom bis zur Dichtung selbst vordringt. Es sind ein näheres, auch rein technisches Umfeld, d. h. die Einbauumgebung der Dichtung, und ein weiteres Umfeld zu unterscheiden, wo auch administrative bzw. organisatorische Maßnahmen hinzukommen können.

8.3.3.1 Die Einbauumgebung

Im näheren Umfeld sind zwei Flüssigkeitsströme besonders zu beachten. Diese sind, Bild 31-A:

- an der Gehäusewand in Richtung Spalteingang strömende Flüssigkeit (1)
- an der Welle in Richtung Spalteingang strömende Flüssigkeit (2)

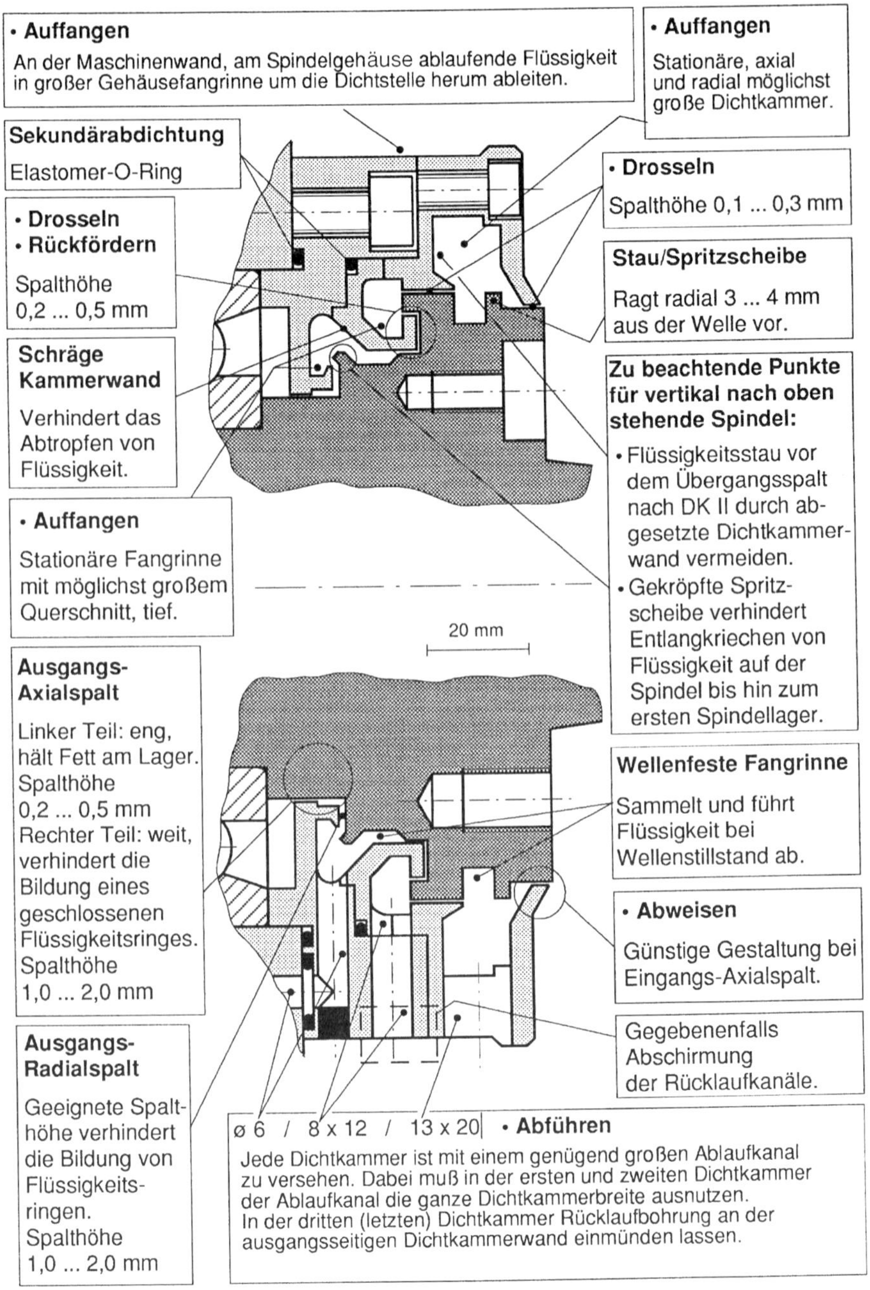

Bild 30: Berührungsfreie Abdichtung einer fettgeschmierten Arbeitsspindel. Geeignet für Spindellage vertikal nach unten über horizontal bis vertikal nach oben. Durch den ungünstig gestalteten Eingangsbereich sind drei Dichtkammern nötig. Abfuhr eingedrungener Flüssigkeit aus der letzten Dichtkammer durch das Spindelgehäuse. Maßstäbliche Darstellung

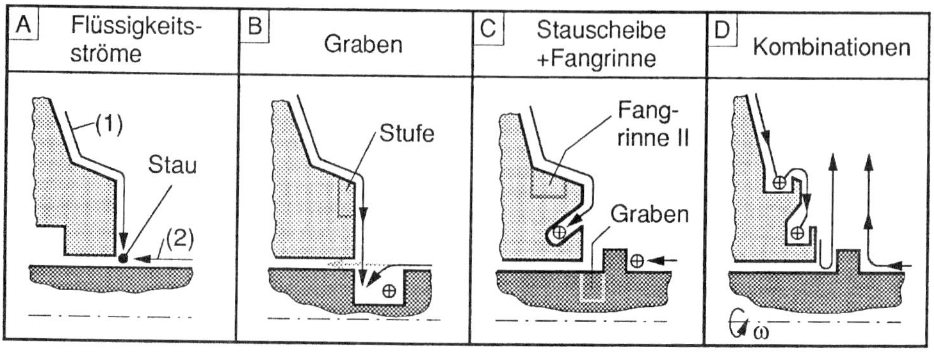

Bild 31: Verschiedene Maßnahmen im Einbauumfeld

Beide Ströme werden am Spalteingang aufgestaut und drängen in den Dichtspalt. Die Gestaltung hat so zu erfolgen, daß diese möglichst vollständig vom Spalteingang ferngehalten werden. Mit einem „Graben" in der Welle, Bild 31-B, lassen sich die Auswirkungen beider Flüssigkeitsströme entschärfen. Besser ist es, große Flüssigkeitsströme gar nicht erst in die Nähe des Dichtspalts gelangen zu lassen, sondern, wie durch die Fangrinnen II angedeutet, an geeigneter Stelle, möglichst weit weg vom Dichtspalt, zumindest zu reduzieren.

Bild 31-D zeigt eine optimierte Kombination, die auch größeren Flüssigkeitsströmen widersteht. Dieses Bild deutet auch an, warum der Übergang zwischen nahem Einbauumfeld und Eingangsbereich fließend ist. Die Spritzscheibe dort kann, soweit ersichtlich, frei abspritzen, wie das auch in Bild 32-A für einen Eingangbereich gezeigt wird. Dieser Eingangsbereich ist für vorzugsweise achsparallele Bespritzung gut geeignet. Wird im Einbauumfeld dieser Eingangsbereich durch ein Spritzblech oder durch eine überstehende Gehäusewand abgedeckt, wirkt sich das negativ aus. Die Flüssigkeit wird bei Rotation der Welle gegen einen Widerstand direkt vor den Eingangsspalt gedrückt. Es kommt unter „Staudruck" zur Überflutung der Dichtstelle. Aus einer bespritzten, scheinbar drucklosen Dichtstelle kann auf diese Weise eine zumindest partiell unter Druck überflutete Dichtstelle werden. Läßt sich ein überstehendes Gehäuse nicht vermeiden, so muß der Überstand radial möglichst weit außen liegen und zusätzlich strömungsgünstig gestaltet sein.

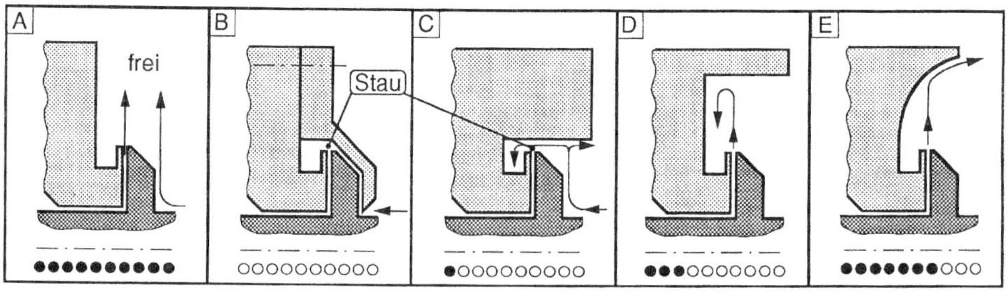

Bild 32: Gestaltungs- und Fehlermöglichkeiten im nahen Umfeld des Eingangsbereichs der Dichtung. Die Anzahl der dunklen Punkte gibt die dichtungstechnische Wirksamkeit an

8.3.3.2 Das weitere Umfeld

Als weiteres Umfeld sind zum einen die konstruktive Gestaltung des ganzen Aggregats als auch die Auswahl des richtigen „Verfahrens“ zu berücksichtigen. Zum anderen gehören hierzu auch steuerungstechnische und administrative bzw. organisatorische Maßnahmen. Das Ziel aller Maßnahmen besteht darin, so wenig Flüssigkeit wie möglich mit so geringer Geschwindigkeit wie möglich an den Eingangsbereich der Dichtung gelangen zu lassen. Da die Vielfalt der Lösungen und konstruktiven Varianten hier nahezu unbegrenzt ist, können nur einige beispielhafte Denkanstöße gegeben werden.

Grundsätzlich gilt, daß bei der Entwicklung und Gesamtkonstruktion eines technischen Systems die dichtungstechnischen Belange von Anfang an mit zu berücksichtigen sind. Das wird häufig vernachlässigt und macht sich hinterher durch unnötige Dichtprobleme und Kosten bemerkbar. Einige einfache Beispiele:

Die Spindelkopfdichtung einer nach unten hängend eingebauten Arbeitsspindel eines Vertikalbearbeitungszentrums mit Kühlschmierstoffbespritzung von oben wird sicher weniger beansprucht als eine von unten nach oben in den Arbeitsraum ragende Innenschleifspindel, über die von oben 100 Liter Kühlschmierstoff pro Minute geschüttet werden.

Der Zahneingriff einer ölgeschmierten Zahnradpaarung darf nicht direkt vor dem Eingangsspalt der Dichtung liegen. Der Quetschölstrom, der mit hoher Energie seitlich aus der Verzahnung spritzt, beansprucht das Dichtsystem unnötig.

Frei spritzende oder fließende Flüssigkeitsströme sind im jeweiligen technischen System so zu leiten, daß sie nicht auf die Dichtstelle treffen. Dabei ist grundsätzlich immer zu überlegen, wieviel Flüssigkeit mit welcher Geschwindigkeit verfahrenstechnisch tatsächlich unbedingt notwendig ist.

Bei ölgeschmierten Wälzlagern kann durch geschickte Führung des Ölstroms, d.h. Ölstrom weg vom Dichtspalt, die Dichtheit verbessert werden. Das Eintauchen von Wälzkörpern schnellaufender Lager in einen Flüssigkeitssumpf ist unbedingt zu vermeiden.

Steuerungstechnische Maßnahmen, die bestimmte Flüssigkeitsströme erst oder nur dann zulassen, wenn sich das „Technische System“ in einem dichtungstechnisch unkritischen Zustand befindet, sind eine ausgezeichnete Möglichkeit, verfahrensuntypische „Spitzenbelastungen“ vom Dichtsystem fernzuhalten. Beispielsweise könnten in der NC-Steuerung einer modernen Werkzeugmaschine die Funktionen M08 – Kühlmittel EIN – oder zumindest M07 – Kühlmittel EIN Hochdruck – softwaremäßig erst dann freigegeben werden, wenn die Hauptspindel schon die Bearbeitungsdrehzahl erreicht hat und sich damit im dichtungstechnisch günstigen Betriebszustand befindet.

Verfahrensuntypische „Spitzenbelastungen“ sind häufig auch Reinigungsmaßnahmen mittels Hochdruckreiniger durch unqualifiziertes Personal. Dem „perfekten“ Reinigen eines Dichtsystems, indem mittels Hochdruckreiniger oder Druckluft durch jeden Ablaufkanal und durch den Eingangsbereich die Dichtkammern „durchgeblasen“ werden, ist auch die beste berührungsfreie Dichtung kaum gewachsen. Das Bedien-, Reinigungs- und besonders das Wartungspersonal ist hinsichtlich solcher dichtungstechnischer Belange zu sensibilisieren.

In Wartungs- und Instandhaltungspläne sind Dichtungen mit aufzunehmen. So sollte besonders die erste Dichtkammer einer stark mit schmutzhaltiger Flüssigkeit beaufschlagten berührungsfreien Dichtung so gestaltet sein, daß sie leicht zu öffnen und zu reinigen ist. Schmutz setzt sonst die Kammer und deren Ablaufkanal im Laufe der Zeit zu und macht sie unwirksam.

1. Dichtungsbauraum

- gegebenen Bauraum an ungünstigster Stelle ermitteln
- alle Möglichkeiten zur Bauraumvergrößerung ausloten

⇒ Bauraum bringt Dichtsicherheit ⇐

2. Dichtungsgeometrie

- minimale mögliche Spalthöhen ermitteln
- mögliche Montagereihenfolgen untersuchen

3. Dichtungsbeaufschlagung

Klären – welches abzudichtende Medium • kommt wo • in welcher Art • in welcher Menge • mit welcher Geschwindigkeit – an die Dichtstelle.

Bild 33: Wichtige Punkte zur Analyse der Abdichtbedingungen an berührungsfreien Dichtstellen

8.3.4 Analyse der Abdichtbedingungen und der Funktion

Bei der Neu- oder Umkonstruktion einer Wellenabdichtung ist es von grundlegender Bedeutung, die Bedingungen an der Abdichtstelle genau und umfassend zu analysieren. Der Konstrukteur muß sich eine Vorstellung darüber verschaffen, wo, wie und warum welche Einflußgrößen auf die Dichtung einwirken und welche Randbedingungen zu beachten sind. Bild 33 zeigt, daß sich die Analyse in die drei Teilbereiche Dichtungsbauraum, -geometrie und -beaufschlagung gliedert. Ein ausführlicher Fragenkatalog zur Dichtstellenanalyse ist in [20] zu finden.

Je ausführlicher die Analyse für alle möglichen Betriebsbedingungen durchgeführt wird, desto wirkungsvoller kann das Dichtungsumfeld, der Eingangsbereich der Dichtung und die Dichtung selbst hinsichtlich technischer Dichtheit, Bauraum und Fertigungsaufwand optimiert werden.

Die „Dichtheit" von berührungsfreien Wellendichtungen ist wegen ihrer komplizierten Gestalt und der äußerst komplexen Strömungsvorgänge derzeit nicht berechenbar. Bild 34 zeigt eine auf F. Wankel zurückgehende anschauliche Methode und deren Anwendung auf ein einfaches Beispiel, leckageerzeugende Schwachstellen auch ohne Experiment und ohne Rechnung systematisch aufzuspüren. Für die verschiedenen Bewegungsmöglichkeiten der Flüssigkeit in einer berührungsfreien Wellendichtung werden vier „Flüssigkeitspfeile" und ein „Abtropfsymbol" verwendet. Drei weitere Symbole kennzeichnen das „zu Leckage führende Abtropfen", die „Rückstaugefahr" und die „Abflußmöglichkeit". Letztlich kann noch der zu vermutende „Hauptluftstrom" eingezeichnet werden.

Die drei Zustände – rotierende Welle, stillgesetzte Welle, wiederanlaufende Welle – werden nacheinander betrachtet, indem das vorauszusehende Flüssigkeitsverhalten bei den einzelnen Betriebszuständen eingezeichnet wird. Werden dabei Schwachstellen erkennbar, so ist das Dichtsystem zu verwerfen, z. B. ein handelsübliches Element nicht einzusetzen oder nach den Gestaltungsregeln in Kap. 8.3.2 und 8.3.3 so lange umzugestalten, bis voraussichtlich keine Flüssigkeit mehr zum Austritt gelangen kann.

Bei so komplexen Vorgängen, wie sie in berührungsfreien Dichtungen ablaufen, sollte stets experimentell die Richtigkeit der getroffenen Maßnahmen überprüft werden.

8.3.5 Exemplarisches Ergebnis experimenteller Untersuchungen

Untersucht man detailliert berührungsfreie Dichtsysteme, die auch Stirnflächenspalte beinhalten und nahe ihrer Dichtheitsgrenze oder schon im Leckagebereich [21, 22] betrieben

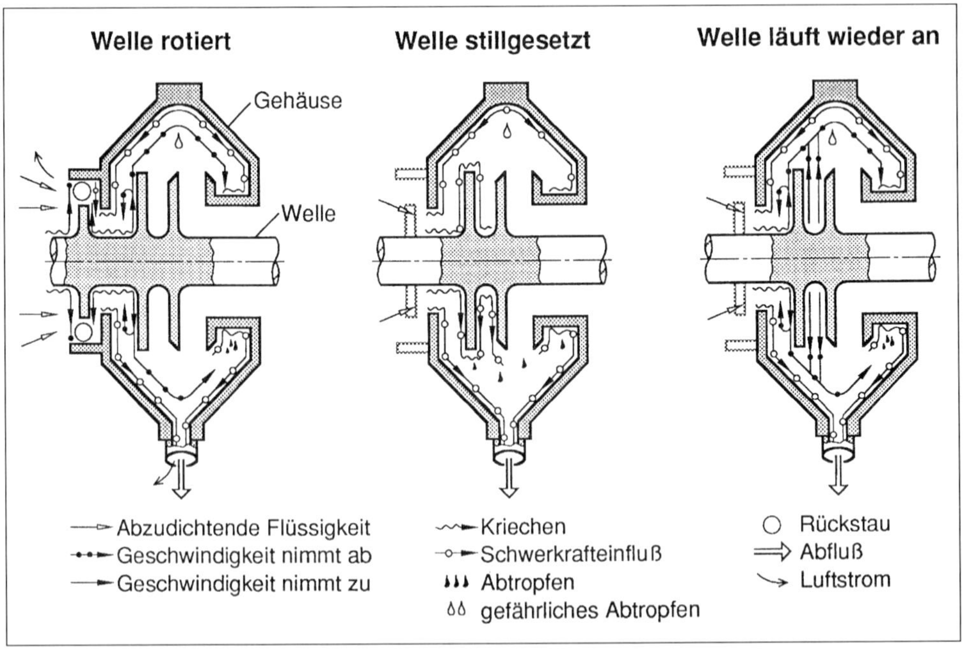

Bild 34: „Handwerkszeug" und Beispiel zur Funktionsüberprüfung

werden, so ist das nachfolgend beschriebene und im Bild 35 dargestellte generelle Verhalten festzustellen.

Leckage/Rückfluß: Der Rückfluß aus einer Dichtkammer bzw. die Leckage eines überforderten Dichtsystems verhalten sich prinzipiell gleich. Das muß auch so sein, denn der Rückfluß aus einer Dichtkammer entspricht der „Leckage" des vor der Dichtkammer liegenden Teils des Dichtsystems. Die weitere Erläuterung erfolgt deshalb mit dem Begriff Leckage.

Bei nichtrotierender Welle tritt hohe Leckage auf, weil die Dichtung nur passiv drosselt und abführt, aber keine aktive Komponente enthält. Bei langsamer Drehung erhöht sich die Leckage noch, weil jetzt die Flüssigkeit einzeln auftreffender Strahlen gleichmäßiger am Umfang verteilt wird. Mit steigender Umfangsgeschwindigkeit nimmt dann die Leckage infolge Fliehkraftrückförderung rasch ab, Bereich I, und wird im Übergangsbereich II zu Null. Im Bereich III tritt keine Leckage auf. Die Leckage beginnt dann im Übergangsbereich IV plötzlich wieder und bleibt bei hoher Umfangsgeschwindigkeit im Bereich V relativ konstant auf niedrigem Niveau. Die Leckage in diesem Bereich ist luftdurchsetzt, also verschäumt.

Reibmoment: Das Reib- oder Verlustmoment wird durch die Zähigkeit der Flüssigkeit im Dichtspalt erzeugt. Es steigt im unteren Drehzahlbereich I kontinuierlich mit leicht degressiver Tendenz an. Im Übergangsbereich II kommt es zu einem charakteristischen kleinen Einbruch. Von da an ist der Verlauf der Reibmomentkurve unruhig mit einer im Mittel geringeren Steigung als im Bereich I. Bei Leckagewiederbeginn im Bereich IV kommt es zu einem abrupten Abfall des Reibmoments. Im Bereich V sind das Reibmoment sowie die Leckage relativ konstant.

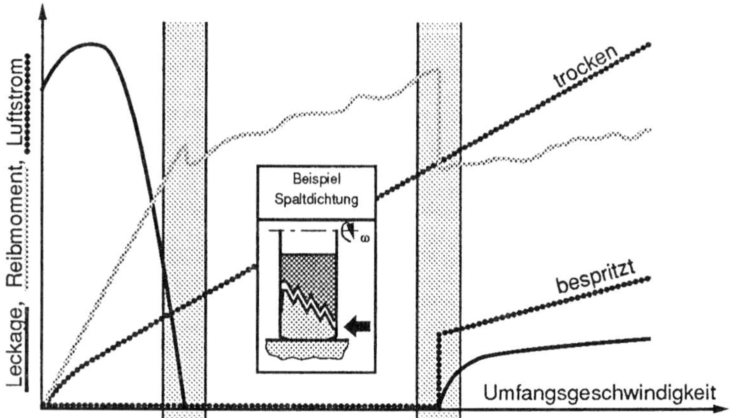

Bereich	I	II	III	IV	V
Dichtheit	undicht	dicht			undicht
Strömung	laminar	laminar			turbulent
Leckage	flüssig	keine			verschäumt

Bild 35: Generelles Verhalten berührungsfreier Wellendichtungen für flüssigkeitsbespritzte Dichtstellen

Luftstrom: Der ohne Flüssigkeitsbespritzung durch die Dichtung geförderte Luftstrom steigt nahezu linear mit der Umfangsgeschwindigkeit an. Der globale Luftstrom geht vom kleineren zum größeren Durchmesser der Dichtung. Bei Flüssigkeitsbespritzung ist so lange kein Luftdurchzug meßbar, bis im Bereich IV die Leckage wieder beginnt. Dann tritt plötzlich ein Luftstrom auf, der sich im Bereich V langsamer erhöht als ohne Bespritzung.

Visuelle Beobachtung: Beobachtet man die Strömungsvorgänge in der Dichtung durch transparente Dichtungsteile hindurch, so sieht man, daß im Stillstand die Flüssigkeit an den Aufprallpunkten in die Dichtspalte eindringt und sich weiter im Inneren vereinigt. Bei langsamer Drehung der Welle geschieht das schon am Spalteingang. Daher rührt die Leckageerhöhung bei Schleichgeschwindigkeit.

Bei steigender Umfangsgeschwindigkeit im Bereich I wird die Flüssigkeit immer durchsichtiger. Die Flüssigkeit wird durch Lufteinlagerung „dünnflüssiger". Daraus resultieren der degressive Anstieg des Reibmoments und ein kleiner Teil der Leckageminderung. Der größte Teil der Leckageminderung ist auf die Rückförderung infolge Fliehkraft zurückzuführen. Im Bereich II wird die Fliehkraft so groß, daß der Ausgangsbereich und ein kleiner Teil des Dichtspalts flüssigkeitsfrei wird. Die Leckage hört auf und das Reibmoment sinkt etwas ab, da nun weniger Reibfläche vorhanden ist.

Im Bereich III zieht sich die Flüssigkeit immer weiter aus der Dichtung zurück, je nach Spaltgestaltung kontinuierlich oder in Sprüngen. Große Luftblasen bauen sich auf, werden mitgeschleppt und brechen wieder zusammen. Das führt zu dem unruhigen, nicht konstanten Reibmoment im Bereich III. In den Bereichen I bis III ist in den noch flüssigkeitsgefüllten

Dichtspalten eine in Umfangsrichtung gerichtete Laminarströmung zu erkennen. Im Übergangsbereich IV schlägt die laminare Strömung plötzlich in turbulente Strömung um. Die Flüssigkeit in der Dichtung wird verspritzt und die Dichtspalte und -kammern füllen sich mit Flüssigkeitsschaum. Dieser Schaum hat durch die eingeschlossene Luft eine geringere wirksame Viskosität als die reine Flüssigkeit. Verschäumte Leckage tritt auf. Das Reibmoment sinkt infolge geringer effektiver Viskosität, und die Luft hat nun Platz, zwischen den spritzenden Flüssigkeitsteilchen durchzudringen. Es kommt zu einem Luftdurchzug durch die Dichtung. Dieser ist geringer als ohne Bespritzung, da ein Teil des Strömungsquerschnitts durch Flüssigkeit versperrt ist. Im Bereich V ändert sich das beobachtbare Bild kaum mehr.

Durch experimentelle Untersuchungen wurde die Wirkungsweise berührungsfreier flüssigkeitsbespritzer Wellendichtungen geklärt. Alle bekannten Ausführungen verhalten sich generell, wie oben dargestellt. Die absoluten Werte und die Ausprägung einzelner Merkmale differieren jedoch weit zwischen den einzelnen Dichtungstypen und Gestaltungsvarianten und sind manchmal auch nur schwer zu erkennen. Gut ausgeprägt sind sie in der Regel bei einfachen Schutzdichtungen und handelsüblichen Elementen.

8.3.6 Von der Fanglabyrinth-Dichtung zur Schutzdichtung

Schutzdichtungen sind nach Definition in der Literatur Wellendichtungen und sollen Lagerstellen vor Umwelteinflüssen (Schmutz, Spritzwasser) schützen sowie den Schmierstoff (Fett, Öl) im Lager halten. Aus den Beschreibungen kann man ableiten, daß berührungsfreie Schutzdichtungen gegen anspritzende Flüssigkeit nicht dicht sind. Berührungsfreie Schutzdichtungen sind deshalb nicht flüssigkeitsdicht, weil wesentliche der acht Wirkprinzipien, Bild 13, nicht realisiert sind. Die vier klassischen Arten von Schutzdichtungen, Bild 36, beinhalten davon nur eine geringe Anzahl.

Spaltdichtungen, Bild 36-1 bis 3, arbeiten vorzugsweise nach dem Wirkprinzip Drosseln und sind damit für Flüssigkeitsbespritzung ungeeignet. Sie können nur für untergeordnete Zwecke, zur Fettrückhaltung und bei leichter Schmutzbeaufschlagung eingesetzt werden. Bei 2 und 3 wird aufgefangenes Fluid nicht abgeführt. Die Förderwirkung bei 3 ist gering, oder das Gewinde müßte ähnlich präzise wie bei den in Pkt. 8.2.3.3 beschriebenen Gewindewellen-Dichtungen ausgeführt werden.

Stauscheiben, Bild 36-10 bis 12, dienen ausschließlich zur Fettrückhaltung und zum Abhalten von grobem Schmutz. Die Ausführung 12 – ins Lager integriert – erspart dem Anwender viel Aufwand und ermöglicht betriebsfertig vorbereitete Wälzlager. Die Ausführung 11 beinhaltet bei richtiger Gestaltung bezüglich Fettrückhaltung immerhin schon 3 Wirkprinzipien. Flüssigkeit und Schmutz von außen werden jedoch aktiv ins Lager gefördert.

Schutzlabyrinthe, Bild 36-4 bis 6, enthalten mindestens 3 und bis zu 5 Wirkprinzipien, die aber teilweise nur schwach ausgeprägt sind. Die Rotation der Welle wird hier schon teilweise zur aktiven Dichtwirkung genutzt. Fett, Schmutz und Staub lassen sich damit gut abdichten. Gegen Flüssigkeiten sind Schutzlabyrinthe nicht dauerhaft beständig.

Fliehkraftdichtungen, Bild 36-7 und 8, sind von den Schutzdichtungen noch die geeignetsten, um Flüssigkeiten abzudichten. Das bewirken die integrierten Wirkprinzipien Abspritzen, Auffangen und Abführen. Richtig gestaltete und geschickt kombinierte Fliehkraftdichtungen ähneln Fanglabyrinth-Dichtungen.

Reduziert man bei Fanglabyrinth-Dichtungen die integrierten Wirkprinzipien, erhält man berührungsfreie Schutzdichtungen. Diese sind nur noch sehr beschränkt oder gar nicht mehr

Schutzdichtung	Darstellung
Spaltdichtungen	
1,2,3 Drosseln 2,3 Auffangen 3 Rückfördern	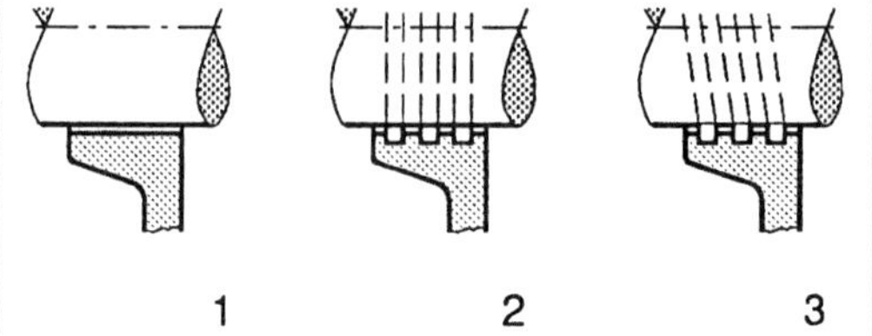
Schutzlabyrinthe	
4,5,6 Drosseln, Umlenken, Abweisen 5,6 Auffangen 4 Rückfördern	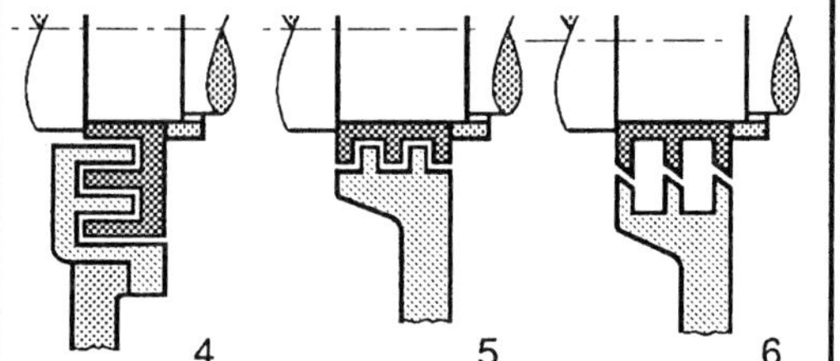
Fliehkraftdichtungen	
7,8 Drosseln, Auffangen, Abführen 7,8,9 Abspritzen 7,9 Umlenken 9 Abschirmen	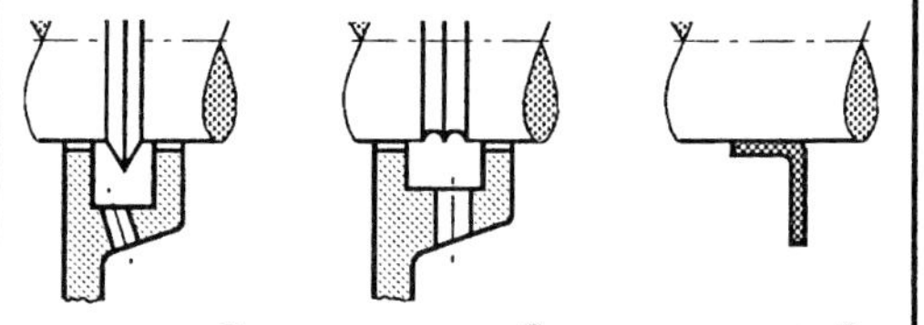
Stauscheibe	
10,11,12 Drosseln 11 Umlenken 11 (Rückfördern)	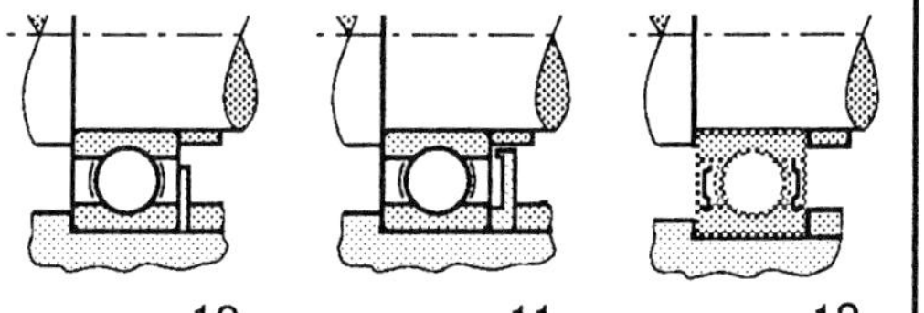

Bild 36: Prinzipielle Darstellung der Schutzdichtungen und deren implementierten Wirkprinzipien

flüssigkeitsdicht. Dagegen eignen sie sich gut, Fett im Lager zu halten. Sind ihre Spalte ebenfalls fettgefüllt, so werden dort Staub und Schmutz gebunden und vom Lager ferngehalten.

Fanglabyrinth-Dichtungen und auch Fliehkraftdichtungen können hingegen nur dann bestimmungsgemäß arbeiten, wenn zumindest deren Dichtkammern und Ablaufkanäle fett- und schmutzfrei sind. Bei fettgeschmierten Lagern, die gegen von außen anspritzende Flüssigkeit abzudichten sind, ist streng zwischen dem Dichtungsteil zu unterscheiden, der das Fett am Lager hält und dem, der die Flüssigkeit davon abhält, ins Lager zu gelangen. In den Beispielen Bild 11 und Bild 30 ist zwischen Lager und Fanglabyrinth-Dichtung jeweils eine stationäre Fettstauscheibe angeordnet. Bei solchen Kombinationen verbietet es sich, die Lager durch einfaches Nachpressen von Fett ins Lager nachzuschmieren. Es ist sicherzustellen, daß kein Fett in die Fanglabyrinth-Dichtung eindringt oder darin verbleibt.

8.3.7 Handelsübliche berührungsfreie Wellendichtelemente

Berührungsfreie Wellendichtungen werden meist vom Aggregatehersteller selbst direkt in die Umbauteile Welle und Gehäuse integriert. Entsprechend vielgestaltig sind die Ausführungsformen. Es gibt aber auch einbaufertige Dichtelemente zu kaufen. Bild 37 zeigt die derzeit am Markt erhältlichen Elemente. Konzeption, Größe und Dichtwirkung sind sehr unterschiedlich.

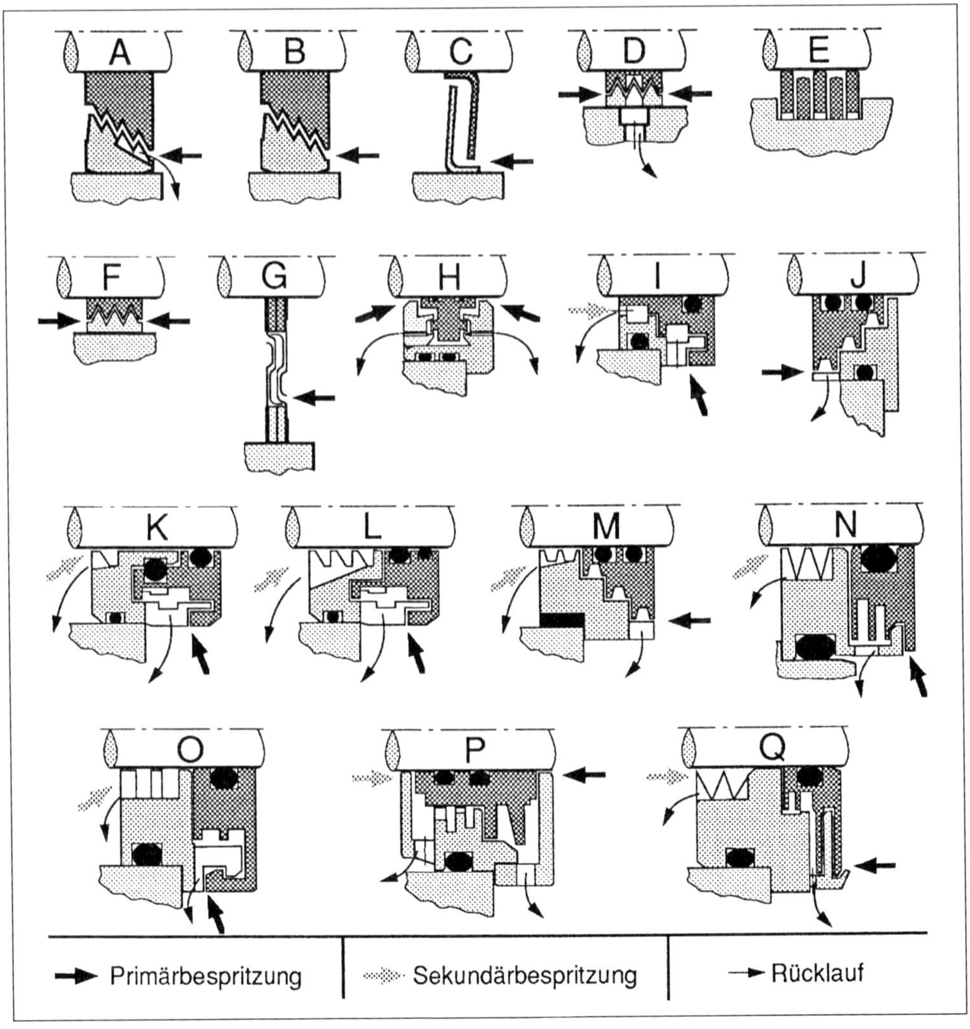

Bild 37: Derzeit handelsübliche berührungsfreie Wellendichtelemente

Die Elemente A und B [32] bestehen aus Polyamid. Die Elemente H [38], N [35], O [35], Q [39] und der Läufer von P [41] bestehen aus Polytetrafluoräthylen. Alle anderen sind metallische Elemente aus Stahl oder Messing oder auch kombiniert. Die Elemente C [36] und F [34] sind von ihren Herstellern nur fettgefüllt zur Fettrückhaltung und zur Schmutzabdichtung gedacht, alle anderen zum Abdichten von Flüssigkeiten [33, 37, 42]. Einige Elemente sind für beidseitige Bespritzung vorgesehen (Sekundärbespritzung). Alle sind so gestaltet, daß die Primärseite die eindeutig bessere Dichtwirkung hat. Die Elemente K und L [40] waren im Versuch primärseitig am besten dicht. Die teilweise dünnwandigen PTFE-Elemente zeigten sich im Versuch als instabil. Es kam zum Anstreifen mit zum Teil erheblicher Bildung von PTFE-Staub.

Alle Kunststoffelemente sind nur in einem engen Temperaturbereich von ca. –30 bis +60 ... +100 °C einsetzbar. Beim Element C werden Mehrfachanordnungen empfohlen (bis zu drei); Axialbewegungen bis 2mm sind möglich, alle anderen Elemente erlauben nur 10-tel mm oder weniger. Beim Lamellenring E ist eine Vielzahl von Anordnungsvarianten für unterschiedliche Bedürfnisse möglich [33]. Den LSTO-Ring G gibt es in Ausführungen, die bis 700 °C einsetzbar sein sollen. Die Labyrinthringe D und F eignen sich gegen anspritzende und aufgewirbelte Flüssigkeiten sowie gegen feste und körnige Verunreinigungen, Ring D mit internem Rücklauf bei stärkerer Flüssigkeitsbeaufschlagung. Bei den Spaltdichtungen A und B des gleichen Herstellers wird durch die konische Spaltausbildung die Fliehkraftwirkung gefördert. [33] bietet neuerdings einbaufertige Elemente mit integrierter Sperrluftdichtung und optimalem Eingangsbereich an, Bild 18.

Analysiert man nach der in Pkt. 8.3.4 beschriebenen Methode diese Dichtungen oder prüft, welche Wirkprinzipien mit welcher Ausprägung jeweils realisiert sind, stellt man fest, daß alle dargestellten Dichtungen ein Verbesserungspotential enthalten. Außer bei dem Element D wird stets versucht, das Dichtelement so zu gestalten, daß es in eine einfache, glatte Gehäusebohrung ohne Fortführung von Rücklaufkanälen einbaubar ist. Läßt man beispielsweise beim Element B diese Forderung fallen, Bild 38, und versieht den stationären Außenring mit einer Fase im Eingangsbereich und einer kleinen, einfachst gestalteten Dichtkammer mit einem radial nach unten gerichteten Ablaufkanal im Innenbereich, so verbessert sich die Dicht-

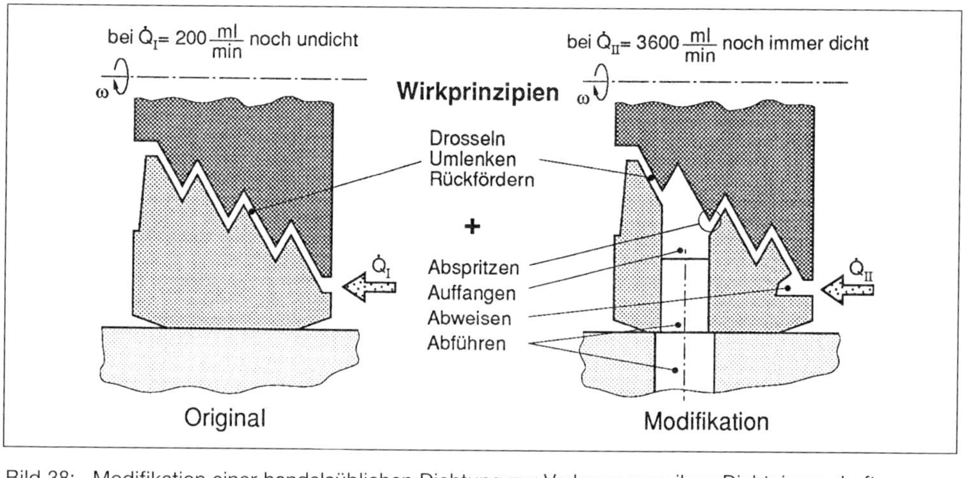

Bild 38: Modifikation einer handelsüblichen Dichtung zur Verbesserung ihrer Dichteigenschaften

güte um ein Vielfaches. Anstatt wie ursprünglich drei, sind nun sieben Wirkprinzipien integriert.

8.3.8 Die Entlüftung - ein Sonderfall

Entlüftungen, Bild 39, wie sie z.B. an Getrieben eingesetzt werden, haben nach [23] folgende Aufgaben:

- Druckausgleich ermöglichen.
- Austritt von Öl, Ölschaum, Ölnebel und Öldampf verhindern.
- Eintritt von Wasser, Staub und Schmutz verhindern.

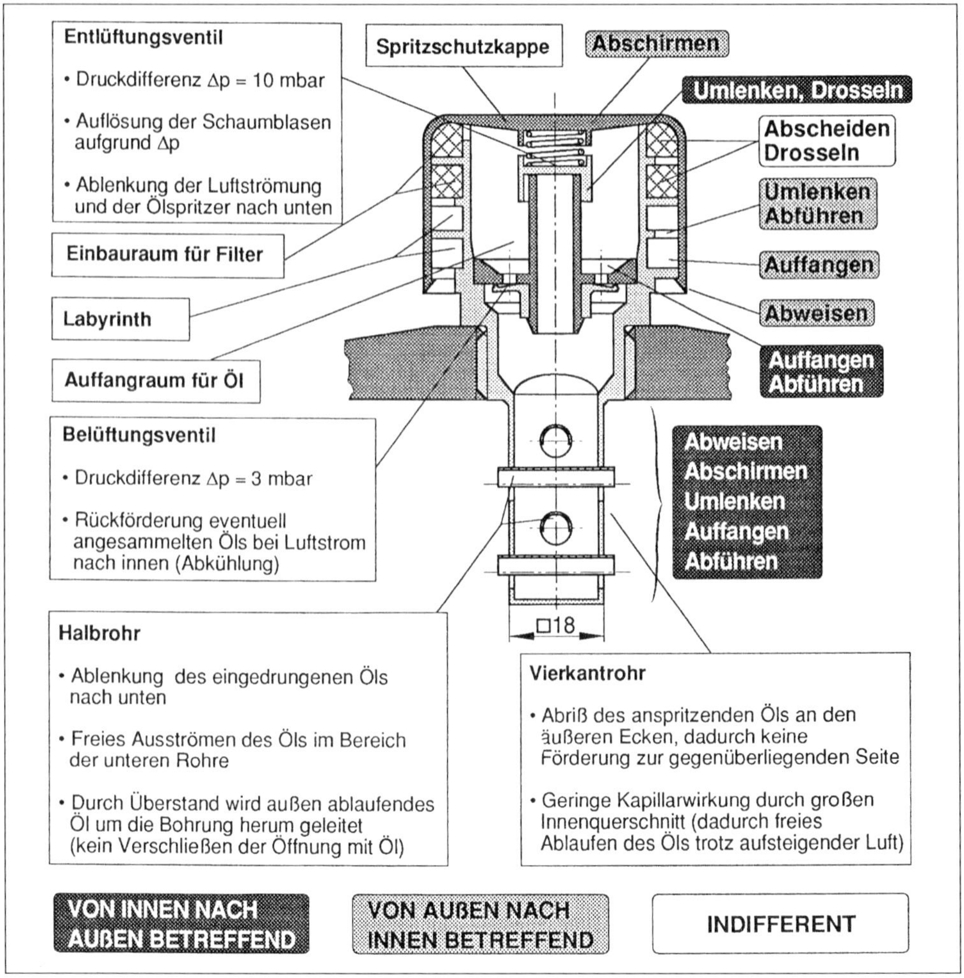

Bild 39: Entlüftungsvorschlag für unterschiedliche Beaufschlagungen nach Jäckle [24], erweitert durch die Darstellung der wichtigsten integrierten berührungsfrei realisierbaren physikalischen Wirkprinzipien

Betrachtet man nur die Aufgaben, bei möglichst niedriger Druckdifferenz Δp ($\Delta p \rightarrow 0$) Druck ausgleichen und Öl- bzw. Wasserdurchtritt verhindern, so sind Entlüftungen nichts anderes als berührungsfreie Dichtungen für flüssigkeitsbespritzte, statische Dichtstellen. Da keine Relativbewegung vorhanden ist, muß der Spalt gemäß Kap. 8.1.1 nicht durchgehend am Umfang, sondern nur in Teilabschnitten vorhanden sein. Von den acht Wirkprinzipien sind damit zwei, nämlich Abspritzen und Rückfördern, nicht realisierbar. Dafür ist es hier möglich, ein weiteres Wirkprinzip, das Wirkprinzip Abscheiden, einzuführen.

Die Realisierung erfolgt durch Filterelemente mit unterschiedlichem Aufbau. Damit ist es bei Entlüftungen möglich, den durchziehenden, mit Öl, Wasser und Schmutz beladenen Luftstrom physikalisch zu reinigen, wofür es bei berührungsfreien Wellendichtungen noch keine praxistauglichen Lösungen gibt. Wirksame Filter sind feinmaschig und neigen zum Verstopfen, wodurch sich ihr Strömungswiderstand erhöht. Werden solche Entlüftungen, oder gar Entlüftungen mit Ventilen, z. B. zusammen mit Fanglabyrinth-Dichtungen im gleichen Aggregat eingesetzt, so erfolgt der Luftaustausch vollständig über das Fanglabyrinth, das nur einen äußerst geringen Strömungswiderstand aufweist. Die Entlüftung ist dann wirkungslos.

Bild 39 zeigt eine nach [24] für alle oben beschriebenen Aufgaben geeignete Entlüftung. Hinzugefügt wurde die Bezeichnung der wichtigsten integrierten Wirkprinzipien. Durch die für die Ölschaumauflösung notwendigen Ventile ist aber jeder Einsatz zusammen mit berührungsfreien Wellendichtungen ohne Zusatzelemente nicht zweckmäßig.

8.3.9 Zusatzelemente zu Fanglabyrinth-Dichtungen

Richtig gestaltete Fanglabyrinth-Dichtungen sind bei allen Betriebszuständen flüssigkeitsdicht. Sie erlauben jedoch infolge ihrer relativ großen Spaltweite einen erheblichen Luftdurchzug, selbst bei geringster Luftdruckdifferenz. Der Luftstrom kann bei Rotation von der Dichtung selbst induziert werden, oder er wird dem Dichtsystem von außen aufgeprägt. Mit dem Luftstrom werden auch alle in der Luft enthaltenen Schwebestoffe wie Dunst, Dampf, Nebel und Staub transportiert. Dieser Luftstrom kann mit dem Zusatzelement „Magnetflüssigkeits-Stufe" völlig unterbunden werden. Über Magnetflüssigkeitsdichtungen wird an anderer Stelle in diesem Buch oder in [20] berichtet.

Eine zweite Möglichkeit ist, dem Fanglabyrinth aktiv saubere Luft (Gas) unter Druck – sogenannte Sperrluft – zuzuführen und damit den Gesamtluftstrom bewußt zu lenken. Mittels Sperrluft wird auch die Dichtsicherheit bezüglich Flüssigkeitsabdichtung verbessert bzw. kann das Fanglabyrinth-Dichtsystem erheblich reduziert werden.

8.3.9.1 Erhöhung der Dichtsicherheit mit Sperrluft

Mittels „Sperrluft" wird aktiv und unabhängig von der Bewegung ein Luftdurchzug erzwungen. Das ermöglicht in gewissen Grenzen den globalen, weniger den örtlichen Luftstrom so zu lenken, daß er zumindest dichtheitsunschädlich oder aber günstig für die Dichtwirkung ist. In [22] wird dieses Verfahren als „aktiv Belüften" bezeichnet. Einem Fanglabyrinth-Dichtsystem beispielsweise wird an geeigneter Stelle gerade so viel saubere Luft mit einem Druck von allenfalls einigen Hektopascal zugeführt, daß die schmutz- und feuchtigkeitsbeladene „Labyrinth-Luft" am Einströmen in Teilsysteme, wo sie unerwünscht ist, gehindert wird. Zu beachten ist hier, daß durch solche Maßnahmen in aller Regel der Gesamtluftstrom im und um das Dichtsystem, z.B. durch das Lager, erhöht wird.

Es ist also sehr genau zu überlegen, welche zusätzliche Folgen die ergriffenen Maßnahmen haben können. Grundsätzlich ist der Luftstrom so gering wie möglich zu halten.

Beim „aktiv Belüften“ sind meist keine besonderen Gestaltungsmaßnahmen zu ergreifen. Beim Einsatz von Luft als Hauptdichtmittel, bei sogenannten Sperrluftdichtungen, ist den Belangen des Dichtmittels Luft durch entsprechende Gestaltung maßgeblich Rechnung zu tragen [10, 11, 25, 26].

Mit der Sperrluftdichtung ist das Problem der „Lageabhängigkeit“ von Fanglabyrinth-Dichtungen infolge notwendiger Ablaufkanäle elegant zu umgehen.

8.3.9.2 Funktionsweise einer Sperrluftdichtung

In einen Spalt wird Luft oder ein anderes Gas unter Druck eingeleitet, Bild 40. An der Einleitungsstelle baut sich ein Druck auf und die Luft strömt durch den Spalt in Spaltlängsrichtung ab. Dabei sinkt der statische Druck der Luft im Spalt auf den Umgebungsdruck am Spaltende, und durch Expansion erhöht sich die Strömungsgeschwindigkeit zum Spaltende hin. Wird nun ein Spaltende mit Flüssigkeit beaufschlagt und damit für die durchströmende Luft teilweise verschlossen, so dringt die Flüssigkeit so weit in den Spalt vor, bis der jeweilige örtliche Luftdruck im Spalt gleich dem dortigen Flüssigkeitsdruck ist. Wird mit konstantem Luftdruck p_0 gearbeitet, so verändert sich durch die Flüssigkeitsbeaufschlagung nichts, was für die Dichtwirkung relevant ist. Wird hingegen mit konstantem Zuführluftstrom $\dot{V}_0$ gearbeitet, so erhöhen sich infolge der Abströmbehinderung des Luftstroms $\dot{V}_1$ durch die Flüssigkeit sowohl der Luftstrom $\dot{V}_2$, dessen Strömungsgeschwindigkeit als auch der örtliche Luftdruck p(x) im Spalt. Übersteigt der Flüssigkeitsdruck den maximalen Luftdruck im Spalt, so tritt Leckage auf.

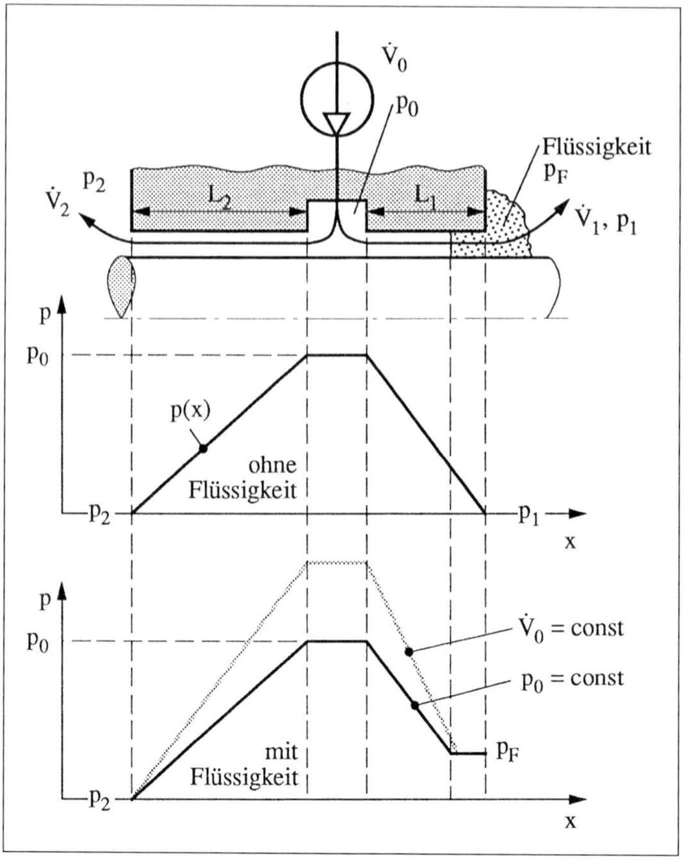

Bild 40: Funktion einer überfluteten Sperrluftdichtung. Die Einström- und Expansionsverluste sind, da gering, vernachlässigt

Geht man davon aus, daß nur einzelne Feststoffpartikel oder Flüssigkeitströpfchen in den Spalt der Sperrluftdichtung eindringen, so muß deren kinetische Energie in Spaltlängsrichtung durch die dagegen anströmende

Sperrluft (dynamischer Druck) auf einer Strecke kleiner L_1 in Bild 40 umgewandelt werden. Die Reibung an den Spaltwänden hilft dabei. Der Partikel wird angehalten und seine Bewegungsrichtung umgekehrt. Auch vor dem Spalt findet durch die ausströmende Luft bereits ein Abbremsen und Ablenken statt. Sperrluftdichtungen gegen Einzelpartikel arbeiten nach den Wirkprinzipien „Rückfördern" und „Abweisen", wobei diese Wirkprinzipien auf Grund der physikalischen Eigenschaften von Luft (geringe Dichte ρ) nur relativ schwach ausgeprägt sind.

Diese Überlegungen machen unter Zuhilfenahme der Formeln (2), (3), (5) und (8) in Bild 44 (siehe unten) klar, was eine dichtungstechnisch gut wirksame Sperrluftdichtung ausmacht. Unter Annahme laminarer Strömung bremsen hohe Dichte der Luft (oder eines anderen Sperrgases) und hohe Luftgeschwindigkeit sowie lange niedrige Spalte eindringende Teilchen gut ab. Gegen statischen Druck eindringender Flüssigkeit hilft nur ein höherer maximaler Sperrluftdruck. Ein geringer Sperrluftverbrauch wird vorzugsweise durch niedrige Spalte erzielt. Die geringe Dichte von Luft läßt erahnen, daß schwere schnelle Partikel nicht abgebremst werden können. Es ist also im Dichtungsumfeld dafür zu sorgen, daß schnelle Partikel gar nicht erst an und in den Spalt gelangen können.

Mit wenig Sperrluft bei dennoch guter Dichtheit und vertretbarem Fertigungsaufwand auszukommen, ist durch eine zweckmäßige Gestaltung des Eingangsbereichs erreichbar, siehe Kap. 8.3.2.1. Ein zweckmäßig gestalteter Eingangsbereich verhindert, daß schnelle Partikel in den Spalt eindringen, bzw. daß sich ein hoher Flüssigkeits-Staudruck am Spalteingang bilden kann.

8.3.9.3 Systematische Darstellung der Gestaltungsvarianten

Bild 41 zeigt prinzipielle Gestaltungsmöglichkeiten für Sperrluft-Dichtungen. Bei A ist ein Ringspalt, bei B ein Stirnspalt und bei C eine Kombination aus Stirn- und Ringspalt als Sperrluftspalt ausgebildet. Dichtungstechnisch günstiger sind bei Beaufschlagung von außen Stirnspalte, weil bei Drehung der Welle die Zentrifugalkraft die Dichtwirkung unterstützt.

Die Lufteinleitung in den Spalt erfolgt in der Regel über eine genügend große Ringnut, so daß die Sperrluft gleichmäßig am ganzen Spaltumfang ansteht. Die Spaltwände sind quer zur Spaltlängsrichtung starr angeordnet. Das bedeutet, daß Wellen- oder Gehäuseverlagerungen im Betrieb kleiner als die realen Spalthöhen sein müssen. Die reale Spalthöhe wird von Fertigungs- und Montagetoleranzen beeinflußt. Dichtungstechnisch und bezüglich Luftverbrauch günstige lange enge Spalte lassen sich mittels starr zueinander angeordneter Spaltwände betriebssicher nur sehr schwer herstellen. Abhilfe schafft, wenn eine Spaltwand quer zur Spaltlängsrichtung beweglich ausgeführt wird. Sie kann dann den Verlagerungen der anderen Wand nachfolgen. Das ist berührungsfrei möglich, wenn der Luftlagereffekt [27-29] in die Sperrluftspalte implementiert wird. Die Bilder 41-D bis F zeigen Ausführungsvarianten.

In Bild 41-D ist der den Dichtspalt bildende Ring elastisch aufgehängt. Das Problem ist hier, daß die elastische Aufhängung mit steigendem Zuführluftdruck immer steifer wird. Die Luftzufuhr in den Ringspalt erfolgt nun nicht mehr über einen Ringkanal, sondern über Düsenbohrungen (Kapillardrosseln), um den Ring gleichzeitig aerostatisch auf der Welle zu lagern.

In Bild 41-E ist der Ring völlig schwimmend angeordnet, da auch die Seitenführungen als aerostatische Lager ausgeführt worden sind. Ein „Verlustluftstrom" entlang den Seitenführungen ist nun in Kauf zu nehmen. Durch die federnde Anpressung einer Spaltwand paßt sich das System flexibel allen Betriebsbedingungen an. Über den Zuführluftdruck, Zahl und Größe der Düsenbohrungen, Federkraft und Ringspalthöhe lassen sich nun die Höhe der

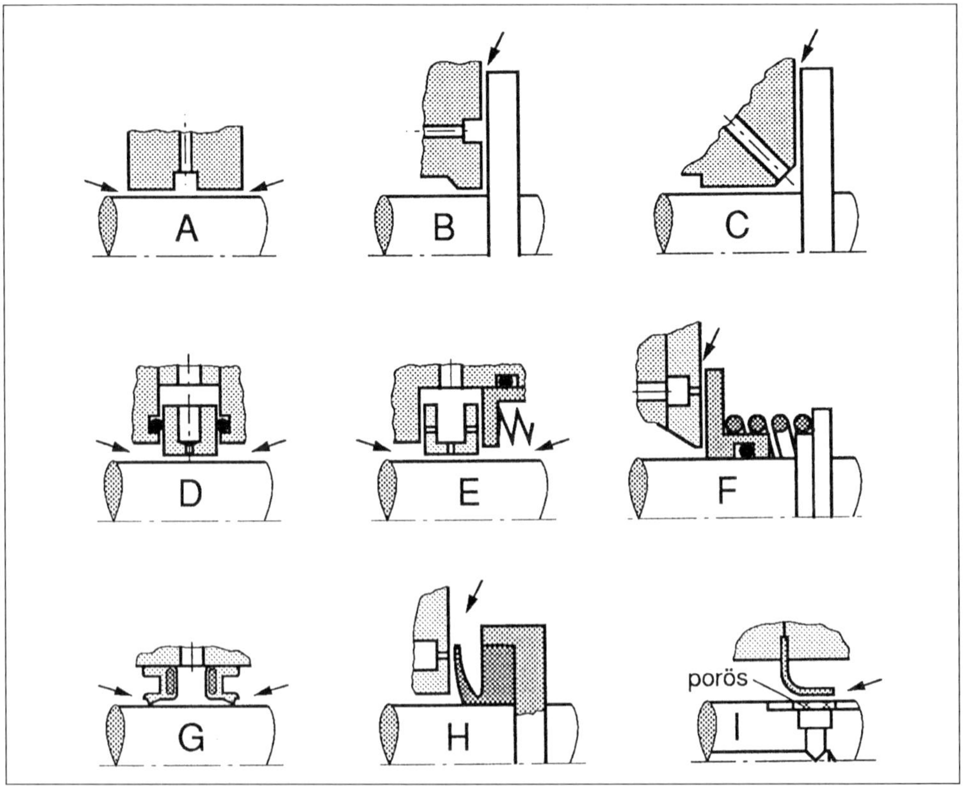

Bild 41: Prinzipielle Gestaltungsmöglichkeiten für Sperrluftdichtungen (→ Richtung der möglichen Beaufschlagung)

Seitenspalte, die Tragfähigkeit des aerostatischen Radiallagers, der Sperrluftdruck im Spalt, der Sperrluftstrom, der Verlustluftstrom sowie der Gesamtluftstrom bei gegebenen Spaltlängen variieren. Die genannten Größen sind nicht voneinander unabhängig, sondern komplex miteinander verknüpft. Die Auslegung eines solchen Systems ist aufwendig. Es erlaubt aber dauerhafte, engste Spalte selbst bei großen und schnellen Auslenkungen. In Bild 41-F ist noch eine sich aerostatisch selbst einstellende Stirnflächen-Sperrluftdichtung gezeigt.

Die Bilder 41-G bis I stellen Sperrluftdichtungen mit elastischen Dichtkörpern dar. Ohne Sperrluft dichten diese Elemente berührend ab, was insbesondere bei notwendiger Stillstandsdichtheit von Vorteil sein kann. In Bild 41-G wird die Sperrluft zwischen zwei Rücken an Rücken angeordneten Lippendichtungen eingeleitet. Die Dichtlippen werden dadurch entlastet und heben, allerdings nur teilweise, von der Welle ab. Es kann zu Schwingungen (Pfeifen) kommen. Die durchströmende Luft kühlt zusätzlich die Welle. Ungünstigerweise wird Verschleiß nicht ganz vermieden.

Anders sehen die Verhältnisse bei der in Bild 41-H dargestellten Anordnung aus. Die stirnflächig anliegende Lippe eines V-Rings gleitet über einen Kranz feiner Drosselbohrungen. Wird durch die Drosselbohrungen Luft gepreßt, hebt die Lippe von ihrer Gegenlauffläche ab und schwimmt reibungs- und verschleißfrei auf einem dünnen Luftfilm.

Letztlich stellt Bild 41-I denselben Fall für eine Radialdichtung dar, z. B. eine PTFE-Dichtmanschette. Die Luft wird bei dieser Darstellung durch die Welle zugeführt und anstatt durch Düsenbohrungen durch einen porösen Ring aus Sintermaterial in den Dichtspalt eingeleitet. Alle dargestellten Varianten mit Düsen und Luftlagereffekt können prinzipiell als Porösmaterial-Konstruktionen ausgeführt werden. Das begünstigt den Luftlagereffekt, vermindert aber die Dichtwirkung.

8.3.9.4 Spezielle Gestaltungshinweise

Obwohl Sperrluft-Dichtungen auf den ersten Blick recht einfach aufgebaut sind, sind doch bei deren Gestaltung einige wesentliche Punkte zu beachten:

- Um eine am Umfang gleichmäßige Luftverteilung zu erhalten, ist der Zuführ-Ringkanal genügend groß (Querschnitt zwei- bis dreimal so groß wie der Spaltquerschnitt) auszuführen.
- Ist der Ringkanalquerschnitt zu klein oder der Umfang sehr groß, sind mehrere Luftzuführungen am Umfang in den Ringkanal vorzusehen.
- Der Querschnitt der Luftzuführung sollte so groß wie der Ringkanalquerschnitt sein, sonst sind ebenfalls mehrere Luftzuführungen anzubringen.
- Der Sperrluftspalt sollte möglichst eng sein. Bei präzise gelagerten steifen Spindeln haben sich Spalthöhen um 0,05 mm gut bewährt.
- Wird die Luft über Düsenbohrungen zugeführt, so sind diese genügend eng zu setzen, um einen am Umfang möglichst gleichmäßigen Druckaufbau zu erhalten. Bild 42 zeigt die Verhältnisse unter Annahme idealisierter Bedingungen.
- Zu kleine Düsenbohrungen und poröse Materialien verschmutzen leicht und „wachsen" zu. Dieser Schmutz kann sowohl aus dem abzudichtenden Fluid als auch aus der Sperrluft kommen. Die Sperrluft ist deshalb entsprechend aufzubereiten.
- Der Volumenstrom der Sperrluft kann in der Zuleitung gemessen werden. Wird der Druck gemessen, so erhält man aussagesichere Ergebnisse nur dann, wenn im Spalt bzw. im Zuführ-Ringkanal direkt gemessen wird.
- Schnelle Teilchen sind von der Sperrluft kaum abzubremsen. Deshalb ist durch Abschirmen des Sperrluftdichtungs-Eingangsspalts dafür zu sorgen, daß keine schnellen Teilchen

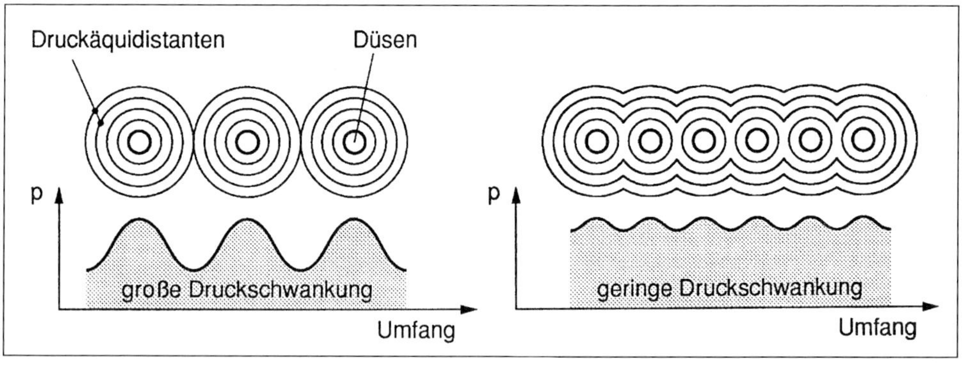

Bild 42: Auswirkung des Düsenabstands auf die Druckverteilung

und Flüssigkeitsstrahlen den Spalt direkt treffen. In Kap. 8.3.2.1 und in Bild 18 ist ausführlich dargestellt, wie das am günstigsten zu bewerkstelligen ist.

- Ist der Flüssigkeitsstau so groß, daß ein optimaler Eingangsbereich nicht ausreicht, so ist noch zusätzlich eine Dichtkammer vorzuschalten. In Bild 43 sind die prinzipiellen Verhältnisse visualisiert. Für jeden Bereich gelten die im entsprechenden Kapitel aufgeführten Gestaltungsregeln.

Bei der Auslegung und Anwendung von Sperrluftdichtungen ist es stets wichtig, sich Kenntnis über die ungefähr benötigte Sperrluftmenge pro Zeiteinheit zu verschaffen.

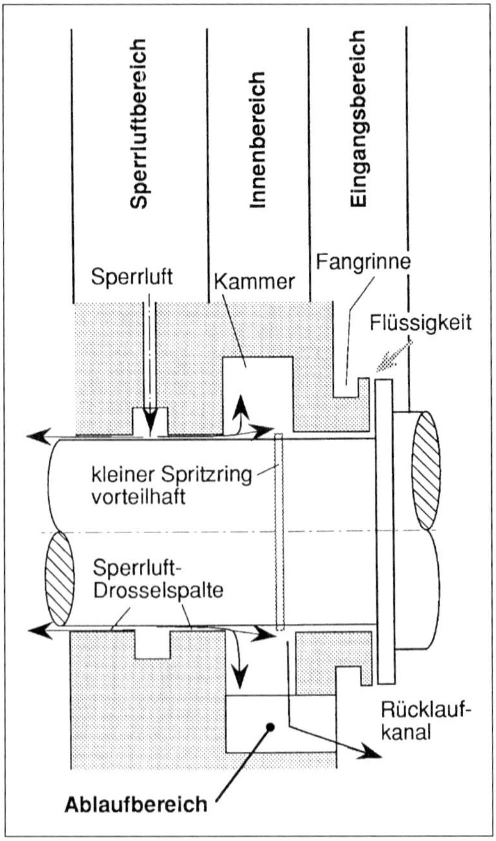

Bild 43: Prinzipielle Darstellung einer Sperrluft-Dichtung für sehr starke Flüssigkeitsbeaufschlagung

8.3.9.5 Berechnung von Sperrluft-Dichtungen

Sperrluft ist teuer und schädlich. Zum einen schädlich für fettgeschmierte Wälzlager und zum anderen schädlich für den Maschinenbediener durch die feine Zerstäubung der Flüssigkeit mit Aerosolbildung. Durch entsprechende geometrische Gestaltung und Anordnung der Sperrluft-Dichtung ist der Luftverbrauch minimierbar. Sperrluftverbrauch, maximaler Sperrluftdruck, Luftgeschwindigkeit usw. lassen sich mittels der bekannten Beziehungen für Gasströmungen in engen Spalten [1, 2, 4, 7, 8] rechnerisch relativ zuverlässig abschätzen. Zu den in Kap. 8.2.2.5 und Bild 8 gegebenen Beziehungen für inkompressibles Fluid und den dort gemachten Einschränkungen und Vernachlässigungen kommt ein Glied hinzu, das den Einfluß der Kompressibilität beinhaltet. Dazu dürfen nicht wie bei Reynolds nur die Druck- und Zähigkeitskräfte auf ein Fluidteilchen betrachtet werden, sondern es sind, da auf Grund der Expansion die Teilchengeschwindigkeit im Spalt zunimmt, auch die Beschleunigungskräfte zu berücksichtigen. Eine detaillierte Ableitung der Beziehungen und Darstellung der Einschränkungen sind beispielsweise in [4, 7, 8] zu finden. In Bild 44 ist ein Berechnungsblatt zusammengestellt, womit für die derzeit technisch vorzugsweise eingesetzten Dichtungsanordnungen nach Bild 41-A bis C starre Spalte mit Lufteinleitung über eine Ringnut berechnet werden können. Zu beachten ist:

- Die Formeln gelten für „leere" Spalte und laminare Strömung.
- Der Einfluß der Rotation ist vernachlässigt.
- Die Fehler infolge geometrischer Abweichungen bei Rotation um die Achse AA, Bild 8, kommen auch hier hinzu.

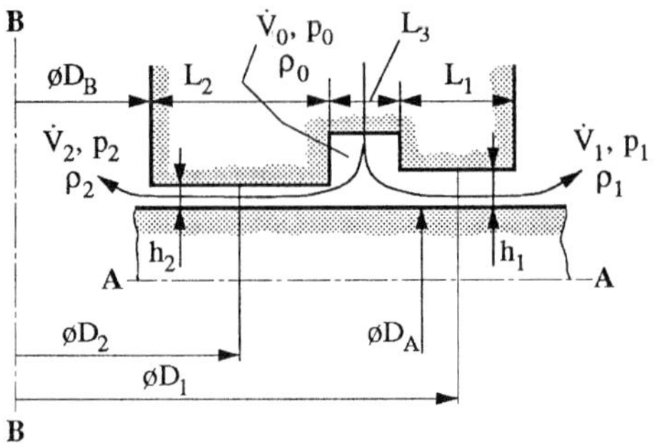

Gültig für: $Re < 2300$

$w < w_S$ und $(D_B + 2L_2) \cdot D_B^{-1} \leq 2$

1 Spaltwiderstand X_i

$$X_i = \frac{L}{\pi \cdot D \cdot h^3}$$

Reihensch. X_R	Parallelsch. X_P
$X_R = \sum X_i$	$X_P^{-1} = \sum X_i^{-1}$

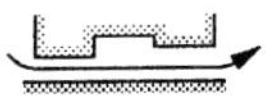

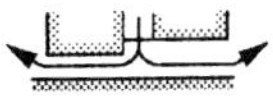

2 Massenstrom $\dot{m}$

$$\dot{m} = \rho_0 \cdot \frac{\Delta p}{12 \cdot \eta} \cdot \frac{1}{X} \cdot \frac{1+\beta}{2}$$

3 Volumenstrom $\dot{V}$

$$\dot{V} = \frac{\Delta p}{24 \cdot \eta} \cdot \frac{1}{X} \cdot \frac{1+\beta}{\beta}$$

4 Gesamtstrom $\dot{m}_0$ oder $\dot{V}_0$

$$\dot{m}_0 = \dot{m}_1 + \dot{m}_2 \quad \text{oder} \quad \dot{V}_0 = \dot{V}_1 + \dot{V}_2$$

5 Sperrluftdruck p_0

$$p_0 = \sqrt{24 \cdot \dot{V} \cdot \eta \cdot p \cdot X + p^2}$$

6 Reynoldszahl Re

$$Re = \frac{2 \cdot w \cdot h}{\nu}$$

7 Schallgeschwindigkeit w_S

$$w_s = \sqrt{\kappa \cdot R_i \cdot T}$$

8 Dynamischer Druck p_d

$$p_d = 0{,}5 \cdot \rho \cdot w^2$$

Weitere Bezeichnungen

- A - Austrittsquerschnitt
- w - Strömungsgeschwindigkeit
- w_A - Ausströmgeschwindigkeit
- h - Spalthöhe
- ν - kinematische Viskosität
- η - dynamische Viskosität
- κ - Isentropenexponent
- ρ - spezifisches Gewicht
- T - absolute Temperatur
- t - Temperatur in °C
- D - Durchmesser
- Δp - Druckdifferenz
- L - Spaltlänge
- β - Druckverhältnis
- p - Druck (absolut)
- R_i - spezifische Gaskonstante
- X - Spaltwiderstand

Hilfsformeln

$$\rho = \frac{p}{R_i \cdot T} \qquad \nu = \frac{\eta}{\rho}$$

$$\beta = \frac{p_1}{p_0} \quad \text{oder} \quad \frac{p_2}{p_0}$$

$$\Delta p = p_0 - p_1 \quad \text{oder} \quad p_0 - p_2$$

$$D_2 = D_B + L_2$$

$$D_1 = D_B + 2L_2 + 2L_3 + L_1$$

$$\dot{V} = \frac{\dot{m}}{\rho} \qquad w_A \approx \frac{\dot{V}}{A}$$

$\eta(t,p)$ für $p \leq 2$ MPa und $0\,°C \leq t \leq 100\,°C$ [68]

$$\eta_t \approx 17{,}24 \cdot 10^{-6}\ \text{Pa·s} \cdots \cdots \left(1 + 0{,}047 \frac{1}{°C} \cdot t\right)$$

Für Luft bei 20 °C (T=293 K) und p=1013 hPa [1] gilt:

$$\kappa = 1{,}4$$

$$\rho = 1{,}21\ \frac{kg}{m^3}$$

$$R_i = 287\ \frac{J}{kg \cdot K}$$

$$\eta = 18{,}3 \cdot 10^{-6}\ \text{Pa} \cdot \text{s}$$

$$\nu = 15{,}1 \cdot 10^{-6}\ \frac{m^2}{s}$$

Beispiel:
Für D_A= 100 mm,
$L_1 = L_2$= 3 mm
und $p_1 = p_2$= 0,1 MPa
gilt folgende Tabelle:

$h_1=h_2$	Δp	$\dot{V}$	w_A
mm	hPa	l/min	m/s
0,1	100	601	159
0,1	50	293	78
0,05	100	75	40
0,05	50	37	19

Bild 44: Berechnungsblatt für Sperrluftdichtungen mit Parallelspalten und Lufteinleitung über eine umlaufende Nut im praxisrelevanten Einsatzbereich. Die Verlustleistung kann mit den in Bild 10-I gegebenen Beziehungen abgeschätzt werden.

- Der Fehler durch Nichtberücksichtigung des Durchmesserunterschieds bei Rotation um die Achse BB ist für Durchmesserverhältnisse kleiner zwei vernachlässigbar (kleiner 4 %).

Das in Bild 44 unten angeführte Beispiel macht deutlich, daß selbst bei geringem Druck enorme Sperrluftmengen strömen. Zur überschläglichen Berechnung von Sperrluftdichtungen ähnlich Bild 41-D bis I kann auf die Luftlagerliteratur [27-29] zurückgegriffen werden.

8.3.9.6 Anwendung

Sperrluftdichtungen werden häufig eingesetzt, wenn bei hoher Umfangsgeschwindigkeit feiner Schmutz (Staub) abzuhalten ist. Dies ist z. B. bei der Trockenbearbeitung von Grauguß, Aluminium, Graphit, Holz, Glasfaserlaminaten usw. der Fall. Auch feinste Messingspäne schlüpfen ohne Gegenstrom in alle Spalte. Sperrluftdichtungen sind geeignet, Flüssigkeiten und Flüssigkeitsdunst zurückzuhalten und benötigen quer zur Spaltlängsrichtung nur einen geringen Bauraum.

8.3.10 Anwendungs- und Praxisbeispiele

Bild 45 zeigt maßstäblich mit allen relevanten Angaben einen Ausschnitt der Hauptspindelabdichtung eines Waagerecht-Bearbeitungszentrums. Durch fragmentelle Fanglabyrinth-Dichtungen wird das Schmieröl am Austritt aus der Spindel und der von außen anspritzende Kühlschmierstoff und Schmutz am Eintritt in die Lagerung und in den Ölkreislauf gehindert.

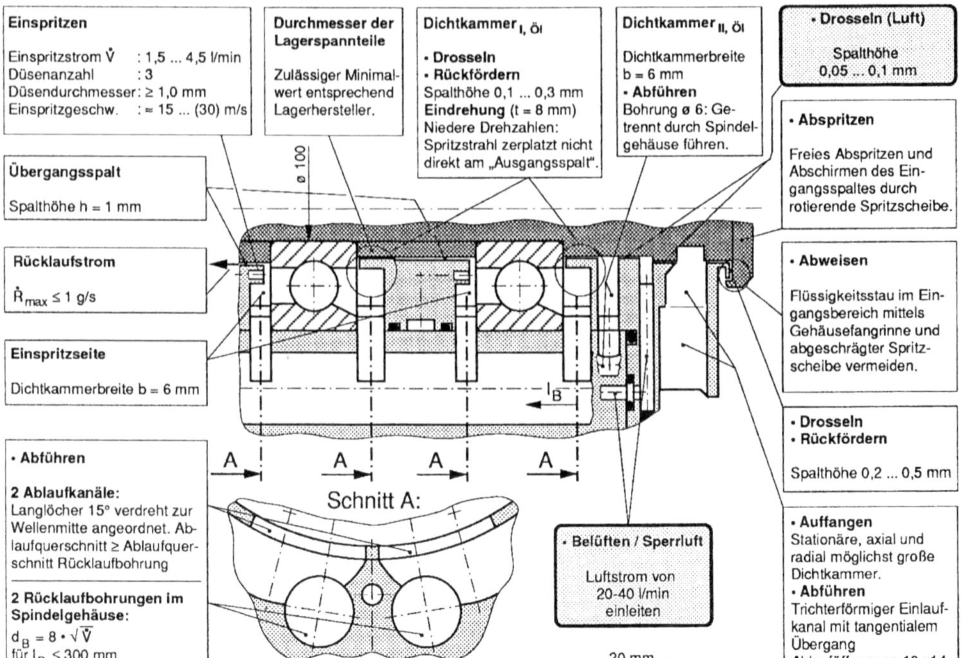

Bild 45: Hauptspindel eines Bearbeitungszentrums mit richtig gestalteter Abdichtung mittels Fanglabyrinthe bei öleinspritzgeschmierter Lagerung und Kühlschmierstoff von außen. Zur sicheren Trennung der beiden Flüssigkeiten ist als Zusatzelement eine Sperrluftdichtung integriert

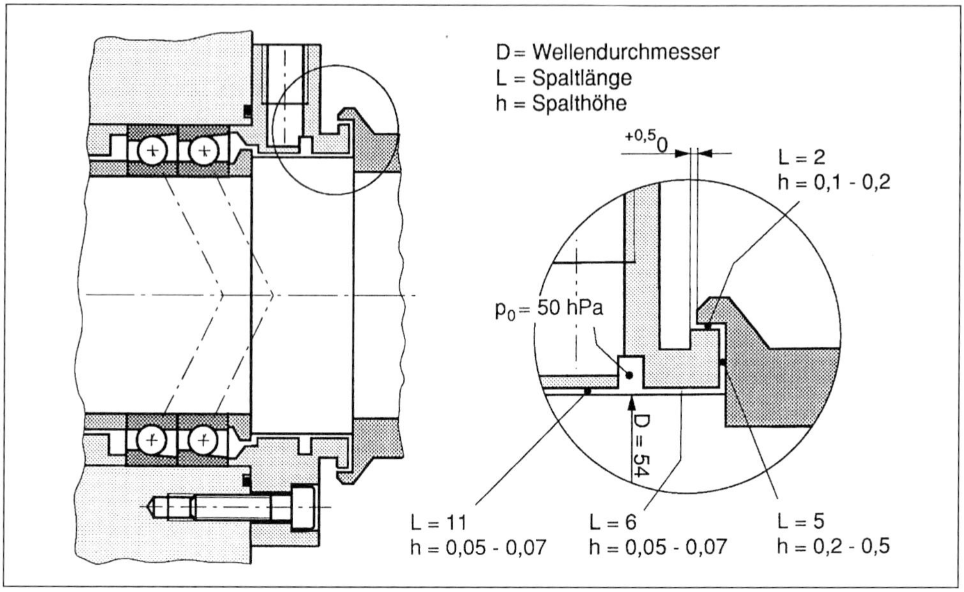

Bild 46: Für alle Raumlagen geeignetes berührungsfreies Dichtsystem mit Sperrluft Beispiel Kurzspindel

Bei hoher Umfangsgeschwindigkeit käme es infolge Luftdurchzugs zur Vermischung beider Flüssigkeiten – insbesondere zum Austritt von Öl aus der Spindel. Um das sicher zu verhindern, ist zwischen den beiden Teil-Dicht-Systemen eine „Sperrluftstufe" installiert worden, die hier die Aufgabe des „aktiv Belüften" hat. Die Sperrluft ist dabei ein echtes Zusatzelement zu den Fanglabyrinth-Dichtungen.

Eine bedeutende Domäne der Sperrluft-Dichtung ist die lageunabhängige berührungsfreie Abdichtung (keine Ablaufbohrungen). Das schafft die Sperrluft-Dichtung bei stärkerer Flüssigkeits- und Schmutzbeaufschlagung nur zusammen mit einem optimal gestalteten Eingangsbereich. Bild 46 zeigt einen Ausschnitt – vordere Lagerung mit Dichtung – einer Kurzspindel. Kurzspindeln werden dicht an dicht gepackt in großen Stückzahlen in den Transferstraßen der Automobilindustrie eingesetzt. Bild 47 vermittelt einen Gesamteindruck über die Konstruktion und den Einbau der in DIN 69002 genormten Spindeln. Bei der in Bild 46 dargestellten Baugröße strömen bei einem maximalen Sperrluftdruck von p_0 = 50 hPa unter geometrisch idealen Bedingungen und bei leeren Spalten rein rechnerisch zwischen 7,5 l/min und 20,8 l/min Luft durch das Dichtsystem, wovon 4,8 l/min bzw. 13,4 l/min zur Flüssigkeitsseite und 2,7 l/min bzw. 7,4 l/min dichtungsunwirksam und lagerschmierungsgefährdend zur Lagerseite hin abströmen. Solche Kurzspindeln sind in der Praxis nunmehr seit zehn Jahren ohne Dichtheitsprobleme im Einsatz.

Obwohl mittels günstig gestalteter Sperrluftdichtungen viel erreichbar ist, sollte nicht vergessen werden, daß die notwendigen engen Spalte nur mit einem sehr großen konstruktiven und fertigungstechnischen Aufwand in deren Umfeld realisierbar sind. Zudem sind solche Dichtsysteme sowohl dynamisch als auch insbesondere statisch nur dann dicht, wenn das Konstruktionselement „Sperrluft" auch tatsächlich strömt. Man sollte also stets versuchen,

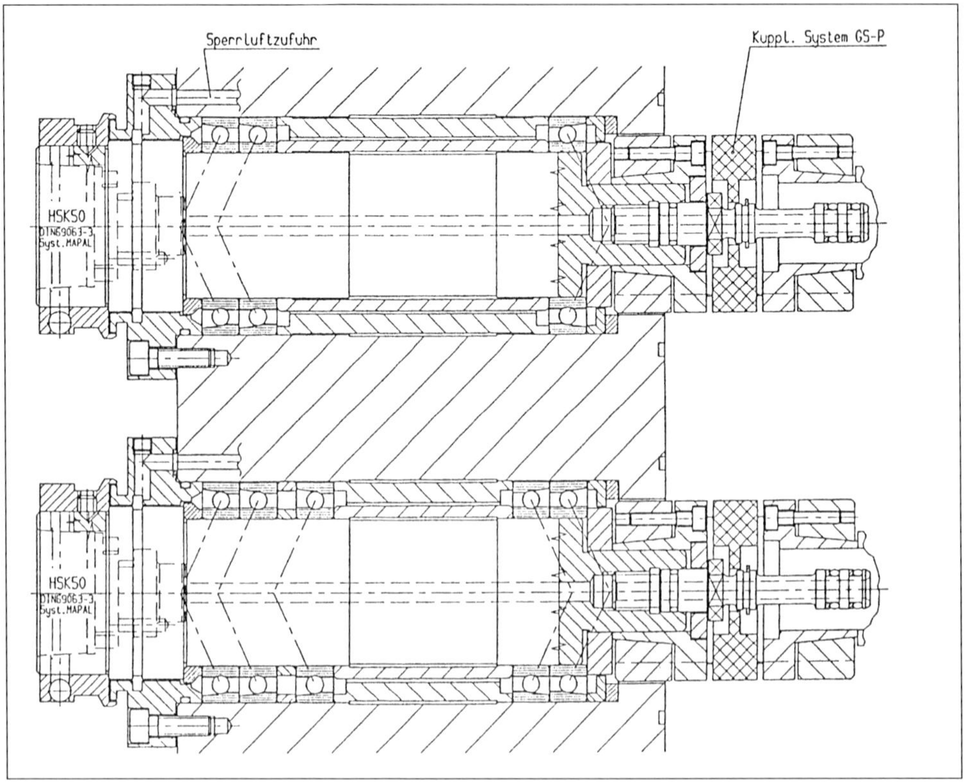

Bild 47: Kurzspindeln mit Antrieb nach DIN 69 002 (oben Form A 50 x 45 x 47, unten Form B 50 x 45 x 47)

mit den relativ weitspaltigen Fanglabyrinth-Dichtungen auszukommen und Sperrluft nur dann einzusetzen, wenn es technisch nicht mehr anders geht oder wenn es wirtschaftlich sinnvoll ist.

Eine günstig gestaltete Fanglabyrinth-Dichtung ohne Sperrluftunterstützung für Werkzeugmaschinen-Spindeln bei fettgeschmierter Lagerung und damit nur einseitiger Flüssigkeitsbeaufschlagung zeigt Bild 11 am Beispiel einer Waagerechtfrässpindel. In Bild 29 ist die Spindel einer Universal-CNC-Drehmaschine mit ihrer Abdichtung dargestellt. Bild 30 zeigt eine Fanglabyrinth-Dichtung, die für verschiedene, im Betrieb beliebig wechselnde Lagen der Spindelachse im Raum geeignet ist.

Die Bilder 48, 49 und 50 beinhalten Ausschnitte aus Originalzeichnungen ausgeführter Aggregate. In Bild 48 ist die Lagerabdichtung eines 1000-kW-Windkraftgetriebes dargestellt. Die Abdichtung gegen austretendes Lagerschmieröl ist berührungsfrei ausgeführt. Das Eindringen von Fremdstoffen von außen und Luftdurchzug wird durch einen V-Ring verhindert.

Eine Abdichtung von Rollgangsrollen in Stahlwalzwerken ist in Bild 49 dargestellt. Rollgangsrollen (ca. 3 m lang und 500 mm Durchmesser) transportieren die glühenden Stahlblöcke (Brammen ca. 40 t schwer) von Walzgerüst zu Walzgerüst. Eine Walzstraße beinhal-

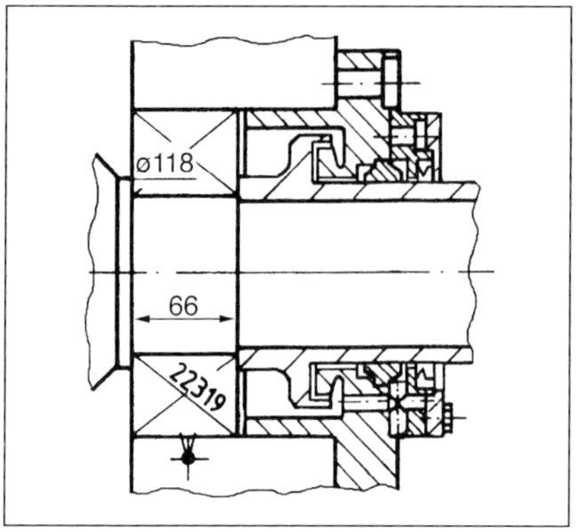

Bild 48: Ergänzte Originalzeichnung der Lagerdichtung an einem 1000-kW-Getriebe für Windkraftanlagen

tet 200–300 solcher Rollen. Sie werden ständig von unten durch eine Wasserbespritzung gekühlt. Vor dem Eintritt in ein Walzgerüst werden die glühenden Brammen mit Hochdruckwasserstrahlen entzundert. Entsprechend unwirtlich sind die Abdichtbedingungen. Die Loslager müssen Axialbewegungen infolge thermischer Dehnung bis 25 mm aufnehmen können. Angepaßt an Walzwerksbedingungen sind die Fanglabyrinthe „grobschlächtig“ausgeführt. Sie halten Schmutz und Wasser von den Wellendichtringen fern. Diese dichten gegen Feuchtigkeit ab und halten das Fett im Lager.

In Bild 50 ist die Lagerung und Abdichtung des „Großrades“ in einem modernen Hochleistungsantrieb für schnellfahrende Lokomotiven darge-

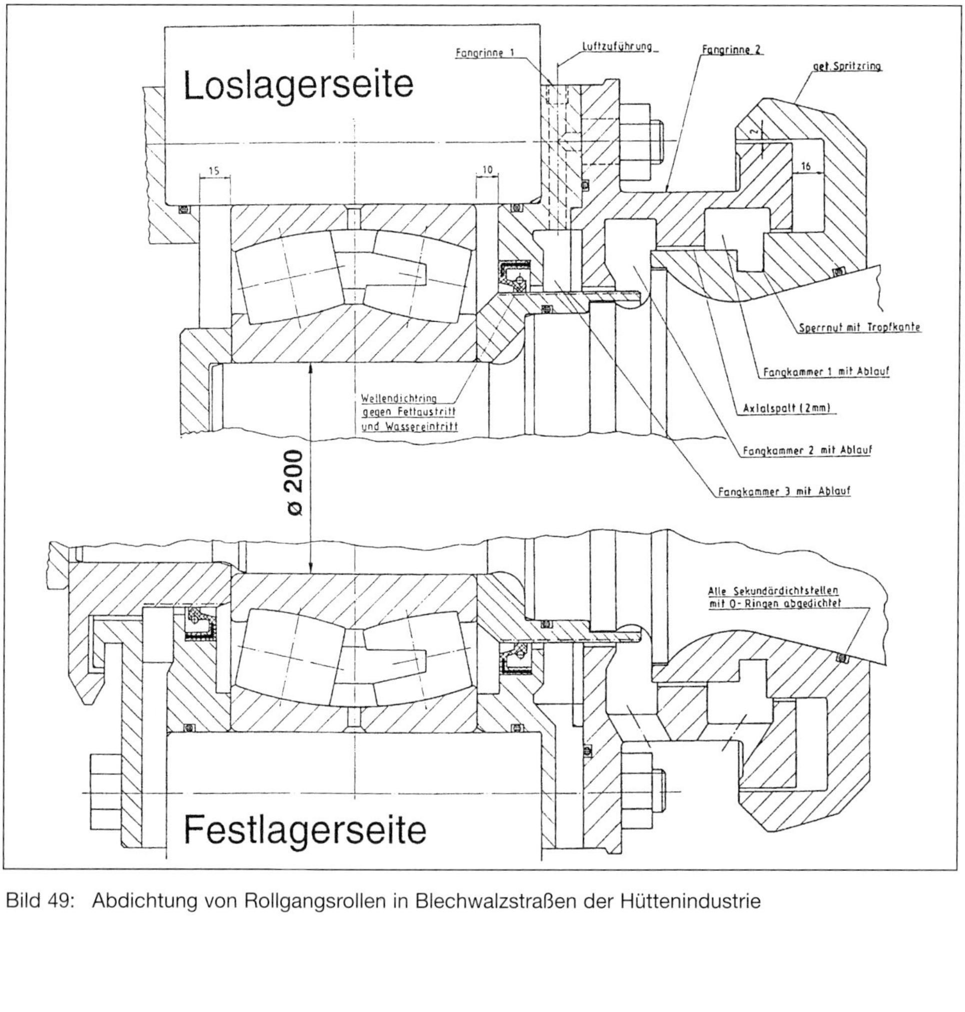

Bild 49: Abdichtung von Rollgangsrollen in Blechwalzstraßen der Hüttenindustrie

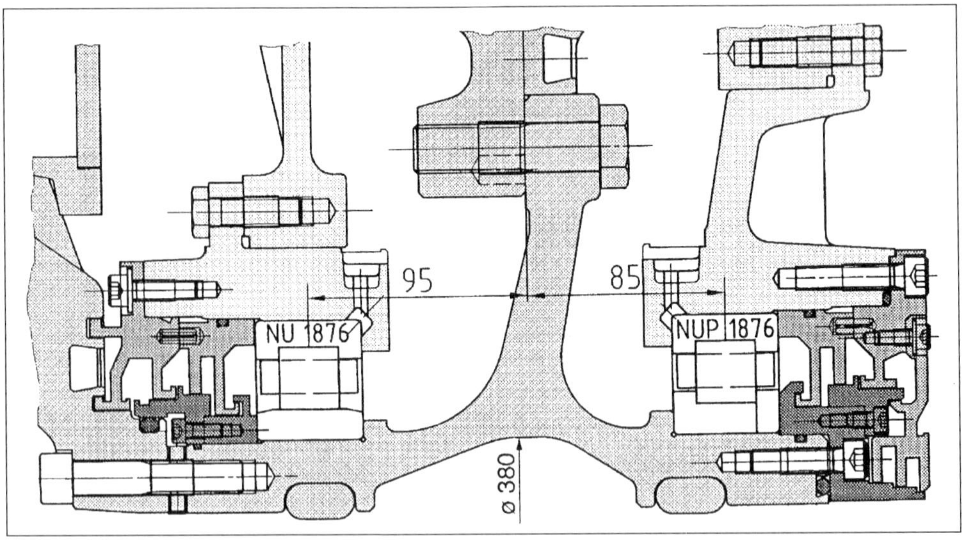

Bild 50: Lagerung und Abdichtung des „Großrades“ an einem Hochleistungsantrieb für schnellfahrende Lokomotiven

stellt. Die Zahnräder sind öltauchgeschmiert, den Zylinderrollenlagern wird Schmieröl über Ölfangtaschen zugeführt. Abgedichtet sind die Getriebe an ihren dynamischen Dichtstellen mittels aufwendiger Fanglabyrinth-Dichtungen. Sie verhindern den Ölaustritt und das Eindringen von Wasser und Staub. Infolge der hohen Umfangsgeschwindigkeit und wegen langer Wartungsintervalle kommen hier nur berührungsfreie Dichtsysteme in Frage. In der gesamten Bahntechnik – Lokomotiven aller Art, Straßenbahnen, Stadt- und S-Bahnen – wird derzeit von berührenden auf berührungsfreie Dichtsysteme umgestellt. Die geforderten längeren Wartungsintervalle sind mit berührenden Dichtungen meist nicht erreichbar.

Die wenigen angeführten Beispiele machen schon deutlich, daß es ein weites und weiter wachsendes Feld für berührungsfreie Dichtungen gibt. Derzeitige Anwendungsgebiete sind beispielsweise auch Druckmaschinen, Turbinen, Kompressoren, Schäl- und Verseilmaschinen, Turbogetriebe, Wandler, Pumpen, Lagerstühle, Exzenterpressen, Drahtzieheinrichtungen und eine Vielzahl weiterer technischer Systeme.

8.4 Zusammenfassung

Druckabdichtende berührungsfreie Dichtungen haben als Drosseldichtung stets einen Durchfluß, wenn nicht ein interner Rückfördermechanismus wie bei der Sperrdichtung installiert ist. Der Durchfluß – die Leckage – von Drosseldichtungen ist rechnerisch abschätzbar, die Unsicherheit des Ergebnisses allerdings erheblich. Allein geometrische Abweichungen vom Idealzustand verändern beim glatten Spalt den Durchfluß um den Faktor zehn. Turbulente Strömung, gegliederte Spalte und rasche Bewegung von Welle oder Stange lassen rechnerische Abschätzungen fast zum Glücksspiel werden. Meist ist man auf experimentell ermittelte Werte angewiesen. Die Eigenschaften und Grenzen von Sperrdichtungen hingegen lassen sich, zumindest solange die Strömung laminar ist, rechnerisch mit einiger Sicherheit vorhersagen.

Drosseldichtungen funktionieren zum Teil nur nach dem Wirkprinzip „Drosseln“ – z. B. glatter enger Spalt – häufig kommt noch das Wirkprinzip „Umlenken“ – z. B. Labyrinthspalt – hinzu. Erst bei Integration des Wirkprinzips „Rückfördern“ ist Durchfluß in begrenzten Betriebsbereichen vermeidbar, z. B. bei Sperrdichtungen. Das ist dann allerdings meist mit einer erheblichen Erwärmung verbunden.

Fanglabyrinth-Dichtungen sind berührungsfreie Wellendichtungen für bespritzte oder schwallartig überflutete Wellendurchtrittsstellen bei geringem Differenzdruck. Diese erfüllen ihre Gesamtfunktion – berührungsfrei Abdichten – mittels der acht physikalischen Wirkprinzipien – Abweisen, Abspritzen, Abschirmen, Umlenken, Drosseln, Rückfördern, Auffangen und Abführen.

Fanglabyrinth-Dichtungen sind – sofern günstig gestaltet – tropffrei, d. h. technisch dicht. Sie erlauben jedoch und erzeugen bei Rotation auch selbst prinzipbedingt einen Luftdurchzug. Große technische Bedeutung haben sie als verlustleistungsarme Dichtung auch für große Flüssigkeitsströme bei hoher Relativgeschwindigkeit. Bild 51 zeigt links ein Beispiel aus der Praxis, wie ein ölgeschmiertes Wälzlager nicht abzudichten ist und rechts in zwei Varianten (oben/unten), wie dieselbe Dichtstelle richtig gestaltet aussehen sollte.

Bei Fanglabyrinth-Dichtungen werden fünf wichtige Funktionsbereiche, nämlich Eingangsbereich, Innenbereich, Ablaufbereich, Ausgangsbereich und Dichtungsumfeld unterschieden. Für jeden dieser Funktionsbereiche gibt es spezielle Gestaltungsregeln, wie dort jeweils die physikalischen Wirkprinzipien für bestimmte Betriebszustände günstig zu integrieren sind. Der wichtigste Funktionsbereich ist der Eingangsbereich. Alles was nicht in den Innenbereich gelangt, muß dort auch nicht „entsorgt“ werden! Sekundäre und tertiäre Maßnahmen im Dichtungsumfeld können die primäre Aufgabe – berührungsfrei tropffrei abdichten – wesentlich erleichtern oder gar erst ermöglichen.

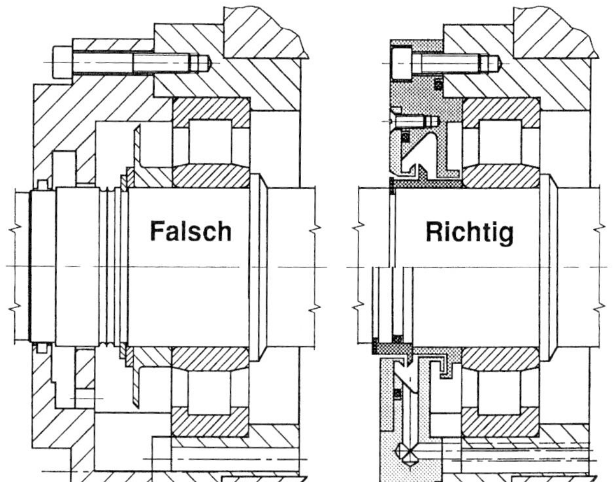

Bild 51: Beispiel – links ein berührungsfreies Dichtsystem aus der Praxis, das undicht war; rechts zwei Möglichkeiten, (oben-unten) es mittels eines Fanglabyrinths besser zu machen

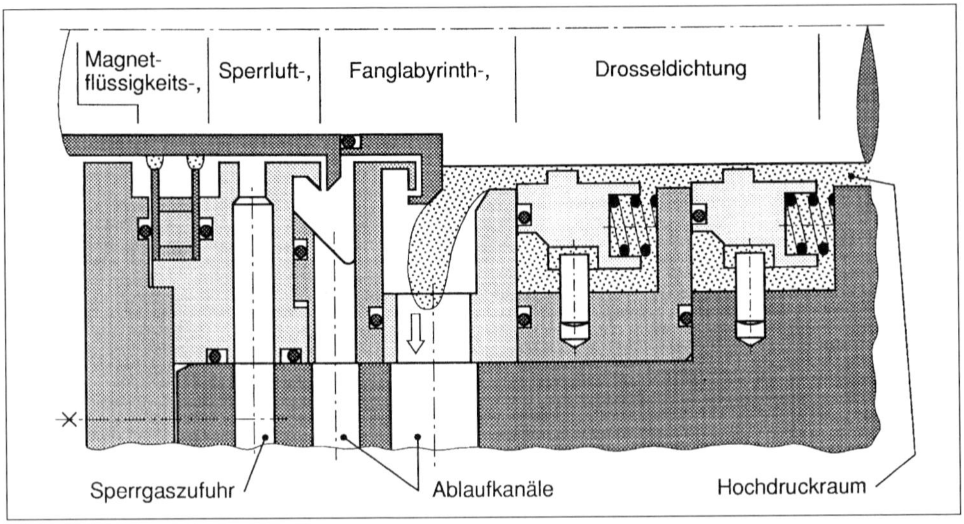

Bild 52: Kombination verschiedener berührungsfreier Dichtungen zur quasihermetischen Abdichtung eines Hochdruckraumes

Um die richtigen Maßnahmen im Dichtungsumfeld ergreifen und den Eingangsbereich und Ablaufbereich günstig gestalten zu können, sind die äußeren Bedingungen, unter welchen das Dichtsystem zu arbeiten hat, umfassend zu analysieren. Die Kenntnis der Strömungen im Innenbereich einer Fanglabyrinth-Dichtung erlaubt es, diesen problemgerecht zu gestalten.

Werden Fanglabyrinth-Dichtungen „reduziert", indem man zwecks einfacherer Gestaltung wesentliche Wirkprinzipien nicht integriert, so werden aus Fanglabyrinth-Dichtungen die bekannten berührungsfreien Schutzdichtungen. Schutzdichtungen sind in aller Regel nicht flüssigkeitsdicht, weil eben wesentliche Wirkprinzipien fehlen.

Die meisten der derzeit handelsüblichen berührungsfreien Wellendichtelemente sind den Schutzdichtungen zuzurechnen.

Mittels Zusatzelementen ist der Einsatzbereich von Fanglabyrinth-Dichtungen erweiterbar. Wird eine einfache Magnetflüssigkeits-Dichtung hinzugefügt, so unterbindet diese den meist unerwünschten Luftdurchzug vollständig, da der Dichtspalt durch den Magnetflüssigkeitsring quasi hermetisch verschlossen ist. Wird aktiv, d. h. bewußt mit Energie von außen saubere Luft an geeigneter Stelle in eine Fanglabyrinth-Dichtung eingeleitet – sogenannte Sperrluft – so kann der Luftdurchzug geleitet werden. Ist die Sperrluftführung günstig gestaltet, kann auf große Teile der sonst notwendigen Fanglabyrinth-Dichtung verzichtet werden.

Ein optimal gestalteter Eingangsbereich plus eine günstig ausgelegte Sperrluftdichtung ermöglichen berührungsfreies Abdichten bei beliebiger auch im Betrieb wechselnder Lage der Welle im Raum. Sowohl zur Auslegung als auch zur Bestimmung der Dichteigenschaften gibt es erprobte Rechenverfahren.

Bild 52 zeigt beispielhaft, wie durch geeignete Kombination verschiedener berührungsfreier Dichtungen und Zusatzelemente ein flüssigkeitsgefüllter Hochdruckraum berührungsfrei und quasi hermetisch abdichtbar ist.

Literaturverzeichnis

[1] Trutnovsky, K., Komotori, K.: Berührungsfreie Dichtungen. 4. Aufl.; Düsseldorf: VDI-Verlag, 1981.
[2] Müller, H. K.: Abdichtung bewegter Maschinenteile. Waiblingen: Medienverlag Ursula Müller, 1990.
[3] Schmid, E.: Handbuch der Dichtungstechnik. Grafenau/Württ.: Expert Verlag, 1981.
[4] Weissenberger, E.: Strömung durch Spaltdichtungen. Dissertation TH Karlsruhe, 1952.
[5] Bohl, W.: Technische Strömungslehre. 5. Aufl.; Vogel-Verlag: Würzburg 1982.
[6] Hering, E.: Physik für Ingenieure. 5. Aufl.; VDI-Verlag: Düsseldorf, 1995.
[7] Schüle, W.: Technische Thermodynamik. Berlin: Springer Verlag, 1923.
[8] Egli, A.: The leackage of gases through narrow channels. Trans. ASME 57(1935).
[9] Trutnovsky, K.: Berührungsfreie Dichtungen. 2. Aufl.; Düsseldorf: VDI-Verlag, 1964.
[10] Stanger, N., Haas, W., Müller, H. K.: Abdichten auf kleinem Bauraum. Konstruktion 46 (1994), H. 1, S. 2–8.
[11] Stanger, N., Haas, W., Müller, H. K.: Sealing liquid with air. 14th Int. Conf. on Fluid Sealing; Firenze, Italy: 6–8 April 1994.
[12] Ketola, H. N., McGrew, J. M.: Theory of the partially wetted disc. Third Int. Conf. on Fluid Sealing, B.H.R.A. 1967.
[13] Thew, M. T., Saunders, M. G.: The hydrodynamic disc seal. Third Int. Conf. on Fluid Sealing, B.H.R.A. 1967.
[14] Thew, M. T.: Further experiments on the hydrodynamic disc seal. Fourth Int. Conf. on Fluid Sealing, B.H.R.A. 1969, Paper H5.
[15] Boon, E. F., Tal, S. E.: Hydrodynamische Dichtungen für rotierende Wellen. Chem.-Ing.-Technik 31 (1959), Nr. 3.
[16] Heitel, K.: Berechnung und Konstruktion von Gewinde-Wellendichtungen im laminaren Bereich. Konstruktion 31 (1979), Nr. 12.
[17] Krautzig, J.: Auslegung konzentrischer Gewinde-Wellendichtungen bei laminarer Strömung und konstanter Viskosität. Verlag Inst. f. Grundl. d. Maschinenkonstruktion, ETH Zürich, 1985.
[18] Trutnovsky, K.: Schutzdichtungen. Düsseldorf: VDI-Verlag, 1977.
[19] Fritz, E., Haas, W., Müller, H. K.: Berührungsfreie Spindelabdichtung im Werkzeugmaschinenbau. Konstruktionskatalog, Institutsbericht Nr. 39 (1992).
[20] Haas, W.: Berührungsfreies Abdichten im Maschinenbau unter besonderer Berücksichtigung der Fanglabyrinthe. Habilitationsschrift 1998, Universität Stuttgart, Institutsbericht Nr. 74.
[21] Haas, W.: Berührungsfreie Wellendichtungen für flüssigkeitsbespritzte Dichtstellen. Diss. 1986, Universität Stuttgart, Institutsbericht Nr. 23.
[22] Fritz, E.: Abdichtung von Werkzeugmaschinenspindeln. Diss. 1991, Universität Stuttgart, Institutsbericht Nr. 38.
[23] Jäckle, M., Lechner, G.: Entlüftung von Getrieben. Forschungsvereinigung Antriebstechnik e.V.: Forschungsbericht, Heft 382, Frankfurt/M., 1993.
[24] Jäckle, M.: Entlüftung von Getrieben. Diss. 1994, Universität Stuttgart, Institutsbericht Nr. 51.
[25] Stanger, N., Haas, W., Müller, H. K.: Abdichtung kleiner Spindeln in Werkzeugmaschinen bei kleinem Dichtungsbauraum und extremen Betriebsbedingungen. AIF Nr. 8118: Forschungsbericht August 1994
[26] Stanger, N.: Berührungsfrei Abdichten bei kleinem Bauraum. Dissertation, Universität Stuttgart, 1995.
[27] Wiemer, A.: Luftlagerung VEB-Verlag: Berlin, 1969.
[28] Köhler, H.: Druckgespeiste Gaslager mit flächig verteilten Mikrodüsen. Diss. 1985, TU München.
[29] Barz, W.: Luftlagerungen, Grundlagen und Anwendungen. Expert Verlag 1982.
[30] Haas, W., Müller, H. K.: Design Directives for Liquid Spattered Labyrinth Seals. 11th Int. Conf. on Fluid Sealing (BHRA), Cannes 1987, Paper D1.
[31] Fritz, E., Haas, W., Müller, H. K.: Liquid Collecting Labyrinth Seals for Machine Tool Spindles. 13th Int. Conf. on Fluid Sealing; Brügge, Belgium: 7–9 April 1992; BHRA; S. 703–710.
[32] N.N.: Berührungslose Dichtungen, Produktkatalog GMN Paul Müller GmbH & Co.KG Unternehmensbeteiligungen, Nürnberg

[33] N.N.: Abdichtelemente-Lamellenringe, Druckschrift Fa. Fey, Königsbrunn
[34] N.N.: Nilos-Ringe LSTO, Druckschrift Fa. Ziller & Co., Düsseldorf
[35] N.N.: ProTech, Druckschrift JM Clipper Corporation, Flexibox GmbH, Frankfurt
[36] N.N.: Dichtungslamellen, WTM 15460 Reg. 4735 SKF-Kugellagerfabriken GmbH, Schweinfurt
[37] N.N.: Knossos Labyrinth Seal, Druckschrift Fa. Knossos, Karlstad, Schweden
[38] N.N.: Garlock Equalizer, Druckschrift Garlock GmbH, Neuss
[39] N.N.: ISO-GARD Lagerabdichtung, Druckschrift Garlock GmbH, Neuss
[40] N.N.: Inpro Lagerdichtungen, Druckschrift Inpro Companies Europe, Oud Gastel, Holland
[41] N.N.: Lifeshield, Druckschrift Fa. BW/IP International, Inc. Seal Division, Long Beach, CA USA
[42] N.N.: Bearing Guard Permanent Pump Bearing Protektor. Durametallic Corporation, Kalamazoo USA

9 Spezielle Abdichtelemente und Dichtungszubehör

9 Spezielle Abdichtelemente und Dichtungszubehör

W. Tietze und W. Ochonski, E. Schneider

9.1 Faltenbälge

9.1.1 Einleitung

Faltenbälge sind Schutzelemente, bestehend aus einem beweglichen Balgteil und zwei Anschlußbereichen zur Befestigung. Balgteil und Anschlußbereiche haben je nach Einsatzfall die unterschiedlichsten geometrischen Formen und Abmessungen. Elastomer-, PTFE- und Metallfaltenbälge sind im Rohrleitungs-, Apparate- und Maschinenbau weit verbreitete Bauteile [1–4].

9.1.2 Elastomer-Faltenbälge

Elastomer- Faltenbälge schützen axial bewegte Stangen und Maschinenteile vor Verschmutzung, Spritzwasser, Staub und/oder Witterungseinflüssen. Sie sind je nach Auslegung in der Lage, auch quer zur Achsrichtung verlaufende Bewegungen oder eine Kombination von beiden Bewegungsarten (z.B. Getriebeschalthebel) aufzunehmen.

Bild 1 zeigt zwei verschiedene Elastomer-Balgformen. Der Balg besteht aus einem flexiblen Faltenbalgteil und zwei zylindrischen Endstücken, die zur Befestigung verwendet werden. Der flexible Balgteil kann eine konische oder zylindrische Form haben. Der obere konisch gestaltete Faltenbalg ist als Gelenkwellenbalg für kurze axiale Dehnung, Winkelauslenkung der

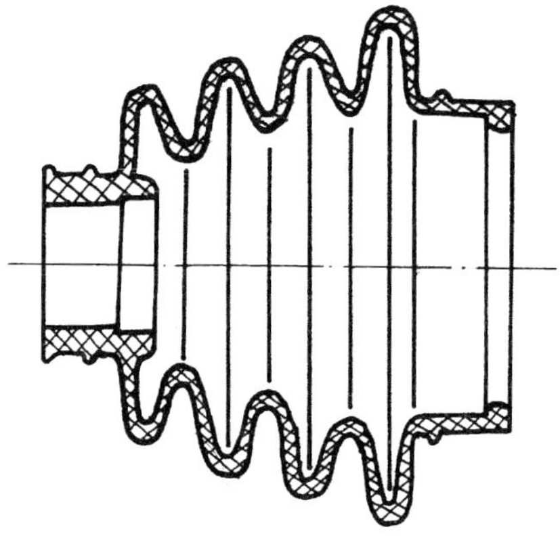

a) Gelenkwellenbalg

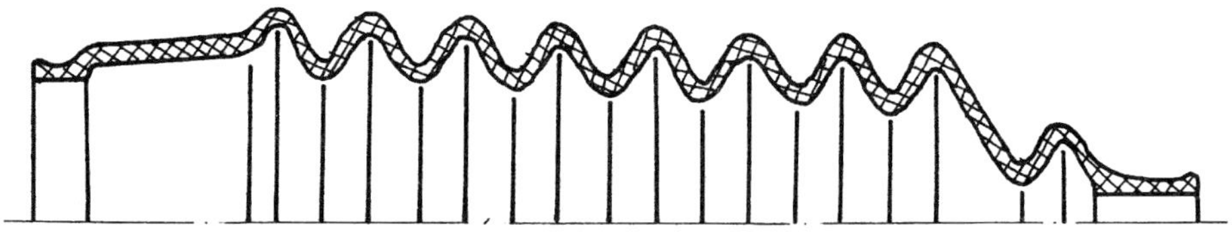

b) Balg für Schubstange

Bild 1: Typische Elastomer - Balgform

Achse und für hohe Drehzahlen konstruiert. Die gestreckte, zylindrische Balgform eignet sich besser für längere axiale Bewegungen und axialen Versatz von zwei bewegten Maschinenteilen.

9.1.3 Faltenbälge aus PTFE

Faltenbälge aus PTFE haben neben der hohen Temperatur- und chemischen Beständigkeit insbesondere die Funktion, infolge der guten Biegewechselfestigkeit des Werkstoffes Dehnungen aufzunehmen, Vibration zu unterdrücken oder Achsversetzungen auszugleichen. Sie lassen sich vielseitig gestalten und dienen vorwiegend unter härtesten chemischen Bedingungen als Dichtelement in axialen Gleitringdichtungen, als Kompensatoren in Rohrleitungen oder auch einseitig geschlossen als Absperr- bzw. Dosierelement in korrosionsbeständigen Ventilen und Pumpen.

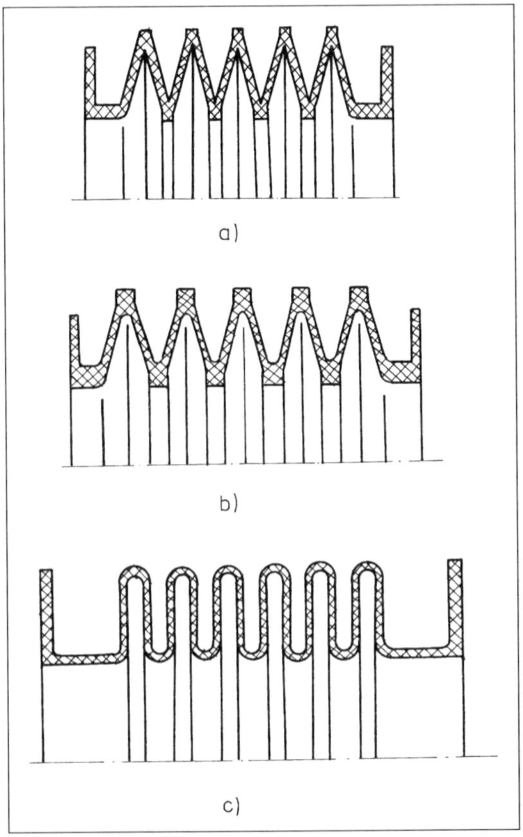

Bild 2: Grundformen von PTFE-Faltenbälgen
a) mit gestochenen Spitzfalten
b) mit modifizierten Spitzfalten
c) mit gedrehten Rundfalten

Bild 2 zeigt Grundformen von PTFE-Faltenbälgen. PTFE-Faltenbälge mit gestochenen Spitzfalten (Bild 2a) werden durch spitze Einstiche von innen und außen aus einem dickeren PTFE-Rohr gefertigt. Sie besitzen die größte Dehnbarkeit und Flexibilität von allen Faltenbälgen. Wegen der Kerbempfindlichkeit sind nur geringe Überdrücke bis 0,1 MPa zulässig. Die Temperatur sollte +200 °C nicht überschreiten. Bei flüssigen Medien empfiehlt es sich, diese Faltenbälge nur vertikal einzusetzen. Etwas höher druckbeanspruchbar sind PTFE-Bälge, deren Falten im Grund ausgerundet sind (Bild 2b). Mit gerundeten Einstechstählen spanend geformte PTFE-Bälge werden je nach Wanddicke bei Druckdifferenzen bis 0,5 MPa eingesetzt. Bild 2c zeigt einen PTFE-Faltenbalg mit gedrehten Rundfalten. Diese Bälge werden spanend geformt. Ihre Faltenausbildung erlaubt eine höhere Druckbelastung bei allerdings eingeschränkter Dehnungsreserve und Flexibilität. Je nach Abmessung und Wanddicke können Überdrücke bis 0,5 MPa von diesen Bälgen aufgenommen werden. Die Temperaturbelastung sollte +200 °C nicht überschreiten.

9.1.4 Metallfaltenbälge

Der Metallfaltenbalg verdankt seinen Ursprung der Forderung, Medien abzudichten oder Drücke in Kräfte umzuwandeln oder beides zusammen und zwar in solchen Fällen, in denen extreme Temperaturen, Drücke oder aggressive Medien mit anderen Werkstoffen wie z.B. Elastomeren nicht mehr befriedigend beherrscht werden können.

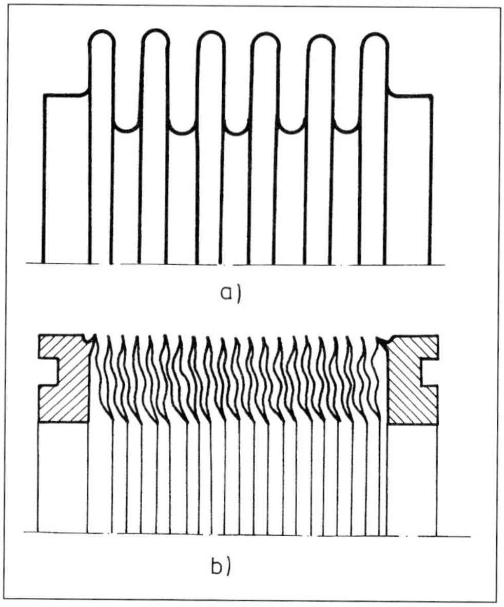

Bild 3: Grundformen von Metallfaltenbälgen
a) gewellter Metallfaltenbalg (Wellbalg)
b) geschweißter Metallfaltenbalg (Lamellenbalg)

Bild 3 zeigt Grundformen von Metallfaltenbälgen. Die klassische Bauform ist der gewellte Metallfaltenbalg, kurz Wellbalg (Bild 3a). Durch stufenweise mechanische oder hydraulische Kaltverformung eines einzelnen dünnwandigen, nahtlos gezogenen Metallrohrs entsteht ein einwandiger Balg. Aus ineinandergesteckten Rohren entstehen mehrwandige Bälge. Ein Wellbalg erlaubt axiale, angulare und laterale Bewegungen. Die zulässigen Werte dieser Bewegungen sind für die einzelnen Balgabmessungen in den Herstellerkatalogen angegeben [3]. Bild 3 zeigt einen häufig verwendeten, geschweißten Metallfaltenbalg mit radial gewellten Membranblechen. In der Regel sind die Membranbleche 0,1 ÷ 0,15 mm dick. Die Bleche werden gestanzt, geprägt und in automatisierten Schweißgeräten durch Schutzgas-, Plasma- oder Elektronenstrahlschweißung ohne Zusatzwerkstoff verbunden.

Aus fertigungstechnischen Gründen kann eine kaltgeformte Welle nicht beliebig schlank ausgeführt werden. Gemessen am zulässigen Hub ist deshalb der erforderliche Bauraum herkömmlicher Wellbälge verhältnismäßig groß. Bälge aus sehr dünnwandigen, an den Rändern verschweißten Membranblechen sind dagegen sehr kurz. Auswahlkriterien für den Metallbalgwerkstoff sind hauptsächlich die Korrosionsbeständigkeit, die Temperaturbeständigkeit und die Verarbeitbarkeit. Bei hoher Lastspielzahl ist die Biegeschwellfestigkeit ausschlaggebend. Vorwiegend bestehen Wellbälge aus Bronze (CuSn6) oder Tombak (CuZn20). Bei hohen Anforderungen bezüglich aller genannten Kriterien wird beispielsweise Edelstahl verwendet. Extrem korrosionsbeständige und hochtemperaturbeständige Bälge werden aus den bekannten Nickellegierungen Monel, Hastelloy C und Inconel hergestellt.

9.1.5 Einbaubeispiele

Bild 4 zeigt Einbaubeispiele von Faltenbälgen [4]. Der konisch gestaltete Faltenbalg mit steil gestellten Falten ist für kurze axiale Bewegungen, d.h. einer Winkelauslenkung bis 20° und Drehzahlen bis 35 s^{-1} verwendbar (Bild 4a und 4b).

Der lange zylindrische Faltenbalg eignet sich besonders für axiale Bewegungen mit geringem axialem Versatz von zwei zueinander bewegten Maschinenteilen (Bild 4c und 4d).

Bild 5 zeigt ein Einbaubeispiel eines mit einem PTFE-Gleitring integrierten Faltenbalges in der Stirnabdichtung, die zur Abdichtung chemisch aggressiver Flüssigkeiten angewendet wird [5].

Auch geschweißte und gewellte Faltenbälge werden oft in der Konstruktion von Stirnabdichtungen als Sekundärabdichtungen verwendet.

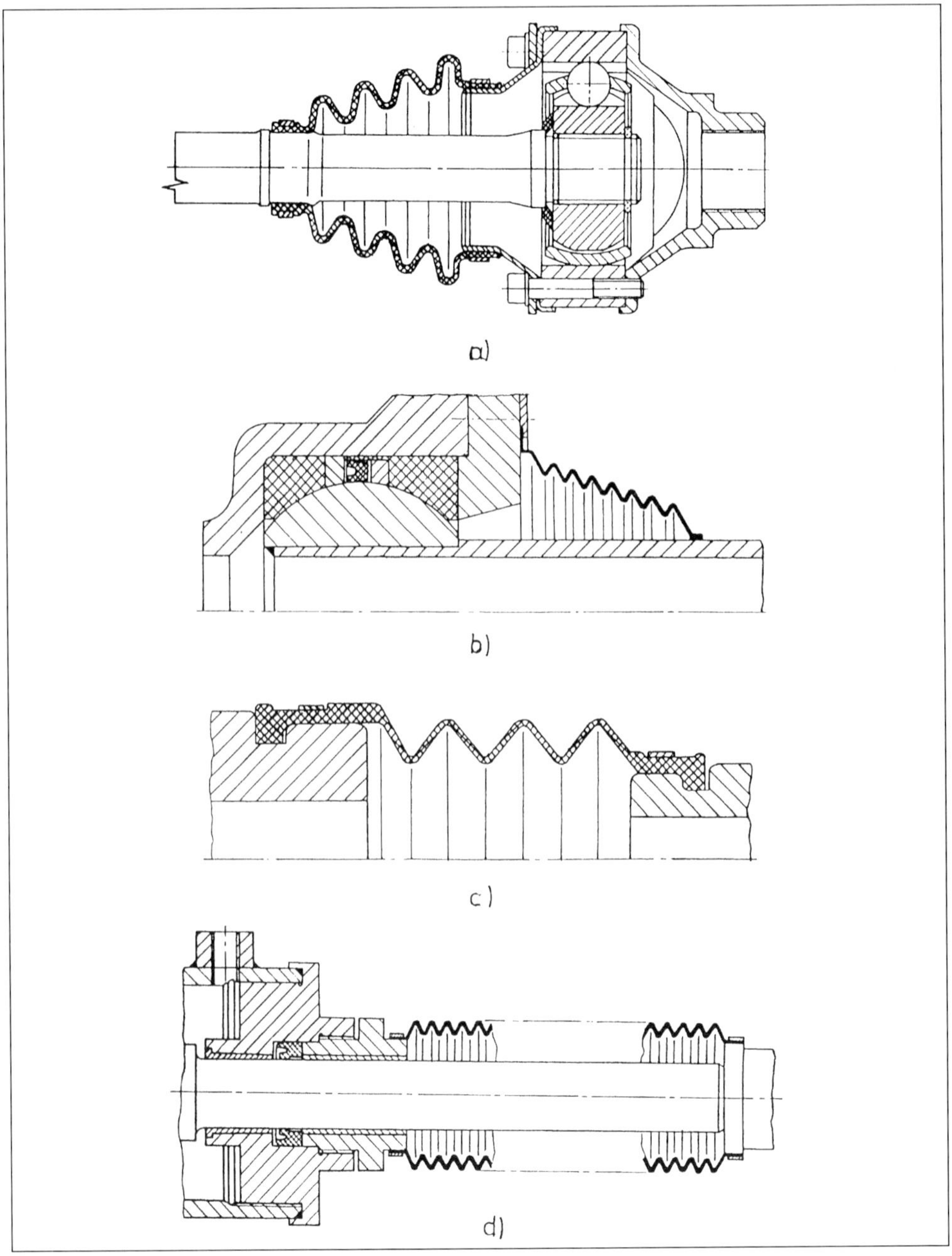

Bild 4: Einbaubeispiele der Faltenbälge
a) Gelenkwelle
b) Kugelgelenkschutz, sphärische Bewegung,
c) ein langer Faltenbalg für axiale Bewegung, Schutz an Schubstange
d) Faltenbalg für elastische Verbindung zweier Rohrenden

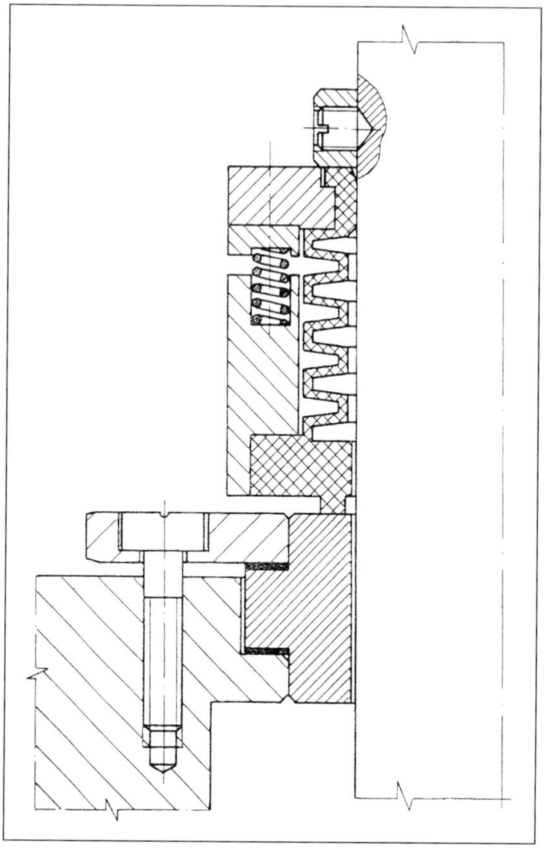

Bild 5: Einbaubeispiel eines Faltenbalges, integriert mit PTFE-Gleitring in einer Gleitringdichtung

Bild 6 zeigt ein Beispiel der Anwendung eines gewellten Faltenbalges zur Abdichtung von Ventilspindeln.

9.2 Membranen

9.2.1 Einleitung

Membranen sind Dichtelemente, die als elastische bewegliche Trennwände zwei Räume gegeneinander abdichten.

Die Vorteile solcher Konstruktionen gegenüber herkömmlichen gleitenden Abdichtungen sind klar ersichtlich:

- es tritt kein Verschleiß an gleitenden Teilen auf,
- Leckagen an Gleitflächen und damit Verluste und unerwünschte Verschmutzungen entfallen,
- genau bearbeitete Gleitflächen, Führungen und Passungen sind nicht erforderlich,
- die Kraftverluste durch Reibung sind gering, und eine erhöhte Anlaufreibung entfällt,
- bei zweckmäßiger Konstruktion sind hohe Bewegungsfrequenzen möglich, ohne daß übermäßige Erwärmung durch Reibung zu befürchten ist.

Der Einsatz von Membranen ist wie folgt begrenzt:

- es sind nur relativ kleine, durch die Bauart der Membrane vorgegebene Bewegungen möglich,
- die anzunehmenden Druckdifferenzen dürfen nicht zu hoch sein, da sonst dickere und steifere Membranen erforderlich sind und die Vorteile großer Beweglichkeit und geringer Reibungsverluste verlorengehen.

Membranen werden für die unterschiedlichsten Funktionen eingesetzt, so z.B. als Pumpenmembranen, für Regel-, Steuer-, Dosier- und Anzeigegeräte der verschiedensten Art und als Trennelemente in Dämpfungs- und Ausgleichsgefäßen [1, 2, 6].

9.2.2 Grundformen von Membranen

Größe und Formgebung der Membranen werden im Wesentlichen bestimmt von den zu übertragenden Hüben und Kräften sowie vom gewünschten Förder- bzw. Speichervolumen. Die Vielzahl der Ausführungen läßt sich auf wenige Grundformen zurückführen.

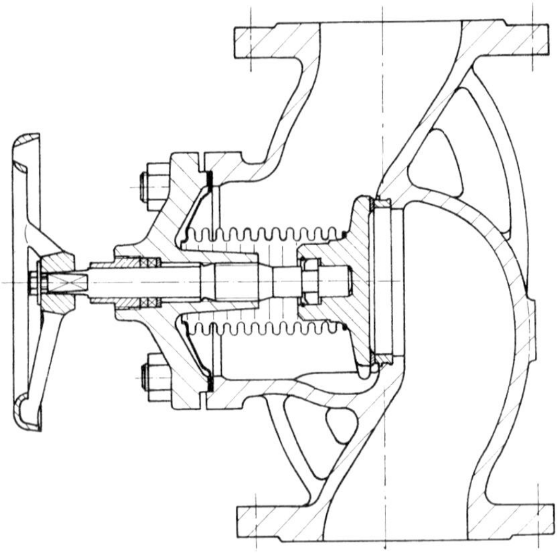

Bild 6: Anwendungsbeispiel eines gewellten Metallfaltenbalges zur Abdichtung einer Ventilspindel

Bild 7a zeigt eine Flachmembrane, die als Pumpenmembrane nur in gestaucht eingebauter Ausführung bei sehr kleinen Hubhöhen verwendet werden kann. Aus Membranstoffen gestanzte Flachmembranen werden am Rand eingespannt und sind beidseitig druckbelastbar. Wird der Hub auf 6 ÷ 10 % des wirksamen Durchmessers begrenzt, so verformen sich die Membranen ohne Radialfalten. Größere Hübe erreicht man mit Sickenmembranen, Bild 7b. Ihre nicht unterstützte Schlaufe (Sicke) führt eine freie Rollbewegung aus und ist nur einseitig auf der konkaveren Innenseite druckbelastbar. Für große Hübe gibt es Rollmembranen, die auf einem Stützkolben und an der Zylinderwand abrollen, Bild 7c. Rollmembranen sind nur auf der konkaven Innenseite der Rollschlaufe druckbelastbar. Die elastische Wand des Rollbalgs hat während ihrer Anlage am beweglichen Innenteil (Kolben) einen kleineren Umfang als bei der Anlage an der Zylinderwand. Demgemäß wird der Werkstoff beim Durchgang durch die Schlaufe gebogen und gedehnt. Bei häufigen Bewegungen muß deshalb eine hohe Biegewechselfestigkeit des Membranwerkstoffs gefordert werden.

9.2.3 Membranwerkstoffe

Elastische Ringmembranen bestehen aus Metall, PTFE oder Elastomer. Wesentliche Kriterien für die Wahl des Membranwerkstoffes ist der Temperaturbereich sowie die Art und der Druck des abzudichtenden Fluids. Die jeweils günstigste Bauform der Membranen richtet sich nach der Art der Bewegung an der Dichtstelle, nach der maximal wirkenden Druckdifferenz sowie nach dem verwendeten Werkstoff und den fertigungstechnischen Möglichkeiten.

Shore-Härte und Werkstoffbasis des einzusetzenden Elastomers sind abhängig von der mechanischen, thermischen und chemischen Beanspruchung der Membrane. Bei höheren Belastungen wird eine Gewebeverstärkung vorgesehen. Je nach Art der Druckbeaufschlagung (ein- oder beidseitig) wird diese als Gewebeein- oder auflage ausgeführt.

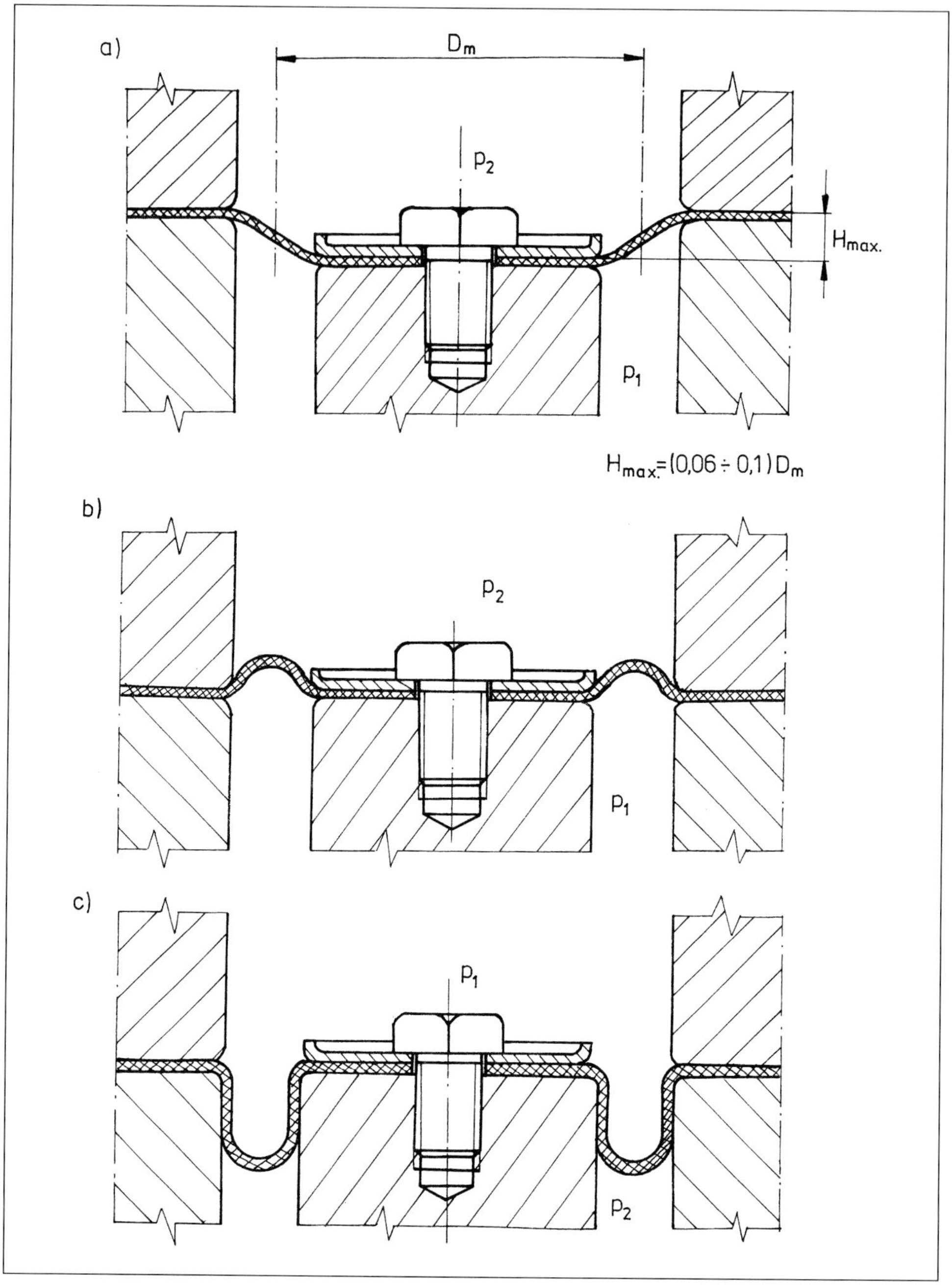

Bild 7: Grundformen von Membranen
a) Flachmembrane
b) Sickenmembrane
c) Rollmembrane

Folgende Eigenschaften stehen bei der Auswahl geeigneter Elastomerqualitäten im Vordergrund:

- Zur sicheren Abdichtung der Einspannbereiche sollte der Werkstoff günstige Druckrelaxationswerte im Langzeittest zeigen.
- Das Material soll entsprechend der jeweiligen Beanspruchung ausreichend fest, elastisch, flexibel, kerbzäh und abriebfest sein.
- Bei dynamischer Beanspruchung darf keine Materialermüdung eintreten.
- Im Hinblick auf die Verarbeitung werden gutes Fließverhalten, günstige Vulkanisationsbedingungen sowie Bindefreudigkeit zu eventuell vorgesehenen Metall- oder Gewebeeinlagen gewünscht.
- Der Werkstoff muß der chemischen Beanspruchung gewachsen sein, ohne zerstört zu werden oder unzulässig stark zu quellen.
- Bei der maximalen Betriebstemperatur soll das Material nicht erweichen oder verhärten (thermische Alterung), unter Witterungseinfluß nicht rissig werden (Ozonalterung) und bei der minimalen Betriebstemperatur noch ausreichend flexibel sein.
- Bei Speichermembranen erwartet man niedrige Permeationswerte, nach Möglichkeit verbunden mit guter Kälteflexibilität.

Werkstoffe auf Basis Nitrilkautschuk (NBR) sind für zahlreiche Einsatzfälle von Membranen am besten geeignet. Sie sind beständig gegen Luft, Brenngase, Treibstoffe, Schmieröle und andere Mineralölprodukte, Wasser und die meisten wässrigen Flüssigkeiten. Die höchste Temperaturgrenze des Einsatzes liegt je nach Beanspruchung und Medium bei 80° bis 120 °C. Membranen aus NBR sind in Härten von 45 bis 95 Shore und in unterschiedlichen Elastizitätseinstellungen lieferbar.

Werkstoffe auf Basis Chloroprenkautschuk (CR) werden dort eingesetzt, wo eine erhöhte Ozonbeständigkeit verlangt wird und dafür etwas größere Quellwerte in Mineralölen in Kauf genommen werden können. CR ist gegen Wasser und wässrige Flüssigkeiten gut beständig, die höchste Einsatztemperatur liegt bei 80° bis 120 °C. Membranen aus CR sind in Härten von 45 bis 80 Shore lieferbar.

Werkstoffe auf Basis Äthylen-Propylen-Dien-Kautschuk (EPDM) haben eine erhöhte Beständigkeit gegen Heißwasser und Dampf (bis max. 180 °C), sie sind auch sehr gut ozon- und heißluftbeständig (bis max. 150 °C). Gegen Mineralöle sind sie nicht einsetzbar.

Membranen aus Sonderwerkstoffen wie Fluorelastomer (FPM, Viton), Polyacrylat-Kautschuk (ACM) oder Silikonkautschuk (SI) werden vorwiegend dort eingesetzt, wo besondere Anforderungen an die chemische oder thermische Beständigkeit zu erfüllen sind.

Für Membranen werden überwiegend Gewebe mit gleicher Festigkeit und Fadendichte in beiden Achsrichtungen eingesetzt. Baumwoll- oder Reyongewebe eignen sich wegen ihrer rauhen Fadenoberfläche sehr gut zur Verbindung mit Elastomeren und ergeben eine sehr gute Verankerung auch bei Walkbeanspruchungen.

Gewebe aus Polyamidfasern und anderen vollsynthetischen Fasern können sehr hohe Reißfestigkeitswerte erreichen, ohne daß die Gewebedicke zu groß und damit die Beweglichkeit der Membranen zu sehr begrenzt wird.

Metallmembranen ertragen zwar verhältnismäßig hohe Druckdifferenzen, ihr hoher Elastizitätsmodul erlaubt aber nur eine geringe Durchbiegung der einzelnen Membranen.

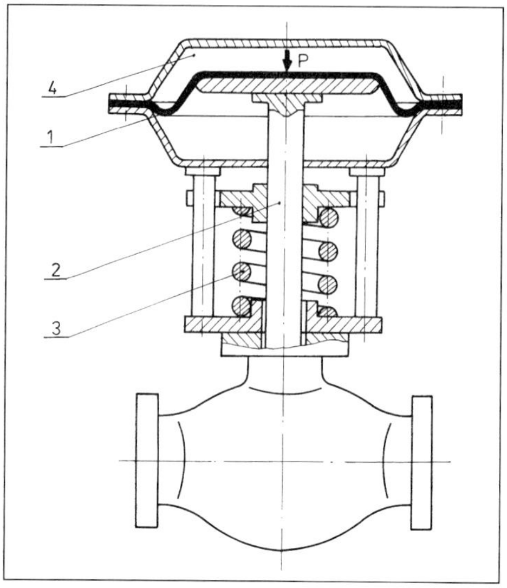

Bild 8: Einbaubeispiel einer Membrane in einem Regelventil
1 - Regelmembrane, 2 – Stange, 3 – Feder, 4 - Druckraum

9.2.4 Anwendungsbeispiele

Bild 8 zeigt eine Membrane 1, die in einem Ventil eingebaut ist. Durch Aufbringen des Stelldruckes p wird die Stange 2 nach unten bewegt und die Druckfeder 3 zusammengedrückt. Nach Druckentlastung drückt die Feder 3 die Stange 2 wieder in die Ausgangslage zurück. Je nach Ventilkonstruktion schließt oder öffnet sich das Ventil.

Bild 9 zeigt eine Pumpenmembrane 1. Die Stange 2 wird angetrieben. Bei Abwärtsbewegung öffnet sich das Ventil 3, das Medium strömt in den Druckraum 5, während das Ventil 4 sich schließt. Bei Aufwärtsbewegung der Stange 2 baut sich ein Druck auf. Ventil 3 schließt sich, während Ventil 4 sich unter Druck öffnet, das Medium wird ausgeschoben.

Bild 10 zeigt ein Ventil mit einer gewebeverstärkten Membrane.

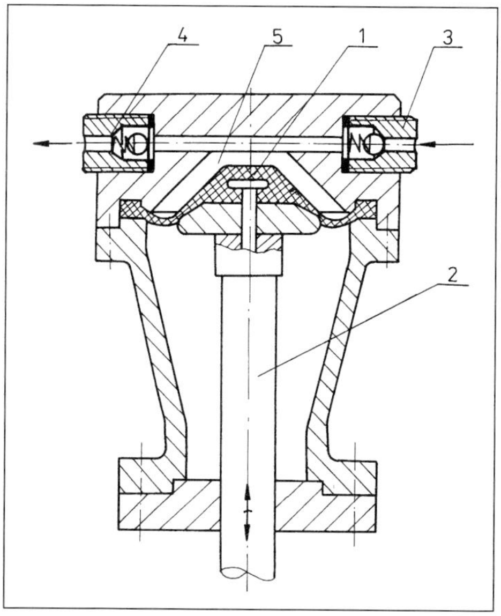

Bild 9: Einbaubeispiel einer Membrane in einer Pumpe
1 - Membrane, 2 - Stange, 3,4 - Rückschlagventile, 5 - Druckraum

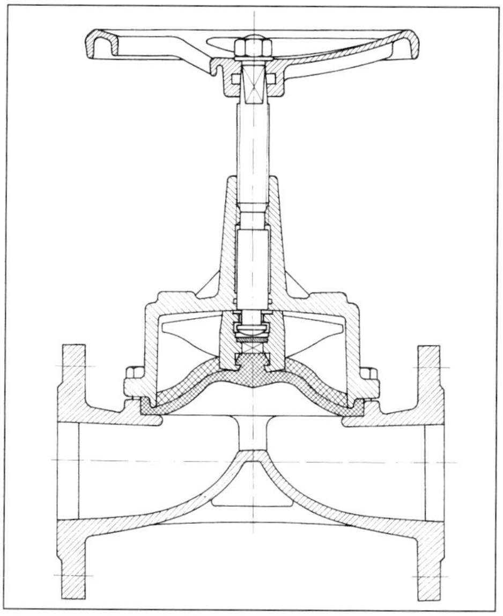

Bild 10: Beispiel der Abdichtung eines Absperrventils mit Anwendung einer Membrane mit Gewebeverstärkung
1 – Membrane, 2 – Stange, 3,4 – Rückschlagventile, 5 - Druckraum

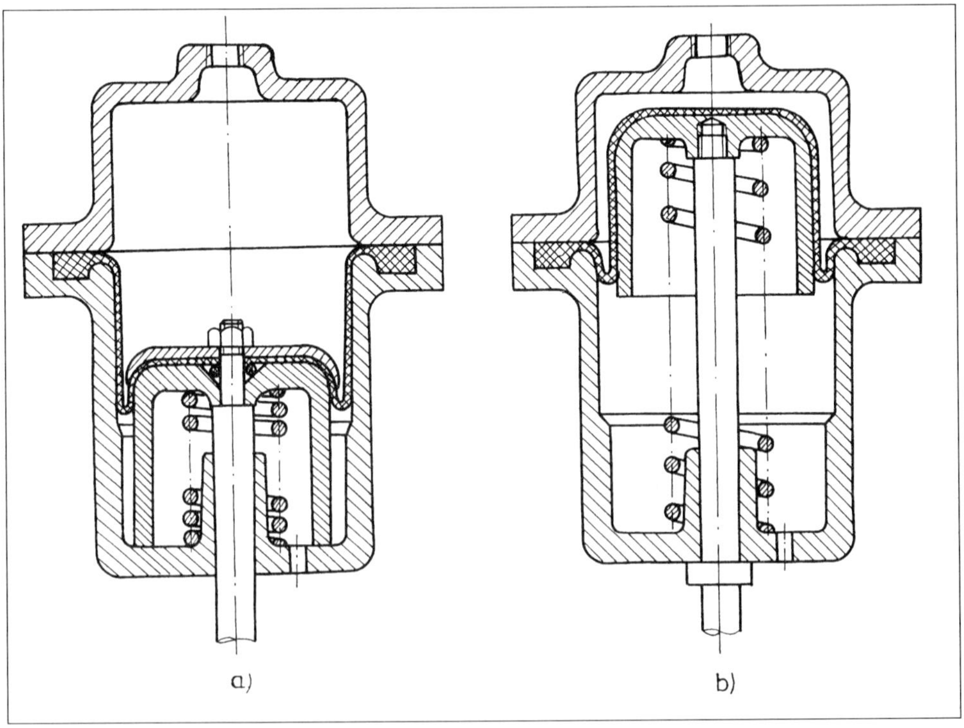

Bild 11: Langhub - Rollmembrane zur Kolbendichtung

Bild 11 zeigt die Abdichtung eines Kolbens, bei der die Rollmembrane dauernd an der Zylinderwand bzw. Stangenoberfläche anliegt [7].

Bild 12 zeigt eine Sonderprofilmembrane, die zur Abdichtung der Wälzelemente von großen Durchmessern verwendet wird.

Die selbstdichtende Profilmembrane, Bild 12a, wird zur Abdichtung der statischen Verbindungen der Stange gegen ein zylindrisches Gehäuse verwendet. Dabei preßt der Druck p des Betriebsmediums, das auf der einen Seite der Membrane wirkt, die Membrane an die Stangenoberfläche und das Gehäuse.

Bild 12b zeigt eine Rollschlauchdichtung einer Stange [7]. Diese Dichtung besteht aus einem Gummischlauch, der in der Längsrichtung durch Cordfasern verstärkt ist. Die endgültige Form wird nach Füllen mit einem inkompressiblen Medium erreicht.

Als Vorteile werden angegeben: reine Rollbewegung, sehr geringe Dehnung des Gummis, wenn die Durchmesser genügend groß sind und ein sehr günstiges Verhältnis von Schlauchlänge zu Hub, relativ hohe, ertragbare Druckdifferenz, Beaufschlagbarkeit von beiden Seiten und Verwendung auch ohne Druckdifferenz, keine hohen Anforderungen an die Einbautoleranz, keine besondere Bearbeitung der Laufflächen, vollkommen wartungsfrei.

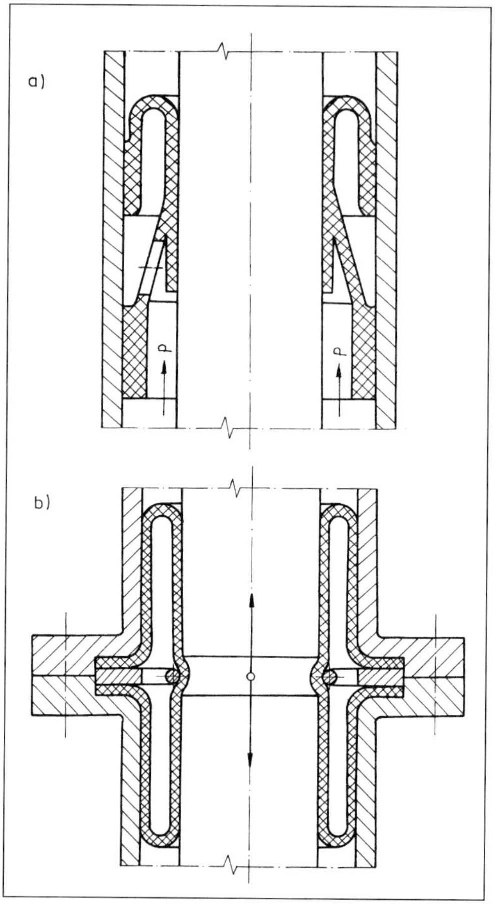

Bild 12: Sonderprofilmembrane für Großdurchmesser - Wälzelemente
a) Profilmembrane, selbstdichtend
b) Rollschlauchdichtung

9.3 O-Ring-Stützring-Dichtsystem

9.3.1 Bedeutung des O-Ring-Stützring-Dichtsystems

Bei steigenden Drücken oder größer werdenden Dichtspalten können O-Ringe an die Grenzen ihres Einsatzbereiches kommen. Damit eine Dichtsicherheit weiter gewährleistet ist, müssen O-Ring-Stützring-Dichtsysteme eingesetzt werden.

Dabei sind insbesondere Druckhöhen und Spaltbreiten für den Einsatz von Stützringen ausschlaggebend, um Beschädigungen der O-Ringe durch Auspressung zu verhindern.

9.3.2 Stützring-Definition und grundsätzliche Funktionsweise

Bei den O-Ring-Stützring-Dichtsystemen handelt es sich um eine Kombination von einem O-Ring mit einem oder mehreren Stützringen.

Von der Form her läßt sich der Stützring (Back-up-Ring) wie folgt beschreiben:

Ein Stützring ist ein runder Ring mit rechteckigem oder profiliertem Querschnitt.

Die Ausführung kann endlos, schräg geschlitzt oder spiralförmig sein.

Von der Funktion her kann der Stützring folgendermaßen definiert werden:

Ein Stützring verhindert im eingebauten Zustand das Einwandern des O-Rings in den Dichtspalt, das sogenannte „Auspressen", und schützt dadurch den O-Ring vor Beschädigungen oder im Extremfall vor der Zerstörung. Stützringe selbst sind jedoch keine Dichtungen.

Die Funktionsweise des Stützrings ist aus Bild 13 ersichtlich. Die Bilder 13a bis 13d zeigen zunächst nur die O-Ring-Abdichtung ohne Stützring.

Der Querschnitt des O-Rings ist im eingebauten Zustand mechanisch diametral verformt, so daß durch die Rückfederungskraft die Unebenheiten der abzudichtenden Oberflächen ausgefüllt sind, Bild 13a. Wirkt nun der Druck des Mediums, wird der O-Ring in Richtung des Spaltes zwischen den beiden Teilen verformt (Fall b), wodurch die Dichtwirkung verbessert wird (Normalfall). Werden jedoch bestimmte Grenzbedingungen erreicht, so wird der O-Ring in den Spalt gepreßt (Fall c). Bei noch weiter steigendem Druck wird der O-Ring durch die Auspressung schließlich zerstört (Fall d).

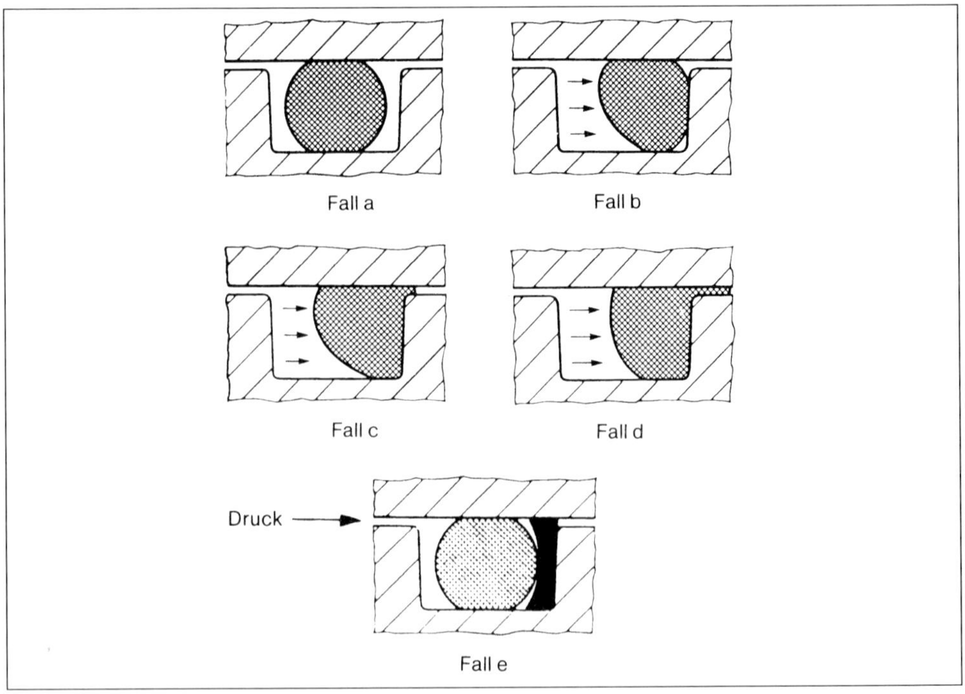

Bild 13: Funktionsweise des Stützringes, Verhinderung der O-Ring Auspressung

Wie sich das in der Praxis auswirken kann, zeigen die Schadenfotos Bild 91 und 92, Kap. 7.

Diese Auspressung oder „Extrusion" ist im wesentlichen von der Höhe des Druckes, der Größe des Spaltes zwischen den zwei abzudichtenden Flächen sowie der Härte des O-Ringes abhängig.

Bild 13e zeigt, wie der eingesetzte Stützring das Spaltspiel auf Null reduziert und damit die Auspressung verhindert.

9.3.3 Druck-Durchmesserspiel-Diagramm

In der Praxis taucht bei jeder Konstruktion einer Abdichtung die Frage auf, ob bei den gegebenen Betriebsbedingungen ein O-Ring zur Abdichtung ausreicht oder ob ein O-Ring-Stützring-Dichtsatz erforderlich ist.

Mit Hilfe des Druck-Durchmesserspiel-Diagramms, Bild 14, läßt sich diese Fragestellung leicht beantworten. In diesem Diagramm ist der Zusammenhang zwischen Druck, Durchmesserspiel und Shore A Härte dargestellt, und es läßt sich ablesen, bei welchen Druckwerten bzw. bei welchen maximal möglichen Werten des Durchmesserspiels Stützringe eingesetzt werden müssen.

Auf der Abszisse des Diagramms ist das Durchmesserspiel in Millimetern aufgetragen und auf der Ordinate der Betriebsdruck in bar. Die eingezeichneten Kurven zeigen die Grenzen für 70°, 80° und 90° Shore A Härte.

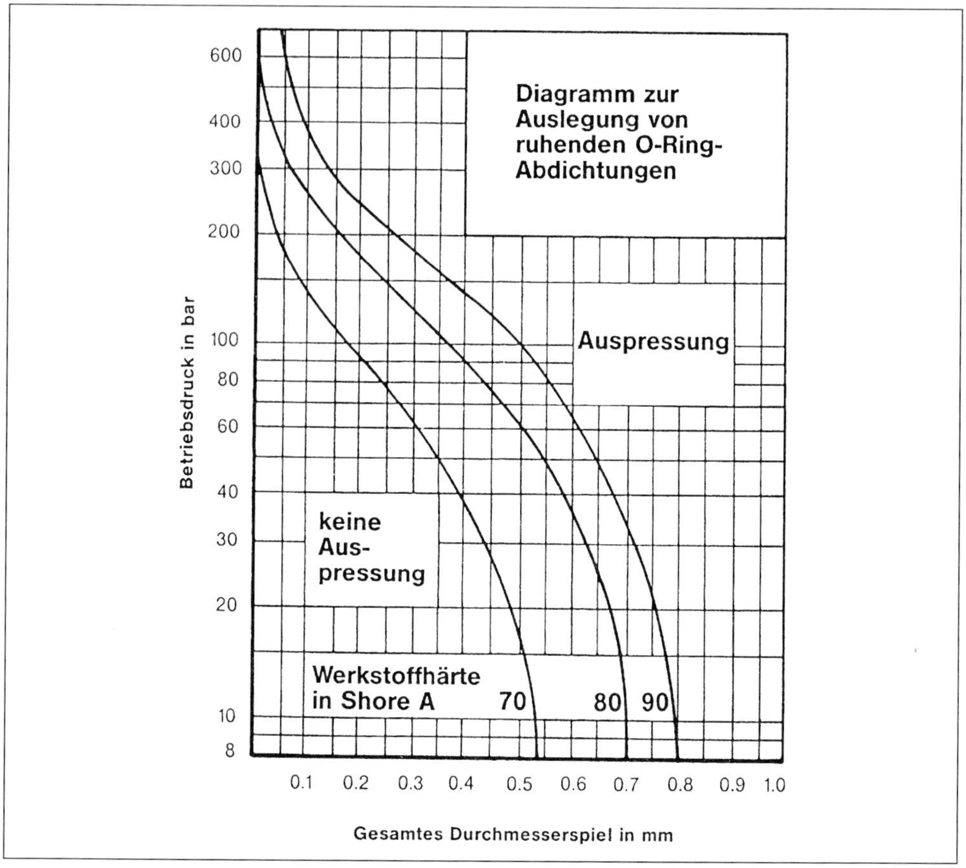

Bild 14: Druck-Durchmesserspiel-Diagramm

Das Diagramm wird wie folgt benutzt:

Auf der senkrechten Achse sucht man den Betriebsdruck, von diesem Punkt geht man waagerecht nach rechts bis zum Schnittpunkt mit der Kurve entsprechend der O-Ring-Shorehärte. Von diesem Schnittpunkt fällt man das Lot, und es ergibt sich auf der waagrechten Achse das maximal zulässige Durchmesserspiel. Ist bei vorgegebenem Spiel und Shorehärte nach dem höchstzulässigen Druck gefragt, so geht man in umgekehrter Reihenfolge vor.

Muß mit dem sogenannten „Atmen" gerechnet werden, möglich zum Beispiel bei einem Zylinder unter sehr hohem Druck, so muß das zusätzlich berücksichtigt und in das gesamte Durchmesserspiel mit eingerechnet werden.

Beispiel:

O-Ring-Werkstoff	:	NBR 70° Shore A
Betriebsdruck	:	100 bar
Durchmesserspiel	:	0,36 mm max. Zeichnungsmaß 0,40 mm beim Atmen.

Genügt bei diesen Betriebsbedingungen ein O-Ring zur Abdichtung, oder muß dieser mit einem Stützring kombiniert werden?

Beim Schnittpunkt der senkrechten Linie für 0,4 mm Durchmesserspiel mit der Kurve für eine Härte von 70° Shore ergibt sich ein Betriebsdruck von etwa 38 bar. Ohne Stützring wird dieser O-Ring bei einem Druck > 38 bar in den Spalt gepreßt, was zur Zerstörung des O-Rings führt. Werden dagegen Stützringe (Normalhärte 90° Shore A) verwendet, so findet man in dem Diagramm einen zulässigen Druck von etwa 140 bar.

Gegenüber den im Diagramm angegebenen Werten für den zulässigen Druck bzw. das max. mögliche Durchmesserspiel ist je nach den Einsatzbedingungen ein Sicherheitsfaktor empfehlenswert, um verschiedene Einflüsse zu berücksichtigen, die sich zusätzlich auf die Auspressung auswirken können. Solche Einflüsse sind z. B. die Temperatur, da bei höheren Temperaturen der Widerstand gegen Auspressung geringer wird. Bei bewegten Abdichtungen können die zulässigen Drücke durch die Reibungskräfte bis zu 70 % verringert werden, wenn diese gleichgerichtet mit den Druckkräften auftreten.

Weiter ist bei der Verwendung des Druck-Durchmesserspiel-Diagramms auf folgende Punkte zu achten:

- Das Diagramm basiert auf 100.000 Druckzyklen bei 60 Zyklen/min.
- Bei Fluorsilikon- und Silikonwerkstoffen muß die angegebene zulässige Spaltweite halbiert werden.
- Das Diagramm gilt bis zu Temperaturen von 70° C.
- Zylinderausdehnungen unter Druck sind nicht berücksichtigt.

9.3.4 Stützring-Werkstoff

Da Stützringe keine abdichtenden Eigenschaften besitzen, sondern nur die Aufgabe haben, den Spalt zu überbrücken und Nulltoleranzen herzustellen, können sie im Prinzip aus jedem „harten" Material gefertigt werden, das gegen das Medium und gegen die herrschende Temperatur beständig ist. In der Praxis findet man daher auch Stützringe aus Stahl, Kupfer, Teflon, Polyamid und sonstigen Kunststoffen.

Da diese Stützringe nicht elastisch sind, können sie nur montiert werden, wenn entweder die Nut geteilt ist oder der Stützring geschlitzt wird. Man unterscheidet einfach geschlitzte und spiralförmig geschlitzte Stützringe. Diese Stützringkonstruktionen haben aber den Nachteil, daß eine geteilte Nut in der Herstellung aufwendig und teuer ist, und daß ein geteilter Stützring an der Schlitzstelle durch Druckstöße oder Temperaturschwankungen bedingt stark arbeitet und den O-Ring beschädigen kann.

Es wurden daher Stützringe entwickelt (Handeslname Parbak®-Stützringe), die aus einem harten, aber dehnbaren Material (90° Shore A) bestehen. Diese Stützringe sind nicht geschlitzt. Sie sind endlos, nahtlos, profiliert und haben enge Toleranzen. Entsprechend der Beständigkeit gegen die verschiedenen abzudichtenden Medien stehen diese Stützringe in den Qualitäten Buna N, Äthylen-Propylen und Viton zur Verfügung.

9.3.5 Konstruktionshinweise

Bei der Auswahl eines O-Ring-Stützring-Dichtsatzes muß zunächst der O-Ring entsprechend seiner beabsichtigten Verwendung ausgesucht werden, wobei alle Faktoren wie Druck, Temperatur, abzudichtendes Medium, Geschwindigkeit, Abmessung usw. zu berücksichtigen sind, siehe auch Kap. 3.3.

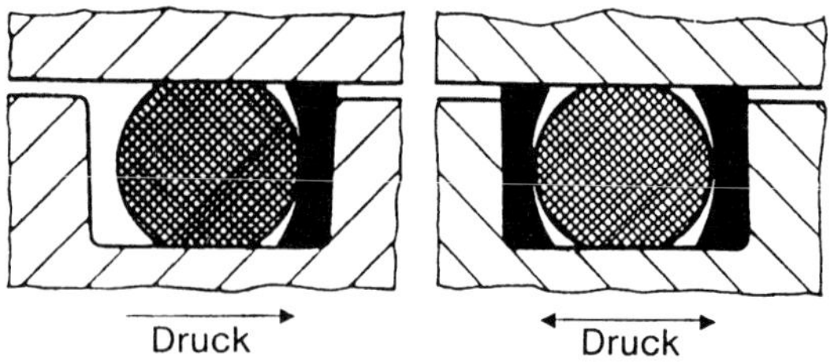

Bild 15: Stützringanordnungen bei einseitigem und zweiseitigem Druck

Ist die Materialauswahl getroffen, so gilt als ein Kriterium für den Verschleiß von O-Ringen im dynamischen Einsatz die Härte. Als am günstigsten haben sich Werkstoffe mit einer Härte von 70° bis 80° Shore A erwiesen. Härtere O-Ringe passen sich weniger den Unregelmäßigkeiten der Oberfläche an, wodurch vor allem bei niedrigeren Drücken und im drucklosen Zustand Neigung zu Leckage besteht. Außerdem haben härtere O-Ringe eine größere Anfahrreibung und sind dadurch einem stärkeren Verschleiß unterworfen.

O-Ringe mit einer geringeren Härte als 70° Shore A haben zwar eine geringere Anfahrreibung, sind jedoch weniger abriebbeständig.

Stützringe sollten grundsätzlich aus dem gleichen Werkstoff bestehen wie die vorgesehenen O-Ringe, haben aber eine größere Shore A Härte. Sie besitzen eine Profilierung.

Beim O-Ring-Stützring-Dichtsystem werden O-Ringe mit einer Härte von 70° bis 80° Shore A und damit niedrigerem Verschleiß ideal kombiniert mit Stützringen, die ein Auspressen und deshalb eine Beschädigung des O-Ringes verhindern.

O-Ringe mit einer bezüglich Reibung und Verschleiß optimalen Härte finden dadurch Verwendung bei höheren Drücken oder größeren Toleranzen, was ohne Stützringe nicht möglich wäre.

Bei einseitiger Druckbeaufschlagung und Verwendung von nur einem Stützring ist der O-Ring in Druckrichtung gesehen vor dem Stützring einzubauen, also: Druck - O-Ring - Stützring (mit profilierter Seite zum O-Ring, Bild 15).

Bei wechselseitigem Druck müssen zwei Stützringe verwendet werden. Aber auch bei einseitigem Druck werden oft zwei Stützringe vorgesehen, um Montagefehler zu vermeiden.

Die erforderlichen Nutbreiten können der Tabelle 1 entnommen werden.

Die Nuttiefe ändert sich durch den Einsatz von Stützringen grundsätzlich nicht.

Die Oberflächengüte sollte entsprechend der Tabelle 2 eingehalten werden.

Allgemein ist die Lebensdauer des O-Ringes und der Stützringe um so höher, je besser die Oberflächengüte ist.

Oberflächen sollten jedoch keine kleinere Rautiefe als R_{max} 0,5 µm haben, da sie sonst zu glatt sind, um das Halten des Schmiermittels zu ermöglichen.

Eine nicht ausreichende Schmierung kann zu einem schnellen Verschleiß des O-Ringes führen.

Die Nut sollte möglichst einen kleinen Eckenradius R am Nutgrund aufweisen. Den Festigkeitsbedingungen und der Bearbeitbarkeit der Teile muß dabei natürlich Rechnung getragen werden.

Tabelle 1: Nutzabmessungen für die verschiedenen Einsatzmöglichkeiten

O-Ring Schnurstärke (mm)	1,80+/-0,08	2,65+/-0,09	3,55+/-0,10	5,33+/-0,13	7,00+/-0,15
Stützringhöhe (mm)	1,35+/-0,08	2,18+/-0,08	3,00+/-0,10	4,65+/-0,13	5,99+/-0,15
Nuttiefe L bei statischem Einsatz (mm)	1,25 - 1,35	2,05 - 2,15	2,80 - 2,95	4,30 - 4,50	5,75 - 5,95
Nuttiefe L bei dynamischem Einsatz (mm)	1,40 - 1,45	2,25 - 2,30	3,05 - 3,10	4,65 - 4,75	6,00 - 6,10
Nutbreite G ohne Stützringe (mm)	2,4 - 2,6	3,6 - 3,8	4,8 - 5,0	7,2 - 7,4	9,6 - 9,8
Nutbreite G mit 1 Stützring (mm)	3,5 - 3,7	4,7 - 4,9	5,8 - 6,0	8,7 - 8,9	12,0 - 12,2
Nutbreite G mit 2 Stützringen (mm)	4,6 - 4,8	5,8 - 6,0	6,8 - 7,0	10,2 - 10,4	14,4 - 14,6

Tabelle 2: Oberflächenanforderung für optimale Abdichtung

		ruhende Abdichtung		bewegte Abdichtung	
		Oberflächenrauheit in µm, Traganteil $t_p > 50$		Oberflächenrauheit in µm, Traganteil $t_p > 50$ %	
		Ra	R max	Ra	R max
A Kontaktfläche	nicht pulsierend	1,6	6,3	0,4	1,6
	pulsierend	0,8	3,2	0,4	1,6
B Nutgrund und -Seiten	nicht pusierend	3,2	12,5	1,6	6,3
	pulsierend	1,6	6,3	1,6	6,3

9.3.6 Montage

9.3.6.1 Einbauhinweise

Sauberkeit ist für die einwandfreie Funktion der Abdichtung und eine lange Lebensdauer der O-Ring-Stützring-Kombination unerläßlich.

Beim Zusammenbau müssen alle Teile absolut sauber sein. Fremdkörper, Schmutz, Späne usw. in der Dichtungsaufnahme können Leckage verursachen, den O-Ring bzw. den Stützring beschädigen und deren Lebensdauer verkürzen.

Ebenso wichtig wie die Sauberkeit beim Zusammenbau sind saubere Oberflächen während des Betriebes.

Ausfälle und Reparaturen lassen sich durch den Einbau guter Filter im hydraulischen System vermeiden.

Das Einsetzen der Dichtung erfordert Sorgfalt, so daß die O-Ring-Stützring-Kombination richtig in der Nut liegt und nicht beschädigt werden kann, wenn die Abdichtung geschlossen wird.

O-Ringe und Stützringe dürfen niemals über scharfe Kanten wie Gewinde, Keilnuten, Schlitze, Anschlußöffnungen usw. gezogen werden. Läßt es sich nicht vermeiden, so sind zum Schutz Montagehülsen oder Führungen zu verwenden, siehe Kap. 3.3.

9.3.6.2 Schmierung

Bei der Montage sollen die Dichtungen und die mit der Dichtung in Berührung kommenden Oberflächen gut eingefettet werden.

Diese Schmierung bietet folgende Vorteile:

- Montageerleichterung, die Teile gleiten leicht übereinander, ein „Rollen" und „Verdrehen" des O-Ringes wird vermieden.
- Die Anfahrreibung wird vermindert und eine Übergangsschmierung sichergestellt, bis die Schmierung durch das Medium erfolgt.
- Wird das Gerät nach der Dichtungs-Montage noch nicht in Betrieb genommen, so sorgt die Montageschmierung als Depotschmierung dafür, daß die Dichtung während der Lagerzeit nicht austrocknet und daß nach der Lagerung eine problemlose, reibungsarme Inbetriebnahme erfolgt.

Es muß ein Schmiermittel gewählt werden, das den Werkstoff des O-Ring-Stützring-Satzes nicht angreift und sich mit dem Medium gut verträgt.

Es gibt auch spezielle Schmiermittel, die für die O-Ring-Schmierung entwickelt worden sind z.B. O-Lube oder Super-O-Lube.

9.3.7 Bedeutung der Auswahl der richtigen Dichtung

Die Einhaltung vorstehender Empfehlungen ist für die Qualität der Abdichtung und ihre Lebensdauer von entscheidender Bedeutung.

Wie die Bilder 91 und 92 / Kap. 7 zeigen, können solche Schäden bei unsachgemäßem Einsatz entstehen.

Die Ursache dieser Schäden beruht auf der „Spalteinwanderung". Wie auch in Bild 13 gezeigt, kann es bei Überschreiten der Grenzwerte dazu kommen, daß der O-Ring, oder auch nur ein Teil des O-Rings, in den Spalt hineingepreßt wird.

Die Extrusion oder Spalteinwanderung tritt bei bewegten Anwendungen der Zylinder- und Stangendichtungen auf, bei statischen Anwendungen mit pulsierendem und hohem Druck, bei atmenden Maschinenteilen und an Dichtspalten, die konstruktiv oder fertigungstechnisch zuviel Spiel haben.

Die Ursachen sind Praktikern bekannt:

Der Zwang zur wirtschaftlichen Bearbeitung hat häufig zu große Toleranzen und damit zu breite Dichtspalte zur Folge. In anderen Fällen bleibt unberücksichtigt, daß sich Deckel, Flansche oder Zylinderwände unter Druckaufschlagung elastisch aufweiten oder Verschraubungen dehnen. Dann reicht die innere Festigkeit des Elastomer-Werkstoffes nicht mehr aus, um sich schneller zurückzuziehen als das Maschinenteil, das den Spalt öffnet, beziehungsweise die Festigkeit des Elastomers wird überschritten, Teile des O-Rings scheren ab und werden in den Spalt gedrückt.

Die Extrusion kann unter folgenden Bedingungen auftreten:

- unzulässige großes Spaltmaß
- hohe oder pulsierende Drücke
- zu weiches O-Ring-Material
- physikalische und/oder chemische Einwirkung (Quellung, Härteänderung usw.)
- unregelmäßiger Spalt durch Exzentrizität
- scharfkantige O-Ring-Nut
- überfüllte Nut
- bei höheren Temperaturen wird der O-Ring-Werkstoff weicher
- atmende Maschinenteile.

Wenn aufgrund der aufgeführten Ursachen Spalteinwanderung auftritt, kann der Ausfall des O-Ringes durch folgende Maßnahmen verhindert werden:

- engere Toleranzen, die das Spaltmaß verringern
- Stützringe einsetzen
- Härte des O-Ring-Werkstoffes erhöhen
- Medienbeständigkeit überprüfen
- Toleranzen einengen, die zur Exzentrizität führen oder Änderungen der Maschinenteile, die zum Atmen führen
- durch Kühlmaßnahmen die Temperatur an der Dichtstelle reduzieren sowie
- Nutradius brechen (mindestens 0,10 mm bis max. 0,40 mm).

Literaturverzeichnis

[1] Schmitt W.: Kunststoffe und Elastomere in der Dichtungstechnik, Verlag W. Kohlhammer, Stuttgart, 1987
[2] Gohl.,u.a.: Elastomere als Dicht- und Konstruktionswerkstoffe, Expert Verlag, Grafenau/ Württ., 1980
[3] Das Handbuch der Metallbälge, Witzenmann GmbH., Labhard Verlag, Konstanz, 1997
[4] Faltenbälge, Katalog Fa. Carl Freudenberg, Simrit – Werke (Germany)
[5] Mechanical seals, Katalog Fa. EG & G Sealol (USA)
[6] Präzisionsdichtungen und Formteilen aus Elastomer – Werkstoffe, Katalog Fa. Dichtungstechnik Wallstabe & Schneider GmbH & Co KG (Germany)
[7] Trutnovsky K.: Berührungsdichtungen, Springer Verlag, Berlin – Heidelberg – New York, 1975

Bildnachweis:

Bild 13–15: Erich Schneider, Parker Hannifin GmbH, O-Ring Division Pleidelsheim

10 Sonderdichtungen und neuartige Dichtungslösungen

10 Sonderdichtungen und neuartige Dichtungslösungen

W. Tietze und W. Endlich, M. Katzenschwanz, W. Ochonski, F. Schwabe, B. Skerra

10.1 Dichtungen im Lebensmittelbereich

10.1.1 Einleitung

Für Dichtungen im Lebensmittelbereich gelten zunächst die gleichen technischen Gesetze wie für Dichtungen im allgemeinen Maschinenbau. Es sind auch im Prinzip die gleichen Dichtungstypen wie dort; es gibt statische Dichtungen für Rohrflansche oder Deckel, dynamisch wirkende Kolben- und Stangendichtungen für Linearbewegung und Wellendichtringe für Dreh- oder Schwenkbewegungen. Dichtungen werden benötigt in Behältern zur Lagerung und zum Transport von Lebensmitteln sowie in Anlagen zu deren Herstellung und Abfüllung. Es sind jedoch einige Besonderheiten zu beachten, die nachfolgend dargestellt werden.

10.1.2 Werkstoffauswahl

Dichtungsmaterialien, i.d.R. Kunststoffe und Elastomere, die mit Lebensmitteln in Berührung kommen, sind nach deutschem und europäischem Recht „Bedarfsgegenstände". Das Dachgesetz im Lebensmittelbereich ist das „Lebensmittel- und Bedarfsgegenständegesetz", kurz LMBG. Dieses schreibt in den §§ 30 und 31 vor, daß Bedarfsgegenstände Lebensmittel geruchlich und geschmacklich nicht beeinflussen dürfen, daß nur technisch unvermeidbare Mengen an Stoffen auf die Lebensmittel übergehen dürfen und daß von ihnen keine Gefahr für die Lebensmittel und die menschliche Gesundheit ausgehen darf. Näheres ist in der Bedarfsgegenständeverordnung vom 10. April 1992 und in den Empfehlungen des Bundesinstituts für gesundheitlichen Verbraucherschutz und Veterinärmedizin, kurz BgVV, das 1994 die Aufgaben des früheren BGA übernommen hat, geregelt [1, 2]. Weiterhin gibt es verschiedene nationale und europäische Richtlinien und Gesetze. Die genauen Anforderungen werden oft vom Endkunden vorgegeben bzw. richten sich nach dem Bestimmungsland der Maschine oder Anlage.

Beispiele für mögliche oder häufig eingesetzte Kunststoffe:

- Polyacetal (POM) wird für Gleit- und Führungselemente, Abstreifer, Konstruktionsteile oder Gleit-Dichtringe verwendet, die chemisch oder thermisch nicht zu sehr belastet werden oder einen häufigen Wechsel der Bauteile ertragen müssen.
- Hochdichtes Polyethylen (PE) wird für ähnliche Anwendungen eingesetzt wie POM, gut geeignet ist es auch bei dynamischem Einsatz in wässrigen Fluiden.
- Polytetrafluorethylen (PTFE) wird aufgrund seiner hervorragenden, nahezu universellen Chemikalienbeständigkeit und Dampfsterilisierbarkeit für verschiedenste Dichtelemente und zum Teil auch für Konstruktionselemente wie Dosierkolben eingesetzt. In der Regel wird es aber mit verschiedensten Füllstoffen compoundiert, um die Verschleißfestigkeit zu verbessern und den Kaltfluß zu verringern.
- Polyaryletherketon (PAEK) weist ebenfalls eine hervorragende Chemikalienbeständigkeit auf. Aufgrund der hohen Festigkeit dieses Materials eignet es sich besonders für Konstruktions- oder Formteile, die mechanisch belastet werden können, wie z.B. Kolben, Ventile oder auch Gehäuseteile.

Beispiele für Elastomere:

- Nitril-Butyl-Gummi (NBR) ist nicht CIP (clean in place)- oder SIP (sterilize in place) -fähig und findet deshalb überwiegend in der fleischverarbeitenden Industrie Anwendung, wo die gute Fett- und Ölbeständigkeit dieses Materials zur Geltung kommt.
- Ethylen-Propylen-Dien (EPDM) ist, sofern der richtige Typ eingesetzt wird, sehr gut CIP/SIP-fähig, seine Anwendbarkeit wird aber leider durch seine Unbeständigkeit gegen pflanzliche und tierische Fette und Öle eingeschränkt.
- Silikon-Gummi (VMQ) wird aufgrund seiner geringen mechanischen Belastbarkeit häufig nur im statischen Bereich eingesetzt. Obwohl es sehr stark von Sattdampf mit 130 °C angegriffen wird und auch gängige saure Reinigungsflüssigkeiten, wie z.B. 3%ige Salpetersäure bei 80 °C, die Silikone angreifen, wird es auch in Maschinen, die CIP/SIP gefahren werden, eingesetzt. Das ist deshalb möglich, weil die beaufschlagten Kontaktflächen beim statischen Einbau im Vergleich zur gesamten Oberfläche recht gering und außerdem die Reinigungszeiten relativ kurz sind.
- Fluorelastomere (FKM) haben ihre große Schwäche in basischen Reinigungsflüssigkeiten. In Anlagen, wo häufig entfettet werden muß, kann ihr Einsatz deshalb nicht empfohlen werden. Obwohl auch die Dampfbeständigkeit bei Temperaturen um 135 °C eingeschränkt ist, werden in der Praxis hinreichend akzeptierbare Standzeiten erreicht. Es ist wohl häufig der hohe Preis, der die Einsatzhäufigkeit dieses Materials begrenzt. Leider existieren im deutschen Lebensmittelrecht noch keine Zulassungsbestimmungen. Es werden deshalb FKM-Typen verwendet, die nach US-amerikanischem Recht zulässig sind (21CFR, 177.2600) [3].

Zusammenfassend läßt sich sagen daß jeder Werkstoff seine spezifischen Eigenschaften hat und es häufig keinen idealen Werkstoff für eine bestimmte Anwendung gibt, sondern es muß ein Kompromiß gefunden werden zwischen Preis, chemischer Beständigkeit, Temperaturbeständigkeit, technischer Eignung und Lebensdauer.

10.1.3 Allgemeine Gestaltungsrichtlinien

Für die Gestaltung von Abdichtlösungen im Lebensmittelbereich erhält der Anwender Hilfestellung durch verschiedene Bestimmungen, Richtlinien und Empfehlungen. Beispielhaft sollen hier die relevanten Anforderungen der EG Maschinen-Richtlinie 89/392/EWG aufgeführt werden [4]. Im Literaturverzeichnis sind grundlegende Sicherheits- und Gesundheitsanforderungen, u.a. für Nahrungsmittelmaschinen aufgeführt. Die darin enthaltenen Anforderungen gelten als verbindlich durch die seit 1995 gültige Richtlinie. In dieser Richtline steht u. a., daß Maschinen, die für die Zubereitung und Behandlung von Lebensmitteln bestimmt sind, so konzipiert und aufgebaut sein müssen, daß die Gefahr einer Infektion, Krankheit oder Ansteckung ausgeschaltet ist; darüber hinaus müssen folgende Hygieneregeln beachtet werden:

a) Die Materialien, die mit Lebensmitteln in Berührung kommen oder kommen können, müssen den einschlägigen Richtlinien entsprechen. Die Maschine muß so konzipiert und gebaut sein, daß die Materialien vor jeder Benutzung sauber sind.

b) Alle Flächen sowie ihre Verbindungen müssen glatt sein....

c) Alle mit Lebensmitteln in Berührung kommenden Flächen müssen leicht zu reinigen und zu desinfizieren sein, ggf. nach Abnahme leicht demontierbarer Teile......

d) Von Lebensmitteln stammende Flüssigkeiten sowie Reinigungs-, Desinfizierungs- und Spülmittel müssen ungehindert aus der Maschine abfließen können. .....

e) Jegliche Infiltration von Flüssigkeiten, Festsetzung organischer Stoffe muß verhindert werden.

Die praktischen Auswirkungen auf die Dichtungen bzw. deren Einbauräume wird nachfolgend an Beispielen erläutert. Weiterhin zeigen die Erläuterungen, daß es ganz wesentlich ist, Dichtungsgeometrie, Dichtungswerkstoff und Einbauraum sowie Gegenlauffläche bzw. Dichtfläche aufeinander abzustimmen.

10.1.4 Gestaltung von statischen Dichtstellen

Zwei elementare Grundprinzipien sind bei statischen Dichtstellen im Lebensmittelbereich zu beachten. Es sollten metallische Berührflächen vermieden werden, und das Dichtelement sollte möglichst nahe am Produktraum plaziert werden, am besten bündig mit diesem. Der erste Punkt ist deshalb wesentlich, weil Metall auf Metall im praktischen Einsatz nicht so verpreßt werden kann, daß nicht doch evtl. Mikroorganismen in den Oberflächenrauheiten siedeln können, der zweite Punkt, um die Forderungen b); c) und d) der oben zitierten EG-Maschinenrichtlinie zu erfüllen. Statische Dichtstellen, z.B. an Gehäuseteilen, Rohrflanschen oder Deckeln sind überwiegend mit elastomeren Dichtungen versehen. Grundsätzlich gilt, daß Elastomere eine definierte Vorpressung aufweisen sollten. Bei einer Härte von 70 Shore A und einer Vorpressung von 15 % kann von einer Bakteriendichtheit ausgegangen werden [5]. Damit aber einerseits die Vorpressung definiert eingestellt werden kann, andererseits jedoch eine Schädigung des Elastomers durch zu starke Deformation vermieden wird, ist ein metallischer Anschlag nötig.

Probleme treten bei bisherigen Konstruktionen auf, Bild 1, bei denen die Abdichtung mittels O-Ring erfolgt, der sich in einer eingestochenen Nut befindet. Im Spalt zwischen O-Ring und Produktraum können sich Produktreste und Mikroorganismen halten, weil diese Bereiche vom Reinigungsmedium nicht gespült und sicher gereinigt werden können. Dazu kommt

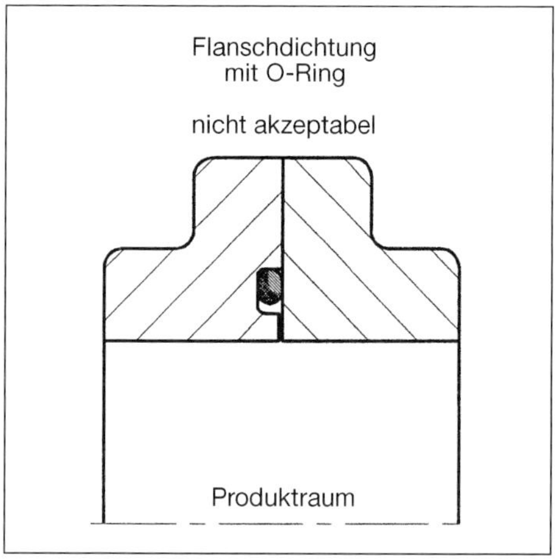

Bild 1: Flanschdichtung mit O-Ring – nicht akzeptabel

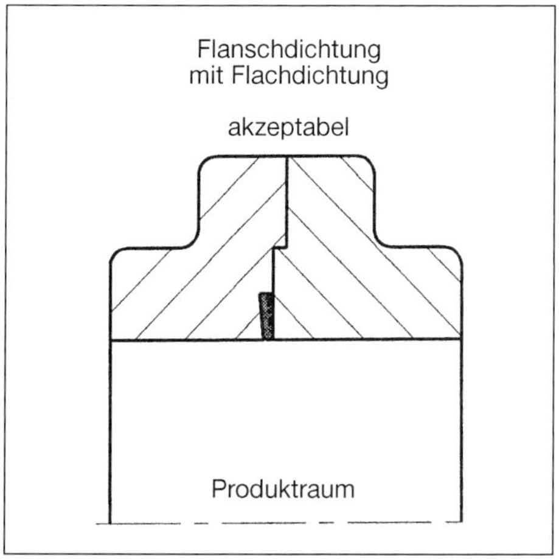

Bild 2: Flanschdichtung mit Flachdichtung – akzeptabel

noch die Pumpwirkung, die durch Volumenänderung des Elastomers bei Temperaturschwankungen entsteht. Durch diese wird dann entweder Medium in den Spalt gezogen oder verdorbenes Produkt bzw. Mikroorganismen in das Lebensmittel gepumpt. Besser ist eine Abdichtung, wie sie z.B. in der DIN 11864, Teil 1 oder 2, „Aseptische Flanschverbindung" zu finden ist [6]. Dort ist eine hygienisch günstige Abdichtung mittels O-Ring beschrieben und alternativ dann die Verwendung einer speziellen Profildichtung vorgeschlagen worden. Eine weitere Möglichkeit ist die Verwendung einer Flachdichtung wie in Bild 2. Dort schließt die Dichtung weitgehend bündig mit dem Produktraum ab. Wenn es sich z.B. um ein horizontal liegendes Rohr handelt, dann gibt es keinen Totraum oder Sumpf, wo Produkt oder Reinigungsflüssigkeit stehen bleiben kann, und die Dichtung ist an der Produktseite am höchsten verpreßt. Diese Vorpressung muß so ausgelegt sein, daß sowohl bei ungünstigem Zusammentreffen aller Toleranzen als auch nach dem Setzen des Elastomers eine sichere Vorpressung vorhanden ist.

10.1.5 Gestaltung von dynamisch belasteten Dichtstellen

Auch bei den dynamisch belasteten Dichtstellen existieren einige elementare Grundregeln, die in verschiedenen Richtlinien und Normen beschrieben worden sind. Dichtungen, die zur Umgebung abdichten, müssen verhindern, daß der Produktraum mit Schmutz von außen oder mit unerwünschten Mikroorganismen verunreinigt wird, das heißt, sie müssen undurchdringlich sein. Das kann bei rotierenden Systemen z.B. durch doppelt wirkende Gleitringdichtungen erreicht werden und bei anderen dynamisch beanspruchten Bauteilen durch Faltenbälge oder Membranen, siehe dort. Wo dies nicht möglich ist und „herkömmliche" Dichtungselemente eingesetzt werden, muß durch konstruktive Maßnahmen eine Kontamination vermieden werden, da ein einzelnes Dichtelement nie wirklich dicht ist, sondern sich immer ein Film auf der Gegenlauffläche bildet, durch den Schmutz und Mikroorganismen verschleppt werden können. Deshalb sollten bei hin- und hergehenden Bewegungen möglichst 2 Elemente hintereinander angeordnet werden, wobei deren Abstand größer sein muß als der maximale Hub. Bei rotierender Bewegung genügt u.U. nur eine Dichtung. Wichtig bei allen Anordnungen ist aber, daß beide Seiten der Dichtung gereinigt werden können. Das ist deshalb wichtig, damit nach Produktionsbeginn keine Verunreinigungen, Schmiermittel oder Mikroorganismen durch die Dichtlippe hindurch in das Produkt geschleppt werden können. Bild 3 aus DIN EN 1672-2 zeigt sinngemäß, wie eine solche Lösung idealerweise aussehen sollte [5].

Besonders hingewiesen werden muß auch darauf, daß dynamische Dichtstellen oft eine besondere Herausforderung an die Dichtelemente stellen. Im Gegensatz zu Anwendungen in der Hydraulik oder Pneumatik, wo meist nur ein einziges oder wenige genau definierte Fluide, die zudem meist schmierende Eigenschaften auf-

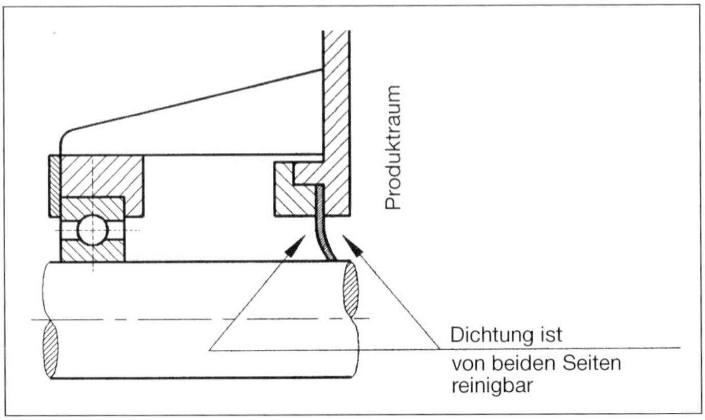

Bild 3: Dichtung ist von beiden Seiten reinigbar

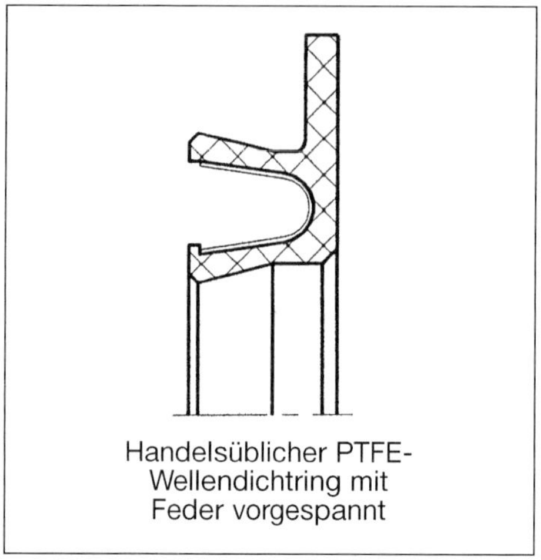

Bild 4: Handelsüblicher PTFE-Wellendichtring mit Feder vorgespannt

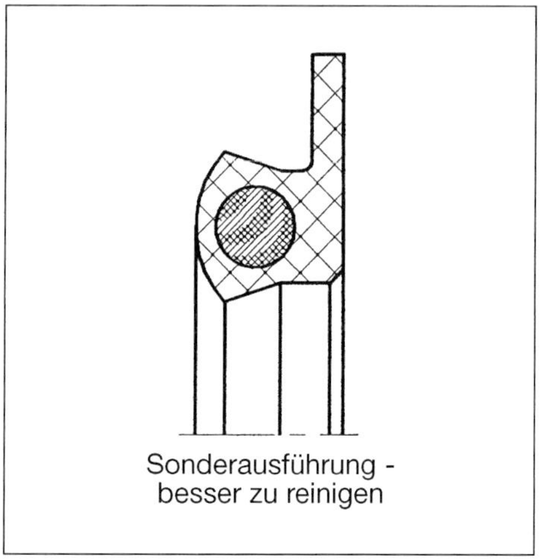

Bild 5: Sonderausführung – besser zu reinigen

weisen, mit den Dichtungen in Kontakt kommen, sind es im Lebensmittel- oder auch im Pharmabereich oft wässrige Substanzen ohne schmierende Eigenschaften. Außerdem sind häufig noch harte Fruchtkörner, Schalenteilchen oder andere abrasive Bestandteile enthalten, die die Dichtungswerkstoffe zusätzlich beanspruchen. Da in der Regel die Gegenlaufflächen rostfreie Stähle geringer Härte sind, ist auch die Wahl der Gleitwerkstoffe begrenzt, da diese möglichst keinen Verschleiß an den Stahloberflächen verursachen sollen. Als weitere Erschwernis, die auch die Werkstoffauswahl stark einschränkt, kommen häufig chemische Reinigungsmittel mit saurem und basischem Charakter sowie Desinfektionsmittel wie Wasserstoffperoxid oder Wasserdampf bei ca. 130 °C zum Einsatz. Es dürfen also nicht dieselben Erwartungen an die Lebensdauer der Dichtelemente gestellt werden, wie es z.B. in anderen Bereichen des Maschinenbaus der Fall ist.

Ergänzend sollen nachfolgend noch ein paar ausgewählte, herkömmliche Dichtelemente für rotierende und oszillierende Bewegung einschließlich ihrer hygienisch günstigen Gegenpartner dargestellt werden. Bild 4 zeigt einen flanschgeklemmten, handelsüblichen PTFE-Wellendichtring, der mit einer U-Feder, auch Mäanderfeder genannt, vorgespannt ist. Dieser Wellendichtring hat aber bei allen Vorteilen, die er beim Einsatz im allgemeinen Maschinenbau hat, in hygienisch sensiblen Bereichen einen gravierenden Nachteil. Von der Produktseite her gesehen läßt er sich hinter dem metallischen Federelement, also zwischen PTFE und Metall, nicht sauber reinigen, da dort die Reinigungsflüssigkeit nicht zirkulieren und damit anhaftende Produktreste nicht entfernen kann. Für den Einsatz in sensiblen Bereichen bei langsamen Gleitgeschwindigkeiten ist deshalb auf dem Markt ein, in der Herstellung zwar teurer, aber gut zu reinigender Wellendichtring erhältlich, Bild 5.

Als typisches Beispiel für eine oszillierende Bewegung kann der bewährte PTFE-Gleit-Dichtring mit einem O-Ring als Vorspannelement betrachtet werden, Bild 6. Dieses Bauteil mit seiner im Verhältnis zur Breite recht tiefen Nut und den kleinen Nutgrundradien widerspricht in mehrfacher Hinsicht modernen Gestaltungsrichtlinien. Hygienische Sauberkeit kann hier nur mit viel gestalterischer Erfahrung und kreativen Ideen erreicht werden. We-

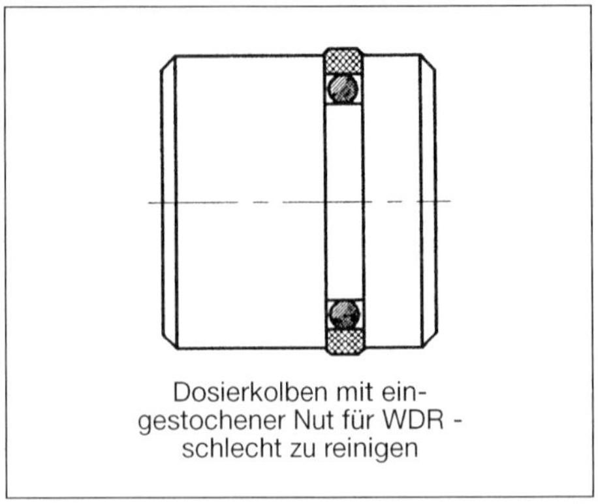

Bild 6: Dosierkolben mit eingestochener Nut für WDR – schlecht zu reinigen

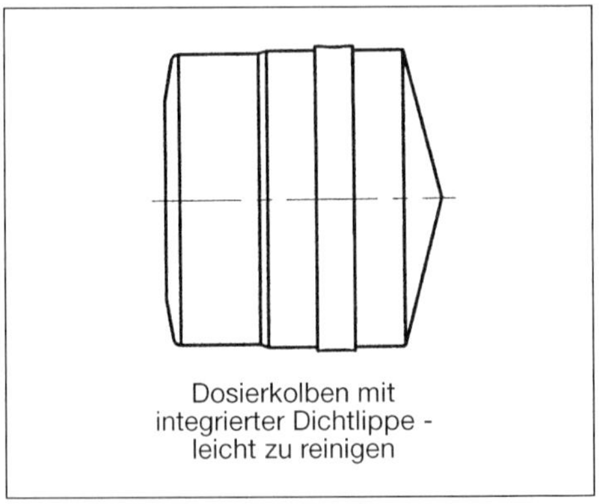

Bild 7: Dosierkolben mit integrierter Dichtlippe – leicht zu reinigen

sentlich einfacher und schneller zu reinigen ist der kompakte, gesetzlich geschützte Dosierkolben mit inkorporierter Dichtlippe, wie er in Bild 7 dargestellt worden ist. Diese Bauform erfüllt beinahe in perfekter Weise die Anforderungen der derzeit gültigen Gestaltungsrichtlinien und hat sich in so verschiedenen Flüssigkeiten wie Schokodessert, Kaffeesahne, Joghurt, Gurkenaufguß oder Kontaktlinsenreiniger hervorragend bewährt.

Weiterhin gibt es viele Sonderkonstruktionen, u.a. Gummi-Kunststoff-Metall-, Gummi-Kunststoff- und Gummi-Metall-Verbindungen sowie andere Varianten, die meist in enger Zusammenarbeit mit dem Maschinenbauer und dem Dichtungshersteller entwickelt werden. Für viele Anwendungsfälle gibt es, auch aufgrund der meist geringen Stückzahlen, keine Standardlösungen. Hierfür muß auch der Anwender Verständnis haben, und es muß die Bereitschaft vorhanden sein, eng mit dem Dichtungshersteller zusammenzuarbeiten, um zu optimalen Lösungen zu gelangen.

Speziell im Bereich der hygienischen Gestaltung, Reinigbarkeit und auch der europäischen Werkstoffrichtlinien bezüglich der gesundheitlichen Unbedenklichkeit von Dichtsystemen bzw. Abdichtlösungen im Lebensmittelbereich steht die Entwicklung noch am Anfang eines neuen gestalterischen Bewußtseins.

10.2 Dichtungen an Armaturen

10.2.1 Anforderungen an Gummimischungen

Für Gummimischungen bestehen abhängig vom Medium Normen und technische Regeln, die die Anforderungen an den Dichtungswerkstoff festlegen, siehe Kap. 2.

Für Erdgas sind hier insbesondere DIN 3535-3 [7] / prEN 682 [8] und die DVGW-Arbeitsblätter G 480/I [9,10] zu nennen. Für Erdgas (und viele andere brennbare Gase) werden ausschließlich NBR-Mischungen eingesetzt. Naturkautschuk, der früher bis zu einem Druck von 4 bar eingesetzt wurde, ist seit der Änderung des DVGW-Arbeitsblattes G 480/I (Nov. 1998) nicht mehr zulässig. (Einen ausführlichen Überblick über die Normen in der Gasversorgung siehe [11]).

Bei Gummimischungen für den Trinkwasserbereich sind DIN 28617 [12] und die „Empfehlungen für Kunststoffe im Lebensmittelverkehr“ des Bundesgesundheitsamtes [13] zu beachten. In diesen „KTW-Empfehlungen“ wird festgelegt, welche Mengen an Schadstoffen in einer festgelegten Zeit an das Trinkwasser abgegeben werden dürfen. Dabei wird in kleinflächige Dichtungen und großflächige Dichtungen unterschieden.

Im Trinkwasserbereich gibt es außerdem Bestrebungen, das DVGW-Arbeitsblatt W 270 „Vermehrung von Mikroorganismen auf Werkstoffen für den Trinkwasserbereich – Prüfung und Bewertung“ [14] auf die Dichtungswerkstoffe auszudehnen.

Wurden früher meist Dichtungen aus gasbeständigen NBR oder Naturkautschuk auch im Trinkwasser eingesetzt, werden diese Dichtungen im Trinkwasser inzwischen durch Dichtungen aus EPDM ersetzt. Der Wunsch nach dem sogenannten „DUO“-Gummi, einem Dichtungswerkstoff für den Einsatz im Erdgas- und Trinkwasserbereich, wird durch die Diskussion um das DVGW-Arbeitsblatt W 270 jedoch immer unwahrscheinlicher.

Die Dichtungen für den Abwasserbereich sind in DIN EN 681-1 [15] und DIN 4060 [16] genormt. Es wird fast ausschließlich NBR verwendet. Bisher wurde nur ein kleiner Teil der Armaturen und Formstücke aus dem Erdgas- oder Trinkwasserbereich auch im Abwasser eingesetzt. Allerdings werden durch den zunehmenden Bau von Abwasserdruckleitungen in Zukunft auch im Abwasser Armaturen eingesetzt werden.

Bei der Auswahl von Gummimischungen für den Einsatz in erdverlegten Armaturen muß berücksichtigt werden, daß diese Dichtungen einerseits zwar ideale Bedingungen in Form von relativ kühlen, gleichbleibenden Temperaturen, kaum Einfluß durch UV-Licht und einer gleichbleibenden Feuchtigkeit haben, andererseits aber eine Lebensdauer von mindestens 50 Jahren bei einem Innendruck in der Regel bis 16 bar erreichen sollen, ohne daß in diesem Zeitraum irgendwelche Wartungsarbeiten oder gar ein Austausch möglich sind.

Alle elastischen Dichtelemente benötigen neben einer ausreichenden Elastizität und Zähigkeit auch eine gute Alterungsbeständigkeit in dem jeweiligen Medium, eine geringe Quellung, einen geringen Abrieb, gute Mikrobenbeständigkeit (im Trinkwasser) sowie hygienische Unbedenklichkeit. Sie dürfen jedoch keine Zusätze enthalten, die Spalt- und Lochkorrosion begünstigen können.

Für die Ausführung von Dichtungen gibt es ebenfalls Normen. Ein Beispiel hierfür ist E DIN ISO 9691 [17].

10.2.2 Bauformen von Dichtungen für Armaturen und Formstücke

10.2.2.1 Rohrdichtungen

Die geringe plastische Verformbarkeit von Grauguß-, Asbestzement- und PVC-Rohren und die einfache Montage von Steckverbindungen haben dazu geführt, daß für diese 3 Rohrarten spezielle Dichtungen und dazu passende Muffen entwickelt wurden. Diese standardisierten Steckmuffen wurden dann, genauso wie die Flanschverbindung, auch für Armaturen und Formstücke übernommen.

10.2.2.1.1 Stemmuffen

Die ersten Rohrverbindungen waren Stemmuffen. Dabei wurde die Abdichtung durch einen quellfähigen Hanfstrick erreicht. Um den eingestemmten Hanf gegen Herausdrücken durch den Innendruck und gegen Verschmutzung zu schützen, wurde die Stemmuffe nach dem Verstemmen mit Blei ausgegossen. Die Stemmuffe wird nicht mehr hergestellt, Bild 8.

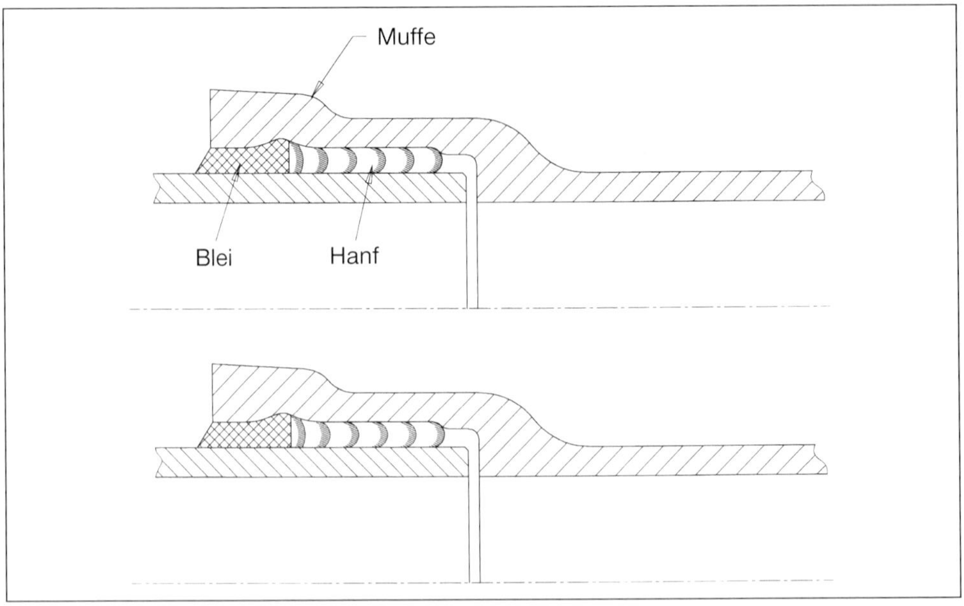

Bild 8: Stemmuffe

10.2.2.1.2 Flanschverbindungen

Flanschverbindungen sind, verglichen mit der Stemmuffe, in der Gas- und Wasserversorgung eine relativ junge Verbindungstechnik. Vorteil der Flanschverbindung ist die zugsichere Verbindung zwischen den geflanschten Bauteilen. Nachteilig ist die Biegesteifheit der Flanschverbindungen. Deswegen hat sie sich im erdverlegten Rohrleitungsbau nicht bewährt, da dort immer wieder Spannungen durch Verschiebungen im Erdreich auftreten [18].

10.2.2.1.3 Schraubmuffendichtung

Bei der Schraubmuffendichtung wird die Anpreßkraft durch das Anziehen eines Schraubenringes hergestellt. Die Schraubmuffe ist in DIN 28601-1 [19] genormt und für Gußrohre entwickelt worden. Die Schraubmuffenverbindung wird wegen ihrer Unempfindlichkeit gegen Außendurchmessertoleranzen sehr häufig bei bestehenden Leitungen verwendet, Bild 9.

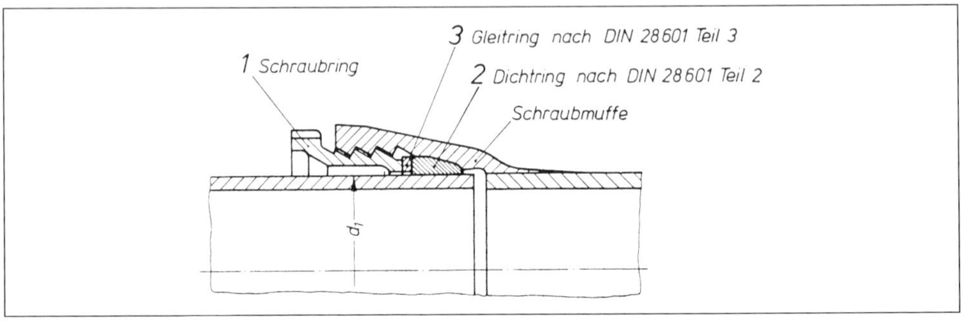

Bild 9: Schraubmuffe nach DIN 28601-1

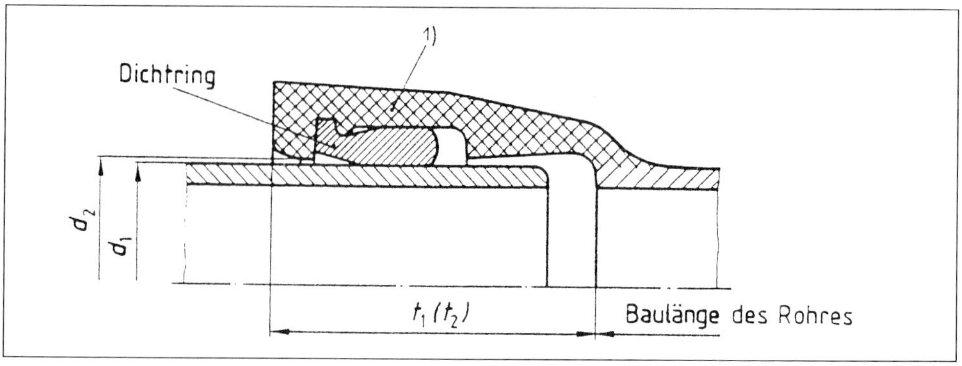

Bild 10: Tyton®-Muffe nach DIN 28603

10.2.2.1.4 Steckverbindung

Die Steckverbindung ist die Verbindung, sie sich im erdverlegten Rohrleitungsbau durchgesetzt hat. Im Lauf der Zeit entstanden verschiedenen Arten von Steckverbindungen, die jeweils an den Werkstoff der verwendeten Rohre angepaßt wurden.

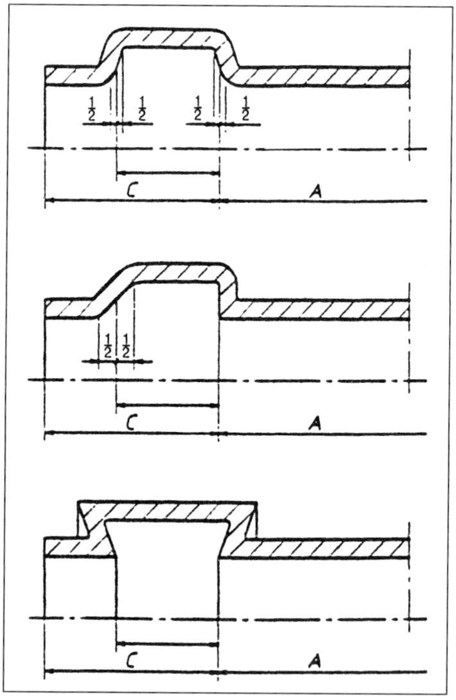

Bild 11: Muffenformen für PVC-Rohre nach DIN EN 1401-1

10.2.2.1.4.1 Gußrohrmuffendichtung

Die Gußrohrmuffendichtung ist besser bekannt unter dem Markennamen „TYTON®-Dichtung“. Diese Gußrohrmuffendichtung und die dazu gehörenden Gußmuffenrohre sind in DIN 28603 [20] genormt. Die Dichtung besteht dabei aus zwei Bereichen unterschiedlicher Härte: einem harten Bereich zur Fixierung der Dichtung in der Gußrohrmuffe beim Einschieben des Rohres und einem weicheren Abdichtbereich, Bild 10.

Die TYTON®-Gußrohrdichtung war auch Grundlage für die spätere Weiterentwicklung, die TYTON-SIT®-Dichtung. Während die TYTON®-Dichtung keine Ausziehsicherung für das Gußrohr enthält, sichert die TYTON-SIT®-Dichtung zuverlässig die Längskraftschlüssigkeit der Verbindung.

10.2.2.1.4.2 PVC-Rohrmuffendichtung

Für die PVC-Rohre wurde eine eigene Steckmuffe entwickelt und in DIN 8062 [21] genormt. Die dazu gehörende Dichtung ist eine Lippendichtung, Bild 11.

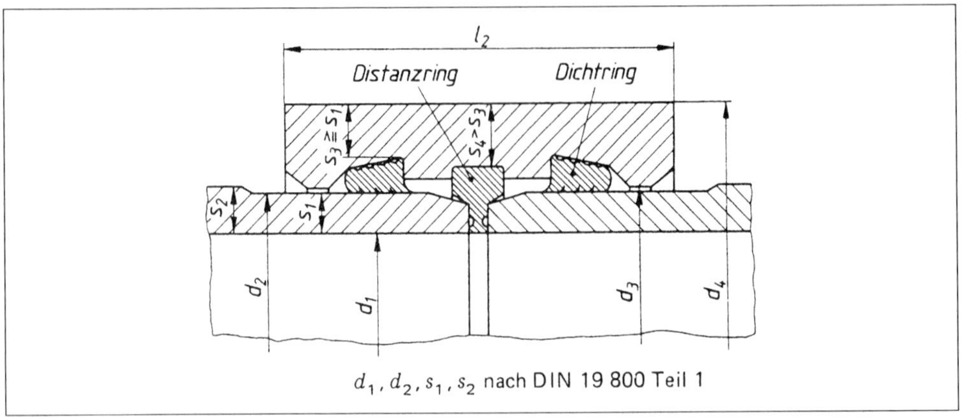

Bild 12: Reka®-Muffe nach DIN 19800-3

10.2.2.1.4.3 Reka®-Muffe für Asbestzementrohre

Für Asbestzementrohre wurde die sogenannte Reka®-Muffe entwickelt, in der eine Mehrlippendichtung die Abdichtung durchführt, Bild 12. Asbestzementrohre werden seit einigen Jahren nicht mehr eingebaut [22].

10.2.2.1.5 Sonderbauformen

Da sowohl die Gußrohrmuffe nach DIN 28603 als auch die Schraubmuffe nach DIN 28601 als Muffenverbindung für Gußrohre zunehmend auch für Armaturen und Formstücke verwendet wurden, war beim Übergang auf Kunststoffrohre ein Bedarf nach Übergangsdichtungen vorhanden.

Für Steckmuffen- und Schraubmuffen wurden deshalb Dichtungen entwickelt, die dem Außendurchmesser der jeweiligen Gußrohrmuffe entsprechen, im Innendurchmesser jedoch dem meist kleineren Kunststoffrohrdurchmesser angepaßt sind.

Beispiele für solche Übergangsdichtung stellen der „Union-Dichtring" für die Schraubenmuffenverbindung und die „Guß-Kunststoff (GKS)-Dichtung" dar, Bild 13.

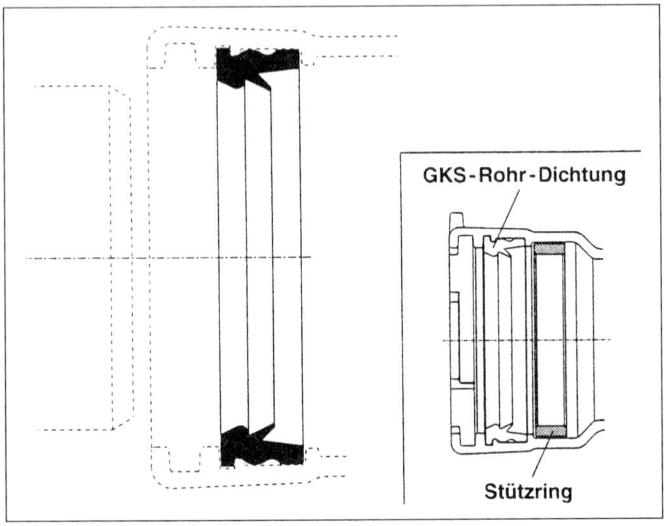

Bild 13: Guß-Kunststoff-Dichtung (GKS), Firma Hawle

Bild 14: Schachtarmatur für das Württemberger Schachtsystem

10.2.2.2 Abdichtung von Wellendurchführungen an Armaturen

Die Abdichtung von Wellendurchführungen wurde bis Anfang der 60'er Jahre überwiegend mit Stopfbuchspackungen durchgeführt. Diese Stopfbuchspackungen wurden bei Betätigung häufig undicht, d. h., daß es zu geringfügigen Leckagen gekommen ist, die in vielen Fällen von den Versorgungsunternehmen nicht sofort erkannt werden konnten.

Im Trinkwasserbereich wurde in verschiedenen Teilen Deutschlands auf den Erdeinbau verzichtet und Armaturen generell in Schächte eingebaut, da dort ein Nachstellen der Stopfbuchspackungen problemlos möglich war („Würtemberger Schachtsystem“, siehe Bild 14).

1958 wurden die ersten Absperrschieber mit Wellendurchführungen mit O-Ringen abgedichtet, die über die gesamte Lebensdauer dicht waren [23].

Im Laufe der Zeit wurden jedoch auch hier Verbesserungen notwendig. Bei den ersten O-Ring-Abdichtungen war bei längerer Nichtbetätigung der Armatur, wie das in Versorgungsleitungen häufig der Fall ist, und Schwefelzusätzen als Vernetzungsmittel ein Anvulkanisieren der O-Ringe an die Messing-Spindel beobachtet worden. Bei Betätigung der Armatur wurde dann der O-Ring beschädigt. Ein Hartverchromen der Messingspindel und der einige Jahrzehnte später erfolgte Einsatz von Spindeln aus glattgewalztem, nichtrostendem Stahl sowie der Einsatz von schwefelfreien Gummidichtungen beseitigte das Problem.

10.2.2.3 Absperrkörper in Armaturen

Armaturen können in Schieber, Klappen, Hähne und Ventile unterteilt werden, siehe Bild 15. Diese Armaturen unterscheiden sich durch die Art und Weise, in der das Medium abgesperrt wird. Jede dieser Bauformen hat spezifische Dichtkörper und damit auch spezifische Dichtprobleme.

10.2.2.3.1 Schieber

Schieber wurden bis 1958 nur als metallisch dichtende Schieber mit einer Metallplatte, die gegen eine metallische Auflagefläche abdichtete, ausgeführt. Problematisch war der dabei notwendige Schiebersack, der stark verschmutzungsanfällig war. In einem Patent von 1959 wurde erstmals ein „weichdichtender“ Schieber beschrieben [23], bei dem der Absperrkörper durch ein Aufvulkanisieren von Gummi gegen die unbearbeitete Gehäusefläche abdichten konnte. Weichdichtende Schieber werden heute mit vollkommen gummierten Absperrkörpern ausgeliefert, die Drücke bis 16 bar zuverlässig abdichten können.

Der elastische Teil der Absperrkörper bei Schiebern muß beim Schließen der Armatur sehr stark verpreßt werden, da sowohl Unebenheiten der Gußoberfläche, als auch Unebenheiten,

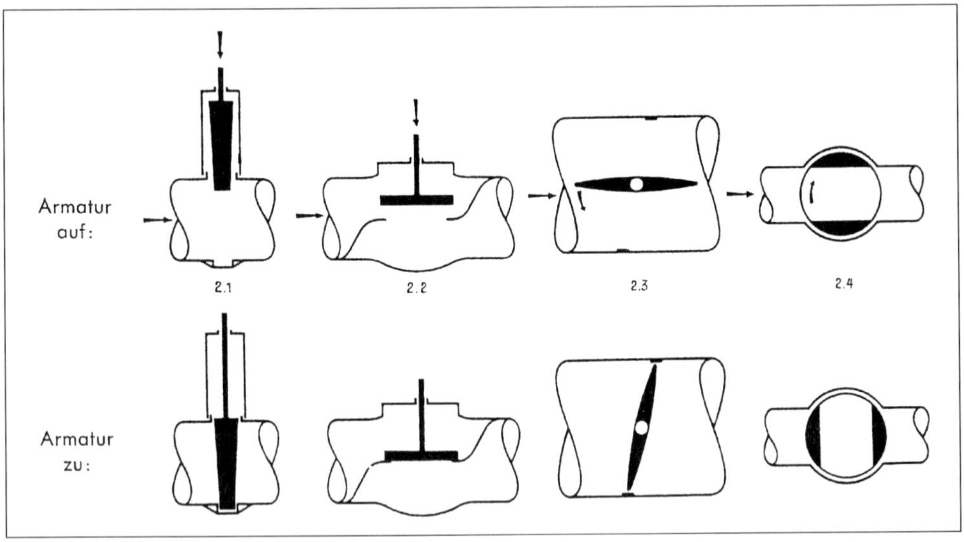

Bild 15: Schieber, Ventil, Klappe, Hahn

die durch Anlagerungen von Rost, Kalk u. ä. entstehen, ausgeglichen werden müssen. Damit diese Verformungen nicht zum Ablösen des Dichtgummis vom metallischen Kern führen, werden vor dem Vulkanisieren des Keils auf den Metallkern spezielle Haftvermittler aufgebracht. Beim Schließen von Schiebern können bei zu steil geformten Absperrkörpern außerdem sehr starke Reibkräfte auftreten, Bild 16. Um diese Reibkräfte gering zu halten, werden Dichtwerkstoffe mit einer Shore-Härte von 80°Sh verwendet oder zusätzliche Kunststoffgleitschuhe am Schieberkeil angebracht.

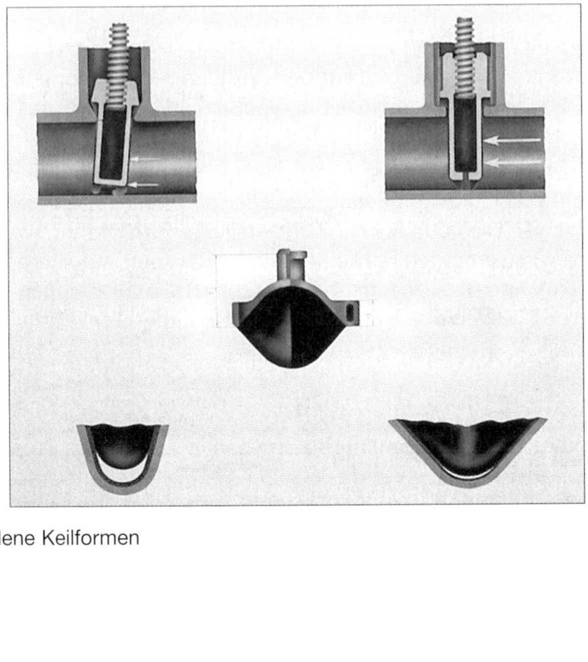

Bild 16: Verschiedene Keilformen

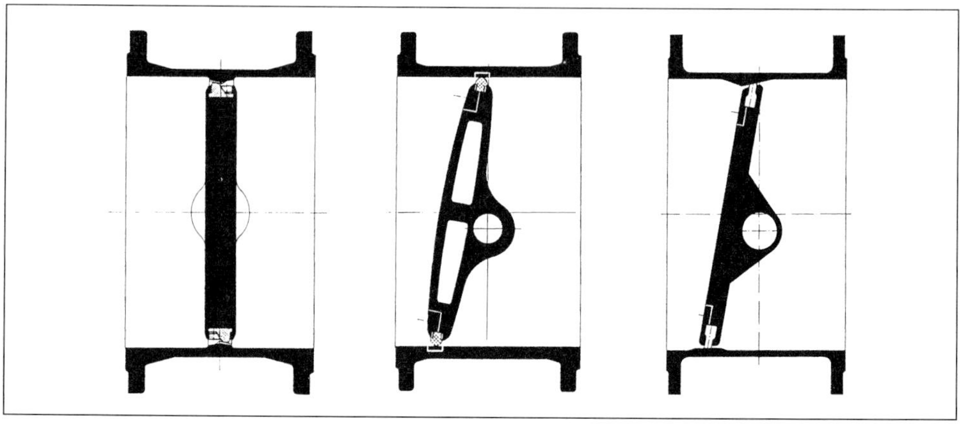

Bild 17: Verschiedene Bauarten von Klappen: zentrisch, einfach-exzentrisch und doppelt-exzentrische Klappenscheibe

10.2.2.3.2 Klappen

Klappen werden mit zentrisch gelagerter Klappenscheibe, mit einfach exzentrischer Klappenscheibe oder mit doppelt-exzentrischer Klappenscheibe ausgeliefert, Bild 17.

Bei der zentrisch gelagerten Klappenscheibe befindet sich der Drehpunkt der Klappenscheibe im Zentrum des Klappen-Gehäuses und im Zentrum der Klappenscheibe. Die radiale Dichtflächen der Klappenscheibe sind durch die Welle unterbrochen. Diese Klappenbauart ist deshalb nur für einfache Einbauverhältnisse geeignet.

Bei der einfach-exzentrischen Klappe verläuft der Drehpunkt der Klappenscheibe mittig durch das Armaturengehäuse, jedoch nicht durch das Zentrum der Klappenscheibe. Die Dichtfläche wird nicht durch die Welle unterbrochen.

Doppelt-exzentrische Klappe

Bei der doppelt-exzentrischen Klappe liegt der Drehpunkt der Klappenscheibe geringfügig oberhalb der Mitte des Armaturengehäuses und außerhalb des Zentrums der Klappenscheibe.

Bei einfach-exzentrischen und doppelt-exzentrischen Klappen werden die Dichtungen als umlaufende Endlos-Profildichtung in den Klappenkörper montiert und durch Schrauben vorgespannt. Dadurch ist die Dichtung auch in Offenstellung vorgespannt, was zu einem Fließen der Dichtung und damit zu erhöhten Schließkräften führen kann. Als alternative Bauform wurde deshalb das in [24] vorgestellte modifizierte Dichtsystem für Klappen zum Patent angemeldet, bei der die profilierte umlaufende Dichtung nur in der Schließstellung verpreßt wird, Bild 18.

10.2.2.3.3 Hähne

Hähne werden heute meist als sogenannte Kugelhähne eingesetzt. Dabei ist der Absperrkörper eine Kugel, die zwischen zwei in das Gehäuse eingelegten umlaufenden Dichtkörpern eingespannt ist. Beim Schließen wird der Dichtkörper gegen die Dichtung einer Seite gedrückt, die Abdichtung erfolgt zwischen Kugel und Dichtkörper, Bild 19. Als Dichtkörper werden meist PTFE-Dichtscheiben eingesetzt, die hohe Abriebfestigkeit, gute Gleiteigenschaften, chemische Beständigkeit und hohe Lebensdauer sicherstellen. Diese Dichtringe müssen mit kontinuierlichem Druck an die Kugel gepreßt werden. Kugelhähne werden normalerweise mit einer Viertelumdrehung geöffnet/geschlossen. Für eine langsamere Betätigung sind aufwendige Getriebe notwendig.

Kugelhähne haben sich in der Erdgasversorgung bewährt. Im Trinkwasser werden sie bisher jedoch wegen der Gefahr, daß diese Kugelhähne beim Schließen Druckschläge auslösen können und weil die Dichtungen in der Vergangenheit durch Ablagerungen zum Teil schnell beschädigt wurden, kaum eingesetzt.

Das könnte sich durch eine Neuentwicklung, den sogenannten Rohrnetzkugelhahn für Drücke bis 25 bar möglicherweise ändern [25]. Dieser Rohrnetzkugelhahn basiert auf einer schwimmend gelagerten Kugel, wodurch die Anpreßkräfte auf die Kugelhahndichtung im drucklosen Zustand gering (geringe Vorspannung) sind und einer Art Schubkurbelgetriebe, womit ein langsamer Öffnungs- und Schließprozeß möglich wird, Bild 20.

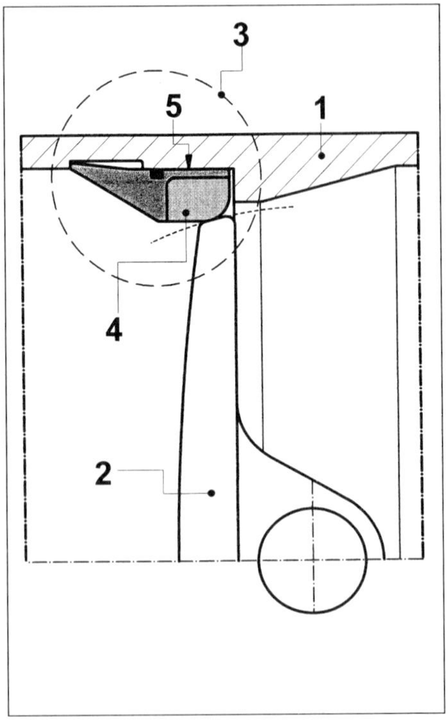

Bild 18: Modifizierte Form der Klappenabdichtung

10.2.2.3.4 Ventile

Ventile haben einen von unten angeströmten Dichtkörper. Beispiele für Ventile sind die früher in jedem Haushalt vorhandenen „Wasserhähne" und die in Transport- und Versorgungsleitungen eingesetzten Regelventile, zum Beispiel zur Druckreduzierung, Bild 21.

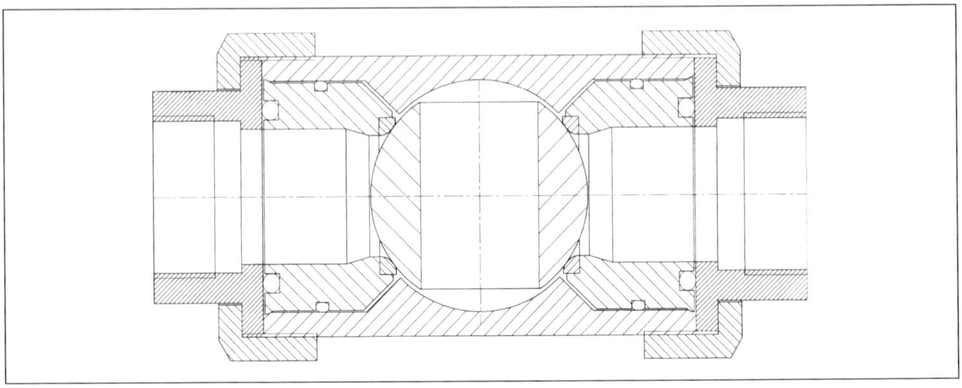

Bild 19: Kugelhahn

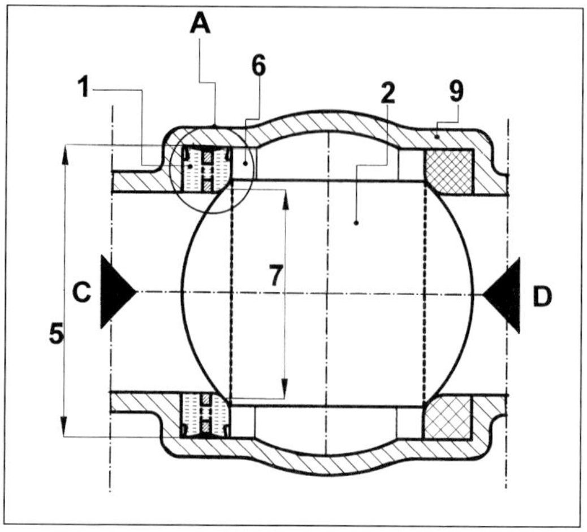

Bild 20: Rohrnetzkugelhahn mit schwimmend gelagerter Kugel (Gebrauchsmuster 29902761.9)

Bei diesen Druckreduzierventilen wird die Dichtung auf einem Dichtungsträger der Ventilspindel befestigt, die durch den Druck, der auf eine Membran wirkt, bewegt wird. Diese Membran trennt dabei zum einen die Medien auf der Ober- und Unterseite der Membran, zum anderen übernimmt sie die Abdichtung des Gehäuses nach außen.

Diese Membranen werden in der Regel aus einem ein- oder mehrlagigen Gewebe (z. B. aus Polyamid) und einer aufvulkanisierten Gummischicht (z. B. Neoprene) hergestellt. Die Membranen werden jedoch im Laufe der Zeit brüchig, so daß sie bei Wartungsarbeiten ausgewechselt werden müssen, siehe auch Kap. 9.2.

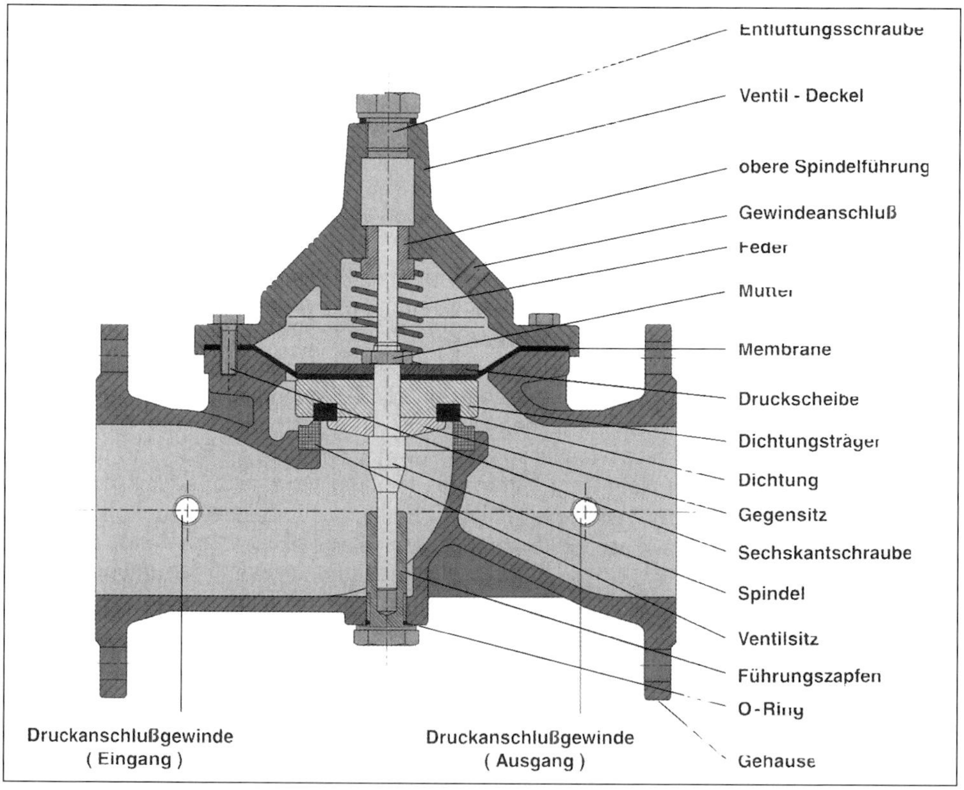

Bild 21: Druckreduzierventil

10.2.2.4 Gehäusedichtungen

Abdichtungen zwischen Gehäuseteilen werden meist als Flachdichtungen mit Shore-Härten ab 80°Sh (A) ausgeführt und mindestens auf einer Seite im Gehäuse geklammert. Beispiele für Gehäusedichtungen, siehe Bild 22.

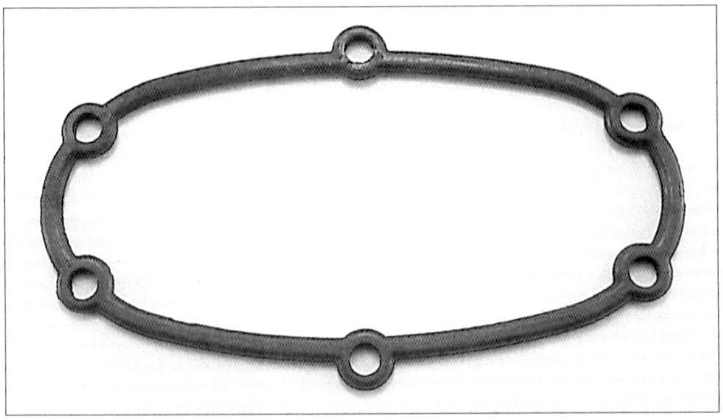

Bild 22: Beispiel für Gehäusedichtung

10.2.2.5 Sonderbauformen

Es hat sich eine große Zahl spezieller Dichtungsbauformen im Armaturenbau herausgebildet. Hier einige Beispiele.

10.2.2.5.1 Abdichtung zwischen Anbohrarmatur und Rohr

Anbohrarmaturen werden nachträglich auf Rohrleitungen aufgesetzt. Die Abdichtung zwischen Anbohrarmatur und Rohr beinhaltet dabei die Schwierigkeit, daß unterschiedlichste Rohrwerkstoffe, Oberflächenbeschaffenheit und Außendurchmesser berücksichtigt werden müssen. Bewährt hat sich hier das Prinzip der Satteldichtung, siehe Bild 23, aus einem mindestens 80° Sh (A) harten Gummi, der in der Anbohrarmatur gekammert ist und mehrere konzentrisch um die Anbohrschelle angeordnete O-Ring-Profile besitzt.

Bild 23: Anbohrarmaturen mit Satteldichtung

Bild 24: Reparaturschelle mit wabenförmiger Dichtfläche

10.2.2.5.2 Dichtungen für Reparaturschellen bei Druckrohren

Reparaturschellen werden eingesetzt, um Stellen von Lochkorrosion oder glatte Sprödbrüche an Rohrleitungen abzudichten.

Dabei soll die Abdichtung trotz Austritt des Mediums auch auf alten, bereits korrodierten Rohrleitungsoberflächen einfach und schnell ausgeführt werden können. Die Abdichtung muß sowohl im Gas- als auch Wasserbereich dauerhaft (das heißt unter Umständen auch für mehrere Jahrzehnte!) dicht sein, Bild 24.

Das wird zum Beispiel durch Reparaturschellen mit wabenförmig aufgebautem Dichtgummi erreicht.

Dabei schotten die erhöht ausgeführten Stege der Waben den Leckagebereich der Rohrleitung ab. Diese Stege lassen sich gut verpressen, so daß eine Anpassung an die Oberfläche des Rohres möglich ist und gewährleistet durch ihr Rückstellvermögen die zuverlässige Abdichtung über Jahrzehnte.

10.2.2.5.3 Klebende Dichtstoffe

In zunehmende Maße werden im Armaturenbau insbesondere bei der Herstellung von Gewindeverbindungen auch klebende Dichtstoffe verwendet, siehe auch Kap. 10.8. Dabei kommen fast ausschließlich anaerobaushärtende Dichtstoffe mit DVGW-Zulassung für Gas/Wasser zur Verwendung [26].

Diese klebende Dichtstoffe haben im Armaturenbau die früher vorkommenden gehanften oder mit PFTE-Bänden abgedichteten Verbindungen weitgehend verdrängt, da das hohe Losbrechmoment der Dichtkleber bei von Herstellern durchgeführten Verbindungen aus Sicherheitsgründen gewünscht wird.

10.3 Spezial-Armaturen-Dichtungen

10.3.1 Einleitung

Eine der Hauptaufgaben beim Konstruieren von Ventilen, Schiebern, Kugelhähnen, Absperr- und Drosselklappen u.a. bildet das Sicherstellen der zuverlässigen Dichtheit ihrer Verschlußelemente (z.B. Sitz-Absperrplatte in Schiebern) und Spindeldichtungen bei möglichst kleinen Bewegungswiderständen beim Öffnen und Schließen. Das fordert oft die Anwendung von speziellen Konstruktionslösungen der Abdichtungen und Dichtungssysteme.

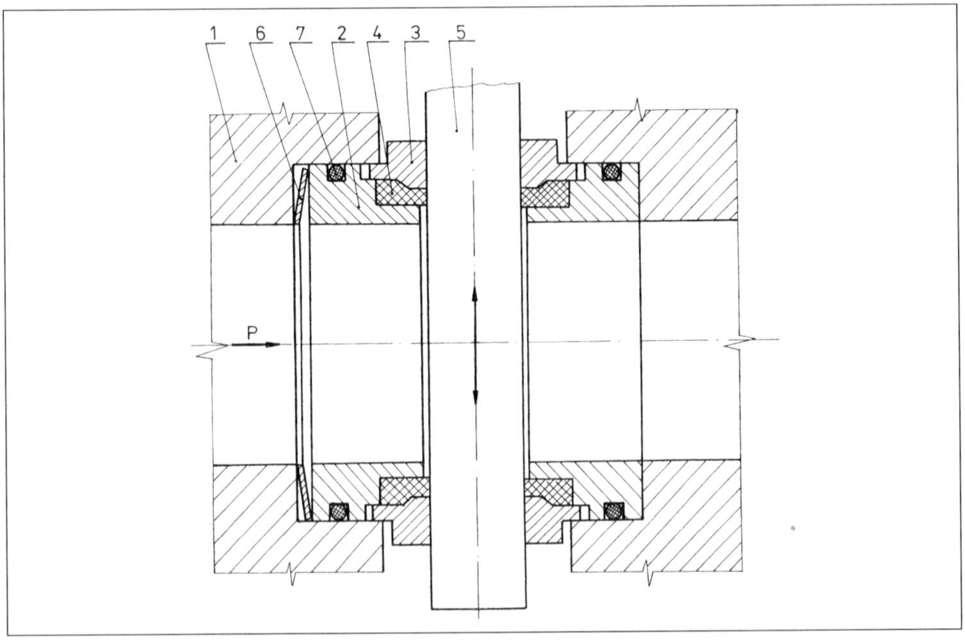

Bild 25: Sitzdichtung eines Schiebers für die Drücke bis 35 MPa
1 – Gehäuse, 2 – innere Flanschbuchse, 3 – äußere Flanschbuchse, 4 – Dichtungsring, 5 – Absperrplatte, 6 – Tellerfeder, 7 – „O"-Ring

10.3.2 Sitzdichtungen für Hochdruckschieber

Die Abdichtung eines Verschlußsystems (Schieber – Sitz, Sitz – Gehäuse) im Hochdruckschieber ist eins der wichtigsten Funktionselemente, die für die Wirksamkeit des Schiebers ausschlaggebend sind.

Bild 25 zeigt die Abdichtung des Verschlußsystems in einem Hochdruckschieber bis 35 MPa [27]. In dieser Lösung ist die paralelle Absperrplatte 5 verschiebbar im Gehäuse 1 angebracht. Die Schiebersitze bilden zwei im Gehäuse 1 befestigte metallische Flanschbuchsen 2, 3, wobei sich die innere Flanschbuchse 2 auf eine Tellerfeder 6 stützt. Zwischen der äußeren Flanschbuchse 3 und der inneren Flanschbuchse 2 befindet sich der Formdichtungsring 4, der z.B. aus PTFE hergestellt wird. Unter Betriebsbedingungen bewirkt der auf die Oberfläche der Absperrplatte 5 ausgeübte Mediendruck die Anpressung der Platte an die Stirnoberfläche der äußeren Buchse 3 sowie die plastisch-elastische Verformung des Dichtungsringes 4. Das Anpressen des Dichtungsringes 4 an die Stirnoberfläche der Absperrplatte 5 und an den Sitz stellt die Dichtheit zwischen dem Sitz und der Absperrplatte sicher. Der „O"-Ring 7, der in der Nut auf dem Umfang der inneren Buchse 2 angebracht wird, sichert die Dichtheit zwischen dem Sitz und dem Gehäuse 1.

Bild 26 stellt die Abdichtung eines Verschlußsystems des Schiebers mit paralleler Absperrplatte und „schwimmendem" Sitz dar [28]. In diesem Fall ist die Absperrplatte 2 verschiebbar im Gehäuse 1 angebracht. Die Schiebersitze bilden gleichförmige Metallringe 3 von entsprechendem Durchmesser, die an beiden Seiten der Absperrplatte 2 befestigt und ver-

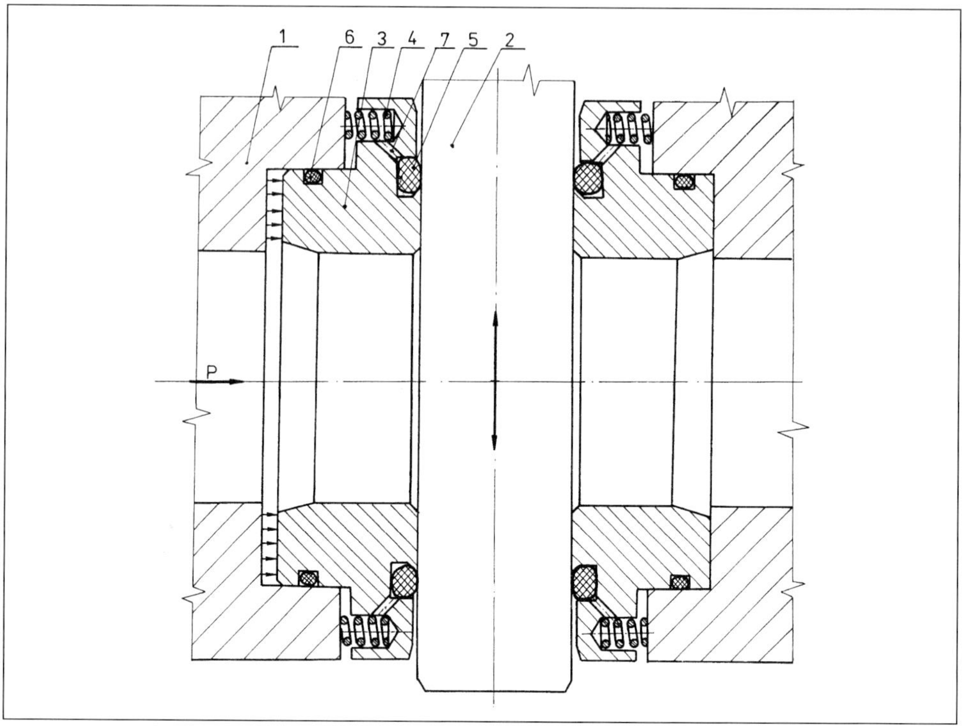

Bild 26: Sitzdichtung mit elastischen „O"-Ringen in einem Schieber mit parallelen Absperrplatte
1 – Gehäuse, 2 – Absperrplatte, 3 – Sitz, 4 – Schraubenfeder, 5, 6 – „O"-Ringe, 7 – Entlüftungskanal

schiebbar im Gehäuse 1 angebracht sind. Elastische „O"-Ringe 5 sind locker in Nuten eingelegt, die im Sitz 3 absperrplattenseitig eingedreht wurden. Die Schraubenfedern 4 pressen den Sitz 3 an die Absperrplatte 2. Zusätzliche „O"-Ringe 6 gewährleisten die Dichtheit zwischen dem Sitz 3 und dem Gehäuse 1. In Schließstellung wirkt der eingangsseitige Leitungsdruck auf die rückwärtige Sitzringfläche, die den Sitz 3 mit dem Dichtungsring 5 an die Absperrplatte 2 anpreßt (doppelte Sitz-Abdichtung) und sichert gute Dichtheit des Absperrschiebers. Die Wirkungsweise der Sitz-Abdichtung ist unabhängig von der Durchflußrichtung des Mediums und der Höhe des Leitungsdruckes.

Bild 27 zeigt die Sitzdichtung in einem Schieber mit schräg geteilter Absperrplatte [29, 30]. Die Absperrplatte 4 und das Segment 5 haben aneinander anliegende Keilflächen. Die Feder 6 preßt die Absperrplatte 4 und das Segment 5 aneinander in jeder Stellung des Schiebers. Den Schiebersitz bilden L-förmige Metallbuchsen 1, 2, wobei die Buchse 1 eng im Gehäuse befestigt und die Buchse 2 – verschiebbar gegen die Buchse 1 ist. In der Nut auf der Stirnfläche der Buchse 2 befindet sich der elastische Dichtungsring 3. In der Offenstellung des Schiebers (Bild 27a) und in der Schließstellung (Bild 27c) erfolgt – infolge des Auseinanderstoßens der Absperrklappe 4 und des Segmentes 5 – das Anpressen der Stirnflächen der Absperrplatte an die Buchse 2 mit dem Dichtungsring 3. Damit ist die Dichtheit des Verschlußsystems des Schiebers gewährleistet.

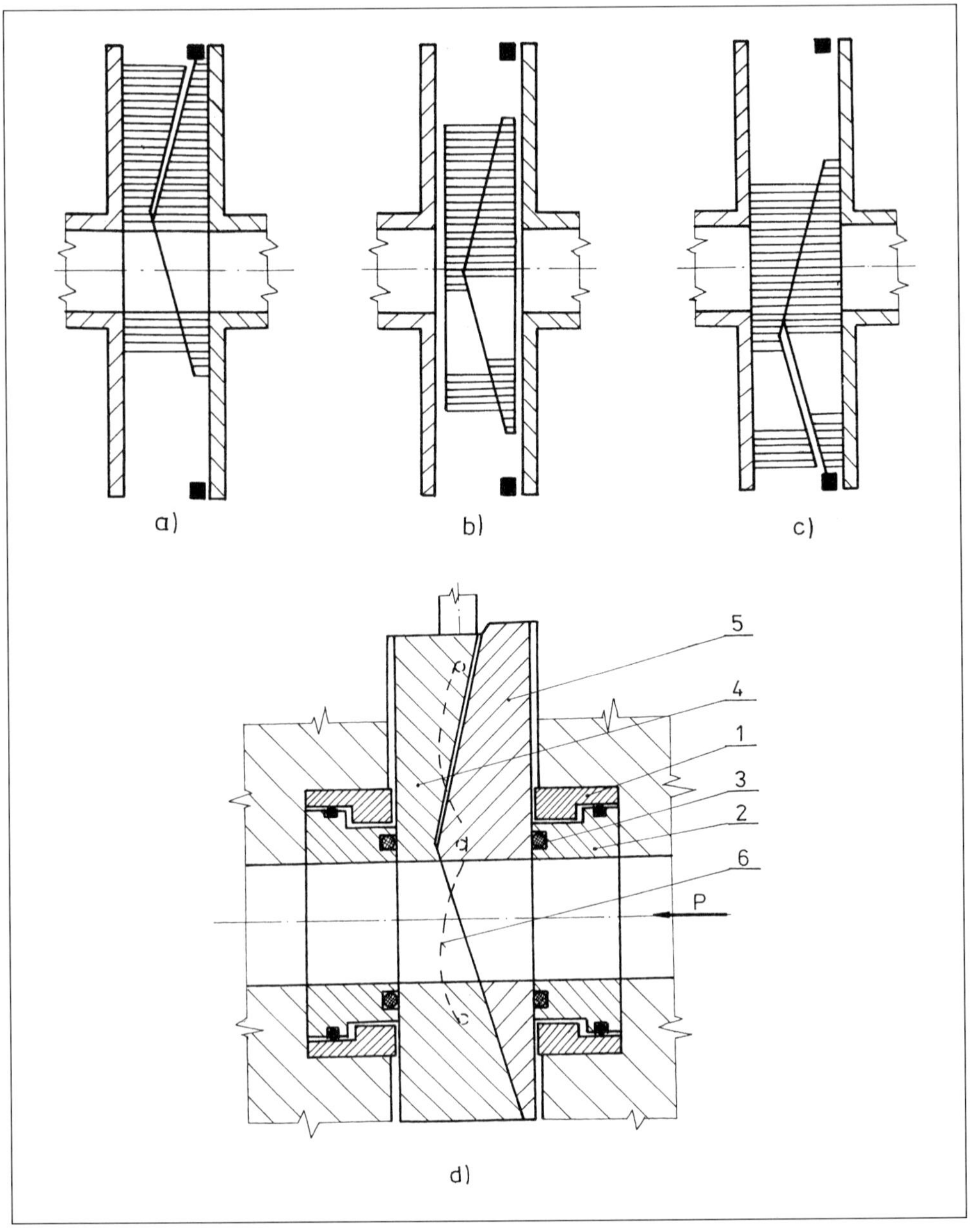

Bild 27: Sitzdichtung in einem Schieber mit schräger Absperrplatte
a) geöffnete Absperrplatte
b) Absperrplatte in Mittelstellung
c) geschlossene Absperrplatte
d) Aufbau der Sitzdichtung
1 – äußere Buchse, 2 – innere Buchse, 3 – elastischer Dichtungsring, 4 – Absperrplatte, 5 – Segment, 6 – Feder

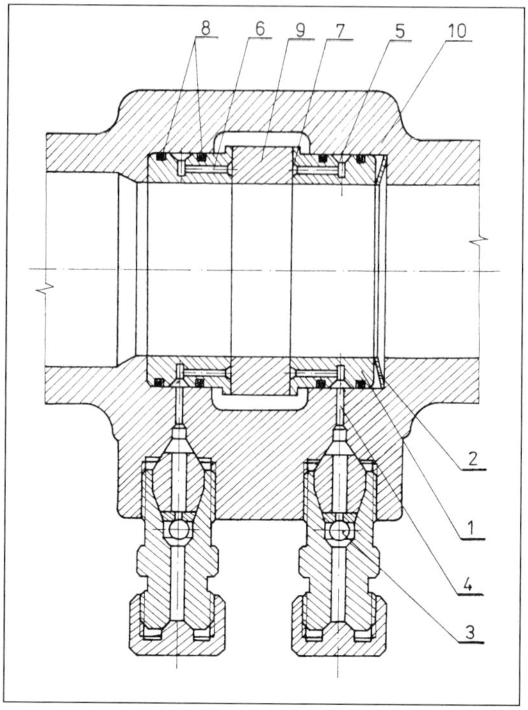

Bild 28: Querschnitt eines Schiebers mit paralleler Absperrplatte und zusätzlicher Abdichtung mit Schmiermittel des Sitzes und der Absperrplatte
1 – Sitz, 2 – Tellerfeder, 3 – Rückschlagventil, 4, 6 – Zuflußkanäle, 5 – Umfangsschmierrille, 7 – Stirnschmierrille, 8 – „O"-Ringe, 9 – Absperrplatte, 10 – Gehäuse

Um die Dichtheit der Verschlußsysteme in Hochdruckschiebern zu erhöhen, werden oft spezielle Medien von plastischer Konsistenz mit abdichtenden und schmierenden Eigenschaften verwendet, die an die dynamischen und statischen Flächen der Schließelemente (Sitz und Absperrplatte) mittels Handpumpen zugeführt werden. Ein Beispiel einer solchen Lösung zeigt das Bild 28 [45]. Durch die Rückschlagventile 3 und Zuflußkanäle 4, 6 wird das Dichtungsmedium sowohl an die Zylinderfläche zwischen dem Sitz 1 und dem Gehäuse 10, als auch an die Stirnfläche zwischen dem Sitz 1 und der Absperrplatte 9 geführt. Diese Lösung sichert gute Dichtheit, erfordert aber die Einführung von Dichtungsmedium im entsprechenden Moment, d.h. bei jedem Schließen des Schiebers.

Eine neue Entwicklung in der Konstruktion der Hochdruckschieber bildet die Anwendung von selbsttätiger Abdichtung in Verschlußsystemen (Absperrplatte – Sitz, Sitz – Gehäuse) [31]. Ein Beispiel der Konstruktionsausführung eines Schiebers für den Betriebsdruck bis zu 35 MPa mit selbsttätiger Abdichtung des Verschlußsystems ist in Bild 29 zu sehen [32]. Das selbsttätige Dichtungssystem befindet sich im Schiebersitz und besteht aus zwei kleinen Behältern 1 mit einem Dichtungsmittel, in denen frei „schwimmende" kleine Kolben 2 eingebracht sind. Diese Kolben trennen das Dichtungsmittel vom Betriebsmedium und übertragen den im Schieberkörper auftretenden Druck des Betriebsmediums auf das Dichtungsmittel in den Behältern 1. Das Dichtungsmittel fließt in entsprechenden Kanälen aus den Behältern 1 durch Eintiefungen 5 im Schieber in die auf der Sitzstirnfläche hergestellten Ringnuten 4 nur dann, wenn der Schieber geschlossen ist. Die auf zylindrischen Stirnflächen hergestellten Umfangsnuten 6 dienen der Zuführung des Dichtungsmittels in bestimmten Kanälen zwischen dem Sitz und dem Schieberkörper und verhindern das Lecken des Betriebsmediums hinter dem Sitz. Das Dichtungsmittel wird von außen den kleinen Behältern 1 durch Kanäle 7 mit Hilfe von besonderen hydraulischen Einspritzdüsen zugeführt. Bei dieser Ausführung wird der in Form einer zweiteiligen Scheibe hergestellte Schieber an den Sitz durch die im Innern des Schiebers befindlichen Schraubenfedern gepreßt.

In Bild 30 wurde der Aufbau eines Hochdruckschiebers mit dem im Gehäuse untergebrachten selbsttätigen Dichtungssystem dargestellt [33]. Bei dieser Konstruktionslösung befinden sich kleine Behälter 1 mit dem Dichtungsmittel im unteren Teil des Schiebergehäuses. Beim

Schließen des Schiebers preßt der Druck des Betriebsmediums den Kolben 2 an, was die Strömung des Dichtungsmittels durch die Kanäle 3, 4 und 5 in die Ringnut 6 möglich macht und die Abdichtung zwischen der Stirnfläche des Schiebers 7 und dem Sitz 8 zur Folge hat.

Hochdruckschieber mit selbsttätigen Abdichtungssystemen für Erdgas und Erdöl werden für Betriebsdrücke bis 210 MPa und mit Nenndurchmessern bis zu 150 mm hergestellt [32].

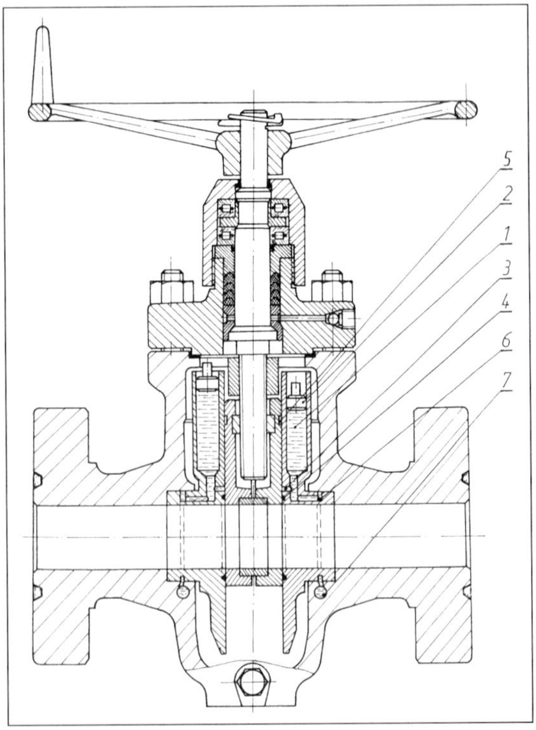

Bild 29: Hochdruckschieber mit dem im Sitz eingesetzten selbsttätigen Dichtungssystem
1 – kleiner Behälter mit Dichtungsmittel, 2 – frei „schwimmender" Kolben, 3 – Zuflußkanal, 4 – Schmierringnut auf der Sitzstirnfläche, 5 – Eintiefung auf der Schieberstirnfläche, 6 – Umfangsnut, 7 – Zuflußkanal für Dichtungsmittel

10.3.3 Sitzdichtungen für Kugelhähne

Kugelhähne werden als Absperr- oder Regelventile angewendet, hauptsächlich in Leitungen mit kleinem Durchmesser und niedrigem bzw. mittelmäßigem Druck. Ihre Vorteile sind ein einfacher und kompakter Bau, kleine Durchflußwiderstände, schnelles Öffnen und Schließen sowie eine problemlose Anwendung in automatischer Steuerungen. Die Kugelhähne charakterisieren sich durch gute Dichtheit und fordern kleine Kräfte zur Steuerung.

Bild 31 zeigt den Bau eines Kugelhahnes und grundsätzliche Dichtungssysteme [34]. Sitzringe in Kugelhähnen können aus Metall, reinem Graphit oder modifiziertem PTFE hergestellt werden. Im Fall der metallischen Kugelhähne ist große Genauigkeit im Erhalten der Form und bei der Bearbeitung der Kugelfläche erforderlich. Sitzringe werden aus rostfreiem Stahl hergestellt und durch Aufschweißen mit Stellit gehärtet. Sitzringe aus reinem Graphit werden bei niedrigen Drücken und hohen Temperaturen (bis +540 °C) verwendet. Sitzringe aus PTFE verwendet man bei Drücken bis 4 MPa und Temperaturen bis +230 °C.

Bild 32 zeigt die Sitzdichtung eines Kugelhahnes [35]. Die Sitzdichtung besteht aus präzisen Stahl-Sitzringen mit hoher Oberflächenhärte, die auf der härtebehandelten Kugeldichtfläche spaltfrei Metall gegen Metall dichten und zusätzlichem, als Feinabdichtung wirkendem, elastischem „O"-Ring, der in der Nut des Metallsitzringes sowie gegen die Dichtfläche der Absperrkugel vollständig gekammert ist. Beide Sitzringe werden durch die in Bild 32a und 32b verdeutlichten hydraulischen Kolbeneffekte von Leitungsdruck bzw. Gehäuseinnendruck unabhängig voneinander gegen die Kugel gepreßt. Daraus ergibt sich eine doppelte Abdichtung gegen gewaltsame Sitzbeschädigungen.

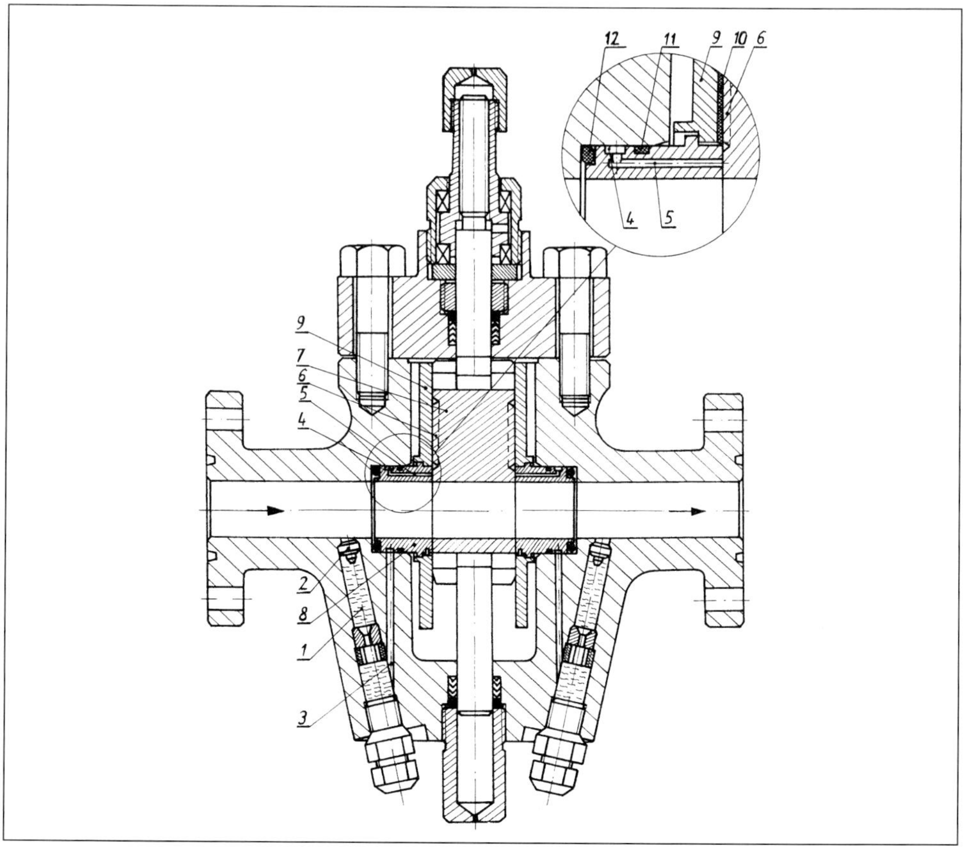

Bild 30: Hochdruckschieber mit dem im Gehäuse untergebrachten selbsttätigen Dichtungssystem
1 – kleiner Behälter mit Dichtungsmittel, 2 – frei „schwimmender“ Kolben, 3, 4, 5 – Zuflußkanäle, 6 Schmierringnut auf der Schieberstirnfläche, 7 – Schieber, 8 – Sitz, 9 – Führung, 10 – Gleitschicht, 11, 12 – „O“-Ringe

Zur Verwendung in fast allen Industriezweigen, vor allem in der Chemie und Verfahrenstechnik, für flüssige und gasförmige, nichtaggressive und aggressive Medien bieten sich Kugelhähne mit Dichtelementen aus PTFE an. Ein Hauptmerkmal dieser Kugelhähne sind die elastischen Lippensitzringe. Lippensitzringe stellen eine technisch bestehende Lösung als Sitz/Dichtring-Kombination ohne zusätzliche Federelemente dar. Die zuverlässige Dichtung wird durch einen Profilsitzring mit freitragender Lippe bewirkt. Im Gegensatz zu den üblichen vorgespannten Sitzringen, die besonders unter Dauerbelastung zu plastischer Verformung neigen, werden die Lippensitzringe selbst unter extremen Betriebsbedingungen nur elastisch verformt und nehmen durch ihre außerordentliche Rückstellkraft bei Entlastung wieder ihre ursprüngliche Form an. Temperaturwechsel im Medium werden von der flexiblen Dichtlippe aufgenommen, ohne die Dichtwirkung zu beeinträchtigen. Die Federwirkung der Dichtlippe gleicht den natürlichen Verschleiß über lange Zeit aus.

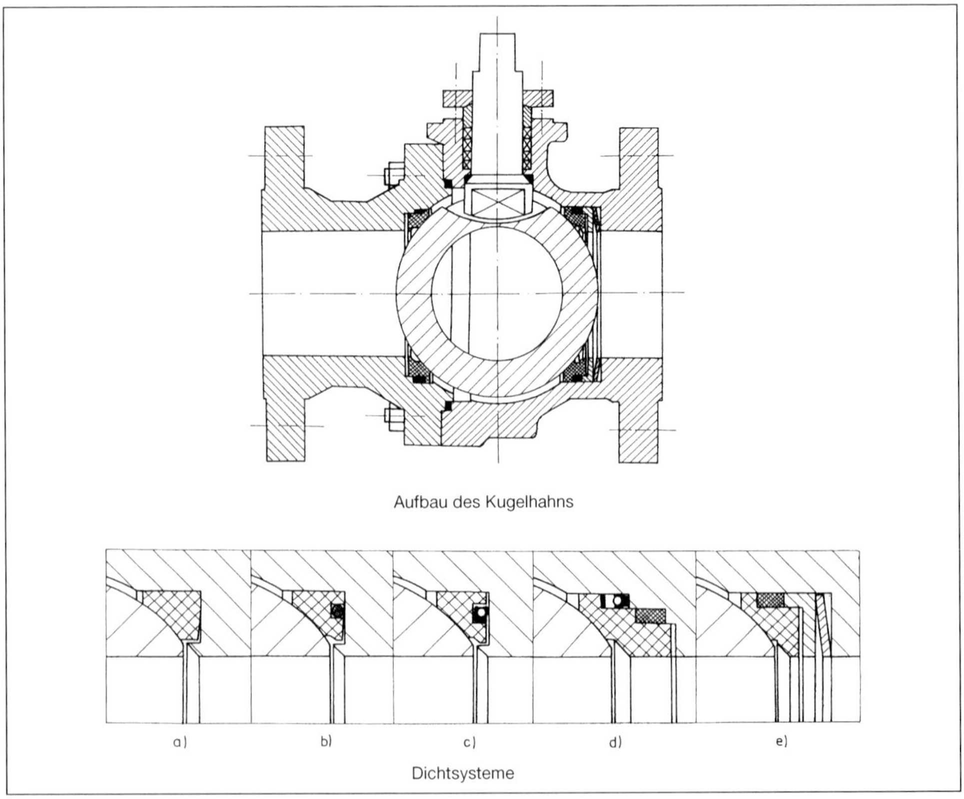

Bild 31: Dichtsysteme für Kugelhähne

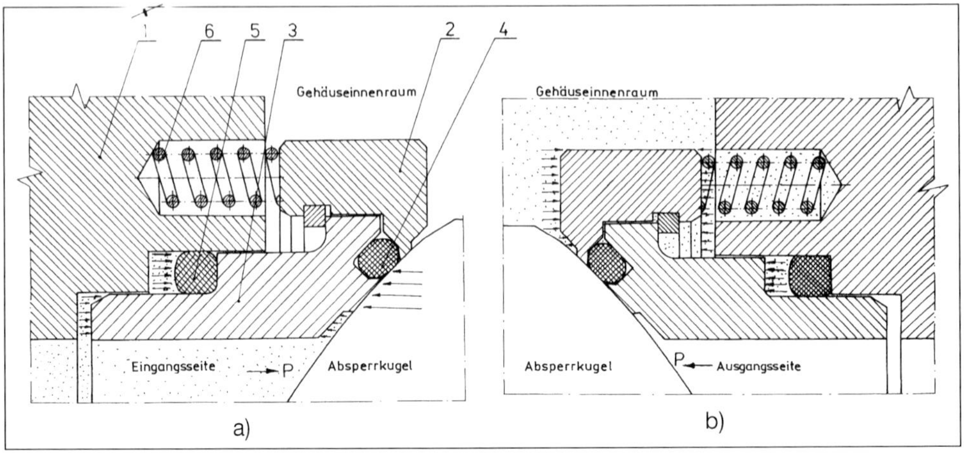

Bild 32: Doppelte Sitzabdichtung des Kugelhahnes
a) Eingangsseitiger Sitz
b) Ausgangsseitiger Sitz
1 – Gehäuse, 2,3 – Sitzelemente, 4,5 – „O“-Ringe, 6 – Tellerfeder

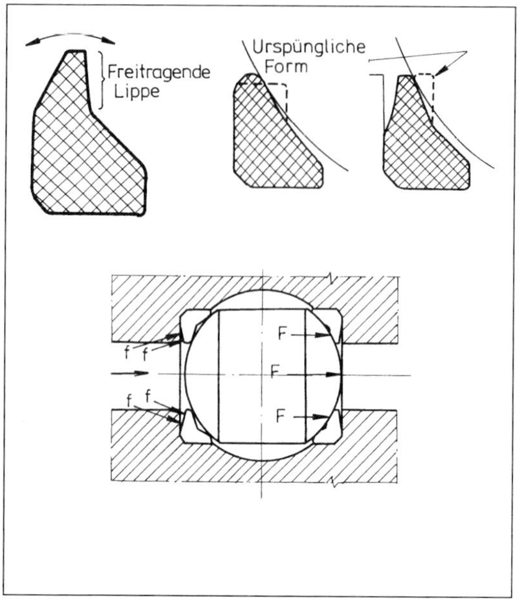

Bild 33: Lippensitzringe für Kugelhähne

Bild 33 zeigt, daß diese Sitzringkonstruktion auch im Vakuum absolut zuverlässig arbeitet. Außer der großen Dichtkraft „F", die sich aus Kugelfläche mal Differenzdruck zusammensetzt und auf der Niederdruckseite wirksam wird, wirkt die kleine Dichtkraft „f" von der Hochdruckseite auf die Lippe des Sitzringes ein. Die schwimmende Kugel wird also gegen den niederdruckseitigen Sitzring gedrückt und die Lippe des hochdruckseitigen Sitzringes wiederum an die Kugel herangeführt. Sollte der im Gehäuseinnern eines geschlossenen Kugelhahnes zurückgebliebene Flüssigkeitsrest durch äußere Einwirkung aufgeheizt werden und sich dadurch ein unzulässiger Überdruck aufbauen, so wird dieser nach Überwindung der kleinen Dichtkraft „f" nach der Hochdruckseite hin abgeleitet, ohne daß Schäden am Hahn auftreten können.

10.3.4 Abdichtung der Absperrklappe

Absperrklappen sind gasdicht abschließende Armaturen, die zum Absperren, Drosseln und Regulieren von korrosiven Gasen, Flüssigkeiten, Pasten und pulverförmigen Produkten in Rohrleitungen, Behältern, Apparaten usw. eingesetzt werden. Die Absperrklappe ist auf dem Prinzip der konzentrischen, weichdichtenden Klappe aufgebaut, Bild 34 [36]. Das Baukastensystem ermöglicht die beliebige Kombination der drei Grundbauteile: Scheibe mit Welle 2, Ringbalg 3 und Gehäuse 1. Dichtheit der Absperrklappe in der Schließstellung wird auf der Berührungsfläche zwischen dem in Gehäuse 1 befestigten, aus hochverdichtetem Rein-PTFE hergestellten Ringbalg 3 und Scheibe mit Welle 2 mit Teflon-Ummantelung erhalten, die in Lagerbuchsen 5 im unterem und oberem Teil des Gehäuses 1 befestigt wird.

Zwischen dem Ringbalg 3 und dem Gehäuse 1 ist auf dem ganzen Umfang elastische Silikoneinlage 4 eingebracht . Die Wellenabdichtung mit Drücker 6, den Tellerfedern 7 und elastischem „O"-Ring 8 ergeben höchste Sicherheit.

10.3.5 Abdichtung der Drosselklappe

Drosselklappen finden breite Anwendung in der Niedrigdruck-Armatur zum Transport u.a. von Wasser, Öl, Dampf, Gasen und Schlamm. Sie charakterisieren sich durch einfachen und kompakten Bau, kleines Gewicht, kleine Durchflußwiderstände und verhältnismäßig niedrigen Preis.

Bild 35 zeigt den Bau einer Drosselklappe und grundsätzliche Dichtungssysteme zum Sichern von Dichtheit zwischen der Scheibe und dem Gehäuse [37, 38]. In diesen Lösungen werden die Profilsitzringe aus PTFE hergestellt, manchmal mit elastischen Elementen oder aber aus rostfreiem Stahl-Blech.

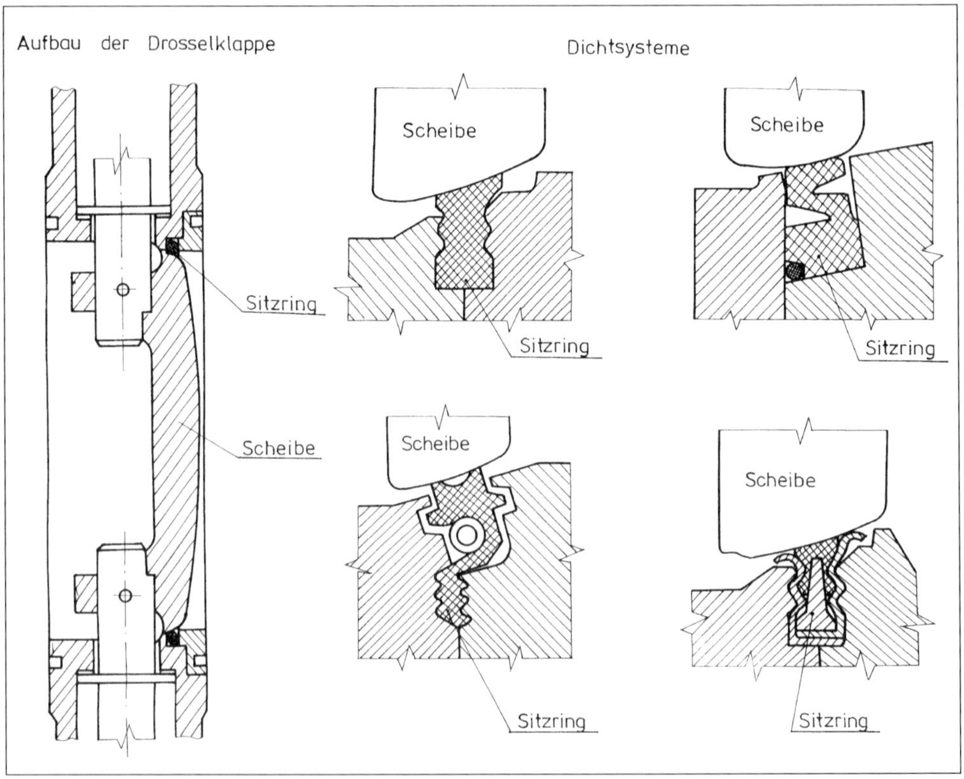

Bild 34: Standard-Absperrklappe
a) Aufbau
b) Wellendichtung
1 – Gehäuse (2-teilig), 2 – Scheibe mit Welle, 3 – Ringbalg, 4 – Einlage, 5 – Lagerbuchse, 6 – Drücker, 7 – Federpaket, 8 – „O"-Ringe

10.3.6 Spindelabdichtungen für Hochdruckventile und -schieber

Die wartungsfreie Stopfbuchspackung für Armaturen, die das Bild 36 [39] zeigt, ist eine Kombination aus Reingraphit mit PTFE-Gleitfläche und verbindet die besonderen Vorteile von Reingraphit, wie permanente Dauerelastizität, dadurch beste Dichtwirkung auch in Heiß/Kalt-Betrieb sowie eine Wärmedehnung ähnlich Stahl, mit den Vorteilen von PTFE, d.h. gute Gleiteigenschaften, niedriger Reibungskoeffizient und Verhinderung elektrochemischer Korrosion (Nuklear-Qualität).

Bild 37 zeigt eine Stopfbuchsabdichtung einer Ventilspindel [40], bestehend aus Packungsringen 1 aus einem weichem Material, z.B. einer Geflechtpackung, zwischen deren einzelnen Packungsringen elastische Tellerfedern befestigt sind. Nach dem Anziehen der Brille erfolgt die Verformung der Packungsringe und der Tellerfedern, und es entsteht ein kompakter Packungssitz. Dank der Anwendung der Tellerfedern wird die stabile Achsen- und Radialpressung der Dichtung gewährleistet, was eine dauerhafte Dichtheit der Stopfbuchspackung sichert.

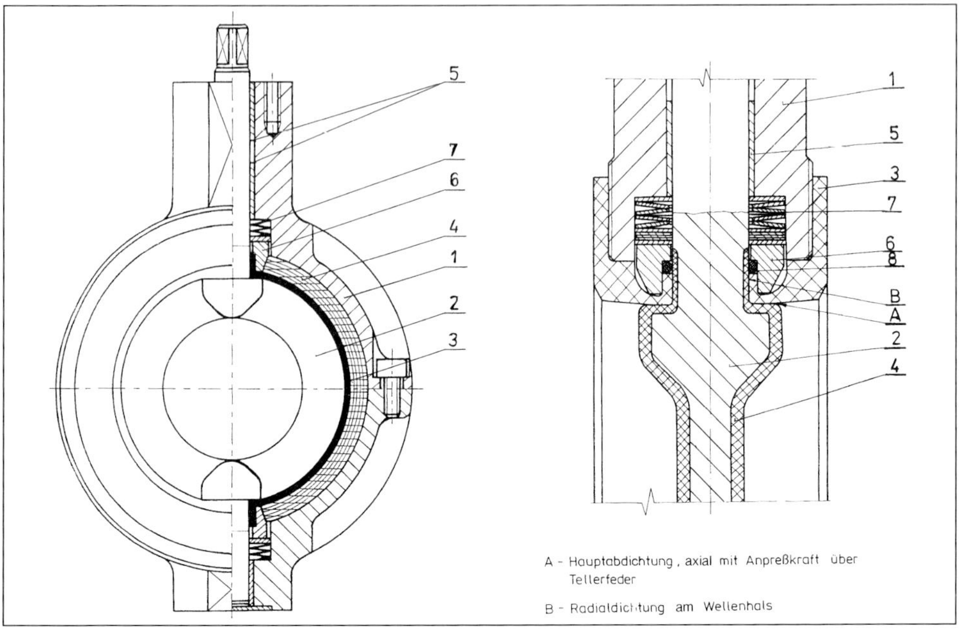

Bild 35: Dichtsysteme für Drosselklappe

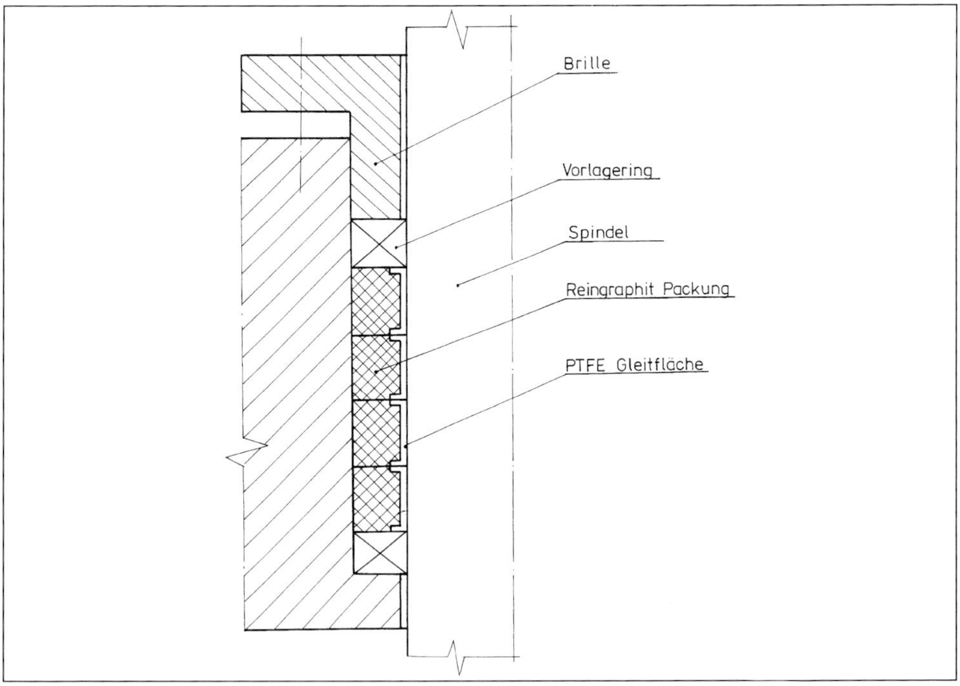

Bild 36: Wartungsfreie Stopfbuchspackung für Armaturen

Die Stopfbuchspackung der Ventilspindel, die Bild 38 darstellt [41], besteht aus einigen separaten Dichtungssektionen. Die einzelne Sektion setzt sich zusammen aus dem Tragring 1, dem elastischen Dichtungsring 2 und dem Stützring 3 (z.B. aus Cu). Im Einbauzustand sind die Ringe 2 und 3 in dem Tragring 1 eingebracht. Nach dem Anziehen der Brille erfolgt das Pressen der Dichtungsringe 2. Das verursacht die Verformung der Dichtlippen 2a, die sich an die Spindelfläche 6 anpressen und die Dichtheit der Stopfbuchspackung sicherstellen. Die „O"-Ringe 4 zwischen den Tragringen1 sichern die Dichtheit zwischen der Stopfbuchsabdichtung und dem Gehäuse.

Die Stopfbuchsabdichtung der Hochdruck-Ventilspindel im Bild 39 [42] besteht aus Konusdichtringen aus Reingraphit von kleiner Dichte; Halteringen

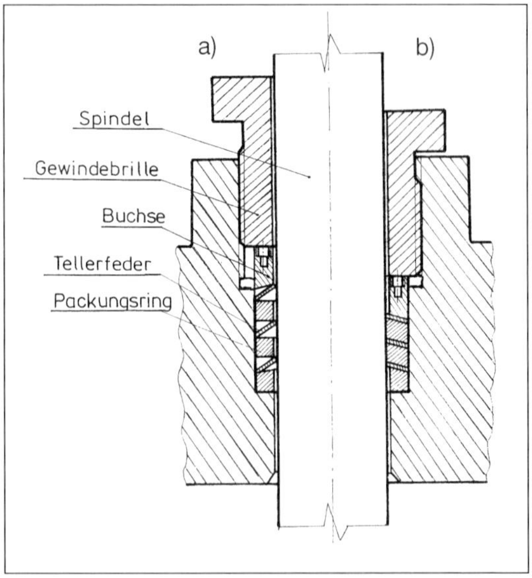

Bild 37: Spindelabdichtung für Ventil
a) vor Anziehen der Brille
b) nach Anziehen der Brille

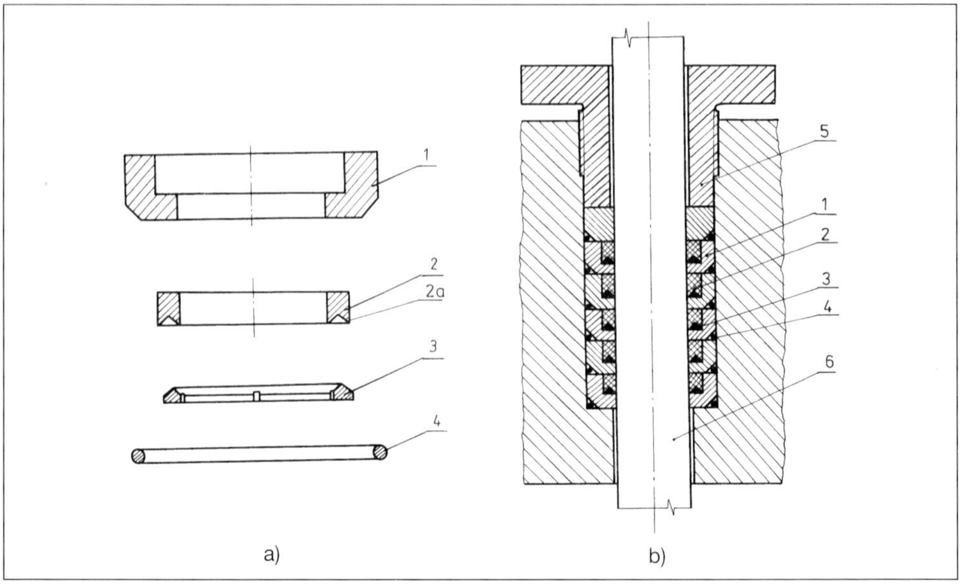

Bild 38: Stopfbuchsabdichtung für Hochdruckventil
a) Bestandteile der Dichtungssektion
b) Dichtung im Einbauzustand
1 – Tragring, 2 – Profildichtring, 2a – Dichtlippe, 3 – Doppelkonusring, 4 – „O"-Ring, 5 – Gewindebrille, 6 – Spindel

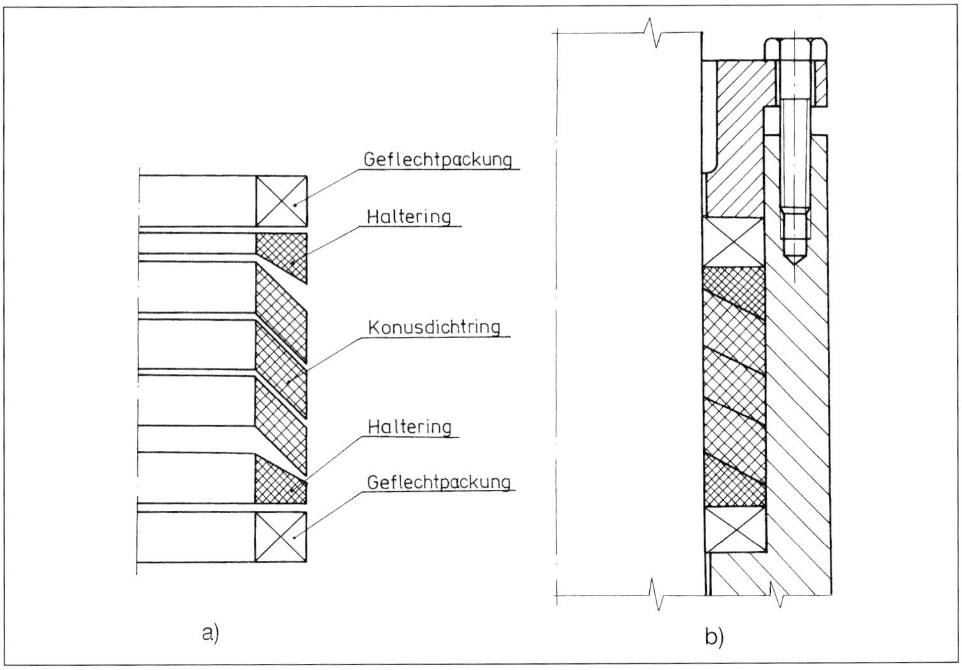

Bild 39: Stopfbuchsabdichtung für Ventilspindel
a) Packungssatz
b) Dichtung im Einbauzustand

aus Reingraphit von großer Dichte und Packungsringen aus Geflechtpackung. Die Konusdichtringe sind zwischen den Halteringen befestigt, die Packungsringe dagegen befinden sich auf dem Boden der Stopfbuchse und unter der Brille. Nach dem Anpressen der Brille erfolgt die Verformung der Stopfbuchsabdichtung und sichert gute Dichtheit (bei Drücken bis 70 MPa) bei gleichzeitig geringen Bewegungswiderständen.

Bei Betriebsdrücken über 100 MPa werden in den Schiebern für Erdöl und Erdgas spezielle Konstruktionsausführungen der Stopfbuchsen verwendet. Bild 40 zeigt einige Konstruktionen solcher Spindelabdichtungen [43]. In diesem Fall besteht das Dichtungspaket aus einigen Metall-Distanzbuchsen 1, zwischen denen von der Innenseite und der Außenseite Dichtungsringe 2 (z.B. aus PTFE) zusammen mit den Stützringen 3 eingesetzt werden. In den Distanzbuchsen 1 sind auf der Seite der Spindeln und der Kammerwand Umfangsschmierrillen 5, 6 ausgeführt, die mit Öffnungen 4 verbunden sind. Das von außen geführte Schmiermittel (in den Kanälen 7 zu den Distanzbuchsen 1) verbessert die Dichtheit und vermindert die Reibungswiderstände, die beim Öffnen und Schließen der Schieber auftreten.

Eine andere Ausführung der Stopfbuchsabdichtung für Spindeln im Hochdruck-Schieber stellt das Bild 41 [44] dar. Diese Abdichtung besteht aus zwei Dichtungspaketen, die durch einen Abstandsring getrennt sind. Das einzelne Dichtungspaket setzt sich aus vier Metallringen 1 ÷ 4 zusammen, die in den Ecken des Profildichtungsringes 5 (aus Graphit oder PTFE) befestigt sind. Nach dem Anziehen der Brille 9 erfolgt die Verformung der Dichtungsringe 5,

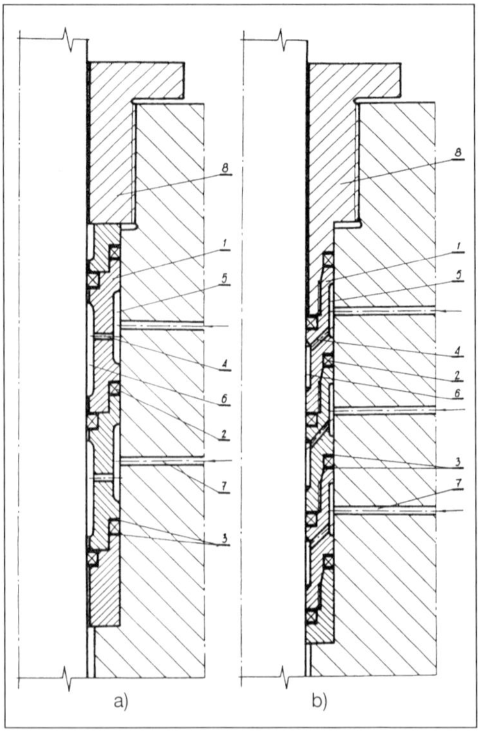

Bild 40: Dichtungssysteme für Spindel in Hochdruckschiebern
a), b) Konstruktionsausführungen
1 – Metall – Distanzbuchse, 2 – Dichtungsring (aus PTFE), 3 – Stützring, 4 – Öffnung, 5, 6 – Schmierrillen, 7 – Kanal, 8 – Gewindebrille

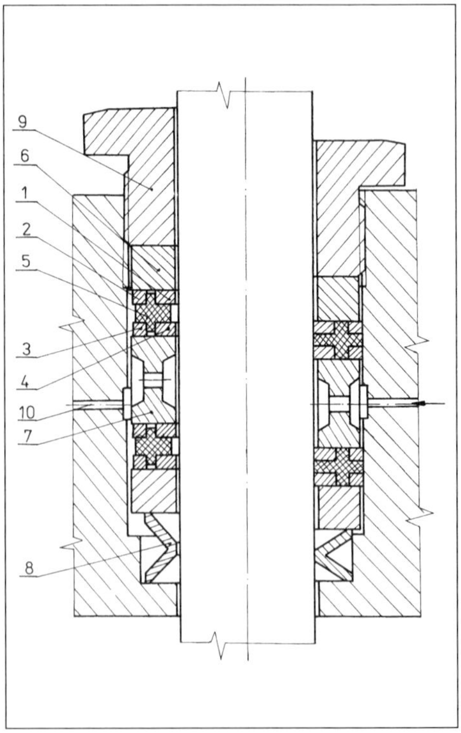

Bild 41: Stopfbuchspackung für Spindel in Hochdruckschiebern
a) vor Anziehen der Brille
b) nach Anziehen der Brille
1 – 4 – Metallringe, 5 – Profildichtring, 6 – Zwischenring, 7 – Abstandring, 8 – Feder, 9 – Gewindebrille, 10 – Kanal

die eng an der Oberfläche der Spindel und des Gehäuses anliegen und gute Dichtheit sichern. Durch den Kanal 10 im Gehäuse wird das plastische Schmiermittel in die Stopfbuchskammer geführt, um die Bewegungswiderstände beim Öffnen und Schließen der Schiebers zu vermindern.

10.4 Hochdruck-Abdichtungen von Rohrleitungen und Apparaten

10.4.1 Einleitung

In Hochdruckanlagen tritt das Problem der Abdichtung in sehr vielseitigen Formen auf. Die wohl häufigste Art der Abdichtung tritt ohne Zweifel auf in umfassendem Zusammenhang mit Apparateverschlüssen, Anschlüssen, Rohrleitungen und Maschinen, bei denen die bereits behandelte Flanschverbindung einen ausschlaggebenden Platz einnimmt, siehe Kap. 3.

Bei den vielfach sehr hohen Innendrücken im Zusammenhang mit heißen und sehr oft korrosiven Druckmedien spielt die Zuverlässigkeit der Abdichtung gegen die Außenatmosphäre eine ausschlaggebende Rolle.

Die Beurteilung der Güte eines Hochdruckverschlusses hängt neben der Einfachheit der Geometrie, dem Mindestaufwand an Werkstattbearbeitung und der Behandlungsweise beim Ein- und Ausbau besonders davon ab, welche Dichtkraft notwendig ist, um das sichere Abdichten einer Apparatur zu gewährleisten. Hier wird man wiederum unterscheiden müssen zwischen selbstdichtenden und solchen Verschlüssen, bei denen der zunehmende Innendruck eine Verminderung der Dichtwirkung bewirkt.

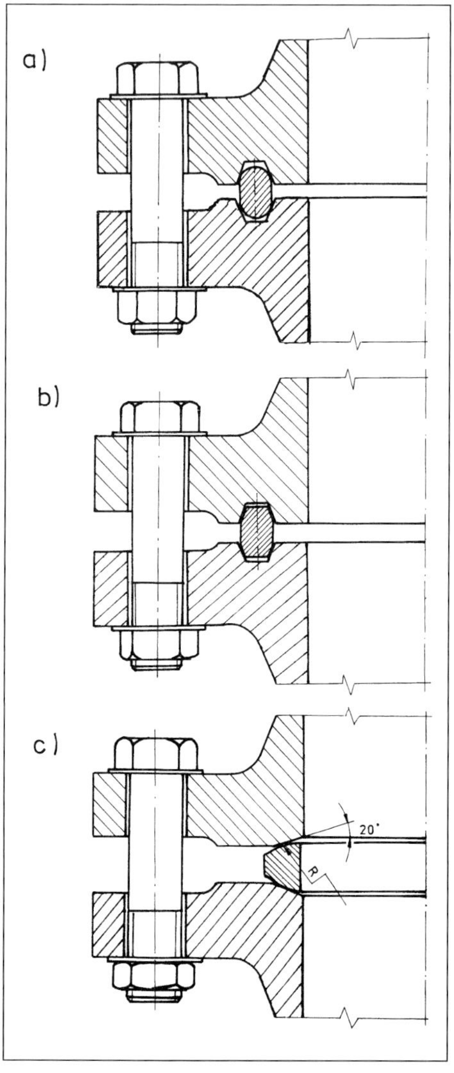

Bild 42: Metall-Profildichtungen
a) Ring-Joint-Dichtung, oval
b) Ring-Joint-Dichtung, oktagonal
c) Linsendichtung

10.4.2 Hochdruck-Abdichtungen von Rohrleitungen und Apparaten ohne Selbstdichtungswirkung

10.4.2.1 Metall-Profildichtungen

Die Flachdichtung wird in der Hochdrucktechnik nur relativ selten angewendet. Sie hat keine Linienberührung und benötigt deshalb eine sehr hohe Dichtkraft. Besser als die Flachdichtung eignet sich ein Profilring aus massivem Metall, beispielsweise die ovalen und oktogonalen Ring-Joint-Dichtungen, Bild 42a, 42b. Bei dieser Schmiegungsdichtung wird die Dichtkraft kleiner als bei einer Flachdichtung, und durch eine richtige Gestaltung der Einlegenuten kann ein „Herausblasen“ der Dichtung verhindert werden.

Ring-Joint-Dichtungen nach API- und ANSI-Normen werden hauptsächlich in der petrochemischen Industrie und in Raffinerien als zuverlässige Dichtung für Produktleitungen eingesetzt.

Die Linsen-Dichtung ist eine bewährte Hochdruckdichtung, Bild 42c. Sie ist mehrmals verwendbar, da im wesentlichen die Dichtwirkung durch elastische Deformation der Oberflächen erzielt wird. Linsen-Dichtungen sind gegen Überbelastung unempfindlich. Mit zunehmender Belastung vergrößert sich die Kontaktfläche zwischen der kugeligen Linsenoberfläche und der kegeligen Flanscheindrehung, so daß die Flächenpressung nur unterproportional ansteigt.

Ein Vorteil der Linsendichtung besteht darin, daß Ungenauigkeiten in der gegenseitigen Lage der Rohrenden ausgeglichen werden können. Die dabei auftretende Schräglage der Flansche zueinander ist aber für die Schraubenverbindung nachteilig und zu beachten.

10.4.2.2 Konusflanschverbindungen

Bild 43 zeigt eine Konusflanschverbindung [46], bei der die Dichtheit zwischen der spitzkegeligen Ringfläche der Flansche 1, 2 und der balligen Gegendichtfläche des Ringes 3 gehalten wird. Bei diesen Dichtungen treten u.U. Materialüberbeanspruchungen auf, die zum Ausplatzen oder Festfressen der Dichtflächen führen können. Diese Dichtungsart hat sich aber für Höchstdrücke vielfach bewährt.

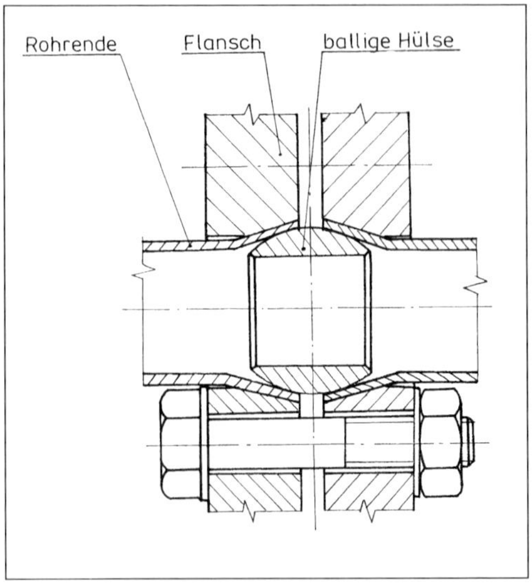

Bild 43: Konusflanschverbindung

10.4.2.3 Kegelverbindungen

Im Fall von Kapillarverbindungen in Hochdruckapparaten werden am häufigsten Kegelverbindungen angewendet, in denen die Dichtheit auf der Kontaktfläche Metall – Metall gehalten wird. Bild 44 zeigt zwei Beispiele von solchen Lösungen [47, 48].

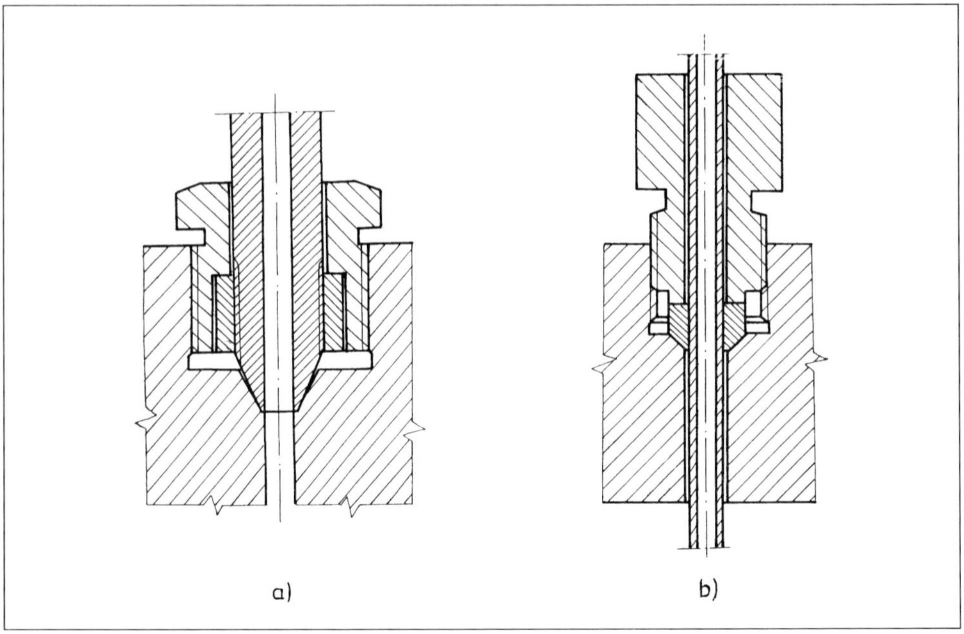

Bild 44: Konusverbindungen von Hochdruckkapillaren
a) einfache
b) mit mittelbarem Kegel

10.4.3 Hochdruck-Abdichtungen von Rohrleitungen und Apparaten mit selbsthelfender Wirkung

10.4.3.1 „O“-Ringe bei statischen Hochdruck-Abdichtungen

„O“-Ringe aus Elastomeren oder aus metallischen Werkstoffen stellen eine Dichtungsart dar, die heute bei allen erdenklichen Varianten von Hochdruckabdichtungen zum Einsatz gelangt. Besonders für die Lösung von Dichtproblemen statischer Natur ist der „O“-Ring, und hier vor allem der elastische „O“-Ring, zu einem der wichtigsten Dichtungselemente geworden. Wenn die Temperatur und die Korrosionsforderung es zulassen, ist der „O“-Ring auf elastischer Grundlage das universelle Dichtungselement, das selbst für sehr hohe Drücke absolut befriedigend eingesetzt werden kann, siehe auch Kap. 3.

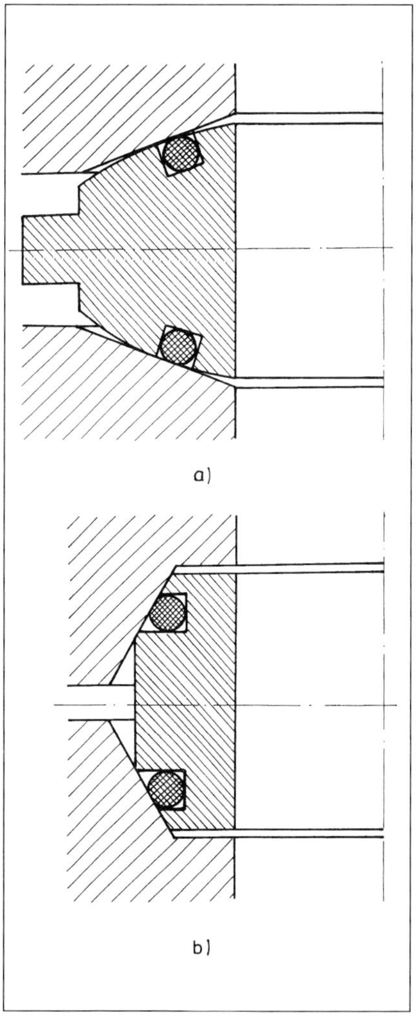

Bild 45: Metallische Linsen in Verbindung mit den elastischen „O“-Ringen

10.4.3.1.1 Elastomer-„O“-Ringe

Die Dichtwirkung des Elastomer-"O“-Ringes kommt dadurch zustande, daß er in eine Nut eingelegt wird, die eigens auf seine Abmessungen und Eigenschaften zugeschnitten worden ist. Die aufzugebende Vorspannung braucht also nur wenig über der theoretischen Mindestvorspannung zu liegen, da nur die Verdichtung des elastischen Ringwerkstoffes als Zusatzkraft eingeleitet werden muß. Die Praxis hat gezeigt, daß die tatsächliche Dichtkraft nur 10–15 % über der theoretischen Dichtkraft zu liegen braucht.

In Bild 45 wird der Elastomer-„O“-Ring mit der metallischen Dichtlinse kombiniert. Damit läßt sich für zahlreiche Anwendungen eine sehr günstige Dichtungsart herstellen, die den Dichtungsfaktor des elastischen Werkstoffes aufweist, die maschinelle Bearbeitung aber auf ein Mindestmaß beschränkt, da die Linse sich einfach und ohne viel Aufwand ein- und ausbauen sowie einfach bearbeiten läßt.

Bild 46 zeigt ein Anwendungsbeispiel des Elastomer-„O“-Ringes zur Abdichtung eines Behälterdeckels [46].

10.4.3.1.2 Metall-„O“-Ringe

Metall-„O“-Ringe wurden entwickelt als sichere Abdichtung von Gasen oder Flüssigkeiten für extreme Betriebsbedingungen. Diese statischen metallischen Dichtelemente sind einsetzbar im Bereich von Hochvakuum und bis zu Drücken von 700 MPa. Sie ertragen Dauertemperaturen von -270 °C bis +1000 °C.

Metall -„O“-Ringe werden aus Metallrohren oder massivem Drahtmaterial hergestellt, die zu Ringen

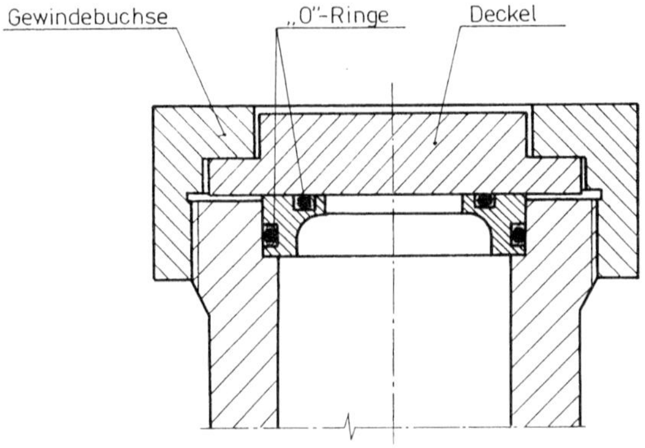

Bild 46: Einbaubeispiel der elastischen „O“-Ringe in einem Deckelverschluß

oder anderen Formen verformt und dann zusammengeschweißt werden. Der „O“-Ring besteht aus rostfreiem Stahl oder anderen Legierungen.

Metall-„O“-Ringe werden mit Erfolg in Vakuum- oder Hochdrucksystemen sowie in kritischen Bereichen für Hydraulik- und Schmieröl, Düsenmotor- und Raketen-Treibstoffe, Dampf, flüssige Metalle und Verbrennungsgase verwendet. Sie ergeben formschlüssige, lecksichere Dichtungen in Rohrsystemen und bei Produktionsprozessen für die chemische und petrochemische Industrie, für die Erdöl-, Erdgas- und Raffinerie-Industrie [49–51].

Bild 47a zeigt den metallischen „O“-Ring mit teilweisem Einschluß. Dieser „O“-Ring enthält praktisch nur Luft im Innern des Ringrohres. Für diese Ringart ist die Druck- und Temperaturbelastbarkeit niedriger, als wenn der Ring völlig eingeschlossen wäre.

Der Ring, der mit seitlichen Bohrungen versehen und ebenfalls in teilweise geschlossener Form montiert wird, wie Bild 47b andeutet, gestattet dem Innendruck im Behälter, in das Innere des „O“-Ringes einzudringen und mit zunehmendem Druck den Dichteffekt zu verbessern.

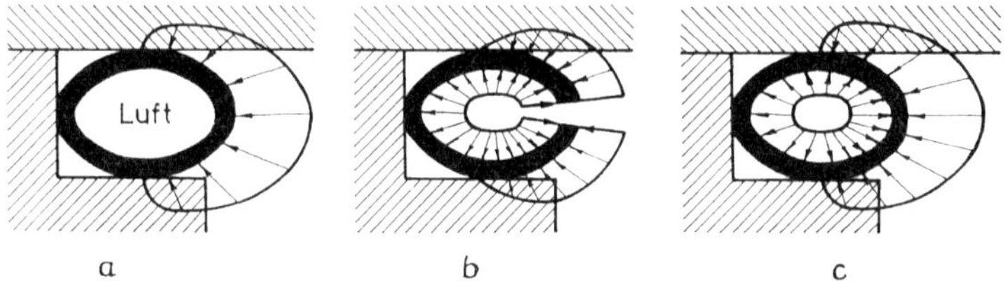

a - geschlossener „O"-Ring
b - gelochter „O"-Ring
c - druckgasgefüllter „O"-Ring

Bild 47: Metall-“O“-Ringe mit Darstellung der Wirkung des Innen- und Außendruckes

Der ebenfalls geschlossene Metall-„O"-Ring (Bild 47c) ist mit einem Gas gefüllt, das bei Raumtemperatur unter einem Druck von etwa 4 MPa steht. Dieser Ring wirkt in elastischer Form gegen Druckschwankungen und verhält sich mit steigender Temperatur im Hinblick auf die Dichtwirkung günstiger. Bei höherer Temperatur steigt der Gasdruck im „O"-Ring, womit die Verformung, also die Anpressung an die Dichtflächen größer werden muß.

Die Deformation des Ringes geht weit über seine Elastizitätsgrenze hinaus, d.h. die Rückfederung und daher die Anpreßkraft sind gering, so daß die Nut entsprechend genau sein muß. Der selbstdichtende Ring vermeidet diese Schwierigkeit. Die Initialpressung kann durch die Wahl des Ringdurchmessers, der Wanddicke und des Werkstoffes vorausbestimmt werden.

Für Metall-„O"-Ringe sind engere Toleranzen als bei Flachdichtungen anzuwenden.

Bild 48 zeigt Einbaubeispiele der Metall-"O"-Ringe in statischen Verbindungen [50].

10.4.3.2 Delta Ring-Dichtung

Für Laboratoriumsapparate, kleine Autoklaven und Verbindungen mit verhältnismäßig kleinen Abmessungen stellt der Delta-Ring eine in der Praxis sehr bewährte Dichtung bei hohen Drücken und hohen Temperaturen dar.

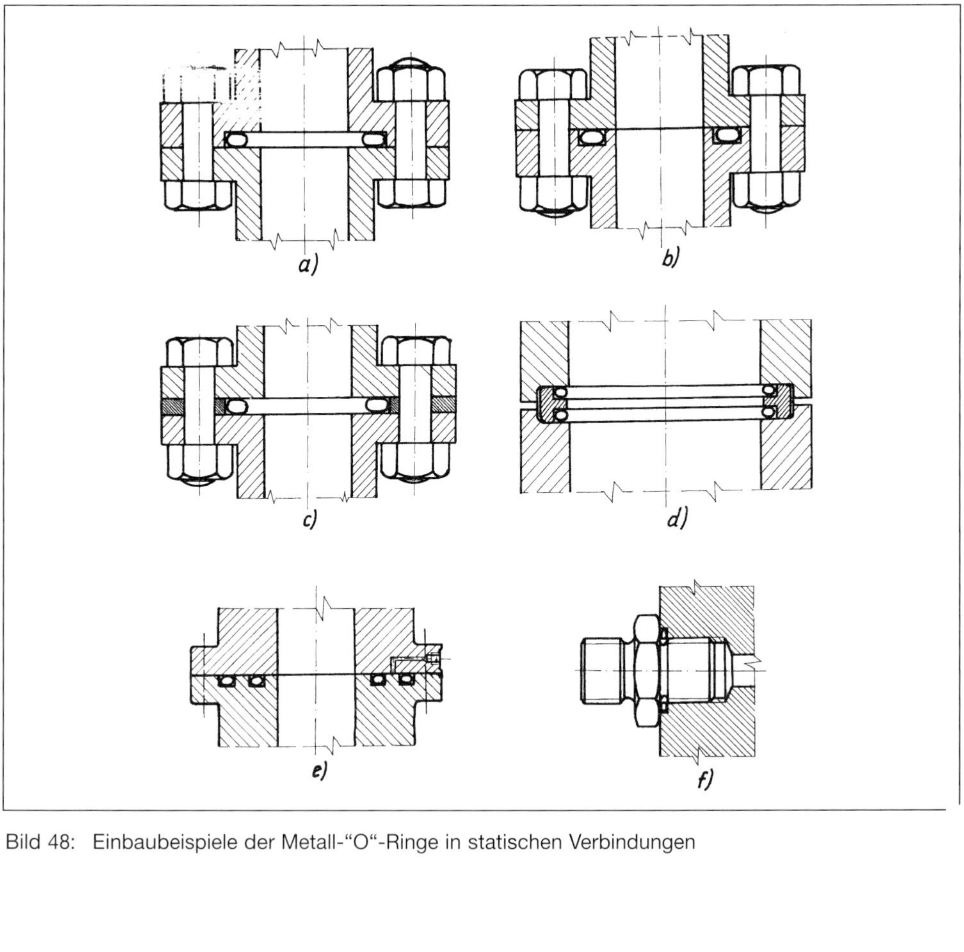

Bild 48: Einbaubeispiele der Metall-"O"-Ringe in statischen Verbindungen

Der Delta-Ring ist ein keilförmiger Stahlring. Das Dichtungsprinzip ist in Bild 49a, b, c unter verschiedenen Betriebszuständen wiedergegeben. Beim Anziehen der Schrauben pressen sich die umlaufenden scharfen Kanten in die Ecken der Nut ein und erzielen damit die Dichtwirkung. Der besondere Vorteil des Ringes besteht darin, bei unerwarteter Drucksteigerung durch Ausnutzen des Selbstdichtungseffektes noch dichtzuhalten. Nachteil dieser Dichtung ist die hohe Anforderung an die Güte der Oberflächenbearbeitung.

Bild 49d zeigt ein Anwendungsbeispiel für eine Delta-Ring-Dichtung an einem Hochdruck-Laborautoklaven [47].

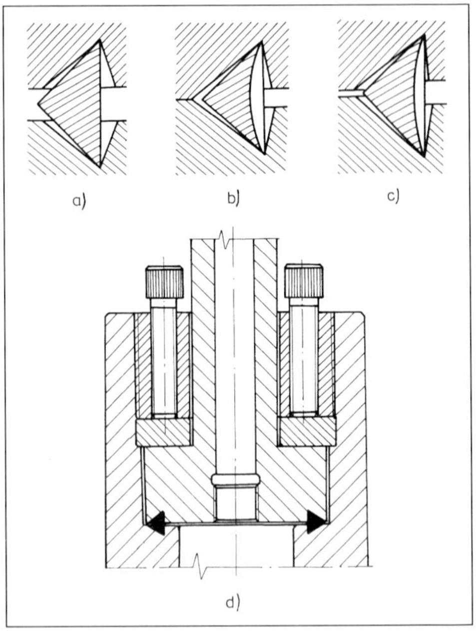

Bild 49: Deltaringdichtung
a), b), c) Wirkungsweise des Delta-Ringes
d) Einbaubeispiel des Delta-Ringes in Autoklavenverschluß

10.4.3.3 Grayloc-Dichtung

Die Dichtung gemäß Bild 50 arbeitet nach dem Keilprinzip und wird vor allem für Rohrleitungen eingesetzt. Die Differentialwinkel zwischen den sich berührenden Dichtflächen geben selbst unter dynamischen Belastungen Gewähr für sicheres Abdichten [47]. Das Zusammenhalten der beiden Rohre erfolgt über Klammern, die ihrerseits mit vier Schrauben zusammengehalten werden. Aufgrund dieser Konstruktion fällt die Verbindung relativ leicht aus und ist somit auch kostengünstig. Nachteilig ist die sehr aufwendige Herstellung, die einerseits mit speziellen Werkzeugen durchgeführt werden muß und zusätzlich einen hohen Grad an Genauigkeit erfordert.

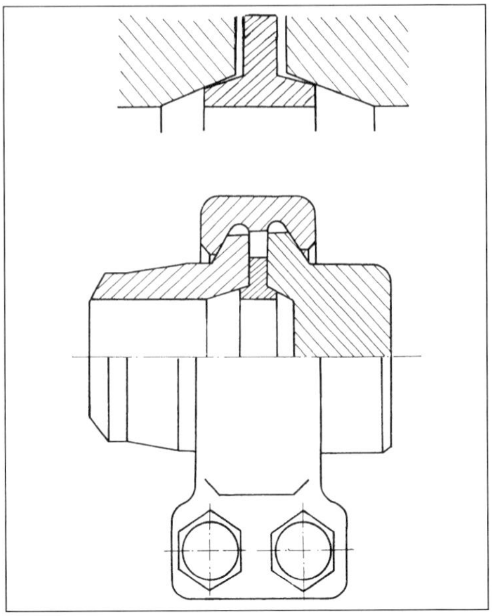

Bild 50: Grayloc-Dichtung

In Anlehnung an die Grayloc-Verbindung sei auf eine Bauart hingewiesen, die in Bild 51 veranschaulicht wird. Diese Konstruktion nutzt ebenfalls das Selbstdichtungsprinzip bei steigendem Innendruck aus. Die Bearbeitung der Teilung verlangt große Sorgfalt, weshalb diese Verbindungsart lediglich für kleinere Rohrabmessungen in Frage kommt.

10.4.3.4 Keilring-Dichtung

Die Keilring-Dichtung ist eine metallische Dichtung, die nach dem Selbstdichtungsprinzip arbeitet. Sie eignet sich für extreme

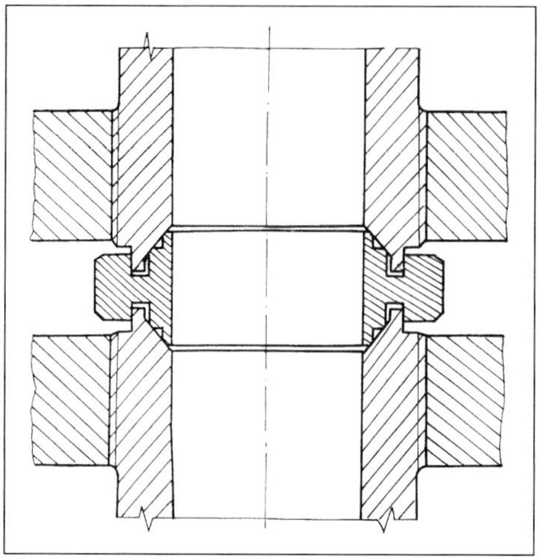

Bild 51: Sonderschlußkonstruktion mit Selbstdichtungswirkung

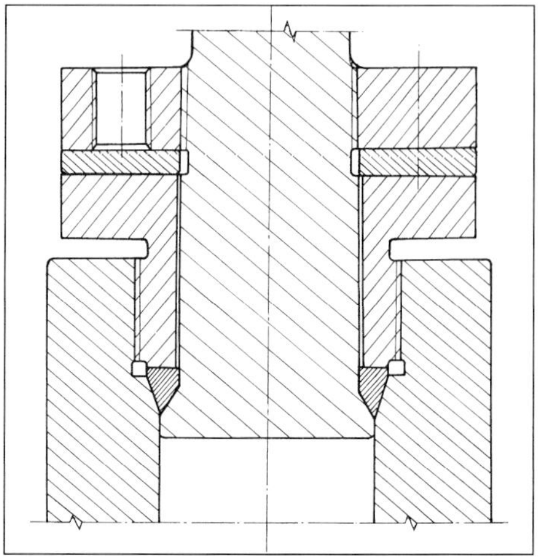

Bild 52: Autoklavenverschluß mit einer speziellen Keilringdichtung

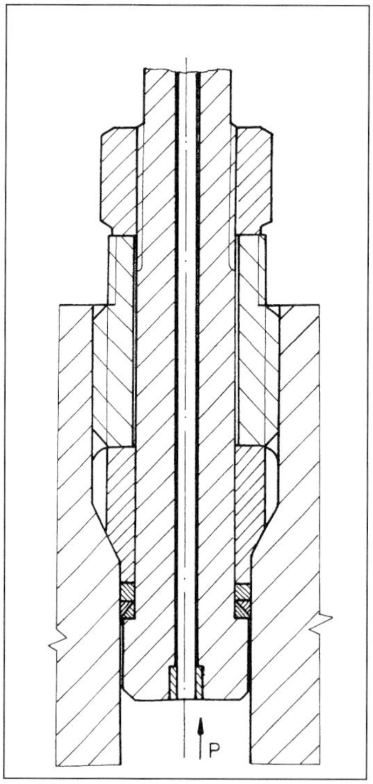

Bild 53: Autoklavenverschluß mit zwei Keilringdichtungen

Betriebsbedingungen auch unter starken Druckschwankungen und bei hohen Temperaturen. Die Form der Keilringe kann stark schwanken, ohne daß damit der selbsthelfende Dichteffekt beeinflußt wird. Sehr oft werden auch zwei Keilringe verwendet, die gegeneinander auf einer Schräge gleiten.

Die Bilder 52 und 53 zeigen Autoklavenverschlüsse mit entsprechend ein oder zwei Keilring-Dichtungen [47].

Grundsätzlich läßt sich mit dem Keilring jedes statische Dichtproblem lösen. Durch Verändern des Neigungswinkels ist es möglich, die Dichtkraft auf ein Minimum zu beschränken.

10.4.3.5 Besondere Abdichtungsarten

Trotz der großen Zuverlässigkeit, mit der die konventionell üblichen statischen Abdichtungsarten arbeiten, findet man eine sehr große Zahl von Sonderbauarten, von denen einige besprochen werden sollen.

Eine wichtige Dichtungsart, besonders für kleinere und mittlere Abmessungen ist die sogenannte Verschlußbauweise nach Bridgman, auf die in Bild 54 hingewiesen wird [48]. Diese Dichtung wird angewendet in Apparaten, Autoklaven, Laborgeräten und Rohrleitungen bei Betriebsbedingungen, die hinsichtlich Druck und Temperatur als extrem bezeichnet werden können. Wie man erkennt, arbeitet auch dieser Verschluß nach dem Selbst-

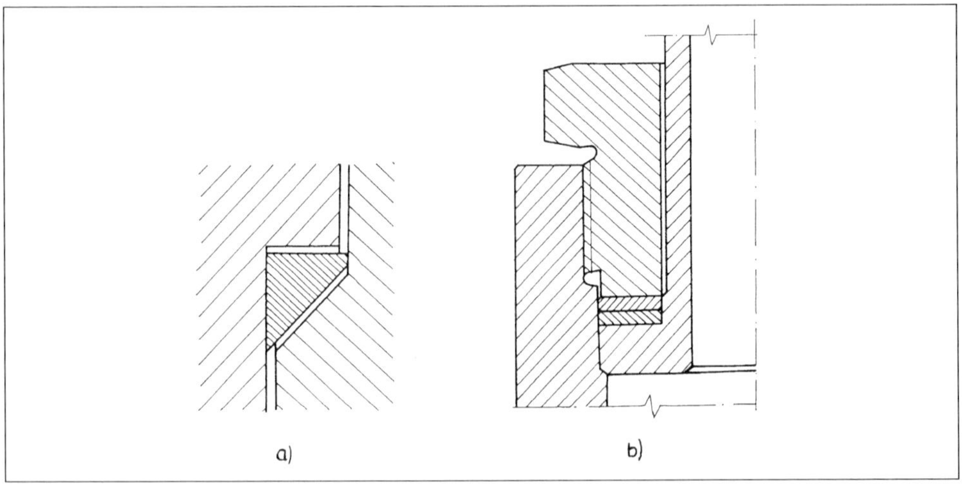

Bild 54: Bridgman-Dichtungen

dichtungsprinzip bei steigendem Innendruck. Diese Dichtung ist so angebracht, daß der Innendruck eine selbstdichtende Kraft ausübt, die höher ist als die Innendruckkraft. Die Bearbeitung und der Einbau dieser Dichtung bedürfen ziemlicher Sorgfalt.

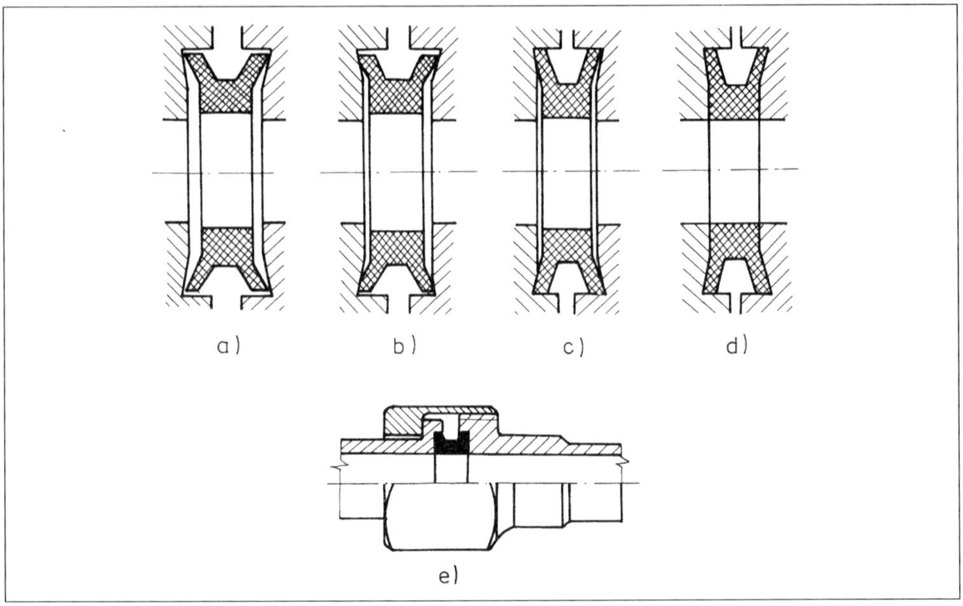

Bild 55: Bobbin-Dichtung
a) – d) Montagephasen des Dichtungsringes
e) Rohrverschraubung mit Bobbin-Dichtung

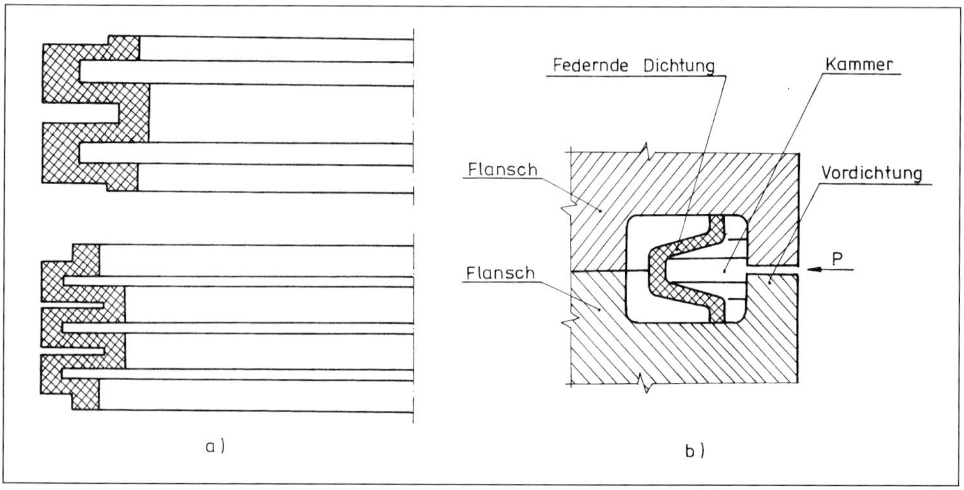

Bild 56: Federnde Dichtungen
a) Formen der Dichtungsringe
b) Federnde Dichtung mit Kammer und Vordichtung

Bild 55 zeigt die sogenannte Bobbin-Dichtung [47] mit Einbaustadien. Bild 55a zeigt die Dichtung vor dem Zusammenbau. Die vorgespannte Dichtung liegt an den Kanten an, Bild 55b, der Betriebsdruck bewirkt dabei die Anlage in die Ecken, Bild 55c, eine Überlastung ist nach Anliegen der Seitenflächen, Bild 55d, nicht möglich. Die Anlage in den Ecken bringt sehr hohe Pressung (mit plastischen Formänderungen), die infolge der elastischen Wirkung der Seitenflächen auch bei Druckschwankungen usw. erhalten bleibt; daraus resultiert die gute Eignung bei dynamischer Beanspruchung. Diese Dichtung wird für Rohrleitungen mit kleinem Durchmesser und bei hohen Drücken unter sehr schwierigen Betriebsbedingungen angewendet.

Bild 56 zeigt federnde Dichtungen für dynamische Beanspruchungen, hohe Drücke und hohe Temperaturen [46]. Empfehlenswert ist es, durch eine Vordichtung und durch die Volumwirkung der Dichtkammer die Druckschwankungen von der Hauptdichtung nach Möglichkeit fernzuhalten. Als Vordichtung wird sich besonders eine berührungsfreie Dichtung empfehlen, Bild 56b.

10.4.4 Hochdruck-Verschlüsse für Großapparate

Die bisher behandelten statischen Abdichtungen an Hochdruck-Apparaten und Rohrleitungen haben gezeigt, daß die Abdichtung für kleine Abmessungen im allgemeinen kein Problem darstellt. Mit zunehmendem Behälterdurchmesser sind die Probleme aber schwieriger zu lösen. Die Behälter werden unhandlicher, die für die Bearbeitung notwendigen Maschinen besitzen oft nicht mehr die erforderliche Genauigkeit. Oft werden Abdichtungsarten verwendet, die relativ einfach maschinell herzustellen sind.

10.4.4.1 Einfachkonus-Dichtung

Die statische Abdichtung mittels Einfachkonus stützt sich auf das Prinzip des Keilringes, um Linienberührung in den Dichtflächen und damit eine niedrige Dichtungskraft zu erreichen,

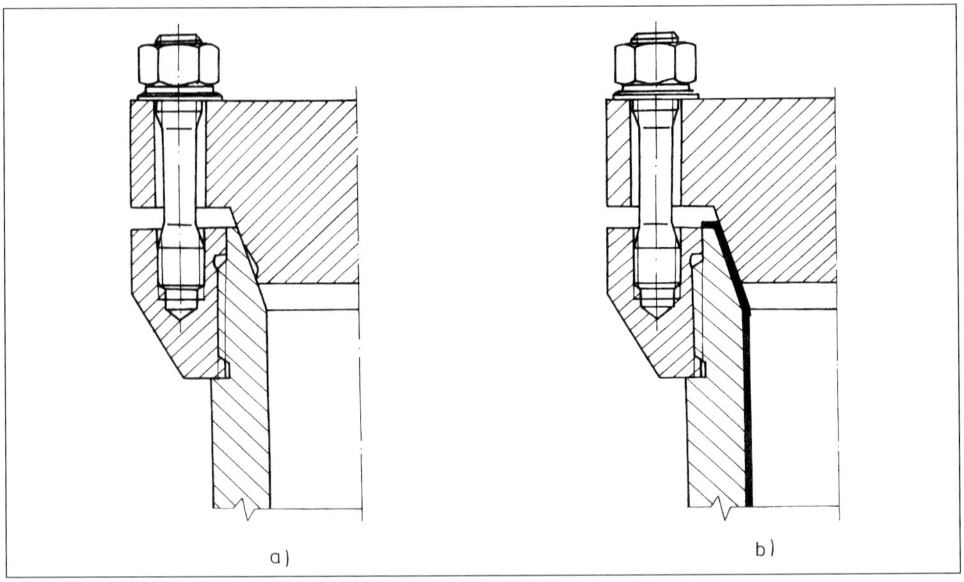

Bild 57: Behälterverschluß mit Einfachkonusdichtung
a) ohne Auskleidung b) mit Auskleidung

Bild 57. Im Normalfall ist der Konus direkt an den Deckel angeschmiedet. Der Konuswinkel beträgt etwa 70°. Es ist darauf zu achten, daß der Neigungsunterschied zwischen Sitz und Kegel etwa 2° beträgt, was aus der Darstellung nicht zu ersehen ist. Durch diesen Winkelunterschied wird die Dichtwirkung verbessert und die erforderliche Dichtkraft beträchtlich herabgesetzt. Um zu verhindern, daß diese großen Apparateteile bei jedem Öffnen nachgearbeitet werden müssen, ist es üblich, Dichtfolien einzulegen, die leicht ausgewechselt werden können, Bild 57b.

10.4.4.2 Selbstdichtender Verschluß

Besonders für hohe Drücke hat sich der selbstdichtende Deckel als Armaturen-Verschluß durchgesetzt. Zwei einfache Ausführungen zeigen Bilder die 58 a und b [52]. Der Deckel 4 wird bei der Montage mit relativ schwachen Vorspannschrauben in den Dichtungsring 1 gezogen; die eigentlichen hohen Dichtkräfte ergeben sich mit steigendem Innendruck. Der Dichtungsring 1, hier trapezförmig gezeichnet, wird meistens als gepreßter Graphitring oder als nichtrostender Metallring eingebaut und von oben mittels geteiltem Ring 3 und Distanzring 2 gehalten. Bei der Lösung in Bild 58b wurde ein selbstdichtender Verschluß bestehend aus zwei Dichtungen dargestellt, dem Trapez-Dichtring 1 und der elastischen Spreizring-Dichtung 5.

10.4.4.3 Doppelkonusverschluß

Die metallische Doppelkonus-Dichtung wird in einer Form in Hochdruckanlagen angewendet, wie in Bild 59 dargestellt wird [47, 48]. Der Doppelkonusverschluß hat gegenüber dem Einfachkonus einige Vorteile, die besonders bei sehr großen Apparaten ausschlaggebend sind. Die Höhe des Deckels wird geringer als es beim Einfachkonus der Fall ist. Um die Wir-

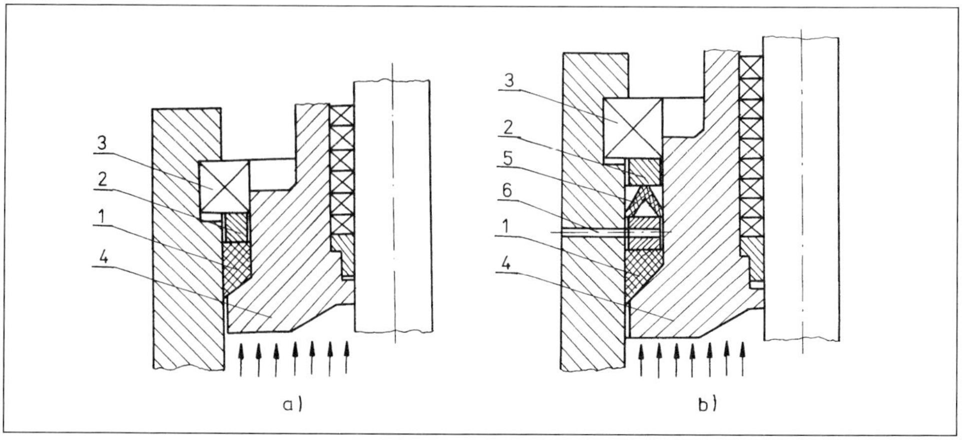

Bild 58: Selbstdichtender Deckelverschluß
a) b) Konstruktionsausführungen
1 – Trapez-Dichtungsring, 2 – Distanzring, 3 – geteilter Ring, 4 – Deckel, 5 – elastische Spreizring-Dichtung, 6 – Kontroll-Leitung

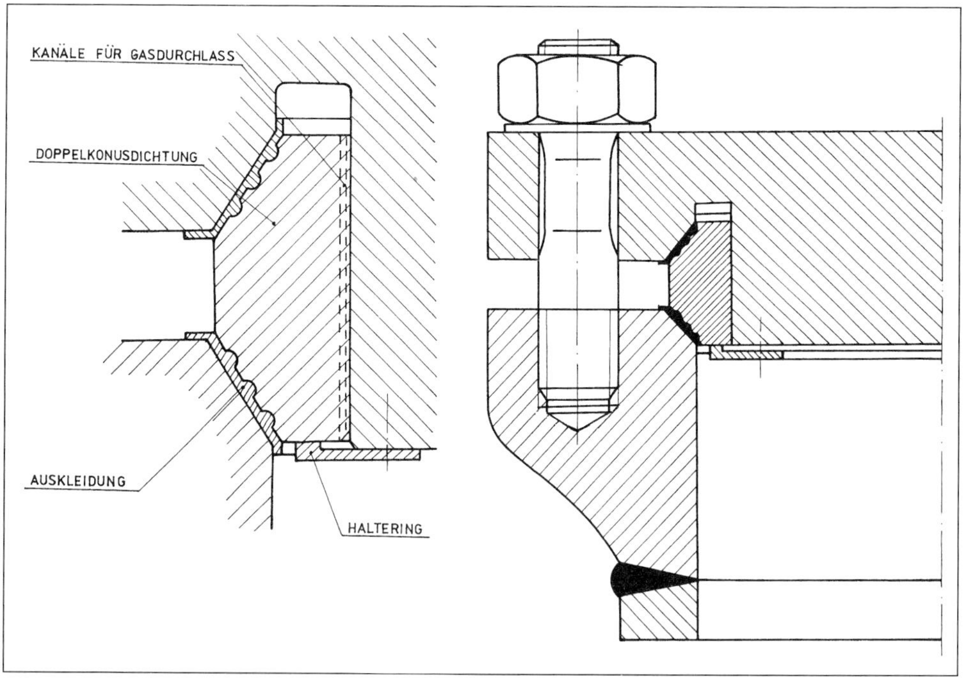

Bild 59: Doppelkonusverschluß des Behälterverschlusses

kung des Innendruckes zum Zweck der Erhöhung der Selbstdichtungswirkung auszunutzen, ist der Deckel in achsenparalleler Richtung mit Nuten versehen, damit das Druckmedium auch in den Druckraum oberhalb der Doppelkonusdichtung im Deckel gelangen kann.

In diesen Formen und Größenordnungen im Vergleich zu den übrigen Behälterabmessungen benötigt der Doppelkonus etwa 25 % geringere Schraubenkraft, als es für den Einfachkonus ähnlicher Größenordnung erforderlich ist

10.5 Aufblasbare Dichtungen

10.5.1 Einleitung

Aufblasbare Dichtungen sind Sonderbauformen aus der Gruppe der Berührungsdichtungen.

In den weitaus meisten Fällen wird von aufblasbaren Dichtungen, wenn sie in Kontakt mit den abzudichtenden Flächen sind, eine statische Dichtfunktion gefordert. In Sonderfällen kann aber auch eine Hub- oder Drehbewegung während des Eingriffes der Dichtung erfolgen.

Das Hauptmerkmal aller Konstruktionen liegt darin, daß die aufblasbaren Dichtungen im unbelasteten Zustand nicht in Kontakt mit der abzudichtenden Fläche stehen. Sie müssen aus konstruktiven Gründen häufig sogar sehr weit in den sie tragenden Bauteilen zurückliegen, um Beschädigungen an der Dichtung während der Bewegung der Bauteile zu vermeiden. Hierdurch bedingt müssen die Dichtungen häufig große Wege zurücklegen und gleichzeitig große Spalte bei Druckbeaufschlagung überbrücken. Diesen Forderungen muß mit entsprechend elastischem Material für die Dichtung und geeigneten Konstruktionen begegnet werden, um Spaltextrusion zu verhindern.

Eine aufblasbare Dichtung hat mehrere Vorteile im Vergleich zu herkömmlichen Dichtungen:

- sie sorgt für eine druckfeste Dichtung und läßt dennoch bei Bedarf einen Spielraum zu;
- sie vereinfacht die Struktur und die Bauteile;
- sie verringert die Notwendigkeit einer ganz neuen Bearbeitung bzw. der Fertigungstoleranzen;
- sie unterliegt keiner Drucksetzung, die die Effektivität verringert.

Dank Anwendung von hochwertigen Elastomeren mit hervorragenden thermischen und mechanischen Eigenschaften sowie dank ihrer Resistenz gegen Atmosphäre und verschiedene, auch stark verschmutzte Medien können die aufblasbaren Dichtungen in allen Bereichen der Industrie sowie der modernen Technologie eingesetzt werden. Die Einsatzgrenzen für aufblasbare Dichtungen liegen je nach Elastomerwahl bei -110 °C bis +250 °C und bei 10^{-3} mbar bis 10 bar Druck.

Einige klassische Anwendungsmöglichkeiten von aufblasbaren Dichtungen sind: Lagerbehälter, Transportbehälter, Wärmekammern und Kältekammern, Schnellverschlußtüren, Autoklaven, Flugzeugtüren, Schottabdichtung (im Schiffbau), u.a.

10.5.2 Aufbau und Wirkungsprinzip

Eine aufblasbare Dichtung ist ein gewebeverstärkter Elastomerschlauch, der in konkaver, gewundener oder flacher Ausführung geformt wird, Bild 60 [53]. Sie ist so konstruiert, daß sie im aufgeblasenen Zustand eine fest abschließende Trennschicht zwischen einer tragenden und einer aufliegenden Oberfläche bildet, Bild 61. Position A verdeutlicht die geformte und

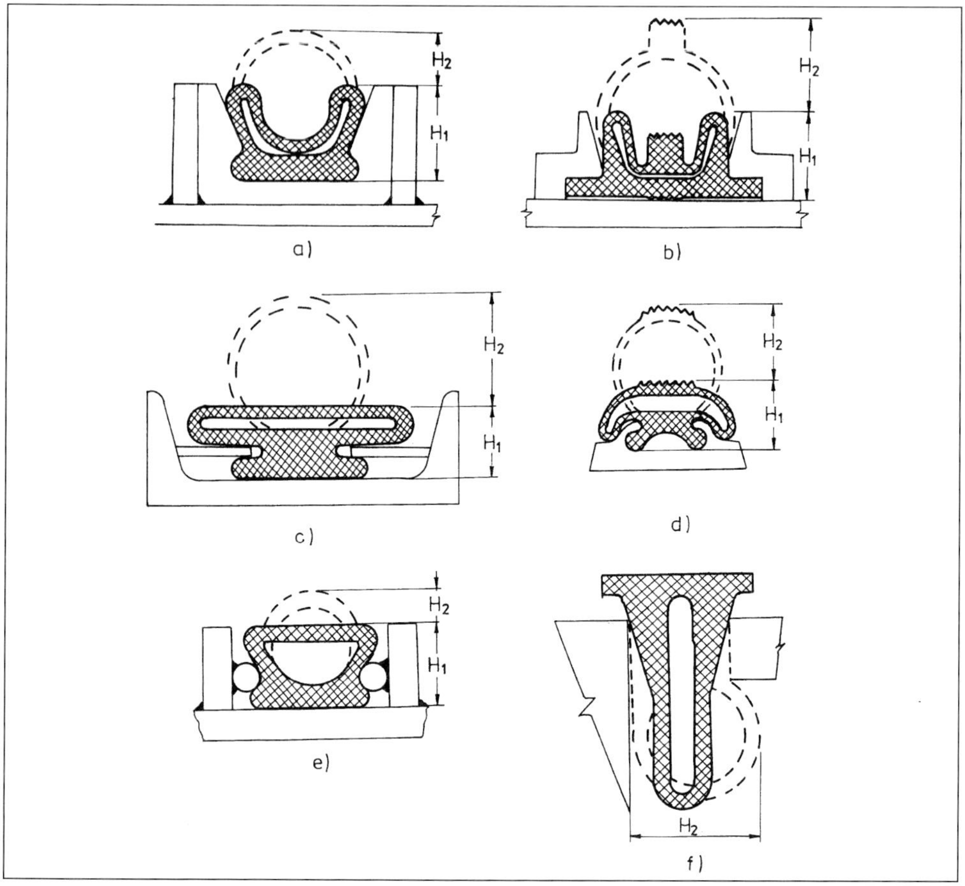

Bild 60: Grundbauformen der aufblasbaren Dichtungen

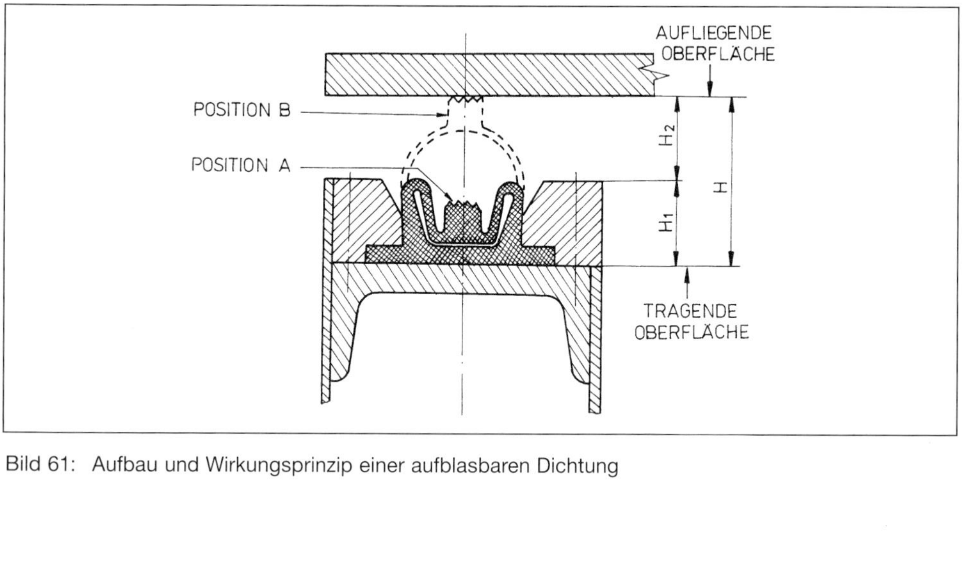

Bild 61: Aufbau und Wirkungsprinzip einer aufblasbaren Dichtung

Position B die aufgeblasene Konfiguration. Nach Einführung des Aufblasmediums dehnt sich dieses in Richtung der aufliegenden Fläche aus und sorgt für eine formschlüssige Dichtung. Wird das Aufblasmedium abgelassen, zieht sich die Dichtung sofort wieder in die ursprüngliche „gespeicherte“ Konfiguration zurück. Diese Stellung liefert Spielraum zur freien Bewegung der einen oder beider Oberflächen.

Die Dichtung wird gewöhnlich mit Druckluft aufgeblasen. Die speziellen Einsatzparameter bestimmen den optimalen Luftdruck. In einigen Einsatzbereichen kann eine Flüssigkeit oder ein Gel als Aufblasmedium benutzt werden. Bild 62 zeigt den Schaltplan für eine Luftzuführung bei zwei Ringen [54]. Es ist wichtig, daß die Dichtung ständig druckbeaufschlagt wird und eventuelle Über- oder Unterdrücke sofort durch einen Druckregler ausgeglichen werden.

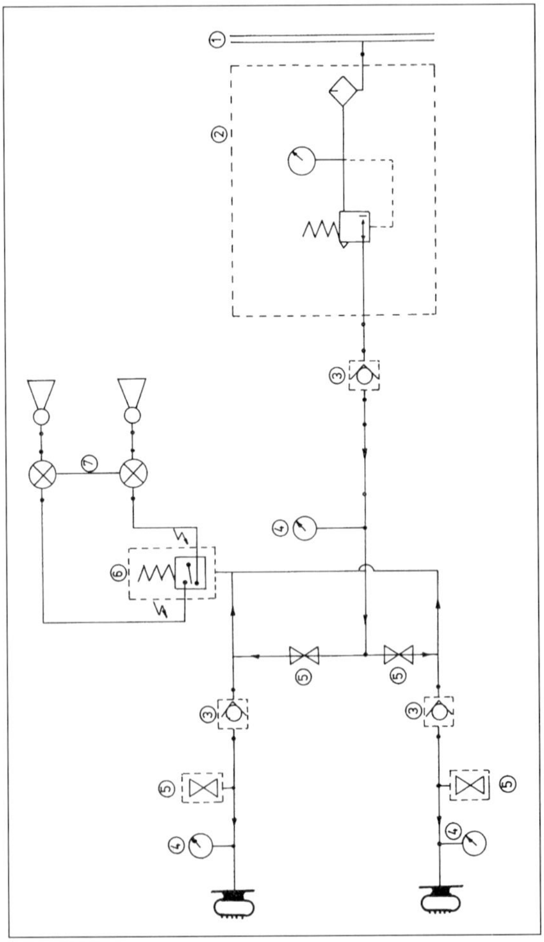

Bild 62: Schaltplan der Luftzufuhr für zwei Ringe
1 – Luftbehälter, 2 – Filter, Manometer, Druckminderventil, 3 – Rückschlagventil, 4 – Manometer, 5 – Schieber, 6 – Druckregler, 7 – Alarmsignal

Das Aufblasmedium wird durch eine Leitung zugeführt, gewöhnlich einen flexiblen Schlauch, der mit einer Zwinge an einem integrierten Formfitting befestigt ist.

Aufblasbare Dichtungen können auf drei verschiedenen Ebenen installiert werden: axial, Bild 63a, b, radial nach innen, Bild 63c, und radial nach außen, Bild 63d. Sie werden entweder in Streifenform mit abgeschlossenen Enden oder in Ringform hergestellt. Sie passen sich vielen verschiedenen Konturen an. Die gebogenen Radien sind von Dichtung zu Dichtung verschieden, doch wenn eine besonders scharfe Kante oder schräge Ecke nötig ist, kann die Dichtung genau nach Maß geformt werden.

10.5.3 Werkstoffe

Aufblasbare Dichtungen werden vorwiegend aus folgenden Elastomeren mit sehr guten mechanischen Eigenschaften hergestellt: Silikon (VMQ), Fluorsilikon (FVMQ), Styrolbutadien (SBR), Butyl (HR). Diese Elastomere besitzen einen hohen „E-Modul“ und haben eine hervorragende Zugfestigkeit.

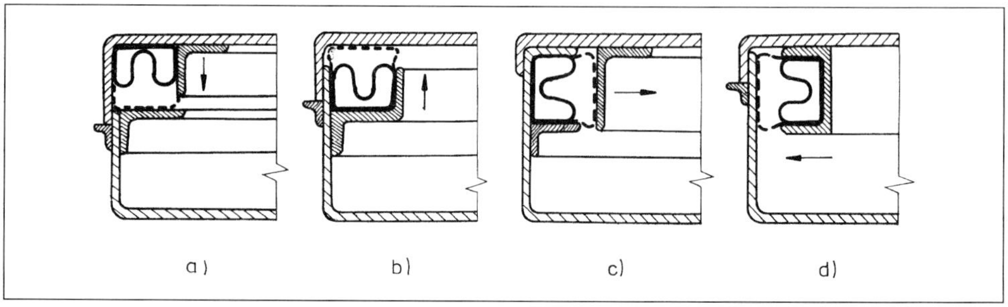

Bild 63: Ausdehnungsrichtungen der aufblasbaren Dichtungen

10.5.4 Anwendungsbeispiele

Bild 64 zeigt eine aufblasbare Hilfsdichtung in Verbindung mit einer Gleitringdichtung für die Abdichtung einer Schiffsantriebswelle [55]. Bei diesem Einsatz ist die Wellenlagerung im Stevenrohr wassergeschmiert. Die Gleitringdichtung dichtet daher direkt gegen das Seewasser. Ohne Vorschaltung einer aufblasbaren Hilfsdichtung könnte eine Wartung an der Hauptdichtung nur erfolgen, wenn das Schiff gedockt ist. Durch die vorgeschaltete aufblasbare Dichtung kann die Schiffswelle gegen das von außen anstehende Wasser statisch gedichtet und eine Wartung oder Reparatur der Hauptdichtung erfolgen, ohne das Schiff einzudocken.

Bild 65 zeigt eine zweistufige Bolzendichtung. Sie besteht aus einer Hauptdichtung, die sich aus zwei Lippenringen zusammensetzt, und einer aufblasbaren Hilfsdichtung.

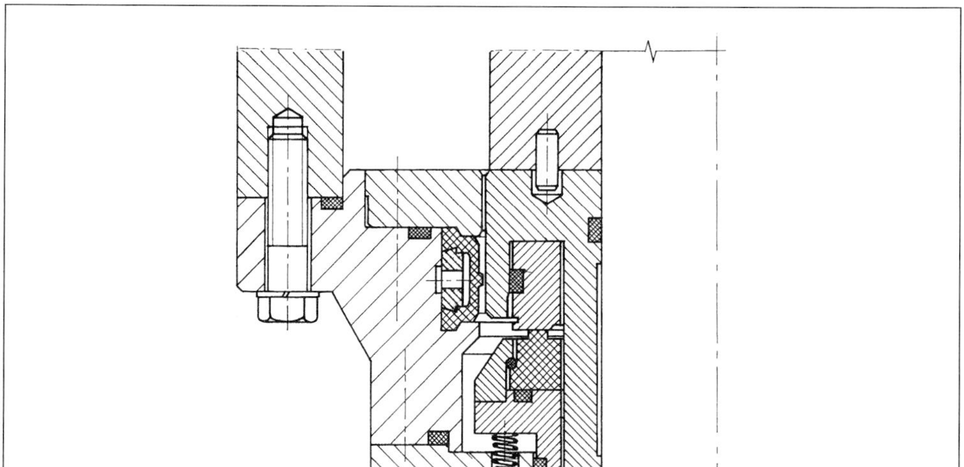

Bild 64: Beispiel der Befestigung einer aufblasbaren Dichtung in der Gleitringdichtung zur Abdichtung einer Schiffsantriebswelle

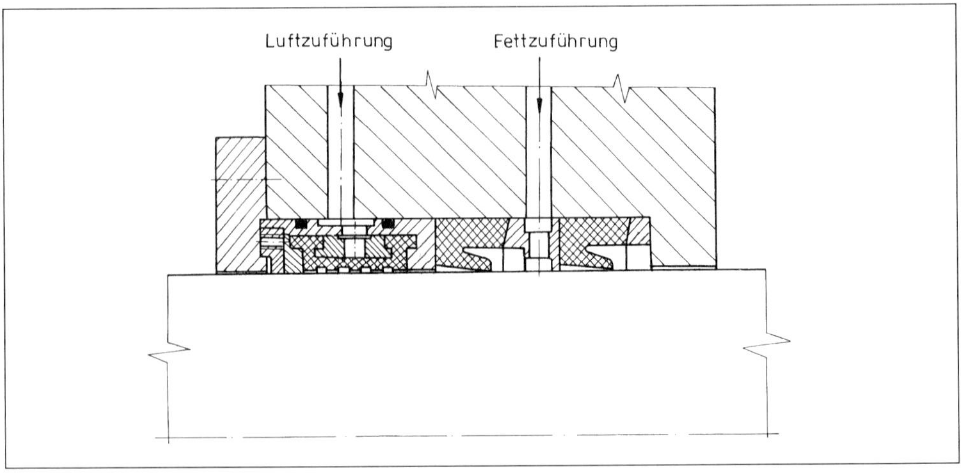

Bild 65: Zweistufige Spindeldichtung bestehend aus einer Manschettendichtung und einer aufblasbaren Dichtung

Weitere Anwendungsbeispiele von aufblasbaren Dichtungen werden in den Bildern 66 und 67 dargestellt [54].

10.6 Magnetdichtungen

10.6.1 Einleitung

Permanentmagnete finden Anwendung in Konstruktionen von Drehwellen-Berührungsdichtungen wie Radialdichtungen, Gleitringdichtungen, Weichstoffbuchspackungen und auch in Dichtungen statischer Verbindungen [56–61].

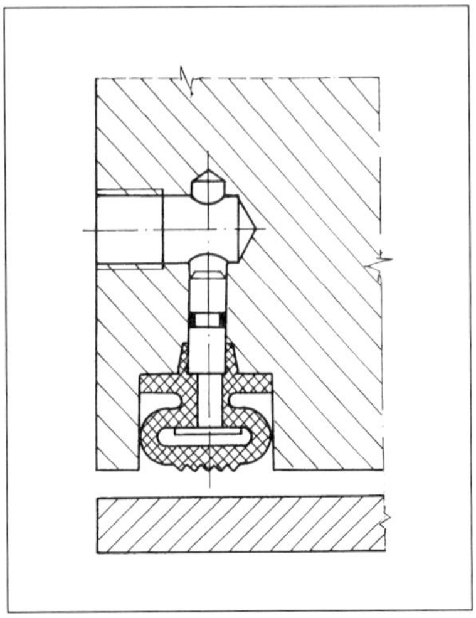

Bild 66: Türabdichtung für Kernkraftwerk

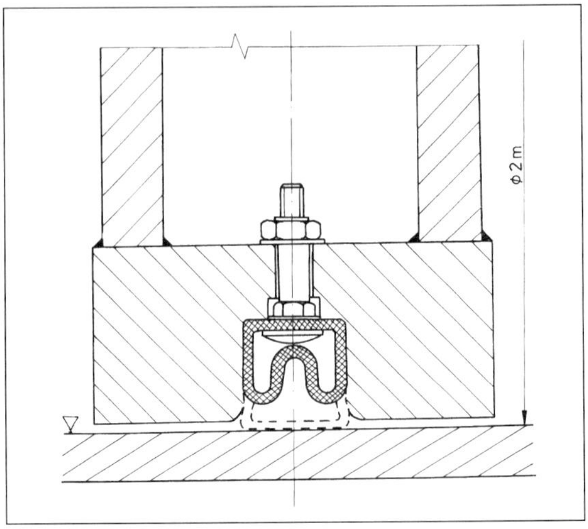

Bild 67: Abdichtung eines Rohrs mit großem Durchmesser mif Hilfe einer aufblasbaren Dichtung

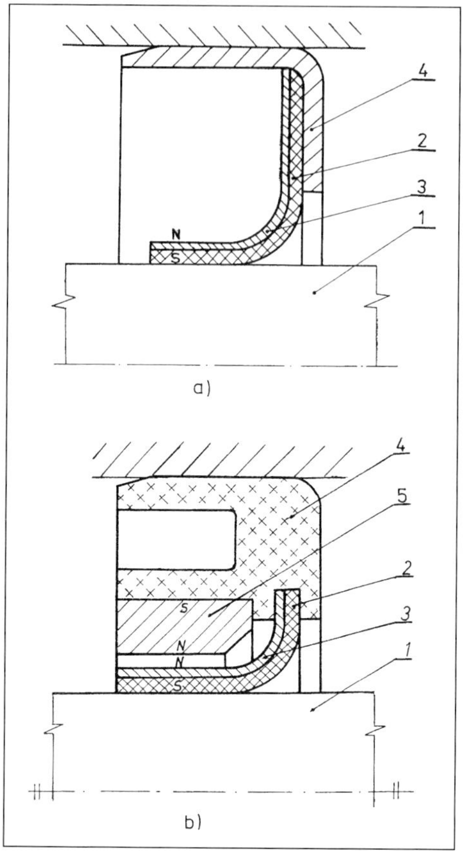

Bild 68: Radialwellendichtung mit magnetischer Pressung
a), b) Konstruktionsvariante
1 – Welle, 2 – Flächendichtelement, 3 – magnetische Schicht, 4 – Trägerteil, 5 – Dauermagnet

In den Berührungsdichtungen mit magnetischen Elementen tritt eine direkte oder indirekte Einwirkung der Magnetfeldkräfte auf das abzudichtende Element auf. Dadurch wird die kontinuierliche Anpressung der Dichtflächen gewährleistet und eine perfekte Dichtheit des Systems sichergestellt.

10.6.2 Beispiele von Konstruktionslösungen bei Magnetdichtungen

Bild 68 zeigt eine Radialwellendichtung mit magnetischer Anpressung [58]. Die Dichtung besteht aus einem Trägerteil 4 aus Metall oder Kunststoffe mit winkelförmigem Profil und daran angeordnetem rechtwinklig zur abzudichtenden Fläche beweglichem Dichtelement 2. Die Dichtung ist vor allem als Wellendichtung anzuwenden. Am Trägerteil 4 und Dichtelement 2 ist eine elastische dauermagnetische Schicht vorgesehen, durch deren magnetische Kräfte das Dichtelement 2 an die bewegliche Welle 1 angepreßt wird, Bild 68a. Die in Bild 68b dargestellte Dichtung unterscheidet sich im Grunde genommen nur dadurch, daß in dem Trägerteil 4 zusätzlich ein Dauermagnet 5 angeordnet worden ist, dessen der Magnetschicht 3 des Dichtelements zugewandte Seite dieselbe magnetische Poligkeit aufweist wie die Oberfläche. Das Dichtelement 2 wird durch die dadurch auftretenden magnetischen Abstoßkräfte gegen die Dichtfläche gepreßt.

Bild 69 zeigt eine Wälzlagerdichtung [59]. Sie besteht aus folgenden Teilen: den Elastomer-„O"-Dichtringen 7, 8 sowie den Spannringen 3, 4 mit Trapez-Querschnitt, in dem die axial polarisierten Dauermagnete 5, 6 befestigt sind. Die Spannringe 3, 4 mit den Dichtringen 7, 8 sind in dem Lagerdeckel 2 angebracht, wobei der Ring 3 verschiebbar befestigt worden ist. Die Anziehungskraft der Magnete 5, 6 bewirkt die axiale Verlagerung des Spannringes 3, was die Verformung der Dichtringe 7, 8 zur Folge hat, die an die Oberfläche der Welle und des Deckels angepreßt werden und dadurch die Dichtheit des Lagers sicherstellen.

Bild 70 zeigt Beispiele der Konstruktionen von Gleitringdichtungen mit magnetischer Anpressung der Gleitringe [60]. Bei der in Bild 70a dargestellten Gleitringdichtung wird der Gleitringträger aus einem ferromagnetischen Werkstoff hergestellt. Der Gleitring besteht aus einem Werkstoff mit guten Gleiteigenschaften wie z.B. Kohle. Der Gegenring besteht aus einem magnetischen Werkstoff und dient neben der Erzeugung der Anziehungskraft als Gleitwerkstoff.

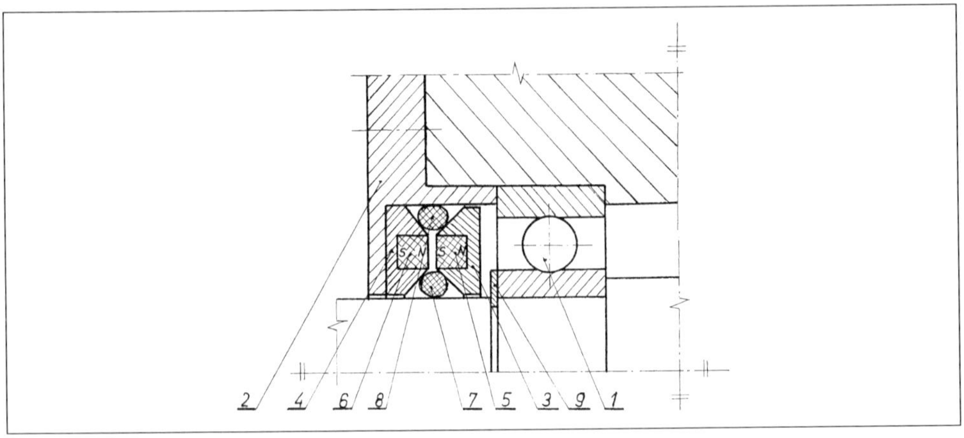

Bild 69: Wälzlagerdichtung
1 – Wälzlager, 2 – Deckel, 3 – beweglicher Spannring, 4 – unbeweglicher Spannring, 5, 6 – Dauermagnete, 7,8 – Elastomer „O"-Ringe, 9 – Seegerring

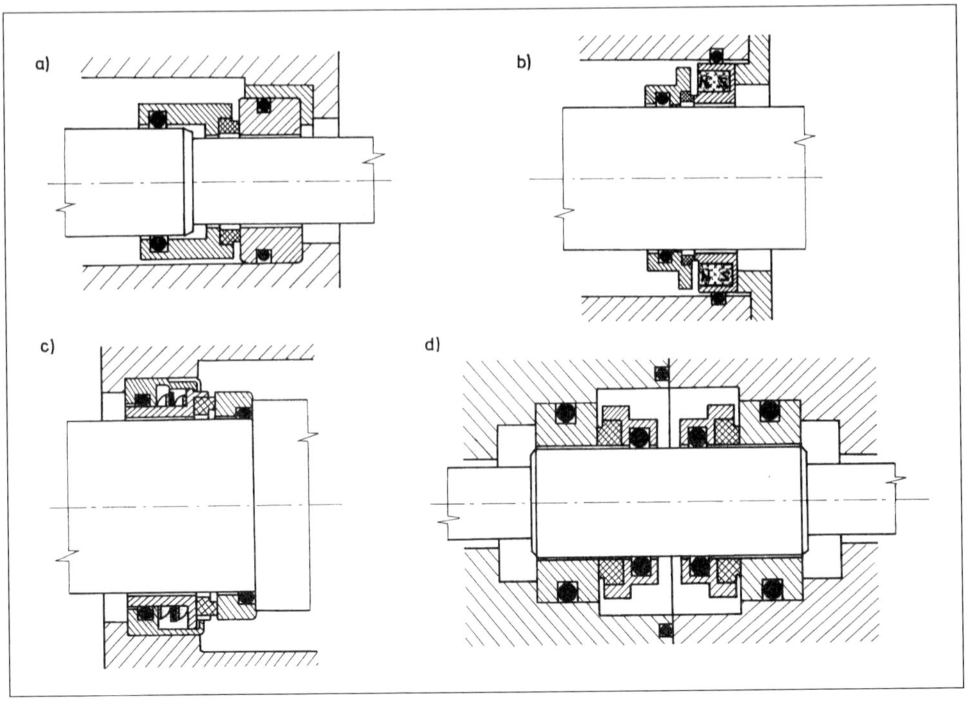

Bild 70: Konstruktionsbeispiele der Gleitringdichtungen mit magnetischer Pressung der Gleitringe

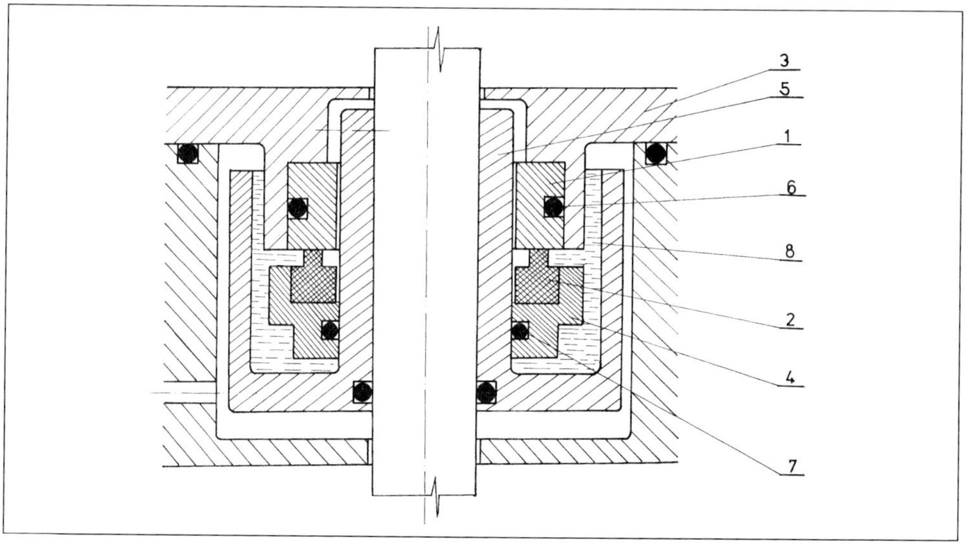

Bild 71: Konstruktionsbeispiel der Gleitringdichtungen mit magnetischer Pressung zur Abdichtung von flüssigem Natrium
1 – unbeweglicher Gleitring (Dauermagnet), 2 – beweglicher Gleitring, 3 – Deckel, 4 – Tragring (aus ferromagnetischem Werkstoff), 5 – Halbquerschnitt der „U"-Buchse, 6,7 – „O"-Ringe, 8 – Sperrflüssigkeit

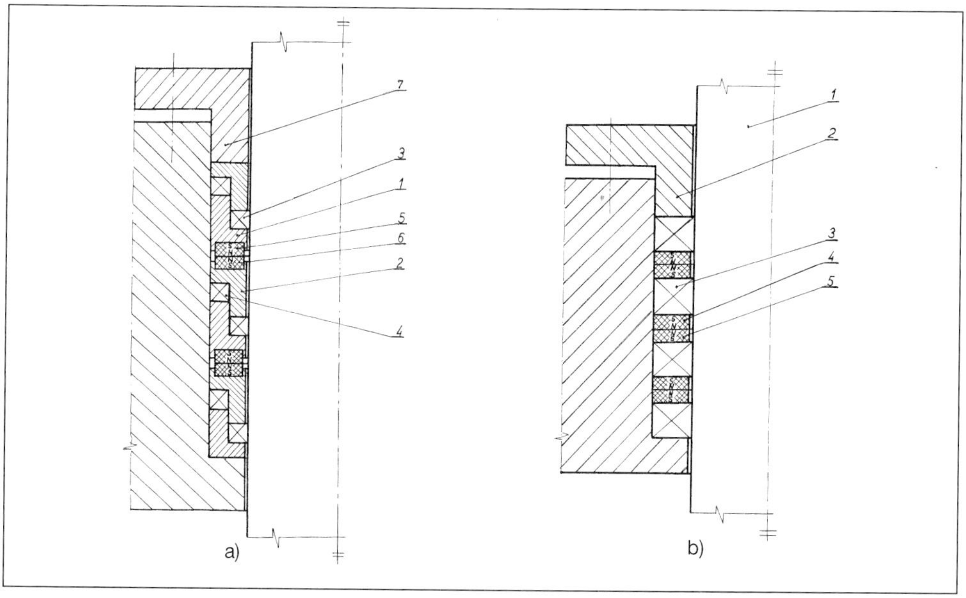

Bild 72: Weichpackungsstopfbuchsen mit ausgeglichener Verteilung der Radialspannung
a), b). Konstruktionsvariante
a) 1 – Spindel, 2 – Stopfbuchsbrille, 3 – Packungsring, 4, 5 – Dauermagnete
b) 1,2 – Führungsbuchsen, 3,4 – Packungsringe, 5,6 – Dauermagnete, 7 – Stopfbuchsbrille

Bei sehr großen Wellendurchmessern ist es aus Fertigungsgründen notwendig, den Ringmagnet durch einen Gehäusering und angesetzten einzelnen Stabmagneten zu ersetzen, Bild 70b.

Bild 70c zeigt eine Kassettendichtung mit magnetischer Druckerzeugung und zusätzlicher Schlangenfeder, die die Pressung der Gleitringe erhöht. Das Bild 70d zeigt eine doppelte Gleitringdichtung mit magnetischer Pressung.

Ein Beispiel der Gleitringdichtung mit magnetischer Pressung zur Abdichtung von flüssigem Natrium im Kernreaktor wurde in Bild 71 dargestellt [60].

Bild 72 zeigt zwei Konstruktionslösungen von Weichstopfbuchspackungen mit Anwendung von Dauermagneten [61].

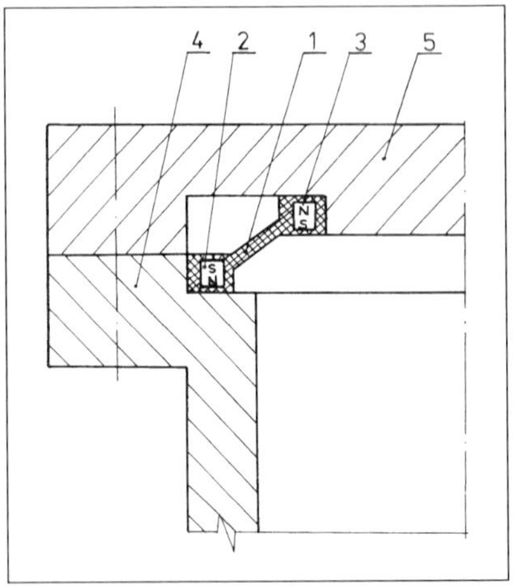

Bild 73: Beispiel der Anwendung des Dichtringes mit magnetischer Pressung zur Abdichtung eines Behälterdeckels
1 – Elastomer - Profildichtungsring, 2,3 – Dauermagnete, 4 – Behälterflansch, 5 – Deckel

Die in Bild 72a dargestellte Dichtung besteht aus Dichtringen 3, getrennt durch Paare der Ringdauermagneten 4,5, die mit gleichnamigen Polen (N-N) zueinander gestellt werden. Die sich abstoßenden Paare der Dauermagneten 4, 5 bewirken zusätzliche Axialdrücke auf die einzelnen Packungsringe, was zum Ausgleich der Verteilung der Radialspannung über die Dichtungslänge führt. In der Konstruktion der in Bild 72b gezeigten Stopfbuchse sind die Packungsringe 3, 4 wellen- und gehäuseseitig in den Führungsringen 1, 2 befestigt, und die Dauermagnete 5, 6 befinden sich zwischen den Ringen 1, 2.

Bild 73 zeigt ein Beispiel der Anwendung eines Dichtringes mit Magnetpressung zur Abdichtung eines Behälterdeckels. Bei dieser Lösung werden die Dauermagnete 3, 4 in Form von Stabmagneten in den elastischen Profildichtring 1 vulkanisiert, die die kontinuierliche Pressung des Dichtringes 1 an die Stirnfläche des Behälter- und Deckelflansches bewirken und dadurch die Dichtheit der Verbindung sicherstellen.

10.7 Magnetflüssigkeitsdichtungen

10.7.1 Einleitung

Magnetflüssigkeitsdichtungen nehmen im Bereich der dynamischen Dichtungen zur hermetischen Abdichtung von Gasen eine Sonderstellung ein. Diese Technologie basiert auf einem einzigartigen Dichtmedium: den Magnetflüssigkeiten, sogenannten ferromagnetischen Flüssigkeiten oder Ferrofluiden, die die Eigenschaft besitzen, sich in einem Magnetfeld exakt positionieren zu lassen.

Die Magnetflüssigkeitsdichtungen haben im Vergleich mit Dichtungen anderer Art viele wesentliche Vorzüge. Es sind:

- einfacher Aufbau,
- vollkommene Dichtheit bei Vakuumsystemen (bis 10^{-8} mbar) und Drucksystemen (bis 10 bar und mehr),

- geringe Leistungsverluste infolge niedriger Reibung,
- Fähigkeit zur Übertragung hoher Drehgeschwindigkeiten.

  Die gegenwärtig verwendeten Dichtungen lassen Drehzahlen bis zu 30 000 min^{-1} zu.
- beständig und zuverlässig im Betrieb. In manchen Fällen kann die Dichtung mehrere Jahre bedienungs- und wartungsfrei arbeiten.

Magnetflüssigkeitsdichtungen verwendet man u.a. zur Abdichtung von Wellen in chemischen und biochemischen Reaktoren, in der Vakuumtechnik, in der Festplattenspeichertechnik, in der Halbleitertechnologie, in Kristallziehanlagen und in der Industrierobotertechnik. Magnetflüssigkeitsdichtungen werden überdies als Reservedichtungen (Sekundärdichtungen) zur Unterstützung der Wirkung von konventionellen Abdichtungen eingesetzt.

10.7.2 Magnetflüssigkeiten

Magnetflüssigkeiten sind kolloidale Suspensionen aus magnetischen Partikeln (z.B. Fe_3O_4-Magnetit) mit 10 bis 20 nm Durchmesser und Trägerflüssigkeiten, wie z.B. Wasser, Petrole-

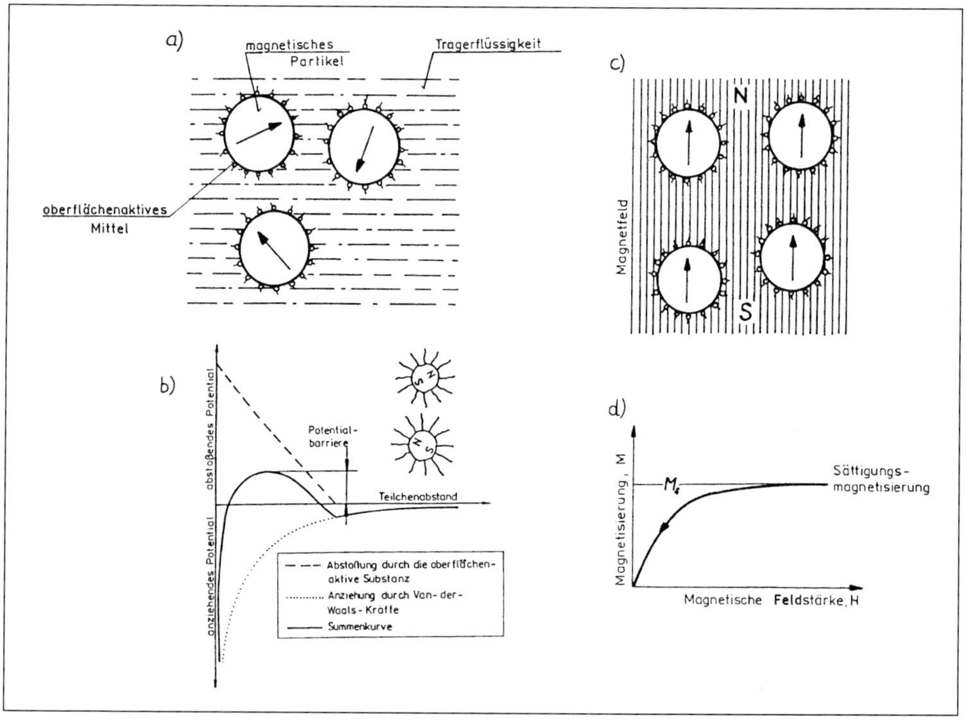

Bild 74: Aufbau der Magnetflüssigkeit und ihr Verhalten im magnetischen Feld
a) Bestandteile einer Magnetflüssigkeit:
b) Kräfte zwischen den magnetisierbaren Teilchen,
c) Ausrichtung der Teilchen im Magnetfeld,
d) Magnetisierungskurve der Magnetflüssigkeit

um, Mineralöl, kohlenwasserstoff- oder fluorwasserstoffhaltige Flüssigkeiten, Ester, Diester u.a. Magnetische Partikel sind mit einer dünnen Monomolekularschicht eines oberflächenaktiven Mittels (z.B. Oleinsäure) bedeckt, um der Koagulation und Sedimentation der Partikel infolge der Anziehung magnetischer Kräfte oder der Gravitation vorzubeugen [62–66].

Die Bilder 74a und 74b zeigen schematisch die Komponenten einer Magnetflüssigkeit und die Kräfte, die ohne Magnetfeld auf die Partikel einwirken. Bei hinreichend intensiver Abstoßwirkung der oberflächenaktiven Substanz entsteht in der Summe der anziehenden und abstoßenden Kräfte eine Potentialbarriere, die die Partikel andauernd auseinanderhält.

Die Ferrofluide sind ideal weichmagnetisch, haben also keine Hysterese. Sobald das externe Magnetfeld entfernt wird, verteilen sich die magnetischen Momente der einzelnen Teilchen sofort statistisch und das Ferrofluid weist nach außen keine Magnetisierung mehr auf.

Im Magnetfeld richten sich die beschichteten Partikel aus, Bild 74c. Die Magnetflüssigkeit verhält sich „weichmagnetisch". Die Magnetisierung M strebt mit zunehmender Magnetfeldstärke einem Sättigungswert M_S zu, Bild 74d. Die Viskosität einer Magnetflüssigkeit ändert sich mit der Magnetfeldstärke. Je stärker das Magnetfeld, desto „dickflüssiger" wirkt die Magnetflüssigkeit. Die Betriebsviskosität η_b im Sättigungszustand ist bis zu dreimal so groß wie die Viskosität η_o im unmagnetisierten Zustand. Entsprechend groß ist auch der durch flüssige Reibung entstehende Leistungsverlust und die damit verbundene Erwärmung. Bei hoher Gleitgeschwindigkeit müssen Magnetflüssigkeitsdichtungen deshalb oft gekühlt werden.

Charakteristische Größen für ein Ferrofluid ist die Sättigungsmagnetisierung, die von der Art der magnetisierbaren Teilchen und ihrem Volumenanteil im Fluid abhängt, sowie die Viskosität, die im wesentlichen durch die Trägerflüssigkeit bestimmt wird und eine Funktion der Temperatur ist.

Die Abdampfrate der Ferrofluide und damit die Lebensdauer ist stark temperaturabhängig, deshalb soll eine Betriebstemperatur von 80 °C am Ferrofluid nicht überschritten werden.

In Tabelle 1 werden einige typische Eigenschaften der am meisten verwendeten Magnetflüssigkeiten angegeben [66].

10.7.3 Aufbau und Wirkungsprinzip der Magnetflüssigkeitsdichtung

Eine einfache Magnetflüssigkeitsdichtung, Bild 75, besteht u.a. aus einem ringförmigen Permanentmagnet 1. Dieser Magnet ist axial polarisiert und kommt mit zwei aus einem magnetisch durchlässigen Material hergestellten Polschuhen 2 und 3 in Berührung. Die Magnetflüssigkeit 4 befindet sich in sehr kleinen Radialspalten δ zwischen den Spitzen 7 der Polschuhe 2 bzw. 3 und der Welle 8, Bild 75a, oder zwischen den Spitzen der Welle und den Polschuhen 2 bzw. 3, Bild 75b. Der geschlossene Magnetkreis, den die Welle 8, der Permanentmagnet 1, die Polschuhe 2 bzw. 3 und die Magnetflüssigkeit 4 bilden, hält die Flüssigkeit 4 in den Spalten δ und sammelt sie um die Polschuhe, wo eine Konzentration der Kraftlinien des Magnetfeldes erfolgt. Die im Spalt δ an einer Spitze angesammelte Magnetflüssigkeit („flüssig" O-Ring) blockiert den Durchfluß eines abzudichtenden Mediums und stellt eine Einzelstufe der Abdichtung dar. Der Gesamtdruck eines anstehenden Mediums gegen die Magnetflüssigkeitsdichtung mit mehreren Spitzen ist gleich der Summe der Teildrücke der einzelnen Stufen.

In Bild 76 werden Grundbauarten von Magnetflüssigkeitsdichtungen vorgestellt. Bild 76a zeigt die Dichtung mit einer aus einem Material mit magnetischen Eigenschaften hergestell-

Tabelle 1: Typische Eigenschaften gebräuchlicher Magnetflüssigkeiten

Trägerflüssigkeit	spezifisches Gewicht [kg/cm³]	Viskosität [sPa]	magnetische Sättigung [kA/m]	Bemerkungen
Wasser	1,2 bis 1,4	7 bis 100	20 bis 40	Flüssigkeit von hoher Anfangspermeabilität
kohlenwasserstoff-haltige Flüssigkeit	1,05 bis 2,05	3 bis 6	20 bis 40	niedrige Viskosität; flüchtige Flüssigkeit
Ester	1,15 bis 1,40	14 bis 35	20 bis 60	besonders günstig für Dichtungen, die bei niedrigen Temperaturen arbeiten
Diester	1,18	75	20	Flüssigkeit von geringer Viskosität, verwendet bei Abdichtungen hochtouriger Wellen und im Vakuum
fluorwasserstoff-haltige Flüssigkeit	2,05	2500	10	chemisch inerte Flüssigkeit von hoher Viskosität, unlöslich in anderen Flüssigkeiten
Polydiphenyläther	2,05	7500	10	Flüssigkeit von sehr hoher Viskosität, besonders geeignet für Abdichtungen im Hochvakuum

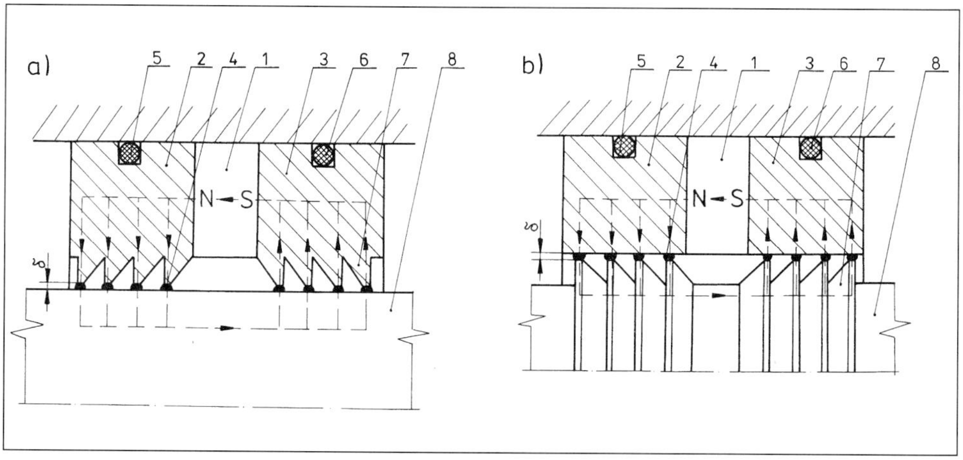

Bild 75: Bauform einer Magnetflüssigkeitsdichtung
a) mit Vorständen auf den Polschuhen, b) mit Vorständen auf der Welle
1 – Permanentmagnet, 2, 3 – Polschuhe, 4 – Magnetflüssigkeit, 5, 6 – „O"-Ringe, 7 – Vorstand, 8 – Welle

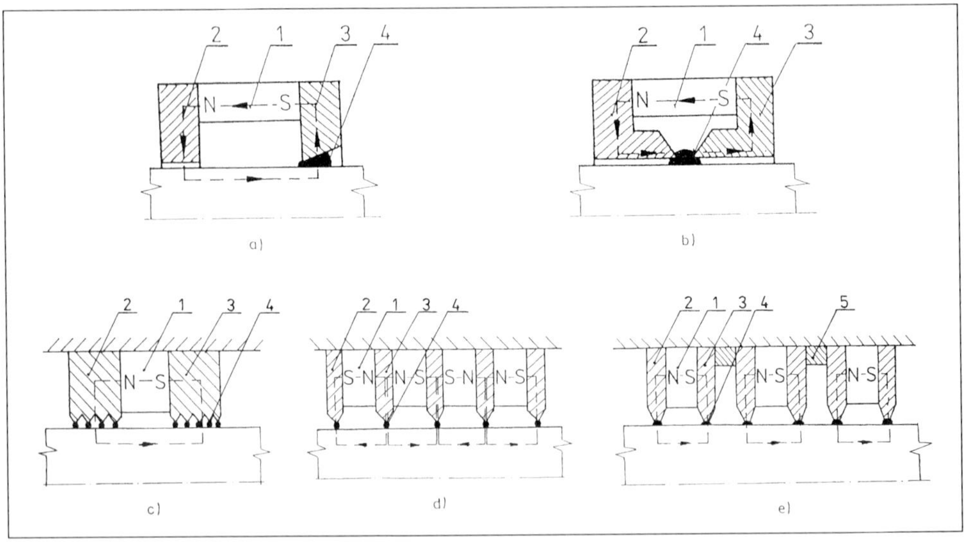

Bild 76: Grundbauformen der Magnetflüssigkeitsdichtungen
a) Einstufige Dichtung mit magnetischer Welle,
b) Einstufige Dichtung mit nichtmagnetischer Welle
1 – Permanentmagnet, 2, 3 – Polschuhe, 4 – Magnetflüssigkeit, 5 – Distanzring
c) Mehrstufige Dichtung mit zwei mehrkantigen Polschuhen
d) Mehrstufige Dichtung mit vielen Polschuhen in der NSNS-Anordnung,
e) Mehrstufige Dichtung mit vielen Polschuhen in der SNNS-Anordnung.

ten Welle. Durch Erzeugung eines Polspaltes knapp über der Wellenoberfläche und Gestaltung einer, einen Streufluß erzeugenden Polspitzenform entsteht eine Magnetflüssigkeitsdichtung für nichtmagnetische Wellen, Bild 76b. In diesem Fall können auf Grund der besonderen Feldverteilung im Dichtbereich nur kleine Drücke abgedichtet werden. Am gebräuchlichsten ist die Bauform mit magnetischer Welle und zwei Polschuhen mit mehreren Stufen, Bild 76c.

Bei den Ausführungen mit mehreren Stufen pro Polschuh ist die Abnahme der Durchflutung mit der Entfernung von der Magnetquelle zu beachten. Deshalb werden oft mehrere Dichtungseinheiten hintereinander geschaltet, Bild 76e,f. Dabei unterscheidet man zwischen SNSN- und SNNS-Anordnung. Letztere kann bei kleinerem Bauvolumen höheren Drücken standhalten, da auf den Zwischenring zur magnetischen Isolierung verzichtet werden kann.

Die empfohlenen Radialspaltbreiten δ zwischen der Welle und den Polschuhen betragen 0,05 bis 0,125 mm. In Sonderfällen, bei Wellen mit größerer Exzentrizität, ist eine Spaltbreite bis 0,25 mm zulässig [67].

In Bild 77 werden verschiedene Formen der Polschuhe in einer einstufigen Flüssigkeitsdichtung dargestellt sowie die entsprechenden Verteilungen der magnetischen Induktion B in dem Radialspalt δ [63].

Die zur Zeit verwendeten Permanentmagnete erlauben, eine magnetische Feldstärke H im Spalt δ bis $(0{,}6 \div 1{,}0) \cdot 10^6$ A/m zu erreichen, was zur Folge hat, daß die sich im Spalt befindende Magnetflüssigkeit im Sättigungszustand ist.

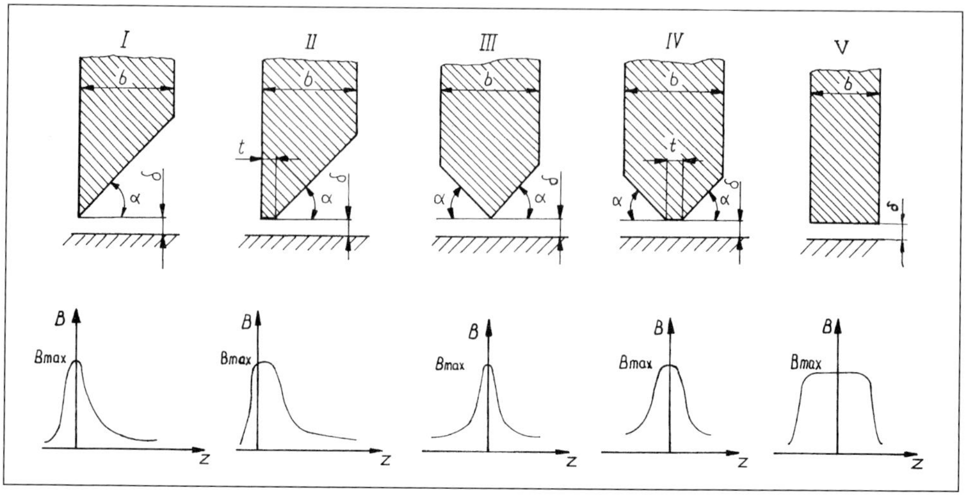

Bild 77: Unterschiedliche Formen der Polschuhe in einer einstufigen Magnetflüssigkeitsdichtung und Verteilung der magnetischen Induktion B im Spalt

Das Bild 78 zeigt die Gestalt der Magnetflüssigkeit, die sich im Spalt einer 1-stufigen Magnetflüssigkeitsdichtung befindet sowie die Verteilung der magnetischen Feldstärke H im Spalt bei dem Druckunterschied $\Delta p = 0$ und $\Delta p > 0$, Bild 78c.

Wie aufgrund der durchgeführten Untersuchungen [63] festgestellt wurde, betragen die zu empfehlenden Verhältnisse der geometrischen Ausmaße der Polspitze in der einstufigen Magnetflüssigkeitsdichtung, Bild 78b wie folgt:

$$b/\delta = 20 \div 40; \; t/\delta = 1{,}5 \div 4; \; \alpha = 45° \div 60°$$

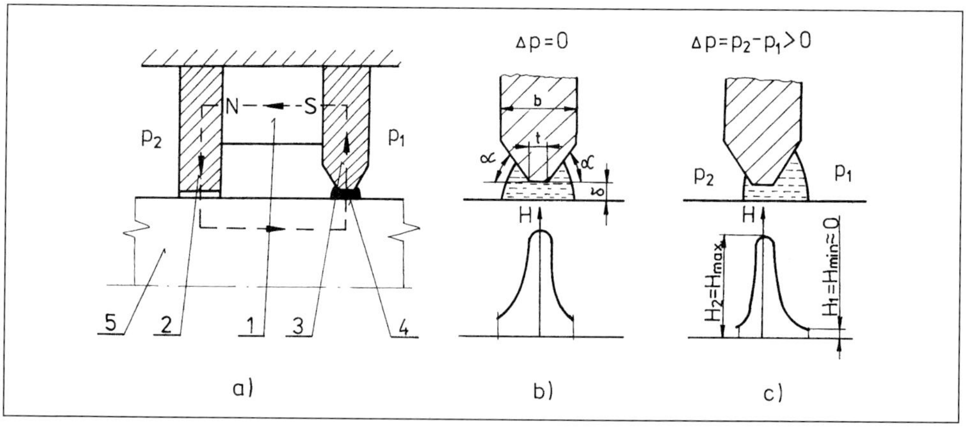

Bild 78: Einstufige Magnetflüssigkeitsdichtung

a) Aufbau der Dichtung: 1 – Permanentmagnet, 2, 3 – Polschuhe, 4 – Magnetflüssigkeit, 5 – Welle

b), c). Verteilung der magnetischen Feldstärke H im Spalt unter dem Polschuh bei $\Delta p = 0$ und $\Delta p > 0$.

Die kritische abdichtbare Druckdifferenz (Berstdruck) in der einstufigen Magnetflüssigkeitsdichtung kann aus folgender Abhängigkeit errechnet werden [62, 63, 68]:

$$\Delta p_{kr} = \mu_o \cdot M_S \cdot (H_{max} - H_{min}) \tag{1}$$

wobei:

μ_o – absolute Permeabilität [$4\pi \cdot 10^{-7}$ Vs/Am],

M_s – Sättigungsmagnetisierung der Magnetflüssigkeit [A/m],

H_{max} – maximale Feldstärke im Dichtspalt [A/m],

H_{min} – minimale Feldstärke im Dichtspalt [A/m],

Da $H_{min} << H_{max}$, kann praktisch angenommen werden, daß

$$\Delta p_{kr} = \mu_o m_O \cdot M_s \cdot H_{max} \tag{2}$$

In der Praxis wird für jede Abdichtungsstufe ein Druckabfall in der Größenordnung von 10 bis 30 kPa angenommen [67], abhängig von der Art der verwendeten Magnetflüssigkeit.

Unter der Voraussetzung laminarer Strömung (Reynoldszahl: $Re = R \cdot \omega \cdot \delta \cdot \rho \cdot \eta^{-1} < 2300$) kann die Reibleistung mit Hilfe der im Dichtspalt in der Schleppströmung auftretenden Schubspannung berechnet werden. Damit beträgt die Reibleistung einer z-stufigen Magnetflüssigkeitsdichtung:

$$P = z \cdot 2\pi \cdot \eta \cdot \omega^2 \cdot R^3 \cdot b/\delta \tag{3}$$

wobei:

η – Viskosität der Magnetflüssigkeit [Pa · s],

ω – Winkelgeschwindigkeit der Welle [s^{-1}],

R – Radius der Welle [m].

Im Prozeß des Dichtheitsverlustes in der Magnetflüssigkeitsdichtung können drei Phasen unterschieden werden, Bild 79. In der ersten Phase bilden sich in der Magnetflüssigkeit infolge der Druckwirkung kleine Bläschen, Bild 79a. In der zweiten Phase, beim Anstieg des Me-

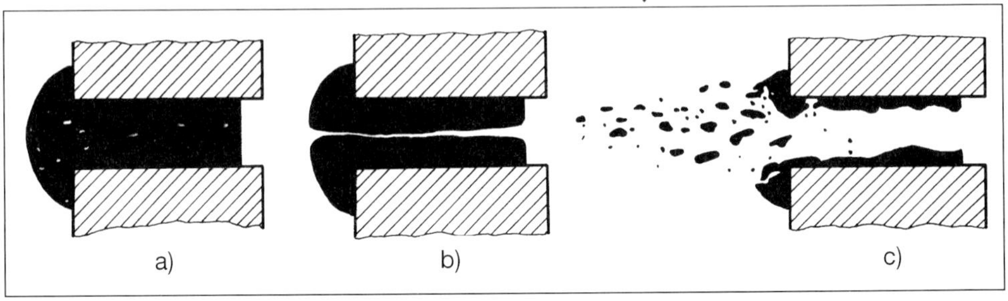

Bild 79: Mechanismus des Dichtheitsverlustes in der Magnetflüssigkeitsdichtung
a), b), c) – Phasen des Berstdruckes

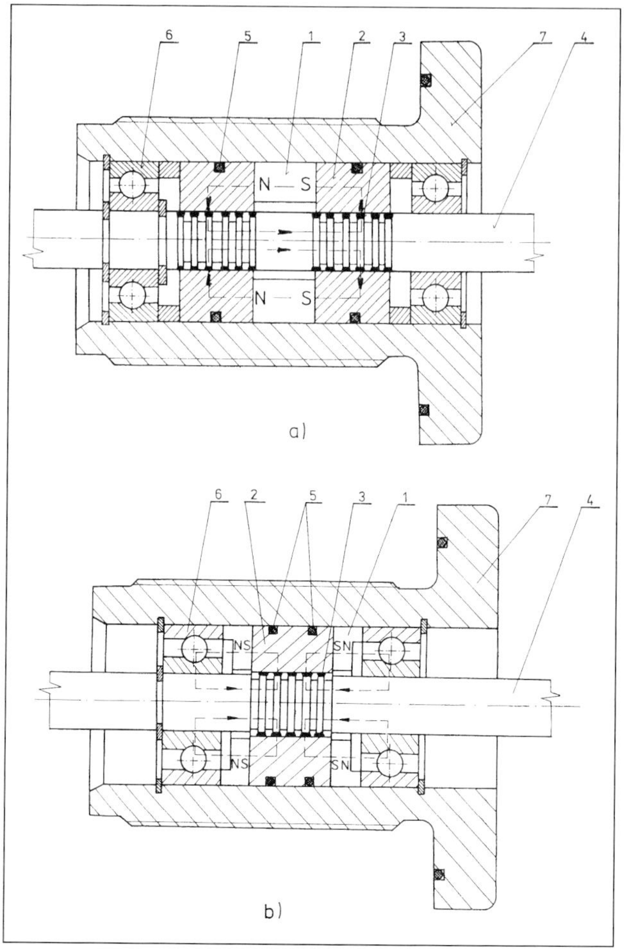

Bild 80: Standardaufbau der Drehdurchführungen mit Magnetflüssigkeitsdichtungen
a) mit einem Permanentmagnet
b) mit zwei Permanentmagneten
1 – Permanentmagnet, 2 – Polschuhe, 3 – Magnetflüssigkeit, 4 – Welle, 5 – „O"-Ringe, 6 – Kugellager, 7 – Gehäuse

diendruckes, verbinden sich die Bläschen und bilden einen gleichförmigen Kanal, Bild 79b, durch den das abzudichtende Medium entweicht. In der dritten Phase, bei weiterem Anstieg des Mediendruckes, erfolgt plötzliches Ausblasen der Magnetflüssigkeit aus dem Spalt, Bild 79c, was den Dichtheitsverlust verursacht.

10.7.4 Beispiele neuer Konstruktionen von Magnetflüssigkeitsdichtungen

10.7.4.1 Drehdurchführungen mit Magnetflüssigkeitsdichtungen

Ein Vorteil der Drehdurchführungen mit Magnetflüssigkeit besteht darin, daß das Dichtelement und die Lagerung in einem kompakten Bauteil untergebracht werden. Die Kugellager nehmen entsprechend ihrer Spezifikation Radial- und Axiallasten auf. Im Standardaufbau, Bild 80, der Drehdurchführungen befindet sich das Dichtelement zwischen den Kugellagern. Alternativ werden das Dichtelement prozeßseitig und beide Kugellager atmosphärenseitig angeordnet.

In Bild 81 wird eine Drehdurchführung mit ferromagnetischer Doppeldichtung dargestellt [69]. Diese Dichtung besteht aus folgenden Teilen: äußere Flanschbuchse 3 mit Polschuh 3a, innere Flanschbuchse 4 mit Polschuh 4a, zwei ringförmige Permanentmagnete 5 und 6, zwei äußere Polschuhe 7 und 8 sowie Magnetflüssigkeit 13.

Die Flanschbuchsen 3,4 mit inneren Polschuhen 3a, 4a, die Permanentmagnete 5,6, die äußeren Polschuhe 7,8 und die Magnetflüssigkeit 13 bilden zwei geschlossene Magnetkreise mit den Flüssen ϕ_1 und ϕ_2. Infolge der Magnetkräfte wird die Magnetflüssigkeit 13 in Radialspalten zwischen den inneren Polschuhen 7,8 und den Flanschbuchsen 3,4 gehalten und

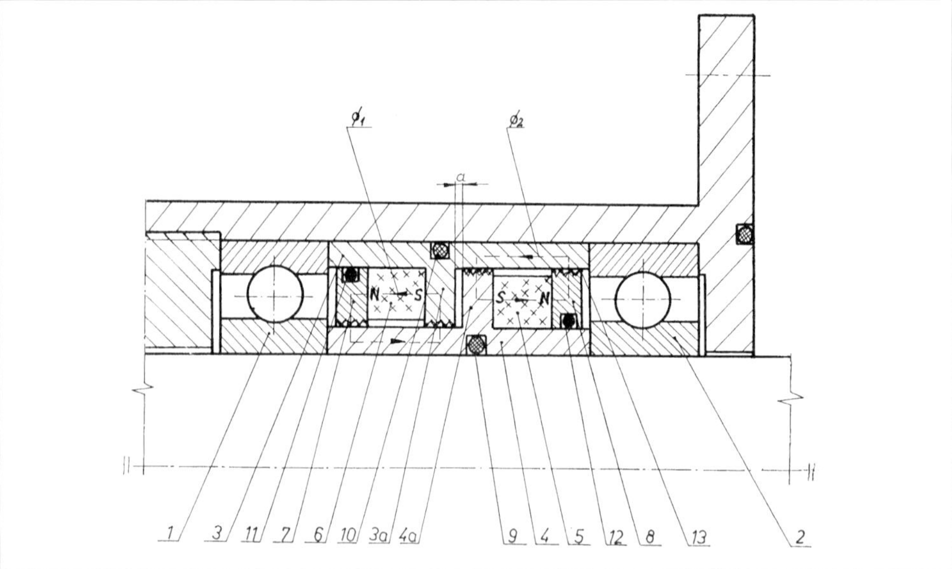

Bild 81: Drehdurchführung mit ferromagnetischer Doppeldichtung
1, 2 – Wälzlager, 3 – äußere Flanschbuchse, 4 – innere Flanschbuchse, 3a, 4a – innere Polschuhe, 5,6 – Permanentmagnete, 7, 8 – äußere Polschuhe, 9–12 – „O“-Ringe, 13 – Magnetflüssigkeit, a – Axialspalt, $Ø_1$, $Ø_2$ – magnetische Flüsse

bildet die Barrieren für das Betriebsmedium. Damit ist die Dichtheit dieser Dichtung gewährleistet.

Die Lebensdauer einer Magnetflüsigkeitsdichtung ist mit der Verdampfung der Trägerflüssigkeit verbunden. Die meisten Magnetflüssigkeiten erfahren bei einer Temperatur über 80 °C eine Verdampfung, woraus ungenügendes Abdichtungsvermögen folgt. Eine intensive Erwärmung der Magnetflüssigkeit entsteht bei Dichtungen, die in einer Hochtemperaturumgebung arbeiten, oder bei Wellen mit hoher Drehgeschwindigkeit, wo eine infolge der inneren Reibung (Flüssigkeitsreibung) hervorgerufene Wärme erzeugt wird. Zur Erniedrigung der Temperatur der Magnetflüssigkeit verwendet man in diesen Fällen eine Dichtung mit Kühlsystem.

Bild 82 zeigt die Konstruktion einer Drehdurchführung mit Magnetflüssigkeitsdichtung und Kühlsystem, eingesetzt zur Abdichtung der Welle eines Lüfters in einem Vakuumofen. Bei dieser Ausführung wird die Kühlflüssigkeit (Wasser) über in die Polschuhe 4 und in die Hohlwelle eingebrachte Kanäle zur Dichtstelle geführt [67].

10.7.4.2 Ferromagnetische Schutzdichtungen für Wälzlager

Ferromagnetische Schutzdichtungen für Wälzlager werden in Einrichtungen hoher Reinheit eingesetzt, wie z.B. in Lagerdichtungen von Plattenspeicherlaufwerken für PCs oder in bei nicht zu hohen Drücken (1,5 bis 2 kPa) arbeitenden Einrichtungen. Eine solche Dichtung besteht aus folgenden Teilen: Permanentmagnet 6, zwei Ringe 4 bzw. 5 aus einem Material mit guter magnetischer Permeabilität (Polschuhe) mit einem gewissen Spiel gegen Welle 1,

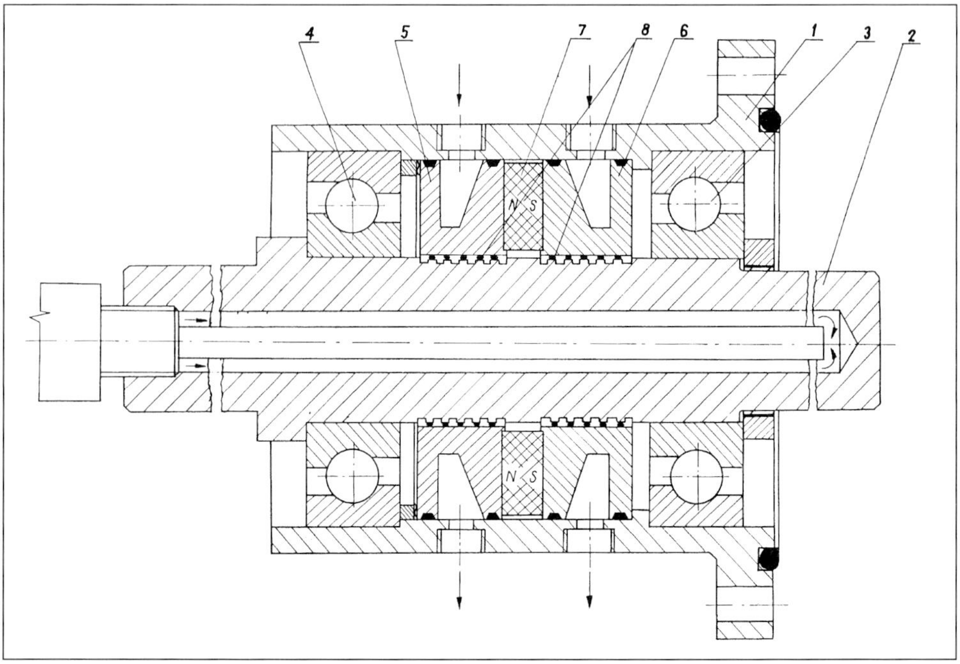

Bild 82: Hochtourige Drehdurchführung mit Magnetflüssigkeitsdichtung und mit Kühlsystem
1 – Gehäuse, 2 – Hohlwelle, 3,4 – Wälzlager, 5,6 – Polschuhe, 7 – Permanentmagnet, 8 – Magnetflüssigkeit

Magnetflüssigkeit 7 in den Spalten zwischen den Polschuhen 4,5 und der Welle 1, Bild 83a. Eine Variante zeigt Bild 83b, wo der Permanentmagnet 6, die Welle 1, Magnetflüssigkeit 8 und ein Ring 7 den Magnetkreis bilden. Bei der zweiten Variante wird der magnetische Fluß durch ein Wälzlager geschlossen, das aus einem Material mit guter magnetischer Permeabilität hergestellt wurde.

In Bild 84 wird ein Beispiel einer kompakten Magnetflüssigkeitsdichtung für ein Wälzlager dargestellt [70]. Die Magnetflüssigkeitsdichtung ist in einem durch Elemente des Gehäuses 7,8 gebildeten Raum befestigt. Der magnetische Kreis der Dichtung besteht aus dem Permanentmagneten 3, den Polschuhen 4, der Magnetflüssigkeit 5 und der sich mit der Welle 2 drehenden magnetischen Hülse 6. Den zusätzlichen Schutz der Magnetflüssigkeitsdichtung bildet ein mit Schmierfett gefülltes Labyrinth, das durch die Scheidewand 12 gebildet wurde.

Bild 85 zeigt ein Wälzlager mit einer integrierten zweistufigen Magnetflüssigkeitsdichtung und einer vorgeschalteten Spaltdichtung, die das Eindringen von Schmierfett aus dem Lager in die Magnetflüssigkeitsdichtung verhindert. Mit derartigen Lagern ließe sich die automatische Montage der Plattenlaufwerke für PCs vereinfachen [71].

Die auf der Basis von Schmierölen hergestellten Magnetflüssigkeiten werden zur Abdichtung und zur Schmierung von Wälzlagern angewendet.

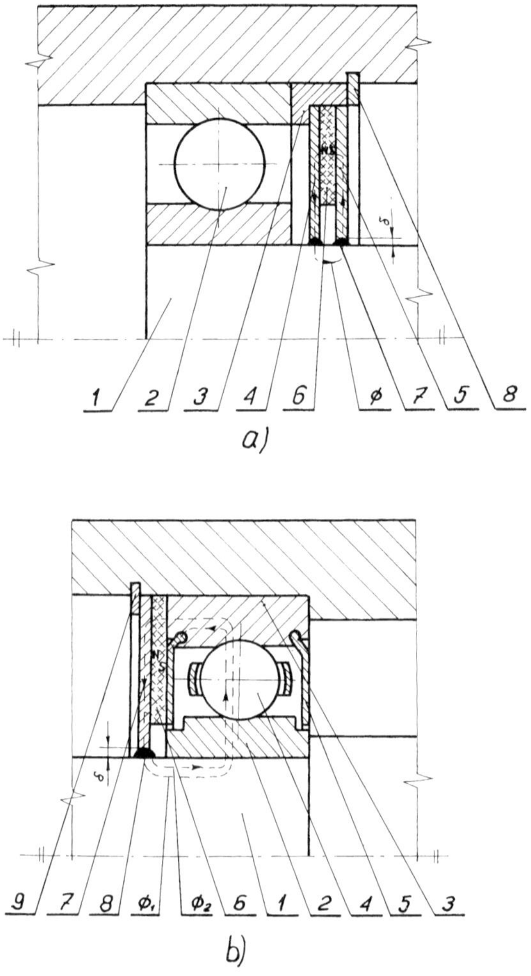

Bild 83: Ferromagnetische Schutzdichtung für Laufwerke
a) für Wälzlager aus einem nichtmagnetischen Stoff
1 – Welle, 2 – Wälzlager, 3 – nichtmagnetische Buchse, 4, 5 – Polschuhe, 6 – ringförmiger Permanentmagnet, 7 – Magnetflüssigkeit, 8 – Stellring, Ø – magnetischer Fluß
b) für Wälzlager aus einem Stoff von guter Permeabilität
1 – Welle, 2 – Lagerinnenring, 3 – Lageraußenring, 4 – Wälzelement, 5 – Schutzdichtungsring, 6 – Permanentmagnet, 7 – Polschuh, 8 – Magnetflüssigkeit, 9 – Stellring, $Ø_1$, $Ø_2$ – magnetische Flüsse

Bild 86 zeigt die Dichtung eines Lagersystems mit Magnetflüssigkeit, die zusätzlich Schmiereigenschaften aufweist. Die Dichtung erfüllt eine Doppelaufgabe: Sie sichert die Dichtheit und Schmierung des Lagers [72]. Bei dieser Lösung besteht das Lagersystem aus einem Gehäuse 1 eines magnetischen Stoffes, in dem das Wälzlager 6 befestigt wurde. An den

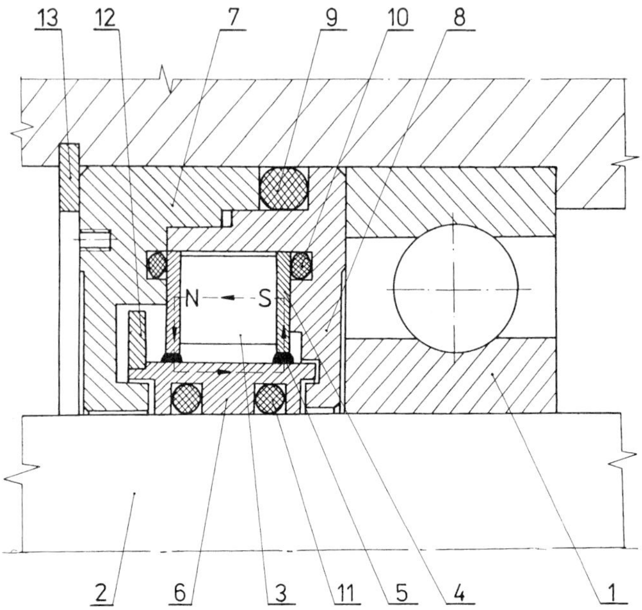

Bild 84: Beispiel einer kompakten Magnetflüssigkeitsdichtung für Wälzlager
1 – Wälzlager, 2 – Welle, 3 – Permanentmagnet, 4 – Polschuh, 5 – Magnetflüssigkeit, 6 – magnetische Hülse, 7,8 – Elemente von Dichtungsgehäuse, 9, 10, 11 – „O“-Ringe, 12 – Scheidewand, 13 – Stellring

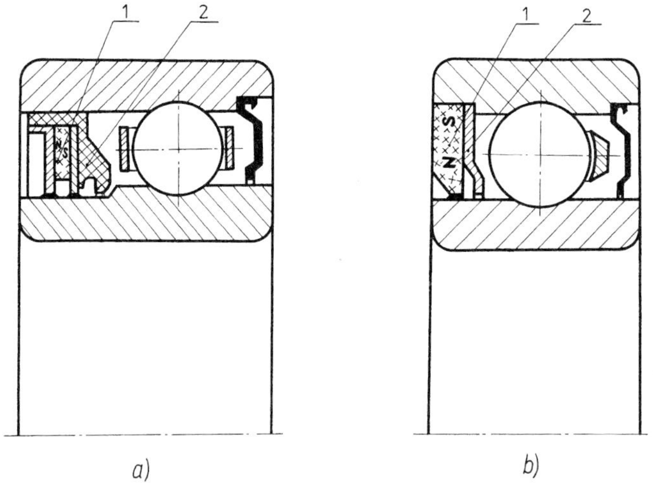

Bild 85: Rillenkugellager mit integrierter Magnetflüsigkeitsdichtung
a), b) – Variante der Konstruktionen
1 – Magnetflüssigkeitsdichtung
2 – Vorabdichtung gegen Übertritt von Schmierstoff

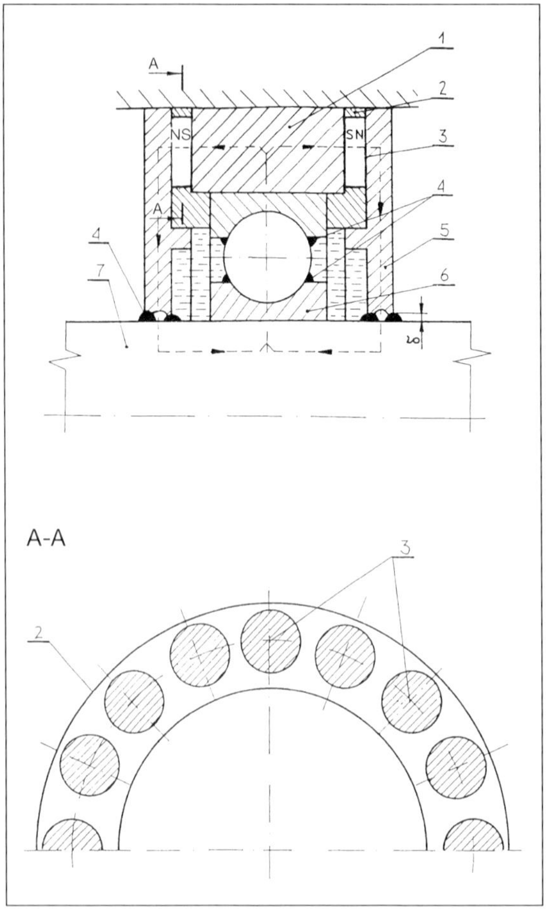

Bild 86: Wälzlager, abgedichtet und geschmiert mit einer Magnetflüssigkeit
1 – Gehäuse, 2 – nichtmagnetische Einlage, 3 – Permanentmagnet, 4 – Magnetflüssigkeit, 5 – Polschuhe, 6 – Wälzlager, 7 – Welle

Ein anderes Beispiel eines mit Magnetflüssigkeit abgedichteten und geschmierten Wälzlagers wird in Bild 87 gezeigt [63]. Die Abdichtung besteht aus vier Permanentringmagneten 4 ÷ 7, die von beiden Seiten an den Stirnflächen der Ringe 2,8 des Lagers anliegen. Die magnetischen Flüsse werden durch die Ringe 2,8 und die Wälzelemente 3 des Lagers geschlossen. Die größte Magnetfeldkraft tritt in den Spalten d zwischen den Magneten 4, 6 und 5, 7 auf, hält die Magnetflüssigkeit 9 in diesen Spalten und sichert damit die Dichtheit des Lagers. Darüber hinaus liegen an den Stirnflächen des Gehäuses 1 liegen mit ungleichnamigen Polen zwei Quellen eines Magnetfeldes an, die aus nichtmagnetischen Einlagen 2 zusammengesetzt sind. In diese Einlagen wurden ringförmige Permanentmagnete 3 eingebracht. Von der Außenseite liegen an den Einlagen die Polschuhe 5 an. Die Magnetflüssigkeit 4 mit guten Schmiereigenschaften befindet sich in den Spalten δ zwischen den Polschuhen 5 und der Welle 7 sowie im Innern des Lagers.

Polschuhe 5, Permanentmagnete 3, Gehäuse 1, Wälzlager 6 und Welle 7 bilden einen geschlossenen Magnetkreis. Die Magnetfeldkräfte halten die Magnetflüssigkeit 4 in den Spalten δ und in der Kontaktzone zwischen den Wälzelementen und Wälzlagerringen. Damit stellen sie die Dichtheit und Schmierung des Lagers sicher.

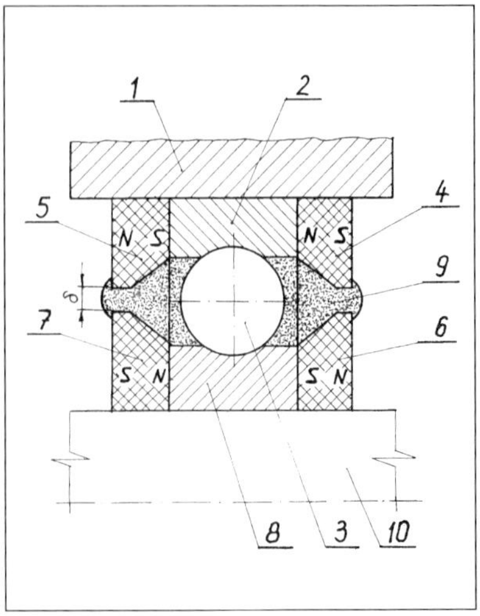

Bild 87: Wälzlager, abgedichtet und geschmiert mit einem Ferrofluid
1 – Gehäuse, 2 – Lageraußenring, 3 – Wälzelement, 4–7 – Permanentmagnete, 8 – Lagerinnenring, 9 – Ferrofluid, 10 – Welle

aus halten die Magnetfeldkräfte die Magnetflüssigkeit 9 in der Kontaktzone der Wälzelemente 3 und der Ringe 2,3 und gewährleisten somit auch eine genügende Schmierung des Lagers.

10.7.4.3 Magnetflüssigkeitsdichtungen für Wellen mit Axial- und Radialverschiebungen

Bild 88 veranschaulicht die Bauart einer Magnetflüssigkeitsdichtung, die geringe Axial- und Radialverschiebungen der Welle erlaubt [63]. Folgende Bestandteile bilden diese Dichtung: der ringförmige Permanentmagnet 1, die auf der aus einem nichtmagnetischen Material hergestellten Welle 5 aufgebrachten Polschuhe 2 und 3, zwei selbsteinstellende Ringe 9, 10 und die Magnetflüssigkeit 12. Das Gehäuse 8, der Permanentmagnet 1 mit den Polschuhen 2 und 3 , die selbsteinstellenden Ringe 9, 10 und die Magnetflüssigkeit 12, die die Axialspalte δ_1, δ_2 und die Radialspalte δ_3, δ_4 ausfüllt, bilden einen Magnetkreis mit dem magnetischen Fluß ϕ. Beim Übergang des magnetischen Flusses auf die Ringe 9, 10 und das Gehäuse 8 über die Radialspalte d_3, d_4 entsteht die Radialkraft, wodurch die Ringe 9, 10 an das Gehäuse 8 herangezogen werden. Der magnetische Fluß ruft die Axialkraft hervor, in deren Folge das Anpressen der Ringe 9, 10 an die Polschuhe 2, 3 durch Wälzelemente 11 erfolgt. Die Magnetkraft hält die Magnetflüssigkeit 12 in den Spalten δ_1, δ_2, δ_3, δ_4 und sichert damit die Dichtheit des Systems.

Bild 89 veranschaulicht eine Magnetflüssigkeitsdichtung, die einen großen Axial- und Radialschlag der Welle zuläßt, was z.B. bei Stützwellen von Rührwerken auftritt [63].

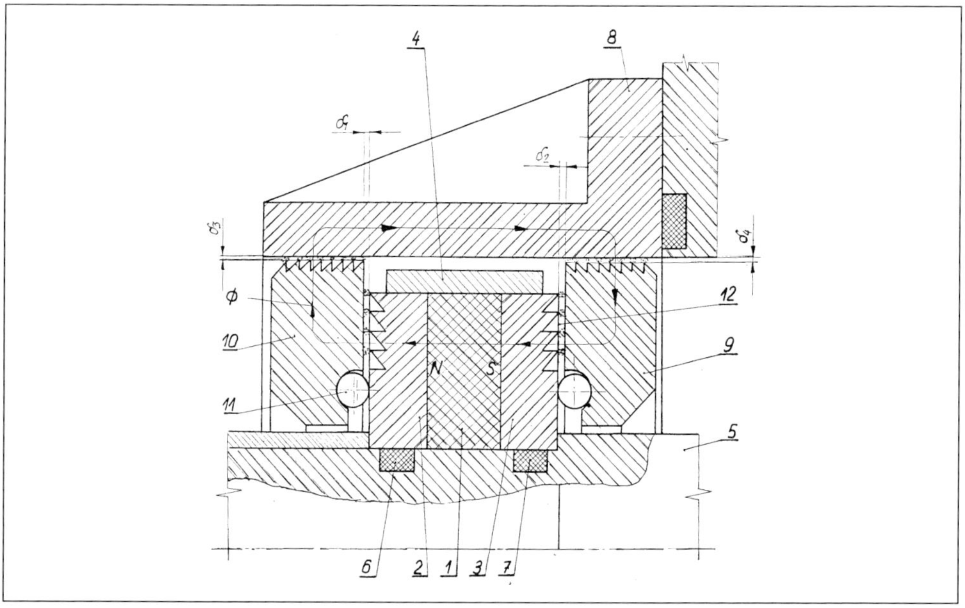

Bild 88: Magnetflüssigkeitsdichtung; zugelassen sind geringe Axial- und Radialverschiebungen der Welle
1 – Permanentmagnet, 2, 3 – Polschuhe, 4 – Bügel, 5 – Welle, 6, 7 – Dichtungsringe, 8 – Gehäuse, 9, 10 – Stellringe, 11 – Wälzelement, 12 – Magnetflüssigkeit

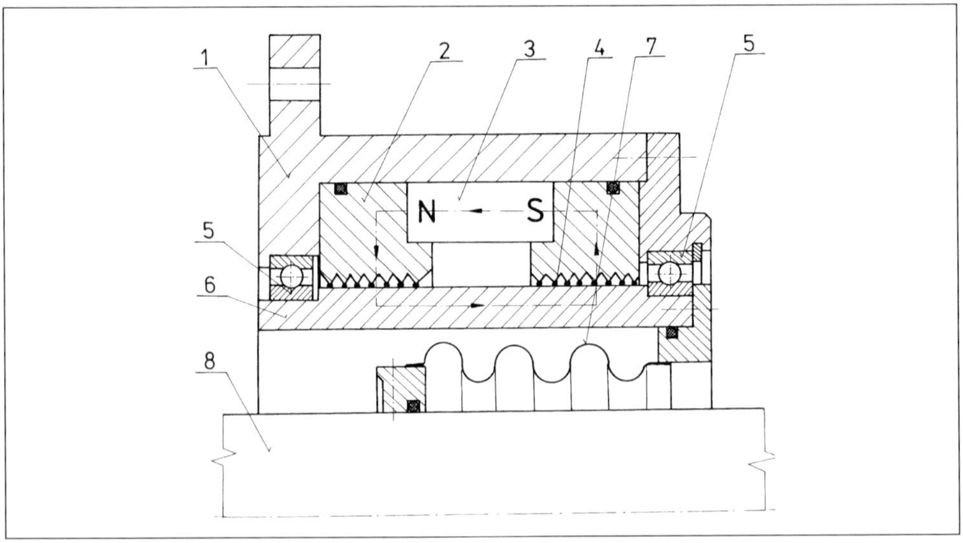

Bild 89: Magnetflüssigkeitsdichtung; zugelassen ist großerer Axial- und Radialschlag der Welle
1 – Gehäuse, 2 – Polschuhe, 3 – Permanentmagnet, 4 – Magnetflüssigkeit, 5 – Wälzelement, 6 – Buchse, 7 – Metallbalg, 8 – Welle

Die Welle 8 überträgt die Drehungen mit Axial- und Radialverschiebungen auf eine Buchse 6 mit Hilfe eines elastischen Elements 7 (Federbalg); dieses Element kompensiert völlig diese Verschiebungen dank seiner eigenen Deformation. Das elastische Element 7 stellt überdies eine dichte Verbindung der Welle 8 mit der Buchse 6 her. Die Wälzelemente 5 sichern die Drehung der Buchse 6 mit dem unveränderlichen Dichtspalt gegen die im Körper 1 untergebrachten unbeweglichen Polschuhe 2, unabhängig von Axial- und Radialverschiebungen der Welle 8. Die durch Kräfte des Magnetfeldes im Raum zwischen Polschuhen 2 und der Buchse 6 gehaltene Magnetflüssigkeit 4 gewährleistet die Dichtheit.

10.7.4.4 Ferromagnetische Gleitringdichtungen

Die im Bild 90 dargestellte ferromagnetische Gleitringdichtung [73] besteht aus dem Permanentmagnet 1 mit einem Polschuh 2, der in einem ringförmigen Bügel 3 aus magnetischem Stoff untergebracht ist. Weitere Bestandteile sind: der Flansch 4 mit dem Gleitring 5 und die Magnetflüssigkeit 6, die sich in ringförmigen Spalten δ_1 und δ_2 befindet. Der Flansch 4 mit dem Gleitring 5 ist auf der Welle verschiebbar angebracht und mit Hilfe von Dichtungsringen 9 gegen diese Welle abgedichtet. Um eine größer Konzentration der Magnetfeldkräfte im Bereich der Spalte δ_1 und δ_2 zu erhalten, sind der Polschuh 2 und der Bügel 3 mit zweckmäßigen Anschnitten ausgeführt. Permanentmagnet 1 mit dem Polschuh 2, Magnetflüssigkeit 6, Bügel 3 und Flansch 4 mit dem Gleitring 5 bilden vier geschlossene Magnetkreise mit entsprechenden magnetischen Flüssen ϕ_1, ϕ_2, ϕ_3, ϕ_4. Die magnetischen Flüsse ϕ_1 und ϕ_2 rufen magnetische Anziehungskräfte hervor, die die Reibungskraft der Dichtungsringe 9 gegen die Welle 8 überwinden und das Anpressen des Flansches 4 mit dem Gleitring 5 an den Bügel 3 sicherstellen. Die magnetischen Flüsse ϕ_3 und ϕ_4 halten die Magnetflüssigkeit 6 in den ringförmigen Spalten δ_1, δ_2 und erhöhen so die Dichtheit der Gleitringdichtung.

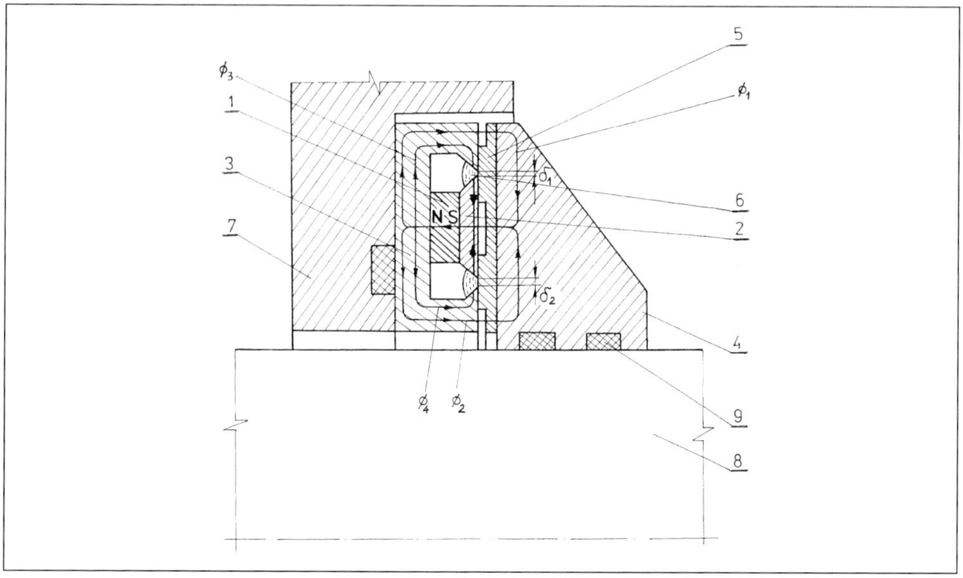

Bild 90: Magnetflüssigkeitsgleitringdichtung
1 – Permanentmagnet, 2 – Polschuhe, 3 – Bügel, 4 – Flansch, 5 – Gleitring, 6 – Magnetflüssigkeit, 7 – Gehäuse, 8 – Welle, 9 – Dichtungsring, δ_{11}, δ_2 – Ringspalte, $Ø_1$ bis $Ø_4$ – magnetische Flüsse

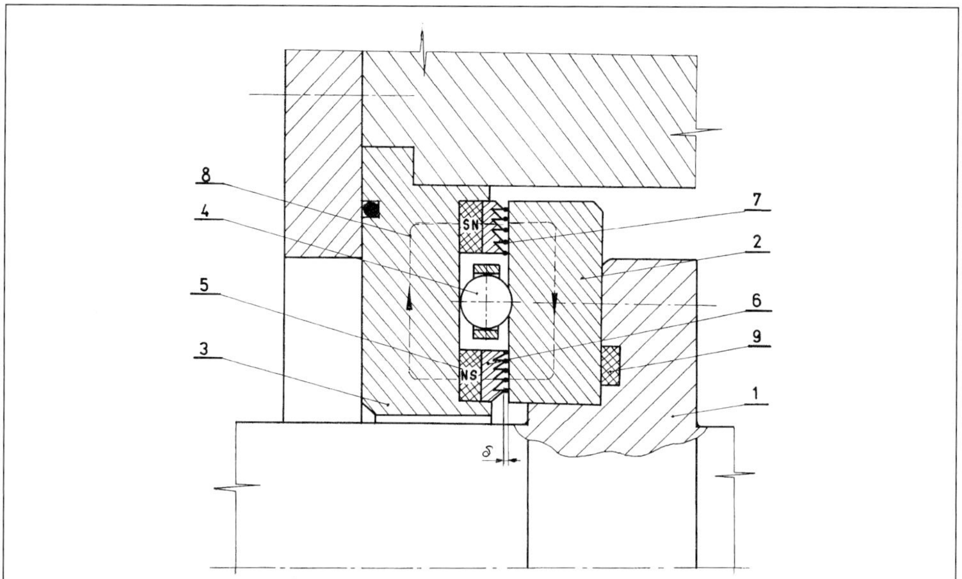

Bild 91: Ferromagnetische Gleitringdichtung
1 – Flansch, 2 – Gleitring, 3 – Stellring, 4 – Wälzelement, 5 – Permanentmagnet, 6 – Polschuh, 7 – Magnetflüssigkeit, 8 – magnetischer Fluß, 9 – Dichtungsring

Eine andere Bauart der ferromagnetischen Gleitringdichtung stellt das Bild 91 [74] dar. Die Dichtung besteht aus folgenden Teilen: zwei Permanentmagnete 5, zwei im Stellring 3 angebrachte Polschuhe 6, Flansch 1 mit dem befestigten Gleitring 2 und der Magnetflüssigkeit 7. Der Stellring 3 mit den Permanentmagneten 5 und den Polschuhen 6, der Flansch 1mit dem Gleitring und die Magnetflüssigkeit 7 bilden den geschlossenen Magnetkreis mit dem magnetischen Fluß 8. Die Magnetflüssigkeit 7 wird mit den Radialspalten δ zwischen dem Gleitring 2 und den Ausschnitten auf den Stirnflächen der Polschuhe 6 durch die Magnetfeldkräfte gehalten, und auf diese Weise wird die Dichtheit dieser Dichtung gewährleistet.

Ferromagnetische Dichtungen dieser Gleitringbauart lassen Radialschlag und Exzentrität der Welle zu. Sie werden häufig zur Abdichtung von Wellen mit mehr als 150 mm Durchmesser eingesetzt [63].

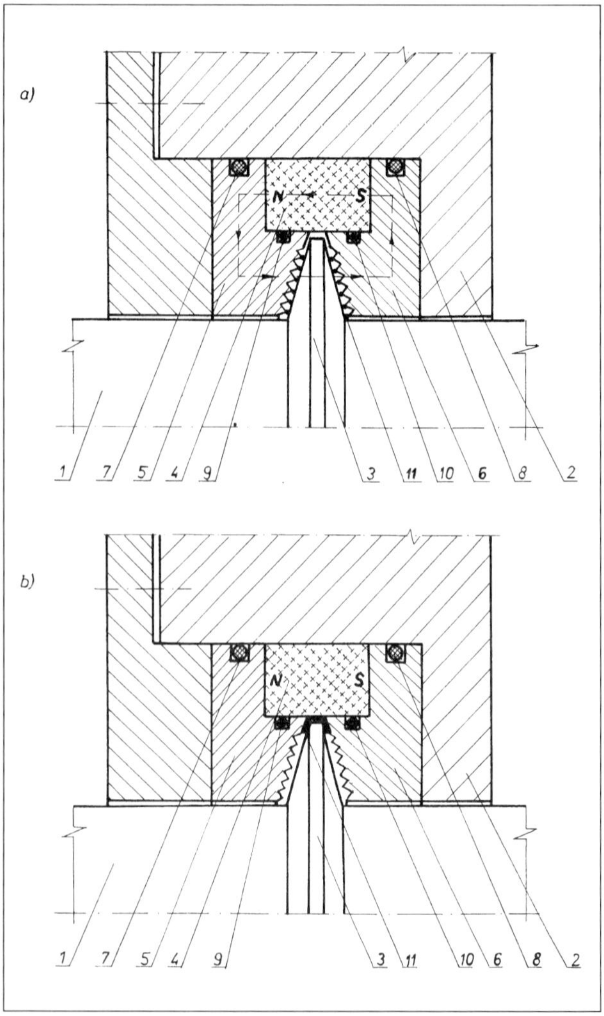

Bild 92: Fliehkraft – Magnetflüssigkeitsdichtung
a) Verteilung der Magnetflüssigkeit in der Dichtung im Ruhestand und bei niedrigen Drehgeschwindigkeiten
b) Verteilung der Magnetflüssigkeit in der Dichtung bei hohen Drehgeschwindigkeiten
1 – Welle, 2 – Gehäuse, 3 – Flansch, 4 – Permanentmagnet, 5, 6 – Polschuhe, 7 bis 10 „O"-Ringe, 11 Magnetflüssigkeit

10.7.4.5 Ferromagnetische Fliehkraftdichtungen

In Bild 92 wird die Bauform und das Wirkungsprinzip einer Fliehkraft-Magnetflüssigkeitsdichtung gezeigt [75]: auf der Welle1 befindet sich der Flansch 3 mit kegelförmigen Seitenflächen. Die Dichtung besteht aus einem Permanentmagnet 4 und aus zwei Polschuhen 5, 6. Auf den kegelförmigen Seitenflächen der Polschuhe 5, 6 werden Spitzen hergestellt. Der Permanentmagnet 4, die Polschuhe 5, 6 und der Flansch 3 bilden einen geschlossenen Magnetkreis, der die Magnetflüssigkeit 11 in den Dichtspalten zwischen den Spitzen der Polschuhe 5, 6 und dem Flansch 3 hält.

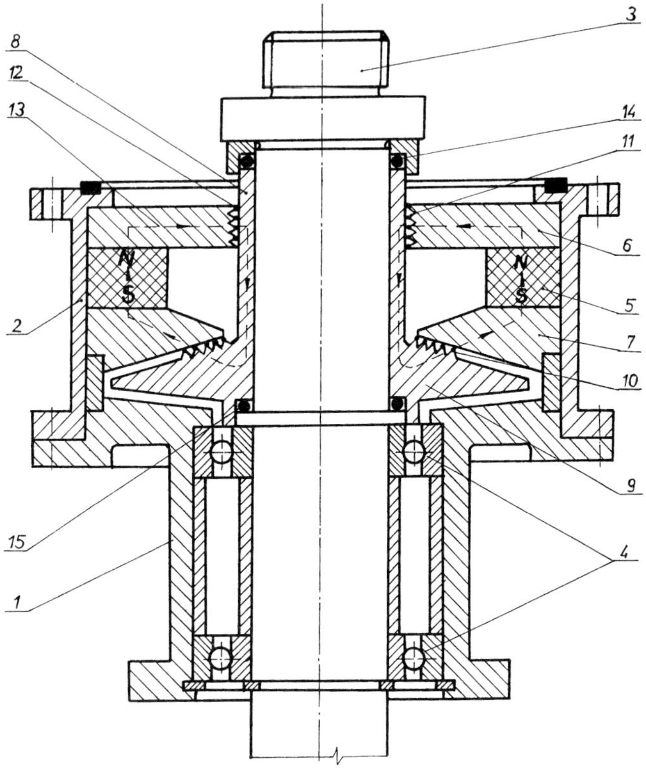

Bild 93: Hochtourige ferromagnetische Fliehkraftdichtung einer Welle im Vertikalsystem
1 – unteres Gehäuse, 2 – oberes Gehäuse, 3 – Welle, 4 – Wälzlager, 5 – Permanentmagnet, 6, 7 – Polschuhe, 8 – Bügel, 9 – Kegelflansch, 10, 11 – Vorstände, 12 – ferromagnetische Flüssigkeit, 13 – magnetischer Fluß, 14, 15 – „O"-Ringe

Im Ruhezustand und bei geringer Drehzahl der Welle, Bild 92a, wird die Magnetflüssigkeit auf einzelnen Dichtungsstufen gehalten. Bei hoher Drehzahl der Welle, Bild 92b, und infolge der Wirkung von Fliehkraft, die größer als die magnetische Anziehungskraft ist, wird die Magnetflüssigkeit nach außen abgeschleudert. Dabei bildet sie um den Außenteil des Flansches 3 eine Magnetflüssigkeitsschicht, die eine Barriere für das Betriebsmedium darstellt.

In Bild 93 wird die ferromagnetische Fliehkraftdichtung einer Welle bei hoher Drehzahl in Vertikalanordnung dargestellt [76]. Die Bestandteile dieser Dichtung sind der Permanentmagnet 5, die im Gehäuse 2 eingebrachten Polschuhe 6, 7 und die mit dem Flansch 9 auf der Welle 3 angeordnete Buchse 8. Der Polschuh 7 und der Flansch 9 haben kegelförmige Seitenflächen von gleicher Neigung. Die Spalte zwischen den Spitzen 10 auf der kegelförmigen Fläche des Flansches 9 und den kegelförmigen Seitenflächen des Polschuhs 7 sowie auch zwischen den Vorständen 11 des Polschuhs 6 und der Buchse 8 sind mit Magnetflüssigkeit 12 ausgefüllt. Diese Flüssigkeit wird in diesen Spalten durch die Kräfte des vom Permanentmagneten 5 erzeugten Magnetfelds gehalten. Bei hoher Drehzahl der Welle 3 wird die Magnetflüssigkeit 12, die sich in den Spalten zwischen den Polschuhen 7 und dem Flansch 9 befindet, infolge der Fliehkraft, die größer als die magnetische Anziehungskraft ist, nach außen geschleudert und bildet dabei um die Flanschspitze eine Barriere für das Betriebsmedium.

Eine konventionelle Fliehkraftdichtung mit einer Sperrflüssigkeit verlangt die Anwendung von zusätzlichen Schutzanordnungen zur Erhaltung der Dichtheit im Ruhezustand und bei geringer Drehzahl der Welle. Dagegen stellt die ferromagnetische Fliehkraftdichtung die Dichtheit sowohl im Ruhezustand wie auch bei beliebiger Drehzahl der Welle sicher.

10.7.4.6 *Dichtungen, die aus einer herkömmlichen Dichtung und einer Magnetflüssigkeitsdichtung bestehen*

In Bild 94 ist eine Hybriddichtung dargestellt. Diese Dichtung besteht aus einem Radialwellendichtring und einer Magnetflüssigkeitsdichtung [72]. Folgende Bestandteile bilden diese Dichtung: Permanentmagnet 1, Radialwellendichtring 2 (gesetzt auf die Welle 7, konzentrisch gegen Magnet 1) und zwei zu beiden Seiten am Magnet 1 anliegende Polschuhe 3, 4, die mit gleichmäßig auf dem Umfang angeordneten Durchgangsöffnungen 5 versehen wurden. Auf der Oberfläche der Welle 7 wurden Gewindeabschnitte mit Links- und Rechtsgewinde 8 hergestellt. Der Raum zwischen dem Radialwellendichtring 2 und der Welle 7 sowie auch die Spalte δ_1, δ_2 zwischen den Polschuhen 3, 4 und der Welle 7 sind mit der Magnetflüssigkeit 6 ausgefüllt. Bei der Drehung der Welle 7 wird Magnetflüssigkeit 6 aus den Spalten δ_1, δ_2 am Gewinde in Richtung der Dichtungslippe des Ringes 2 verschoben. Im Raum zwischen den Polschuhen 3, 4, dem Ring 2 und der Welle 7 entsteht ein Überdruck, wodurch die Magnetflüssigkeit 6 über die Durchgangsöffnungen 5 nach außen heraustritt. In dieser Weise findet die Zirkulation der Magnetflüssigkeit 6 in den Arbeitsspalten δ_1, δ_2 statt, wodurch die Reibungswärme aus der Berührungsfläche des Radialwellendichtringes 2 mit der Welle 7 effektiver abgeführt werden kann.

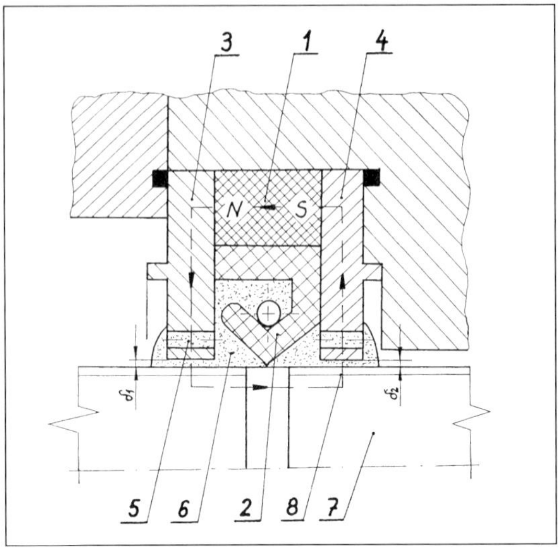

Bild 94: Hybriddichtung, bestehend aus einem Radialwellendichtring und einer ferromagnetischen Dichtung
1 – Permanentmagnet, 2 – Radialwellendichtring, 3, 4 – Polschuhe, 5 – Durchgangsöffnung, 6 – Magnetflüssigkeit, 7 – Welle, 8 – Gewinde

Bild 95 zeigt die Doppeldichtung einer Welle, die aus einer Magnetflüssigkeits- und einer Lippendichtung besteht. Bei dieser Bauartlösung ist die Magnetflüssigkeitsdichtung zwischen zwei im Gehäuse befestigten Lippenringen 5 mit elastischen Abdichtungslippen 5a untergebracht. Dank dieser Lösung wird die Wirksamkeit der Dichtung vergrößert.

Bild 96 stellt die Hybriddichtung einer Welle dar, bestehend aus einer Radiallippendichtung und einer Magnetflüssigkeitsdichtung, bei der die Magnetflüssigkeit das Dichtungs- und Schmiermedium bildet [77]. Den geschlossenen Magnetkreis bilden Permanentmagnet 2, Polschuh 3, elasti-

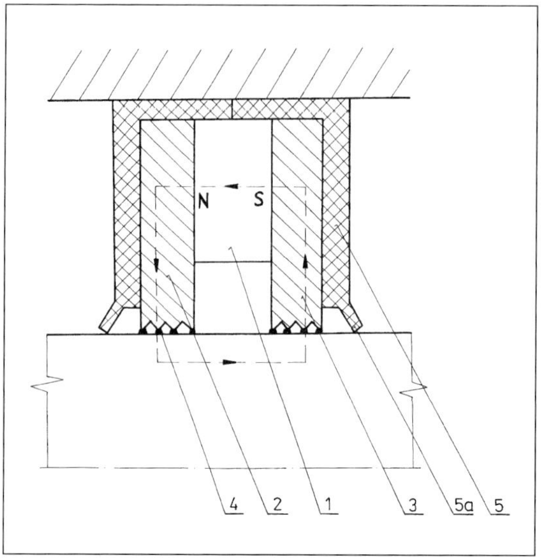

Bild 95: Doppeldichtung einer Welle, bestehend aus Magnetflüssigkeitsdichtung und Lippendichtung
1 – Permanentmagnet, 2, 3 – Polschuhe, 4 – Magnetflüssigkeit, 5 – Lippendichtungsring, 5a – Dichtlippe

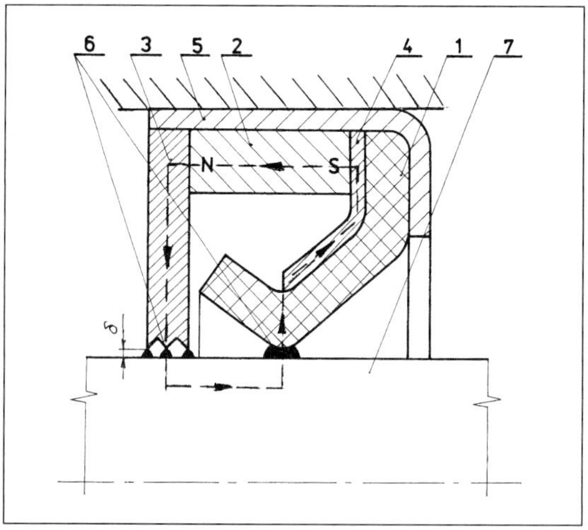

Bild 96: Hybriddichtung, bestehend aus einem Radialwellendichtring und einer Magnetflüssigkeitsdichtung
1 – Lippenring aus Elastomere, 2 – Permanentmagnet, 3 – Polschuh, 4 – elastisches Element, 5 – Gehäuse, 6 – Magnetflüssigkeit, 7 – Welle

sches Element 4, Lippenring 1 (aus Elastomer mit guter magnetischer Permeabilität), Magnetflüssigkeit 6 und Welle 7. Die Magnetfeldkräfte halten die Magnetflüssigkeit 6 im Spalt δ zwischen dem Polschuh 3 und der Welle 7 sowie in der Kontaktzone der Dichtungslippe mit der Welle und stellen somit ständige Schmierung und entsprechende Dichtheit sicher.

Eine Zweistufendichtung, die aus einer Gleitringdichtung und einer Magnetflüssigkeitsdichtung besteht, wird in Bild 97 dargestellt. Bei dieser Bauart wird die Dichtheit im Fall einer Beschädigung der Gleitringdichtung durch die Magnetflüssigkeitsdichtung sichergestellt [78].

Bild 98 veranschaulicht eine Zweistufendichtung, bestehend aus einer Fanglabyrinthdichtung und einer Magnetflüssigkeitsdichtung [71]. Bei dieser Entwicklung wirkt bei hoher Drehzahl der Welle sowohl die Fanglabyrinthdichtung als auch die Magnetflüssigkeitsdichtung. Dagegen wird bei geringer Drehzahl der Welle und im Ruhezustand die Dichtheit nur durch die Magnetflüssigkeitsdichtung gewährleistet.

Zwei weitere Beispiele von Zweistufendichtungen für Wellen, die aus einer hydrodynamischen Dichtung und einer Magnetflüssigkeitsdichtung bestehen, zeigt Bild 99. Auch bei diesen Lösungen stellt die Magnetflüssigkeitsdichtung die Dichtheit des Systems im Fall geringer Drehzahl der Welle oder im Ruhezustand sicher.

10.7.4.7 Anwendungsbeispiele von Magnetflüssigkeitsdichtungen

In Bild 100 wird ein Beispiel zur Anwendung von Magnetflüssigkeitsdichtungen in Antrieben von Computerfestplattenspeichern dargestellt, bei denen die Sauberkeit besondere Be-

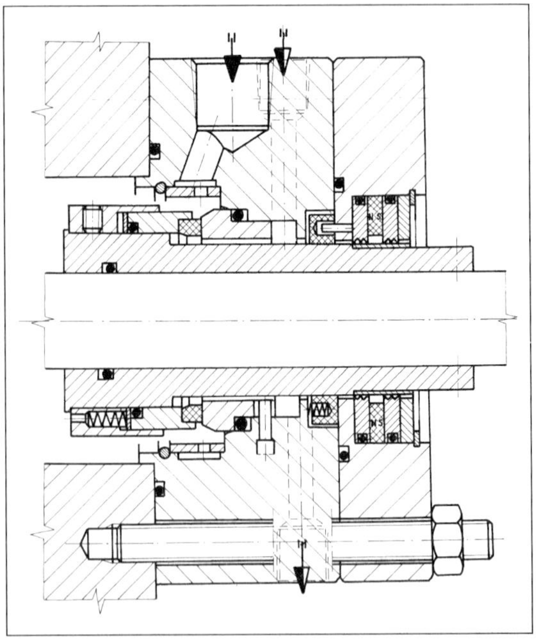

Bild 97: Zweistufige Dichtung einer Welle, bestehend aus einer Gleitringdichtung und einer Magnetflüssigkeitsdichtung

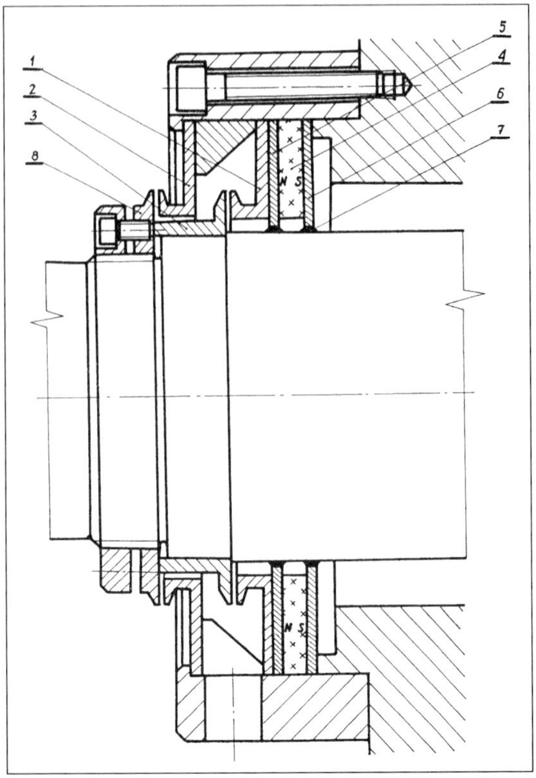

Bild 98: Zweistufige Dichtung, bestehend aus einer Fanglabyrinthdichtung und einer Magnetflüssigkeitsdichtung
1, 2, 3 – Elemente der Fanglabyrinthdichtung, 4 – Permanentmagnet, 5, 6 – Polschuhe, 7 – Magnetflüssigkeit, 8 – Stützring

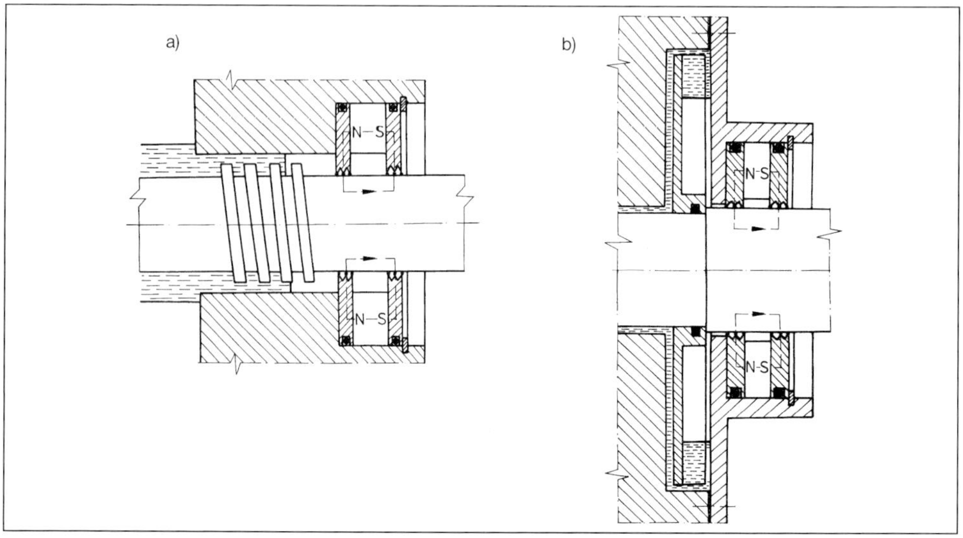

Bild 99: Zweistufige Wellenabdichtungen
a) bestehend aus einer Gewindewellenabdichtung und einer Magnetflüssigkeitsdichtung
b) bestehend aus einer Fliehkraftdichtung und einer Magnetflüssigkeitsdichtung

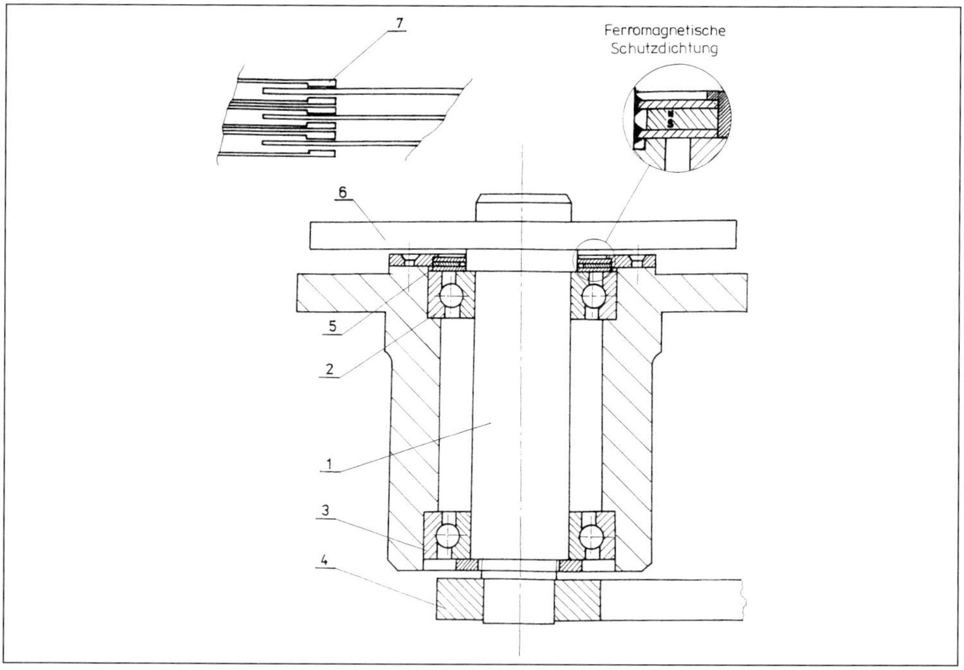

Bild 100: Laufwerk für Festplattenspeicher mit Wälzlager und Magnetflüssigkeitsdichtung
1 – Welle, 2, 3 – Wälzlager, 4 – Riemenscheibe, 5 – Magnetflüssigkeitsdichtung, 6 – Magnetkopf, 7 – Computerplatten

deutung hat und die Verschmutzungen, sogar in Form von mikroskopischen Staubkörnchen, die Arbeitsqualität des Magnetkopfes beeinträchtigen.

Magnetflüssigkeitsdichtungen finden auch Anwendung in der Robotik, z.B. bei der Abdichtung von Roboter-Drehgelenken, Bild 101, zur Sicherung gegen Austreten von Schmiermittel bzw. von Verschmutzungen aus diesen Gelenken in die Umgebung. Das ist besonders wichtig im Fall der Roboter, die z.B. in der Halbleiterindustrie eingesetzt werden, wo höchste Sauberkeit verlangt wird.

Das Bild 102 zeigt die Anwendung der Magnetflüssigkeitsdichtung in einer Anlage zum Kristallziehen [79].

Magnetflüssigkeitsdichtungen werden auch zur Abdichtung der statischen Verbindungen angewendet. Bild 103a zeigt ein Beispiel der Abdichtung eines Behälterdeckels bei Anwendung einer Magnetflüssigkeitsdichtung [80]. Der Flansch 3 (aus einem Material mit guter magnetischer Permeabilität), der Polschuh 5, der Permanentmagnet 6, der Deckel 1, der Anker 2 und die Magnetflüssigkeit 4 bilden einen geschlossenen Magnetkreis. Die Abdichtung erfolgt aufgrund der Wirkung der Magnetfeldkräfte, die die Magnetflüssigkeit 4 in dem Spalt zwischen der Stirnfläche des Flansches 3 und dem Polschuh 5 halten.

Bild 103b veranschaulicht die Abdichtung eines Behälterdeckels mit nichtmagnetischem Flansch 1 [63]. Der durch den Permanentmagnet 4 hergestellte magnetische Fluß durchdringt die Spalten δ_1, δ_2, die magnetische Kraft dagegen hält die Magnetflüssigkeit 3 in den Spalten und stellt somit die Dichtheit auf der

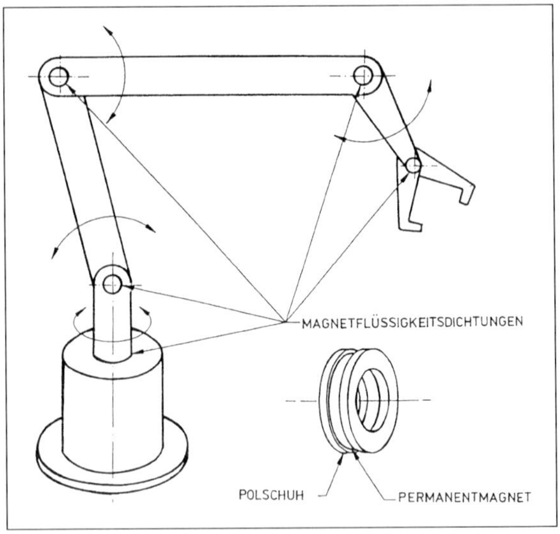

Bild 101: Anwendungsbeispiel der Magnetflüssigkeitsdichtung in der Robotertechnik

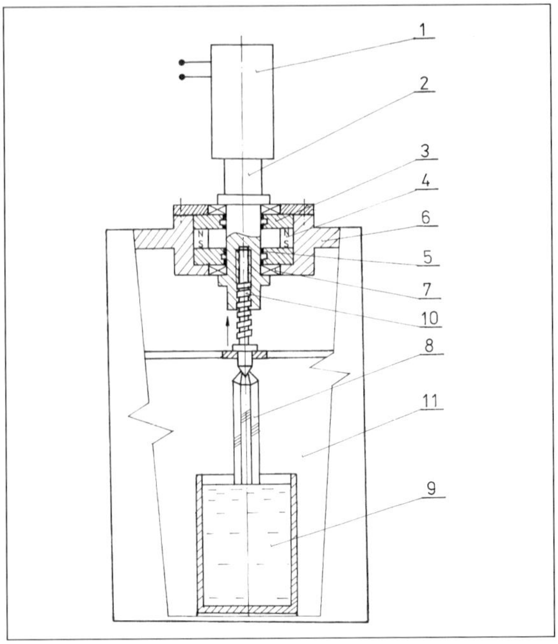

Bild 102: Anwendung der Magnetflüssigkeitsdichtung in einer Anlage zum Kristallziehen
1 – Schrittmotor, 2 – Welle, 3 – Polschuh, 4 – Permanentmagnet, 5 – Magnetflüssigkeit, 6 – Gehäuse, 7 – Wälzlager, 8 – Kristall, 9 – Lösung, 10 – Dorn, 11 – Vakuumkammer

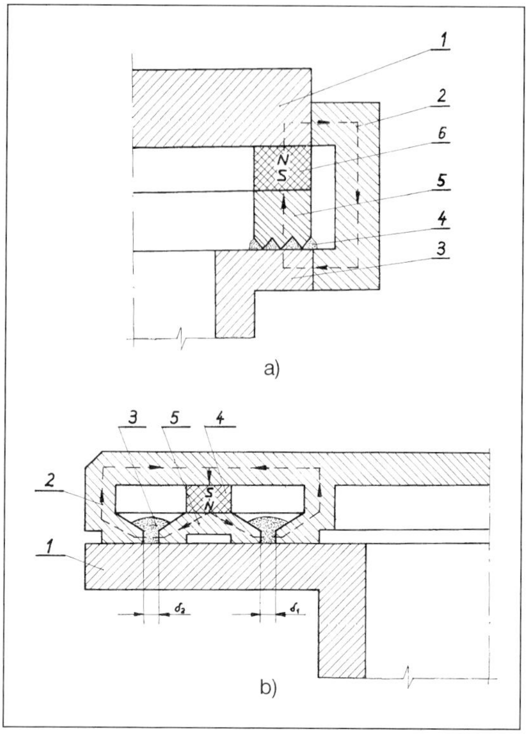

Bild 103: Anwendungsbeispiele der Magnetflüssigkeitsdichtung in statischen Verbindungen*
a) Flansch aus einem Werkstoff von magnetischen Eigenschaften
1 – Deckel, 2 – Anker, 3 – Flansch, 4 – Magnetflüssigkeit, 5 – Polschuh, 6 – Permanentmagnet
b) Flansch aus nichtmagnetischem Werkstoff
1 – Flansch, 2 – Deckel, 3 – Magnetflüssigkeit, 4 – Permanentmagnet, 5 – Polschuh

Berührungsoberfläche des Deckels 2 und des Flansches 1 her. Einen Vorteil dieser Lösungen bildet die einfache Montage und Demontage dieser Verbindungen. Solche Abdichtungen können in Vakuumkammern und Behältern angewendet werden, die bei geringen Drücken des Betriebsmediums arbeiten (in der Größenordnung von einigen bar).

10.8 Klebende Dichtstoffe

10.8.1 Einleitung

Bei der Darstellung „klebender Dichtstoffe" ist prinzipiell davon auszugehen, daß sich die Wirkungsmechanismen der Klebstoffe und Dichtstoffe kaum voneinander trennen lassen. Daraus resultiert aber auch die hier versuchte Art einer Schwerpunktbildung für die zwar klebenden, aber vorwiegend dichtend angewendeten, an Ort und Stelle geformten Dichtstoffe samt Rückwirkung auf die sehr verschieden einsetzbaren Stoff-Formulierungen. Mit Sicherheit wird dieser dichtungstechnische Bereich verstärkt an Bedeutung gewinnen und die längst überfällige Ergänzung der gegenwärtig bestehenden DIN 3750 „Dichtungen" durch eine modernere Norm „Klebdichtungen" erfordern. Das ist jedoch davon abhängig, in welchem Umfang entsprechende Aktivitäten der vorwiegend industriellen Anwender das fordern. Es ist unbestritten, daß die neueren Anwendungen von Kleb- und Dichtstoffen sowohl technisch wie wirtschaftlich gesehen echte Fortschritte bieten, die es vermehrt zu nutzen gilt.

Grundsätzlich wird unter „klebenden Dichtstoffen" die große Gruppe der an Ort und Stelle formbaren Dichtstoffe (englisch Formed-In-Place FIP-Sealants) verstanden. Sie werden in DIN 3750 „Dichtungen; Benennungen" bisher nicht erfaßt, weil sie keiner in Form und Gestalt vorbestimmten Berührungsdichtung entsprechen. Ihr Kennzeichen ist vielmehr ein gestaltloser Anwendungszustand in flüssiger bis pastöser oder plastischer Form. Erst im Zusammenwirken mit den zu dichtenden Teilen ergeben sie die gleichen Resultate wie die verschiedenen Feststoffdichtungen an ruhenden Flächen in vorgegebener Form.

10.8.2 Funktion

Die Funktion „Klebende Dichtstoffe" ist sehr eng den Klebstoffen verwandt, denn Klebverbindungen erfüllen gleichzeitig Dichtfunktionen, indem sie eine

- vollständige Ausfüllung des Kleb- bzw. Dichtspalts sowie eine
- optimale Haftung an den Kleb- und Dichtflächen

fordern. Sowohl Kleb- als auch Dichtstoffe müssen verschiedenartigen Beanspruchungen widerstehen. Der Unterschied liegt lediglich in den Hauptfunktionen begründet:

- Klebstoffe sollen vor allem stoffschlüssige Verbindungen erzeugen, während
- Dichtstoffe in erster Linie die Dichtheit von Verbindungen sichern sollen, siehe dazu auch Kap. 3.

Dichtstoffe sind also im Grunde speziell abgewandelte Klebstoffe, weshalb der Titel „klebende Dichtstoffe" gerechtfertigt erscheint.

10.8.3 Wirkungsweise

Die Wirkungsweise ist folgerichtig mit den beiden Haftmechanismen der Adhäsion und Kohäsion eng gekoppelt, wie Bild 104 zeigt, das gleichzeitig die möglichen Einflußnahmen darauf wiedergibt. Die bedeutendste ist zweifellos die Adhäsion, die vor allem klebgerechte Oberflächenzustände fordert. Diese sind meist nur durch vorherige Oberflächenbehandlungen erreichbar, um eine entsprechende Benetzbarkeit gemäß Bild 105 zu erreichen. Der in der Praxis übliche „Wassertropfen-Test" gibt darüber näherungsweise Auskunft, ansonsten sind insbesondere bei manchen Kunststoffen spezielle Oberflächenbehandlungen erforderlich, da in gut und (ohne Vorbehandlung) nicht klebbare Kunststoffe unterschieden wird, Bild 106. Das ist prinzipiell auch auf die verschiedenen Dichtstoffarten übertragbar.

Ergebnis: Ist eine Oberfläche durch den jeweiligen Dichtstoff nicht benetzbar, kann sie damit auch nicht längerfristig zuverlässig abgedichtet werden!

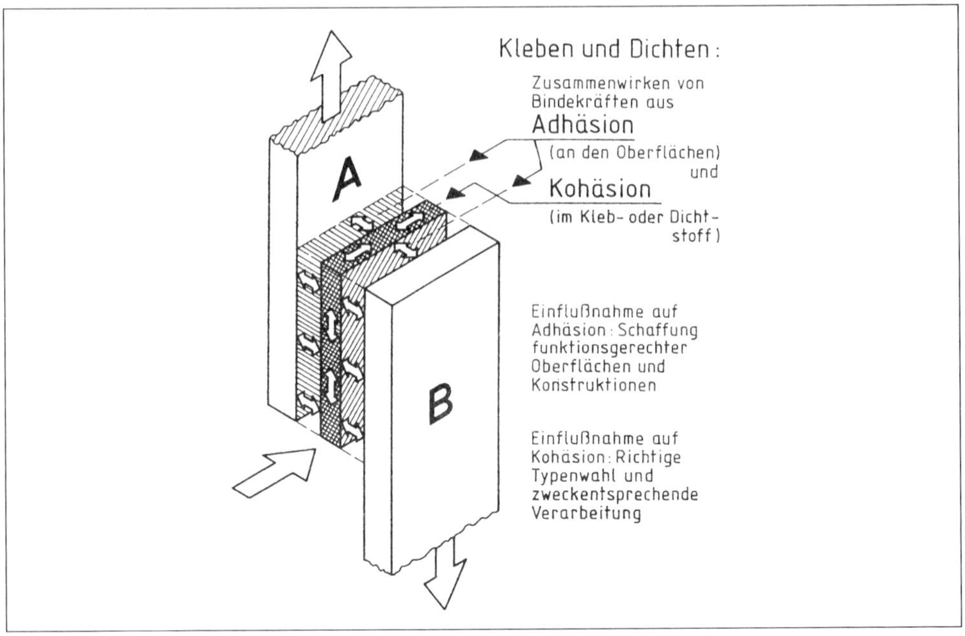

Bild 104: Wirkungsmechanismen an Kleb- und Dichtstoff-Verbunden

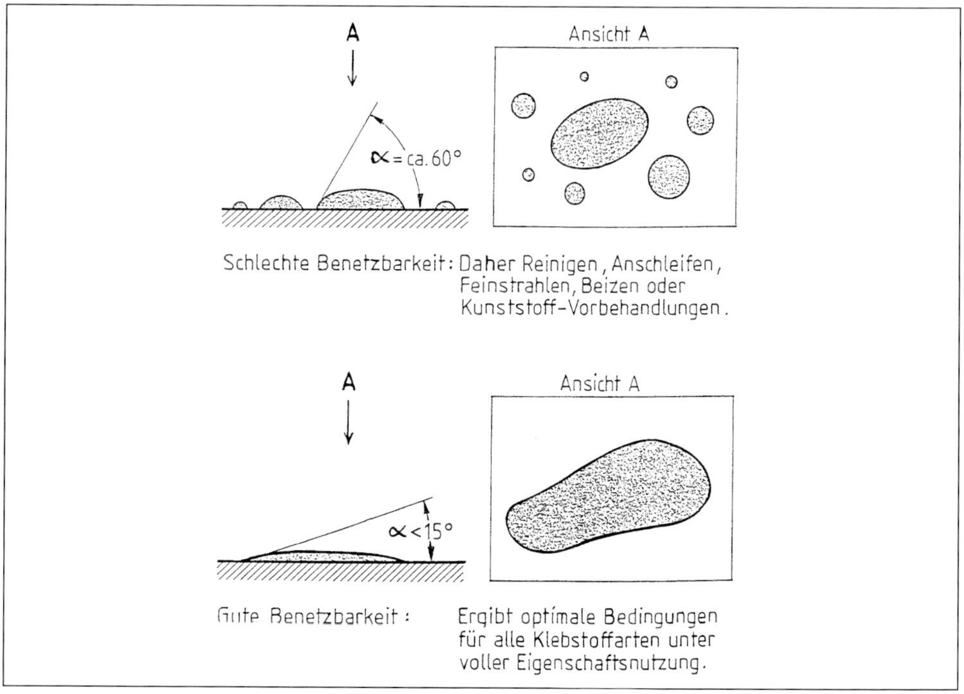

Bild 105: Wassertropfen-Test zur Prüfung der Klebbarkeit von Oberflächen

		Kunststoffgruppe mit Kurzzeichen	Beispielhafte Produktnamen	Erforderliche Vorbehandlung mechanisch	Erforderliche Vorbehandlung chemisch, thermisch, elektrisch
Gut verklebbare	Duroplaste	Phenolharze (PF)	Bakelite, Supraplast, Trolitan	Durch Reinigungsvorgänge nicht entfernbare Formen-trennmittel-Reste werden mechanisch mittels geeigneten Schleif- oder Strahlvorgängen entfernt !	nicht erforderlich !
		Harnstoff (UF)- und Melaminharze (MF)	Ultrapas, Melopas, Albamid, Formica		
		ungesättigte Polyesterharze (UP)	Palatal, Leguval, Vestopal, Diolen		
		Epoxiharze (EP)	Araldit, Epikote, Lekutherm		
	Thermoplaste	Hart-PVC (PVC h)	Hostalit, Igelit, Mipolam, Vestolit, Astralon		
		Polystyrole (PS)	Hostyren, Trolitul, Vestyron		
		Polyacrylate (PMMA)	Acronal, Plexiglas, Perspex, Resarit		
		Polycarbonate (PC)	Makrolon, Lexan, Merlon		
Schwer verklebbare		Polyäthylen (PE)	Hostalen, Lupolen, Suprathen, Vestolen		① Chromschwefelsäure-Bäder ② Spezielle PTFE-Ätzmittel ③ Beflammen mit Gasflamme ④ Niederdruck-Plasma ⑤ Corona-Entladung Erläuterungen getrennt !
		Polypropylen (PP)	Hostalen PP, Novolen, Moplen, Vestolen P		
		Polyamide (PA)	Nylon, Ultramid, Trogamid, Vestamid		
		Polyacetale (POM)	Delrin, Hostaform C, Ultraform		
		Schlagzähe Polystyrole (ABS)	Styroflex, Hostyren, Vestyron		
		Polytetrafluoräthylen (PTFE)	Teflon, Hostaflon, Fluon, Gaflon		

Bild 106: Klebbarkeit der wichtigsten Kunststoffgruppen

10.8.4 Einteilung der Dichtstoffe

Die Dichtungsarten lassen sich grundsätzlich gemäß Bild 107 in vier Gruppen

- Nahtdichtungen
- Fugendichtungen
- Durchführungsdichtungen
- Flächendichtungen

einteilen. Nicht dargestellt wurde dabei die Imprägnierdichtung. Dichtstoffarten und -formen sind vielfach von den zu überbrückenden Spaltweiten abhängig. Das geht aus Bild 108 mit Hinweisen auf vorwiegende Kleb- und Dichtbereiche hervor.

Zusätzlich muß der Anwendungszeitpunkt zum Schließen vorhandener Fugen bzw. Spalten beachtet werden, d. h.

- vor der Montage, dem Fügen bzw. dem Zusammenbau oder erst
- nach dem Fügen, Montieren oder Zusammenbau, Bild 109.

Nach diesen verarbeitungsbedingten Forderungen erfolgt meist auch die Wahl der Dichtstoffart samt jeweiligem Verarbeitungszustand flüssig, pastös, ablauffest oder vorgeformt verlegbar.

Seit einiger Zeit wird versucht, die zunehmende Dichtstoff-Vielfalt besser und übersichtlicher zu ordnen. Als Hauptmerkmale hierfür bieten sich (wie bei Klebstoffen) vor allem die Verfestigungsarten nach Bild 110 an.

Demnach unterscheidet man

- physikalisch abbindende und
- chemisch reagierende Dichtstoffe.

Allerdings bedürfen die Eigenschaften der sich daraus ergebenden Dichtstoffe schon vorher einer entsprechenden Berücksichtigung, denn neben zähfesten (klebeähnlichen) Eigenschaften können sie gemäß Bild 111 in die beiden Gruppen der

- elastischen und/oder
- plastischen Dichtstoffe

eingeteilt werden.

Nachstehend folgt eine Kurzbeschreibung der in Bild 110 aufgeführten Gruppen.

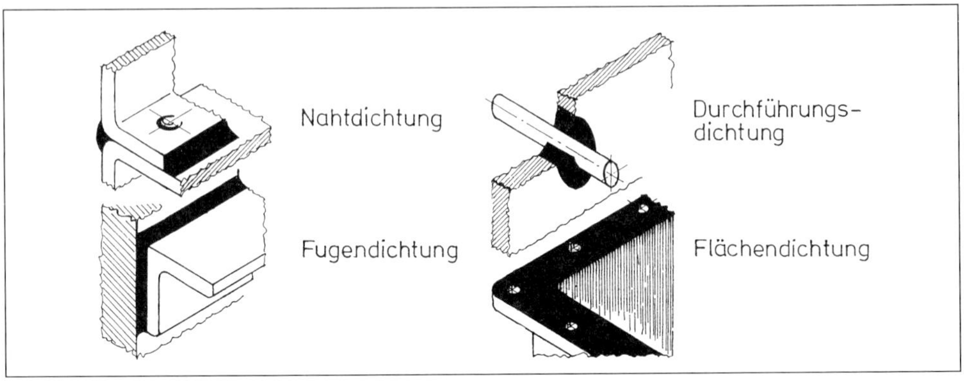

Bild 107: Die unterschiedlichen Dichtungsarten

Spaltdicke		Vorwiegender Klebbereich	Vorwiegender Dichtbereich
① 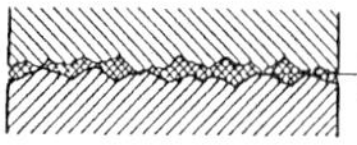	kein Spalt: nur ausgefüllte Rauhtiefen zwischen tragenden Spitzen	Unterbrochene Klebschicht ist negativ (mögliche Kerbspannungen) - andererseits positiv bei enggepaßten Teilen (Erhöhung der Haftreibung)	Sonderfall bei Dichtung ebener Flächen gegeneinander (Flächendichtung) unter Fremdbefestigung
② 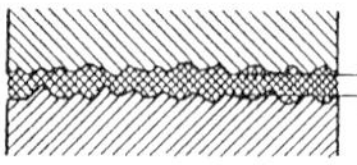	kleiner Spalt: 0,05...0,3 mm mit tragender Schicht	Regelfall bei konstruktiven Klebverbindungen	Regelfall bei Dichtung mittels elastischer Klebdichtstoffe
③ 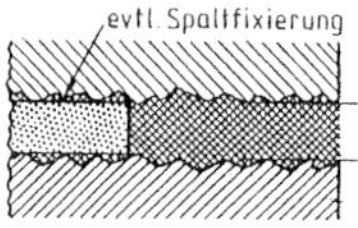	mittlerer Spalt: 0,3...1 mm mit tragender Schicht (ab 0,5 mm Einlagen oder Füllstoffe)	Bei größerem Spalt ist Distanzierung erforderlich (Einlegen von Kugeln, Draht- oder Folienabschnitten) bzw. innere Verstärkung durch Glas- oder C-Fasern (Armierung)	Anwendungsbereich knetbarer Dichtstoffe bei Fremdbefestigung
④ 	großer Spalt: 1...30 mm mit vorfixierter Volumenüberbrückung ohne wesentliche Tragfunktion	Sonderfall bei Verwendung füllstoffhaltiger Klebstoffe (meist über Gießvorgänge)	Regelfall bei Verwendung pastöser Dichtstoffe zur Fugendichtung

Bild 108: Schema der Spaltweiten für vorwiegende Anwendungsbereiche

10.8.5 Spezielle Dichtstoffarten

– Haftklebende Dichtstoffe

Bei den haftklebenden Dichtstoffen handelt es sich um knetbare oder vorgeformt-profilierte Stoffe auf Polyisobutylen (PIB)- und/oder Butylkautschuk (BR)-Basis. Sie weisen in diesem Zustand als einzige Gruppe keine Verfestigung auf und bleiben dauerplastisch. In Bild 112 sind einige Anwendungsbeispiele wiedergegeben.

Abdichtungen mit geringen Bewegungen, wie Innenfugen, Bedachungen, Verglasungen oder angesetzte Teile im Metall- und Klimaanlagenbau, im Bausektor, in der Autoindustrie sowie Autoreparatur sind typische Anwendungen hierfür. Die Gebrauchstemperatur beträgt dabei -40 bis +80 °C.

– Lösemittel- bzw. wasserhaltige Dichtstoffe

Derartige Dichtstoffe verfestigen infolge Trocknung, d. h. Verdunstung von enthaltenen Lösemitteln bzw. Wasser in Dispersionen, welche u.a. zur Einstellung der weichpastösen Konsistenz enthalten sind. Dadurch ergibt sich jedoch ein der verdunstenden Menge entsprechender Volumenschwund.

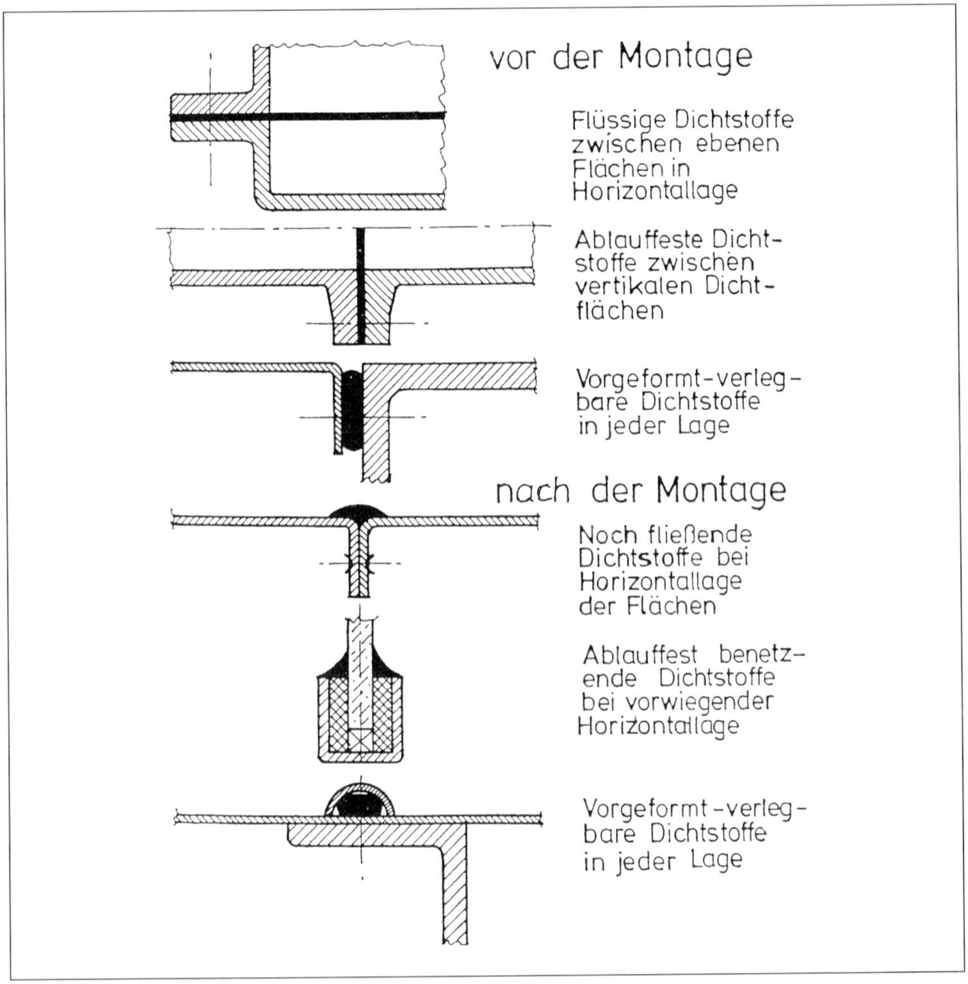

Bild 109: Vorherige oder nachträgliche Anbringung von Dichtstoffen

Bild 113 zeigt den Vorgang bei ebenen Klebflächen. Bei Fugendichtungen kommt es zum Einfallen eben aufgefüllter Volumen. Basis dieser Dichtstoffgruppe sind meist Polyacrylate (PAC) in Form von

- Lösemittel-Acrylaten oder
- Dispersions-Acrylaten.

Acrylate sind witterungsstabil, alterungsbeständig und verträglich mit allen Anstrichsystemen. Sie sind geeignet für Fugen mit geringer Bewegung, für Anschlußfugen im Fertigteilbau oder bei Fensterrahmen, im Fassadenbau sowie Hobby- und Autoreparaturbereich. Hierbei beträgt die Gebrauchstemperatur -20 bis +80 °C.

	Physikalisch abbindende Stoffe (infolge)					Chemisch reagierende Stoffe (infolge)				
		üblich	üblich		möglich	möglich	möglich	möglich	vorteilhaft	vorteilhaft
Verfestigungsmechanismus	Haftkleben entsprechender Stoffe von sich aus 1K	Verdunsten oder Wegschlagen von Lösemitteln (incl. Wasser) 1K	Kontakten (nach Verdunstung der Lösemittel) durch Kurzzeitdruck 1K	Gelieren pastöser PVC-Plastisole bei Temp.-Beaufschlagung 1K	Erstarren von Schmelzen nach dem Fügen 1K	Feuchteeinwirkung bei entspr. Stoffen, z.B. CA, PU oder SR 1K	Luftausschluß (anaerob) bei spez. Stoffen auf Acrylat-Basis 1K	Strahlungsbeaufschlg. erreichbarer Bereiche z.B. durch UV-Licht 1K	Wärmeeinwirkung auf spez. Formul. Beschleunigt auch and. chem. Reaktionen 1K	2-Komp.-Reaktion in Mix- u. NoMix-Anwendung 2K
Anwendung im Klebbereich	1-Seit-Klebeband f. Verpack. 2-Seit-Montage-Klebeband	Allgem. Kleben saugfähig. Werkstoffe und anlösbarer Kunststoffe	Allgem. Kleben auch nicht saugfähig. Werkstoffe bei geringer Fest.-Forderung	Wegen ger. Klebkraft nur selten angewandt	Allgem. Kleben vieler Werkstoffe ohne spät. Temp.-Beansprchg.	Schnellkleben versch. Werkstoffe mit CA. Kleben feuchteabgeb. Werkstoffe mit PU	Allgem. Kleben von Rundverbindung. (wie Welle /Nabe und Schraub.-Sicherung)	Schnellkleben verschied. Werkstoffe wenn UV-Licht erreichbar	Temp.- und hochfestes Schnellkleben von Metallverbindungen	Allgem. Kleben verschied. Werkstoffpaarungen (Metall- u. Nichtmetall-Verbindungen)
Vorwiegende Dichtbereich	Dichtprofile und verlegbare Dichtbänder	Flächendichtung nicht saugfähiger od. anlösbarer Werkstoffe nur nach Teilabdun. d. Lösemit.	Flächendichtung bei metallischen Bauteilen	Vorwiegend in Autoind. zur Spaltdichtung von Blechteilen	Dichtung vor allem im Rahmen des sogn. Heißsiegelbereichs (Verpackg.)	Elastische Fugendichtung verschiedener Werkstoffe mit SR. Direkteinglasung mit PU	Flächendichtung bei metallischen Bauteilen	Schnelldichtung an Oberflächen verschiedenster Werkstoffe	Schockanhärtung dichtender Bördelnahtverklebung. (Autoind.)	Weniger für reine Dichtzwecke geeignet (eher als Nebenfunktion)

Bild 110: Schema der Kleb- und Dichtstoffe

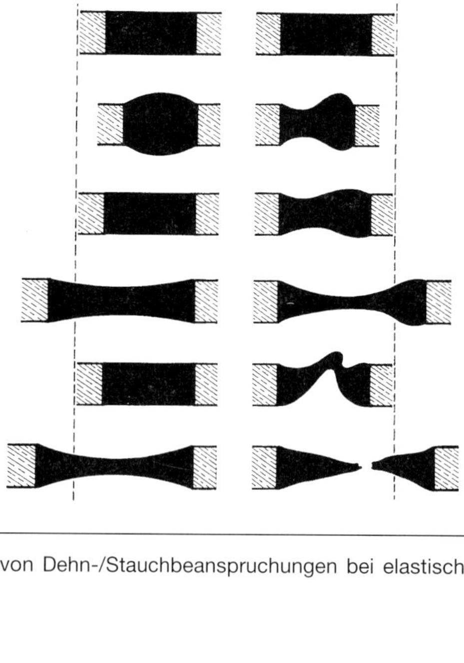

Bild 111: Auswirkungen von Dehn-/Stauchbeanspruchungen bei elastischen und plastischen Dichtstoffen

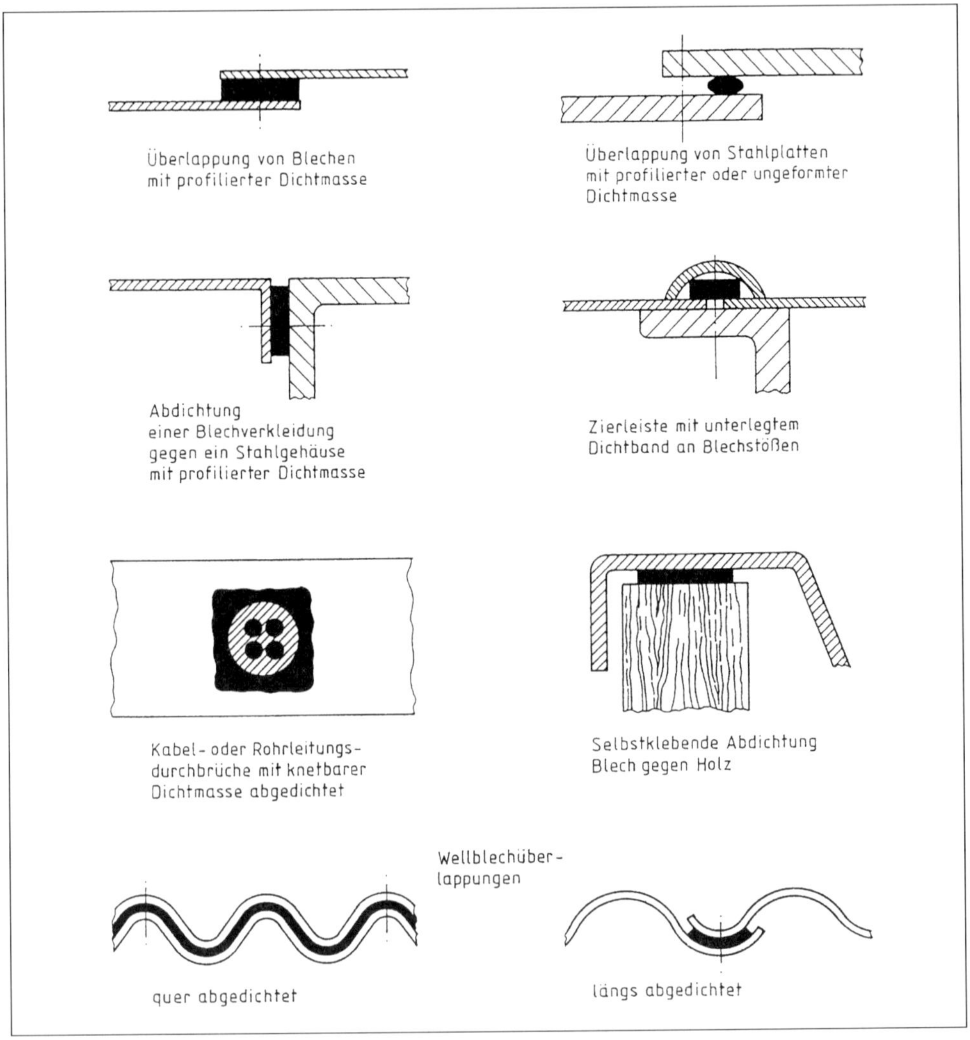

Bild 112: Anwendungen haftklebender vorgeformter bzw. knetbarer Dichtstoffe

– Kontakt-Dichtstoffe

Kontakt-Dichtstoffe sind eine Variante in flüssiger bis pastöser Art zur vorwiegenden Flächendichtung ebener Flächen anstelle oder zusammen mit Feststoffdichtungen gemäß Bild 114. Zur Verringerung des Volumenschwunds erfolgt eine Vortrocknung der aufgetragenen Dichtstoffe vor der Montage. Es gibt drei (stets lösemittelhaltige) Varianten auf Basis von

- Polyester-Urethan (plastisch),
- Kunstkautschuk (elastisch) und
- Phenolharz-Kunstkautschuk (zäh-hart).

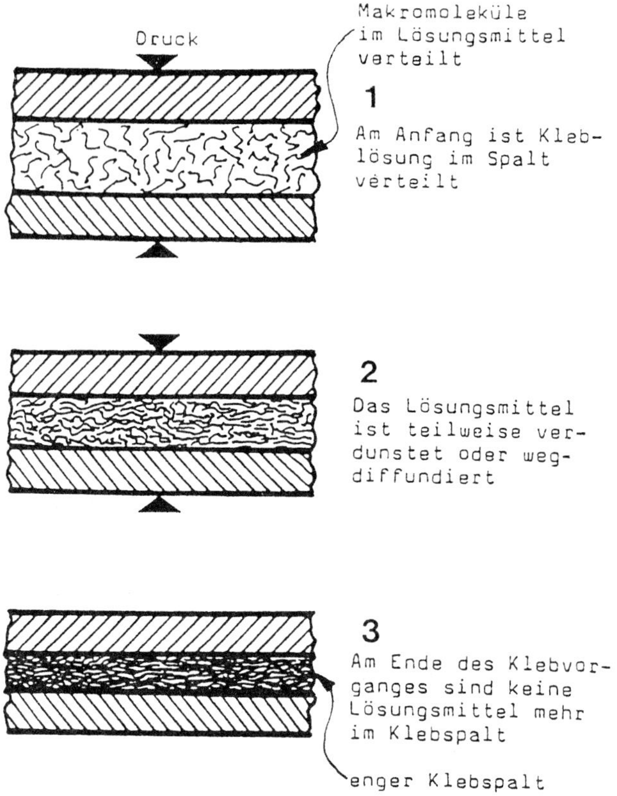

Bild 113: Abwandernde und verdunstende Lösemittel verursachen Schrumpf

Die Hauptanwendungen sind die Flächendichtung geteilter Motoren- und Getriebegehäuse sowie Flanschverbindungen aller Art in der Autoindustrie und dem gesamten Maschinenbau inklusive dem Hydraulik-, Pneumatik-, Pumpen- und Armaturen- sowie Instandhaltungsbereich. Gebrauchstemperatur: -40 bis 120 °C.

– Gelierende Dichtstoffe

Diese Dichtstoffe basieren meist auf sogenannten PVC-Plastisolen in dickpastöser Konsistenz, die bei Temperaturen von +150 °C bis +180 °C (Lackeinbrenntemperatur) zu zähelastischen Stoffen gelieren bzw. verfestigen. PVC-Plastisole finden vorwiegend bei der Verarbeitung von Blechen im sogenannten Anlieferzustand (leicht ölig) Verwendung, wie sie vor allem im Karosserie-Rohbau der Autoindustrie gemäß Bild 115 vorkommen. Aus wirtschaftlichen Gründen ist eine Reinigung solcher Blechteile erst nach den Füge- und Dichtvorgängen möglich, also kurz vor der Lackierung. Das fordert ihre „Auswaschfestigkeit“. Die Verfestigung erfolgt anschließend gleichzeitig mit dem Lackeinbrennen. Demnach sind die Anwendungen in der Auto- und Blechemballagen-Industrie zu sehen. Die Gebrauchstemperatur beträgt hierbei -20 bis +100 °C.

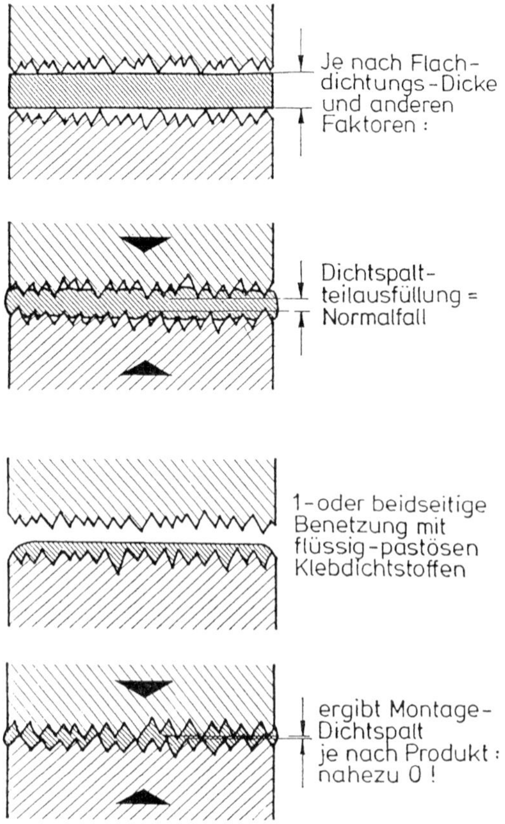

Bild 114: Traditionelle Flachdichtung und Klebdichtung in Gegenüberstellung (möglich ist auch die Kombination von Flachdichtungen mit Klebdichtstoffen)

– Schmelz-Dichtstoffe

Ähnlich den bekannten Schmelzklebstoffen handelt es sich um durch Wärme verflüssigbare (meist thermoplastische) Dichtstoff-Formulierungen, deren Verfestigung durch anschließende Abkühlung erfolgt. Bekannte Vertreter dieser Gruppe beruhen auf Basis von

- Asphalt-Bitumen und dienen u. a. der Fugendichtung von Beton im Tief- und Straßenbau oder
- Polyisobutylen-Butyl (sogenanntes Heißbutyl) und werden vorwiegend zur Dichtung von Glas-Metall-Verbindungen verwendet.

Bild 116 zeigt eine typische Anwendung von „Heißbutyl“ am Beispiel der Isolierglas-Herstellung. Die hohe Klebrigkeit (und Beständigkeit) der Butyle sorgt für die erste Dichtverbindung und ermöglicht die anschließende Versiegelung überwiegend mit 2 K-Polysulfiden (siehe unten). Die Hauptanwendung beider Bereiche ergibt sich aus vorherigen Ausführungen bei einer Gebrauchstemperatur von -40 bis +80 °C.

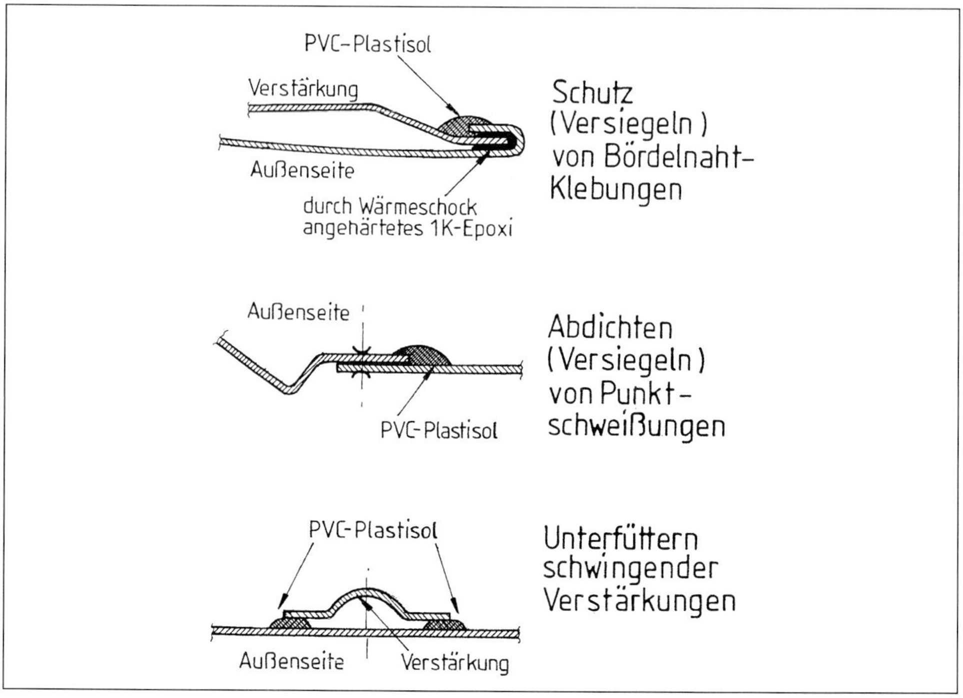

Bild 115: Anwendungsbereiche für PVC-Plastisole im Karosseriebau

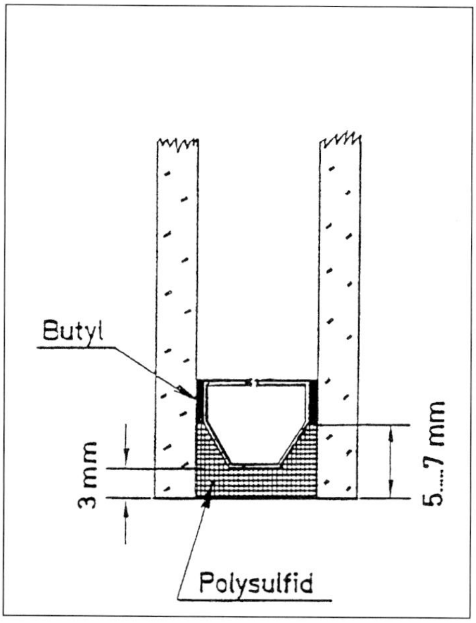

Bild 116: Kombinierte Klebdichtung in der Isolierglasfertigung

– Feuchte-härtende Dichtstoffe

Im folgenden werden die durch chemische Reaktionen verfestigenden Dichtstoffgruppen beschrieben. Dafür sind mindestens zwei miteinander reagierende Bestandteile (Reaktanten bzw. Komponenten) erforderlich, die vor Gebrauch in bestimmten Verhältnissen miteinander vermischt werden. Solche (im folgenden separat beschriebene) 2-Komponenten-Stoffe (2 K) können jedoch auch als quasi-vorgemischte und bis zur Anwendung blockiert-lagerfähige 1-Komponenten-Stoffe (1 K) formuliert werden. Ihre Verfestigung zu elastischen Dichtstoffen erfolgt dann durch wechselnde Umgebungseinflüsse.

Hierzu gehört u. a. die Luftfeuchte, welche die chemische Reaktion auslöst. Die bekanntesten Dichtstoffe dieser Art basieren auf

- 1-Komponenten-MS-Polymer,
- 1-Komponenten-Polyurethan (PUR) und
- 1-Komponenten-Silikonkautschuk (SR).

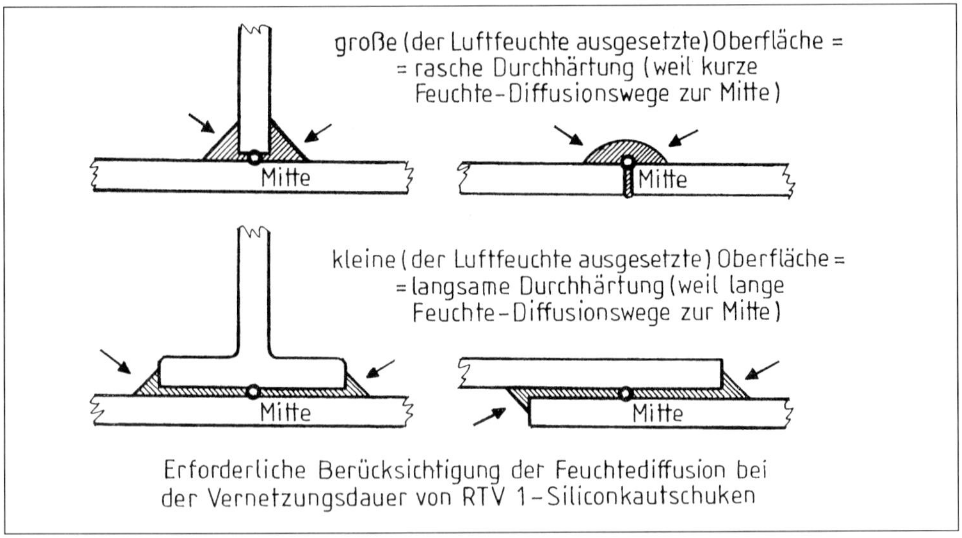

Bild 117: Berücksichtigung von Feuchtediffusionswegen

Letztere werden auch als RTV 1 (raumtemperaturvernetzende, 1-komponentige) Silikonkautschuke bezeichnet. Es handelt sich um viele Einzeltypen unterschiedlich einfärbbarer und nach verschiedenen Mechanismen (sauer, neutral, alkalisch) reagierender Stoffe mit Gebrauchstemperaturen von -40 bis +200 °C Ein wesentliches Kennzeichen all dieser Dichtstoffarten ist jedoch deren relativ langsame Verfestigung. Zwar ergibt sich sehr rasch eine „Hautbildung" an den der Luftfeuchte ausgesetzten äußeren Bereichen, jedoch wird die Verfestigung in die Tiefe hinein immer langsamer (im Regelfall 3 bis 4 mm/Tag).

Wie Bild 117 zeigt, sollte diese Dichtstoffart daher nur in Bereichen mit größeren, in Luftkontakt stehenden Flächen eingesetzt werden. Hauptanwendungsgebiet der PUR-Dichtstoffe ist vor allem die sogenannte Direkteinglasung (Scheibenverklebung) in der Autoindustrie, aber auch im Fassadenbau und Bausektor. RTV 1-Silikone finden wegen ihrer hohen Elastizität, Chemikalien- und Temperaturresistenz ein sehr breites Anwendungsgebiet in vielen Branchen.

– Anaerob-härtende Dichtstoffe

Die chemisch bedingte Verfestigung dieser 1-Komponenten-Acrylatformulierungen (AA) basiert auf durch Luftabschluß mit gleichzeitigem Metallkontakt ausgelöste Reaktionen bei den flüssig bis pastös vorliegenden Produkten. Das Ergebnis sind mehr oder minder zähfeste Dichtstoffe, deren äußere, in Luftkontakt stehenden Bereiche (infolge sogenannter Sauerstoffinhibitierung) klebrig bleiben.

Hauptanwendungen bei Gebrauchstemperaturen von -40 bis +150 °C sind gemäß Bild 118 die vereinfachte

- Dichtung von Befestigungs- und Rohrgewinden sowie die
- Flächendichtung geteilter Gehäuse und Flanschverbindungen.

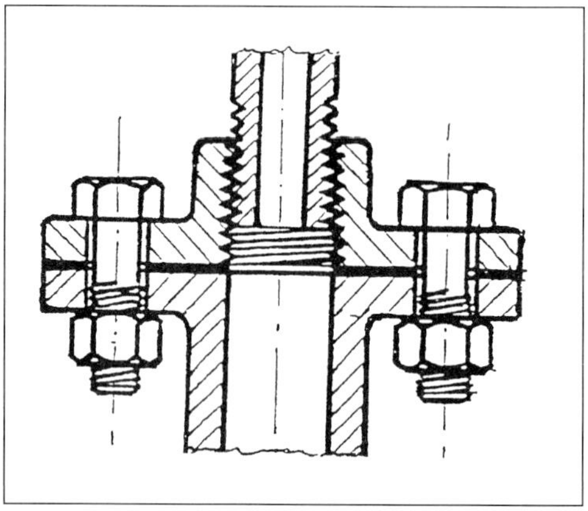

Bild 118: Anwendungen anaerober Klebdichtstoffe

Letztere Anwendung bietet gegenüber der dafür ebenfalls verwendeten lösemittelhaltigen Gruppe (siehe vorn) den Vorteil, daß keine Vortrocknung und Wartezeit erforderlich ist. Die Anwendungsgebiete sind in sämtlichen Maschinen-, Fahrzeug-, Rohrleitungs- und Anlagenbau-Bereichen zu sehen.

– Strahlungshärtende Dichtstoffe

Solche 1-Komponenten-Acrylatformulierungen enthalten sogenannte Photoinitiatoren, also UV-lichtempfindliche Stoffe, die die chemisch bedingte Verfestigung auslösen. Eine kurze Bestrahlung, z. B. 5 bis 30 Sekunden, je nach Intensität und Entfernung der UV-Strahlungsquelle, führt zu elastischen bis zähharten Dichtstoffen. Wesentlich ist die Erreichbarkeit der Dichtstoffe für die härtungsauslösende UV-Strahlung, Bild 119. Anwendungen sind in der Dichtung von Glas-

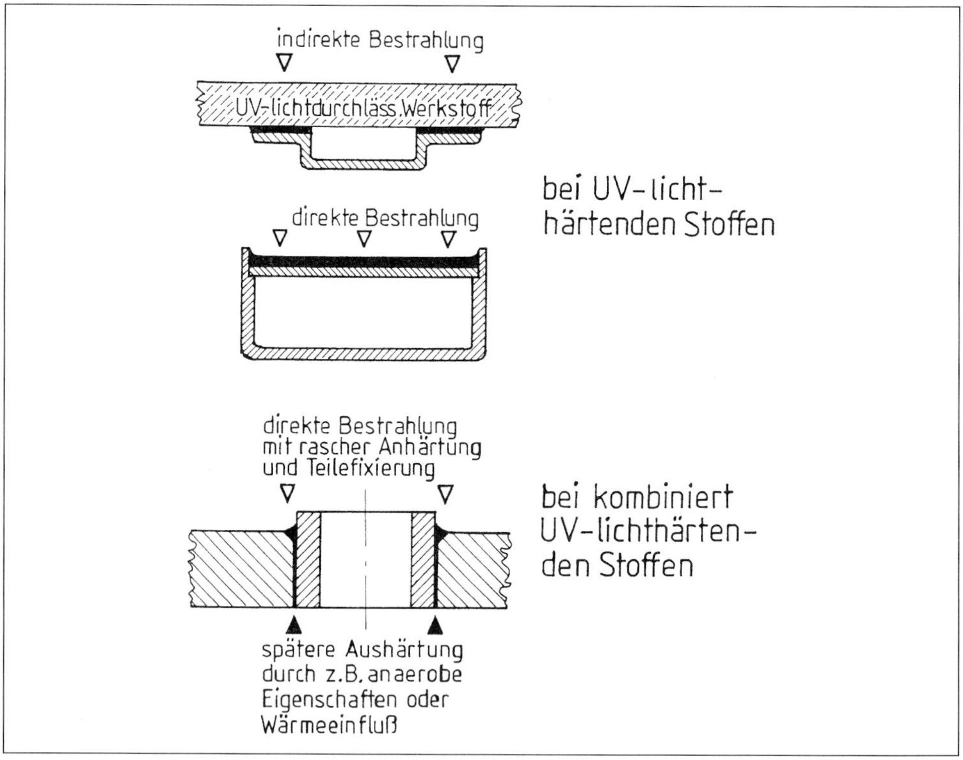

Bild 119: Anwendung von UV-lichthärtenden und kombiniert-härtenden Stoffen

Metall- oder Glas-Kunststoff-Verbindungen zu sehen. Der breiteste Anwendungsbereich ist jedoch die Bauelementherstellung der elektrotechnischen Industrie, z. B. dichtes Versiegeln bzw. Einkapseln unter Einbeziehung von Anschlußdrähten oder -kontakten bei Gebrauchstemperaturen von -40 bis +100 °C.

– Warmhärtende Dichtstoffe

Hierbei handelt es sich um 1-Komponenten-Formulierungen mit enthaltenen wärmesensitiven Zweitkomponenten, welche aber erst bei Temperaturen ab ca. 100 °C aktiv werden und zur chemischen Verfestigung führen. Die beiden wichtigsten Anwendungen sind

- die Falznaht-Klebdichtung im Karosserie-Rohbau der Autoindustrie, Bild 115, oben, bei der meist 1-Komponenten-Epoxi-Formulierungen über einen (induktiv erzeugten) Kurzzeit-Wärmeschock von ca. +200 °C über 1/2 bis 1 Minute angehärtet (geliert) werden, während die Endfestigkeit im späteren Lackeinbrenn-Durchlauf bei ca. +180 °C erreicht wird sowie
- die Imprägnier-Dichtung von Porositäten bzw. Mikrorissen oder -spalten in Aluminium-Gußstücken sowie zwischen Blechen und Spulenwicklungen in der Elektroindustrie. Voraussetzung hierfür sind meist separate Vakuumimprägnieranlagen.

Verwendet werden dünnflüssigpenetrierende Methacrylat (MA)-Formulierungen, welche durch Wärmeanwendungen bei ca. +100 °C aushärten, womit auch die Gebrauchstemperatur begrenzt wird. Zu beachten ist dabei, daß die Verfestigung aller chemisch reagierenden 1- und 2-Komponenten-Dichtstoffe durch zusätzliche Wärmeanwendung wesentlich beschleunigt werden kann.

– 2-Komponenten-Dichtstoffe

Bei den 2-Komponenten-Dichtstoffen existiert eine Vielzahl verschiedener Arten. Diese lassen sich grundsätzlich in folgende Gruppen einteilen:

- 2 K-Polyurethane (2K-PUR).

Sie liegen nach Mischung der Komponenten meist fließfähig-selbstverlaufend bis pastös vor. Infolge der großen Variationsbreite von 2 K-Polyurethanen können ihre Eigenschaften nach Verfestigung von weichflexibel bis zähhart eingestellt sein. Sie weisen gute mechanische und chemische Beständigkeiten auf und werden je nach Anforderung sowohl für Fugen mit geringen Bewegungen, Anschlußfugen im Fertigteilbau ebenso wie bei Spezial-Abdichtungen in Industriebereichen bei Gebrauchstemperaturen von -40 bis +90 °C eingesetzt.

- 2 K-Polyurethan-Teer-Kombinationen.

Zur Verbesserung der chemischen Beständigkeit, vor allem z. B. in aggressiven Abwasserbereichen, wird die hohe Chemikalienresistenz von Teer mit den guten mechanischen Eigenschaften der Polyurethane kombiniert. Es handelt sich dabei meist um Spezialprodukte für oben erwähnte Bereiche bei Gebrauchstemperaturen von -40 bis +80 °C.

- 2 K-Polysulfide (2K-PSU).

Auch sie liegen nach Mischung in fließfähiger bis weich-pastöser Konsistenz vor und zeichnen sich nach Verfestigung besonders durch ihre hohe chemische Widerstandsfähigkeit gegen Wasser und Treibstoffe aus. Im ersten Fall werden sie daher z. B. vor allem zur Versiegelung von Isolierglasscheiben gemäß Bild 116 eingesetzt und im zweiten Fall zur Schutz-

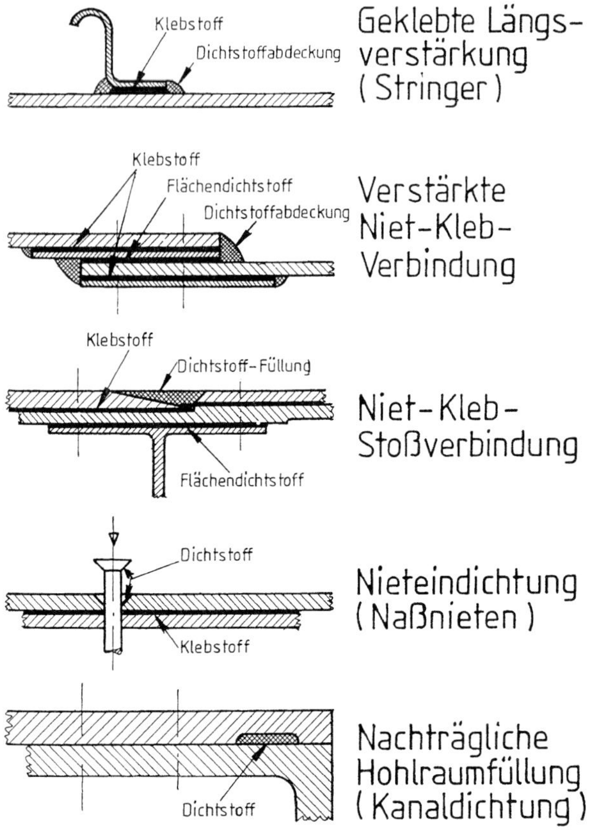

Bild 120: Dichtstoffanwendungen im Flugzeugbau

dichtung der nach außen zeigenden Klebfugen im Chemieanlagenbau oder Flugzeugbau. Beispiele für den letztgenannten Bereich sind in Bild 120 dargestellt, wobei insbesondere der Innenbereich von sogenannten „Treibstoff-Integraltanks" mit Polysulfiden zusätzlich abgedichtet wird. Die Gebrauchstemperatur liegt zwischen -40 und +80 °C.

- 2 K-Polysulfid-Epoxi-Kominationen.

Sie stellen spezielle, zum Teil schnellhärtende Dichtstoffe dar und besitzen den Vorteil, in pastöser Form auch auf nassen Flächen zu haften. Das ermöglicht ihre Anwendung im Tief- und Untertagebau sowie im Unterwasserbereich, z. B. für Tauchboote und Bohrinseln. Die Gebrauchstemperatur beträgt -40 bis +80 °C.

- 2 K-Silikonkautschuke (RTV 2 SR).

Sie sind insbesondere für industrielle Anwendungen geeignet, in welchen die relativ lange Durchhärtezeit der feuchtehärtenden RTV 1-Formulierungen (siehe dort) unerwünscht sind.

Allerdings muß hierbei nach guthaftenden und geringerhaftenden Produkten unterschieden werden. Nur erstere sind für Dichtvorgänge bei Gebrauchstemperaturen von -40 bis +200 °C geeignet, während letztere eher für Abformgieß-Vorgänge mit guter Lösbarkeit vom Untergrund geeignet sind. Hier sind ausreichende Hersteller-Informationen erforderlich. Die Anwendungsbereiche vorbeschriebener Produktgruppe sind folgerichtig in zeitorientierten Fertigungen einer Reihe industrieller Bereiche zu sehen.

10.9 Ringraumdichtungen (Rohr- und Kabeldurchführungen)

Bei der Durchführung von Ver- und Entsorgungsleitungen durch Wände, Decken oder Sohlen von Bauwerken, durch Stahlwände oder Behälterwandungen müssen die ursprüngliche Funktion, Festigkeit und Dichtheit des durchbrochenen Bauteiles erhalten bleiben und die dauerhafte Funktion der durchgeführten Leitungen gewährleistet werden. Die verbleibenden Ringräume sind so abzudichten, daß die Rohrleitungen oder Kabel schonend behandelt werden, Setzungen und Erschütterungen nicht zu Undichtigkeiten führen und die Leitungen möglichst jederzeit herausgenommen oder verändert werden können.

Die Gestaltung der Rohr- und Kabeldurchführungen richtet sich nach den jeweils vorliegenden Anforderungen und Vorschriften.

10.9.1 Wanddurchführungen

Wanddurchführungen sind Durchführungen durch senkrecht oder schräg stehende, gerade oder im Bogen verlaufende Wände aus metallischen Werkstoffen, Beton oder Mauerwerk.

Diese Durchführungen bestehen grundsätzlich aus 3 Haupt-Elementen:

- Medienrohr/Kabel,
- Wandöffnung
- Dichtungseinsatz.

10.9.1.1 Medienrohre/Kabel

Als Medienrohr kommen alle Rohrtypen aus den Rohrwerkstoffen Stahl, Edelstahl, NE-Metall Kunststoff, UP-GF usw. zur Anwendung; Kabel ab Ø 4 mm bis Ø 110 mm oder größer.

10.9.1.2 Wandöffnungen

Bei den Wandöffnungen wird im wesentlichen unterschieden zwischen Rohrhülsen oder -stutzen im Behälterbau bzw. bei Wänden aus metallischen Werkstoffen und Mauerhülsen bzw. Kernbohrungen im Bauwesen.

Rohrhülsen/ Mauerhülsen, in deren Mittelachse die später verlegte Rohrleitung bzw. das Kabel verläuft, haben die Aufgabe, eine optimale Auflagefläche für einen oder mehrere Dichtungseinsätze zu bilden und das Eindringen von Feuchtigkeit oder anderen schädlichen Stoffen zwischen ihrer Außenseite und den Wänden, Decken oder Sohlen zu verhindern.

Im Behälter-, Apparate- und Anlagenbau, im Schiffbau sowie bei weiteren Stahlkonstruktionen werden Rohrhülsen wasser- und gasdicht mit der Stahlwandung verschweißt.

Im Bauwesen kommen vorwiegend Mauerhülsen nach Tabelle 2 zur Anwendung.

Im Bauwesen werden die beschriebenen Mauerhülsen vorzugsweise in die Schalung eingesetzt und an der Betonarmierung bzw. der Schalung so befestigt, daß sich beim Auffüllen des

Tabelle 2: Vergleich üblicher Mauerhülsen

<table>
<tr><th>Werkstoff</th><th>Oberfläche</th><th>Ausführung</th></tr>
<tr><td>Stahlrohr nach DIN 2448 / DIN 2458</td><td>schwarz, bituminiert oder feuerverzinkt</td><td rowspan="2">ein oder mehrere beidseitig als Wassersperre durchgeschweißte, scheibenartige Dichtflansche als Standardausführung; bei Bedarf an den Enden verschweißte Flansche mit Gewindebohrungen oder verschweißten Gewindebolzen und entsprechende Losflansche zur Erfüllung der Bedingungen nach DIN 18195 Teil 9</td></tr>
<tr><td>Stahlrohr aus nichtrostenden Stählen</td><td>Außenflächen möglichst besandet</td></tr>
<tr><td>Stahlguß</td><td>rauh</td><td>angegossene Flansche und Losflansche wie bei Stahl/Edelstahl</td></tr>
<tr><td>Faserzementrohr nach DIN 19840 T.1/ DIN 19850 T.1</td><td>radial gerillt</td><td>speziell gerillte Oberfläche; kombinierbar mit Gußfest- und Losflanschen zur Erfüllung der Bedingungen nach DIN 18195 Teil 9</td></tr>
<tr><td>Kunststoff-Spritzteil oder Kunststoffrohr</td><td>rauh bzw. aufgerauht, teilweise besandet</td><td>mit angespritztem Dichtflansch oder aufgeschweißten Mauerankern</td></tr>
</table>

Betons ihre Position nicht verändern kann. Mauerhülsen aus Faserzement werden vor dem Auffüllen des Betons gewässert, damit ein fester Verbund mit der Betonmischung bzw. mit dem Mörtel gewährleistet ist. Der Beton muß im Bereich der Mauerhülsen vorsichtig eingefüllt und gründlich verdichtet werden.

Wenn sich durch Bauwerkssetzungen der Einbau neuer Mauerhülsen erforderlich macht oder wenn bereits verlegte Rohre durch Mauerdurchbrüche weitergeführt bzw. eine neue Wand quer zur Rohrleitung errichtet werden soll, können nachträglich geteilte Mauerhülsen eingebaut werden. Diese werden um das bereits vorhandene Medienrohr gelegt und verschweißt oder verklebt.

Zur Vermeidung späterer Exzentrizitäten ist es in jedem Fall ratsam, vor dem Einmauern bzw. Einbetonieren die Mauerhülse exakt um das Medienrohr zu zentrieren. Hierbei helfen Gleit- und Zentrierkufen, Rohrsattelsegmente oder bei kleineren Durchmessern bereits vormontierte Dichtungseinsätze. Bei großen Nennweiten sollte zum Abfangen der Rohrkräfte das Medienrohr mit der zentrierten Mauerhülse vor und hinter der Wand durch Auflager unterstützt werden.

Bei Behälterwandungen und anderen Wänden aus metallischen Werkstoffen richtet sich die Länge der Rohrhülse nach den jeweiligen Erfordernissen und den Bedingungen für den späteren Einbau der Dichtung.

Im Bauwesen wird für den sauberen Abschluß einer Mauerdurchführung die Länge einer Mauerhülse im allgemeinen entsprechend der Wanddicke des Bauwerkes gewählt. Bei Mauerdurchführungen unterhalb der Erdoberfläche muß die Mauerhülse gemäß DIN 1988 Teil 2 [81] beidseitig die Außenwand überragen.

Vorzugsweise sollte bei dem beschriebenen System der Ringraumdichtungen immer ein nahezu gleichmäßig großer Ringspalt vorhanden sein. Liegt die Rohrleitung aus baulichen

Gründen nicht zentrisch in der Mauerhülse und kann die Ringraumdichtung die Exzentrizität nicht ausgleichen, so wird in diesem Fall eine sogenannte Vorbau-Mauerhülse verwendet. Die Vorbau-Mauerhülse, auch Flanschrahmen genannt, kommt vorzugsweise auch dort zum Einsatz, wo eine relativ kleine Wandöffnung vorhanden ist und in den verbleibenden Ringraum keine Ringraumdichtung passen würde.

Diese Sonderhülse, die mit nur einem einseitig am Rohr verschweißten und mit Bohrungen versehenen Flansch versehen ist, wird nach dem Medienrohr ausgerichtet und mittels Schwerlastdübeln fest an der Wand verschraubt. Für die Abdichtung des Flansches zur Wand wird entweder eine Elastomerplatte eingefügt oder die dem Schraubflansch gegenüberliegende Wandfläche wird vor der Montage mit Dichtmittel (z.B. Silikon-Dichtmasse) behandelt. Danach kann problemlos die Ringraumdichtung montiert werden.

Diese Sonderlösung ist ebenfalls anwendbar bei zu großen Kernbohrungen; bei diesen kann das Rohr der beschriebenen Hülse auch in die Wand gesteckt werden. Diese Sonderhülse findet in der Praxis auch als geteilte Ausführung Anwendung.

In der Planungsphase des Rohrleitungsnetzes sollten alle Mauerdurchführungen sorgfältig durchdacht und positioniert werden, denn später auf konventionelle Art gestemmte Mauerdurchbrüche können Rißbildungen in Wänden, Decken und Sohlen zur Folge haben und die Statik des Gebäudes beeinflussen. Deshalb ist das nachträgliche Stemmen von Aussparungen nach DIN 1053 Teil 1 [82] nicht zulässig.

Kernbohrungen sind im Bauwesen eine Alternative zu den Mauerhülsen. Im Angebot sind Kernbohrer bis zum Durchmesser von ca. 1300 mm. Doch die Rentabilität wird bei einzeln anzufertigenden Kernbohrungen über 600 mm Durchmesser die Entscheidung zugunsten einer Mauerhülse ausfallen lassen. Bei Kernbohrungen über 600 mm Durchmesser werden oft alternative Kernbohrverfahren, wie das Perforieren und das Seilsägeverfahren, angewendet. Die hierbei erreichbare (Un-)Genauigkeit läßt jedoch die spätere Verwendung einer Ringraumdichtung kaum zu.

Die Betonoberflächen bei Kernbohrungen müssen frei von Riefen und Poren sein und können nachträglich, vor dem Einsetzen einer Ringraumdichtung, mit einem Anstrichmittel geglättet werden. Eventuell angebohrte Bewehrungseisen müssen gut konserviert werden.

10.9.1.3 Dichtungssysteme

Durch ständig steigende Ansprüche an funktionsgerecht hergestellte Rohrdurchführungen sind deshalb nur Rohrdurchführungen sinnvoll, die die gleiche Lebensdauer wie das gesamte Bauwerk haben.

Anwendungsgerechte Dichtungseinsätze mit großer Standzeit erfüllen bei fachgerechtem Einbau diese Bedingung.

Bekannt sind einige Systeme von Dichtungseinsätzen, bei denen unterschieden wird zwischen den eigentlichen Ringraumdichtungen und Formringdichtungen. Bei beiden Systemen werden Dichtungselemente oder Dichtringe aus Elastomeren durch Druckplatten oder Druckflansche axial so verpreßt, daß durch die radiale Ausdehnung des elastischen Materials eine absolute Abdichtung der Rohrdurchführung herbeigeführt wird.

Ringraumdichtungen werden in den verbleibenden Ringspalt zwischen Rohrleitung bzw. Kabel und Rohr-/Mauerhülse bzw. Kernbohrung eingeschoben; sie liegen damit innerhalb der Wand. Die Dichtungsteile bestehen entweder aus Elastomerscheiben oder -ringen oder aus Elastomergliedern, die z-förmig aneinandergreifend zu einer Gliederkette verbunden werden.

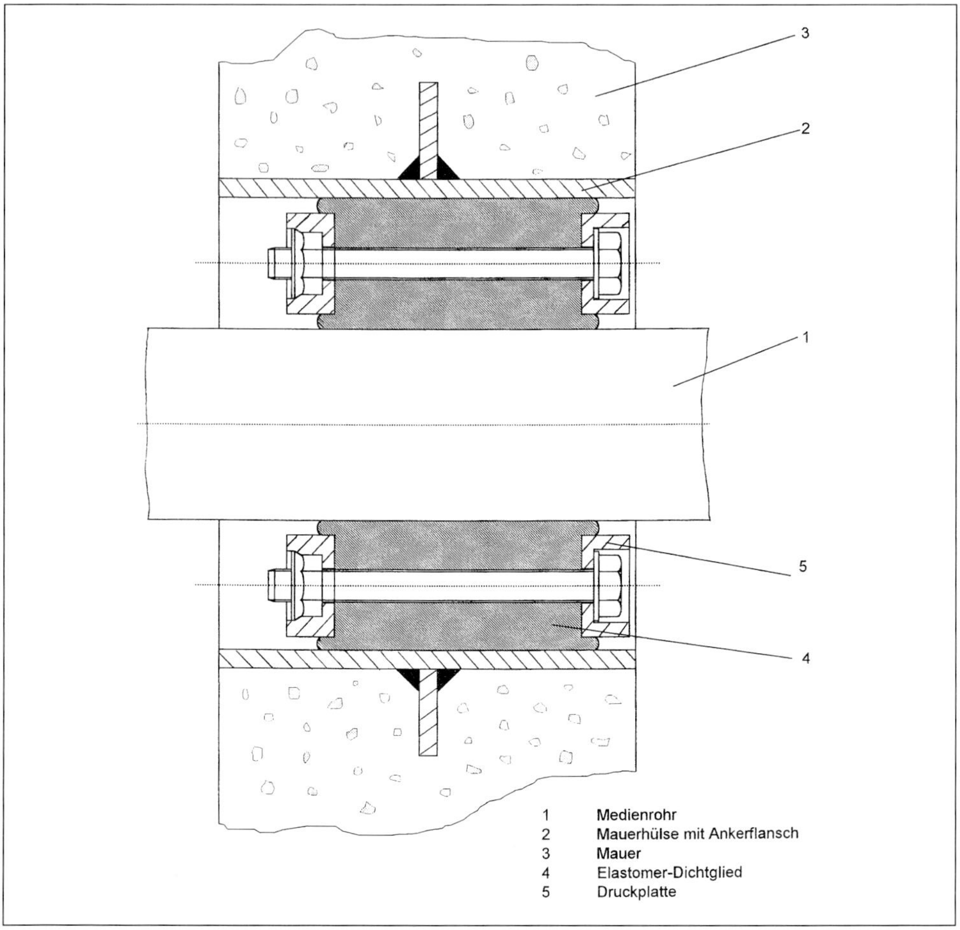

Bild 121: Prinzip einer Ringraumdichtung in Gliederbauweise

Letztere werden an der Montagestelle um das Medienrohr gelegt und zu einem Dichtungsring geschlossen, Bilder 121 bis 123.

Beidseitig angeordnete Druckelemente aus Kunststoff oder Stahl übertragen durch das Anziehen der durchgeführten Schraubenbolzen eine axiale Kraft auf die Elastomerdichtung.

Da Elastomere nicht komprimierbar sind, weicht das Dichtungsmaterial unter dem Druck der Schraubenkräfte radial aus und verschließt den Ringraum druckdicht.

Bei diesem System ist es möglich, Dichtheit bis zu mehreren bar Überdruck zu erreichen.

Für unterschiedlich große Ringräume wird eine ganze Anzahl verschiedener Typen und Größen angeboten. Je nach System der Dichtung sind die einzelnen Typen auf je einen Nennweitenbereich abgestimmt oder durch die Vielfalt eines Gliederkettensystems universell einsetzbar, d. h. unabhängig von Rohrdurchmesser und Ringraum.

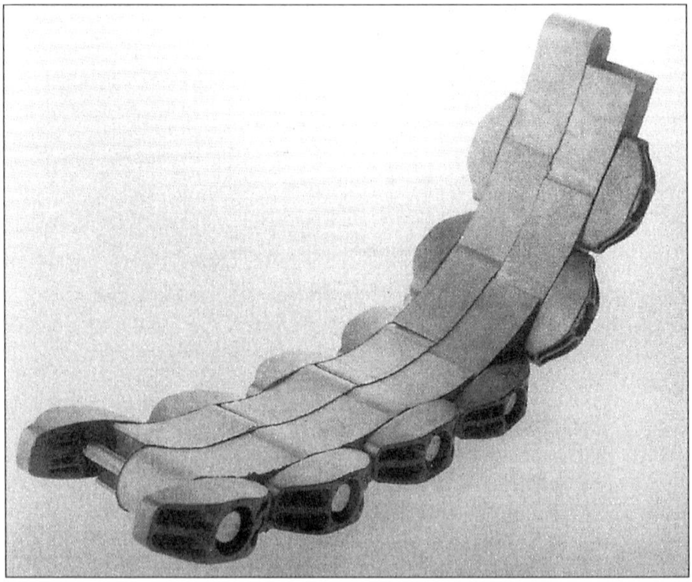

Bild 122: Offene Gliederkettendichtung Typ Link Seal (Werkfoto DSI Rohrleitungsbau-Zubehör GmbH 72147 Nehren)

Bild 123: In einer Sprinkleranlage montierte Gliederkettendichtung Typ Link Seal (Werkfoto DSI Rohrleitungsbau-Zubehör GmbH 72147 Nehren)

Ein Grundsatz ist, daß dickere Dichtglieder einen größeren Spannbereich aufweisen und damit dem Anwender größere Sicherheit bieten.

Generell gilt, daß Ringraumdichtungen keine Festpunkte oder Stützlager sind – sie dienen ausschließlich der dauerhaften elastischen Abdichtung!

Die beschriebenen Ringraumdichtungen gleichen bauphysikalische Belastungen der Medienrohre aus. Sie nehmen Vibrationen auf, gestatten leichte Längsbewegungen und Abwinkelungen der Medienrohre und in geringem Maße radiale Verschiebungen.

Ringraumdichtungen sind jederzeit nachstellbar.

Bei der Durchführung von Rohren größerer Nennweite, oder z.B. nahe bei montierten großen Schiebern, müssen Ringraumdichtungen durch Rohrauflager entlastet werden. Ringraumdichtungen können, je nach Forderung an die Sicherheit, einseitig oder auf beiden Seiten in einer Rohr-/Mauerhülse oder Kernbohrung montiert werden.

Formringdichtungen sind gegenüber den bereits beschriebenen Ringraumdichtungen meist aufwendigere Konstruktionen. Sie bestehen aus speziellen Mauerhülsen und gegengestellten Losflanschen, zwischen denen durch Verschrauben Elastomerscheiben und/oder -profile verpreßt werden und auf diese Weise den Ringraum abdichten.

Hierzu werden entweder Stahl- oder Stahlguß-Mauerhülsen ein- oder beidseitig mit wandbündigen Festflanschen versehen und genau passende, verschraubbare Losflansche ge-

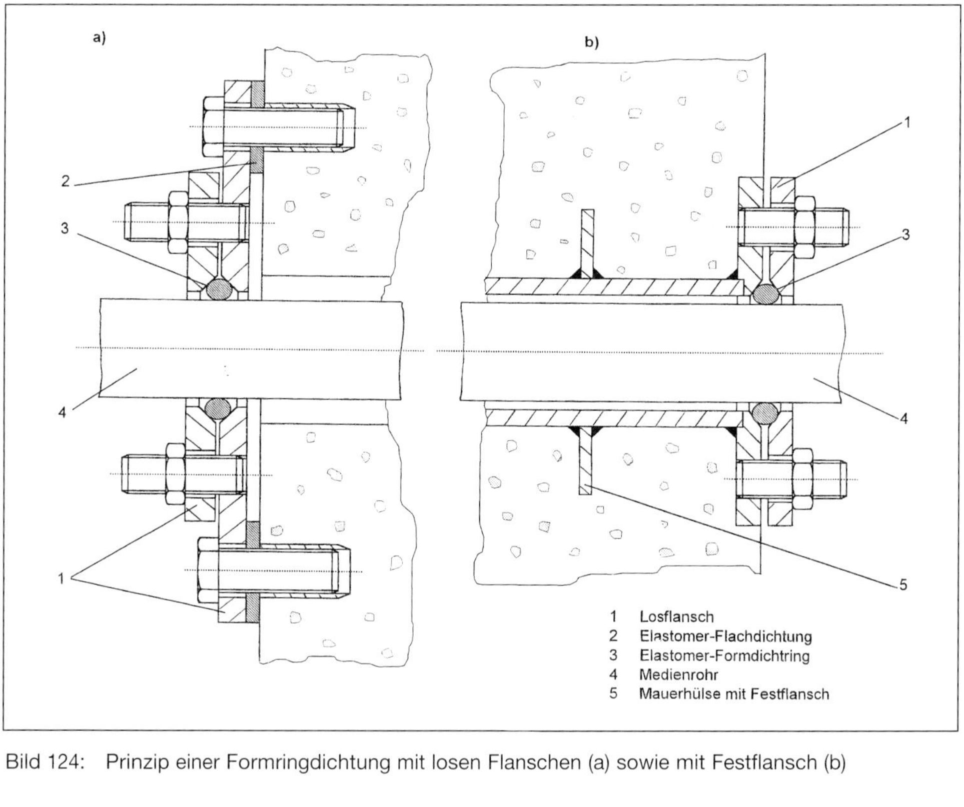

Bild 124: Prinzip einer Formringdichtung mit losen Flanschen (a) sowie mit Festflansch (b)

gengestellt oder Standardmauerhülsen mit Losflanschen-Paaren kombiniert. Die Flansche der Mauerhülsen und/oder die Gegenflansche sind mit je einer speziell geformten Ringnut versehen, in der beim Anziehen der Schrauben das Elastomerprofil verpreßt wird.

Bild 124 zeigt das Prinzip einer Formringdichtung.

Werden nur Losflanschenpaare verwendet, müssen diese zusätzlich durch eine Flachdichtung gegen die Wand, Decke oder Sohle des Bauwerkes abgedichtet werden.

Diese Konstruktion der Trennung von Rohrdichtung und Bauwerksdichtung ermöglicht bei exzentrischer Führung des Medienrohres durch die Maueröffnung in gewissen Grenzen eine radiale Verschiebung des Dichtungssatzes.

Formringdichtungen sind herstellerseits meist auf Nennweitenbereiche abgestimmt, die erreichbare Druckdichtheit entspricht der von Ringraumdichtungen.

Weitere, einfache Formen von Dichtungseinsätzen sind Elastomer-Mauerkragen und Elastomer-Rollringe.

Mauerkragen werden zusammen mit dem Medienrohr einbetoniert und gewähren Dichtheit gegen Wasserdruck bis 3 bar. Ein Austausch des Medienrohres ohne Beschädigung der gesamten Rohrdurchführung ist jedoch nicht möglich.

Rollringe werden, insbesondere bei Hauseinführungen, über das durchzuführende Medienrohr gerollt und mit diesem in die vorbereitete Mauerhülse oder Kernbohrung geschoben. Sie dichten den Ringspalt bis zu 0,5 bar ab, das Medienrohr kann bei Bedarf demontiert und wieder montiert werden.

Hauseinführungen bzw. Hauseinführungskombinationen nehmen eine Sonderstellung unter den Rohrdurchführungen bis DN 50 ein. Diese Typen haben ihr Haupteinsatzgebiet bei der Einführung von Leitungen der Hausgas- und Trinkwasserversorgung sowie für Fernsprech- und Starkstromkabel in Gebäude.

Hauseinführungen bestehen meist aus einem Verbund von Stahlrohr und einer, teilweise auch profilierten, PE-Umhüllung und sind als Hauseinführungskombination mit einer Absperrarmatur versehen. Gasabsperrarrmaturen sind elektrisch vollisoliert. Für den Einbau wird eine relativ kleine Kernbohrung benötigt, der Raum zwischen dem Rohr und der Kernbohrung wird entweder vergossen, ausgeschäumt oder mit einer Ringraumdichtung oder Rollringen verschlossen.

Für die Errichtung der Hauseinführungen gelten DIN 18012 [83] sowie die DVGW-Arbeitsblätter G 459 [84] und G 600 [85].

Tabelle 3 zeigt einen Vergleich wesentlicher Merkmale der zuvor beschrieben Dichtungstypen.

An die Dichtungssysteme werden neben einer grundsätzlichen Montagefreundlichkeit vielfältige Anforderungen gestellt. Neben der bereits erwähnten Druckdichtheit des ganzen Systems gegen Wasser, Luft und diverse Chemikalien gehören hierzu die Forderungen an das Dichtmaterial selbst. Möglichst kleiner Druckverformungsrest, hohe Weiterreißfestigkeit, gute Alterungsbeständigkeit, chemische Beständigkeit gegen möglichst viele Chemikalien, Trinkwassereignung, Temperaturbeständigkeit für einen möglichst großen Bereich, Brandsicherheit, gute Isolationsfähigkeit bzw. Resistenz gegen elektrostatische Aufladung sind die wichtigsten Forderungen an das Dichtmaterial.

Da es kein Material gibt, daß allein alle diese Anforderungen erfüllen kann, werden von den Herstellern standardmäßig Dichtungssätze aus verschiedenen Elastomeren angeboten, z.B.:

Tabelle 3: Vergleich wesentlicher Merkmale von Dichtungssystemen bei Mauerdurchführungen

Typ	anwendbar für Durchmesserbereich	Montagemöglichkeit bei bereits verlegten Rohren	Austausch des Medienrohres ohne Veränderung der Bohrung/ Mauerhülse	Materialaufwand bei der Herstellung der Dichtung	Typenvielfalt (Lagerhaltung beim Anwender)
Dichtung mit Preßscheiben	von 0 bis DN 800 in Stufen	mit Sonderausführung möglich	möglich	groß	groß durch begrenzte Verwendbarkeit
Gliederkettendichtung	von 0 bis ca. DN 3500 universell	grundsätzlich ja	möglich	klein	mittel bis klein durch universelle Verwendbarkeit
Dichtung mit Formringen	von DN 15 bis DN 1400 in Stufen	mit Sonderausführung möglich	möglich	groß	groß durch begrenzte Verwendbarkeit
Mauerkragen	von DN 20 bis DN 1200 in Stufen	nein	nicht möglich	klein	groß, für jeden DN eine Größe
Rollringe	von DN 25 bis DN 65 in Stufen	nein	Austausch bei gleichem Durchmesser möglich	klein	groß, für jeden DN eine Größe

EPDM-Kautschuk (Ethylen-Propylen-Terpolymere-Kautschuk)

Nitril-Kautschuk (Acrylnitril-Butadien-Kautschuk) NBR

Silikon-Kautschuk (Q)

Butyl-Kautschuk (IIR)

Viton (Fluor-Kautschuk) FKM-FPM.

Ergänzt wird die Materialauswahl der klassischen Elastomere durch geeignete Abstufung der Shore-Härten. Eine bei den Ringraumdichtungen übliche Shore-Härte ist ca. $50^{\pm 5}$ Shore. Insbesondere sollte jedoch bei der Verwendung von Kunststoffrohren eine niedrigere Shore-Härte bevorzugt werden, da durch die Kaltflußneigung des Kunststoffes die Rohroberfläche dem Druck der Dichtung ausweicht, damit den ursprünglichen Ringraum vergrößert und eine Undichtheit hervorruft. Hier hat sich eine Shore-Härte von $30^{\pm 5}$ bis $35^{\pm 5}$ Shore, verbunden mit einem um ca. 30 % niedrigeren Anzugsmoment als bei den Standarddichtungen, bewährt.

Andere Dichtungsmaterialien als die hier angeführte Auswahl aus der Gruppe der Elastomere sind bei Ringraumdichtungen selten üblich. Thermoplastische Elastomere, wie z.B. PUR oder PVC-Verschnitte, sind aufgrund ihrer relativ großen Shore-Härte von minimal 60 Shore und weiterer negativer Eigenschaften für die Anwendung bei den hier beschriebenen Dichtungen ungeeignet. Von den Nachteilen sollen außer niedrigen Einsatztemperaturen insbesondere beim PVC unter anderem der Weichmacher und der Chloridanteil angeführt werden. Durch Weichmacherwanderung können am Dichtungskörper Porosität und verklebte Rohroberflächen auftreten; der bei PVC zu 80% noch gebräuchliche Weichmacher DOP (DEHP) steht im Verdacht, karzinogen zu sein. Bei warmgehenden Rohrleitungen (Temperaturen über 60 °C) kann PVC entgasen, entweichendes Chlor kann unter ungünstigen Umständen Salzsäure bilden.

Grundsätzlich müssen die zur Anwendung kommenden Elastomere eine gute Isolationsfähigkeit besitzen, um den Anforderungen des kathodischen Korrosionsschutzes gerecht zu werden. Bei leitenden Elastomeren kann das Vorhandensein verschiedener Potentiale bei metallischen Rohren zu Korrosionserscheinungen führen, deren Auswirkungen die Anpreßflächen der Dichtelemente unterwandern und damit Undichtheiten hervorrufen.

Neben der optimalen Auswahl der Elastomere ist die Ausführung der Druckplatten, die den Anpreßdruck auf die Elastomerdichtung ausüben, von großer Wichtigkeit. Diese Platten dürfen auf der Seite zur Elastomerdichtung hin keine scharfen Kanten besitzen.

Großflächige und unbeschichtete Metalldruckplatten haben Nachteile bei Anforderungen des gesamten Dichtungssystems an die elektrische Isolation; beim Vorhandensein von Überspannungen besteht unter ungünstigen Umständen kein Schutz zwischen Medienrohr und Schutzrohr bzw. Mauerhülse. Metalldruckplatten mit temporärem Korrosionsschutz sind vor allem in Feuchträumen korrosionsanfällig.

Bei Gliederdichtungen müssen metallische Druckplatten zumindest in Kunststoffteile eingebettet werden, wenn Forderungen für eine elektrische Isolation vorliegen. Bei der Montage können sich Druckplatten an der Rückseite der Dichtung eventuell unbemerkt verdrehen.

Diese Druckplatten können, wenn sie nicht isoliert sind, eine metallische Rohrdurchführung kurz schließen; damit ist keine elektrische Isolierung gewährleistet.

Vorteilhaft sind Druckplatten aus glasfaserverstärkten Kunststoffen, bei denen der metallische Anteil auf die Normteile (Schrauben, Muttern) beschränkt wird und die Möglichkeit zum Einkapseln der Metallteile besteht.

Durch die zweckmäßige Auswahl der Elastomer-Dichtungsteile, kombiniert mit den entsprechenden Druckplatten und Druckelementen aus verzinktem Stahl, rost- und säurebeständigen Edelstählen, Gußeisen oder geeigneten Kunststoffen, können die Dichtungssysteme fast jeden auftretenden Anwendungsfall im Temperaturbereich von -55 °C bis +230 °C bestehen.

Die Verwendung von Sonderelastomeren für höhere Temperaturen ist möglich, teilweise auch mit Eignung für den vorbeugenden Brandschutz.

Als Sicherheitsvorkehrungen für den vorbeugenden Brandschutz können zusätzlich Brandschutzpackungen in den verbleibenden Ringraum zwischen zwei Dichtungssystemen geschoben, bzw. vor die Rohrdurchführung gesetzte Brandmanschetten oder Brandschutzklappen verwendet werden.

Brandschutzpackungen und Brandmanschetten vergrößern im Brandfall durch Aufschäumen ihr Volumen und sind in der Lage, z.B. beim Verbrennen eines Kunststoffrohres den gesamten Wanddurchbruch sicher zu verschließen.

10.9.2 Dachdurchführungen

Dachdurchführungen müssen den Forderungen aus DIN 18531 [86] entsprechen und das Eindringen von Niederschlagswasser in den Baukörper verhindern. Für sie gelten sinngemäß auch DIN 18195 Teil 5 [87] und Teil 9 [88]. Die Anforderungen an Dachdurchführungen bei Flugfeuer und strahlender Wärme sind in DIN 4102 Teil 7 [89] geregelt.

Dachdurchführungen werden hauptsächlich für den Austritt von Ausblaseleitungen der Nennweiten von DN 50 bis DN 1000 aber auch für Ver- und Entsorgungsleitungen vorgesehen.

Die Konstruktion der Rohrdurchführung durch den Dachkörper entspricht der einer Rohrdurchführung mit Mauerhülse als Schutzrohr und Dichtungseinsatz. Der Maueranker der Mauerhülse dient als Auflageblech und wird zur Beibehaltung der Dichtheit der Dachkonstruktion im Dachaufbau verankert.

Um der Gefahr der Korrosion, z.B. infolge elektrolytischer Vorgänge, vorzubeugen, werden vorzugsweise nichtrostende Stähle verwendet. Als Dichtungseinsatz kommen Profilringdichtungen mit Los- und Festflansch zum Einspannen des Dachbelages oder Ringraumdichtungen zur Anwendung. Bei letzteren muß die Mauerhülse über die Oberfläche des Dachbelages hinausragen und dieser an der Mauerhülse hochgezogen werden. Da eine Dachdurchführung durch atmosphärische Einflüsse gefährdet ist, empfiehlt es sich, am durchzuführenden Rohr über der Dachdurchführung eine kegelförmige Haube zu montieren.

Bei der Ausführung von Rohrdurchführungen durch Wände, Decken und Sohlen müssen je nach Einsatzbereich eine ganze Reihe von Normen und Vorschriften beachtet werden, siehe Literaturhinweise.

10.9.3 Rohrdurchführungen in Kernkraftwerken

Rohrdurchführungen durch Sicherheitsbehälter von Kernkraftwerken sind mit den unter 10.9.1.1 und 10.9.1.2 beschriebenen Rohrdurchführungen nicht vergleichbar.

Für Rohrleitungen und Rohrdurchführungen in Kernkraftwerken gelten besondere Vorschriften. Maßgebend sind hier die Leitlinien der Reaktorsicherheitskommission [90] und die Sicherheitstechnischen Regeln (KTA) des Kerntechnischen Ausschusses.

In KTA 3407 [91] und weiteren dort genannten Regeln werden Rohrdurchführungen durch Sicherheitsbehälter ausführlich beschrieben.

Alle mit dem Primärkreis einer Kernkraftanlage in Verbindung stehenden Rohrleitungen, wie z.B. Speisewasser- und Frischdampfleitungen über die Dampferzeuger, werden beim Durchdringen des kugelförmigen Sicherheitsbehälters durch speziell konstruierte Rohrdurchführungen geleitet. Diese Rohrdurchführungen müssen räumlich so angeordnet sein, daß eine Störung an einer Durchführung nicht die Beschädigung benachbarter Rohrdurchführungen zur Folge hat.

An diese Rohrdurchführungen werden höchste Dichtheits-Anforderungen gestellt, da bei einem Leck des Primärkreises der Sicherheitsbehälter das aus der Leckstelle austretende Kühlmittel aufnehmen muß. Hierbei kann der Sicherheitsbehälter im Extremfall einem Innendruck von ca. 6 bar bei ca. 150 °C ausgesetzt sein.

Alle Systeme, die nicht unbedingt im Sicherheitsbehälter angeordnet werden müssen, sind deshalb außerhalb, z.B. im Ringraum zwischen Sicherheitsbehälter und der Sekundärabschirmung aus Beton, im Maschinenhaus und im Hilfsanlagengebäude untergebracht.

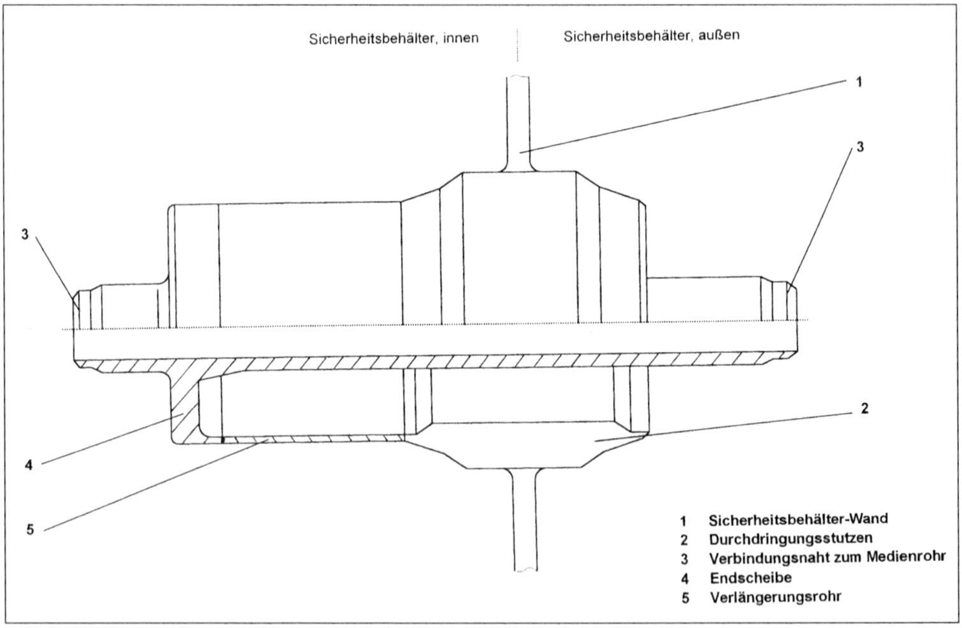

Bild 125: Rohrdurchführung mit starrer Endscheibe (nicht gekammert)

Die Verbindung außenliegender Systeme mit dem Primärkreis führt, je nach Anforderung, über verschiedene Typen von Rohrdurchführungen, die ständig überwacht werden müssen.

Sicherheitsbehälter besitzen hierfür dickwandige Durchdringungsstutzen unterschiedlicher Durchmesser, die schon vor der Montage in die Stahlbleche des Sicherheitsbehälters eingeschweißt werden.

Hauptsächlich unterscheiden sich Rohrdurchführungen durch die Anforderungsstufen an die Abdichtung zum Sicherheitsbehälter und an die Ableitung von Rohrkräften (nicht gekammert – einfache Barriere bzw. gekammert – doppelte Barriere). Teilweise kommen metallische Bälge als Kompensatoren zur Anwendung, teilweise starre Endscheiben.

Innerhalb dieser Einstufung wird durch die Rohrdurchmesser unterschieden, gebräuchlich sind im allgemeinen ca. DN 15 bis ca. DN 800. Dabei werden kleine Rohre, wie DN 15, oft bündelweise durch einen Durchdringungsstutzen geführt.

Bei der Anwendung von Endscheiben werden die Rohrleitungen innerhalb des Sicherheitsbehälters durch eine topfartige Endscheibe geführt und mit dieser, sowie diese unter Zwischenschaltung eines Verlängerungsrohres mit dem Durchdringungsstutzen verschweißt. Diese starre Verbindung ist allerdings nur zulässig, wenn aus dem Rohrsystem heraus keine größeren Kräfte auf den Durchdringungsstutzen und damit auf den Sicherheitsbehälter wirken können. In Bild 125 ist das Prinzip einer starren Endscheibe dargestellt.

Werden aus dem Rohrsystem heraus, z.B. durch Temperaturbeaufschlagung oder durch zu erwartende Rohrlecks, größere Rohrkräfte erwartet, so werden diese in sogenannte Festpunkte eingeleitet.

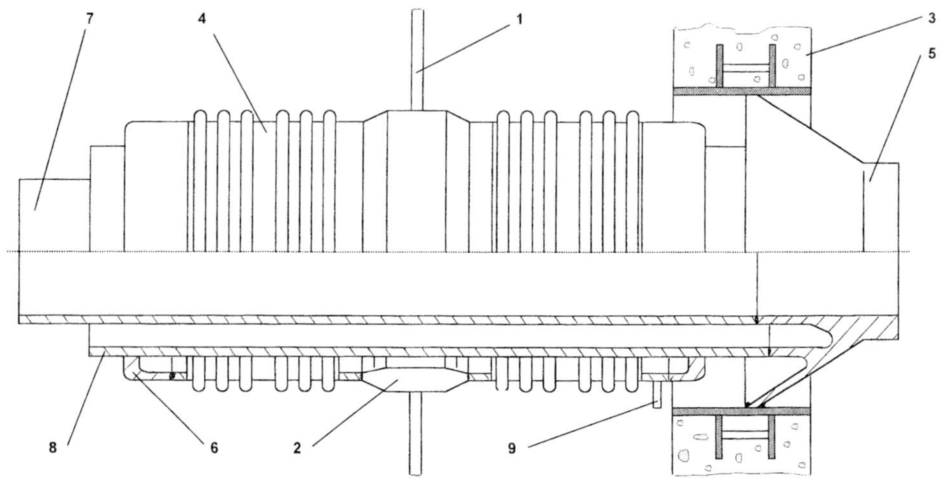

Bild 126: Rohrdurchführung mit Festpunkt (gekammerte Ausführung)

Zur Anwendung kommen Festpunkte aus Stahl, in die innerhalb oder außerhalb des Sicherheitsbehälters die vom Rohrsystem aufgenommenen Kräfte über Stahlkonstruktionen eingeleitet werden – oder Festpunkte, die die ankommenden Rohrkräfte in stark bewehrten Beton ableiten.

Weitere Sonderkonstruktionen dienen bei Rohrdurchführungen dazu, höchste Sicherheitsanforderungen zu gewährleisten. Hierzu gehören, insbesondere bei Frischdampfleitungen großer Nennweiten, zum Sicherheitsbehälter hin offene Doppelrohre, Bild 126.

Diese besonderen Konstruktionen leiten bei eventuell auftretenden Leckagen im Bereich der Rohrdurchführungen hohe Druckbelastungen in den Sicherheitsbehälter ab, der im Gegensatz zum Ringraum hierfür ausgelegt ist. Wegen der großen Rohrkräfte, die aus dem Betrieb einer Frischdampfleitung resultieren, werden diese Leitungen über einen starren Festpunkt mit der Betonstruktur der Sekundärabschirmung verbunden. Eine weitere Sicherheitsmaßnahme ist die Überwachung der Dichtheit der Leitungen im Bereich der großen Rohrdurchführungen. Hierzu werden die Doppelrohre mittels Endscheiben, Verlängerungsrohren und Metallbälgen mit dem Durchdringungsstutzen verschweißt. Über Prüfanschlüsse wird in die auf diese Weise entstandenen Zwischenräume Stickstoff geleitet und dessen Überdruck (ca. 0,5 bar) dauerüberwacht.

Literaturverzeichnis

(zum Kapitel 10.1: Dichtungen im Lebensmittelbereich)

[1] Bedarfsgegenständeverordnung vom 10. April 1992
[2] BgVV-Empfehlungen (früher BGA) – Bundesinstitut für gesundheitlichen Verbraucherschutz und Veterinärmedizin.
[3] US-amerikanische FDA Vorschriften, betreffend Werkstoffen 21 CFR, z.B. für Elastomere 21 CFR 177.2600.
[4] EG Maschinenrichtlinie 89/392/EWG, Anhang I
[5] DIN EN 1672-2, Ausgabe Juni 1997: Nahrungsmittelmaschinen. Allgemeine Gestaltungsleitsätze Teil 2: Hygieneanforderungen
[6] DIN 11864-2, Armaturen für Lebensmittel, Chemie und Pharmazie, Aseptik-Verbindung. Teil 2: Aseptik-Flanschverbindung aus nichtrostendem Stahl zum Anschweißen

Zusatzliteraturhinweise, wichtige Normen, Richtlinien

- deutsche Hygieneverordnung
- EG Kunststoffrichtlinie 89/109/EWG
- KTW-Empfehlungen des BgVV (KTW: Kunststoff-Trinkwasser)
- VDMA-Einheitsblatt 24432, Ausgabe November 1992: Komponenten und Anlagen für keimarme oder sterile Verfahrenstechniken – Qualitätsmerkmale und Empfehlungen
- 3-A Vorschriften (3 associations), z.B. „3-A Sanitary Standards for Multiple-Use Rubber and Rubber-Like Materials Used as Product Contact Surfaces in Dairy Equipment" – Number 18-01 oder „3-A Sanitary Standards for Centrifugal and Positive Rotary Pumps for Milk and Milk Products" – Number 02-08.
- EHEDG-Richtlinien (European Hygienic Equipment Design Group). Diese Gruppe könnte man als das europäische Gegenstück zur amerikanischen 3-A Organisation betrachten. Sie beschäftigt sich intensiv mit Gestaltungsrichtlinien für hygienische Anlagen. Bsp.: Doc. 14, August 1996: „Hygienic requirements on valves for food processing."

(zum Kapitel 10.2: Dichtungen an Armaturen)

[7] DIN 3535-3: Dichtungen in der Gasversorgung. Dichtungen aus Elastomeren für Gasversorgungs- und Gasfernleitungen
[8] prEN 682: Elastomer-Dichtungen-Werkstoffanforderungen für Dichtungen in Versorgungsleitungen und Bauteilen für Gas und flüssige Kohlenwasserstoffe
[9] DVGW G 480/I: Anwendung von Elastomerdichtungen in Rohrleitungsverbindungen des Gastransports und der Gasverteilung
Dichtringe in Muffenverbindungen von Druckrohren aus duktilem Gußeisen
[10] DVGW G 481: Anwendung von nichtmetallenem Dichtungsmaterial in der Gasversorgung und Gasverwendung
[11] H. E. Driesen, DVGW-Forschungsstelle, Karlsruhe: Dichtungsmaterial in der Gasversorgung – ein Überblick über die Normungssituation; zu beziehen über die Bundesvereinigung der Firmen im Gas- und Wasserfach, Köln
[12] DN 28617: Dichtringe für Druckrohre und Formstücke aus Gußeisen für Wasserleitungen, Anforderungen und Prüfung
[13] Empfehlungen für Kunststoffe im Lebensmittelverkehr, Bundesgesundheitsamt
[14] DVGW W 270: Vermehrung von Mikroorganismen auf Materialien für den Trinkwasserbereich (Prüfung und Bewertung)
[15] DIN EN 681-1: Werkstoff-Anforderungen für Rohrleitungs-Dichtungen; Anwendungen in der Wasserversorgung und Entwässerung
[16] DIN 4060: Rohrverbindungen von Abwasserkanälen und -leitungen mit Elastomerdichtungen
[17] E DIN ISO 9691: Empfehlungen über die Ausführung von Dichtringen für Rohrleitungen
[18] Albrecht Kottmann: Rohre und Rohrwerkstoffe in der Gas- und Wasserversorgung; Schriftenreihe Energie- und Umwelttechnik, Herausgeber Heinz, Moser, Vulkan-Verlag Essen, 1997

[19] DIN 28601-1: Schraubmuffen-Verbindungen
[20] DIN 28603: Steckmuffen-Verbindungen
[21] DIN 8062: Rohre aus weichmacherfreiem Polyvinylchlorid (PVD-U, PVC-HD; Maße)
[22] DIN 19800-3: Asbestzementrohre und -formstücke für Druckrohrleitungen; Rohrverbindungen; Maße
[23] Erwin Hawle: Patentschrift Nr. 206712, Österreichisches Patentamt, Patentanmeldung 1958, Patentverteilung 1959
[24] Wasserversorgungs- und Abwassertechnik, Band 1 Rohrnetztechnik Vulkan-Verlag Essen, Seite 284ff
[25] Siegmar Förster Patentschrift Nr. 93101384.1, Europäisches Patentamt, Patentanmeldung 1993
[26] DIN 30661: Dichtungsmaterial für die Gasversorgung – Aushärtendes Dichtungsmaterial für Gewindeverbindungen in Armaturen und Gasgeräten

(zum Kapitel 10.3: Spezial-Armaturen-Dichtungen)

[27] Patent PL, Int.Cl.F16K3/02, nr 146707, Gniazdo uszczelniające zasuwy
[28] Patent USA, Int.Cl.F16K3/16, nr 4192483, One piece seat ring with „O"-ring seal
[29] Patent USA, Int.Cl.F16K3/00, nr 4116419, Limited float seat construction for expanding gate valve
[30] Ölfeld – Schieber, Katalog Fa. Hübner Vamag (Österreich)
[31] Boda A., Kocjan L., Ochoński W.: Hochdruckschieber mit selbsttätiger Abdichtung eines Verschlussystems, Vorträge IX Internationales Dichtungskolloquium, Münster, 1995
[32] Gate valves worldwide, Katalog Fa. Mc Evoy (USA)
[33] Patent USA, Int. Cl. F16K3/26, nr 3696831, Valve
[34] Ball control valve, Druckschrift Fa. F. Burgmann, Dichtungswerke GmbH & Co. (Germany)
[35] VAG Kugelhahn, Typ KHG, Druckschrift Fa. Vereinigte Armaturen GmbH, Mannheim (Germany)
[36] NT – Absperrklappen, Druckschrift Fa. Neotecha AG (Schweiz)
[37] High performance butterfy valves, Druckschrift Fa. W-K-M. (USA)
[38] Keefe W. O.: Butterfly valves improvements, Power vol. 125/1981/, n 9
[39] Stopfbuchspackungen, Katalog Fa. F. Burgmann, Dichtungswerke GmbH & Co. (Germany)
[40] Patent FR, Int. Cl. F16K41/08, nr 2400656, Ventilspindelabdichtung
[41] Patent UK, Int. Cl. F16K3/02, nr 1315782, Improvements in or relating to gland packings
[42] Garlock Sealing Technologies, Katalog Fa. Garlock GmbH (Germany)
[43] Graygate valves for extreme service, Katalog Fa. Gray Tool Co. (USA)
[44] Patent USA, Int. Cl. F16K41/04, nr 4340204, High pressure gate valves with preloaded, stacked, solid lubricated stem seals
[45] O-C-T gate valves for the oil and gas industry Fa. FMC Corp. (USA)

(zum Kapitel 10.4: Hochdruck-Abdichtungen von Rohrleitungen und Apparaten)

[46] Trutnovsky K. Berührungsdichtungen, Springer-Verlag, Berlin – Heidelberg – New York, 1975
[47] Buchter H. H.: Industrial sealing technology, John Wiley & Sons Inc., New York, 1975
[48] Buchter H. H.: Apparate und Armaturen der Chemischen Hochdrucktechnik, Springer-Verlag, Berlin – Heidelberg – New York, 1979
[49] Wigram S. B.: Static metallic seals, Pumps – Pompes – Pumpen, June, 1977
[50] Wills Rings, Katalog Fa. Fothergill & Harvey Ltd. (UK)
[51] Metall „O"-Ringe und „C"-Ringe für extreme Betriebsbedingungen, Druckschrift Fa.GFD – Gesellschaft für Dichtungstechnik mbH (Germany)
[52] Schwaigerer S.: Rohrleitungen, Springer Verlag, Berlin – Heidelberg – New York, 1967

(zum Kapitel 10.5: Aufblasbare Dichtungen)

[53] Aufblasbare Dichtungen, Druckschrift Fa. Seal Master Co. (USA)
[54] Inflatable seals, Katalog Fa. Cefilac Joints Fargere (Frankreich)
[55] Standardised mechanical seals, Katalog Fa. LATTY International (Frankreich)

(zum Kapitel 10.6: Magnetdichtungen)

[56] Kollinger R. Schmöller W.: Magnete in der Dichtungstechnik, Vorträge auf der IX Internationale Dichtungstagung, Dresden, 1990

[57] Ochoński W.: Tenute magnetische, FLUID, Apparecchiature Idrauliche e Pneumatiche, no 364, Octobre, 1994

[58] Patent BRD, Int. Cl. F16J15/16, nr 2621352 Magnetdichtung

[59] Patent PL, Int. Cl. F16C33/82, nr 157427, Uszczelnienie łożyska tocznego

[60] Buchter H. H.: Industrial sealing technology, John Wiley & Sons Inc., New York, 1979

[61] Patent PL, Int. Cl. F16J15/18, nr 163176 Dławnica o wyrównanym rozkładzie nacisków stykowych

(zum Kapitel 10.7: Magnetflüskeitsdichtungen)

[62] Berkovsky B. M., Medvedev V. F., Krakov M. S.: Magnetic Fluids; engineering applications, Oxford University Press, Oxford – New York – Tokyo, 1993

[63] Magnitnyje židkosti w maszinostrojenii, Gemeinschaftsarbeit unter der Redaktion von Orlowa D. W. Und Podgorkova W. W., Izd. Maszinostrojenie, Moskau,1993

[64] Schumann R.: Magnetische Flüssigkeit, Antriebstechnik, vol. 14 (1975), nr 4

[65] Kurfess J., Müller H. K., Haas W.: Magnetische Flüssigkeiten und ihre Verwendung in der Dichtungstechnik, Antriebstechnik, vol. 27 (1988), nr 2

[66] Buchter H. H.: Industrial sealing technology, John Wiley & Sons inc., New York, 1979

[67] Brown M.: Seals and sealing handbook, Elsevier Advanced Technology, Oxford, 1995

[68] Walowit J. A., Pinkus O.: Analysis of magnetic fluid seals, ASLE Transactions, vol. 24 (1980), nr 4

[69] Vacuum rotary feedthrough, Katalog Fa. Ferrofluidics Corp. (USA)

[70] SMART – Seals, Druckschrift Fa. Advanced Fluid Systems (USA)

[71] Müller H. K.: Abdichtung bewegter Maschinenteile, Medienverlag, Weilblingen, 1990

[72] Mikhalev J. O. Antipov A. A.: Primienienie magnitoždkostnych uplotnienii dla germetizacji walov, Mechanizacja i Avtomatizacja Proizwodstva, 1990, nr 4

[73] Patent SU, Int. Cl. F16J15/40, nr 973998, Torcovoje magnitoždkostnoje uplotnienie

[74] Patent SU, Int. Cl. F16J15/40, nr 838223, Magnitoždkostnoje uplotnienie

[75] Patent PL, Int. Cl. F16J15/453, nr 174460, Ferromagnetyczne uszczelnienie odśrodkowe wału

[76] Ochoński W.: High technology of sealing solved by ferrofluids, Industrial Lubrication and Tribology, vol. 45 (1993), nr 4

[77] Patent USA, Int. Cl. F16J15/56, nr 4171818, Dynamic lip seal using ferrofluids as sealant/ lubricant

[78] Ochoński W.: Anwendungsmöglichkeiten für Magnetflüssigkeiten in der Dichtungstechnik, Antriebstechnik, vol. 35 (1996) nr 1und nr 4

[79] Kamiyama, S.: A magnetic fluid actuator, Advanced Robotics, vol. 1 (1986), nr 2

[80] Patent SU, Int. Cl. F16J15/40, nr 1668791, Magnitoždkostnoje uplotnienie

(zum Kap. 10.8: Klebende Dichtstoffe)

Endlich, W.: „Kleb- und Dichtstoffe in der modernen Technik". Vulkan-Verlag, Essen, 1990

Endlich, W.: „Kleben und Dichten - aber wie?". DVS-Verlag, Düsseldorf, 1996

Endlich, W.: „Fertigungstechnik mit Kleb- und Dichtstoffen." Vieweg-Verlag, Wiesbaden · Braunschweig, 1995

Holler, G.: „Acryl-Dichtungsmassen". Bauen mit Kunststoffen, 1980/1

Baust, E.: „Dichtstoffe im Metallhandwerk". metallhandwerk + technik, 1979/12

Baust, E.: Praxishandbuch Dichtstoffe". Industrieverband Dichtstoffe e.V. (IVD), Düsseldorf, 1987

Lucke, H.: „Dichtungsmassen - Dichtungsprobleme". Bertelsmann Fachzeitschriften GmbH, Berlin, 1980

Louis, E.; Hechtl, W. und Patzke, J.: „Dichtungstechniken mit Siliconkautschuken". Chemische Produktion 1979/1, 4, 5

Sattlegger, H. und Schwabe, P.: „Silicon-Einkomponentenkautschuk als Fugendichtungsmassen". Fertigteilbau 1968/4

A.A.: „Teroson-Produkte für Industrie und Handwerk". Henkel Teroson GmbH, Heidelberg, 1996

Endlich, W., Hrsg.:"Neuere Entwicklungen in der Kleb- und Dichttechnik". Vulkan-Verlag, Essen, 1997

DIN-Anforderungsnormen für Dichtstoffe

DIN	Teil	Ausg.	Titel
18540	1	1.80	Abdichten von Außenwandfugen zwischen Beton- und Stahlbetonfertigteilen im Hochbau mit Fugendichtmassen; Konstruktive Ausbildung der Fugen
18540	2	1.80	–; Anforderung und Prüfung für Fugendichtungsmassen
18540	3	1.80	–; Baustoffe, Verarbeiten von Fugendichtungsmassen
18545	1	8.82	Abdichten von Verglasungen mit Dichtstoffen; Anforderungen an Glasfalze
18545	2	5.85	–; Dichtstoffe Bezeichnung Anforderung Prüfung
18545	3	10.83	–; Verglasungssysteme b. DIN-Prüfnormen für Dichtstoffe
52451		2.83	Prüfung von Dichtstoffen für das Bauwesen; Bestimmung der Volumenänderung nach Temperaturbeanspruchung; Tauchwägeverfahren
52452	1	6.81	–; Verträglichkeit der Dichtstoffe; Verträglichkeit mit anderen Baustoffen
52452	2	6.81	–; –; Einfluß von Chemikalien
52452	3	9.78	–; –; Verträglichkeit von ausreagierten mit frischen Dichtstoffen
52453	1	9.78	_; Bindemittelabwanderung; Prüfung auf Verfärbung von angrenzenden Baustoffen
52453	2	9.77	–; –; Filterpapiermethode
52453	3	4.77	–; –; Prüfung der Verfärbung von Beton
52454		4.74	–; Standvermögen
52455	1	5.73	–; Haft- und Dehnversuch; Vorbehandlung im Normalklima und in Wasser
52455 E	1	2.82	–; –; Beanspruchung durch Normalklima Wasser oder höhere Temperaturen
52455	2	11.74	–; –; Wechsellagerung
52455 E	2	2.82	–; –; Beanspruchung durch Wechsellagerung
52455	3	9.74	–; –; Lichteinwirkung
52455	4	9.77	–; –; Dehn-Stauch-Zyklus
52455 E	4	3.82	–; –; Prüfung bei Temperaturbeanspruchung
52456		5.76	–; Bestimmung der Verarbeitbarkeit von Dichtstoffen
52458		9.75	–; Bestimmung des Rückstellvermögens
52458 E		3.83	–; Bestimmung des Rückstellvermögens
52459		6.81	–; Bestimmung der Wasseraufnahme von Hinterfüllmaterial; Rückhaltevermögen
52460		8.79	Fugen- und Glasdichtungen; Begriffe

(zum Kapitel 10.9: Ringraumdichtungen)

– DIN Normen, Beuth-Verlag GmbH, Berlin:

[81] DIN 1988 Teil 2 12.88 Technische Regeln für Trinkwasserinstallationen (TRWI); Planung und Ausführung; Bauteile, Apparate, Werkstoffe; Technische Regel des DVGW

[82] DIN 1053 Teil 1 02.90 Mauerwerk; Rezeptmauerwerk; Berechnung und Ausführung Technische Bestimmungen für den Bau

[83] DIN 18012 06.82 Hausanschlußräume, Planungsgrundlagen

[86] DIN 18531 09.91 Dachabdichtungen; Begriffe, Anforderungen, Planungsgrundsätze

[87]	DIN 18195	Teil 5	02.84	Bauwerksabdichtungen; Abdichtungen gegen nichtdrückendes Wasser, Bemessung und Ausführung
[88]	DIN 18195	Teil 9	12.86	Bauwerksabdichtungen; Durchdringungen, Übergänge, Abschlüsse
[89]	DIN 4102	Teil 7	03.87	Brandverhalten von Baustoffen und Bauteilen

Zusatzliteratur

–	DIN 1986	Teil 1	09.78	Entwässerungsanlagen für Gebäude und Grundstücke, Seite 8
–	DIN 2448		02.81	Nahtlose Stahlrohre
–	DIN 2458		02.81	Geschweißte Stahlrohre
–	DIN 4109		11.89	Schallschutz im Hochbau
–	DIN 18336		12.92	VOB Verdingungsordnung für Bauleistungen; Teil C: Allgemeine Technische Vertragsbedingungen für Bauleistungen (ATV); Abdichtungsarbeiten
–	DIN 19840	Teil 1	05.89	Faserzement-Rohre und -Formstücke für Abwasserleitungen
–	DIN 19850	Teil 1	02.91	Faserzement-Rohre und Formstücke für Abwasserkanäle; Rohre, Abzweige, Bogen

DVGW-Arbeitsblätter, ZfGW-Verlag Frankfurt:

[84]	DVGW-Arbeitsblatt G 459	06.86	Gas-Hausanschlüsse für Betriebsdrücke bis 4 bar, Errichtung
[85]	DVGW-Arbeitsblatt G 600	11.86	Technische Regeln für Gas-Installationen (DVGW-TRGI)

Weitere Vorschriften, Gesetze und Veröffentlichungen:

[90]			Leitlinien der Reaktorsicherheitskommission
[91]	KTA 3407	06.91	Rohrdurchführungen durch den Reaktorsicherheitsbehälter (Richtlinien des Kerntechnischen Ausschusses)

Zusatzliteratur

- DS 835 (AIB) Vorschriften der Deutschen Bahn AG zur Abdichtung von Ingenieurbauwerken
- WHG, §19 h Gesetz zur Ordnung des Wasserhaushalts (Wasserhaushaltsgesetz)
- Bulletin Survey

11 Anhang

11 Anhang

11.1 Forschungseinrichtungen auf dem Gebiet der Dichtungstechnik in Deutschland

1. Fachhochschule Münster
   Fachbereich Physikalische Technik
   Forschungsbereich Dichtungstechnik
   Stegerwaldstr. 39
   D-48565 Steinfurt

2. Materialprüfanstalt der Universität Stuttgart
   Abt. Festigkeitsanalysen
   Pfaffenwaldring 32
   D-70569 Stuttgart

3. Universität Stuttgart
   Institut für Maschinenelemente
   Abt. Dichtungstechnik
   Pfaffenwaldring 9
   D-70569 Stuttgart

4. Technische Universität Hamburg-Harburg
   Arbeitsbereiche 1 und 2
   Denickestr. 17
   D-21073 Hamburg

5. Technische Universität Dresden
   Inst. f. Werkzeugmaschinen und Fluidtechnik
   Lehrstuhl Hydraulik und Pneumatik
   D-01062 Dresden

6. Rheinisch-Westfälische Technische Hochschule Aachen
   Inst. f. fluidtechnische Antriebe und Steuerungen
   Steinbachstr. 53
   D-52074 Aachen

11.2 Fachtagungen / -veranstaltungen auf dem Gebiet der Dichtungstechnik
(mit wiederkehrendem Charakter)

1. Internationales Dichtungskolloquium
   Fachhochschule Münster / VDI-Bezirksverein Münsterland e.V. /
   Vulkan-Verlag GmbH, Essen
   Fachbereich Physikalische Technik
   Transferstelle
   Postfach 3020
   D-48016 Münster
   Vulkan-Verlag GmbH
   Postfach 10 39 62
   45039 Essen
   Rhythmus: 2-jährig / April / 2-tägig

2. International Conference on Fluid Sealing
   BHR Group, England
   Anschrift: siehe Pkt. 11.3

3. FSA Technical Symposium
   FSA, Houston / USA
   Anschrift: siehe Pkt. 11.3

4. Kleb- und Dichttechnik
   Haus der Technik / Essen
   Hollestr.1
   D-45127 Essen
   Rhythmus: jährlich / 1-tägig

5. Techn. Akademie Esslingen
   In den Anlagen 5
   D-73760 Ostfildern

6. Techn. Akademie Wuppertal
   Hubertusallee 18
   D-42711 Wuppertal

11.3 Fachverbände / Arbeitskreise

1. DIN-Deutsches Institut für Normung
   FNCA / Fachnormenausschuß Chemischer Apparatebau
   Kamekestr. 8
   D-50672 Köln

2. VDI-Verein Deutscher Ingenieure
   EKV / Entwicklung-Konstruktion-Vertrieb
   Arbeitsgruppen 2200 und 2440
   Graf-Recke-Str. 84
   D-40239 Düsseldorf

3. British Hydromechanics Research Group
   Cranfield
   Bedforshire MK43 OAJ
   United Kingdom of Great Britain

4. European Sealing Association
   Bowerham House
   The Grove
   Lancaster LA1 3AL
   United Kingdom of Great Britain

5. Fluid Sealing Association
   994 Old Eagle School Road, Suite 1019
   Wayne, PA 19087 - 1802
   USA

6. VDMA / Verein Deutscher Maschinen- und Anlagenbau e.V.
FG Fluidtechnik
Lyoner Str. 18
D-60528 Frankfurt/Main

7. Industrieverband Klebstoffe e.V.
Ivo-Beucker-Str. 43
D-40237 Düsseldorf

8. Industrieverband Dichtstoffe e.V.
Wahlerstr. 16
D-40472 Düsseldorf

9. The Engineering Society For Advancing Mobility
Land Sea Air and Space
International
400 Commonwealth Drive
Warrendale, PA 15096-0001
USA

11.4 Fachliteratur / Richtlinien / Normen

1. Fachliteratur

1	SEIFERT, E.	Dichtungspraktikum Verl. der Ind.-meister, Hamburg, 1970
2	TRUTNOVSKY, K.	Berührungsdichtungen an ruhenden und bewegten Maschinenteilen Konstruktionsbücher, Bd. 17 Springer-Verlag Berlin/Heidelberg/New York, 1975
3	GOHL, W.	Elastomere Dicht- und Konstruktionswerkstoffe Lexika-Verlag, Grafenau 1977
4	SCHMID, E.	Handbuch der Dichtungstechnik expert-Verlag, Grafenau 1981
5	NAGDI, K.	Gummi-Werkstoffe Vogel-Verlag, Würzburg, 1981
6	REUTER, F. W.	Dichtungen in der Verfahrenstechnik Resch-Verlag, Gräfelfing 1987
7	KRUMEICH, P.	Polymere Dichtungswerkstoffe Resch-Verlag, Gräfelding 1988
8		Seals & Sealing Handbook Elsevier Science Publishers Ltd., Oxford/ England 1990

9 MÜLLER, H. K. — Abdichtung bewegter Maschinenteile
Medienverlag U. Müller, Waiblingen 1990

10 SCHWIND, H.; KÄMPKES, W. — Berechnung des Betriebsverhaltens von Rohrleitungsflanschverbindungen
Vulkan-Verlag, Essen 1990

11 THIER, B.; FARAGALLAH, W.H. — Handbuch Dichtungen
Verlag Faragallah, Sulzbach 1990

12 MAYER, E. — Axiale Gleitringdichtungen
Düsseldorf 1992

13 EBERTSHÄUSER, H. — Dichtungen in der Fluidtechnik
Vereinigte Fachverlage, Mainz 1993

14 BATHEN, D.; HUMMELT, C.; MEISEL, J. — Emissionen an Flanschverbindungen
Vulkan-Verlag GmbH, Essen, 2000

2. Regelwerke, Richtlinien, Verordnungen

1 VDI 2440 — Emissionsminderung Mineralölraffinerien

2 VDI 2200 — Dichte Flanschverbindung
(in Vorbereitung)

3 JOST, D. — Die neue TA-Luft
WEKA Fachverlage GmbH, Augsburg

4 REUTER, H. — Überwachungsbedürftige Anlagen
Deutscher Fachschriftenverlag Braun GmbH & Co KG, Wiesbaden
(Verordnung über Druckbehälter, Druckgasbehälter und Füllanlagen)

5 Vereinig. der TÜV e.V. — AD-Merkblätter
Carl Heymanns Verlag, Köln
Beuth Verlag, Berlin

6 TRBF — Technische Regeln für brennbare Flüssigkeiten

7 KTW-Empfehlungen — Kunststoff-Trinkwasser-Empfehlungen der Kunststoff-Kommission des Bundesgesundheitsamtes

8 DVGW- Zulassung — Deutscher Verein des Gas- und Wasserfaches
DVGW-Richtlinien

9	VDMA-Druckschrift	Gleitringdichtung 1996

3. Normen

1	pr EN 1591	Regeln für die Auslegung von Flanschverbindungen mit runden Flanschen und Dichtung
2	EN 1514	Maße für Flanschdichtungen mit PN-Bezeichnung
3	DIN/ISO 1629	Kautschuke und Latices: Einleitung, Kurzzeichen
4	DIN E 2505	Berechnung von Flanschverbindungen
5	DIN 2690 - 2692	Abmessungen von Flachdichtungen
6	DIN 2696 - 2699	Abmessungen von Dichtungen Dichtlinsen, Linsendichtungen – Kammprofildichtungen – gewellte Stahlblechdichtungen / Schnurauflage - Spiral-dichtungen
7	DIN 3535	Dichtungen für die Gasversorgung
8	DIN 3750	Dichtungen; Begriffe, Benennungen
9	DIN 3760 / 61	Radialwellendichtringe
10	DIN 3770	Runddichtringe mit besonderer Maßgenauigkeit aus Elastomeren
11	DIN 3780	Dichtungen; Stopfbuchsendurchmesser und zugehörige Packungsbreiten
12	DIN 24960	Gleitringdichtungen Einbaumaße, Hauptmaße, Bezeichnungen und Werkstoffschlüssel
13	DIN 28090/1...3	Statische Dichtungen für Flanschverbindungen
14	DIN 28091/1...4	Dichtungswerkstoffe Technische Lieferbedingungen für Dichtungsplatten
15	DIN 28137	Rührwerksflansche für Rührbehälter aus unlegiertem und nichtrostendem Stahl; Maße und Ausführungen Rührwerksflansche Form E für Rührbehälter aus Stahl, emailliert; Anschlußmaße für GLRD und Rührwerkslaterne

16	DIN 28138 / 1	Gleitringdichtungen für Rührwellen Rührwellen aus unlegiertem und nicht rostendem Stahl Betriebsdaten, Einbaumaße
17	DIN 28138 / 2	Gleitringdichtungen für Rührwellen Rührwellen aus Stahl, emailliert Betriebsdaten, Einbaumaße
18	DIN 28138 / 3	Gleitringdichtungen für Rührwellen Bezeichnung Sperrflüssigkeits-, Kühl-, Kontroll- und Montageanschlüsse
19	DIN 28148	PTFE-umhüllte Dichtungen für Rührbehälter aus Stahl, emailliert
20	DIN 28154	Wellenenden für Rührer aus unlegiertem und nicht rostendem Stahl für GLRD; Maße
21	DIN 28161	Rührwerkslaternen für Rührantriebe mit GLRD Rührwerkslaternen für Rührantriebe mit Stopfbuchsdichtung
22	DIN 28163	Stopfbuchsdichtungen für Rührwellen aus unlegiertem und nichtrostendem Stahl – ausländische –
23	API Standard 682	Shaft Sealing Systems for Centrifugal and Rotary Pumps

Stichwortverzeichnis

B

C

D

E

F

G

H

I

K

N

O

P

Q

R

S

T

U

V

W

X

Z

Marktspiegel

ADITEC – GmbH
Postfach 11 22, D-72829 Grossengstingen
Hölderlinstraße 13, D-72829 Grossengstingen
Tel. (0 71 29) 93 20 23, Fax (0 71 29) 93 20 24
E-Mail: ADITEC-ENGSTINGEN@t-online.de

AERNI AG
Wyhlenstrasse 41, CH-4302 Augst
Tel. (+41-61) 8 11 12 12, Fax (+41-61) 8 11 12 11
http://www.aerni-ag.ch

AESSEAL® - DEUTSCHLAND
Parkstraße 1, D-41372 Niederkrüchten
Tel. (0 21 63) 32 00 80, Fax (0 21 63) 32 00 82
Internet: http://www.aesseal.co.uk
Einzelfeder Gleitringdichtungen
DIN-Gleitringdichtungen
Cartridgedichtungen
Rührwerkdichtungen
Versorgungssysteme

Angst + Pfister GmbH
Siemensstraße 2, D-64546 Mörfelden
Tel. (0 61 05) 92 54-0, Fax (0 61 05) 2 54 69
E-Mail: de@Angst-Pfister.com
http://www.Angst-Pfister.com

Bähr Technischer Grosshandel
Färberstraße 36, D-72461 Albstadt
Tel. (0 74 32) 99 47 06, Fax (0 74 32) 99 47 09
E-Mail: info@baehr-tgh.de
Internet: http://www.baehr-tgh.de

BEKU Dichtungselemente GmbH
Steckenrother Weg 2, D-65232 Taunusstein
Tel. (0 61 28) 94 55 74, Fax (0 61 28) 94 45 64
E-Mail: BEKU.GMBH@t-online.de
Internet: www.beku.de

BILLI Dichtungstechnik GmbH
Bgm.-Würmseher-Straße 35, D-86641 Rain
Tel. (0 90 90) 54 37, Fax (0 90 90) 54 38
E-Mail: billi.gaskets@t-online.de
http://www.billi.wlwonline.de

Busak + Shamban GmbH & Co.
Ein Unternehmen der TI Gruppe
Postfach 80 02 06, D-70502 Stuttgart
Handwerkstraße 5-7, D-70565 Stuttgart
Tel. (07 11) 78 64-0, Fax (07 11) 78 64-344
E-Mail: BSDeutschland@bsmail.com
http://www.busakshamban.com

J. Cardenas GmbH
OXIDKERAMIK
Siemensstraße 2, D-73095 Albershausen
Tel. (0 71 61) 93 82-0, Fax (0 71 61) 93 82-22
E-Mail: oxidkeramik@t-online.de
Internet: www.oxidkeramik.de
Herstellung von keramischen Bauteilen für den Pumpenbereich aus Aluminiumoxid, Siliciumcarbid und Zirkonoxid

Ceram Tec AG
Geschäftsbereich Systemtechnik
Luitpoldstraße 15, D-91207 Lauf
Tel. (0 91 23) 77-522, Fax (0 91 23) 77-464
E-Mail: e. vitzthum@ceramtec.de
http://www.ceramtec.de

DEPAC Dichtungstechnik
Alfenzstraße, A-6700 Bludenz
Tel. 0043-5552-31340, Fax 0043-5552-31370
E-Mail: office@depac.at
Internet: www.depac.at
GLRD, Packungen, Hydr. Dichtungen,
Chem.-Techn. Prod.

DEUTSCHE HUTCHINSON GmbH
Postfach 12 04 54, D-68055 Mannheim
Hansastraße 66, D-68169 Mannheim
Tel. (06 21) 32 17-0, Fax (06 21) 32 17-100
e-mail: d.boes@dt.hutchinson.de
http://www.hutchinson.fr
Beratung, Entwicklung und Fabrikation von Dichtungen
und Formteilen aus Elastomerwerkstoffen

Dichtelemente Hallite GmbH
Billwerder Ring 17, D-21035 Hamburg
Tel. (0 40) 73 47 48-0, Fax (0 40) 73 47 48 49
E-Mail: seals@hallite.de
http://www.hallite.co.uk
Dichtungen, Abstreifer und Führungen
für Hydraulik

DICHTOMATIK GmbH
Postfach 70 04 80, D-22004 Hamburg
Albert-Schweitzer-Ring 1, D-22045 Hamburg
Tel. (0 40) 6 69 89-0, Fax (0 40) 6 69 89-101
E-Mail: mail@dichtomatik.de
http://www.dichtomatik.de

Alle Dichtungen dieser Welt. Jederzeit.

DONIT TESNIT d.d.
Cesto komandandanta Staneta 38
SI-1215 Medvode, Slowenien
DONIT TESNIT AG
Dichtungstechnik, Dichtungsmaterialien & Dichtungen
Zweigniederlassung München
Garmischer Straße 6, D-80339 München
Tel. (0 89) 51 00 98 70, Fax (0 89) 51 00 98 68
E-Mail: DONIT_TESNIT_AG@t-online.de
http://www.donittesnit.si

DSI Rohrleitungsbau-Zubehör GmbH
Daimlerstraße 21, D-72147 Nehren
Tel. (0 74 73) 37 81-0, Fax (0 74 73) 37 81-35
E-mail: vertrieb@dsi.de
Internet: www.dsi.de
Ringraumdichtungen, Flanschdichtungen
Abschlußmanschetten

Eagle-Picher-Wolverine® GmbH
Postfach 15 49, D-74605 Öhringen
Verrenberger Weg 20, D-74613 Öhringen
Tel. (0 79 41) 6 03-0, Fax (0 79 41) 6 03-199
E-Mail: zentrale@epwolv.de
Elastomerbeschichtete Trägermaterialien für Dichtungen und Umformteile sowie Geräusch- u. Schwingungsdämpfung

Elring Kunststoff-Technik GmbH
Postfach 12 65, D-74302 Bietigheim-Bissingen
Etzelstraße 10, D-74321 Bietigheim-Bissingen
Tel. (0 71 42) 5 83-0, Fax (0 71 42) 5 83-200
E-Mail: info@elring-kunststoff.de
http://www.elring-kunststoff.de

Ferrofluidics GmbH
Postfach 12 64, D-72602 Nürtingen
Hohes Gestade 14, D-72622 Nürtingen
Tel. (+49 70 22) 92 70-0, Fax (+49 70 22) 92 70-10
E-Mail: gmbh@ferrofluidics.de
http://www.ferrofluidics.de

Flowserve Dortmund GmbH & Co KG
Postfach 72 02 45, D-44382 Dortmund
Tel. (02 31) 69 64-0, Fax (02 31) 69 64-256
http://www.flowserve.com

Frenzelit – Werke GmbH + Co. KG
Postfach 11 40, D-95456 Bad Berneck
Frankenhammer, D-95460 Bad Berneck
Tel. (0 92 73) 72-0, Fax (0 92 73) 72-222
E-Mail: info@frenzelit.de
http://www.frenzelit.com

Freudenberg Dichtungs- und Schwingungstechnik KG
Verkauf Simrit
D-69465 Weinheim, Germany
Tel. (0 62 01) 18 05- Simrit
Tel. (0 62 09) 18 05-74 67 48
Fax (0 62 09) 18 03-74 67 48
simrit@freudenberg.de
Internet: www.simrit.de

Garlock Sealing Technologies
Garlock GmbH
Postfach 21 04 64, D-41430 Neuss
Falkenweg 1, D-41468 Neuss
Tel. (0 21 31) 3 49-0, Fax (0 21 31) 3 49-222
E-Mail: garlock-gmbh@t-online.de
Internet: www.garlock.de

C. Otto Gehrckens GmbH & Co. KG
Postfach 14 53, D-25404 Pinneberg
Koppelstraße 17-21, D-25421 Pinneberg
Tel. (0 41 01) 50 02-0, Fax (0 41 01) 2 50 81
E-Mail: info@gehrckens.de
http://www.gehrckens.de

G F D
Gesellschaft für Dichtungstechnik mbH
Hofwiesenstraße 7, D-74336 Brackenheim
Tel. (0 71 35) 95 11-0, Fax (0 71 35) 95 11-11
E-Mail: info@gfd-dichtungen.de
http://www.dichtung.com
Dichtungen für extreme Betriebsbedingungen

Paul Müller Industrie
GmbH & Co. KG
Äußere Bayreuther Str. 230, D-90411 Nürnberg
Tel. (09 11) 56 91-417, Fax (09 11) 56 91-569
E-Mail: vertrieb.at@gmn.de
Internet: http://www.gmn.de

GMN

W. L. Gore & Associates GmbH
Postfach 11 52, D-85636 Putzbrunn/München
Werner-von-Braun-Straße 18, D-85640 Putzbrunn/München
Tel. (0 89) 46 12-2211, Fax (0 89) 46 12-2306
E-Mail: ipd-deutschland@wlgore. com
http://www.gore.com

GORE
Creative Technologies
Worldwide

Gossler Fluidtec GmbH
Postfach, D-21462 Reinbek
Borsigstraße 4-6, D-21465 Reinbek
Tel. (0 40) 7 27 09-200, Fax (0 40) 7 27 09-5200
PARKER-HANNIFIN Präzisions O-Ringe
Nutringe, Manschetten, Stützringe und Führungselemente
Gummiformteile aller Art, Universalverpackungen
TEFLON® Dichtungen, Flachdichtungen
LOCTITE-flüssige Dichtungs- und Klebemittel
GENERAL-ELEKTRIC RTV-Silikon

gossler
Fluidtec

H. Graßmann
Dichtungstechnik GmbH
Westring
Paul-Heinemannstraße 42, D-52393 Hürtgenwald
Tel. (0 24 29) 35 17 oder 35 20, Fax (0 24 29) 26 55
Dichtungen für Hydraulik und Pneumatik
O-Ringe aus Elastomeren, Teflon, Metal, etc.

Dichtungstechnik Graßmann GmbH
Westring
Parker PRÄDIFA
Dichtungen für Hydraulik und Pneumatik
O-Ringe aus Elastomeren, Teflon, Metal, etc.

GROMEX GmbH
Brieffach 26 14 12, D-20504 Hamburg
Carl-Petersen-Straße 55, D-20535 Hamburg
Tel. (0 40) 25 40 41-0, Fax (0 40) 25 40 41-42
Laufwerkdichtungen

Gummi – Berger GmbH
Hans-Thoma-Straße 49-51, D-68163 Mannheim
Tel. (06 21) 4 10 03-0, Fax (06 21) 4 10 03-33
E-Mail: gummi-berger@t-online.de
http://www.gummi-berger.de
Dichtungen aus eigener Produktion, Formteile und Profile aus Asien, Single-Source spezialisiert, Verpacken, JIT ans Band liefern, 9001 zertifiziert, 70 Jahre Markterfahrung

HAFF – Dichtungen GmbH
Ziegeleistraße 3, D-17373 Ueckermünde
Tel. (03 97 71) 2 32 55 Fax (03 97 71) 2 44 82
E-Mail: service@haff-dichtungen.de
http://www.haff-dichtungen.de
Flachdichtungen aller Art nach DIN und Kundenwunsch

Hawle Armaturen GmbH
Liegnitzer Straße 6, D-83395 Freilassing
Tel. (0 86 54) 63 03-0, Fax (0 86 54) 63 03-60
E-Mail: info@hawle.de
http://www.hawle.de

HECKER WERKE GmbH+Co. KG
Arthur-Hecker-Str. 1, D-71090 Weil im Schönbuch
Tel. (0 71 57) 5 60-0, Fax (0 71 57) 5 60-200
E-Mail: mail@heckerwerke.de
Internet: http://www.heckerwerke.de

HME Dichtungssysteme GmbH
Postfach 12 17, D-86330 Königsbrunn
Richthofenstraße 31, D-86343 Königsbrunn
Tel. (0 82 31) 96 23-0, Fax (0 82 31) 8 65 16
E-Mail: hme@hme-seals.de
http://www.hme-seals.de

HUNGER DFE GmbH
Dichtungs- und Führungselemente
Postfach 58 60, D-97008 Würzburg
Alfred-Nobel-Straße 26, D-97080 Würzburg
E-Mail: info@hunger-dichtungen.de
http://www.hunger-dichtungen.de

IBG Monforts GmbH & Co.
Postfach 20 08 53, D-41208 Mönchengladbach
An der Waldesruh 23, D-41238 Mönchengladbach
Tel. (0 21 66) 86 82-0, Fax (0 21 66) 86 82-44
E-Mail: info@ibg-monforts.de
http://www.ibg-monforts.de
PTFE umhüllte Dichtungen

IBK Wiesehahn GmbH
Postfach 20 01 54, D-46223 Bottrop-Kirchhellen
Raiffeisenstraße 5, D-46244 Bottrop-Kirchhellen
Tel. (0 20 45) 89 03-0, Fax (0 2045) 89 03-30

IDG – Dichtungstechnik GmbH
Postfach 12 55, D-73220 Kirchheim/Teck
Heinkelstraße 1, D-73230 Kirchheim/Teck
Tel. (0 70 21) 98 33-0, Fax (0 70 21) 98 33-33
E-Mail: IDG-Dichtungstechnik@t-online.de
http://www.IDG-GmbH.de

IDT Industrie- und Dichtungstechnik GmbH
Werk Essen
Postfach 13 02 70, D-45292 Essen
Adlerstraße 18, D-45307 Essen
Tel. (02 01) 8 55 11-0, Fax (02 01) 8 55 35 55
E-Mail: idt-essen@t-online.de
http://www.idt-dichtungen.de
IDT Industrie-und Dichtungstechnik GmbH
Werk Kupferring
Postfach 10 01 52, D-09441 Annaberg-Buchholz
Gewerbering 6, D-09456 Annaberg-Buchholz
Tel. (0 37 33) 5 05-0, Fax (0 37 33) 50 51 01
E-Mail: idtanna@aol.com
http://www.idt-dichtungen.de
IDT Industrie- und Dichtungstechnik GmbH
Werk Tripp
Liebigstraße 5, D-85551 Kirchheim
Tel. (0 89) 99 18 83-0, Fax (0 89) 9 04 30 67
E-Mail: idt-muenchen@t-online.de
http://www.idt-dichtungen.de

KACO GmbH + Co.
Dichtungswerke
Postfach 23 61, D-74013 Heilbronn
Rosenbergstraße 22, D-74072 Heilbronn
Tel. (0 71 31) 6 36-294, Fax (0 71 31) 6 36-413
E-Mail: VID@kaco.de
http://www.kaco.de

Kempchen & Co. GmbH
Alleestraße 4, D-46049 Oberhausen
Tel. (02 08) 84 82-0, Fax (02 08) 84 82-285
E-Mail: info@kempchen.de
http://www.kempchen.de
Dichtungen, Packungen, Kompensatoren

KLINGER GmbH
Postfach 13 70, D-65503 Idstein
Rich.-Klinger-Straße, D-65510 Idstein
Tel. (0 61 26) 9 50-0, Fax (0 61 26) 9 50-340/-341
E-Mail: mail@klinger-gmbh.de
http://www.klinger-gmbh.de

KROLL & ZILLER GmbH & Co. KG
Postfach 9 70, D-40709 Hilden
Reisholzstraße 15, D-40721 Hilden
Tel. (0 21 03) 9 51-0, Fax (0 21 03) 9 51-509
E-Mail: Kroll-Ziller@t-online.de

Köthener
Spezialdichtungen GmbH
Deltaplatz 1, D-06369 Kleinwülknitz
Tel. (0 34 96) 50 80-0, Fax (0 34 96) 50 80 20
E-Mail: ksd-we@gmx.de

Kubo – Tech AG
Dichtungen + Techn. Produkte
Postfach 332, CH-8307 Effretikon
Im Langhag 5, CH-8307 Effretikon
Tel. ++41 (0) 52 – 3 54 18 18
Fax ++41 (0) 52 – 3 54 18 89
E-Mail: info@kubotech.ch
Internet: www.kubotech.ch

MS plus Dichtungstechnik
Manfred Schürk
Klein-Erkenschwicker-Str. 158b, D-45739 Oer-Erkenschwick
Tel. (0 23 68) 98 51-0, Fax (0 23 68) 98 51-22
Internet: www.msplus-dichtungen.de

OHRMANN MONTAGETECHNIK
Postfach 70 D-59515 Möhnesee
An der Haar 29, D-59519 Möhnesee
Tel. (0 29 24) 97 14-0, Fax (0 29 24) 97 14-14
E-Mail: Vertrieb@Ohrmann.de
http://www.ohrmann.de
Halb- und vollautomatische Montageeinrichtungen
für Dichtungsringe, inkl. Zuführtechnik für trockene,
gefettete und geölte Dichtungsringe

OIL CONTROL GmbH – Hydraulikkomponenten Dichtungen
Postfach 03 02, D-86392 Bobingen
Hans-Sachs-Str. 2, D-86399 Bobingen
Tel. (0 82 34) 96 71-30+31, Fax (0 82 34) 96 71-39
E-Mail: oil.control.dichtungen@t-online.de
Hydraulikdichtungen, Kolben- u. Stangendichtungen, Abstreifringe, Führungsringe, Nutringe, Manschettendichtungen, O-Ringe, Wellendichtringe, Sonderdichtungen, Halbzeuge

O-Ring Prüflabor Richter
Wilhelmstraße 11, D-71723 Großbottwar
Tel. (0 71 48) 92 20 37, Fax (0 71 48) 92 20 38

Dichtungen Prezetak Entwicklung + Fertigung
Postfach 13 49, D-47909 Tönisvorst
Nauenweg 34f, D-47805 Krefeld
Tel. (0 21 51) 70 10 55, Fax (0 21 51) 70 16 71
E-Mail: prezetakatt@t-online.de
Internet: www.prezetak.de
a) Wellendichtringe in Sonderabmessung u. Sonderqualität (PTFE)
b) Dichtungen für Hydraulik u. Pneumatik
c) PTFE O-Ringe

PTFE NÜNCHRITZ GMBH & CO.
Industriestr. C 9, D-01612 Glaubitz
Tel. (03 52 65) 504-0 u. 16, Fax (03 52 65) 5 40 20
E-Mail: service@ptfe-nuenchritz.de
Internet: www.ptfe-nuenchritz.de
PTFE-Halbzeuge (Platten, Stäbe, Rohre, Folien)
PTFE-Dichtungen (Flachdichtungen, O-Ringe, Formdichtungen, Manschettendichtungen, Hydraulikdichtungen)
PTFE-Kolbenringe, -Führungsringe, -Packungsringe
PTFE-Faltenbälge, -Ventil- u. Pumpenfaltenbälge
PTFE-Konstruktionsteile nach Zeichnung

REIFF Technische Produkte GmbH "Sealprofis"
Postfach 24 43, D-72714 Reutlingen
Tübinger Straße 2-6, D-72762 Reutlingen
Tel. (0 71 21) 3 23-364, Fax (0 71 21) 3 23-338
E-Mail: info@reiff-gmbh.de
http://www.reif-gmbh.de
REIFF "Sealprofis" in 5 Fachabteilungen – Profiltechnik, Hydraulikdichtungen, Dichtungsplatten, Elastomertechnik und Dichtelemente – Ihr kompetenter Partner.

REIFF
Stark im Service
Technische Produkte

REINZ – Dichtungs-GmbH & Co. KG
Postfach 19 09, D-89209 Neu-Ulm
Reinzstraße 3-7, D-89233 Neu-Ulm
Tel. (07 31) 70 46-0, Fax (07 31) 70 46-399
E-Mail: reinz.info@dana.com
Internet: www.reinz.de

VICTOR REINZ
DANA

RS Ritttel GmbH
Stollenstraße 21, D-45966 Gladbeck
Tel. (0 20 43) 97 34-0, Fax (0 20 43) 97 34 89
E-Mail: rs-rittel@t-online.de
Internet: www.rs-rittel.de
Gleitringdichtungen und hochverschleißfeste Präzisionsteile

RS
RS Rittel

Saint-Gobain PPL Kontich N.V.
Heiveldekens 22
B-2550 Kontich
Tel. +32(3)4582828, Fax +32(3)4582669
E-Mail: info.products@sgppl.com
Saint-Gobain bietet ein breites Spektrum an Standard- und Sonderlösungen im Bereich Hochleistungskunststoffe bestehend aus Dichtungen, Gleitlager und kundenspez.Komponenten.
Saint-Gobain's federunterstützte Nutringe OMNISEAL mit Abmessungen von 1 mm bis zu 3000 mm Durchmesser eignen sich im besonderen für den Einsatz bei extremen Temperaturen und gleichzeitig hohen Drücken.
Saint-Gobain's RULON und MELDIN Produktfamilie beinhaltet Standard- und Sonderformen maschinell bearbeiteter Halbzeuge bzw. spritzgegossener, komplexer Bauteilgeometrien. RULON PTFE-Compounds und MELDIN Hochtemperatur-Thermoplasten sind ein eingetragenes Saint-Gobain-Warenzeichen

SAINT-GOBAIN
PERFORMANCE PLASTICS

SEAL – JET ECONOMOS GmbH
Robert-Bosch-Straße 11, D-74321 Bietigheim-Bissingen
Tel. (0 71 42) 59 30, Fax (0 71 42) 5 93-110
E-Mail: info@seal-jet.de
http://www.seal-jet.de
Hydraulik- und Pneumatikdichtungen aller Art

SGL TECHNIK GmbH
Werner-von-Siemens-Str. 18, D-86405 Meitingen
Tel. +49 (82 71) 83-22 76, Fax +49 (82 71) 83-14 27
Telex 53 823 sgl mtg

Siekmann Econosto GmbH & Co. KG
Postfach 15 04 40, D-44344 Dortmund
Freigrafenweg, D-44357 Dortmund
Tel. (02 31) 93 75-0, Fax (02 31) 93 75-177
E-Mail: info@siekmann-econosto.de
http://www.siekmann-econosto.de

KARL SPÄH GmbH & Co. KG
- Dichtungsfabriken –
Industriestraße 8 –12, D-72516 Scheer
Tel. (0 75 72) 6 02-0, Fax (0 75 72) 6 02-167
E-Mail: info@spaeh.de
http://www.spaeh.de
Dichtungen, Stanz- und Isolierteile; Dreh- und Fräsartikel; Gieß- und Formteile; Wasserstrahlschneiden, Gummi- und Kunststoffhalbzeuge

Schlösser GmbH & Co. KG
Wilhelmstraße 8, D-88512 Mengen
Tel. (0 75 72) 6 06-0, Fax (0 75 72) 6 06-5598
E-Mail: info@schloess.de
Internet: www.carl-schloesser.de
Dichtungen, Stanzteile, Isolierteile
Formteile, wasserstrahlgeschnittene Teile

A. W. Schultze GmbH
Postfach 12 34, D-22882 Barsbüttel bei Hamburg
Altes Feld 4, D-22885 Barsbüttel bei Hamburg
Tel. (0 40) 67 05 07-0, Fax (0 40) 67 05 07-31
E-Mail: info@awschultze.de
Flachdichtungen, Flachdichtungen gebördelt, Waveline-WLP®
Dichtungen, Metalldichtungen

A. Schüth GmbH & Co. KG.
Postfach 11 61, D-63675 Schotten
Vogelsbergstraße 22, D-63679 Schotten
Tel. (0 60 44) 60 07-0, Fax (0 60 44) 38 54
E-Mail: schueth@t-online.de

Stöller Dichtungstechnik Ges.m.b.H.
Raffaelgasse 32, A-1200 Wien
Tel. (++43/1) 3 32 61 16, Fax (++43/1) 3 32 61 17
E-Mail: stoeller@Eunet.at
Unser Produktionsprogramm:
Axialgleitringdichtungen
Patronengleitringdichtungen
Packungen, Wartungsprodukte
Zubehör und Service aller Dichtungsfabrikate
Pumpenservice und Reparaturen
CNC-Lohnfertigung

TDS Duddeck Dichtungen GMBH
Postfach 10 25 47, D-44725 Bochum
Herner Straße 456, D-44807 Bochum
Tel. (02 34) 95 39 00, Fax (02 34) 9 53 90 20
E-Mail: TDS-Bochum@t-online.de
Verkaufsbüros:
Frankfurt Fon: 069 – 99413864, Fax 069 – 434130
Rhein/Sieg Fon/Fax: 02248 – 912530

TeCe Technical Ceramics GmbH & Co. KG
Postfach 16 10, D-95100 Selb
L.-Hutschenreuther Straße 81, D-95100 Selb
Tel. (0 92 87) 8 07-0, Fax (0 92 87) 8 07 50
E-Mail: info@tece-selb.de
http://www.tece-selb.de
Bauteile aus Hochleistungskeramik

technico Vertriebsgesellschaft mbH + Co. KG
Elbestraße 85, D-49090 Osnabrück
Tel. (05 41) 6 72 53, Fax (05 41) 6 72 52
E-Mail: service@technico.de
http://www.technico.de

Twaron Products GmbH
Kasinostraße 19-21, D-42103 Wuppertal
Tel. +49-202-32 32 35, Fax +49-202-32 33 80
E-Mail: christoph.hahn@twaron.com
Internet: www.twaron.com

ULMAN Dichtungstechnik GmbH
Otto-Hahn-Str. 17, D-71069 Sindelfingen
Tel. (0 70 31) 73 26 10, Fax (0 70 31) 7 32 61 44
E-Mail: ulman@kempchen.de

VANEFLON N.V.
Industrieterrein Zwaarveld 12, B-9220 Hamme
Te. (0 52) 47 63 99, Fax (0 52) 47 68 64
E-Mail: vaneflon@ping.be
http://www.ping.be/vaneflon
–Fluorkunststoffe-Hochleistungskunststoffe
–PTFE-PFA-TFM-PCTFE-PI-PEEK-HMPE
–Halbzeuge und Fertigteilen – Kolben- und Führungsringe
–Dichtungen, Lagertechnik, corrionsfeste Auskleidungen

Warenverzeichnis von A bis Z

1. Gleitringdichtungen
2. Hydraulik-und Pneumatikdichtungen
3. Ringraumdichtungen
4. Sonderdichtungen
5. Sperrdrucksysteme
6. Statische Dichtungen
7. Stopfbuchspackungen
8. Wellendichtungen

1. Gleitringdichtungen

Gleitringdichtungen

BILLI DICHTUNGSTECHNIK GMBH
D-86641 Rain

TECHNICO VERTR. GmbH & Co. KG
D-49090 Osnabrück

Gleitringdichtungen, axial

AESSEAL® DEUTSCHLAND
D-41372 Niederkrüchten

DEPAC Dichtungstechnik GmbH
A-6700 Bludenz

FREUDENBERG Dichtungs- u. Schwingungstechnik KG
D-69465 Weinheim

Garlock Sealing Technologies
D-41468 Neuss

IDT Industrie- und Dichtungstechnik
D-09441 Annaberg-Buchholz

KACO GmbH + Co., Dichtungswerke
D-74072 Heilbronn

REIFF – Technische Produkte – GmbH
D-72762 Reutlingen

RS-Rittel GmbH
D-45966 Gladbeck

TDS Duddeck Dichtungen GmbH
D-44807 Bochum

Gleitringdichtungen, radial

ADITEC GmbH Antriebs + Dichtungstechnik
D-72829 Grossengstingen

FREUDENBERG Dichtungs- u. Schwingungstechnik KG
D-69465 Weinheim

IDT Industrie- und Dichtungstechnik
D-09441 Annaberg-Buchholz

MS plus Dichtungstechnik
D-45739 Oer-Erkenschwic

RS-Rittel GmbH
D-45966 Gladbeck

TDS Duddeck Dichtungen GmbH
D-44807 Bochum

Gleitringe aus Keramik

ADITEC GmbH Antriebs + Dichtungstechnik
D-72829 Grossengstingen

J. Cardenas GmbH OXIDKERAMIK
D-73095 Albershausen

CeramTec AG
D-91207 Lauf

KACO GmbH + Co., Dichtungswerke
D-74072 Heilbronn

RS-Rittel GmbH
D-45966 Gladbeck

TDS Duddeck Dichtungen GmbH
D-44807 Bochum

Gleitringe aus Kunstkohle

ADITEC GmbH Antriebs + Dichtungstechnik
D-72829 Grossengstingen

FREUDENBERG Dichtungs- u. Schwingungstechnik KG
D-69465 Weinheim

KACO GmbH + Co., Dichtungswerke
D-74072 Heilbronn

RS-Rittel GmbH
D-45966 Gladbeck

TDS Duddeck Dichtungen GmbH
D-44807 Bochum

Gleitringe aus Metall

ADITEC GmbH Antriebs + Dichtungstechnik
D-72829 Grossengstingen

FREUDENBERG Dichtungs- u. Schwingungstechnik KG
D-69465 Weinheim

KACO GmbH + Co., Dichtungswerke
D-74072 Heilbronn

RS-Rittel GmbH
D-45966 Gladbeck

TDS Duddeck Dichtungen GmbH
D-44807 Bochum

Gleitringe aus PTFE

Elring Kunststoff-Technik GmbH
D-74321 Biethigheim-Bissingen

FREUDENBERG Dichtungs- u. Schwingungstechnik KG
D-69465 Weinheim

HME Dichtungssysteme GmbH
D-86343 Königsbrunn

IDG – Dichtungstechnik GmbH
D-73230 Kirchheim/Teck

IDT Industrie- und Dichtungstechnik
D-09441 Annaberg-Buchholz

KACO GmbH + Co., Dichtungswerke
D-74072 Heilbronn

PTFE NÜNCHRITZ GMBH & CO.
D-01612 Glaubitz

SEAL – JET ECONOMOS GmbH
D-74321 Bietigheim-Bissingen

KARL SPÄH GmbH & Co. KG
Dichtungsfabriken
D-72517 Scheer

VANEFLON N.V
B-9220 HAMME VL – BELGIEN

Laufwerkdichtungen

GROMEX GMBH
D-20535 Hamburg

2. Hydraulik-und Pneumatikdichtungen

Abstreifringe

BEKU Dichtungselemente GmbH
D-65232 Taunusstein

Dichtomatik GmbH
D-22045 Hamburg

FREUDENBERG Dichtungs- u. Schwingungstechnik KG
D-69465 Weinheim

GOSSLER FLUIDTEC GmbH
D-21462 Reinbek

Hallite GmbH
D-21035 Hamburg

HME Dichtungssysteme GmbH
D-86343 Königsbrunn

HUNGER Dichtungen
D-97080 Würzburg

IDG – Dichtungstechnik GmbH
D-73230 Kirchheim/Teck

IDT Industrie- und Dichtungstechnik
D-09441 Annaberg-Buchholz

KACO GmbH + Co., Dichtungswerke
D-74072 Heilbronn

KUBO – TECH AG
CH-8307 Effretikon

REIFF – Technische Produkte – GmbH
D-72762 Reutlingen

SEAL – JET ECONOMOS GmbH
D-74321 Bietigheim-Bissingen

Westring Dichtungstechnik GmbH
D-52393 Hürtgenwald

Formdichtungen

DEUTSCHE HUTCHINSON GmbH
D-68055 Mannheim

Dichtomatik GmbH
D-22045 Hamburg

FREUDENBERG Dichtungs- u. Schwingungstechnik KG
D-69465 Weinheim

C. Otto Gehrckens GmbH & Co. KG
D-25421 Pinneberg

HME Dichtungssysteme GmbH
D-86343 Königsbrunn

IDG – Dichtungstechnik GmbH
D-73230 Kirchheim/Teck

IDT Industrie- und Dichtungstechnik
D-09441 Annaberg-Buchholz

KACO GmbH + Co., Dichtungswerke
D-74072 Heilbronn

PTFE NÜNCHRITZ GMBH & CO.
D-01612 Glaubitz

SEAL – JET ECONOMOS GmbH
D-74321 Bietigheim-Bissingen

Schlösser GmbH & Co. KG
D-88512 Mengen

VANEFLON N.V
B-9220 HAMME VL – BELGIEN

Führungsringe

BEKU Dichtungselemente GmbH
D-65232 Taunusstein

Dichtomatik GmbH
D-22045 Hamburg

FREUDENBERG Dichtungs- u. Schwingungstechnik KG
D-69465 Weinheim

Hallite GmbH
D-21035 Hamburg

HME Dichtungssysteme GmbH
D-86343 Königsbrunn

HUNGER Dichtungen
D-97080 Würzburg

IDG – Dichtungstechnik GmbH
D-73230 Kirchheim/Teck

IDT Industrie- und Dichtungstechnik
D-09441 Annaberg-Buchholz

KUBO – TECH AG
CH-8307 Effretikon

PTFE NÜNCHRITZ GMBH & CO.
D-01612 Glaubitz

REIFF – Technische Produkte – GmbH
D-72762 Reutlingen

SEAL – JET ECONOMOS GmbH
D-74321 Bietigheim-Bissingen

Westring Dichtungstechnik GmbH
D-52393 Hürtgenwald

Hydraulikdichtungen

BEKU Dichtungselemente GmbH
D-65232 Taunusstein

Dichtomatik GmbH
D-22045 Hamburg

FREUDENBERG Dichtungs- u. Schwingungstechnik KG
D-69465 Weinheim

Garlock Sealing Technologies
D-41468 Neuss

GOSSLER FLUIDTEC GmbH
D-21462 Reinbek

Hallite GmbH
D-21035 Hamburg

HME Dichtungssysteme GmbH
D-86343 Königsbrunn

HUNGER Dichtungen
D-97080 Würzburg

IDG – Dichtungstechnik GmbH
D-73230 Kirchheim/Teck

IDT Industrie- und Dichtungstechnik
D-09441 Annaberg-Buchholz

KUBO – TECH AG
CH-8307 Effretikon

PTFE NÜNCHRITZ GMBH & CO.
D-01612 Glaubitz

REIFF – Technische Produkte – GmbH
D-72762 Reutlingen

Saint-Gobain PPL Kontich N.V.
B-2550 Kontich

SEAL – JET ECONOMOS GmbH
D-74321 Bietigheim-Bissingen

TDS Duddeck Dichtungen GmbH
D-44807 Bochum

Westring Dichtungstechnik GmbH
D-52393 Hürtgenwald

Hydraulik-und Pneumatikdichtungen

BILLI DICHTUNGSTECHNIK GMBH
D-86641 Rain

OIL CONTROL GmbH Dichtungen
D-86399 Bobingen

TECHNICO VERTR. GmbH & Co. KG
D-49090 Osnabrück

Kolbenringe

ADITEC GmbH Antriebs + Dichtungstechnik
D-72829 Grossengstingen

Dichtomatik GmbH
D-22045 Hamburg

Elring Kunststoff-Technik GmbH
D-74321 Biethigheim-Bissingen

HME Dichtungssysteme GmbH
D-86343 Königsbrunn

SEAL – JET ECONOMOS GmbH
D-74321 Bietigheim-Bissingen

VANEFLON N.V
B-9220 HAMME VL – BELGIEN

Manschettendichtungen

DEPAC Dichtungstechnik GmbH
A-6700 Bludenz

Dichtomatik GmbH
D-22045 Hamburg

FREUDENBERG Dichtungs- u. Schwingungs-technik KG
D-69465 Weinheim

HME Dichtungssysteme GmbH
D-86343 Königsbrunn

IDT Industrie- und Dichtungstechnik
D-09441 Annaberg-Buchholz

KACO GmbH + Co., Dichtungswerke
D-74072 Heilbronn

REIFF – Technische Produkte – GmbH
D-72762 Reutlingen

SEAL – JET ECONOMOS GmbH
D-74321 Bietigheim-Bissingen

TDS Duddeck Dichtungen GmbH
D-44807 Bochum

ULMAN Dichtungstechnik GmbH
D-71069 Sindelfingen

Nutringe

BEKU Dichtungselemente GmbH
D-65232 Taunusstein

DEPAC Dichtungstechnik GmbH
A-6700 Bludenz

DEUTSCHE HUTCHINSON GmbH
D-68055 Mannheim

Dichtomatik GmbH
D-22045 Hamburg

Elring Kunststoff-Technik GmbH
D-74321 Biethigheim-Bissingen

FREUDENBERG Dichtungs- u. Schwingungstechnik KG
D-69465 Weinheim

Hallite GmbH
D-21035 Hamburg

HME Dichtungssysteme GmbH
D-86343 Königsbrunn

IDG – Dichtungstechnik GmbH
D-73230 Kirchheim/Teck

IDT Industrie- und Dichtungstechnik
D-09441 Annaberg-Buchholz

KACO GmbH + Co., Dichtungswerke
D-74072 Heilbronn

KUBO – TECH AG
CH-8307 Effretikon

REIFF – Technische Produkte – GmbH
D-72762 Reutlingen

SEAL – JET ECONOMOS GmbH
D-74321 Bietigheim-Bissingen

Westring Dichtungstechnik GmbH
D-52393 Hürtgenwald

O-Ringe

ADITEC GmbH Antriebs + Dichtungstechnik
D-72829 Grossengstingen

BEKU Dichtungselemente GmbH
D-65232 Taunusstein

DEUTSCHE HUTCHINSON GmbH
D-68055 Mannheim

Dichtomatik GmbH
D-22045 Hamburg

FREUDENBERG Dichtungs- u. Schwingungstechnik KG
D-69465 Weinheim

C. Otto Gehrckens GmbH & Co. KG
D-25421 Pinneberg

GOSSLER FLUIDTEC GmbH
D-21462 Reinbek

Gummi-Berger GmbH
D-68013 Mannheim

Hallite GmbH
D-21035 Hamburg

HME Dichtungssysteme GmbH
D-86343 Königsbrunn

IBK - Wiesehahn GmbH
D-46244 Bottrop-Kirchhellen

IDG – Dichtungstechnik GmbH
D-73230 Kirchheim/Teck

IDT Industrie- und Dichtungstechnik
D-09441 Annaberg-Buchholz

KUBO – TECH AG
CH-8307 Effretikon

PTFE NÜNCHRITZ GMBH & CO.
D-01612 Glaubitz

REIFF – Technische Produkte – GmbH
D-72762 Reutlingen

SEAL – JET ECONOMOS GmbH
D-74321 Bietigheim-Bissingen

TDS Duddeck Dichtungen GmbH
D-44807 Bochum

VANEFLON N.V
B-9220 HAMME VL – BELGIEN

Westring Dichtungstechnik GmbH
D-52393 Hürtgenwald

Pneumatikdichtungen

BEKU Dichtungselemente GmbH
D-65232 Taunusstein

Dichtomatik GmbH
D-22045 Hamburg

FREUDENBERG Dichtungs- u. Schwingungstechnik KG
D-69465 Weinheim

Garlock Sealing Technologies
D-41468 Neuss

GOSSLER FLUIDTEC GmbH
D-21462 Reinbek

IDT Industrie- und Dichtungstechnik
D-09441 Annaberg-Buchholz

KACO GmbH + Co., Dichtungswerke
D-74072 Heilbronn

REIFF – Technische Produkte – GmbH
D-72762 Reutlingen

SEAL – JET ECONOMOS GmbH
D-74321 Bietigheim-Bissingen

TDS Duddeck Dichtungen GmbH
D-44807 Bochum

Westring Dichtungstechnik GmbH
D-52393 Hürtgenwald

Rundringe

Dichtomatik GmbH
D-22045 Hamburg

FREUDENBERG Dichtungs- u. Schwingungstechnik KG
D-69465 Weinheim

IBK - Wiesehahn GmbH
D-46244 Bottrop-Kirchhellen

IDT Industrie- und Dichtungstechnik
D-09441 Annaberg-Buchholz

SEAL – JET ECONOMOS GmbH
D-74321 Bietigheim-Bissingen

Stangendichtungen

BEKU Dichtungselemente GmbH
D-65232 Taunusstein

Dichtomatik GmbH
D-22045 Hamburg

Elring Kunststoff-Technik GmbH
D-74321 Biethigheim-Bissingen

FREUDENBERG Dichtungs- u. Schwingungstechnik KG
D-69465 Weinheim

Hallite GmbH
D-21035 Hamburg

HME Dichtungssysteme GmbH
D-86343 Königsbrunn

IDG – Dichtungstechnik GmbH
D-73230 Kirchheim/Teck

IDT Industrie- und Dichtungstechnik
D-09441 Annaberg-Buchholz

KACO GmbH + Co., Dichtungswerke
D-74072 Heilbronn

KUBO – TECH AG
CH-8307 Effretikon

SEAL – JET ECONOMOS GmbH
D-74321 Bietigheim-Bissingen

Westring Dichtungstechnik GmbH
D-52393 Hürtgenwald

Topfmanschetten

BEKU Dichtungselemente GmbH
D-65232 Taunusstein

Dichtomatik GmbH
D-22045 Hamburg

Elring Kunststoff-Technik GmbH
D-74321 Biethigheim-Bissingen

FREUDENBERG Dichtungs- u. Schwingungstechnik KG
D-69465 Weinheim

KACO GmbH + Co., Dichtungswerke
D-74013 Heilbronn

SEAL - JET ECONOMOS GmbH
D-74321 Bietigheim-Bissingen

3. Ringraumdichtungen

Compact

Bähr Technischer Grosshandel
D-72461 Albstadt

Compactdichtungen

DSI Rohrleitungsbau-Zubehör GmbH
D-72147 Nehren

Gliederkettendichtungen

DSI Rohrleitungsbau-Zubehör GmbH
D-72147 Nehren

Modulbauweise

Bähr Technischer Grosshandel
D-72461 Albstadt

4. Sonderdichtungen

Dichtmembranen

DEUTSCHE HUTCHINSON GmbH
D-68055 Mannheim

Dichtomatik GmbH
D-22045 Hamburg

FREUDENBERG Dichtungs- u. Schwingungstechnik KG
D-69465 Weinheim

KUBO - TECH AG
CH-8307 Effretikon

TDS Duddeck Dichtungen GmbH
D-44807 Bochum

Elastomer – Metall – Dichtungen

Eagle-Picher Wolverine GmbH
D-74613 Öhringen

Faltenbälge aus Elastomeren

DEUTSCHE HUTCHINSON GmbH
D-68055 Mannheim

Dichtomatik GmbH
D-22045 Hamburg

FRENZELIT - WERKE GmbH + Co. KG
D-95460 Bad Berneck

FREUDENBERG Dichtungs- u. Schwingungstechnik KG
D-69465 Weinheim

Gummi-Berger GmbH
D-68013 Mannheim

IBK - Wiesehahn GmbH
D-46244 Bottrop-Kirchhellen

KUBO – TECH AG
CH-8307 Effretikon

REIFF – Technische Produkte – GmbH
D-72762 Reutlingen

RS-Rittel GmbH
D-45966 Gladbeck

TDS Duddeck Dichtungen GmbH
D-44807 Bochum

Faltenbälge aus Metall

FRENZELIT – WERKE GmbH + Co. KG
D-95460 Bad Berneck

IBK - Wiesehahn GmbH
D-46244 Bottrop-Kirchhellen

RS-Rittel GmbH
D-45966 Gladbeck

TDS Duddeck Dichtungen GmbH
D-44807 Bochum

ULMAN Dichtungstechnik GmbH
D-71069 Sindelfingen

Faltenbälge aus PTFE

Dichtomatik GmbH
D-22045 Hamburg

Elring Kunststoff-Technik GmbH
D-74321 Biethigheim-Bissingen

FRENZELIT – WERKE GmbH + Co. KG
D-95460 Bad Berneck

FREUDENBERG Dichtungs- u. Schwingungstechnik KG
D-69465 Weinheim

IBG Monforts GmbH & Co.
D-41238 Mönchengladbach

IBK - Wiesehahn GmbH
D-46244 Bottrop-Kirchhellen

IDT Industrie- und Dichtungstechnik
D-09441 Annaberg-Buchholz

KUBO – TECH AG
CH-8307 Effretikon

PTFE NÜNCHRITZ GMBH & CO.
D-01612 Glaubitz

REIFF – Technische Produkte – GmbH
D-72762 Reutlingen

KARL SPÄH GmbH & Co. KG
Dichtungsfabriken
D-72517 Scheer

VANEFLON N.V
B-9220 HAMME VL – BELGIEN

Nutringe PTFE

Saint-Gobain PPL Kontich N.V.
B-2550 Kontich

Sonderdichtungen

BILLI DICHTUNGSTECHNIK GMBH
D-86641 Rain

Kempchen & Co. GmbH
D-46049 Oberhausen

TECHNICO VERTR. GmbH & Co. KG
D-49090 Osnabrück

5. Sperrdrucksysteme

Sperrdruckbehälter

Aerni AG Augst
CH-4302 Augst

Sterile Sperrdruckbehälter

Aerni AG Augst
CH-4302 Augst

6. Statische Dichtungen

ePTFE Flachdichtungen und Dichtungsbänder

W. L. Gore & Associates GmbH
D-85640 Putzbrunn

Faserstoffdichtungen

DONIT TESNIT AG
D-80339 München

Eagle-Picher Wolverine GmbH
D-74613 Öhringen

FRENZELIT – WERKE GmbH + Co. KG
D-95460 Bad Berneck

HAFF – Dichtungen GmbH
D-17373 Ueckermünde

IBK - Wiesehahn GmbH
D-46244 Bottrop-Kirchhellen

IDT Industrie- und Dichtungstechnik
D-09441 Annaberg-Buchholz

KLINGER GmbH
D-65510 Idstein

KUBO – TECH AG
CH-8307 Effretikon

REIFF – Technische Produkte – GmbH
D-72762 Reutlingen

REINZ-Dichtungs-GmbH & Co. KG
D-89209 Neu-Ulm

Siekmann Econosto GmbH & Co. KG
44344 Dortmund

KARL SPÄH GmbH & Co. KG
Dichtungsfabriken
D-72517 Scheer

Schlösser GmbH & Co. KG
D-88512 Mengen

A. Schüth GmbH & Co. KG.
D-63679 Schotten

TDS Duddeck Dichtungen GmbH
D-44807 Bochum

Flachdichtungen

ADITEC GmbH Antriebs + Dichtungstechnik
D-72829 Grossengstingen

BEKU Dichtungselemente GmbH
D-65232 Taunusstein

DEUTSCHE HUTCHINSON GmbH
D-68055 Mannheim

Dichtomatik GmbH
D-22045 Hamburg

DONIT TESNIT AG
D-80339 München

DSI Rohrleitungsbau-Zubehör GmbH
D-72147 Nehren

Eagle-Picher Wolverine GmbH
D-74613 Öhringen

FRENZELIT – WERKE GmbH + Co. KG
D-95460 Bad Berneck

FREUDENBERG Dichtungs- u. Schwingungstechnik KG
D-69465 Weinheim

Garlock Sealing Technologies
D-41468 Neuss

GFD Gesellschaft für Dichtungstechnik mbH
D-74336 Brackenheim

W. L. Gore & Associates GmbH
D-85640 Putzbrunn

GOSSLER FLUIDTEC GmbH
D-21462 Reinbek

Gummi-Berger GmbH
D-68013 Mannheim

HAFF – Dichtungen GmbH
D-17373 Ueckermünde

IBK - Wiesehahn GmbH
D-46244 Bottrop-Kirchhellen

IDT Industrie- und Dichtungstechnik
D-09441 Annaberg-Buchholz

KLINGER GmbH
D-65510 Idstein

MS plus Dichtungstechnik
D-45739 Oer-Erkenschwick

PTFE NÜNCHRITZ GMBH & CO.
D-01612 Glaubitz

REIFF – Technische Produkte – GmbH
D-72762 Reutlingen

SEAL – JET ECONOMOS GmbH
D-74321 Bietigheim-Bissingen

Siekmann Econosto GmbH & Co. KG
44344 Dortmund

KARL SPÄH GmbH & Co. KG
Dichtungsfabriken
D-72517 Scheer

Schlösser GmbH & Co. KG
D-88512 Mengen

A.W. Schultze GmbH
D-22885 Barsbüttel bei Hamburg

A. Schüth GmbH & Co. KG.
D-63679 Schotten

TDS Duddeck Dichtungen GmbH
D-44807 Bochum

VANEFLON N.V
B-9220 HAMME VL – BELGIEN

Westring Dichtungstechnik GmbH
D-52393 Hürtgenwald

Flachdichtungen, gebördelt

Dichtomatik GmbH
D-22045 Hamburg

DONIT TESNIT AG
D-80339 München

IBK - Wiesehahn GmbH
D-46244 Bottrop-Kirchhellen

IDT Industrie- und Dichtungstechnik
D-09441 Annaberg-Buchholz

KLINGER GmbH
D-65510 Idstein

REINZ-Dichtungs-GmbH & Co. KG
D-89209 Neu-Ulm

A.W. Schultze GmbH
D-22885 Barsbüttel bei Hamburg

A. Schüth GmbH & Co. KG.
D-63679 Schotten

TDS Duddeck Dichtungen GmbH
D-44807 Bochum

Flachdichtungen, gewebeverstärkt

Dichtomatik GmbH
D-22045 Hamburg

DONIT TESNIT AG
D-80339 München

Eagle-Picher Wolverine GmbH
D-74613 Öhringen

HAFF – Dichtungen GmbH
D-17373 Ueckermünde

IBK - Wiesehahn GmbH
D-46244 Bottrop-Kirchhellen

KLINGER GmbH
D-65510 Idstein

KUBO – TECH AG
CH-8307 Effretikon

A. Schüth GmbH & Co. KG.
D-63679 Schotten

TDS Duddeck Dichtungen GmbH
D-44807 Bochum

Flanschdichtungen

BEKU Dichtungselemente GmbH
D-65232 Taunusstein

Dichtomatik GmbH
D-22045 Hamburg

DONIT TESNIT AG
D-80339 München

DSI Rohrleitungsbau-Zubehör GmbH
D-72147 Nehren

Eagle-Picher Wolverine GmbH
D-74613 Öhringen

FRENZELIT – WERKE GmbH + Co. KG
D-95460 Bad Berneck

FREUDENBERG Dichtungs- u. Schwingungstechnik KG
D-69465 Weinhei

W. L. Gore & Associates GmbH
D-85640 Putzbrunn

HAFF – Dichtungen GmbH
D-17373 Ueckermünde

IBK - Wiesehahn GmbH
D-46244 Bottrop-Kirchhellen

IDT Industrie- und Dichtungstechnik
D-09441 Annaberg-Buchholz

KLINGER GmbH
D-65510 Idstein

MS plus Dichtungstechnik
D-45739 Oer-Erkenschwick

REIFF – Technische Produkte – GmbH
D-72762 Reutlingen

REINZ-Dichtungs-GmbH & Co. KG
D-89209 Neu-Ulm

KARL SPÄH GmbH & Co. KG
Dichtungsfabriken
D-72517 Scheer

Schlösser GmbH & Co. KG
D-88512 Mengen

A. Schüth GmbH & Co. KG.
D-63679 Schotten

VANEFLON N.V
B-9220 HAMME VL – BELGIEN

Flanschisolierungen

Bähr Technischer Grosshandel
D-72461 Albstadt

Formdichtungen

Dichtomatik GmbH
D-22045 Hamburg

Eagle-Picher Wolverine GmbH
D-74613 Öhringen

FREUDENBERG Dichtungs- u. Schwingungstechnik KG
D-69465 Weinheim

HAFF – Dichtungen GmbH
D-17373 Ueckermünde

IBK - Wiesehahn GmbH
D-46244 Bottrop-Kirchhellen

IDT Industrie- und Dichtungstechnik
D-09441 Annaberg-Buchholz

A. Schüth GmbH & Co. KG.
D-63679 Schotten

VANEFLON N.V
B-9220 HAMME VL – BELGIEN

Graphitdichtungen, metallarmiert

DONIT TESNIT AG
D-80339 München

FRENZELIT – WERKE GmbH + Co. KG
D-95460 Bad Berneck

Garlock Sealing Technologies
D-41468 Neuss

HAFF – Dichtungen GmbH
D-17373 Ueckermünde

IBK - Wiesehahn GmbH
D-46244 Bottrop-Kirchhellen

IDT Industrie- und Dichtungstechnik
D-09441 Annaberg-Buchholz

KLINGER GmbH
D-65510 Idstein

KUBO – TECH AG
CH-8307 Effretikon

REIFF – Technische Produkte – GmbH
D-72762 Reutlingen

REINZ-Dichtungs-GmbH & Co. KG
D-89209 Neu-Ulm

KARL SPÄH GmbH & Co. KG
Dichtungsfabriken
D-72517 Scheer

A. Schüth GmbH & Co. KG.
D-63679 Schotten

TDS Duddeck Dichtungen GmbH
D-44807 Bochum

Graphitdichtungen, rein

DONIT TESNIT AG
D-80339 München

FRENZELIT – WERKE GmbH + Co. KG
D-95460 Bad Berneck

HAFF – Dichtungen GmbH
D-17373 Ueckermünde

IBK - Wiesehahn GmbH
D-46244 Bottrop-Kirchhellen

IDT Industrie- und Dichtungstechnik
D-09441 Annaberg-Buchholz

KLINGER GmbH
D-65510 Idstein

REIFF – Technische Produkte – GmbH
D-72762 Reutlingen

KARL SPÄH GmbH & Co. KG
Dichtungsfabriken
D-72517 Scheer

A. Schüth GmbH & Co. KG.
D-63679 Schotten

TDS Duddeck Dichtungen GmbH
D-44807 Bochum

Hartstoffdichtungen

IBK - Wiesehahn GmbH
D-46244 Bottrop-Kirchhellen

KARL SPÄH GmbH & Co. KG
Dichtungsfabriken
D-72517 Scheer

A. Schüth GmbH & Co. KG.
D-63679 Schotten

Kammprofildichtungen

IBK - Wiesehahn GmbH
D-46244 Bottrop-Kirchhellen

IDT Industrie- und Dichtungstechnik
D-09441 Annaberg-Buchholz

KLINGER GmbH
D-65510 Idstein

REIFF – Technische Produkte – GmbH
D-72762 Reutlingen

Siekmann Econosto GmbH & Co. KG
44344 Dortmund

A. Schüth GmbH & Co. KG.
D-63679 Schotten

TDS Duddeck Dichtungen GmbH
D-44807 Bochum

Metalldichtungen

Eagle-Picher Wolverine GmbH
D-74613 Öhringen

FRENZELIT – WERKE GmbH + Co. KG
D-95460 Bad Berneck

Garlock Sealing Technologies
D-41468 Neuss

GFD Gesellschaft für Dichtungstechnik mbH
D-74336 Brackenheim

IBK - Wiesehahn GmbH
D-46244 Bottrop-Kirchhellen

IDT Industrie- und Dichtungstechnik
D-09441 Annaberg-Buchholz

KLINGER GmbH
D-65510 Idstein

Siekmann Econosto GmbH & Co. KG
44344 Dortmund

A.W. Schultze GmbH
D-22885 Barsbüttel bei Hamburg

A. Schüth GmbH & Co. KG.
D-63679 Schotten

Nutringe, PTFE Federunterstützt

Saint-Gobain PPL Kontich N.V.
B-2550 Kontich

PTFE umhüllte Dichtungen

IBG Monforts GmbH & Co.
D-41238 Mönchengladbach

Spiraldichtungen

DONIT TESNIT AG
D-80339 München

Garlock Sealing Technologies
D-41468 Neuss

IBK - Wiesehahn GmbH
D-46244 Bottrop-Kirchhellen

IDT Industrie- und Dichtungstechnik
D-09441 Annaberg-Buchholz

KLINGER GmbH
D-65510 Idstein

REIFF – Technische Produkte – GmbH
D-72762 Reutlingen

REINZ-Dichtungs-GmbH & Co. KG
D-89209 Neu-Ulm

Siekmann Econosto GmbH & Co. KG
44344 Dortmund

A. Schüth GmbH & Co. KG.
D-63679 Schotten

TDS Duddeck Dichtungen GmbH
D-44807 Bochum

Statische Dichtungen

BILLI DICHTUNGSTECHNIK GMBH
D-86641 Rain

Kempchen & Co. GmbH
D-46049 Oberhausen

TECHNICO VERTR. GmbH & Co. KG
D-49090 Osnabrück

Statische Dichtungsmaterialien

DONIT TESNIT AG
D-80339 München

Weichstoffdichtungen

Dichtomatik GmbH
D-22045 Hamburg

Eagle-Picher Wolverine GmbH
D-74613 Öhringen

FRENZELIT – WERKE GmbH + Co. KG
D-95460 Bad Berneck

Gummi-Berger GmbH
D-68013 Mannheim

HAFF – Dichtungen GmbH
D-17373 Ueckermünde

IBK - Wiesehahn GmbH
D-46244 Bottrop-Kirchhellen

IDT Industrie- und Dichtungstechnik
D-09441 Annaberg-Buchholz

KLINGER GmbH
D-65510 Idstein

REIFF – Technische Produkte – GmbH
D-72762 Reutlingen

A. Schüth GmbH & Co. KG.
D-63679 Schotten

TDS Duddeck Dichtungen GmbH
D-44807 Bochum

Wellringdichtungen

IDT Industrie- und Dichtungstechnik
D-09441 Annaberg-Buchholz

KLINGER GmbH
D-65510 Idstein

A. Schüth GmbH & Co. KG.
D-63679 Schotten

TDS Duddeck Dichtungen GmbH
D-44807 Bochum

Wellverpresste Weichstoffdichtungen

A.W. Schultze GmbH
D-22885 Barsbüttel bei Hamburg

Zylinderkopfdichtungen

ADITEC GmbH Antriebs + Dichtungstechnik
D-72829 Grossengstingen

IDT Industrie- und Dichtungstechnik
D-09441 Annaberg-Buchholz

7. Stopfbuchspackungen

Federelastische PTFE-Dichtungen

GFD Gesellschaft für Dichtungstechnik mbH
D-74336 Brackenheim

Graphitpackungsringe

FREUDENBERG Dichtungs- u. Schwingungstechnik KG
D-69465 Weinheim

Garlock Sealing Technologies
D-41468 Neuss

IBK - Wiesehahn GmbH
D-46244 Bottrop-Kirchhellen

IDT Industrie- und Dichtungstechnik
D-09441 Annaberg-Buchholz

MS plus Dichtungstechnik
D-45739 Oer-Erkenschwick

REIFF – Technische Produkte – GmbH
D-72762 Reutlingen

TDS Duddeck Dichtungen GmbH
D-44807 Bochum

Packungsschnüre, endlos

DEPAC Dichtungstechnik GmbH
A-6700 Bludenz

FRENZELIT – WERKE GmbH + Co. KG
D-95460 Bad Berneck

W. L. Gore & Associates GmbH
D-85640 Putzbrunn

IBK - Wiesehahn GmbH
D-46244 Bottrop-Kirchhellen

IDT Industrie- und Dichtungstechnik
D-09441 Annaberg-Buchholz

REIFF – Technische Produkte – GmbH
D-72762 Reutlingen

TDS Duddeck Dichtungen GmbH
D-44807 Bochum

Packungsringe

FREUDENBERG Dichtungs- u. Schwingungstechnik KG
D-69465 Weinheim

IBK - Wiesehahn GmbH
D-46244 Bottrop-Kirchhellen

IDT Industrie- und Dichtungstechnik
D-09441 Annaberg-Buchholz

MS plus Dichtungstechnik
D-45739 Oer-Erkenschwick

PTFE NÜNCHRITZ GMBH & CO.
D-01612 Glaubitz

REIFF – Technische Produkte – GmbH
D-72762 Reutlingen

TDS Duddeck Dichtungen GmbH
D-44807 Bochum

Packungsringe, vorgepreßt

FREUDENBERG Dichtungs- u. Schwingungstechnik KG
D-69465 Weinheim

Garlock Sealing Technologies
D-41468 Neuss

GOSSLER FLUIDTEC GmbH
D-21462 Reinbek

IBK - Wiesehahn GmbH
D-46244 Bottrop-Kirchhellen

TDS Duddeck Dichtungen GmbH
D-44807 Bochum

Stopfbuchspackungen

BILLI DICHTUNGSTECHNIK GMBH
D-86641 Rain

Kempchen & Co. GmbH
D-46049 Oberhausen

TECHNICO VERTR. GmbH & Co. KG
D-49090 Osnabrück

Stützringe

BEKU Dichtungselemente GmbH
D-65232 Taunusstein

KARL SPÄH GmbH & Co. KG Dichtungsfabriken
D-72517 Scheer

Weichstoffpackungen

DEPAC Dichtungstechnik GmbH
A-6700 Bludenz

FREUDENBERG Dichtungs- u. Schwingungstechnik KG
D-69465 Weinheim

IDT Industrie- und Dichtungstechnik
D-09441 Annaberg-Buchholz

MS plus Dichtungstechnik
D-45739 Oer-Erkenschwick

TDS Duddeck Dichtungen GmbH
D-44807 Bochum

8. Wellendichtungen

Dichtscheiben

Dichtomatik GmbH
D-22045 Hamburg

Gummi-Berger GmbH
D-68013 Mannheim

Filzringe

KARL SPÄH GmbH & Co. KG Dichtungsfabriken
D-72517 Scheer

Lamellendichtungen

HME Dichtungssysteme GmbH
D-86343 Königsbrunn

ULMAN Dichtungstechnik GmbH
D-71069 Sindelfingen

Lippendichtungen

DEUTSCHE HUTCHINSON GmbH
D-68055 Mannheim

Dichtomatik GmbH
D-22045 Hamburg

FREUDENBERG Dichtungs- u. Schwingungstechnik KG
D-69465 Weinheim

IDG – Dichtungstechnik GmbH
D-73230 Kirchheim/Teck

KACO GmbH + Co., Dichtungswerke
D-74072 Heilbronn

Saint-Gobain PPL Kontich N.V.
B-2550 Kontich

SEAL – JET ECONOMOS GmbH
D-74321 Bietigheim-Bissingen

VANEFLON N.V
B-9220 HAMME VL – BELGIEN

Magnetflüssigkeitsdichtungen

Ferrofluidics GmbH
D-72602 Nürtingen

Schutzdichtungen

Dichtomatik GmbH
D-22045 Hamburg

V-Ringe

ADITEC GmbH Antriebs + Dichtungstechnik
D-72829 Grossengstingen

BEKU Dichtungselemente GmbH
D-65232 Taunusstein

Dichtomatik GmbH
D-22045 Hamburg

FREUDENBERG Dichtungs- u. Schwingungstechnik KG
D-69465 Weinheim

HME Dichtungssysteme GmbH
D-86343 Königsbrunn

KUBO – TECH AG
CH-8307 Effretikon

PTFE NÜNCHRITZ GMBH & CO.
D-01612 Glaubitz

REIFF – Technische Produkte – GmbH
D-72762 Reutlingen

SEAL – JET ECONOMOS GmbH
D-74321 Bietigheim-Bissingen

VANEFLON N.V
B-9220 HAMME VL – BELGIEN

Westring Dichtungstechnik GmbH
D-52393 Hürtgenwald

Wellendichtringe, axial

DEUTSCHE HUTCHINSON GmbH
D-68055 Mannheim

FREUDENBERG Dichtungs- u. Schwingungstechnik KG
D-69465 Weinheim

IDG – Dichtungstechnik GmbH
D-73230 Kirchheim/Teck

REIFF – Technische Produkte – GmbH
D-72762 Reutlingen

Wellendichtringe, radial

ADITEC GmbH Antriebs + Dichtungstechnik
D-72829 Grossengstingen

BEKU Dichtungselemente GmbH
D-65232 Taunusstein

DEUTSCHE HUTCHINSON GmbH
D-68055 Mannheim

Dichtomatik GmbH
D-22045 Hamburg

Elring Kunststoff-Technik GmbH
D-74321 Biethigheim-Bissingen

FREUDENBERG Dichtungs- u. Schwingungstechnik KG
D-69465 Weinheim

Garlock Sealing Technologies
D-41468 Neuss

GOSSLER FLUIDTEC GmbH
D-21462 Reinbek

HME Dichtungssysteme GmbH
D-86343 Königsbrunn

IDG – Dichtungstechnik GmbH
D-73230 Kirchheim/Teck

KACO GmbH + Co., Dichtungswerke
D-74072 Heilbronn

KUBO – TECH AG
CH-8307 Effretikon

REIFF – Technische Produkte – GmbH
D-72762 Reutlingen

SEAL – JET ECONOMOS GmbH
D-74321 Bietigheim-Bissingen

Westring Dichtungstechnik GmbH
D-52393 Hürtgenwald

Wellendichtringe, radial PTFE

Saint-Gobain PPL Kontich N.V.
B-2550 Kontich

Wellendichtringe mit PTFE-Dichtlippe

GFD Gesellschaft für Dichtungstechnik mbH
D-74336 Brackenheim

Wellendichtungen

BILLI DICHTUNGSTECHNIK GMBH
D-86641 Rain

Inserentenverzeichnis